中国园林植物蚧虫

李 忠 主编

四川科学技术出版社

图书在版编目(CIP)数据

中国园林植物蚧虫/李忠主编.-成都：四川科学技术出版社，2016.10
　　ISBN 978-7-5364-8444-3

Ⅰ.①中… Ⅱ.①李… Ⅲ.①蚧科-研究-中国
Ⅳ.①Q969.36

中国版本图书馆CIP数据核字(2016)第213845号

中国园林植物蚧虫

出 品 人	钱丹凝
主　　编	李　忠
责任编辑	王　勤
封面设计	张维颖
版面设计	康永光
责任校对	朱锦华
责任出版	欧晓春
出版发行	四川科学技术出版社
	成都市槐树街2号　邮政编码　610031
	官方微博：http://e.weibo.com/sckjcbs
	官方微信公众号：sckjcbs
	传真：028-87734035
成品尺寸	210mm×285mm
印　　张	13.375　字数 500 千　插页154
印　　刷	成都市金雅迪彩色印刷有限公司
版　　次	2016年10月第1版
印　　次	2016年10月第1次印刷
定　　价	286.00元

ISBN 978-7-5364-8444-3

邮购：四川省成都市槐树街2号　邮政编码：610031
电话：028-87734035　电子信箱：SCKJCBS@163.COM

■ 版权所有　翻印必究 ■

作者照片

从左到右：蒋三登、李忠、夏希纳、丁梦然、李杰、张连生、廖光铠、钱大正

从左到右：张光增和李忠

从左到右：李忠和武三安

内 容 提 要

本书是以我国园林蚜虫研究成果为主，并包含少量林业、果树及各类经济作物蚜虫研究成果的结晶。全书主要分五部分。第一部分概论，介绍蚜虫的进化系统与分类概要、形态特征、生物学特性、天敌、防治方法、蚜虫及其天敌采集和标本制作方法、蚜虫研究方法。第二部分各论，编入我国380种常见蚜虫，分别介绍各种蚜虫的中名、学名、寄主、地理分布（国内外）、为害状、形态特征、生活史与习性、天敌及防治方法。为了帮助识别蚜虫，书中附蚜虫生态彩色照片及彩绘图400余幅，蚜虫形态及分类特征素描图约500幅，图文并茂。第三部分附录：1.《中国园林植物蚜虫名录》，记载13科238属1 000种蚜虫的中名、学名、寄主、分布（国内外）；2.《中国园林植物蚜虫天敌名录》，记载12目41科273种天敌及其彩图。第四部分索引：1. 蚜虫中文名索引；2. 蚜虫拉丁学名索引。第五部分：参考文献（国内外）。

《中国园林植物蚧虫》编写委员会

顾　问：武三安　任　辉　蒋三登
主　编：李　忠（执笔）
副主编：张广增　徐公天　李　杰　夏希纳　韩军玲　邱元英　蓝净江
编　委：（按姓氏笔画为序）
　　　　丁梦然　王彦臣　王　恩　邓玉华　李　忠　李　杰　李　慧
　　　　李隆华　何定萍　吴　琳　张广增　张连生　罗庆怀　杨志毕
　　　　邱元英　周　莉　柏桂华　夏宝池　徐公天　唐桂君　夏希纳
　　　　谢祥林　蓝净江　韩军玲　黎晓红

参加编写人员：
　　　　李　忠（成都市园林科学研究所　高级工程师）
　　　　徐公天（沈阳市园林科学研究院　教授级高级工程师）
　　　　蓝净江（武汉市园林科学研究院　高级工程师）
　　　　吴仲炜（成都市园林科学研究所　工程师）
　　　　曾华龙（成都市园林科学研究所　工程师）
　　　　贾　勇（成都市园林科学研究所　工程师）
　　　　邓清秀（成都市园林科学研究所　技师）
　　　　胡元光（成都市园林科学研究所　技师）
　　　　周思易（成都市园林科学研究所　技师）
　　　　张　进（成都市人民公园　技师）
　　　　黄凤琼（成都市园林科学研究所　技师）
　　　　李隆华（四川省果树研究所　研究员）
　　　　何定萍（重庆市园科学研究所　高级工程师）
　　　　李　杰（包头市园林科技研究所　研究员）
　　　　张广增（长春市园林管理局　高级工程师）
　　　　韩军玲（长春市园林植物保护站　高级工程师）
　　　　夏希纳（上海市绿化管理指导站　高级工程师）

吴　琳（昆明市园林科学研究所　高级工程师）
黎晓红（南宁市人民公园　高级工程师）
李　慧（乌鲁木齐市园林植保站　高级工程师）
姚瑞良（上海市园林管理局　高级工程师）
王彦臣（保定市园林绿化管理局　高级工程师）
张小放（兰州市园林植保站　高级工程师）
金九辰（西宁市园林旅游局　高级工程师）
王良海（银川市园林管理局　高级工程师）
丁梦然（北京市园林科学研究所　高级工程师）
巴洪志（北京市园林科学研究所　高级工程师）
束永志（北京市园林科学研究所　高级工程师）
王孚哲（北京市园林科学研究所　高级工程师）
郑孝玉（北京市园林科学研究所　高级工程师）
林绍光（北京市园林科学研究所　高级工程师）
段半锁（北京市园林科学研究所　高级工程师）
刘　云（北京市园林科学研究所　工程师）
刘文学（北京市园林科学研究所　工程师）
祁润身（北京市天坛公园　高级工程师）
杨志华（北京市园林管理局　高级工程师）
林　青（赤峰市红山区园林管理处　高级工程师）
徐公天（沈阳市园林科学研究院　教授级高工）
魏建斌（沈阳市园林科学研究院　工程师）
姜会宏（沈阳市园林科学研究院　工程师）
王　素（沈阳市园林科学研究院　高级工程师）
谢孝熹（兰州市园林植保站　高级工程师）
谢祥林（贵阳市园林绿化研究所　高级工程师）
罗庆怀（贵州师范大学　教授）
周　莉（贵阳市园林绿化研究所　高级工程师）
张淑萍（天津市园林绿化研究所　高级工程师）
胡文华（天津市园林绿化研究所　工程师）
庞建军（天津市园林绿化研究所　高级工程师）
张连生（天津市园林绿化研究所　高级工程师）

唐桂君（丹东市风景园林管理局　高级工程师）
周玲琴（上海市普陀区园林管理所　高级工程师）
徐　翔（上海市大观园　助理工程师）
茅勒英（上海市闵行区园林局　助理工程师）
张　农（上海市西郊宾馆　工程师）
顾　萍（原上海市南市区园林管理所　高级工程师）
郑孝玉（上海市绿化管理指导站　技师）
刘　莹（上海市绿化管理指导站　技术员）
洪炳然（上海市和平公园　高级技师）
盛雅玲（上海市龙华公园　工程师）
朱春刚（上海市龙华公园　工程师）
朱　槿（上海市绿化管理指导站　工程师）
雷惠芳（上海市绿化管理指导站　工程师）
邱元英（青岛市园林科技中心　高级工程师）
蒋三登（济南市园林科学研究所　研究员）
邵培芳（大连市虎滩乐园　工程师）
邱健美（大连市园林科学研究所　工程师）
段半锁（包头市园林科技研究所　副研究员）
余庆元（乌鲁木齐市园林植保站　工程师）
景海程（西宁市园林植保植检站　高级工程师）
徐庆林（银川市中山公园　高级工程师）
张宇光（白城市园林管理处　高级工程师）
聂雅萍（昆明市园林科学研究所　工程师）
田淑丽（玉溪市园林绿化管理站　工程师）
冯美菊（马鞍山市园林管理处　高级工程师）
李彦辉（保定市园林绿化管理局　高级工程师）
熊国斌（荆门市城市绿化管理所　工程师）
黄小祥（仙桃市城市绿化管理所　工程师）
夏宝池（南京中山植物园　研究员）
柏桂华（南京市园林管理局　高级工程师）
张思纯（南京市园林科学研究所　工程师）
王　恩（杭州市植物园　高级工程师）

邓玉华（南昌市园林科研所　高级工程师）
康玉仙（南昌市园林科研所　工程师）
王兆东（丹东市风景园林管理局苗圃　工程师）
刘智明（保定市园林绿化管理局　高级工程师）
张慧娣（太原市园林科学研究所　高级工程师）

序

蚧虫是一类特异性昆虫，个体微小又隐蔽，难以发现，一旦发现已经泛滥成灾。而且种类繁多，识别困难，危害严重，难以防治，是全世界各类植物的大患。自然亦是我国园林植物的一大顽敌，成了植保工作的最大难题。因此，多年以来，全国普遍要求出版一部实用性较强的蚧虫专著，指导防治工作。这引起了学会的高度重视。

因为蚧虫个体微小，身体结构特异，研究难度高，所以研究进度缓慢。20世纪60年代以前，我国蚧虫分类研究的数量很少（而且多是外国专家发现和研究的），至于对蚧虫的生物学、生态学及防治技术的系统研究则更少。我国园林蚧虫的系统研究基本上是20世纪80年代才开始进行。为了适应生产发展的需要，1994年经建设部批准，学会组建了全国园林蚧虫攻关课题。包括沈阳、成都、上海等19个城市61个单位，共130名园林植保技术人员参加，连续四年在全国范围对园林、林木、果树、各类经济作物及牧草反复进行拉网式普查，基本查清了我国园林蚧虫及其天敌的种类。同时，部分城市还对当地的一些常见蚧虫进行了不同程度的系统研究，为撰写《中国园林植物蚧虫》奠定了基础。

成都市园林科学研究所高级园林工程师李忠、沈阳市园林科学研究院教授级高工徐公天，长期从事我国园林蚧虫研究。在蚧虫的分类，发生规律及防治技术方面，积累了丰富的资料和经验。《中国园林植物蚧虫》的编著，正是编者在此基础上耗费三年时间完成的。为了完善该蚧虫专著，编者在大量园林蚧虫研究资料的基础上，还汇集了少量农、林植物蚧虫研究资料。

该书有50多万字，并附有大量蚧虫彩色照片和素描图，图文并茂，阅读方便。该书最大创新还在于将其复杂而过于专业化的种类鉴定方法简单化，直观化，解决了广大植保工作者识别蚧虫的难题，特别适用于生产。这是我国唯一的一部研究内容比较全面，兼具科学性和实用性的蚧虫专著。

因为园林植物来源于农、林植物，被寄生的蚧虫种类相同，其发生危害规律也基本一致，所以该著作适用于我国农林大专院校植保专业的师生、园林和农林科研院所及植物检疫部门的技术人员、各类种植业、园林施工养护企业及家庭养花爱好者。应用十分广泛，值得全国推广。

20多年来，曾先后出版发行两本园林植物病虫害防治的书籍，是综合性的，但是内容比较简单。而该书是一部蚧虫专著，其特点是研究的种类多，内容比较全面翔实，并附有大量的彩图和素描图，图文并茂，是一部不可多得的中国园林蚧虫百科全书。在学会的支持和帮助下，该专著正式出版发行，满足了全国各界朋友多年的心愿，将为中国园林、农、林事业的发展做出应有的贡献，学会为此倍感欣慰。

中国风景园林学会植保专业委员会
2016年6月28日

前言

蚧虫是一类特异性昆虫，个体微小、寄主广泛、种类繁多、识别困难、为害严重、难以防治，是全世界园林、林木、果树、主要农作物和各类经济作物以及牧草的一大顽敌。1980年以来，我国城市绿化飞速发展，随着园林树种的多样化和种植面积不断地扩大，蚧虫为害也日趋严重。虽然多数种类在通常情况下密度较低，不足以造成为害，但是一旦遇到合适条件，转眼就可以爆发成灾。特别是由于城市环境污染和盲目滥施化学农药，大量杀伤天敌，导致蚧虫猖獗为害，成为城市园林绿化的一大难题。

多年来，要求出版一部我国园林常见蚧虫（含各地特有种类）的专著，既保证科学性，又突出其实用性，能直接指导防治工作。这种来自各方面的呼声很高。

为了适应生产发展的需要，1994年经建设部批准，中国园林学会植保专业委员会组建了全国园林蚧虫攻关课题组，有沈阳、成都、武汉、包头、上海、昆明、贵阳、天津、南京、保定、大连、南宁、乌鲁木齐、丹东、攀枝花、白戎、仙桃、荆门和赤峰十九个城市61个单位，共130名园林科技人员参加，其中高级工程师占科技人员的70%以上。课题组由沈阳徐公天、成都李忠、包头李杰、武汉兰净江主持。课题组连续四年在全国范围，对园林植物、林木、果树、各类经济作物及牧草反复进行拉网式普查，共采集蚧虫标本20 000余号，制作显微玻片标本6 000余张。我们在查阅国内外大量文献资料的基础上，对所采标本进行反复核对和鉴定，编著了《中国园林植物蚧虫名录》，计13科238属1 000种，包括中名、学名、寄主植物、地理分布（国内外），基本查清了全国蚧虫种类，与国内蚧虫分类专家公布和推测的数字（我国著名蚧虫分类专家杨平澜先生1982年所著《中国蚧虫分类概要》记载了蚧虫630种，山西大学汤祊德教授估计我国蚧虫有近千种）相吻合。名录中调查的寄主植物占常见园林植物种类的90%以上，调查地区遍布全国各地（仅台湾和西藏根据文献），因此，本名录的记载具全面性、真实性。还编著了《中国园林植物蚧虫天敌名录》，计12目41科273种，为今后天敌的利用提供了较为系统的研究资料。同时，部分城市还对当地的一些常见蚧虫种类，进行了不同程度的系统研究，为撰写《中国园林植物蚧虫》专著打下了基础。

蚧虫种类鉴定要依靠制作蚧虫显微玻片标本，通过显微镜观察其体壁上复杂的细微结构来确定，这种方法是世界通用的，对蚧虫分类研究人员也是必需的。可是，显微制片技术难度较大，非专门的制片人员是难以制出合格玻片。蚧虫鉴定的显微结构异常复杂多变，更是非分类专业人员难以掌握的，自然影响了植保工作者对蚧虫种类的识别，进而错失防治良机。

本专著的最大创新就在于将蚧虫复杂而过于专业化的种类鉴定方法简单化、直观化，解决了植保工作者识别蚧虫的难题。即对我国380种常见蚧虫，通过显微制片准确鉴定到种后，然后详细地描述这些种类相对应的固有外部形态特征（如色泽、形状、大小、雌雄差异、蜡被等）。植保工作者借助手持放大镜，根据这些外部形态特征，结合其生物学特性以及彩色照片和素描图加以考证，就可以识别和确定本地常见种类。这种方法特别适用于生产，这是适合我国国情的常见蚧虫种类的识别技术，在国际、国内为首创和尝试。本书是我国唯一的一部蚧虫研究种类最多，内容全面翔实的蚧虫专著，是不可多得的园林蚧虫百科全书。兼具科学性和实用性，是农林大专院校植保专业师生的教科书，是园林、农林科研院所及植物检疫部门技术人员的参考书，是各类种植业、园林施工养护企业及家庭养花爱好者的工具书，应用十分广泛。

全国部分园林植保工作者，都不同程度地为本专著提供了蚧虫研究资料。作者在二十多年积累的园林蚧虫研究经验和资料的基础上，融合了各城市的研究资料，成为本专著的主要内容。考虑到园林植物都来源于农、林、牧植物，被寄生蚧虫的种类相同，其发生危害规律也基本一致。为此，查阅和收编了少量农、林、牧植物蚧虫的研究文献资料，进一步完善了《中国园林植物蚧虫》专著。中国昆虫研究所王子清研究员，上海昆虫研究所胡金林研究员，山西农大汤祊德教授，四川省农业植保研究所陈方洁研究员，广东昆虫研究所及澳大利亚有关学者对蚧虫及其天敌疑难种类的鉴定给予了不少帮助，北京农业大学武三安教授、广东昆虫研究所任辉研究员分别为《中国园林植物蚧虫名录》、《中国园林植物蚧虫天敌名录》审稿，在此一并表示衷心感谢！

因编者水平有限，加之该书写作时间拖得很长，书中不当、遗漏甚至错误之处，敬请各位批评指正。

李　忠

2016 年 2 月 26 日于成都

目录

总论 ·· 2

一、蚧虫进化系统与分类概述 ·································· 2
二、蚧虫的形态特征 ··· 3
三、蚧虫的生物学特性 ·· 7
四、蚧虫的天敌 ··· 10
五、蚧虫的防治 ··· 16
六、蚧虫的研究方法 ··· 25
七、蚧虫的采集和标本制作方法 ······························· 26
八、蚧虫天敌——寄生蜂的采集饲育、保存及标本制作 ········ 27

蚧虫总科雌成虫分科检索表 ································ 29

蚧虫雌成虫分属检索表 ······································ 31

各论 ·· 59

一、旌蚧科 ORTHEZIIDAE ······································ 60
    1. 寡毛旌蚧 ············ 60　　2. 菊旌蚧 ············ 60

二、珠蚧科 MARGARODTDAE ································· 61
    1. 樟子松干蚧 ········ 61　　8. 松梢松干蚧 ········ 67
    2. 海松干蚧 ············ 61　　9. 野菊新珠蚧 ········ 67
    3. 马尾松干蚧 ········ 62　　10. 乌黑新珠蚧 ······ 68
    4. 黑松干蚧 ············ 63　　11. 波斯胭珠蚧 ······ 69
    5. 神农松干蚧 ········ 65　　12. 甘草胭珠蚧 ······ 69
    6. 中华松干蚧 ········ 65　　13. 乌苏里胭珠蚧 ··· 70
    7. 云南松干蚧 ········ 66

三、绵蚧科 MONOPHLEBIDAE ································· 70
    1. 日本履绵蚧 ········ 70　　4. 黄毛吹绵蚧 ········ 75
    2. 埃及吹绵蚧 ········ 72　　5. 印度密绵蚧 ········ 76
    3. 澳洲吹绵蚧 ········ 73　　6. 黑毛鞋绵蚧 ········ 76

四、粉蚧科 PSEUDOCOCCIDAE ······························· 77
    1. 多孔配粉蚧 ········ 78　　8. 鹤虱黑粉蚧 ········ 82
    2. 白尾安粉蚧 ········ 78　　9. 莉竹扁粉蚧 ········ 82
    3. 九龙安粉蚧 ········ 79　　10. 球坚扁粉蚧 ······ 83
    4. 巨竹安粉蚧 ········ 80　　11. 蒙古佳粉蚧 ······ 83
    5. 远东安粉蚧 ········ 80　　12. 鸦葱巧粉蚧 ······ 83
    6. 蓍草黑粉蚧 ········ 81　　13. 远东盘粉蚧 ······ 84
    7. 内蒙黑粉蚧 ········ 81　　14. 日本盘粉蚧 ······ 84

15. 杜松皑粉蚧	85	39. 枸杞品粉蚧	98
16. 桑树皑粉蚧	85	40. 槭树绵粉蚧	99
17. 松树皑粉蚧	86	41. 白蜡绵粉蚧	99
18. 甘蔗灰粉蚧	86	42. 柿树绵粉蚧	100
19. 菠萝灰粉蚧	87	43. 杏树绵粉蚧	101
20. 中亚灰粉蚧	88	44. 柑橘刺粉蚧	101
21. 紫藤灰粉蚧	88	45. 印度刺粉蚧	103
22. 蒙古草粉蚧	89	46. 南洋刺粉蚧	103
23. 双条拂粉蚧	89	47. 梅山刺粉蚧	104
24. 柑橘地粉蚧	90	48. 中华刺粉蚧	105
25. 旧北星粉蚧	90	49. 长刺粉蚧	105
26. 藜根星粉蚧	91	50. 柑橘栖粉蚧	106
27. 巴氏星粉蚧	91	51. 柑橘棘粉蚧	106
28. 枣树星粉蚧	92	52. 康氏粉蚧	107
29. 马鞍山锥粉蚧	92	53. 长尾粉蚧	109
30. 芦苇刘粉蚧	93	54. 真葡萄粉蚧	109
31. 木槿曼粉蚧	93	55. 东亚蔗粉蚧	109
32. 柯树曼粉蚧	94	56. 云南锈粉蚧	109
33. 中国小粉蚧	94	57. 多刺垒粉蚧	110
34. 芦苇新粉蚧	95	58. 柑橘土粉蚧	110
35. 竹巢粉蚧	95	59. 旧北蔗粉蚧	111
36. 枸杞堆粉蚧	96	60. 艾蒿匹粉蚧	111
37. 柑橘堆粉蚧	97	61. 黑麦条粉蚧	112
38. 艾草品粉蚧	98	62. 孤独条粉蚧	112

五、毡蚧科 ERILCOCCIDAE ································ 113

1. 柿树白毡蚧	113	10. 羊蹄甲囊毡蚧	119
2. 榆皮隐毡蚧	115	11. 丝球毡蚧	119
3. 槭树毡蚧	115	12. 宁夏毡蚧	119
4. 山杏毡蚧	115	13. 杨树囊毡蚧	120
5. 杜梨毡蚧	116	14. 柳树干毡蚧	120
6. 鲍氏囊毡蚧	116	15. 大豆囊毡蚧	121
7. 沿海榆毡蚧	116	16. 榆树囊毡蚧	122
8. 石榴囊毡蚧	117	17. 小型根毡蚧	122
9. 缘边囊毡蚧	119	18. 毛竹根毡蚧	123

六、胶蚧科 CACCIFERIDAE ································ 123

1. 紫胶蚧	123	2. 茶硬胶蚧	124

七、红蚧科 KERMESIDAE ……125

1. 华栗红蚧 …… 125
2. 壳点红蚧 …… 126
3. 泰山红蚧 …… 126
4. 日本巢红蚧 …… 126

八、链蚧科 ASTEROLECANIDAE ……127

1. 黑瘤壶链蚧 …… 127
2. 日本壶链蚧 …… 127
3. 栎类壶链蚧 …… 129
4. 木荷壶链蚧 …… 129
5. 云南壶链蚧 …… 130
6. 香樟树链蚧 …… 130
7. 广布竹链蚧 …… 130
8. 东瀛竹链蚧 …… 131
9. 中国竹链蚧 …… 132
10. 透体竹链蚧 …… 132
11. 半球竹链蚧 …… 133
12. 日本竹链蚧 …… 134
13. 热带竹链蚧 …… 134
14. 广东竹链蚧 …… 134
15. 西双竹链蚧 …… 135
16. 亚螺竹链蚧 …… 135
17. 普通竹链蚧 …… 136
18. 合欢滇链蚧 …… 136
19. 四川苏链蚧 …… 137
20. 昌都球链蚧 …… 137
21. 栗树柞链蚧 …… 138
22. 昆明柞链蚧 …… 139
23. 印度蜡链蚧 …… 140
24. 槐兰蜡链蚧 …… 140
25. 普食珞链蚧 …… 140

九、蚧科 COCCIDAE ……141

1. 角蜡蚧 …… 142
2. 日本龟蜡蚧 …… 144
3. 伪角龟蜡蚧 …… 146
4. 红龟蜡蚧 …… 146
5. 木豆玻壳蚧 …… 148
6. 柑橘绿绵蚧 …… 148
7. 油茶绿绵蚧 …… 150
8. 多角绿绵蚧 …… 151
9. 刷毛绿绵蚧 …… 153
10. 台湾绿绵蚧 …… 154
11. 香蕉形软蚧 …… 154
12. 番木瓜软蚧 …… 154
13. 南亚蚁软蚧 …… 154
14. 广食褐软蚧 …… 155
15. 长椭圆软蚧 …… 156
16. 柑橘树软蚧 …… 156
17. 毛缘软蚧 …… 157
18. 肉桂双蜡蚧 …… 157
19. 朝鲜毛球蚧 …… 158
20. 中亚毛球蚧 …… 159
21. 白蜡蚧 …… 159
22. 羊茅绒茧蚧 …… 162
23. 针茅绒茧蚧 …… 163
24. 龟背网纹蚧 …… 163
25. 樱桃球坚蚧 …… 164
26. 睫毛球坚蚧(扁球蜡蚧) …… 164
27. 刺槐球坚蚧 …… 164
28. 白桦球坚蚧 …… 164
29. 瘤大球坚蚧 …… 165
30. 榆球坚蚧 …… 166
31. 昆明球坚蚧 …… 167
32. 日本球坚蚧 …… 167
33. 皱大球坚蚧 …… 168
34. 大球坚蚧 …… 169
35. 云南球坚蚧 …… 169
36. 泛布大脚蚧 …… 169
37. 亚洲大绵蚧 …… 170
38. 日本卷毛蚧 …… 170
39. 红帽龟蜡蚧 …… 172
40. 佛州龟蜡蚧 …… 172
41. 昆明龟蜡蚧 …… 173
42. 乌黑副盔蚧 …… 173
43. 水木坚蚧 …… 174
44. 桃树木坚蚧 …… 176

45. 远东杉苞蚧 …………… 177
46. 樟树盘盔蚧 …………… 178
47. 芒果原绵蚧 …………… 178
48. 梨形原绵蚧 …………… 179
49. 锡金伪绵蚧 …………… 179
50. 桦树绵蚧 ……………… 179
51. 海边绵蚧 ……………… 180
52. 小杨绵蚧（杨棉蚧）…… 181

53. 朝鲜褐球蚧 …………… 181
54. 吐伦褐球蚧 …………… 182
55. 山矾黑盔蚧 …………… 182
56. 咖啡黑盔蚧 …………… 182
57. 橄榄黑盔蚧 …………… 184
58. 中华马头蚧 …………… 185
59. 日本纽绵蚧 …………… 185
60. 七角星蜡蚧 …………… 187

十、仁蚧科 ACLERDIDAE …………… 187

1. 东京仁蚧 ……………… 187
2. 芦苇日仁蚧 …………… 187

十一、盾蚧科 DIASPIDIDAE …………… 188

1. 灰黭圆盾蚧 …………… 190
2. 山茶黭圆盾蚧 ………… 190
3. 莎草须蛎盾蚧 ………… 191
4. 夏威夷安蛎盾蚧 ……… 191
5. 小孔安蛎盾蚧 ………… 192
6. 桑安蛎盾蚧 …………… 192
7. 云南安蛎盾蚧 ………… 193
8. 红肾圆质蚧 …………… 193
9. 黄肾圆盾蚧 …………… 195
10. 桐肾圆盾蚧 …………… 196
11. 东方肾圆盾蚧 ………… 197
12. 棕肾圆盾蚧 …………… 197
13. 红豆杉肾圆盾蚧 ……… 198
14. 木薯白蛎盾蚧 ………… 199
15. 甘蔗小圆盾蚧 ………… 199
16. 中华圆盾蚧 …………… 200
17. 柳杉圆盾蚧 …………… 201
18. 椰圆盾蚧 ……………… 202
19. 常春藤圆盾蚧 ………… 204
20. 阿里白轮盾蚧 ………… 205
21. 柑橘白轮盾蚧 ………… 206
22. 茶花白轮盾蚧 ………… 207
23. 胡颓子白轮盾蚧 ……… 208
24. 费氏白轮盾蚧 ………… 209
25. 钩樟白轮盾蚧 ………… 210
26. 锥腹白轮盾蚧 ………… 210
27. 龙眼白轮盾蚧 ………… 211
28. 甘蔗白轮盾蚧 ………… 211
29. 大叶白轮盾蚧 ………… 212

30. 楠木白轮盾蚧 ………… 213
31. 香椿白轮盾蚧 ………… 213
32. 拟刺白轮盾蚧 ………… 213
33. 蔷薇白轮盾蚧 ………… 214
34. 月季白轮盾蚧 ………… 215
35. 梅白轮盾蚧 …………… 217
36. 檫木白轮盾蚧 ………… 218
37. 乌桕白轮盾蚧 ………… 219
38. 芒果白轮盾蚧 ………… 220
39. 雅樟白轮盾蚧 ………… 221
40. 棕榈鲍圆盾蚧 ………… 222
41. 白桦雪盾蚧 …………… 222
42. 杜鹃雪盾蚧 …………… 223
43. 细腺雪盾蚧 …………… 223
44. 拟孟雪盾蚧 …………… 224
45. 木犀雪盾蚧 …………… 224
46. 准富雪盾蚧 …………… 225
47. 柞雪盾蚧 ……………… 225
48. 柳雪盾蚧 ……………… 225
49. 乌柳雪盾蚧 …………… 226
50. 蜀雪盾蚧 ……………… 226
51. 葡萄雪盾蚧 …………… 228
52. 双叶壳圆盾蚧 ………… 228
53. 酱褐圆盾蚧 …………… 229
54. 橙褐圆盾蚧 …………… 230
55. 黑褐圆盾蚧 …………… 231
56. 桧叶锤圆盾蚧 ………… 233
57. 兰眼蛎盾蚧 …………… 233
58. 针型眼蛎盾蚧 ………… 234

59. 拟兰眼蛎盾蚧 …… 235	100. 日本白片盾蚧 …… 264
60. 波氏白背盾蚧 …… 236	101. 紫楠耙盾蚧 …… 266
61. 凤梨白背盾蚧 …… 237	102. 长鬃圆盾蚧 …… 267
62. 仙人掌白背盾蚧 …… 237	103. 锯腹牡蛎盾蚧 …… 268
63. 凹叶复盾蚧 …… 238	104. 紫牡蛎盾蚧 …… 269
64. 芦竹复盾蚧 …… 239	105. 山茶牡蛎盾蚧 …… 270
65. 冷杉大圆盾蚧 …… 240	106. 中国牡蛎盾蚧 …… 271
66. 柏单蜕盾蚧 …… 240	107. 梅牡蛎盾蚧 …… 271
67. 少腺单蜕盾蚧 …… 240	108. 槭木牡蛎盾蚧 …… 272
68. 日本单蜕盾蚧 …… 241	109. 葛氏牡蛎盾蚧 …… 273
69. 多腺单蜕盾蚧 …… 243	110. 日本牡蛎盾蚧 …… 274
70. 云南松单蜕盾蚧 …… 244	111. 橘牡蛎盾蚧 …… 275
71. 罗汉松单蜕盾蚧 …… 244	112. 北京牡蛎盾蚧 …… 275
72. 石栎单蜕盾蚧 …… 245	113. 松牡蛎盾蚧 …… 276
73. 台湾单蜕盾蚧 …… 246	114. 梨牡蛎盾蚧 …… 277
74. 茶单蜕盾蚧 …… 246	115. 三管牡蛎盾蚧 …… 278
75. 松单蜕盾蚧 …… 247	116. 沙枣牡蛎盾蚧 …… 279
76. 黑美片盾蚧 …… 248	117. 槐牡蛎盾蚧 …… 279
77. 竹鞘丝绵盾蚧 …… 248	118. 台湾蟠盾蚧 …… 280
78. 泰国丝绵盾蚧 …… 249	119. 台湾栎片盾蚧 …… 280
79. 大戟齿片盾蚧 …… 249	120. 哈勃新并盾蚧 …… 281
80. 长丝盾蚧 …… 250	121. 赤竹泥盾蚧 …… 281
81. 棕榈栉圆盾蚧 …… 251	122. 刺洋圆盾蚧 …… 282
82. 松栉圆盾蚧 …… 252	123. 柑橘刺圆盾蚧 …… 282
83. 桂花栉圆盾蚧 …… 253	124. 格氏绵盾蚧 …… 283
84. 双球霍盾蚧 …… 254	125. 朝鲜癞蛎盾蚧 …… 284
85. 榕藤纹片盾蚧 …… 255	126. 栎癞蛎盾蚧 …… 284
86. 留片线盾蚧 …… 255	127. 硬缘癞蛎盾蚧 …… 285
87. 麻竹线盾蚧 …… 256	128. 京松癞蛎盾蚧 …… 286
88. 竹叶线盾蚧 …… 256	129. 松癞蛎盾蚧 …… 286
89. 白蚓线盾蚧 …… 257	130. 乌桕癞蛎盾蚧 …… 287
90. 霍氏线盾蚧 …… 257	131. 黄杨粗片盾蚧 …… 287
91. 台湾线盾蚧 …… 258	132. 中国星片盾蚧 …… 289
92. 黄蚓线盾蚧 …… 259	133. 梨星片盾蚧 …… 290
93. 朴蛎盾蚧 …… 259	134. 山茶片盾蚧 …… 290
94. 苏铁蛎盾蚧 …… 260	135. 茉莉片盾蚧 …… 291
95. 桧柏蛎盾蚧 …… 261	136. 侧柏片盾蚧 …… 292
96. 苹果蛎盾蚧 …… 261	137. 梨片盾蚧 …… 292
97. 柳蛎盾蚧 …… 262	138. 橄榄片盾蚧 …… 293
98. 榆蛎盾蚧 …… 263	139. 糠片盾蚧 …… 294
99. 蔷薇轮圆盾蚧 …… 264	140. 黄片盾蚧 …… 295

141. 茶片盾蚧 ········· 296
142. 云南片盾蚧 ········· 297
143. 黑片盾蚧 ········· 298
144. 百合并盾蚧 ········· 299
145. 黄杨并盾蚧 ········· 301
146. 茉莉并盾蚧 ········· 302
147. 桧并盾蚧 ········· 302
148. 突叶并盾蚧 ········· 303
149. 茶并盾蚧 ········· 304
150. 单叶并盾蚧 ········· 305
151. 双铲盾蚧 ········· 306
152. 樟网盾蚧 ········· 306
153. 牡丹网盾蚧 ········· 308
154. 蛇目网盾蚧 ········· 309
155. 中棘白盾蚧 ········· 310
156. 中国白盾蚧 ········· 311
157. 考氏白盾蚧 ········· 311
158. 石斛白盾蚧 ········· 314
159. 桑名白盾蚧 ········· 314
160. 巨尾白盾蚧 ········· 315
161. 桑白盾蚧 ········· 315
162. 海桐白盾蚧 ········· 318
163. 广东白盾蚧 ········· 318
164. 高桥白盾蚧 ········· 319
165. 柞笠圆盾蚧 ········· 319
166. 杨笠圆盾蚧 ········· 320
167. 桦笠圆盾蚧 ········· 321
168. 梨笠圆盾蚧 ········· 321
169. 突笠圆盾蚧 ········· 323
170. 苏铁刺圆盾蚧 ········· 324
171. 台湾角圆盾蚧 ········· 325
172. 蒲桃锯盾蚧 ········· 325
173. 柽柳晋盾蚧 ········· 326
174. 中国晋盾蚧 ········· 327
175. 中华翼片盾蚧 ········· 327
176. 阴腺滇片盾蚧 ········· 328
177. 楠崇化盾蚧 ········· 328
178. 琼楠梯圆盾蚧 ········· 329
179. 兔唇梯圆盾蚧 ········· 329
180. 枝缨蜕盾蚧 ········· 330
181. 毛竹釉盾蚧 ········· 330
182. 紫竹釉盾蚧 ········· 331
183. 苏铁尖盾蚧 ········· 332
184. 柑橘尖盾蚧 ········· 332
185. 卫矛矢尖盾蚧 ········· 333
186. 矢尖盾蚧 ········· 334

蚧虫天敌彩色图版 ········· 338

附录 ········· 355

中国园林植物蚧虫名录 ········· 356
中国园林植物蚧虫天敌名录 ········· 458

索引 ········· 475

蚧虫中文名索引 ········· 476
蚧虫拉丁学名索引 ········· 482

主要参考文献 ········· 488

后记 ········· 492

总 论

一、蚧虫

进化系统与分类概述

蚧虫属昆虫纲、半翅目、胸喙亚目、蚧总科coccoinea。蚧总科与胸喙亚目的木虱总科、粉虱总科、蚜总科形成称为胸吻群的特殊群体。其共同特点是，口器已退化演变呈细管状的口针，适合插入植物组织中吸取汁液，这是它们固着在寄主植物上过寄生生活而高度适应进化的结果。蚧虫是古老（产生于大约6 000万年前的新生代）又十分特异的类群，地球上凡有植物的地方，都有各地特有的蚧虫出现，世界上已命名的种类达7 000~8 000种。追索蚧虫和其他昆虫系统的关系来看，蚧虫与木虱总科、粉虱总科、蚜总科接近，特别是与蚜总科的关系最密切。综合目前各国专家的研究，我们提出了我国蚧虫的进化系统（见进化系统树）。

蚧总科的基本特征：

1. 通常情况下，所有虫态的跗节只1节，爪1个。
2. 雌雄异型，雄虫具前翅1对（极少数退化），后翅退化为平衡棍，无喙及口针；雌成虫无翅，喙及口针常发达。虫体通常覆盖有蜡粉或蜡块、蜡被、介壳等保护物。
3. 雌雄变态各异：雌虫渐变态，无蛹期；雄虫全变态，有蛹期。

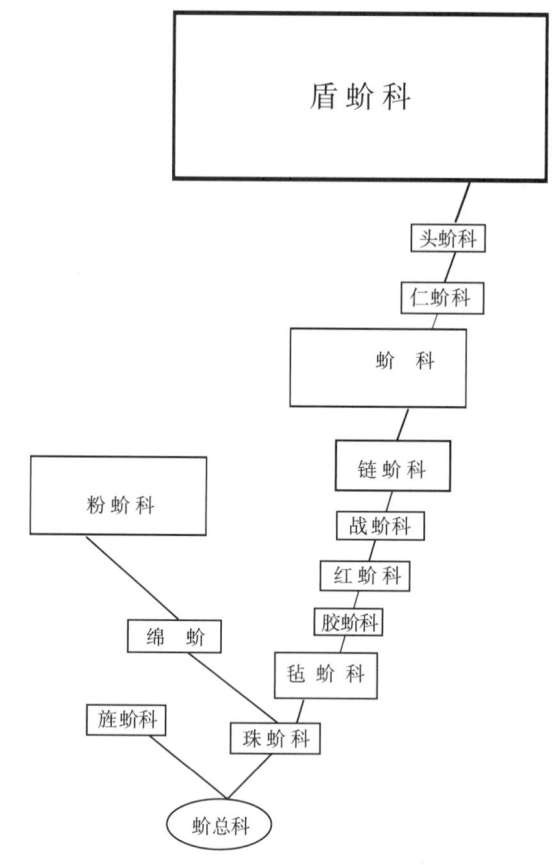

蚧总科进化系统树

半翅目胸喙亚目进化系统树

鉴于蚧虫分类的显微结构异常复杂多变，国内外专家对蚧虫分类的意见各不相同，很难统一。为此，我们综合多家意见，将我国已记载的1 006种蚧虫分为两类，即古蚧类（Palaeococcomorpha Borchs.1965）和新蚧类（Neococcomropha Borchs.1965），共13科：

1. **古蚧类 Palaeococcomorpha Borchs.1965**
   （1）旌蚧科 ORTHEZIIDAE
   （2）珠蚧科 MARGARODTDAE
   （3）绵蚧科 MONOPHLEBIDAE
2. **新蚧类 Neococcomropha Borchs.1965**
   （4）粉蚧科 PSEUDOCOCCIDAE
   （5）毡蚧科 ERIOCOCCIDAE
   （6）胶蚧科 CACCIFERIDAE
   （7）红蚧科 KERMESIDAE
   （8）战蚧科 PHOENICOCOCCIDAE
   （9）链蚧科 ASTEROLECANIDAE
   （10）蚧科 COCCIDAE
   （11）仁蚧科 ACLERDIDAE
   （12）头蚧科 BEESONIIDAE
   （13）盾蚧科 DIASPIDIDAE

二、蚧虫的形态特征

蚧虫的形态特征比较奇特，变异很大，各科之间的外形及分类特征也不尽相同，即使同一种类，在不同寄主、不同寄生部位及不同的生态条件下也会发生差异，所以蚧虫的同种异名或同名异种的现象很普遍。在此，只能就共性的，特别是在种类的外形和细微形态识别上必须掌握的一些最基本、最常用的特征作一简单描述。由于雌成虫的生活周期较长，较稳定，故在蚧虫的识别中主要是以雌成虫为主，只有当其识别特征不敷用时，才考虑雄成虫和若虫的一些形态特征。

（一）雌成虫

1. 形状

变化甚大，科与科之间、属与属之间不尽一样。粉蚧科以椭圆形为多，盾蚧科以圆形、纺锤形、卵形、梨形、长形为主，蚧科以球形、半球形、扁圆形最常见，链蚧科多为椭圆形、卵圆形或倒梨形，毡蚧科以椭圆形为主。

2. 大小

种类之间变化很大，多数长 1~3mm，最大者可长达 40mm（Aspidioproctus maximus Newstead），但特大或特小者均较少。同一种类常因寄主、孕卵、发育时期、营养条件及气候因子等有所差异。

3. 色泽

活体以白色、橙色、红色或绿色等较多，老熟程度不同，体色亦有不同，死体色较深。

4. 体节和体段

全体分为头、胸、腹三部分，尤以较原始种类（旌蚧科、珠蚧科、绵蚧科和粉蚧科）较为明显。多数种类头和前胸愈合，盾蚧科的头，前胸和中胸愈合成一块（称前体），后胸和腹部称后体。有的体背分节线不显（蚧科），有的完全没有分节痕迹（红蚧科）。

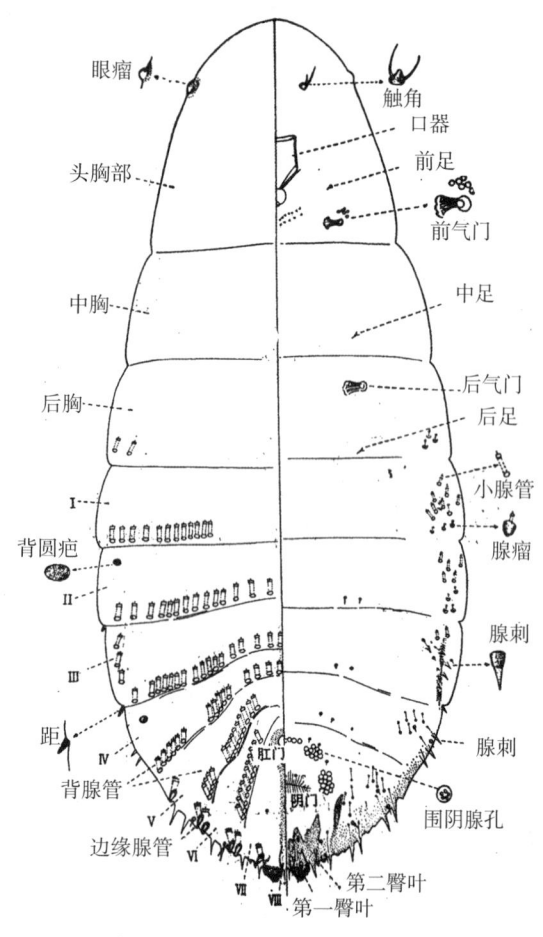

盾蚧科雌成虫身体的重要特征（模式图）

（1）头部：具有触角、单眼和口器。触角1对，位于腹面前缘的单眼附近或顶缘；通常5~10节，少数多达15节；丝状（绵蚧科、粉蚧科）、念珠状（珠蚧科）、棒状或瘤状（链蚧科，仁蚧科，盾蚧科），常退化、不分节或缺如；触角节上长有1或数个圆形感觉孔、1至数根细尖刚毛或粗钝感觉毛。单眼圆形，位于腹面两侧边缘，每侧各1个；发达者长于一圆锥突起（眼座）上（旌蚧科、绵蚧科和粉蚧科），有的不显，只存遗迹，微凸起而有一些色素（蚧科和链蚧科），有的缺如（盾蚧科）。口器由喙基片（唇基）、喙（下唇）和口针组成；喙1~3节，圆锥形，硬化；口针4根，细长而坚硬，卷曲，藏于中、后胸板间的袋状口针囊中。

（2）胸部：分前胸、中胸和后胸，前胸常与头部愈合。具胸气门2对和胸足3对；胸气门分别位于前胸（前胸气门）和后胸（后胸气门），常为喇叭状（气门腔），有时内有盘状腺（气门腔腺），气门稍凹入体壁（气门窝），周围常围有成列的盘状腺（气门盘腺），有时从胸气门到体缘有成列的盘状（气门路），体缘气门路口稍凹入（气门洼），洼内着生粗刺（气门刺）2~3根或更多。胸足常较小，分别位于前胸、中胸和后胸，每胸各1对；正常足由基节、转节、腿节、胫节、跗节和爪组成，有的部分足节愈合；转节近三角形或长形，具毛，有成对的圆孔2或数个；腿节粗大，常有刚毛，透明泌蜡孔或格眼；胫节细长，生细毛或透明孔，端具硬距2个；跗节1节，少数2节，端具细长毛（跗冠毛）2根；爪1个，稍弯曲，其下侧近顶端处常有小齿实（爪齿）1个，爪基部具或粗或细的长毛（爪冠毛）2根，毛顶端膨大呈球形；跗冠毛和爪冠毛能分泌黏液，便于虫体在光滑面上爬行；足或发达，或退化成瘤状，或缺如，有的前足特化为挖掘足。粉蚧科种类的前胸背板每侧各有1个嘴唇样的横裂孔（前背孔或前嘴裂），当受惊时能分泌在空中易凝固的有色液体，起保护作用。胶蚧科种类具有与前胸气门相联系的筛状硬化臂板，臂长柱状，供虫体在胶壳中呼吸。

（3）腹部：11节，常见8节，第9~11节常难分辨；有的种类第1和2腹节与头胸部愈合；腹节多数无气门，少数第2~8腹节两侧具气门；粉蚧科种类第6腹节背板每侧各具1个嘴唇形横裂孔（后背孔或后背裂），第8腹节两侧常各向后突起呈锥状（尾瓣），其顶端各生有长而强壮的刚毛（尾瓣端毛）1根；盾蚧科种类第5~8腹节常愈合成半圆形硬化板（臀板）。粉蚧科和绵蚧科在腹面常有圆形或椭圆形结构（腹疤），前者位于腹中线上（腹脐），后者数多且排成横列或弧形。第8~9腹节间的腹面中央具有呈穴状凹坑的阴门，其周围常存在成群的盘状腺（围阴腺），阴门的有或无是成虫和若虫相区别的主要标志。第10~11腹节间的腹面中央具有圆形的肛门，粉蚧科和毡蚧科种类的肛门位于腹末的尾瓣门，周围有1至多列孔组成的扁平硬化环（肛环），上常生毛（肛环毛）4~8根；有的肛门凹入于一筒状结构内（肛筒或肛管）；蚧科的肛门前移，上盖三角形硬化板（肛板）2块，腹末有尾裂（臀裂）1条；胶蚧科的肛门用于泌露和排泄，位于体末的瘤状硬化结构（尾瘤）内，在尾瘤和两臂之间有背中针1根，用于泌胶。

5. 体壁及其附属物

体壁扁平或隆起，不同程度硬化，尤以中、后期的背部硬化最为坚固，其中红蚧、蚧科中的球蚧最为典型；腹面多数平坦而膜质。在蚧虫的体表（体壁）上有许多形状、结构特异的附属物，是分类上必不可少的特征。在通常情况下主要有以下几种。

（1）蜡腺：是分泌蜡物的主要结构，具有泌蜡功能，大致可以分成三类。

（2）盘腺（孔腺）：按其形状可以分为三格腺（近于三角形，由3个斜形格组成）、五格腺（圆形，中心为1格，周围一圈5~6格）、多格腺（圆形，中心1~4格，周围一圈10~12格）、圆形腺（膜状结构，不分格）8字腺（为2个圆形腺的连合，形如8字，又名对腺）及其他具有微粒状表面的不规格腺。

（3）管腺（管状腺）：按其形状可以分为柱腺（圆柱形，管口有1圈硬化环）、瓶腺（管

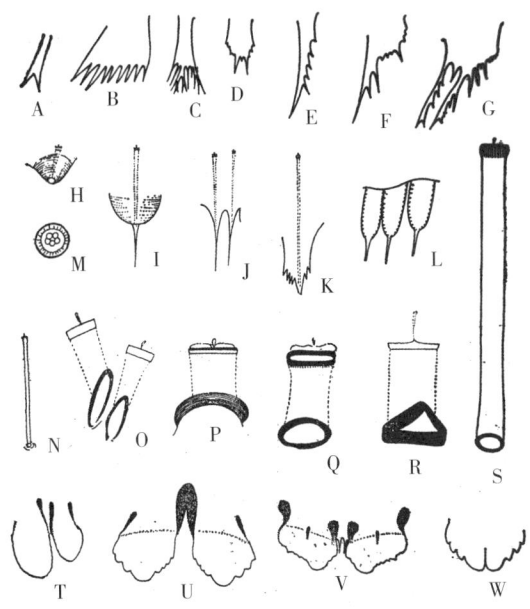

A~G：各种臀栉（A. 叉式 B. 端齿式 C、D. 不规则端齿式 E、F. 侧齿式 G. 剪齿式）H. 腺瘤 I. 刺式腺瘤 J. 臀栉式腺刺 K. 臀栉式腺刺 L. 安倍瓶式腺刺 M. 盘状腺孔 N. 小腺管 O~R. 大腺管（双闩式：O. 斜口式 P. 半环口式 Q. 环口式 R. 三角口式）S. 长腺管（单闩式）T. 第二臀叶分两瓣 U. 中臀叶轭连 V. 中臀叶不轭连 W 中臀叶合并

盾蚧科雌成虫臀板的附属构造

身内端膨大有硬化框，管口无硬化环）、蕈腺（圆柱形，管口硬化环发达成半球形蕈状结构）、星腺（圆柱形，管口硬化环形成截面圆锥状突，环基有小刺或毛1~5根，又名放射状腺）、双筒腺（2个管腺并连在一起，形如望远镜）、垂柱腺（大小不同的管腺套在一起，又名套腺）、微管腺（直径约0.002mm的微细管腺）、精子状腺（形如精子）及其他等。

（4）刺腺：形状各异，先端尖或钝，不分枝或分枝（如叉、刷等）。

还有各种类型的毛、刺，它们均没有泌蜡的机能。毛的基部有毛囊，可以特化为刺（披针状、刺状毛），刺的基部无毛囊。

6. 蜡质分泌和虫体蜡被

初孵若虫自固定后，体壁上的泌蜡系统马上就分泌蜡质，逐步形成种类特有的覆盖物—蜡被。同科属蚧虫的蜡被一般具有共同特征。蜡被是作为虫体及卵的保护物。

有的蚧虫泌蜡很少，总是躲藏在叶鞘中，或是潜居于植物组织内，如珠蚧科的某些种类；有的种类近似于裸体，其体表也有一层极薄的半透明赛路珞样的被膜，如链蚧科某些种类；有的种类虫体完全裸露，其体背变硬或是末龄若虫膨大变硬，如广食褐软蚧，毛缘软蚧及球坚蚧属。这些变化都是为了保护成虫和卵。但是大多数蚧虫都能分泌形成

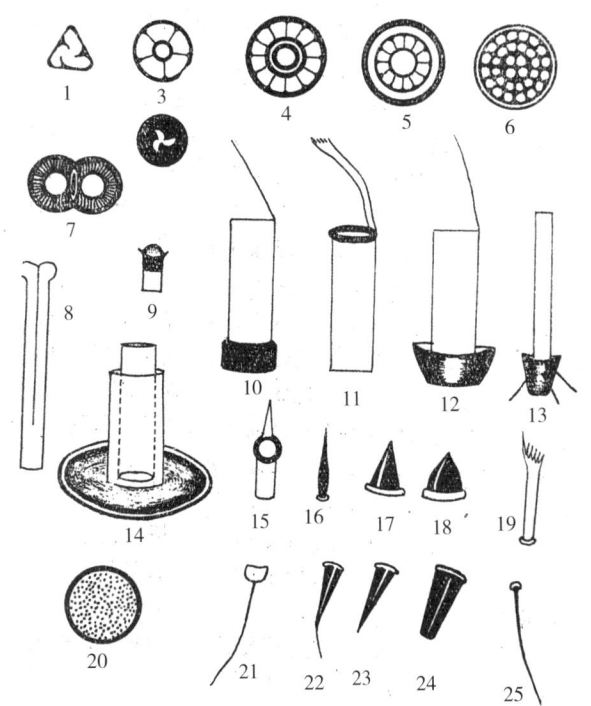

蚧虫体的蜡腺

各种各样的蜡被，其主要类型有蜡壳、蜡块、蜡粉、丝囊、卵袋、介壳等。此外，绵蚧科、粉蚧科、旌蚧科及蚧科（某些种类），在产卵时还多由身体后端腹面分泌蜡质形成带状、囊状、绵块状等多种形状的卵囊，除粉蚧所产生的绵块状的卵囊是独立的外，其余种类的卵囊一般都直接附着在腹部上。虽然大多数蚧虫都有各式各样的蜡被，但是，只有盾蚧科（是蚧总科中种类最多的科）才具有真正的介壳。介壳是最特化的蜡被，形状各异，如笠、牡蛎、梨、扁圆、蚌、矢箭、线形等。壳背有1或2个若虫蜕皮壳（壳点），位于介壳端部、边缘或中心，第1或2龄若虫的蜕皮分别称第1或2壳点，第2壳点位于第1壳点下面，极少数介壳没有壳点。

（二）雄成虫

体躯明显区分为头、胸、腹三段，少数分节不明显，自胸部向腹末渐尖。头部具触角、眼和口器；触角长丝状或刚毛状，通常10~25节，每节生有不同长度的细毛，端节或有1粗刺；眼1对，多为单眼，少数为复眼（旌蚧科，绵蚧科和珠蚧科）；口器很退化，喙和口针均缺。胸部有前翅1对，极少数前翅退化（如紫胶蚧和棉珠蚧），翅平放，透明或暗色，较薄具金属光泽，上具脉1~2条或缺脉，后翅退化成平衡棒；足3对，发达，分节明显，跗节1~2节，爪1个，爪冠毛顶端尖或膨大；腹末有交配器1个，锥状，坚硬；腹末前节常有管腺2或数个，由此分泌出白色蜡丝2或数根，但链蚧科却缺此蜡丝。

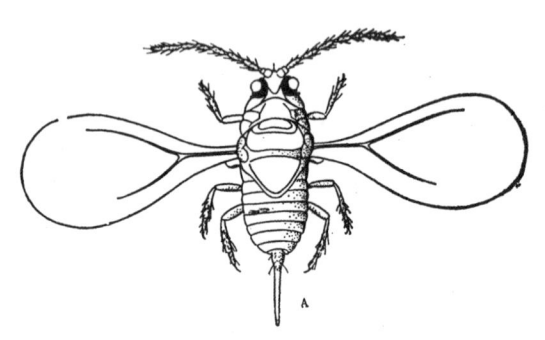

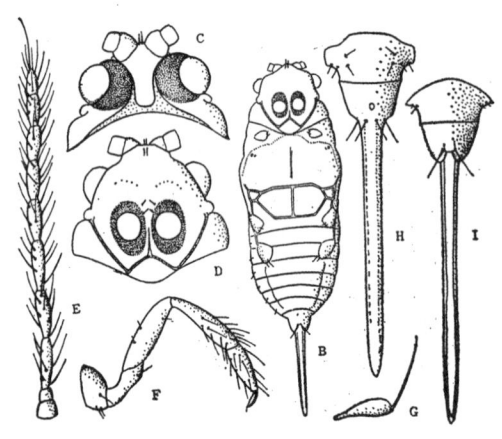

A.全体 B.身体腹面 C、D.头的背面和腹面 E.触角 F.后足刺的背面和腹面 G.平衡棒 H、I.生殖器
盾蚧科雄虫（以透明圆盾蚧 *Aspidiotus destructor* Signoret 为例）

（三）卵

椭圆形，不呈圆球形或扁圆形；卵的外面是白色透明或半透明卵壳，壳不太厚，但坚硬而有光泽，表面光滑，有极细微颗粒；卵外有多种保护物，有的产卵于母体下（蚧科和红蚧科），有的产卵于介壳下（盾蚧科）、蜡囊内（毡蚧科）和蜡壳内（链蚧科），还有的产于卵囊里（旌蚧科、绵蚧科）。

（四）若虫

雌性多数2龄，少数3龄（绵蚧科），雄性多数4龄（包括前蛹、蛹期）。

1. 1龄若虫：体微小，体长通常不超过0.15mm，卵形扁平（盾蚧科）、卵形隆起（绵蚧科、粉蚧科和链蚧科）、长圆柱形（珠蚧科）或方形扁平（蚧科）。前体段和后体段愈合，中间无明显的缝，腹部分节。头部有发达的触角、单眼和口器。触角1对，通常5~6节，丝状（盾蚧科）、棒状（珠蚧科、粉蚧科、蚧科和链蚧科）；胸部具发达的足3对（珠蚧科不少种类仅有开掘式前足1对，中、后足退化）。腹末背面有肛门，腹末节出现臀板（盾蚧科，其臀叶、臀栉、腺刺及背腺等数目与成虫不同）、肛板（蚧科，三角形）、肛环和刺毛（粉蚧科）以及8字腺（链蚧科）。1龄若虫的外部形态可以作为科、亚科和族的鉴别特征。此龄开始出现性的分化。

（1）雌性：体形明显大于1龄，形态介于1龄若虫与成虫之间。触角退化只留遗迹（盾蚧科、珠蚧科等）或触角节数明显增加（旌蚧科、绵蚧科、粉蚧科、毡蚧科和蚧科）。足消失（盾蚧科、胶蚧科、珠蚧科和多数链蚧科种类）或保留（绵蚧科、粉蚧科、蚧科）。体壁上的装饰、毛列和腺系等细微特征不同于1龄若虫，出现新的分泌腺，如背腺（盾蚧科）。

（2）雄性：体形基本与雌性相同，但较雌性狭窄。管腺比较发达而丰富（蚧科），后期显现成虫触角、复眼、翅和足的芽（盾蚧科等）或不显现（旌蚧科、绵蚧科和粉蚧科等）。

2. 2龄雌若虫

除体形稍大外，其他和2龄若虫很少有区别（绵蚧科）；有的似雌成虫，但缺多格腺，毛孔腺、肛环毛和触角节数少（蚧科）；有的盘腺和管腺多，触角多1节，出现前背孔（粉蚧科）。

3. 预蛹（前蛹期）

第2龄雄若虫蜕皮后进入前蛹期，不活动，口器消失，多数种类出现成虫器官（触角、复眼、翅、足、交配器）的芽体，少数种类（绵蚧和珠蚧）的形状仍与第2龄若虫无明显区别，能活动、有翅芽。

4. 蛹期

和前蛹期相似，成虫芽完全发育，触角芽和足芽延长，交配器和翅芽突出，完全不食不动。

三、蚧虫
的生物学特性

蚧虫化石最早见于古生代石炭纪晚期，经历约5 000万年，历经地球表面环境的剧烈变化，战胜了自然界的不利因素，以其丰富多彩的繁育方式幸存至今，其生物学特性相当复杂。

（一）生殖

1. 生殖方式

蚧虫有两性生殖和孤雌生殖两种生殖方式。多数种类营两性生殖，雌、雄成虫经过一次交配（少数多次，如朝鲜毛球蚧）后方能繁殖后代，雌成虫不经雄虫交配不能产卵和孵化（如辽宁松干蚧）。相当一部分种类营孤雌生殖，其形式多样，其中还有极少数种类至今未发现雄成虫（如马槟榔软蚧 *Coccuscaparides* 和苏铁盾蚧 *Diaspis zamiae*），完全营孤雌生殖；有的种类仅在个别寄主上有雄虫，绝大多数寄主上无雄虫（如水木坚蚧）；有的种类因受地理（如海拔）等诸多因子的影响，既能孤雌生殖专产雌虫，又可两性生殖，产下以雌性为主的两性个体（如水木坚蚧、广食褐软蚧、咖啡黑盔蚧和榆蛎盾蚧）；有的种类未受精卵发育雄虫，受精卵发育为雌虫（如吹绵蚧）。

2. 生殖形式

（1）卵生（雌成虫产下的卵未经任何分裂，胚胎发育均在母体外进行） 粉蚧科、蚧科和绵蚧科种类是以此种繁殖形式为主，产下的卵决不暴露在外面，覆被各种各样的保护物；红蚧科和蚧科部分种类在产卵时母体隆起成半球形或球形，体腹直接贴于体背上，腹面凹陷形成一个藏卵和孵化空间，卵粒充满在里面；盾蚧科种类的卵就产在雌虫的介壳下，或隐蔽在它的叠褶处（腹扇内）；链蚧科种类的卵就产在雌成虫形成的坚硬的玻璃状、毡状或棉絮状的蜡壳内，孵化后从壳后的开口（肛突）爬出；旌蚧、绵蚧、粉蚧和毡蚧等的卵产在母体分泌蜡丝所形成的卵囊内。

（2）卵胎生（雌成虫产下的卵不是胚珠形式，而是已发育的胚胎） 盾蚧科的一些种类是以此种繁殖形式为主。

（3）胎生（胚胎在母体内完全发育 产下的卵已是若虫）蚧科的一些种类是从此种繁殖形成为主。

3. 生殖力

蚧虫生殖力的强弱差异很大，每头雌虫产卵的数量因种类、营养条件和生态条件而异，盾蚧科通常在400粒以下，蚧科可达500粒以上，绵蚧科可超过1 000粒，瘤大球坚蚧产卵量近万粒，白蜡蚧竟多达1.5万粒。

（二）发育与变态

大多数昆虫属于完全变态，即其发育要经过卵、幼虫、蛹、成虫四个阶段。而蚧虫属于渐变态昆虫，为完全变态和不完全变态之间的过渡形式。绝大多数种类，雌虫的发育经过卵、若虫和成虫三个阶段，属不完全变态；

雄虫的发育经过卵、若虫、蛹和成虫四个阶段，属完全变态，均以蜕皮作为每个发育阶段的分界。珠蚧科的若虫在变为成虫前要经过一个体形如珠的珠体阶段，外形变硬，触角退化，足全缺，若虫在珠壳内不断蜕皮，照常吸食植物汁液。盾蚧科、链蚧科、毡蚧科和仁蚧科的雌性发育经过卵、第1龄若虫、第2龄若虫和雌成虫共4个阶段，雄性发育要经过卵、第1龄若虫、第2龄若虫、预蛹、蛹和雄成虫共6个阶段。

若虫具有多态性，第1龄若虫的形态显著不同于第2龄若虫，第1龄若虫（初孵若虫）善爬行。第2龄雌若虫性成熟，但因变态发育不完全，故仍保持着若虫形态，雄成虫因变态发育完全，故其形态与若虫完全不一样。蚧科、粉蚧科、绵蚧科和胶蚧科的雌性发育要经过卵、第1龄若虫、第2龄若虫、第3龄若虫和雌成虫5个阶段，雄性发育如前述要经过6个阶段。雄性发育的蜕皮次数一般比雌性多1~2次。

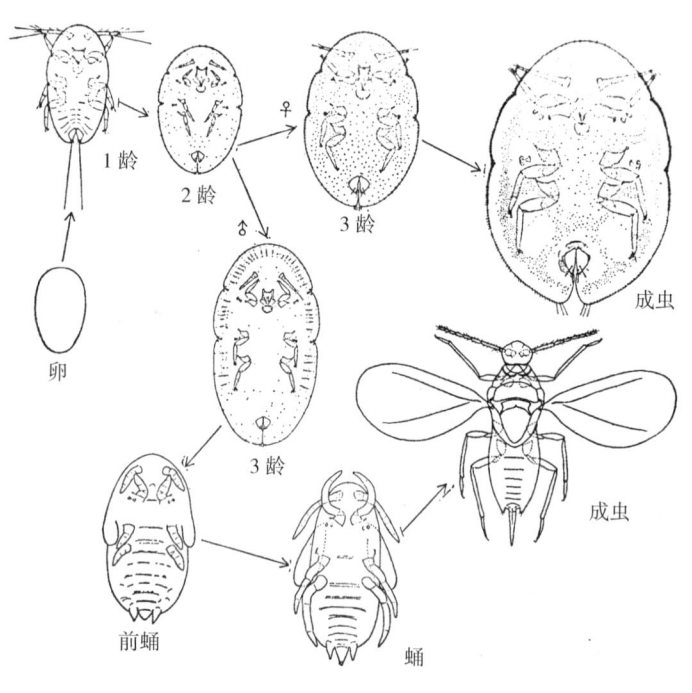

蜡蚧变态

（三）世代和生活史

从卵开始，经过若虫，发育至完全成熟即将产卵的成虫为一个世代。全年发育的经过情况叫生活史。每年发育的情况比较复杂，因种类、气候、地理、寄主及寄生部位等诸多因素而异。在南方以及北方温室一般一年可发生1~3代，少数多至4~5代，而北方地区室外则以发生1代为多。雌成虫寿命较长，可达几十天以上，雄成虫寿命甚短，仅数小时，在完成一次交配后随即死亡。雄成虫对外界条件（光照）比较敏感，故以傍晚日落前交配为多，也有白天或夜间交配的。

第1龄若虫（初孵若虫）善爬行，故称1龄爬行若虫。1龄若虫的发育过程要经过麻痹、爬行、固定三个阶段。若虫从卵内破壳而出（孵化），即进入麻痹阶段，仍停留在介壳或卵囊等保护物内；多数种类经过几个小时就从保护物内蜂涌而出，向周围爬出。

1龄若虫的爬行期是所有蚧虫最活跃时期，甚至是多数种类唯一的活动期，因为若虫一旦固定后就终身不动。爬行期因种类不同而有差异，短的仅几个小时，多的可达126小时（如矢尖蚧），一般在24小时左右就会在寄主植物上固定下来。初孵若虫因其体驱微小轻薄，对温度、湿度、光照有严格的要求，经不住风、雨侵袭，所以，爬行若虫和雄成虫一样，同是发育过程中抗性最薄弱的时期，也是一生中死亡率最高的时期，此时只有寻找到适合于它们生长发育的环境，它们才能得以生存下来，多数营固定生活。

除旌蚧科、绵蚧科和粉蚧科终生可活动外，绝大多数种类的初孵若虫，一旦固定下来就不能再动了。因此，初孵若虫在爬行期就可以去侵害新的枝、叶、果实，以及从相邻的枝叶迁移到另一植株上，这就是常见的近距离传播。在爬行期若虫的传播上，风的作用是很重要的。据观察，风可以将初孵若虫吹送至几十米至100 m以外，甚至更远，进行中距离传播。除初孵若虫的上述自然传播外，最可怕的还是人为的远距离传播。近百年来，随着交通不断发达，人员往来和物资贸易频繁，固着在苗木、接穗、砧木、块根、果实上的蚧虫，穿县过省，传播到全国各地，乃至于全世界。

1龄若虫自固定下来开始取食便进入生长期。生长期的长短，随种类而不同。若虫固定后便分泌蜡质，覆盖在体背，形成蚧虫的第一层保护膜。在生长期，体色逐渐加深，体量变大，脱下第一次皮后，进入二龄。此时进入蚧虫的生长期（营养期），开始出现性分化，历经的时间也较长（若以此虫态越冬者则历时更长），此时虫体大量取食和积累营养。第2龄雌若虫蜕皮后变成第3龄若虫或雌成虫，雌成虫是蚧虫的生殖时期。第2龄雄若虫蜕皮后变成前蛹（预蛹），前蛹再蜕皮后成为蛹，前蛹和蛹期是蚧虫的变形时期，此时虫体不食不动，从外部形态到内部器官发生激烈的变化。再经过一次蜕皮，雄成虫羽化飞出。

（四）寄主及分布

所有蚧虫都是植食性的，大多数植物均可不同程度地受到蚧虫为害，蚧虫的食料相当广泛，它们可以加害粮食作物（如甘蔗灰粉蚧、水稻绣粉蚧等）、棉花（如木槿曼粉蚧、野菊新珠蚧）、油料作物（如大豆囊毡蚧、卫矛矢尖盾蚧、油茶蚁粉蚧、油菜绿绵蚧、多角绿绵蚧、橄榄黑盔蚧等）、麻类（如最大绵蚧）、茶叶（如佛州龟蜡蚧、日本卷毛蚧、茶并盾蚧等）、糖类作物（如甘蔗圆粉蚧、热带蔗粉蚧）、咖啡（咖啡地粉蚧、刷毛绿绵蚧、咖啡黑盔蚧等）、桑（如桑白盾蚧、日本纽绵蚧等）、橡胶（番木瓜软蚧）、果树（矢尖盾蚧、澳洲吹绵蚧、黑片盾蚧、柑橘白轮盾蚧、梨笠圆盾蚧、康氏粉蚧等）、药材（如柑橘刺粉蚧、寒地绵粉蚧、天麻簇粉蚧等）、森林（如辽宁松干蚧、日本壶链蚧、日本龟蜡蚧、松牡蛎盾蚧、杨笠圆盾蚧、松梢圆盾蚧等）、观赏灌木（如黑褐圆盾蚧、糠片盾蚧、月季白轮盾蚧等）、藤本植物（如九里香白轮盾蚧、蔷薇白轮盾蚧、茉莉片盾蚧、常春藤圆盾蚧等）、观赏草坪（如柑橘并盾蚧、狗牙根粉蚧等）、各类花卉植物（如广食褐软蚧、鹤虱黑粉蚧、考氏白盾蚧等）以及牧草（如蒙古佳粉蚧、中亚灰粉蚧等）等。一株寄主植物上往往可以由多种蚧虫混合寄生，蚧虫对寄主植物的选择大致可以分成下列3种类型：

1. **杂食性** 以盾蚧科、蚧科和粉蚧科的种类为多，一种蚧虫能为害亲缘关系很远的多科或多种植物，寄主广而杂，如桑白盾蚧、考氏白盾蚧、常春藤圆盾蚧、黑褐圆盾蚧、广食褐软蚧、咖啡黑盔蚧、日本龟蜡蚧、角蜡蚧、槭树绵粉蚧、康氏粉蚧、柑橘刺粉蚧等蚧虫的寄主植物均达百种以上。

2. **单食性** 以红蚧科、珠蚧科、链蚧科和仁蚧科等的种类为多，一种蚧虫专寄生在某科、某属的植物上，寄主范围较窄，如红蚧以为害壳斗科植物为主，松干蚧专为害松科植物，链蚧最喜食禾本科、棕榈科和壳斗科，仁蚧和安粉蚧主要寄生禾本科植物。

3. **寡食性** 此类蚧虫的寄主植物范围极窄，只为害某种或某类植物，如栗树毡蚧仅为害栗树、竹链蚧专食害竹类、樟子松干蚧只为害樟子松。

蚧虫寄生的部位因种而异，植物各部分（根、茎、叶、花、果等）都可以有蚧虫寄生，有的种类专寄生植物的某个部位，如叶鞘下、树皮缝或根部等。蚧虫的分布与寄主植物、气候、地域、地理等许多因子密切相关，对温度的要求较之湿度严格，故常选择隐蔽潮湿的生境寄生，但温度过低的干旱年份也易暴发成灾。

四、蚧虫的天敌

蚧虫是为害经济植物的昆虫。但是在自然界中，往往存在一些抑制蚧虫大量繁殖的天敌。天敌与蚧虫在长期历史的发展演化中，是相互依存，又相互制约，经常保持自然的动态平衡。所以当蚧虫被引到新的环境，因缺乏天敌，蚧虫就会大量繁殖，猖獗为害。一般来说，生物防治就是利用天敌防治害虫，是蚧虫综合治理中的一项重要措施。特别是在当前环境污染严重，而人们的环保意识不断增强的情况下，生物防治应该在蚧虫综合治理中给予高度重视和应用。蚧虫的天敌资源十分丰富，应充分保护和利用。蚧虫的天敌有：捕食性天敌（绝大多数为鞘翅目、膜翅目、脉翅目昆虫）、寄生性天敌（绝大多数为膜翅目、双翅目昆虫），以及寄生菌类（真菌、细菌）等。这里只简要介绍主要捕食性天敌——鞘翅目的瓢虫（科），主要寄生性天敌——膜翅目的跳小蜂（科）、蚜小蜂（科）。谨供保护和利用时参考。

（一）捕食性天敌

1. 瓢虫科

（1）形态

瓢虫科属于鞘翅目、多食亚目（Polyphaga）、扁甲总科（Cucujoidea）。其成虫主要特征如下图。瓢虫的大小差异明显，微小种类体长仅 0.8~1.5mm，最大的种类体长为 4~10mm（个别种类体长可达 17mm），大部分为 1.5~4mm。

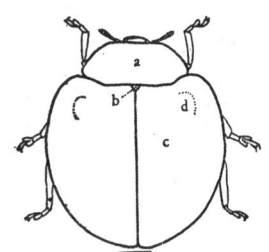

a. 前胸背板　b. 小盾片　c. 鞘翅
d. 肩胛突起

瓢虫背面形态

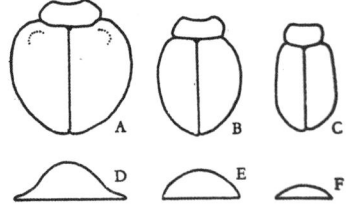

A~C. 背面, 示体形　D~F. 横切面, 示拱起的程度；
A、D. 突肩型　B、E. 瓢型　C、F. 长足型

瓢虫的体形特征

（2）生物学特征

①取食。4/5 的瓢虫属于捕食性，以蚜虫、蚧虫、粉虱、叶螨为食，是种植业害虫的重要天敌。一些捕食大型蚧虫的小型瓢虫种类，其幼虫钻入介壳内取食，在一个介壳内完成发育，这种取食方式近似于寄生性。

②生长发育过程。瓢虫一生要经历卵—幼虫—蛹—成虫四个发育阶段。

a. 瓢虫的卵常为长卵形，两端较尖。瓢虫亚科产卵于寄主所在植物上，多个卵竖立成堆；盔唇瓢虫亚科产卵于介壳上或介壳附近，或蚧体下，卵单个；红瓢虫亚科产卵于绵蚧（或粉蚧）的卵囊上，或产卵于咬破的卵囊内，卵单个；其他捕食性瓢虫产卵于捕食物附近，卵多为单产。

b. 瓢虫幼虫的食性和取食方式与成虫相似。幼虫体形因种类不同而差异很大，其形态可分为以下类型。

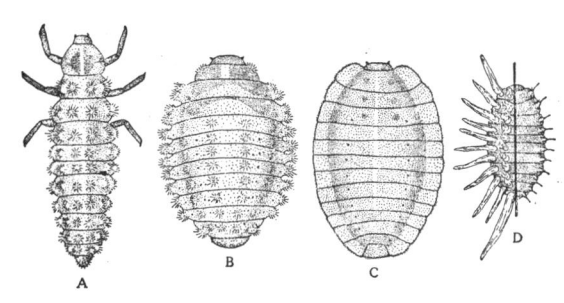

A. 瓢虫属 B. 红瓢虫 C. 隐胫瓢虫属 D. 寡节瓢虫属（右方为去除蜡盖后的形态）

瓢虫幼虫的各种形态

c. 瓢虫的蛹为裸蛹。幼虫化蛹时残留的蜕皮壳或蜕于蛹体的尾端，或背面开裂包围蛹体。根据蜕皮壳的特征可将蛹分为两种类型：属于A的有瓢虫亚科及小艳瓢虫亚科的一些种类；属于B的有盔唇瓢虫亚科、红瓢虫亚科、小毛瓢虫亚科等。黑缘红瓢虫、红点唇瓢虫等种类，其老熟幼虫常成群聚集在树干上化蛹。异色瓢虫在越冬前往往迁移至南向山坡上的岩洞或岩缝内，群集越冬，翌年天气回暖后再分散到各地。

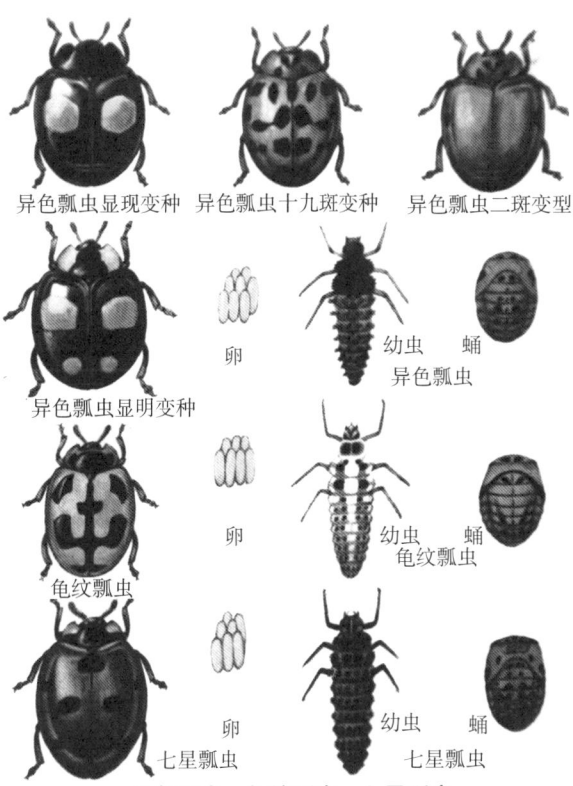

异色瓢虫 龟纹瓢虫 七星瓢虫

澳洲瓢虫 *Rodolia cardinalis* Mulsant

（1）寄主

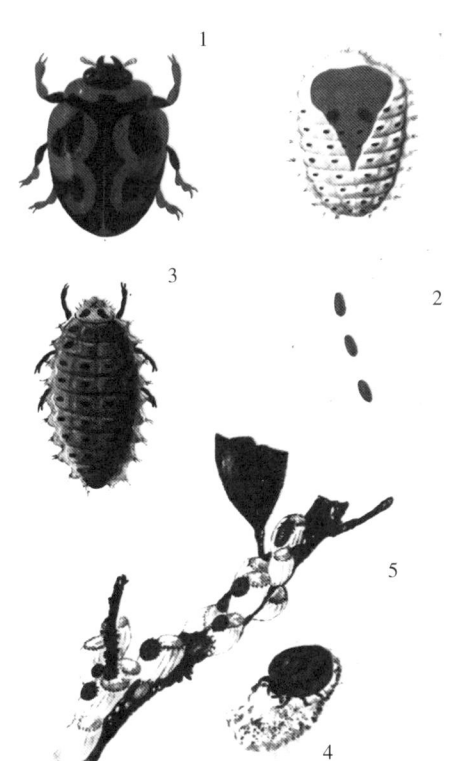

1.成虫 2.卵 3.幼虫 4.蛹 5.捕食吹绵蚧状

澳洲瓢虫

澳洲吹绵蚧、粉蚧。

（2）分布

广东、福建、江苏、浙江、江西、四川、台湾等省区。国外分布较广。主要取食吹绵蚧，是我国从国外引进最成功的天敌昆虫之一。

（3）形态

雌成虫体长约4mm，宽约为2.5mm。体红色，被黄绒毛，黑红相间。头及腹眼黑色，触角黄色，前胸背板中央有两个圆形黑点，后缘为一黑色宽带。鞘翅肩角处有一肾形黑斑，翅中央和接近前缘中部有"△"形黑斑一个，两翅相并，构成方形黑斑，后翅灰黑色，腹部红色。

（4）生活习性

在成都一年发生6~7代，重庆8代，多以成虫越冬。而广州地区则无明显越冬现象。翌年3月越冬成虫开始出现。1~8代成虫、幼虫在5~11月发生。成虫飞翔力强，常栖息于荫蔽环境，活动于树冠内、杂草间，有假死现象。成虫将卵散生或堆生于吹绵蚧的背上腹下。卵约经3~12天孵化出幼虫，并集中取食吹绵蚧雌成虫，以后逐渐分散觅食。每头成虫每天平均取食1.2头蚧若虫，或取食蚧成虫0.6头。幼虫可以取食蚧卵、若虫，控制吹绵蚧效果显著。澳洲瓢虫原产澳大利亚。是世界各地（包括中国）从国外引进最成功的天敌昆虫之一。在重庆北部饲养，一年8代，1~8代发生时间分别为3月至4月上旬，5月上旬至6月下旬，6月10日至8月中旬，7月1日至9月上旬，7月下旬至10月中旬，8月上旬至10月下旬，9月上旬至12月下旬，10月上旬至翌年2月下旬，世代重叠。广州地区无明显越冬现象。在室内常温下饲养，完成一个世代1~3月为61~70天，5月19天，7月下旬至8月上旬16天，9月15天，10~11月22天，11~12月39天。

在食料奇缺时，成虫常蚕食2.3龄幼虫。4龄幼虫成熟后，在叶背或较荫蔽的树干缝隙处化蛹，蛹期3~14天。

（5）引种

现在澳洲瓢虫可以在室内人工饲养。在吹绵蚧、粉蚧发生严重的地区可以大量引种释放。以引种成虫、蛹为佳。将成虫、蛹分别放置于纱笼或通气的木、纸盒中，放足饲料，尽速运往目的地。释放宜选择晴天中午，将带瓢虫的枝叶，放在吹绵蚧危害严重的植株上，让其自行扩散。放虫多少，视吹绵蚧发生量和放虫时间而定。一般上半年可少放些，下半年宜多些。放虫后，若发现吹绵蚧被消灭殆尽，应立即将瓢虫转移，以免自相残杀。放虫后，应避免喷药。

红点唇瓢虫 *Chilavrus kuunuae* Silvestri

（1）分布

全国各地。

（2）寄主

桑白盾蚧、石榴囊毡蚧、柿树白毡蚧、日本龟蜡蚧、矢尖盾蚧、月季白轮盾蚧、朝鲜毛球蚧等。

（3）形态

成虫体长3.8~4.5mm。体近圆形，背面半球形拱起，黑色且有光泽。每一鞘翅中央各有1红褐色近圆形斑。胸部腹面和缘折黑色，腹部腹面黄褐色，足黑色。

（4）生活习性

在成都地区一年发生2代，以成虫潜伏在树干裂缝、石缝、枯枝落叶等处越冬，4月出蛰，继续捕食蚧虫，并在桑白盾蚧等的空壳下、树皮缝等处产卵1~3粒。幼虫、成虫均捕食蚧虫。该瓢虫食性广，是最常见的一种天敌昆虫，很有价值。

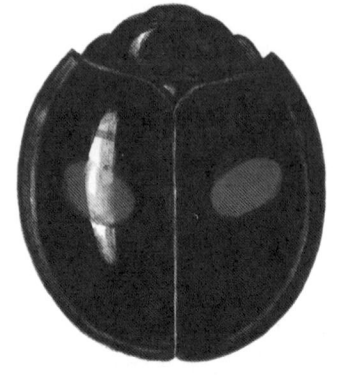

红点唇瓢虫

2. 方头甲科

日本方头甲 *Cylxxephalus mpponicus* Endrödy Younga

（1）寄主

桑白盾蚧、月季白轮盾蚧、考氏白盾蚧、梨笠圆盾蚧、棕榈栉圆盾蚧、矢尖盾蚧、朝鲜褐球蚧、石榴囊毡蚧、柿树白毡蚧等。

（2）分布

全国各地及国外日本等国家。

（3）形态

雌成虫体长1.0~1.2mm，宽0.7~1.0mm。椭圆形，通体黑色，背面拱起，头向下弯，背面见不到头部。体背及鞘翅光滑有微细点刻。复眼黑色，足黄褐色，触角黄褐色，触角着生处周缘有镶边，胸、腹部的腹面及足密生黄白色细毛。

（4）生活习性

在四川，一年发生3代，以成虫在树皮缝隙等处越冬。翌年5月越冬成虫出蛰，捕食蚧虫，当日平均气温升至16℃以上时，雌成虫即开始产卵；当秋季10月上、中旬以后，气温降至20℃以下时，雌成虫即停止产卵。在四川省柑橘产区全年适于产卵的时间可达7个月左右。

方头甲成虫期较长,第1~3代成虫期分别为77天、109天、239天。成虫产卵期也较长,第1~3代成虫平均产卵期分别为60天、43天、60天,每雌平均产卵约43粒,最多可达111粒。幼虫和成虫均可取食蚧若虫、成虫。一头甲虫一天能捕食桑白盾蚧若虫35~70只,或成虫13~14只。很有利用价值。

（5）保护和利用

①喷药防治采取隔行喷药或挑治,以保护天敌；

②从有方头甲的地方,采集助迁；

③用南瓜在温室饲养桑白盾蚧、梨笠圆盾蚧等,在室温250℃左右,相对湿温度60%~85%的条件下,用鸡毛将初孵蚧若虫扫在瓜上,待南瓜上有足够多的蚧虫后,再将南瓜置于细铁丝网罩内进行饲养,然后接种方头甲幼虫,待其羽化为成虫时即可在果园或林地释放。

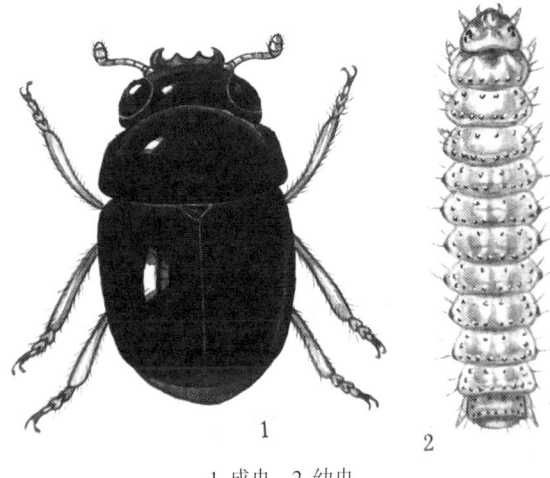

1. 成虫　2. 幼虫

日本方头甲

3. 其他

长角象科——白蜡蚧长角象 *Anthribus njveovariegatus*(Roelofs)

（二）寄生性天敌

1. 形态

蚜小蜂科、跳小蜂科属于膜翅目小蜂总科（Chalcidoidee）。其成虫主要特征如下：

（1）蚜小蜂科 Encyrtidae

小型,体长多小于1mm。腹的基部宽阔,体短而粗壮,体黄或褐色,无金属光泽。

（2）跳小蜂科 Encyrtidae

小型,体长一般1~2mm。体较粗壮,平滑或有刻点。体黄色,褐色或黑色,具暗金属光泽。

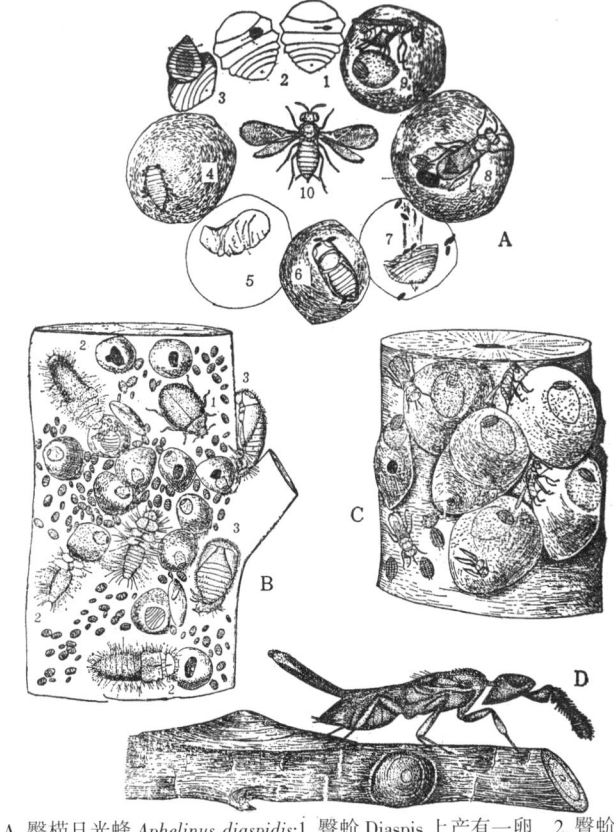

A. 臀枏日光蜂 *Aphelinus diaspidis*:1. 臀蚧 Diaspis 上产有一卵　2. 臀蚧上有幼虫　3. 幼虫成长　4. 介壳下有蜂的前蛹　5. 揭开介壳见介壳虫萎缩　6. 蜂的前蛹　7. 揭开介壳见介壳虫残体和蜂的粪便　8. 蜂从介壳咬孔出来　9. 蜂在产卵　10. 蜂
B. 一种瓢虫 *Lindorus lophantae* 取食盾蚧 Diaspis: 1. 成虫　2. 幼虫　3. 蛹
C. 一种光小蜂 *Prospaltella* 寄生于盾蚧 Diaspis
D. 一种寄生蜂 *Comperiella bifasciata* 在橘红肾盾蚧上产卵

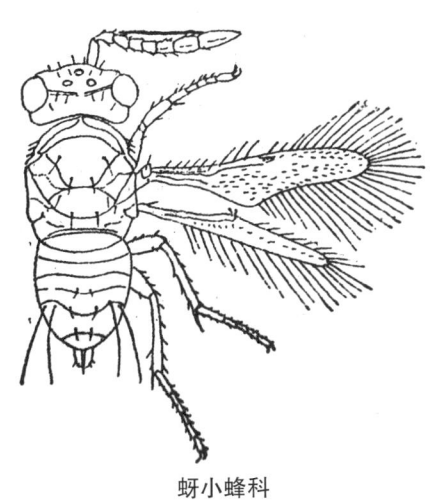

蚜小蜂科

介壳虫的寄生性天敌

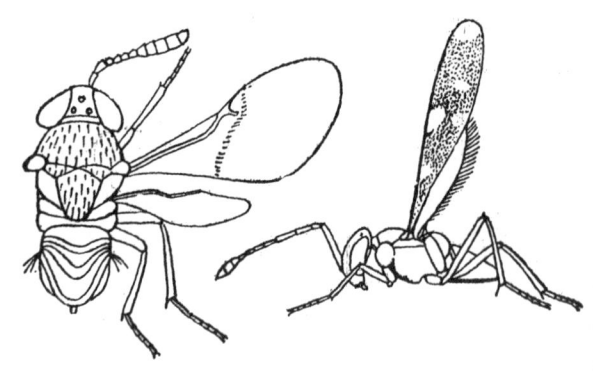

跳小蜂科

2. 生物学特性

（1）寄主

寄生蜂一般产卵在蚧虫体壁外，有的将卵或卵柄埋伏于蚧虫体壁内。产卵在体壁内的种类，孵化后的幼虫则以蚧虫身体为食，并完成从卵—幼虫—蛹—成虫的发育过程。成虫羽化后，在蚧虫的体壁和介壳上啃食出一小孔（羽化孔），从孔内飞出。称为体内寄生。寄生在蚧虫体外完成发育者称体外寄生。一头蚧虫同时被两种以上寄生蜂所寄生者称共寄生。一头蚧虫同时被两头以上寄生蜂所寄生称过寄生。寄生了蚧虫的寄生蜂又被另外一种更小的寄生蜂寄生的称重寄生。寄生蜂的寄主（蚧虫）种类只有一种，这种寄生现象称为单食性寄生；寄主种类不只一种但很少的称寡食性寄生；寄主范围广泛的寄生现象称作广食性寄生。

（2）生殖

寄生蜂一般是靠飞翔去寻找寄主，而其中跳小蜂成虫还善于跳跃，因此又增加一种寻找寄主的行动方式。优良的寄生蜂必须具有寻找寄主能力强的条件。寄生蜂在正常情况下营两性生殖或孤雌生殖及多胚生殖（从一个卵发育成两个或两个以上的个体）。有些寄生蜂成虫在补充营养的条件下产卵量显著增加，所以栽种一些蜜源植物有利于寄生蜂大量繁殖。

金黄蚜小蜂 *Aphytis chrysomphali* Mercet

金黄蚜小蜂是全世界大部分柑橘产区及园林植物的重要天敌。

（1）寄主

金黄蚜小蜂可寄生矢尖盾蚧、红肾圆盾蚧、黄肾圆盾蚧、橙褐圆盾蚧、黑褐圆盾蚧、桑白盾蚧、广食软蚧等20余种。

（2）分布

中国四川、上海、江苏、浙江、福建、江西、广东、台湾、香港等省区。在国外亚洲、欧洲、美洲、非洲、大洋洲都有分布。

（3）形态

成虫 长约0.6mm，体及足鲜黄色，复眼橄榄色。翅透明（见彩图）

幼虫 体节14节，不明显，其中第6节最宽。体色黄白，半透明，从表面可见肠道。

（4）生活习性

在四川省一年发生3~4代，每年春季开始出现雌成虫，但是数量不多，到秋季数量才大量增加。11月前后以幼虫在寄主介壳内越冬。

金黄蚜小蜂成虫不善飞翔，常在蚧虫的群体中停留、爬动，寻找机会将产卵管刺穿蚧虫的介壳后，将卵产于蚧虫的体表，一般一虫一粒。幼虫孵化后立即附着在寄主身体上，用口器咬破蚧虫体壁，吸食其体液。被寄生的雌成虫便停止产卵。待寄生蜂幼虫成熟停止取食化蛹时，蚧虫

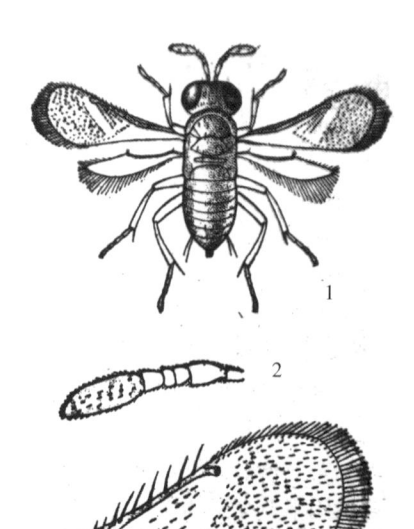

1.雌成虫　2.雌虫触角　3.雌虫前翅
金黄蚜小蜂

才萎缩死亡。羽化的寄化蜂在介壳的侧面咬破一个圆孔而出。也有不咬破圆孔，而撬开介壳的边缘爬出来。寄生蜂主要寄生蚧虫的2、3龄若虫和雌成虫。金黄蚜小蜂未发现被重寄生的现象，因此可同时引移蚧虫的其他蜂生蜂，以增加控制蚧虫的力度。

金黄蚜小蜂成虫需要补充营养，并喜欢饮水，在室内可成活2~3周。

金黄蚜小蜂是一种分布范围广，寄主种类多的蚧虫天敌，很有利用价值。

（5）保护与利用

参照粉蚧玉棒跳小蜂

粉蚧玉棒跳小蚜 *Pseudaphycus malinus* Gahan

（1）寄主

石榴囊毡蚧、柿树白毡蚧、康氏粉蚧、杨绵蚧、广食褐软蚧。

（2）分布

中国辽宁、河北、山东、上海、湖南等省。国外分布于日本。

（3）形态

雌成虫体长0.7~0.9mm。体橙黄色，无光泽。复眼黑色，单眼暗红色。翅透明，翅脉褐色，足黄白色。

（4）生活习性

在山东烟台一年发生3代，以幼虫在康氏粉蚧尸体内作茧越冬，次年4月下旬化蛹，5月中旬至下旬羽化为成虫，产卵于粉蚧若虫体内，一只若虫产卵7~10粒。幼虫孵化后以寄主为食，直至形成黄褐色长圆形蛹，不规则地排列在寄主尸体内，寄主尸体呈米粒状。一雌蜂能寄生10余只粉蚧。6月下旬、7月至8月下旬分别发生第2.3代成虫。9月第三代寄生蜂幼虫在寄主体内越冬。此蜂在烟台发生普遍，寄生率可高达60%~70%，并常与粉蚧长索跳小蜂混合发生。

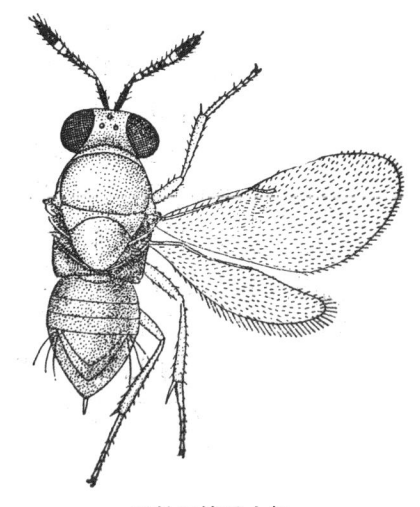

粉蚧玉棒跳小蚜

（5）保护和利用

①喷药防治粉蚧时，宜选用残效期较短的农药，并尽量避开寄生蜂成虫发生盛期，而且划区间隔防治，或选择蚧害严重的地方进行挑治，以保护寄生蜂。

②人工助迁 从有此寄生蜂的地方，早春采集被寄生蚧虫的枝条移放于林地寄生蜂羽化器中，待寄生蜂羽化飞出。

③栽种蜜源植物，给寄生蜂提供补充营养。

④人工繁殖 用马铃薯嫩芽于暗处人工繁殖康氏粉蚧，再用粉蚧繁殖寄生蜂，把已寄生的粉蚧冷藏于4~5℃的冰箱内，需要时提前半月放于寄生蜂羽化器中，挂于林间。

北京举肢蛾 *Eeijinga utila* Yang

北京举肢蛾是瘤大球坚蚧和皱大球坚蚧的外寄生捕食性天敌。单寄生，在甘肃兰州地区一年发生一代，以蛹在寄主雌成虫介壳下

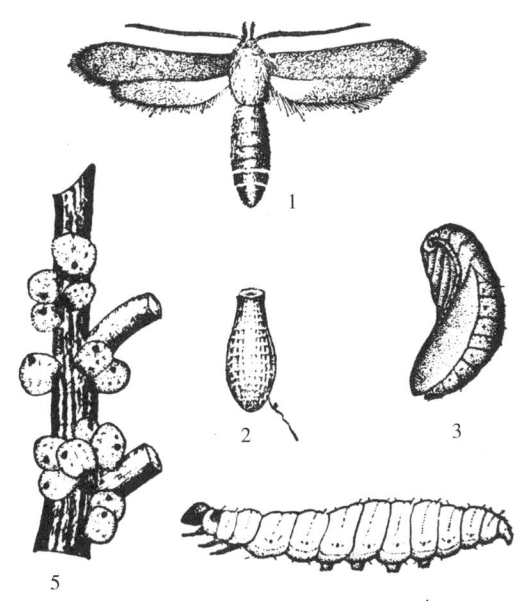

1.成虫 2.卵 3.蛹 4.幼虫 5.槐花球蚧雌虫被寄生状

北京举肢蛾

结茧越冬。成虫发生期为4月中旬至5月上旬或5月中旬，与瘤大球坚蚧和皱大球坚蚧的雌成虫期吻合，对其有显著的抑制作用。幼虫可自相残杀。药剂防治蚧虫初孵若虫和1龄末、2龄初若虫时，北京举肢蛾的幼虫不受影响。温度对其羽化，交尾和产卵的影响比相对湿度的影响大。卵孵化时，对温、湿度的要求不太严格。

食虫灰蝶与粉蚧

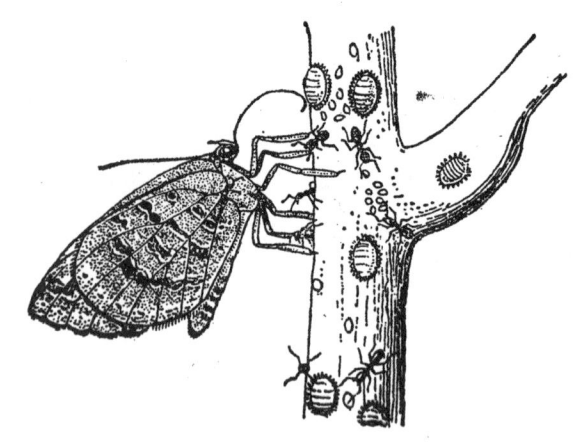

食虫灰蝶与粉蚧

五、蚧虫的防治

蚧虫是昆虫很特殊的类群，它个体微小，又隐蔽，加之体外有各种保护物，很难防治。因此，无论是处在生态环境条件极不稳定的园林植物上，还是森林、果树和其他经济作物上，蚧虫的防治都应改变孤立地针对某一蚧虫盲目喷药的做法，避免因滥施农药大量杀伤蚧虫天敌和产生抗药性，使蚧虫越治越重的现象，应按照"预防为主，综合治理"的植保方针，在掌握发生蚧虫的种类、寄主范围、危害程度及发生规律的基础上，以生态学原理为指导，立足于园林生态系统，利用蚧虫的薄弱环节，有机地使用包括栽培、生物、化学等方法，互相协调，取长补短，把蚧害控制在较为稳定（蚧虫与其天敌之间基本保持生态平衡），并且在景观效果和经济上可承受的程度，让蚧虫的防治步入可持续发展的良性轨道。

（一）与防治相关的蚧虫生态学与生物学特性

1. 蚧虫难治的重要原因

蚧虫固定场所隐蔽，常寄生在植株的叶片（主要在叶背）、叶基、叶柄、叶腋、枝、枝杈、皮缝、伤口、果蒂、根部、成虫空壳内或下面，加之虫体微小，难以察觉，往往在不知不觉中为害日趋严重，发现时已泛滥成灾。

2. 蚧虫为害症状

受害植株叶片产生黄色斑点、枯黄直至脱落，枝条枯死。因蚧虫分泌蜜露诱发煤污病，导致枝、叶、干发黑，植株生长不良，树势衰弱，影响抽芽、开花结果及产量，降低品质和观赏效果，严重时整株死亡。

3. 蚧虫的繁殖

蚧虫主要营两性卵生，其中很多种类兼营孤雌卵生（盾蚧种类最多）。有的种类营两性卵胎生（竹链蚧）或孤雌卵胎生（仁蚧），而柳树干毡蚧则严格营两性生殖。

4. 生活习性

绝大多数种类的初孵若虫经几个小时至2～3天固定后就永生不动。但有的种类则终生可动（旌蚧、绵蚧、粉蚧）；有的种类雌虫产卵前可爬动，产卵后就固定不动（毡蚧、吹绵蚧、松干蚧）。有的种类雌雄分化后，雌虫由叶片集体转移至枝条上固定寄生（日本龟蜡蚧、白蜡蚧）；有的种类雌雄虫成熟后，爬到地面交配，雌成虫再入土产卵（草履蚧、珠蚧）；有的种类甚至终身在地下生活（珠蚧、部分粉蚧）；绝大多数种类雌雄虫混合发生，共栖一处。亦有的种类雌雄虫分居两处。

如樟网盾蚧，雄虫寄生在叶面主脉上，而雌虫则寄生在枝干上；吹绵蚧雄若虫老熟后，爬到枝干裂缝或附近土地缝隙、杂草中化蛹，而雌成虫则聚集在主枝阴面或枝杈间、树缝营囊产卵，不再活动；白蜡蚧2龄雄虫，首先从叶背转移到2~3年生枝条固定寄生，10天后，2龄雌若虫才从叶背转移到1~2年生枝条固定寄生。

5. 蚧虫的空间分布

（1）在同株植物上　因蚧虫喜荫，所以中下层寄生较多，上层较少；植株背光面比迎光面的虫口密度大；多数种类主要寄生在1~3年生枝条上，其他部位较少；寄生叶片则以叶背为主。

（2）在林间　林中比林缘的虫口密度大；林分阴闭度大，通风透光差的林地有利于蚧虫发生，反之，则不利于蚧虫发生；植株长势弱的比长势旺盛的受害重；嫁接树比实生树受害重；幼树比成年树受害重；树皮较薄、枝繁叶茂、果大汁多皮薄的树种受害较重。

6. 传播

蚧虫靠初孵若虫的活动，迁移到嫩芽、枝、叶上或从相邻接触的枝叶迁移到另一植株上进行传播，这种近距离传播速度较慢。而中距离大量传播则主要靠风，风可将活动的若虫吹送至100米、几百米以至更远的地方。随着带虫植物（包括苗木、接穗、砧木、块根等）的频繁运输，甚至传播到全国、全世界。

（二）防治时机

1. 利用蚧虫的薄弱环节防治

正在爬行的初孵若虫和固定不久的一龄若虫，体背尚未形成完全的蜡被或蜡壳，是抗药性最差的时期，亦是药物防治的最佳时机，这对所有蚧虫都适用。雄成虫身体纤弱，抗药力差，而且羽化盛期仅10天左右，对严格营两性繁殖的种类（柳树干毡蚧），可及时防治羽化的雄成虫，阻止雌雄交配，使雌成虫无法产卵，同样可以达到防治目的。球蚧雌成虫虫体迅速膨大成球状，体背逐渐硬化并开始产卵。虫体迅速膨大而体背尚未硬化（产卵前）时期，抗药力差，也可以施用较低的有效浓度收到较好的防治效果，如白蜡蚧。有的种类，2龄若虫要从叶片上集体转移到枝条，转移的若虫腹面容易接触药剂而亡，因此在若虫转移盛期进行药物防治，防效明显，如日本龟蜡蚧。能产生卵囊的种类，雌成虫要形成卵囊，将卵产在其中，此时用高压机动喷雾器以清水冲刷，可将绝大部分雌虫及其卵囊冲掉，防治效果很好，如毡蚧、绵蚧、绵蜡蚧、部分粉蚧。有的种类，1~2龄若虫全身裸露，体壁薄软，尚未完全覆盖蜡被，此时防治正当时。

2. 防治适期

资料记载的蚧虫发生期，虽是连续3年的观察资料，但是每年的发生期不是恒定不变，会随着气温的变化而有所差异，必须及时观察校正，因为这是有效防治的关键。

如果一代若虫孵化历期不满1个月，若虫孵化高峰期便是防治适期；孵化历期在1个月以上，可在若虫孵化高峰期前后各防治1次，两次防治间隔10天为宜；历期超过40天以上，则相应增加防治次数。同时在确定防治适期时还应结合当时的气候变化情况。

蚧虫虽然每年发生1~3代，也有少数种类发生3代以上。发生3代及以上者，都有世代重叠现象，但是第1代若虫孵化期比较整齐，因此，应重点防治第1代。

蚧虫每年发生期会因气温、降雨、湿度的变化有所不同，但是，与其相应的物候期始终是一致的。如在玉溪，黄毛吹绵蚧每年1~3代若虫盛孵期与其相对应的物候分别是：广玉兰初花、石榴盛花、广玉兰盛花、紫薇盛花、国槐结果期。因此每年见上述植物物候现象时，正是防治各代若虫适期。

（三）具体防治措施

1. 加强植物检疫

蚧虫都是不活动或不活泼的种类，它们的远程传播，主要是随苗木、接穗等携带的。蚧虫与其他害虫一样，在其原产地的发生数量较少为害轻微，是因为在其长期历史发展中，产生了各种天敌，害虫和天敌之间保持了生态平衡，蚧虫无法猖獗。而随着苗木、接穗等传入新的栽培地区时，蚧虫失去了天敌的控制，当气候和寄主植物条件适宜，就会大量繁殖暴发成灾。随着我国城市绿化建设的飞速发展，因园林植物的频繁引种，新的蚧虫种类相继传入各地城市，给我国城市绿化带来了极大隐患。所以，严格检疫制度，植检部门和生产单位都应严格禁止带蚧虫的植物苗木输出和输入，杜绝虫源，这是实现预防为主策略的主要措施。

2. 园林栽培技术措施

城市园林绿地的生态环境条件极不稳定，变化较大，因此要根据蚧虫的生物学、生态学特性，结合园林栽培的日常工作，采取一系列技术措施，为园林植物创造良好的生长发育条件，提高其抗虫能力，并抑制蚧虫的发生，这是贯彻"预防为主，综合治理"方针的基本措施。其常用措施有：

（1）选择抗性较强的树种　园林植物种类繁多，树种的选择应在保证适地适树的前提下，尽量选择抗性较强的树种。其原则是，在确认某一蚧虫的寄主范围后，应尽量选择抗虫树种；在相同寄主范围内，则多选择抗虫性较强的树种；在遭受蚧虫为害的同一树种中，应选择抗性较强的品种种植。

（2）植物配置科学化　利用园林规化，在适地适树的前提下，植物选择力求多样化；植物配置要避免连片种植纯林，强调乔灌花草合理搭配，组合成品种多样、色彩明快、高低错落有致的复层结构，这既能有效地控制蚧虫的发生危害，又可提高景观效果和生态效益。

（3）合理密植　蚧虫的发生和繁衍喜阴湿环境，因此，树木栽植密度要合理，不宜过密，以保证充足的阳光和林间通风良好，可抑制蚧虫的发生。

（4）加强修枝　在冬季结合修枝整形，剪除内膛枝、徒长枝、下垂枝、重叠枝和虫枝，春夏抹去主干分叉上的不定芽，让树冠通风透光，可有效地抑制蚧害。剪下的虫枝应及时水浸或烧毁。

（5）加强水肥管理　园林植物所处的城市生态环境恶劣、空气污染严重、土地紧实、土层浅薄、地下水位下降、自然降水流失严重，容易缺水少肥，树势较差，所以要加强养护管理，确保园林植物及时得到足够的水分和养分，保进其健壮生长，增强抗逆能力。

3. 生物防治

生物防治，一般来说就是利用天敌防治害虫。蚧虫的天敌种类较多，但是种类和数量最多，应用范围较广，防治效果最好的首推天敌昆虫。蚧虫的天敌昆虫包括捕食性天敌和寄生性天敌。捕食性天敌昆虫，主要是瓢虫，其次是方头甲、长角象等；寄生性天敌昆虫主要有蚜小蜂、跳小蜂及金小蜂。

（1）生物防治的优越性　我国蚧虫天敌资源丰富，几乎每种蚧虫都有一些天敌昆虫，多数有较好的利用价值；生物防治不污染环境，对人、畜安全；有利于保护园林生态系统，避免蚧虫再猖獗，是综合治理的重要组成部分。不足之处是防效慢，人工繁殖技术较复杂。

（2）利用天敌昆虫防治蚧害的成功事例　19世纪末，澳洲吹绵蚧传入美国加利福尼亚，给当地的柑橘园带来毁灭性灾害。1898年从其原产地澳大利亚引进澳洲瓢虫，有效地控制了蚧害，这成为著名的范例；这种天敌于20世纪初引入日本，让因吹绵蚧为害严重，曾一度不得不放弃的柑橘园起死回生；1955年我国曾从苏联引入澳洲瓢虫，先在广东繁殖释放，防治木麻黄吹绵蚧，取得了很好的防治效果；1982年成都从泸州引进1.5万头人工繁殖的澳洲瓢虫释放在苗圃，一举消灭了海桐吹绵蚧；1892年美国又从澳洲引进孟氏隐唇瓢虫，防治柑橘粉蚧取得了良好效果；1941年美国从日本引进粉蚧玉棒跳小蜂和粉蚧蓝绿跳小蜂等天敌，完全控制了果园康氏粉蚧的为害；1973年在我国山西汾阳、孝义等黑桃产区，利用黑缘红瓢虫，一举消灭了日本履绵蚧；江苏利用黑缘红瓢虫防治油茶绿绵蚧也取得了较好效果；广东在20世纪80年代中后期从日本引进松突圆盾蚧异角蚜小蜂防治松突圆盾蚧，防治效果比较理想；东北地区利用异色瓢虫和蒙古光瓢虫防治松干蚧的效果也不错。目前世界上引进天敌取得成功的达数百例。

（3）生物防治的几种途径

①当地自然天敌昆虫的保护和利用。当地自然昆虫天地种类繁多，是蚧虫种群数量最重要的制约因素，因此要善于保护。具体方法有：

a. 实施无公害防治，尽量避免杀伤天敌昆虫。

b. 保护捕食性天敌昆虫过冬 捕食性天敌昆虫（主要是瓢虫）常因冬天的不良环境条件而大量减少，因此冬季集中天敌昆虫，创造条件使其安全越冬，努力提高越冬虫口基数。

c. 改善寄生性天敌昆虫的营养条件，一些寄生蜂羽化后需补充营养而取食花蜜，因此适当配置寄生蜂所需的蜜源植物，以利于天敌昆虫的繁衍。

d. 助迁天敌，在蚧虫发生季节，采集被寄生的蚧虫连同枝条移放于林地的寄生蜂羽化器中，让天敌羽化飞出；在冬季，将剪掉的蚧虫枝，堆放在林地附近适当地方，待翌年羽化的天敌迁飞到林地，都能有效地防治蚧虫。

②从外地或外国引进天敌昆虫，从外地引进天敌，特别是从蚧虫原产地引入其天敌，防治蚧虫的效果十分明显，世界上取得成功的达数百例。但是引种天敌昆虫前，应预先进行比较生态学的调查研究。如气候及地理条件，寄生昆虫与寄主发育时期的一致性，寄生昆虫的越冬条件，寄主的专一性等。在天敌的生物学特性方面，则要求繁殖力强、繁殖速度快、适应力强、传播快。同时严格注意重寄生和多寄生问题。

③人工大量繁殖释放天敌昆虫，无论是本地天敌或是引入的天敌，天敌数量少都难以控制蚧虫。因此，如果在室内大量人工繁殖天敌，在蚧虫发生之初，大量释放于林间，常可取得显著的防治效果。目前世界上，蚧虫天敌昆虫能够人工繁殖的种类已不少，人工繁殖方法也日趋成熟，可在防治中借鉴学习。

4. 化学防治

化学防治蚧虫的效果好，收效快，使用方法简单，适宜于大面积使用，无疑是综合治理的重要措施之一。尽管它有大量杀伤天敌和产生抗药性的副作用，但是只要使用恰当，并与其他措施合理配合，就可最大限度地减少其副作用。

现代城市人口密集，污染严重，直接喷洒有毒农药，无疑是雪上加霜，对居民危害大。现在人们每天都要食用的粮食、水果、蔬菜、茶叶等，都不同程度地残留有毒农药，已成为公害。因此，无论是在园林植物上，还是在果树及其他经济作物上，化学农药都必须慎用。为此，我们提出了"无公害防治"。无公害防治包括三个方面：

一是使用无公害农药，用常规的施药方法适时进行防治；二是使用对人畜有毒性的化学农药，采用不污染环境的施药方法[如根施、涂茎、打吊针输（内吸性农药）液等适时进行防治，对人居环境不造成污染；三是使用物理的或其他的人工手段进行防治。

（1）喷洒无公害农药 防治蚧虫的无公害农药，多数以溶蜡为主要手段，药剂接触虫体后破坏蚧体表面的保护层（蜡质等），使其新陈代谢失调和紊乱，虫体严重失水进而药物中毒，造成死亡。也包括目前的生物源杀虫剂和高效低毒杀虫剂。我们首先提倡使用无公害农药，只有无公害农药不敷用时，才选择其他农药。

①花保植物保护剂：是植物保护制剂，其主要成分是植物产品降解后具有催化性能的活性物质，内含N、P、K等营养元素。该制剂是黏稠性紫蓝色油状物液体，加水后迅速与水融合活化，稀释

液在叶表展着迅速，蚧体着药后可溶解不同龄期的腺体蜡质，并从腺孔、气孔等渗入，溶解分泌物堵塞腺孔、气孔，从而达到触杀效果。枝条、叶表和虫体着剂，经24小时后若迁露水或雾，有再次增效作用。在-10℃~45℃密封贮藏，性能稳定，保存期达5年以上。一般对天敌和植物不产生药害，使用浓度为50~200倍液。

②松脂合剂：是松香与烧碱（或碳酸钠）熬制成的植物性杀虫剂，黑褐色液体，主要成分是松香皂，呈强碱性，具很强的腐蚀性，对害虫有强烈的触杀作用和很强的黏着性、渗透性、能侵蚀害虫体壁，对蚧虫的蜡质层有强烈的腐蚀作用，可兼治蚜、粉虱、螨类。植物休眠期用10~20倍液喷洒，植物生长期用20~25倍液喷洒。此药可以自己熬制，方法是：原料配比为生松香1份，烧碱0.6~0.8份，水5~6份，或者生松香1份，碳酸钠0.8份，水4~5份。先将水放入锅内，再加入烧碱，煮沸使碱溶化，再把碾成细粉的生松香慢慢均匀撒入，共煮，边煮边搅拌，并随时补充被蒸发的热水，以保持原来的水量。经半小时后松香全部溶化，变成黑褐色液体，即为松脂合剂原液。比重约1.2。

③95%机油乳剂：10机油乳剂由95%46号机油和5%乳化剂（脂肪酸聚氧乙烯酯）组成，对害虫主要起触杀作用。乳剂喷洒在虫体或卵壳表面形成薄油膜，起物理窒息和阻隔作用，封塞昆虫气孔和卵孔，导致窒息死亡。油类通过体壁侵入细胞组织，使之中毒。既可溶解蚧体的部分结构（如气门的纤维状蜡丝溶解为结核状），与有机合成农药混用后，提高药效，持效期达数十天。休眠期用50~60倍液喷洒，或10~15倍液涂干，植物生长期用150~200倍液喷洒。若虫期喷洒200~300倍液，成虫期喷洒50~100倍液，在混配药液中机油乳剂所混合的化学农药为2500~3500倍。高温干旱期应停用此药，以免产生药害。花蕾初期应慎用，以免增多畸形花，7月以后的果实膨大期至成熟采收期前，为防止果实贪青和降低其含糖量的积累，宜停用此药。喷洒时务必均匀周到，触及蚧体，但切勿施药过量。

④石油乳剂：是在20号石油中加入3%~4%乳化剂（0π）或纸浆废液配制而成，前者为灰褐色油状液，后者为糊状或膏状物，对蚧体起物理窒息作用，兼具化学毒杀，不易产生抗药性。植物休眠期可喷洒25~30倍液，要充分搅拌至无浮油的乳白液时方可施用，喷药量以达到枝干要流而未流的程度为宜。花卉类不宜喷洒，只能涂抹，以免药害。

⑤50%蒽油乳膏：是一种矿物油杀虫剂。蒽油是从煤焦油中分离出来的一种油状液体，加入一定量的分散剂（碱性或亚硫酸纸浆废液，浓缩至含固体物5%左右；或茶籽饼浸提浓缩液，含固体物50%；或用肥皂，用量为蒽油的20%），强烈搅拌，使油分散成细小的油珠，即成蒽油乳膏，使用时加水稀释，即成蒽油乳剂。作用特点与机油乳剂相同。主要防治越冬蚧虫，在植物休眠期使用50%乳膏的10~17倍液喷洒，生长期不宜喷用，以免产生药害。此乳膏可以自行配制，方法是：取分散剂1份，蒽油1份，放在缸内进行强力搅拌，使蒽油分散成小油珠，当取一滴加入水中，拌匀，镜检油珠直径达1~5μ时，即制成50%蒽油乳膏。

⑥石硫合剂：是一种无机杀虫、杀螨、杀菌剂，有效成分为多硫化钙和硫代硫酸钙，强碱性，不能与波尔多液、肥皂等忌碱物混用。在喷洒过蒽油乳剂、波尔多液或松脂合剂后要隔30~40天才能喷洒本剂，否则会降效和产生药害。有些敏感植物（如梅、杏、梨、葡萄、草莓、杜鹃花等）要慎用，以免药害。此药多为自行熬制，方法如下：原料配比为生石灰1份，硫黄粉1.4份，水14份。先把硫黄粉放入开水中，继续烧煮5分钟，加入刚硝解的石灰粉，边加边搅，大火猛煮50分钟全过程不断搅拌。其间应随时补充蒸发之水分，以保持水的比例。待药液呈深棕红色时即可停火，滤去渣滓，液体呈透明枣红色，冷却后用波美度比重计测定药液波美度。药液对皮肤及眼有害，腐蚀性强，使用时要注意安全保护。药液不能存放在铜、铝等容器内。贮存时要隔绝空气（可在液面加一层废机油、柴油或煤油）。使用时稀释浓度为：植物休眠期波美3~5°Be'，植物生长期用波美0.1~0.3°Be'。

⑦楝油：是一种具有广谱杀虫作用的植物性杀虫剂，青褐色，带有大蒜味，均以压榨楝树种子取得粗油。多种害虫对其表现出拒食、忌避、拒产卵等。能调节昆虫生长，破坏表皮形成和生长发育。常用的种类有印楝油、苦楝油等，其有效成分属于三萜烯类化合物。喷洒1%苦楝油或印楝油乳剂对松栎圆盾蚧等有忌避作用，这些油中加入0.5%乳化剂（656H或宁乳33），再加入水玻璃作稳定剂后能增效。该药杀虫活性强，不易产生抗药性，对天敌无害。

⑧合成洗衣粉：是一种优良的洗涤用品，具有洗涤、渗透、湿润和乳化等功能，弱碱性，去油性较好，能把蚧体表的蜡质和脂肪溶解，造成蚧体体壁干燥，体内失水，进而死亡。喷洒（刷）常用浓度为200倍。由于洗衣粉表面活性大，所以喷洒要均匀，只有虫体着药后才能引起死亡。

新农药

⑨索利巴尔（多硫化钡）：天津博克集团朝阳化工厂生产，1994年中试，1995年投放市场，主要成分是多硫化钡晶体，是石硫合剂最佳替代品，剂型主要是70%深灰色可溶性粉剂。防治对象广泛，除对蚧虫、螨类、蚜虫等刺吸式口器害虫防效显著外，对白粉病、锈病也有很好的疗效。建议稀释浓度200倍左右为宜，因为高温（高于32℃）、高浓度（低于100倍）下对树木叶片有明显药害。稀释浓度分"两步走"，先将药粉加入4~5倍的水拌成乳状液盖好，放置1~2小时使其形成母液，然后加水至需要浓度。使用时要除去残渣以免堵塞喷头。本品含量95%以上Ⅱ型多硫化钡可以适量增加倍数。

多硫化钡遇酸分解，不能与酸性药剂、酸性植物生长调节剂、波尔多液等混用，其间隔期15~20天。

⑩凯撒：10.8%凯撒乳油属于新型拟除虫菊酯类，德国艾格福公司生产。防治对象与拟除虫菊酯类杀虫剂相近，广谱。该杀虫剂用量极低，在防治效果相当的情况下，每亩（666.7m²）用药量仅为它拟除虫菊酯杀虫剂用药量的1/3~1/10。

⑪吡虫啉：是新烟碱类杀虫剂，化学名1-(6-氯吡啶-3-吡啶基甲基)-N-硝基亚咪唑烷-2-基胺，分子式为$C_9H_{10}ClN_5O_2$，无色晶体，英文名imidacloprid，日文名イミダクロプリド。由德国拜耳公司和日本农药公司于1984年共同开发的，是硝基亚甲基杂环结构和烟碱的组合，因作用方式具明显选择性毒性而有别于传统烟碱杀虫剂而称为新烟碱杀虫剂(neonicotinoid)杀虫剂，又称氯化烟碱(chloronicotinyl)或新型硝基亚甲基类(nitromethylene)杀虫剂。吡虫啉具有高效、广谱、低毒低残留的特点和胃毒、触杀、内吸等功能，被广泛用于防治刺吸式口器害虫。但对蜜蜂、家蚕、虾类的毒性相对较高，对蚯蚓中毒，主要使其繁殖力下降，对鱼类一般低毒。

吡虫啉在我国杀虫剂市场上推广发展速度很快，仅次于拟除虫菊酯类，在我国有多种商品名，如海正吡虫啉、一遍净、蚜虱净、大功臣、康复多、必林、滴一滴等。吡虫啉的剂型是杀虫剂中最多的，国内外生产的剂型涵盖了乳剂（包括微乳剂）、可湿性粉剂、悬浮剂、可溶液剂、颗粒剂、水分散粒剂、片剂和种子处理等，市场上常见剂型有：20%可溶液剂、70%水分散粒剂（常用稀释倍数20 000倍）、25%可湿性粉剂（常用稀释倍数5 000倍）和2%颗粒剂等。

⑫啶虫脒：商品名蚧虫毒，与吡虫啉同属新烟碱类（硝基亚甲基烟碱类），英文名acetamiprid。均为德国、日本及瑞士等国于20世纪80年代开发的，具有6-氯-3-吡啶甲基(6~chlor~3~pyridylmethyl)基团、作用于虫神经系统后突触的乙酰胆碱受体的新烟碱类杀虫剂，具持效期长、杀虫广谱、内吸性强、不易挥发、水溶性好、对哺乳动物和水生生物低毒及在土壤中稳定性较好等优点，是防治刺吸式口器害虫的优良杀虫剂。但对吡虫啉等新烟碱类杀虫剂有交互抗性。

主要剂型有20%水分散粒剂（常用稀释倍数8 000~10 000倍）、10%可湿性粉剂（常用稀释倍数4 000~5 000倍）和3%微乳剂（常用稀释倍数5 000倍左右）、5%乳油等。

⑬阿维菌素：英文名Avermectin，又称阿弗菌素、多拉霉素、C-076等；中文商品名很多，有：灭虫丁、灭虫灵、虫克星、爱福丁、齐螨素、螨虫素、集琦虫螨克、阿巴丁、虫螨光、杀虫素、害

极灭、农家乐、农哈哈等，是一类广谱、高效、无公害的生物源杀虫剂，属16元大环内酯抗生素类。它是日本科学家大村智与美国默克（Merck）公司于1978年研制成功的，经发酵提取等工艺生产，1981年实现产业化。阿维菌素最初来源是1975年日本北里研究所研究人员从静冈县土壤中收集并筛选出的一种放线菌 Streptomyces avermitilis 所产生的次级代谢产物，是一组含有8种组分的混合物：A_{1a}、A_{2a}、B_{1a}、B_{2a}、A_{1b}、A_{2b}、B_{1b}、B_{2b}，前4种共占80%，后4种不到总量不足20%；阿维菌素各组分之间差异是主体结构上取代基不同，"A"系列和"B"系列、"A"系列与"B"系列的区别是R_5分别为CH_3和H；"a"系列与"b"系列的区别是R_{26}分别为C_2H_5-和CH_3-；"1"系列与"2"系列的区别是C_{23}位的X分别为$-CH=CH-$和$-CH_2-CH-CH(OH)-$。一般而言，"B"系列的活性高于"A"系列，"1"系列和"2"系列活性差异较小，所以最初开发的阿维菌素主要成分为阿维菌素B_1(abamectin=avermectinB_1=AVM)，即22.23双氢-。阿维菌素是一种昆虫、螨等节肢动物的神经性毒剂，其机理是干扰昆虫体内神经末梢的信息传递，从而阻断神经末梢与肌肉的联系，使昆虫麻痹、拒食而亡。尤其对于那些对有机磷和菊酯类农药产生抗性的害虫的防效十分显著，其活性比常用杀虫剂高5~50倍。

目前已商品化的系列产品有：阿维菌素、伊维菌素(ivermectin, IVM)、甲氨基阿维菌素苯甲酸盐(emamectinbenzoate，简称甲维盐)、埃珀利诺菌素(eprinomectin，又称乙酰氨基阿维菌素)、多拉菌素(dormectin)和色拉菌素(selamectin)等。中国于20世纪80年代末引进阿维菌素和产素菌种，当时的上海农药研究所和中国农业大学就投入了研究，现在全国有多家科研院所和高校对其进行机理、毒理、毒力、应用领域等多方面的研究，已分离出一些新菌株，生产出了系列产品，包括不同的剂型。在20世纪80年代末和90年代，阿维菌素主要用于用防治卫生媒介昆虫和人畜禽及宠物的内外寄生虫；90年代中后期开始将其开发成新型杀虫剂，在粮油作物、果树、蔬菜等经济作物试验、应用和推广都取得了很好的效果；有试验证明，防治园林植物上的"五小"害虫，包括蚧虫，也十分显著，防效可达90%以上。

目前国内市场上出售的制剂品种多为乳油，另有少部分可湿性粉剂、片剂、悬浮剂、分散剂、微乳剂、水乳剂、注射液、透皮剂等剂型。正在研发和应用试验的还有阿维菌素水悬纳米胶囊剂、阿维菌素微胶囊、阿维菌素泡腾片等。主要剂型有：1.0%、1.8%、2.0%乳油（含微乳剂、水乳剂等），0.5%和1.0%阿维菌素+13%杀虫双微乳剂和水乳剂；0.05%和0.12%可湿性粉剂。以1.8%乳油为例，作者建议防治蚧虫的稀释倍数为2 000~5 000倍。

⑭抑食肼(RH-5849)：化学名称为2′-苯甲酰基-1′-特丁基苯甲酰肼，由Rhom&Haas公司1987年在美国宾夕法尼亚的研究室开发的。抑食肼是一种非甾类、具有蜕皮激素活性的昆虫生长调节剂和蜕皮促进剂，通过促使昆虫产生过早的不适宜蜕皮而致死。主要对鳞翅目、鞘翅目、双翅目幼虫具有抑制进食、加速蜕皮和抑制成虫产卵和杀卵作用，并可引起昆虫拒食作用和不育作用。对害虫以胃毒作用为主，具有较强的内吸性，既有速效性，又有较好的持效性。与其他农药无交互抗性，具有杀虫谱广，对水稻、棉花、蔬菜、果树、茶叶、烟草、林木等害虫防效优异，对人、畜、禽、鱼类等安全，对家蚕、蜜蜂等有益生物影响甚微，因此是一种取代高毒常规农药的一种无公害的新型昆虫生长调节剂昆虫生长调节剂抑食肼对杨圆蚧和柳蛎盾蚧具有特效，对天敌安全。使用1%~2%抑食肼油剂防治两蚧固定若虫的药效在90%~98%；防治柳蛎盾蚧卵的药效在94%~98%。使用25%抑食肼可湿性粉剂100~200μg/g，防治柳蛎盾蚧初孵若虫的药效在91%~96%。抑食肼油剂具有内吸和胃毒作用，并具有速效、持效，为蚧虫的防治提供一种理想、安全、经济和高效的新型杀蚧剂[1]。

---

[1] 迟德富等. 昆虫生长调节剂抑食肼防治杨圆蚧和柳蛎盾蚧. 东北林业大学学报，1997，25（5）：10-14.

⑮ 东北林业大学1991~1995年研制了几种昆虫生长调节剂的杀蚧剂：10%噻嗪酮(buprofezin)油剂、10%噻嗪酮通用油剂、10%抑食肼(RH-5 849)油剂、10%氟幼灵(tri-fluimuron)油剂、10%灭幼脲油剂。使用质量分数1%~2%噻嗪酮油剂和通用油剂、抑食肼油剂、氟幼灵油剂和3%~5%灭幼脲油剂防治柳蛎蚧固定若虫和卵的效果均达91%以上。使用10%噻嗪酮通用油剂、25%噻嗪酮可湿性粉剂、25%抑食肼可湿性粉剂、20%氟幼灵悬浮剂等药液100×106防治柳蛎蚧初孵若虫的防治效果均达93%以上。经试验证明，新杀蚧剂对蚧虫主要天敌红点唇瓢虫成虫无杀伤作用。新杀蚧剂是一类昆虫生长调节剂，通过干扰、破坏昆虫的正常生长发育，干扰昆虫蜕皮生理过程，抑制几丁质合成，是一类对人畜安全，对环境无公害，对天敌影响较小的药剂。由于保护了天敌，增强了自控能力，具有突出的选择性，因而较适用于害虫的综合治理。新型杀蚧剂对杨圆蚧、柳蛎蚧具有高效的杀若虫活性及杀卵作用，并对成虫具有不育作用。新杀蚧剂是目前取代高毒农药的一类理想、安全、高效的新一代杀蚧剂，具有显著的生态、社会和经济效益[1]。

⑯ 十八烷基三甲基氯化铵：制剂为2%十八烷基三甲基氯化铵可溶粉剂，低毒，登记作物和防治对象为柑橘树矢尖蚧[2]。

⑰ 藻酸丙二醇脂：制剂为0.12%藻酸丙二醇酯可溶液剂。低毒，登记作物和防治对象为番茄白粉虱，用药剂量为每次有效成分10.8~13.5g/hm^2。

⑱ 氟虫酰胺：氟虫酰胺(通用名称flubendiamide，商品名称Phoenix、Fenos、Fame、Belt)是由日本农药公司和拜耳公司共同开发的新型鱼尼丁受体激活剂。不仅对鳞翅目等害虫有优异活性，与现有杀虫剂无交互抗性，而且对哺乳动物安全。2007年首次在菲律宾、日本获准登记，后又在印度、巴基斯坦获准登记，主要用于果树、蔬菜、大豆、茶等防治害虫。

（2）以化学防治为应急手段，合理，安全使用化学农药

化学防治不可不用，但不可多用，只能适于急用。根据实践，在下列情况下可考虑使用化学防治：①某种蚧虫(特别是危险性蚧虫)刚传入某地，此时天敌跟踪尚未到达，即使蚧虫虫口密度不大，为消除后患，可以采用化学防治，但要严格控制范围。在与疫区相毗邻的保护区沿线，除采取栽培和检疫措施外，可以进行适当的，有限的化学防治，建立一个安全而可靠的保护性隔离带，防止或延缓疫区的扩大。②当某种蚧虫虫口密度过大，呈暴发趋势，对景观效果和植物生长造成威胁时，应果断地采取化学防治措施，急速地把虫口密度压下去，这也是十分必要的，但要抓住防治的关键时机，尽量不杀伤或少杀伤有效天敌。

在化学防治的应用上，必须遵循下列几点：

应该根据蚧虫种类、龄期以及寄主植物对农药的敏感程度，周围环境对农药的承受能力，施药机具的先进程度等诸多因素，选择适宜的农药。这里介绍一些经过多年实践证明能有效地防治蚧虫的常用农药，谨供防治参考。

①乙酰甲胺磷乳油：有机磷类内吸杀虫剂，毒性低，具有胃毒和触杀作用，作用缓慢，2~3天后效果显著，后效作用强，与西维因、乐果等混用有增效作用并可延长持效期。含量有30%和40%两种，防治1龄若虫可用30%乳油的300~600倍液，均匀喷洒。

② 45%马拉硫磷乳油：有机鳞类农药，广谱、低毒，具良好的触杀作用，无内吸性。根据蚧体蜡质的厚薄程度，使用500~1 000倍液进行喷洒防治。

③ 40%水胺硫磷乳油：有机磷类广谱性杀虫、杀螨剂，毒性高、具触杀、胃毒、杀卵作用，残效期7~14天。防治若虫可喷洒1 000倍液，喷洒人员应做好劳动保护，禁止在菜、果、茶、烟、中

---

[1] 苗建才，迟德富．新杀蚧剂研制成功．林业科技通讯，1999，（4）：32.
[2] 刘刚．2005年登记的新农药简介．四川农业科技，2006，（2）：35.

草药等植物上使用。

④40%氧化乐果乳油：有机磷类高效、广谱杀虫、杀螨剂、高毒、具有较强的内吸，触杀和一定的胃毒作用，对害虫击倒快，在低温下仍能保持较强的毒力。防治若虫可喷洒1 000~1 200倍液，每次间隔7~10天。也可打吊针输液或涂抹树干（刮去粗皮）、嫩茎或在干上钻孔注药防治。安全用药间隔期为：蔬菜10天，茶叶6天，果树15天。施药时要注意劳动保护。

⑤20%亚胺硫磷乳油：有机磷类广谱性杀虫剂，毒性中等，具触杀和胃毒作用，残效期较长。若虫期可喷洒600~1 000倍液进行防治。对蜜蜂有毒。

⑥40%速扑杀乳油（杀扑磷）：有机磷类广谱杀虫剂、高效、具触杀、胃毒和渗透作用。喷洒浓度：若虫1 000~3 000倍液，成虫800~1 000倍液，喷洒间隔期为20天，对核果类植物应避免在花后期施用，果树喷洒浓度不可太高。

⑦50%杀螟硫磷乳油（杀螟松）：有机磷类杀虫剂，中等毒性，具触杀和胃毒作用，无内吸和熏蒸作用。杀虫谱广，残效期中等。防治若虫喷洒800~1 000倍液。对鱼毒性大。使用时应随配随用。

⑧50%敌敌畏乳油：有机磷类高效、速效、广谱杀虫剂，中等毒性，具有熏蒸、胃毒、触杀作用，对害虫有极强的击倒力。施药后易分解，残效期短，无残留，适用于茶、桑、烟草、蔬菜以及临近收获前的果树防治。对瓢虫、食蚜虻等天敌及蜜蜂等具有杀伤力。防治若虫可喷洒500倍液。

⑨920%喹硫磷乳油：有机磷类杀虫、杀螨剂，中等毒性，具胃毒和触杀作用，无内吸性能，有一定的杀卵作用。在植物上有良好的渗透性，但降解速度快，残效期短。在若虫期喷洒500~1 000倍液，若加入0.5%~1%机油乳剂则更好。

⑩25%西维因可湿性粉剂：氨基甲酸酯类广谱性杀虫剂，中等毒性，具触杀、胃毒作用，毒杀速度慢，药效期7天以上。与有机磷类农药混用有明显的增效作用。低温时使用效果较差，防治若虫可喷洒400~800倍液。

⑪3%呋喃丹颗粒剂：氨基甲酸酯类广谱性内吸杀虫、杀线虫剂，毒性高，具触杀和胃毒作用。能被根部吸收，输送到植株各器官，尤以叶部积累多（尤其叶缘），果实含量少，土壤中半衰期30~60天。严禁将此药加水制成悬浮液直接喷洒，不能与碱性农药混用。防治蚧虫的剂量是：株高4~6m大树，每株埋药量400~600g；盆栽花卉，5寸盆埋药0.5~1g。

⑫25%速灭威可湿性粉剂：氨基甲酸酯类杀虫剂，中等毒性，具触杀和熏蒸作用，击倒力强，持效期短（3~4天）。防治初龄若虫的喷洒浓度为600~800倍液。

⑬15%铁灭克颗粒剂：氨基甲酸酯类杀虫、杀螨、杀线虫剂，毒性高、具有触杀、胃毒、内吸作用，能被植物根系吸收，传导到植物地上部分各器官。施药后数小时即能发挥作用，药效可持续6~8周，药量过多或集中撒布在种子、根部附近时，易出现药害。在土壤中易被水解，限在地下水位低的地方使用。在有机质中半衰期55天，使用剂量为3%呋喃丹之半。不能加水喷洒用，使用时必须注意劳动保护。

⑭2.5%功夫乳油（三氟氯氰菊酯）：拟除虫菊酯类杀虫剂，中等毒性，具触杀、胃毒作用，无内吸作用。广谱，活性较高，药效迅速，喷洒后能耐雨水冲刷。对刺吸式口器害虫和害螨有一定防效，但长期使用后害虫易产生抗性。药效期7~10天。防治若虫可喷洒1 000~3 000倍液。不要与碱性农

---

[1] 迟德富等.昆虫生长调节剂抑食肼防治杨圆蚧和柳蛎盾蚧.东北林业大学学报,1997,25（5）：10~14.

[2] 苗建才,迟德富新杀蚧剂研制成功.林业科技通讯,1999,（4）：32.

[3] 刘刚.2005年登记的新农药简介.四川农业科技,2006,（2）：35.

药混用或做土壤处理,对鱼虾、蜜蜂、家蚕有高毒。

⑮20%灭扫利乳油(甲氰菊酯):拟除虫菊酯类杀虫、杀螨剂,中等毒性,具有触杀、胃毒和一定的驱避作用,无内吸、熏蒸作用,广谱,残效期14天以上,对叶螨有良好效果。防治爬行若虫可喷洒4 000倍液,喷洒要均匀周到,不要与碱性农药混用。对鱼虾、蜜蜂、家蚕有高毒。

⑯20%氰戊菊酯乳油(杀灭菊酯):拟除虫菊酯类杀虫剂,广谱,中等毒性,以触杀和胃毒作用为主,无内吸和熏蒸作用,对螨类无效。防治若虫喷洒4 000~5 000倍液。喷洒要均匀周到。对天敌、鱼虾、蜜蜂和家蚕有高毒。

⑰2.5%敌杀死乳油(溴氰菊酯):拟除虫菊酯类杀虫剂,中等毒性,以触杀和胃毒作用为主,无内吸及熏蒸作用。广谱、杀虫活性高,击倒速度快,对蛾、蝶幼虫及蚜虫杀伤力大,对螨无效。防治爬行若虫可喷洒1 000~2 000倍液,喷洒时要均匀周到。不能在桑园、鱼塘、河流、养蜂场及其周围使用,不能与碱性农药混用。

⑱25%优乐得可湿性粉剂:抑制昆虫生长发育的新型选择性杀虫剂,触杀作用强,具胃毒作用,能抑制昆虫几丁质的合成和干扰新陈代谢,致使害虫蜕皮畸形而缓慢死亡,施药后3~7天才能看出效果。对成虫没有直接杀伤力,但可以缩短其危害时间。

⑲40%蚧螨磷乳剂:有机磷类杀虫、杀螨剂,中等毒性,具内吸和渗透作用,残效期长达40天。防治若虫喷洒浓度为1 000~2 000倍液。

⑳蚧螨净:氟乙酰替苯胺类杀虫、杀螨剂,高毒,具内吸和极好的杀螨卵作用。

㉑灭蚧磷(磷酸三甲苯酯):有机磷类杀虫剂,中等毒性,对粉蚧卵,若虫 有效,是马拉硫磷乳油增效剂。迂碱分解。

六、蚧虫
的研究方法

(一)室内生活史观察

在各代蚧虫卵刚开始大量孵化时,从室外定点定株上采回带已成熟即将孵化的雌成虫或卵囊的叶片,粘贴于供试苗木的叶片上。为了便于观察,每株苗木(共3株供试苗木)上部仅留十多张叶片,而且要间隔去留,保证所留叶片间保持适当间距。待若虫固定后,在确定保留所需虫数后,其他的用小针剔去,所保留若虫的密度要适中,在接种叶上用红漆笔标明若虫固定处,编号记载。每隔两天观察一次,系统记载一龄若虫期,二龄若虫期,雌雄分化期,雄蛹化蛹期,羽化期,雌成虫产卵期(量)、卵历期、孵化数、若虫出壳期等,同时做好每天的室内温度、湿度记载。为了避免世代重叠,下一代的接种应另换苗木。

(二)室外系统调查

配合室内饲养观察,在所在城市的东西南北中方向各设一个观察点,定期、定点、定株抽样调查。每隔3天在定点株(不少于3株)的不同方位随机采一定数量的带虫叶片或枝(样虫不少于100头),在室内用双筒解剖镜观察并分别记数(各虫态)。这样就可观察到蚧虫在自然条件下各虫态发生期、发生数量、生活习性天敌种类及其控制蚧虫的能力,自然死亡率及被天敌寄生率等。同时可向气象单位索要蚧虫发生期的气象资料。

七、蚧虫
的采集和标本制作方法

蚧虫种类鉴定要依靠制作蚧虫显微玻片标本,并通过镜检蚧虫体壁的显微结构来确定。这种方法对于确定新种和鉴定不常见种是完全必要,亦是国际上通用的。因此制作高质量蚧虫玻片标本是准确鉴定新种和不常见种蚧虫的前提。下面简要介绍蚧虫采集和标本制作方法。

（一）采集方法

在寄主植物上（叶片、枝条、树干、根等）发现了寄生的蚧虫,选择虫口密度大的部位,用剪子剪下带虫的寄主植物部分,每一采集点装入一个大约15cm×25cm的（牛皮）纸封筒,并用铅笔填好采集标签内容:编号、采集日期,寄主植物、寄生部位、地点和采集者姓名,一并装入纸封筒内。对于粉蚧等大型体软的或容易脱落的种类,则应装入塑料袋或塑料容器内,以免弄坏。必须强调的是,只有产卵前的雌成虫才能制作合格的玻片标本。

（二）保存方法

1. 干燥标本

将装有标本的纸封筒风干后,装入有防虫剂的容器中密封,备用。

2. 浸渍标本

用塑料容器装的蚧虫标本,则宜制作浸渍标本。即用微型尖头镊子将寄主植物上的蚧虫剥离下来,投入装有70%乙醇的玻管（直径9~12mm,深约40mm）中,并盖上能密封的塞盖。再将约10个玻管集中放入大型容器中,再注满70%乙醇进行密封,备用。应注意的是无论是干燥标本还是浸渍标本,采集标签都必须与标本同在。

（三）标本制作工具

如右图所示:
（1）玻皿（直径3cm）（A）及浅搪瓷盘（B）;

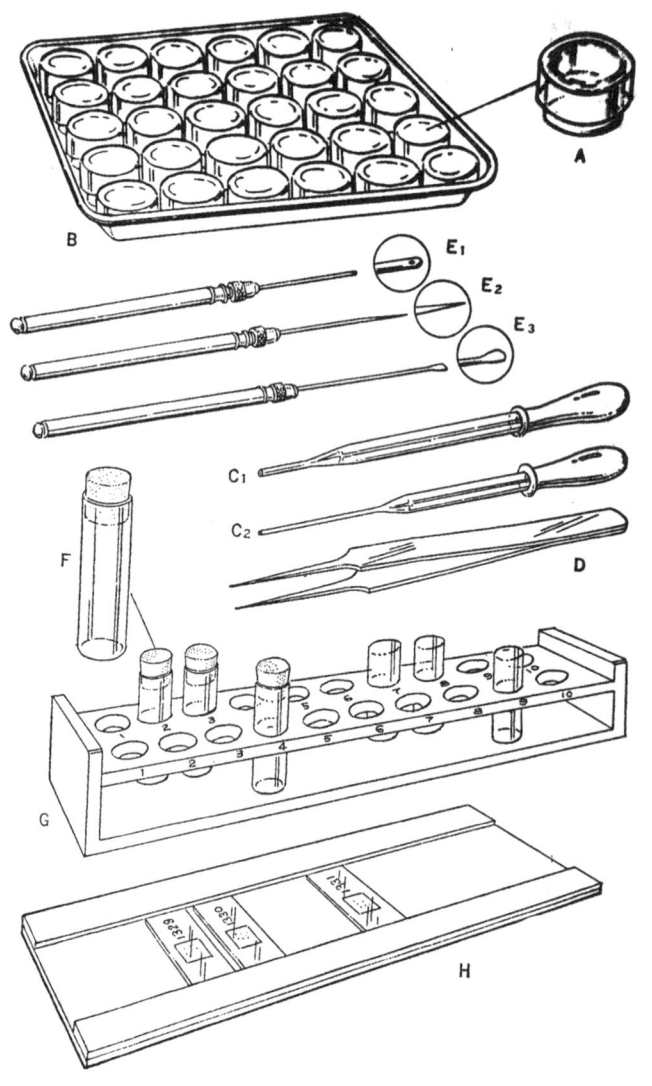

蚧虫标本制作工具

（2）玻璃吸管（C）；

（3）小镊子（D）；

（4）带柄解剖针（E）；

（5）玻管（直径16mm，长60mm左右）（F）；

（6）玻管架（G）；

（7）载玻片，盖片（H）；

（8）滤纸；

（9）毛毡笔头；

（10）玻片标本临时放置板（H）；

（11）玻片标本存放盒、标签等。

（四）标本制作程序

1. 将活虫或保存的虫体投入装有5~10mL KOH的玻皿中，放置一晚上让其软化后，在约80℃下加热30~60分钟（活虫加热30分钟，干燥标本或大型及蜡层较厚的虫体则酌情增加时间），使虫体内含物溶解；

2. 用解剖针在氢氧化钾液内清除虫体内含物。值得提醒的是，这时的小虫体不易看见。如果将玻皿下面铺上黑色纸，放在双目解剖镜下就容易看见了；

3. 用解剖针、小毛笔将虫体移入盛蒸馏水的玻皿内，浸泡1小时左右；

4. 移入活性染料液内，最快染色时间30分钟即可。如果虫体数量多，一时难以处理完，可以任意调节时间（活性染料配方：活性染料 KDB 克，加水100mL，再加冰醋酸20mL）；

5. 移入蒸水内，浸泡1小时；

6. 移到载玻片上，在双筒解剖镜下制片，一手持吸有二甲苯及无水酒精等量混合液的吸管，持续向虫体加添混合液，一手持小毛笔清理虫体内外的杂质，待虫体完全透明后，即可封片。虫体也可以在清水内过夜，第二天再封片；

7. 制片操作不熟练时，可在玻片标本上加一滴丁香油，这样就可以从容摆布；

8. 制片熟练时，玻片上的虫体在二甲苯混合液浸泡下用小毛笔清理，很快透明清晰后，加一滴稀树脂，用小毛笔整理虫体姿态，置一边待树脂干固；

9. 待玻片上的树脂将虫体固定后，再加一滴稀树脂，用盖玻片封盖，贴上标签，平放在临时放置板上。待稀树脂完全干固后，将玻片标本放入木制的标本盒内长期保存。

八、蚧虫

天敌——寄生蜂的采集饲育、保存及标本制作

寄生蜂是能有效地控制蚧虫大量繁殖为害的重要天敌。可以通过采集饲育、保存等手段，掌握寄生蜂的种类、形态、寄主范围、寄生蚧虫的规律及寄生率等情况，以利我们很好地保护和利用这类天敌资源，达到有效控制蚧害的目的。因为寄生蜂个体微小，大小只有1~2mm，有的仅有0.5mm，这里介绍一种既特殊，又简单实用的采集饲育方法。

（一）蚧虫寄生蜂的采集饲育

1. 采集用具

手持放大镜（放大15倍）、镊子、枝剪和电工刀、小毛笔、小指形管、小广口瓶、吸管，其他：纱布、胶布、脱脂棉、铅笔、笔记本、标签等。

2. 制作采集饲育盒

用硬纸皮做成长14cm、宽10cm、高6cm的有盖纸盒，或用现成相似大小的纸盒。在纸盒的一侧面开一个能插入指形管粗细的圆孔即成采集饲育盒。

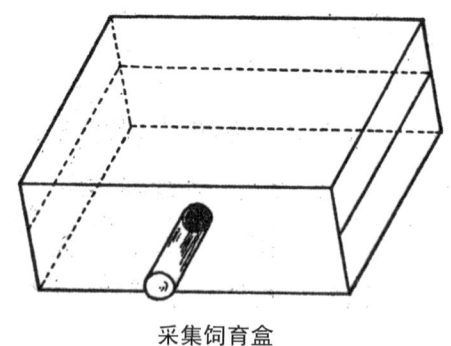

采集饲育盒

（二）采集饲育方法

把寄生在枝条、叶片、果实等上的蚧虫一起剪下来，并用刀或枝剪处理成适当大小，把同一种蚧虫放在一个采集饲养盒内，加盖密封，再将玻璃指形管插入圆孔内，并将有指形管的一面向光。利用寄生蜂的趋光性，每天将羽化的寄生蜂都收集于指形管内，并另外换上一支指形管，这就可以收集大量的、具有明确寄主的活寄生蜂。若要人工繁殖，即可做接种用的蜂种。如果是为制作标本或观察形态、鉴定之用，可用小棉球蘸上少许氯仿毒死，放在70%酒精中保存。并填好采集标签内容：编号、寄主名称、采集地点、采集时间、采集人名等，并逐日记录采集寄生蜂数，通过统计介壳上的羽化孔数得到其寄生率，从而可以粗略掌握寄生蜂寄生蚧虫的全过程。

（三）蚧虫寄生蜂的保存，标本制作方法

1. 用具及药品

（1）器具

载玻片及盖玻片、凹心皿、解剖针、放大镜、小毛笔、小指形管、小广口瓶、小镊子、小剪刀及玻片标本盒。

（2）药品

酒精、冰醋酸、氢氧化钾、甘油、小合氯醛、阿拉伯胶、加拿大香胶、二甲苯、蒸馏水。

2. 保存

将杀死的寄生蜂放入70%酒精中，24小时后更换一次酒精，然后用小毛笔将标本挑到小指形管内约占管的1/3，并滴入70%酒精至2/3处，用棉球塞住管口。把若干支装有标本的指形管放在盛有70%酒精的小广口瓶内，酒精至少要浸过指形管。广口瓶加塞盖后，再用凡士林或石蜡封口，标本即可长期保存。

3. 玻片标本制作法

（1）脱水

从保存液中取出寄生蜂，分别用90%~95%~100%三种浓度酒精进行脱水，每次脱水10~15分钟。

（2）透明

将脱完水的标本放入凹心皿中，加入二甲苯使虫体透明，但透明时间不宜过长。

（3）封片

用小毛笔挑出透明后的虫体，放在玻片上，摆好位置和整理虫体姿势，待二甲苯干后，加上2~3滴加拿大香胶，盖上盖玻片。贴上标签后平放，待干燥后放入玻片标本盒长期保存。

蚧虫总科雌成虫分科检索表

1. 腹部有气门，如无则前足变大成开掘足，雄成虫有复眼 ……………………………… 2
腹部无气门；雄成虫无复眼（极少数例外） ………………………………………… 4
2. 肛门上有一骨质肛环（包括若虫），上生刺毛6根；背部有大小不等的白色蜡块组成的特殊图案，呈石膏状，成熟时，腹面形成裙状卵囊；足终生发达，即使形成卵囊，也能举卵囊移动；

雄成虫触角9节；绝大多数寄生于草类 …………………………………………… 旌蚧科
无肛环；有的种类卵囊不附体末，寄生木本、草本植物 …………………………… 3
3. 有腹疤无背疤（含若虫）；肛管长而复式（极少数例外）；腹气门常缺前数对；两触角基节不大而远离；雌成虫一般呈椭圆形，亦有少数种类为长形，两侧近平行者，有的种则体呈球形。体长10~30mm，有足，可自由行动；体壁大多柔软，少数体背及局部硬化，虫体红—紫褐色，多数都覆被蜡粉，寄生在植物枝叶上，卵产在腹面分泌的绵状卵囊内。但有的种类卵囊不附体，不附着体末的种类，则入浅土层，泌白色蜡絮并产卵其中………
………………………………………………………………………………………… 绵蚧科

有背疤或无腹疤（包括若虫）；肛管不显或短而简式；腹气门常缺数对（第一对例外）；两触角基节大，较靠近；前足特发达呈开掘式；二、三龄若虫成球状；有的种潜居地下（2~11cm），有的种寄生于树皮下（如松干蚧） ……………………………… 蛛蚧科
4. 有肛环 ………………………………………………………………………………… 5
无肛环 ………………………………………………………………………………… 13
5. 腹部后端无尾裂和肛板 ………………………………………………………………… 6
腹部后端有尾裂和肛板 ………………………………………………………………… 12
6. 有8字形孔腺 …………………………………………………………………………… 7
无8字形孔腺 …………………………………………………………………………… 8
7. 背面有8字形孔腺，而腹面则无；管腺在腹面亚缘区成带；虫体圆球形或肾形及其他形状，多无蜡质覆盖，体背坚硬；多无卵囊；主要寄生壳斗科植物（如栎、板栗）…红蚧科
背腹两面均有8字形孔腺；管腺在腹面亚缘区不成带；虫体一般为椭圆形、梨形、平或略突，或高突成半球形甚至球形。常体被蜡壳，有的是壶状胶壳，有的（主要为害竹）是半透明的赛璐珞状或不透明毛毡状蜡壳，在蜡壳周缘密布整齐的刷状蜡丝。喜食禾本科、棕榈科和壳斗科等植物 …………………………………………………………… 链蚧科
8. 常有背孔，腹脐0~5个（一般1个，位于第3~4腹节腹板间，少数超过1个者，位于腹面中区，成1纵列）；体背缘有刺孔群，左右侧成对共18对，可更多或少至零，每刺孔群由锥刺及腺群组成；触角端节较其前节长大（棍状或纺锤形）；体常卵圆形，体壁多柔软，分节明显，满被白色蜡粉，但也有全无蜡被者（大多在叶鞘下生活）。有刺孔群的类群常在体缘有成排蜡丝，产卵时常分泌棉絮状或绒毛状卵袋，局部或完全掩没虫体，腹部末端有尾瓣及尾瓣端毛；足发达，可终生爬动（但寄生在禾本科植物叶鞘下

的种类，足已退化）。生活在地下根部的种类也很多。雄茧长椭圆形，两侧平行，白色 ···················· 粉蚧科

无背孔、腹脐、刺孔群和三格腺；触角端节非棍状 ································· 9

9. 肛环发达，上有许多孔纹及刚毛 ·· 10

肛环不发达，上无孔纹及刚毛，或仅有很少短毛 ····························· 11

10. 体背及体缘布满体刺（锥状或橡实状）；有尾瓣；无臀板、背中针和尾瘤；肛毛6~8根；尾片常呈长锥形；管腺内端有凹口；前胸气门正常；虫体多呈长椭圆形，也有呈卵形、长形、梨形、圆形（体背略突或显突成半球形），甚至有少数呈球拍或陀螺形。虫体呈深红、紫、黑、青色，常覆被蜡粉，有的裸露，有的形成虫瘿，但大多数种类被包裹于白色毡状卵囊中，产完卵后，被挤压至囊的一端。本科分布全球，可为害植物地上或地下部分 ··· 毡蚧科

前胸气门大；虫体呈球形或锥形、叶形。体长一般2~3mm。体壁柔软，并分泌半球形胶壳，呈紫褐或黄褐、黑褐色。体节几乎全部融合。足全缺。本科分布于热带、亚热带，寄生于植物地上部，有产紫胶的胶蚧属和翠胶蚧属虫种，是著名的资源昆虫，其他种都是害主 ·· 胶蚧科

11. 肛环上有短毛2根或无；腹面亚缘区无管腺；体上多小刺突；寄生棕榈科植物 ······ 战蚧科

12. 虫体卵形或长卵形，扁平或隆起呈半球形甚至圆球形，体壁坚硬，光滑。也有种类体壁不坚硬，可形成白色蜡质卵囊；体缘具缘褶；气门洼、气门刺、气门路均发达；腹部末端有很深的臀裂肛门上盖有三角形肛板 ·· 蚧科

无缘折，气门洼、气门刺、气门路有时存在，臀裂很短；专寄生于禾本科茎上叶鞘下及根部。·· 仁蚧科

13. 无介壳；无臀板，腹节从后端缩入体腔内；胸气门缩至体内，所见虫体为头部特化而成；初孵若虫有肛环 ··· 头蚧科

有介壳；第5~8腹节愈合为臀板；胸气门显著，初孵若虫无肛环等基本特征可与其他各科相区别。虫体一般呈圆形、卵形、梨形或前半狭长，后半宽圆的不倒翁形，极少数有贤形、细长形、飞鸟形等。体长0.8~1.5mm。介壳形状有圆形、椭圆形、梨形、牡蛎形、细长形等；介壳色泽有白色、黄色、褐色、灰色或黑色等；介壳的直径或长度一般在0.7~4mm间。介壳的形状、质地和色泽及壳点的排列位置是重要的分类依据。本科是蚧虫亚目中最大的科，分布于全球，可寄生木本、草本植物的地上，地下部分 ························· 盾蚧科

蚧虫雌成虫分属检索表

一、旌蚧科 Ortheziidae 雌成虫分属检索表

1. 触角 8 节，少数 7 节；腹气门 7~8 对 ················· 旌蚧属 *Orthezia*
   触角少于 8 节；腹气门少于 7 对 ·· 2
2. 触角 6~7 节，腹气门 5 对 ······················· 纽旌蚧属 *Newsteadia*
   触角少于 6 节 ·· 3
3. 触角 3 节；有眼；腹气门 6 对 ················ 鳞旌蚧属 *Nipponorthezia*
   触角 4 节 ·· 4
4. 喙 1 节；有眼洋旌蚧属 ······································· 洋旌蚧属 *Ortheziola*
   喙 2 节；无眼 ······································· 榕根旌蚧属 *Xenococcus*

二、珠蚧科 Margarodidae 雌成虫分属检索表

1. 触角基节大，宽为长的 2 倍，相互靠近，如触角和足退化则体末硬化 ············· 2
   触角不如上述；前足特别发达成开掘足，或至少 2 倍大于中、后足，跗节 1 节，如触角和足退化则体有柱状腺；均生活在土中为害根部 (珠蚧亚科 Margarodinae) ············· 10
2. 跗节 2 节 (第 1 节很短)，如足退化则体末硬化；腹气门 7~8 对；大背疤发达；虫体生活在植物体表、潜居针叶丛中、枝腋、皮缝或在树皮下形成球状瘿孔 (木珠蚧亚科 Xylococcinae) ············· 3
   跗节 1 节，如足退化则体末膜质；腹气门 4~8 对；大背疤无；寄生在枝干皮下 (皮珠蚧亚科 Kuwaniinae) ············· 4
3. 气门腔内有盘腺，胸气门小于腹气门 (木珠蚧族 Xylococcini) ············· 5
   气门腔内无盘腺，胸气门大于腹气门 (松珠蚧族 Matsucoccini) ············· 6
4. 触角和足发达，正常；分布北美 (北美木珠蚧亚族 Xylococculina)
   触角发达，或为短而不分节之柱状瘤突；足退化成小瘤或球状 (木珠蚧亚族 Xylococc) ············· 木珠蚧属 *Xylococcus*
5. 无背疤和双孔腺；分布新西兰 (新西兰松干蚧亚族) ············· Conifericoccina
   有背疤和双孔腺 (松干蚧亚族 Matsucoccina) ············· 松干蚧属 *Matsucoccus*
6. 爪基有端尖冠毛 1 对，爪具 1 或 3 齿；胫节端有成丛冠毛；腹气门 4~6 对 (皮珠蚧族 Kuwaniini) ············· 7
   爪基有成丛球杆状冠毛，爪无齿；腹气门 6 或 8 对 (丝珠蚧族 Steingeliini) ············· 8
7. 触角 9 节；口器消失；爪具 1 齿；多格腺中心空或 2 长格，中部无 1 圈大孔，外围有或无 1 圈小孔 ············· 皮珠蚧属 *Kuwania*

触角 10 节；口器存在；爪具 3 齿；多格腺中心 0~1 孔，中部具 1 圈 2~5 孔，外围有 1 圈小孔 ··· 长珠蚧属 *Neogreenia*

8. 体硬化；后腹节凹入成内卵腔；触角 10 节；分布大洋洲（澳丝珠蚧亚族 Callipappina）
体膜质；后腹节不凹入成内卵腔；触角 7~8 节 (丝珠蚧亚族 Steingelia) ················· 9

9. 触角 7 节；分布北美 ··· 北美丝珠蚧属 *Stomacoccus*
触角 8 节；分布古北区丝珠蚧属 *Steingelia* ·· 10

10. 体卵形；体毛 (刺) 均朝向体后 (珠蚧族 Margadini) ······································· 11
体细长；体毛 (刺) 放射状排列；分布南美（蚁珠蚧族 Termitococcini）

11. 体刺常存在；触角 7~8 节；单眼无 (珠蚧亚族 Margarodina) ······················ 12
体刺不存在；触角 6~16 节；单眼 1 对或无 (胭珠蚧亚族 Porphyrophorina) ········· 14

12. 腹气门 7 对；多格腺中心孔小或无孔；腹板骨不发达 ················· 珠蚧属 *Margarodes*
腹气门 6 对，少数 7 对者则多格腺中心双孔；腹板骨发达 ·· 13

13. 前爪不分叉；多格腺中心为 8 字形孔；触角 7~8 节 ················· 双珠蚧属 *Dimargarodes*
前爪分叉；多格腺中心多数 0~1 孔，少数 2~4 孔；触角 8 节 ··········· 原珠蚧属 *Promargarodes*

14. 腹气门 8 对；触角 6~7 节 ··· 新珠蚧属 *Neomargarodes*
腹气门无或仅存在前 2 对；触角 6~16 节 ····································· 胭珠蚧属 *Porphyrophora*

三、绵蚧科 Monophlebidae 雌成虫分属检索表

1. 触角、足退化为分节之锥状瘤突 (包括若虫)；分布南美和新西兰瘘绵蚧亚科 Coelostomidinae
触角、足正常 (包括若虫)。（绵蚧亚科 Monophlebidae) ··· 2

2. 腹气门 2~4 对；暴露在枝叶上产卵，卵产于母体下，或体外卵囊中，或母体腹面凹入之卵腔内 (吹绵蚧族 Iceryini) ·· 5
腹气门 6~7 对 ·· 3

3. 腹疤无 (包括若虫)；暴露在枝叶上产卵，卵产在体下分泌的一绵状卵囊内；寄生松科植物 (孟绵蚧族 Marchalinini) ··· 孟绵蚧属 *Marchalina*
腋疤有 (包括若虫)，或有时不明 ··· 4

4. 体表有刺；暴露在枝叶上产卵，卵产在腹面凹入之卵腔内或绵质卵囊中 (绵蚧族 Monophlebini)
··· 8
体表无刺；产卵时虫体爬至寄主根基或土缝中，分泌疏松绵状卵囊产卵 (履绵蚧族 Drosichini) ··· 8

5. 喙 3 节；腹气门为后边 4 对；肛管内端有双列孔带；寄生在枝上，产卵时分泌蜡质包住卵及虫体 ··· 盖绵蚧属 *Gueriniella*
喙 2 节；腹气门 3 对以下；肛管内端无孔带 ··· 6

6. 老熟虫体体腔内有卵腔；一生暴露在枝叶上生活 ·················· 腔绵蚧属 *Steatococcus*
老熟虫体体腔内无卵腔 ··· 7

7. 腹部腹面有卵袋分泌带，成熟时分泌卵袋产卵；腹气门 2~3 对；
寄生在枝叶表面 ··· 吹绵蚧属 *Icerya*
腹部腹面无卵袋分泌带，卵产于体下之空间内；腹气门 3 对；
寄生于枝叶表面或蚁窝中 ··· 隐绵蚧属 *Crypticerya*

8. 腹疤 1~7 个，排成半弧形；触角 10~11 节（花绵蚧亚族 Walkerianina） ········· 9
腹疤 20 个以上，排成纵、横列；触角 9~10 节（非绵蚧亚族 Aspidoproctina） ········· 15
9. 腹疤 1 个，位于腹面中部近后端 ········· 10
腹疤 3~7 个 ········· 11
10. 肛管发达，内端有许多蜡孔带；除腹部腹面中区外，其他体面均盖有细长而两端略膨的毛；分布台 ········· 坚绵蚧属 Lecaniodrosicha
肛管短，内端无蜡孔带，有硬环；有绵质卵囊；主要分布在非洲 ········· 单绵蚧属 Monophleboides
11. 体缘有双孔管腺 ········· 12
体缘无双孔管腺 ········· 13
12. 胸气门口有盘腺群 ········· 花绵蚧属 Walkeriana
胸气门口无盘腺 ········· 唇绵蚧属 Labioproctus
13. 无内卵腔；腹疤 3 个；喙 1 节 ········· 勃绵蚧属 Buchnericoccus
有内卵腔；腹疤 3~5 个；喙 2~3 节 ········· 14
14. 全内卵腔；腹疤 3 个；喙 3 节；触角 8~11 节 ········· 伪绵蚧属 Pseudaspidoproctus
半内卵腔；腹疤 3~5 个；喙 2 节；触角 10 节 ········· 半绵蚧属 Hemaspidoproctus
15. 内卵腔有 ········· 16
内卵腔无 ········· 17
16. 体大型，体长 10~40mm；胸气门口无盘腺；触角 10 节；足毛不多；分布南非 ········· 非绵蚧属 Aspidoproctus
体中型；胸气门口有盘腺；触角 9~10 节；足毛多；分布南亚 ········· 密绵蚧属 Misracoccus
17. 触角 10 节；喙 3 节；肛管长；腹疤多达数百 ········· 印绵蚧属 Monophledidus
触角 11 节；喙 2 节；肛管短；腹疤显缺 ········· 锡绵蚧属 Nietnera
18. 肛门口有盘孔 ········· 鞋绵蚧属 Sishania
肛门口无盘孔 ········· 19
19. 腹气门口无盘孔；胸气门腔内有少数盘孔；触角 8~9 节；分布东亚 ········· 履绵蚧属 Drosicha
腹气门口有盘孔群；胸气门腔内无盘孔，（开口之外有少数盘孔）；触角 8 节；分布东亚
········· 跛绵蚧属 Perissopneumon

四、粉蚧科 Pseudococcidae 雌成虫分属检索表

1. 体大多长形，少数球形、半球形或椭圆形；足常缺或很小；触角退化成瘤状 (2~4 节)；下唇基常退化，或小而与中节愈合，唇基片前缘直；背孔前对无；刺孔群缺；腹脐常无；第 2 腹节腹板上常有 2 群筛孔、孔腺或管腺；后足以后之腹面常腺板或腺群集中成囊状或盘状吸器；虫体外包定形蜡囊或不定形蜡堆，或裸露；多数寄生于禾本科、莎草科的腋、枝杈处或叶鞘下，少数在其他科树皮缝处；分布全球（球粉蚧亚科 Sphaerococcinae） 5
足和触角发达 ········· 2
2. 体小型，细长形（个别锥形），白色；触角 2~6 节，多数膝状；爪细长，无齿，爪冠毛尖细而远短于爪；下唇长锥形，长为宽的 2 倍以上；全背无刺孔群；体常有双叉或三叉管（孔）；肛环孔常长条形；腹脐截锥形；体表被蜡粉；寄居地下蚁巢中或植物根部（根

粉蚧亚科 Rhizoecjnae) ··· 13
爪粗大，爪冠毛粗宽而端膨 ··· 3
3. 触角 4~8 节；背缘刺孔群 0~17 对，或无第 2 对刺孔群；爪下无齿；五格腺无；体毛毛状，
无刺状；唇基前缘直，唇后毛 2 对；体形较杂，体褐色（粉蚧亚科 Pseudococcinae）······ 19
触角多数 9 节；背缘刺孔群 18 对或更多，或有第 2 对刺孔群；爪下有齿；五格腺存在；
背毛刺状；尾瓣腹面有硬化条 ··· 4
4. 下唇多毛；五格腺有；具 1 爪齿；触角 9 节（少数 4~8 节）；多数肛环毛 6 根；刺
孔群多达 18 对以上，多刺；尾瓣腹面无硬化棒；体毛刺状；体色多变（绵粉蚧亚科）
Phenococcinae) ·· 54
唇基前缘弧形；五格腺无；爪下无齿（偶有例外）；触角多数 8 节以下（9~5 节）；肛环毛
多于 6 根；刺孔群可达 18 对，一般 2 刺；尾瓣腹面有硬化棒；体色黄、红、蓝均有（柽
粉蚧亚科 Trabutininao) ·· 91
5. 足存在，虽小而分节正常；触角存在；分布大洋洲、南非和北美 ··· 球粉蚧族 Sphaerococcini
足缺或仅留斑痕；触角退化成 1~2 节瘤突；分布东南亚（安粉蚧亚族 Antoninini）······ 6
6. 体多为长形；体腹面后气门后无腺板（囊），常有成群筛孔、孔腺或管腺；在叶腋处
寄生者外包椭圆形蜡囊，后端有 1 根白色蜡丝伸向外（安粉蚧亚族 Atoninina）··········· 11
体多呈球形；体腹面气门后第二腹节处有圆形筛状、囊状或漏斗状腺板（锯粉蚧亚族
Serrolecaniina) ··· 7
7. 无尾裂 ·· 9
有尾裂 ·· 8
8. 体锥形；腹末 4 个腹节侧后角尖锐，腹末锯齿状；体侧围有白蜡，后端有若虫蜕皮壳 ······
·· 锯粉蚧属 Serrolecanum
体长形，两侧近平行；腹末 4 个腹节后角不尖锐，腹末锥状；全体裸露，无蜡质分泌物
·· 锥粉蚧属 Idiococcus
9. 肛环毛 17 根；腹面和第 1 腹节间每侧各有半球形腺瘤 1 个 ··············· 瘿粉蚧属 Kermicus
肛环毛至多 6 根 ··· 10
10. 体暗红色，外包白色蜡质分泌物；五格腺存在，三格腺和多格腺无；触角 1 节；寄生合欢、
桉和樱桃皮缝；分布东亚
·· 隙粉蚧属 Kuwanina
体外包一石灰质混有杂屑之蜡壳，形如鸟巢；五格腺无，三格腺和多格腺存在；触角 2 节；
寄生竹枝分叉处；分布东亚 ··· 巢粉蚧属 Nesticoccus
11. 后气门后有一小圆群盘腺或管腺 ··· 鞘粉蚧属 Chaetococcus
后气门盘腺或管腺成长群、全缺或分散 ·· 12
12. 虫体包于一白色卵形蜡囊中；肛环毛发达 ································· 安粉蚧属 Antonina
虫体外无蜡被；肛环毛短 ··· 汤粉蚧属 Tangicocus
13. 体大多细长形、长椭圆形、少数广椭圆形、梨形；触角 3~6 节，第 2 节以下膝状弯曲，
基节互相靠近；眼有或无；环孔长形；一般有双叉管、三叉管和三叉孔；多格腺存在，
少数无；背孔存在，少数无（根粉蚧族 Rhizoecini）·· 16
头胸部膨大，腹部细长如锥；触角 2~5 节，非膝状，基节互相远离；眼无；环孔无；双
叉管、三叉管和三叉孔均无；多格腺无；背孔无（宾粉蚧 Xenococcini）··················· 14

14. 触角 2 节，基节短；腹脐无 ·· （玛粉蚧属 *Eumyrmococcus*）
触角 4~5 节，几与体同长，基节长而宽；腹脐 1~2 个 ································ 15
15. 尾瓣发达 ·· 根宾粉蚧属 *Chavesia*
尾瓣不显 ·· 宾粉蚧属 *Xenococcus*
16. 虫体球形；尾瓣不显；无管腺；三叉管或双叉管存在 ·············· 珠粉蚧属 *Radicoccus*
虫体椭圆或长形；尾瓣发达或不显；管腺有或无；三叉管或双叉管有或无 ········· 17
17. 体淡黄至黄褐色，背有白粉；触角 6 节；眼无；腹末有发达而硬化的尾瓣 1 对，瓣端有粗刺 1 根，顶端钩刺；腹脐 2~3 个；三叉管存在；管腺无 ········ 地粉蚧属 *Geococcus*
体白色，覆盖白蜡；触角 5~6 节；眼显或无；腹末尾瓣略显；腹脐 0~3 个；三叉管有或无；管腺有或无 ·· 18
18. 体背三叉管存在；管腺存在，腹脐 0~3 个；虫体细长，透明白色，覆脂状白蜡；寄生根部 ··· 根粉蚧属 *Rhizoecus*
体背三叉管无；管腺有或无；腹脐 0~2 个；体白色或否，外覆白蜡；寄生根部 ··· 土粉蚧属 *Ripersiella*
19. 体陀螺形或整体如蜘蛛，足和触角超长；体密被短毛；爪粗而短，爪冠毛粗大而扁，形如匙（蚁粉蚧族 Allomyrmococcini） ·· 22
不如上述 ·· 20
20. 刺孔群无，末对至多为细长毛或刺状毛 2 根；寄生杂草叶鞘下或根部（小粉蚧族 Miocrococcopsiini） ·· 25
刺孔群至少末对存在，为锥状刺 2 根，如有例外则有大型腹脐和发达背孔 ········· 21
21. 体椭圆形，少数陀螺形；腹脐 0~1 个，大型或小而圆，有侧凹和节间褶横过；刺孔群 0~17 对；触角 5~8 节（粉蚧族 pseudococcini） ······························ 3
体细长；腹脐 0~5 个，小而圆，无侧凹和节间褶横过；刺孔群 1~7 对；触角 6~8 节（条粉蚧族 Trionymini） ··· 39
22. 尾瓣毛短，仅为肛环直径 2 倍长 ·· 螺粉蚧属 *paramyrmococcus*
尾瓣存在，尾瓣毛等于体长 ·· 23
23. 头硬化；前胸在前足基水平狭缩；长缘毛在腹末至少存在于 2 个体节以上；背孔下瓣为硬化瓣，可和上瓣相开合；肛环位于体末，狭而有环孔；腹脐无；幼期头部（至少眼周围）硬化，腹部长缘毛位于第 5~8 节 ·········· 蚜粉蚧属 *Malaicoccus*
头膜质；前胸不狭缩；长缘毛在腹末仅存在于尾瓣上；背孔具相似的上、下硬环；肛环位于体末或否，宽而无环孔；腹脐有或无；幼期头部膜质，腹部长缘毛仅存在于尾瓣上···24
24. 体宽椭圆形至陀螺形；腹脐无；肛环离开体末之距离约为其直径；体毛尖，毛距短于毛长；足等于或长于体长，密被毛；幼期肛环离开体末，足如体长；常在蚁巢中，取食嫩枝，排泌露；分布泰国 ······································ 蚁粉蚧属 *Allomyrmococcusws*
体宽陀螺形；腹脐存在；肛环位于体末；体毛有短尖和短柱式两种，毛距大于毛长；足短于体长，毛疏；幼期肛环位于体末，足短于体长；常与蚁共生；分布爪哇 ··· 枸粉蚧属 *Hippeococcus*
25. 体卵形或近球形；肛环正常，内、外列环孔存在，肛毛 6 根，等于或长于环径；体被蜡囊或否；寄生于杂草根部或叶鞘下茎上（小粉蚧亚族 Mirococcopsiina） ···· 3
体细长至椭圆形；肛环退化（环孔无或仅 1 外列），环毛 6 根，短于环径；生活于地下，寄生叶鞘下或自身分泌的胶壳中（壤粉蚧亚族 Humococeina） ································ 26
26. 三格腺全面分布 ·· 28
三格腺无或甚少（仅在气门附近和体缘） ·· 27
27. 触角 6 节；背孔无；刺孔群无；寄生禾本科杂草 ·················· 隐粉蚧属 *lnopicoccus*
触角 8 节；后背孔至少存在；刺孔群末对有；寄生藜科植物 ······ 藜粉蚧属 *Metademopsis*
28. 触角 8 节；肛环位于背末；体外包有胶壳 ························ 胶粉蚧属 *Glyeycnyza*
触角 6~8 节；肛环离开体末至少半个环径；体外露粉 ··· 29
29. 触角 7 节；管腺口与多格腺同大；前、后背孔均存在；寄生于叶鞘下 ··· 刘粉蚧属 *Liucoccus*
触角 6~8 节；管腺口小于三格腺；背孔至少后对存在；寄生于土壤中杂草根部
··· 壤粉蚧属 *Humococcus*
30. 后足基节膨大有群孔，孔群常延布体壁上 ·· 35
后足基节不大 ··· 31
31. 体密被长毛和蜡粉；触角 8 节；刺孔群无；尾瓣不显；寄生禾草叶部 ··· 毛粉蚧属 *pilococcus*
体毛短少，如长则不密 ··· 32
32. 肛环稍离背末；体球形，腹面纵向深凹，外包蜡囊 1 个；寄居地下，寄生甘蔗、杂草等 ···
··· 圆粉蚧属 *Mizococcus*
肛环位于背末 ··· 33
33. 腹脐 1~3 个；触角 6~7 节；寄生禾本科植物根部 ·················· 脐粉蚧属 *Tridiscus*
腹脐 0~5 个；触角 6~8 节ㅤㅤㅤㅤㅤㅤㅤㅤㅤㅤㅤㅤㅤㅤㅤㅤㅤㅤㅤㅤㅤㅤㅤㅤㅤㅤ 34
34. 三格腺存在背、腹面；触角 6~8 节；喙 2 节；前背孔存在或否；管腺非领式；寄生于禾草根、茎可叶鞘下 ·· 粉蚧属 *Mirococcopsis*
三格腺无；触角 7 节；喙 1 节；前背孔无；管腺领式；寄生于禾本科叶鞘下和根部 ········
··· 美粉蚧属 *Metadenopus*
35. 管腺长形；触角 5~6 节；腹脐 0~2 个；前背孔缺；寄生于竹茎或托叶下 ················
··· 跛粉蚧属 *pseudantonina*
管腺缺或短形；触角 6 节；腹脐 0~5 个；前背孔有或缺；寄生于禾本科叶鞘下 ············
··· 基粉蚧属 *kiritshenkella*
36. 蕈腺无；触角 5~8 节（灰粉蚧亚族 Dysmicoccina） ··· 40
蕈腺存在；触角 7~8 节（粉蚧亚族 pseudococcina） ··· 37
37. 前足基节外侧体腹面有管腺群，群中常有多格腺；体液在碱液中变黑 ··· 黑粉蚧属 *Atrococcus*
前足基节外侧无此管腺群 ··· 38
38. 除末对外，其他刺孔群无附毛 ······································ 匹粉蚧属 *spilococcus*
刺孔群均有附毛 ··· 39
39. 触角 8 节（少数少于 8 节）；背孔 2 对，发达；多格腺存在腹面；后足各节常有小透明孔；活体背被蜡粉，显裸体节，周缘有成对蜡丝，产卵时分泌疏松卵囊；寄主广泛；分布全球
··· 粉蚧属 *pseudococcus*
触角 6~节；背孔存在或否，多格腺存在背、腹面；后足各节无透明孔；寄生露兜树；
分布小尼亚群岛 ·· 蕈粉蚧属 *pandanicola*
40. 放射状管腺存在，管口周围有 1 圈硬化片，上有长毛 1~5 根，分成布于背面或腹面边缘，体背放射出许多细长玻璃丝 ·· 拂粉蚧属 *Frrisia*

放射状管腺无 ··· 41
41. 后足基节及其附近体壁有大群细管 ·· 椰粉蚧属 *palmicultor*
后足基节及其附近体壁无成群细管 ··· 42
42. 刺孔群仅存在末对；触角7~8节；后足基节附近体壁上有透明孔群；多格腺分布背、腹面体缘 ··· 蔗粉蚧属 *saccharicoccus*
刺孔群仅存在末对或2对以上；触角5~8节；后足基节附近体辟上有或无透明孔群；多格腺主要分布腹部腹面，少数背面亦有 ··· 43
43. 胸部腹面中区有大量筛状孔；触角8节；刺孔群存在于腹末1~2对，每群锥刺7根以上；尾瓣腹面有硬化片；后足基节附近体壁上无透明孔群 ················· 斑粉蚧属 *Maculicoccus*
胸部腹面无筛状孔；触角5~8节；刺孔群腹末1对，或至少3对以上，每群锥刺不超过6根；尾瓣腹面无硬化片；后足基节附近体壁上有透明孔群 ·· 44
44. 触角6~7节；尾瓣不显；刺孔群只有末对 ··· 佳粉蚧属 *chnaurococcus*
触角5~8节；尾瓣常明显；刺孔群至少3对 ··· 灰粉蚧属 *Dysmicoccus*
45. 体背及腹缘具大型蕈腺；刺孔群1~6对 ··· 配粉蚧属 *Allotrionymus*
蕈腺缺；刺孔群1~7对 ·· 46
46. 管腺存在 ·· 48
管腺无 ··· 47
47. 多格腺分布在腹面；腹脐2~3个；刺孔群2~4对；触角7节；管腺缺；后足基节显大，有成群小管状凹坑 ··· 笠粉蚧属 *Boninococcus*
多格腺分布在背、腹面；腹脐0~1个；刺孔群4对；触角7~8节；后足基节有一些亮孔 ··· 副粉蚧属 *paratrionymus*
48. 管腺截锥形；刺孔群1对；虫体在碱液变黑色；寄生豆科根部 ········· 丧粉蚧属 *penthococcus*
管腺圆柱形；刺孔群1~7对；虫体在碱液中不变黑色 ··· 49
49. 后足基节不扩大，即使有透明孔群也不扩大到体壁上；寄生于杂草叶鞘下 ················· 53
后足基节变大，透明孔群扩至体壁上 ·· 50
50. 管腺之领高达半管高；刺孔群2~3对，位于体末 ································· 禾粉蚧属 *Neoripersia*
管腺之领不达半管高；刺也群1~7对，位于体末 ··· 51
51. 气门周围有卵形硬化片；刺孔群4~5对；气门粗宽；三格腺几缺；管腺少而长宽几等 ··· 芒粉蚧属 *Miscanthococcus*
气门周围无硬化片；刺孔群1对；寄生禾本科 ·· 52
52. 多格腺在腹部成横列；腹脐1~5个；管腺长形或短形 ··························· 滇粉蚧属 *Cannococcus*
格腺排列乱，不成横列；腹脐1~4个；管腺长为宽2倍以上 ················ 新粉蚧属 *Neotrionymus*
53. 管腺短，长为宽的2倍以下，领达半管高；腹脐0~5个；体缘刺孔群1~5对；主要分布东半球 ·· 平粉蚧属 *Balanococcus*
管腺或长或短；领无或不达半管高；腺脐0~1个（少数几个）；体缘刺孔群1~7对；分布全球 ··· 条粉蚧属 *Trionymus*
54. 肛环正常 ·· 57
肛环退化，无孔、无毛或仅有短毛（榆粉蚧族 Ritsemini） ···································· 55
55. 肛环无环孔；头端突如锥，且硬化；触角4~7节；腹脐4~6个；背孔0~1个；刺孔群1对；分布全北区 ··· 僧粉蚧属 *Cuculiococcus*

肛环有成列环孔；头端不突出如锥；触角7~9节；腹脐5个；背孔0~1个；刺孔群1对；分布古北区 ··· 56

56. 管腺无；触角7~9节；背孔1对；产卵时背部突起并硬化，草莓色 ············ 榆粉蚧属 *Ritsemia*
管腺细长；触角9节；背孔无；虫体浅红色 ·· 济粉蚧属 *Polystomophora*

57. 体缘刺孔群0~18对，分对清晰，每群刺常2根（少数稍多），无间插刺孔群（绵粉蚧族 Phenacoccini） ··· 64
体缘刺孔群分对不清，每群多刺或常有间插刺孔群（泡粉蚧族 Putoini） ················ 58

58. 体缘有刺孔群；体背无纵列瘤刺；瓶状腺缺；虫体盖有白色蜡片 ························· 60
体缘无刺孔群；体背有纵列瘤刺；瓶关腺存在；虫体泌有长形毡状卵囊，藏于囊中；寄生叶部 ··· 59

59. 体背硬化片不显著成瘤状，上有刺1~2根；触角7~8节；多格腺分布背、腹面；分布古北区 ··· 蒿粉蚧属 *Artemicoccus*
体背硬化片成瘤状，上有刺2~17根；触角7~9节；多格腺分布腹面；分布东洋区和古北区 ··· 瘤粉蚧属 *Coccidohystrix*

60. 刺孔群15~17对，每群刺钝锥状；触角9节 ·· 垩粉蚧属 *Rastrococcus*
刺孔群18对以上，每群刺尖锥形；触角8~9节 ··· 61

61. 多格腺在体背后缘和末5个腹节腹面甚多，成片；触角8节；喙2节；腹脐无或有；刺孔群18对 ·· 波粉蚧属 *Birendracoccus*
多格腺不如上述之多，仅在腹面；触角8~9节；喙3节；腹脐有；刺群18对以上 ············ 62

62. 五格腺分布腹面；腹脐1~2个；刺孔群18~26对 ·············· 雪粉蚧属 *Ceroputo*
五格腺无或有；腹脐1个；刺孔群18对 ·· 63

刺孔群多有，体背有硬化刺孔群2至多纵列，体缘19~26对；触角9节；爪冠毛端尖；肛环内缘具环孔1~2列，外缘具环孔2~3列；五格腺无 ············ 麻粉蚧属 *Macrocerococcus*

63. 刺孔群18对，体背无硬化刺孔群纵列；触角8~9节；爪冠毛端膨大；肛环内缘具环孔1列，外缘具环孔1~2列；五格腺存在 ·· 泡粉蚧属 *Puto*

64. 三格腺多，分布在全背、腹面边缘，整体上三格腺多于五格腺和多格腺；刺孔群1~18对（绵粉蚧亚族 Phenacoccina） ··· 73
三格腺退化型，体缘刺孔群大多无三格腺，而为五格腺或多格腺，如否则整体上五格腺和多格腺多于三格腺；刺孔群0~18对（异粉蚧亚族 Heterococcina） ·············· 65

65. 刺孔群1~18对，末对刺孔群中为刺；触角6~9节 ·· 67
刺孔群0~1对，末对刺孔群中为毛；触角8节 ·· 66

66. 多格腺存在；腹脐无；尾瓣无端毛；刺孔群无；分布古北区 ········· 帕粉蚧属 *Pararhodania*
多格腺缺；腹脐1个；尾瓣有端毛；刺孔群1对；分布东洋区 ············ 肖粉蚧属 *Stachycoccus*

67. 体缘刺孔群中为三格腺；刺也群1~18对；触角8~9节；爪有齿；腹脐0~3个 ·· 差粉蚧属 *Heterococcopsis*
体缘刺孔群中为多格腺或五格腺；刺孔群1~8对；触角6~9节；爪有或无齿；腹脐0~4个 ··· 68

68. 体缘刺孔群中为五格腺 ·· 70
体缘刺孔群中为多格腺 ·· 69

69. 多格腺正常型；腹脐4个 ·· 东菲粉蚧属 *Annulococcus*
多格腺星状型；腹脐1个 ··· 包粉蚧属 *Boreococcus*

70. 背孔无；肛环退化，孔少，毛短；触角6~7节；腹脐无；三格腺无；多格腺无；刺孔群1对·· 卵粉蚧属 *Rhodania*
背孔1~2个；肛环正常，孔成列，毛长；触角6~9节；腹脐0~2个；三格腺有或无；多格腺有；刺孔群1~8对 ·· 71

71. 刺孔群1对；触角6节；爪无齿；腹脐无；背孔1个；三格腺无；分布东洋区 ············· ·· 锈粉蚧属 *Pseudorhodania*
刺孔群1~8对；触角6~9节；爪有齿或无；腹脐0~2个；背孔1~2个；三格腺有或无；分布全球 ·· 72

72. 刺孔群2~4对；三格腺风轮形；触角6~8节；爪有或无齿 ············ 轮粉蚧属 *Brevennia*
刺孔群1~8结；三格腺无；触角6~9节；爪有齿 ·························· 异粉蚧属 *Heterococcus*

73. 蕈腺缺 ··· 76
蕈腺存在 ··· 74

74. 刺孔群14~16对；三格腺分布背面；足和触角（9节）甚长；爪细长而尖，无齿；腹脐无 ··· 丽粉蚧属 *Leptococcus*
刺孔群1~18对；三格腺分布背、腹面；足和触角（8~9节）不太长；爪粗倔，有或无齿；腹脐有或无 ··· 75

75. 刺孔群1~18对；爪无齿；触角9节；腹脐常有或缺 ············ 曼粉蚧属 *Macnellicoccus*
刺孔群5~7对；爪有齿；触角8节；腹脐缺 ························· 巧粉蚧属 *Chorizococcus*

76. 具星状管腺1~3种；体盖蜡粉，从体面向各方散射出玻璃状蜡丝 ··· 星粉蚧属 *Heliococcus*
星状管腺缺 ··· 77

77. 体背多格腺2~6个成群，群中常有管腺1个 ·· 78
不如上述 ··· 79

78. 体长形或椭圆形；五格腺分布背、腹面；腹脐无；刺孔群18对或3~5对；寄生禾本科叶鞘下，分布古北区 ·· 晶粉蚧属 *Peliococcopsis*
体椭圆形；五格腺分布腹面或无；腹脐0~1个；刺孔群3~18对；分布全球 ············ ·· 品粉蚧属 *Peliococcus*

79. 体背有背刺，组成15~18对背刺孔群纵列；腹脐0~1个；分布全球 ·················· ·· 刺粉蚧属 *Spinococcus*
体背无背刺，不组成背刺孔群纵列；腹脐0~5个 ······································ 80

80. 瓶状腺缺 ··· 83
瓶状腺有 ··· 81

81. 体缘刺孔群17对以下；腹脐1个 ··································· 垫粉蚧属 *Medioccus*
体缘刺孔群18对；腹脐1~4个 ··· 82

82. 体椭圆形，藏于毛毡状卵囊中；腹脐1个；触角9节；柱腺1种（瓶状腺）；分布地中海亚区 ··· 囊粉蚧属 *Calyptococcus*
体近半球形，腹面躺在盘开毡状卵囊上；腹脐2~4个；触角8~9节；柱腺2种（管腺和瓶状腺）；分布全古北区 ····································· 盘粉蚧属 *Coccura*

83. 刺孔群无，或仅末对为刚毛或细长刺2~3根 ·· 85
刺孔群1对以上，末对多为粗锥状刺2根，少数为细长刺 ···························· 84

84. 体缘刺孔群 1~4 对；触角 6~9 节；腹脐 1~4 个；尾瓣腹面无硬化棒；分布古北区、南非区 ·· 草粉蚧属 *Euripersia*

体缘刺孔群 5 对以上；触角 9 节（少数 7~8 节）；腹脐 1 个（少数 0~5 个）；尾瓣腹面常有硬化棒；体周有细长蜡丝，产卵时在体后分泌长形白色卵囊 ······ 绵粉蚧属 *Phenacoccus*

85. 体背有鼓状大管；触角 7 节；爪下有齿；背孔 1 对；刺孔群无；分布南太平洋 ·· 缈粉蚧属 *Mollicoccus*

体背无鼓状大管；触角 6~9 节；爪下有或无齿；背孔 0~1 对；刺孔群 0~1 对 ········ 86

86. 背孔无；尾瓣缩入，后端截平；刺孔群无，第 17 对刺孔群处似尾瓣状突出；触角 9 节；爪下有齿；分布东洋区 ································ 钝粉蚧属 *Laingicoccus*

背孔 1~2 对；刺孔群 0~1 对，第 17 对刺孔群处不如尾瓣突出；触角 6~9 节；爪下无或有齿 ·· 87

87. 爪下有齿；触角 6~9 节；背孔 2 对 ································ 90

爪下无齿；触角 7 节；背孔 1~2 对 ································ 88

88. 刺孔群 1 对；背孔 2 对；管腺有大小 2 种 ······ 鞘粉蚧属 *Coleococcus*

刺孔群 0~1 对；背孔 1~2 对；管腺 1 种 ······ 89

89. 喙 1 节；刺孔群 1 对；管腺细长，长为宽的 3 倍以上；前背孔无，后背孔小；分布古北区西部 ································ 白粉蚧属 *Antoninella*

喙 2 节；刺孔群缺；管腺长为宽之 2 倍以下；分布古北区 ······ 粒粉蚧属 *Eumirococcus*

90. 体细长，两侧近平行；触角 8~9 节；五格腺无 ······ 长粉蚧属 *Longicoccus*

体椭圆形；触角 6~9 节；五格腺多数有 ······ 少粉蚧属 *Mirococcus*

91. 体背有粗刺、小刺，极少有毛，或体缘刺孔群多刺；触角 5~9 节；腹脐 0~3 个；背孔 0~2 对（柽粉蚧族 Trabutinini） ································ 117

体背有毛，无粗刺偶有小刺，体缘刺孔群少刺（2 根），触角 6~8 节；腹脐 0~1 个；背孔 2 对 ································ 92

92. 刺孔群除末对或头对外，一般无附毛 ································ 95

刺孔群一般均有附毛 ································ 93

93. 体缘刺孔群 18 对或以下；爪下无齿或偶有；肛环位于背末或稍离背末 ································ 牦粉蚧群 *Planococcoides*

体缘刺孔群 4~10 对；爪下无齿；肛环位于背末 ································ 94

94. 体陀螺形；刺孔群 8~10 对，位于腹末；管腺为领管，分布腹面；足短小；触角 7~8 节；腹脐存在 ································ 陀汾蚧属 *Turbinococcus*

体长椭圆形；刺孔群 4~8 对，位于头部和腹部；大管腺鼓形，分布背面；足粗大；触角 8 节；腹脐存在或否 ································ 鼓粉蚧属 *Tympanococcus*

95. 无蕈腺 ································ 97

有蕈腺 ································ 96

96. 刺孔群无；触角 7 节；尾瓣端毛长于肛环毛，环毛短 ······ 菲粉蚧属 *Palaucoccus*

刺孔群 2~18 对；触角 8 节；尾瓣端毛等于肛环毛，环毛长超过环径 ······ 奥粉蚧属 *Allococcus*

97. 体缘刺孔群 18 对；背毛粗长；尾瓣宽突 ······ 刺粉蚧属 *Planococcus*

体缘刺孔群 17 对以下；背毛多数短小；尾瓣稍显 ······ 皑粉蚧属 *Crisicoccus*

98. 刺孔群不清，间插有小刺孔群，甚至成连续系列；分布全球（簇粉蚧亚族 Paraputoina） ··· 108

刺孔清晰，0~18 对，不成刺孔群瘤，每群刺在 3 根以下；体背有粗刺，但不成背刺孔群，更不成背刺孔群瘤；虫体液在碱液中变蓝绿色；分布全球 ··· 99

99. 刺孔群存在 ·· 105
刺孔群缺 ·· 100

100. 新鲜虫体结 1 个毡囊，囊后开口露出腹末，虫体后期前端皱缩成楔状，肛环毛为尾瓣端毛长之 2~3 倍；分布东洋区 ·· 粉蚧属 *Erioides*
体外无毡囊；肛环毛为尾瓣端毛长之 1.5 倍以下 ······································· 101

101. 肛环离开背末 ··· 104
肛环位开末 ··· 102

102. 体盖有白蜡粉，无坚密的球形或卵形卵囊；腹脐存在，个别缺 ······· 107
虫体全藏于坚密的球形或卵形卵囊内，体壁略硬化；腹脐缺 ············· 103

103. 气门大；触角 6~9 节；肛环椭圆形或马蹄形，肛环前有许多长毛 ····· 柽粉蚧属 *Trabutina*
气门小；触角 5~6 节；肛环近圆形，肛环前仅有长毛 1~2 根 ············ 露粉蚧属 *Trabutinella*

104. 触角 7 节；体刺分布在背、腹面；体毛分布在腹面；寄生禾木科根部；分布古北区 ············
··· 盾粉蚧属 *Densispina*
触角 6~9 节；体刺分布在背面；体毛分布在背、腹面；寄生柽柳枝上；分布古北区 ············
··· 蛇粉蚧属 *Naiacoccus*

105. 刺孔群 1~2 对；爪具小齿 1 个；触角 6~7 节；腹脐缺；体外包有蜡囊 ···························
··· 蓝粉蚧属 *Amonostherium*
刺孔群 4 对以上；爪下无齿；触角 5~8 节；腹脐有或缺 ··················· 106

106. 刺孔群 4~6 对，多数群各有刺多根；腹脐 1~3 个触角 5~7 节 ·············
枝粉蚧属 *Hypogeococcus* 刺孔群 4~17 对，每群各有刺 1~3 根；腹脐或大型；触角 6~8 节；
体液蓝绿色 ··· 堆粉蚧属 *Nipqecoccus*

107. 体缘刺孔群无，但有成群锥刺；腹脐桠铃状；触角 6 节；分布古北区 ··· 芦粉蚧属 *Adelosoma*
体缘刺孔群不清或 18 对；腹脐缺或非桠铃状；触角 6~8 节；分布南太平洋 ····················
··· 苗粉蚧属 *Mutabilicoccus*

108. 体缘及体背刺孔群具硬化瘤状突，或体缘全部刺孔群明显硬化 ················· 119
体缘及体背刺孔群无硬化瘤状突，体末 1~2 对刺孔群有硬片 ····················· 109

109. 肛环毛 6 根 ·· 112
肛环毛多于 6 根 ·· 110

110. 腹面亚缘区有许多大管腺；刺孔群 18 对，间插小刺孔群；触角 8~9 节；分布云 ············
··· 垂粉蚧属 *Drymococcus*
腹面亚缘区无大管腺系列；刺孔群 5~7 对或 16~18 对；触角 6~9 节 ········· 111

111. 尾瓣腹面无硬化棒；体缘刺孔群不清，5~7 对或 17 对；触角 6~7 节；分布东洋区 ········
··· 栗粉蚧属 *Lachnodiopsis*
尾瓣腹面有硬化棒（片）；体缘刺孔群 16~18 对；触角 6~9 节；分布东洋区、南非区 ········
··· 蚁粉蚧属 *Formicococcus*

112. 体缘刺孔群清晰 ··· 114
体缘刺孔群不清或无 ·· 113

113. 体缘无刺孔群；触角 6 节；分布南太平洋群岛 ················ 洋粉蚧属 *Neosimmondsia*

体缘有刺孔群 2~18 对；触角 6~8 节；分布热带、亚热带地区 ·············· 簇粉蚧属 *Paraputo*
114. 刺孔群 17 对，体末 2 对有大硬化片，每群有锥刺 10~21 根；体缘蜡丝粗钝，体末 4 对为长；寄生于竹茎叶；分布东北亚 ······························ 客粉蚧属 *Kakicoccus*
刺孔群 5~18 对，体末 2 对无大硬化片 ·· 115
115. 刺孔群 5~18 对；腹面亚缘区无管腺群 ·· 117
刺孔群 18 对；腹面亚缘区有管腺群 ·· 116
116. 刺孔群 18 对，群间插小刺孔群，每群锥刺 2~5 根；触角 7~9 节 ··· 劳粉蚧属 *Lomatococcu*
刺孔群 18 对，群间无小刺孔群，除末对刺孔群锥刺为 4~6 根外，其余每群均为 2~3 根；触角 8 节 ·· 云粉蚧属 *Anaparaputo*
117. 刺孔群 5~16 对，尾瓣腹面具硬化棒 ···································· 费粉蚧属 *Ferrisicoccu*
刺孔群 9~18 对；尾瓣腹面无硬化棒 ·· 118
118. 刺孔群 9~17 对，每群有刺 7 根以上；管腺分布背、腹面；分布东洋区、南非区
 ·· 梭粉蚧属 *Criniticoccus*
刺孔群 18 对，每群有锥刺 2~5 根；管腺分布腹面，小而少；分布东洋区 ·········· 印粉蚧属 *Indococcus*
119. 体缘刺孔群 11~18 对（一般 11~17 对），成硬化瘤突状，瘤上有锥刺 2~10 根；分布南非区及东洋区 ·· 瘤粉蚧属 *Tylococcus*
体缘刺孔群 2~18 对，不成硬化瘤突状 ·· 120
120. 背刺孔群 17 对，各群有锥刺 1~16 根；分布澳洲区东洋区 ········ 鳃粉蚧属 *Laminicoccus*
背刺孔群 4~18 对 ·· 121
121. 体缘刺孔群 18 对，硬化片缺，每群有锥刺 2 根 ························ 背粉蚧属 *Pedronia*
体缘刺孔 4~18 对，硬化片存在 ·· 121
122. 背刺孔群 18 对，每群具锥刺 4~10 根，刺基无硬化片；足短细；触角 6 节；腹脐存在
 ··· 蝎粉蚧属 *Exilipedronia*
背刺孔群 4~18 对，刺基有硬化片；足粗大；触角 6~8 节；腹脐存在或缺；虫体不包被于囊中，也不排泌卵囊 ·· 片粉蚧属 *Pedrococcus*

五、毡蚧科 Eriococcidae 雌成虫分属检索表

1. 体形如锥；尾瓣细长；肛环毛 9~40 根；寄生处形成虫瘿；分布澳大利亚（澳毡蚧亚科 Apiomorphinae）非上述特征 ·· 2
2. 体形如圆柱；尾瓣翼状，后缘有锥刺 4 对；寄生处形成虫瘿；分布大洋洲（柱毡蚧亚科 Cylindrococcinae）非上述特征 ·· 3
3. 尾瓣退化，特化成位于肛环两侧的 2 块半月形硬化板；触角退化；足发达；寄生于草根中；分布北非、地中海沿岸、中亚（小毡蚧亚科 Micrococcinae） ··· 小毡蚧属 *Micrococcus*
尾瓣发达或退化成不规则形状，但不成半月形硬化板 ·· 4
4. 尾瓣退化；后足或基节特化成硬化孔板；触角 2~6 节；全体覆盖绒毛状白色卵囊；寄生在树皮缝中；分布旧北区（隐毡蚧亚科 Cryptococcinae） ·································· 5
尾瓣多数正常；后足或基节即使有小孔，但不成硬化孔板；背刺多；触角 6~7 节（少数 8 节或少于 5 节）；分布全球（毡蚧亚科 Eriococcinae） ·································· 5

5. 足正常发达；体节明显；有眼；触角6节 ·· 黄毡蚧属 *Pseudochermes*
   足缺或退化；体节不明显；无眼；触角2~6节 ·· 隐毡蚧属 *Cryptococcus*
6. 足缺，或有退化痕迹；触角0~5节；尾瓣较退化或特化；腹部边缘具矛状刺；喜寄生干旱植物；分布南美、大洋洲及南太平洋（旱毡蚧族 Xerococcini） ··· 矛毡蚧属 *Chazeauana*
   足3对，分节正常，少数足退化；触角3~8节；尾瓣发达，少数不显或突化成硬化板；体刺长锥状、橡实状或截顶短锥状（毡蚧族 Eriococcini） ································· 7
7. 尾瓣不发达；触角少于5节，如6~7节则尾瓣不显；足胫节为跗节4倍长；肛环6毛；不少成虫瘿，主要分布美洲、大洋洲、南非（萼毡蚧亚族 Calycicoccina） ·············· 8
   尾瓣发达；触角6~8节；足胫节短于跗节，少数相等或稍长于后者；肛环6~8毛；分布广（毡蚧亚族 Eriococcina） ··· 13
8. 体刺橡实状 ··· 9
   体刺长锥形 ·· 10
9. 触角3~5节；肛环有孔列；尾瓣突出如锥；体毛分布背、腹面；虫体外包1个大米粒状的白蜡茧 ··· 白毡蚧属 *Asiacornococcus*
   触角7节；肛环无孔列；尾瓣不发达；体毛只分布腹面；虫体覆盖绒毛状卵囊 ············露毡蚧属 *Gymnococcus* 触角7节；肛环无孔列；尾瓣不发达；体毛只分布腹面；虫体覆盖绒毛状卵囊 ·· 露毡蚧属 *Gymnococcus*
10. 触角6~7节 ·· 卵毡蚧属 *Ovaticoccus*
    触角1~3节 ··· 11
11. 尾瓣为不规则硬化板，具钝锥刺2根；全休藏于定型卵囊内 ············ 蝎毡蚧属 *Pedroniopsis*
    尾瓣缺或略显，尾毛无；形成虫瘿 ·· 12
12. 体灯泡形：触角1~3节；尾瓣略显；肛环6毛；虫瘿坛状 ·········· 刺毡蚧属 *Aculeococcus*
    体球形；触角3节；尾瓣全缺；肛坏无毛；形成虫瘿 ··············· 瘿毡蚧属 *Gallococcus*
13. 杯状腺分布在体缘 ·· 14
    杯状腺分布在背面 ·· 15
14. 体缘为刺列；触角6~7节；肛环毛8根；体毛分布腹面 ················· 裸毡蚧属 *Gossyparia*
    体缘为毛列；触角7节；肛环毛6根；体毛分布背、腹面 ················ 毛毡蚧属 *Gossypariella*
15. 体背常有五格腺，如无则体背无刺，仅体末有刺 ·························· 16
    体背无五格腺；体背刺多，不仅在体末 ··· 19
16. 体背无毛，腹面有毛；分布中亚 ································· 新毡蚧属 *Neoacanthococcus*
    体背有毛 ··· 17
17. 体刺小，仅分布在腹缘或尾瓣上；为害禾本科 ···························· 瓣毡蚧属 *Greenisca*
    体刺针状或粗短锥状，分布在体末数节和尾瓣背面 ···························· 18
18. 体刺粗倔，截形，长为宽之2倍以下 ································ 帽毡蚧属 *Neokaweckia*
    体刺细长，长为宽的2倍以上 ·· 喀毡蚧属 *Kaweckia*
19. 体背腺柱状，管口分叉，无端丝 ··································· 秃毡蚧属 *Acalyptococcus*
    体背腺杯状，有端丝 ·· 20
20. 刺基3环，刺端截平 ·· 轮毡蚧属 *Trichococcus*
    刺基1环，刺端尖或钝 ··· 21
21. 体刺只沿体缘成列或带（有时只在尾瓣上有）；体背无刺，只有微刺（长约10μm），

形成横列或带，或头胸背有小刺（10~20μm长）；寄生禾本科 …… 根毡蚧属 *Rhizococcus*
体刺（长约30μm以上）多，密布全背 ……………………………………………… 22
22. 背缘有8字形小管腺；尾瓣长锥形；尾毛短；体刺尖圆锥形 ……… 柯毡蚧属 *Proteriococcus*
背缘无8字形小管腺；尾瓣圆锥形、近圆柱形；尾毛粗长；体刺长锥形或粗锥形
…………………………………………………………………………… 毡蚧属 *Eriococcus*

六、胶蚧科 Lacciferidae 雌成虫分属检索表

1. 胶质坚硬，很难被利用；围阴腺无；臀板平坦而不凹陷，偶浅凹者则内陷口边缘整齐；管腺很短，宽与长略等，或宽大于长；气门附近多格腺有一中突臀板中有成群刺状五五格腺；背缘管腺多于对（硬胶蚧亚科 Tachardininae）…………… 硬胶蚧属 *Tachardina*
胶质软；围阴腺4群以上，如无则臀板常深陷，内陷口边缘具穗状缘饰；管腺长形，长远大于宽；气门附近多格腺无中突；臀板上无刺状五格腺；背缘管腺常3对，不超过6对（紫胶蚧亚科 Lacciferinae）…………………………………………………………… 2
2. 前气门常翻转到背面，位于后气门之后，或有时处于同一水平；触角短，分节不显；臀与臀板间无缢缩；无前肛板；尾管无多毛部分 ………………………… 胶蚧属 *Laccifer*
气门附近有盘腺；前气门位于后气门之前；触角长，4节；臀很硬化，在近臀板处显著缩小；有前肛板；尾管分两部分，前部大而无毛，后部短而多毛 ………… 翠胶蚧属 *Metatachardia*

七、红蚧科 Kermesidae 雌成虫分属检索表

1. 孕卵后体下分泌鸟巢状白色蜡质卵囊 ……………… 巢红蚧属 *Nidularia* 非上所述 ……… 2
2. 老熟虫体圆球形或肾形，有的种类体上附着若虫蜕 ……………… 红蚧属 *Kermes*
非上所述 ……………………………………………………………………………… 3
3. 虫体外有绒状分泌物 ………………………………………… 绒红蚧属 *Physeriococcus*
虫体外形如芽苞 …………………………………………………… 苞红蚧属 *Reynvaaria*

八、链蚧科 Asterolecaniidae 雌成虫分属检索表

1. 肛板无；筛状析和气门刺无；蜡壳椭圆形或梨形，透明或半透明，壳缘有蜡丝（链蚧亚科 Asterolecaniidae）……………………………………………………………………… 3
肛板有；筛状析和气门刺有；蜡壳非上述 …………………………………………… 2
2. 肛弧无；肛板1块，三角形或盾形；具发达的圆锥状尾瓣2个和肛背毛2对；触角和胸足退化；喙3节；体梨形；蜡壳毡状、星状（背中4纵列）或壶状（雪链蚧亚科 Cerococcinae）………………………………………………………………………… 18
肛弧有；肛板2块，均三角形，中部桥联；具尾裂1个和尾毛1对；触角和胸足发达；喙1~2节；体椭圆形；蜡壳椭圆形，纸质或蜡质，背中具1纵脊（球链蚧亚科 Lecanoiaspidinae）…………………………………………………………………… 21

3. 体缘 8 字形孔不成列或带（北链蚧族 Polliniini） …………………………………………… 4
体缘 8 字形孔成列或带（链蚧族 Asterolecaniini） ……………………………………… 8
4. 腹面无管腺和多格腺，代以 8 字形腺；虫体在软毡状的椭圆形蜡壳下 …… 北链蚧属 *Pollinia*
腹面有管腺和多格腺 ……………………………………………………………………… 5
5. 腹末有背腺 1 对；体缘有五格腺列；寄生竹类，分布东南亚 …………………… 苏链蚧属 *Hsuia*
背腺无；体缘有或缺五格腺列；寄主广 …………………………………………………… 6
6. 体背缘有多格腺 7~8 群 ……………………………………………………… 南链蚧属 *Polea*
体背缘无多格腺群 ………………………………………………………………………… 7
7. 体圆形；腹部腹面有多格腺横列；肛环无环孔；虫体寄生处成凹坑状虫瘿，无蜡壳，盖有若虫蜕皮壳；分布东北 …………………………………………… 亚隐链蚧属 *Endernia*
体陀螺形；腹部腹面无多格腺横列；肛环外列完整，内列仅少数孔；虫体包于虫瘿中；分布南亚 ……………………………………………………… 瘿链蚧属 *Amorphococcus*
8. 肛管缺或很短；肛环简单仅 1 孔，环孔无，环毛无或至多 2 短毛；尾毛短小（栎链蚧亚族 Asterodiaspiina） ……………………………………………………………… 9
肛管发达；肛环发达，环孔成列，环毛 4~6 根；尾毛长而发达（链蚧亚族 Asteroleca~niina） …………………………………………………………………………………… 14
9. 腹末有背腺 1 对；尾瓣常缺；蜡壳薄而透明，背具纵脊或横褶；为害竹类 …… 寡链蚧属 *Pauroaspis*
腹末无背腺 ………………………………………………………………………………… 10
10. 尾瓣无端毛 ……………………………………………………………………………… 11
尾瓣有端毛 ………………………………………………………………………………… 12
11. 肛门在肛管内；触角无；蜡壳突起，厚不透明；寄生柽柳 …………… 柽链蚧属 *Trachycoccus*
肛门在表面，无肛管；触角小，有 1~2 毛；寄生竹类 …………………… 刘链蚧属 *Liuaspis*
12. 体缘五格腺中常混有三格腺；体缘 8 字形腺列常中断，离尾毛基远；气门腔口袋状膨大；蜡壳薄或稍厚，透明，背有中纵脊和横褶；寄生棕榈科 …………… 棕链蚧属 *Palmaspis*
不如上述；蜡壳薄而透明或半透明，背有中纵脊和横褶；寄生栎类 …………………… 13
13. 体缘 8 字形腺内侧有角质舌状突；触角具 1~2 毛；喙毛 2 对或无 …… 柞链蚧属 *Neoasterodiaspis*
体缘 8 字形腺内侧无角质舌状突；触角具 1~4 毛；喙毛 2~3 对或无 …… 栎链蚧属 *Asterodiaspis*
14. 体缘 8 字形腺长度为五格腺直径 2 倍以下 …………………………… 海链蚧属 *Hyalococcus*
体缘 8 字形腺长度为五格腺直径 2 倍以上 ……………………………………………… 15
15. 腹末背管 1 对；蜡壳薄而透明（少数半透明），背突或略凹，寄生竹类 …………………………………………………………………………………… 竹链蚧属 *Bambusaspis*
腹末无背管；寄主多种 ……………………………………………………………………… 16
16. 体缘有 8 字形腺 2~3 列；成端或成 1 列；蜡壳尾突而翘起，壳厚而不透明或半透明 ……… …………………………………………………………………………… 盾链蚧属 *Planchonia*
体缘有 8 字形腺 1 列；蜡壳尾突浅或显，壳薄而透明或半透明 ………………………… 17
17. 肛管发达，漏斗状，外口大于内口 …………………………………… 珞链蚧属 *Russellaspis*
肛管小，圆柱状，内、外口同大 ……………………………………… 链蚧属 *Asterolecanium*
18. 体背 8 字形腺少或无，仅分布在缘区成宽带；蜡壳藤壶形，有若虫蜕皮壳；主要寄生栎类（壶链蚧亚族 Asterococcina） …………………………………………………… 19
体背 8 字形腺多，分布全背，组成许多轮状圈；蜡壳倒梨形、卵圆形或半球形，若虫蜕皮壳无；寄主广泛（雪链蚧亚族 Cerococcina） ···································· 20
19. 肛环 6 毛；五格腺只 1 种（均五格）；单孔在腹面成缘带；蜡壳壶嘴朝向后；分布新西兰 ···
··· 管壶链蚧属 Solenophora
肛环 8 毛；五格腺多种（5~10 格均有）；单孔在腹面散布；蜡壳壶嘴朝向上；分布非洲、
东亚 ·· 壶链蚧属 Asterococcus
20. 体多格腺成 7~8 横列；蜡壳倒梨形，毡状或星状 ·················· 雪链蚧属 Cerococcus
体多格腺缺，或在腹面亚缘区成群，或仅在阴门前后成 2~3 短列；蜡壳卵圆或半球形，
狮面状 ·· 蜡链蚧属 Phenacobryum
21. 肛板和肛前弧合一；触角 4 节以下 ···················（瘿球链蚧族 Gallinococcini）
肛板和肛前弧分开；触角 7~8 节（球链蚧族 Lecanodiaspidini） ······················ 22
22. 尾裂很深，深度为肛板长度的 2 倍以上；气门洼很深，洼口靠近气门，气门路短而
不分叉；肛前弧弓形；体背筛板排成左右 2 亚中群或带，非成列；触角 7~10 节；足缺（畸
链蚧亚族 Anomalococcina） ·· 23
尾裂很浅，深度为肛板长度的 2 掊以下；气门洼浅，洼口远离气门，气门路长，后气门
路分叉；肛前弧直或略曲，多数非弓形（桠铃状），少数弓形；体背筛板成 2 纵列，少
数成群；触角 8~9 节（少数 5 节）；足 0~5 节（球链蚧亚族 Lecanodiaspina） ·········· 24
23. 体背有许多按节分布成横列的短毛；触角 7~8 节；分布南亚 ······ 畸链蚧属 Apsoraleococcus
体背无成横列分布的短毛；触角 7~8 节；多与蚁共生；分布东洋区至澳洲区北部 ···········
··· 洋链蚧属 Psoraleococcus
24. 肛板蝶形（4 翅状）；肛前弧直 ································ 翅链蚧属 Pterococcus
肛板双翼形；肛前弧非直形 ·· 25
25. 体背锥刺排列如蜘蛛网 ····································· 刺链蚧属 Stictacanthus
体背若有锥刺，至多成节排列 ·· 26
26. 触角 8~9 节；足 3~5 节；气门腔外有螺纹状硬化圈；气门后路单一不分叉，前宽后
狭呈镖状；五格腺 5~7 格；肛前弧桠铃状；分布东洋区 ············ 滇链蚧属 Cosmococcus
触角 7~9 节；足 0~5 节；气门腔外只有纵直状硬化条；气门后路单一或分叉，五格腺
3~10 格；肛前弧弓形或条形；分布球 ····························· 中球链蚧属 Lecanodiaspis

九、蚧科 Coccidae 雌成虫分属检索表

1. 虫体椭圆形，整体包被于白色蜡囊中；半月形肛板 2 块，后有横片相连（伪绵蚧亚科
Pseudopulvinariinae） ·· 2
非上述特征 ·· 3
2. 体背有毛绒状白蜡介壳；触角 7~8 节；8 字形腺满布背面；体背密被粗锥刺；尾短；
肛板底面连合成横桥 ··· 马络蚧属 Mallococcus
虫体包被于绵状卵囊中；触角 6 节；8 字形腺满布腹面；体背密被五格腺；尾裂无；肛
板下有 1 横片 ·· 伪绵蚧属 Pseudopulvinaria
3. 体椭圆形、卵形或长形，扁平或略突，柔软，体裸或体背盖有蜡壳、定形介壳或蜡毛
等，有的体后分泌长形卵囊；背部杯状腺较腹面大而多；尾裂不深；肛板和肛环正常；

多数寄生于禾本科、莎草科等杂草根部、茎叶上，少数寄生于双子叶木本植物（菲丽蚧亚科 Filippinae） ··· 5
虫体裸露或向后有卵囊；或全体被蜡壳、玻璃状介壳所覆盖 ································ 4

4. 虫体裸露或仅覆盖薄而不明显蜡质；肛板三角形；气门刚毛刺状，每群常3根以下（软蚧亚科 Coccinae） ··· 20
虫体完全被蜡质或蜡板所覆盖；肛板半圆形，周围硬化；气门刚毛圆锥形，常密集成群（蜡蚧亚科 Ceroplastinae） ··· 65

5. 虫体盖有绒毛状蜡被或玻璃质蜡组成之卵囊，或体后直接分泌长形卵囊，少数体裸无蜡被；气门洼不显或显，非漏斗状；寄生于茎叶（菲丽蚧族 Filippiini） ······················· 7
虫体软，裸露，无蜡被，不排泌卵囊，气门洼漏斗状，其壁上有盘腺；缘褶不显；寄生于根或根茎处（根裸蚧族 Lecanopsiini） ·· 6

6. 体椭圆表，背面突起，背、腹面均见体节；产卵时体藏于白色锦状卵囊中；触角5~8节；腹面无五格腺亚缘带 ··· 根裸蚧属 Lecanopsis
体狭长，背面不太突，体节只在腹面中部明显；体后不形成卵囊；触角5~7节；腹面有五格腺亚缘带 ··· 莎草蚧属 Psilococcus

7. 足小或退化，基节小于气门盘；虫体椭圆形、卵形或长柱形，背扁平或突起，整体藏于绒毛状卵囊中（绒茧亚族 Eriopeltiina） ··· 19
足大或中等大，基节大于气门盘 ·· 8

8. 体被定形玻璃质蜡壳或蜡质贝壳（螺壳、蜗壳、球壳等），体游离藏于壳下，产卵时体向前收缩（玻壳蚧亚族 Ceroplastodina） ·· 18
体被蜡粉或蜡毛，或裸露，或排泌长形卵囊 ·· 9

9. 虫体后分泌长形卵囊；体背无亚缘瘤；触角7~9节（菲丽蚧亚族 Filippiina） ······· 11
虫体软，体后不分泌卵囊；体背有亚缘瘤；触角8节（背露蚧亚族 Ceronemina） ······ 10

10. 虫体细长形；每洼气门刺3根（中长，侧短） ···················· 狭体蚧属 Stenolecanium
虫体椭圆形；每洼气门刺1群（2~3根大或5~7根小） ············ 卷毛蚧属 Metaceronema

11. 缘毛刷状；体背有孔带1条；体椭圆形，柠檬黄或绿黄色，体被绵绒状卵囊，产卵时体向前收缩 ··· 丽皑蚧属 Lichtensia
缘毛非刷状 ··· 12

12. 尾裂内缘后半有缘毛；气门刺存在；缘刺端尖；体背有孔带2条；体椭圆形，略突起，背略硬化；缘褶明显；体全包于椭圆形毡状卵囊中；分布热带、亚热带 ··· 菲丽蚧属 Filippia
尾裂内缘无缘毛 ·· 13

13. 体背缘五格腺成带、列或群；气门刺无；体细长，背、腹面软，卵囊白色柱状，虫体藏于其中；寄生于莎草和禾本科杂草叶上 ···································· 维他蚧属 Vittacoccus
体背缘五格腺群（带）无 ··· 14

14. 背腺短而宽，分布体末；体毛稀疏而短；体长形，软，红色，背、腹面均突，缘褶不显；有白色卵囊，但不盖住虫体；寄生于草原带 ···················· 针茅蚧属 Hadzibejiliaspis
背腺非上述 ··· 15

15. 体椭圆形，软或略硬化，新鲜体黄色，背有红纵带2条；寄生莎草和禾草根部 ··· 根际蚧属 Exaeretopus
体长形；寄生于莎草和禾草叶部 ·· 16

16. 跗冠毛端尖；触角间缘毛 35~70 根；爪冠毛细；虫体细长，背、腹面扁平，略硬化，卵囊白色，长形；寄生于禾本科杂草 ··· 禾草蚧属 Poaspis

跗冠毛端膨大；触角间缘毛少于 31 根；爪冠毛粗大，端膨 ··· 17

17. 气门洼深凹，气门刺约 10 根；缘毛（刺）密列；虫体长圆形，背软而不突；蜡被包住虫体 ··· 曼氏蚧属 Manetia

气门洼不深，气门刺 1~3 条；缘毛（刺）稀疏；虫体长椭圆形，背、腹面扁平，略硬化，新鲜时黄色，有红色背条 2~3 条；产卵时分泌白色长形卵囊；寄生于莎草科或灯芯草科 ··· 鲁丝蚧属 Luzulaspis

18. 气门洼明显；气门刺每群 1 长毛；虫体椭圆形，外包 1 玻璃质桑葚形蜡茧，虫体游离藏于茧内，产卵时体向前收缩 ·································· 玻壳蚧属 Ceroplastodes

气门洼不显；气门刺每群 2 刺；体长菱形，背突成纵脊，横切面三角形，外具螺状蜡壳，壳不透明，背观长菱形，具中纵脊，蜡壳内有丝状卵囊 ··········· 螺壳蚧属 Parafaimaieia

19. 体背突，软而不太硬，全体藏于马首形之卵囊内，囊前端有蜕皮壳（如马嘴），囊侧各 1 突起（如马耳）；缘褶不显；足和触角退化成锥状 ············ 马头蚧属 Scythia

体不太突，软或较硬化，全体藏于浅色卵囊内，囊最长可达到 13mm；缘褶明显；足和触角发达，或小而分节正常 ······································ 绒茧蚧属 Eriopeltis

20. 产卵时从体下向后排泌一定型卵囊，有的体背覆盖白绵或蜡粉，体背常不鼓起，体软；胫、跗关节大多数硬化（绵蚧族 Pulvinariini）·································· 52

产卵于体下，不排泌定型卵囊，有不定型蜡被；体背多鼓起，硬化，胫、跗关节常不硬化（软蚧族 Coccini）·· 21

21. 体鼓起成半球、球形，少数扁平或略突，硬化；体腹面杯状腺亚缘带缺（坚蚧亚族 Eulecaniina）··· 37

体多扁平，少数略鼓起或半球、球形，软或略硬化；体腹面杯状腺亚缘带有（软蚧亚族 Coccina）··· 22

22. 肛板背毛多；气门洼深，有半月形硬化区；无足；体背突，硬化 ··· 毛肛蚧属 Paractenochiton

肛板背至多 1~2 根毛 ··· 23

23. 尾裂全融合，无分裂痕迹；气门刺 3 根；虫体背突；无蜡被 ······ 闭尾蚧属 Megalocryptes

尾裂分开 ·· 24

24. 气门路开口于体缘或其内，沿路管腺多；体背有许多硬化筛状板；气门刺无；虫体高突或略突，硬化 ·· 筛板蚧属 Cribrolecanium

气门路开口及沿路管腺不如上述 ··· 25

25. 体背肛前孔和背毛至多在肛板前成 1 短群 ·· 27

体背肛前孔和背毛成中纵带或前后 2 群；主要为害核果类 ·································· 26

26. 足胫节短于跗节；肛环毛 10~12 根；肛前孔和背毛成 1 长纵带；体背很硬，高突成球形，体侧几乎垂直或下面稍扩出，背有小凹点 ·············· 鬃球蚧属 Sphaerolecanium

足胫节等于跗节；肛环毛 8~10 根；肛前孔和背毛成前后 2 群；体背很硬，高突成球形，体侧突出，亚缘区一圈凹入，体背有大凹点 2 列 ··········· 毛球蚧属 Didesmococcus

27. 成熟体背分裂成多角形网状小板块；体扁平或略突，硬化 ······· 网纹蚧属 Eucalymnatus

成熟体背不分裂成多角形网状小板块 ·· 28

28. 眼在头缘之内 ·· 30

眼在头缘 29
29. 阴前毛 3 对（少数 1 对）；中后足膨大；尾裂为体长的 1/4 以下；体椭圆形，背平或略突，背软或略硬，裸露或覆被薄而透明蜡片，蜡片不定形，易脱落；无卵囊 ....
.... 软蚧属 Coccus
阴前毛 1 对；中后无膨大；体梨形，扁平，左右不对称 .... 大脚蚧属 Kilifia
30. 体缘毛鳞片状；体扁平，硬化，被透明薄蜡 .... 鳞片蚧属 Paralecanium
体缘毛非鳞片状 31
31. 足和触角小，分节正常 34
足和触角退化 32
32. 肛前孔大小两种，分布成 1 长纵群；体细长，两侧近平行，背很硬化 ... 食蔗蚧属 Saccharolecanium
不如上述 33
33. 尾裂闭合；体缘锯齿状；体近圆形，扁或略突 .... 圆片蚧属 Xenolecanium
尾裂浅 (体长 1/8)；体缘直而光滑，或锯齿状；体梨形或纺锤形，扁平，不对称，硬化 ....
.... 扁片蚧属 Platylecanium
34. 缘毛短刷状；气门刺多 .... 新片蚧属 Neoplatylecanium
缘毛毛状或刺状 35
35. 肛板外角尖或钝；虫体三角形，左右不对称，背不太突，硬化，有"人"字形脊纹 1 个 ....
.... 新盔蚧属 Neosaissetia
肛板外角圆 36
36. 体背有各种隆脊；气门刺每群 4~5 根，几乎同长；肛板半圆形；触角 6 节；足胫、跗节关节无 .... 脊纹蚧属 Maacoccus
体扁平；气门刺每群 2 根；肛板长月形；触角 6~8 节；足胫、跗关节不硬化 ....
.... 双刺蚧属 Marsipococcus
37. 肛板缺；死体球形，如肾或芽状，高大于宽，很硬化，亮褐色；无卵囊；寄生松杉科 ....
.... 杉苞蚧属 Physokermes
肛板有 38
38. 肛板背毛至多 1 根 40
肛板背毛多 39
39. 体半球形，硬化，无脊，无蜡；体缘不成叶状或栅状；气门附近有管状凹；尾裂全溶合 ....
.... 海桑蚧属 Halococcus
体扁平，椭圆，不硬化，中部隆起成 1 脊，有薄而透明蜡层；体缘凹突成叶状或具栅状硬化带 ....
.... 怪异蚧属 Alecanium
40. 气门盘直径等于或超过腿节长 44
气门盘直径是腿节的 2/3 以下 41
41. 肛前孔成全中纵带；死体有杂色；气门刺短于缘刺；为害蔷薇科、桦木科和核桃科枝、叶 ....
.... 古北蚧属 Palaeolecanium
肛前孔不成全中带 42
42. 体缘毛 1 例，很稀；肛周体壁硬化呈网球；体长形，垂直或斜，后斜，两侧下面凹入，整体形如布袋，背硬；产卵于腹下 .... 冷杉蚧属 Nemolecanium
体缘为刺或毛，成密列 43

43. 体背硬，略长，稍突或高突，前后半倾斜；气门刺与缘刺易区别 ………… 木坚蚧属 *Parthenlecanium*
体背软，扁平，左右不对称；气门刺与缘刺难分 ……………………… 伪软蚧属 *Lecaniococcus*
44. 体背密布网斑 …………………………………………………………………………………… 45
不如上述 …………………………………………………………………………………………… 48
45. 背刺短小，钉状或锤状；足胫、跗节无关节；体椭圆形，突起，有光泽 …………………
………………………………………………………………………………… 副盔蚧属 *Parasaissetia*
背刺小，锥状 ……………………………………………………………………………………… 46
46. 肛板三角形，背中毛 1 根；虫体略突或高突呈半球形，如钢盔，体背有"H"形脊纹 ……
…………………………………………………………………………………… 黑盔蚧属 *Saissetia*
…………………………………………………………………………………………………… 47
47. 肛板合呈梨形；每洼气门刺 3 根；体背平或突起，光滑 ………………… 乌盔蚧属 *Udinia*
肛板合呈梨圆形；气门刺 0~3 根；体背略突或高突，硬化，无蜡皮；卵产于体下 …………
……………………………………………………………………………… 盘盔蚧属 *Platysaissetia*
48. 体背无粗刺，最多有小刺 ……………………………………………………………………… 50
体背密被粗刺 ……………………………………………………………………………………… 49
49. 触角 6 节；背刺成群，喙状；体背有凹"8"字形孔；死体球形；背硬而黑，有薄蜡被；
卵产于体下 ……………………………………………………………………… 荆球蚧属 *Acantholecanium*
触角 8 节；背刺许多，膨锥状；死新衣半球形，黄绿、暗褐色；背无蜡被背 …………………
………………………………………………………………………………… 刺蚧属 *Acantholecanium*
50. 肛环狭，环孔和环毛无，仅数根小短毛；死体很硬化，高突成球形或梨形，侧突出，
下凹入 …………………………………………………………………………… 褐球蚧属 *Rhodococcus*
肛环正常，环孔和环毛存在 ……………………………………………………………………… 51
51. 胫、跗节无关节；爪有齿；气门刺每群很多；触角 6~7 节 ………………… 白蜡蚧属 *Ericerus*
胫、跗节有关节；爪无齿；气门刺每群 0~3 根；触角 6~8 节；临近产卵时虫体体色鲜明
而有各种花斑 ……………………………………………………………………… 球坚蚧属 *Eulecanium*
52. 体缘为刺（纽绵蚧亚族 Takahashiina） ……………………………………………………… 58
体缘为毛或刺状毛（绵蚧亚族 Pulvinariina） …………………………………………………… 53
53. 爪、跗冠毛均无；眼半球形；体椭圆、软、红色；背略被绵状分泌物 ……………………
………………………………………………………………………………… 小绵蚧属 *Leptopulvinaria*
爪、跗冠毛均存在 ………………………………………………………………………………… 54
54. 尾裂深为体长的 1/3~1/2；肛板细长，长为宽的 3 倍以上；体梨形或近三角形，裸
露或腹末略有绵状卵囊 ………………………………………………………… 原绵蚧属 *Protopulvinaria*
尾裂浅；肛板粗短 ………………………………………………………………………………… 55
55. 体细长，突起，黄或红色，背中有纵长紫纹 2 个，腹面中区及背面杯状管腺无；卵
囊很短或无 ……………………………………………………………………… 蔗绵蚧属 *Saccharipulvinaria*
体椭圆或梨形；腹面杯状管腺存在 ……………………………………………………………… 56
56. 触角 5~8 节；体缘毛端膨大而成齿状者占多数 ………………… 绿绵蚧属 *Chloropulvinaria*
触角 7~9 节；体缘毛端尖者占多数 ……………………………………………………………… 57
57. 卵囊平坦，长形，长为宽的 1.5~2 倍；产卵后体平放；体背毛刺状 ……… 真绵蚧属 *Eupulvinaria*
卵囊高突；产卵后体直立；体背毛毛状 ………………………………………… 绵蚧属 *Pulvinaria*

58. 体缘刺端部柱状 ·· 60
体缘刺端部锥状 ·· 59
59. 卵囊大，白色，自腹下向后伸出，常为雌体长之3倍以上；缘刺粗短，端叉状或柱状；气门刺常3根以上 ··· 大绵蚧属 *Macropulvinaria*
卵囊与雌体同长；缘刺弯柱状，端不变狭；气门刺3根 ············· 拟绵蚧属 *Pulvinariella*
60. 大杯状管腺在背、腹面存在 ·· 叶绵蚧属 *Phyllostroma*
大杯状管腺仅在腹面存在 ·· 61
61. 气门刺3根，紧靠，中刺为侧刺2~3倍长，侧刺与缘刺几乎大同长；卵囊白色，囊背光而宽，等于或短于体长 ··· 新绵蚧属 *Neopulvinaria*
气门刺略显或不显 ·· 62
62. 卵囊扁平，位于体后，虫体位于卵囊上；爪冠毛粗 ············· 尾绵蚧属 *Anapulvinaria*
卵囊高突或很长，虫体位于卵囊前且直立；爪冠毛细 ··· 63
63. 气门刺无，或与缘刺无区别；卵囊大而突起，故虫体背与寄主植物表现面近垂直；分布地中海亚区东部 ··· 刺绵蚧属 *Acanthopulvinaria*
气门刺存在 ·· 64
64. 体长2~5mm，体后卵囊高突；缘刺细尖；触角7节；爪有齿；足胫、跗节有关节；寄生于旱生灌木、半灌木及草本植物的根部、根茎上 ········· 根绵蚧属 *Rhizopulvinaria*
体长约6mm，体后卵囊很长，约达17mm；缘刺粗锥状；触角7~9节；爪无齿；足胫、跗节无关节；寄生桑、槐、桃等枝上 ······························ 纽绵蚧属 *Takahashia*
65. 蜡壳薄，由体背管腺或双格腺所分泌，如玻璃者，则与虫体极易分离（鳖蚧族 Ctenochitonini） ·· 68
蜡壳半透明，四周有蜡角6~7个，形如星；触角间毛8对 星蜡蚧属 *Vinsonia* 蜡壳厚，由体背复式孔腺分泌，混有蜜露，与虫体不易分离（蜡蚧族 Ceroplastini） ························· 66
66. 蜡壳半透明，四周有蜡角6~7个，形如星；触角间毛8对 ············· 星蜡蚧属 *Vinsonia*
蜡壳后侧蜡芒状；触角间毛1对 ·· 67
67. 触角6节；腹面杯状腺端丝膨大呈灯泡状 ························· 龟蜡蚧属 *Paracerostegia*
触角6~7节；腹面杯状腺端丝细 ··· 蜡蚧属 *Ceroplastes*
68. 蜡壳左右对称呈双极（角）型，背中有明显纵沟和纵列腺体；体背杯状腺无；触角6~7节（蚌蜡蚧亚族 Cardiococcina） ··· 72
蜡壳单极型，薄、脆和定形分块，或如锥如扇，具一中心，向四周壳缘发出放射状条纹，或无壳而具虫瘿；体背有杯状腺或小管腺；触角3~8节（鳖蜡蚧亚族 Ctenochitonina） ···69
69. 体扁不突；气门刺每群只1根，柱状或长锥状；产卵时虫体向前收缩，腾出空位藏卵 ·· 鳖蜡蚧属 *Ctenochiton*
体背高突或不突，气门刺成群或无 ·· 70
70. 体背不突；气门刺成群；气门洼略显；8字形腺缺 ············· 蜡蚧属 *Paracardiococcus*
体背高突；气门刺缺；蜡壳玻璃质，壳顶至壳缘有放射状条纹 ··································· 71
71. 蜡壳如僧帽，壳顶端椭圆形亮斑，壳底面椭圆形；缘刺锥状，触角和足退化 ·· 僧蜡蚧属 *Mitrococcus*
蜡壳锥形，壳缘凹凸相间，壳面分块；缘刺棍状；触角和足发达 ············· 锥蜡蚧属 *Inglisia*
72. 蜡壳薄；足和触角很小或退化；背中和体缘为8字形双格腺；体红褐或黑褐色；分

布中美、大洋洲、南非、南亚、中亚……………………………………… 蚌蜡蚧属 *Cardiococcus*
蜡壳厚；足和触角发达；背中及体缘为柱状管腺带（列）；分布东亚区… 双蜡蚧属 *Dicyphococcus*

十、仁蚧科 Aclerdidae 雌成虫分属检索表

1. 体不规则方形，中部狭窄，头、尾端宽；体背（特别是尾端）向上高度隆起成圆锥形，整个腹部腹面观略呈三角形；尾端硬化，其顶端开口处伸出肛环刺；腹末端无臀裂和曲型肛板；体缘刺缺，只在尾端背面开口处有小群体缘刺；大小不… 罗仁蚧属 *Rhodesaclerda*
体长椭圆形或长条形；体背扁平或稍隆起，尾端扁平不隆起；腹末有纵行脊纹或沟纹，有臀裂，肛管从臀裂基部凹入；肛环及部分肛管被一块肛板覆盖；体缘具各种形状缘刺… 2
2. 整个体缘不完全有缘刺存在，有时稀疏不规则分布，或至少截止在臀裂附近；有内陷刺，有的刺长为宽之10倍以上；肛环刺发达，粗壮，多而长，长于肛板而伸出板外，偶有短于肛板者；多数寄生在禾木科（茎部叶鞘）、莎草科（地下根部）、兰科（根茎部）等植物中……………………………………………………………………… 仁蚧属 *Aclerda*
整个体缘均有缘刺存在；内陷刺无；肛环刺6~8根，不发达，较细或短刺状，常短于肛板，寄生芦苇、芒草等叶鞘中……………………………………… 苍仁蚧属 *Nipponaclerda*

十一、盾蚧科 Diaspididae 雌成虫分属检索表

1. 雌、雄成虫介壳异型，异质，同色或异色；雌介壳圆形、椭圆形、长形或梨形，分泌物质地紧密；雄介壳长条形，分泌物质地疏松，呈溶蜡状；中臀叶叉开向外；臀板背腺与缘腺几乎同大（盾蚧亚科 Diaspidinae）………………………………………… 5
雌、雄成虫介壳同型，同质，同色 …………………………………………………… 2
2. 介壳圆形，常为褐、黑、灰色，很少白色，壳点位于介壳中部，决不突出在边缘；侧臀叶单一，常具臀栉；管腺细长，管口单环式（圆盾蚧亚科 Aspidiotinae）………… 29
介壳长形或非圆形；壳点在头端或壳边突出；侧臀叶多数双分；管腺粗短，管口双环式 …… 3
3. 介壳圆形、椭圆形或不规则形；壳点偏心；侧臀叶不分裂，常具臀栉；背腺管口长径横向，有硬环（片盾蚧亚科 Parlatoriinae）……………………………………………… 58
侧臀叶常分裂；中臀叶合并为不明显单叶，侧臀叶和臀棘缺：背、腹面管腺同多、同大；胸、腹节侧区发达（绵盾亚科 Odonaspidinae）……………………………………… 73
4. 介壳第二壳点双叶式（由背、腹壳组成，均坚硬），介壳圆形或椭圆形，偶细长；臀板体节明显；中臀叶合并为不明显单叶，侧臀叶和臀棘缺；背、腹面管腺同多、同大；胸、腹节侧区发达（绵盾亚科 Odonaspidinae）……………………………………… 73
介壳第二壳点单叶式（背壳厚，腹壳略薄），介壳狭长，逗点形或牡蛎形，前狭后宽，色暗，多为褐色或灰色，少数白色或黑色；臀板体节不显，多溶并；中臀叶垂直向下或其端内合并，具侧臀叶、腺刺（中臀叶间1对）和栉；背管腺较粗大，缘管腺更大于背管腺；胸、腹节侧区很少分化（蛎盾蚧亚科 Lepidosaphed:naae）……………… 77
5. 臀板缘无栉状结构，只有腺刺，或背缘管腺口垂直，无硬化环；中臀叶间无臀栉和腺刺 … 8
臀叶形状简单，板缘常有栉状腺刺结构，或背缘管腺口横向，具硬化环；中臀叶间具臀

栉 1 对（线盾蚧族 Kuwanaspidini） ··· 6
6. 介壳挟长，白色；体长梨形，腹部扩张很宽；背腺小而多 ············· 泥盾蚧属 *Nikkoaspis*
   体非长梨形，腹部略扩大或否；背腺粗而少 ··· 7
7. 介壳长形，体粗长柱形；臀板缘边褶卷状，硬化，褶之后缘有突叶 4 对，其端具臀栉（缘栉）；臀叶刷状；腺刺状；腺刺缺；寄生芒及茅草的叶鞘内叶正面茎部 ································
   ·· 毕盾蚧属 *Pygalataspis*
   介壳和虫体纺锤形，较宽扁，或细长而两侧平行；臀板边缘不褶卷，不硬化，常有一系列耙状突起（形如臀栉）；臀叶状或耙状；具腺刺；寄生禾本科（主要竹类）·····················
   ·· 线盾蚧属 *Kuwanaspis*
8. 介壳和虫体长形；中臀叶间管腺和腺刺均无（雪盾蚧族 Chionaspidini） ············· 11
   介壳和虫体圆形；中臀叶间管腺和腺刺存在（盾蚧族 Diaspidini） ····················· 9
9. 介壳白色，壳点黄色，位于壳中或近中部；体陀螺形或倒梨形；臀板缘背腺特化；中臀叶基部不桥联，内缘端半叉开；缘腺管口长径纵向（盾蚧亚族 Diaspidina） ···········
   ·· 盾蚧属 *Diaspis*
   臀板缘背腺不特化 ··· 10
10. 中臀叶前无锤状硬化棒；臀板边缘呈规则的锯状突起，腺刺 2 对 ······ 锯盾蚧属 *Serrataspis*
    中臀叶前有很大的锤状硬化棒 1 对；臀板边缘呈不规则的齿状突起，腺刺很多 ···· 霍盾蚧属 *Howardia*
11. 介壳常白色；体纺锤形或长形；中臀叶互相远离；臀板边缘背腺非特化；臀叶间腺刺长于臀叶 2~3 倍（釉盾蚧亚族 Unachionaspidina） ····················· 釉看蚧属 *Unachionaspis*
    中臀叶基部互相靠近；臀板边缘背腺特化 ··· 12
12. 虫体囚型，即第 2 壳点变大成硬化蜕壳，雌成虫不蜕出而潜居其内；介壳及虫体长型（单蜕盾蚧亚族 Fioriniina） ··· 14
    虫体非囚型 ··· 13
13. 介壳圆形；臀板末端有大形臀叶 1 对，其基部愈合 ····················· 毛蜕盾蚧属 *Ichthyaspis*
    介壳宽梨形；臀板末端裂开成 2 片，无臀 ····························· 铲盾蚧属 *Protacepaspis*
14. 臀板末端收缩成柄状；腺刺无 ··· 18
    臀板正常；腺刺存在（单蜕盾蚧亚族 Fiorinina） ······································· 15
15. 介壳长形；中臀叶基部不桥联；第 2 臀叶退化；管腺微小；围阴腺无，触角非锥状；寄生于大戟科叶反面，寄生处成凹坑，叶正面鼓起成虫瘿 ·············· 缨蜕盾蚧属 *Thysanofiorinia*
    介壳狭长卵形；中臀叶基部桥联或否；管腺粗大；围阴腺存在；触角锥状 ············· 16
16. 中臀叶基部不桥联，仅互相接近 ····································· 外蜕盾蚧属 *Epifiorinia*
    中臀叶基部桥联 ··· 17
17. 中臀叶间缘毛存在 ·· 单蜕盾蚧属 *Fiorinia*
    中臀叶间缘毛无 ·· 异蜕盾蚧属 *Afiorinia*
18. 中臀叶间刚毛无（雪盾蚧亚族 Chionaspidina） ·· 22
    中臀叶间刚毛 1 对（副雪盾蚧亚族 Parachionaspidina） ································ 19
19. 介壳长形；中臀叶基部分离，端部向外叉，呈"八"字形 ································· 21
    介壳近圆形，白色，壳点偏向一边；中臀叶基部相联，端部叉开，呈"人"字形 ············· 20
20. 介壳近圆形，微隆起，腹壳薄，常留在植物上；虫体陀螺形或长纺锤形；臀板上背腺排列整齐，至多第 6 腹节 1 列（极少数例外）；食干型中臀叶突出，食叶型中臀叶凹入 ……………
…………………………………………………………… 白盾蚧属 *Pseudaulacaspis*
虫体纺锤形；臀板上背腺按节排列，但极分散，向后分布至第 7 腹节的中、亚缘区 …………
………………………………………………………………… 齐盾蚧属 *Achionaspis*

21. 介壳背面呈一浅中脊，形如箭头，黑或褐色；臀叶 3 对，第 2 和第 3 对臀叶均双分，分叶形状与大小几相等；臀板上背腺分布乱，第 6 和 7 腹节上均有背腺；肛门至中臀叶间肛后沟存在 ………………………………………………… 尖盾蚧属 *Unaspis*
介壳常有横线或收缩分成几段，白色；臀叶 2 对；臀板上背腺按节排列 …………………
…………………………………………………………… 矩圆复盾蚧属 *Duplachionaspis*

22. 两中臀叶不合并为 1 个 …………………………………………………………… 24
介壳长，前狭后宽，逗点形，两中臀叶愈合为 1 个（臀叶内缘平行而直，互相紧靠或部分溶合） …………………………………………………………………………… 23

23. 介壳白色；第 2 臀叶很退化，呈锯突；中臀叶和第 2 臀叶间边缘管腺骨化，突出缘外……
……………………………………………………………… 新栎盾蚧属 *Neoquernaspis*
介壳常褐黄色；第 2 臀叶常存在，有的退化或消失；臀板边缘管腺正常 … 并盾蚧属 *Pinnaspis*

24. 介壳圆形或近圆形，白色；虫体头部和前、中胸膨大、后胸以后细长，形如壁钟；分布以东南亚为中心 ………………………………………………… 白轮盾蚧属 *Aulacaspis*
不如上述 …………………………………………………………………………… 25

25. 介壳近梨形或三角形，白色；臀叶 3 对，中臀结发达，第 2 和第 3 臀叶较小，中臀叶与第 2 臀叶间的背缘大管腺 1 个 ………………………………… 晋盾蚧属 *Shansiaspis*
中臀叶与第 2 臀叶间的大管腺 1 个 ………………………………………………… 26

26. 介壳常细长或长纺锤形，白色；中臀叶基部桥联，略凹入臀板内，其端叉形且弯向下，形如飞鸟，内缘近端一段凹入；寄生于禾本科（竹类）；分布东南亚 … 丝盾蚧属 *Greenaspis*
中臀叶即使叉开，叶端弯向上，内缘近端一段凸而不凹 ……………………………… 27

27. 介壳梨形或近圆形，白色，质薄；中臀叶基部不桥联，为小骨片 2 个，易分开；肛门接近臀板中部；触角间有一叶状皮褶；为害木本植物；分布东洋区：
……………………………………………………………… 絮盾蚧属 *Semichionaspis*
介壳白色；中臀叶基部桥联，叶间缘毛缺 ……………………………………………… 28

28. 介壳梨形；体长形或纺锤形，第 2、3 臀叶间缘管腺的管口正常；食干型臀叶突出板缘而不呈叉状，食叶型臀叶凹入板内呈叉状 ……………………… 雪盾蚧属 *Chionaspis*
介壳细长；第 2、3 臀叶间缘管腺的管口有三角形厚骨环 …………… 华栎盾蚧属 *Sinoquernaspis*

29. 介壳由壳点 2 个和分泌物共三部分构成，分泌物发达；虫体非囚型，位于介壳下 …… 32
介壳由壳点 2 个构成，分泌物不发达；虫体因牢型；无围阴腺和硬化棒 …………… 30

30. 臀板边缘的饰物退化，臀栉缺或小；臀叶至多 2 对，第 2 对缺或小 …… 囚盾蚧属 *Aonidia*
臀板边缘的饰物发达；介壳圆形 …………………………………………………… 31

31. 臀叶 3 对；臀栉发达；寄生樟科植物 ………………………………… 双盾蚧属 *Diaonidia*
介壳隆起，有放射状脊线 10 余条，壳点位于中心；体扁圆形；臀板梳状，臀叶不显，而呈 5 个指状长突起；臀栉缺，呈少数尖刺 ……………………… 螺盾蚧属 *Decoraspis*

32. 前气门有盘腺；臀板上多少有网状花纹；前、中胸之间有明显的缩缢与界线（网盾蚧族 Pseudaonidiini） …………………………………………………………… 37

前气门无盘腺；臀板上无网状花纹 ······ 33

33. 臀板上背腺细小，与腹腺同样大小（小圆盾蚧族 Aspidiellini） ······ 40
臀板上背腺粗，明显大于腹腺 ······ 34

34. 第 3 臀叶刺状，与前 2 对臀叶完全不同（刺盾蚧族 Selenaspidini） ······ 42
第 3 臀叶缺，如有则叶状，与前 2 对相似 ······ 35

35. 臀板上常无硬化棒（圆盾蚧族 Aspidiotini） ······ 43
臀板上有硬化棒（锤） ······ 36

36. 硬化棒（锤）只分布在 3 对臀叶基部（褐圆盾蚧族 Chrysomphalini） ······ 50
硬化棒（锤）分布到臀叶以外的臀板侧缘上，这部分通常硬化（轮圆盾蚧族 Lindingaspini） ··· 56

37. 臀板背面的网纹呈环状，不分布到臀板中央；中臀叶基部联并；背疤存在
   ······ 隔圆盾蚧属 *Semelaspidus*
臀板背面的网纹布满板中央；中臀叶基部互相离开或联并；背疤缺 ······ 38

38. 介壳隆起；中臀叶基部互相离开；臀叶 4 对 ······ 圆盾蚧属 *Pseudaonidia*
中臀叶基部互相联并；臀叶常 3 对 ······ 39

39. 臀板背缘硬化棒为成对锤状 ······ 高圆盾蚧属 *Takagia*
臀板背缘硬化棒为成对蕈状 ······ 重圆盾蚧属 *Duplaspidiotus*

40. 臀叶 3 对，中臀叶离开，中臀叶间有臀栉 1 对 ······ 小圆盾蚧属 *Aspidiella*
臀叶 1~4 对，中臀叶基部联并或靠近，中臀叶间无臀栉 ······ 41

41. 臀叶 1 对；中臀叶基部联并；肛门接近臀板末端 ······ 微圆盾蚧属 *Remotaspidiotus*
臀叶 1~4 对，中臀叶靠近而不联并；肛门接近臀板中部；寄生菊科、禾本科、唇形科等
根颈上、叶鞘下及茎枝上；分布旧北区 ······ 根圆盾蚧属 *Rhizaspidiotus*

42. 体圆形；硬化棒缺；有刺状前胸瘤；第 3 臀叶外的臀栉齿状或刺状 ··· 刺圆盾蚧属 *Selenaspidus*
体梨形；硬化棒存在；无刺状前胸瘤；第 3 臀叶外的臀栉宽梳齿状 ··· 角圆盾蚧属 *Selenomphalus*

43. 介壳高突，质厚，腹壳变发达；臀叶 1 对，基部联并；臀栉发达，刺状或刷状，成
   排；臀板缘毛特别长；硬化棒细小；围阴腺缺 ······ 鬃圆盾蚧属 *Morganella*
臀叶 2 对，宽短；臀栉多，小而尖，不分叉；围绕阴腺缺 ······ 壳圆满盾蚧属 *Chortinaspis*
臀叶 2 对以上；臀板缘毛不特别长 ······ 44

44. 臀叶 2 对，宽短；臀栉多，小而尖，不分叉；围阴腺缺 ······ 壳圆盾蚧属 *Chortinaspis*
臀叶 3 对；臀栉多分叉；围阴腺存在 ······ 45

45. 第 2、3 臀叶基部缘毛宽扁矛头状；老熟时全体骨化；中臀叶有节痕；每侧背腺 3 对 ······
   ······ 矛圆盾蚧属 *Octaspidiotus*
第 2、3 臀叶基部缘毛正常 ······ 46

46. 臀板末端凹陷；中臀叶在凹陷内，常短于第 2 臀叶，若与第 2 臀叶端平齐则中臀叶
   外角毛远长于中臀叶，若中臀叶不凹入臀板内，且外角毛又不远长，则第 2、3 臀叶背毛刺状 ···
   ······ 梯圆盾蚧属 *Temnaspidiotus*
臀板末端不凹陷 ······ 47

47. 臀叶 3 对几乎同样大小，等距离排列 ······ 大圆盾蚧属 *Dynaspidiotus*
臀叶 3 对大小不同 ······ 48

48. 臀叶间硬化棒发达，粗短；臀栉发达，刷状，鬃状排列；肛门很大；围阴腺存在
   ······ 鲍圆盾蚧属 *Borchseniaspis*

臀叶间无硬化棒 ··· 49
49. 体硬化；中臀叶大，突出于第 2 臀叶外，若平齐则其外毛不长，与中臀叶同长，且第 2.3 臀叶背毛为毛状；臀栉齿状，第 3 臀叶以外臀栉存在，刺状；围阴腺存在 ··· 圆盾蚧属 Aspidiotus
体除臀板外均膜质；臀叶 3 对形状相似；臀栉叉状、刷状或扫状；第 4 臀叶以外臀栉缺；围阴腺缺；分布旧北区 ··· 白圆盾蚧属 Ephedraspis
50. 中臀叶外有一很大的硬皮锤，其顶端球形 ··················· 锤圆满盾蚧属 Clavaspidiotus
臀板上无球杆状硬皮锤 ·· 51
51. 硬化棒发达，细长，但在第 3~4 臀叶间缺或趋向退化 ······· 褐圆盾蚧属 Chrysomphalus
硬化棒短小或短粗 ·· 52
52. 臀叶 1 对，第 2 臀时极小或退化；分布热带、亚热带 ·········· 栉圆盾蚧属 Hemiberlesia
臀叶 2~3 对 ··· 53
53. 体肾形，硬化；硬化棒短小；分布东洋区、南非区 ·············· 肾圆盾蚧属 Aonidiella
体非肾形 ··· 54
54. 臀叶 1 对，发达，第 2、3 臀叶很小或缺 ························· 灰圆盾蚧属 Diaspidiotus
臀时 2 对，发达 ··· 55
55. 臀叶 2~3 对，中臀叶大，形如门牙，斜向中轴；臀叶间硬化棒槌状；肛径小于中臀叶宽；臀栉小而不明显；围阴腺常存在 ······················· 笠圆盾蚧属 Quadraspidiotus
臀叶 2 对，中臀叶大而硬化，垂直向下；臀叶间硬化棒槌状或棍状；肛径等于中臀叶宽；臀栉栉状或刷状，在臀叶间存在；围阴腺常缺 ······················ 黯圆盾蚧属 Abgrallaspis
56. 体前端突出或收缩，骨化，形成一头状区域；臀前节侧缘骨化 ····· 头圆盾蚧属 Mycetaspis
体前端不形成头状区域 ·· 57
57. 介壳略突，有细轮纹；臀栉发达，端部梳状；3 对臀叶内外角和第 4 臀叶外板缘都有一系列细长硬化棒 ··· 轮圆盾蚧属 Lindingaspis
臀栉很小，端部尖或分叉；硬化棒粗短 ··· 黑圆盾蚧属 Melanaspis
58. 虫体常长型；侧臀叶常分裂；臀棘常和腺棘并存（白盾蚧族 Leucaspidini） ············ 63
虫体常短型（梨形、卵形、圆形、椭圆形等）；侧臀叶常单一；臀棘为臀栉或腺刺（片盾蚧族 Parlatoriini） ·· 59
59. 介壳形状多变，不太隆起，有腹壳而不附于植物上；壳点位于介壳边缘上；臀栉发达，宽刷状，分布在臀板及臀前腹节两侧；臀前腹节至头胸区腹面亚缘区均为成群腺瘤（片盾蚧亚族 Parlatoriina） ··· 片盾蚧属 Parlatoria
壳点位于介壳中央；臀栉只分布在臀板上，臀前腹节缺（片盾蚧亚族 Parlatoreopsina） ··· 60
60. 胸部亚缘区腺瘤存在；围阴腺存在 ··· 62
胸部亚缘区腺瘤缺；围阴腺缺 ·· 61
61. 头胸部骨化；肛门位于近臀板末端；臀栉具齿刻；臀板腹面小管腺缺 ··· 齿片盾蚧属 Genaparlatoria
头胸部膜质；肛门位于臀板中央；臀栉短锥状，退化，仅在第 4 臀叶以内存在；体及臀板腹面小管腺多；臀板最后 2 节硬化棒缺；围阴腺缺 ··············· 粕片盾蚧属 Parlagena
62. 中臀叶互相接近，臀板背缘的臀叶间缘腺管口附近具锤状硬化棒··· 星片盾蚧属 Parlatoreopsis

中臀叶互相远离，臀叶间无硬化棒 ………………………………………… 填片盾蚧属 Sishanaspis
63. 臀前腹节围阴腺缺，只存在于臀板或缺（囚片盾蚧亚 Gymnaspina） ………………………… 67
臀前腹节及臀板上均有围阴腺（白片盾蚧亚族 Leucaspina） …………………………………… 64
64. 臀叶和臀栉均缺 ……………………………………………………………… 缨片盾蚧属 Thysanaspis
臀叶存在 …………………………………………………………………………………………… 65
65. 介壳硬而隆起，被有白色分泌物；体腹面两侧有规则而连续排列的锥状腺瘤，从头延伸至腹部；臀栉明显齿状 ………………………………………… 白片盾蚧属 Lopholeucaspis
体腹面两侧无连续排列的腺瘤；臀栉缺或简单（刺状） ………………………………………… 66
66. 体腹面常有密集的小刺、颗粒或小形骨斑；前气门侧腺瘤群存在 … 留片盾蚧属 Leucaspis
体腹面小刺、颗粒或骨斑均缺；前气门侧腺瘤群缺 ………………………… 麦片盾蚧属 Maniaspis
67. 臀板边缘无明显的腺刺 ………………………………………………………………………… 71
臀板边缘有发达的腺刺 ………………………………………………………………………… 68
68. 胸部两侧有 1 对长的角状延伸，使体呈鹞子状 ……………………… 翼片盾蚧属 Silvestraspis
胸部无延长 ……………………………………………………………………………………… 69
69. 臀叶缺；胸部亚缘腺瘤缺 …………………………………………………… 囚片盾蚧属 Gymnaspis
臀叶存在；胸部亚缘腺瘤存在 ………………………………………………………………… 70
70. 介壳圆形或略长，侧面无收缩，第 1 壳点位于中心；臀板背腺缺；围阴腺存在；中臀棘细长而尖，或刷状，远长于臀叶；寄生栎类 ……………………… 栎片盾蚧属 Neoparlatoria
臀板背腺存在；围阴腺缺 ……………………………………………………… 混片盾蚧属 Mixaspis
71. 臀叶缺；围阴腺缺 ……………………………………………………………… 双片盾蚧属 Bigymnaspis
臀叶存在；围阴腺存在 ………………………………………………………………………… 72
72. 体长卵形；臀板背腺存在 …………………………………………………… 美片盾蚧属 Formosaspis
体线形；臀板背腺缺 …………………………………………………………… 纹片盾蚧属 Ischnafiorinia
73. 臀前腹节间无横的小刺列（栉疏）；臀板无硬化棒（锤）；管腺单环式；（潜绵盾蚧族 Ruguspidiotini） ……………………………………………………………………………………… 75
臀前腹节间无横的小刺列（栉疏）；臀板无硬化棒（锤）；管腺双单环式；寄生禾本科植物（绵盾蚧族 Odonaspidini） …………………………………………………………………… 74
74. 中臀叶 1 对愈合成 1 个臀叶；臀板端部无突出的中臀栉；围阴腺常存在，排成弧形；触角具 1 毛 …………………………………………………………………… 绵盾蚧属 Odonaspis
中臀叶不愈合；臀板端部具多角形突出的中臀栉；围阴腺常缺，若有则为 3 群丝绵 ……………………………………………………………………………………… 盾蚧属 Froggattiella
75. 围阴腺存在 …………………………………………………………………… 腺盾蚧属 Poliaspoides
围阴腺缺 ………………………………………………………………………………………… 76
76. 体长梨形；寄生菝葜 ………………………………………………………… 葜盾蚧属 Smilacicola
介壳近圆形或梨形，白色；体长椭圆形；触角多毛；第 3~8 腹节有成群缘管团；寄生柽柳枝叶；分布中亚区 …………………………………………………… 盘盾蚧属 Circodiaspis
77. 中臀叶互相接近，臀叶两侧各有深裂，第 2 臀叶靠近中臀叶，其内分叶也深裂，似 6 对臀叶相毗连；中腺刺缺 ……………………………………………… 新并蛎盾蚧属 Neopinnaspis
中臀叶正常，中臀叶和第 2 臀叶内分叶均无深裂 ……………………………………………… 78
78. 体线形，极长，两侧平行；背腺长；臀板缘腺每侧 4 个 ……… 桥蛎盾蚧属 Takahashiella

体纺锤形 ··· 79
79. 介壳牡蛎形，灰、褐或紫色；臀板缘腺刺至少 2 倍长于臀叶；臀前腹节侧突不显；第 2~4 腹节前侧角具节间瘤，无刺；亚缘背疤缺；第 6 腹节背腺成长纵列，第 7 腹节背腺少数；臀缘管腺每侧 5 个；寄生禾本科、莎草科植物············ 须蛎盾蚧属 *Acanthomytilus*
臀板缘腺刺与臀叶等长 ·· 80
80. 介壳白色；背腺分布不规则或排成纵行 ······················· 白蛎盾蚧属 *Aonidomytilus*
介壳非白色 ··· 81
81. 介壳长牡蛎形；中臀叶突出而强烈内抱，斜向中轴，外缘具一系列凹切或齿列，斜形，长于内缘；第 2 臀叶及缘腺刺趋于退化，中臀叶间 1 对缘腺刺很小；硬化棒发达··· 安蛎盾蚧属 *Andaspis*
中臀叶垂直向下，内、外缘几乎等长 ·· 82
82. 介壳细长形或长纺锤形；臀前腹节侧缘显著，弯曲向下呈长突，其端有长腺刺 1~2 根，形如触手或蟹爪状；眼点显著，锥状、刺状或点；背腺小型，臀板亚缘区常有大、中型管腺，第 6 和 7 腹节亚中区无；分布东亚 ······················· 爪蛎盾蚧属 *Ungulaspis*
臀前腹节侧缘仅略突，或者突而不呈爪状 ·· 83
83. 体长纺锤形；头部有许多颗粒状或刺状皮突；背腺微细，几与腺刺中管腺同粗，数多而排列乱，在第 6.7 腹节上排列成纵带，后胸腹面小管腺排成整节横带，但该节无腺锥；节间瘤、刺发达；亚缘背疤缺；分布东亚区 ············ 癣蛎盾蚧属 *Paralepidosaphes*
头部无颗粒状或刺状皮突；背腺大于腺刺中管腺，数少而排列较整齐；第 7 腹节常缺背腺；后胸常有腺锥，其腹面小管腺常限于后气门外 ···································· 84
84. 介壳长纺锤形；眼瘤呈锥状突（眼刺）；触角多毛（常 3~4 根）；腺锥多，向前分布扩达前、中胸及头部；背腺小、中型，第 7 腹节常无分布；亚缘背疤无；分布东亚区··· 眼蛎盾蚧属 *Cornimytilus*
眼瘤不显或至多点状、球状，不呈锥刺状；触角少毛（1~2 根）；腺锥向前分布至多达后胸；背腺至少中型 ·· 85
85. 介壳常牡蛎形，灰至紫色；臀叶 2 对，发达；腹节上存在亚缘背疤；臀前腹节侧缘节间刺常发达；背腺中型，在腹节上排成亚中、亚缘系列，第 6 腹节成一整列，第 7 腹节常存在背腺；臀缘管腺每侧 6 个ƒ ······························ 蛎盾蚧属 *Lepidosaphes*
介壳常细长，两侧近平行，少数牡蛎形；眼瘤至多球形，不成矩或刺；腹节上无亚缘背疤；臀前腹节侧缘节间瘤、刺常无；背腺中、大型，少排成整齐行列，第 7 腹节无背腺··· 牡蛎盾蚧属 *Mytilaspis*

一、旌蚧科
ORTHEZIIDAE

体表被白色的石膏状分泌物覆盖成鳞片状，体节密布刺状突起，形成特殊图案。成熟时，身体末端带有裙状卵囊。足终生发达，形成卵囊后也能自由活动，但动作极其缓慢。肛门上有肛环，上生6刺毛。多数寄生于草类。本科是蚧虫亚目最原始的科，种类很少。我国已记录1属、4种。

1. 寡毛旌蚧
***Insignorthezia insignis* (Douglass)**

[中文异名] 明旌蚧。

[分　　布] 中国西南、华南、华中和华北等地区及北方温室；亚洲东部、欧洲、美洲、非洲。

[为害对象] 龙眼、柑橘、菊花、藿香蓟、马兰、紫薇、梓、老雅企、酒饼勒、锦葵、牛藤、蝶豆、十字爵床树、千屈菜、蔷薇等植物。

[形态特征]

雌成虫：椭圆形，长约1.5mm，体背稍隆起；虫体边缘有长棒状白色蜡条围绕，背中部有大小不等的蜡块排成2纵行条纹；卵囊长型，具明显的肋状脊纹，牢固地附贴在虫体腹部；眼发达，眼座短圆锥形，不分裂；触角8节，每节生短刺毛，顶端节生有粗顶刺1根；足正常，胫节与跗节分开，胫节长于跗节；胸气门被小刺和多孔腺组成的环所围绕；腹气门长管状；多孔腺（4孔）分布在体腹面，背面体刺群10对，成小斑状，左右对称，腹部腹面体刺群在中央无横列。

2. 菊旌蚧
***Orthezia urticae* (Linnaeus)**

[中文异名] 荨麻旌蚧。

[分　　布] 内蒙古、宁夏、新疆。

[为害对象] 黄蒿、艾蒿、锦鸡儿。

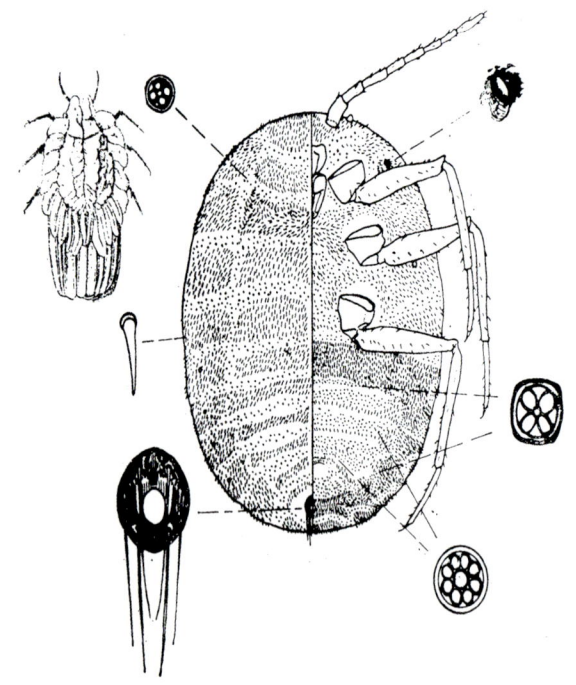

菊旌蚧雌成虫

雌成虫及若虫（放大）

[为害状] 雌成虫和若虫寄生在叶片上刺吸汁液为害。

[形态特征]

雌成虫：虫体椭圆形，长约1.5mm，体背面稍向上隆起，边缘有棒状白蜡丝围绕，背中有大小不等的蜡块排成纵条呈石膏状；卵囊白色，长型，有明显的肋状脊纹；触角8节，眼发达，着生在突出的锥柄上；胸气门2对，被小刺和多孔腺围绕；腹气门8对，足发达，胫节与跗节分开；全体有很多体刺，成带状分布，组成各种特有的斑带，在腹部腹面成横列带；肛环上有很多小孔纹组成宽带，肛环刚毛6根。

二、珠蚧科
MARGARODIDAE

珠蚧科是以珠蚧属（*Margarodes*）为模式属建立的。这类蚧虫生活在地下，寄生于植物的根部，不易被人发现。若虫身体近似圆球形，能分泌蜡质结成紧密的色囊，具有彩虹色泽，美如珠宝，可制成装饰品。成虫前足发达呈开掘式，可爬出土面活动。珠蚧科还包括松干蚧属（*Matsucoccus*），体长，靠近腹部末端最宽。腹部有背疤，无脐斑，无肛环。该属蚧虫是松树的重要害虫，主要寄生危害松树树干。本科我国记录22种，其中珠蚧属14种，松干蚧属8种。

1. 樟子松干蚧
Matsucoccus dahuriensis Hu et Hu

[分布] 黑龙江大兴安岭地区。

[为害对象] 樟子松。

[为害状] 雌成虫和若虫寄生在壮龄和成熟林木的主干树皮下及林内约20年生的小树上刺吸汁液为害。

[形态特征]

雌成虫：虫体长椭圆形，前半较后半狭，长约4mm，黄褐或橙褐色；触角9节，第6~9节端各有粗感觉刺1对；胸足3对，转节有长刚毛1根；背疤总数91~131个，分布在第4~7腹节背面，有时则在第3~6节上；多孔腺在第9腹节腹面，总数约37~51个。

[生活史与习性] 一年发生1代。以1龄固定若虫在主干树皮下越冬。翌年4月下旬开始活动，5月上旬进入2龄无肢若虫，5月下旬出现3龄雄若虫，成虫出现盛期在6月中旬。雌成虫平均寿命12~15天，每雌平均产卵约140余粒，6月下旬孵始，7月上旬盛孵，7~8月1龄固定若虫在树皮下取食。虫口分布在阳坡，虫口密度从树干基部到顶部呈下降趋势。

[防治方法] 参照黑松干蚧。

2. 海松干蚧
Matsucoccus koraiensis Young et Hu

[分布] 中国黑龙江（小兴安岭）、吉林（长白山）；俄罗斯。

[为害对象] 海松。

[为害状] 雌成虫和若虫寄生在主干及大枝基部的树皮下刺吸汁液为害。

[形态特征]

雌成虫：虫体长柱形或椭圆形，体长2~4mm，多为亮褐色，少数橙红或橙褐色；触角9节，第6~9节上有粗感觉刺；胸足3节，转节上有长刚毛1根；背疤分布在第4~8腹节上，总数70~113个。

雄成虫：体长1.6~2mm，胸部黄褐或褐色，腹部黄色。

卵：乳白至橙黄色，椭圆形，长约0.3mm；孵囊椭圆形，长约2mm。

若虫：初孵时长纺锤形，长约0.4mm，浅黄色；固定若虫倒梨形、葵花形，体缘分泌等长蜡片9对；2龄无肢雄若虫倒梨形，褐或黑褐色，宽约1mm；2龄雌若虫球形或近球形，宽约2mm；3龄雄若虫长形，长约1.5mm，深黄或黄褐色，体形、体色似雌成虫。

雄茧：长椭圆形，长约2mm，白色。

[生活史与习性] 一年发生1代。以1龄若虫在主干及大枝基部的树皮下越冬。翌年5月上旬开始活动，5月中旬2龄若虫进入盛期，

5月下旬出现3龄雄若虫。6月初成虫羽化、交尾后雌成虫形成白色卵囊包住虫体，平均每雌产卵100粒，6月下旬出现初孵若虫，7月上、中旬为盛孵期。发生株率和虫口密度阳坡大于阴坡，山腰大于山顶及山脚，树干下部大于中部，中部大于上部。

[防治方法] 参照黑松干蚧。

3. 马尾松干蚧

Matsucoccus massonianae Young et Hu

[分　　布] 安徽、江苏、浙江和江西。

[为害对象] 马尾松、日本黑松及金钱松。

[为 害 状] 雌成虫和若虫寄生在枝干皮缝刺吸汁液为害，以8~25年生树木受害最重。被害植株树皮增厚，曲卷翘裂，树势衰弱；严重时树冠下部枝条下垂，针叶枯黄，并引起小蠹虫、松白星象甲和松黑天牛等害虫的危害，导致整株死亡。

[形态特征]

雌成虫： 虫体长卵圆形，长3.4~4.6mm，橙褐或黄色，体壁柔韧而有弹性；触角9节，第6~9节上各有粗感觉刺1对；胸足3对，转节上有刚毛2根；第4~7腹节上有背疤，总数146~173个；第9腹节有多孔腺92~104个。

若虫： 初孵时长卵圆形，长约0.4mm，淡黄色，体节明显，尾毛2对（1长1短）；1龄寄生若虫倒梨形，色深，体侧分泌放射状蜡丝；2龄无肢若虫球形，黑褐或紫褐色，触角、足、眼、体节消失；3龄雄若虫与雌成虫相似，但虫体较小。

雄蛹： 体褐色，附肢灰白色，眼紫褐色，末端生殖器呈圆锥状。雄蛹包被于椭圆形白色茧中，雄茧长2~3mm。

[生活史与习性]

生活史： 浙江一年发生1代。以雌性无肢若虫和雄蛹在枝干皮缝内越冬。翌年1月下旬至3月下旬成虫发生，盛期为2月中旬。2月上旬至5月上旬产卵，雌成虫平均寿命25天，每雌产卵90~295粒，平均235粒，卵期为68~75天，平均72天。卵孵化率可达98.1%。4月上旬~5月上旬若虫孵化，孵化高峰出现在谷雨前后（约4月下旬）天气晴朗气温较高的6、7天时间内。

初孵若虫常沿翘裂树皮下新鲜皮层的边缘部位寄生，2、3头聚集在一起。寄生为害期自4月中旬至翌年3月。10月上、中旬2龄若虫进入"显露期"。11月下旬3龄雄若虫始化蛹，陆续开始越冬。

发生与温湿度： 寄生若虫生长发育适温10~24℃。当温度超过24℃时则发育极为缓慢，在炎烈干燥的6月下旬至9月进入夏蛰状态；而在不太寒冷的冬季，2龄无肢若虫和雄蛹仍继续发育。

湿度对初孵若虫的活动影响较大，以80%左右的湿度为宜。当湿度接近饱和时，初孵若虫就不易爬出卵囊，甚至死亡；在阴雨连绵的天气，初孵若虫多停留在卵囊内，待天晴后才蜂拥而出。

[天　　敌] 捕食性天敌有松蚧瘿蚊、隐斑瓢虫、异色瓢虫、大草蛉、牯草蛉等10余种；寄生性天敌是一种病原寄生真菌，寄生在2龄无肢若虫上。

[防治方法] 在马尾松干蚧卵期，引种释放

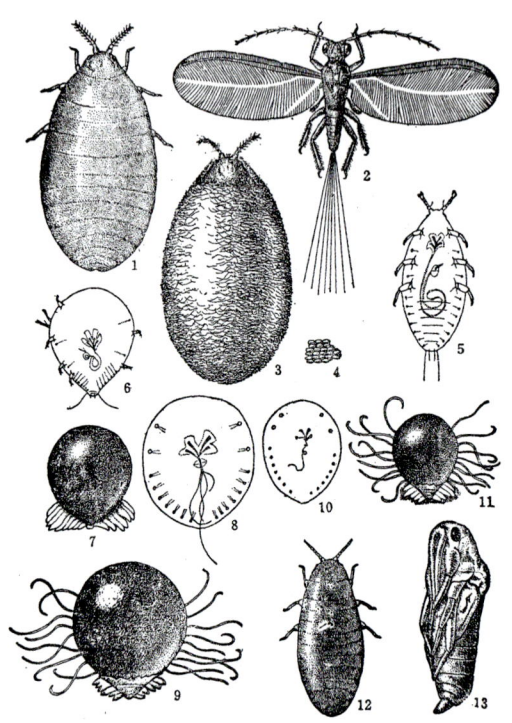

1. 雌成虫　2. 雄成虫　3、4. 卵及卵囊　5. 第1龄初孵若虫
6、7. 第1龄寄生若虫　8、9. 第2龄无肢雌若虫　10、11. 第2龄无肢雄若虫　12. 第8龄雄若虫　13. 蛹（胡鹤龄　绘）

马尾松干蚧

瓢虫和松蚧瘿蚊幼虫，秋季喷洒病原真菌菌液，防治 2 龄无肢若虫。

其他防治方法参照黑松干蚧。

4. 黑松干蚧
***Matsucoccus matsumurae* (Kuwana)**

[中文异名] 日本松干蚧、松干蚧

[分　　布] 中国辽宁、河北、山东、安徽、江苏、浙江、上海；日本、韩国。

[为害对象] 赤松、黑松、马尾松、黄松、台湾松、油松及美人松、千头松。

[为 害 状] 雌成虫和若虫寄生在 3~4 年生枝条的轮枝处及 10 年生以下的主干上刺吸汁液为害，造成针叶枯黄，树皮翘裂，枝条弯曲下垂，甚至整株衰亡。而且松树的严重被害，常引起松干枯病、纵坑切梢小蠹甲、横坑切梢小蠹甲、象鼻虫、松天牛、吉丁虫及白蚁等次生病虫害的发生。

[形态特征]

雌成虫： 虫体卵圆形，长约 3mm，棕红或橙红色，头部较窄，腹部肥大；体膜质柔软，体节不明显；触角 9 节，第 6~9 节上各有粗感觉刺 1 对；胸足 3 对，转节有长毛 1 根；腹末有"∧"形凹陷；背疤总数 280~320 个，第 3 腹节上有背疤；多孔腺 9~14 格，在第 9 节腹面成一群，总数 43~47 个。

雄成虫： 体长 1.2mm，翅面有明显羽状纹，腹末有白色蜡丝 10~16 条。

卵： 椭圆形，长 0.25mm，暗黄色；卵囊白色。

若虫： 1 龄若虫椭圆形，橙黄色，长 0.3mm，

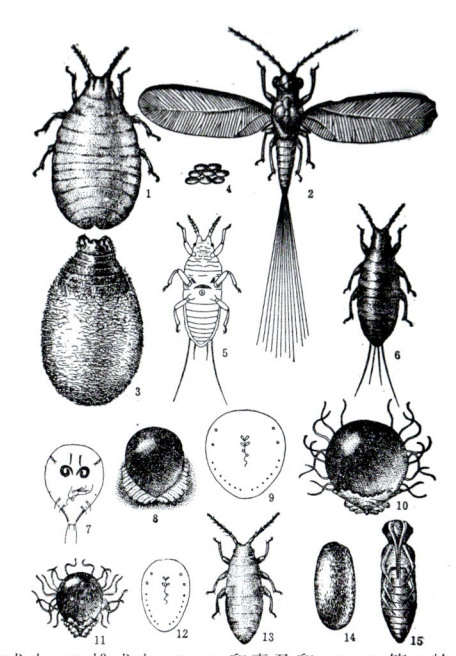

1. 雌成虫　2. 雄成虫　3、4. 卵囊及卵　5、6. 第 1 龄初孵若虫　7、8. 第 1 龄寄生若虫　9、10. 第 2 龄无肢雌若虫　11、12. 第 2 龄无肢雄若虫　13. 第 3 龄雄若虫　14、15. 茧、雄蛹

黑松干蚧

腹末有长短尾毛各 1 对；1 龄寄生若虫梨形或心脏形，橙黄色，长约 0.4mm，虫体背面两侧有成对的白色蜡条，腹面有触角和足等附肢；2 龄无肢若虫的触角和足全部消失，体周有白色长蜡丝，雌雄分化显著，雌性较大，圆珠或扁圆形，橙褐色，雄性较小，椭圆形，褐或黑褐色，末端有 1 龄寄生若虫蜕；3 龄雄若虫橙褐色，长约 1.5mm，口器退化，触角和胸足发达，外形与雌成虫相似，但腹部狭窄，腹末无"∧"形臀纹。

雄蛹： 雄蛹与若虫相似，唯胸背隆起，开成翅芽；雄蛹为裸蛹，长约 1.5mm，头胸部淡褐色，眼紫褐色，附肢和翅灰白色，腹部 9 节，

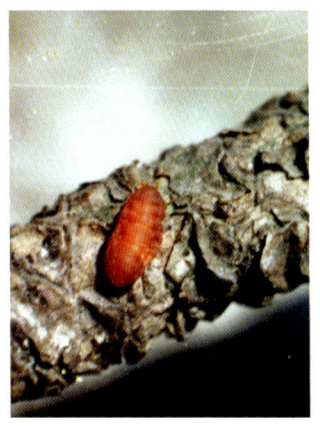
雌成虫（放大）

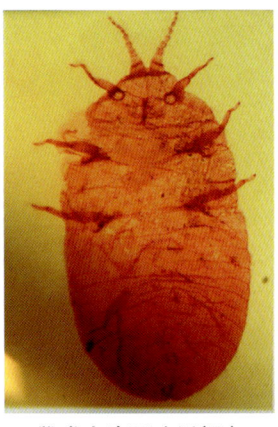
雌成虫腹面（近视）

雌成虫（放大）

无肢若虫（放大）

卵巢（放大）

末端生殖器圆锥状。雄蛹外被白色茧，茧疏松，长约 1.8mm，椭圆形。

[生活史与习性]

生活史：一年发生2代。以1龄寄生若虫在树皮缝隙、翘裂皮下和叶腋处越冬（或越夏）。越冬代雌成虫产孵孵化期，辽宁庄河分别为5月上旬～6月中旬、5月下旬～6月下旬，山东崂山分别为5月上旬～6月中旬、5月下旬～6月下旬。在南京，越冬代雌成虫产卵和卵孵化盛期则分别为5月上、中旬和5月中、下旬。第一代雌成虫产卵和卵孵化期，辽宁庄河分别为8月中旬～10月上旬、9月上旬，山东崂山分别为8月上旬～10月中旬、8月中旬～11月中旬。在南京，其产卵和卵孵化盛期分别为10月上、中旬，10月中、下旬。在北方地区，早春气温回升晚，越冬代雌成虫产卵期比南方迟一个多月。若虫生长发育的适温为10~24℃，温度超过24℃，发育则很缓慢。而南方第一代寄生若虫因不适应夏季高温而发育期延长，第一代成虫发生期又比北方晚一个多月。但北方第二代1龄寄生若虫因秋季气温下降早而比南方提前越冬。

繁殖：营两性生殖。每雌产卵499~621粒，平均223~268粒。卵孵化率达90%以上。南京第一、二代（越冬代）历期分别为150天和210天。其中第一、二代卵期和若虫期分别为14.8天，130天和13.9天，190天左右。

寄生习性：若虫孵出后，喜沿树干向上爬行。活动1~2天，即潜入树皮缝隙、翘裂皮下和叶腋处固定寄生。此期虫体很小，生活隐蔽，很难发现，故称"隐蔽期"。2龄寄生若虫，触角和足消失，分泌较长的蜡丝，雌雄分化，虫体迅速增大，显露于皮缝外，较易发现，故称"显露期"。这是为害松树最严重的时期。3龄雄若虫喜沿树干向下爬行，在枝干翘皮下、球果鳞片等处作茧化蛹。

被寄生树种的受害程度，与树皮结构有关。如马尾松、赤松和油松等皮层较薄，裂缝较多，养料和水分适宜，因此寄生的虫口密度大，受害严重；而黑松树皮厚，表面较光滑，寄生的虫口密度小，受害亦轻。在相同树种上的虫口密度，与树龄有一定关系。在北方地区，以5~15年生松树的虫口密度较大，受害重；20年生以上的松树的虫口密度则较小，受害较轻。若虫在松树上的寄生部位，以3~4年生主干和侧枝寄生的数量最大，多集中于枝、干的阴面。寄生部位有逐年向上推移的习性。由于松树局部枝干阴面寄生的虫口密度大，内皮组织遭受破坏，造成生长缓慢；而枝干的阳面仍在健康生长，因机械的重力作用，致使受害松树枝干弯曲下垂。

传播：黑松干蚧虫体小，活动范围有限，其扩散蔓延和远距离的传播，主要是通过风、雨水及有虫苗木和木材的调运等途径进行。其中风是林区传播的主要因素。风力传播的季节为每年春、秋季的卵囊发生期，发生初期一般呈点状、团状或片状分布，以后逐渐遍及全林。

[天　敌]寄生性天敌有长盾金小蜂 Anysis sp;捕食性天敌有双带盘瓢虫、蒙古光瓢虫、异色瓢虫、艳色广盾瓢虫、隐斑瓢虫、灰眼斑瓢虫、红环瓢虫、刻点艳瓢虫、松干蚧瘿蚊、日本原花蝽、短喙花蝽、沟胸花蝽、松

为害状（放大）

干蚧花蝽、松干蚧盲蝽、牯岭草蛉、大草蛉、卫松蚜蛉、薄叶脉线蛉、重粉蛉、盲蛇蛉、嗜水新圆蛛、黑腹狼蛛、线纹猫蛛、大赤螨、拟黑刺蚁、黄胫长鬃蓟马等共25种。

黑松干蚧的捕食性天敌种类多，捕食量大，是其重要的自然控制因子。

[防治方法]

植物检疫：对松林划分疫区和保护区。对调入保护区苗木和原木，包括从疫区购买的黑松等盆景材料，进行严格检疫，杜绝虫源。

发展混交林：避免种植纯林，特别是感虫树种纯林，引种落叶松、樟子松、红松、华山松、白皮松、火炬松、古巴松、金钱松、湿地松等抗虫树种，发展混交林，特别是发展针阔混交林。

营林防治：在疫区搞好卫生伐，修枝，减少林间郁闭度。

药剂喷雾防治：在若虫孵化盛期、雄蛹发生期，选择70%索利巴可溶性粉剂200倍液、"花保"60倍液、波美1度石硫合剂、植物精油增效氯氰菊酯2 000倍液等农药进行点片挑治或间隔喷雾防治。

注射内吸农药：在"显露期"，使用"益树安"自流式树干注药针剂，或挂"吊针"的注药液，按干径每厘米用内吸性农药1.5~2.0ml，用水稀释2~3倍。

生物防治：人工助迁包括蒙古光瓢虫、隐斑瓢虫、异色瓢虫、花蝽、草蛉、拟黑刺蚁等天敌昆虫，人工饲养释放蒙古光瓢虫、异色瓢虫。

5. 神农松干蚧
***Matsucoccus shennogjiaensis* Young et Lu**

[中文异名] 神农架松干蚧。

[分　布] 湖北省神农架林区及鄂西地区。

[为害对象] 华山松。

[为害状] 雌成虫和若虫多群集在主干的中部和中下部刺吸汁液为害，大枝基部虫口多于中部。

[形态特征]

雌成虫：虫体长椭圆形，两侧近于平行，长2.5~3.3mm，橙褐色，第3~4腹节最宽；触角9节，第3~9节有鳞纹，第5~9节各有粗感觉刺1对；第4~7腹节有扁圆形背疤241~327个，少数第2腹节上也有；第9腹节有多孔腺56~67个。

雄成虫：体长2mm，触角丝状，10节；前翅膜质，有很多伪横脉。

[生活史与习性] 湖北一年发生1代。以2龄寄生若虫越冬。4月下旬后虫体发育加快，5月上旬体壳膨大、显露，雄体发育成3龄若虫，结茧化蛹。成虫5月中旬始羽化，盛期5月下旬，终期可至9月上旬，在干部的地衣上栖息为多。雌虫分泌白色蜡丝包被虫体形成卵囊，产卵其中，卵期约60天，初孵若虫多寄生在干上的叶状地衣下或树皮裂缝处皮下。在海拔1 500~1 800m内发生严重，东南坡重于西北坡，薄皮型寄主重于厚皮型寄主，中龄林枯死率较高。

[防治方法] 参照黑松干蚧。

6. 中华松干蚧
***Matsucoccus sinensis* Chen**

[中文异名] 中华松梢蚧。

[分　布] 华东、西南及湖南、陕西。

[为害对象] 马尾松、金针松、油松和黑松。

[为害状] 雌成虫和若虫寄生在当年生新梢的针叶内侧，头朝下尾朝上，引起针叶枯黄。

[形态特征]

雌成虫：虫体倒卵形或纺锤形，长1.5~1.8mm，橙褐色，头端略大而宽圆，腹部变狭，末端分左右两瓣，体柔韧而有弹性，体节尚明显，体外被黑色革质蜕皮壳；产卵时在蜕皮壳内分泌蜡丝形成白色小卵囊；触角9节，第5~9节各有粗感觉刺1对；胸足转节上有刚毛1根；第3~9腹节上有圆形背疤203~242个。

若虫：初孵时长卵圆形，金黄色；1龄固定若虫长椭圆形，深黑色，体背有白色蜡质层；2龄无肢若虫革质，黑色，末端有1龄寄生若虫蜕皮壳，雌性大而倒卵形，雄性小而椭圆形，体背有光泽，被白色蜡质；3龄雄若虫长椭圆形，橙褐色，外形似雌成虫。

[生活史与习性] 陕西、福建一年发生1代。以一龄寄生若虫在针叶基部越冬。成虫期4月下旬~7月上旬，盛期5月中旬至6月中旬。产

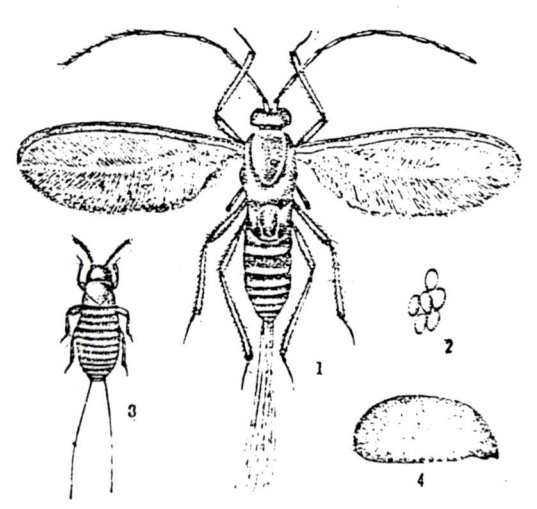

1.雄成虫 2.卵 3.幼龄若虫 4.雌成虫
中华松干蚧

卵期5月中旬至7月中旬，每雌平均产卵56粒，卵产于蜕壳内。5月下旬~8月上旬若虫孵化，盛孵期6月上旬~7月中旬，寄生为害期为6月上旬至翌年5月上旬，1龄寄生若虫滞育期为6月上旬~9月下旬，无肢若虫期（显露）3月下旬~4月中旬，3龄雄若虫期4月中旬~5月中旬。中华松干蚧主要为害油松，特别是纯松林受害严重。长江流域一年多为2代，卵孵化期为6~7月和9~10月。

[防治方法] 参照黑松干蚧。

7. 云南松干蚧
***Matsucoccus yunnanensis* Ferris**

[分　布] 云南。

[为害对象] 云南松。

[为害状] 雌成虫和若虫寄生在树皮下刺吸汁液为害。

[形态特征]

雌成虫： 虫体长椭圆或卵圆形，长2.5~4.2mm，体节明显，体壁柔软而有弹性；触角9节，第5~9节各有粗感觉刺1对；胸足上有鳞纹，转节上有长刚毛1根；第4~7腹节上有圆形背疤50~179个，在各节上横排成带状；第9腹节腹面有多孔腺23~48个；全身散布双孔管腺。

卵： 椭圆形，初产时淡黄色，渐变棕黄色。

若虫： 初孵若虫长卵圆形，淡黄色，渐变橄榄形至梨形；2龄无肢若虫椭圆形或球形，褐色。

[生活史与习性]

生活史： 一年发生2代，世代重叠。在冬季，卵、1龄初孵若虫、1龄寄生若虫、2龄无肢若虫和雌成虫同时都有发生。

繁殖： 无雄虫，营孤雌卵生。雌成虫寿命10~17天，以11~15天为多。每雌产卵27~189粒，一般104~189粒。产卵期4~12天。卵一年出现两个高峰，第一次3~5月，第二次10~12月。在日平均温度18~23.9℃，相对湿度46~73.3℃时，卵期为18~23天，孵化率达100%。

寄生习性： 若虫孵化后1日即固定在树干的翘皮下或皮层缝隙内，一个或数十个聚集在一起。1龄若虫以不规则的块状破碎方式蜕皮，使2龄无肢若虫体周围残留一圈皮层；2龄无肢若虫泌蜡量少，有些无蜡丝和蜡块，虫体虽增大但不显露在树皮缝外，无"显露期"。

云南松干蚧发生以云南松纯林为多，针阔叶混交林极少。

林间疏密度在0.5以上时，虫口密度较大，危害较重；反之疏密度在0.5以下时，则虫口密度较小，危害较轻。

翘皮多少对松干蚧发生量有直接影响，一

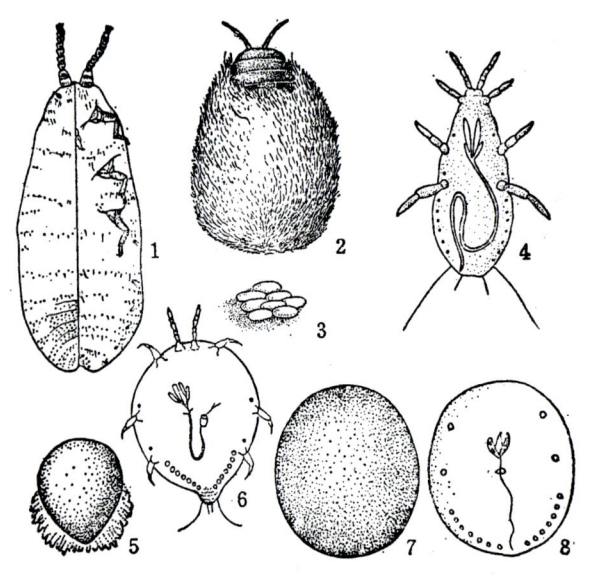

1.雌成虫 2、3.卵囊及卵 4.第1龄初孵若虫 5、6.第1龄寄生若虫 7、8.第2龄无肢若虫 （李锡畴 绘）
云南松干蚧

般树干翘皮愈多，发生危害愈重。

[天　敌] 捕食性天敌有弯叶瓢虫、黑蚜蝇斑腹蝇及瘿蚊，捕食蚧卵作用很大。

弯叶瓢虫：黑蚜蝇斑腹蝇对生态条件有一定的要求，疏密度小于0.5左右的林区，弯叶瓢虫多，而黑蚜蝇斑腹蝇少；相反疏密度大于0.6以上的林区，则黑蚜蝇斑腹蝇多，而弯叶瓢虫少。

[防治方法] 营造混交林是抑制云南松干蚧猖獗为害的重要措施之一。林区应适度间伐，把疏密度降至0.45~0.5为宜。

其他防治方法参照黑松干蚧。

8. 松梢松干蚧
Matsucoccus yunnansonsaus Young et Hu

[中文异名] 云南松干蚧、云南松梢蚧。

[分　布] 云南。

[为害对象] 云南松。

[为害状] 雌成虫和若虫寄生在针叶上刺吸汁液为害，造成针叶枯黄。

[形态特征]

雌成虫：虫体近纺锤形，长约2mm；触角1对，紧靠而不相连，9节或少于9节；足小，节分明，跗节2节，第1节小，第2节大，腿节、胫节和跗节均有网纹，爪粗而曲，爪冠毛长过爪端，端膨大；腹末2节（尾瓣）背、腹面，最多至前2~3节，背面具背疤20~77个；腹末4~8节背、腹面有许多双孔腺，在腹面前2节气门附近也有少数；无多孔腺。

[防治方法] 参照黑松干蚧。

9. 野菊新珠蚧
Neomargarodes chondrillae Arch

[中文异名] 珠绵蚧、棉根新珠蚧。

[分　布] 河北、山东、山西、河南、陕西、新疆。

[为害对象] 棉花、豆类、玉米、高粱、粟、甘薯、甜瓜、蓖麻、筒麻、苦荬菜、刺儿菜、野苜蓿、半夏、白茅等。

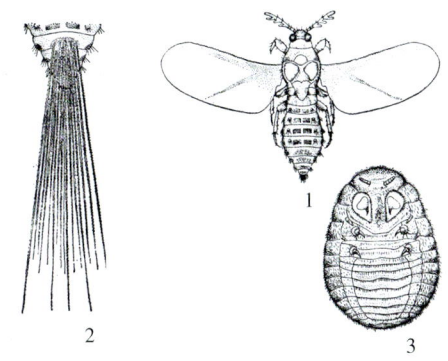

1. 雄蚧背面　2. 雄蚧腹部第6、7节背板蜡孔分泌的蜡丝
3. 雌蚧腹面

野菊新珠蚧

[为害状] 雌成虫和若虫寄生在根部刺吸汁液为害，造成植株叶片发黄，生长发育不良，严重时主根下部发黑，腐烂，开裂，整株凋萎枯死。

[形态特征]

雌成虫：虫体长4~8.5mm，宽3~6mm，粗状而呈圆形，背面向上隆起，腹面平。体多呈乳白色而膜质柔韧，密被黄色体毛，特别是各体节后缘及前足中间较长而密集。触角6节，其中第一节较长。前足很发达，爪极其粗壮坚硬，黑褐色，爪基部内凹向下突伸而呈"T"形。胸气门2对，气门内侧有1根细长而末端膨大的棒，气门腔内有二列盘状腺。肛门开口两侧各有一长一短的硬化带纹。盘状腺为多孔腺。

雄成虫：体长2~3mm，黄褐色，触角栉齿状，前足适于开掘。腹部第6、7节背面蜡孔分泌一束白色长蜡丝，长达6mm。

卵：椭圆形，白色，外被蜡粉。

若虫：1龄若虫长椭圆形，长约1mm，体淡黄褐色，前足发达，腹末有尾毛1对；2龄若虫圆珠形，黑褐色而坚硬，表面有蜡粉，雄性直径约2mm，雌性直径3~6mm，珠体休眠时常分泌蜡丝；3龄雌若虫似雌成虫，体长约2.5mm，前足较宽。

雄蛹：长椭圆形，扁平，长约3mm，乳白色，渐变黄褐色，前足粗大。

[生活史与习性]

生活史：一年发生1代。主要以珠形体（2龄若虫）在大豆等豆科寄主根部土中越冬。在

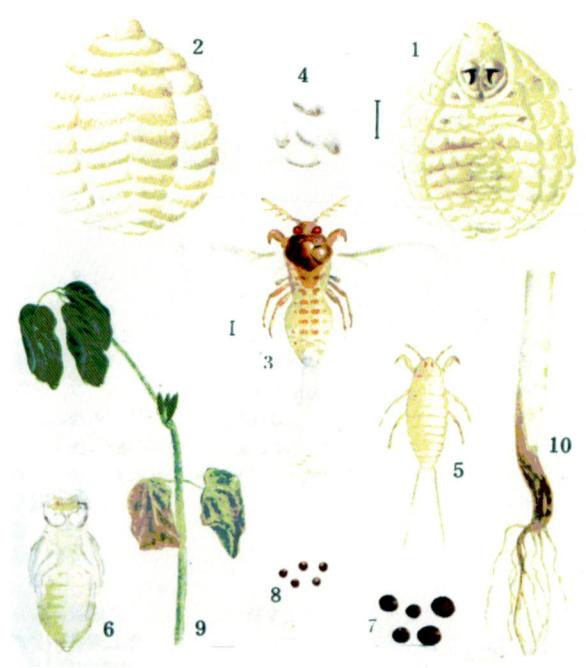

1. 雌成虫腹面观 2. 雌成虫背面观 3. 雄成虫 4. 卵 5. 初孵幼虫 6. 雄蛹 7. 雌性越冬珠形体 8. 雄性越冬珠形体 9、10. 大豆幼苗被害状

野菊新珠蚧

蓖麻、苍耳、酸模、小蓟、苦荬菜上也可以完成生活史。棉花只是它的为害对象，不能完成生活史。翌年4月雄性珠体蜕皮变为3龄若虫，不久化蛹，于5月羽化为成虫；雌成虫在5月用前爪撕裂珠体，爬出土面，部分珠体可继续休眠越年。雌成虫交尾后于5月中旬，钻入土中1~2寸深处成堆或条状产卵，并分泌絮状蜡质覆盖卵块。每雌平均产卵300多粒。

生活习性：6月中旬至7月上旬卵孵化。初孵若虫静止1~2周后开始分散，在土面爬行，钻入土中在寄主根部固定寄生。蜕皮后成为仅有口器的2龄珠形若虫。2龄若虫继续吸食发育，9月份"老熟"，形成越冬珠形体。

主要靠1龄若虫爬行，风力或田间操作传播。高温、干旱天气，土壤干燥疏松田块及连作地发生重。

[防治方法] 参照乌黑新珠蚧。

10. 乌黑新珠蚧
***Neomargarodes niger* (Green)**

[中文异名] 黑地珠蚧。

[分　　布] 中国河南、山东、云南；印度。

[为害对象] 花生、山间草、狗牙根根部及地下茎。

[为害状] 主要以若虫聚集在花生根部吸食植株营养，导致根系衰弱，侧根减少，甚至腐烂；受害初期地上部叶片自下而上变黄脱落，植株矮小，易从土中拔出，可见根部有许多大小不等红褐或黑褐色"珍珠"状珠体，严重时全田植株枯黄死亡。

[形态特征]

雌成虫：虫体长4~8mm，宽3~6mm。体粗状而呈圆形，背面向上隆起，腹面平。体多呈乳白色而膜质柔韧，密被黄色体毛，特别是各体节后缘及前足中间较长而密集。触角6节，其中第一节较长；前足特别发达，爪极其粗壮坚硬，黑褐色，爪基部内凹向下突伸而呈"T"形；胸气门2对，气门内侧有1根细长而末端膨大的棒，气门腔内有二列盘状腺；肛门开口两侧各有一长一短的硬化带纹；盘状腺为多孔腺。

若虫：1龄若虫椭圆形，胸足发达；2龄若虫近圆形，黑褐色而坚硬，雄若虫直径1.6~2.5mm，雌若虫直径3~6mm。

[生活史与习性]

生活史：一年发生1代。以2龄若虫在3~5寸深的土壤中越冬；翌年4月下旬至5月上旬越冬雄珠体开始羽化为成虫，5月中、下旬为羽化盛期。同时雌成虫爬出土面，部分珠体可继续休眠越年。雌雄交配后，雌成虫靠前足挖掘，钻入土中做一土室，在土室中将卵成堆产于体后，并分泌白色絮状蜡质覆盖卵块，每卵块有卵153~526粒，平均238粒。产卵始期5月中旬，盛期6月中、下旬，卵期平均33天。

初孵若虫在卵室内不甚活动，7~10天后开始分散在土表爬行，钻入土中在寄主根部固定寄生。蜕一次皮后进入2龄，身体逐渐膨大成珠体，并继续为害。雄珠体的直径仅1.6~2.5mm，雌的直径则为3~6mm。待9月份农作物收获时珠体落土中越冬。

发生与环境：雄成虫羽化期受早春气温变化影响，当5日平均温度达17.6℃，越冬雄珠体羽化为成虫。早春气温过高或过低，都会使羽化期提前或缩后。

乌黑新珠蚧的越冬基数、危害情况与4~8月的降雨量关系密切。据河南1984年调查，4~8月的降雨量达到635.4mm，特别是7月份降雨量达223.6mm时,因长时期的土壤含水量饱和,造成花生地里的蚧虫大量窒息死亡,当年为害轻微,越冬虫口密度亦大大减小。

[防治方法]

农业防治:避免寄主作物连作或套作,合理轮作。加强6、7月间中耕除草。

药剂防治:于6月下旬至7月上旬若虫孵化盛期,用2.5%敌百虫粉剂穴施后覆土。

11. 波斯胭珠蚧
Porphyrophora polonica (Linnaeus)

[分　　布]西北地区及内蒙古。

[为害对象]锦鸡儿、冰草、柠条等禾本科,石竹科、蔷薇科、龙牛儿苗科、毛茛科、杜鹃科、菊科、伞形科、金丝桃科、唇形科和车前科等12科60余种植物的地下茎及根。

[为　害　状]虫体喜寄生寄主地下茎、根刺吸汁液为害,嗜居疏质砂土中。

[形态特征]

雌成虫:虫体椭圆形或近球形,长1.5~6.5mm,深红、草莓红至紫色,越小则色泽越鲜明;表皮膜质,皮斑宽大,锈色毛密被体表。

雄成虫:长约3mm,体蓝紫色,胸背黑色,翅白色,尾丝为体长的2倍。

卵:长椭圆形,红色,卵壳薄而透明。

若虫:体细长,长约0.6mm,紫色,膜质,体节分明,12节。珠体球形,雌者直径约3~4mm,雄者直径约1.5mm,深蓝至深紫色。

[生活史与习性]一年发生1代。以1龄若虫在卵袋(蜡茧)中越冬,2龄为珠体,6~7月成虫羽化。

[防治方法]参照乌黑新珠蚧。

12. 甘草胭珠蚧
Porphyrophora sophorae (Arch.)

[中文异名]宁夏胭珠蚧、胭珠蚧、新疆胭珠蚧。

[分　　布]中国宁夏、内蒙古、新疆;乌兹别克斯坦。

[为害对象]小花棘豆、苦豆子、甘草、野决明、花棒、黄花苦豆、小叶锦鸡儿、中间锦鸡儿、黄芪等根部。

[形态特征]

雌成虫:虫体长4.8~6.8mm,宽4.3~9mm。体胭脂红色,多呈卵圆形,腹部膨大。触角短粗,7节,基部6节短而宽逐渐向上变细,端节大而顶端圆,其长约为其前3节之和,端有10根长毛及17根左右的感觉刺,还有少量小孔。前足短粗,胫节与跗节愈合,爪长而弯,基部宽度约为长度的1/3;中、后足很小,爪细长而弯。胸气门2对,基部呈钩状骨化片,长而大,气门腔内有11个左右的蜡腺,大致排成一横列,大小不等且常愈合,蜡腺中央无孔,小孔布满腺内。腹气门2对,虽小但明显可见。其珠体形状不规则,呈胭脂红色,光亮,外被有很厚的蜡被;珠体2~5mm,大小相差悬殊,大者为雌性。

寄主:小花棘。

[防治方法]参照乌黑新珠蚧。

1. 雌成虫产卵及卵粗放大　2. 1龄若虫　3. 珠体　4. 雌成虫脱出珠壳状　5. 雌成虫侧面及背面观　6. 雄成虫及其触角放大　7. 雄蛹　8. 甘草被害状　9. 花棒被害状　10. 野决明(黄花苦豆)被害状　11. 生活史

甘草胭珠蚧

13. 乌苏里胭珠蚧
Porphyrophora ussuriensis **Borchsenius**

［分　布］中国宁夏；蒙古、俄罗斯。
［为害对象］委陵菜、草莓、粗糙隐子草
［形态特征］

雌成虫：殷红色，阔椭圆形，长 4~8mm。触角微小，塔形，7~10 节。端节半球形，顶端有长刺毛各 7 或 8 根，其余节环状，无毛。胸气门腔内有 2~6 个多孔腺。腹气门无。体表刚毛短小，在至

七腹节背板上每节 1 列，但侧部局部 2 列；在第一至三腹节腹板上每节中部 2 或 3 列，侧部多列，在第四至六腹节腹板上每节 2 列，在第七腹节腹板上侧部成群，第八腹腹板上则成宽带。多孔腺无中心孔，在全部背板上成横带，腹部腹板上也成横带，头、胸部则成群。

［生活史与习性］

一年发生 1 代，以初龄若虫在土中的蜡丝卵囊内越冬。次年 4 月活动，爬到寄主根部固定为害，并成长形成珠体。8 月上旬珠体成熟，雌成虫脱壳而出。雄虫亦同时羽化与雌虫交配。雌虫交配后即分泌白丝团成卵囊并产卵于其中，每卵囊藏数百至千粒。9 月上、中旬若虫孵化在土中及根际越冬（高兆，1999）。

三、绵蚧科
MONOPHLEBIDAE

多数种类为大形，体长可达 10~30mm；体壁柔软，胸、腹部分节明显；腹部背面有气门，肛管骨化，无肛环；两触角基节不大而远离；虫体多呈椭圆形，少数为长形或球状；体色红—紫褐，寄生于植物枝叶上；足发达，可自由行动；卵产于腹面分泌的绵状卵囊内。卵囊不附着体末的种类，入浅土层，泌白色蜡絮并产卵其中。雄成虫翅发达，黑色或烟煤色。能褶叠。我国已记录 6 属 17 种。

1. 日本履绵蚧
Drosicha corpulenta **(Kuwana)**

［中文异名］草鞋虫、草履蚧、树虱子、日本草履蚧、日本硕蚧。

［分　布］中国山西、辽宁、甘肃、江苏、浙江、广东、广西、湖南、湖北、河南、河北、四川、云南、内蒙古、贵州、西藏等全国各地；日本、俄罗斯、朝鲜。

［为害对象］菠萝、柑橘、荔枝、桃、梨、苹果、枣、柿、核桃、猕猴桃、无花果、板栗、李、桑、皂荚、海棠、碧桃、腊梅、紫薇、扶桑、玫瑰、月季、丝棉木、大丽花、红枫、紫叶李、元宝枫、龙爪槐、石楠、海桐、大叶黄杨、十大功劳、黄杨、珊瑚、罗汉松、白腊、女贞、栓皮栎、悬铃木、垂柳、泡桐、槐、白榆、毛白杨、臭椿、枫杨、香椿、山里红、荆条、胡颓子、朴、香樟、青桐、樱花、广玉兰、雪松、银桦、相思树、榕、丁香、刺玫、日本田菁等植物。

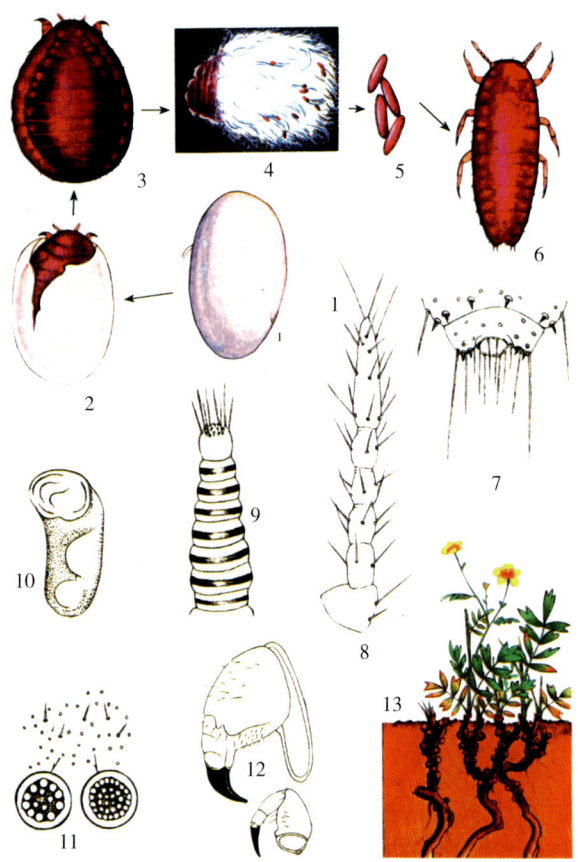

1.珠体　2.雌成虫脱出珠壳状　3.雌成虫　4.雌成虫产卵　5.卵　6.初孵若虫　7.若虫腹部末端　8.若虫触角　9.雌成虫触角　10.雌成虫胸气门　11.雌成虫腹节侧多孔腺及刺毛群　12.雌成虫前足及中足　13.毛二裂委陵菜被害状

乌苏里胭珠蚧

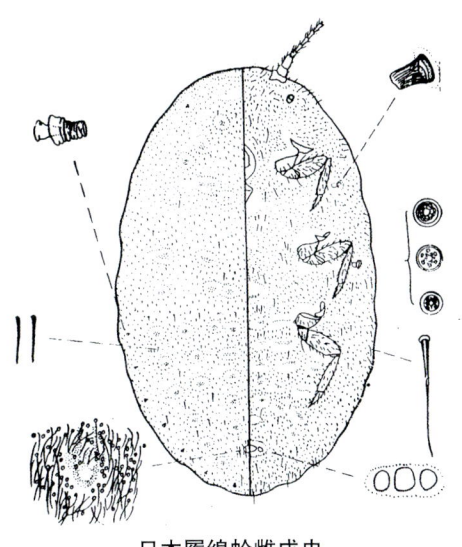

日本履绵蚧雌成虫

1. 雄成虫 2. 雌成虫 3. 卵块 4. 卵粒 5. 雄蛹 6. 若虫 7. 梨树被害状

日本履绵蚧

[为害状] 雌成虫和若虫聚集在芽腋、嫩梢、叶片和枝干上刺吸汁液为害，造成植株生长不良，早期落叶，诱发煤污病，影响开花结果，降低观赏效果。

[形态特征]

雌成虫：虫体椭圆形，形似草鞋，背略突起，腹面平，长7.8~10mm，宽4~5.5mm，体背暗褐色，边缘橘黄色，背中线淡褐色，触角和足亮黑色；体分节明显，胸背可见3节，腹背8节，多横皱褶和纵沟；体被白色蜡粉。

雌成虫（近视）

雄成虫：长5~6mm，翅展约10mm。体紫红色，翅淡黑至紫蓝色，前缘脉红色，足黑色；触角10节，除基部2节外，其他各节生有长毛呈三轮形。尾瘤2对，均长。

卵：椭圆形，长约1mm；初产淡黄色，渐呈褐黄色，卵囊粉红色。

若虫：外形似雌成虫，但体色较深。初孵若虫长约2mm。

雄蛹：圆筒形，长约5mm，褐色，外被白色絮状物。

[生活史与习性]

生活史：我国东北、华北、西北以及长江流域广大地区，一年发生1代；广东、广西、福建等南部地区2代。发生2代地区以雌成虫及其卵越冬。1代发生区除河南、北京等地以1龄若虫和卵越冬外，其他广大地区均以卵在寄主植物附近土壤、墙缝、树皮缝隙、枯枝落叶层以及石块堆下越冬。在长江流域、翌年1月下旬至3月越冬卵孵化，2月下旬至3月上旬为孵化高峰期，而内蒙古则迟至4月上、中旬才开始发生。初孵若虫逐渐从土中向土表移动，滞留于土表或根际约1cm深土层。2月上旬当平均气温达到6℃以上时，若虫开始爬到树木嫩梢及芽腋处刺吸汁液为害，2月下旬至3月上旬为上树高峰期。北京开始上树时间为2月下旬，辽宁、内蒙古则迟至4月上、中旬。

3月下旬至4月上旬第一次蜕皮进入2龄开

瓢虫幼虫捕食履绵蚧（近视）

雌雄交尾（近视）

若虫　　　　　　　虫体及蜕皮

始分泌蜡质。4月虫体增长最快，危害甚烈。4月中、下旬第二次蜕皮后，雄若虫潜伏于树皮缝、土缝或草丛等隐蔽场所，分泌大量蜡丝缠绕虫体后化蛹，经10天左右羽化为成虫，5月中旬为雌雄虫交配盛期。4月下旬至5月上旬雌若虫经第三次蜕皮后发育为雌成虫，5月中、下旬开始下树，钻入树干周围的土缝、砖、石块下等隐蔽场所，分泌形成白色絮状卵囊，产卵其中，以卵越冬。

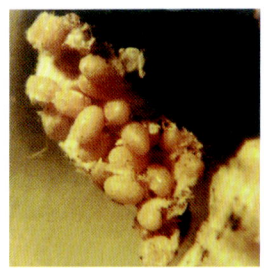 

卵粒（近视）　　　雄成虫（近视）

繁殖：营两性卵生。每头雌成虫产卵40~60粒，多者可达120粒。卵的自然死亡率与当时土层含水量关系密切，当雌成虫入土后，土层湿润，死亡率低。反之，则会引起成虫和卵的死亡。

[天　敌] 捕食性天敌有红环瓢虫、黑缘红瓢虫、厚缘四节瓢虫；寄生性天敌有草履蚧花翅跳小蜂、草履蚧白僵菌。其中前两种瓢虫的捕食作用很大。

[防治方法]

人工防治：在5月份雌成虫下树产卵前夕，在树干基部捆扎稻草，或在树干周围堆放一层土块，诱其产卵，然后消灭卵块；在早春若虫上树前夕，在树干距地面1m左右处围成20~30cm宽的塑料环，塑料环紧贴树干，不留缝隙，阻止若虫上树，均可收到事半功倍的防效。

生物防治：草履蚧上树后，当瓢虫与蚧虫之比，蚧虫2龄期为1∶200，3龄期为1∶20，4龄期为1∶8时，瓢虫可自然控制蚧害，无须施药。如果天敌数量太少，可以释放红环瓢虫或厚缘四节瓢虫等天敌昆虫。

药剂的无公害防治：在早春若虫上树前夕，在寄主根际周围撒施25%西维因粉剂，亦可在树干基部涂敌杀死+机油+干油黏滞毒环，防效极佳。

药剂喷雾防治：树上虫口密度大时，可选择花保50倍液、5%苦参碱800倍液、30%护卫鸟800倍液等农药进行点片挑治。

2. 埃及吹绵蚧
***Icerya aegyptiaca* (Douglas)**

[中文异名] 菠萝蜜绵介壳虫。

[分　布] 中国广东、浙江、云南、台湾、香港等省区；菲律宾、印度、埃及、英国、日本。

[为害对象] 荷花、玉兰、柑橘、合欢、无花果、刺果番、荔枝、番石榴、苹果、巴豆、朴树、桑杨、柳、刺槐、榆、柽柳、悬铃木、波罗门、霸王、甘草、骆驼刺、胡颓子等。

[为害状] 雌成虫和若虫群集在叶片上刺吸汁液为害，造成叶片枯黄，诱发煤污病，长势衰弱，影响开花结果。

[形态特征]

雌成虫：虫体椭圆形，长5~7mm，宽3~4mm；背面厚被白蜡，体缘有楔状蜡突，尤以腹末的蜡突为长，盖于卵袋之上，形如条状屋

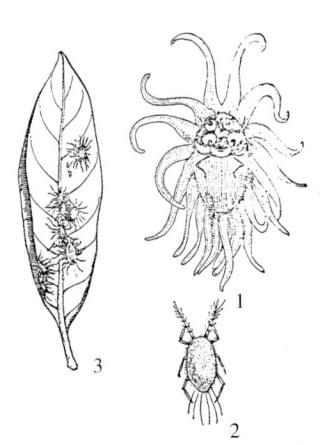 

1. 雌成虫　2. 初孵若虫
3. 为害状
埃及吹绵蚧

雌成虫（近视）

雌成虫（近视）

瓦；体面有大量褐色小毛被，尤以体缘为长，在体缘形成小群同时在肛门附近也有较长的毛。触角11节，腹疤1个，位于腹末腹面中区。

[生活史与习性] 发生代数不详。该虫在广州、台湾等地发生普遍，从早春至12月均见为害，成虫、若虫群集在叶片上刺吸汁液，以叶背最多。

[防治方法] 参照澳洲吹绵蚧。

3. 澳洲吹绵蚧
Icerya purchasi Maskell

[中文异名] 黑毛吹绵蚧、吹绵蚧、桔蚰、绵团介壳虫、棉花蚰。

[分　　布] 中国除黑龙江、甘肃、宁夏、西藏未见报道外，广布于热带和温带的广大地区，以及北方温室；非洲、欧洲、亚洲、美洲、大洋洲。

[为害对象] 桂花、梅花、白玉兰、月季、米兰、

雌成虫及若虫（近视）

牡丹、芍药、石榴、含笑、海棠、木芙蓉、茶、山茶、玫瑰、蔷薇、金丝桃、桑、杨梅、柿、樱花、麻叶绣球、蔓常春花、合欢、黄花槐、南洋楹、菊花、一串红、锦带花、扶桑、鸡冠花、夹竹桃、台湾相思、木麻黄、海桐、广玉兰、南天竹、蒲葵、重阳木、冬青、女贞、黄杨、枸杞、三角枫、棕榈、榔榆、大叶黄杨、柳杉、纹母、雪松、珊瑚树、悬铃木、刺槐、圣柳、垂柳、香樟、银木、银荆树、黑荆树、绿荆树、红豆木、丁香、柑橘、金橘、岱岱、柚、柠檬、橙、梨、桃、银桦、小叶榕、郁李、花柏、黑松、马尾松、罗汉松、香橼、紫藤、葡萄、九里香、黄荆、六月雪等100多种植物。

雌成虫及卵囊（近视）

[为害状] 虫体和若虫多群集于枝、叶背及果实上刺吸汁液为害，造成树势衰弱，诱发煤污病，影响光合作用和观赏效果，甚至整株死亡。

[形态特征]

雌成虫：雌成虫体椭圆或长椭圆形，长5~10mm，宽4~6mm，橘红或暗红色，足和触角黑色；体表生有黑色短毛，背面被有白色蜡粉并向上隆起，以背中央向上隆起较高，腹面平坦。雌成虫初无卵囊，成熟后发育到产卵期则逐渐形成白色卵囊，卵囊从腹末后方生出，与体腹成450°角，与体同长，突出而隆起，不分裂而成一整体，半卵形或长形，囊表有明显的纵脊14~16条。

雄成虫：体长约3mm，胸部红紫色，有黑骨片，腹部橘红色；前翅暗褐色，狭长，基角

卵囊及孵若虫（放大）

若虫（放大）

处有1个囊状突起，后翅退化成匙形的拟平衡棒；腹末有肉质短尾瘤2个，其端有长刚毛3~4根。

卵：长椭圆形，长0.7mm，初产时橙黄色，后变橘红色。

若虫：若虫雌性3龄，雄性2龄，各龄均椭圆形，眼、触角及足均黑色；1龄橘红色，触足端部膨大，有长毛4根，腹末有与体等长的尾毛3对；2龄体背红褐色，上覆黄色蜡粉，散生黑毛，雄性体较长，体表蜡粉及银白色细长蜡丝均较少，行动较活泼；3龄雌性，体红褐色，表面布满蜡粉及蜡丝，黑毛发达。

雄蛹：橘红色，被有白色薄蜡粉，长3.5mm；茧长椭圆形，白色，质疏松，由白蜡丝组成。

[生活史与习性]

发生代数因地而异，广东、重庆1年发生3~4代，各虫态随时可见，无明显越冬现象；长江流域2~3代，多以若虫和雌成虫在枝干上越冬（贵州贵阳、四川攀枝花为2代，前者以雌成虫越冬，后者几无明显越冬现象）；华北地区2代，以受精雌成虫在枝干上越冬。世代重叠。

成都主要以2龄若虫在叶背主脉两侧越冬。翌年3月中旬越冬雌成虫产卵囊中，4月上旬~5月中旬为产卵盛期；4月中旬第一代若虫始孵，5月下旬至6月上旬为盛孵期；7月中旬至8月下旬出现第二代卵，7月下旬第二代若虫始孵，8月下旬至9月上旬为盛孵期。上海翌年3月开始产卵，5月为产卵盛期，5月下旬至6月上旬第一代若虫盛孵；第二代若虫7月中旬至11月下旬孵化。重庆雌成虫以4月、7~8月、10~11月为最多，为害最烈。广东以4、5月发生雌成虫最多。

初孵若虫群集于嫩枝及叶背主脉两侧，2龄若虫逐渐迁移，聚集于枝干分叉处及阴面继续为害。雄若虫老熟后，在枝干裂缝或附近土地缝隙、杂草中化蛹。雄成虫极少，基本营孤雌卵生。雌成虫喜阴面处营囊产卵，产卵期达1个月以上。每雌产卵100~400粒（四川攀枝花多达800粒）。卵历期，春季11~26天，夏季约10天。

温湿度对吹绵蚧的发生关系密切，温暖高湿适宜，干热不利。适宜若虫活动的温度为22~28℃，高于39℃则易致其死亡。雌成虫活动的适宜温度为23~27℃，高于42℃则死亡。最适宜繁殖的温度是25~26℃。

发生与物候：在上海，第1代若虫孵化高峰期的物候是金丝桃花蕾吐色至盛花及合欢盛花期。

[天　　敌] 捕食性天敌有澳洲瓢虫、大红瓢虫、小红瓢虫、六斑瓢虫、黑腹红瓢虫、红环瓢虫、厚缘四节瓢虫，其中前两种的捕食作用最大。

[防治方法]

植物检疫：严禁引进带虫苗木。

生物防治：在春季气温稳定在15℃以后，引进释放澳洲瓢虫、大红瓢虫，防效极佳。

人工防治：结合修剪，剪除虫枝和重叠枝，保持植株间通风透光。

物理机械防治：在雌成虫产卵盛期，用高压喷枪冲洗，冲掉大部分虫体、卵囊。

药剂喷雾防治：在发生较整齐的第1代若虫孵化高峰期，选用花保60倍液、70%索利巴尔可溶性粉剂200倍液、松脂合剂20倍液、机油乳剂100倍液+20%中西除虫菊酯5ppm进行点片挑治。

寄生状（放大）

4. 黄毛吹绵蚧
Icera seychellarum (Westwood)

[中文异名] 银毛吹绵蚧、冈田吹绵蚧、黄吹绵蚧。

[分　　布] 中国淮河流域以南地区、台湾、香港；意大利（西西里）、南非、大洋洲、印度、缅甸、菲律宾。

[为害对象] 广玉兰、罗汉松、天竺桂、白兰、巴豆、木防已、黄杨、海桐、刺桐、水葡萄、棕榈、木麻黄、榴梿、银桦、大王棕、含笑、蒲葵、拟丹性木兰、刺桐、蔷薇、柑橘、石榴、番石榴、鳄梨、柚、楠、紫薇、芒果、椰子、香蕉、枇杷、龙眼、槟榔、菠萝蜜、杨桐、车轮梅、凤尾松、山茶、茶、桑、甘蔗等。

[为 害 状] 雌成虫和若虫聚集叶背刺吸汁液为害，造成叶片枯黄，诱发煤污病，长势衰弱。

[形态特征]

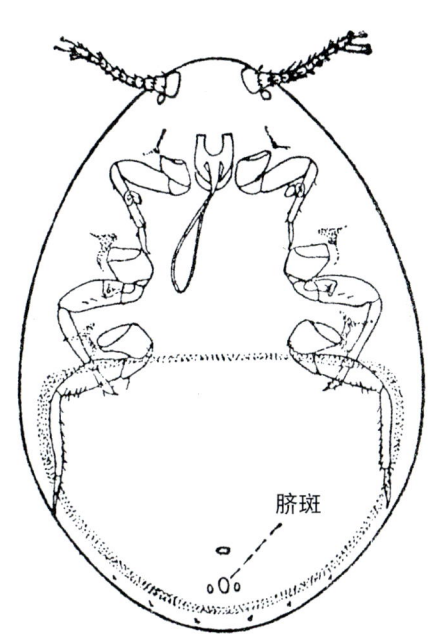

黄毛吹绵蚧雌成虫

雌成虫（近视）

雌成虫：虫体卵圆或椭圆形，长5~7.4mm，宽3~5mm，背面稍向上隆起，活体背面略具黄、棕黄或橘红色；体外覆盖白色块状蜡质物，体背有1条中纵列蜡簇，在腹部呈双纵列，体缘蜡质物突起较大而完整，长条状，淡黄色；卵囊自腹部后端伸出，分裂成瓣状；整个体背具有数量很多的放射状排列的银白色蜡丝。腹疤3个，中间1个较大；体表多格孔中心环一侧有角状突1个。

雄成虫：红紫色，触角10节，尾瘤1对。

若虫：初龄若虫卵形，淡黄色，尾毛3对；2龄若虫卵形，长约3.3mm，背毛稀疏，缘毛长，尾毛3对；3龄若虫长约5mm，触角9节。

[生活史与习性]

生活史：我国北方一年发生1代，云南、广东为3代。以雌成虫在叶背越冬；未发现雄虫，营孤雌卵生。云南玉溪翌年3月下旬越冬雌成虫始孕卵，4月上旬始产卵，4月中旬为产卵高峰期。4月中、下旬若虫盛孵；6月中旬第一代雌成虫始孕卵，7月上、中旬第二代若虫盛孵；8月中旬第二代雌成虫始孕卵，9月中、下旬第三代若虫盛孵，11月上旬进入雌成虫期，以雌成虫越冬。世代重叠现象严重，全年除12、1、2月外，均可见各虫态。

繁殖：每雌产卵量，第1代302~500粒，平均401粒；第2代290~580粒，平均435粒；第3代304~610粒，平均457粒。卵孵化率，

为害状

第1代82.5%，第2代79.4%，第3代84.1%。

发生与物候：玉溪各代若虫盛孵期的物候：第1代是广玉兰初花，石榴花盛开；第2代是广玉兰盛花，紫薇盛花；第3代是国槐结果期。

[防治方法] 参照澳洲吹绵蚧。

5. 印度密绵蚧
Misracoccus xyliae Ayyar

[中文异名] 黄檀龟履蚧、黄檀密绵蚧、黄檀袋蚧。

[分　　布] 中国云南；印度。

[为害对象] 牛肋巴、思茅黄檀、钝叶黄檀、三叶豆、合欢。

[为 害 状] 雌成虫和若虫固定在叶片、枝条、嫩芽上刺吸为害，受害植株叶片发黄脱落，枝条枯死，枝叶变黑，树势衰弱。

[形态特征]

雌成虫：虫体长4~4.5mm，宽3~4mm，长椭圆形，背面前方狭窄；触角10节，腿节较粗，径节内侧有5根刺，靠尖端的内侧有3根毛；怀卵以后，背部显著隆起，腹面深凹，以便产卵，此时蜡壳长10~14mm，背面灰色，似龟状。

未发现雄虫。

卵：长卵圆形，长0.8~0.9mm，宽0.3~0.5mm。

若虫：初孵时椭圆形，扁平，长1mm，体淡黄色，单眼1对，黑色。触角棍棒状，5节。尾部有6根毛，其中2根特长，体缘有28根毛；2龄若虫浅灰色，被蜡粉，全身有28个淡黄色突起，背部稍隆起，中央各有4个淡黄色小突起；3龄若虫长椭圆形，长3.5~4mm，宽1.7~2.5mm，初期背部咖啡色，后密被蜡粉，色渐加深，隆起，腹部微凹陷，色稍淡。

[生活史与习性] 云南景东一年发生1代，冬季若虫仍可蜕皮；若虫1龄平均历期55天，2龄81天，3龄60天，若虫期从9月下旬至翌年3月中旬历时5个多月；成虫期为3月下旬至6月中旬。进入成虫期后不再转移，背部逐渐隆起，腹面凹入，卵产于腹面深凹内。6月下旬至8月上旬为产卵期。每雌产卵799~2 400粒，平均1 819粒。

8月中旬至10月底卵孵化，9月上旬为盛孵期，孵化率达51%~86%。初孵若虫易随风扩散，多固定在叶背主脉两侧；2龄若虫多转移到嫩枝或嫩芽上，1~4头围在一起；3龄初期甚活跃，爬到附近枝条上固定越冬。

[天　　敌] 有两种瓢虫捕食1.2龄若虫，有螨类捕食蚧卵。

[防治方法]

胶园管理：在胶园内要勤检查，及时刮除或结合修剪，剪除有虫枝条集中烧毁。对为害严重植株，树势旺者，结合放紫胶，切枝修剪虫枝；树势弱者，用切干更新法消灭蚧虫。对为害轻树势旺的植株，可重放胶种，收胶时剪除虫枝。

其他防治方法参照澳洲吹绵蚧。

6. 黑毛鞋绵蚧
Sishania nigrpilata Ferris

[中文异名] 昆明毛履蚧。

[分　　布] 云南。

[为害对象] 银桦、樱桃、扶桑、厚壳。

[为 害 状] 寄生在枝干粗皮下，影响植株树势。成虫前期裸露，产卵时分泌卵囊。

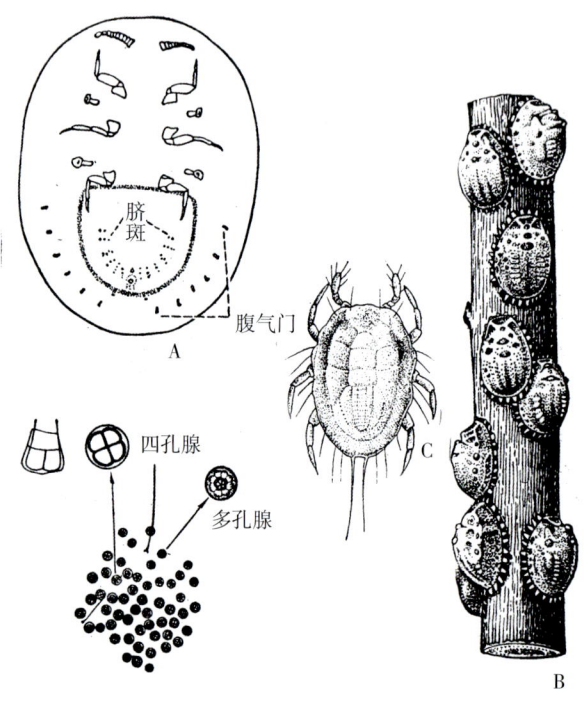

A、B. 雌成虫体　C. 若虫
印度密绵蚧

禾本科植物叶鞘下的某些种，足已退化消失。也有些种类生活在地下植物根部。我国已记录30属77种。

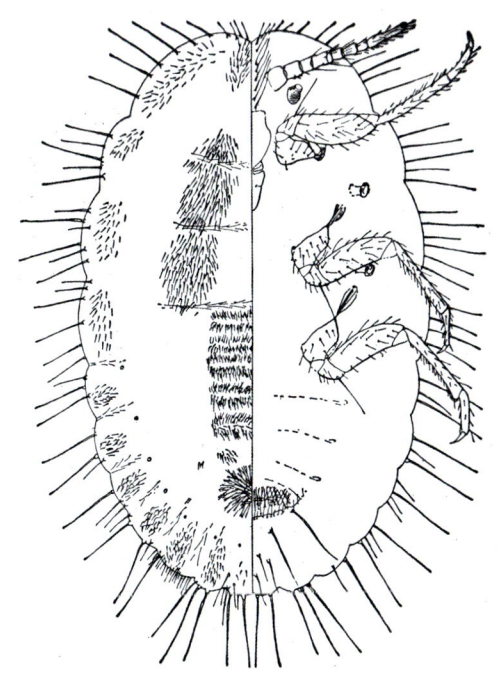

黑毛鞋绵蚧雌成虫

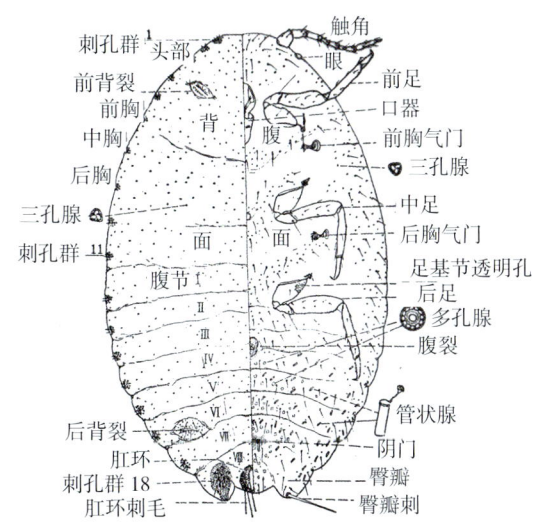

粉蚧科雌成虫外部形态

[形态特征]

雌成虫： 虫体椭圆形，长约6mm；触角7~8节；体面密被黑毛，背部黑毛块分布如下：亚缘区1纵列，前腹中区1长块，胸亚中区两侧各3块，头中1块；肛门三角形，附近有长毛1群；腹疤在成虫不显，前期则大而显，位于阴门附近；腺孔均为六格孔，在阴区较多，其他部位则稀疏。

[防治方法] 参照澳洲吹绵蚧。

四、粉蚧科

PSEUDOCOCCIDAE

本科是包括53属的大科。雌成虫多为长形，体被白色粉末状蜡质。无论哪个种，体表都有分泌蜡质的三角形分泌孔。有许多种每节体缘都有由刺毛和分泌孔集合而成的"蜡座"。几乎所有种的腹部腹面中央有"圆斑"。雌成虫皮肤柔软富弹性，分节明显，腹部末端完整，没有深裂，通常有两瓣突出，其上各有一长刺毛；肛门上通常具有骨化的肛环，其上有6刺毛。触角和足通常发达，可以自由行走，但寄生在

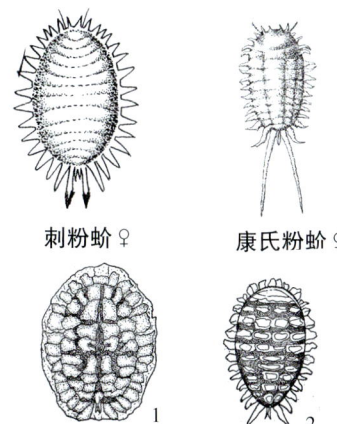

刺粉蚧♀　　康氏粉蚧♀

1. 开始分泌蜡质卵囊之雌性成虫　2. 初期雌成虫背面

锥粉蚧

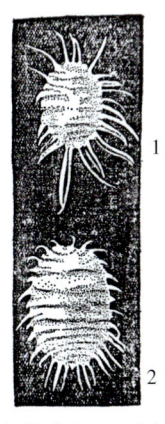

1. 初期成虫　2. 成虫

灰粉蚧

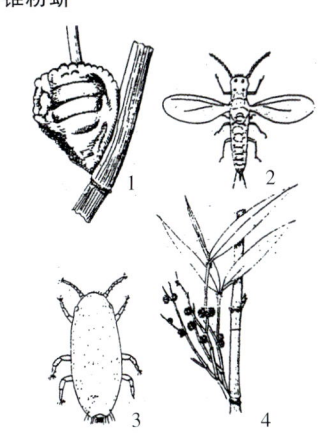

1. 雌成虫　2. 雄成虫　3. 若虫　4. 为害状

竹巢粉蚧

1. 多孔配粉蚧
Allotrionymus multipori Kawai

[分　　布] 中国宁夏、内蒙古；日本。
[为害对象] 虎尾草、狼尾、尖草（叶鞘下）。
[形态特证]

雌成虫：细长形，长 1.6~3.2mm。触角 8 节，第七、八节分别有 1、3 根感觉毛。眼有。足发达，后足基节有许多透明孔，胫节为中跗节长的 2 倍，爪下无齿。喙宽短。背孔 2 对，孔唇内缘咯硬化。

腹脐 1 个，在第 3、4 腹节腹板间，小而椭圆形。肛环在背末，有成列环孔及 6 根长环毛。尾瓣略显，各有 1 根长端毛。刺孔群限于尾瓣上 1 对，有 2 根细长锥刺和 2 可 3 根附毛，及 1 群三格腺。体毛短细，中度密。三格腺丰富，和体毛依体节成片分布，小单孔亦两面散布。多格腺在第 3 腹节以后腹丰富，和体毛依体节成片分布，小单孔亦两面散布。多格腺在第 3 腹节以后腹面密布，每节成中群和缘群，还有在前足基节之后成横带，少数散布胸部腹面。蕈腺分布全体背，按体节成横列，在体腹面中，后胸及前 3 个腹陈侧缘。管腺限于腹部第三节以后，每体节有 1 横列，前足基节外侧亦有少数。

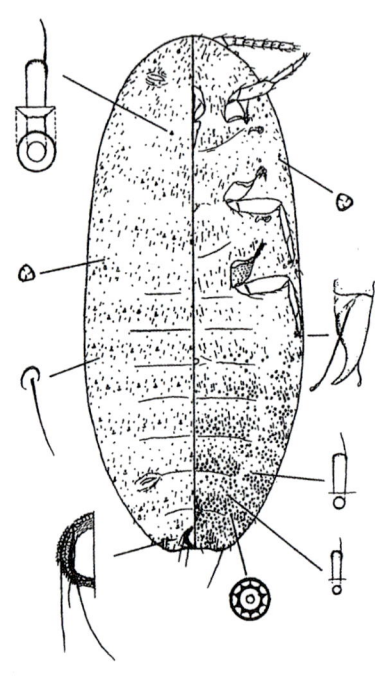

多孔配粉蚧雌成虫

2. 白尾安粉蚧
Antonina crawi Cockerell

[中文异名] 竹白尾粉蚧、鞘竹粉蚧。
[分　　布] 中国广东、广西、四川、云南、湖南、福建、上海、江苏、安徽、浙江、山东、山西、北京、内蒙古、甘肃、台湾等地区；美国、英国、俄罗斯、朝鲜、日本。

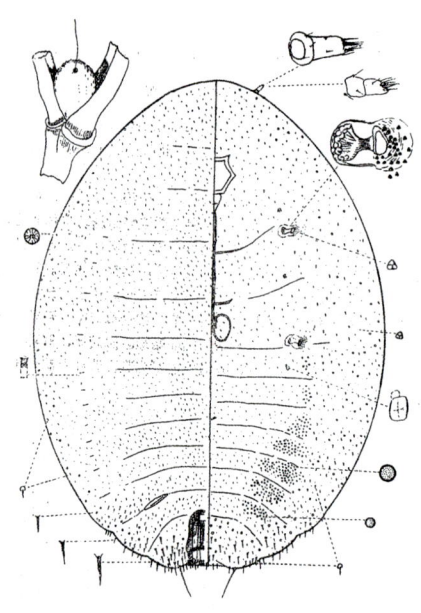

白尾安粉蚧雌成虫

[为害对象] 紫竹、毛竹、刚竹、筠竹、水竹、方竹、斑竹及大针茅等园林观赏竹。

[为害状] 雌成虫和若虫寄生在枝杈、叶鞘内刺吸汁液为害，受害叶片发黄脱落，枝条枯死，诱发煤污病，影响竹林的生长和发笋，甚至造成大片立竹死亡。

[形态特证]

雌成虫：虫体椭圆形，长 2~3.5mm，暗紫色，包被于一白色卵形蜡囊中，并有一条白蜡丝向上伸出，此端即是肛门所在之尾端；老熟时整体膜质，但腹末数节很硬化。

卵：椭圆形，紫色，两端较平。

若虫：长椭圆形，紫色，两端较平。

[生活史与习性]

生活史：上海一年发生 3 代，山西 2 代，均雌成虫在一年生枝条及嫩枝节周围或叶鞘、隐芽中越冬；上海翌年 3 月始孕卵，3 月下旬

叶鞘为害状（近视）

至4月上旬为孕卵高峰期，其相应物候是紫荆初花期；第1代若虫始孵期5月上旬，其相应物候是溲疏盛花期、海桐末花至谢花期；盛孵期5月中旬至下旬，其相应物候是金丝桃花蕾吐色期、红花夹竹桃始花期、白花夹竹桃盛花期、石榴盛花期；5月下旬至6月上旬为孵化末期，其相应物候是夹竹桃末花期、合欢盛花期。第2、3代若虫分别于6、7月出现，第2代开始出现世代重叠，第3代若虫持续到11月。山西翌年4月下旬越冬雌成虫始孕卵，5月上旬至6月下旬产卵孵化，5月下旬为盛期。7月中旬至10月中旬第2代若虫孵化，7月下旬为盛孵期。

雌成虫产卵适温27℃，从产卵到孵化仅9~35分钟。山西越冬代雌成虫每头平均产卵158.4~190.4粒，产卵期20天；第1代雌成虫每头平均产卵67~87.1粒，历时约21天。群体产卵孵化不整齐，以产卵高峰前后20天产卵孵化量最大。

初孵若虫在晴天上午爬卵囊，到叶鞘内吸食为害；2龄若虫群聚于枝杈、叶鞘刺吸汁液，并分泌白色絮状蜡质覆盖虫体，10~14天后，蜡丝包裹虫体，并大量分泌蜜露。

[天　敌] 有瘦柄花翅蚜小蜂、长索跳小蜂、长管跳小蜂和一寄生蝇。

[防治方法]

植物检疫：禁止引种带虫种竹。

园艺防治：冬季伐除受害严重的竹株，同时留笋养竹，改变竹林结构，降低虫口密度；秋冬季在林地全面中耕、施肥，保证土壤通气湿润，提高肥力，增强竹株的抗虫能力。

生物防治：避免发展纯林，与抗虫竹类或其他园林植物混栽，既可减轻虫害，又可为天敌营造栖息环境；将伐除的带虫竹株堆放在竹林附近，让羽化的天敌成虫迁飞到竹林；在缺乏天敌的竹林，助迁、饲养释放天敌。

其他防治方法参照柑橘刺粉蚧。

若虫盛孵期物候——石榴始花

为害状

雌成虫（放大）

3. 九龙安粉蚧
Antonina graminis Maskell

[中文异名] 禾白尾粉蚧、草竹粉蚧、印竹粉蚧。

[分　　布] 广东、广西、四川、福建、云南、内蒙古、台湾、香港（九龙）。

[为害对象] 禾本科植物（主要有虎尾草属、蜀黍属、旱黍属、狗牙根属、竹）。

[正形态特征]

雌成虫： 虫体宽椭圆或近圆形，长2~3.5mm，暗紫褐色，包被于白色卵形蜡囊中，蜡囊老时变黄，前、后端常有裂口，特别是后裂口露出一长蜡管。体背无刺孔群，腹脐无，后气门后筛孔成密集群，体末节间凹无；管腺和三格腺1种，偶有2种；多格腺分布于体腹面中区及气门周围，体背全缺。

[防治方法] 参照白尾安粉蚧。

4. 巨竹安粉蚧
***Antonina pretilsa* Ferris**

[中文异名] 美国安粉蚧、美洲白尾粉蚧、盾竹粉蚧。

[分　　布] 广东、四川、云南、福建、西藏、内蒙古、山西。

[为害对象] 箬竹、竹属等。

[为 害 状] 雌成虫和若虫寄生在叶鞘内刺吸汁液为害。

[形态特征]

雌成虫： 虫体卵形，长约3mm，紫红色，外包一白色卵形蜡囊；完全老熟时全体硬化，

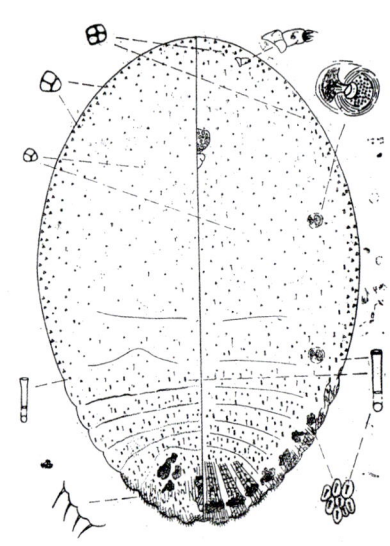

巨竹安粉蚧雌成虫

未充分老熟前仅腹部较硬化，且分节更显。

[防治方法] 参照白尾安粉蚧。

5. 远东安粉蚧
***Antonina tesquorum* Danzig**

[分　　布] 中国宁夏、内蒙古、山西；俄罗斯（远东地区）、蒙古。

[为害对象] 中华隐子草（叶基根茎部）。

[形态特征]

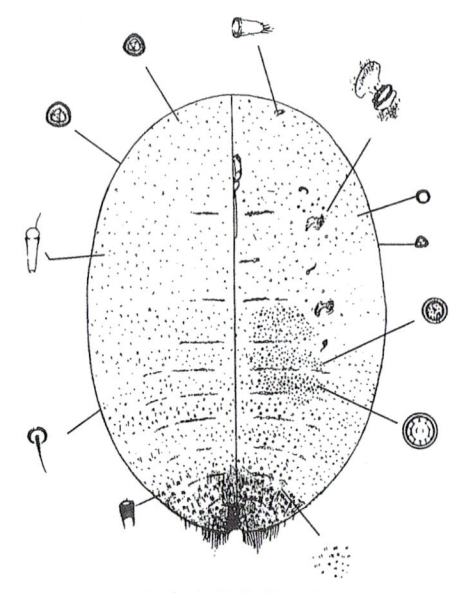

远东安粉蚧雌成虫

雌成虫： 体卵圆形，老熟个体体背和腹面前、后端硬化，其他体面膜质。体长2.9~3.4mm，宽2.1~2.9mm。触角2节，基节环状，端节截锥状，顶上有4根粗长毛。眼退化。前、后背孔均缺。刺孔群全无。肛环位于肛筒内端，具有6根长环毛。尾瓣不突，端毛细短，短于肛环毛。足呈不分节之瘤突。气门发达，开口处有许多大三格腺。腹脐无。三格腺大小两种，大者集中在胸气门附近；小者分布体两面。多格腺在腹部腹板后缘成横带，另在门胸腹面散布，但以气门附近为多。筛状孔与多格腺、三格腺和小管腺于后胸至第六腹节间，后气门内侧，形成密集的一群。管腺有两种大小，大者呈现锥状，分布在体末2节背、腹面；小者柱状，顶端墓顶状，分布于体面其他部分。体背无刺无毛，腹面有

小毛,体末先较长。卵囊细密,污白色,带有沙粒。

6. 蓍草黑粉蚧
Atrococcus achilleae (Kir)

[分　　布] 中国宁夏、内蒙古;保加利亚、意大利、匈牙利、俄罗斯、前南斯拉夫、朝鲜、蒙古。

[为害对象] 狗哇花、阿尔泰紫菀、猪毛蒿、紫秆蒿、沙蒿、黄秆沙蒿、蓍草、蒲公英、大戟、地肤等(根部)。

[形态特征]

雌成虫:椭圆形,体长1.45~2.1mm,宽0.9~1.2mm。触角8节,0.27~0.28mm长,端节最长,第四节最短。眼突出,位于触角后之体缘。背孔2对。刺孔群仅末对,具2根细长锥刺,15~17个三个腺和2或3根附毛。肛环位于背末,具有2列环孔和6根环毛,环毛长0.15mm,为环径的1.6倍。尾瓣不突,具粗长端毛1根,长0.25mm。足3对,爪无齿,后足基节无透明孔,后足转节+腿节(0.225mm)与胫节+跗节几等长,胫节长约节长的2倍。腹脐无。三格腺分布背、腹两面;多格腺在体背中区散布,前背孔附近有1小群,在腹面主要在后胸足之间和第二至四腹节腹板后缘成带,在第五至八节前、后缘成带,胸部边缘常与管腺组成小群,在头、胸部其他腹板上单个或以小群存在。管腺有大小两种:大者长6.2μm,宽3μm,在体背形成横带,在腹面与多格腺组成群,并在腹板上形成横带;覃腺长7μm,宽4μm,在体背各节成横列,腹面边缘成纵带,另在胸部中区有少数。背、腹两面均具有长毛。

7. 内蒙黑粉蚧
Atrococcus innermongolicus **Tang**

[分　　布] 中国宁夏、内蒙古。

[为害对象] 猪毛蒿、扁宿豆(根部)。

[形态特征]

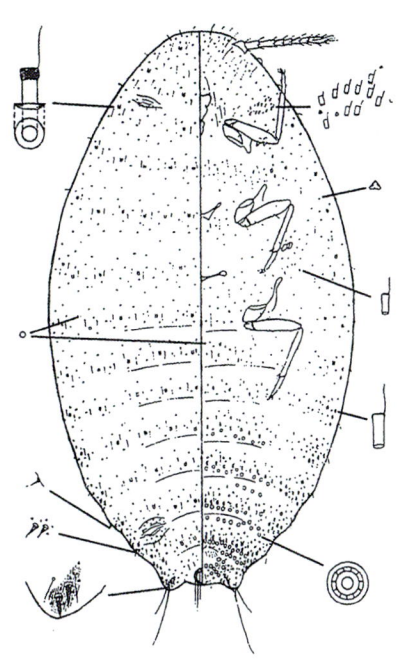

内蒙黑粉蚧雌成虫

雌成虫:椭圆形,体长1.35~2.05mm,宽0.7~1.2mm。触角8节,0.37~0.40mm长,端节最长,背孔存在,但不发达。刺孔群5对,末对具2根粗锥刺、9~11个三格腺和2根细附毛;末前对具2根细锥刺和5~7个三格腺,其他刺孔群有2根小锥刺和4~6个三格腺。肛环在背末,有2列环孔和6根长环毛,环毛长(0.125mm)为环径宽的1.5。尾瓣稍突,端毛(0.14mm)稍长于环毛。足发达,爪下无齿,后足基节无透

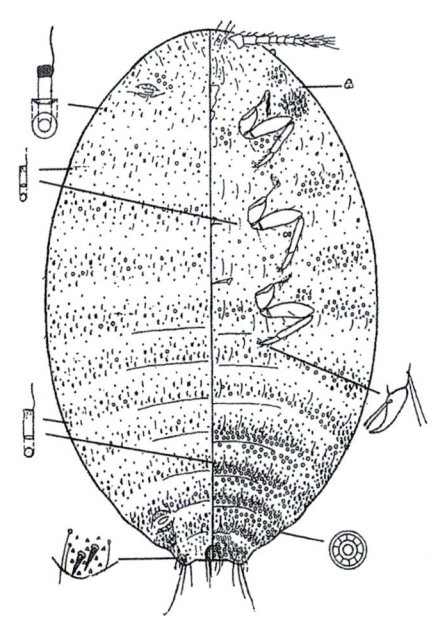

蓍草黑粉蚧雌成虫

明孔,后足转节 + 腿节(0.26mm)为胫节 + 跗节(0.285mm)的0.9倍,胫节为跗节的2.7倍。腹脐无,三格腺分布在体背、腹两面。多格腺在第4至5腹节腹板后缘成横列或横带,在第6至8腹节腹板前、后缘成横列或横带。蕈腺在体背成横列分布,中部每列8~11个;在腹面边缘成纵带,少数在腹面中区。管腺分大小两种:大者6μm长,2.5μm宽,分布在腹部体缘和腹节腹板上,另在前足基外侧有1小群,数量17~22个,群中无多格腺;小者长4μm,宽1.8μm,分布在腹节腹板中区。背、腹面均具毛,但腹面毛比背面毛长。

8. 鹤虱黑粉蚧
Atrococcus paladinus (Green)

[分　　布] 中国宁夏、内蒙古、山西;挪威、瑞典、荷兰、英国、匈牙利、波兰、罗马尼亚、苏联、朝鲜。

[为害对象] 悬钩子、蔷薇、百叶子、兔儿伞、三叶草、凤仙花、景天、猪毛刺等多种植物。

[形态特征]

雌成虫:体椭圆形,体长约1.65mm,宽0.9mm。触角8节,长0.35mm。端节最长,第四节最短。眼突出,位于触角后之体缘。前、后背孔均发达。刺孔群2或3对,末对有2根长锥刺、2根附毛和12~14个三格腺,位于浅硬化片上;前两对刺2根,较细。无附毛,有6~8个三格腺。肛环在背末,有内、外两列环孔和6根长环毛,环毛长(0.145mm)为环径的1.5倍。尾瓣略突,端毛0.2mm长。足3对,爪下无齿,后足基节有少许透明孔,后足转节十腿节(0.25mm)与胫节 + 跗节(0.253mm)几等长,胫节长为跗节长的2倍。腹脐无。三格腺分布背、腹两面。多格腺在后胸及第二至三腹节后缘成横带,在第四至八腹节前、后缘成横列或带,前足基节外侧和腹节体缘与管腺成群,另在胸部腹面有少数。管腺两种大小,大者长约4μm,宽约2μm,除在体缘与多格腺成群外,主要分布在腹部腹板上;小者长约2.2μm,宽约1.8μm,稀疏散布在腹板上。蕈腺分布背、腹面,在体背各节成横列或带,腹面边缘成纵带,另在胸部腹面有少数。体毛分布两面,腹面毛较长。

9. 莉竹扁粉蚧
Chaetococcus bambusae (Maskell)

[中文异名] 鞘竹粉蚧、竹扁粉蚧、刺竹鞘粉蚧。

[分　　布] 河北、江苏、浙江、四川、广东、内蒙古、云南、西藏、台湾。

[为害对象] 刺竹、苏麻竹、青竹、佛肚竹、尼竹、龙竹、芦苇。

[为 害 状] 雌成虫和若虫群集于竹茎部刺吸汁液为害,并大量分泌蜜露诱发煤污病,使竹株发黑,长势衰弱,严重时整株死亡。

[形态特征]

雌成虫:虫体长圆筒形,长1.8~3.5mm,体深紫罗兰色,有时有红褐色斑纹,被有白色坚实的卵形蜡囊。

[天　　敌] 捕食性天敌有红点唇瓢虫;寄生性天敌有金黄蚜小蜂、软蚧蚜小蜂。

[防治方法] 参照白尾安粉蚧。

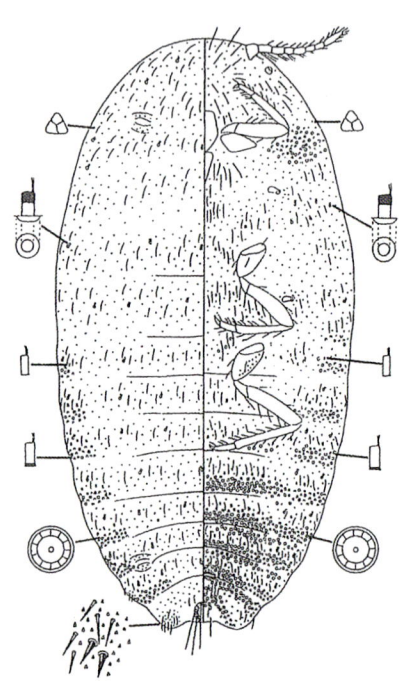

鹤虱黑粉蚧雌成虫

[形态特征]

雌成虫：体宽椭圆形，体长1.9~4.75mm，宽1.4~3.3mm。触角6节，长0.31~0.36mm，基节粗短，端节较长。眼小，位于触角外侧之体缘。前、后背孔发达。刺孔群仅末对，具有2根粗锥刺和15个左右三格腺。肛环位于背末，具2列环孔和6根稍长于环径之环毛。尾瓣不突，端毛长为环毛长的1.4倍。足正常，爪下无齿，后足基节无透明孔，后足转节+腿节与胫节+跗节几等长，胫节长为跗节长的1.5倍。腹脐1个，小，椭圆形，位于第3、4腹节腹板间。三格腺分布体两面。五格腺无。多格腺在腹部腹面各节成列或带，有时胸部腹面也有零星几个。管腺两种：大管长9μm，宽4.5μm；小管长3μm，宽1.5μm。大管多，小管少，在背、腹面都有分布，但以体缘为多。体毛粗弯，分布背、腹两面。

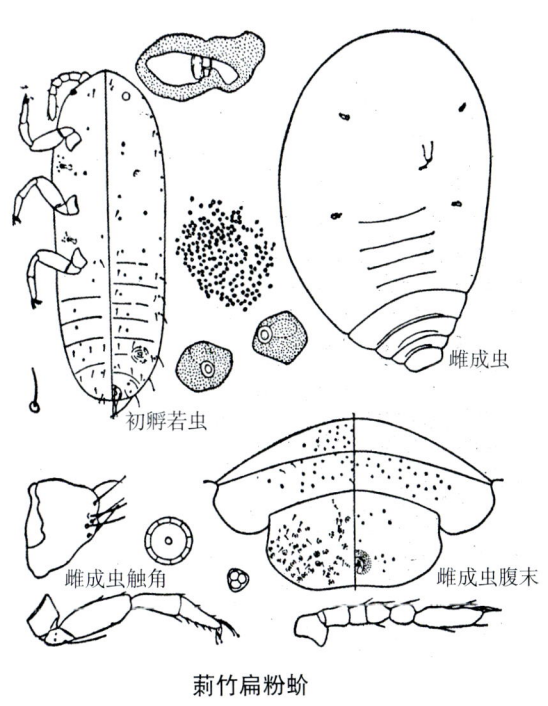

莉竹扁粉蚧

10. 球坚扁粉蚧
***Chaetococcus zonatus* (Green)**

[中文异名] 锡兰白尾粉蚧、带竹粉蚧、球坚鞘粉蚧。

[分　　布] 浙江、江苏、福建、广东、广西、四川、云南、湖北、湖南、江西、海南、安徽。

[为害对象] 竹属。

[为 害 状] 雌成虫和若虫寄生在枝杈处刺吸汁液为害。

[形态特征]

雌成虫：虫体近梨形，前端近尖，虫体裸露、光滑；年轻时橄榄色，背面具若干左右侧成对称排列的深褐色横带；老熟时则全体深褐色，坚硬，无光泽，无花斑，表皮呈网孔状硬化；常有管状白色细丝由体尾端伸出。

[防治方法] 参照白尾安粉蚧。

11. 蒙古佳粉蚧
***Chnaurococus mongolics* (Danzig)**

[分　　布] 中国宁夏、内蒙古、山西；蒙古。

[为 害 状] 冰草；针茅、羊草、细叶鸢尾等（根部）。

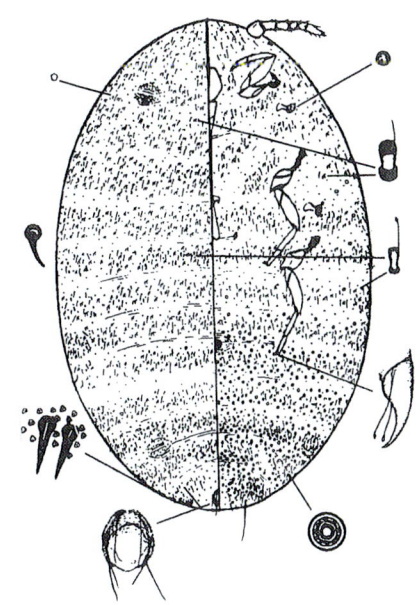

蒙古佳粉蚧雌成虫

12. 鸦葱巧粉蚧
***Chorizococcus scorzonerae* Tang**

[分　　布] 宁夏、内蒙古。

[为害对象] 叉枝鸦葱、脓草、油蒿；白茎盐生草、艾蒿、羊草、棘豆和紫秆等（根部）。

[形态特征]

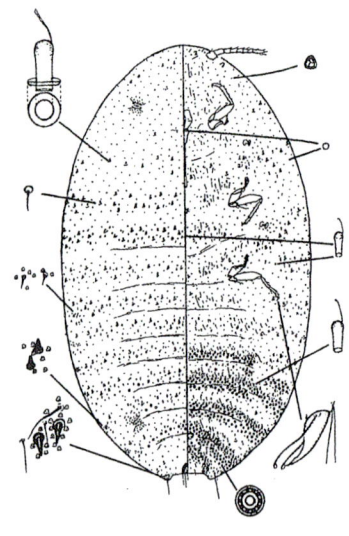

鸦葱巧粉蚧雌成虫

雌成虫：椭圆形，体长2.5~4.1mm，宽1.5~3.0 触角8节，长0.36~0.38mm，端节最长。眼在触角外侧近头缘。前、后背孔发达。刺孔群5~7对。均在腹末，末对刺孔群有2根粗锥刺，2或3根附毛和15~20个三格腺，位于浅硬化片上；其余为2根小锥刺，7或8个三格腺，无跗毛。肛环在背末，具2列环孔和6根稍长于环径之环毛。尾瓣略突，端毛长为环毛长的1.8倍。腹脐无。足中等大，爪下有1微弱小齿，后足基节有成群透明孔，后足转节+腿节(0.27mm)为胫节+跗节(0.32mm)的0.82倍，胫节长为跗节长的近2倍。三格腺分布背、腹两面。多格腺在第3至8腹节腹板上成列或带，在第4至8腹节背板上也有少数。蕈腺在头胸背成5横列或带，腹部每节1横列，数量10~15个；在腹面成缘带及分布于胸部中区。管腺两种：大者长8.7μm，宽5μm，主要分布于腹部腹面两侧和在后几节腹板上成横列；小者长6.2μm，宽3.5μm，分布体两面，但愈向前愈少。体毛分布两面，背毛短而稀，腹毛较长。

13. 远东盘粉蚧
Coccura conuexa **Borchseniu**

[分　　布] 中国宁夏、山西、内蒙古；苏联、蒙古、朝鲜。

[为害对象] 蒿类、绣线菊、锦鸡儿（根部）

[形态特征]

雌成虫：体近圆形。约4.0mm长，3.0mm宽。触角9节，长0.28mm，第3节最长，第9、2节次之，第五节最短。前后背孔存在。刺孔群18对，C_1、C_3和C_{17}具3根刺(C_{17}有时2根)和3或4个三格腺；C_{18}有2根大刺、3根小刺和8~10个三格腺。且位于硬化片上；其余刺孔群均为2根刺和2或3个三格腺；肛环位于背末，具内外1共3列孔和6根环毛，环毛长为环径的1.4倍。尾瓣稍突，腹面具1条硬化棒，端毛长0.115mm，为环毛长的1.8倍。足3对，略小，爪下有齿，后足基节无透明孔，后足转节+腿节长(0.15mm)为胫节+跗节长(0.25mm)的0.6倍，胫节长为跗节长的1.8倍。腹脐3个，椭圆形，向后渐大，位于第2至4节腹板后缘。三格腺少，稀疏分布体两面，但以体缘、背孔和气门周围为多。五格腺少，仅分布于腹面中区。多格腺在腹部第5至8节腹板上成横列。柱状腺两种：拟瓶状腺长11μm，宽2μm，分布体腹面，在体缘成宽带，在第2至7腹节腹板上成横列，头胸部腹面杂乱分布；管腺长15μm，宽2μm，在体背缘成狭带。体背具粗刺和小刺，腹面末几节有许多长毛。

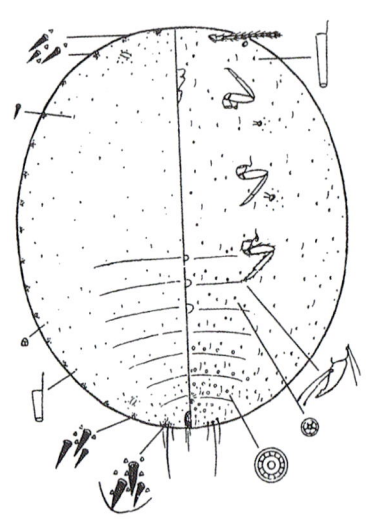

远东盘粉蚧雌成虫

雌成虫（近视）

14. 日本盘粉蚧
Coccura suwakoensis **(Kuwana et ToVoda)**

[中文异名] 乌苏里垫粉蚧、黑龙江粒粉蚧。

［分　　布］云南、内蒙古、河北、山东、山西、甘肃、东北、日本、朝鲜、俄罗斯沿海。

［为害对象］沙果、苹果、杏等果树，忍冬科、蔷薇科、丁香属、水曲柳。

［为　害　状］雌成虫和若虫寄生在枝干上刺吸汁液为害。

［形态特征］

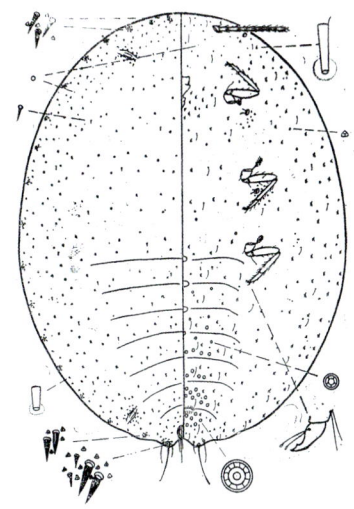

日本盘粉蚧雌成虫

雌成虫：虫体半球形，直径 5~8mm，红色，背硬化，覆有白色蜡粉，腹面凹入用以藏卵；雌成虫躺在平坦而呈盘状的白色毛毡状卵囊中。

［生活史与习性］一年发生1代。以3龄若虫在枝干上越冬；每头雌成虫产卵约 3 000 粒，7~8月为卵孵化期。

［防治方法］参照柑橘刺粉蚧。

15. 杜松皑粉蚧
Crisicoccus juniperus (Tang)

［分　　布］内蒙古（包头）、吉林。

［为害对象］杜松。

［为　害　状］雌成虫和若虫寄生在嫩枝针叶上刺吸汁液为害。

［形态特征］

雌成虫：虫体椭圆形，长约1.6mm，红色，外包白色蜡丝形成的卵囊。

为害状（放大）

［生活史与习性］包头一年发生2代，以2龄若虫越冬；翌年6月开始产卵，每头雌成虫产卵300~500粒。1~2代若虫孵化期分别是7月上旬至下旬，9月中旬至10月上旬。雌成虫和若虫寄生在嫩枝针叶上，多密布于向光部位为害。

［防治方法］参照柑橘刺粉蚧。

16. 桑树皑粉蚧
Crisicoccus moricola Tang

［中文异名］桑白粉蚧。

［分　　布］内蒙古（包头）。

［为害对象］桑。

雌成虫为害状（放大）

[形态特征]

雌成虫：虫体长椭圆形，长约1.7mm，红色，薄被白蜡粉。触角8节，后足基节有许多透明孔。

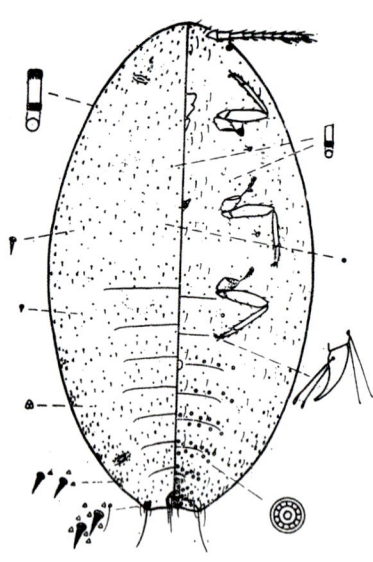

桑树皑粉蚧雌成虫

腹脐1个，位于第3~4腹节腹板间；背孔2对，尾瓣腹面有硬化棒，刺孔群6寸，末对刺孔群位于浅硬化片上，具锥刺2根、细附毛1根及三格腺7~8个，其余刺孔群均具小锥刺2根、三格腺1~3个，无细附毛和硬化片；三格腺分布背、腹面，多格腺分布在第3~8腹节腹面中区，在每节后缘成单横列，在后足基节之后有个别；大管腺位于背缘，小管腺位于背、腹面中区，腹面无短毛。

[防治方法] 参照柑橘刺粉蚧。

17. 松树皑粉蚧
Crisicoccus pini (Kuwana)

[中文异名] 松粉蚧、松白粉蚧。

[分　　布] 中国黑龙江、吉林、辽宁、河北、山东、江西、湖南、湖北、上海、江苏、浙江、广东；日本、美国、朝鲜。

[为害对象] 松属、冷杉属、落叶松属、油杉属。

[为害状] 雌成虫和若虫寄生在1~2年生松梢、嫩枝及新鲜球果上刺吸汁液为害。

[形态特征]

雌成虫：虫体梨形，长1.5~1.8mm，浅红色。触角7节，体背前后各有裂唇1对，在第3~4腹节间有1个较大的腹脐，腹部后几个腹节两侧各有刺孔群1个，共4~7对，每刺孔群具粗短刺2个和三孔腺若干，杂有少数短刚毛；腹末尾片1对，其末端各有长刚毛1根；背、腹面散布短毛、三孔腺和多孔腺。

[生活史与习性] 广东一年发生3~4代，以3代为主，世代重叠，以中龄若虫越冬。4月中旬至5月中旬和9月中旬至10月下旬是若虫扩散高峰期，高龄若虫分泌蜡质逐渐形成卵囊，并产卵其中。自然传播媒介主要是气流，传播主要虫态是幼龄若虫；传播主要方向与东南季风方向一致，传播距离一般为17km，最远22km，传播高峰期是4月中旬至5月中旬，9月上旬至10月下旬。

[防治方法] 参照柑橘刺粉蚧。

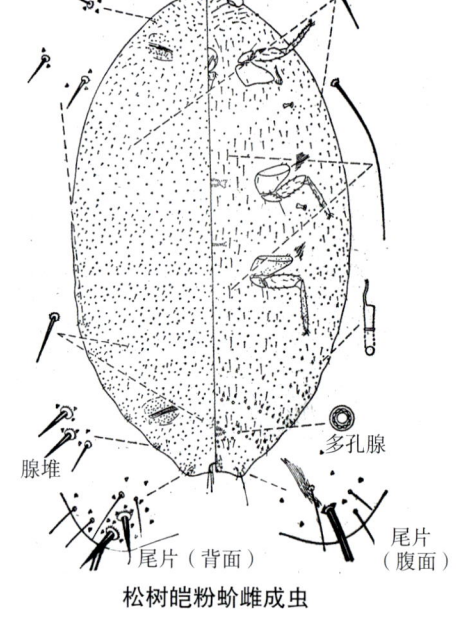

松树皑粉蚧雌成虫

18. 甘蔗灰粉蚧
Dysmicoccus boninsis (kuwana)

[中文异名] 甘蔗嫡粉蚧、甘蔗节粉蚧、蔗清粉蚧。

[分　　布] 中国四川、江西、广东、福建、广西、云南、台湾；日本、美国、阿根廷、巴西、巴拿马。

[为害对象] 甘蔗、芒稷、玉米、水稻、蜀黍。

[为害状] 雌成虫和若虫寄生在(甘蔗)叶鞘基部及(玉米)根部刺吸汁液为害。

[形态特征]

雌成虫：虫体椭圆至长椭圆形，长3.5~5mm，紫褐至灰褐色，全体被白蜡粉，腹缘有蜡丝6根；眼突起如半球，后足基节有许多小透明孔，胫节端亦有1~2个；第3~4腹节腹板间每侧有腹脐1

个，刺孔群6~7对(可至14对)，其中1对为额对，其他在腹末；背腺有大小两种，大者在第3~8腹节上，每节排成横带，直至头部成亚缘群，小者稀疏分布于后腹节中区；多格腺分布在第6.7腹节后缘成带，第5腹节后缘成列。

[生活史与习性] 在江西南康一年发生3~4代。以若虫在种蔗上(少数若虫在蔗兜上)越冬；翌年5月下旬至6月初恢复活动取食。雌成虫和若虫主要寄生在甘蔗节间腊分带上，其次在叶鞘间隙和芽的周围刺吸汁液为害，一般要开鞘才能看到，常十余只聚集成堆，每节有1~2堆，发生严重时诱发煤污病，影响光合作用。受害甘蔗的品质和产量大量下降，是云南甘蔗种植区的重要害虫。据云南观察，一年发生数代。行孤雌生殖，每头雌成虫产卵或者产籽200余粒，于白色絮状卵囊内，卵囊附着在叶鞘间，产卵盛期可见白色棉絮状物。7~10月是繁殖为害盛期，初孵若虫沿蔗茎上下爬行，渐潜集于叶鞘基部或芽的周围吸食为害。

[防治方法] 参照柑橘刺粉蚧。

19. 菠萝灰粉蚧
Dysmicoccus brevipes (Cockerell)

[中文异名] 菠萝粉蚧、菠萝嫡粉蚧、菠萝洁粉蚧。

[分　布] 中国广东、广西、云南、四川、福建、浙江、江西、贵州、湖南、湖北、河北、台湾；美洲、非洲南部、亚洲东南部、欧洲、大洋洲。

[为害对象] 菠萝、可可、油棕、香蕉、芒果、番荔枝、棕竹、柑橘、芭蕉、木槿、女贞、美人蕉、莎幕、凌宵、芥菜、咖啡、苦荞、甘蔗、棉花、花生、水稻、茶、桑。

[为害状] 雌成虫和若虫多寄生在植株根、茎、叶、果实的缝隙或凹陷处，特别喜在菠萝的根部刺吸汁液为害。菠萝受害部呈现绿斑；果实受害则生长受阻，不长大；根部受害，逐渐腐烂，严重削弱树势。该虫的分泌物可诱发煤污病，使树体发黑，而且传播发生凋萎病。

[形态特征]

雌成虫：虫体椭圆形，长2~3mm，有桃红及灰色两型，以前者为多，体被大量白色蜡粉。体缘有17对白色长蜡刺，其中腹端1对较长，约为体长的1/4。足节粗大，腿节和胫节上有很多透明孔；脐斑大，呈横椭圆形，肛环近于圆形，尾片在肛环两侧，多孔腺在腹部第七、八节腹片上各成一短横列，腺孔概为圆形，三孔腺着生在身体的两侧。在第五及第八节腹片上各有一横列的管状腺，腺堆17对(缺C)。体背表面上的纤毛短，成刺状。

雄成虫：黄褐色，有1对前翅。

卵：椭圆形，长约0.6mm，初产黄色，渐变黄褐色。1~12粒聚集成块，并伴有白色絮状蜡质，成为不规则的海绵状，轻附于寄主植物上。

若虫：似雌成虫，但体缘蜡刺较长。

雄蛹：褐色，包被于长形蜡囊中，蜡囊附着于寄主植物上。

[生活史与习性]

生活史：华南地区一年可发生7~8代。广东各代生殖始期分别为7月初，8月下旬，10月初，12月下旬，全年发生2次高峰(3月下旬至5月、9月)。发生不整齐，世代重叠现象严重，在菠萝整个生长期和贮藏期间都有发生。

繁殖：雄虫很少，基本营孤雌生殖，以胎生为主，仅少数为卵生。营孤雌生殖的后代为雌虫，两性生殖的后代雌雄均有。在营养条件良好及温度较高的春夏季节，雌成虫多为胎

1. 初期成虫　2. 成虫
菠萝灰粉蚧

生，但夏季寄主植物极干燥时亦卵生；在营养条件较差且温度较低的冬季，常为卵生，或卵生与胎生交互进行。由卵孵出的若虫，因黏附在卵块的蜡质上不易脱出而死亡，故在炎夏和冬季的发生数量较少。世代历期，夏季约40天，冬季约2个月。

寄生习性：胎生若虫常10余头群集在母体下或其附近静止不动，以后逐渐分散，在根、茎、叶、果实的缝隙或凹陷处固定寄生。但当寄生部位枯死腐败，或虫口密度过大以及受其他刺激，若虫也会迁移他处。

发生与环境：暴雨可冲刷掉一部分粉蚧；大雨后，在叶片基部积留雨水处的粉蚧会被淹死，少数幸存者，其繁殖力也明显衰退。蚁类以粉蚧分泌的蜜露为食料，同时常搬移粉蚧，起到了保护和传播作用。

20. 中亚灰粉蚧
***Dysmicoccus multiuorus* (Kir)**

[分　　布] 中国宁夏；中欧（意大利、波兰、匈牙利）及苏联欧洲部分直到中亚，如乌兹别克斯坦、塔吉克斯坦和哈萨克斯坦。

[为害对象] 蒲公英、锦葵、夏至草、蜀葵、菠菜、蒿等双子叶植物。

[形态特征]

雌成虫：椭圆形，红紫色，长1.5mm~4.5mm，宽0.7~3.0mm，体被白蜡粉，周缘有蜡丝。眼有。触角8节。足分节正常，后足基节无透明孔。腹脐无。尾瓣宽突。端毛比肛环毛长，肛环正常，多格腺在第5至7腹节背板和第3、4腹节腹板上成横列，在第5至8腹节上成横带。不规则孔和蕈腺无。三格腺分布全面。管腺2种。大者长7μm、宽4μm，小者长6μm、宽2μm，在体背和腹面边缘常2~4个大管成群，群中有1小管；在第5至7腹节腹板上成横列或横带，在胸部腹面见到个别或成小群。刺孔群3~10对，C_{16}~C_{18}，有时还有C_9~C_{15}；C_{18}有2根锥刺，7~12根附毛和多数三格腺。位于圆形硬化片上；C_{17}有2根锥刺，3~7根毛和8~14个三格；C_{16}有2根锥刺，2~6根毛和6~9个三格腺；其他对为2根锥刺，1~5个二格腺，有时还有1或2根毛。

21. 紫藤灰粉蚧
***Dysmicoccus wistariae* (Green)**

[中文异名] 紫杉洁粉蚧。

[分　　布] 中国辽宁（大连）；日本、朝鲜、俄罗斯远东、北美。

[为害对象] 紫杉、紫藤、苹果、山楂、花楸、樱、槭、桦、梨、柳杉。

[为　害　状] 雌成虫和若虫寄生在嫩枝上刺吸汁液为害，造成针叶枯黄嫩枝枯死，诱发煤污病，长势衰弱。

[形态特征]

雌成虫：虫体卵圆形，长3.5~5mm，紫褐色。体缘有蜡刺17对，尾端1对稍长。背面覆盖白色絮状蜡丝。触角8节，后足无透明孔，腹脐方形，1个，大，第3~4腹节腹板间有侧缢；三格腺均分布在背、腹面，多格腺只在腹末后3节腹面，其数甚少；刺孔群17对；大管腺分布于腹面体缘，小管腺分布于第5~7腹节腹面，末腹节背无筛状孔。

雄成虫：体黑色，长约2.5mm，具翅1对，

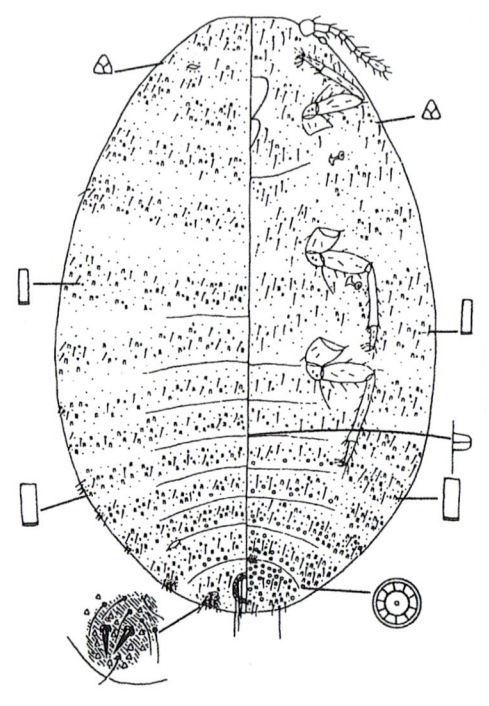

中亚灰粉蚧雌成虫

雌成虫（近视）

腹末两侧各有白色蜡丝1对。

卵：长椭圆形，橘黄色，逐渐变深。

若虫：椭圆形，淡紫褐色。

雄蛹：椭圆形，红紫色。

[生活史与习性] 辽宁（大连）一年发生1代，以2龄若虫在寄主枝干的裂缝内群集越冬，并在虫体上覆盖白色絮状蜡丝。翌年初开始活动为害，出现性分化。4月上旬进入蛹期，4月下旬雄虫开始羽化、交尾。越冬雌若虫4月中旬发育为雌成虫。5月末受精雌成虫开始产卵；每雌虫平均产卵130余粒，卵经几个小时孵化为若虫。初孵若虫在母体腹下停留一段时间，待环境条件适宜时再从腹下爬出，分散到嫩枝、叶腋处寄生为害，并以背光过密枝为多。气温急剧变化可直接导致虫体死亡。

[防治方法] 防治适期掌握在春季第1代若虫发生盛期，防治方法参照柑橘刺粉蚧。

为害状

22. 蒙古草粉蚧
***Fonscolombia tshadaevae* (Danzig)**

[分　布] 中国宁夏、内蒙古；蒙古。

[为害状] 针茅、野鸢尾、锥叶柴胡、羊草。

[形态特征]

雌成虫：体宽椭圆形，长约2.6mm，宽2.4mm。触角6节，长0.2mm，端节较长。眼突，在触角后之头缘。后背孔存在，前背孔不明显或缺失。刺孔群2对，末对具2根细刺和5或6个三格腺，末前对有2根细刺和3或4个三格腺。肛环在背末，有成列环孔和6根长于环径之环毛。尾瓣不显，

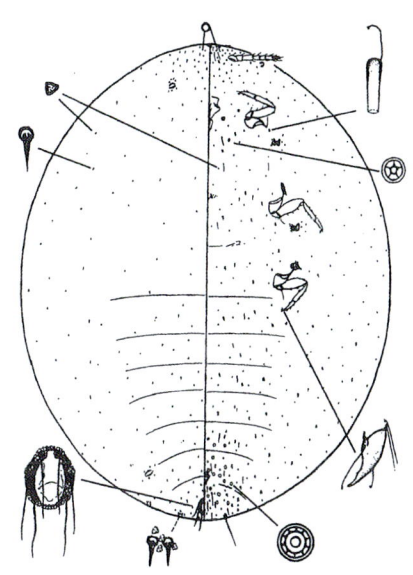
蒙古草粉蚧雌成虫

端毛长于环毛。腹脐无。足小，爪下有1小齿，后足基节无透明孔。三格腺分布背、腹面，背面略少些，腹面头部和气门口处较多。五格腺在口器侧有少量。多格腺较少，仅分布于腹末3、4个腹节腹面中区。管腺1种，长10μm，宽3μm，数量较少，在胸、腹部腹面各节成横列，此外在腹面边缘亦有分布。小刺分布全背面和腹面缘区，腹面中区为毛。

23. 双条拂粉蚧
***Ferrisia virgata* (cokerell)**

[中文异名] 柑橘丝粉蚧、橘腺刺粉蚧。

[分　布] 广东、广西、云南、福建、江西、湖南、湖北、四川、浙江、河南、河北、西藏、台湾。

[为害对象] 柑橘属、咖啡属、椰子属、棉属、

木槿属、常春藤属、烟草属、夹竹桃属、车前草属、甘蔗属、茄属、桑科、豆科、大戟科、木犀科、芸香科、天南星科、紫薇科、锦葵科、菊科、玉蕊科、木兰科、无患子科、苋科、桃金娘科、漆树科等多种植物。

[为害状] 雌成虫和若虫寄生在叶、芽、枝、嫩梢、主茎及果实上刺吸汁液为害。

[形态特征]

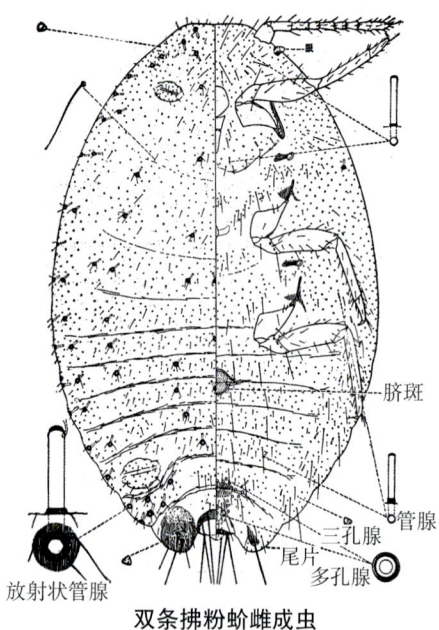

双条拂粉蚧雌成虫

雌成虫：虫体椭圆形，长约4.5mm，深红色，体薄被白色蜡粉，背部有暗纵带2条；体末有长蜡刺1对，长度约等于体长；体背有玻璃丝状放射线。触角8节。足发达，臀瓣较大，其腹面具4根长毛，刺孔群1对，整个刺孔群着生在长圆形硬化片上。肛环具孔和6根肛环刺毛。腹部第7节边缘有5~8个放射管腺成群分布。管状腺和多孔腺数量较少，一般只分布在腹面边缘。

[防治方法] 参照柑橘刺粉蚧。

24．柑橘地粉蚧
Geococcus Citrinus Kuwana

[中文异名] 桔荒粉蚧。

[分　　布] 中国云南、福建(福州)；日本、印度。

[为害对象] 柑橘、菱叶。

[为害状] 雌成虫和若虫集中寄生为害根部，尤喜在须根上刺吸汁液为害，造成枝叶短小，萎黄，提早落叶，长势衰弱。果梗部易染炭疽病，引起严重落果。

[形态特征]

雌成虫：虫体椭圆形，成熟时呈球形，淡黄色，长约3mm，宽约2mm。体被白色蜡粉，体壁柔软，体后端有硬化尾瓣1对，每瓣顶各有与尾瓣同长的钝形端刺1根。

[生活史与习性] 雌成虫和若虫分布在地下约30cm以内的根际土层中，分布范围依柑橘须根所伸及的深度和广度而异，一般须根所到之处，均可发现柑橘地粉蚧寄生。雌成虫在幼根及邻近的土块上产卵，卵常10~40粒密集成块，并在卵块上分泌短条状蜡质，形成稀薄的卵囊。通常在树冠茂密，含水量多的酸性土壤内发生为害。

[防治方法] 参照柑橘刺粉蚧。

25．旧北星粉蚧
Heliococcus bohemicus Sule

寄主：锦鸡儿

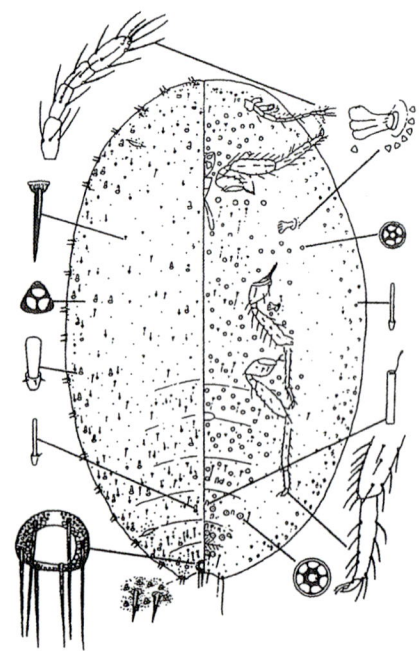

旧北星粉蚧雌成虫

雌成虫（近视）

26. 藜根星粉蚧
Heliococcus pamirensis Bazarov

[分　　布] 中国宁夏、四川、西藏；塔吉克斯坦。

[为害对象] 侵若、艾蒿、芥菜、小叶锦鸡儿。

[形态特征]

雌成虫：体椭圆形，长1.8mm，宽1.0mm。触角9节。单眼1对，位于触角外侧头缘。背孔2对，发达。刺孔群18对；C_3具3根刺和5个三格腺；末前对有2根刺和4个三格腺；末对有2根刺和7~9个三格腺；其余皆为2根刺和2或3个三格腺。肛环在背末，有3或4列环孔和6根长环毛。尾瓣锥状突出，端毛长于环毛。足3对，细长，爪有爪齿，后足基节无透明孔。腹脐1个，横椭圆形，位于第3、4节腹节腹板间。盘腺3种。三格腺多，分布背、腹面，背面和腹缘多，腹部腹面中区稀疏；五格腺分布于腹面中区，额部和第8腹节腹板上无；多格腺少，只分布在阴门附近。星状管分大、中、小3种：大星状管具2或3刺，长35μm，宽5μm，沿体缘成纵带，背中线上成短列；中星状管具1或2刺，长30μm，宽3.5μm，在第6和第7腹节背板中部各分布1个，在第7腹节背板上有或缺；小星状管0或1刺，长30μm，宽1.5μm，虫体腹面边缘呈列分布，在胸部背面和腹部第1至3节背板上形成亚缘带。管腺有，长15μm，宽3.3μm，在腹部腹面第5至8节呈短横列。刺分布体背和腹面边缘，腹面中区为长短不一的毛。

27. 巴氏星粉蚧
Heliococcus pavlovskii Borchsenius et Tereznikova

[分　　布] 中国宁夏、内蒙古、山西；俄罗斯（远东地区）。

[为害对象] 委陵菜、苦菜、铁线莲、奶奶草。

[形态特征]

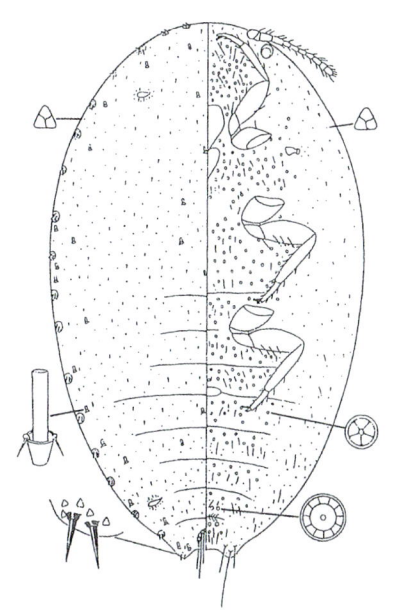

巴氏星粉蚧雌成虫

雌成虫：体椭圆形，长2.5mm，宽1.3mm。触角9节，0.45mm长，单眼1对，位于触角外侧头缘。背孔2对，发达。刺孔群18对。C_3具4根刺5或6个三格腺；C_{17}具2刺和4或5个三格腺；C_{18}具2刺和9~11个三格腺；其余均为2根刺和3或4个三格腺。肛环在背末，有3或4列环孔和6根长环毛。尾瓣锥状突出，端毛长于环毛。足3对，细长，爪有爪齿，后足基节无透明孔。腹脐1个，横条形，位于第3、4节腹节腹板间。盘腺3种：三格腺多，分布背、腹面，背面和腹面边缘多，腹部腹面第4至8节中区少，头胸腹面和腹部腹面前4节缺；五格腺分布腹面中区；多格腺很少，只在阴门附近有几个。星状管1种，具2~4刺，长32μm，宽5μm，背面沿体缘呈纵带，一般每对刺孔群间一个，背中线上成短列。管腺无。背面和腹面边缘毛为刺状，腹面中区为长短不一的毛。

28. 枣树星粉蚧
***Heliococcus zizyphi* Borchsenius**

[中文异名] 枣晶粉蚧、枣阳腺刺粉蚧、枣葵粉蚧。

[分　　布] 广东、广西、河北、山东、天津、山西。

[为害对象] 枣。

[为 害 状] 雌成虫和若虫寄生于叶背、叶柄基部、果实等处刺吸汁液为害，造成叶片发黄，提前脱落，权条枯死，果实萎蔫，诱发煤污病，使树体呈现焦枯状，影响果实品质及产量。

[形态特征]

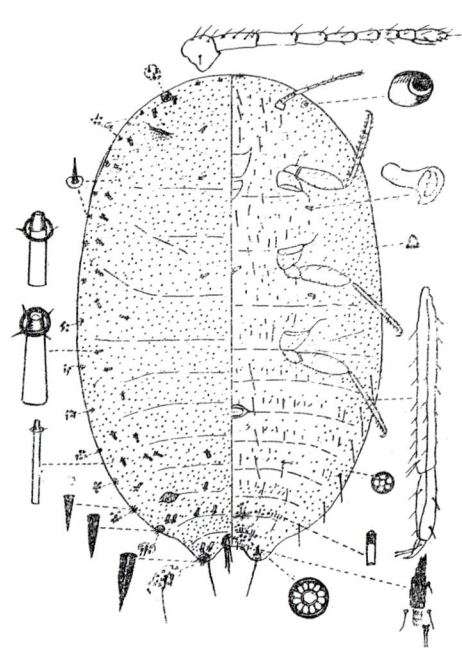

枣树星粉蚧雌成虫

雌成虫：虫体椭圆形，长约 4mm，淡红色。触角 9 节，足发达。前后背裂均很大，腹部也很发达。刺孔群 18 对；多孔腺只分布在阴门周围；五孔腺数量多，分布在体腹面中部；管状腺在腹节腹板形成横列。最大的放射刺管腺位于臀瓣上，多为 3 根。体背面的体毛短小，腹面的体毛长短不一。

[生活史与习性]

生活史：河北一年发生 3 代。以 3 龄雌若虫在枝、干粗皮缝越冬，亦有少量在枣股、树洞以及根颈部越冬。翌年 4 月上旬枣芽萌发前开始出蛰活动，陆续爬到枣股处群集为害。此时正值干旱少雨季节，枝叶被害后，使树体呈现焦枯状。5 月初越冬雌若虫蜕皮为成虫，5 月上旬开始产卵，5 月中、下旬为产卵盛期。1~2 代雌成虫产卵期，分别为 6 月下旬至 7 月下旬，7 月上、中旬。8 月 10 日左右卵始孵，8 月中、下旬为盛孵期。1~3 代若虫孵化期分别为 5 月下旬至 7 月下旬，6 月上旬为盛孵期；7 月上旬至 9 月上旬，7 月中、下旬为盛孵期；8 月下旬至 9 月中旬，9 月上旬为盛孵期。

繁殖：雌虫发育成熟后，常栖息于枣股、枣吊、叶背、叶脉、花丛及果实等处，腹末分泌形成絮状卵囊并产卵其中，随着产卵数量增多而卵囊逐渐加大增厚，直至雌成虫产卵完毕瘪缩死亡。此时，卵囊外形状似白色米花，这是枣树星粉蚧产卵的显著特点。雄虫少，基本营孤雌卵生。1~2 代雌成虫每头产卵分别为 90~234 粒，1~51 粒。1~3 代卵期分别为 7~15 天，6~14 天，8~14 天。全年第 3 代发生期最短且集中。

寄生习性：初孵若虫在卵囊内停留 1~2 天，逐渐分散到枣叶、花蕾等处寄生，蜕皮 1~2 次后，部分虫体转移到叶腋、花丛、果实上固定寄生，以若虫越冬。

[防治方法] 防治时间掌握在 9 月中旬第 3 代若虫孵化末期。防治方法参照柑橘刺粉蚧。

29. 马鞍山锥粉蚧
***Idiococcus maanshanensis* Tang et wu**

[分　　布] 安徽（马鞍山）。

[为害对象] 华东箬竹。

[为 害 状] 雌成虫和若虫寄生在叶鞘下、竹茎上刺吸汁液为害。

[形态特征]

雌成虫：虫体狭长（长 5~10mm），紫红色，扁平，两侧近平行，全体硬化，两侧及体缘更甚，光裸无蜡被，只体周有一圈白蜡；背腹面均见体节 8 个，其两侧各有菊花形皮斑 1 个，头胸部背腹面亦有；阴门横裂缝，阴道漏斗状，肛环有孔无毛，尾裂明显；第 2 腹节腹板两侧各有漏斗状腺囊，其面密布多角形格眼；三格腺

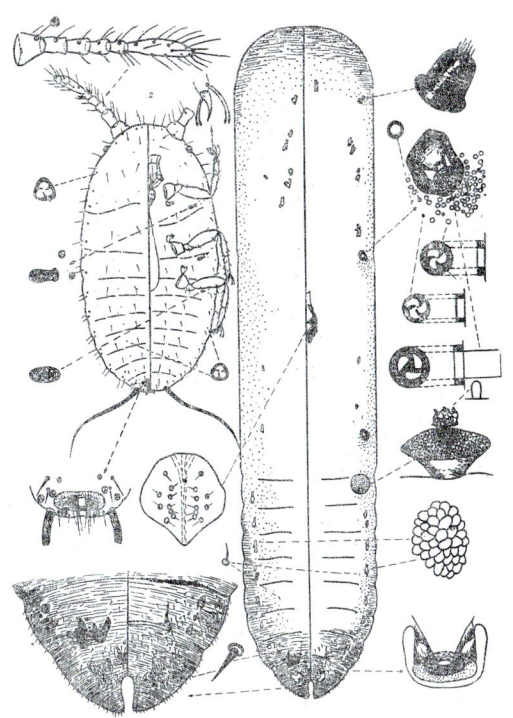

马鞍山锥粉蚧雌成虫

密布于背、腹面体缘和亚缘区，管腺见于腺囊中；体毛稀疏分布于背、腹面，末2个腹节上为体刺。腹末节半圆形。

[生活史与习性] 安徽一年发生1代，以雌成虫和3龄若虫越冬；翌年9月下旬至10月上旬为若虫孵化盛期。无雄虫，营孤雌胎生。

[防治方法] 参照白尾安粉蚧。

30. 芦苇刘粉蚧
Mirococcopsis ehrhornioides **Borchsenius**

[中文异名] 芦竹景粉蚧、景粉蚧。

[分　　布] 云南、湖北。

[为害对象] 芦苇、竹类。

[为 害 状] 雌成虫和若虫寄生在叶鞘下茎上刺吸汁液为害。

[形态特征]

雌成虫： 虫体细长形，长3.2~4.5mm，蔷薇色，覆被蜡粉；触角7节，足小，后足基节膨大，有许多透明孔，并扩延至体壁，爪下无齿；前、后背孔均小，无腹脐；肛环狭，圆形，具孔1列和短环毛6根，尾瓣不显，各有端毛1根，刺孔群不发达，管腺宽短，长宽几等，在体缘

分布成狭带；多格腺10~12周格，分布于腹部腹面侧面和胸部的气门附近，三格腺和小毛全面稀疏分布，无五格腺。

[防治方法] 参照白尾安粉蚧。

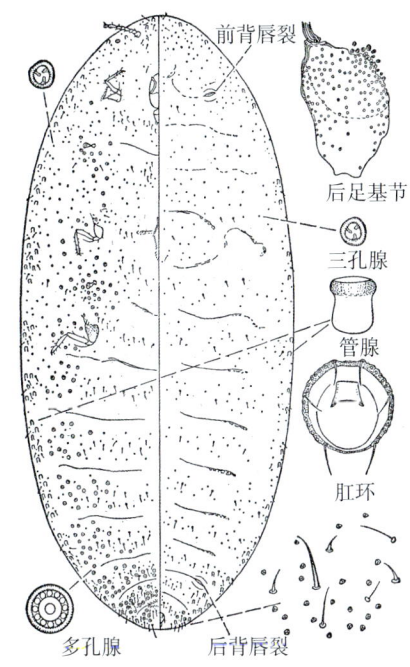

芦苇刘粉蚧雌成虫

31. 木槿曼粉蚧
Maconellicoccus hirsutus **(Green)**

[中文异名] 桑绵粉蚧。

[分　　布] 中国广西、台湾；印度、东非、斯里兰卡、菲律宾、日本、大洋洲。

[为害对象] 朱槿、木槿、桑、扶桑、合欢、天门冬、番石榴、藜、菊、刺桐、榕、菜豆、海枣、石榴、仙人掌、葡萄、玉蜀黍、柑橘等。

雌成虫（近视）

为害状

[为害状] 雌成虫和若虫主要群集在嫩梢、嫩叶、花蕾上刺吸汁液为害，造成嫩梢、嫩叶、花蕾皱缩成团，不能伸展，植株长势衰退，生长缓慢，并诱发煤污病，严重时整株叶片落光。

[形态特征]

雌成虫：虫体椭圆形，长2.5~3mm，红色，体背薄被白色蜡粉，体末有蜡丝7对。

[生活史与习性] 南宁一年发生2~3代，世代重叠，以受精雌成虫和若虫越冬。4月上、中旬成虫开始产卵，每雌产卵数百粒，卵产于白色絮状蜡团中。4月下旬~5月上、中旬第一代若虫始孵，6~7月和9~10月是若虫孵化危害盛期。

[天敌] 捕食性天敌有泡端小瓢虫、黄色小瓢虫、双斑隐翅瓢虫、中华草蛉、亚非草蛉。寄生性天敌有啮小蜂、粉蚧长索跳小蜂，8~10月的寄生率较高。

[防治方法] 参照柑橘刺粉蚧。

32. 柯树曼粉蚧
Maconelllcoccus hirsutus (Borchsenius)

[中文异名] 栎薹粉蚧、柯秀粉蚧。

[分布] 云南（昆明）、华南地区。

[为害对象] 柯树。

[为害状] 雌成虫和若虫寄生在幼叶和嫩梢处刺吸汁液为害。

[形态特征]

雌成虫：虫体椭圆形，长2~3mm，红褐色；足粗大，后足无透明孔；腹脐大，有侧凹；刺孔群5~6对，均在体末，各有锥刺2根，末对还有附毛4~5根；多格腺分布在第4~8腹节腹面，在中区成横列。

[生活史与习性] 海南一年发生8~9代，无越冬现象。1~2代发生期分别为1~2月（50~55天），3~4月（40~50天）。第3代开始，一般一个月发生1代（约30天）。每头雌成虫平均产卵203~264粒。7~8月虫口最多，11月至翌年4月虫口较少。

[防治方法] 参照柑橘刺粉蚧。

33. 中国小粉蚧
Mirococcopsis chinensis Tang

[分布] 宁夏，内蒙古。

[为害对象] 羊草（叶鞘下）。

[形态特征]

雌成虫：体椭圆形。长1.8mm，宽1.2mm。触角6节，长0.22mm，端节最长。眼存在。前背孔无，后背孔存在。刺孔群无，在末对处有2根长毛和一些三格腺。肛环在背末，有2列环孔和6根长毛，环毛长为环径的1.2倍。尾瓣不突，端毛为环毛长的1.6倍。腹脐无。足中等大，爪下无齿，后足基节无透明孔；后足转节+腿节为胫节+跗节长的0.9倍。胫节长为跗节长的1.2倍。三格腺分布体两面，单孔在其间。在体背有少数双单孔。五格腺无。多格腺少。分布末4节腹板中区。管腺1种：长6.5μm，宽4μm，与多格腺分布同，体毛粗短，稀疏分布背、腹面。

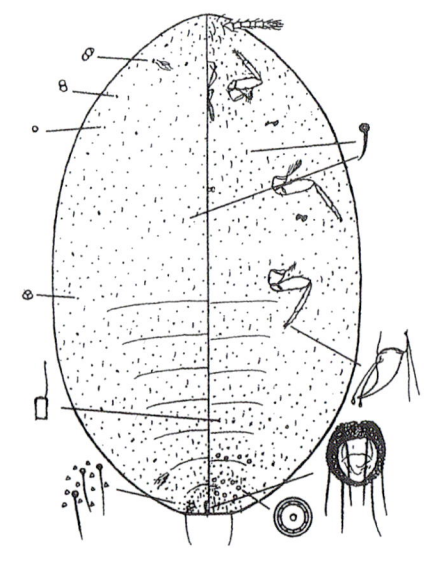

中国小粉蚧雌成虫

34. 芦苇新粉蚧
***Neotrionymus monstatus* Borchsenius**

[分　　布] 中国宁夏、新疆、内蒙古、山西；乌兹别克斯坦、塔吉克斯坦、中亚及俄罗斯(远东地区)等。

[为害对象] 芦苇和羊草(叶鞘下和茎上)。

[形态特征]

雌成虫： 蔷薇色，体细长至长椭圆形，长 1.41~5.8mm，宽 0.78~2.8mm。触角7节，长 0.17~0.25mm，第7节最长，第3节最短。眼有，不突，位于触角后之体缘。前、后背孔有，但不发达。刺孔群仅末对，有2根长锥刺和5或6个三格腺及2或3根附毛。环发达，有2或3列环孔和6根环毛，环毛长0.1mm，超过环径。尾瓣稍突，腹末宽圆，端毛长0.1mm，与肛环毛几等长。足小，但分节正常，爪下无齿，跗冠毛、爪冠毛均长于爪且端膨，后足基节具大量透明孔，并延伸至腹板上，后足转节+腿节(0.18mm)与胫节+跗节(0.176mm)几等长，胫节为跗节长的1.65倍。腹脐3个，位于第3至6腹节腹板间，前大后小，前2个近方形，后1个近圆形。气门壁上有盘孔。三格腺较少，散布于背、腹两面。多格腺在体面杂乱分布，但腹末和体缘较密集。管腺长5.6μm，宽3.2μm，其分布同多格腺相似。体毛细、短，数少。

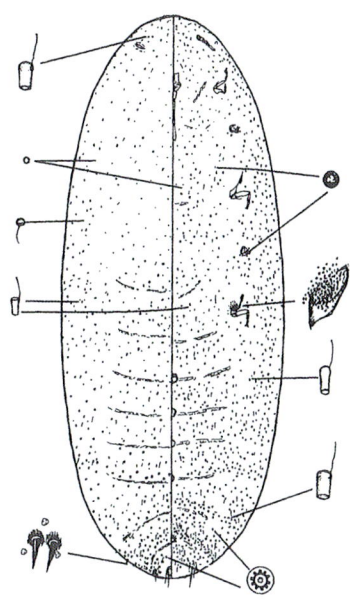

芦苇新粉蚧雌成虫

35. 竹巢粉蚧
***Nesticoccus sinensis* Tang**

[中文异名] 中国巢粉蚧、竹灰球粉蚧、巢粉蚧、灰球粉蚧。

[分　　布] 中国浙江、上海、山东、陕西、江西、甘肃、江苏、安徽、福建等省；东亚。

[为害对象] 青蒿竹、刚竹、紫竹、淡竹、金镶玉竹、碧玉黄金竹、红壳竹、毛竹、小山竹、沙竹、雅竹、花竹、凤尾竹及佛肚竹等竹类。

[为害状] 雌成虫和若虫寄生在小枝腋间、叶鞘内刺吸汁液为害，雌成虫体外包被石灰质混有杂屑的蜡壳，状似鸟巢，布满枝头，造成新梢和腋芽萎缩，枝叶枯死，生长缓慢，出笋量减少，诱发煤污病，使竹丛发黑，竹林日趋衰败。

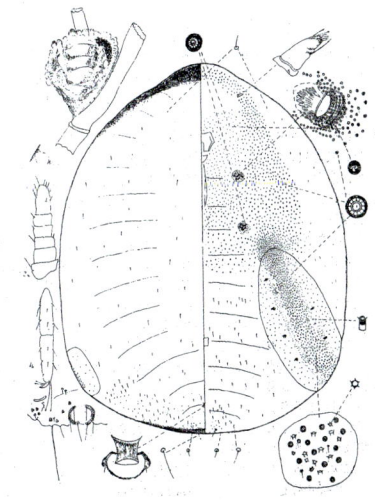

竹巢粉蚧雌成虫

[形态特征]

雌成虫： 虫体梨形，前端略尖，尾端宽圆，长 2.2~3.3mm，红褐色，全体硬化，尤以边缘为甚，背、腹面体节明显；虫体外包石灰质混有杂屑的灰褐色蜡壳，壳形如鸟巢，触角瘤状，2节；后气门之后有长椭圆形蜂窝状硬化板1块，其上有深黑色凹窝6个；腹脐1个，略呈方形；背裂和刺孔群全无；肛环简单，杯状，无小孔。

雄成虫： 体长 1.25~1.4mm，翅展 2.25mm。体橘红色，胸部色较深。单眼2对，深红褐色。触角丝状，10节，腹末有两束蜡丝，交尾器锥状。

卵： 卵圆形，初产淡黄色，渐变茶褐色。

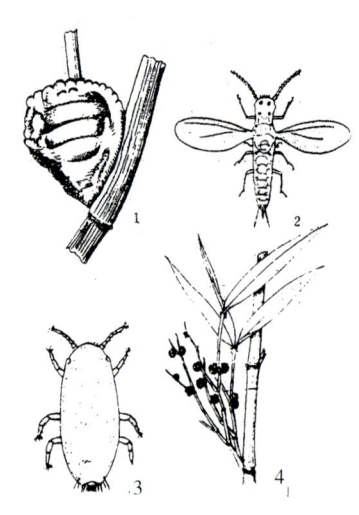

1. 雌成虫 2. 雄成虫 3. 若虫 4. 为害状
竹巢粉蚧

若虫： 初孵时椭圆形，长 0.45~0.5mm，宽 0.15~0.25mm，体橘黄色，固定后变为黄褐色。足、触角健全。

雄蛹： 长形，长 1~1.3mm，宽约 0.3mm，初为橘黄色，后变红褐色，包被于白色絮状茧内。

[生活史与习性]

生活史： 一年发生 1 代。以受精雌成虫在当年生新梢的叶鞘内越冬或越夏。江苏翌年 2 月形成灰褐色球状蜡壳，外露于小枝上。当 1、2 月平均气温高于 5℃ 时，越冬雌成虫于 2 月中旬开始孕卵，孕卵期长达 2 个月；低于 5℃ 时，孕卵始期则延至 3 月初。因雌成虫孕卵期长，卵的发育程度不一，而若虫孵化极不整齐。4 月下旬若虫始孵，孵化期长达 33~50 天。其中孵化量在 30% 以前有一个缓慢的孵化前期，约 9~14 天；在孵化量达 90% 以后，又有一个长达 18 天的孵化后期。竹巢粉蚧的若虫盛孵期比较明显，在正常天气情况下，5 月中旬为若虫盛孵期，一般在孵化量达 30% 后的 1~2 天内形成，历时 6~8 天。卵孵化率达 96% 以上。

据南京调查，盛孵期的迟早与孵化时的气温并无明显相关性，而与越冬成虫恢复取食期的气温关系显著。如 1979 年恢复取食期的 1、2 月平均气温比 1978 年同期高 1.5℃，则孵化高峰日提前 5 天；而 1977 年和 1980 年恢复取食的 1、2 月平均气温比 1979 年同期分别低 4.5℃ 和 2.115℃，盛孵期则相应推迟 10 多天。因此，

1~2 月平均气温可列入测报因子，以确定初孕日期，再按常年孕卵期和初孵日至高峰日的距离，即可推算出当年若虫孵化高峰日和盛孵施药期。

出壳若虫多在蜡壳附近的新梢叶鞘内固定寄生。若虫固定后便开始分泌蜡质，3 天左右虫体被白色蜡粉覆盖，7 天后尾端蜡粉结成块状，并逐渐将腹部封盖，若虫开始雌雄分化。若虫经 2 次蜕皮，雄虫于 6 月上旬开始羽化；雌若虫经 10 天左右第 3 次蜕皮为雌成虫。

发生与环境： 喜阴湿条件，竹林内较林缘的植株受害重；但郁闭度过高的老竹林又较新竹林受害轻。

发生与物候： 江苏雌成虫大量孕卵时的物候是竹腋芽抽梢，地面出笋；若虫孵期的物候是新梢放出 2 张抽心叶；若虫盛孵期的物候是第 3 张抽心叶开放之后。其中若虫孵化始期与其相应的物候最吻合，此时约再过半月为药剂防治适期。

[天 敌] 寄生性天敌有粉蚧长索跳小蜂、粉蚧跳小蜂、孙氏短索蚜小蜂、瘦柄花翅蚜小蜂、粉蚧唼小蜂。其中粉蚧长索跳小蜂对雌成虫的寄生率可达 20%；捕食性天敌有瓢虫、食虫虻和草蛉，其捕食若虫的作用较大。

[防治方法] 药剂防治适期掌握在 5 月中旬或若虫始孵期约再过半月时间，或竹新梢放出 2 张抽心叶时约再过半月时间。防治方法参照白尾安粉蚧。

36. 枸杞堆粉蚧
Nipaecoccus lycii **Tang**

[分　布] 宁夏。

[为害对象] 枸杞。

[形态特征]

雌成虫： 体长椭圆形，尺约 3.0mm，宽约 1.2mm。触角 8 节，长 0.35mm，眼在其后之头缘处。背孔 2 对。刺孔群 4 对，均在体末，C18 具 2 根大锥刺、1 根附毛及 8~10 个三格腺，位于浅硬化片上，C_{16}、C_{17} 具 2 根较小锥刺和 5 或 6 个三格腺，无附毛。C_{15} 具 1 或 2 根锥刺和 3~5 个三格腺。肛环发达，位于背末。具 2 列环孔和 6

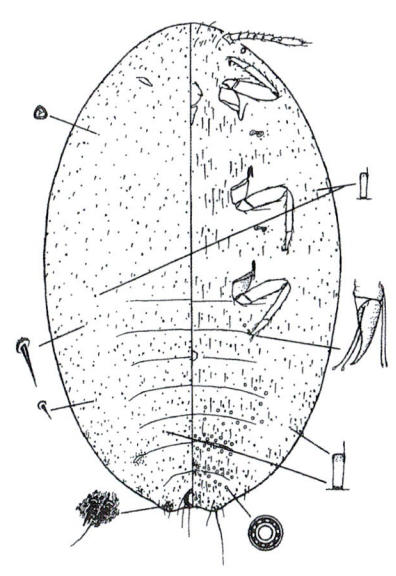

枸杞堆粉蚧雌成虫

根长环毛(0.102mm)，超过环径。尾瓣略突，腹面无硬化条。端毛长0.162mm，为环毛长的1.6倍。喙细长。足中等大，爪下无齿，后足基节有成群透明孔，后足转节+腿节(0.25mm)为胫节+跗节(0.32mm)的0.83倍。胫节长为跗节长的2倍。腹脐1个，近圆形，位于第3、4腹节腹板间，有时有节间褶通过。三格腺多，分布2面。多格腺仅分布于腹部腹面，在第4至8腹节腹板中区成横列，另在后足之后有少数。管腺分大小2种：大者长10μm，宽2.8μm；小者长6.3μm，宽2.5μm，均分布体两面，但愈向体末愈多。体背密布刚毛状刺，腹面为毛。

卵：初产时黄色，近孵化时淡褐色。卵囊白色，长圆形，绒状。

若虫：初孵若虫粉红色，足及触角黄褐色，长约1.00mm，被薄蜡粉。

37. 柑橘堆粉蚧
***Nipaecoccus vastator* (Maskell)**

[中文异名] 橘鳞粉蚧、堆蜡粉蚧。

[分　布] 中国广东、广西、云南、贵州、四川、江西、福建、浙江、湖南、湖北、江苏、海南、台湾、华东和北方温室；美国、亚洲东南部。

[为害对象] 柑橘、柚、黎檬、橙、金橘、小山桔、葡萄、梨、草棉、茶、龙眼、咖啡、木槿、扶桑、合欢、夹竹桃、冬青等。

[为害状] 雌成虫和若虫群集于嫩梢、叶腋和叶片基部、果柄和果蒂上刺吸汁液为害，造成枝叶扭曲、僵破、新梢停止抽发；果实黄化畸形，容易脱落，或品质低劣；诱发煤污病，使枝叶发黑，严重影响茶叶质量。

[形态特征]

雌成虫：虫体椭圆形，长2.9~3.2mm，紫酱色，体表蓝绿色，触角和足草黄色，触角7节。体被较厚的蜡粉，每一体节上分成四堆，自前至后形成四行。体缘蜡刺粗短，体末1对显著突出且向外逐渐尖削。背裂退化，体末有刺腺群7~8对，各有角刺2根，肛环正常，有肛刺毛。卵囊黄白色，蜡球状，体包被于其中。

雄成虫：体长约1mm，紫酱色，前翅1对，腹末有白色长蜡丝1对。

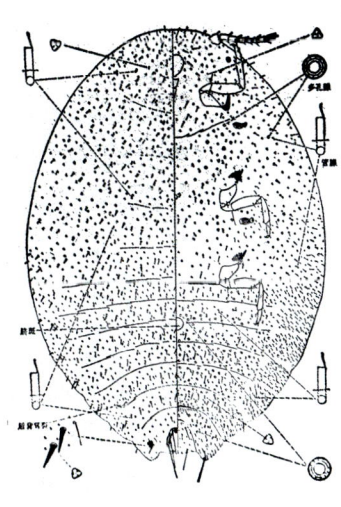

柑橘堆粉蚧雌成虫

卵：椭圆形，长约0.3mm，淡黄色。

若虫：体椭圆形，似雌成虫。初孵若虫无蜡粉堆，固定取食后，逐渐分泌形成。

雄蛹：椭圆形，紫色。

[生活史与习性]

生活史：每年发生代数因地而异，广东5~6代，贵州、四川4~5代，发生不整齐，世代重叠。

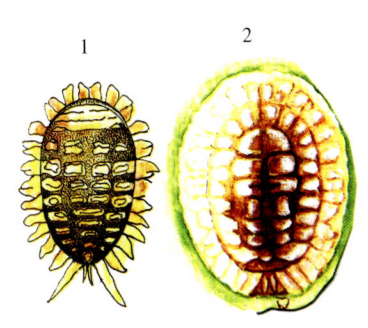

1. 开始分泌蜡质卵囊之成虫　2. 后期雌成虫背面观

柑橘堆粉蚧

雌成虫及若虫（近视）

均以雌成虫和少量若虫在枝条裂缝及卷叶内越冬；广东翌年2月初越冬雌成虫、若虫开始为害春梢，3月下旬形成卵囊，卵始孵出第1代若虫，4月上旬为盛孵期。初孵若虫由枝条嫩叶转移到果蒂刺吸汁液，为害幼果，引起蒂部周围肿胀凸起，落果或使果实发育不良。5月上旬，第1代雌成虫形成卵囊。2~6代若虫孵化盛期分别为5月中旬，7月中旬，9月上旬，10月上旬及11月中旬。从第2代开始，若虫主要在果实、嫩梢上为害。一年中4~5月及11月是虫口密度最大，为害最重时期。

繁殖：雄成虫很少，基本营孤雌卵生。卵产于卵囊内，每雌产卵200~500粒。

[天　敌] 有台湾小瓢虫、二星姬瓢虫、孟氏隐唇瓢虫及一种草蛉。

[防治方法] 参照柑橘刺粉蚧。

38. 艾草品粉蚧
Peliococcus chersonensis (Kir.)

[分　布] 中国宁夏、内蒙古；乌克兰、俄罗斯（远东地区）、朝鲜、蒙古。

[为害对象] 艾蒿、绣线菊（根部）。

[形态特征]

雌成虫：椭圆形。体长1.05~2.6mm。宽0.61~1.65mm 触角8节，长0.25~0.38mm；第8节最长，第2、3节次之，第4节最短。第9节眼突，位于触角后之体缘。前、后背孔发达，孔唇上有许多三格腺和一些小刺。刺孔群18对，除末对具有2根细长刺和2、3个三格腺外，其余为2根刺和1个三格腺。肛环发达，有2或3列环孔和6根长环毛，环毛长0.15mm，为环径之2倍。尾瓣突出，上有0.19mm长端毛1根，

另有2根短毛。喙3节，足3对，发达，爪下有齿，跗冠毛端膨，长于爪。后足基节无透明孔。胫订粗为前、中足的近2倍，转节+腿节(0.25mm)是胫节+跗节(0.28mm)的0.92倍。腹脐1个，横椭圆形，位于第3、4腹节腹板间。三格腺分布背面和腹面边缘。五格腺散布于头胸部腹面中区，在第2至5腹节腹板前缘成横列。多格腺在第4至8腹节腹板上成列或带，在其他体面散布，常与管腺组成小群。管腺分大、中、小3种：大型长12μm，宽6.4μm，在体背成横列，腹面出缘成稀疏纵带；中型长12μm，宽6.4μm，在体背成横列，腹面边缘成稀疏纵带；中型长12μm，宽5.5μm在胸部腹面中区与3或4个多格腺组成小群，在第2、3腹节腹板上成横列；小型长8μm，宽2μm，在体背和2、3个多格腺组成群。体背有许多锥刺，大小和刺孔群中大致相同，其基部有1个三格腺，形成背刺孔群，在体背成节排列，腹面有毛。

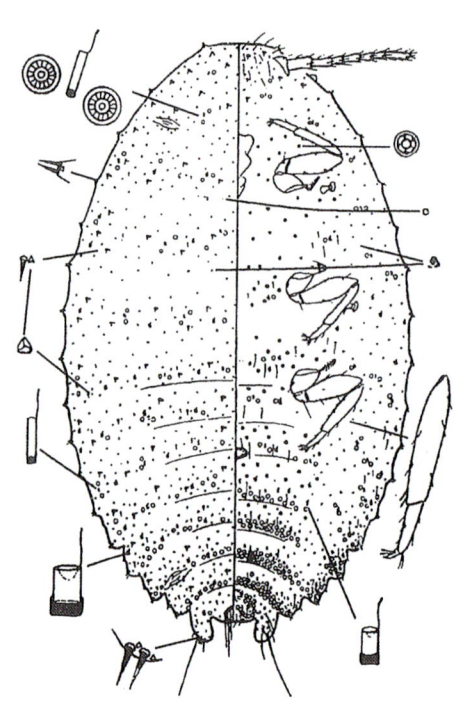

艾草品粉蚧雌成虫

39. 枸杞品粉蚧
Peliococcus lycicola Tang

[分　布] 宁夏。

[为害对象] 枸杞（根部）。

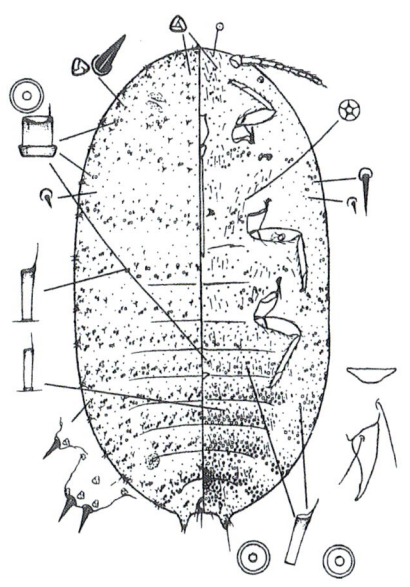

枸杞品粉蚧雌成虫

[形态特征]

雌成虫：体椭圆形，体长约4.00mm，宽3.00mm。触角9节，0.43m长。端节最长。背孔两对，发达。刺孔群呈瘤状，约18对，但也有17对，每个有2根锥刺及少数三格腺。肛环在背末，有内、外两列环孔和6根长环毛（0.14mm长）。尾瓣呈长锥状，其腹面无硬化棒，端毛（0.14~0.15mm）等于或稍长于环毛。足粗大，爪下有1齿，后足基有无透明孔，转节十腿节长（0.36mm）为胫节+跗节（0.40mm）的0.9倍。腹脐1个，盘形，位于第3、4腹节腹板间。管腺3种大小：大管长约7.7μm，宽7.4μm，主要在体背和多格腺组成小群；中管长8.6μm，宽2.1μm；小管长8.0μm，宽1.8μm，主要分布体腹面。三格腺分布背、腹两面。五格腺在腹面中区。多格腺常1~3个与管腺组成腺管群，在体背按体节排成横列，在腹面于腹部中区排成横列或带，足基附近成群，胸、腹部体缘成纵带。背刺成瘤，瘤上有三格腺，另有背小刺；体腹面为毛。

卵：黄色，长椭圆形，长0.35μm，宽0.24μm。卵囊由白蜡丝组成，绒球状。

40. 槭树绵粉蚧
Phenacoccus aceris (Signoret)

[分　　布] 中国东北、华北、西北；北美、欧洲、亚洲北部。

[为害对象] 榆等40余种木本植物。

[形态特征]

雌成虫：虫体椭圆形，长4mm，青黄色，体背盖有白色蜡粉，缘周有细长蜡刺18对，体节分明，产卵时在体后分泌长形白色卵囊。

[生活史与习性] 山西一年发生1代，以3龄雌若虫的椭圆形白茧和蛹的长椭圆形茧在树皮缝、翘皮下或枝杈处成群越冬。若虫5月底始孵，6月中旬为盛孵期，6~8月很少变化。

[防治方法] 参照柑橘粉蚧。

41. 白蜡绵粉蚧
Phenacoccus fraxinus Tang

[中文异名] 蜡绵粉蚧、白蜡囊蚧。

[分　　布] 北京、天津、辽宁、河南、河北、浙江、上海、江苏、山西、四川、甘肃、西藏。

[为害对象] 白蜡树、水蜡、皱皮酸藤、柿、核桃、重阳木、悬铃木、复叶槭、臭椿、栾树。

[为害状] 雌成虫和若虫主要寄生在芽梢、叶背刺吸汁液为害，使植株推迟发芽或不能发芽，或叶片变小，枝条枯死，诱发煤污病，树势衰弱。

[形态特征]

雌成虫：虫体椭圆形，长4.5~6mm，紫褐色，腹面平，背面略隆起，全体覆被白色蜡粉，分节明显，分节处蜡粉薄；体缘有白色蜡刺18对，向体后蜡刺趋长；腹脐5个，中部一个最大，向两侧突成盘形，其上下2个同形，但较小，第1和5个略近圆形或椭圆形；体背前、后背裂发达；腹部腹板及

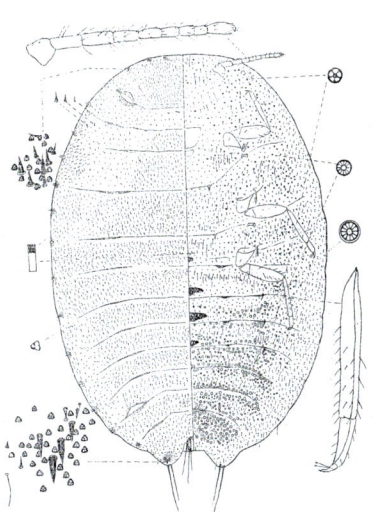

白蜡绵粉蚧雌成虫

卵囊（近视）

雌成虫（近视）

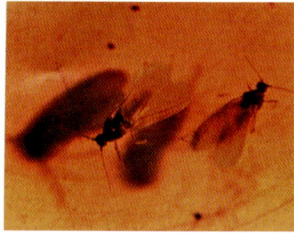
雌成虫（近视）

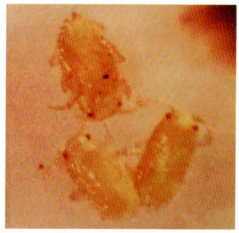
若虫（近视）

头胸部亚缘区五格腺形成宽带。老熟雌成虫分泌蜡质，形成白色长形卵囊，囊长为体长之2倍以上。

雄成虫：长约2mm，翅展约4mm。体棕黑色。触角9节，腹末有白色长短蜡丝各1对，交尾器呈短锥状。

卵：卵圆形，黄褐色。

若虫：初孵时椭圆形，长0.4mm，宽0.2mm，淡黄褐色，触角9节，足发达，尾端有白色长短蜡丝各1对。夏型若虫黄褐色，体被薄蜡粉；冬型若虫淡褐色，体密被白色蜡粉。

雄蛹：长椭圆形，体长1.8mm，宽0.9mm，黄褐色，包被于灰白色蜡囊内。

[生活史与习性] 一年发生1代。以若虫在树皮缝、翘皮下、芽鳞间结灰白色蜡囊越冬；北京初春白腊树液流动时，越冬若虫开始刺吸树液。白腊树芽萌动前夕，开始雌雄分化，雄若虫在蜡囊内化蛹，3月至4月上旬羽化为成虫。3月底4月初白腊树叶芽吐出2~7mm长，花蕾显现，越冬代雌、雄成虫先后爬出蜡囊交配。受精雌成虫多爬到嫩枝分杈处固定寄生，4月中旬腹末开始分泌形成

为害状

白色絮状卵囊并产卵，每雌产卵约1 000粒。卵期20天左右，5月上旬刺槐盛花期，若虫始孵，下旬为盛孵期。兰州卵始孵期为5月中旬，郑州4月下旬至5月底卵孵化，5月中旬为盛孵期。卵孵化率可达89%。初孵若虫集中在叶背主脉两侧刺吸为害，直至10月上旬落叶前后，陆续转移到枝干上结蜡囊越冬。

[天　　敌] 捕食性天敌有二星小瓢虫、圆斑弯叶瓢虫，捕食若虫和卵；寄生性天敌有栎长缘刷盾跳小蜂、蜡蚧阔柄跳小蜂，寄生雌成虫。

[防治方法] 药剂防治适期宜掌握在5月上旬刺槐盛花期过半月时间的若虫盛孵期，以及10月上旬若虫从叶片转移到枝干上爬动时期。在4月下旬雌成虫产卵盛期，用高压水枪冲洗，冲掉虫体及卵囊，效果明显。防治方法参照柑橘刺粉蚧。

42. 柿树绵粉蚧
Phenacoccus pergandei Cockerell

[中文异名] 柿长绵粉蚧、柿绵粉蚧

[分　　布] 中国四川、山西、河北、陕西、辽宁；日本、南非。

[为害对象] 柿树、苹果、李树、梨树、枇杷、无花果、核桃、桑树、泡桐、芙蓉、仙花、常春藤、忍冬、跑马子、英荬荬等。

[为害状] 雌成虫和若虫群栖于枝、芽、叶和果台刺吸汁液为害，引起受害部位产生黄色斑点，严重时大小斑点连成一片，导致枝、芽、果台坏死，枯黄脱落。同时引起煤烟病，严重削弱树，是苹果、柿树的大害。

[形态特征]

果实上若虫

为害状

雌成虫： 虫体椭圆形，长 4~6mm，紫褐色；触角 19 节，后足无透明孔，体被白色蜡粉，腹脐 5 个，位于后胸至第 5 腹节腹板上；背孔 2 对，尾瓣不显或稍显，刺孔 17~18 对；三格腺分布背腹面，五格腺分布在腹面中区，多格分布在腹部腹面，管腺分布背腹面，小刺分布在全背和腹面边缘，腹面为毛。成熟时腹末分泌出白色絮状长卵袋，长 20~30mm。

雌成虫： 长 2mm，淡黄色，翅展 4.5mm，尾部有 2 根长刚毛。

卵： 圆形，长 0.2mm，初产白色，渐变橙黄色。卵产于白色絮状长卵袋中。若虫扁平椭圆形，长 0.7mm，宽 0.3mm，初孵时体淡黄色，复眼红色，体渐变为橙黄色，复眼黑色。

雄蛹： 体淡黄色，包被于米粒状白茧中。

[生活史与习性] 四川一年发生 2 代，以 3 龄若虫结成米粒状白茧在枝干阴面或翘皮缝隙越冬。翌年 2 月下旬开始活动，越冬代雄成虫 3 月下旬大量羽化，5 月中下旬雌成虫分泌蜡质形成长形卵袋，并产卵其中。6 月下旬到 7 月上旬第一代若虫大量孵化。9 月上旬为第一代雌成虫产卵盛期，9 月中下旬为第二代若虫盛孵期。11 月开始，3 龄若虫在枝条阴面或翘皮缝隙中结茧，雌若虫群集于枝干阴面泌蜡覆体开始越冬。天津一年发生一代，以若虫越冬。越冬雌虫 4 月中下旬开始产卵，5 月上旬若虫开始孵化。

早春，日均气温达 11℃时，越冬雌若虫在晴天中午群集于枝头，嫩芽、嫩叶和果台吸食为害。每头受精成虫产卵 300~400 粒，第一代卵期约 20 天，第二代卵期仅 3~5 天。初孵若虫善爬行，一般 5~15 头聚集于果台、芽苞、枝头和叶片上吸食为害，第二代若虫于 10 月开始，随着气温的下降，逐渐转移至枝干阴面或翘皮缝隙中越冬。

[天　敌] 主要天敌有黑缘红瓢虫，大红瓢虫、二星瓢虫、寄生蜂等。

[防治方法] 参照柑橘刺粉蚧。

43. 杏树绵粉蚧
***Phenacoccus aceris* Borchsenius**

[中文异名] 大理绵粉蚧、梅绵粉蚧。
[分　布] 云南。
[为害对象] 杏、蔷薇、李。
[形态特征]

雌成虫： 虫体椭圆形，长 3~3.5mm；触角 9 节，后足径节长形，有透明孔群，腿节也有；腹脐 5 个，中间 1 个最大，位于第 3~4 腹节间；背孔 2 对，刺孔群 18 对；三格腺分布在背腹两面，五格腺无，多格腺在第 3~8 腹节腹板上排成横列，管腺 3 型。

[防治方法] 参照柑橘刺粉蚧。

44. 柑橘刺粉蚧
***Planococcus citri* (Risso)**

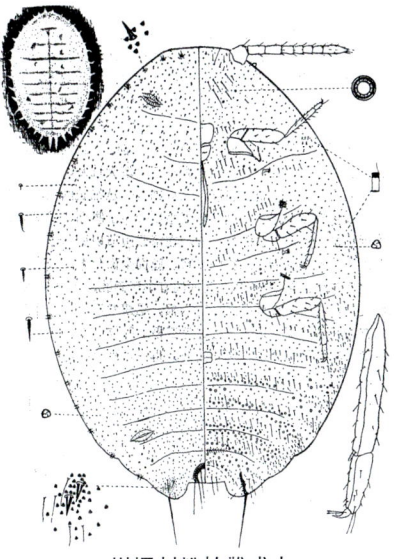

柑橘刺粉蚧雌成虫

雌成虫（近视）

[中文异名] 桔臀纹粉蚧、柑橘臀纹粉蚧、臀纹粉蚧、柑橘粉蚧。

[分布] 中国云南、四川、广西、广东、湖南、湖北、江苏、江西、浙江、福建、北京、上海、东北、华北、宁夏及台湾等地区；日本、印度、斯里兰卡、菲律宾。

[为害对象] 柑橘、柚、柠檬、橙、菠萝、龙眼、芒果、香蕉、槟榔、椰子、无花果、番石榴、石榴、葡萄、梨、苹果、柿、草莓咖啡、茶、桑、棉、烟草、树茄、黄皮、牡丹、米兰、山茶、扶桑、茉莉、马蹄莲、菊花、牵牛花、君子兰、五色梅、攀龙香、凤仙花、火炬花、一品红、象牙红、玉海棠、绣球、玉树、杜鹃、霸王鞭、球兰、蜈蚣草、肖竹芋、观音竹、棕榈、海桐、广玉兰、松、梧桐、巴豆、台湾相思、落地生根、日本泡桐、常春藤、龟背竹、女贞、榕、紫苏及茄科等植物。

[为害状] 雌成虫和若虫群栖于嫩枝的幼芽、叶腋、叶反面、嫩枝梢及果实的蒂部，果柄等隐蔽场所吸食为害，并诱发煤污病，造成新梢畸形，叶片脱落，果实变小被污染，影响果实品质和产量。

[形态特征]

雌成虫：虫体椭圆形或宽卵形，长3~4mm，宽2~2.5mm，粉红色或绿色，被白色蜡粉，但常显露体节；体缘有18对白色短蜡刺，蜡刺细棒状，呈辐射状伸出，长度从头端向后逐渐增长。触角8节，有前背裂和后背裂。腹裂1个明显，位于第4和第5腹板之间；刺孔群18对，1~17对各具两根刺，一般无毛，第18对刺孔群具两根较大的圆锥形刺和3根较细长的毛。肛环有肛环刺毛6根。产卵时分泌形成卵囊。

雄成虫：栗褐色，有1对翅，腹部末端有两根细长蜡丝。

卵：椭圆形，淡黄色。卵囊淡黄色，絮状，分泌物呈半球状。

若虫：初孵时椭圆形，长约15mm，浅黄色，

为害状

为害状

为害状

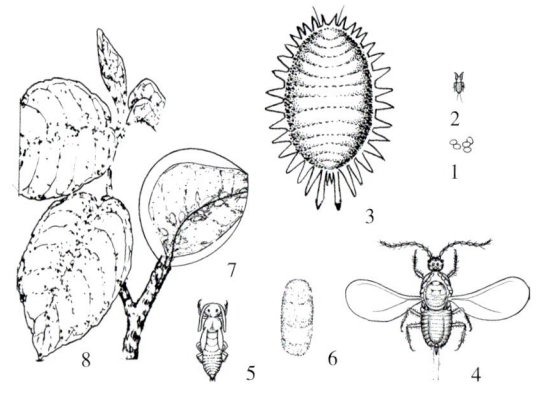

1. 卵　2. 若虫　3. 雌成虫　4. 雄成虫　5. 蛹　6. 雄虫茧
7. 放大图　8. 为害状　（寄主：台湾海棠）

柑橘刺粉蚧

为害状（放大）

扁平，被白色蜡粉。

雄蛹：栗褐色，包被于白色长椭圆形茧内。

[生活史与习性] 四川、湖南一年发生3~4代，多以雌成虫在枝干缝隙处，若虫多群栖于叶柄、果柄基部或小枝切断处越冬，翌年4月下旬至5月中旬越冬雌成虫产卵，每雌产卵116~767粒。卵期约2周；5月中、下旬孵化出第一代若虫，多群栖于叶柄、果柄基部或小枝切断处、枝干伤裂处以及根部刺吸汁液为害；第2、3代若虫主要寄生于叶片背面主脉处为害。9~10月可见雄虫在土表约1cm深处结茧化蛹，羽化为成虫，部分个体则越冬后翌春再继续发育。在温室内周年可繁殖为害。主要捕食性天敌为孟氏隐唇瓢虫。天敌有寄生蜂。

[防治方法]

植物检疫：禁止引进带虫苗木。

园艺防治：栽植密度适中，剪除虫枝、重叠枝；加强养护管理，保持通风透光。

生物防治：助牵天敌昆虫。

药剂防治：对植株高大难防治的乔木，在若虫始孵期，使用"益树安"自流式树干注药针剂，或采用挂"吊针"滴注吸性注农药，也可使用强力树木注射器注射氧化乐果或久效磷等内吸杀虫剂，按干径每厘米用药1.5~2.0mL，用水稀释成2~3倍。对露地花灌木，在若虫盛孵期，埋施2%吡虫啉颗粒剂，分别按花灌径每20cm用药1~2g或2~4g的标准埋施，深度以接近须根为宜，埋后及覆上浇水；对盆栽花卉，在若虫盛孵期，埋施2%吡虫啉颗粒剂，分别按花盆口径每20cm用药0.6~1.2g或1.2~2.4g埋施，方法同露地花灌木。

喷雾防治适期掌握在5月下旬第一代若虫孵化末期，选择10%吡虫啉可湿性粉剂1 500倍液。花保80倍液、10.8%凯撒乳油2ppm液、5%苦参素1 000倍液喷雾。

45. 印度刺粉蚧
***Planococcus indicus* Avathi et shatee**

[中文异名] 马氏刺粉蚧。

[分　　布] 广西(南宁)、广东(广州)。

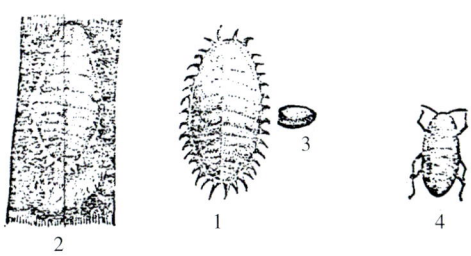

1. 雌成虫　2. 带有分泌物的成虫　3. 卵　4. 初龄若虫

印度刺粉蚧

[为害对象] 石栗、秋枫等。

[为　害　状] 雌成虫和若虫多群栖在叶片背面、花梗、嫩枝及枝干分叉处刺吸汁液为害，引起落叶、落花、落果，嫩枝枯死，诱发煤污病，树势衰弱。

[形态特征]

雌成虫：虫体卵圆形，长2.5~4.0mm，宽1.9~2.3mm。橘红色，体被白色蜡粉，体缘有白色短蜡刺，长度往后端逐渐增长。刺孔群18对。

卵：长椭圆形，淡黄色。卵产于白色絮状卵囊内。

若虫：初孵时长椭圆形，淡黄色，触角和足健全；大龄若虫卵圆形，体被蜡粉。

[生活史与习性] 印度刺粉蚧是广州石栗行道树的重要害虫，每年3月开始为害，4~5月为害最烈，6月虫口密度开始下降，全年发生为害期约4个月。7月以后很难见到该虫，被害植株又逐渐恢复正常。在幼树上发生较轻，老树发生较重；石栗树与木麻黄混栽发生轻，单一栽植的石栗行道树发生重。

[天　　敌] 主要天敌有亚非草蛉、孟氏隐唇瓢虫、圆斑弯叶毛瓢虫、六斑月瓢虫等。其捕食性作用很大，是该虫7月以后几乎消失得无影无踪的主要因素。

[防治方法] 石栗、秋枫与木麻黄等抗虫树种混栽，可极大地减轻虫害；在雌成虫产卵盛期，用高压水枪洗可冲掉绝大多数虫体和卵囊。

46. 南洋刺粉蚧
***Planococcus lilacinus* (Cokerell)**

[中文异名] 咖啡臀纹粉蚧、咖啡根粉蚧、咖啡紫蚧。

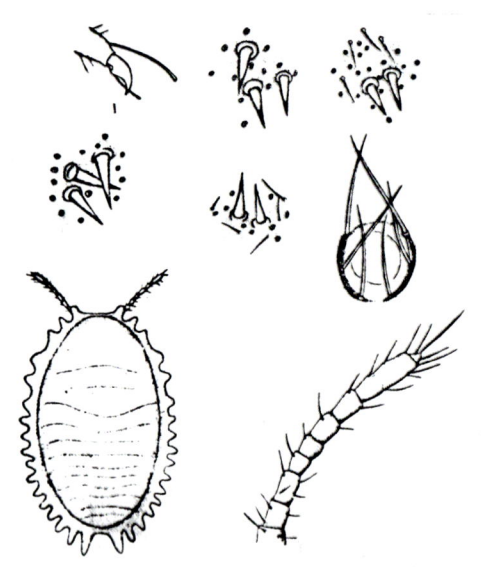

南洋刺粉蚧雌成虫

[分　　布] 中国广西、云南、台湾；斯里兰卡、印度尼西亚、印度、菲律宾、爪哇。

[为害对象] 咖啡、台湾相思、牛心果、槟榔、菠萝、羊蹄甲、紫苏、柑橘、变叶木、刺桐、银叶树、野梧桐、栀子、番石榴、柚木、榄仁树、可可、巴豆、破布丁、大戟、杜鹃等。

[为　害　状] 该虫是咖啡的毁灭性害虫，以雌成虫和若虫栖于咖啡根部刺吸汁液为害。初期在根茎2~3cm深处，然后逐渐蔓延遍布整个根系，并常与一种真菌共生，在根部外围结成一串串瘤疱，蚧虫被包裹在其中，借此保护并大量繁殖，妨碍根系发育，造成叶黄枝枯，长势衰弱，影响翌年正常开花结实，严重时，主根及侧根霉烂脱落，到秋末冬初的干旱季节，整株凋萎而亡。

[形态特征]

雌成虫：虫体椭圆形，体长2.5~3.5mm，宽1.2~1.5mm，紫色，背稍隆起，密披白色蜡粉，但节间处较稀薄，故体节隐约可辨。体缘有短而粗钝的蜡毛17对，自头至尾端愈向后愈长，以尾端蜡毛最长。触角丝状，共8节，全长3.5μm。足发达，淡黄色，能自由行动。体腹面腺堆共18对，堆上的锥形角刺数除第三堆为3~4根和第6堆为2~3根外，其余皆为2根。肛环有明显角质化环带，似马蹄形，上有长刺毛6根，两边相对排列。其余外体节上均稀布三孔腺及细毛。

雄成虫：长1~13mm，翅展2.5mm，体黄褐色。触角丝状同，10节，尾端有1对长蜡丝。

卵：椭圆形，紫色。卵粒常聚集成块，被白色蜡粉。

若虫：初孵时状似雌成虫，紫红色，扁平，随着虫龄增加，体背蜡粉加厚，体缘的蜡毛逐渐突显。

[生活史与习性]

生活史：广西一年发生多代。以若虫在土壤湿润的寄主根部越冬。翌春3~4月为越冬代雌成虫盛发期，6~7月是第1~代雌成虫发生盛期。完成一世代经60多天，其中卵期2~3天，若虫期约50天，雌成虫寿命约1~5天，世代重叠。

发生与环境：南洋刺粉蚧多在茸草及灌木丛生、土壤肥沃疏松，富含有机质的林地发生。

与蚂蚁共生，蚂蚁以粉蚧分泌的蜜露为食，同时常搬迁保护粉蚧；被蚧虫为害的植株主干上，常有小黄褐蚂蚁来回爬动，其根茎下5~10cm深处，必然有白色粉蚧或淡青绿色瘤疱，因此，蚂蚁是南洋刺粉蚧的指示昆虫，粉蚧依靠蚂蚁传播。

[防治方法] 参刺柑橘刺粉蚧。

47. 梅山刺粉蚧
Planococcus mumensis Tang

[中文异名] 美臀纹粉蚧。

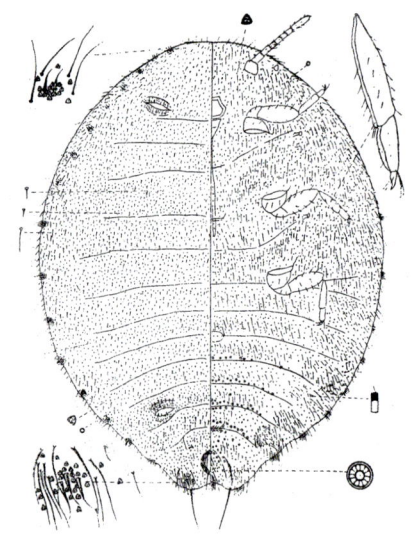

梅山刺粉蚧雌成虫

[分　　布] 浙江（黄岩梅山）。

[为害对象] 梅花。

[为 害 状] 雌成虫和若虫寄生在叶片上刺吸汁液为害。

[形态特征]

雌成虫：虫体广椭圆形，长约 3mm，青色或红色，体被白色蜡粉；周围有白色蜡丝 18 对，蜡丝向体后端变长；尾瓣宽突，其腹面有硬化棒；缘毛成丛。

[防治方法] 参照柑橘刺粉蚧。

48. 中华刺粉蚧
***Planococcus sinensis* Borshsenius**

[中文异名] 中华臀纹粉蚧、漆白粉蚧。

[分　　布] 湖北、云南。

[为害对象] 漆树、桑、柿、榕、大戟、交趾木、虎皮楠、密蒙花、野牡丹、倒挂金钟、醉血草。

[为 害 状] 雌成虫和若虫群栖在漆树根部刺吸汁液为害，受害根形成凹陷槽孔，因养分供应受阻而变细干枯，严重时，根系衰弱枯死。

[形态特征]

雌成虫：虫体椭圆形，长 3.5~5.0mm，宽 2.5~3.5mm，黄红色，龟背状，体壁一定程度硬化，被白色絮状蜡质。触角 9 节。

若虫：初孵时椭圆形，浅黄色，触角和足健全，固定 2~3 天后，体色渐变红黄色，并开始分泌絮状蜡丝。

[生活史与习性]

生活史：湖北一年发生 2~3 代。以雌成虫和若虫在漆树根部 5~30cm 深处越冬。翌年 4 月下旬气温稳定在 14℃左右时，越冬雌成虫开始取食。无雄成虫，营孤雌胎生。每头雌成虫产若虫 60~216 头，平均 130 头。初产若虫活跃，顺着树干爬行，在初夏，个别爬行至树梢芽苞处，约经 8 天后返回地下，多群栖于主干地下部或主根、侧根韧皮部开裂处吸食为害，不再转移。11 月上旬开始越冬。

发生与环境：在土壤疏松，土质较好的油沙地发生为害严重；而在土壤板结，通气透水性差的地发生较轻。蚂蚁为该虫的指示昆虫。

[防治方法] 防治适期宜掌握在 5 月上旬越冬代雌成虫产仔前夕。据生产单位介绍，在虫株周围撒施一层 2.5% 西维因粉剂，防效极佳。

49. 长刺粉蚧
***Pseudococcus longispinus* (Linnaeus)**

[中文异名] 长尾粉蚧。

[分　　布] 中国四川（攀枝花）、福建、广东、广西、云南、台湾；亚洲南部、美洲、非洲东南部、欧洲。

[为害对象] 羊蹄甲、象耳豆、台湾相思、芒果、柑橘、蒲桃、葡萄、山龙眼、杏、番石榴、桑、槟榔、肖乳香、山决明、海桐、文竹、马缨丹、黄葛树、栀子、木兰、红桑、银边桑、扶桑、变叶木、樱花。

[为 害 状] 雌成虫和若虫群栖于叶片、叶腋、树皮缝刺吸汁液为害，造成叶黄枝枯，诱发煤污病，长势衰弱。

[形态特征]

雌成虫：虫体椭圆形，长约 3.5cm，体被白色蜡粉，体缘有 17 对白色蜡刺，末端 1 对显著伸长，等于或超过体长，末前对约为末对的 1/2，其余各对近相等均为末前对长度的 1/2。触角 8 节，顶端节明显长于其他各节。腹裂一个，较大，呈椭圆形。肛环宽，具内缘和外缘二列卵圆形孔和 6 根肛环刺。臀板发达，腹面有一

雌成虫（近视）

个三角形硬化片，顶端有一根臀瓣刺。在臀瓣刺上方有几根长毛。蕈状腺在体背各节几乎都有。刺孔群17对，由2~4根刺组成。18对刺孔群中的三孔腺在刺的周围密集成群，整个均着生在硬化片上。

[生活史与习性] 四川攀枝花一年发生1代。以若虫在枯枝落叶和树皮裂缝中越冬；翌年3月中旬至5月中旬越冬雄虫化蛹，6月中旬至7月中旬羽化为成虫。营孤雌卵生。5月中旬至6月中旬越冬代雌成虫形成卵囊并产卵其中，5月中旬至6月中旬初孵若虫自卵囊内蜂拥而出。6月中旬至7月上旬为1龄若虫期，6月下旬至9月上旬为2龄若虫期。

[天　敌] 捕食性天敌有丽草蛉、孟氏隐唇瓢虫、瘿蚊；寄生性天敌有粉蚧三色跳小蜂、长索跳小蜂、粉蚧长索跳小蜂、跳小蜂和广腹细蜂等。

[防治方法] 参照柑橘刺粉蚧。

50. 柑橘栖粉蚧
Pseudococcus Calceolariae (Maskell)

[分　布] 河北、山东、湖北、湖南、江西、四川、云南、广东、广西、福建、河南、贵州、西藏、台湾及北方温室。

[为害对象] 柑橘、苹果、梨、葡萄、橙、菠萝、番石榴、茶、桂花、栀子、鸡蛋花、长春花、扶桑、夹竹桃、万年青、文竹、榕、阴香、多肉多浆植物等多种植物。

[为害状] 雌成虫和若虫寄生在新梢、果梗、果实、叶片和茎干上刺吸汁液为害。

[形态特征]

雌成虫：虫体椭圆形，长2~4mm，暗红色，体背分节明显，并显现出4条纵列裸线，透出暗红色虫体；全体覆盖一层较薄的白色蜡粉，虫体缘周有白色粗短蜡刺17对，其中尾端1对较长而粗。

[生活史与习性] 一年发生3代。每头雌成虫可产卵近千粒。

[防治方法] 参照柑橘刺粉蚧。

51. 柑橘棘粉蚧
Pseudococcus cryptus Green

[中文异名] 橘小粉蚧、橘棘粉蚧。

[分　布] 中国四川、云南、贵州、广东、广西、河北、山东、山西、湖南、湖北、浙江、福建、江苏、陕西、辽宁、甘肃、澳门、台湾等省区；斯里兰卡、美国（夏威夷）、爪哇、苏门答腊菲律宾、日本、俄罗斯。

[为害对象] 梨、苹果、桃、杏、梅、李、樱桃、石榴、柑橘、枣、柿、板栗、无花果、葡萄、柚、金橘、柠檬、酸橙、茶、油茶、油桐桑、海棠、栀子、榕、海桐、刺桐、冬青、龟背竹等多种植物。

[为害状] 雌成虫和若虫多群栖在叶背中脉两侧、叶柄、果蒂及枝叶交接处等隐蔽场所刺吸汁液为害，被害处发生黄斑，严重时引起落叶、落果，诱发煤污病，被害果实变小且布满黑色病菌不堪食用。而在云南西双版纳地区很少为害地上部分，多为害柑橘苗根部，造成地上部分干缩枯萎，地下根系减少，发育不良，甚至整株死亡。

[形态特征]

雌成虫：虫体椭圆或卵圆形，长约2mm，淡黄或黄绿色，体被白蜡粉，但体节隐约可辨。体缘有17对粗钝的长蜡刺，其中体前部2/3蜡刺长为体宽的1/2，体后部4~5对蜡刺长度约为体宽的2/3，尾端1对蜡刺的长度超过体长的2/3。产卵时形成白色絮状蜡质卵囊。

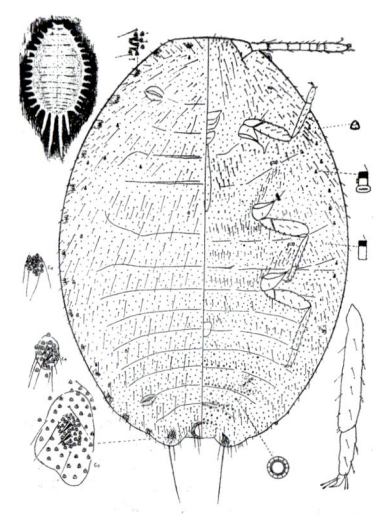

柑橘棘粉蚧雌成虫

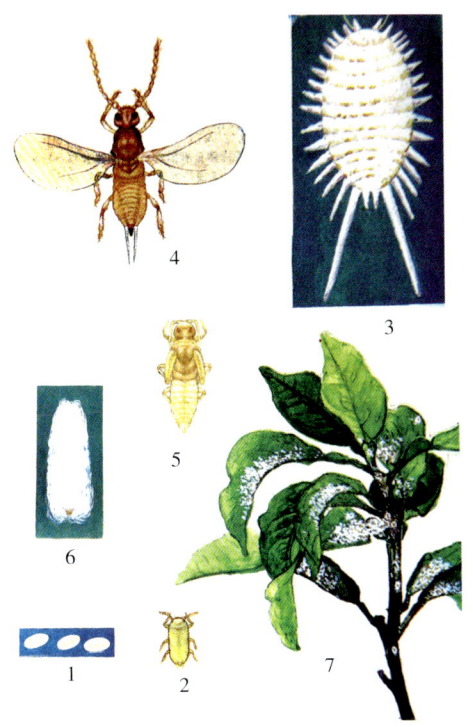

1. 卵 2. 若虫 3. 雌成虫 4. 雄成虫 5. 蛹
6. 雄虫茧 7. 为害状

柑橘棘粉蚧

雄成虫： 长约1mm，体酱紫色，眼红色。具翅1对，腹部末端有1对白色长尾丝。

卵： 椭圆形，淡黄色。卵囊由白色絮状蜡质构成，长形，前端细而后端宽，并向一方弯曲。

若虫： 初孵时扁椭圆形，长0.4mm，黄白色，足和触角发达，尾端有1对尾丝。2、3龄若虫状似雌成虫，但体背蜡粉较薄。

雄蛹： 体长约1mm，土红色，体被薄蜡粉。

[生活史与习性] 多数地区一年发生4~5代；云南西双版纳6代、广西罗甸重叠发生5~7代、广西梧州8代。在发生4~5代地区以雌成虫和若虫在叶背等处越冬；翌年5月越冬若虫发育为成虫。各代产卵期分别为5月、6月下旬、7月下旬、8月下旬至9月上旬、10月中、下旬。冬春一代的繁殖力最强，每头雌成虫产卵300~500粒，最多达1 000粒，但发生量以10~11月最多。第1代若虫多群栖于叶背中脉两侧、叶柄、果蒂、枝干裂缝以及地下根部；第2、3代若虫多在果柄处为害。浙江黄岩平均气温降至15时，虫体失去活力，但少数雌成虫在12月下旬至翌年2月上旬仍可产卵。在广西、云南全年均可见各虫态，无明显越冬现象。在云南西双版纳主要危害柑橘苗根部，很少转移到地上部为害。刺粉蚧随土壤湿度的增减而在地下部上下迁移。当表土干燥时多迁至土壤深层达17~20cm处的根际；表土湿度在90%左右时，则在靠近土表的根部为害。在接近土表的粉蚧，多能感觉到蚂蚁垒土。蚂蚁用细土将粉蚧连同植株团团围住，以便取食粉蚧分泌的糖液。因此，凡见到植株周围有小土包，里面定有粉蚧。蚂蚁还在植株间搬迁粉蚧，帮助其传播。

[天敌] 捕食性天敌有圆斑弯月毛瓢虫、孟氏隐唇瓢虫、黑方突毛瓢虫、台湾小瓢虫；寄生性天敌有粉蚧长索跳小蜂、粉蚧三色跳小蜂、粉蚧蓝绿跳小蜂。

[防治方法] 参照柑橘刺粉蚧。

为害状

52. 康氏粉蚧
***Pseudococcus comstocki* (Kuwana)**

[中文异名] 康粉蚧。

[分布] 中国辽宁、吉林、黑龙江、河北、山东、湖北、湖南、江西、浙江、上海、广东、广西、福建、台湾、云南、四川等地区；美洲、欧洲、日本、斯里兰卡、大洋洲、朝鲜。

[为害对象] 梨、李、桃、苹果、杏、樱桃、柿、核桃、梅、枣、山楂、柑橘、橙、柚、荔枝、葡萄、

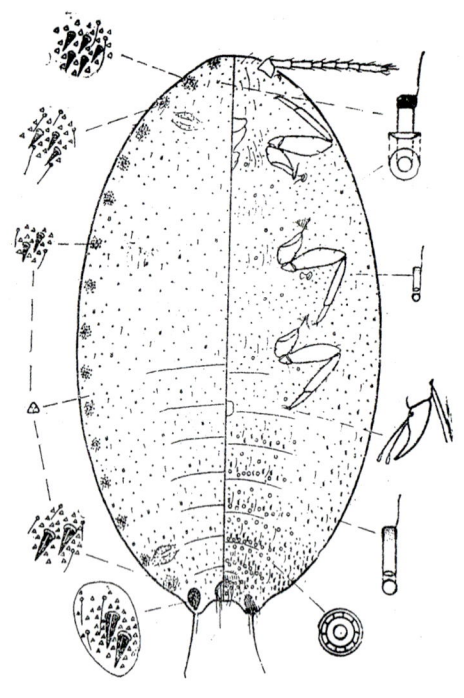

康氏粉蚧雌成虫

石榴、糖槭、桑、茶、悬铃木、泡大同、茉莉、碧桃、梅花、海棠、君子兰、朱顶红、夜来香、鹤望兰、栀子、夹竹桃、枸子、梓、银杏、樟、刺槐、榆、柳、散尾葵、海桐、卫矛、万年青、小檗、铁色剑、铁线莲、须芒草、葎草、常春藤、瓜类及蔬菜等多种植物。

[为害状] 雌成虫和若虫群栖在幼芽、嫩枝、叶片、果实及根部刺吸汁液为害，造成嫩枝肿胀，皮层纵裂而枯死，果实畸形，叶片枯黄，诱发煤污病，树势衰弱，影响开花结果。

[形态特征]

雌成虫（放大）

雌成虫： 虫体椭圆形，红色，长3~5mm，体被一层较薄的白色蜡粉；体缘有白色蜡刺17对，蜡刺基部粗，末端尖削。体前端蜡刺短，向后则稍长，尾端1对蜡刺特长，为体长的1/3~1/2，中后端的蜡刺为体宽的1/4；触角念珠状，8节。腹裂1个，椭圆形。臀瓣发达而突出，顶端生有1根臀瓣刺。具2根刺。C_{18}具两根较粗的圆锥形刺，5~8根刺毛和若干个三孔腺。C_{18}均着生在硬化片。

雄成虫： 长约1mm，翅展约2mm。体紫褐色，尾端有对尾须。

卵： 椭圆形，浅橙黄色。卵粒包被于白色絮状卵囊中。

若虫： 椭圆形，扁平，体淡黄色，状似雌成虫。

雄蛹： 长1.2mm，淡紫色。包被于白色长茧中。

[生活史与习性] 河南、河北一年发生3~4代。吉林（延边地区）为2代。均以卵囊在枝干

雌成虫（近视）

皮缝或石缝中等隐蔽场所越冬；翌年5月中、下旬梨树发芽时为越冬代卵孵化盛期。初孵若虫集中为害嫩枝、幼芽。1~2代若虫孵化盛期分别是7月中、下旬，8月下旬。越冬代若虫发生比较整齐，1、2代有世代重叠现象。每头雌成虫产卵200~400粒。雌若虫发育期35~50天，雄若虫发育期25~37天。

[天敌] 康氏粉蚧的天敌很多，主要种类有豹纹花翅蚜小蜂、粉蚧长索跳小蜂、粉蚧蓝绿跳小蜂、粉蚧玉棒跳小蜂、异色阔柄跳小蜂、粉蚧三色跳小蜂等，寄生作用较大。

[防治方法] 参照柑橘刺粉蚧。

为害嫩枝状　　　为害君子兰叶片

53. 长尾粉蚧
***Pseudococcus longisp inus* (Taegioni)**
寄主：番石榴

雌成虫（近视）

54. 真葡萄粉蚧
***Pseudococcus maritimus* (Ehrhorn)**

[中文异名] 海粉蚧、葡萄粉蚧。

[分　布] 山东、广西等地区。

[为害对象] 葡萄、柑橘、无花果、香蕉、梨、苹果、杏、山楂、核桃、洋梨、桑、油桐、茶、槭树、洋紫苏、天芥菜、皂荚、倒挂金种、朱顶红、马蹄莲、水仙、松叶菊、美人蕉、九里香、悬钩子、补骨脂、楸树、槐、朴树、柏椴等多种植物。

[为害状] 雌成虫和若虫寄生在植株的各部位刺吸汁液为害。

[形态特征]

雌成虫：虫体椭圆形，长 2~5mm，灰红色，体薄被白蜡粉，体缘四周具细短蜡刺 17 对，在第 3~4 节腹板间有腹脐，大；刺孔群 17 对；三格腺分布在背、腹面，多格腺在腹部腹面多刺，1~23 个，第 4 腹节以下在前、后缘成横列；腹背蕈管数 18~23 个，后足胫节小孔 15~68 个，腿节小孔 2~73 个。

[防治方法] 参照柑橘刺粉蚧。

55. 东亚蔗粉蚧
***Pseudococcus saccharicola* Takahashi**

[中文异名] 甘蔗粉蚧。

[分　布] 江西、台湾。

[为害对象] 甘蔗、水稻、芒草及其他杂草。

[为害状] 雌成虫和若虫潜伏在叶鞘内刺吸汁液为害。

[形态特征]

雌成虫：虫体椭圆形，长约 3.5mm，黄褐色，盖有白蜡粉，体缘无蜡刺，两侧近平行；触角 8 节，后足胫节上具透明小孔 15~30 个，脐腹小而发达，横径远小于后足基节长；尾瓣不太显，刺孔群 16 对，末 2 对刺孔群无硬化片；三格腺均分布于背、腹面，蕈腺少，大多腹节背中有一横列；管腺分大小 2 种。

[生活史与习性] 江西南康一年发生 3~4 代。以若虫在蔗桩等处越冬；宿根蔗的越冬若虫翌年 7 月上旬至 8 月上旬开始活动危害，新植蔗则推迟 15~30 天。不同甘蔗品种间虫害发生期亦不同，新植赣蔗十四号比赣蔗一号早发 1 个月；宿根赣蔗十四号比赣蔗一号有的年份迟发 15 天，有的年份早发 20 天。雌成虫营孤雌卵生，卵产于白色絮状卵囊内。8 月份田间虫口密度开始迅速增长，9 月~次年 1 月是繁殖危害盛期。

雌、若虫聚集在甘蔗节间的蜡粉带上和芽的周围吸汁为害。受害植株生长受阻，含糖量降低。

[防治方法] 参照柑橘刺粉蚧。

56. 云南锈粉蚧
***Brevennia rehi* Borchsenius**

[中文异名] 景东禾鞘粉蚧、碎粉蚧、伪土粉蚧。

[分　布] 四川（西昌、米易、陵南、攀

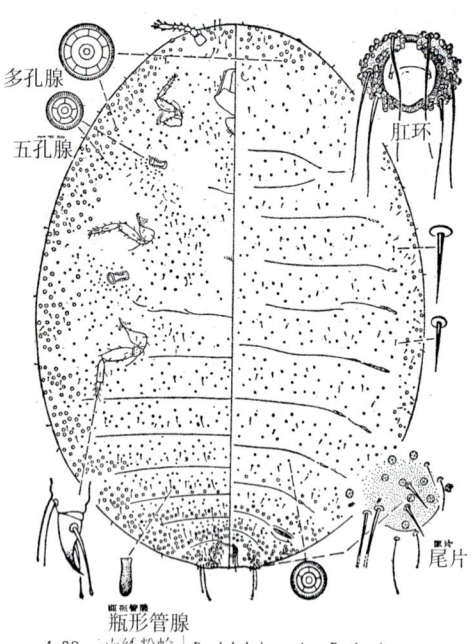

云南锈粉蚧雌成虫

枝花)、云南(景东)、西藏(日喀则、拉萨、山南)。

[为害对象] 水稻和禾本科杂草——红草、狗尾草、铁线草,以及荆三棱草、莎草等莎草科杂草。

[为 害 状] 雌成虫和若虫潜伏在水稻植株的叶鞘内刺吸汁液为害,受害状因水稻生育期不同而异:早期受害,叶色变黄,生长受阻,不抽新叶;分蘖期受害,主杆和分蘖苗均不能抽穗。

57. 多刺垒粉蚧
Rastrococcus spinosus (Robinson)

[中文异名] 刺梳粉蚧、珠丝平刺粉蚧。

[分　　布] 广东、福建、台湾。

[为害对象] 茶、五月茶、无花果、芒果、荔枝、番石榴、牛皮冻、厚皮香、香杏、柯树等。

[为 害 状] 在茶树上主要寄生于叶背刺吸汁液为害,以靠近地面的叶片为多,造成叶片干燥、变黄脱落。

[形态特征]

雌成虫:虫体卵形或椭圆形,前、后端均钝圆;活体背面被白色蜡粉覆盖,体周缘有白色的细长蜡突17对,呈放射状伸出,其中以头尾部的蜡突较长;足细长。

[防治方法] 参照柑橘刺粉蚧。

58. 柑橘土粉蚧
Ripersiella kondonis (Kuwana)

寄主:柑橘

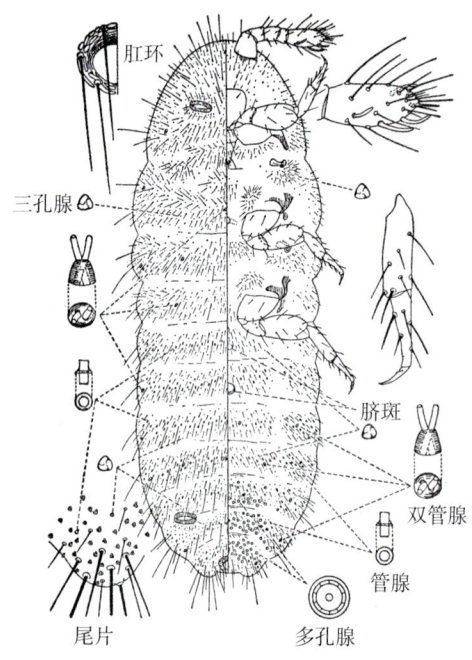

柑橘土粉蚧雌成虫

根部为害状(日本)

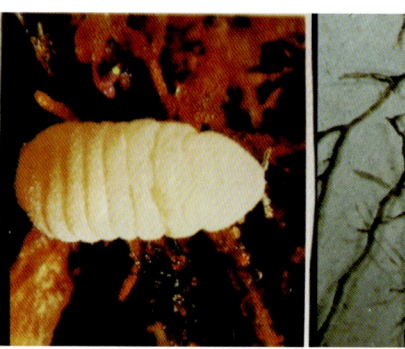

雌成虫(近视)　　根部为害状

59. 旧北蔗粉蚧
Trionymus isfarensis Williams

[分　　布] 中国宁夏、内蒙古；俄罗斯、波兰。

[为害对象] 羊草、冰草、蔺股颖、芒草、羊茅、早熟禾和针茅等禾本科草类（叶鞘下）。

[形态特征]

雌成虫：体椭圆形至细长形。体长 3.0～4.7mm，宽1.8~2.2mm。触角7节，0.25mm长，端节最长。眼有。背孔2对，但不发达。刺孔群仅末对，有2根锥刺，2或3根附毛及10~15个三格腺，有的个体在C_{17}处有1锥刺。肛环位于背末，有两列环孔及6根长环毛，环毛长约为环径的1.3倍。尾瓣不突，端毛长约等于环毛。足细小，爪无齿，后足基节无透明孔，但其内、后侧有1群小圆孔，后足转节+腿节与胫节+跗节几等长，胫节长为跗节长的近2倍。腹脐1个，大，近正方形至长方形，位于第4腹节腹板间。气门区骨化，三格腺稀疏分布背、腹两面，在气门口附近较多。多格腺较多，在第5至8腹节背、腹面成横带，向前散布于其他体面，但腹同比北面多，缘区比中区多。管腺2种：粗者长6μm，宽3.0μm，领高占管长的1/3；细者长4.3μm，宽1.5μm，无领。两者均分布背腹面，在背面散布，体缘较多，在腹面体缘成带，腹部各节成列，头胸中区散布。体毛分布两面。

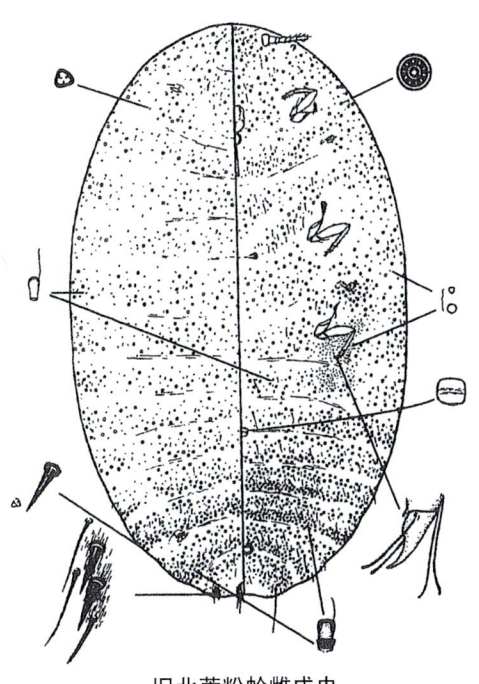

旧北蔗粉蚧雌成虫

60. 艾蒿匹粉蚧
Spilococcus artemsiphilus (Tang)

[分　　布] 宁夏（中卫、固原、西吉）、内蒙古。

[为害对象] 艾蒿、黄秆蒿、阿尔泰紫菀、水蓬（根部）。

雌成虫：体椭圆形，体长约1.68mm，宽约1.00mm。触角8节，长0.31mm。前、后背孔发达。刺孔群为腹末3对。末对有2根锥刺，2根细附毛和1小群三格腺，其他刺孔群中刺略小于末对，

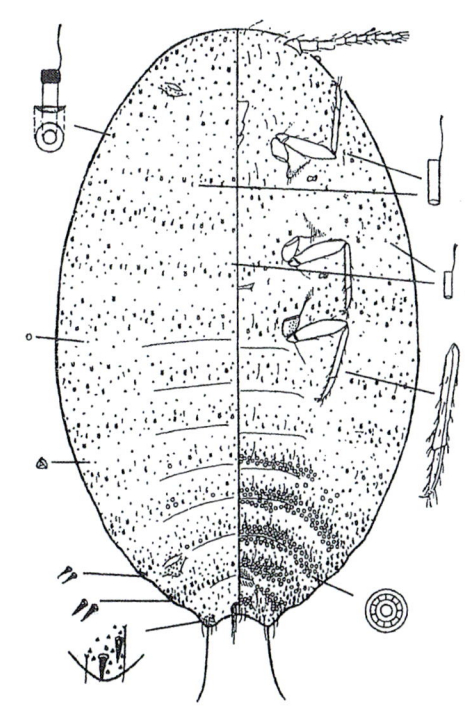

艾蒿匹粉蚧雌成虫

各有2根锥刺及4~6个三格腺，但无附毛。肛环在背末，发达，具2列环孔和6根长于环径之环毛。尾瓣稍突，端毛长0.12mm，为环毛长的1.5倍。腹脐无。足3对，爪下无齿，后足基节有成群透明孔。

三格腺分布在全体背、腹板上。多格腺密集分布在第4至8腹节腹板上，腹部背板上亦有少数。蕈腺在体背各节成横列，腹部边缘成纵带，胸部腹板上也有少数。管腺2种：大者

长8μm、宽3μm,主要在腹面各节成横列或带,其他体面散布;小者长7μm,宽2μm,散布在全体背、腹板上。单孔小于毛孔,全面分布。体背毛短粗,腹面者细长。

61. 黑麦条粉蚧
Trionymus aberrans Goux

[分　　布] 中国宁夏、内蒙古;亚美尼亚、保加利亚、法国、德国、匈牙利、哈萨克斯坦、摩尔多瓦、波兰、格鲁吉亚、乌克兰。

[为害状] 冰草、翦股颖、燕麦、凌风草、雀麦、羊茅、黑麦草、林地早熟禾、针茅、小麦、鹅观草等(叶鞘下)。

[形态特征]

雌成虫: 体长形,两侧几平行,长2.3~4.3mm,宽1.0~2.1mm。触角粗短,长可达0.3mm,8节。眼有。背孔2对,前背孔不太发达。刺孔群为

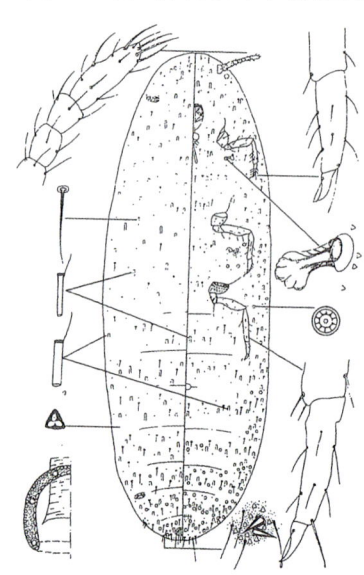

黑麦条粉蚧雌成虫

末2对,末对有2根粗锥刺,3或4根附毛和10~12个三格腺;末前对具1或2根刺、1或2根附毛及5~7个三格腺。肛环位于背末,半环形或马蹄形,有内、外两列环孔和6根长于环径之环毛。尾瓣不显,端毛长0.17mm,为环毛长的近2倍。腹脐无。足细长,爪下无齿,后足基节具有成群透明孔,后足转节十腿节比胫节十跗节长稍短,胫节为跗节长的2倍。三格腺多,分布体两面。多格腺零星分布在第6

至8腹节背板上;头胸部腹面与第2至4腹节腹面有少数,一般在气门周围常有。后气门比前气门处多,于第5、6腹节腹板上成横列,第7、8腹节腹板上成横带。管腺长7μm,宽2μm,在体背各节成列或带,腹面在头胸及第2、3腹节主要分布于体缘,中区有少量,在第4至8腹节成横带分布。总的来说,管腺在体缘较多。腹部腹面较多。背毛短且少,腹面毛细长。

62. 孤独条粉蚧
Trionymus singularis Schmutterer

[分　　布] 中国宁夏(贺兰山、石嘴山)、山西;捷克、德国、波兰、俄罗斯。

[为害对象] 翦股颖、羊茅、草地早熟禾、芨芨草、羊草、针茅等(根部)。

[形态特征]

雌成虫: 体长椭圆形,两侧近平行,体长约2.5mm,宽1.1mm。触角7节,0.25mm长。眼存在。背孔2对。刺孔群仅末对,具2根长锥刺及4~6个三格腺。肛环发达,具有2列环孔和6根长环毛。

尾瓣不突,端毛稍长于环毛。腹脐1个,小而圆,位于第3、4腹节腹板间。足3对,发达,爪下无齿。后足基节变大,其上有许多透明孔,有少数几个甚至扩展到腹板上。后足转古+腿节与胫节+跗节几等长,胫节为跗节长的1.7倍。

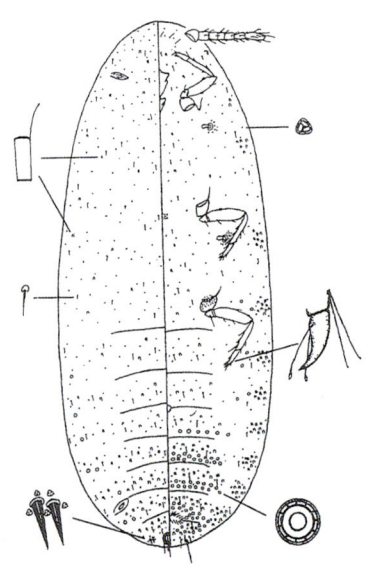

孤独条粉蚧雌成虫

三格腺多，分布背、腹两面，在气门口有1群8~12个。多格腺在第4腹节腹板成中断横列，第5至8腹节腹板成横带，另在后胸及第2、2腹节腹板边缘有少数；体背仅在腹部侧缘有少量。管腺1种：长7μm，宽3μm，在腹面第4至8腹节腹板上成横带，其他胸、腹节边缘成群，其群向前愈小；在腹末3、4腹节背板上成横带，其他体面散布，数量少。体毛细小。

五、毡蚧科

ERIOCOCCIDAE

虫体呈椭圆形、卵形、长形、圆形、梨形等；体长0.5mm至几cm，一般2~3mm。体壁柔软，少数则全部或局部硬化。体面常覆被蜡粉，大多被包裹于毡状卵囊内产卵。本科分布于全球，寄生在木本和草本植物的地上或地下部分。本科在我国已记录9属48种。

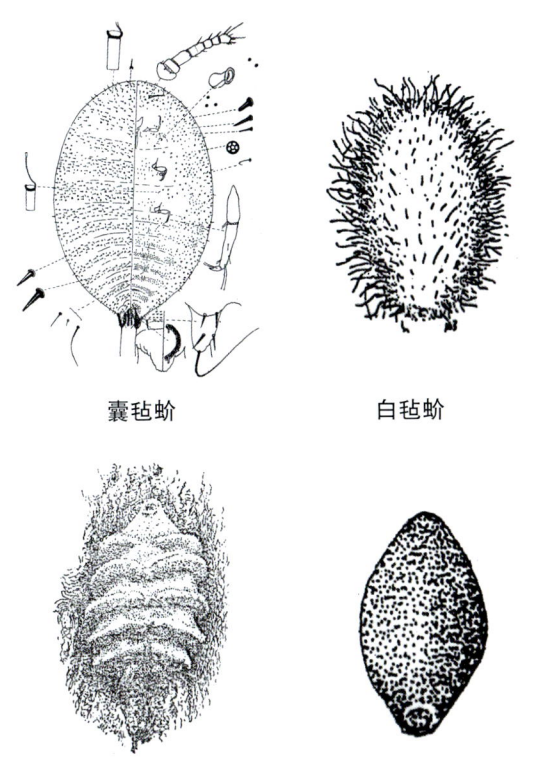

囊毡蚧　　白毡蚧

隐毡蚧　　干毡蚧

1. 柿树白毡蚧
***Asiacornococcus kaki* (Kuwana)**

[中文异名] 柿绒粉蚧、柿刺粉蚧、柿绒蚧、柿毡蚧。

[分　　布] 山东、河北、辽宁、吉林、黑龙江、陕西、山西、广东、广西、贵州、四川、江苏（南京）、天津、河南、安徽、北京。

[为害对象] 柿、梧桐、桑。

[为害状] 主要为害柿树。雌成虫和若虫寄生在枝干、叶片及果实上刺吸汁液为害，受害叶片出现多角形黑斑，叶柄变黑，畸形，提

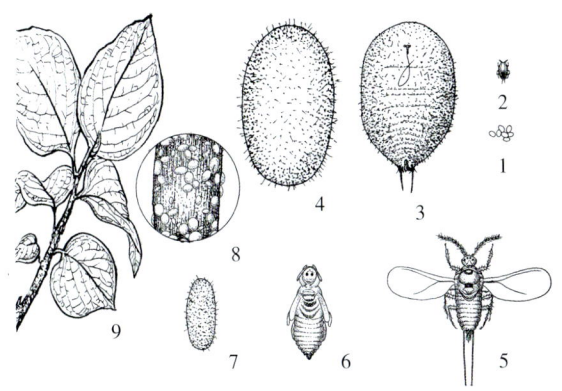

1. 卵　2. 若虫　3. 雌成虫（腹面）　4. 雌成虫（带卵囊）
5. 雄成虫　6. 蛹　7. 雄虫茧　8. 放大图　9. 为害状

柿树白毡蚧

前脱落，枝条枯死。坐果期大量落果，后期则果实质劣味差，树势衰弱，影响翌年果枝的形成。

[形态特征]

雌成虫： 虫体椭圆形，长约1.5mm，暗紫或红色；体节较明显，背面分布圆锥形刺，刺短小粗壮，顶端稍钝，侧面观略呈等边三角形；腹面平滑，具长短不等体毛；触角短，3~4节，第3~4节同长同形，细柱状，有时合并为一节，其上生粗细长短不等的刺毛约10根；腹缘有白色细蜡丝；受精后体表分泌白色毡状物，形成包被虫体的卵囊。

雄成虫： 虫体长1~1.2mm，紫红色。触角9节，各节有2~3根刺毛，翅暗白色，腹末有1对与体等长的白色蜡丝，性刺短。

卵： 椭圆形，长0.3~0.4mm，紫红色，被白

雌成虫卵囊与初孵若虫（放大）

雌成虫及卵囊（近视）

色蜡粉及蜡丝。

若虫： 椭圆形或卵圆形，紫红色体缘有长短不一的刺状突起。

雄蛹： 体长约1mm，胭脂红色。蛹壳椭圆形，长1mm，宽0.5mm，为白色絮状蜡质构成。

[生活史与习性]

生活史： 每年发生代数因地而异，山东、河北、河南、四川3~4代，江苏、浙江4~5代，广西5~6代，均以若虫在寄主枝叉、树皮裂缝、芽鳞等处结米粒状的白茧隐蔽越冬。山东4月中旬平均温度达14.2℃时，越冬若虫开始活动，部分出蛰若虫爬到嫩芽、新梢、叶柄、叶背刺吸汁液，5月中、下旬越冬雄虫羽化、交配。受精雌成虫泌蜡覆盖虫体形成白色毛毡状卵囊，并产卵其中。越冬代至第3代雌成虫产卵期分别为5月末、7月初、8月初及9月初；1~4代若虫孵化盛期分别为6月中旬、7月中旬、8月中旬及9月中旬。除越冬若虫为害期及第1代若虫孵化期比较整齐，其余各代世代重叠，以第3代若虫为害最严重。10月中旬初龄若虫气开始爬到枝干皮缝等处越冬。广西1~6代若虫孵化期分别为4月上中旬、5月中下旬、6月中下旬、8月上中旬、9月下旬至10月上旬、11月下旬；北京1~4代若虫孵化期，分别为6月下旬、7月中旬、8月中下旬，9月下旬。

繁殖： 雄成虫羽化时，雌虫体表开始产生白色蜡丝，交配后卵囊逐渐形成，由纯白变暗白色，即开始产卵；卵囊后缘稍上翘并现裂缝为产卵盛期；后缘裂缝大开并微露红色为若虫盛孵期；卵囊出现红点，外翻呈脱落状，边缘牵连有丝状物，同时果实上出现小红点为若虫固定期。

白毡蚧个体繁殖力的大小与发生时期及寄生部位有关。第1代雌成虫产卵82~190粒/头，平均128粒/头；第2代为103~436粒/头，平均242.8粒/头。寄生在果实上的雌成虫产卵最多，平均340粒；叶上次之，平均161粒；枝干上最少，平均155.5粒。卵期在17~18℃时为21天，在31~32℃时为12天。

寄生习性： 前2代主要为害柿叶及小枝，后2代主要为害柿果，以第3代为害最重。嫩枝被害后轻者产生黑斑，重者枯死；叶片被害后呈畸形，提早脱落。蚧虫喜群集在果实表皮和柿蒂与果实之间的缝隙处为害，被害幼果早期脱落，长大后由绿变黄，由硬变软，影响其品质和产量。

白毡蚧的发生与柿树品种关系密切。以枝繁叶茂，果大汁多皮薄的柿树发生多，受害率

为害状

果实为害状

为害状

达20~30%，一般品种柿树则受害较轻。同株柿树，中层寄生较多，上下层寄生较少。10至11月随果实采收和柿叶飘落，虫口密度明显降低，寄生于枝条上的若虫开始越冬。

[天　　敌] 捕食性天敌有红点唇瓢虫、黑缘红瓢虫、草蛉、方头甲，其中红点唇瓢虫的捕食作用最大。寄生性天敌有粉蚧玉棒跳小蜂。

[防治方法] 参照石榴囊毡蚧。

2. 榆皮隐毡蚧
***Cryptococcus ulmi* Tang**

[中文异名] 榆毡蚧。
[分　　布] 山西、北京。
[为害对象] 榆树。
[为 害 状] 雌成虫和若虫寄生在树皮下刺吸汁液为害。
[形态特征]

雌成虫：虫体球形或卵形，长约1mm，背面高突，腹面平；老熟时体背面略硬化，头胸部大，腹末变狭，体节不明显，产卵时分泌白色卵囊。触角6节；胸足退化为疣突；肛门在背末，肛环圆形，无孔而有细刚毛6根（肛门前4根成1横列，肛环前两侧各1根）；全背和腹面亚缘区有大型盘孔，孔口表面略鼓起，具细颗粒；有微管腺；体表缺毛，腹部腹面可见小刺稀疏散布。

[防治方法] 参照石榴囊毡蚧。

3. 槭树毡蚧
***Eriococcus acericola* Tang et Hao**

[分　　布] 宁夏。
[为害对象] 复叶槭、刺槐。
[形态特征]

雌成虫：虫体长椭圆形，长约2mm，暗紫色，包于白色毡状蜡囊中；触角有7节，后足基节无透明孔，尾瓣背刺3根，尾片不显；背刺长锥形，端尖，6纵列，第8腹节无，第7腹节约8根，杯状管腺分布在背、腹面，五格腺和暗框孔在腹面。

[生活史与习性] 宁夏一年发生1代，以2

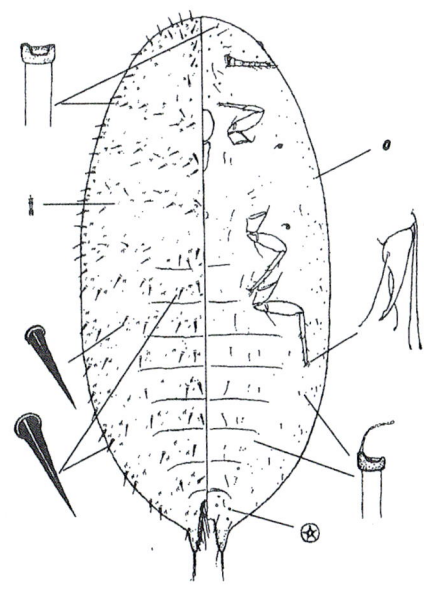

槭树毡蚧雌成虫

龄雌若虫和蛹越冬，4月上旬雄成虫羽化，5月上旬雌成虫产卵，每雌产卵145~340粒，5月下旬若虫始孵。6月中旬为盛孵期。

[防治方法] 参照石榴囊毡蚧。

4. 山杏毡蚧
***Eriococcus armeniacus* Tang**

[分　　布] 宁夏。
[为害对象] 山杏（枝干）。
[形态特征]

雌成虫：体纺锤形，最宽处接近头端。长约1.8mm，宽0.8mm。触角6或7节，常6节，

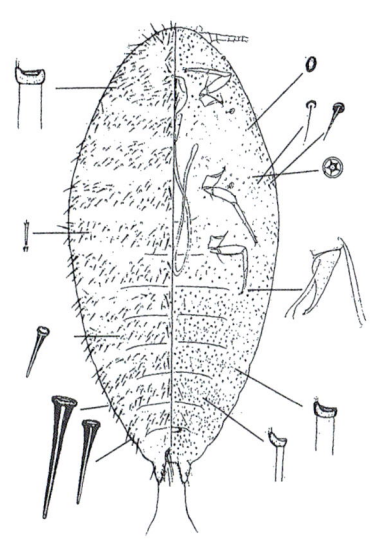

山杏毡蚧雌成虫

第3节分成不明显的两节。基节扁宽，其他节细长，末节最细。眼不明显，在触角基后侧。触角内侧有泡状额囊1对。口器发达，喙3节，口针可后达后足基部。胸气门2对。足3对，中等大，跗节略长于胫节；跗冠毛细长且端部膨大，爪下有1小齿。尾瓣长锥形，硬化，内缘锯齿状，有3种大小，大刺和中刺在体缘和背中成纵带；缘纵带每侧3~6根，其中2或3根大型；中纵每体节约4根，其中2根大型。纵带之间为中刺和小刺。第8腹节有刺2根，第七腹节以每节成纵带。瓶状管有3种大小，大管腺分布体背，中管腺和小管腺在腹面亚缘区和中区；微管腺于背部。五格腺在腹面，暗框孔分布于腹面亚缘区。

5. 杜梨毡蚧
***Eriococcus betulaefoliae* Tang et Hao**

[分　　布] 宁夏。

[为害对象] 杜梨（枝条）。

[形态特征]

雌成虫：体长椭圆形，长约2.1mm，宽1.2mm。触角7节，第3、6节最长，第2节次之，末节细长。额囊泡状，在触角内侧。单眼明显，在触角后体缘。口器发达。足中等发达，胫节短于跗节，爪下有齿，跗冠毛和爪冠毛端部膨大，长于爪。

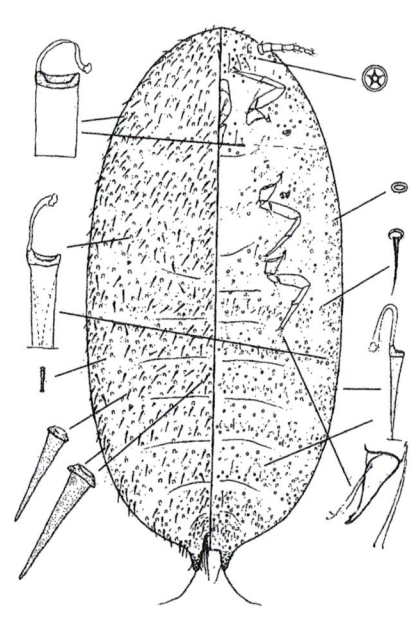

杜梨毡蚧雌成虫

肛环环孔1列，局部双列，环毛10根。尾瓣长锥形，硬化，表面有许多颗粒状突起，端毛很长，背刺3根，细长柱状。体背刺长锥形，端尖，在各体节上分布成横带，第7腹节有刺26根左右，第8腹节有刺16根左右。瓶状管有3种大小，大型分布在头前侧缘，中型在背中，小型在腹面。微管腺散布体面，五格腺见于全腹面。暗框孔在腹面中部的亚缘区。

6. 鲍氏囊毡蚧
***Eriococcus borchsenii* (Danzig)**

[分　　布] 中国宁夏、内蒙古；朝鲜、俄罗斯（远东地区）。

[为害对象] 蒿类（根部）。

[形态特征]

雌成虫：椭圆形，约2.5mm长，1.6mm宽。触角7节，第3、4节等节长为最长。单眼明显，突出。口器发达，喙3节。足粗壮，胫节短于跗节，爪有小齿；后足基节有透明孔。胸气门2对，喇叭状。肛环环孔2列，环毛8根。尾瓣短圆锥形，端毛很长，背刺为细长毛状，3根。体刺长圆锥形，粗而常弯曲，断钝，沿体缘分布成纵带（其中大刺集成1纵列），头胸背和前4腹节背板上各成横带，在第5至7腹节背每节1横列。在腹面，小刺在缘区成纵带。瓶状管有大小2种，体背为大型，分布同刺，腹面两种均有。五格腺在腹面。微管腺分布背面。

7. 沿海榆毡蚧
***Eriococcus costatus* (Danzig)**

[分　　布] 山西、河北、辽宁。

[中文异名] 榆毡蚧

[为害对象] 榆树、柳。

[为 害 状] 雌成虫和若虫寄生在枝条上刺吸汁液为害。

[形态特征]

雌成虫：虫体椭圆形，长2~3mm，紫红或褐色，尾端渐变狭尖；触角6节，第3节最长；背刺细长，近圆柱形，端钝，常弯曲，并在头胸部和第1~2腹节成横带，第3~4腹节每节2横列，

[为害对象] 紫薇、石榴。

[为害状] 雌成虫和若虫寄生在芽腋、叶片和枝干上刺吸汁液为害，诱发煤污病，受害枝叶发黑，早期落叶，枝条枯死，树势衰弱，影响开花，严重时整株死亡。

[形态特征]

雌成虫：虫体椭圆或长卵圆形，长2~3mm，暗紫或紫红色，末端比头端稍尖，遍生微细短刚毛，被有白色蜡粉，外观略呈灰色，

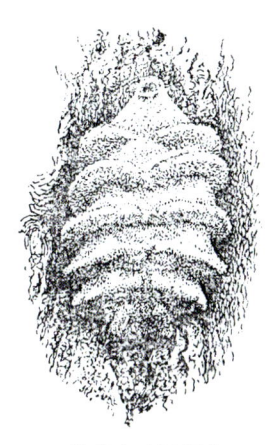

雌成虫（近视）

第5~7腹节每节1横列，在背中线上密集成纵带，体缘背刺较大，第8腹节无背刺；肛环毛8根。卵囊白色，椭圆形，毡状，有明显横脊和背中纵脊。

[防治方法] 参照石榴囊毡蚧。

8. 石榴囊毡蚧
Eriococcus lagerostroemiae **Kuwana**

[中文异名] 紫薇绒蚧、榴绒粉蚧、石榴毡蚧。

[分　　布] 中国辽宁、陕西、河北、北京、天津、河南、山东、山西、安徽、上海、江苏、浙江、福建、湖北、湖南、四川、云南、贵州、广东、广西等省及北方温室；日本、朝鲜、印度。

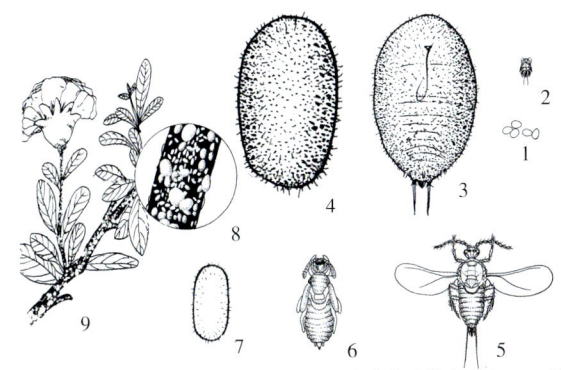

1. 卵　2. 若虫　3. 雌成虫（腹面）　4. 雌成虫（带卵囊）　5. 雄成虫　6. 雄蛹　7. 雄虫茧　8. 放大图　9. 为害状

石榴囊毡蚧

体表有少量白蜡丝。近产卵时分泌蜡质，形成白色或灰白色毛毡状蜡囊，大小形状如稻米粒，长约3mm，成虫包于蜡囊中；雌成虫触角7节，第3节最长；肛环毛8根；尾瓣圆锥形，背具3刺；尾片三角形，后角具齿列；背刺圆锥状，端钝，分大、中、小多种，在体背每节上成横带，第7腹节约13根，第8腹节背中2根。

雄成虫：长形，长约1mm，紫红色，翅展约2mm。触角丝状，10节；翅脉2根，呈"人"字形，腹末有1对长毛。

卵：卵圆形，长0.3mm，淡紫红色。

若虫：椭圆形，紫红色，体缘有刺突。

雄蛹：长椭圆形，紫褐色。包被于白色毛毡状蜡囊中，蜡囊长约1.3mm。

[生活史与习性]

生活史：一年发生代数各地不一，北京、天津、西安1~2代，上海、南京、成都2~3代。越冬虫态因地而异，1~2代地区，以若虫在枝条或树干的皮缝及空蜡囊内越冬；2~3代地区：南京以若虫越冬，上海以受精雌成虫或卵越冬，

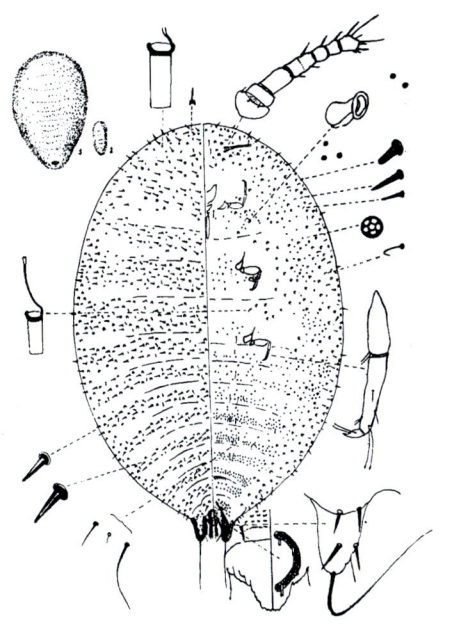

石榴囊毡蚧雌成虫

为害状

卵囊及其卵（近视）

早期雌成虫及产卵雌成虫（近视）

贵阳以卵，若虫和蛹越冬；成都以若虫和极少量卵越冬、成都翌年3月中、下旬越冬雄虫化蛹羽化、交配，4月上旬受精越冬代雌成虫开始产卵，1、2代雌成虫产卵期分别为7月上旬至8月中旬，7月下旬为产卵盛期；9月中旬至11月上旬，9月下旬至10月上旬为产卵盛期。1~3代若虫孵化期分别为5月中旬至6月中旬，5月下旬为盛孵期，发生较整齐；7月中旬至8月下旬，8月上旬为盛孵期；9月中旬至11月下旬，9月下旬至10月上旬为盛孵期。贵阳6月中旬至7月上旬、8月上旬至9月上旬为全年两个虫口高峰期。上海第1代若虫孵化期是3月上、中旬至4月上旬，盛孵期是3月中、下旬；2~3代若虫盛孵期分别为6月上、中旬，8月上、中旬；北京1~2代若虫孵化期分别为6月上旬至下旬、6月中旬为盛孵期，8月中旬至9月底。

初孵若虫爬行到枝干缝隙处固定为害，次日，背面开始分泌白色絮状蜡质，约1周时间，絮状蜡丝倒伏形成一层透明蜡质，10天左右脱第一层皮进入2龄。2龄雄若虫约经半个月化蛹羽化、交尾。2龄雌若虫约经14天脱第2次皮进入3龄。再经10天左右开始产卵于毛毡状蜡囊内，每头雌成虫产卵36~162粒，平均81粒。

发生与物候：上海第1代若虫盛孵期为3月中、下旬，其相应物候是垂柳始花期，黄金条盛花期，垂丝海棠花蕾吐色期，白玉兰盛花期和木瓜海棠盛花期，此时防治正当。

[天　　敌] 捕食性天敌有红点唇瓢虫、二星瓢虫、红环瓢虫及草蛉，其中红点唇瓢虫的捕食作用最大，是控制石榴囊毡蚧的主要天敌。寄生性天敌有豹纹花翅蚜小蜂、黑色软蚧蚜小蜂、绵蚧阔柄跳小蜂、粉蚧短角跳小蜂，其中豹纹花翅蚜小蜂的寄生率可达20%~80%。

[防治方法]

植物检疫：杜绝带虫苗木传入。

园艺防治：栽植密度适中，剪除虫枝、重叠枝，保持通风透光。

物理机械防治：在若虫始孵期用高压水枪冲洗，冲掉虫体和卵粒，防效奇特。

生物防治：人工助迁或饲养释放红点唇瓢虫，能有效地控制蚧害。

药剂防治：在第1代若虫盛孵期，选择花保100倍液、30%护卫鸟800倍液、植物精油

为害状（放大）

为害状

增效氯氰菊酯2 000倍液、波美0.5度石硫合剂、机油乳剂80倍液+速灭杀丁5mg/m³、50%杀螟松乳油2 000倍液+洗衣粉400倍液、25%喹硫磷乳油2 000倍液喷雾，进行点片挑治；对幼龄树木及盆栽植物，于第一代若虫始孵期，埋施15%涕灭威颗粒剂或3%呋喃丹颗粒剂，分别按植株灌径每20cm用药0.8~1.5g或1.5~3.5g的标准埋施，深度以接近须根为宜，埋后及时覆土浇水。

9. 缘边囊毡蚧
Eriococcus marginalis (Borchsenius)

[分　　布] 中国宁夏；亚美尼亚。
[为害对象] 地肤（叶、茎）。
[形态特征]

雌成虫： 宽椭圆形，约2.5mm长。触角7节，第3节最长。后足基节有成群透明孔，胫节和跗节几等长，爪冠毛长于爪。肛环孔1列，侧环毛间双列。尾瓣骨化程度强，背面有3根刺，腹面有2根毛。体刺长锥状，端钝或尖，有不同长度和粗度，大刺42~56μm，小刺28~36μm，沿背面体缘成宽带，在头胸背成宽横带，在第1至7腹节背成较狭横带；大刺在每节背板横带中瓶状管在体背和腹面边缘，分布同刺，较小瓶状管在腹部腹板上每节1横列。五格腺在腹面分布全面。

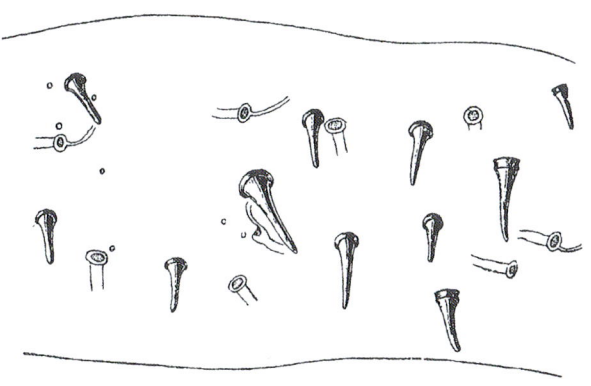

缘边囊毡蚧雌成虫第四段腹节背板

10. 羊蹄甲囊毡蚧
Eriococcus SP

寄生：羊蹄甲

雌成虫（近视）　　　　　为害状

11. 丝球毡蚧
Hujinlinococcus nematosphaerus Hu et Xie

[中文异名] 竹丝球绒蚧。
[分　　布] 江苏、浙江、安徽、上海。
[为害对象] 毛竹、刚竹、苦竹、淡竹、雅竹。
[为 害 状] 虫和若虫在叶柄基部、芽腋处刺吸汁液为害，受害部弯曲成豆点状。
[形态特征]

雌成虫： 虫体倒梨形，长约2mm；产卵时分泌蜡质，形成白色球状毡囊，虫居其中；触角7节，第3节最长；尾瓣尖锥形。背刺3根，内缘有瘤状突约5个；体背刺有钝、尖锥形、橡突状和飞碟状4种，分布在第7腹节以前成横带，第8腹节背无刺；尾片和额突不显。

[防治方法] 参照石榴囊毡蚧。

12. 宁夏毡蚧
Eriococcus ningxianensis Tang

[分　　布] 宁夏。
[为害对象] 文殊兰（枝条）。
[形态特征]

雌成虫： 体椭圆形，长约2.5mm，宽1.6mm。触角7节，第3、4节等长最长，第5、6节等长为最短，其外侧有眼1对。口器发达。胸气门2对。足小，胫节略短于跗节；爪下有齿，跗冠毛和爪冠毛细长，长于爪。后足基节有大量透明孔。肛环有环孔和8根环毛。尾瓣短锥状，硬化，端毛很长，背刺3根。体背刺锥形，短钝，大、中、小3种；第8腹节背有2根刺，此前各体节上

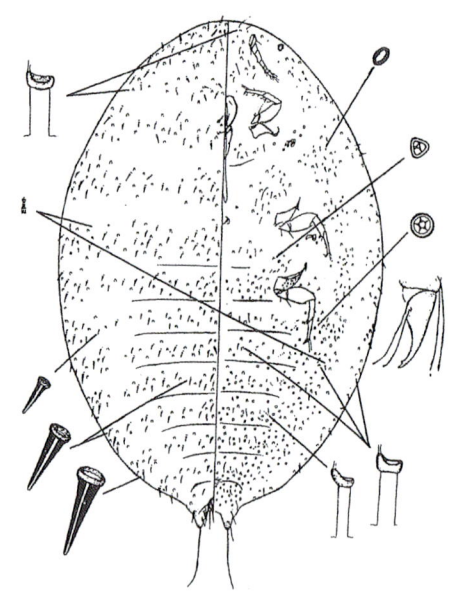

宁夏毡蚧雌成虫

分布成横带，大中小刺在亚缘区成纵带，中刺分布在背中区；小刺在腹面缘区和亚缘区分布成狭纵带。瓶状管分布大、小2种，大者在体背和腹面亚缘区，小者在腹面中区；微管腺分布背、腹两面。盘腺有五格腺、三孔腺和暗框孔，均分布在体腹面。

13. 杨树囊毡蚧
***Eriococcus populi* (Matesova)**

[分　　布] 新疆。

[为害对象] 杨树。

[为害状] 雌成虫和若虫寄生在枝条上刺吸汁液为害。

[形态特征]

雌成虫： 虫体椭圆形，暗褐或近黑色。产卵前分泌蜡质，形成白色毡状卵囊，囊宽椭圆形，后端不变狭，无蜡丝，肛门开口大。触角7节；足小而细长，后足基节无透明孔；尾瓣大，硬化，内缘光滑；体刺长圆锥形，端钝，分大、中、小3种，在体缘成明显纵列，在头部成缘带，有时中断，在胸部成较稀的连续横列，在腹部每节侧面大刺1~3列和中刺1~2列；小刺多而分布均匀，沿背中线成群，在头胸部成4条宽横带，在第1~7腹节背部成横带，在第8腹节背部成群（肛前刺）；腹面有毛，沿体缘成纵列，第8腹节背中有小刺约6根。

[防治方法] 参照石榴囊毡蚧。

14. 柳树干毡蚧
***Eriococcus salicis* Borchsenius**

[中文异名] 柳裸毡蚧、柳毡蚧、新疆柳毡蚧、柳刺粉蚧。

[分　　布] 中国内蒙古、吉林、黑龙江、新疆、宁夏；俄罗斯远东沿海。

[为害对象] 各种柳树。

[为害状] 雌成虫和若虫寄生在枝干上刺吸汁液为害，受害轻者早期落叶，诱发煤污病，树势衰弱；重者枝梢干枯，导致腐烂病发生，甚至整株死亡。

[形态特征]

雌成虫： 虫体卵圆形，尾部稍尖，长约2.5mm，暗紫红色。产卵时分泌白色蜡质，形成毡状卵囊，囊形如稻米粒，后期灰白色，虫居其中，囊长约3mm。触角7节，第3节最长；肛环毛8根；尾瓣很硬化，内缘锯齿状，背有刺毛3根；体背密布大、中、小3种刺，刺锥状，弯或直，尖或平截，大刺沿体缘成列，中刺沿背中成2

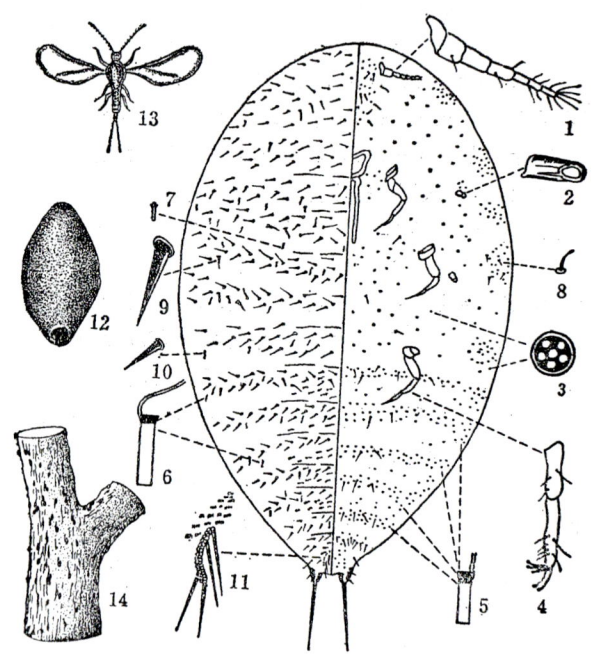

雌成虫：1. 触角　2. 前胸气门　3. 五格腺　4. 足　5. 小瓶腺
6. 大瓶腺　7. 微瓶腺　8、9、10. 刺毛　11. 肛环　12. 雌成虫蜡囊　13. 雄成虫　14. 为害状　（徐公天　绘）

柳树干毡蚧

雌成虫（近视）

雌成虫及卵囊（近视）

纵列，小刺在头胸部成5条宽横带，在第1~2腹节背板上各成2条不规则横列，在第3~7腹节背各成双横列，第8腹节背成1横列（肛前刺）；体节背无小毛带，有杯状管，腹面无刺，有五孔格。

雄成虫：分长翅型（前翅发达）、短翅型（前翅退化成舌状）。触角丝状，10节，腹末有一对白色长蜡丝。

卵：卵形，黄白色，长0.3mm左右。

若虫：越冬若虫椭圆形，两端尖，长1.5~2mm，

虫居其中，雌若虫体外逐渐形成毛毡状蜡囊。4月雄虫化蛹，羽化并交配。5月中旬雌成虫开始产卵，下旬为产卵盛期，5月下旬若虫始孵，6月上旬为盛孵期。初孵若虫在树干裂缝、伤口处固定寄生，发育缓慢，蜕皮后以2龄若虫越冬。

繁殖：只营两性卵生，每头雌成虫产卵10~40余粒。未经交配的雌成虫寿命较长，在7月上旬还见未经交配的雌成虫。

[防治方法] 于5月下旬雄成虫羽化盛期喷药防治，效果很好。

为害状

深紫色，全体密布短刺毛，每刺毛分泌有白色蜡状物。

[生活史与习性] 沈阳一年发生1代，以2龄若虫在主干和2年生以上枝条的裂缝中越冬，也有极个别以包被于白色蜡囊内的蛹越冬；翌年4月若虫继续为害，并分泌白色蜡丝形成蜡被，

为害状

15. 大豆囊毡蚧
***Eriococcus sojae* Kuwana**

[中文异名] 大豆根绒粉蚧。

[分　　布] 山东。

[为害对象] 大豆、小蓟、小旋花。

[为害状] 主要为害大豆。雌成虫和若虫寄生在大豆根部刺吸汁液为害，被害主根呈灰黑色，木质部纵裂，地上部分生长受阻，严重时，植株不能正常结荚，或荚果干缩卷曲，叶片枯焦。

[形态特征]

雌成虫： 虫体椭圆形，长 3.5~4mm，紫褐色，体肥厚，背面隆起，腹面棕红色，体节凹陷处有白色蜡粉。触角7节，除第3节外，其他各节均着生有刚毛。腹部可见8节，臀板上有刺毛5根，肛环刺毛通常8根。

雄成虫： 长 1.13mm，翅展 2.5~2.7mm。体紫褐色或紫灰褐色触角10节，念珠状。单眼3对，腹部末端有两根白色蜡丝，约与体长相等。性刺直而粗壮。

卵： 椭圆形，初产米黄色，渐变紫红色毡状，白色卵圆形，平均长 3.67mm，宽 2.08mm，末端中央有孵化孔。囊内卵粒间有细蜡丝相连，被有白色蜡粉。

若虫： 初孵时椭圆形，长约 0.5~0.6mm，红色，体缘有蜡刺20根，腹末有两条白色长蜡丝。

雄蛹： 紫红色，被有白色蜡粉。蛹包被于白色毛毡状蜡囊中，蜡囊长 1.8~2mm，宽 0.6~0.8mm。

[防治方法]

农业防治：实行轮作；加强中耕除草。

药剂防治：于大豆布种时，穴施2%吡虫啉颗粒剂 (0.5kg 2%吡虫啉颗粒剂兑 4kg 细土)；6月中旬若虫大量发生期，浇灌90%敌百虫500倍液。

16. 榆树囊毡蚧
***Eriococcus ulmarius* (Danzig)**

[中文异名] 榆树裸毡蚧、榆囊毡蚧。

[分　　布] 中国辽宁、内蒙古、北京；俄罗斯远东沿海。

[为害对象] 榆树。

[为害状] 雌成虫和若虫寄生在枝干上刺吸汁液为害。

[形态特征]

雌成虫： 虫体卵形，长约 2.5mm，暗红或暗褐色；产卵时体侧和腹面分泌蜡质，形成毛毡状灰色卵囊，体背裸露，侧缘和腹面包于毡囊之中，卵囊长约 3mm。触角 6~7 节；尾瓣很硬化，内缘锯齿状；体背刺细锥状，端钝，大刺在体缘成列，第1~7腹节每节每侧 3~4 刺，第1~5 腹节背每节成不规则 3 横列，第 6~7 腹节背每节 2 横列；腹面刺细长，沿胸、腹缘成纵列。

[防治方法] 参照石榴囊毡蚧。

17. 小型根毡蚧
***Rhizococcus minius* (Tang)**

寄主：艾蒿

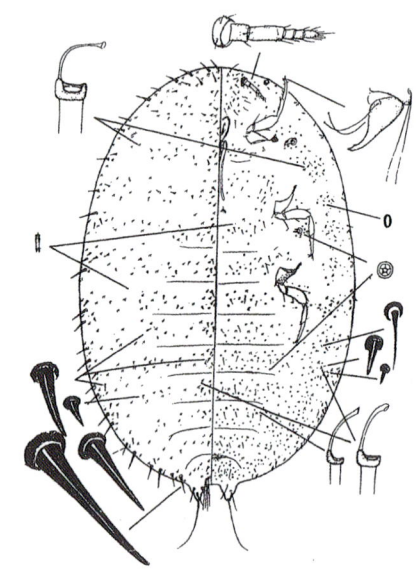

小型根毡蚧雌成虫

根部为害状

18. 毛竹根毡蚧
***Rhizococcus rugosus* (Wang)**

[中文异名] 皱绒粉蚧。

[分　　布] 江苏、上海及浙江。

[为害对象] 毛竹。

[为 害 状] 若虫寄生在1~2年生嫩叶鞘内，成虫寄生于竹小枝杈间刺吸汁液为害。

[形态特征]

雌成虫： 虫体卵形或宽卵形，长约3mm，紫红色，背面宽大向上隆起，腹面狭小，初体节明显，后期分泌灰白色蜡丝，形成具皱褶的毡状蜡囊覆盖虫体；触角短小，6节；尾瓣小而硬化，背面有小丘状突起，长刺3根，腹面有毛；尾片发达；缘刺明显大于背刺；缘刺长圆锥形，端尖，大小近相同，沿体缘成1列，第1~4腹节侧缘每节侧缘4刺，第5腹节3刺，第6~7腹节2刺；头胸部有微刺(体缘除外)，体腹面具长短不一体毛。

[生活史与习性] 江苏一年发生1代，以2龄若虫和白茧内的雄虫预蛹在竹枝杈间越冬，翌年2月中旬出现雌成虫和蛹，雄成虫期为2月中旬至4月下旬。雌成虫5月中旬开始产卵，5月下旬至6月上旬为产卵盛期。每雌平均产卵550粒5月中旬~6月下旬为若虫孵化期。

[防治方法] 参照石榴囊毡蚧。

六、胶蚧科
CACCIFERIDAE

体形变化大，体节几乎全消失，仅腹面中部略见分节痕迹；头部很小，触角退化呈瘤状；无足；体壁柔软，被半球形胶壳包围，胶壳为紫色至黑色。虫体密集在寄主植物树枝上，能分泌丰富的虫胶。除紫胶蚧 *Kerria lacca* (kerr) 是资源昆虫外，其他种类都是害虫。本科在我国已记录5属9种。

1. 紫胶蚧
***Kerria lacca* (Kerr)**

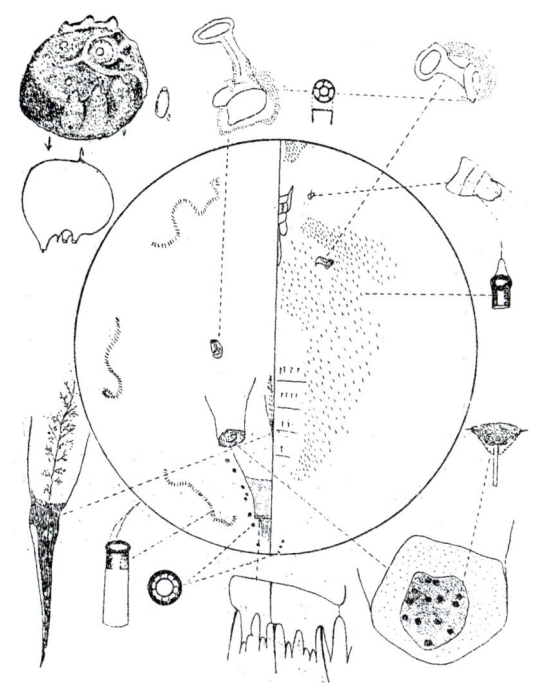

紫胶蚧雌成虫

[分　　布] 中国云南、四川、贵州、福建、浙江、广东、湖南、湖北、江西、西藏等省区；印度、缅甸、越南。

[为害对象] 番荔枝、芒果、龙眼、橄榄、钝叶黄檀、思茅黄檀、高山榕、球状榕、哈氏榕、合欢、金合欢、秧青、木豆、马勒果、泡火绳、大叶千金拔等40余科300多种植物。

[为 害 状] 该虫本是重要的资源昆虫，可提取工业用的紫胶，但在非产胶区，却是一种重要害虫。雌成虫和若虫群集在枝干上刺吸汁液为害，分泌琥珀色的紫胶，遇空气干固而成保护壳。受害叶片发黄脱落，枝条枯死，诱发煤污病，树势衰弱。

[形态特征]

雌成虫： 虫体胶壳半球或扁球形，紫色或紫红色，壳背面较为平坦，中部有分泌白蜡丝

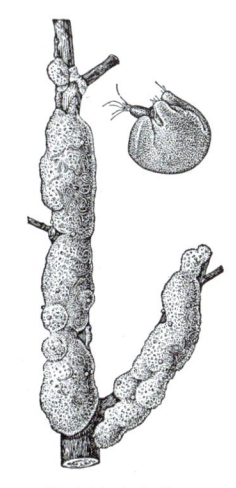

紫胶蚧为害状

孔3个，体缘在早期每侧各有突起6个，后期各胶壳彼此靠近，形成胶层；虫体略呈萝卜形或梨形，体长约2.6mm；触角2节；臀板有长圆柱状臀，臀基部紧联前气门，臀板与臀间无缢缩，臀板常为不规则椭圆形或五角形，不明显内陷，具杯状小坑13个，每坑有中心大管；背中刺硬化，刺基膜质，有一串葡萄状腺体通入；尾瘤圆锥状，2节，端节为长形肛上板，顶端多毛；肛环具10刺，伸出肛饰外；围阴腺2列，每列13群；背缘腺6群，每群约30腺单列排成旋转形。

雄成虫：分有翅型和无翅型，体紫红色，触角9节，腹末有白色蜡丝1对。

卵：卵圆形，紫红色，壳薄透明。

若虫：1龄若虫椭圆形，紫红色，触角和足健全；2龄雌若虫较粗短，腹部第3节有背突1个。2龄雄若虫长筒形无背突。

雄蛹：长1.1~1.8mm，宽0.4~0.5mm，暗红色。

[生活史与习性] 一年发生2代(夏代和冬代)，夏代历时5个月，冬代历时7个月。每头雌成虫产卵200~500粒，最多达1 000粒，卵期仅1小时。若虫孵化后，蜂拥而出，爬到树冠中、上部阳光充足，而又不直射的2、3年生枝干上群集寄生。

[天　　敌] 有胶蚧扁股蚜小蜂、胶蚧扁蚜小蜂、黄胸胶蚧跳小蜂、胶蚧旋小蜂、胶蚧红眼啮小蜂、紫胶茧蜂，以及青霉病菌和煤污病菌等。

[防治方法] 参照日本龟蜡蚧。

2. 茶硬胶蚧
Paratachardina theae (Green et Menn)

[中文异名] 黄胶蚧。

[分　　布] 广东、广西、云南、福建、浙江、江西、安徽、台湾。

[为害对象] 杨桃、杨梅、柿、柑橘、茶、黄檀、榕、楠、木荷、木莲、枫香、红枫、桃金娘、紫金牛、含笑、母生等植物。

[为 害 状] 雌成虫和若虫集中在枝条上刺吸汁液为害，受害茶丛叶片脱落，芽叶难发，并诱发煤污病，严重时整株死亡。

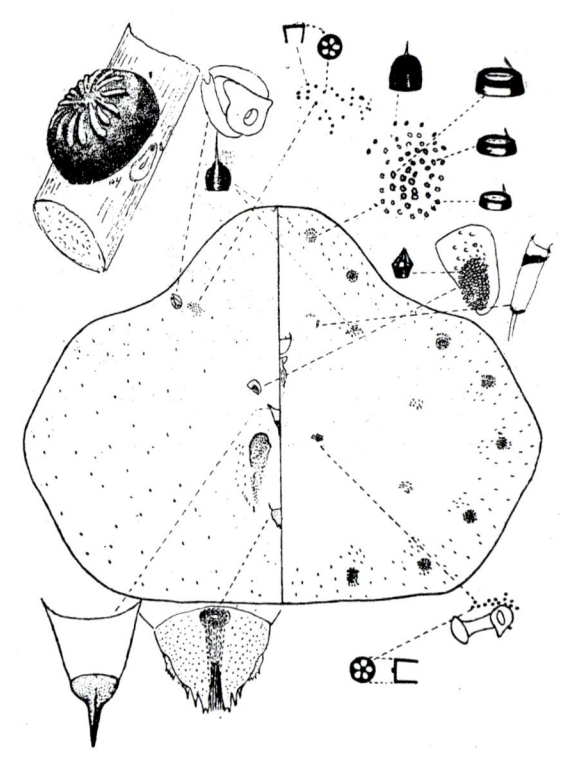

茶硬胶蚧雌成虫

[生活史与习性] 在江西婺源一年发生1代。以受精雌成虫寄生在主枝上越冬；翌年4月中旬末初孵若虫开始发生，4月下旬盛发。雄蚧于6月下旬至7月初开始化蛹，7月上、中旬羽化为成虫。雌成虫营两性或孤雌卵胎生。若虫产出后即在枝干上爬行，2~3小时后固定取食，并逐渐分泌蜡质覆盖虫体。

[防治方法] 参照日本龟蜡蚧。

[形态特征]

雌成虫：虫体胶壳半球形，长约4mm，黑褐色，有放射状突起16条。雄成虫介壳锥形，黑褐色。虫体三叶形，长约2.7mm，宽约3mm；触角柱形，端有长刚毛2根，后气门附近约具五格腺15个；腹面缘管群16群，管群3对；背面臀板长椭圆或近三角形，伪刺占板面一半，背中刺之侧面有一大块窗孔状表皮花斑，近旁散布微管腺；尾瘤多毛，侧面高耸，肛板深陷，不分块。

[防治方法] 参照日本龟蜡蚧。

七、红蚧科
CACCIFERIDAE

虫体圆球形，背面体壁坚硬，多无蜡质覆盖，多无卵囊；完全不分节；触角很短，3~4节；足小或退化；肛门有不完整的肛环，其上有6根很短的刺毛。主要为害壳斗科植物。本科在我国已记录5属25种。

1. 华栗红蚧
***Kermes castaneae* Shi et Liu**

[中文异名] 栗绛蚧、华栗绛蚧。
[分　　布] 我国长江下游各省发生普遍。
[为害对象] 板栗。
[为　害　状] 雌成虫和若虫群集在枝干上刺吸汁液为害，受害枝条枯死，树势衰弱，甚至整株死亡。
[形态特征]

雌成虫死体

雌成虫：虫体初呈扁球形，嫩绿色，后呈黄绿色球状，触角丝状6节，以头3节最长。蜡壳球状，直径4~5mm，暗褐色，具光泽，表面散生小黑点，并有数条黑色横纹，基部一侧附有数条白色蜡丝。

雄成虫：虫体长约1.63mm，翅展约3.32mm。体棕褐色，触角丝状10节，腹末具一锥状交尾器，其两侧各有一根细长白蜡丝。

卵：椭圆形，长约0.15mm，初产白色，渐呈紫红色。

若虫：初孵时椭圆形，长约0.45mm，肉黄色，臀部具2根白色尾毛；2龄若虫黏附有1龄若虫蜕下的皮壳，虫体肉红色。

雄蛹：圆锥形，黄褐色。茧白色絮状，扁椭圆形，长约2mm。

[生活史与习性] 浙江每年发生1代。以2龄若虫在枝干上越冬；翌年3月初雌虫体逐渐膨大，3月中旬开始形成蜡壳，4月中旬进入盛期。越冬雄若虫蜕皮后多迁至虫枝基部附近的树皮裂缝、伤口等处，数个聚集化蛹，3月下旬开始羽化，4月上旬为羽化盛期。交尾后，雌成虫产卵于蜡壳下，每雌产卵2 503粒，5月上旬卵孵化。

初孵若虫活跃，爬行2~3天后在枝条上固定寄生。1、2龄若虫自然死亡率高，特别是越冬若虫死亡率高达88.3%。

[天　　敌] 主要天敌有枝孢霉菌、黑缘红瓢虫及红蚧细柄跳小蜂。其中枝孢霉菌对板栗红蚧的寄生率可达60%以上。

[防治方法]

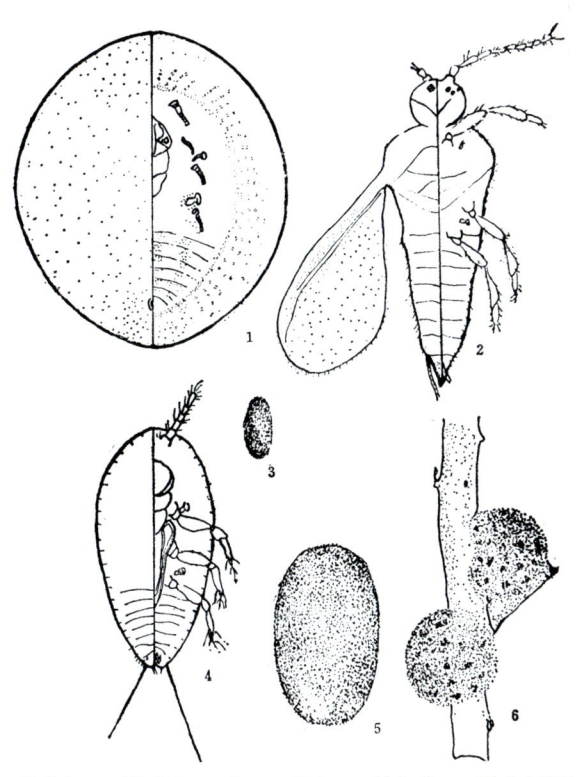

1. 雌成虫　2. 雄成虫　3. 卵　4. 若虫　5. 雄虫茧　6. 雌成虫寄生状

华栗红蚧

生物防治：缙云县林科所培养生产的枝孢霉菌，用其稀释液防治板栗红蚧，防效好。其他防治方法参照日本龟蜡蚧。

2. 壳点红蚧
***Kermes miyasakii* Kuwana**

[中文异名] 壳点绛蚧、黑绛蚧。

[分　　布] 辽宁、山东、江苏、河南、河北、山西、贵州、陕西、安徽、浙江、四川、广东。

[为害对象] 麻栎、栓皮栎。

[形态特征]

雌成虫： 虫体球形，直径3~5.5mm，黄褐至黑色，淡色个体可见有几条黑色横纹或黑点组成的横

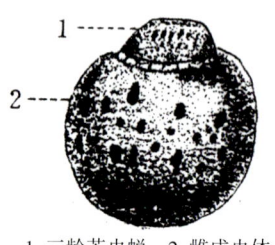

1. 三龄若虫蜕　2. 雌成虫体

壳点红蚧

纹，背中央乳状突上附有头盔状的3龄若虫蜕皮；臀部硬化突呈指状，并有白色蜡质分泌物；未硬化雌成虫体的背面有按体节排列的凹疤；背中央有棒状刺10余根。

[生活史与习性] 山东一年发生1代。以2龄若虫雌、雄分群在枝干裂缝、伤疤及细枝基叉处越冬；翌年3月下旬预蛹，5月上旬雄虫开始羽化，5月中旬雌虫孕卵，5月下旬平均气温21℃左右时是产卵、孵化盛期。每头雌成虫平均产卵1 800粒，卵期1~2天。

[防治方法] 参照华栗红蚧。

3. 泰山红蚧
***Kermes siamensis* (Cockerell)**

[中文异名] 泰山绛蚧。

[分　　布] 山东、河南、江苏、浙江、贵州。

[为害对象] 麻栎、栓皮栎。

[形态特征]

雌成虫： 虫体球形，直径7~11mm，初期红褐色，后期栗褐色，肛环黑色光亮，交尾后虫体分泌出厚层白色蜡粉，有少量不规则暗色凹

刻；体背密布多格腺和微管腺。

[生活史与习性] 山东一年发生1代，以2龄若虫雌、雄分群在1~2年生枝条芽基和枝干皮缝等处越冬，雌若虫散居在1~2年生枝条的芽基，雄若虫集中在枝干皮缝等隐蔽处。5月上、中旬进入成虫期，每头雌虫平均产卵3 000余粒、6月中旬平均气温约24℃时为卵孵化盛期，12月上、中旬进入2龄并开始越冬。

[防治方法] 参照华栗红蚧。

4. 日本巢红蚧
***Nidularia Japonica* Kuwana**

[中文异名] 日本巢降蚧。

[分　　布] 中国辽宁、河北、山东、江苏、浙江、湖南、四川和贵州；日本。

[为害对象] 榆树、枹栎、白栎、菠萝栎。

[形态特征]

雌成虫： 虫体卵圆形，长3~4mm，灰褐色，腹末尖细，体背隆起、坚硬，各体节有4~5个瘤状突，呈龟甲状，其上有断碎的透明蜡层，孕卵后，体下边缘分泌鸟巢状白色蜡质卵囊；触角短小，足退化，气门密生五格腺；腹面缘腺每侧12~13簇，放射状排列；肛环有孔纹，具肛毛6根。

[生活史与习性] 山东一年发生1代，以受精雌成虫在枝干、皮缝、伤疤、芽基、枝杈等处越夏越冬，4月中旬开始产卵，4月下旬为产卵盛期，每头雌成虫平均产卵600粒。5月初

孕卵雌成虫（近视）

为若虫盛孵期。

[防治方法] 参照华栗红蚧。

八、链蚧科

ASTEROLECAIIDAE

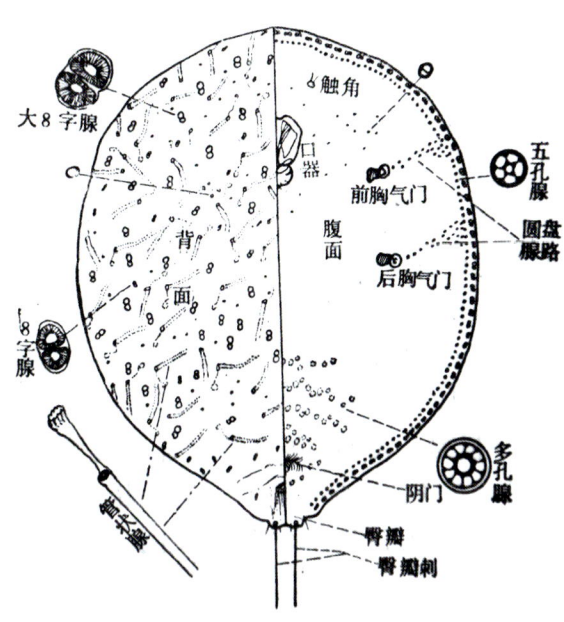

链蚧科雌成虫外部形态

虫体小，卵圆形或梨形，背面不同程度隆起，腹面平坦。体节不明显，头和胸完全愈合，腹部稍尖；触角多退化，呈瘤状，少数种类有4~6节；足退化或消失；体常被蜡壳，有的是壶状胶壳，有（主要为害竹类）的半透明赛璐珞状或不透明毛毡状蜡壳；喜食禾本科、棕榈科和壳斗科等植物。本科在分类上最重要的特征是背腹两面均有8字形孔腺，在我国已记录

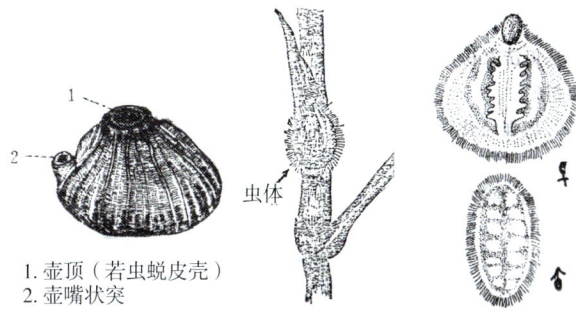

1. 壶顶（若虫蜕皮壳）
2. 壶嘴状突

壶链蚧雌成虫　半球竹链蚧雌成虫　柞链蚧

15属111种。

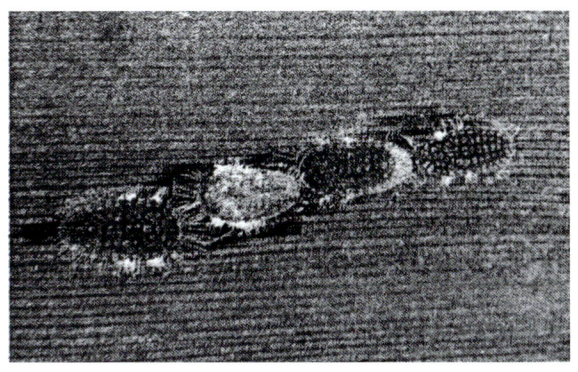

竹链蚧雌成虫（放大）

1. 黑瘤壶链蚧
***Asterococcus atratus* Wang**

[中文异名] 黑链壶蚧。
[分　　布] 四川、广东、云南等省。
[为害对象] 茶、大头茶、香樟。
[为害状] 雌成虫和若虫寄生在幼枝上刺吸汁液为害，受害枝条枯死。
[形态特征]
雌成虫： 虫体近圆形或倒梨形，长约2.2mm，蜡质覆盖物呈黑色木瘤状；触角小，扁盘状，其上生有6~7根刺状毛，基部周围具5~6个多孔腺聚集成群。多孔腺在腹部腹面构成不规则的横向5列，少数多孔腺零星分布在胸部腹面；前气门腺路由18~21个多孔原聚集成群，并有大8字腺约10个分布其中，后气门腺路分为相距较远的上、下两群；大8字腺的腺体边缘明显硬化。

[防治方法] 参照日本壶链蚧。

2. 日本壶链蚧
***Asterococcus muratae* (Kuwana)**

[中文异名] 藤壶镙蚧、藤壶链蚧、梨链壶蚧、日本壶蚧。
[分　　布] 中国华南、西南、华中、华北及陕西等地区；日本。
[为害对象] 珊瑚、白玉兰、月季、蔷薇、山茶、栀子、木兰、阴香、广玉兰、茶、银木、香樟、黑壳楠、桤木、枫杨、火棘、木瓜、冬青、

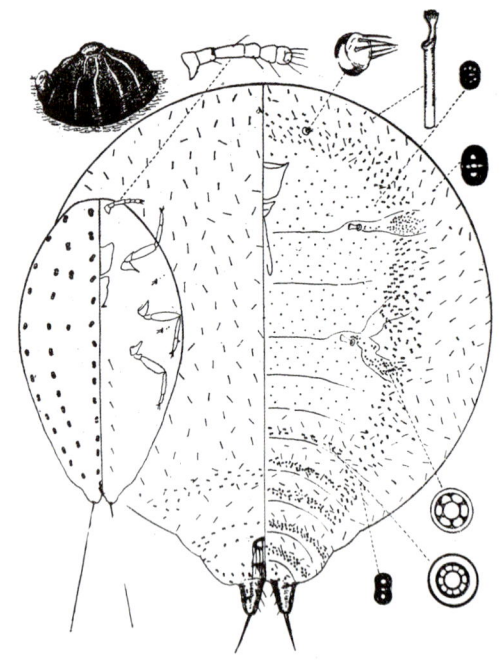

日本壶链蚧雌成虫

天笑桂、榕，核桃、枇杷、石榴、葡萄、梨、苹果、柑橘、九里香。

[为害状] 雌成虫和若虫聚集在枝干上刺吸汁液为害，受害叶片枯黄提前脱落，枝条枯死，诱发煤污病，树势衰弱，甚至整株死亡。

[形态特征]

雌成虫：蜡壳外形似一紫藤编制的茶壶，长3~5mm，高2~4mm，大小变化大，红褐色，有螺旋状横环纹8~9圈和放射状白色纵蜡带4~6条，纵蜡带从壶顶发出直到壶底，后方有一短小的壶咀状突起，壶顶有红褐色若虫蜕皮壳1个。虫体倒梨或近圆形，长2~4mm，黄褐色，腹末尖细，有长锥状尾瓣2个，体膜质，背突起略呈半球形，腹面平坦或微凹，虫体包于硬质蜡壳内；筛板无，腹面阴区多格孔成7~8横列，中心无双孔，气门路中无3字孔腺。

卵：长椭圆形，长约0.5mm，表面光滑，橙黄色，后渐变灰色，具纵皱纹和黑斑。

若虫：初孵时长椭圆形，长约0.5mm，灰色，分节明显，腹末1对尾瓣长而大，有长刚毛11对，足发达。

雄蛹茧：长梭状，长1.38mm，宽0.62mm，杏黄色。

[生活史与习性]

生活史：一年发生1代。成都以卵在雌成虫蜡壳内越冬；西安、上海以雌成虫在枝干上越冬；成都翌年4月上旬至下旬若虫孵化，4月中旬为盛孵期。上海4月下旬至5月下旬若虫孵化，5月上、中旬为孵化高峰期。卵的发育起点温度为8.6℃，发育积温为262℃日度。孵化率达98%以上。

若虫固定后1周左右，体背两侧开始分泌白色蜡丝，半月后蜡丝覆盖虫体。成都5月下旬至6月上旬（上海是6月中旬）若虫第1次蜕皮后开始雌雄分化，6月中旬化蛹，下旬开始羽化为雄成虫并交配。受精雌成虫于11月中、下旬至1月底产卵越冬。每雌产卵42~380粒，平均161粒。

寄生习性：初孵若虫由蜡壳壶咀处爬出，多数固定在1~2年生枝条，一部分固定在多年生枝条及树干上，特别是翘皮裂缝、伤口等处更是幼蚧喜欢固定的场所。除广玉兰在叶背有少数虫体寄生外，其他树种叶片则极难见。

发生与物候：若虫孵化期在不同年份，因气温不同而有1周左右的差异，但是与相关的

雌成虫（近视）

若虫孵化期物候（广玉兰）

严重危害时诱发的煤污病

雌成虫寄生状

物候现象比较一致。在上海，寄生广玉兰的若虫孵化盛期均在广玉兰叶、花苞抽出8cm左右，而花、叶苞即将开裂而尚未脱落的阶段。

[天　　敌] 有红环瓢虫、红点唇瓢虫、龟纹瓢虫、异色瓢虫、大草蛉捕食若虫。

[防治方法]

植物检疫：杜绝引入带虫苗木。

合理配置植物：与抗虫树种混栽，减轻虫害。

园艺防治：冬季剪除虫枝、重叠枝。

药剂防治：于若虫孵化高峰期，选择花保80倍液、10%凯撒乳油0.2mL/L液、29%油酸烟碱氯氰菊酯800倍液，有针对性地进行点片挑治或间隔喷雾防治。其他防治方法参照柑橘刺粉蚧。

3. 栎类壶链蚧
Asterococcus quercicola Borchsenius

[中文异名] 褐链壶蚧、橡壶蚧、橡链壶蚧。

[分　　布] 云南。

[为害对象] 栎类。

[为 害 状] 雌成虫和若虫寄生在细枝上刺吸汁液为害，引起枝条枯死。

[形态特征]

雌成虫：蜡壳呈上端稍紧缩的藤壶形或半球形，长约3mm，宽约2.5mm，高约2mm，黄褐色；有放射状白色蜡带6条，从壶顶发出直至壶底，壶咀低于壳顶。虫体圆梨形，长约2mm，尾端缩窄部很小，臀瓣小而呈粗棒状，高度硬化；足完全消失；触角圆盘状，有毛5根，其外侧有五格孔6~10个和8字孔2~3个；多格孔无；前气门腺路由1群盘状腺组成，后气门腺路由2群盘状腺组成。

[防治方法] 参照日本壶链蚧。

4. 木荷壶链蚧
Asterococcus schimae Borchsenius

[中文异名] 柯链壶蚧、思茅壶蚧、思茅链壶蚧。

[分　　布] 江西，云南、贵州、浙江、广东、四川、福建。

[为害对象] 木荷、香樟、含笑、山茶、丁香、厚皮香、黄瑞木、石笔木、柯树。

[为 害 状] 雌成虫和若虫寄生在枝干上刺吸汁液为害，造成枝条枯死，树势衰弱。

[形态特征]

雌成虫：蜡壳近圆形或不对称半球形，后倾，质坚硬，宽2~6.5mm，高1.5~3mm，红褐或褐色；有螺旋状环纹8~9圈和白色纵线纹4~6条，体后部有壶嘴状突起1个，壶嘴近壳顶且相平齐，

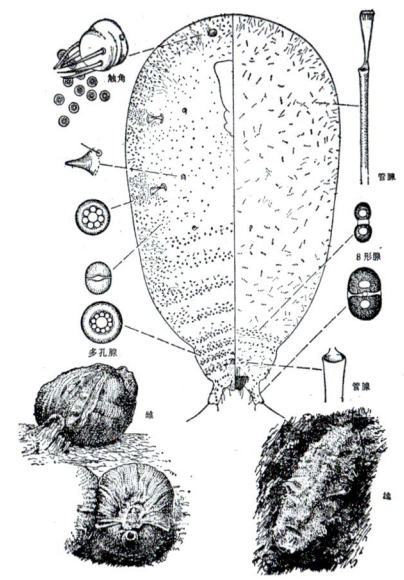
木荷壶链蚧雌成虫

壳顶有若虫蜕皮壳1个。虫体梨形或长梨形，长1~4mm，膜质，暗褐色；筛板缺，腹面阴区具多格孔7~8列，中心无双孔，气门路中有8字孔腺，无三孔对腺，触角基部附近有五格17~41个，第6、7腹节有小8字孔腺，并成2条横带。

[生活史与习性]江西一年发生1代，以受精雌成虫在枝干上越冬。3月下旬5月中旬产卵，4月中旬为产卵盛期，每头雌虫平均产卵400粒。5月若虫孵化，中旬为孵化盛期。若虫寄生于主干、枝条上，尤以枝丫、节疤、伤口、裂缝、皮薄枝条上为多。

[防治方法]参照日本壶链蚧。

5. 云南壶链蚧
Asterococcus yunnanensis Borchsenius
寄主：山枇花

雌成虫（放大）

6. 香樟树链蚧
Asterolecanium cinnamomi Borchsenius

[中文异名]樟链蚧。
[分　　布]华南、西南、华东地区。
[为害对象]香樟、玉桂、天竺桂、茶、桢楠、桉、丁香、野茉莉。
[为害状]雌成虫和若虫寄生在叶反面（香樟）、树干、枝条（茶树）上刺吸汁液为害，受害叶片发黄，提前脱落，枝条枯死。
[形态特征]
雌成虫：蜡壳椭圆或卵圆形，长约1mm，黄绿色，不透明，壳缘蜡丝较长，红黄色。虫体短椭圆形，腹部后端变狭，尾突明显；体缘无单孔列，体背有大、小2种8字孔，其中中纵带上的大、中8字孔在30个以下；无足，腹末有毛5对。

[防治方法]参照日本壶链蚧。

7. 广布竹链蚧
Bambusaspis bambusae (Boisduval)

[中文异名]竹链蚧、竹斑链蚧、竹缨镖蚧。
[分　　布]中国华南、西南、华中、华东地区、台湾及北方温室；全球多地。
[为害对象]佛肚竹、苏麻竹、蕙竹、孝顺竹、勒竹、滇竹、刚竹、青篱竹、石竹、凤尾竹、观音竹、东崖柏、林载等。
[为害状]寄生于茎干、枝条上刺吸汁液为害。
[形态特征]
雌成虫：蜡壳倒卵形，长2.0~3.5mm，背突，腹面平。似赛璐珞，薄而透明，具光泽，有时背中线后端有纵脊。由于外观的色彩由蜡壳下虫体的颜色构成，在虫体发育阶段，色彩由淡黄逐渐变为赤褐色；壳缘蜡丝橙红色。虫体宽卵形至宽椭圆形，尾端稍狭窄，长1.5~3.5mm。虫体与蜡壳紧密粘连，不易分离；体背中区和压缘区有不成群(列)的大8字孔，腹面有多格

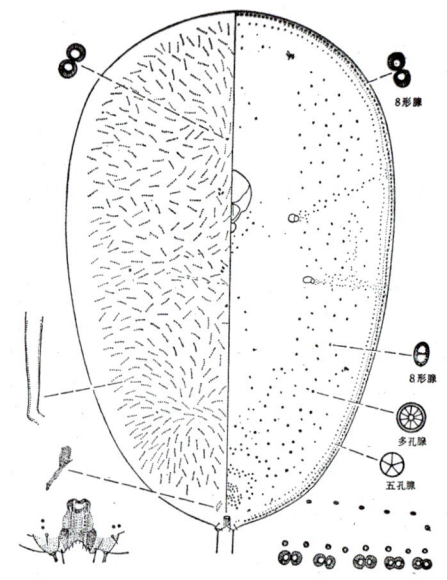

广布竹链蚧雌成虫

1. 卵 2. 若虫 3. 雌成虫（背面） 4. 雌成虫（腹面）
5. 放大图 6. 为害状

广布竹链蚧

孔，体缘五格孔成单列；气门近圆形，尾瓣腹面、体缘和尾瓣间略硬化。

若虫：初孵时椭圆形，橙红色，体长0.34mm，触角、足健全。

[生活史与习性] 成都一年发生2~3代。以雌成虫、若虫在茎干、枝条上越冬；营孤雌卵胎生。翌年3月孕卵，4月上旬开始产子。若虫产在母体后端的蜡壳内，随着产籽数量的增

雌成虫（放大）

加，雌成虫腹部逐渐向前收缩，产子完毕虫体也退至蜡壳前端干瘪而亡。各代若虫发生期：1代4月上旬至6中旬，5月中旬至下旬为盛发期；2代6月下旬至8月中旬，7月下旬至8月上旬为盛发期；3代8月中旬~11月底，其中以9、10月发生量最大。发生不整齐，自4月上旬至11月底均可见雌成虫产子，每头雌成虫产若虫62~271头，平均98头。初产若虫在蜡壳内滞留1天，逐渐从蜡壳下边爬出，多爬到茎干上固定寄生，少数在枝上，发生量大时也寄生在叶片上。

为害状

1周后在胸背两侧各分泌出两条白色蜡线，成"="排列，2周后体背由1层透明蜡质所覆盖，4周后体缘开始密生很短的橙红色蜡丝，40天以后虫体明显增大，蜡壳中脊隆起。第1世代历期约70天。

[防治方法] 参照半日本壶链蚧。

8. 东瀛竹链蚧
***Bambusaspis bambusicola* (Kuwana)**

[中文异名] 竹星链蚧、日竹链蚧、日竹斑链蚧。

[分　布] 四川、广东、台湾。

[为害对象] 莉竹、刚竹、佛肚竹、慈竹、孝顺竹。

[为 害 状] 寄生在茎干、枝上为害。

[形态特征]

雌成虫：蜡壳长椭圆形，长3~4mm，背突，在中横线前有1宽横脊；体腹面平或近凹；绿色或黄色，透明，薄而有光泽；壳缘蜡丝橙红色，腹末腹面若虫出口椭圆形。虫体长椭圆形，长2~3mm，活体多为淡绿、绿或淡黄色，体薄而透

雌成虫（放大）

明；体缘8字孔单列，五格孔单列或不规则双列；体背小8字孔和单孔多，无大8字孔；腹面无多格孔；腹末凹存在，尾瓣显。

[防治方法] 参照半球竹链蚧。

9. 中国竹链蚧
***Bambusaspis chinae* (Russell)**

[中文异名] 华链蚧。
[分　　布] 华南、华东地区。
[为害对象] 刺竹、刚竹、毛竹。
[为 害 状] 雌成虫和若虫寄生在叶片反面，受害叶片枯黄，提前脱落。
[形态特征]

雌成虫： 蜡壳椭圆形，后半变尖，长约2mm；背近平，有1不明之中纵脊，腹面平；褐色或淡黄色，薄而透明；壳缘蜡丝白色；腹末若虫出口椭圆形。虫体形状似蜡壳，长1.5~2mm；体缘8字孔和五格孔单列；体背横列及3~4断续列；气门杠很宽，腹末有毛4对。

[防治方法] 参照半日本壶链蚧。

10. 透体竹链蚧
***Bambusaspis delicata* (Green)**

[中文异名] 透体竹斑链蚧、透体竹镣蚧。
[分　　布] 浙江、福建、江苏、上海、湖北、四川。

雌成虫密集寄生竹秆状　产卵后的雌成虫体（近视）

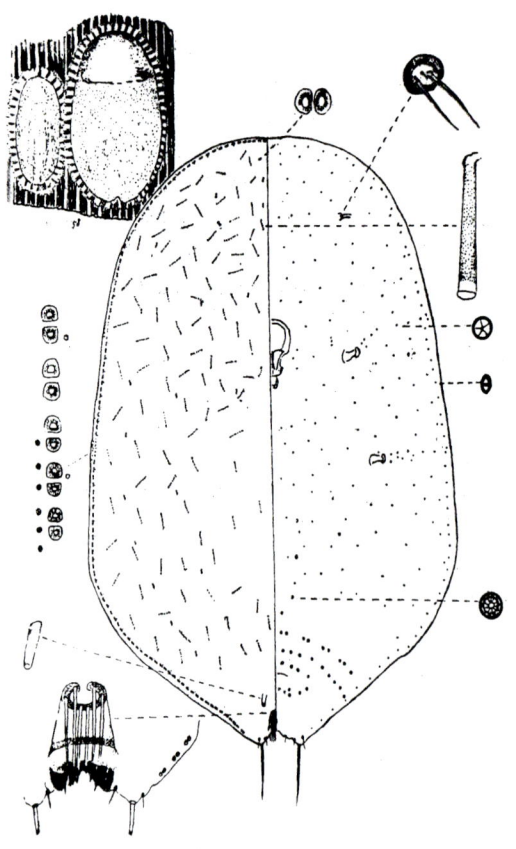

透体竹链蚧雌成虫

[为害对象] 青篱竹、刺竹、佛肚竹、毛竹、苦竹、浩竹。
[为 害 状] 雌成虫和若虫寄生在叶片反面，造成叶片枯黄。
[形态特征]

雌成虫： 虫体蜡壳长椭圆形，后端略尖，长2~2.5mm，背平或略向上隆起，背中央较平滑，有1不明显纵脊；腹面平或略突，壳面上刻点细小；蜡壳黄褐色，光亮，薄而透明，有细网纹；边缘蜡丝淡黄色，若虫脱出口在腹末腹面近后缘，椭圆形。雄虫蜡壳小而长，腹端缩窄，蜡壳与壳缘蜡丝色均淡，常为黄色。虫体长椭圆形，长1.7~2.5mm，大小多变异；体缘8字孔单列，五格孔成列，而小8字孔很多，单孔则少，无大8字孔；腹末凹存在，尾瓣明显。

[防治方法] 参照半球竹链蚧。

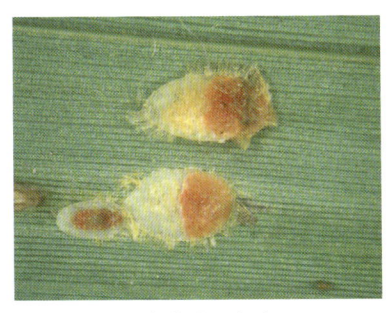
雌成虫（近视）

雄成虫（近视）

为害状

11. 半球竹链蚧
***Bambusaspis hemisphaerica* (Kuwana)**

[中文异名] 半球链蚧、长登竹镣蚧、球竹斑链蚧。

[分　　布] 中国广东、江苏、上海、浙江、江西、安徽、山东、陕西等地区；日本。

[为害对象] 毛竹、紫竹、早竹、箬竹、刚竹、茘竹、筠竹、水竹、淡竹、红壳淡水竹、青篱竹、白鸟哺鸡竹以及野生小竹类。

[为 害 状] 雌成虫和若虫寄生在当年新发嫩枝、嫩梢上为害，导致嫩枝停止生长，节间变密，叶片枯黄脱落，形成秃枝，竹材变脆，来年出笋率低，甚至竹株死亡。

[形态特征]

雌成虫：蜡壳半球形，前端圆，后端狭，背面隆起，背中前高突，前壁近垂直，后半则缓慢倾斜，腹面略凹，长2.5~3mm，绿黄色，透明，光滑而有光泽；壳缘密生白色呈碎片状蜡丝；整个蜡壳将小枝包住1/4~1/2，若虫脱出口椭圆形，在后缘。虫体半球形，前端圆，后端狭，长约2.5mm，尾端稍突出，腹末凹存在；体缘8字孔排成双列，但近后端则1列，缘五格孔常与8字孔平行排成一宽带，向腹末渐窄并中断，单孔列在背侧；全背小8字孔和单孔九；腹面多格孔排成2整列和6断续列。

雄成虫：长约1mm，体淡赤褐色，腹部黄色，尖细，具尾毛2根；触角丝状，10节，具翅1对。

卵：椭圆形，淡黄色。

若虫：初孵时淡赤褐色，触角、足健全，有1对尾毛；固定雌若虫近圆形，淡黄绿色，体背逐渐隆起。雄若虫较小，长椭圆形，体缘有刷状蜡毛，蜡壳毛玻璃状，半透明。

[生活史与习性]

生活史：安徽、山东、江苏一年发生1~2代，山东以2龄若虫在嫩枝上越冬，安徽以受精雌成虫和2龄若虫越冬。安徽以若虫越冬者，翌年5月雄成虫羽化，5月中旬为羽化盛期。6月雌成虫开始产卵；以雌成虫越冬者，则于5月中旬开始产卵，每头雌成虫平均产卵400粒。5月中旬第一代若虫始孵，5月下旬至6月中旬为盛孵期。7月第1代雄成虫开始羽化，交配后多以受精雌成虫越冬，少数雌成虫则继续发育，9月初开始产卵。第2代若虫孵化高峰出现在9月中、下旬，若虫发育到2龄越冬。

寄生习性：雌虫多寄生在小嫩枝和芽旁；雄虫则多寄生于叶基或叶柄为害。

[天　　敌] 寄生性天敌有一种跳小蜂 Anagyrus sp，一种蚜小蜂 Prospaltella sp。

[防治方法]

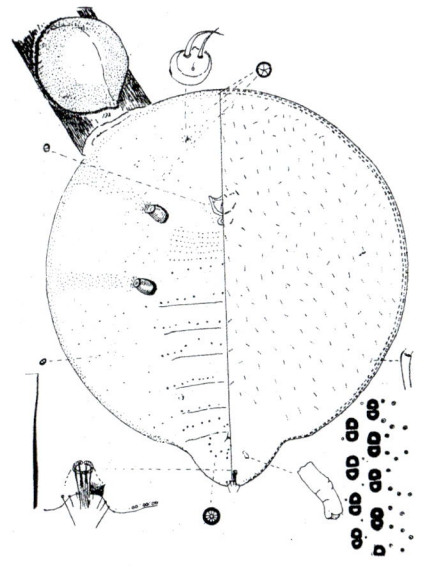
半球竹链蚧雌成虫

植物检疫：禁止有虫竹种传入。

营林措施：适度伐竹，尽量剪除虫枝或伐除受害竹株；除掉有虫野生竹，避免蚧虫漫延；适当施肥，增强竹子抗虫能力。

生物防治：将伐除的虫株、虫枝堆放在竹林附近，让寄生蜂羽化飞到竹林。

药剂防治参照半日本壶链蚧。

12. 日本竹链蚧
***Bambusaspis masuii*(Kuwan)**

[中文异名] 墨竹链蚧、墨竹斑链蚧。

[分　　布] 广东。

[为害对象] 青篱竹。

[为 害 状] 雌成虫和若虫寄生在叶背刺吸汁液为害，造成叶片枯黄。

[形态特征]

雌成虫： 蜡壳长椭圆形，后端略尖，长约3mm，背略突，背中有一不明显纵脊，背上有许多小疣，壳薄而透明，壳面有光泽和细刻纹，腹面平、亮黄色，壳缘蜡丝白色带黄，前端者略长；若虫脱出口在末缘，椭圆形。虫体长椭圆形，长2~3mm，自中胸以后较宽，尾端又变狭窄而略呈丘状或臀瓣状突出，或虫体腹部末端明显收缩。体缘8字孔单列，止于离尾毛基约2孔长之处；体背小8字孔和单孔均多，无大8字孔；腹面多格孔8横列，其中5~6列完整，2~3列为断续横列。

[防治方法] 参照半球竹镰蚧。

13. 热带竹链蚧
***Bambusaspis miliaris* (Boisduval)**

[中文异名] 密竹链蚧、密竹斑链蚧。

[分　　布] 广西。

[为害对象] 莉竹、硬头篁。

[为 害 状] 雌成虫和若虫寄生在茎上刺吸汁液为害。

[形态特征]

雌成虫： 蜡壳长椭圆形，后端变窄，长1~1.6mm，背略突或平，有一不明显背中纵脊和许多横褶，绿色、褐色或浅黄色，薄而透明，

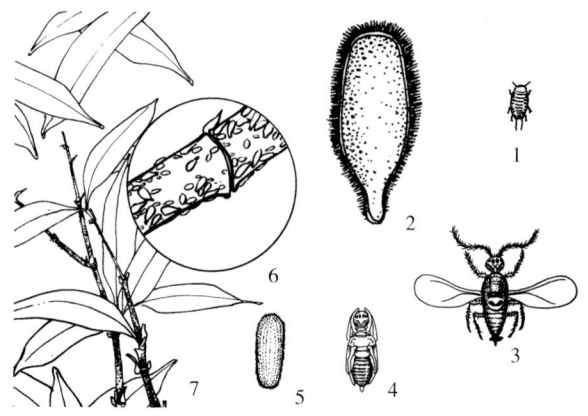

1. 若虫　2. 雌成虫　3. 雄成虫　4. 蛹　5. 雄蛹蜡壳
6. 放大图　7. 为害状

热带竹链蚧

有光泽，略有刻纹，腹面平，壳缘蜡丝白色或浅红色；若虫脱出口圆形，在腹面边缘。虫体多为长椭圆形，腹部末端变狭窄，臀瓣不明显；体缘8字孔和五格孔均单列；体背无大8字孔，小8字孔很多，单孔较少；腹面无多格孔和大五格孔，无爪，气门杠线状。

[防治方法] 参照半日本壶链蚧。

为害状

14. 广东竹链蚧
***Bambuaspis notabilis* (Russell)**

[中文异名] 绿竹斑链蚧、绿竹镰蚧、贵链蚧。

[分　　布] 广东、安徽、浙江、江苏、上海、湖北、四川。

[为害对象] 青离竹，丛竹、箬竹、毛竹、淡竹。

[为 害 状] 雌成虫和若虫寄生于茎上为害。

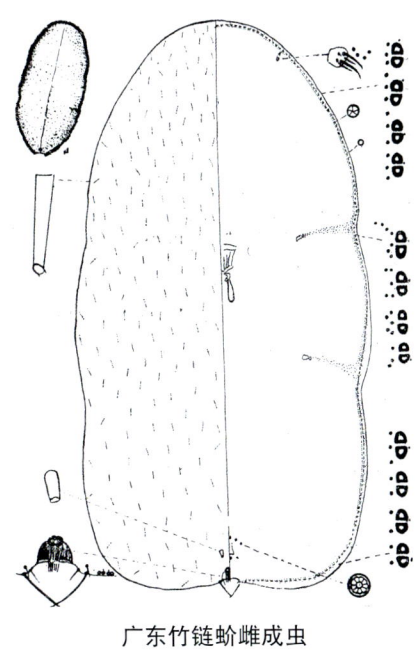

广东竹链蚧雌成虫

[形态特征]

雌成虫：蜡壳长椭圆形，长约3mm，背略突，有1明显中纵脊，绿黄色，被寄生个体深红色，薄而透明，壳面有刻纹；腹面平；壳缘蜡丝淡黄色，两端者略长；若虫脱出口为后缘1裂缝。虫体长椭圆形，长约2.5mm，腹末端常比较平直或平缓的弧，无明显臀瓣状突起；体缘8字孔和五格孔均单列（局部拥挤处双列）；腹面多格孔成2横列，腹末凹小；体背单孔和小8字孔很多，无大8字孔。

[防治方法]参照日本壶链蚧。

15. 西双竹链蚧
***Bambusaspis pseudominuscula* Borchsenius**

[中文异名]小竹斑链蚧、拟竹链蚧。
[分　　布]云南、四川。
[为害对象]竹类、禾本科植物。
[为害状]寄生在叶背为害。
[形态特征]

雌成虫：蜡壳近圆形，直径约1mm，绿黄色。虫体圆形，直径约0.7mm，后端呈半球状突；触角半球形，有长毛2根；尾瓣不显；体缘8字孔成列带，止于尾突基部，孔距为孔长3~4倍，体缘具不规则单孔列，与8字孔并列，无五格孔；体背具管腺6纵列，全面散布小8字孔和单孔腺，

无大8字孔，体腹在近气门处有半段五格孔列，无多格孔，暗框8字孔位于口器两侧，亚缘8字孔成单列，体毛成8横列。

[防治方法]参照日本壶链蚧。

16. 亚螺竹链蚧
***Bambusaspis subdolum* (Russell)**

[中文异名]陀螺竹斑链蚧、陀螺竹镣蚧。
[分　　布]广东、福建、浙江、江苏、安徽。
[为害对象]刚竹、毛竹、淡竹。
[为害状]雌成虫和若虫寄生在叶背刺吸汁液为害。
[形态特征]

雌成虫：蜡壳椭圆形，长约2mm，后端略尖突，背平，有1不明显中纵脊，亮黄色，薄而透明，有光泽和细纹。腹面平；壳缘蜡丝白色，前、后端者较长。虫体长椭圆形或近似椭圆形，体长约1.75mm，有的虫体之腹末尾端略向外突出；体缘8字孔和五格孔单列；体背小8字孔和单孔很少，无大8字孔；腹面多格孔约80个，成4整列和3断续列。

[防治方法]参照日本壶链蚧。

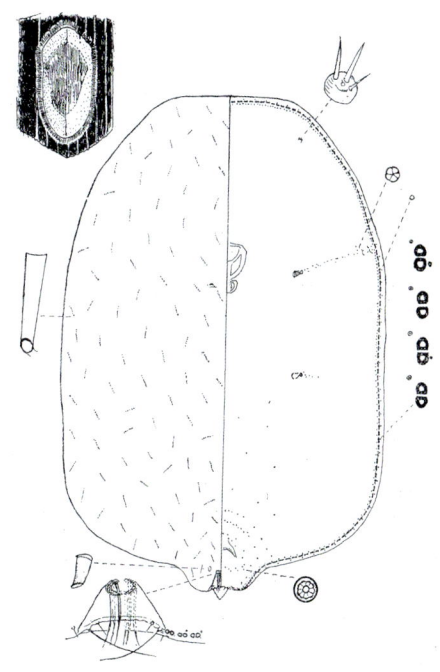

亚螺竹链蚧雌成虫

17. 普通竹链蚧
Bambusaspis vulagaris (Russell)

[中文异名] 常链蚧。

[分　　布] 广东、浙江、安徽、上海、江苏。

[为害对象] 刺竹。

[为 害 状] 雌成虫和若虫寄生在叶背刺吸汁液为害。

[形态特征]

雌成虫：蜡壳椭圆形，有尾突，长约1.5mm，背平；浅褐黄色，很薄而透明，略具细纹，腹面平；壳缘及背蜡丝浅黄，背蜡丝多；若虫脱口圆形，在末缘。虫体椭圆形，长1~1.4mm；体缘有8字孔列，无五格孔列；背面8字孔分布于中区、亚缘区及侧区，单孔沿8字孔列分布；腹面多格孔成整横列和2断续横列；腹末凹有，尾瓣显，腹面略硬化，具齿列。

[防治方法] 参照日本壶链蚧。

18. 合欢滇链蚧
Cosmococcus aldizziae Borchsenius

[中文异名] 夜合棘盘蚧、合欢棘盾蚧、弥渡雕球链蚧、合欢雕盘蚧。

[分　　布] 云南、四川。

[为害对象] 合欢、思茅、秧青、黄檀等。

[为 害 状] 雌成虫和若虫寄生在树干上刺吸汁液为害，造成树势衰弱。

[形态特征]

雌成虫：蜡壳椭圆形，长7~10mm，淡黄褐色，稍隆起，覆盖一层黑色分泌物，壳背有蜡突组成的中纵脊1条(5个蜡突)、亚缘纵脊2条(各3~5蜡块)和横脊3~5条。虫体椭圆形，长3~5mm，背面灰棕色，腹面浅灰棕色，背面有"+"形纹，刻点突起呈灰色，前方4个刻点为白色；触角8节，体背每侧筛板成亚中列，每列5~6个；多格腺按体节排成横列或带；背缘有锥刺1列。

雄成虫：体长0.8mm，翅展2.7mm，头部黑色，足淡黄色；触角丝状，10节，黑色，基部2~3节稍长。

卵：长椭圆形，长0.3~0.6mm，宽0.2~0.3mm，初产杏黄色，渐变杏红色。

若虫：初孵时椭圆形，体长0.6~1mm，背面淡绿色；触角、足健全尾部具白尾毛2根。1龄若虫腹部颜色浅，背面深，触角淡黄绿色，口针白色。2龄若虫体长2mm，宽1mm，雌若虫圆形，背部呈现"米"字形纹；雄若虫椭圆形，背部呈现"丰"形纹。

雄蛹：圆筒形，体长1.4~1.6mm，宽0.8~0.9mm。体绿色，触角、翅芽淡黄色，足黄色，交尾器黑色。雄蛹蜡壳长椭圆形，长2.2~2.5mm，宽1.2~1.4mm，淡黄褐色，质地坚韧。

[生活史与习性]

生活史：云南景东一年发生1代。以1龄若虫在树干上越冬；9月至翌年4月中旬为若虫期，

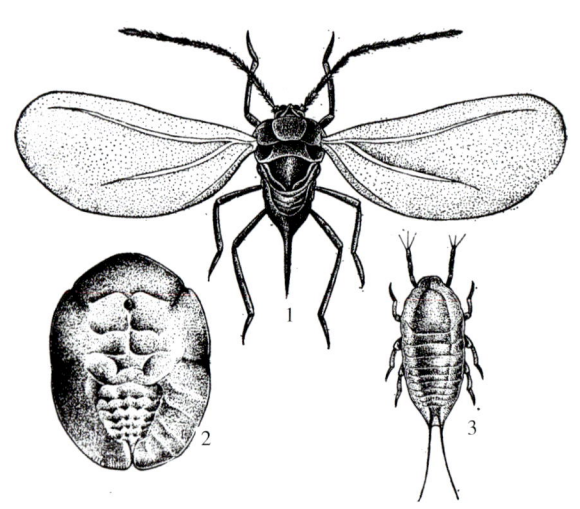

1.雄成虫　2.雌成虫　3.若虫（朱兴才　绘）
合欢滇链蚧

4月下旬至8月中旬为成虫期，4月20日至5月20日雄虫化蛹，5月21日至27日雄成虫羽化。交尾后雌成虫于8月下旬开始产卵于蜡壳内，每雌产卵1 040~2 280粒，平均1 476粒。9月中旬至10月下旬卵孵化，10月上旬为盛孵期。孵化率达70%~90%。

寄生习性：初孵若虫爬行1~2天后固定在树干上寄生，成熟的雄若虫喜群集于树皮裂缝和凹穴处隐藏，蜕皮后结茧化蛹。

[天　　敌] 有一种鳞翅目幼虫寄生于雌成虫蜡壳内，寄生率可达20%~30%。有一种跳小蜂寄生于雌成虫体内，寄生率亦高。

[防治方法] 参照日本壶链蚧。

19. 四川苏链蚧
Hsuia cheni Borchsenius

[中文异名] 川小链蚧。

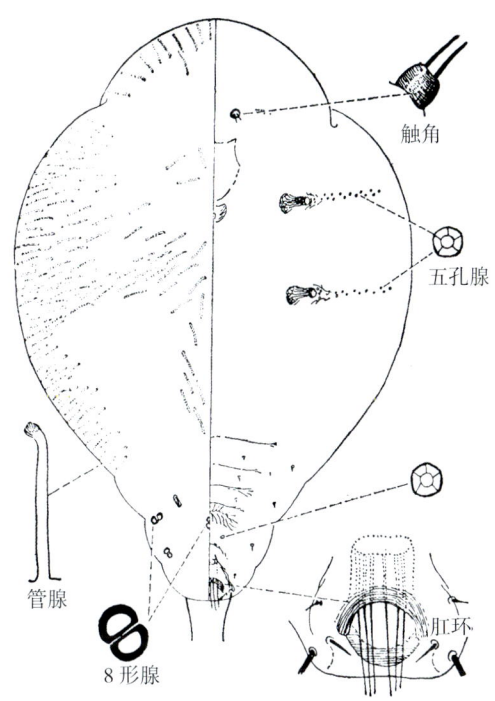

苏链蚧（属）雌成虫

[分　　布] 广西、四川。

[为害对象] 慈竹。

[为 害 状] 雌成虫和若虫寄生在叶背刺吸汁液为害，受害叶片出现黄色斑点，枯黄脱落，影响长势。

[形态特征]

雌成虫：蜡壳背面强烈隆起，呈半球形，直径约0.6mm，前端圆，后端变狭，成锥状突起；壳薄透明有光泽，似赛璐珞，透过蜡壳明显看到虫体背面的"÷"形红斑，腹面平。壳缘蜡丝毛玻璃状。虫体半球形，直径约0.5mm，黄色，后端成锥状突出，背面有"÷"形红色斑。

为害状

雄成虫：蜡壳长椭圆形，长约0.8mm，宽约0.4mm，前半部突起，后半部渐扁平；毛玻璃状，半透明，其上散布蜡粒，透过蜡壳可见虫体背面有一红色纵脊。虫体长0.65mm，翅展1.67mm。体黄色，眼红色，胸部发达，其上有少量红斑，腹末针状交尾器长0.05mm。

若虫：初孵时长椭圆形，长约0.2mm，黄色。触角、足健全。

雄蛹：长约0.6mm，黄色，体背有少量红斑。

[生活史与习性] 成都一年发生2~3代。以若虫、受精雌成虫及少量雄蛹在叶背越冬。翌年3月上旬至4月上旬越冬雄若虫化蛹，3月下旬至5月上旬羽化为成虫，4月中旬为羽化盛期。营两性卵胎生，交配后雌成虫直接产下若虫，1~3代若虫发生期分别为5月上旬至6月中旬，5月下旬为产子盛期；6月下旬至8月上旬，7月中旬为产子盛期；8月下旬至10月中旬，9月中旬为产子盛期。9月中旬有少量第3代雄若虫开始化蛹，并陆续羽化，直至10月下旬。12

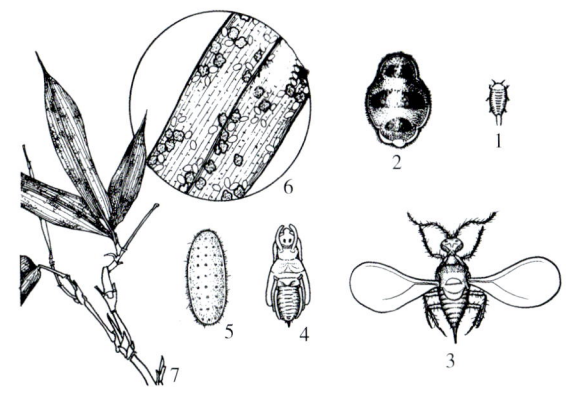

1. 若虫　2. 雌成虫　3. 雄成虫　4. 蛹　5. 雄蛹蜡壳
6. 放大图　7. 为害状

四川苏链蚧

月以若虫、受精雌成虫及少量雄蛹越冬，其中若虫占80%以上。

[防治方法] 参照日本壶链蚧。

20. 昌都球链蚧
Prosopophora peni (Borchsenius)

[中文异名] 四川盘蚧、四川黍球链蚧。

[分　　布] 四川。

[为害对象] 桢楠、山毛榉。

[为害状] 雌成虫和若虫集中在枝条上刺吸汁液为害，受害枝条干枯，影响树势。

[形态特征]

雌成虫： 蜡壳短卵形，约 8.7×6mm，淡灰褐色，高突，成球状，顶部有显著横脊。雌成虫梨形，长约 3~7mm，体背膜质或略硬化；肛环±0毛，双列，肛板外侧网状，中部有桥联；筛板2列，每列 3~4 群，每群±~3个；触角 8~9 节；前气门刺 3 根，同长同形；体背大8字孔成缘带，腹部有刺4横列，每侧 3~4 刺；体腹面大8字孔成1列缘带，小8字孔成亚缘带，暗框8字孔在内侧全面分布，多格腺成4横列。

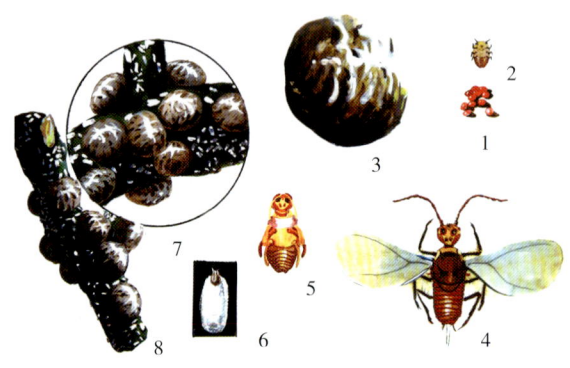

1. 卵 2. 若虫 3. 雌成虫 4. 雄成虫 5. 蛹 6. 雄蛹蜡壳 7. 雌成虫放大图 8. 为害状

昌都球链蚧

[生活史与习性] 成都一年发生1代。以雌成虫在枝条上越冬。翌年3月越冬雌成虫开始刺吸汁液，虫体逐渐膨大呈球状，4月开始产卵，5月中旬若虫始孵。初孵若虫在枝条上固定寄生。未发现雄虫，营孤雌卵生。每头雌成虫产卵数百粒。越冬雌成虫较小。

[防治方法] 参照日本壶链蚧。

雌成虫（放大）

雌成虫（放大）

21. 栗树柞链蚧
Neoasterodiaspis castaneae (Russell)

[中文异名] 栗链蚧、栗新链蚧、栗新柞链蚧。

[分　布] 浙江、江苏、安徽、江西、湖南。

[为害对象] 板栗及栗属、壳斗科植物。

[为害状] 雌成虫和若虫寄生于树干、枝条及叶片上刺吸汁液为害，造成枝干表皮下凹，凹凸不平；当年新生枝条表皮皱开裂，枯死；叶片发生淡黄色斑点，早期脱落。严重时树势衰弱，产量显著下降，甚至整株死亡。

[形态特征]

雌成虫： 蜡壳圆形、卵形或因聚集拥挤呈不规则形，直径约1mm；背稍突，后端平而突出，背中有3条明显纵脊或无，数条横脊明显黄绿或黄褐色，透明或半透明，有光泽；腹面平或略突壳缘具浅红或近白色的刷状蜡丝。虫体与蜡壳同形，直径 0.5~0.8mm，黄褐色；体缘8字孔单列，止于尾毛基前约 2~3 孔处，五格孔单列（近气门路或双列），止于8字孔列末或 1~8 个孔前，体背小8字孔和单孔多；尾瓣略现；若虫脱出口椭圆形，在背缘。

雄成虫： 蜡壳长椭圆形，长 1~1.1mm，宽 0.5~0.6mm。背面突起，有一条较明显的纵脊及数条浅横沟，体缘有粉红色刷状蜡丝。虫体长 0.8~0.9mm，翅展 1.7~2mm，体淡褐色。头部上、下各有单眼一对，胸背具有宝塔形和"山"字形斑纹。触角丝状，10节，各节簇生微细长毛，腹末交尾器颇长。

卵： 椭圆形，长 0.2~0.3mm，宽 0.15~0.18mm，初产粉红色，渐变暗红色。

若虫：椭圆形，1龄若虫触角、足健全，末端具长毛1对。若虫固定后呈红褐色。

雄蛹：圆锥状，长0.8~0.9mm，宽0.4~0.5mm，褐色。

[生活史与习性] 江西一年发生2代。以受精雌成虫在枝干上越冬；翌年3月上、中旬(气温稳定在10℃左右)越冬虫体由深绿色变为褐色或赤褐色。气温升至12~15℃时雌成虫开始产卵，每雌产卵16~47粒，平均25~30粒。生长发育适温为20~30℃，高温则不利。第1代卵期为15~20天，若虫期30~40天，雌成虫寿命

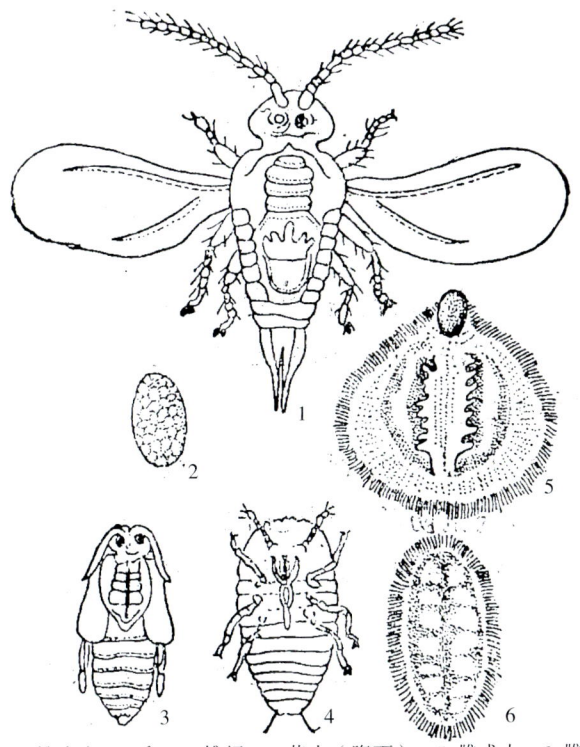

1.雄成虫 2.卵 3.雄蛹 4.若虫（腹面） 5.雌成虫 6.雌蛹蜡壳
栗树柞链蚧

40~50天；2代卵期为6~8天，若虫期20~30天，雌成虫寿命210~230天。1、2代雌成虫产卵期为30~45天。

寄生习性：初孵若虫爬行1天后固定寄生。雄若虫多群集在叶背和嫩枝上；雌虫则多集中于树皮较薄的主干、枝条及嫩枝上。

发生与环境：喜阴湿，林中比林缘的虫口密度大，植株上背光面比迎光面的虫口密度大，郁闭度大，通风透光差的林地易发生为害。在相同条件下，嫁接板栗比实生苗板栗树上的虫口密度大，为害较重。

[天　敌] 捕食性天敌有红点唇瓢虫，其幼虫和成虫均能捕食蚧若虫、成虫，捕食率可达15~25%。

[防治方法]

植物检疫：严禁引入有虫苗木或接穗，对有虫苗木、接穗进行处理：用皂粉(洗衣粉)500g掺水25kg，将苗木或接穗浸入皂液约30分钟，即可杀死蚧虫。

生物防治：保护、饲养释放红点唇瓢虫。其他防治方法参照日本壶链蚧。

22. 昆明柞链蚧
***Neoasterodiaspis kunminensis* Borchsenius**

[中文异名] 昆明新斑链蚧、昆明新栎链、昆明新链蚧。

[分　布] 云南。

[为害对象] 栎树、山毛榉科。

[为害状] 雌成虫和若虫寄生在叶片上刺吸汁液为害。

[形态特征]

雌成虫：壳卵形或圆形，长约1mm，绿黄色，透明，有点刻，壳缘蜡丝白色。雌成虫体圆形，直径约1mm，尾突显著；体缘除8字孔腺外，有五格孔成正列，并止于8字孔列末前第11~6孔处，体背小8字孔和单孔多，腹部腹面阴区多格孔成3列。

[防治方法] 参照栗树柞链蚧。

23. 印度蜡链蚧
***Cerococcus indicus* (Mask.)**

[分　布] 中国山东、云南、海南、广西；印度、巴基斯坦、马来西亚、缅甸。

[为害对象] 豆科、椴树科、紫草科、锦葵科、梧桐科、桃金娘科、禾本科、茜草科、茄科等多种植物。

[为害状] 雌成虫和若虫寄生在枝干上刺吸汁液为害，造成枝条枯死，树势衰弱。

[形态特征]

雌成虫：蜡壳初期卵圆形，橙红色，背面

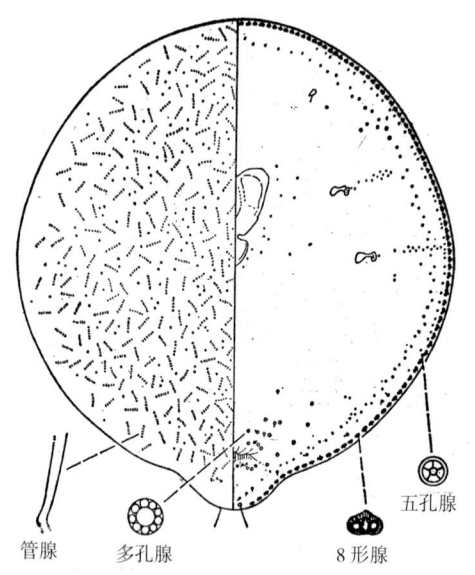

昆明柞链蚧雌成虫

有许多长蜡丝，随发育逐渐膨大，蜡丝成束，后变成蜡角，后期蜡壳成半球形，粉红或污白色，体背有蜡角4纵列，其中中部2列，每列4个，边缘两侧各1列，每列5个。肛门在体末中部，分泌橙红色蜡丝数根；虫体近圆形，尾突发达，尾瓣1对，长1~3mm，体膜质，背有4种大小的8字孔腺；尾瓣发达，内缘硬化，有粗毛1对，在腹面亚缘区每侧4~6群多格孔，气门路有小8字孔腺。雄茧长卵形，长1~1.6mm，橙红色；前2/3略突，有长蜡丝束4纵列，后1/3平凹，光滑，为具盖的羽化孔，基部有许多玻璃质蜡丝，其色黄、红或银灰。

[防治方法] 参照日本壶链蚧。

24. 槐兰蜡链蚧
Cerococcus indigoferae Borchsenius

寄主：槐兰

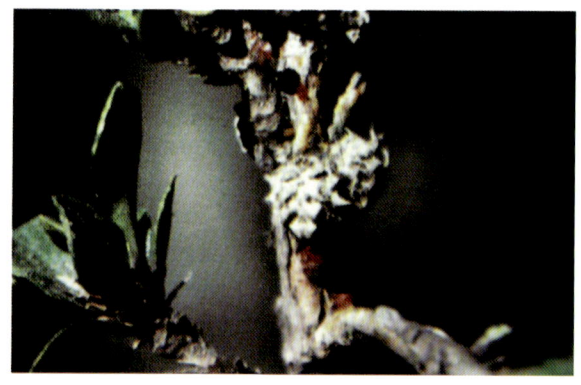

雌成虫（近视）

25. 普食珞链蚧
Russellaspis pustulans (Cockerell)

[中文异名] 茶树链蚧、普露链蚧、丘链蚧。

[分　　布] 中国浙江、福建、贵州、台湾；中美洲、非洲。

[为害对象] 山茶科、桑科、木犀科、蔷薇科、锦葵科、葡萄科、夹竹、桃科、十字花科、豆科、苋科、番荔枝科、牛儿苗科、忍冬科、梧桐科、紫薇科、漆树科以及绵槠等多种植物。

[为害状] 雌成虫和若虫寄生在树皮、叶片、果实上刺吸汁液为害，受害茶树轻则生长不良，叶片变黄脱落，重则夏茶不抽芽，长势严重衰退，甚至整丛死亡。

[形态特征]

雌成虫： 蜡壳卵形或圆形，尾突略显，长1~2mm；背面平或高突，常有1条不明显中纵脊和横皱，褐色或绿黄色；透明而有刻纹；腹面平或高突；壳缘背蜡丝白色至红色；若虫脱出口椭圆形，在末缘。虫体宽卵形或圆形，腹部末端向外突出；体缘有8字孔分散，小8字孔和单孔多；腹面气门杠很宽，多格孔成6~7整列和3~4断续列；腹末凹和尾瓣存在，腹面硬化区方形并有齿列；前、后胸气门宽

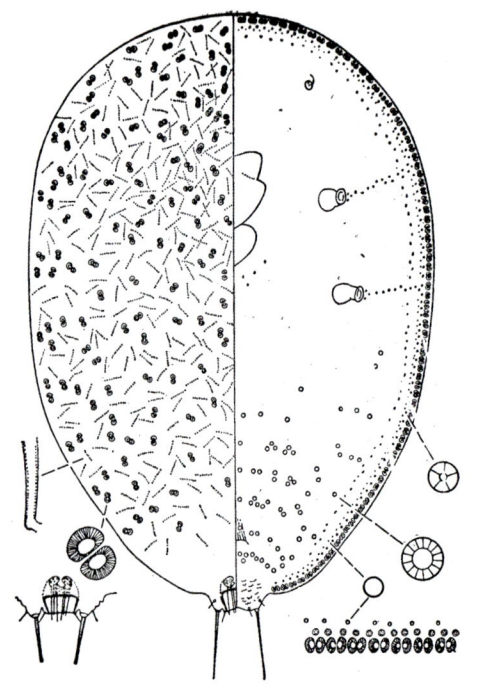

普食珞链蚧雌成虫

而短，且大小相近，触角具粗长毛2根和小刺状毛2根。

雄成虫：蜡壳椭圆形，背部隆起，尾部较平，上有3列明显的背脊。虫体长1.2mm，翅展1.9mm，体赤红色。触角念珠状，9节，翅缘细锯齿状，交尾器较粗，基部有2~3根刺毛。

卵：椭圆形，初产淡黄色，渐变深。

若虫：初孵时椭圆形，淡黄色。触角、胸足健全；2.3龄若虫肉红色，跗器退化，雌雄可辨。

[生活史与习性]

生活史：浙江一年发生1代，以2龄若虫在茶树枝干上越冬；翌年4月下旬越冬雄若虫进入预蛹，5月中旬雄成虫大量羽化。交配后雌成虫于6月中旬开始产卵，6月中旬末至6月下旬为产卵盛期。7月上旬至下旬若虫孵化，7月中旬为盛孵期。

成虫产卵于蜡壳内，每雌产卵173~103粒，平均141粒。当7月中旬最高温度达33.4℃日平均温度达29.1℃，相对湿度79%时，有20%~30%卵不能孵化。若遇连续高温干旱，可使部分孵化若虫死亡。

寄生习性：初孵若虫爬行2小时后，选择枝干的中部或中部偏上的地方固定寄生，而树下部主干则很少寄生。

[天　敌] 有2种跳小蜂寄生雌成虫，寄生率可达5%~7%。

[防治方法]

园艺防治：对于为害严重的茶树在离地25cm处全部剪去，或剪除虫口密度大的虫枝。加强园区管理，保持通风透光，勤除杂草。

其他防治参照栗树柞链蚧。

九、蚧科
COCCIDAE

虫体卵圆形或长卵形，扁平或隆起呈半球状或圆球状。体壁坚硬、光滑。虫体常有各种蜡被，如蜡粉、蜡片、稠密蜡块或玻璃状蜡壳等，也有些种类产卵时腹末带有絮状卵囊，不产生卵囊的种类，则卵产在腹面收缩的空腔内。本科特征性形态是腹部末端有很深的臀裂，肛门上盖有三角形肛板；体缘具缘褶。本科是大科，分布于全球，我国已记录39属113种。

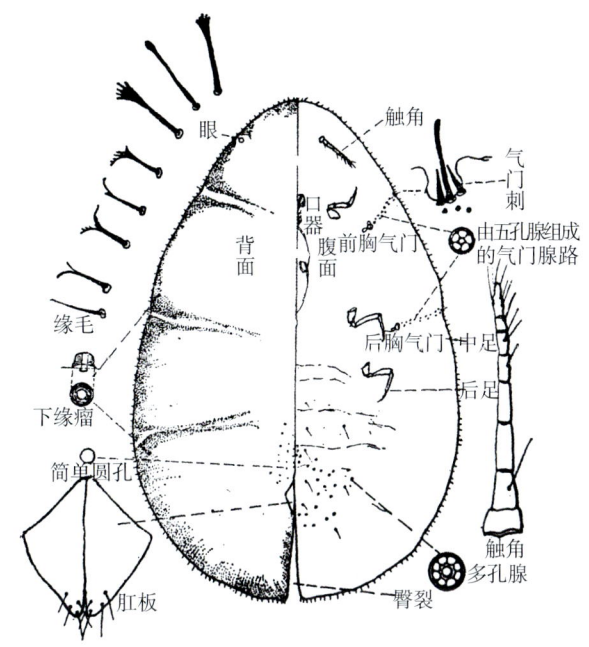

蜡蚧雌成虫外部形态

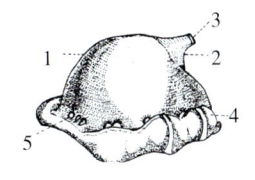

1. 蜡壳 2. 锥状蜡角 3. 干蜡 4. 缘褶 5. 干蜡芒

角蜡蚧（♀）

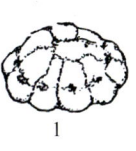

1. 雌成虫介壳 2. 雄成虫介壳

龟蜡蚧

1. 雌成虫 2. 雄成虫 分泌的蜡花

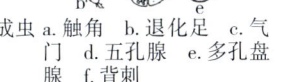

a. 触角 b. 退化足 c. 气门 d. 五孔腺 e. 多孔盘腺 f. 背刺

白蜡蚧　　绒茧蚧雌成虫　　绵蚧雌成虫带卵囊

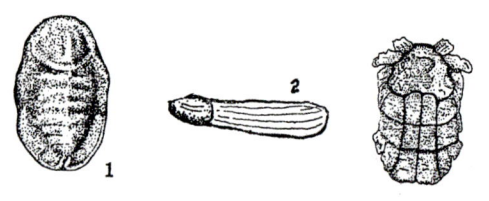

1. 雌成虫　2. 雌成虫带卵囊

大绵蚧　　　　多角绿绵蚧雌成虫带卵囊

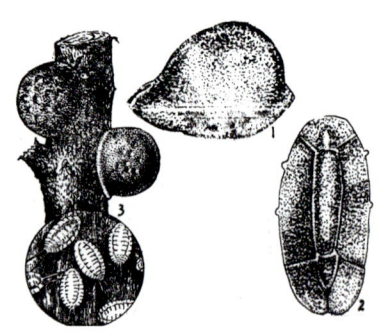

1. 雌成虫　2. 若虫　3. 雌成虫与若虫寄生状

大球坚蚧

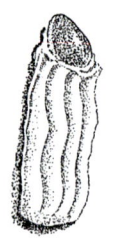 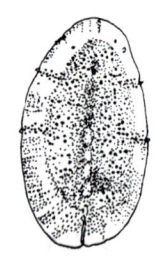

绿绵蚧雌成虫带卵囊　　软蚧雌成虫腹面

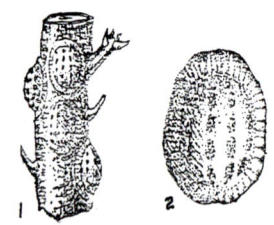

1. 寄生状　2. 雌成虫

坚蚧

纽绵蚧（仿 De lotto，1968）

1. 角蜡蚧
Ceroplastes ceriferus (Fabricius)

[中文异名] 大白蜡蚧。

[分　　布] 中国长江以南，山东、辽宁等地区及北方温室；日本、印度、斯里兰卡、大洋洲、夏威夷、智利、墨西哥。

[为害对象] 荔枝、龙眼、芒果、无花果、枇杷、柠檬、金橘、杨梅、珍珠花、榕、柑橘、石榴、桃、李、苹果、杏、梨、柿、樱桃、山楂、板栗、茶、桑、油茶、菊花、合欢、山茶；茶梅、含笑、红梅、腊梅、贴梗海棠、羽叶番龙眼、木瓜、碧桃、白玉兰、月桂、月季、蔷薇、垂丝海棠、樱花、木槿、栀子、杏叶梅、悬铃木、椿、罗汉松、葱木、油杉、柳、楸、白榆、椰榆、雪松、马桂木、黄心树、重阳木、广玉兰、正木、丝棉木、三角枫、无患子、榉、枫杨、白腊、红桐、木桃、鸡爪枫、朴肤木、三角稠、侧柏、卫矛、大头兰、酸木瓜、龙舌兰、法国冬青、大叶黄杨、南天竹、十大功劳、天仙果、八角金盘、海桐、构骨、肉豆蔻、蓼、桃金娘、万年青、野牡丹、龙船花、常春藤、茵陈蒿、扶芳藤等13科160余种植物。

[为 害 状] 成虫和若虫寄生在枝条和叶片上刺吸汁液为害，诱发煤污病，受害叶片枯黄脱落，枝条枯死，树势衰弱。

[形态特征]

雌成虫：蜡壳白色，略带淡红，壳背中部向上隆起几乎成为半球形，尾端向后突出成锥状蜡角，蜡角短，顶端钝，后期此蜡角逐渐融消；

雌成虫（近视）

若虫（放大）

雌成虫（近视）

缘褶明显，前、后气门路为白色蜡带，连缘褶向上翻卷；头端有干蜡芒3个，其基部紧靠，尾部蜡芒2个，位于肛门侧，前、后气门带上各有侧蜡芒1个，后侧区每侧各有基部紧靠的蜡芒2个；蜡壳长4~12mm，宽3~10mm，高约2~8mm。虫体椭圆或近圆形，体长3~8mm，淡红至暗红色；触角6节；肛突长锥形，硬化，向体后斜伸；体背无腺区头部3个，体侧每边各4个，背中无；气门刺为粗短圆锥状，多为40~60根，不超过88根，沿体缘分布成群，比较稀疏，中部3~4列，两端单列；肛板近似肾形；背刺柱状、槌状，端钝或尖；体缘毛稀疏成1列；足长不达0.4mm。

雄成虫：红褐色，触角10节，具翅1对，腹末交尾器针状。

卵：长椭圆形，初产肉红色，渐变红褐色。

若虫：初孵时长椭圆形，体扁平，淡红褐色，足和触角健全，具1对长尾丝。

雄蛹：红褐色，长约1mm。

[生活史与习性]

生活史：一年发生1代。以受精雌成虫在枝条上越冬；成都翌年4月中旬开始产卵，5月中旬为产卵盛期。多营两性卵生。每头雌成虫产卵约527粒，卵期10~18天，孵化率78~94%。5月中旬至6月中旬若虫孵化，5月下旬至6月上旬为孵化盛期。雌虫固定寄生于枝条，雄虫多定栖于叶片。8月中旬至10月中旬雄虫化蛹，9月中旬为化蛹盛期，9月上旬至10月下旬羽化为成虫。交配后以受精雌成虫越冬。

上海5月下旬若虫始孵，5月底至6月上旬盛孵，其相应物候分别是金丝桃初花期，金丝桃末花期；武汉若虫盛孵期为6月中旬；南昌盛孵期为5月下旬至6月上旬。

[天　　敌] 夏威夷食蚧蚜小蜂、日本食蚧蚜小蜂、黑色食蚧蚜小蜂、角蜡蚧扁角跳小蜂、红蜡蚧扁角跳小蜂、蜡蚧扁角跳小蜂、浙江扁角跳小蜂以及蜡蚧头饱霉菌等寄生性天敌。

[防治方法] 参照日本龟蜡蚧。

雌成虫为害状（近视）

大叶黄杨为害状

2. 日本龟蜡蚧
***Ceroplastes japonica* (Green)**

[中文异名] 日本蜡蚧。

[分　　布] 中国陕西、山西、河北、北京、天津、山东、河南、江苏、上海、安徽、浙江、四川、江西、湖北、湖南、福建、台湾、广东、广西、云南等20余个省市，其分布北缘在陕西、山西、河北，即在北纬41度一带，在此以北，只发生在温室；东亚、南亚、俄罗斯。

[为害对象] 芒果、柑橘、无花果、金橘、石榴、樱桃、枣、梨、杏、梅、李、桃、枇杷、郁李、柿、板栗、山楂、木瓜、茶、桑、槭、杜仲、玫瑰、垂丝海棠、山茶、麻叶绣球、碧桃、月季、樱花、溲疏、连翘、迎春、贴梗海棠、桂花、锦带花、金银木、接骨木、金银花、夹竹桃、紫薇、花石榴、白玉兰、白兰花、含笑、栀子、菠萝花、天竺桂、凌霄、腊梅、紫荆、紫藤、合欢、木兰、芍药、牡丹、唐昌蒲、西府海棠、紫玉兰、纹母、丝棉木、米兰、木本绣球、马蹄莲、蔷薇、红叶李、红叶桃、石楠、鸡爪槭、三角枫、元宝槭、火棘、悬铃木、柳、白杨、金钱松、黑松、雪松、

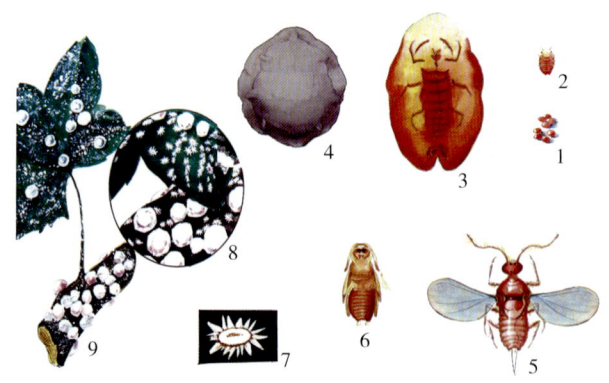

1.卵　2.若虫　3.雌成虫（腹面）　4.雌成虫（背面）　5.雄成虫　6.雄蛹　7.雄蛹蜡壳　8.放大图　9.为害状

日本龟蜡蚧

香橼、槐、肉桂、马尾松、五针松、水蜡、女贞、枫香、罗汉松、重阳木、乌桕、广玉兰、柳杉、七叶树、榆、朴、无患子、泡桐、梧桐、臭椿、构树、枫杨、卫矛、杜英、喜树、毛叶大理、六道木、榕、白腊、香樟、阴香、栾树、芭蕉、海桐、大叶黄杨、黄杨、龙爪槐、珊瑚、六月雪、构骨、胡颓子、盐肤木、丝兰、剑兰等41科200多种植物。

[为 害 状] 雌成虫和若虫寄生在枝条及叶片背面刺吸汁液为害，受害叶片枯黄脱落，枝条枯死，诱发煤污病，长势衰弱，影响开花结果。

[形态特征]

雌成虫：蜡壳很厚，白色或灰色；年轻雌成虫蜡壳圆形或椭圆形，壳背向上隆起，其表面有凹线将背面分割成龟甲状板块，形成中心板块和8个边缘板块，背顶保留1龄若虫蜡帽和2龄若虫蜡芒，但蜡芒埋入体缘湿蜡卷之上，依旧可以识别其不同部位；壳周围为大量湿蜡所包围，蜡层厚而弯曲，产卵期蜡壳背面隆起成半球形，整个壳背面分块变得模糊，从腰部起，先呈现不均匀红褐色，后整个蜡壳红褐白相间，仅顶端中心蜡板为白色，背顶干蜡帽则偏向一方；蜡壳长3~4.5mm，宽2~4mm，高约1mm。虫体卵圆形，长1~4mm，黄红、血红至红褐色，背面稍突起，腹面平坦，尾端具尖突起；触角多为6节；体缘刺与气门刺同形，前、后气门刺群相连接，其交界处有缘毛4~6根和缘刺相同排列，缘刺和缘毛均各1列；背部无腺区：头部1个，两侧各3或4个（后侧区1个常分为2个）。

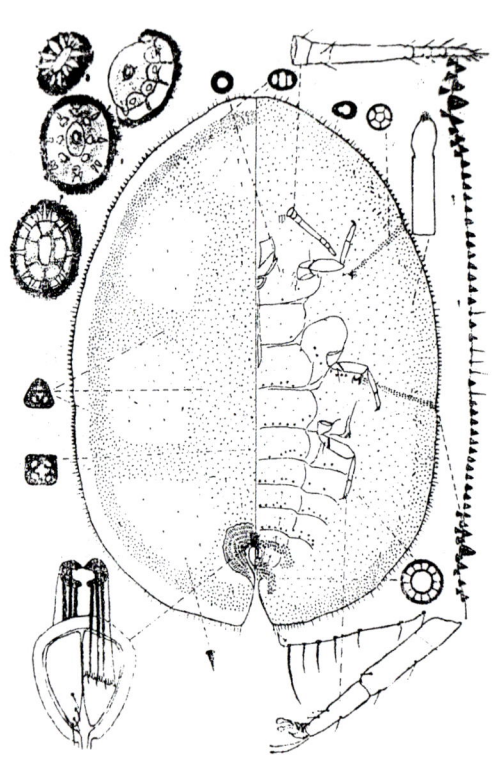

日本龟蜡蚧雌成虫

雌成虫（近视）

雄成虫： 体棕褐色，长 1.3mm，翅展 3.5mm。触角 10 节，第 4 节最长。腹末交尾器针状。

卵： 椭圆形，初产乳黄色，渐变深红色。

若虫： 长椭圆形，扁平，长 0.29~0.34mm，宽 0.15~0.2mm，淡黄色，老龄雌若虫的蜡壳与雌成虫近似；老龄雄若虫蜡壳椭圆形，白色，中部有 1 块长椭圆形而突起的蜡板，周围有 13 块蜡角。

雄蛹： 圆锥形，体长 1.2mm，红褐色。

[生活史与习性]

生活史： 一年发生 1 代，以受精雌成虫在枝条上越冬；成都翌年 3 月越冬雌成虫开始取食，虫体逐渐膨大，5 月上旬至 6 月产卵，5 月下旬为产卵盛期。5 月底卵始孵，6 月中旬为孵化高峰期。初孵若虫群集于叶面为害。8 月中旬至 9 月上旬雄虫羽化为成虫，8 月下旬为羽化盛期。

雌成虫 8 月上旬至 10 月陆续从叶片转移到枝条上固定寄生，9 月中下旬为转移盛期。

雌虫在树冠上的分布，外围多于内层；树冠下部，特别是内膛枝、徒长枝上最多，树冠中部较少。

南京、云南若虫孵化高峰期为 6 月上旬，山东高峰期为 7 月上、中旬。

据南京观察，若虫孵化不久便开始分泌蜡质，6 小时左右，首先在胸、腹背面各出现 1 对弧形蜡纹；12 小时左右，头部中央近前缘处，出现"山"形浅纹，胸、腹部两侧共出现 3 对蜡点；36~48 小时，体缘自后向前相继出现其他蜡点；72~96 小时，"山"形浅纹及体缘蜡点扩大，愈合成蜡块，以后逐渐发展成蜡角，弧形蜡纹扩展成 2 个蜡块，以后逐渐连成背部中心蜡板。15 天左右即成为初期星芒状硬质蜡壳。雄若虫为 2 龄，历期 56 天；雌若虫为 3 龄，历期 73 天。40 天左右，雌雄若虫蜡壳形态发生分化，雄虫蜡壳发展为星芒状硬质蜡壳；70 天左右，雌虫逐渐发展为龟甲状软质蜡壳。

药剂防治应选择虫体裸露，无或极少有蜡质物的孵化期若虫为佳。在硬质蜡壳阶段，特别是在星芒状蜡壳轻度增厚之前，防治效果也较好。但在软质蜡壳开始形成后，对雌成虫的防治效果则极差。

繁殖： 雌雄性比为 1.0∶1.9。主要营两性卵生。也可弧雌卵生，但其后代为雄性。每头雌成虫产卵 280~3 100 粒，一般为 1 000~2 000 粒。个体雌成虫产卵期为 9~15 天，以开始产卵的前 5~7 天卵量最大，可占总卵量的 80% 左右，卵期 17~31 天。当平均温度达 22℃ 左右，若虫开始孵化，卵平均孵化率达 91%。

为害状

大叶黄杨为害状

若虫（放大）

发生与物候： 上海翌年5月初开始产卵，5月下旬若虫始孵，5月底至6月上旬是孵化高峰期，其相应物候分别是金丝桃初花期，金丝桃末花期。

发生与环境： 初孵若虫在雌成虫蜡壳下滞留1至数天。温度适中，湿度较大，滞留时间较短；连续数日高温干燥或大雨天气，则滞留时间较长，甚至若虫大量死亡。该蚧虫的传播主要靠若虫孵化期风力传送，远距离传播靠苗木运输。

[天　敌] 寄生性天敌有黑盔蚧长盾金小蜂、蜡蚧褐腰啮小蜂、成都食蚧蚜小蜂、夏威夷食蚧蚜小蜂、日本食蚧蚜小蜂、长带食蚧蚜小蜂、赖食蚧蚜小蜂、蜡蚧食蚧蚜小蜂、闽奥食蚧蚜小蜂、食蚧蚜小蜂、黑色食蚧蚜小蜂、豹纹花翅蚜小蜂、软蚧扁角跳小蜂、红蜡蚧扁角跳小蜂、蜡蚧扁角跳小蜂、霍氏扁角跳小蜂、红帽蜡蚧扁角跳小蜂、浙江扁角跳小蜂、方柄扁角跳小蜂、郑州扁角跳小蜂、长缘刷盾跳小蜂、刷盾短缘跳小蜂、绵蚧阔柄跳小蜂、龟蜡蚧花翅跳小蜂、球蚧花翅跳小蜂、黄色花翅跳小蜂、蜡蚧花翅跳小蜂；捕食性天敌有红点唇瓢虫、黑背唇瓢虫、黑缘红瓢虫、二双斑蜃瓢虫、蒙古光瓢虫、刀角瓢虫。

[防治方法]

植物检疫： 禁止引进带虫苗木。

合理配置植物： 与抗虫植物搭配种植，以减轻虫害。

园艺防治： 冬季剪除内膛枝、徒长枝，下垂枝和重叠枝，春夏抹去内膛芽，可直接减少大量虫体，亦保证膛内通风透光，进一步减轻虫害。

生物防治： 引进、助迁、饲养释放天敌，可有效地控制蚧害。

药剂防治： 在若虫孵化高峰期，或星芒状硬质蜡壳形成初期，选择10%凯撒乳液200倍液、花保80倍液、95%油乳剂150倍液、棉油皂50倍液、10%吡虫啉1 500倍液等进行点片挑治或间隔喷雾防治。其他防治方法参照柑橘刺粉蚧。

3. 伪角龟蜡蚧
Ceroplastes pseudoceriferus Green

[中文异名] 伪白蜡蚧。

[分　布] 浙江、云南、湖南、福建、广东、广西、江西、江苏、湖北、贵州、四川、台湾等省区。

[为害对象] 木瓜、荔枝、柑橘、柠檬、金橘、石榴、枇杷、柿、茶、桑、月桂、山茶、苏铁、冬青、木兰、罗汉松、楠木、杉、栾等植物。

[为害状] 雌成虫和若虫寄生在枝条上刺吸汁液为害。

[形态特征]

雌成虫：蜡壳白色，与角蜡蚧蜡壳的形状基本相似，但尾端的蜡角较长，角顶端细；虫体卵圆形，头端稍狭窄，尾端钝圆；触角6节；足长于0.4mm；气门刺密集成群，每门多为110~140根，中间沿体缘成7~8列，两端为单列；肛突长锥形，向体后斜伸；肛板近似三角形。

[防治方法] 参照日本龟蜡蚧。

伪角龟蜡蚧雌成虫

4. 红龟蜡蚧
Ceroplastes rubens Maskell

[中文异名] 红蜡蚧、大红蜡蚧、红玉蜡蚧。

[分　布] 中国江苏、上海、浙江、福建、广东、广西、台湾、云南、贵州、四川、湖北、湖南、江西、安徽、陕西、河北等省区；大洋洲、美国、印尼、日本、印度、斯里兰卡、缅甸、

各论

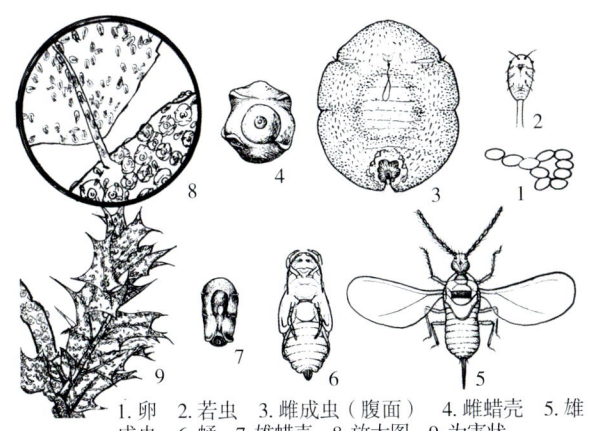

1.卵 2.若虫 3.雌成虫（腹面） 4.雌蜡壳 5.雄成虫 6.蛹 7.雄蜡壳 8.放大图 9.为害状

红龟蜡蚧

菲律宾、马来西亚。

[为害对象] 柑橘、金橘、龙眼、芒果、海南蒲桃、人心果、荔枝、佛手、无花果、梨、枇杷、石榴、柿、枣、苹果、桃、梅、桑、茶、桂仲、橄榄、火棘、海棠、山茶、茶梅、碧桃、樱花、栀子花、月桂、白玉兰、腊梅、瓶兰花、水团花、吓脊兰、合欢、锦带花、八角金盘、月季、蔷薇、苏铁、含笑、木棉、广玉兰、木兰、丝棉木、珉珉、棕榈、天竺桂、正木、阴香、枫香、香樟、胶木、桂皮、福树、糙叶树、龙柏、构骨、雪松、重阳木、毛叶大理、厚皮香、三角枫、卫矛、赤松、黑松、罗汉松、杉、白蜡、青枫、柳、榆、朴树、番叶树、黑壳楠、椿、杨桐、柃、麻栎、刺槐、大叶黄杨、海桐、小腊、珊瑚、黄金条、蔷薇、十大功劳、苦丁茶、常春藤等植物。

[为害状] 雌成虫和若虫聚集在枝条或散居在叶柄、叶片上刺吸汁液为害，诱发煤污病，削弱树势，影响开花结果，降低观赏价值。

[形态特征]

雌成虫（近视）

雌成虫：蜡壳为深玫瑰红至红褐色，背部向上高度隆起呈半球形，似红小豆，壳背观几呈六角形，背壳顶部中央有一白色下凹脐状点，侧面4个胸气门各有伸向中央脐点的白色蜡带1条；边缘上卷，缘卷上有蜡芒13个；壳长1.5~5mm，宽1.5~4mm，高1.5~3.5mm，寄生于针叶树上壳小，阔叶树上壳大。虫体椭圆形，头端稍窄，尾端钝圆；触角6节；气门刺由1根大刺和许多小刺组成，大刺圆锥形，顶尖，有时大刺略弯似牛角，两侧常有另外2根较大刺，但非圆锥形，顶端钝圆，其他气门刺形状与这2刺相似，顶端钝圆或接近半球形或麻栎子形，越远离大气门刺者越小，气门刺成不规则3~4列；体缘刺不发达，在腹面亚缘区稀疏分布。

雌成虫为害状（放大）

雄成虫：体长1mm，翅展2.4mm。体暗红色，腹末交尾器针状。

卵：椭圆形，淡紫褐色。

若虫：初孵时体长0.45mm，扁平椭圆形，体灰紫红色。

雄蛹：长椭圆形，体长1.25mm，橙红色，包被于白色薄茧中，外被暗紫红色蜡壳。

[生活史与习性]

生活史：一年发生1代，以受精雌成虫在枝条及(极少数)叶片上越冬。成都翌年5月中旬开始产卵孵化，6月上旬为产卵孵化盛期。6月下旬产卵孵化基本结束。产卵孵化盛期因地而异，南昌5月中、下旬；上海6月中旬。8月上旬雄虫开始化蛹。8月下旬至9月下旬羽化为

雌成虫为害状（近视）

成虫。交配后以受精雌成虫越冬。

蜡蚧营两性卵生，亦可孤雌卵生。每头雌成虫产卵150~1 137粒，平均474粒。卵期仅数小时，一边产卵一边孵化，成都群体产卵孵化期40余天。上海若虫孵化6月上旬至7月上旬，历时30~35天，若虫始孵期的相应物候是金丝桃始花期，盛孵期为6月中旬，其相应物候是金丝桃盛花期。

寄生习性：初孵若虫一般在晴朗的白天出壳，多在植株光线较强的外侧枝、叶上寄生，内层枝叶上较少。雌若虫主要固定于嫩枝上，叶片上较少；雄若虫绝大多数定居在叶背或叶柄，嫩枝上较少。

[天　敌]寄生性天敌有黑盔蚧长盾金小蜂、蜡蚧褐腰啮小蜂、胶蚧红眼啮小蜂、斑翅食蚧蚜小蜂、成都食蚧蚜小蜂、夏威夷蚧蚜小蜂、赛黄盾食蚧蚜小蜂、日本食蚧蚜小蜂、柳蛎蚧跳小蜂、红蜡蚧扁角跳小蜂、红帽蜡蚧扁角跳小蜂、方柄扁角跳小蜂、双带巨角跳小蜂、绵蚧阔柄跳小蜂、龟蜡蚧花翅跳小蜂、黄色花翅跳小蜂、蜡蚧花翅跳小蜂、云南花翅跳小蜂、捕食性天敌有红点唇瓢虫、黑缘红瓢虫。

红蜡蚧盛孵期物候——合欢盛花　　松针为害状

[防治方法]参照日本龟蜡蚧。

5．木豆玻壳蚧
Drepanococcus cajani (Maskell)

寄主：铁篱笆（马架子）

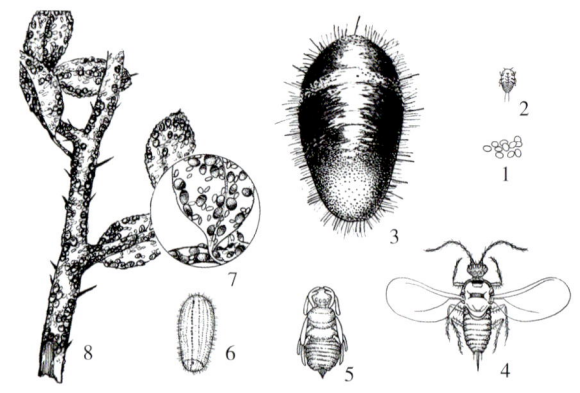

1．卵　2．若虫　3．雌蜡蚧　4．雄成虫　5．蛹
6．雄蛹蜡壳　7．放大图　8．为害状

木豆玻壳蚧

若虫为害状

6．柑橘绿绵蚧
Chloropulvinaria aurantii (Ckll.)

[中文异名]桔绵蚧、桔绿绵蜡蚧。

[分　　布]中国广东、浙江、湖北、四川、贵州、江西、陕西、福建、广西、湖南、云南、上海、江苏等省区；日本、伊朗、俄罗斯、美国、菲律宾、斯里兰卡、非洲、大洋洲。

[为害对象]柑橘、柠檬、柚、橙、枇杷、柿、橄榄、茶、杜仲、桂花、月桂、海棠、栀子、油桐花、蔷薇、夹竹桃、芭蕉、牡荆、卫矛、白爵床、山茶、海桐、枳壳、文竹等多种植物。

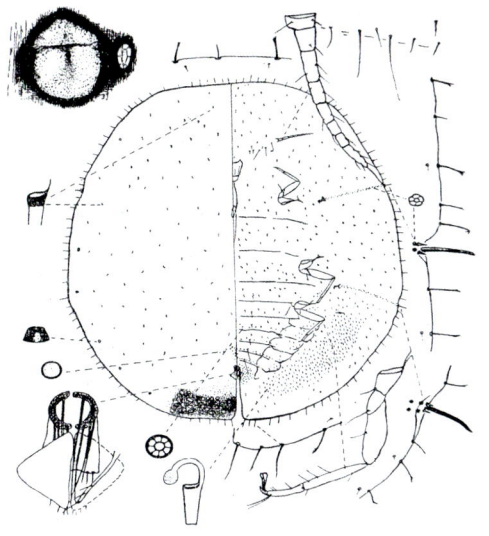

柑橘绿绵蚧雌成虫

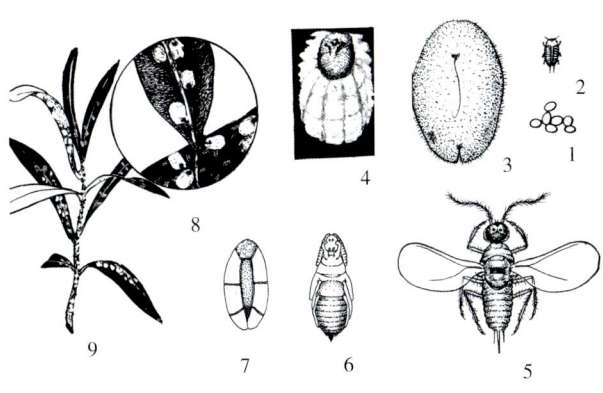

1. 卵　2. 若虫　3. 雌成虫（腹面）　4. 带卵囊雌成虫　5. 雄成虫　6. 蛹　7. 雄蛹茧　8. 放大图　9. 为害状

柑橘绿绵蚧

[为害状] 雌成虫和若虫寄生在叶片、嫩梢和果实上，特别喜欢固定在叶背刺吸汁液为害，诱发煤污病，造成早期落叶，嫩梢枯萎，受害果实个小，色差，味酸，果皮产生黑色霉层，影响品质。

[形态特征]

雌成虫：椭圆形，扁平，长约3.5mm，宽约3mm，产卵前青黄至褐色；背中稍突，纵脊明显，沿纵脊常有黑褐色的纵行带纹，虫背常覆盖绒毛状白蜡丝，体缘有绿色或褐色宽框；触角8节；气门刺多数3根，少数4根，中刺长度为侧刺的2~3倍，气门周围无硬化框所环绕；多格腺在后足基侧，第2~3腹节腹面，阴门侧成群，在第4~7腹节腹面成横列，在体侧成狭带；体背具亚缘瘤8对；大杯状腺在腹部腹面亚缘区成带；体背密被不规则椭圆形皮斑；缘毛呈列状分布，长短不一，毛顶端尖锐、稍膨大而分枝或稍呈锯齿状；背刺锥形。产卵期间分泌白色致密的棉絮状卵囊，卵囊在腹下半部向后伸出，宽4mm，长约7mm，卵囊后端有时显著比前端宽，囊背部有明显的纵脊状隆起。

雄成虫：体长约1.2mm，浅棕红色。具膜翅1对，腹末刺状交尾器较长，有1对白蜡丝。

卵：椭圆形，初产黄绿色，渐变鹅黄色。

若虫：体椭圆形，扁平，淡黄绿色，半透明，可见暗色内脏，体背两侧各有1条黄白色带。成熟前体暗绿色。

雄蛹：长椭圆形，淡黄褐色。蛹茧长椭圆形，为无色半透明蜡质中部稍隆起；表面有龟背状条纹，中部分成2块板，边缘除头部1块外，两侧呈左右对称的3对板。

[生活史与习性]

生活史：南京、上海、长沙、南昌、成都、重庆、陕西汉中一年发生2代。以若虫群集于叶片及枝干上越冬；上海翌年3月下旬越冬若虫逐渐转移至嫩枝、嫩叶上为害，4月中旬雄成虫羽化。受精雌成虫5月上旬开始形成卵囊，中旬90%的母体已有卵囊，卵产于囊中。每雌

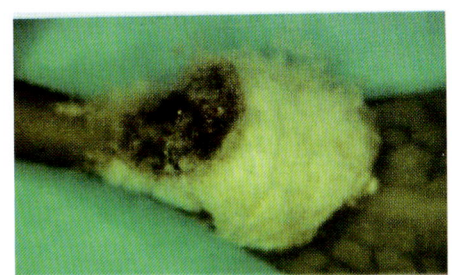

雌成虫及卵囊（近视）

若虫（近视）

卵囊及其初孵若虫（近视）

产卵300~1600粒，卵期约10天。5月下旬至6月上旬第1代若虫孵化，5月下旬为盛孵期。8月份出现第1代成虫，8月下旬产卵，9月孵化出第2代若虫，长沙、南京第1代若虫盛孵期分别为5月中旬、6月上旬。

发生与物候：上海第1代若虫始孵期5月23日。其相应的物候是红花夹竹桃盛花30%，石榴盛花50%，金丝梅初花10%；盛孵期5月26~28日，其相应物候是红花夹竹桃盛花70%，石榴盛花70%，金丝桃盛花30%~50%，合欢始花；孵化末期5月29日至6月4日，其相应的物候是红花夹竹桃末花—谢花，石榴盛花70%，合欢盛花30%。

寄生习性：初孵若虫先群集于枝条为害，后迁至叶片上沿主脉寄生。

[天　　敌] 捕食性天敌有成都食蚧蚜小蜂、赖食蚧蚜小蜂、黄盾食蚧蚜小蜂、日本食蚧蚜小蜂、食蚧蚜小蜂、金堂食蚧蚜小蜂、豹纹花翅蚜小蜂、软蚧扁角跳小蜂、绵蚧阔柄跳小蜂、白蜡蚧花翅跳小蜂。其中绵蚧阔柄跳小蜂、软蚧扁角跳小蜂对雌虫的寄生率最高，分别达到24.1%、15.7%。捕食性天敌主要是红点唇瓢虫、中华显盾瓢虫、孟氏隐唇瓢虫。

[防治方法]

植物检疫：禁止带虫苗木进入。

园艺防治：剪除虫枝、重叠枝、耕除杂草、保持通风透光。

物理机械防治：在若虫始孵期，用高压水枪冲洗，冲掉绝大部分雌成虫及卵粒、初孵若虫，防效奇特。

若虫（放大）

为害状（放大）

药剂喷雾防治：因天敌多，一般无需农药防治。

7. 油茶绿绵蚧
Chorpulvinaria floccifera (Westwood)

[中文异名] 绿绵蜡蚧、蜡丝介壳虫、绿绵蚧、茶长绵蚧。

[分　　布] 中国浙江、安徽、湖南、湖北、江西、福建、云南、贵州、四川、广东、广西、上海、江苏、河南、陕西、山东、辽宁等省区；日本、印度、苏联、土耳其、伊朗、欧洲、非洲、美洲。

[为害对象] 柑橘、柚、橙、金橘、茶、油茶、紫杉、松、香樟、榆、桉树、冬青、珊瑚、卫矛、山茶、米兰、月桂、桂花、连翘、海桐、茶梅、八角金盘、杨桐、柃、原砂根、白腊、柳杉等多种植物。

[为　害　状] 雌成虫和若虫寄生于叶片、枝条上刺吸汁液为害，造成树势衰弱，诱发煤污病，影响开花结果，降低观赏价值。

[形态特征]

雌成虫：长椭圆形或卵形，扁平，越冬前体长约2mm，绿色至褐色，背中有黄色纵带1条，产卵后死体色加深，背中部形成许多皱褶；触角多为8节，少数7节（第6~7节合并所致）；气门刺3根，顶端尖锐，中刺长度为侧刺的2.5倍；肛前孔约20个，肛板前缘凹，后缘突，端毛3根，腹脊毛2根；体背膜质，背刺尖锥形，全面散布；亚缘瘤7~9对，圆形；多格腺在阴区多，在1~3腹节腹面成横列，4~7腹节腹面成横带；大杯状

带卵囊雌成虫（放大）　　　　　　　　　为害状

腺在腹面集成亚缘宽带；体缘毛密而细长，顶端尖锐、分枝或锯齿状。产卵期间泌蜡形成白色长形絮状卵囊，卵囊狭长呈长筒状，上有数条纵脊，其长为体长的5倍，宽约2~3mm。

雄成虫：体黄色，长1.6mm，翅展约4mm，腹末有一对白色长蜡丝，交尾器刺状。

卵：椭圆形，白色或淡橘红色。

若虫：初孵时体扁平椭圆，长0.8mm，淡黄色。腹末有2条蜡丝；2龄雄若虫体背有绒毛状蜡丝，雌若虫则在背脊中间簇生白色短蜡丝。

雄蛹：长椭圆形，长1.7~1.8mm，黄色。

[生活史与习性]

生活史：一年发生1代。以受精雌成虫在枝干上越冬，茶树以茎基部较多；上海翌年4月上旬越冬雌成虫开始危害，中旬迁移到附近的老叶或枝干上，分泌卵囊并产卵，每头雌成虫产卵600~2 000粒，一般约1 000粒。5月21日若虫开始孵化，6月3日孵化完毕，孵化期仅13天。7月下旬至8月上旬开始分泌蜡质，8月中、下旬雌雄开始分化，雄虫体被绒毛状蜡丝，雌虫分泌短蜡丝。10月下旬雄若虫化蛹，11月羽化为成虫。

交配后，以受精雌成虫越冬。

5月下旬为若虫孵化高峰期，其相应物候是石榴盛花期和麻叶绣球初花期。该虫的孵化特点是孵化集中，高峰期短，在开始孵化后，很快进入盛孵期。前5天孵化的若虫占总孵化量的92%。

寄生习性：初孵若虫群集于叶片上刺吸汁液为害，以叶背最多。前期虫体生长缓慢，7~8月发育比较迅速，为害最烈。8月中、下旬雄虫多数仍聚集在叶背，迁移范围小；9月下旬至10月初，雌虫则陆续从叶片转移到枝干中、下部固定寄生。

发生与环境：喜阴湿，地势低洼，地下水位高，排水不良，以及栽植较密，杂草丛生，管理粗放的茶园，虫口密度较大，为害较重。在江西海拔1 200m以下的山区都有发生，其中海拔300~600m的茶园发生严重。

[天　　敌]捕食性天敌有红点唇瓢虫、黑缘红瓢虫、异色瓢虫，其捕食作用大；寄生性天敌有白僵菌，其寄生率较高，常引起虫体僵死。

[防治方法]参照柑橘绿绵蚧。

8．多角绿绵蚧
Chloropulvinaria polygonata (Cockerell)

[中文异名]多角绵蚧、山西绵蚧、卵绿绵蜡蚧、夹竹桃绵蜡蚧、网纹绵蚧。

[分　　布]中国广东、四川、浙江、安徽、江西、河北、贵州、云南、上海、江苏、台湾等省区；菲律宾、印度、孟加拉。

[为害对象]橙、芒果、桔、柚、柠檬、枇杷、苹果、茶、油桐、珊瑚树、棕榈、海桐、法国冬青、

带卵囊雌成虫（近视）

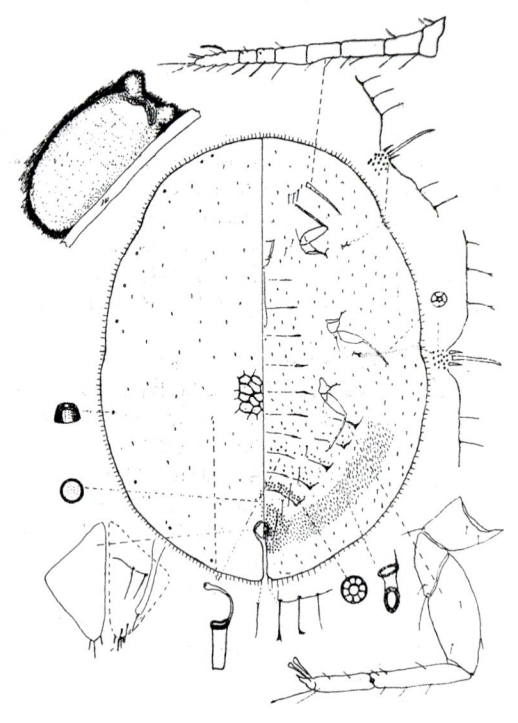

多角绿绵蚧雌成虫

栀子、九里香、米兰、高粱、菊芋、夹竹桃。

[为 害 状] 雌成虫和若虫寄生在嫩枝和叶背刺吸汁液为害，造成早期落叶，诱发煤污病，影响开花结果，降低观赏价值。

[形态特征]

雌成虫：椭圆形，长 3.5~5mm，宽 2~3.5mm，活体黄绿至灰褐，背中部有不同程度隆起的暗黄褐色或灰色纵脊，被白色棉状物，体缘略扁，色稍淡，常有褐色斑点形成的狭带，产卵期此褐斑消失而呈橄榄色或绿色，腹面橄榄色，中部绿色，产卵后虫体不同程度皱缩；触角 8 节；体背膜质，有不规则多角形的密集亮斑；背刺毛 1 列，细长，顶端尖或锯齿状；肛板后缘中部略凹，腹脊毛 3 根，气门刺 3~6 根，略弯，长短不等；多格腺分布在阴区及腹部腹面；杯状腺散布在腹面，边缘少。雌成虫产卵期由腹下分泌出向后延伸的白色卵囊，囊长 4.5~5mm，近长圆形，边缘整齐，背面由前向后呈波状起伏，上有横纹 2 条和明显的略微凹入的平行纵沟 3 条，虫体两侧亦分泌蜡质棉状物，其接近前端的两侧几条较长，略似角状物，在卵囊形成初期较显，故称多角绵蚧。卵囊长短和弯曲程度因寄主、虫口密度和所处环境而异。

雄成虫：体长约 1.3 mm，淡黄色。触角 10 节，具翅 1 对，腹末有两管状突起及两根白色长丝，交尾器较长。

卵：椭圆形，淡黄绿色。

若虫：初孵时椭圆形，淡黄绿色，背面淡黄褐色。雌若虫后期呈卵形，中部稍宽，前后两端较狭而圆，背面中部隆起，暗黄褐色，周围边缘略扁而稍淡。

雄蛹：体长约 1.3mm，淡褐色。蛹茧为无色透明蜡质，长椭圆形，中部稍隆起；表面有龟背状条纹，中部分成 2 块板，边缘除头部 1 块外，两侧呈左右对称的 3 对板。

[生活史与习性]

生活史：一年发生 2 代。以 2 龄若虫在叶背及嫩枝上越冬；成都翌年 3 月下旬至 4 月下旬雄虫化蛹，4 月上旬至下旬羽化为成虫。受精雌成虫 4 月逐渐迁至嫩梢上为害。4 月下旬至 5 月中旬分泌卵囊并产卵其中。5 月上旬为产卵盛期。第 1 代若虫 5 月中旬至 6 月上旬孵化，5 月下旬为盛孵期。初孵若虫多集中在嫩枝、叶片背面为害。第 1 代雄虫于 7 月上、中旬化蛹、羽化。

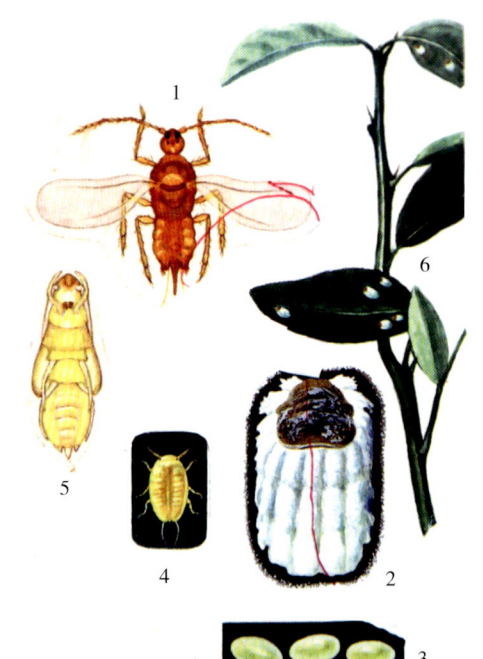

1. 雄成虫 2. 雌成虫 3. 卵 4. 若虫
5. 雄蛹 6. 为害状

多角绿绵蚧

产卵雌成虫（近视）

多数第1代雌成虫7月逐渐转移至枝条，8月上旬至9月上旬产卵，8月中旬为产卵盛期。第2代若虫8月中旬至9月上旬孵化，8月下旬为盛孵期。初孵若虫多群集于叶背，以若虫越冬。

营两性卵生。雌雄性比为1:1.48。每头雌成虫产卵600~1 200粒。第1代卵期15~19天，平均16天，第2代卵期11~17天，平均14天。

寄生习性：喜阴湿，山坡和山顶的柑橘树受害轻；平坝柑橘园，或植株过密的柑橘园往往发生较重。在植株上的分布及聚集程度随龄期不同有所变化：雌虫1、2龄期和雄若虫期，多聚集在树冠内外层的叶背面，明显地表现出高密度，多聚块的分布规律；雌虫3龄期至产卵前期有高密度聚集在树冠内2~3年生梢上的习性，尤以内膛徒长枝的密度最高。近产卵时又逐渐迁移到当年生新梢和叶背固定产卵。

[天　敌] 寄生性天敌有黑色食赖蚧蚜小蜂、斑翅食蚧蚜小蜂、钝齿食蚧蚜小蜂、夏威夷食蚧蚜小蜂、淡色食蚧蚜小蜂、食蚧蚜小蜂、闽奥食蚧蚜小蜂、白蜡虫花翅跳小蜂、粉蚧三色跳小蜂。其中黑色食蚧蚜小蜂、白蜡蚧食蚜小蜂的数量最多，占寄生蜂总量的86%，在4~5月对雌成虫的寄生率高达12.1~99.8%。捕食性天敌有点唇瓢虫、草蛉。

[防治方法] 参照柑橘绿绵蚧。

9. 刷毛绿绵蚧
Chloropulvinaria psidii **(Maskell)**

[中文异名] 柿绵蚧、垫囊绿绵蜡蚧、番石榴绿绵蚧。

[分　布] 中国云南、广东、河南、河北、山东、甘肃、宁夏、浙江、江苏、福建、广西、江西、湖南、湖北、安徽、四川等省区；印度、斯里兰卡、菲律宾、印尼、苏联、非洲、大洋洲、欧洲、美洲。

产卵雌成虫（放大）

[为害对象] 龙眼、芒果、番石榴、菠萝蜜、荔枝、柑橘、苹果、李、柿、无花果、桑、茶、咖啡、桂花、栀子、海棠、紫薇、鹰爪花、山茶、夹竹桃、苏铁、海桐、人面子、棕榈、香樟等多种植物。

[为害状] 雌成虫和若虫寄生在叶片和小枝上刺吸汁液为害，诱发煤污病，造成叶落枝枯，长势衰弱。

[形态特征]

雌成虫：椭圆形，长3.5~4mm，宽2.5~3mm，有的个体前端较狭，后端略圆，背扁平，中央略隆起，边缘较薄而稍向上翘，体背不同程度有一些白色粉状蜡质分

若虫（放大）

雌成虫（放大）

泌物；产卵前多为淡绿色、黄绿色，体背中部有褐色带纹，体背后端有一近方形的棕白色斑块，此斑块随着虫体的增长而增大，可达体长之半，体腹棕黄色；产卵前期体短缩，近圆形，直径接近4mm，变淡黄色，方形白斑边缘不明显，体背隆起部分均为浅棕白色；产卵期间体背色泽更深或呈褐色，分泌白色棉絮状卵囊，卵囊较宽，蜡质松散，厚薄不等，两侧边缘不规则，极似虫体之下棉褥状，卵囊向上方隆起，囊背中部有多条不明显纵沟，前端和两侧稍有弯曲，囊长4~5mm。雌成虫触角8节；气门周围环绕有硬化框，气门刺3根，中刺长度为侧刺2.5倍；体背膜质或稍硬化，有许多小角形白斑；亚缘瘤0~6对；体缘毛1列，缘毛顶端稍有膨大并有各种锯齿状或小分枝权；第5~6腹节腹面常有长体毛1对。

[生活史与习性] 湖南一年发生1代。以若虫在叶背越冬；翌年6月上旬开始形成卵囊，7月为卵孵化期，7月中旬为盛孵期。雌成虫主要营孤雌生殖。雌成虫寿命约2个月，每头雌成虫产卵300~500粒。在广州的人面子树上，该虫每年5~10月均有发生，尤以5~6月发生为害最重。

[天 敌] 有斑翅食蚧蚜小蜂、食蚧蚜小蜂、绿绵蚧食蚧蚜小蜂、蜡蚧扁角跳小蜂。

[防治方法] 参照柑橘绿绵蚧。

10. 台湾绿绵蚧
***Chloropulvinaria taiwana*(Takahashi)**

寄主：芒果

台湾绿绵蚧（放大）

11. 香蕉形软蚧
***Prococcus acutissimus* (Green)**

[中文异名] 锐蚧、锐钦蜡蚧。
[分　　布] 海南、广东、云南、台湾。
[为害对象] 芒果、荔枝、龙眼、菠萝蜜、蒲桃、葡萄、槟榔、白玉兰、紫金牛等多种植物。
[为害状] 雌成虫和若虫寄生在叶片上，多沿主脉分布，刺吸汁液为害。
[形态特征]
雌成虫：细长而弯；长2.5~5.5mm，乳白至黄绿色，老熟时暗褐色，端尖，体背中部稍向上隆起；触角细长，3节，第3节特长而成为触角主体；胸足纤细短小；体背膜质而较硬化，有圆形或椭圆形亮斑；斑中有小管腺；背刺较短，多为棒状，但其顶端稍尖或狭窄紧缩，成不规则亚中，亚缘列；亚缘瘤8~19个；体缘毛细长而尖，气门刺3根，中刺4倍长于侧刺；气门路上五格腺单列，无杯状管。

[防治方法] 参照广食褐软蚧。

12. 番木瓜软蚧
***Coccus discrepans* (Green)**

[中文异名] 偏蚧、偏软蜡蚧。
[分　　布] 福建、广东、台湾。
[为害对象] 番木瓜、槟榔、椰子、柑橘、橡胶、紫珠、算盘子、杜茎山等多种植物。
[形态特征]
雌成虫体：卵圆形或椭圆形，长2.5~3.5mm，灰色或暗灰色，左右对称，体背膜质或略硬化，稍向上隆起，并略有光泽和许多小圆形亮；触角7节；气门刺3根，中央气门刺端弯曲，长度约为其两侧的1~2倍；体背亚缘瘤3~5对，背刺柱状，散布；肛板三角形，后缘较前缘长，端毛4根，腹脊毛2根；缘毛细尖或分叉。

[防治方法] 参照广食褐软蚧。

13. 南亚蚁软蚧
***Coccus formicarii* (Green)**

[中文异名] 蚁盔蚧、蚁珠蜡蚧。

[分　　布] 福建、四川、云南、台湾。

[为害对象] 番石榴、橄榄、菠萝蜜、洋蒲桃、芒果、李、孟加拉苹果、柿、槟榔、漆树、桂皮、茶、胶木、紫珠、白兰花、紫薇、米兰、山茶、栀子、木荷、桉、重阳木、香樟、榕、福树、银桦、楠、石柯、棕榈、柳、吴茱萸、紫金牛等多种植物。

[为 害 状] 雌成虫和若虫寄生在枝条上的蚁窝内。

[形态特征]

雌成虫：椭圆形，长1.3~1.8mm，背突起略硬化，具许多淡斑，腹面膜质，沿尾裂及阴门周有针刺状表皮；触角6~7节；肛门合成正方形，只有端毛，肛板腹脊毛2根；气门2~4刺，以3刺为多；缘毛细尖，成不规则1列；背毛在中区成短针状；气门路上五格腺2~3列，多格腺分布于阴门附近；无亚缘瘤，背亚缘区无泌蜡穴，背有小椭圆"+"字形孔。

[防治方法] 参照广食褐软蚧。

14. 广食褐软蚧
Coccus gesperidum L.

[中文异名] 软蚧、褐软蚧、褐软蜡蚧。

[分　　布] 中国长江以南各省、河南、河北、山东、湖北、四川、台湾以及北方温室；美国、

雌成虫（近视）

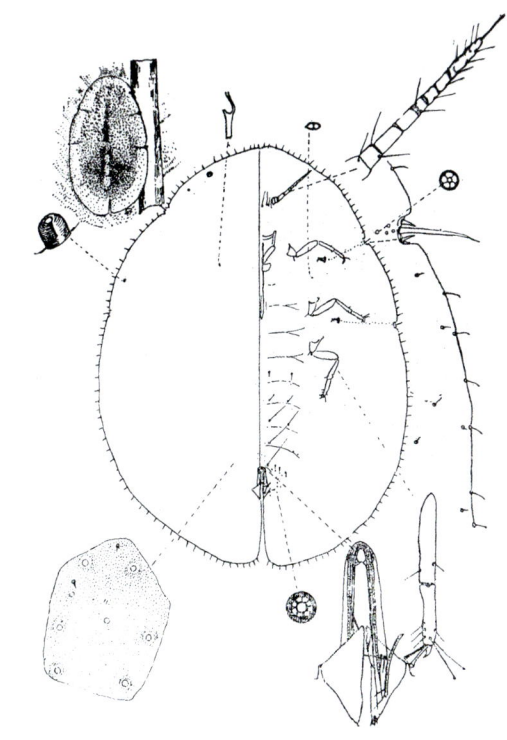

广食褐软蚧雌成虫

南非、俄罗斯、大洋洲、欧洲西部、亚洲东部。

[为害对象] 芒果、龙眼、番木瓜、蒲桃、椰子、香蕉、无花果、番石榴、枇杷、柑橘、樱、刺梨、桃、苹果、杏、李、柿、枣、柚子、金橘、茶、桑、佛手、橄榄、玳玳、槟榔、紫杉、油茶、咖啡、枸杞、黄皮、桂花、鸡蛋花、羊蹄甲、米兰、樱花、梅花、珠兰、白兰花、白玉兰、茉莉、山茶、象牙红、碧桃、紫荆、含笑、栀子、龙牙花、月季、攀枝花、夹竹桃、君子兰、天竺葵、朱顶红、兰花、一品红、仙客来、芭兰、菊花、五色草、八角金盘、七里香、马蹄莲、蝙蝠兰、七叶一枝花、人头兰、万年青、天门冬、扁竹、丝兰、线兰、大叶黄杨、海桐、苏铁、龙舌兰、鱼尾葵、龟背竹、竹节蓼、紫珠、人心果、冬青、构骨、吊兰、常春藤、橡皮树、棕榈、银叶树、重阳木、樟、广玉兰、刺桐、椿、木兰、杉、竹类、日本五针松、秋枫、阴香、马挂木等多种植物。

[为 害 状] 雌成虫和若虫群集在嫩枝和叶片正面中脉两侧刺吸汁液，也常在果梗及果实上为害。严重时，枝、干上布满虫体，叶黄枝枯，诱发煤污病，影响开花结果，降低观赏效果。

[形态特征]

雌成虫：卵形或长卵形，长2~4.5mm，扁

平或背部稍有隆起，体前端较狭，后端稍膨大，虫体两侧不对称，稍向一侧弯曲；体背色泽变化大，常为黄绿、黄褐或红褐色；背面中部有1条绿褐色纵脊纹，脊周围深褐色，常有黑点散布或散集成斑块，形成2条褐色网状横带，体缘显扁平；体背产卵前较软，产卵后渐硬化；触角7节，第4节不明；体背亚缘区杯状腺0~21个；背刺针状，端或钝，不分枝，长短不等，任意分布；肛环在肛板前，距肛板距离约为肛板内缘之长度；肛前孔6~33个，常2~3群；肛板合成正方形，每块肛板端毛4根，腹脊毛2根；体缘缘毛细尖或少数分叉(尾端)，常弯曲，毛距约等于毛长；杯状腺在中足后成横群；阴前毛3对；亚缘瘤每侧5个。

卵：长椭圆形，淡黄色。

若虫：体椭圆形，长约1mm，前后端几乎相似，扁平，黄绿色至红褐色，背面中央有纵脊纹。体缘有短毛，在尾端的1对很长，约等于体长之半。

[生活史与习性]

生活史：一年发生3~5代。发育起点温度约130℃。有效积温为515度日。温室发生4~5代。常年可见成虫、卵、若虫。一年发生3代地区，1、2、3代若虫初孵期分别为5月下旬、7月中旬和10月上旬。以雌成虫和1、2龄若虫越冬。多营孤雌卵胎生，卵在母体内经数小时即孵化产出。产卵量相差悬殊，少者30~60粒，多者千余粒。

[天敌] 寄生性天敌有斑翅食蚧蚜小蜂、成都食蚧蚜小蜂、夏威夷食蚧蚜小蜂、日本食蚧蚜小蜂、赖仿蚧蚜小蜂、金黄蚜小蜂、食蚧蚜小蜂、闽奥食蚧蚜小蜂、金堂食蚧蚜小蜂、黑色食蚧蚜小蜂、软蚧扁角跳小蜂、球蚧跳小蜂、绵蚧阔柄跳小蜂、褐软蚧花翅跳小蜂、粉蚧玉棒跳小蜂；捕食性天敌有双斑唇瓢虫、黑背唇瓢虫、中华显盾瓢虫。其

雌成虫（放大）

中寄生性天敌的寄生作用极大，对雌虫的寄生率可高达90%。

[防治方法]

人工防治：对虫口数量在水的露地花灌木、温室花木可用毛刷刷除，并及时处理落下的虫体。

园艺防治：剪除虫枝、虫叶。在温室发现虫株，应及进隔离。

生物防治：将装有

若虫（近视）

虫枝、虫叶的寄生蜂羽化器悬挂在空间，让寄生蜂飞出；释放天敌昆虫。

其他防治方法参照日本龟蜡蚧。

15. 长椭圆软蚧
***Coccus longulus* (Douglas)**

[中文异名] 长蚧、无花果蚧、长软蜡蚧。

[分　　布] 中国海南、福建、云南、广东、江苏、台湾。全世界热带、亚热带。

[为害对象] 番荔枝、鳄梨、柑橘、荔枝、杨梅、无花果、葡萄、槟榔、榕、漆树、桑、马达加斯加红原壳、桂花、木槿、金合欢、秋海棠、朱缨花、台湾相思、变叶木、子壳、胡颓子等多种植物。

[为害状] 雌成虫和若虫寄生在枝干上刺吸汁液为害，造成枝条枯死，长势衰弱。

[形态特征]

雌成虫：长椭圆形，体淡黄色，背面稍隆起，背面有一稍突的中脊，眼点黑色，胸气门线明显，气门洼发达，显白色。孕卵成虫很快膨大，背面隆起，呈褐色，长约2mm，高1mm，似一头盔。

[防治方法] 参照广食褐软蚧。

16. 柑橘树软蚧
***Coccus pseudomagnoliarum* (Kuwana)**

[中文异名] 拟玉兰蚧、桔软蜡蚧。

[分　　布] 中国广东；美国、大洋洲、日本、中亚、欧洲。

[为害对象] 柑橘、安石榴、核桃、榆、朴、瑞香、枳壳、鼠李科、茄科、桃金娘科等植物。

[为 害 状] 雌成虫和若虫寄生在枝、叶上刺吸汁液为害。

[形态特征]

雌成虫：长椭圆形，前端和尾端较钝圆，左右多对称；体背膜质或略硬化，向上隆起不明显，常具许多大小不一的黄色斑，或此斑不显；新鲜雌成虫暗橄榄色，老熟时多为褐色；触角7~8节，足胫、跗关节处不硬化；体背无亚缘瘤和大杯状腺；肛板合成正方形，腹脊毛3根，端毛4根；缘毛细长，弯曲或直，少部分端分叉；肛环位于肛板前，离肛板距离约为肛板内缘长的1/3；阴前毛3对。

[生活史与习性] 一年发生1代。以2龄若虫在枝上越冬；翌年春末产卵，每头雌成虫产卵1 000~1 500粒，5月若虫孵化。雄虫极少，营孤雌卵胎生。

[防治方法] 参照广食褐软蚧。

17. 毛缘软蚧
Coccus viridis (Green)

[中文异名] 绿蚧、咖啡绿软蜡蚧。

[分　　布] 中国广东、云南、广西、四川、江西、浙江、福建、江苏、湖南、贵州等省区；全世界热带、亚热带。

[为害对象] 芒果、龙眼、番石榴、腰果、柚、柑橘、柠檬、石榴、人心果、番樱桃、茶、咖啡、海棠、锦葵、鸡蛋花、含笑、米兰、山榄、栀子、山茶、龙船花、假虎刺、九里香、冬青、朴、黄皮银叶树、人面子等植物。

[为 害 状] 雌成虫和若虫固定在叶背、枝条及果实上刺吸汁液为害。尤以幼嫩部分受害较重。受害叶片和幼果发黄脱落，诱发煤污病，使经济作物产量减少，品质变劣，失去观赏价值。

[形态特征]

雌成虫：卵圆形或椭圆形，长1.3~3.5 mm，活体淡绿或黄绿色，稍透明，扁平，背稍隆，背中通常有黑色、暗褐色斑或短带形成的纵行条纹，此纵行条纹多有各种弯曲，呈左右两条，使体背透出"U"形黑纹，有的此纵行条纹出现不规则断裂而呈斑点状带；体背膜质或略硬化，有圆形、椭圆形亮斑；背刺柱状或棒槌状，散布；亚缘瘤4~11个，左右体缘分布不对称；每块肛板略呈直角或等腰三角形，上具腹脊毛2根和端毛4根；触角7节；多格腺分布在全腹节；体缘毛顶端分枝或短刷状；气门刺3个，中央气门刺长度约为侧刺的2倍，均粗大。

卵：圆形，边缘扁平，中间稍突出。

[生活史与习性] 一年发生数代。海南岛一代历期28~42天，无明显越冬现象。营孤雌卵生，每头雌成虫产卵数百粒，卵置于母体下面。初孵若虫在母体下面经短暂滞留后分散，多在叶背面叶脉两侧及嫩枝上固定为害。喜阴湿环境。

[天　　敌] 在高温高湿条件下，易受蜡蚧头孢霉菌寄生，使虫口密度急剧下降。

[防治方法] 参照广食褐软蚧。

18. 肉桂双蜡蚧
Dicyphococcus bigibbus Borchsenius

[中文异名] 云南双蜡蚧、滇双角蜡蚧。

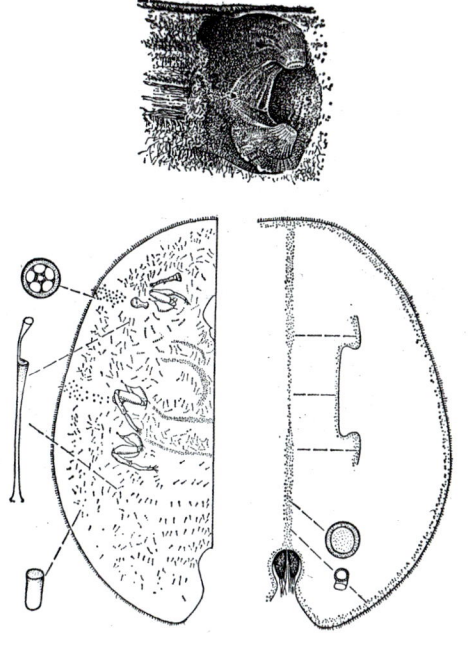

肉桂双蜡蚧雌成虫

[分　　布] 云南。

[为害对象] 肉桂、藤黄檀、银桦、千角拔、水锦树、储血树、香樟、悬铃木、野牡丹等植物。

[为 害 状] 雌成虫和若虫寄生在细枝和树梢刺吸汁液为害。

[生活史与习性] 一年发生1代，以受精雌成虫在嫩枝及树梢越冬；翌年4月中旬始孕卵，5月下旬始产卵，6月上、中旬若虫始孵化。8月下旬雄成虫羽化。以受精雌成虫越冬。

营两性生殖，每头雌成虫产卵98~153粒，平均125粒。卵孵化率为92.3%。在平均气温15~30℃，相对湿度40%~60%时，能正常生长发育，以20℃~24℃，相对湿度45%为最适宜。

[防治方法] 参照日本龟蜡蚧。

19. 朝鲜毛球蚧
***Didesmococcus koreanus* Borchsenius**

[中文异名] 杏毛球蚧、朝鲜球坚蜡蚧、朝鲜球坚蚧。

[分　　布] 中国北京、内蒙古、宁夏、甘肃、青海、陕西、山西、辽宁、吉林、黑龙江、河北、河南、山东、四川、云南、湖北、湖南、江苏、浙江；朝鲜。

[为害对象] 桃、杏、茶、李、樱桃、葡萄、海棠果、垂丝海棠、苹果、樱花、梅花、刺玫、碧桃、杜鹃、山桃、红叶李、三角枫、滇杨、举凡树等植物。

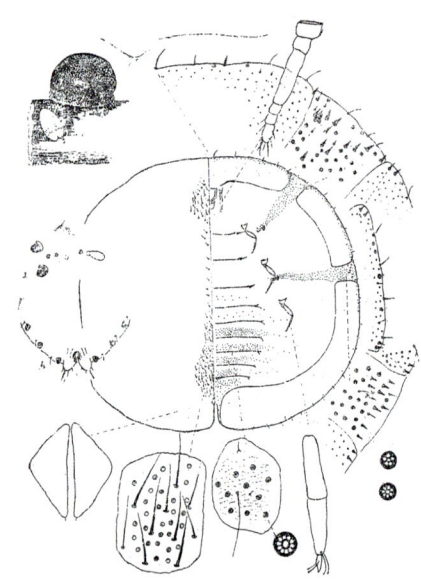

朝鲜毛球蚧雌成虫

[为 害 状] 雌成虫和若虫寄生在枝条上刺吸汁液为害，受害枝条枯死，诱发煤污病，长势衰弱。

[形态特征]

雌成虫：近球形，长约4.5mm、宽4mm、高3.5mm，黑褐色，背面高度向上隆起，后面垂直，前面和侧面下部亚缘区凹入，产卵后死体高度硬化，背面体壁有较大的凹点2纵列，体表常覆盖透明的薄蜡片；触角6节；肛环宽而发达；气门腺路宽，由大小不等的多格腺组成；较大的多格腺在后胸和腹部腹面中区按体节分布成横带(列)；体腹缘刺锥状；肛板小，每板近三角形；第4~6腹节腹面有成对长毛，腹面无杯状腺。

雄成虫：体长约1.5mm，翅展2.5mm，头胸部红褐色，腹部淡黄褐色。触角丝状10节，腹末交尾器两侧各有1条白色长蜡丝。

卵：椭圆形，初产橙黄色，渐变红褐色，半透明，被白色蜡粉。

若虫：初孵时长椭圆形，长约0.5mm，体淡褐色，被白色蜡粉，腹末有两根长毛。雄若虫在腹背末端两侧，各有一黄白色隆起，而雌虫无。

雄蛹：体长约1.8mm，红褐色。雄蛹蜡壳长椭圆形，黄白色，毛玻璃状，稍突起，后背有一横缝，背面有2纵沟和多条横脊。

[生活史与习性]

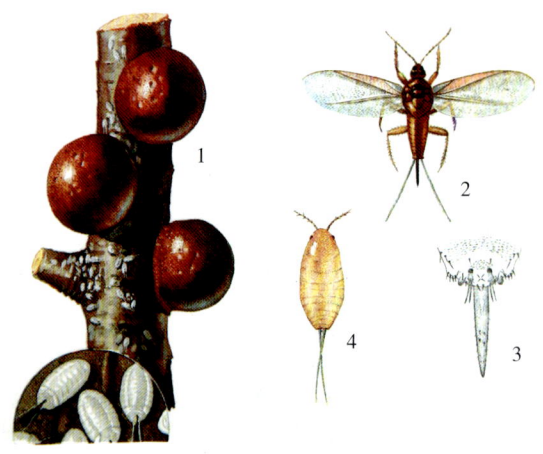

1.雌成虫　2.雄成虫　3.雄成虫腹部末端　4.1龄若虫

朝鲜毛球蚧

雌成虫（放大） 为害状

生活史：四川一年发生1代。以2龄若虫在枝条裂缝、伤口边缘及粗皮处越冬；成都翌年3月初柳树芽萌动时，开始活动，从蜡堆里的蜕皮中爬出，群居在枝条上为害。3月上旬蜕皮后，虫体开始膨大。3月中旬至4月中旬雄若虫泌蜡形成蜡壳，并蜕皮化蛹，4月上旬至下旬羽化为成虫。受精雌成虫体迅速膨大，逐渐硬化，4月下旬至5月中旬产卵于母体下面，5月上旬为产卵盛期。5月中旬至6月上旬若虫孵化，5月下旬为盛孵期。初孵若虫在枝条缝隙处固定，身体长大后，两侧分泌白色絮状蜡质，覆盖虫体，6月中旬絮状蜡质逐渐溶化为蜡层，包围虫体四周，此时进入生长缓慢期，10月后开始越冬。

昆明若虫于4月中旬开始孵化，4月下旬至5月上旬为若虫涌散期；上海5月下旬至6月上旬若虫孵化；华北地区5月下旬至6月上旬若虫盛孵；包头6月中、下旬若虫孵化。

繁殖：雌雄性比为3∶1，多营两性卵生。每头雌成虫产卵1 200~2 900粒，卵期6~19天，平均9天。卵孵化率为70%~97%。北方越冬若虫死亡率较高。

[天　　敌] 寄生性天敌有赖食蚧蚜小蜂、长缘刷盾跳小蜂、纽绵蚧跳小蜂、球蚧花翅跳小蜂、（北京）举肢蛾；捕食性天敌有黑缘红瓢虫，其捕食作用大。

[防治方法] 参照白蜡蚧。

20. 中亚毛球蚧
***Didesmococcus unifasciatus* (Arch)**

[中文异名] 杏毛球蚧。

[分　　布] 中国内蒙古、甘肃、宁夏、青海；中亚、俄罗斯、蒙古。

[为害对象] 杏、桃。

[为 害 状] 雌成虫和若虫寄生于枝条上为害。

[形态特征]

雌成虫：近球形，长3~4.5mm，高2.4~4mm，有时长大于宽，死体光亮褐色，体背有凹点2纵列，体侧缘突出，亚缘区凹入；触角8节；盘腺多为6~10格，少数3~5格，在胸部集成很宽的气门带4条，带宽5~11腺，在前胸至第5腹节体缘成亚缘列，在腹部按节集成宽横带，第2~5腹节腹板中部中断或其间有成列腺；双格暗框孔在体腹面，以体缘为多；大小盘腺在全体背；缘毛粗尖，刺尖，沿体缘成不规则列；体背毛集成前后两大群；第5~7腹节腹板上有成对毛。

[生活史与习性] 一年发生1代，以1龄若虫在白毡下越冬，6月上旬为孵化始期。

[防治方法] 参照白蜡蚧。

21. 白蜡蚧
***Ericerus pela* (Chavannes)**

[中文异名] 华蚧、中国白蜡蚧、白蜡虫。

[分　　布] 中国云南、四川、贵州、湖南、湖北、广东、广西、山东、安徽、江西、福建、浙江、上海、江苏、陕西、辽宁等省；东南亚。

[为害对象] 女贞、小叶女贞、长叶女贞、日本女贞、白腊树、大叶白腊树、小腊等20余种植物。

[为 害 状] 该虫本是一种重要的产蜡资源昆虫，但在非产蜡区，常又是一种重要害虫。雌成虫和若虫群集在枝条上刺吸汁液为害，严

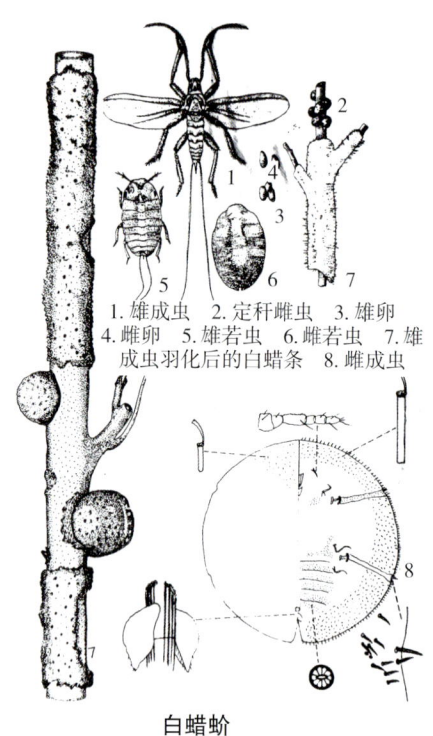

白蜡蚧

1. 雄成虫 2. 定秆雌虫 3. 雄卵 4. 雌卵 5. 雄若虫 6. 雌若虫 7. 雄成虫羽化后的白蜡条 8. 雌成虫

重时 7~8 月的 1~2 年生枝条被满白蜡成蜡棒，树冠一片白色；3~4 月满树 2~3 年生枝条上密集褐色球形雌虫体，十分显眼，造成叶片大量脱落，枝条枯死，树势衰弱，甚至整株死亡。

[形态特征]

雌成虫：初成熟时，形似蚌壳，逐渐膨胀成半球状。虫体背面黄褐色，散生大小不等的淡黑色斑点，腹面黄绿色；孕卵后虫体近球形，个体差异极大，长 4~14mm，高 3~12mm；产卵后的虫体，外壳变硬，红褐至暗褐色，光亮，黑斑大而不显，腹面膜质柔软，平坦或内陷。触角 6 节；气门大，气门刺多根；缘刺锥状，排成 1 列；尾裂深；肛板外角呈弧形，后角外侧有毛 3 根；大杯状腺在腹面宽集成亚缘带、小杯状腺在背面散生；多格腺分布在腹面中区；背刺锥状。

雄成虫：长 2mm，翅展 5mm。体黄褐色，触角丝状 10 节，前翅近似透明，具虹彩闪光。腹末交尾器两侧，各有 1 根白色长蜡毛。

卵：长卵圆形，长 0.4mm，雌卵红褐色，雄卵淡黄色。

若虫：初孵雌若虫体扁卵形，红褐色。2 龄卵形，长约 1mm，体淡黄绿色，背部微隆起，中脊灰白色；初孵雄若虫长卵形，体淡黄色，腹末有 2 条细长蜡毛。2 龄宽卵圆形，长 0.75mm，淡黄褐色，体背中脊隆起，黄褐色。雄若虫密集于枝条周围，在虫体表面分泌厚厚一层白色疏松蜡质，环包枝条呈棒状，在蜡层中化蛹。

雄蛹：长 2.4mm，体黄褐色，眼

雌成虫（近视）

雄虫的白色分泌物

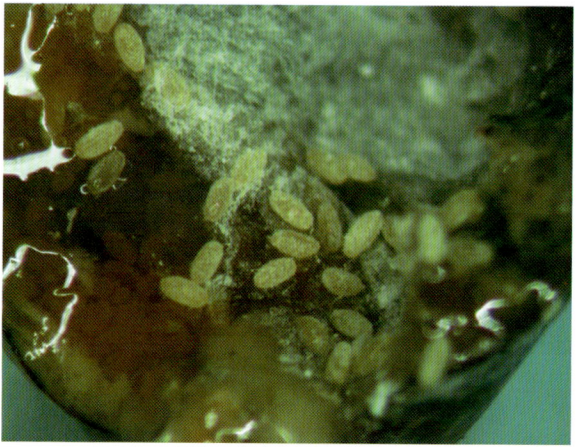

若虫（近视）

点暗紫色。

[生活史与习性]

生活史：一年发生1代。以受精雌成虫在枝条上越冬。在北纬24度以南的亚热带地区，可发生2代。成都翌年3~4月，越冬雌成虫胸背开始隆起，逐步发育成球形，同时腹壁向内凹陷，形成内腔，卵产于腔内。3月中旬，雌成虫开始从肛门排出白色透明的糖液，称为"吊糖"。此间的虫壳薄且柔软。4月上旬"吊糖"变为淡褐色，虫体由淡褐色变为绯红色，即开始产卵，虫壳亦开始逐渐变硬。4月中旬、下旬，"吊糖"变成血红色即为产卵盛期。5月初"吊糖"变为黑褐色，逐渐干固，即产卵结束。雌成虫产量个体差异很大，少则1 000粒，最多达1.69万粒，一般为2 500~8 000粒。雌成虫产卵，先产雌卵，后产雄卵。

孵化与温湿度：在5月中旬平均气温180℃左右时，雌若虫首先开始孵化，20℃时，才大量孵化。而雄若虫在雌若虫孵化约一周后才开始孵化，因为雄若虫孵化所需温度比雌若虫高1~2℃，5月下旬当温度持续在25℃左右时，才能达到盛孵期。若虫孵化历时17天左右。每年若虫始孵期可相差9~14天，这与4月份平均温度的变化关系密切。以成都1996年4月平均温度14.8℃，若虫始孵期5月15日为基数，4月份平均温度每升高0.43℃，则若虫始孵期可提前1天。据上海观察，若虫孵化始、盛、末期，基本上与小叶女贞开花的始、盛、末物候期相吻合。初孵若虫在母壳内滞留4~8天才出壳分散。

昆明3月中、下旬若虫孵化；南昌4月下旬至5月上、中旬孵化，5月上旬为盛孵期；马鞍山5月中、下旬孵化，5月20日左右为盛孵期；武汉5月中旬至6月初孵化，5月下旬为盛孵期；上海5月下旬至6月上旬孵化，6月上旬为盛孵期；大连6月中旬至7月上旬孵化，6月下旬为盛孵期。

寄生习性：雄若虫出壳后向上爬行，密集于距母壳最近的叶背面，每cm^2可达300头以上。约经两周蜕皮进入2龄，首先转移到2~3年生枝条上定栖，多集中在阴面作半环状排列，每cm^2有虫$180±54$头，定栖枝条长度几cm至几十cm，转枝历时5天左右。雌若虫出壳后，定栖在向阳的叶片上，散布于叶脉或叶缘处。部分雌若虫爬到地面停留一段时间，然后再爬回叶片，有些栖于附近根蘖、杂草上，不再回转。经16~20天蜕皮进入2龄，继雄若虫之后转移到1~2年生枝条固定，转枝历时11~15天。

泌蜡：雌若虫只分泌微量白色蜡粉。1龄雄

严重为害状

若虫能分泌蜡丝，转枝10天后，虫体完全被白色蜡层所包埋。雄若虫有两次泌蜡高峰，一是转枝后1个月左右，一是前蛹期，以后者量最大。蜡层厚度为4.5~6.3mm。8月下旬2龄若虫进入预蛹期，停止泌蜡。经4~7天蜕皮化蛹，再经6~8天羽化为成虫。腹末两根蜡丝在蜡花上穿戳小孔，并伸出孔外，称为"放箭"或"出纤"，再经1~4天雄成虫才由孔中退出。雌雄性比为$1:3.74$。

自然死亡率：白蜡蚧卵孵化率可达96%。初孵若虫在固定叶片及转枝过程中，自然死亡率达40%以上；在若虫孵化期，遇连续高温干

旱或降雨，可引起若虫大量死亡；6~8月，雨水多，湿度过大，部分雄若虫会致病死亡；在秋季，绵绵细雨，久不放晴，会使雌虫大量死亡，死亡率高达80%。自然死亡率对白蜡蚧种群发展有较大的抑制作用。

传播：主要通过苗木运输作远距离传播，风力作中距离传播，若虫爬行作近距离传播。

[天　敌] 寄生性天敌有日本食蚧蚜小蜂、方柄扁角蚜小蜂、蜡蚧阔柄跳小蜂、白蜡蚧花翅跳小蜂、白蜡蚧长角象以及真菌；捕食性天敌有红点唇瓢虫、黑缘红瓢虫及螨类等。天敌是影响白蜡蚧种群发展强有力的制约因子。

[防治方法]

植物检疫：避免从白蜡产区和虫灾区引种寄主植物，对有虫苗木进行彻底处理。

生态防治：避免连片种植寄主植物，与抗虫植物间隔种植。

园艺防治：危害较轻时，可结合冬春修剪整形，彻底剪除虫枝。

生物防治：将剪掉的虫枝放在林地附近，让寄生天敌飞出；助迁、饲养释放天敌昆虫，可有效地控制蚧害。

药剂喷雾防治：防治适期掌握在6月初若虫定叶期，或6月下旬若虫转枝盛期，9月下旬雄成虫羽化盛期，也可在2月底3月初越冬若虫出蛰活动初期，进行喷雾防治，同样防效明显。

药剂防治方法参照日本龟蜡蚧。

22. 羊茅绒茧蚧
Eriopeltis festucae (Fonscolombe)

[中文异名] 大秃刺毡蚧、大绒蚧、背刺禾毡蜡蚧、狐茅背刺毡蜡蚧。

[分　布] 中国山西、宁夏、内蒙古、甘肃；中亚至蒙古、北美。

[为害对象] 拂子茅、野古草、莎草、碱草、羊茅、冰草、小麦、大麦、筱麦、燕麦、青稞等禾本科植物。

[为　害　状] 雌成虫和若虫寄生在叶片上刺吸汁液为害。受害植株叶片变黄，矮化瘦弱，穗小粒少，籽粒秕瘦，严重时不抽穗或抽穗不结实，甚至整株死亡。

[形态特征]

雌成虫：长椭圆形，长5~9mm，黄或黄红色，两端狭而突；触角7~8节；体背密布顶端削平、大小不等的圆锥形刺，但背中线上无刺；缘刺顶端削平成明显1列，分布在头端额区者彼此靠近而密集，缘刺间距等于或小于刺茎直径，刺基部常有盘孔1~3个，也分布于背刺间；体腹部之腹面多格腺呈不规则或带状分布；杯状腺满布腹面。雌成虫产卵前分泌白色蜡丝，形成椭圆形毡状卵囊，囊长6~10 mm，将虫体包围。

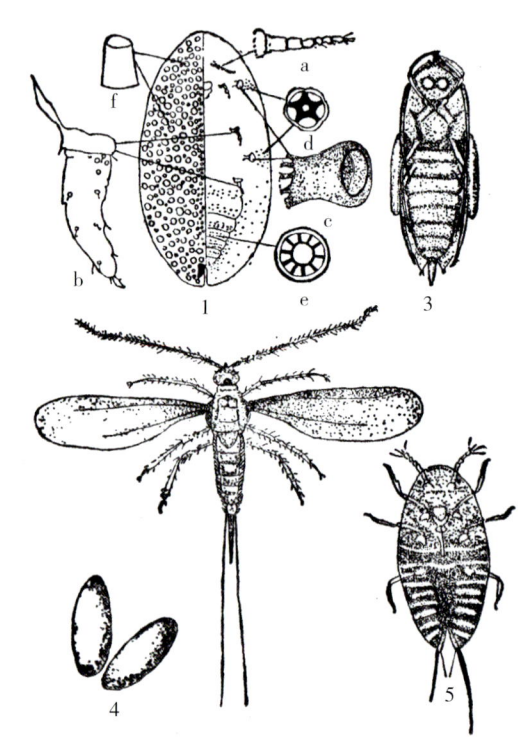

1. 雌成虫：a 触角　b 退化足　c 气门　d 五孔腺　e 多孔盘腺　f 背刺　2. 雄成虫　3. 雄蛹　4. 卵　5. 活动幼虫

羊茅绒茧蚧

[生活史与习性]

生活史：甘肃古浪县一年发生1代，以卵囊附着在麦类残叶及禾本科杂草上越冬。翌年5月上旬若虫开始孵化，雄虫于6月上旬化蛹，中旬羽化为成虫。受精雌成虫7月上旬开始产卵，并以卵越冬。

繁殖：营两性卵生，雌雄性比约为1∶1.35。雌成虫产卵前分泌白色蜡丝，形成椭圆形毡状卵囊，虫体被包于卵囊中，产卵于卵囊。每雌产卵61~1 982粒，平均963粒。卵期长约10个月。

习性：若虫主要寄生在寄主植物叶背的中、下方，约占90%以上。少数寄生在生长茂密互相遮荫的叶鞘或叶正面。若虫体常与叶脉平行，排列整齐。对寄主有明显的选择性，一般叶面较平，叶脉凸起不明显，茸毛稀而短的品种受害较重；叶脉凸起较高，茸毛密而长的农家品种如白见口、红秃头等小麦品种受害轻，甚至很少查到受害株。

越冬场所与传播：98%的卵囊都附着在田埂杂草上，只有2%的卵囊附着在作物残叶上越冬。翌年杂草上的卵孵化后，若虫向农田扩散为害。

[防治方法]

农业措施：1.铲除火烧田埂杂草，清除主要越冬虫源；2.秋收后，翻犁灭茬深埋田间越冬卵囊，可有效降低蚧虫发生量；3.选用茎叶茸毛较多的高产抗虫小麦品种，或在麦田四周种植抗虫品种隔离带，调整作物布局，可大大减轻作物受害程度。

药剂防治：于5月中旬若虫盛孵期是防治适期。如果农业措施到位，则无需防治。

23. 针茅绒茧蚧
Eriopeltis stipae Lshii

[中文异名] 针茅秃刺毡蚧、枝背刺毡蜡蚧。
[分　　布] 东北地区。
[为害对象] 针茅草。
[为 害 状] 雌成虫和若虫固定在叶背、枝条及果实上刺吸汁液为害。

[形态特征]
雌成虫：长椭圆形，长约6.5mm，灰褐色，左右不对称；触角6节，第1节粗，第6节端生粗刚毛6根，其基部生长刚毛2根；体背密布顶端截平的圆锥状刺，以前端和后端的背刺更密，且末端刺大；体缘刺显小，肛板内缘之缘刺具很宽的顶端，酷似钉状。雌成虫卵囊长卵形，囊的后半部膨大，向背方隆起，卵囊致密，长约9 mm，宽约5 mm。

[防治方法] 参照柑橘绿绵蚧。

24. 龟背网纹蚧
Eucalymnatus tessellatus (Signoret)

[中文异名] 龟网蚧、世界网蚧、网蜡蚧。
[分　　布] 广西、福建、云南、海南、江苏、上海、浙江、四川、安徽、新疆、西藏、广东、台湾。
[为害对象] 樟属、月桂属、海棠属、棕榈属、苏铁科、大戟科、桑科、百合科、梧桐科等多种植物。
[为 害 状] 雌成虫和若虫寄生在枝、叶(沿叶脉)上刺吸汁液为害。

[形态特征]
雌成虫：椭圆形、梨形或不规则三角形，长3~4mm，宽2~3mm，暗褐色，常左右不对称，头端狭窄而尾端宽；背面强裂硬化，体缘为长条状小室构成网边，背中部有很多不规则的小板块(三角形、四角形或多角形)组成网状纹；腹面薄而软，缘褶明显；触角7~8节；气门路上五格腺成1列或局部2列；气门刺3根，粗而尖，中刺为侧刺长之2倍；肛板每块多呈三角

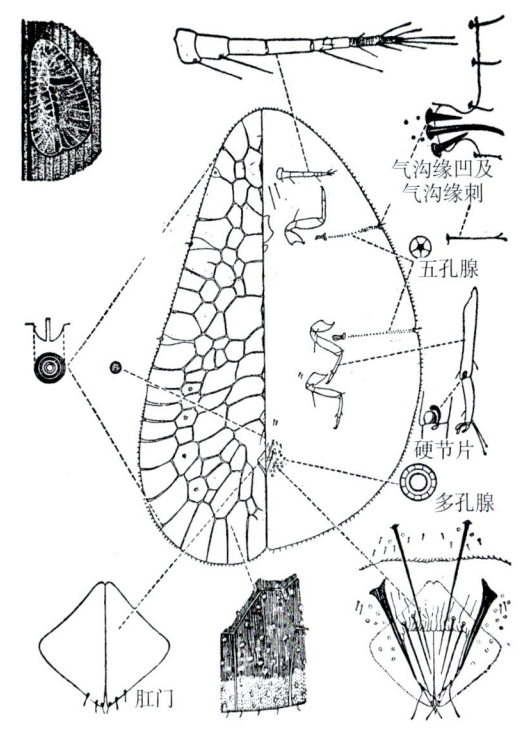

龟背网纹蚧雌成虫

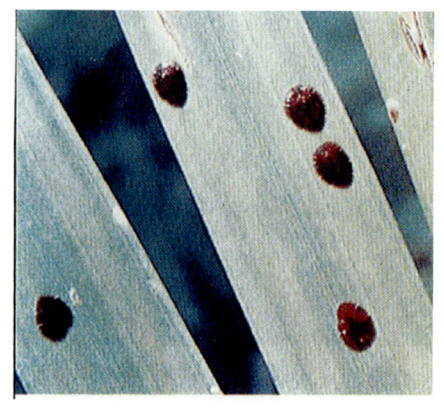

雌成虫（放大）

形或近正方形，端毛4根，腹脊毛3根；体背亚缘瘤5~6对；背刺粗长而弯，缘毛短细而成1列，端尖或分枝。

[防治方法] 参照白蜡蚧。

25. 樱桃球坚蚧
***Eulecanium cerasorum* (Cockerell)**

寄主：樱桃

樱桃球坚蚧雌成虫（近视）

26. 睫毛球坚蚧（扁球蜡蚧）
***Eulecanium ciliatum*(Douglas)**

寄主：杏

睫毛球坚蚧为害状

27. 刺槐球坚蚧
***Eulecanium circumfluum* Borchsenius**

[中文异名] 天津准球蚧、津球蜡蚧。
[分　　布] 天津、内蒙古、河北。
[为害对象] 刺槐、旱柳。
[为害状] 雌成虫和若虫寄生在枝条上刺吸汁液为害。
[形态特征]

雌成虫： 突起如球，约长6mm，宽7mm，黄色，宽略大于长，侧部突出，下部明显凹入，背侧有凹点；触角7节；气门刺和缘刺无区别；缘刺1列，刺端尖锐，头部和体侧者较短，后者较长，刺间距较大；肛板周围体壁不硬化，也无网纹。

[防治方法] 参照白蜡蚧。

28. 白桦球坚蚧
***Eulecanium douglasi* (Sulc)**

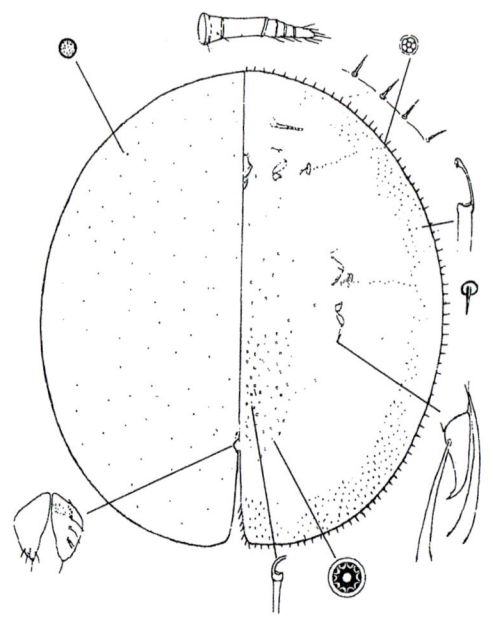

白桦球坚蚧雌成虫

[中文异名] 道格拉斯球坚蚧、盔形大球蚧、长球蜡蚧。
[分　　布] 新疆、宁夏。
[为害对象] 桦、桤木、榛、柳、杨、花楸、珍珠梅、绣线菊、醋栗、苕树。
[为　害　状] 雌成虫和若虫寄生在枝干上刺

吸汁液为害。

[形态特征]

雌成虫： 前部和中部背面强烈向上隆起呈半球形，长5~9mm，宽4~8mm，高4~7mm，年轻个体褐色，有暗色斑纹，产卵后死体褐或绿褐色，有光泽和许多凹点，其体形和色泽随寄主和个体的不同而有差异，体前宽而陡，尾端后伸而呈斜坡状，臀板从背面观明显可见；触角7~8节；体缘刺尖而细长，基部较粗，排成1列，刺间距离为刺长的2~4倍或更多；气门刺2~3根，长度为缘刺之半，且彼此远离，缘刺插入其间，前、后气门洼之间有缘刺18~22根；体背有大小不同的盘腺、柱腺、背毛少；体腹面有多格腺，以腹部为多，大杯状腺集中形成亚缘带。

雄蛹蜡壳蛹茧： 椭圆形，长约2mm，前半较高，半透明玻璃状，不分块，中部纵脊1列，由透明小蜡片6~7块组成，两侧又各有蜡片2列。

[防治方法] 参照白蜡蚧。

29. 瘤大球坚蚧
Eulecanium gigantea (Shinji)

[中文异名] 枣球蜡蚧、大球蚧、瘤坚大球

雌成虫（近视）

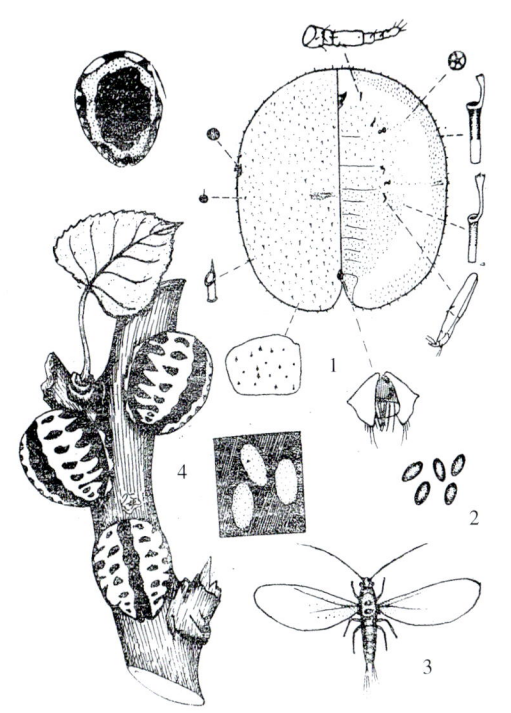

1.雌成虫体 2.卵 3.雄成虫 4.被害状 5.雄蛹蜡壳

瘤大球坚蚧

蚧、大玉坚蚧、瘤坚准球蚧。

[分　　布] 中国山西、北京、内蒙古、宁夏、甘肃、河北、河南、山东、四川、安徽、江苏、新疆、云南、青海；日本、俄罗斯。

[为害对象] 枣、杏、柿、苹果、梨、桃、核桃、酸枣、玫瑰、紫薇、海棠、刺玫、文冠果、蔷薇、岑叶枫、槭、刺槐、国槐、紫穗槐、白蜡、杨、柳、家榆、椰榆、栎、榛、马鞍树、栾树、巴旦杏等植物。

[为害状] 雌成虫和若虫寄生在枝干上刺吸汁液为害，诱发煤污病，影响光合作用，削弱树势。

[形态特征]

雌成虫： 受精后产卵前的初成熟雌成虫鼓起成半球形，前半高突，后半斜狭，背面棕褐或红褐色，并且有较明显的灰黑色斑组成花斑图案；中纵宽带1条，两侧锯齿状缘带各1条，中缘带与各缘带间又有不规则的8个斑点排成亚中或亚缘1列，前、中部斑点较大，尾部较小；背面常有绒状蜡质分泌物，腹面常为不规则圆形；产卵后死体硬化，壁薄，半球形或近似球形，

雌成虫死体（近视）

体长、宽18~19mm，高14mm，深褐色，背面强烈向上隆起，红褐色花斑及绒毛蜡被消失，表面光滑洁亮，但分布少数大小不同的凹点；触角7节，每3节最长，第4节突然变细；气门洼和气门刺均不明显存在，气门刺与缘刺无区别或较小而相互靠近；缘刺尖锥形，稀疏1列，刺距为刺长的1~4倍不等，前、后气门洼间缘刺37根；肛板合成正方形，前、后缘相等；多格腺在腹面中区，尤以腹部为密集；大杯状腺在腹面亚缘区成宽带；尾裂浅，仅为体长1/6。

雄成虫：体长2mm左右，翅展约5mm。头部黑褐色，前胸及腹部黄褐色，中、后胸红棕色。触角丝状10节，腹末针状交尾器两侧各有1根白色长蜡丝，其长度是体长的1.6倍。

卵：长椭圆形，长0.33mm。初产米黄色，渐变红棕色，被白色蜡粉。

若虫：初孵时长椭圆形，橘红色，背中线具深红色条斑1块。腹末1对白色长毛，足、触角健全。1龄末期，长约0.6mm，黄褐色，体背形成白色薄介壳，两根长毛部分露出介壳；2龄若虫体长约2mm，背部逐渐形成3个环状蜡斑，介壳边缘具刺毛，2龄末期，外露的两根长毛仅见残迹。

雄蛹：长椭圆形，长约2.2mm、宽约0.9mm，体淡褐色，眼点红色。雄蛹蜡壳长卵圆形，毛玻璃状，有蜡块，边缘有整齐蜡丝。

[**生活史与习性**] 一年发生1代。以2龄若虫在枝干皮缝、叶痕处群集越冬，以1~2年生枝条上居多。北京翌年3月底柳树吐出绿芽5~10mm长时开始活动，选择幼嫩枝条固定为害。4月中旬雌虫体迅速膨大，密集在枝条上。4月下旬雄蛹大量羽化为成虫。受精成虫5月上旬开始产卵，5月下旬为若虫孵化盛期。

若虫孵化期因地而异，新疆为6月上、中旬，兰州5月下旬至6月上旬，保定5月下旬至6月上旬，西安6月上、中旬。初孵若虫集中在叶背、叶面主脉两侧和嫩梢、枝条下方以及果实上刺吸汁液为害，以叶片最多，占90%以上。10月下旬寄主开始落叶前，叶片和果实上的若虫陆续转移到枝条上越冬。

繁殖：营两性卵生。卵产于母体下，每头雌成虫产卵4 200~9 000余粒。在日平均气温17.1℃，相对湿度52.6%条件下，卵期为25.1天；在日平均气温10.7℃，相对湿度52.0%条件下，雄蛹期为14.5天。北方地区越冬若虫死亡率可达27%。

[**天　敌**] 有斑翅食蚧蚜小蜂、赛黄盾食蚧蚜小蜂、豹纹花翅蚜小蜂、球蚧花角跳小蜂、刷盾短跳小蜂、短缘刷盾跳小蜂及北京举肢蛾。其中球蚧花翅跳小蜂对各虫态均可寄生，寄生率可达41%~80%；北京单肢蛾寄生在雌成虫体内，其幼虫取食虫卵，寄生率可达32%。

[**防治方法**] 参照白蜡蚧。

30. 榆球坚蚧
Eulecanium kostylevi **Borchsenius**

孕卵雌成虫（放大）

雌成虫死体（近视）

[中文异名] 朝鲜球坚蚧、榆大球蚧、榆球蜡蚧、榆皱球坚蚧。

[分　　布] 内蒙古、黑龙江、辽宁、宁夏、山东、山西。

[为害对象] 榆、杨、柳、槐、槭、桃、苹果、玫瑰、梅、榆叶梅。

[为害状] 雌成虫和若虫寄生在枝干上成串分布，刺吸汁液为害。

[形态特征]

雌成虫：近半球形，长 5~6mm，宽约 5mm，年轻时亮黄或橙红色，背中有褐色连续纵带，两侧各有点状细褐带，体缘更显，产卵后死体褐色而有光泽，体形不规则，背面光滑多皱，全体变成皱缩的木质化球体，侧部有小凹点，侧下部强凹入，大小和形状变异较多；触角 6~7 节（后者第 3 节分为 2 节）；气门刺 3 根，与缘刺无区别；前、后气门洼间有缘刺 15 根；肛板周围体壁有狭硬化带，无皱

[防治方法] 参照白蜡蚧。

31. 昆明球坚蚧
Eulecanium kunmingi (Ferris)

[中文异名] 昆明准球蚧、昆明球蜡蚧。

[分　布] 云南。

[为害对象] 桃、火棘、鼠李。

[为害状] 雌成虫和若虫寄生在枝条上刺吸汁液为害。

[形态特征]

雌成虫：半球形，直径 3mm，暗褐色，背中纵脊黑色，新鲜标本背有白蜡粉。触角 6 节；胸气门十分发达，开口宽阔；气门刺 2 根，粗圆锥形，顶端较钝，短于缘毛；缘毛细长，长约为气门刺之 2 倍，间有粗短者混其间；体背肛板附近体壁硬化和有网状纹；肛板三角形，后缘稍长于前缘，后缘有 5~6 根细长毛成 1 列，腹脊毛 2~3 根；腹面杯状腺排成亚缘带。

[防治方法] 参照白蜡蚧。

32. 日本球坚蚧
Eulecanium kunoensis (Kuwana)

[中文异名] 日本准球蚧、日本球蜡蚧。

[分　　布] 中国江苏、浙江、福建、山东、山西、陕西、河北、河南；日本、美国、朝鲜。

[为害对象] 梨、海棠、杏、李、樱桃、苹果、桃、山楂、木瓜、贴梗海棠、碧桃、榆叶梅、红叶李、槐、杨、柳、榆等植物。

[为害状] 雌成虫和若虫寄生在枝条上刺吸汁液为害。

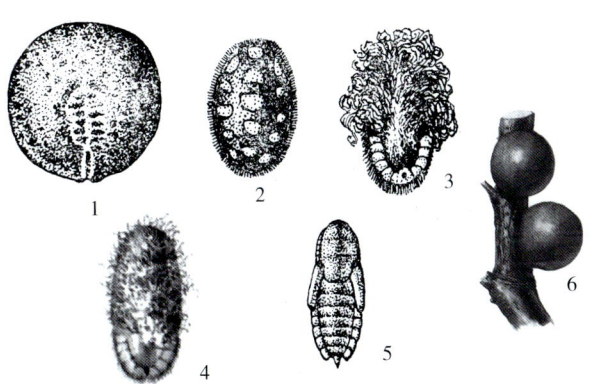

1. 雌成虫 2. 越冬后的雌若虫 3. 越冬后的雄若虫 4. 雄蛹蜡壳 5. 蛹 6. 雌成虫为害状

日本球坚蚧

[形态特征]

雌成虫：年轻时半球形，成熟时球形，长 4~5.5mm，其形态和大小多有变异，中期雌成虫体黄色，背中有 1 条红色纵带和 7~8 条黑色带（或黑斑联成），介壳柔软，逐渐变硬，产卵后雌成虫体黑色或栗褐色，有光泽，背部有凹点 2 纵列；触角 6~7 节；气门刺发达，2 根，粗锥状，端较钝，粗于缘刺，但与缘刺同长；缘刺和缘毛并存，缘毛主要分布在体前端（16 根）和后端（24 根），缘刺分布在两侧（每侧 46 根）；肛周体壁有网状纹；肛板近梯形，外角截切状，端毛 2~3 根，腹脊毛 4 根；体背亚缘区有许多圆或椭圆壳斑；背刺和筛孔散布于背面；杯状腺在腹面亚缘区成带。

雄成虫：长约2mm，翅展约3.5mm。体淡棕红色，足和交尾器均为淡紫色，中胸盾片漆黑色。腹末交尾器两侧各有1根白色蜡毛。

卵：卵圆形，淡橘红色，被白色蜡粉。

若虫：初孵时扁平椭圆形，橘红色，体长0.5~0.6mm，背面有1条暗灰色背线，腹末有2长尾毛，足、触角健全。夏季叶背的若虫，体色变淡，体表覆盖透明蜡层；越冬若虫分化为雌雄，雌性卵圆形，栗褐色，体背高度隆起并覆盖薄蜡层。雄性黑褐色，体背略隆起并覆盖灰白色厚蜡层。

雄蛹：长卵形，体淡黑褐色。雄蛹蜡壳灰黑色，被毛毡状蜡丝。

[生活史与习性] 一年发生1代。以2龄若虫在枝条上越冬，多群集于芽腋间及其附近。山东翌年3月上、中旬开始为害，3月下旬至4月上旬发生雌雄分化，4月中旬雌成虫膨大成球形，同时，雄成虫大量羽化，交配后雌成虫于5月上、中旬产卵，每雌产卵约2500粒，5月上旬若虫始孵，5月中旬为盛孵期。初孵若虫集中在叶背寄生，体背分泌形成薄蜡层。10月蜕皮进入2龄，陆续转移到枝条上越冬。

[天　敌] 寄生性天敌有成都食蚧蚜小蜂；捕食性天敌有黑缘红瓢虫。

[防治方法] 参照白蜡蚧。

33. 皱大球坚蚧
Eulecanium kuwanai Kanda

[中文异名] 桃球蜡蚧、皱大球蚧、桑名球坚蚧、槐花球蚧。

[分　布] 中国内蒙古、辽宁、河北、山西、山东、甘肃、宁夏；日本。

[为害对象] 桃、苹果、梅、杏、海棠、玫瑰、复叶槭、刺槐、国槐、紫穗槐、白榆、杨、柳、核桃、槟子、荚蒾、常春藤、鸭趾草等。

[为 害 状] 雌成虫和若虫寄生在枝条、叶片上刺吸汁液为害，造成提前落叶，枝条枯死，树势衰弱。

[形态特征]

雌成虫：半球形或馒头形，长4~7mm，宽3~6mm，高3~5mm，初成熟之虫体黄或黄白色，具整齐的黑色体缘，两侧的黄斑中有不规则形状的黑色小斑点，小斑点5~6个或更少，大小不等，变异较大；卵后死体暗黄色或光亮褐色，皱缩硬化，甚至尾裂2叶外翻；触角7节；体背缘硬化而有不明显网纹及1列粗短顶尖缘刺；气门洼和气门刺均不明显，气门刺与体缘刺很难区分；肛板小，合成正方形，后缘长刚毛6根成1列，后角有毛2根；大杯状腺在腹面亚缘成宽带，多格腺分布于腹面中部，尤以腹部丰富；五格腺少，只组成气门路而紧靠气门。

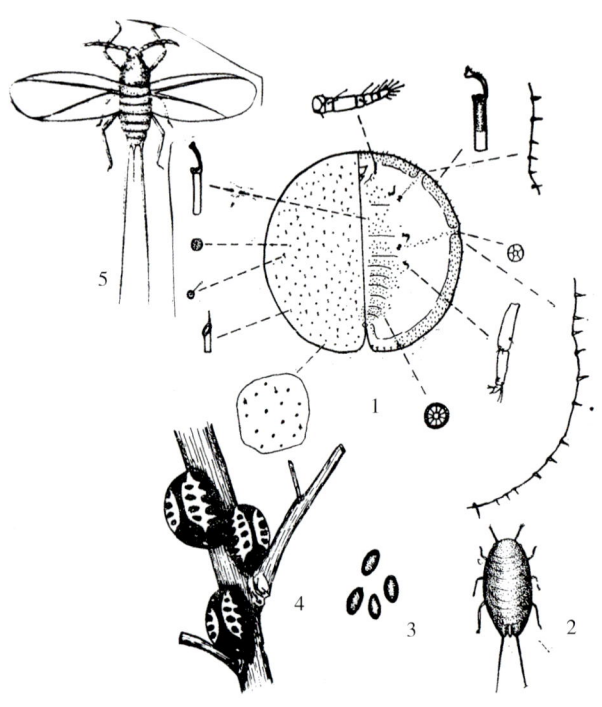

1. 雌成虫体　2. 若虫　3. 卵　4. 为害状　5. 雄成虫

皱大球坚蚧

雄成虫：体长约1.7mm，翅展约3.5mm。体紫红色，触角丝状10节，腹末交尾器针状，其两侧各有1根白色蜡毛，长约2mm。

卵：卵圆形，初产淡粉红色，渐变黄褐色。

若虫：初孵时长椭圆形，长约0.5mm，体淡黄褐色，背中线具淡棕色条斑1块，腹末有2根白色蜡毛；1龄末期，体被白色薄蜡壳；老熟若虫呈灰褐色，背部龟裂状。

雄蛹：长椭圆形，长约1.7mm，棕褐色。体被半透明蜡壳。

[生活史与习性]

各论

雌成虫（近视）

雌成虫死体及寄生蜂羽化孔（近视）

生活史：一年发生1代。以2龄若虫在枝干和树皮缝越冬；兰州翌年3月份开始活动，多转移到2、3年生枝条上为害，尤以2年生枝条最多。4月中、下旬雄成虫羽化，交配雌成虫于4月下旬开始产卵，5月中、下旬若虫孵化。若虫孵化期各地不尽相同，银川6月上、中旬，包头6月下旬。初孵若虫喜固定在叶背主脉两侧为害，体表分泌蜡被，发育极度缓慢，直至九月开始蜕皮进入2龄。10月中、下旬寄主落叶前，陆续转移到枝条上越冬。

繁殖：营两性卵生。每头雌成虫产卵2 000~4 520粒。卵孵化率可达95％。雌虫种群呈聚集分布，而初孵若虫又多集中固定在母壳附近的叶片上，这有利于防治。

［天　　敌］与瘤大球坚蚧的天敌相同。其中刷盾跳小蜂、球蚧花角跳小蜂的寄生率分别达到48％、16％。北京举肢蛾对雌成虫的寄生率也较高。

［防治方法］参照白蜡蚧。

34. 大球坚蚧
***Eulecanium* SP**

大球坚蚧（放大）

35. 云南球坚蚧
***Eulecanium nigrivitta* Borchsenius**

［中文异名］黑条准球蚧、黑带球坚蚧、黑条球蜡蚧。

［分　　布］云南。

［为害对象］栲树、栗。

［为害状］雌成虫和若虫寄生在枝条上刺吸汁液为害。

［形态特征］

雌成虫：不规则半球形，约长7mm，宽7mm，高5mm，棕黄或褐色，体缘色泽有时较深，体后端稍向后突出或伸延，使臀裂在背面观明显可见，背中线色较深而有1纵凹沟，似将半球形虫体从中央分成两部分，体侧有很多凹点。触角6节，足纤细；体缘刺长圆锥形，排列较紧密，1列，刺距小于刺长。

［防治方法］参照白蜡蚧。

36. 泛布大脚蚧
***Kilifia acuminate*(Signoret)**

［中文异名］尖蚧、尖软蜡蚧。

［分　　布］云南、海南、台湾。

［为害对象］芒果、栀子、山枇花、紫金牛、冬青、重阳木、茜草等植物。

［为害状］雌成虫和若虫寄生在叶片上刺吸汁液为害。

［形态特征］

雌成虫：不规则三角形或宽椭圆形，长2~3mm，宽1~2mm，淡黄、淡绿或黄绿色，头端钝尖，尾端宽而钝圆，体扁平，体腹表皮较软，背面稍硬化，从背面观与气门腺路水平位置处有横向较膜质的带纹2条，在腹部也有横向条纹1条，因虫体常左右对称故有6条较明显的横向条纹自体缘向背中央，并在接近背中线处逐渐消失。背刺棒槌状；亚缘瘤4~6对；肛板长三角形，长为宽的3倍，前缘长为后缘之2倍，端毛3根，腹脊毛3根；体缘毛大部分顶端分叉或分枝；胸足十分发达，特别是中足和后足基节宽阔，中、后足远大于前足，基节更大，并有凹窝，用以容纳腿节；气门刺3根，中刺长为侧刺的4倍，中刺尖锥状而弯曲，侧刺柱状或锥状；虫体腹面具格腺；臀裂较长，相当体长之1/4。触角8节，偶尔6~7节。

[防治方法] 参照广食褐软蚧。

37. 亚洲大绵蚧
***Megapulvinaria maxima* (Green)**

[中文异名] 油桐大绵蚧、巨绵蚧、平刺巨绵蜡蚧、刺毡蚧。

[分　　布] 中国云南、湖南、四川、广西、台湾；印度、斯里兰卡、菲律宾。

[为害对象] 油桐、桑、菠萝蜜、油柑、木苎麻、木豆、算盘子、变叶木。

[为 害 状] 雌成虫和若虫寄生在枝条上刺吸汁液为害。诱发煤污病，受害植株枝梢干枯，枝叶发黑，影响开花结果。

[形态特征]

雌成虫：椭圆形，长约10mm，紫褐色；产卵时虫体背面隆起，变成红褐色，四周橘黄色，体缘有细长白色蜡丝。

雄成虫：前期虫体有隆起的白色蜡壳，呈龟形，长2.4~2.9mm；虫体长椭圆形，橘红色，胸部近圆形，胸背有一近圆形环，中部有一横带。具翅1对，腹末有针状交尾器，两侧各有一根白色长蜡丝，其长度约为体长的1.5倍。

卵：卵圆形，长约0.15mm，初产淡黄色，渐变紫红色，卵囊白色长条状，长15~34mm，状似雀儿粪。

若虫：初孵若虫紫红色，足、触角健全。

[生活史与习性]

生活史：一年发生2代。以若虫在枝条上越冬。四川东部地区，翌年4月下旬越冬若虫发育为成虫，每头雌成虫产卵1 000~2 000粒，5月中旬第一代若虫开始孵化；7月中旬第一代雌成虫开始产卵，7月下旬第二代若虫开始孵化，初孵若虫爬到嫩枝及叶片上固定为害，降温后若虫集中在枝条上越冬。

亚洲大绵蚧是四川、广西油桐产区的毁灭性害虫。多集中在1~2年生枝条上为害，4~5年生油桐幼树主干亦有寄生。

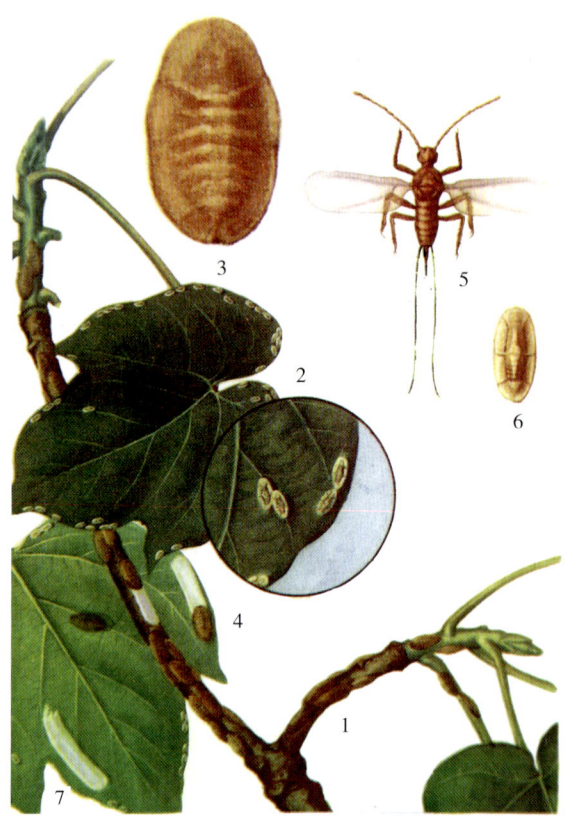

1、2. 油桐被害状　3. 雌成虫　4. 雌成虫产卵状
5. 雄成虫　6. 雄蛹蜡壳　7. 卵囊
亚洲大绵蚧

[天　　敌] 有几种瓢虫，其中以黑缘红瓢虫成虫和幼虫捕食卵粒作用最大。

[防治方法] 参照柑橘绿绵蚧。

38. 日本卷毛蚧
***Mataceronema japonica* (Maskell)**

[中文异名] 刺毡蚧、茶瘤毡蚧、日本卷毛蜡蚧、油茶刺绵蚧、刺绵蚧。

[分　　布] 中国云南、四川、台湾、浙江、

江西、湖南、广西、贵州；日本、印度。

[为害对象] 油茶、茶、柑橘、苹果、蔷薇、 柃木、杉木、山矾、猫儿刺、冬青。

[为害状] 雌成虫、若虫寄生在枝、叶上刺吸为害，并诱发煤污病。受害叶片发黄脱落，枝条枯死，严重时，全株发黑，花果大减，芽梢不发，大片死亡。

[形态特征]

雌成虫：椭圆形，淡黄色、绿色，长4~5mm，宽2~3mm，腹面平而软，背面软而隆起，有许多小园亮点，背中有粗短的大锥刺2列，每列约25根以上；体缘刺细，圆锥形，顶端尖，紧密而单列分布；胸气门发达而柄细，开口宽；臀裂明显，内缘各有6~7根刚毛，臀列上方有一个元宝状突起，上生一簇白色卷曲蜡丝；触角8节。雌成虫在产卵期分泌白色蜡丝形成卵囊，卵囊长椭圆形，后端多为玻璃状，背面有2条不太明显的纵脊，卵囊覆全身。

雄成虫：体橙黄色，足、触角、交尾器深褐色；触角丝状10节，两触角间有3个额瘤，居中1个较大。翅灰黄色，腹末有一对白色蜡毛，其长度约为体长的1.5倍。

卵：椭圆形，长约0.36mm，淡黄色，卵囊长3.0~6.5mm。

若虫：初孵时倒卵形，长约0.4mm，淡黄色，具尾毛1对。稍后腹末出现臀裂，雌性臀裂上方出现一个元宝状突起，上生一簇卷曲蜡丝；雄性形成附有白色卷曲蜡丝的蜡壳。

雄蛹：长1.4~1.9mm，宽0.5~0.6mm，橙黄色。蛹蜡壳为半透明蜡质物，壳背中部常有卷曲的白色蜡丝。

[生活史与习性]

生活史：山东一年发生1代。以受精雌成虫在枝、叶片或杂草覆盖的干基越冬；浙江翌年初春，越冬雌成虫形成卵囊前转移到叶片上为害，4月中旬开始产卵，5月上旬为产卵盛期。5月中旬若虫开始孵化，6月上旬为盛孵期。7月份出现雌雄分化，10月上旬雄虫开始化蛹，10月下旬开始羽化为雄成虫，11月上旬为羽化盛期。交配后以受精雌虫越冬。

繁殖：营两性卵生，每头雌成虫产卵最多达

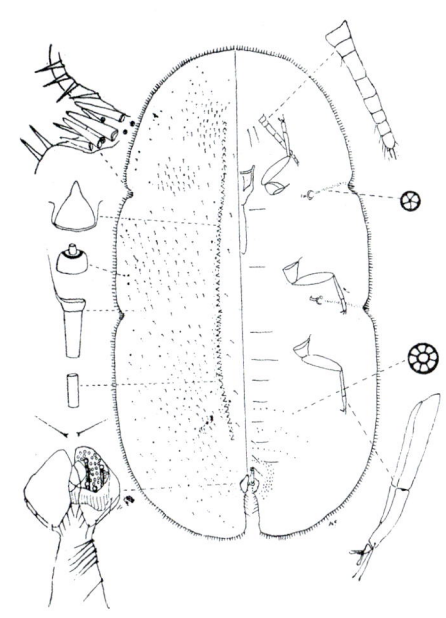

日本卷毛蚧雌成虫

1 463粒，平均827粒。单雌产卵期为5~15天。在平均气温21.1℃时，卵期30~35天，卵孵化率98.2%。

寄生习性：初孵若虫多寄生在叶背，少数在嫩枝上。一生中因原寄居的枝叶枯死而需要多次转移。大龄雌虫多聚居在小枝上，卵囊形成初期又从枝条转移到叶片上产卵。一般隔年生叶片上的卵囊数量最多。产卵期间如遇降雨，虫体掉落在哪里便在那里产卵蔓延；在冬季来临前，寄居在树冠上部的个体，向树干基部迁移，或由迎风面转至避风向阳面定栖越冬。

发生与病害：卷毛蚧危害的同时也分泌大量蜜汁，诱发煤污病，当煤污病菌孢子落到地被物上，地被物也变黑，从地被到油茶树冠漆黑一片，危害十分严重，受害严重的植株第2年便会死亡。蚧虫3~4月和9~11月活动最甚，排蜜量最多，是诱发煤污病的两个高峰期。煤污病情轻重，与虫口密度成正相关。在11月，

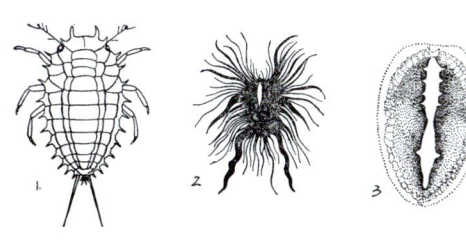

1. 龄若虫　2. 雄若虫（被白卷毛）　3. 雌成虫

卷毛蚧

当每叶不足一头蚧虫，不表现病状或发病轻微；如每叶达到五头蚧虫，则病情严重。全年雄虫为害期为5个月，雌虫为害期长达11个月。

[天　敌]寄生性天敌有赛黄盾食蚜蚜小蜂、球蚧花翅跳小蜂、金小蜂科的Pachyneuron sp，以及寄生性多毛真菌。在蚧害猖獗后期，以上3种寄生蜂的自然寄生率可分别达到83%、47%、58%；捕食性天敌有黑缘红瓢虫、中华盾瓢虫，以及草蛉、食蚜蝇等。其中黑缘红瓢虫的捕食作用最大。

[防治方法]

生物防治：在冬季收集黑缘红瓢虫越冬成虫，集中饲养，5月下旬收集蛹，待其羽化，然后释放；收集感病蚧虫，按每mL菌液含孢子数200万，配制多毛菌悬浮液，于3月上、中旬老熟雌虫期喷洒；将剪掉的虫枝放在林地附近，让寄生蜂迁飞到林地；在必须施药的地方，应实行点片挑治，保护天敌。

其他防治方法参照柑橘绿绵蚧。

39. 红帽龟蜡蚧
***Ceoplastes centroroseus* (Chen)**

[中文异名]红帽蜡蚧。

[分　布]云南、四川、湖南、贵州。

[为害对象]甜橙、柑橘、茶、丝兰。

[为害状]雌成虫和若虫寄生在枝、叶上刺吸汁液为害。诱发煤污病，造成叶片脱落，枝条枯死，产量大减，果实品质变差。

[形态特征]

雌成虫：体被很厚的蜡壳。蜡壳背面初为粉红色，渐变橙红色，周围灰白色，两色之间界线明显，状似一顶帽子。背面中央呈角状突起，周围有8个小角状突起（日久突起消失），左右两侧各有2条白粉状纹。个体的大小，随寄主植物的营养而异。在红橘上寄生的个体，体长1.9~3.4mm，体宽1.5~3.1mm。虫体暗赤褐色，椭圆形，触角6节，第3节最长，脚发达，3对相似，腹部末端有圆锥状的突起。

雄成虫：蜡壳不透明，乳白色，长2~2.5mm。中央阔，有3侧隆起，中间隆起，合成一环，虫体长1.13mm，翅展2mm，体红褐色，眼紫褐色，翅半透明，交尾器长。

卵：椭圆形，初产柠檬色，渐变深橘红色。

若虫：椭圆形，橘红色。

雄蛹：红褐色，蛹蜡壳白色，边缘有13枚蜡角。

[生活史与习性]成都一年发生1代。以雌成虫在枝条和叶片上越冬；翌年7月上、中旬开始产卵，每头雌成虫产卵495~2 106粒，平均1 207粒。7月下旬若虫开始孵化，8月下旬为盛孵期。初孵若虫寄生在叶面和部分嫩枝上，9月以后，寄居叶片雌虫逐渐转移到小枝上为害，以翌年3~4月为转移盛期。

[天　敌]有红帽蜡蚧扁角跳小蜂、蜡蚧花翅跳小蜂。

[防治方法]参照日本龟蜡蚧。

40. 佛州龟蜡蚧
***Ceroplastes floridensis* (Comstock)**

[中文异名]龟蜡蚧。

[分　布]华南、西南、华中及华东地区。

[为害对象]柑橘、菠萝蜜、异色柿、枇杷、芒果、番石榴、梨、苹果、李、杏、桃、安石榴、茶、栀子、白玉兰、杜鹃、海棠、含笑、桃金娘、月桂、山茶、夹竹桃、楠、榕、芭蕉、冬青、马达加斯加红厚壳、假虎刺、鲫鱼胆、枳、杪利、木荷、厚皮香、紫金牛等植物。

[为害状]雌成虫和若虫寄生在枝、叶上刺吸汁液为害。

雌成虫（放大）

[形态特征]

雌成虫：蜡壳初期为灰白或灰色，后期略带浅红；壳前期近矩形，背面隆起不高，后期背面隆起很高，近馒头形，中央有1、2龄干蜡帽；边缘向侧方伸展，缘褶翻卷明显，整个蜡壳圆草帽状；前、后气门带明显，蜡壳分成的板块不明显；蜡芒19个：头部3个，4个气门带各2个，后侧两边各2个，尾部4个；蜡壳长1.5~4mm，宽1.3~3.5mm，高1~2mm。虫体椭圆形，长1~3.5mm，宽0.8~2mm，红褐色；触角6节；爪冠毛2根，同粗，端球形；无腺区头部1个，两侧各3个，背中无；气门刺锥状，成群，每群22~34根，在气门洼中成不规则3列，靠背1列有3枚刺较大；缘毛排成1列，前、后气门的气门刺群不连，其间有钝缘毛8~14根；多格腺在前足基节附近有2~3枚。

[生活史与习性] 福州一年发生2代，以雌成虫及少量3龄若虫在枝条上越冬。无雄虫，营孤雌卵生，每头雌成虫产卵约500粒。第1、2代的产卵盛期分别为4月，8月上、中旬。1~2代若虫孵化期分别是5月中旬，8月下旬至9月上旬。

[天 敌] 有蜡蚧褐腰啮小蜂、斑翅食蚧蚜小蜂、夏威夷食蚧蚜小蜂、赖食蚧蚜小蜂、红帽蜡蚧扁角跳小蜂、黄色花翅跳小蜂。

[防治方法] 参照日本龟蜡蚧。

41. 昆明龟蜡蚧
***Ceroplastes kunmingensis* (Tang et Xie)**

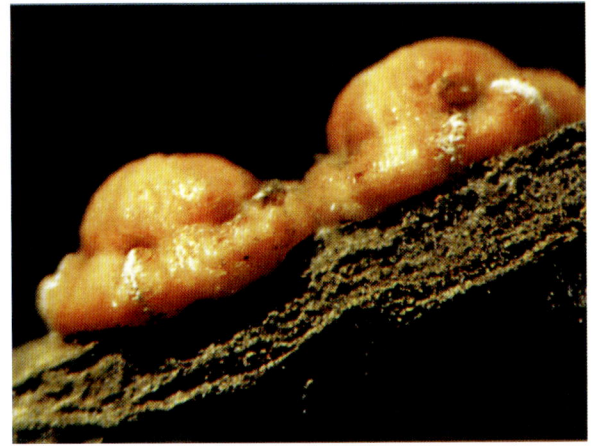

雌成虫（近视）

为害状

[分 布] 云南。

[为害对象] 光叶海桐、悬铃木、枫、柳、蜡梅、玉兰、香樟等。

[形态特征]

雌成虫：蜡壳橙红色，背视圆形，下部缘卷明显，侧视半球形，背面隆起；虫体椭圆形，长约2mm，宽约1.5mm，红褐色；触角6节，眼明显，足小而分节，爪冠毛2根，肛环有成列孔，肛背毛5根，阴门前长毛1对。

雄成虫：体浅棕或深褐色，长1.8~2.3mm，宽1~1.3mm，头和胸部背板色深；翅透明，脉2条。

若 虫：蜡壳椭圆形，星芒状，长2~3mm，宽1.5~2.5mm，高1.5~3.2mm，白色。

[生活史与习性] 一年发生1代，以雌成虫在枝条上越冬。5月上旬开始产卵，5月下旬孵化，若虫固定在嫩枝、嫩叶为害，6月上旬进入2龄期，9月下旬进入3龄期，寄生在叶上的雌虫体在落叶前迁移到枝干上越冬，9月下旬雌雄交配，以受精雌成虫越冬。

[防治方法] 参照日本龟蜡蚧。

42. 乌黑副盔蚧
***Parasaissetia nigra* (Nietner)**

[中文异名] 橡胶盔蚧、橡副珠蜡蚧。

[分 布] 西南、华南地区及冷地温室、全球热带、亚热带。

[为害对象] 柑橘、番石榴、无花果、星苹果、香蕉、梨、槟榔、桑、棉、橡胶、扶桑、美人蕉、

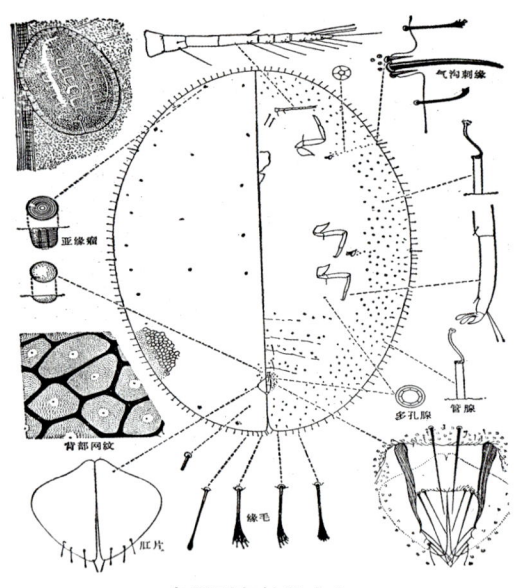
乌黑副盔蚧雌成虫

唐昌蒲、鸡蛋花、变叶木、石刁柏、罗伞树、榕、重阳木、柳等多种植物。

[为 害 状] 雌成虫和若虫寄生在枝、叶上刺吸汁液为害。

[形态特征]

雌成虫: 长椭圆形(枝上)或近圆形(叶上),背面向上隆起不强烈,有时左右不对称;年轻个体黄色,有时有褐、红斑,产卵时个体暗褐至紫黑色,具光泽,死体黑色而有光泽,背有"H"纹;触角多为7节(第4、5节合并),少数8节;足细长,胫、跗关节不硬化;气门刺3根,中刺长度为侧刺3~4倍;背刺槌状;背面亚缘瘤4~5对,亚缘区还有8字形暗框孔散布;缘刺发达,多数顶端分叉而呈小刷状,少数不分叉而呈矛

雌成虫和若虫(放大)

状;肛板外角较钝圆,端毛2根,亚端毛2根。

[天 敌] 有黑盔蚧长盾金小蜂、胶蚧红眼啮小蜂、斑翅食蚧蚜小蜂、日本食蚧蚜小蜂、赖食蚧蚜小蜂、黄盾食蚧蚜小蜂、球蚧跳小蜂、绵蚧阔柄跳小蜂。

[防治方法] 参照日本龟蜡蚧。

43. 水木坚蚧
***Parthenolecanium corni* (Bouche)**

[中文异名] 东方胎球蚧、褐盔蜡蚧、糖槭蜡蚧、东方坚蚧、槐球蚧、槐坚蚧、东方盔蚧、扁平球坚蚧。

[分 布] 中国华北、东北、西北、西南、华东地区;西欧、北非、伊朗、朝鲜、美国、俄罗斯、加拿大等全国各。

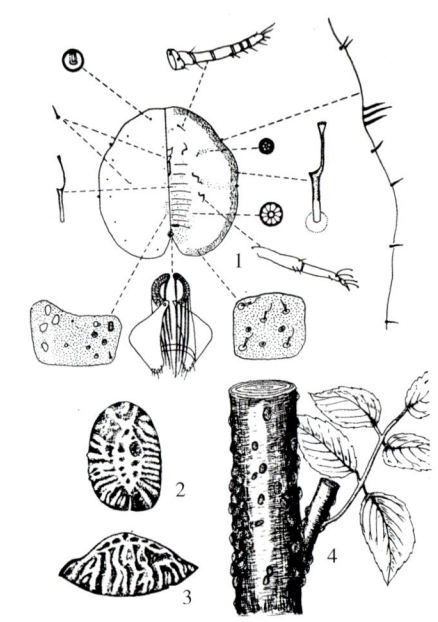

1. 雌成虫体 2. 雌成虫(背面) 3. 雌成虫(侧面) 4. 为害状
水木坚蚧雌成虫

[为害对象] 桃、葡萄、梨、枣、杏、李、苹果、柿、沙果、胡桃楸、核桃、文冠果、山楂、酸梅、树莓、大豆、棉花、向日葵、糖槭、樱花、碧桃、合欢、木槿、丁香、刺玫、锦鸡儿、铁线莲、金银木、槐、柳、杨、悬铃木、榆、枫树、岑叶枫、雪松、木兰、白蜡、复叶槭、卫矛等49科130余种植物。

[为 害 状] 雌成虫和若虫寄生在嫩枝和叶

背刺吸汁液为害，诱发煤污病，造成叶片发黄脱落，枝条枯死，树势衰弱，影响开花结果。

[形态特征]

雌成虫：椭圆或近圆形，长 3~6.5mm，宽 2~4mm，年轻雌成虫黄棕色，产卵后死体黄褐、棕褐、红褐或褐色，背面隆起、硬化，前、后均斜坡状，背中有 1 条光滑而发亮的宽纵脊，脊两侧有成排大凹坑，坑侧又有许多凹刻，越向边缘凹刻越小，呈施放射状；肛裂和缘褶明显；腹面软；触角 6~8 节，多为 7 节；气门刺 3 根，中刺端粗钝，略弯，为侧刺长 2 倍或仅稍长，侧刺较尖；缘刺细长而端钝，小于气门刺，2 列；肛周无射线和网纹；体背有杯状腺，垂柱腺 3~8 对集成亚缘列。

雄成虫：体红褐色，长 1.2~1.5mm，翅展 3.0~3.5mm，前翅土黄色，腹末交尾器两侧各有一根白色蜡毛。

卵：长椭圆形，初产乳白色，渐变黄褐色。

若虫：1 龄若虫长椭圆形，长约 0.5mm，淡黄褐色；2 龄若虫椭圆形，黄褐色，体长约 1mm，半透明，背中线隆起，两侧密布褐色微细的花纹，以胸节处纹色较深，体缘密排白色短蜡刺，背面有长而透明的蜡丝 10 余根；3 龄若虫逐渐形成柔软的浅灰至灰黄色蜡壳。

雄蛹：体长 1.2~1.7mm，暗红色。蛹蜡壳长椭圆形，前半突起，半透明玻璃状，由多条曲线将蜡壳分割成 7 个蜡板。

[生活史与习性]

生活史：一年发生 1~2 代。以 2 龄若虫在枝条阴面芽鳞处或树干皮缝内越冬；在成都，翌年 3 月上、中旬日平均气温稳定在 10℃以上，刺槐、榆树幼芽萌动时，越冬若虫迁至嫩枝上固定为害。4 月下旬至 5 月上旬虫体膨大并产卵，5 月上旬为产卵盛期。5

雌成虫死体（近视）

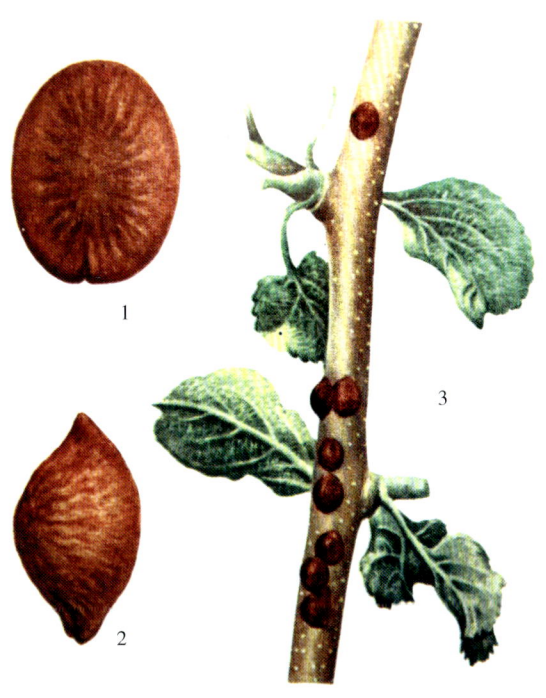

1. 雌成虫背面　2. 雌成虫侧面　3. 枝条为害状

水木坚蚧

月中旬至 6 月上旬第 1 代若虫孵化，历时仅 15 天左右，而开始一周孵出的若虫占总孵化量的 80%~90%。第 1 代若虫孵化盛期因地而异，山东河南 5 月下旬，新疆 6 月上旬，沈阳 6 月中旬，包头 6 月下旬。初孵若虫在母体下滞留 2~5 天后，集中在叶背为害，6 月中旬开始转移到叶柄和嫩枝上固定为害。7 月上旬至下旬第 1 代雌成虫产卵，7 月中旬为产卵盛期。7 月下旬至 8 月上旬第 2 代若虫孵化，7 月下旬为盛孵期。第 2 代若虫集中在叶背的叶脉上为害，蜕皮进入 2 龄后，9 月开始逐渐移到枝条上越冬。

繁殖：雌成虫（据资料介绍，仅在新疆石河子地区的李、白蜡树上见到雄虫）营孤雌卵生。每头雌成虫产卵 1 400~2 200 粒。在平均气温 22℃，相对湿度 83% 时，第 1 代卵期 19~25 天，平均 22 天；在平均气温 26℃，相对湿度 86% 时，第 2 代卵期 12~18 天，平均 15 天。

寄生习性：虫体多分布在树冠下部，中部次之，顶部最少，因此树冠下部受害最重。

[天　敌] 寄生性天敌有赖食蚧蚜小蜂、黄盾食虫蚧蚜小蜂、中华四节蚜小蜂、球蚧花角跳小蜂、长缘刷盾跳小蜂、纽绵蚧跳小蜂；捕食性天敌有黑缘红瓢虫、红点唇瓢虫、草

雌成虫和若虫（近视）

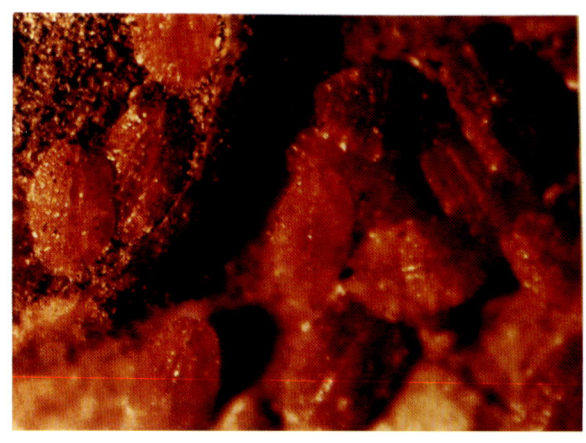

2龄若虫越冬态（近视）

蛉等。

[防治方法] 药剂防治最佳时期应掌握在3月上旬刺槐、榆树幼芽萌动初期，其次为6月初第1代若虫孵化高峰期。

其他防治方法参照日本龟蜡蚧。

44. 桃树木坚蚧
Parthenolecanium persicae (Fadricius)

[中文异名] 桃盔蜡蚧、桃木坚蚧。

[分　布] 中国河北、山东、湖北、浙江、广东、云南、甘肃、宁夏、山西、陕西；欧洲、中亚、东南亚、大洋洲、美洲、北非等地区。

[为害对象] 毛茛科、小檗科、蔷薇科、豆科、芸香科、木犀科、桑科、葡萄科、胡颓子科和石榴科等多种植物。

[为害状] 雌成虫和若虫寄生在枝、叶上刺吸汁液为害。

[形态特征]

雌成虫：形有所变异，多为长椭圆形，长5~10mm，初为暗黄褐色，有暗横带，老熟后多为红褐色，背部不太隆起，背中有明显纵脊1条；触角8节；气门刺2~3根，粗锥状，中刺长为侧刺1~2倍；体缘有小刺排列；多格腺在前、中足附近成群，在后足基节间及腹部腹面中区成横带；大杯状腺在体腹面亚缘成带；垂柱腺亚缘瘤16~18对；缘毛在腹部呈不规则列，其他成1列和亚缘毛1列。

[生活史与习性] 一般省份一年发生1代。以2龄若虫在树皮缝越冬；翌年春季迁至叶片上寄生为害。越冬若虫分泌玻璃状蜡丝，长过虫体数倍。5月下旬雄虫羽化。受精雌成虫5月末开始产卵，6月初为产卵盛期。每头雌成虫产卵1 000~2 600粒。7月中旬若虫孵化，孵化期短而集中。初孵若虫粉红色，沿叶脉固定为害。7~8月若虫自然死亡率可高达70%，但残留者仍然危害严重。秋季若虫转移到枝干越冬。南方地区一年发生2代。1、2代产卵期分别为5月、9月。仍以若虫越冬。

[防治方法] 药剂防治最佳时期应掌握在3~4月桃花开花前夕，其次为7月中旬若虫孵化高峰期。

防治方法参照日本龟蜡蚧。

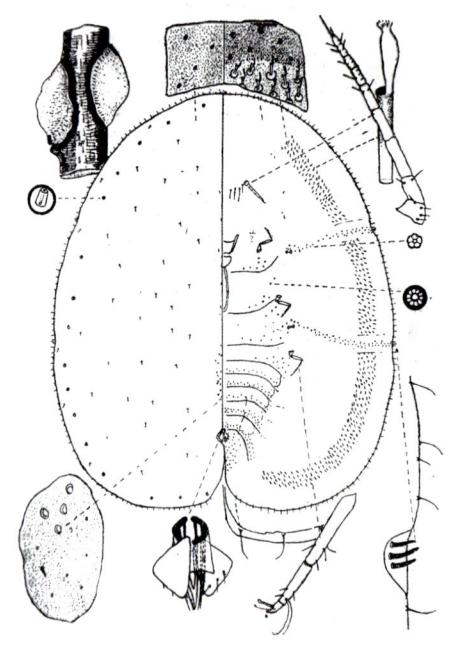

桃树木坚蚧雌成虫

45. 远东杉苞蚧
Physokermes jezoensis Siraiwa

[中文异名] 红皮云杉球蚧，云杉伪球蚧。

[分　　布] 中国山西、黑龙江、吉林、内蒙古、辽宁等地区；俄罗斯远东、日本。

[为害对象] 红皮云杉、鱼鳞云杉、白杄云杉及青杄云杉等云杉属植物。

[为 害 状] 雌成虫和若虫寄生在枝条基部和针叶上刺吸汁液为害，受害针叶发黄脱落，枝条干枯，以树冠下层受害最重，严重时整株死亡。8~40年生树木均可受害。

[形态特征]

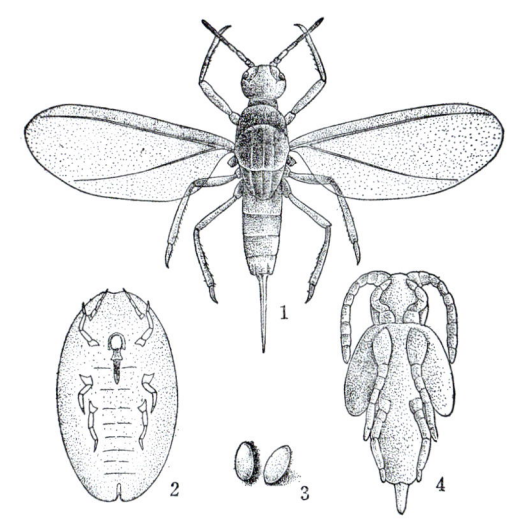

1.雄成虫　2.雌成虫（腹面）　3.卵　4.雄蛹（朱兴才　绘）
远东杉苞蚧

雌成虫：肾球形，体长2.21mm，宽1.96mm，高1.19mm，粉红色，产卵后近球形，平均体长3.3~3.8mm，宽4.1~4.4mm，高3.0~3.4mm，黄褐色，具光泽，体背中部有条明显纵沟，沟向后变浅。背、腹面均硬化，腹面有白色絮状蜡质。触角和足均退化成瘤状，多毛；多格腺分布在腹面中部，五格腺在气门路上，杯状腺在腹面成宽亚缘带，在背面亚缘区稀疏分布；肛板、缘褶、缘毛、气门洼及气门刺均无，缘毛仅在尾叶上存在。无卵囊，卵产于胸侧，腹侧和尾叶形成的卵腔中。1龄若虫气门刺2根，锥状，气门路上多格腺3~4个，体缘毛1列。

雄成虫：体长1.7mm，棕褐色，触角10节，覆有较长的密毛，最末一节有3根端部膨大的刚毛。足胫节末端有一发达的长刺，伸达跗节的1/2处。具翅1对。

卵：长椭圆形，紫褐色，平均长0.44mm，紫褐色，被白色蜡粉。

若虫：1龄若虫长椭圆形，长约0.7mm，黄褐色，足、触角健全，腹末有1对蜡毛；2龄雌若虫椭圆形，长约1mm，乳黄色或乳白色，背面隆起。体腹面两侧开始分泌白色蜡丝。老熟雄若虫长椭圆形，平均体长1.44mm，浅黄色。体背中央纵向隆起，出现尾裂。

雄蛹：棕褐色。蛹蜡壳长椭圆形，毛玻璃状。

[生活史与习性]

生活史：太原、沈阳一年发生1代。以2龄若虫在针叶上越冬；翌年3月下旬越冬若虫开始迁至1~2年生枝条，定居在芽鳞下，4月上中旬为定居盛期。5月上、中旬雄成虫大量羽化。受精雌成虫体开始迅速膨大成球形，6月上旬产卵，每雌产卵500余粒。6月上、中旬若虫大量孵化，固定于针叶上越夏，9月蜕皮进入2龄，10月下旬开始越冬。

寄生习性：1、2龄若虫多寄居针叶为害，雌成虫则数头环集于1~2年生小枝基部。喜阴，多分布在树冠下层，北向虫口密度大于南向，栖居叶背多于叶面。

[天　　敌] 一种食蚧蚜小蜂，一种跳小蜂，其寄生率均较高。

[防治方法]

结合修枝整形，剪除树冠下层虫枝，可以

雌成虫蜡壳及初孵若虫（近视）

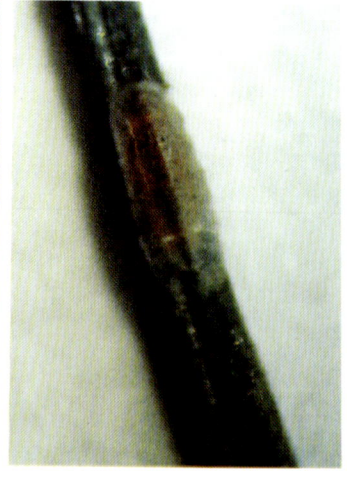

越冬态（放大） 　　　蛹（放大） 　　　为害状

基本控制虫害。

药剂防治适期掌握在4月上中旬越冬若虫迁移盛期，或6月中旬若虫孵化高峰期。

[防治方法]参照水木坚蚧。

46. 樟树盘盔蚧
Ctenochiton cinnamomi (Green)

[分　　布]云南、四川。

[为害对象]银木。

[为 害 状]雌成虫和若虫寄生在枝、叶上刺吸汁液为害。

[形态特征]

雌成虫：圆形或宽卵形，长3~4.5mm，暗紫褐色，密被白色蜡粒，如霜，体高突，高点在前半，后半斜形，前和侧部陡峭，背皮无"H"形脊纹，体缘硬化有不规则皱褶；触角6~7节，足细长，缘刺1列，尖锥状，刺距与刺等长；无气门洼，气门刺3根显著，柱状；肛板半月形；背皮具网纹，亚缘瘤存在。

[防治方法]参照水木坚蚧。

47. 芒果原绵蚧
Milviscutulus mangiferae (Green)

[中文异名]芒果蚧、三角软蜡蚧、芒果原绵蜡蚧、薄软蚧。

[分　　布]中国云南、广东、浙江、四川、海南、香港、台湾等省；斯里兰卡、印度、巴基斯坦、泰国、以色列、马来西亚、新加坡、美洲、菲律宾。

[为害对象]芒果、番石榴、木菠萝、无花果、柑橘、鸡蛋花、黄花夹竹桃、米兰、栀子、山茶、丁子香、桃金娘、破布木、胶木、榕、九节木、香樟、桉等植物。

[为 害 状]雌成虫和若虫寄生在叶背刺吸汁液为害。

[形态特征]

雌成虫：体薄，扁平而透明，浅黄绿色，近三角形，不对称，老熟雌成虫体长4~5mm，产卵后变为褐色。尾裂长，约为体长的1/3。缘褶明显，体节只在腹面中部见到。触角7节。足小而细，胫节长于跗节。气门路由五格腺列组成，前气门路约10个，后气门路约12个。气门洼略显，气门刺每群3根，中刺为侧刺之2倍半长，中刺端弯而钝，侧刺尖锥形。肛环整个在肛板覆盖之下。有大刚毛6根，环有裂孔。肛管缘毛2对，肛板长三角形，内缘与前侧缘比后侧缘长。体缘毛细小，端多分枝呈刷状；毛间距离约为毛长的2倍以上。多格腺少数，分布于阴门附近。亚缘瘤4对。体背有小刺呈锥状，体周围有裂沟6对。

[生活史与习性]广东、海南一年发生多代，无明显越冬现象；成都露地发生2~3代，以若虫越冬，进入温室可继续发育。营孤雌卵生。每头雌成虫产卵数十至百余粒于母体下面。初孵若虫活跃，多寄生在叶背。喜阴湿和通风不良环境，特别是温室发生为害较重。

[防治方法] 参照柑橘绿绵蚧。

48. 梨形原绵蚧
***Protopulvinaria pyriformis* (Cockerell)**

寄主：八角金盘

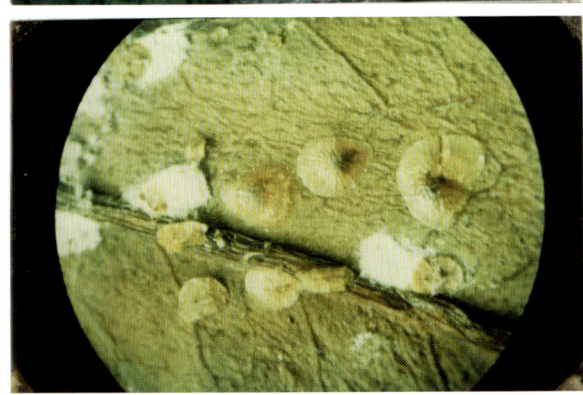

梨形原绵蚧雌成虫放大

49. 锡金伪绵蚧
***Pseudopulvinaria sikkimensis* Atkinson**

[分　　布] 中国云南；锡金。

[为害对象] 栎、粟。

[为 害 状] 雌成虫和若虫寄生在枝条上刺吸汁液为害，虫体在枝上被包于白蜡囊中，密集成团，受害枝条枯死，严重影响树势。

[形态特征]

雌成虫：宽卵形或近圆形，长约2mm，年轻时膜质，仅肛门附近略硬化，老熟时体表略硬化；腹部中区有许多硬化点，体背密布五格腺，无毛和刺，体缘有稀疏锥刺1列；无尾裂而有尾沟；体腹面布满杯状腺，阴门附近有多格腺；气门大，后气门口老熟时有1硬化片。在枝条整体被包于厚白蜡囊中，雌卵囊白色絮状，长1.8mm。雄虫较小。

[生活史与习性] 云南一年发生1代。以雌成虫在枝条上越冬；翌年5月中旬开始产卵，6月中旬为产卵盛期。卵产于白色絮状卵囊中。5月中旬至8月中旬若虫孵化，6月为盛孵期。7月上旬至11月为2龄若虫期，10月上旬出现雄成虫，10月中旬为雄成虫羽化盛期。交配后以雌成虫越冬。

[防治方法] 参照柑橘绿绵蚧。

50. 桦树绵蚧
***Pulvinaria vitis* (Linnaeus)**

[分　　布] 中国内蒙古、新疆、西藏、甘肃、宁夏；俄罗斯远东、欧洲。

[为害对象] 桦树、山楂、花楸、葡萄、杞木、桦栌、榛、白蜡树、杨、柳、榆、枸子、蔷薇、绣线菊等植物。

[形态特征]

雌成虫：椭圆形，长约7mm，宽约5mm；活体灰褐色，背中线色深，腹部中线两侧散布有许多不正形黑斑，产卵后死体暗褐或暗黄色，

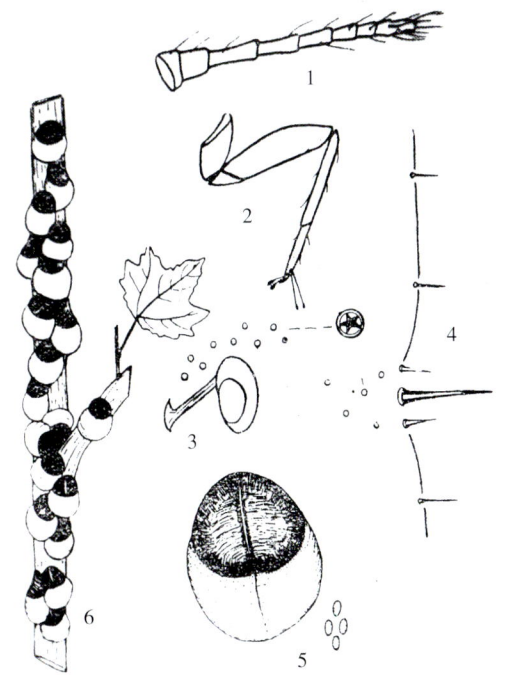

1. 雌成虫触角　2. 后足　3. 前气门　4. 雌成虫体缘刺
5. 带卵囊雌成虫　6. 为害状

桦树绵蚧雌成虫

雌成虫及卵囊（放大）

有许多小灰瘤，以沿中线为多；触角多为8节，少数9节（第5节分2节）或7节（第6、7节合并）；每气门路五格腺为78~115个，气门刺3根，中刺长为侧刺之2倍，中刺基粗于侧刺基；多格腺在中、后足基之后和阴门附近成群，在第2~3腹节腹板上成横列，在第4~6腹节腹板上成横带（列）；体背有圆形亮斑，斑距为斑径2~3倍；大杯状腺在腹面亚缘区成带；体缘毛尖细，排成2列，毛间距离大多等于或小于毛长。产卵期由腹下向后分泌出白色絮状卵囊，囊高突，长椭圆形，最大者长8mm，宽6mm，囊背中有1纵沟。雄茧长椭圆形，两侧近平行，前、后端浑圆，毛玻璃状，分成多块；前1，中2，每侧2。

[生活史与习性] 宁夏一年发生1代。以若虫在枝干上越冬。

[防治方法] 参照柑橘绿绵蚧。

51. 海边绵蚧
Puivinaria costata Borchsenius

[中文异名] 桦绵蚧、筋囊绵蜡蚧。

[分　　布]（中国内蒙古、山东、辽宁、吉林、青海等地区；俄罗斯远东沿海。

[为害对象] 杨、柳、杞木、枸橘、赤杨。

[为 害 状] 雌成虫和若虫寄生在枝、叶上刺吸汁液为害。

[形态特征]

雌成虫： 宽卵或近圆形，长5~7mm，宽4~6mm，活体灰褐色，老熟时深褐色。体节皱褶明显，背面有纵脊1条，两侧具横脊多条，其间散布不规则的黑斑纹；触角8节；每条前、后胸气门路分别由244~255个、300~370个五格腺组成，气门刺3根，粗大；多格腺在腹面成横列（带）；体背有椭圆或不规则圆形亮斑，亮斑互相靠近，斑距小于或等于斑径；缘毛1列，体前毛距为毛长的3~5倍，体后则毛距小；产卵期分泌白色卵囊从腹下向后伸出，囊逐渐向上隆起，呈白色棉团状，表面出现彼此略平行的纵脊条纹和细微横纹，虫体被推向前方。卵囊最大者长8mm，宽6mm，高4mm。

雄成虫： 体长2.0~3.5mm，头部、胸背及腿节黑褐色，腹部棕褐色。翅白色透明，具幻紫色光泽，腹末交尾器两侧各有1根白色长蜡毛，长4~7mm。

卵： 椭圆形，初产浅白色，渐变深。

若虫： 椭圆形，淡红色。1龄若虫长0.3~0.4mm，2龄若虫长约1.5mm，仍可见尾部蜡毛，被少量白色蜡粉。

雄蛹： 椭圆形，红褐色，体长2~3mm，附白色蜡粉。

[生活史与习性]

生活史： 一年发生1代。吉林白城、内蒙古海拉尔以受精雌成虫在枝干上越冬；翌年5月初开始为害，5月底至6月底形成卵囊并产卵在囊中。6月份产卵雌成虫群集于枝条，以分叉处最多，满树一片白色。包头6月上旬孵出若虫，爬到嫩枝和叶片上为害。8月中旬2龄若虫转移到枝干上定栖。8月末至9月雄虫羽化。交配后以受精雌成虫越冬。

繁殖： 营两性卵生。每头雌成虫产卵1 410~3 489粒，平均2 760粒。卵期10~34天，平均27天。卵孵化率93%。

寄生习性： 喜阳，在通风透光的林地，特别是单株树虫口密度大，而郁闭度大和背阳的林地发生量明显减少。越冬雌虫基本上分布于树冠中、下层，尤以下层为多。

若虫孵化期至2龄若虫期遇暴雨，在枝、叶上的若虫多被冲掉。

[天　　敌] 主要天敌是红点唇瓢虫，其成虫和幼虫都能大量捕食幼蚧。

[防治方法] 参照柑橘绿绵蚧。

52. 小杨绵蚧（杨棉蚧）
Puivnaria populeti **Borchsenius**

寄主：杨

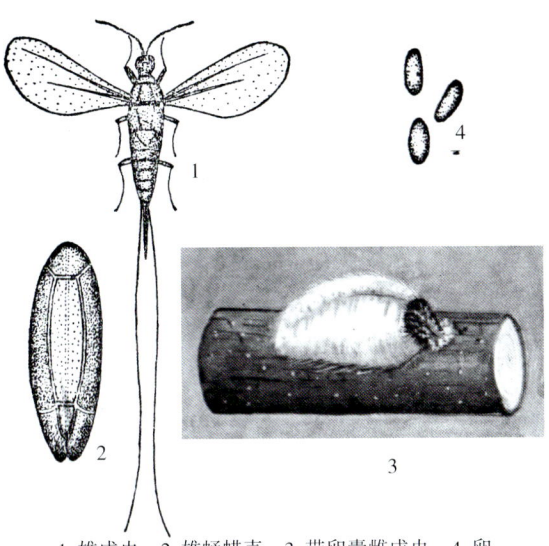

1. 雄成虫　2. 雄蛹蜡壳　3. 带卵囊雌成虫　4. 卵

小杨绵蚧　徐振国　绘

53. 朝鲜褐球蚧
Rhodococcus sariuoni **Borchsenius**

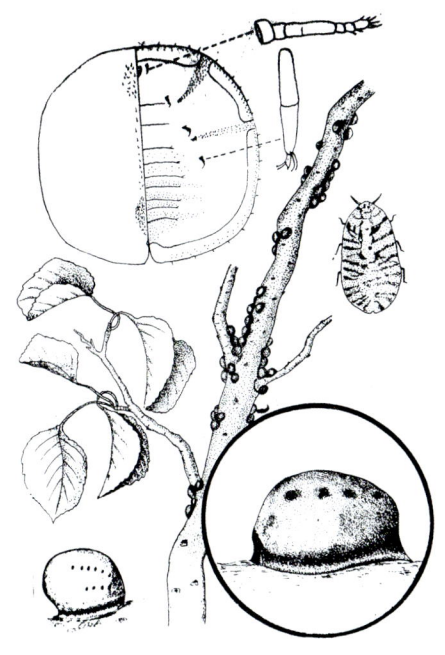

朝鲜褐球蚧雌成虫

[中文异名] 沙里院球蚧、苹果褐球蚧、樱桃朝鲜球蚧、樱桃朝鲜蜡蚧。

[分　　布] 中国东北、西北、华北地区；朝鲜

[为害对象] 樱桃、苹果、梨、海棠、杏、李、沙果、山楂等苹果属、樱属、绣线菊属、蔷薇属植物。

[为 害 状] 雌成虫和若虫寄生在枝、叶上刺吸汁液为害。诱发煤污病，造成叶落枝枯，树势衰弱。

[形态特征]

雌成虫：产卵前呈卵形，背部突起，下部凹入，背从前向后倾斜，从肛门向体背和体侧有黑凹点4列，全体赭红色；产卵后死体球形，长4.5~7.0mm，宽4.2~4.8mm，高3.5~5.0mm，

为害状

褐或亮褐色，略向前高耸而突向前，向两侧亦突出，后半略平斜，其上仍留有黑凹点4纵列；触角6节；气门路上五格腺22~28个，成1~2列；气门刺1~2根，锥状；体缘着生细长的缘毛1列，毛间距离几乎为缘毛长的一半或与缘毛等长；肛环退化，仅为无孔无环毛的狭环；肛板端外侧有长毛4根，肛周体壁硬化而有网纹；多格腺在胸部腹面成群，在腹面成横带；杯状腺分布在腹面亚缘。

雄成虫：长约2mm，翅展约5.5mm。体淡棕红色，中胸盾片黑色。触角丝状10节，腹末

交尾器两侧各有 1 根白色长蜡毛。

卵：卵圆形，长 0.5mm，淡橘红色，附白色蜡粉。

若虫：初孵时扁平椭圆形，体长约 0.5mm，橘红色。触角、足健全，腹末具 1 对尾毛；2 龄若虫扁平长椭圆形，长约 1mm，体淡黄白色，背面覆盖半透明蜡壳，壳面有 9 条横纹。

雄蛹：长椭圆形，长约 2mm，淡褐色。蛹蜡壳长椭圆形，毛玻璃状，蜡丝分隔成块。

[生活史习性] 一年发生 1 代。以 2 龄若虫在枝条上越冬；翌年春季寄主植物萌芽开始为害，4 月下旬至 5 月上、中旬雄成虫羽化。5 月中旬前后雌成虫产卵于体下，5 月下旬若虫始孵。初孵若虫分散到嫩枝或叶背寄生，发育极缓慢，直到 10 月落叶前蜕皮为 2 龄虫，转移到枝条上固定越冬。

极少见雄成虫，营孤雌卵生。每头雌成虫产卵 1 000~2 500 粒。

[天　　敌] 有长缘刷盾跳小蜂以及瓢虫。

[防治方法] 参照白蜡蚧。

54. 吐伦褐球蚧
Rhodococcus turanicus (Arch.)

[分　　布] 中国宁夏、新疆；乌兹别克斯坦、哈萨克斯坦、吉尔吉斯斯坦、塔吉克斯坦、伊朗、中亚细亚。

[为害对象] 苹果、梨、沙果、杜梨、山楂、枸子、李、杏、桃、扁桃、鼠李、樱、榛、核桃、榆、沙枣、胡枝子。

[形态特征]

雌成虫：体征圆形，高突，成球形。死体暗栗色或红褐色，有光泽，有傲点若干，体长 2.5~4.0mm。触角 5 或 6 节，5 节时第 2、3 节合并。足小，分布正常，胫节稍长于跗节，爪有齿。气门路上五格腺 20~30 个，成 1 或 2 列。气门刺和缘刺无区别。体缘前、后端为长毛，体侧为柱状刺，刺距为刺长的 1~2 倍，前、后端毛距则小于毛长。肛环狭而无毛。肛板合成正方形，各有 7 或 8 根长端毛及 2 根亚端毛。肛周体壁硬化并有长形格状网纹。多格腺在腹面集成亚

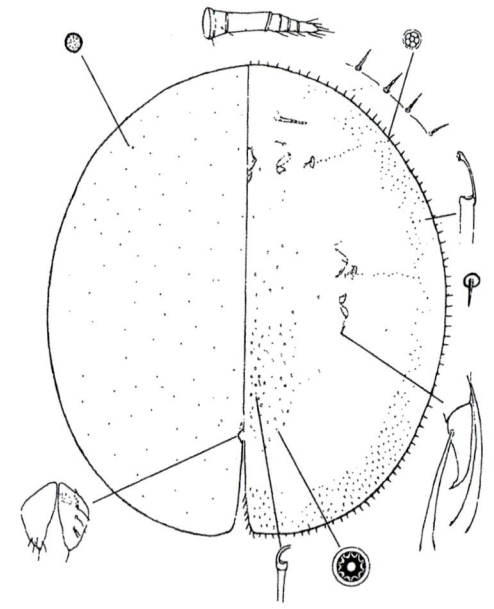

吐伦褐球蚧雌成虫

缘带，在背面则远小于盘状孔。有背毛，腹面第 7 腹节板腺上有 1 对长毛。

55. 山矾黑盔蚧
Saissetia bobuae Takahashi

[中文异名] 红盔蚧、红蛛蜡蚧。

[分　　布] 四川、台湾。

[为害对象] 山矾、香樟。

[为　害　状] 寄生枝、叶刺吸汁液为害。

[形态特征]

雌成虫：卵形或宽椭圆形，长 2.8~3.5mm，宽 2.2~2.5mm，红褐色，具光泽，背中有纵脊；背斑大，圆形或椭圆形，紧靠，除边缘外广布全背，背刺锥状，稀疏；缘毛 1 列，细长而尖，略弯曲，气门刺 3 根，中刺长为侧刺 2 倍；触角 7 节；杯状腺成亚缘带，端丝大；多格腺在阴区，少数在腹节；肛板近半圆形，前缘略长于后缘。

[防治方法] 参照广食褐软蚧。

56. 咖啡黑盔蚧
Saissetia coffeae (Walker)

[中文异名] 球盔蚧、半球盔蚧、网珠蜡蚧。

[分　　布] 中国广东、广西、云南、福建、江西、浙江、上海、江苏、贵州、四川、内蒙古、

竹节莴为害状（放大）

为害状（放大）

卵粒（放大）

台湾等地区；欧洲、亚洲、非洲、美洲。

[为害对象] 柑橘、芒果、人心果、海南蒲桃、咖啡、茶、异色棉、南瓜、桂花、白兰、山茶、海棠、象牙红、栀子、米兰、夹竹桃、羊蹄甲、珊瑚花、鹤顶兰、白蝉、一品红、君子兰、马蹄莲、大花老鸦咀、龙船花、非洲菊、苏铁、楠、榕、重阳木、杉、罗汉松、棕榈、珊瑚、大叶黄杨、竹节莴、龟背竹、爵床、吊兰、蕨类、七里香等多种植物。

[为害状] 若虫和成虫寄生于枝条、叶背刺吸汁液为害。虫口密度大时，枝条布满虫体，叶片枯黄脱落，树势衰弱。

[形态特征]

雌成虫： 卵圆形，虫体为黄褐色，直径 2.9~3.3mm，高约 2.5mm。体背光滑并向上隆起，缘褶显著，状似钢盔。体背面高度硬化，具许多圆形或卵形网孔。孔间距离等于或稍大于孔径。触角多为 8 节，少数 7 节（第 4.5 节合并）；足胫、跗关节很硬化，爪冠毛粗而端膨；气门刺 3 根，中刺长度为侧刺的 2~3 倍；缘毛 1 列，长短相间，端尖或分枝呈小刷状；肛板三角形，前缘略短于后缘；背刺细小，钝锥状，背具亚缘瘤 5~7 对；杯状腺在腹面亚缘区分 3 层：中层端丝膨大，内、外层端丝细长；多格腺在阴区多，在前腹部和后胸部的腹面成横列（带）。

咖啡黑盔蚧雌成虫

卵： 长椭圆形，初产草白色，渐变橙黄色。

初孵若虫： 椭圆形，淡黄色或淡橙红色，

雌成虫（死体近视）

苏铁叶背为害状

枝干为害状

眼红色，体长0.4mm，具1对触角，3对胸足和1对尾毛。

[生活史与习性] 成都一年发生2代。以若虫在枝干上越冬；翌年3月下旬至5月上旬越冬雌成虫产卵，4月中旬为产卵盛期。4月下旬第一代若虫盛孵。6月下旬至7月下旬第1代雌成虫产卵，7月中旬为产卵盛期。7月上旬至8月上旬第2代若虫孵化，7月下旬为盛孵期。第2代若虫11月进入温室继续发育为雌成虫并产卵。

无雄虫，营孤雌卵生。卵产于母体下面，每头雌成虫产卵136~309粒。在平均温度18.5℃，相对湿度84%条件下，第1代卵期21~27天，平均24天；在平均温度23.8℃，相对湿度90%条件下，第2代卵期为11~17天，平均14天。初孵若虫多栖居于嫩枝和叶背刺吸汁液。第1代若虫固定后便开始分泌蜡质，3天左右胸背两侧各出现1对白色蜡线，10天左右体被透明薄蜡层，1个月左右虫体明显长大，相当于初孵若虫的8倍，40天左右虫体背部明显隆起，并逐渐膨大为半球形，并开始产卵，历时55~60天。雌成虫多寄生于枝上，以分叉处较多。

[天　敌] 有黑盔蚧长盾金小蜂、斑翅食蚧蚜小蜂、赖食蚧蚜小蜂、黄盾食蚧蚜小蜂。

[防治方法] 参照广食褐软蚧。

57. 橄榄黑盔蚧
***Saissetia oleae* (Oliver)**

[中文异名] 橄榄盔蚧、榄珠蜡蚧。

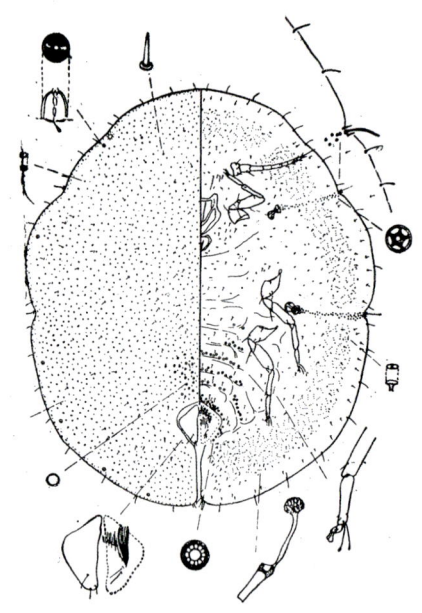

橄榄黑盔蚧雌成虫

[分　布] 中国四川、台湾、福建、广东、云南、浙江、西藏、台湾以及冷地温室；全球多地。

[为害对象] 柑橘、龙眼、番荔枝、芒果、马达加斯加红厚壳、香蕉、石榴、葡萄、苹果、杏、柚、桃、李、梨、咖啡、橄榄、油橄榄、梅花、红叶李、米兰、红绣球、叶子花、龙牙花、兰花、栀子、一品红、君子兰、马蹄莲、苏铁、夹竹桃、丝兰、菩提树、匆木、檀香、棕榈、栎、榕、茎柳、雪松、构骨、海桐、黄杨、蔷薇、刺枝子、瓜子金、巴豆、石斛等多种植物。

[为害状] 若虫和雌成虫寄生枝条和叶背刺吸汁液为害。同时诱发煤污病，造成树势衰弱，影响开花结果，降低观赏价值。

[形态特征]

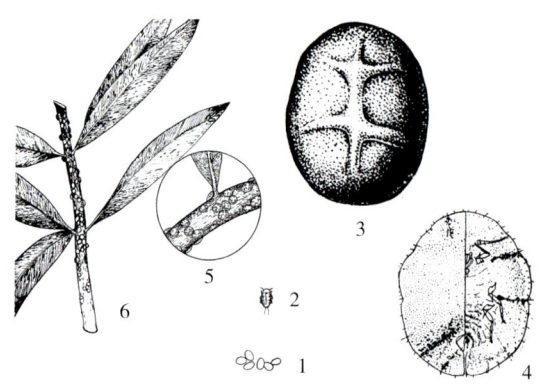

1.卵　2.若虫　3.雌成虫（背面）　4.雌成虫（腹面）　5.放大图　6.为害状

橄榄黑盔蚧

雌成虫（放大）

[为害对象] 针茅、长芒草（根部）。

[形态特征]

雌成虫：体近圆形，背凸，长 3.2~4.0mm，宽 2.6~3.0mm。触角退化，很小，3 或 4 节，基节短粗，端节上有 5 根毛，前 1 节有 1 根毛。足极小，退化成 3 节，第 1 节为基节，第 3 节为爪，第 2 节为足或其他节的融合。爪冠毛端微膨。喙 1 节。气门口大，内陷，其壁上有一弧状五格腺群。气门刺无。前、后气门前都有一群由 23~35 个五格腺形成的气门路。肛环有成列环孔和 6 根环毛，环毛长 0.125mm，为环径的 2.6 倍。肛板三角形，顶端有 1 长 3 短 4 根毛，内侧有 2 长毛，腹面亦有 2 毛。多格腺（10 格）在腹部按节成横带，前面数量较少，向后愈多。肛前孔有 1 长群，后宽前窄，可前伸至后气门线。单孔分布两面。瓶状腺，顶端 2/5 硬化程度

雌成虫为害状（放大）

雌成虫：年轻时椭圆形，扁，黄或灰色，后出现暗斑，老熟雌成虫背面向上隆起成球形，长 2.5~5mm，高 1.5~3mm，暗褐至黑色，硬化，一生中背部均有突起较高的"H"纹；腹面膜质柔软或有硬化；触角 8 节；足胫、跗关节略硬化，爪冠毛粗而端膨；气门刺 3 根，中刺长为侧刺 2~3.5 倍；缘毛 1 列，大小相间，多数端尖呈矛头状，少数端分叉或呈小刷状；体背亚缘瘤 4~6 对，背刺短圆锥形，顶端尖；杯状腺仅 1 种，端丝长，在腹面亚缘区分布成带；体背网孔大而密集，孔多为不规则卵形或多边形。

[生活史与习性] 每发生 1~2 代。以若虫在枝或叶背越冬。成都翌年 4 月上旬发育为成虫。4 月中旬至 6 月下旬越冬代雌成虫产卵，5 月中旬为产卵盛期。第 1 代若虫 5 月下旬至 7 月中旬孵代，6 月中、下旬为盛孵期。第 1 代雌成虫 8 月中旬至 9 月中旬产卵，9 月上旬为产卵盛期，第二代若虫 8 月下旬至 9 月中旬孵代，9 月上旬为盛孵期。

未发现雄虫，营孤雌卵生。每头雌成虫产卵，第 1 代 239~1 013 粒，平均 654 粒；第 2 代 179~705 粒，平均 451 粒。

[天　敌] 有黑盔蚧长盾金小蜂、赖食蚧蚜小蜂、黄盾食蚧蚜小蜂、球蚧跳小蜂。

[防治方法] 参照广食褐软蚧。

58. 中华马头蚧
***Scythia sinensis* Wu**

[分　布] 宁夏、内蒙古、山西。

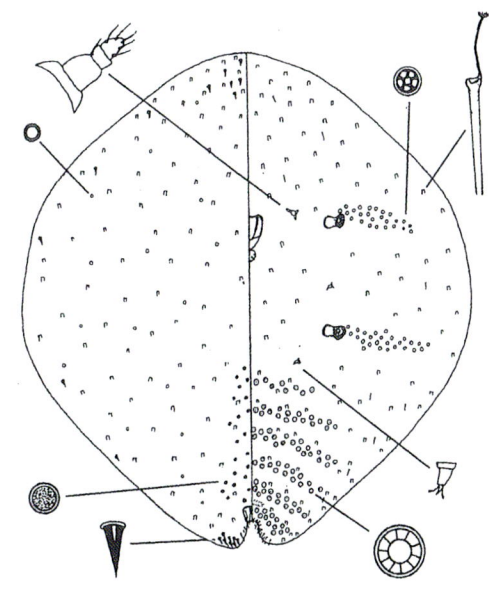
中华马头蚧雌成虫

强，很多，密布背、腹面。背刺在头端有 1 群，数量 10 个左右，个别刺见于体缘，尾裂两侧内缘有许多长毛，端部有 7~9 个小群长刺锥。

59. 日本纽绵蚧
***Takahashia japonica* (Cockerell)**

[中文异名] 武昌纽绵蚧、桑纽绵蚧、日本纽绵蜡蚧。

雌成虫产卵状（卵囊放大）

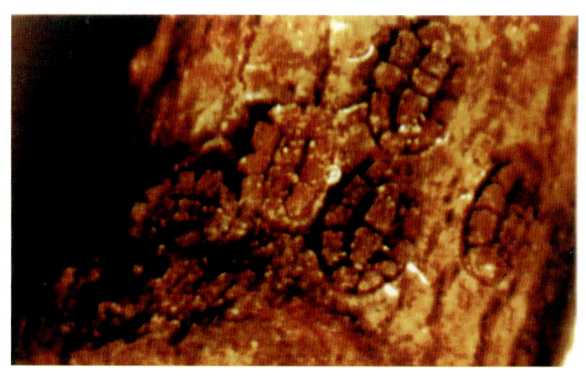

雌成虫越冬态（放大）

[分　　布] 中国四川、湖北、江苏、上海、河南、浙江、北京、贵州；日本、朝鲜。

[为害对象] 核桃、桑、梅花、红花继木、兰花、槐、合欢、重阳木、角枫、枫香、榆、朴、棕竹、万年青、苦叶、文竹、爬山虎等植物。

[为 害 状] 雌成虫及若虫寄生在枝条和叶片上刺吸汁液为害，严重时，造成枝条枯死，树势衰弱。

[形态特征]

雌成虫：卵圆形或椭圆形，长4~8mm，活体由黄白色渐变为红褐或深褐色，背面隆起，具黑褐色脊，不太硬化，缘褶明显；触角短，7节，肛板三角形，长为宽之1.5倍；体缘锥刺密集成1列；气门刺3根，同形同大，短于缘刺；多格腺分布在腹面。产卵期虫体腹下分泌出较长的白色棉絮状卵囊，囊长可达17mm，卵囊质地密实；具纵行细线状沟纹，一端固着在植物体上，另一端固着在虫体腹部，中段悬空呈扭曲的"U"字形。

卵：卵圆形，长0.4mm，黄色，附白色蜡粉。

若虫：长椭圆形，扁平，淡黄色。

[生活史与习性] 一年发生1代。以雌成虫在枝条上越冬；武汉翌年3月下旬越冬雌成虫开始取食并逐渐膨大，4月上旬虫体开始分泌絮状蜡质形成卵囊并产卵。卵期约36天。5月上旬末至下旬若虫孵化，5月中旬为盛孵期。北京6月上旬盛孵。初孵若虫集中在枝条和叶背定栖为害。1龄若虫蜕皮进入2龄期后，转移到枝条上寄生，以雌成虫越冬。

据上海观察，若虫始孵期为5月中旬，盛孵期5月下旬，其相应物候分别是合欢的全叶期和金丝桃的花蕾吐色期，合欢的叶形成期和金丝桃始花至末花期。

自然死亡率很高。孵化期遇大雨可冲掉半数以上若虫；寄生部位向阳亦会造成死亡；被寄生的枝条枯萎，叶片脱落，也使若虫大批死亡。因此，一般年份轻度发生。

[天　　敌] 寄生性天敌有方柄扁角跳小蜂、纽绵蚧跳小蜂；捕食性天敌有红点唇瓢虫、异色瓢虫。

[防治方法] 如果发生严重，于5月10日左右若虫始孵期，用高压水枪冲洗，可冲掉绝

越冬若虫（放大）

雌成虫群体及卵囊

日纽绵蚧严重为害合欢状

大部分雌成虫及卵粒、若虫，防效极佳。无须药物防治。

60. 七角星蜡蚧
***Vinsonia stellifere* (Westwood)**

[分　　布] 云南、台湾。

[为害对象] 栀子、柿、芒果、柑橘、福树、山竹子、胶木、格塔胶树。

[形态特征]

雌成虫：蜡壳位于体背，白色，不透明，长3.5~4.5mm，高突，顶部略平，周围有蜡角7个（前端1个，左右两侧各3个），外形如星。虫体球形，红或紫色，随年龄增长而变暗，长1.5~2mm，宽1.3~1.8mm，触角细小，6节；背膜质，肛板周体壁硬化，向上隆起呈圆柱形，背面尾端有明显硬化的尾瘤状突起；体毛稀疏，具小双格孔；肛板长梯形，每板下边有毛3根；气门刺4~12根。

雄成虫：蜡壳星芒状。

雌成虫（近视）

若虫：初孵时椭圆形，前端宽于尾端，触角、口器、胸足均很发达。

[生活史与习性] 在绿地内零星发生，为害较轻，生活史不详。

[防治方法] 如果发生较轻，尚未造成损失，可以不防。

十、仁蚧科
ACLERDIDAE

体长2~12mm。体椭圆形或长形，扁平，裸露或体被毛茸状或粉状蜡质，体色淡白。专寄生禾本科植物茎上叶鞘下或根部。本科在我国已记录2属7种。

1. 东京仁蚧
***Aclerda tokionis* (Cockerell)**

[分　　布] 中国福建、台湾；日本。

[为害对象] 刚竹、毛竹、甘蔗。

[为 害 状] 寄生在茎部叶鞘内刺吸汁液为害，造成叶片枯黄早落，影响长势。

[形态特征]

雌成虫：草履形或长椭圆形，略有弯曲，长2.8~8.2mm，以5mm左右为多，暗褐至暗紫褐色，扁平，老熟虫体的体缘和腹端高度硬化，只在背腹面中部膜质柔软。年轻虫体除体缘和尾端外大部膜质，胸足退化，在其位置有3~4根小刺成丛分布，体缘刺菱形，在背面腹部靠近体缘密集分布成狭窄带状，管腺沿腹面亚缘成宽带，并在腹端向中部分布；背面体缘散布大管腺，内陷刺分布在背面腹端；背面体刺矛形，腹面体刺长刺毛状。

[防治方法] 参照芦苇日仁蚧。

2. 芦苇日仁蚧
***Nipponaclerda biwakoensis* (Kuwana)**

[中文异名] 宫苍仁蚧、日本短尾蚧。

[分　　布] 中国宁夏、辽宁、河北、北京、

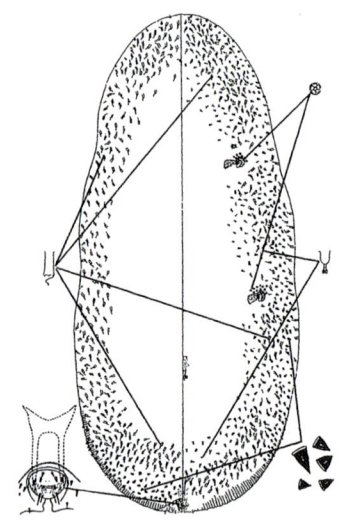

芦苇日仁蚧雌成虫　　　　雌成虫（近视）

山东、西藏；日本。

[为害对象] 芦苇、芒草。

[为害状] 若虫和雌成虫聚集在叶鞘下之茎部刺吸汁液为害，造成叶片枯黄早落，茎壁变薄，茎秆变黑，植株长势衰弱，影响产量，降低品质。

[形态特征]

雌成虫：长椭圆形、长卵圆形、左右不对称长卵圆形、宽卵形，长条形或不规则纺锤形，长 5~8mm，黄土色至黄褐色，扁平，年轻雌成虫膜质，老熟雌成虫体缘和末端硬化为褐色或黑褐色；触角小瘤状，足全退化消失，胸气门开口窝外分布有小群圆盘状腺，其数量通常在 10 个左右；小管状腺分布于虫体腹面。

雄成虫：无翅、长形。

[生活史与习性] 河北、山东一年发生 4~5 代，以雌成虫在芦苇叶鞘下越冬；雌成虫营孤雌卵胎生。翌年 5 月上旬，当日平均气温达到 22℃ 时开始产籽，5 月中旬进入生殖高峰，5 月底结束。2~5 代产籽盛期分别为 6 月下旬、8 月上旬、9 月上旬、9 月下旬。唯有 9 月中旬胎生若虫发育的雌成虫才能越冬。1~4 代的历期分别为 37~38 天、26~28 天、21~25 天、33~34 天。1~4 代每雌平均产籽分别为 666.6 头、477.4 头、579.7 头、388.3 头。1 头雌成虫连续产籽历期为 5~8 天，以 6~7 天最多。

初产若虫在蜡囊内停留 0.8~2 天，高温晴天集中在 12~16 时离开母体扩散。当天选择干枯而不松散的叶鞘潜入（而对抱茎紧密和嫩绿叶鞘不潜入），在叶枕附近固定刺吸汁液。第 1 代若虫从寄主植物基部 1、2 节叶鞘潜入，以后各代若虫潜入节则逐节上升，直至第 4 代多在第 4~8 节潜入。雨季蚧虫多时，叶鞘上产生一层黑色霉菌。

[天敌] 有一种捕食性蛾类幼虫，一种外寄生蝇类，两种寄生蜂。

[防治方法]

火烧苇茬、残枝，可极大地减少越冬虫源。

生物防治：有意在苇田附近存放收割的芦苇，以便翌年羽化的寄生蜂、寄生蝇、捕食性蛾成虫迁飞到苇田，而蚧虫初生若虫则因活动范围有限而无害；在药剂防治时，将防治区划分成若干条带，隔带施药，以保护天敌。

5 月中旬第一代若虫发生高峰期进行喷雾防治，具体防治方法参照柑橘刺粉蚧。

十一、盾蚧科

DIASPIDIDAE

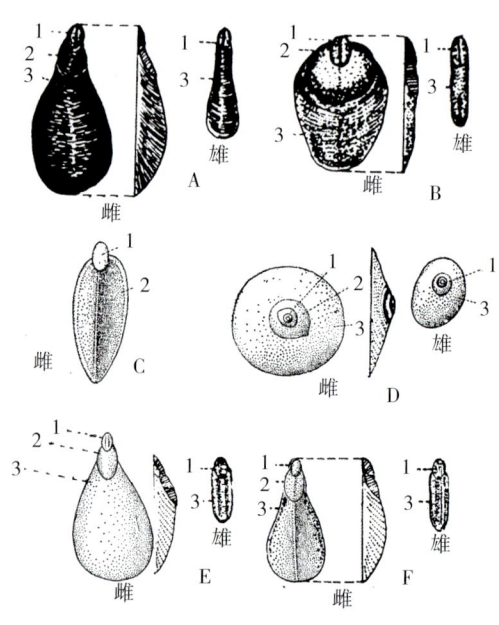

A. 蛎盾蚧　B. 片盾蚧　C. 单蜕盾蚧
D. 圆盾蚧　E. 白盾蚧　F. 雪盾蚧
1. 第 1 壳点　2. 第 2 壳点　3. 分泌物

盾蚧科介壳外形识别图

有介壳；第5~8腹节愈合为臀板，胸气门显著，初孵若虫无肛环等基本特征，可与其他科相区别。虫体的形状和颜色，介壳的形状、质地、颜色及壳点的排列位置，臀板的附属构造都是重要的分类依据。本科是最大的科，我国已记录85属460种。

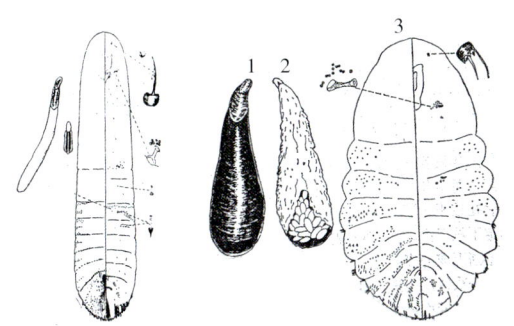

1. 雌成虫介壳（背面） 2. 雌成虫腹面 3. 雌成虫体

竹线盾蚧　　柳蛎盾蚧雌成虫

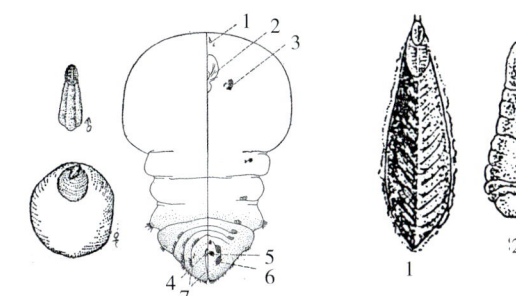

1. 触角 2. 口器 3. 胸气门 4. 肛门 1. 雌成虫介壳 2. 雌成虫 3. 雄蛹介壳
5. 阴门 6. 阴门周腺 7. 臀板区

雌成虫背面（左）、腹面（右）　　矢尖盾蚧

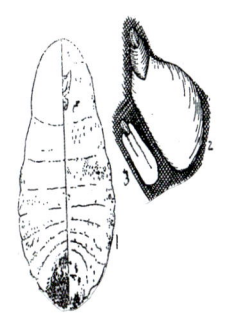
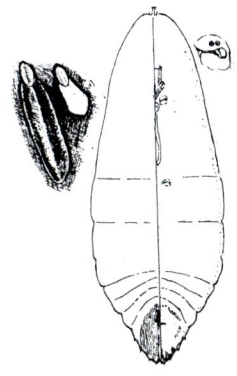
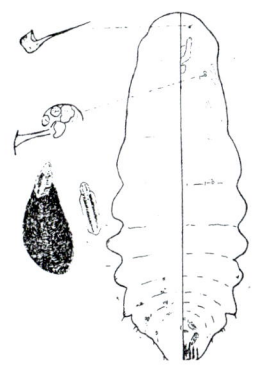
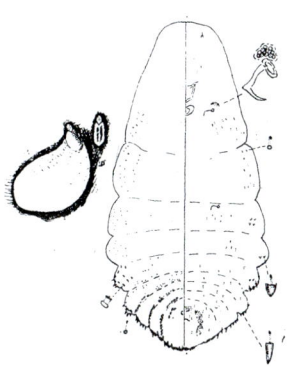

1. 雌成虫体 2. 雌成虫介壳 3. 雄蛹介壳

晋盾蚧　　茶单蜕盾蚧　　并盾蚧　　柳雪盾蚧

  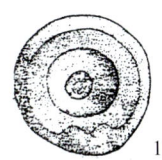   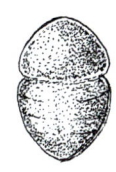

1. 雌成虫介壳 2. 雌成虫介壳 3. 雄蛹介壳　　1. 雌成虫介壳 2. 雄蛹介壳 3. 雌成虫　　1. 枝上寄生状 2. 雌成虫

糠片盾蚧　　黄肾圆盾蚧　　蛇目网盾蚧

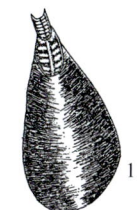 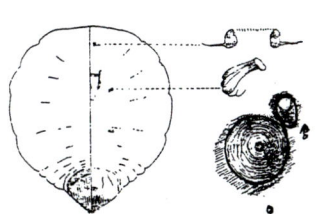 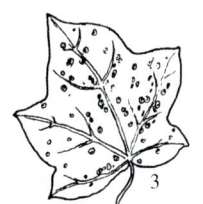

1. 雌成虫介壳 2. 雌成虫（腹面） 3. 雄蛹介壳　　　　　　　　　　1. 雌成虫介壳 2. 雄蛹介壳 3. 为害状

山茶白盾蚧　　梨笠圆盾蚧雌成虫　　柑橘刺圆盾蚧

1. 灰黤圆盾蚧
***Hemiberlesia cyanophylli* (Signoret)**

[中文异名] 黄炎盾蚧、茶长本圆蚧、茶铍盾蚧、茶铍圆盾蚧。

[分　　布] 浙江、福建、江西、云南、四川、陕西、湖北、湖南、贵州、安徽、江苏、上海、广东、广西、台湾及北方温室。

[为害对象] 柑橘、无花果、木菠萝、芒果、枇杷、番荔枝、海枣、椰子、番石榴、梨、番樱桃、番木瓜、香蕉、葡萄、茶、咖啡、可可、甘薯、桂花、杜鹃、山茶、九重葛、素馨、鸡蛋花、山梅花、朱蕉、龙香兰、鹤望兰、苏铁、木兰、芭蕉、紫藤、夹竹桃、香樟、棕榈、瓶木、桉、角豆树、六道木、女贞、散尾葵、土当档、水龙骨、大戟、叶下珠、黄杨、仙人掌、石刁柏、菠萝等多种植物。

[为　害　状] 雌成虫和若虫寄生在枝、叶上刺吸汁液为害。

[形态特征]

雌成虫：介壳初期圆形，后期长卵形，长1.5~2.5mm，灰白、浅黄或黄褐色，扁平或略突，薄而半透明或有淡赭黄点；壳点2个，位于中央或略偏心，明黄色或无色，被有白色透明的分泌物；腹壳极薄而脆，白色，全附留在植物上。虫体倒梨形，后端显著尖锐，长约1mm，体黄色；头胸每侧分界线处有锥状胸侧瘤；臀叶3对，中叶发达，端有内外深凹切，叶间距为半叶之宽，第2叶细长，外侧一凹切或披针状，第3叶短锥状或披针状，无凹切；臀栉与中叶等长，端部分枝；臀背管粗长，长约为中叶长之3倍，每侧10~14个；围阴腺4群。

雄成虫介壳：圆形或后方稍加宽，长约0.8mm。

[防治方法] 参照考氏白盾蚧。

2. 山茶黤圆盾蚧
***Diaspidiotus degeneratus* (Leonardi)**

[分　　布] 江苏、上海、浙江等南方各省。

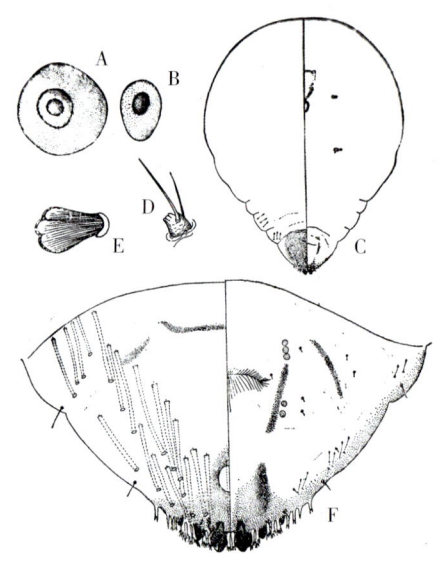

A. 雌成虫介壳　B. 雄介壳　C. 雌成虫体　D. 触角　E. 前气门　F. 臀板
山茶黤圆盾蚧雌成虫

[为害对象] 柑橘、茶、山茶、素馨、木樨、柃木、葱木、冬青。

[为　害　状] 雌成虫和若虫寄生在叶片上刺吸汁液为害。

[形态特征]

雌成虫：介壳正圆形，直径约2mm，略隆起，淡褐色，有淡绿色点；壳点2个，近中心，白色，略突出。虫体倒梨形，长约0.9mm；臀叶3对，中叶内外侧各有凹切1个，侧叶较小，外

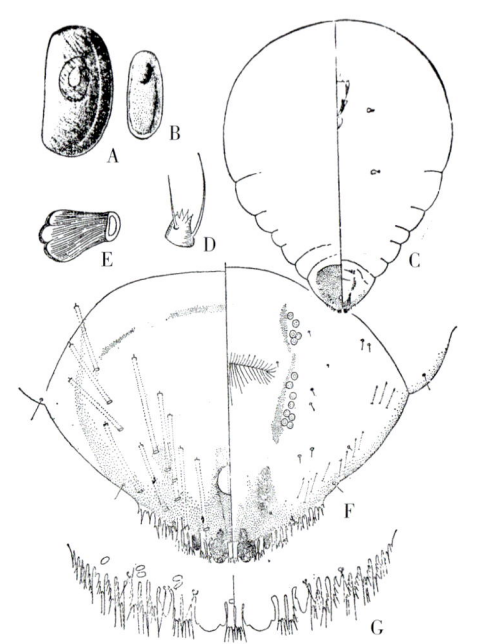

A. 雌成虫介壳　B. 雄介壳　C. 雌成虫体
D. 触角　E. 前气门　F. 臀板　G. 臀板末端
灰黤圆盾蚧雌成虫

侧略现一凹切，第3叶更小，退化，端尖略硬化或呈三角形突出；每叶基部内外角均有小硬化棒1个；第3叶外侧有臀栉3~4个，栉基部宽，端部刺状，臀背腺细长，臀板每侧约12~18个，排成4纵列，第4腹节上亚缘背管与臀背管同长；围阴腺4群。

雄成虫介壳：椭圆形，长约1mm，质地和色泽同雌介壳。

[防治方法] 参照考氏白盾蚧。

3. 莎草须蛎盾蚧
Acanthomytilus cypericola **Borchsenius**

[中文异名] 莎草刺蛎蚧、莎草棘蛎蚧。

[分　　布] 云南(景东)。

[为害对象] 莎草。

[为 害 状] 雌成虫和若虫寄生在叶片上刺吸汁液为害。

[形态特征]

雌成虫：介壳长牡蛎形，长2.7~3mm，金黄色，后端稍宽；壳点2个，黄色，位于前端。雌虫体纺锤形，长约1.1mm，黄色，后胸及臀前腹节侧缘呈瓣状突出；臀叶2对发达，中叶长过于宽，端圆，第2叶小而双分，内叶端圆外叶端尖；背腺粗，第7和6腹节每侧每节分别2和6腺，第5~4腹节每侧每节亚缘2列3~5腺，亚中1列，每群约3~5腺；缘腺粗壮，每侧5个；腺刺长于中叶，9群；转阴腺5群。

雄成虫介壳：长约1mm，形状、质地和色泽同雌介壳。

[防治方法] 参照考氏白盾蚧。

4. 夏威夷安蛎盾蚧
Andaspis hawaiiensis **(Maskell)**

[中文异名] 夏威夷安盾蚧。

[分　　布] 山东、浙江、福建、广东、台湾。

[为害对象] 柑橘、梨、桃、安石榴、栗、蒲桃、沙梨、油桐、茄、合欢、金合欢、紫薇、素馨、绣球花、指甲花、红豆、枪弹木、好望角树、翼子、金虎尾、含羞草等多种植物。

[为 害 状] 雌成虫和若虫寄生在枝干上，常潜入树皮刺吸汁液为害。

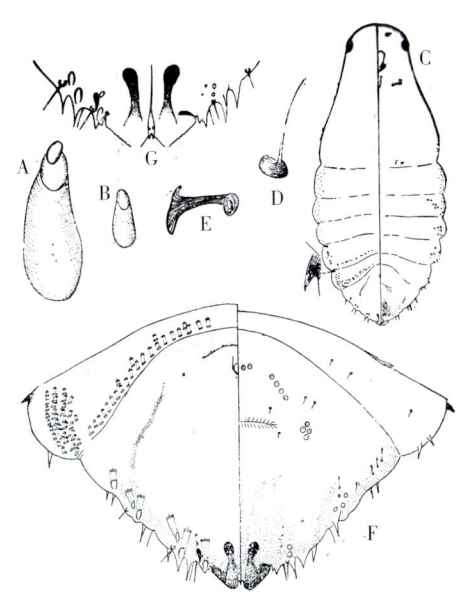

A. 雌介壳　B. 雄介壳　C. 雌成虫体　D. 触角
E. 前气门　F. 臀板　G. 臀板末端
夏威夷安蛎盾蚧雌成虫

[形态特征]

雌成虫：介壳牡蛎形，长1.2~1.5mm，淡褐或褐色，前端狭，后端宽圆。略弯曲；壳点2个，位于前端，第1壳点卵形，第2壳点椭圆形。虫体纺锤形或长卵形，长约1mm，黄色，臀前腹节侧突略显；中臀叶发达，近三角形，基部连接，端部叉开，其间有短腺刺1对，外缘斜直而具细齿列，基硬化成槌状，侧叶无；每侧腺刺短小；第2~4腹节间每侧每节间有硬化矩1个；体腹面小管腺在后胸成横列，在臀前腹节缘缘成群；背腺粗短，在臀板上全无，在第3~4腹节上成二整横带，第4或5腹节至胸区每节缘部成群。围阴腺5群。

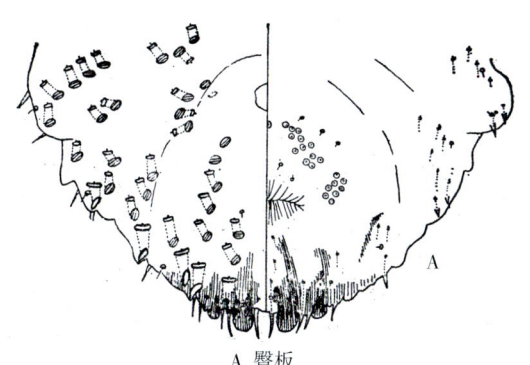

A. 臀板
莎草须蛎盾蚧雌成虫

为害状

雌成虫介壳：长卵形，长约0.5mm，质地和色泽同雌介壳；壳点1个，位于前端。

[防治方法] 参照考氏白盾蚧。

5. 小孔安蛎盾蚧
Andaspis micropori Borchsenius

[中文异名] 荔枝安盾蚧。

[分　　布] 广东。

[为害对象] 荔枝。

[为害状] 雌成虫和若虫寄生在枝干上刺吸汁液为害。

[形态特征]

雌成虫：介壳长蛎形，长约1.5mm，褐色，前狭后宽；壳点2个，位于前端。虫体长卵形，长0.9~1.3mm，黄色，臀前腹节侧缘明显呈瓣状突出；中叶发达，宽短，端缘向内倾斜，边缘锯齿状，两叶靠近，基外角有短梨形硬化棒，第2叶退化呈锥状突出，基内角呈一小硬化棒；缘腺粗短，每侧6个；背腺微小、短、线状，第6腹节具亚中群，第5腹节具亚中、亚缘群，每群3~6腺；腹腺分布在第5~7腹节亚缘；围阴腺5群。

雄成虫介壳：长约0.6mm，形状、质地和色泽同雌介壳。

[防治方法] 参照考氏白盾蚧。

6. 桑安蛎盾蚧
Andaspis mori Ferris

[中文异名] 鸡桑安盾蚧。

[分　　布] 云南、福建。

[为害对象] 鸡桑、黄连木、栎、无患子、构树。

[为害状] 雌成虫和若虫寄生在枝干上，常潜隐于树皮下刺吸汁液为害。

[形态特征]

雌成虫：介壳长形，长约2mm，黑褐色；壳点2个，突出于前端。虫体长纺锤形，长约1mm，黄色，臀前腹节侧突略显；臀叶2对，中叶大而突，外缘长直并具细齿列，内缘基部会合，端部叉开，其间有短腺刺1对，中叶内、外角有短于叶长的槌状硬化棒各1个，其间中部又有1

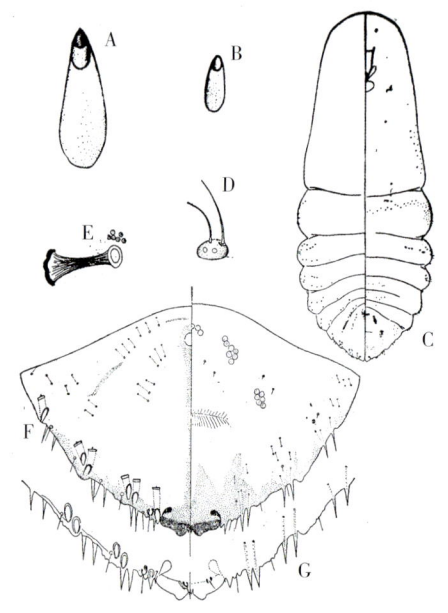

A. 雌介壳　B. 雄介壳　C. 雌成虫体　D. 触角
E. 前气门　F. 臀板　G. 臀板末端

小孔安蛎盾蚧雌成虫

雌成虫和雄虫的介壳（近视）

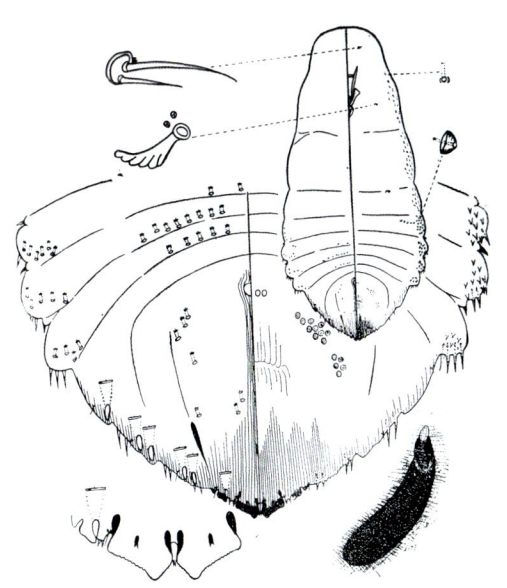

桑安蛎盾蚧雌成虫

细硬化棒，侧叶小，双分，内叶马蹄形；第1~4腹节每侧每节间各有矩1个；体腹面小管腺在胸部及第1腹节侧区成群；背腺细长，但非丝状，第6~7腹节散布10腺，第5腹节中区有或无，第2~4腹节亚中及中区成横列；围阴腺5群。

[防治方法] 参照考氏白盾蚧。

7. 云南安蛎盾蚧
Andaspis yunnanensis Ferris

[中文异名] 云南安盾蚧。
[分　　布] 云南。
[为害对象] 李。
[为 害 状] 雌成虫和若虫寄生在枝条上刺吸汁液为害。
[形态特征]

雌成虫：介壳长蛎形，长约2mm，褐色，被灰白色蜡质，狭长，前狭后宽，稍弯曲；壳点2个，位于前端。虫体长卵形，长约1mm，黄色，前狭后宽，第2~3腹节间侧缘有骨化距或突出；中臀叶相当大，长宽相等，端圆，外侧缘有凹缺3个，基内角有细而内弯的硬化棒1个，外角也有1小硬化棒，中叶接近而不接触，第2叶双分，小；背腺在第6腹节上只亚中群3~5腺，第5腹节上亚缘、亚中群各2~3及3~5腺，后胸及臀前腹节侧缘每节每侧4~5腺；第1和2腹节腹面每侧各有腺瘤15~20和2~3个成横列；缘腺每侧6个；围阴腺5群。

雄成虫介壳：长约0.8mm，形状、质地和色泽同雌介壳。

[防治方法] 参照考氏白盾蚧。

8. 红肾圆盾蚧
Aonidiella aurantii (Maskell)

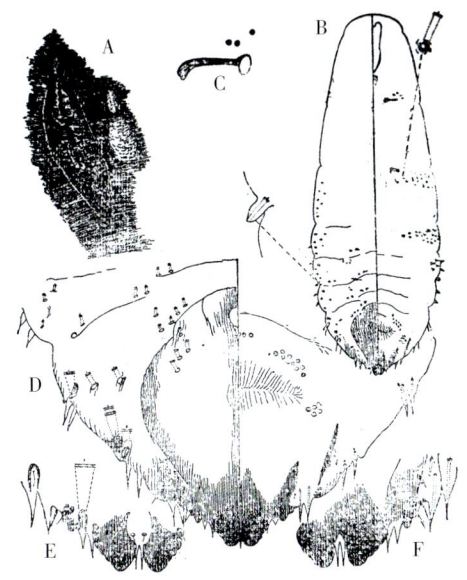

A. 雌介壳和雄介壳　B. 雌成虫体　C. 前气门　D. 臀板
E、F. 臀板端部背面和腹面（仿 Ferris 绘）

云南安蛎盾蚧雌成虫

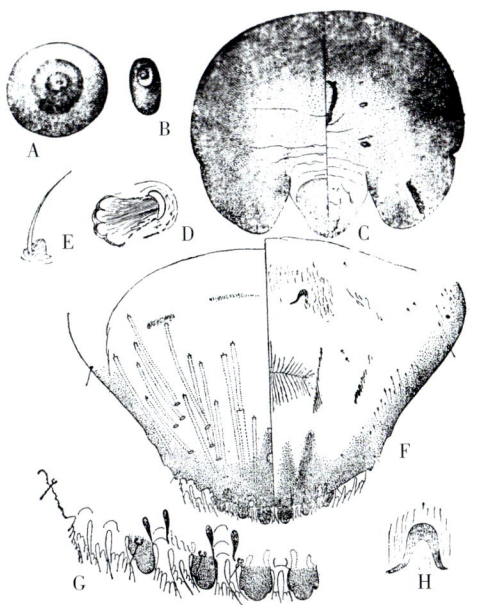

A. 雌介壳　B. 雄介壳　C. 雌成虫体　D. 触角　E. 前气门
F. 臀板　G. 臀板末端　H. 臀板U形加厚

红肾圆盾蚧雌成虫

为害状

[中文异名] 红圆蹄盾蚧、红圆蚧、橘红肾盾蚧、橘红片圆蚧。

[分　　布] 中国辽宁、河北、山东、江苏、上海、浙江、福建、广东、广西、云南、贵州、湖南、湖北、四川、陕西、山西、新疆、台湾等省区及北方温室。全世界多地。

[为害对象] 柑橘、香蕉、无花果、李、葡萄、椰子、柿、苹果、柚子、茶、油茶、桑、月季、桂花、玫瑰、樱花、杜鹃、米兰、含笑、鹤望兰、芍药、君子兰、龙舌兰、鸢尾、槟榔竹、丝兰、南天竹、香圆、榕、柏、棕榈、悬铃木、罗汉松、银杏、南洋杉、柳杉、银桦、女贞、蒲葵、栎、樟、木兰、珊瑚、柽柳、灯塔木、青桐、大叶黄杨、卫矛、沿阶草、天门冬等多种植物。

[为害状] 雌成虫和若虫寄生在叶片、枝干和果实上刺吸汁液为害，严重时叶片失绿发黄，提前脱落，诱发煤污病，影响树势。

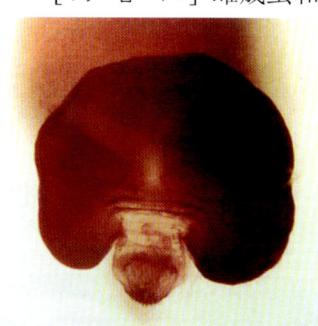

雌成虫（近视）

[形态特征]

雌成虫：介壳扁圆形，直径1.6~2mm，土黄或淡褐色，质地很薄，半透明，可透视介壳下虫体，中央略隆起；壳点2个，橘红色，位于中心，略突起，壳点中央略尖，呈脐状。虫体老熟时肾形而硬化，长0.8~1.5mm，橙红色，头胸部很宽，侧面向后突出围在臀板两侧，边缘略呈波状，无胸瘤；臀叶3对发达，中叶大，长宽相等，端圆，两侧凹切明显而对称，臀叶渐次变小；第4叶稍显；臀栉在第4叶以上无；背腺长，中叶间1个，中叶—第3叶每叶外侧1纵列，依次每列2~4，5~12，3~8腺；无围阴腺，阴门前近基部处每侧有横向的阴前骨2个，阴前骨后有呈Ω形的阴前斑1个，其着生处皮肤略呈网状。

雄成虫：介壳椭圆形，长1.1~1.3mm，黄灰色；边缘较薄；壳点1个，偏向一端。虫体长约0.8mm，橙黄色，眼紫色，具翅1对，腹末交尾器针状。

卵：椭圆形，长约0.2mm，浅黄色。

若虫：1龄若虫椭圆形，浅橙黄色，触角、足健全；2龄雌若虫圆形，腹末开始呈肾形，橙红色，2龄雄若虫体变长，浅橙黄色。

为害状

雄蛹：长椭圆形，长约1mm。

[生活史与习性]

生活史：一年发生代数因地而异，江苏、浙江2代，以受精雌成虫在枝叶上越冬；湖南、南昌、成都2~3代，以2龄若虫和雌成虫越冬，世代重叠；福建、广东等地区5~6代，冬季存在各虫态，无明显越冬现象。湖南越冬若虫4月发育为成虫。1~3代若虫发生期分别为5月、8月、10月。

浙江、江苏1~2代若虫始发期分别为6月中旬、8月中旬。10月中旬为第2代成虫期；成都1~3代若虫发生期分别为5月上旬至6月下旬，5月下旬至6月上旬为盛发期，7月上旬至8月中旬，8月上旬为盛发期，9月上旬至10月下旬；重庆11月下旬雌成虫尚在产籽；天津在寄主植物冬季入窖的情况下，一年发生3~4代，在窖内以受精雌成虫为多。在广东一头雌成虫产籽期长达20~30天，从第二代起世代垂叠现象严重。1~5代若虫盛孵期分别为4月中旬至下旬初，6月上旬至中旬，7月中旬至下旬，8月下旬末至9月上旬，10月中旬，11月下旬至3月下旬以雌成虫越冬。

繁殖： 营两性卵胎生，由生殖孔直接产出若虫。每头雌成虫约产籽70~160头。

寄生习性： 虫体多寄生于叶片，枝干上较少。

[天　　敌] 捕食性天敌有带翅虱管蓟马、整胸寡节瓢虫、食蚧米疥；寄生性天敌有非洲黄蚜小蜂、奥黄蚜小蜂、金黄蚜小蜂、康氏黄蚜小蜂、双黄蚜小蜂、红圆蚧黄蚜小蜂、糠片蚧黄蚜小蜂、无斑黄蚜小蜂、岭南黄蚜小蜂、印巴黄蚜小蜂、蜜黄蚜小蜂、桑盾蚧黄蚜小蜂、红圆恩蚜小蜂、长缨恩蚜小蜂、长因蚜小蜂、中华四节小蜂、斯氏四节蚜小蜂、万县四节蚜小蜂、柳蛎盾蚧跳小蜂、双带巨角跳小蜂。其中双带巨角跳小蜂和金黄蚜小蜂的寄生作用最明显。

[防治方法] 参照考氏盾蚧。

9. 黄肾圆盾蚧
Aonidiella citrina (Coquillet)

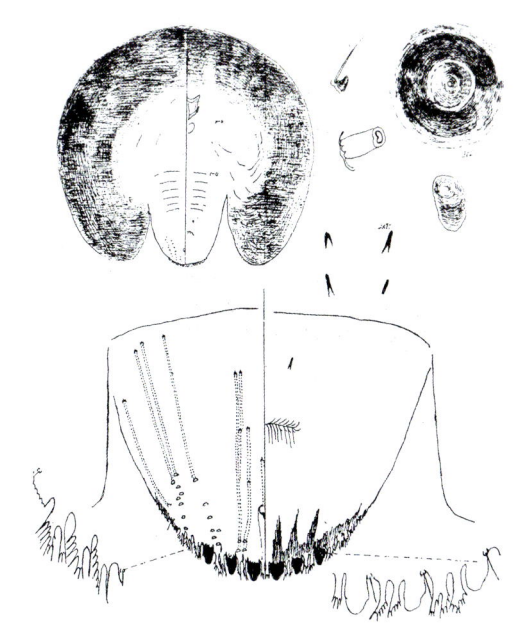

黄肾圆盾蚧雌成虫

[中文异名] 黄圆蹄盾蚧、黄圆蚧、橘黄点介壳虫、橘黄圆肾盾蚧、桔黄片圆蚧。

[分　　布] 中国福建、广东、江苏、上海、浙江、广西、云南、四川、湖南、河北、安徽、青海、台湾及北方温室等地区；日本、印度、南洋群岛、非洲、大洋洲、非洲、俄罗斯、美国、何根迁、阿罗林群岛。

[为害对象] 柑橘、苹果、梨、无花果、柚、芒果、油橄榄、茶、桂花、象牙红、白兰、含笑、玫瑰、仙客来、蔷薇、山茶、素馨、玳玳、兰花、茉莉、苏铁、罗汉松、马褂木、女贞、木屏、法国冬青、小叶黄杨、香圆、构骨、夹竹桃、万年青、胡颓子等多种植物。

[为害状] 雌成虫和若虫寄生在叶、枝果

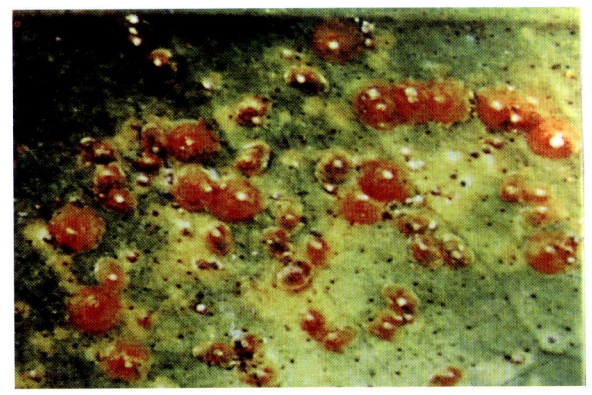

雌成虫介壳及雄虫介壳（放大）

为害状

实上刺吸汁液为害，影响树势。

[形态特征]

雌成虫：介壳圆形，长1.5~2mm，黄灰色，扁平，极薄而透明，可透视壳内虫体；壳点2个，略偏心。虫体老熟时肾形，橙黄色，长约1.2mm，头胸部很宽，侧面向后突出，包围臀板两侧，皮肤强骨化，无胸瘤；臀叶3对发达，中叶长略过于宽，端圆，两侧明显凹缺，第2、3叶与中叶相似，稍小，为一硬化点，呈三角形齿；臀栉在6个臀叶间各2个，第3叶以外臀栉分支多而长；背腺特别长，中叶间1腺，第8~7腹节间每1侧1列4~5腺，第7~6腹节间每侧双列8~11腺，第3和4臀叶间侧缘每侧2腺，第3列5~9腺，约成双列，第4叶外1~2腺；无围阴腺，无阴前骨，阴前斑每侧1个，呈∧形。

雄成虫：介壳长椭圆形，长约1.2mm，质地和色泽同，雌介壳；壳点1个，偏于一端。虫体长约0.6mm，体棕黄色，眼黑色。具1对翅，腹末交尾器针状。

若虫：初孵时长椭圆形，长约0.2mm，淡黄色，触角、足健全；2龄雌虫状似雌成虫，橙黄色，腹末较尖，为橘黄色。2龄雄若虫体变长，黄色。

[生活史与习性] 成都、湖南、保定一年发生2~3代，以2龄若虫和少量雌成虫在叶片、枝条上越冬；浙江4代，广东5~6代，以雌成虫越冬。

营两性卵胎生：每头雌成虫产籽80~150头。其发生时间和寄生习性同红肾圆盾蚧。

[天敌] 寄生性天敌有奥黄蚜小蜂、金黄蚜小蜂、无斑黄蚜小蜂、岭南黄蚜小蜂、印巴黄蚜小蜂、蜜黄蚜小蜂、盾蚧长缨蚜小蜂、红圆蚧恩蚜小蜂、浅三角片四节蚜小蜂、中华四节蚜小蜂、双带巨角跳小蜂。其中金黄蚜小蜂、红圆蚧恩蚜小蜂、双带巨角跳小蜂的寄生作用明显，捕食性天敌有红点唇瓢虫、细缘唇瓢虫、日本方头甲。

[防治方法] 参照考氏白盾蚧。

10. 桐肾圆盾蚧
***Aonidiella inornata* Mckenzie**

[中文异名] 苏铁片圆蚧、苏铁肾盾蚧。

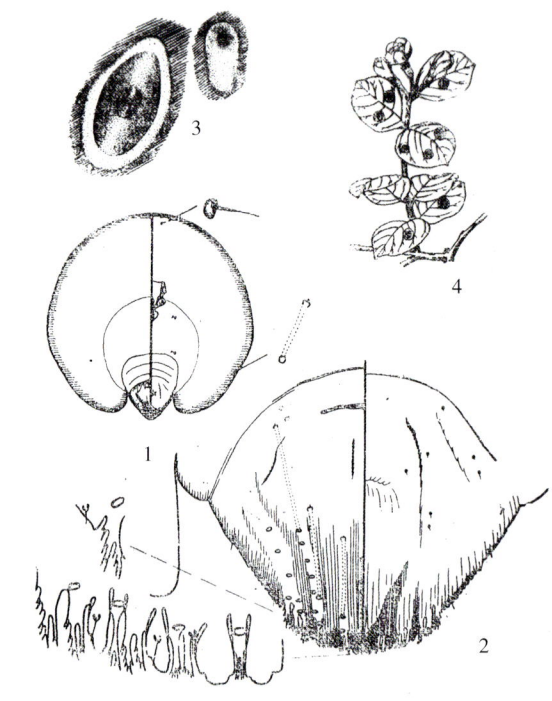

1. 雌成虫 2. 雌成虫臀板放大 3. 雌雄介壳 4. 为害状
桐肾圆盾蚧雌成虫

[分　　布] 云南、台湾。

[为害对象] 椰子、芒果、柑橘、番木瓜、槟榔、胡椒、可可、象牙红、茉莉、末蕉、龙蕉、龙血树、苏铁、褐鳞木、夹竹桃、波志加草等植物。

[为 害 状] 雌成虫和若虫寄生在叶背刺吸汁液为害。

[形态特征]

雌成虫：介壳圆形，直径长约2mm，黄褐色，半透明，边缘蜡壳很薄，从虫体边骤然塌平；壳点2个，位于中心。虫体肾形，长约1.1mm，红色，全体硬化；3对臀叶同形同大，但侧叶常渐小，第4叶为明显硬齿缘；臀栉刷状；板缘

为害状

硬化棒细小，在3对臀叶内外角各1条，2~3叶间有间插细小棒1条；臀背腺同粗，集中于板缘；臀前腹节无背腺；围阴腺无，阴侧褶稍显。

雄成虫介壳：长卵形，长约1mm，壳点1个，扁心，质地和色泽同雌介壳。

[防治方法] 参照考氏白盾蚧。

11. 东方肾圆盾蚧
Aonidiella orientalis (Newstead)

[中文异名] 东方肾盾蚧、东方片圆蚧。

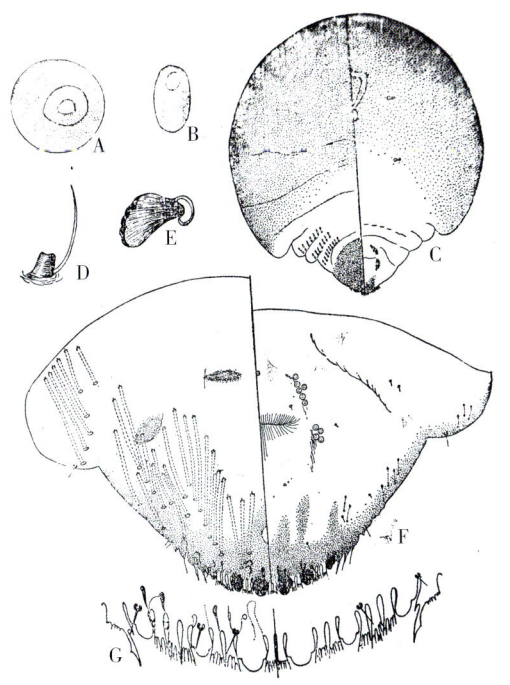

A. 雌介壳　B. 雄介壳　C. 雌成虫体　D. 触角　E. 前气门
F. 臀板　G. 臀板末端
东方肾圆盾蚧雌成虫

[分　布] 中国广东、海南、广西、云南；斯里兰卡、印度、菲律宾、伊拉克、非洲、大洋洲、美洲。

[为害对象] 香蕉、椰子、芒果、柑橘、无花果、番荔枝、番樱桃、番木瓜、枣、柿、可可、茶、茄、山茶、玫瑰、芙莉、苏铁、棕榈、罗汉松、龙舌兰。

[为害状] 雌成虫和若虫寄生在枝干和叶片上刺吸汗液为害，诱发煤污病，造成树势衰弱，甚至整株枯死。

[形态特征]

雌成虫：介壳圆形，直径1.3~1.8mm，灰黄或白色，扁平，略透明；壳点2个，位于中心，第2壳点深褐色。虫体圆形，非肾形，长约1mm，淡黄色，头胸部硬化，无胸瘤，板缘硬化棒细小；臀叶3对发达，中叶最大，第4叶仅为一硬化齿突；臀栉在第3叶以内的叶间为刷状，与叶等长，第3叶以外有臀栉3个，畸形，基部相当宽而呈锯状，端部剪枝刀状，细长而在中间明显扩大；臀前3腹节背面亚缘区背腺成群，在臀板背面每侧背腺排成3系列；围阴腺4~5群。

雄成虫：介壳长椭圆形，长约1mm，黄灰色；壳点1个，偏于一端，质地同雌介壳。虫体长约0.8mm，橙黄色，具1对翅，腹末交尾器针状。

卵：黄色。

若虫：初孵时淡黄色，触角、足健全，腹末有1对尾毛。

[生活史与习性] 广东一年发生6~7代，世代重叠。以若虫和雌成虫在枝干、叶片上越冬；翌年4月开始吸食危害。繁殖最适宜温度是26~28℃。5、6月开始大量繁殖，全年以夏秋虫口数量最多，危害最重。11月虫口数量明显下降。卵产于介壳下，每头雌成虫产卵30~90粒，历时1~2周。卵期一般为12~14天。初孵若虫爬行1~2天后固定寄生。

[防治方法] 参照考氏白盾蚧。

12. 棕肾圆盾蚧
Aonidiella sotetsu (Takahashi)

[中文异名] 榕片圆蚧，棕圆蹄盾蚧、榕肾

为害状

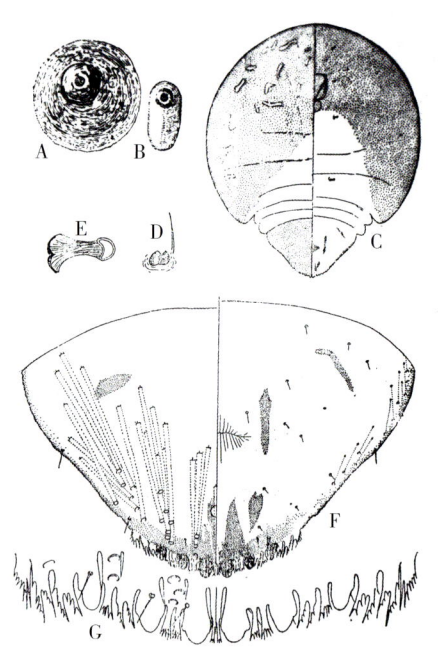

A. 雌介壳 B. 雄介壳 C. 雌成虫体 D. 触角 E. 前气门
F. 臀板 G. 臀板末端

棕肾圆盾蚧雌成虫

盾蚧。

[分　　布] 山西、浙江、云南、台湾、香港。

[为害对象] 榕、桂花、栀子、茉莉、苏铁、常春藤。

[为 害 状] 雌成虫和若虫寄生在叶片、枝条上刺吸叶液为害．

[形态特征]

雌成虫：介壳圆形，直径1.3~1.8mm，淡棕色，薄而半透明，可透视虫体；壳点2个，位于中心。虫体椭圆形，长约12mm，棕色，老熟时前体部侧叶突出很小或较浅，后体部较大，很少或完全不缩入前体部内，前体部硬化，具不规则之蠕虫形明亮花纹，后期虫体肾形；臀叶3对发达；中叶稍大于其他叶，端圆，两侧有凹缺，第4叶为小硬化点，第4叶以上无臀栉；叶基硬化棒小，发达；背腺在中叶间1个，其余3纵列分布于各叶间，第1列稍粗短，约3腺，第2和3列约8~10腺，臀前腹节缘有0~2短腺；无围阴腺，阴侧褶稍硬化，呈纵缝状。

雄成虫介壳：椭圆形，长约1mm，质地和色泽同雌介壳；壳点1个，位于中心。

[防治方法] 参照考氏白盾蚧。

13. 红豆杉肾圆盾蚧
Aonidiella taxus **Leonardi**

[中文异名] 紫杉肾盾蚧、杉片圆蚧、罗汉松红圆蚧。

[分　　布] 中国浙江、上海、四川、贵州、云南、湖北、广西、台湾；日本、意大利、法国、西班牙、阿尔及利亚、俄罗斯、美国、巴西、阿根廷。

[为害对象] 紫杉属、罗汉松属植物。

[为 害 状] 雌成虫和若虫寄生于叶片刺吸汁液为害，使叶片产生黄色斑块，影响树势。

[形态特征]

雌成虫：介壳圆形，略椭圆，直径约2~2.4mm，红褐色，边缘较薄而白色，很扁平，半透明；壳点2个，位于中部，虫体倒梨形，体长1.2~1.4mm，红色，在头中分界处侧缘有刺状胸瘤；臀叶3对，形状和大小几乎相似，第4叶仅为硬化齿缘；肛门圆而小，比第3叶直径大，远离中叶；臀栉刷状，仅存在于第4叶以内叶间；背腺细长，多集中于臀板缘，同一粗度；围阴腺无，阴侧褶骨化，阴门前无厚皮结。

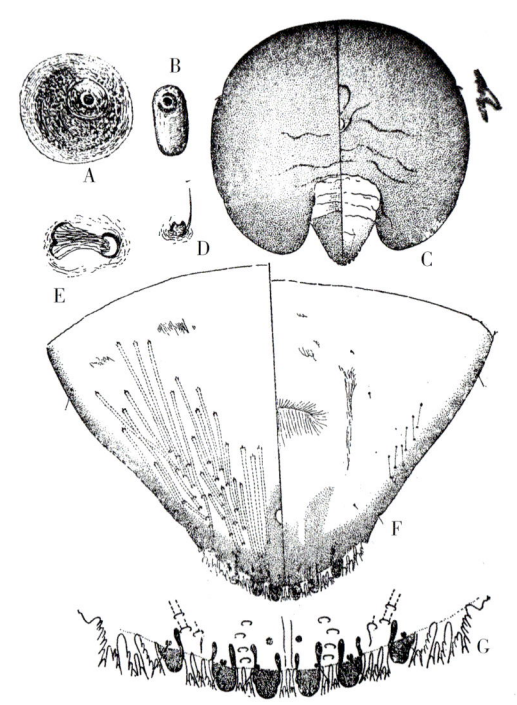

A. 雌介壳 B. 雄介壳 C. 雌成虫体 D. 触角 E. 前气门
F. 臀板 G. 臀板末端

红豆杉肾圆盾蚧雌成虫

[分　　布] 海南、台湾。

[为害对象] 木薯、茄子。

[为害状] 雌成虫和若虫寄生在枝干和叶片上刺吸汁液为害。

[形态特征]

雌成虫：介壳长蛎形，长3~4mm，白色，略带淡褐色，前狭后宽，略弯曲；壳点2个，位于前端。虫体纺锤形，长约2mm，淡黄色，头胸部占体长的2/3，臀前腹节不突出成侧瓣，

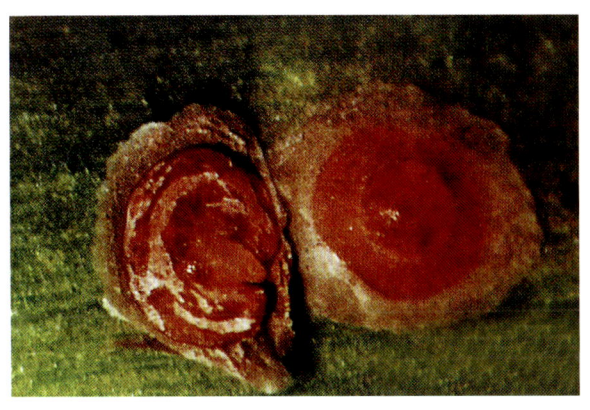

雌成虫及介壳（近视）

雄成虫介壳：长椭圆形，长约1.1mm，灰黄色；壳点1个，黄褐色，偏于一端。

卵：长卵圆形，长约0.2mm，黄褐色。

[生活史与习性]

生活史：成都、上海一年发生2~3代。以若虫和雌成虫在叶片上越冬。翌年越冬雌成虫孕卵期长，而卵期却极短，基本上是产卵和若虫孵化同步进行。5月上旬至6月上旬第1代若虫孵化，历时约1个月，其高峰期在5月中、下旬，其间的孵化量约占总孵化量的76%。

发生与物候：上海孵化高峰期正逢广玉兰初盛花、白花夹竹桃盛花期，也是药剂防治适期。

寄生习性：主要寄生叶片，少量在嫩梢上危害。在荫蔽环境下的植株受害重。

[防治方法] 参照考氏白盾蚧。

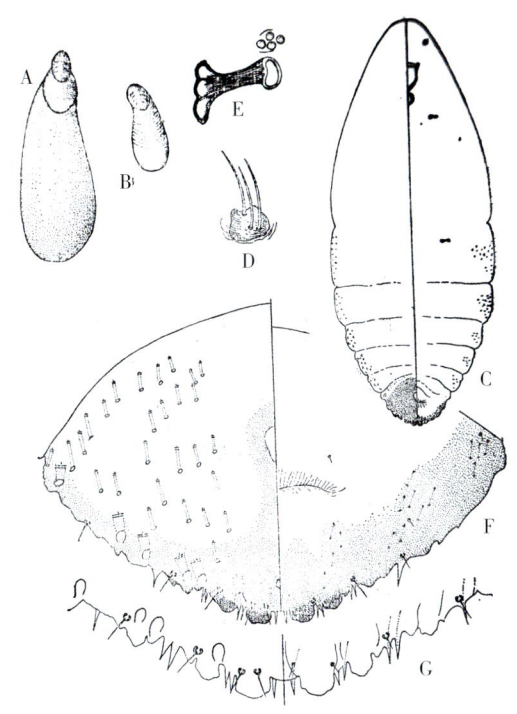

A. 雌介壳　B. 雄介壳　C. 雌成虫体　D. 触角　E. 前气门
F. 臀板　G. 臀板末端
木薯白蛎盾蚧雌成虫

节间无骨化突或距；中叶宽短，端圆，端角具有明显凹缺，中叶间距大，夹生小腺刺1对，第1叶宽短，浅裂为两瓣，第3叶不规则齿状；背腺短小，每侧约30腺，分布至第7节，成不规则纵列；缘腺6对，粗短；无围阴腺。

雄成虫介壳：较短而直，长1~1.5mm，形状、质地和色泽同雌介壳。

[防治方法] 参照考氏白盾蚧。

为害状

14. 木薯白蛎盾蚧
***Aonidomytilus albus* (Cockerell)**

[中文异名] 白蛎蚧。

15. 甘蔗小圆盾蚧
***Aspidiella sacchari* (Cockerell)**

[中文异名] 甘蔗小圆蚧。

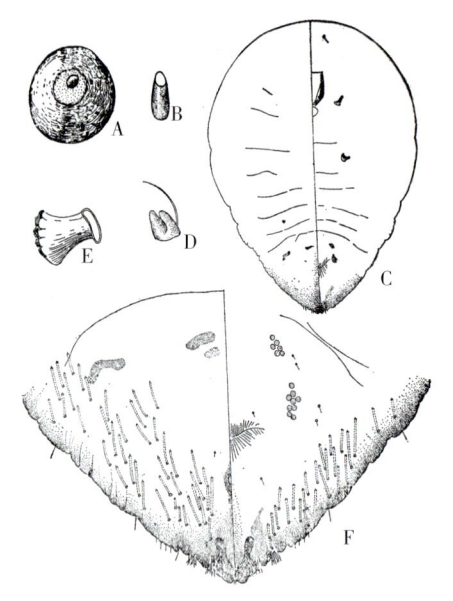

A.雌介壳 B.雄介壳 C.雌成虫体 D.触角 E.前气门 F.臀板

甘蔗小圆盾蚧雌成虫

[分　　布] 广东、云南。

[为害对象] 甘蔗、狗尾草、鸭跖草莩、钝叶草、稗。

[为 害 状] 雌成虫和若虫寄生在茎干及叶鞘基部下刺吸汁液为害。

[形态特征]

雌成虫：介壳圆形，长约 2mm，淡褐色，薄而扁平；壳点 2 个，位于中心。虫体梨形，长约 1.1mm；臀叶 3 对，中叶很大，长宽略等，端圆，外侧有很多凹缺，基内角延伸成粗壮的硬化棒，中叶靠近，第 2 叶小，形似中叶，宽度仅中叶之半，无硬化棒，第 3 叶很小；臀栉：中叶间 1 对狭而退化，中叶外 1 对稍宽，端齿式，第 2 叶外 3 个，第 3 叶外无；背腺小线状，中叶间 3 个，侧面每侧 3 群，第 1、2 群约 12 腺，成纵列，第 3 群 20 腺，成斜列。

雄成虫：介壳长形，长约 0.8mm，淡褐色；壳点 1 个位于前端。

[防治方法] 参照考氏白盾蚧。

16. 中华圆盾蚧
Aspidiotus chinensis Kuwana et Muramatsu

[中文异名] 兰圆蚧。

[分　　布] 上海、河南、江苏、四川等省市。

为害状

[为害对象] 九华兰、兰草、凤尾兰、八仙花、棕竹、夹竹桃、枸骨、万年青、丈竹、箬叶、龟背竹、冬青。

[为害状] 雌成虫和若虫寄生于叶面及叶鞘下面刺吸汁液为害，使叶片褪绿变黄，严重时，叶片枯萎，甚至整株死亡。

[形态特征]

雌成虫：介壳椭圆、长圆或卵形，长约 2mm，棕褐色，脆薄扁平；壳点 2 个，近中央，第 1 壳点黄色，被有白色分泌物，第 2 壳点褐色，被有黑色分泌物；腹壳薄，附在寄主植物上成白色疤迹。虫体倒梨形，长约 1.4~1.7mm，鲜黄色，身体周围有小毛；臀叶 3 对，发达，中叶长过于宽，两侧平行，端圆，第 2 叶似中叶，较小，第 3 叶小而略成圆锥形；臀栉发达，长于臀叶，端分叉，外侧分枝；刺毛较大；围阴腺 4 群。

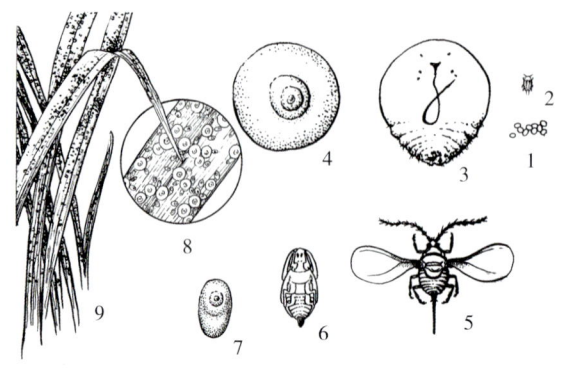

1.卵　2.若虫　3.雌成虫　4.雌介壳　5.雄成虫　6.蛹
7.雄介壳　8.放大图　9.为害状

中华圆盾蚧

各 论

雌成虫及卵（近视）

为害状

雌介壳（放大）

雄成虫：介壳长椭圆形，长约0.8mm，质地和色泽同雌介壳；壳点1个，偏于一端。

卵：椭圆形，淡黄色。

[生活史与习性]

生活史：上海、成都一年发生3代。以雌成虫在叶片上越冬；上海翌年3月越冬雌成虫孕卵，4月中、下旬产卵。5月上、中旬第1代若虫孵化，历时约15天，5月上旬为孵化高峰期。

发生与物候：第1代若虫孵化高峰正逢含笑盛花期和八仙花盛花期。

寄生习性：雌成虫和若虫寄生在叶鞘、叶柄和叶片上。

[防治方法] 参照考氏白盾蚧。

17. 柳杉圆盾蚧
Aspidiotus cryptomeriae Kuwana

[中文异名] 柳杉圆蚧。

[分　布] 中国山东、辽宁、云南、上海、江苏、浙江、台湾；日本、俄罗斯、朝鲜。

[为害对象] 日本柳杉、云南油杉、冷杉、黄杉、铁杉、紫杉、黑松、扁柏、桧柏、翠蓝柏、刺柏、日本花柏、榧、粗榧、木兰、女贞、冬青、柑橘、茶。

[为 害 状] 雌成虫和若虫寄生针叶内槽刺吸汁液，受害针叶变黄，枝叶枯萎，严重时整株死亡。

[形态特征]

雌成虫：介壳圆或椭圆形，长约2mm，黄、白或灰褐色，半透明，微微隆起；壳点2个，淡黄或黄色，位于中央或微偏，第1壳点分节明显，第2壳点略被有分泌物；腹壳留在植物上。虫体卵形，长约1.5mm，黄白色；中臀叶稍突出第2叶之端，两中叶间距狭于一叶之宽，中叶长稍大于宽，弯向内，外角毛短于叶长，内外侧有亚端缺刻；第3叶外有臀栉8个，栉外缘斜形且刻裂成齿；臀板背面近前缘每侧有1横的表面皱缩；肛门大，椭圆形，纵径约为中叶长之2倍，离中叶基之距离约为肛门纵径之3倍；围阴腺4~5群。

雄成虫介壳：长卵形，长约1mm，质地和色泽同雌介壳；壳点1个，位于亚中心。

[生活史与习性] 大连一年发生2代，湖南4代，以2龄若虫在针叶上越冬；大连翌年分别于5月中旬、8月中旬至9月初产卵，每头雌成虫产卵10~30粒，卵约经10天孵化出若虫。湖南翌年5月上旬越冬代雌成虫开始产卵，月底若虫孵出。2~3代若虫孵化期分别为7月上旬~8月中旬，10月上旬。1~4代平均产卵量分别

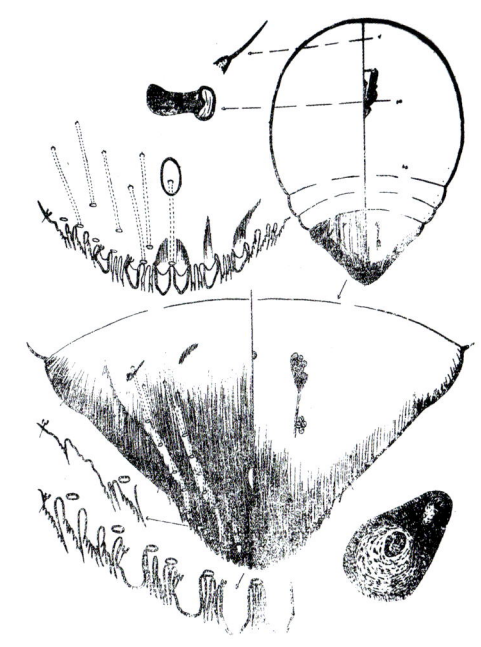
柳杉圆盾蚧雌成虫

柳杉圆盾蚧（平地型）

柳杉圆盾蚧（山区、冷地型）

为42、35、47、51粒。卵期3~8天。初孵雄若虫活动力弱，在母体附近固定取食。雌若虫则成列地寄生于针叶叶槽中，同时分泌黄、白色丝状物覆盖体背。

[防治方法] 参照考氏白盾蚧。

18. 椰圆盾蚧
***Aspidiotus destructor* Signoret**

[中文异名] 透明圆盾蚧，木瓜介壳虫、椰凹圆蚧、椰圆蚧。

[分　　布] 山东、江西、江苏、浙江、福建、广东、广西、湖南、湖北、贵州、四川、河北、河南、山西、陕西、云南、辽宁、台湾及北方温室。

[为害对象] 香蕉、柑橘、可可、椰子、无花果、柚、鳄梨、海枣、木瓜、芒果、荔枝、葡萄、槟榔、柿、梅、茶、油茶、茗茶、肉豆蔻、胡椒、油桐、橡胶树、黄檀、海芋、月桂、白兰花、珠兰、绣球、山茶、旱蹄中、紫薇、海棠、鹤望兰、一叶兰、乃帚兰、唐昌蒲、龙舌兰、芭蕉、油棕、棕榈、棕竹、观音竹、苏铁、散尾葵、变叶木、香樟、榕、朴、天竺柱、梓、露兜树、假叶树、冬青、大戟、卫矛、万年青、建兰、吉祥草、麦冬等多种植物。

[为　害　状] 雌成虫和若虫多寄生于叶背、枝梢及果实上刺吸汁液为害，被害叶片发生死黄绿色斑点，严重时，造成早期落叶，树势日渐衰弱直至枯萎。

[形态特征]

雌成虫： 介壳圆形，直径2~3mm，无色或稍带白色扁平，中央微凸，很薄而透明；壳点2个，杏仁形，位于中心或略偏，黄白色，半透明，从介壳可透视下面的虫体。虫体梨形，位于介壳中央，长约1.3mm，远较介壳为小，柠檬黄色，产卵后变黑；臀叶3对，中叶小，长过于宽，两侧几乎平行。端平截，基部微收缩，外侧有1明显凹切，内侧角1个不明显，叶间距为叶宽，叶基"∧"形硬化斑明显，第2和3叶相似，较小，略呈卵形；背腺长而大，数少，在第5~7腹节亚缘成列，每侧约15腺；臀栉强分枝。在中叶

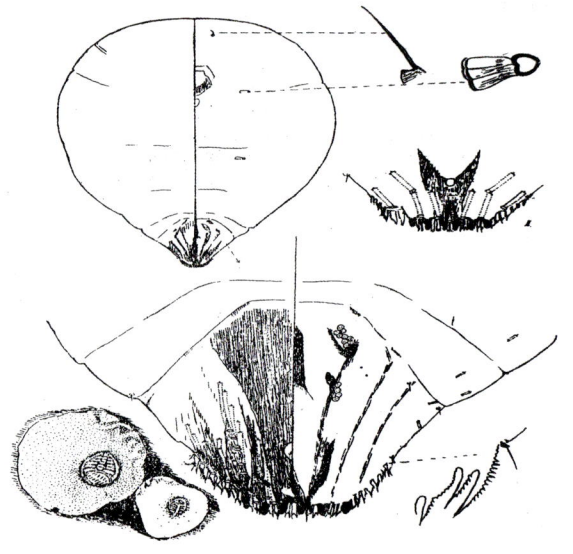

椰圆盾蚧雌成虫

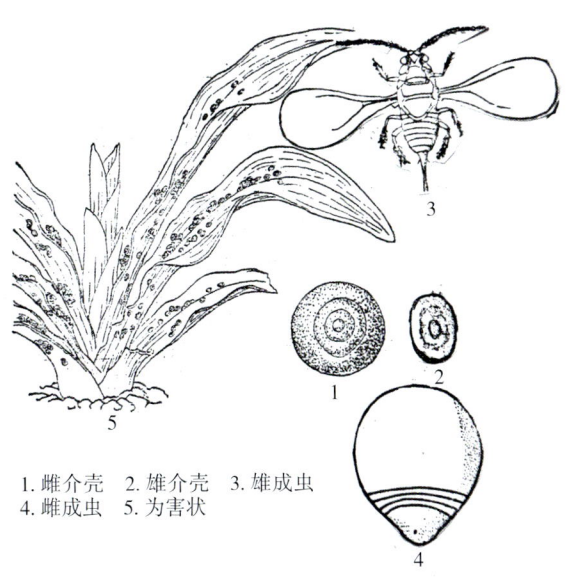

1. 雌介壳 2. 雄介壳 3. 雄成虫
4. 雌成虫 5. 为害状

椰圆盾蚧

间，中叶与第2叶，第2叶与第3叶间各为2、2、3个，每栉外缘3~4深裂，第3叶以上至第5腹节特征性地有7~8个形状很整齐、均匀排列并外侧4~11深裂的臀栉；肛门大，直径大于中叶之长；围阴腺4群。

雄成虫：介壳椭圆形，长约0.9mm，较雌介壳略厚，仍可见到壳内虫体，色泽同雌介壳；壳点1个，淡黄色，偏于一端。虫体长约0.7mm，橙黄色，翅1对，腹末交尾器针状。

卵：椭圆形，长约0.1mm，黄绿色。

若虫：初孵时为椭圆形，淡黄色，渐变为黄色，触角、足健全；2龄若虫杏仁形，淡黄色，覆盖薄而透明的介壳，具有一杏仁形壳点。

雄蛹：长椭圆形，黄绿色。

[生活史与习性]

生活史：一年发生代数因地而异，贵州2代，四川、浙江、江苏、安徽、江西、湖南等长江以南地区3代，福建4代以上。除福建外，均以受精雌成虫在叶片和枝条上越冬；上海、浙江翌年3月下旬至4月上旬孕卵，4月上旬开始产卵，4月中旬至5月中旬第1代若虫孵化，4月下旬至5月上旬为孵化高峰期。2~3代若虫孵化盛期分别为7月上旬、9月中旬。其他3代发生地区1~3代若虫发生期，南昌较上海稍早。安徽则稍迟。贵州翌年3月中旬始产卵，1~2代若虫分别于4月中、下旬始孵，5月上旬盛孵；7月中旬始孵，9月上旬盛孵。9月上、中旬第2代雄虫化蛹，10月上旬、中旬羽化为成虫，交配后以受精雌成虫越冬。

寄生习性：初孵若虫喜群集在叶背主脉两侧固定寄生，也为害枝梢、叶面及果实。在植株上，以中、下部叶片的虫口数量最多，上部叶片较少。荫蔽潮湿，通风不良有利于发生。

发生与物候：上海4月下旬至5月上旬为第1代若虫孵化高峰期，其相应物候是含笑和八仙花的盛花期。

[天　敌] 捕食性天敌有带翅虱管蓟马、二双斑唇瓢虫、细缘唇瓢虫、黑背唇瓢虫、红点唇瓢虫、食蚧斑蚜；寄生性天敌有金黄蚜小蜂、

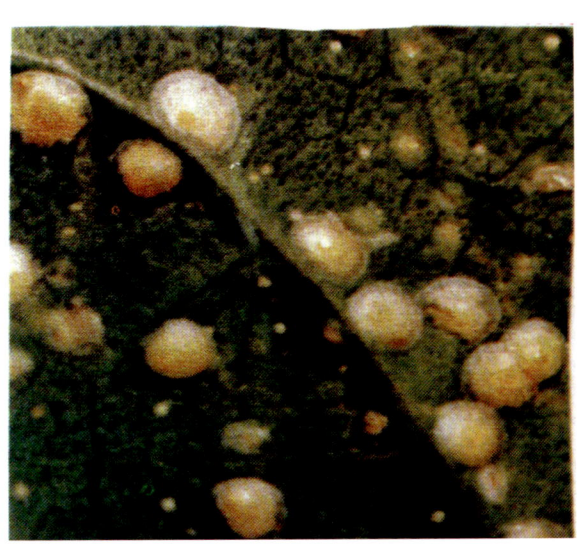

雌介壳（近视）

叶背为害状

岭南黄蚜小蜂、印巴黄蚜小蜂、盾蚧长缨蚜小蜂、长缨恩蚜小蜂、瘦柄花翅蚜小蜂、中华四节蚜小蜂、单带巨角跳小蜂。

[防治方法] 参照考氏白盾蚧。

19. 常春藤圆盾蚧
***Aspidiotus nerii* Bouche**

[中文异名] 圆盾蚧、常春藤圆蚧。

[分　　布] 中国山东、浙江、江西、云南、河北、四川、贵州、湖南、湖北、河南、江苏、安徽等省市及北方温室；全世界多地。

[为害对象] 柑橘、桃、苹果、芒果、无花果、枣、柿、李、葡萄、茶、桑、桂花、合欢、玉兰、羊蹄甲、连翘、秋海棠、含笑、杜鹃、山茶、丁香、仙客来、绣球花、凤尾葵、刺葵、蔷薇、鸡蛋花、栀子、紫金牛、兰草、九里香、鹤望兰、丝兰、吊兰、石竹、朱蕉、苏铁、广玉兰、女贞、木兰、蒲葵、棕榈、露兜树、杜松、桧柏、翠柏、龙柏、臭柏、葡地柏、杨、栎、朴、榆、榕、冬青、一叶木、万年青、卫矛、大叶黄杨、海桐、仙人掌、天门冬、芦荟、夹竹桃、常春藤、文竹等多种植物。

[为　害　状] 雌成虫和若虫寄生在嫩枝、叶片上刺吸汁液为害，影响正常生长，严重时，造成叶片发黄，提前脱落，枝条干枯，甚至整

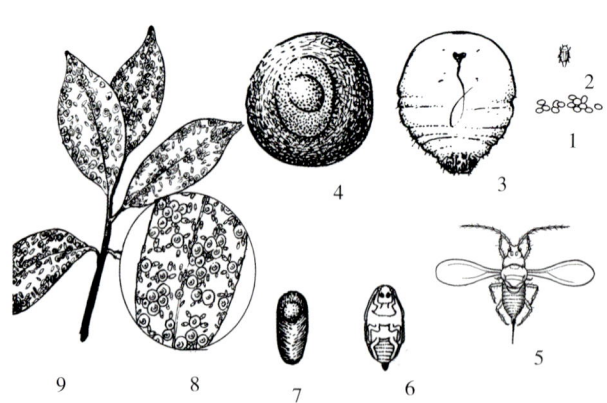

1. 卵　2. 若虫　3. 雌成虫　4. 雌介壳　5. 雄成虫
6. 蛹　7. 雄介壳　8. 放大图　9. 为害状

常春藤圆盾蚧

株死亡。

[形态特征]

雌成虫： 介壳近圆形，直径约2mm，白、淡灰或浅土黄色，扁平或微微隆起，很薄；壳点2个，位于中央或近中央，黄或淡黄褐色，覆有白色分泌物；腹壳极弱，白色，附留在植物上。虫体卵形，长约0.7mm，苍黄或硫黄色，前端圆形，后端尖锐，全体扁平，背面略隆；臀叶3对，中叶每侧有一凹缺，基部有向内延伸的三角形骨片，第2和3叶与中叶同形，但渐小，有时很短，第3叶较发达；中叶间，中叶与第2叶间各有臀栉2个，端部齿状，第2叶和第3叶间臀栉3个，第3叶外臀栉6~7个，这些臀栉内缘平直，外缘极深齿刻；背腺多，粗短，长度不及口径之3倍，分布在第2~7腹节亚缘区，较分散；臀板背倒烧瓶状花斑发达；围阴腺4群。

雄成虫： 介壳长圆形，长约1.1mm，质地和色泽同雌介壳；壳点1个，淡黄色，位于中央或近中央。虫体长约0.7mm，翅展约1.4mm。体黄褐色，腹末交尾器针状。

卵： 长卵形，长约0.2mm，淡黄色，有光泽。

若虫： 初孵时卵形，长约0.2mm，淡黄色，触角、足健全；2龄以后，雄虫开始变长，状似雌成虫。

雄蛹： 长约1mm，黄色。

[生活史与习性]

生活史： 一年发生代数因地而异，河北易县3代，以2龄若虫在枝、叶上越冬；上海3~4

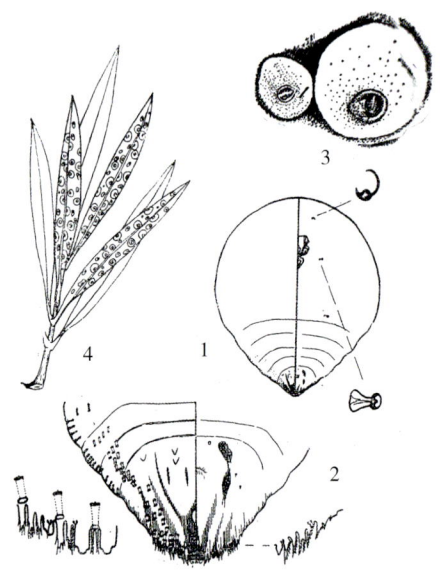

1. 雌成虫　2. 雌成虫臀板放大　3. 雌雄介壳　4. 为害状

常春藤圆盾蚧雌成虫

代,成都 4 代,均以受精雌成虫越冬。成都翌年 3 月底始产卵,4 月中旬为产卵盛期。4 月中旬至 5 月上旬第 1 代若虫孵化,历时约 23 天,4 月中旬为盛孵期。6 月上旬第 1 代雄虫化蛹羽化,羽化历期仅几天。第 1 代受精雌成虫 6 月中旬开始产卵。2~4 代若虫孵化期分别为 6 下旬至 7 月中旬,历时约 18 天,6 月下旬为盛孵期;8 月上旬至 8 月中旬,历时约 12 天,8 月上旬为盛孵期;10 月中旬至 11 月中旬,历时约 40 天,11 月上旬为盛孵期。12 月雄蛹羽化,交尾后以雌成虫越冬。

上海翌年 3 月开始产卵。2~3 代若虫分别于 6 月、9 月孵化,如气候适宜,将会发生第四代;河北易县翌年 5 月下旬受精雌成虫开始产卵。1~3 代若虫孵化期分别为 6 月上旬(因气温高,很快孵化完毕);7 月中旬至 8 月上旬,7 月下旬为盛孵期;9 月上旬至 9 月下旬,9 月中旬为盛孵期。

繁殖: 每头雌成虫产卵 26~98 粒,平均 49 粒。1~3 代平均卵期分别为 13 天、8 天、5 天。

寄生习性: 初孵若虫多群集于叶背寄生,亦危害叶面、嫩枝。在针叶树上,则多寄生于叶面。

[天 敌] 捕食性天敌有红点唇瓢虫、食蚧半跂;寄生性天敌有金黄蚜小蜂、双黄蚜小蜂、糠片蚧黄蚜小蜂、岭南黄蚜小蜂、褐圆蚧钝黄蚜小蜂、印巴黄蚜小蜂、蜜黄蚜小蜂、云南黄蚜小蜂。其中红点唇瓢虫的捕食作用最大;寄生蜂的寄生作用也明显。

为害状

为害状

[防治方法] 参照考氏白盾蚧。

20. 阿里白轮盾蚧
***Aulacaspis alisiana* Takagi**

[中文异名] 阿里山白轮蚧、阿里轮盾蚧。

[分 布] 广东、四川、海南、云南、台湾。

[为害对象] 荔枝、肉桂、桢楠、小来木、红果子、新木姜子。

[为 害 状] 雌成虫和若虫寄生在叶面刺吸汁液为害,受害叶片发生黄色斑块,诱发煤污病,严重时,造成叶片枯黄,提前脱落,树势衰弱。

[形态特征]

雌成虫: 介壳近圆形,长 1.6~2.1mm,灰白色,扁平,极薄,半透明;壳点 2 个,位于边缘,第 1 壳点灰黄色,第 2 壳点油褐色,中脊带黑,边缘带黄。虫体瘦长,前体部宽,头瘤突出,后侧角带方形,侧缘近平行,体橙红色;中臀叶小,较瘦长,稍陷入板缘内,从叶基近半处开始斜向后伸,夹角小,第 2、3 叶双分;缘腺刺发达。每侧背腺分布:第 6~3 腹节亚中群每节顺次是 0~1,2~3,1~3,1~4,亚缘群每节顺次是 0,2~3,1~2,2~4,第 2 和 3 腹节每侧每

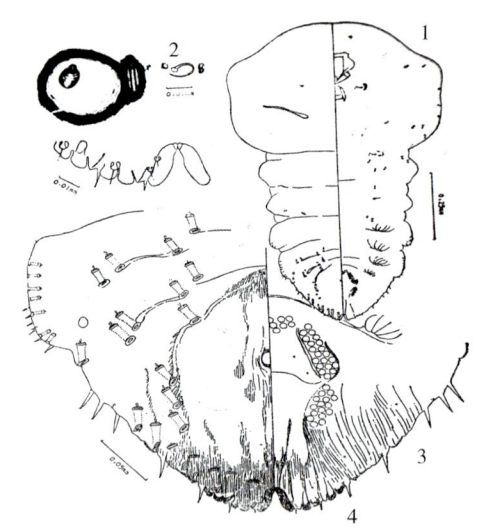

1. 雌虫体 2. 触角 3. 臀板 4. 臀板末端 仿 Fakagi 绘

阿里白轮盾蚧雌成虫

节各有小型大背腺4~8个；第1和3腹节每侧各有亚缘背疤1个；围阴群5个。

雄成虫：介壳长条形，两侧近平行，长约1mm，白色，溶蜡状，背面纵脊3条，沟深；壳点1个，灰黄色，位于前端。虫体瘦长，长约0.6mm，翅展约1.7mm。体橙红色，胸部色较深，眼黑色。触角10节，腹末针状交尾器长0.3mm。

卵：长椭圆形，黄褐色，长约0.2mm。

若虫：初孵时椭圆形，长约0.2mm，橙红色，眼红色，触角和足健全。

雄蛹：长椭圆形，长约0.8mm，橙红色。

[生活史与习性]

生活史：成都一年发生3~4代。以受精雌成虫及其卵在叶面上越冬，世代发生不整齐。

翌年4月中旬越冬雌成虫开始继续产卵，5月上旬为产孵盛期。1~3代若虫盛孵期分别为5月中旬、7月下旬、9月上旬。9月中旬至10月上旬第3代雄虫化蛹，9月中旬至10月中旬羽化为成虫。以受精雌成虫及其卵越冬。

繁殖：营两性和孤雌卵生。每头雌成虫产卵42~93粒。1~3代卵期分别为5~29天，平均21天；9~15天，平均11天；7~14天，平均13天。

寄生习性：初孵若虫固定寄生在叶面，多分布在树冠中、下部叶片上。

[防治方法] 参照考氏白盾蚧。

为害状

21. 柑橘白轮盾蚧
Aulacaspis citri Chen

[中文异名] 柑橘轮盾蚧、橘白轮蚧。

[分　　布] 四川

[为害对象] 甜橙、酸橙、红橘、柠檬、柚子、四季橘等柑橘类。

[为害状] 雌成虫和若虫寄生在枝、叶、果上刺吸汁液为害，诱发煤污病，严重时，枝条和叶背被虫体覆盖，一片白色，造成枝枯叶落，不能开花结果，甚至整株死亡。

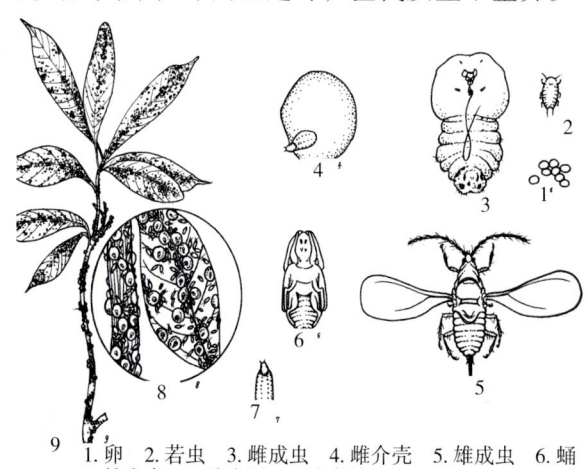

1. 卵 2. 若虫 3. 雌成虫 4. 雌介壳 5. 雄成虫 6. 蛹
7. 雄介壳 8. 放大图 9. 为害状

阿里白轮盾蚧

[形态特征]

雌成虫：介壳圆形或近圆形，长2.8~3.3mm，白色，常杂尘芥，略隆起，质地较厚；壳点2个，位于中心或近中心，第1壳点灰黄色，第2壳点深褐色。虫前体部近方形，长1.3~1.6mm，虫体初期橙黄色，老熟时暗紫色，头瘤明显，头缘浑圆，其后两侧近平行，后胸缩入较显。喙侧片较粗短；臀叶3对发达，第4、5叶呈齿突，中叶喇叭形，陷入板内，缘前半平行，后半外斜而具锯齿，基部桥联半环形，第2、3叶双分。背腺分布：第6~1腹节亚中区每侧每节分别为3~4，5~7，7~8，8~9，8~9，8~9，其中第4~1节成2排；第5~2腹节亚缘区每侧每节单排，分别为7~8，6~7，7~8，5~6；第3~2腹节有成排小背缘腺，板缘背腺每侧8~9个；背疤不显；围阴腺5群。

雄成虫：介壳长条形，两侧几平行，长约1.1~1.3mm，白色，溶蜡状，背面有纵脊3条，中脊较高；壳点1个，淡黄色，位于前端。虫体瘦长，长约0.7mm，体浅橙黄色，胸部红黄色，眼黑色；具1对翅，3对胸足，腹末交尾器针状。

为害状

卵：长卵圆形，肉紫色，长约0.2mm。

若虫：初孵时卵圆形，扁平，肉黄色，有许多紫色斑纹；2龄若虫近圆形，背上分泌卷曲状白色蜡毛。

雄蛹：长椭圆形，橙红色，长约0.8mm。

[生活史与习性]

生活史：一年发生4代。多以雌成虫在嫩枝、叶背越冬，世代重叠现象严重。翌年4~5月第1代卵和若虫发生；6~7月第2代卵和若虫发生，8~9月第3代卵和若虫发生，10~11月上旬第4代若虫发生。

寄生习性：雌成虫分散寄生或数个密集在一起，有时甚至互相重叠，为害叶片、果实、枝梢及主干；雄虫常群集于叶背。

[天　敌] 有红点唇瓢虫等多种天敌。

[防治方法] 参照考氏白盾蚧。

22. 茶花白轮盾蚧
Aulacaspis crawii (Cockerell)

[中文异名] 牛奶子白轮蚧、米兰白轮蚧、柑橘白轮蚧、珠兰轮蚧。

[分　布] 中国福建、广东、云南、山西、山东、广西、四川、贵州、台湾；日本、美国夏威夷。

[为害对象] 柑橘、月桔、山茶、木槿、珠兰、碎米兰、黄槿、楝树、奈尔李、九里香、牛奶子、悬钩子、胡颓子。

[为害状] 雌成虫和若虫寄生在枝条、叶片上刺吸汁液为害。

[形态特征]

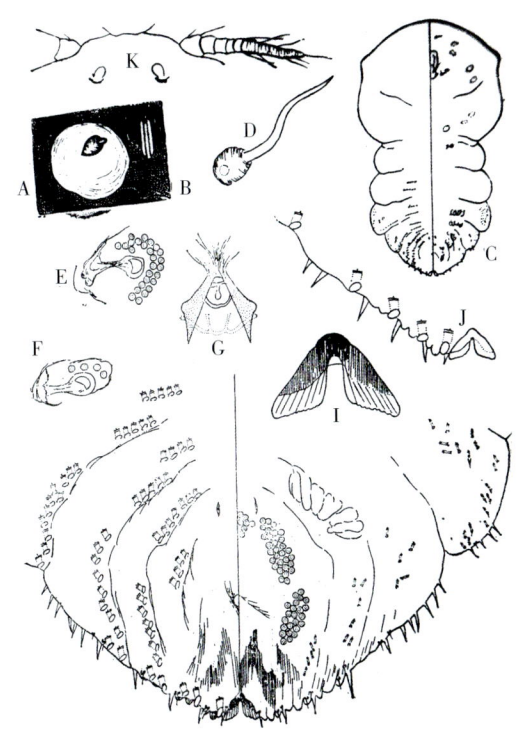

A.雌介壳　B.雄介壳　C.雌成虫体　D.触角　E.前气门　F.后气门　G.口器　H.臀板　I.中臀叶　J.第二龄若虫臀板末端　K第一龄若虫触虫（仿陈方洁 绘）

柑橘白轮盾蚧雌成虫

 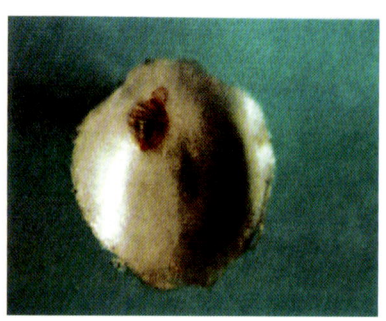 

雌成虫介壳及雄虫介壳（放大）　　雌成虫介壳（近视）　　为害状

雌成虫：介壳圆形，直径2.5~3mm，白色，略隆起，质较厚；壳点2个，较大，略重叠，淡褐色，接近壳缘。虫体长形，头胸部宽大、硬化，头瘤显著，喙侧片长大；臀叶3对明显发达，第4和5叶不显，中叶喇叭状，内缘基部平行，端半叉开，端圆或略尖，内缘具细齿，第2、3叶双分。背腺分布：第6~5腹节亚中区每节各1排，每排5~7腺，第4~1腹节亚中区每节各2排，每排4~9腺，第5~2腹节亚缘区每节各1排，每排5~10腺；缘背腺自叶向外，每侧排列为1，2，2，2，1，腺刺则为1，1，1，1，3~5，第3和2腹节缘背腺每侧排列分别为9~10和8~11腺，腺刺则每侧分别为9~10和4~7根，第1腹节以上缘背腺和腺刺均无；围阴腺5群。

雄成虫：介壳长条形，两侧略平行，长1~1.2mm，白色，背面具纵脊3条；壳点1个，淡褐色，位于前端。

[生活史与习性] 广州每年3~4月开始发生，秋凉渐少。

[天　　敌] 有褐黄异角蚜小蜂等天敌。

[防治方法] 参照考氏白盾蚧。

23. 胡颓子白轮盾蚧
***Aulacaspis difficilis* (Cockerell)**

[中文异名] 胡颓子白轮蚧、胡颓白轮蚧。

[分　　布] 中国浙江、云南、山西、甘肃；日本。

[为害对象] 胡颓子、沙棘。

[为 害 状] 雌成虫和若虫寄生在茎干和枝条上刺吸汁液危害。先从下部为害，逐渐向上扩展至整株，被害植株长势不良，结实少甚至全无，枝条逐渐干枯，严重时整株或成片林木枯死。是我国北方沙棘的重要害虫。

[形态特征]

雌成虫：介壳圆形，直径2~3mm，白色，质地厚，扁平，略突；壳点2个，近边缘，第1壳点淡黄色，第2壳点黄褐或红色。虫体粗大，几呈椭圆形，长1~1.5mm，初为黄色，老熟时橘红褐而带紫色，前体部显著或略大，头瘤略显或无，臀前腹节每侧略突出；中臀叶粗大，基桥联强，内缘基半相平行，后半叉开，每叶三角形，端尖，突出或仅略陷入板缘，第2、3叶小而双分，第4叶无；背腺多，第2~6腹节有亚中群，第2~5节有亚缘群，第2~3腹节侧缘

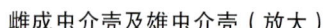

A. 雌介壳　B. 雄介壳　C. 雌成虫体　D. 触角　E. 前气门
F. 臀板　G. 臀板末端

茶花白轮盾蚧雌成虫

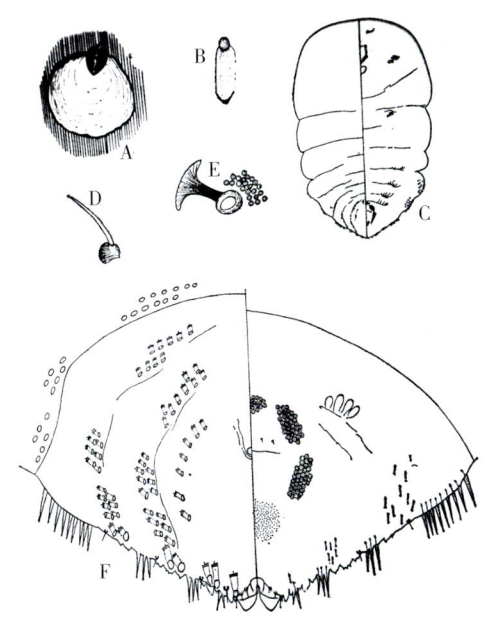

A. 雌介壳　B. 雄介壳　C. 雌成虫体　D. 触角
E. 前气门　F. 臀板

胡颓子白轮盾蚧雌成虫

缺背腺臀板缘刺每侧分布自中叶起向外为1，1，3，2~3，8个；小腹管多，成群分布于腹部亚缘区；围阴腺5群。

雄成虫： 介壳长条形，长约1mm，两侧近平行，白色，溶蜡状，背面具纵脊3条；壳点1个，黄白色，位于前端。

[生活史习性] 甘肃一年发生1代，以受精雌成虫在枝干上越冬。翌年4月开始产卵，每头雌成虫产卵47~140粒，最多达180粒。卵期约60天。6月中旬若虫开始大量孵化。初孵若虫在枝干上爬行并逐渐固定下来吸食危害。7月中旬开始蜕皮进入2龄期，8月中旬始见雌成虫，以受精雌成虫越冬。

[天　　敌] 捕食性天敌有方头甲，二星瓢虫；寄生性天敌有双带花角蚜小蜂、微食短喙跳小蜂。

[防治方法]

人工防治： 利用沙棘具有很强的根蘖性特点，可在冬季休眠期，将受害沙棘连兜挖起并迅速晒干。蚧虫因寄主植物失水而亡。春季根萌植株可使沙棘林得到更新复壮。此法不污染环境，又保护天敌，效果极佳，可广泛采用。

其他防治方法参照考氏白盾蚧。

24. 费氏白轮盾蚧
Aulacaspis ferrisi Scott

[中文异名] 云南白轮蚧。
[分　　布] 广东、湖南（长沙）、云南。
[为害对象] 木姜子。
[为　害　状] 雌成虫和若虫寄生在叶面刺吸汁液为害。

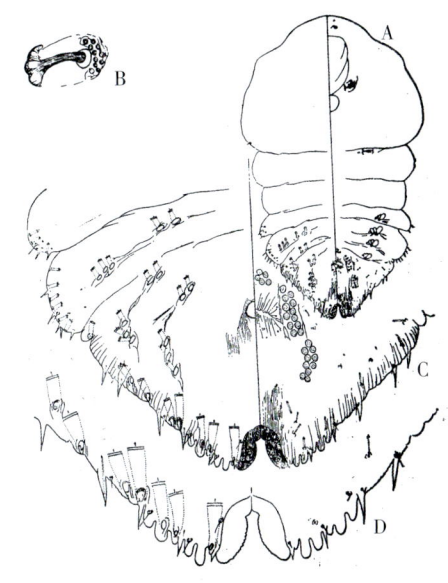

A. 雌成虫体　B. 前气门　C. 臀板　D. 臀板末端（Scott 绘）

费氏白轮盾蚧雌成虫

[形态特征]

雌成虫： 介壳圆形或近圆形，直径约2mm，白色，半透明，微隆起；壳点2个，位于前端，淡黄，第1壳点一部分伸出第2壳点外。虫体宽，长约1mm，黄色，前体段半圆形或梯形，前侧角不显，后侧角圆，后胸及臀前腹节稍狭；

雌成虫介壳（放大）

臀叶3对，中叶大，鞍形，内陷深，内缘强度外倾，锯齿状，端狭圆，基部轭连；第2和3叶均双分；腺刺细长，每侧6个；背腺3列，分布在第3~5腹节，每节每侧1列，分亚缘、亚中群，每群2~6腺；缘腺每侧8个，稍大于背腺；围阴腺5群。

雄成虫： 介壳长条形，长约1mm，白色，溶蜡状，背面具明显纵脊3条，两侧略平行，质松脆；壳点1个，位于前端。

[防治方法] 参照考氏白盾蚧。

25. 钩樟白轮盾蚧
Aulacaspis ima Scott

[中文异名] 准白轮蚧、钩樟轮盾蚧、伊马白轮蚧。

[分　　布] 云南。

[为害对象] 香叶树、钩樟、山胡椒。

[为 害 状] 雌成虫和若虫寄生在叶片（正反两面）刺吸汁液为害。

[形态特征]

雌成虫： 介壳梨形或近圆形，长1.4~1.8mm，白色，稍带土黄色，质地相当薄；壳点2个，突出在头端，与介壳色相近，稍具光泽。虫体细长，长约1mm，黄色，前体部略膨大或不膨

大，第2腹节侧突明显；中臀叶细长。夹角小，内缘弧形，向两侧斜伸，具一系列细齿，第2~3对臀叶长柱形，双分，端圆，第4叶为2个锯齿状，隐约可见。背腺分布：第6~3腹节亚缘区每侧每节依次为0，2~5，3~8，4~8个，亚中区每侧每节依次为0~3，2~5，3~7，2~8个，第3~2腹节侧突上每侧每节各有小背腺4~5个。腺刺分布：第8~2腹节每侧每节依次为1，1，1，1，3~4，4~7，3~5根；围阴腺5群。

雄成虫： 介壳扁长条形，长约1.2mm，白色，溶蜡状，背面略现纵脊3条，夹沟浅；壳点1个，灰黄色，突出在前端。

[防治方法] 参照考氏白盾蚧。

26. 锥腹白轮盾蚧
Aulacaspis intermedius Chen

[中文异名] 锥腹轮盾蚧、锥腹白轮蚧。

[分　　布] 广西、云南、四川。

[为害对象] 藤本、小叶黄杨、兰草。

[为 害 状] 雌虫寄生在叶片两面，雄虫群集于叶背刺吸汁液为害。

[形态特征]

雌成虫： 介壳近圆形或椭圆形，长1.8~2.4mm，黄白色，质地相当厚；壳点2个，位于边缘或近中心，第1壳点淡黄色，第2壳点灰黄色。虫体长形，长约1.2mm，黄色，前体部大，头瘤显或不太显，侧缘后部突出，前部向内收缩，前缘向前拱出，后缘急行缩小，成为体腰，第1腹节稍宽于后胸，后胸节最窄，第2腹节最宽，此后逐渐向尾端缩小。触角成1根弯曲鞭毛，喙侧片具瘤状物；中臀叶较大，陷入体缘不深，末端钝圆，突出，内缘基部平行，近半处折向外侧成直线斜伸，夹角小于直角，齿刻不显，臀叶结明显，第2、3叶双分，端圆。背腺分布：第6~5腹节亚中区每侧每节各为3~4，3~7个，第4~1腹节亚中区每侧每节2排，各节前、后排依次为3~4，2~4，3~6，4~6，2~6，5~7，2~4，3~6；第6~5腹节亚缘区每侧每节依次为0.6~7，5~7，5~7，4~7，0~1；第1和2腹节上有椭圆形亚缘背疤；第1腹节侧端有角锥；围

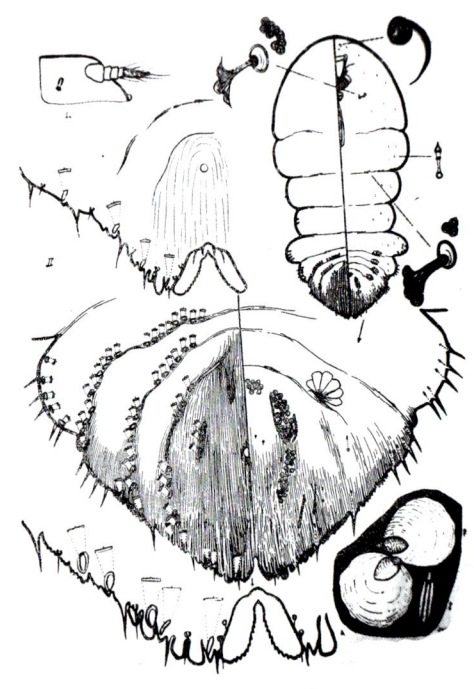

钩樟白轮盾蚧雌成虫

第4叶锯齿状，有时可见；背腺分布在第2~6腹节，亚中区每节每侧依次为3~7，3~7，3~5，2~3，1腺，第2~3节上各为前后2横列，亚缘区每节每侧依次为0~4，3~6，3~4，0腺；围阴腺5群。

雄成虫： 介壳长条形，长约1.3mm，白色，溶蜡状，背面具纵脊3条；壳点1个，淡黄色，位于前端。

[防治方法] 参照考氏白盾蚧。

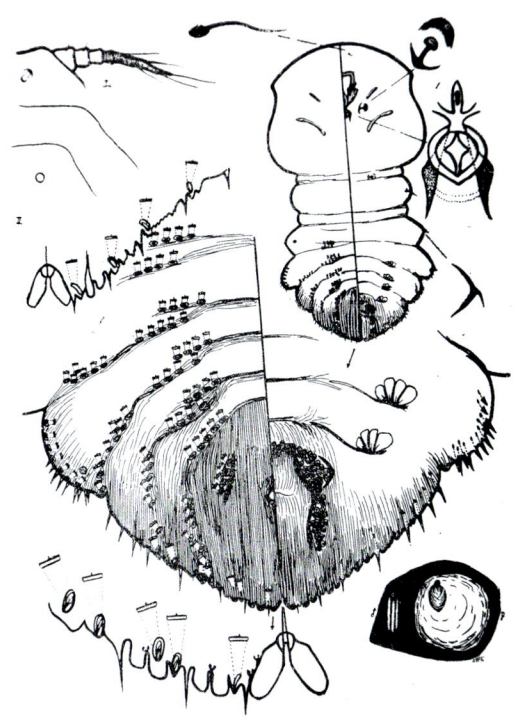

锥腹白轮盾蚧雌成虫

阴腺5群。

雄成虫： 介壳扁长条形，长约1mm，白色，溶蜡状，突起不高，背面有纵脊3条；壳点1个，突出于前端。

[防治方法] 参照考氏白盾蚧。

27. 龙眼白轮盾蚧
***Aulacaspis longanae* Chen**

[中文异名] 龙眼白轮蚧。

[分　　布] 四川、上海、江苏、浙江。

[为害对象] 龙眼、香樟。

[为 害 状] 雌成虫和若虫寄生在叶面刺吸汁液为害。

[形态特征]

雌成虫： 介壳近圆形，直径2~2.4mm，白色，前端带截形，质地相当厚；壳点2个，突出边缘，第1壳点伸出缘外，灰黄色，第2壳点稍暗。虫体长1~1.7mm，前体大，近似半圆或半椭圆形，无前侧角，喙无疣状物；第1~3腹节上椭圆形疤显或隐；中叶长大，内缘外斜，有齿刻，基结向前延伸成夹沟，第2叶双分，第3叶似第2叶，

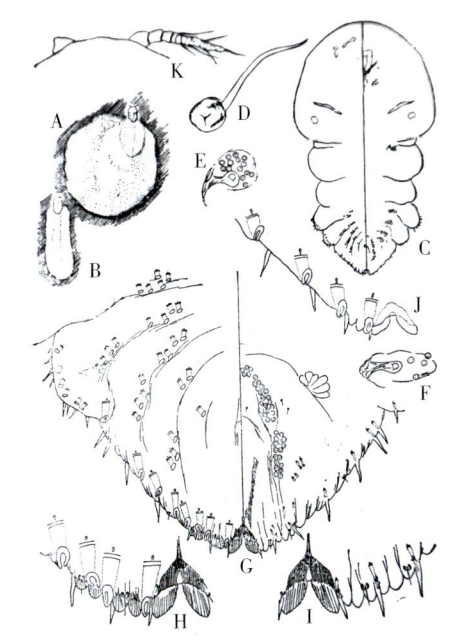

A. 雌介壳　B. 雄介壳　C. 雌成虫体　D. 触角　E. 前气门　F. 后气门　G. 臀板　H、I. 臀板末端状面、腹面　J. 第二龄若虫臀板边缘　K. 第一龄若虫触角（陈方洁　绘）

龙眼白轮盾蚧雌成虫

28. 甘蔗白轮盾蚧
***Aulacaspis madiunensis* (Zehntner)**

[中文异名] 禾白轮蚧、甘蔗白轮蚧、美都白轮蚧。

[分　　布] 云南、广东、台湾。

[为害对象] 甘蔗、芦竹类、禾本科杂草、球米草、鸭嘴草。

[为 害 状] 雌成虫和若虫寄生在接近根际的叶鞘基部刺吸汁液为害。

[形态特征]

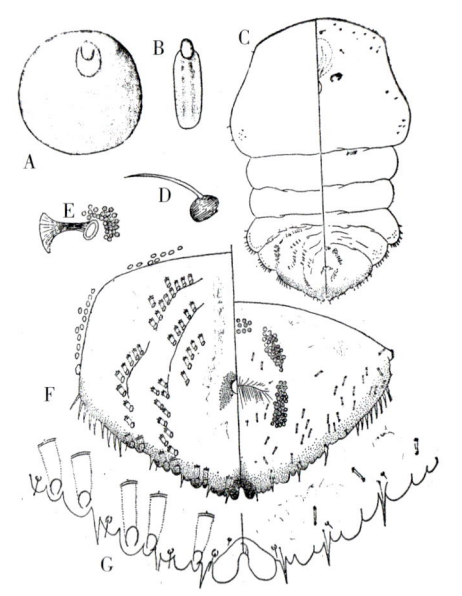

A. 雌介壳 B. 雄介壳 C. 雌成虫体 D. 触角 E. 前气门
F. 臀板 G. 臀板末端

甘蔗白轮盾蚧雌成虫

雌成虫： 介壳卵形、近圆形或梨形，长1.6~3mm，白或灰白色，略突，光滑；壳点2个，草黄色，第2壳点中后部灰色，突出头端或位于边缘。虫体黄色，前体部宽，近梯形，头瘤略显或否，第2腹节侧叶瓣状显著；臀叶4对很发达，第5叶为齿突，中叶变异大，基联，末端大而圆，突出体缘较多，内缘平行，相距很近，2/3后才逐渐分离，第2、3和4叶均双分。背腺分布：第6腹节每侧亚中1群，3~4腺，第5腹节每侧亚中、亚缘各1群，每群4~8腺，第4~3腹节每侧亚中、亚缘各2群，每群1~7腺，第2~1腹节每侧亚中有小背腺，第3~2腹节每侧叶上有小背腺群，第1腹节至中胸侧缘也有小背腺群；第2~1腹节侧缘腺刺每节每侧达10个以上。

雄成虫： 介壳长条形，两侧平行，长约38mm，白色，溶蜡状，背面纵脊3条，中脊最明显；壳点1个，浅灰黄色，位于前端。

[防治方法] 参照考氏白盾蚧。药剂喷雾应集中在接近根际的叶鞘基部。

29. 大叶白轮盾蚧
Aulacaspis megaloba Scott

[中文异名] 巨角白轮蚧、巨叶白轮蚧。

[分　　布] 云南、广东、贵州、四川、台湾。
[为害对象] 悬钩子。
[为害状] 雌成虫和若虫寄生在枝、叶上刺吸汁液为害。

[形态特征]

雌成虫： 介壳圆形或近圆形，直径1.7~2mm，灰白色，相当隆起，常现轮纹；壳点2个，位于边缘或近边缘，灰黄色，不现黑褐色，第1壳点一部分伸出第2壳点外。虫体相当宽，微呈卵形，长1~1.2mm，黄色，头胸部半圆形，无侧瘤，后胸开始向前渐变狭，臀叶3对，中叶特别大，内陷极深，基部轭连，末端稍伸出外缘，内缘强度外斜，有粗锯齿，端狭圆，第2和3叶均双分；缘腺每侧7~8个；背腺分布于第2~6腹节，每节每侧1~3列，第2腹节亚中区前后列各4~7腺，第3腹节亚中区前列3~7腺，后列3~5腺，亚缘区4~10腺，第4腹节亚中区前后列各2~5腺，亚缘区4~7腺，第5腹节亚中区1列3~9腺，亚缘区3~7腺，第6腹节亚中区1列3~7腺；围阴腺5群。

雄成虫： 介壳长条形，有时稍呈簇形，长约1.2mm，白色，溶蜡状，背面具纵脊3条，质地松脆；壳点1个，灰黄色，位于前端。

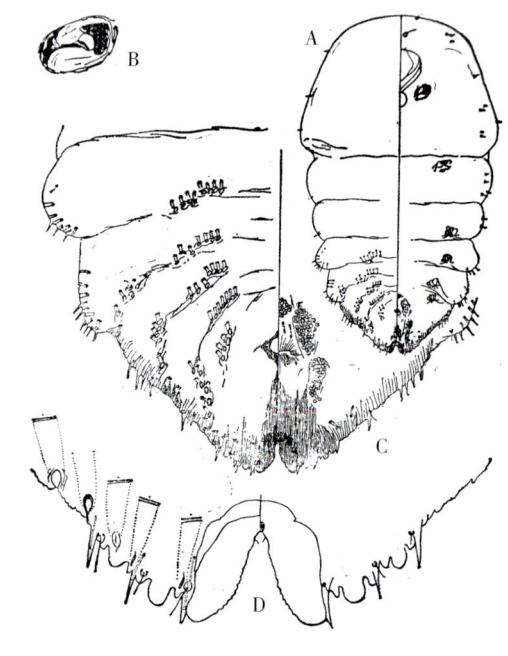

A. 雌成虫体 B. 前气门 C. 臀板
D. 臀板末端 (仿 Scott 绘)

大叶白轮盾蚧雌成虫

[防治方法] 参照考氏白盾蚧。

30. 楠木白轮盾蚧
Aulacaspis phoebicola Takahashi

[中文异名] 楠白轮蚧。
[分　　布] 四川、台湾。
[为害对象] 楠木、夏兰。
[为 害 状] 雌成虫和若虫主要寄生在叶面上刺吸汁液为害。
[形态特征]

雌成虫：介壳圆形，直径 2.2~2.5mm，白色，不透明，略隆起；壳点 2 个，淡黄色，位于中央。虫体头胸部大，中臀叶较宽，腺刺每侧 9~12 枚，基部 5~8 枚；各腹节有横列背腺；围阴腺 5 群。

雄成虫：介壳长条形，长约 1mm，白色，溶蜡状，背面具 3 条纵脊；壳点 1 个，位于前端。

[防治方法] 参照考氏白盾蚧。

31. 香椿白轮盾蚧
Aulacaspis projecta Takagi

[中文异名] 香椿白轮蚧。
[分　　布] 四川、江西、福建。
[为害对象] 香椿。

[为 害 状] 雌成虫和若虫寄生在枝干上刺吸汁液为害。
[形态特征]

雌成虫：介壳近圆形，长约 2mm，白色或带灰黄色，质地很薄；壳点 2 个，位于中央、亚缘或边缘，淡黄或灰黄色。虫体较宽，体长约 1.3mm，头胸部略呈梯形，前侧角显或不显；中臀叶粗大，长宽相等，端圆，边缘具细齿，半叶突出板缘，基联结如瘤，第 2、3 叶双分，突出明显，第 4 叶浅突；亚中背腺第 6~2 腹节每侧顺次为 3~4，5~6，6~7，5~7，5~8，其中第 2~4 腹节均分前、后排；亚缘背腺自第 5~2 腹节每侧顺次为 7~8，6~7，6~7，3~4；缘腺刺自第 8~3 腹节顺次为 1，2，3，4，4，4~6 根；围阴腺 5 群；前、后气门腺各为 36~45，25~34。

雄成虫：介壳长条形，两侧平行，长约 1mm，白色，溶蜡状，背面纵脊明显。

[防治方法] 参照月季白轮盾蚧。

32. 拟刺白轮盾蚧
Aulacaspis spinosa Chen

[分　　布] 江苏、四川等省区。
[为害对象] 兰花、棕榈、楠木、菝葜。

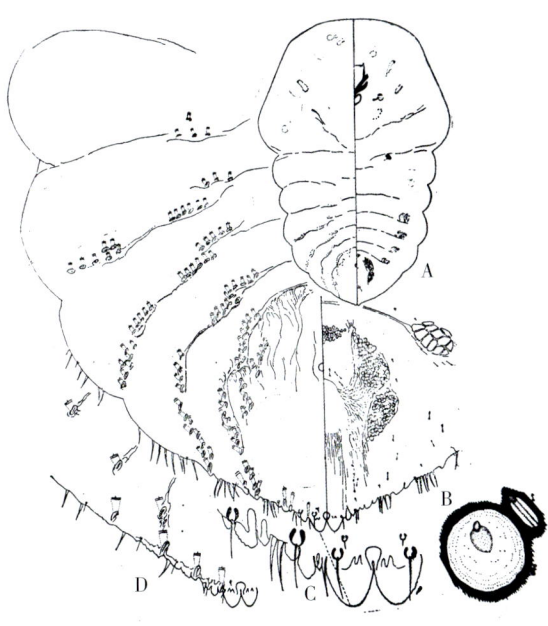

A. 雌成虫体　B. 臀板　C. 臀板末端
D. 第二龄若虫臀板末端（仿 Takagi 绘）

香椿白轮盾蚧雌成虫

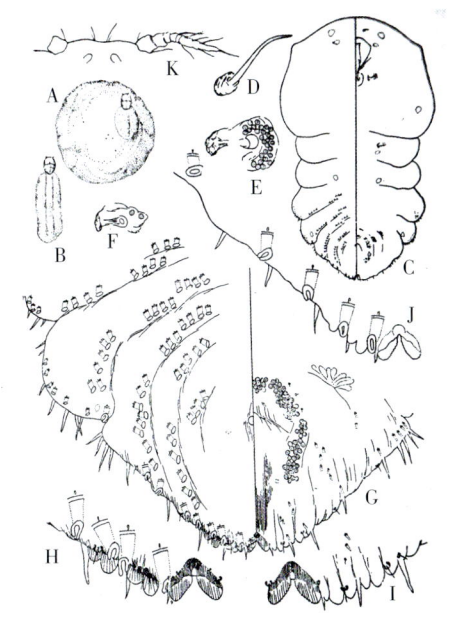

A. 雌介壳　B. 雄成介壳　C. 雌成虫体　D. 触角　E. 前气门　F. 后气门　G. 臀板　H、I 臀板末端背面、腹面　J. 第二龄若虫臀板边缘　K. 第一龄若虫触角（仿陈方洁绘）

拟刺白轮盾蚧雌成虫

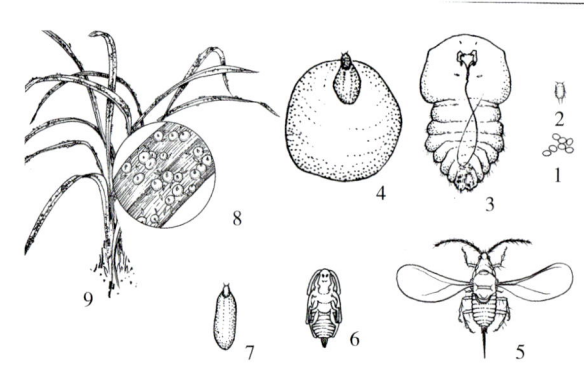

1.卵　2.若虫　3.雌成虫　4.雌介壳　5.雄成虫
6.蛹　7.雄介壳　8.放大图　9.为害状
拟刺白轮盾蚧

[为害状] 雌成虫和若虫寄生在枝、叶及叶柄上刺吸汁液为害，使叶片产生黄色斑块，严重时，全叶变黄枯焦，长势衰弱，甚至整株死亡。

[形态特征]

雌成虫：介壳近圆形，直径1.6~2.8mm，白色，微突起，质地相当厚；壳点2个，黄或淡黄色，尾端较鲜艳，位于边缘、亚缘或近中心，以边缘居多。虫体长形，长约1mm，头胸部大，宽过于长，前侧角无，前、后气门盘腺分别为25和2枚，第1腹节、第3~4腹节间有硬疤；中叶不很大，基部连接处瘦小，折向两侧分开部分较宽大，内缘齿痕不明，第2和3叶相仿，均双分；缘刺长大，缘腺8枚，背腺短，分布在第2~6腹节上，每节每侧均亚中、亚缘各1列，并因寄主不同而数目差异较大；围阴腺5群。

雄成虫：介壳长条形，长1.2~1.5mm，白色，溶蜡状，背面具纵脊3条；壳点1个，灰黄色，位于前端。虫体长约0.6mm，翅展约1.7mm。体橙红色，眼黑色。触角10节，腹末针状交尾器长约0.3mm。

卵：长椭圆形，淡黄褐色，长约0.2mm。

若虫：初孵时椭圆形，长0.28mm，黄褐色，眼红色。触角、足健全，腹末具1对尾毛。

雄蛹：长椭圆形，长约1mm，橙红色。

[生活史与习性]

生活史：成都一年发生3~4代。以受精雌成虫及其卵在枝、叶上越冬。发生不整齐，世代重叠。翌年3月中旬至4月下旬越冬雌成虫产卵，4月上、中旬为产卵盛期。4月中旬至5月上旬第1代若虫孵化，4月下旬至5月上旬为盛孵期。2~3代若虫孵化盛期分别为7月上旬、9月上旬。9月下旬至10月中旬第3代雄虫化蛹，10月上旬至11月上旬羽化为成虫。部分第3代受精雌成虫于10月中、下旬开始产卵，12月份有部分卵孵化出若虫，但因低温而死亡。以雌成虫及其卵越冬。

繁殖：营两性和孤雌卵生。1~3代雌雄性比分别为0.85、0.76、0.22。1~3代每头雌成虫产卵量分别为64~183粒，平均94粒，孵化率78%；50~114粒，平均76粒，孵化率99%；32~57粒，平均38粒，孵化率89%。1~3代平均卵期分别为（平均温度16℃，平均湿度85%）34天、（平均温度21℃，平均湿度85%）20天、12天。

寄生习性：雌成虫和若虫主要寄生在兰花叶面及叶鞘处，部分雌虫藏匿于叶鞘内。

[天敌] 寄生性天敌有丽蚜小蜂；捕食性天敌有方头甲。其中丽蚜小蜂对第2代蚧虫的寄生率可达35%。

[防治方法] 参照考氏白盾蚧。

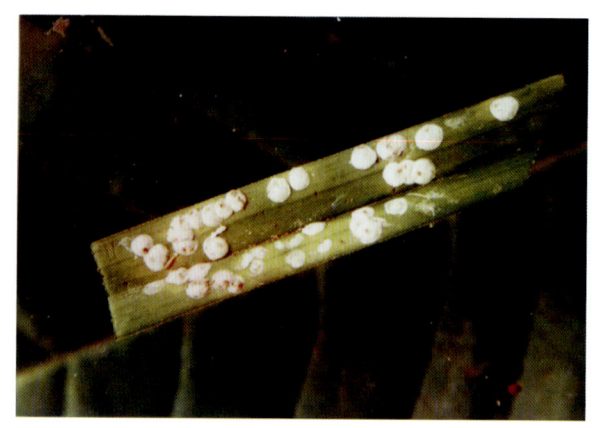

为害状（放大）

33. 蔷薇白轮盾蚧
***Aulacaspis rosae* (Bouche)**

[中文异名] 蔷薇白轮蚧、玫瑰白轮蚧。

[分布] 中国河北、陕西、江苏、浙江、广东、云南、四川、上海、山西、内蒙古、山东、西藏、台湾；朝鲜、日本、泰国、夏威夷、菲律宾、

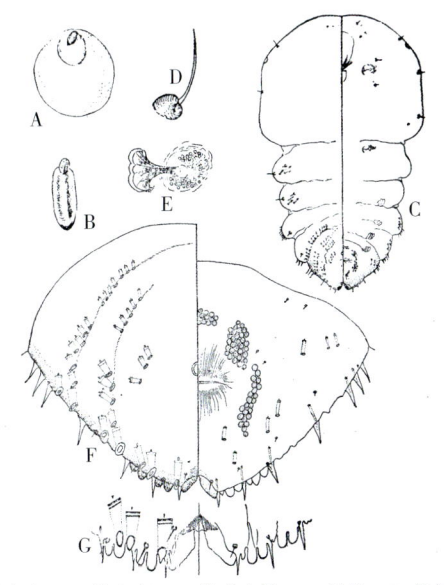

A. 雌介壳　B. 雄介壳　C. 雌成虫体　D. 触角　E. 前气门
F. 臀板　G. 臀板末端

蔷薇白轮盾蚧雌成虫

雌介壳与雄介壳（近视）

爪哇、伊朗、以色列、欧洲、美洲、大洋洲等。

[为害对象] 芒果、杨梅、番石榴、玫瑰、蔷薇、月季、九里香、黄刺、玫、苏铁、榆、椿、刺梨、刺梅、雁来红、覆盆子、悬钩子、龙牙草等植物。

[为害状] 雌成虫和若虫多寄生在枝、干上刺吸汁液为害。

[形态特征]

雌成虫：介壳近圆形，直径 2~3mm，白色，微微隆起；壳点 2 个，位于边缘，第 1 壳淡黄色，第 2 壳点橙黄或黄褐色，被有白色分泌物，腹壳白色，常残留在植物上。虫体长形而宽，长约 1.4mm，胭脂红色，头胸部膨大，头缘突有时显，前气门腺多而成团；臀叶 3 对，叶粗，基部轭辖，深陷入板内，内缘基半部直而相平行，端半部外斜而具细齿，第 2 和 3 叶发达，双分，同形同大；背腺 4 列，分布于第 3~6 腹节，除第 6 腹节仅亚中群 2~3 腺外，其余各节均成亚中、亚缘两群，各群腺数从前向后数，第 1~3 列每群依次为 10、7 和 5 腺，无分裂或前移现象，但第 1 列中群有 1~2 腺例外。

雄成虫：介壳扁条形，长约 1mm，白色，溶蜡状，背面 3 条纵脊明显；壳点 1 个，黄色，位于前端。

[生活史与习性] 一年发生代数因地而异，沈阳 1 代，包头 2 代，成都 2~3 代。以受精雌成虫在枝、干上越冬；沈阳翌年 7 月上旬和 10 月上旬出现雌成虫。

[天　敌] 寄生性天敌有金黄蚜小蜂、双黄蚜小蜂、盾蚧黄小蜂、中华四节蚜小蜂、刷盾短缘跳小蜂。

[防治方法] 参照考氏白盾蚧。

34. 月季白轮盾蚧
Aulacaspis rosarum Borchsenius

[中文异名] 黑蜕白轮蚧、拟蔷薇白轮蚧。

[分　布] 四川、云南、广西、福建、江西、河南、河北、北京、贵州、山东、上海、江苏、浙江等省市以及北方温室。

[为害对象] 月季、蔷薇、玫瑰、乌桕、刺梨、

为害状（放大）

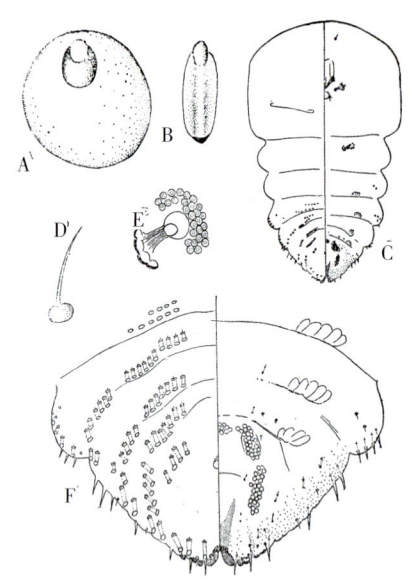

A. 雌介壳　B. 雄介壳　C. 雌成虫体　D. 触角
E. 前气门　F. 臀板

月季白轮盾蚧雌成虫

中叶陷入板内，喇叭形，基部相连，基半部直而相平行，端半部外斜，锯齿状，亚缘列在第3~5腹节，每节每列5~10腺，亚中列在第2~6腹节，前3节每节各2列，后2列每节各1列，每列各4~7腺；缘腺每侧4群，缘刺每侧5群；围阴腺5群。

雄成虫： 介壳长条形，长约1~1.3mm，白色，溶蜡状，背面有纵脊3条；壳点1个，黄绿色，位于前端。虫体瘦长，长约0.7mm，翅展约1.8mm。体橙红色，眼黑色。具3对胸足，触角10节，腹末针状交尾器长约0.3mm。

卵： 长椭圆形，橙红色，长0.25mm。

若虫： 初孵时椭圆形，长0.28mm，橙红色，触角、足健全，腹末有1对尾毛。固定后背部逐渐分泌白色卷曲状蜡毛。2龄若虫近圆形，橙黄色。

雄蛹： 长椭圆形，长0.75mm，橙红色，眼

雌成虫介壳（近视）

为害状

苏铁、金樱子、悬钩子、七里香及木香等植物。

[**为害状**] 雌成虫和若虫密集在枝干上刺吸汁液为害，严重时，枝干被虫体覆盖，部分介壳相互重叠，全株上下一片白色，造成叶片发黄早落，枝条枯死，树势衰弱，甚至整株死亡。

[**形态特征**]

雌成虫： 介壳宽椭圆或近圆形，直径2~2.8mm，白色，略隆起；壳点2个，偏心，靠近边缘，深褐色，第1壳点常叠在第2壳点上，第2壳点中脊隆起成线。虫体长形，长1.5~1.6mm，初期橙黄色，渐变赤橙色。头胸部很大，宽略过于长，侧缘多近平行，前侧角明显；臀叶3对，

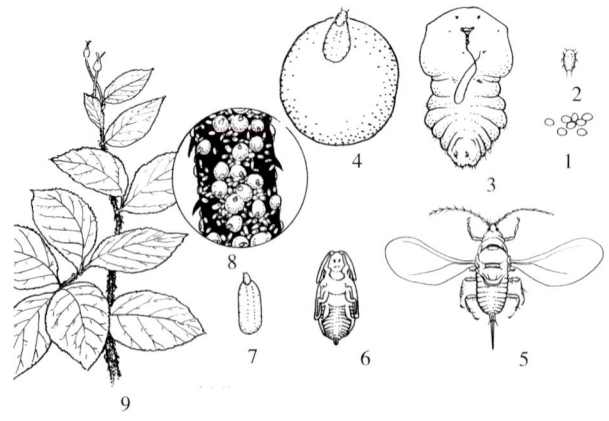

1. 卵　2. 若虫　3. 雌成虫　4. 雌介壳　5. 雄成虫　6. 蛹
7. 雄介壳　8. 放大图　9. 为害状

月季白轮盾蚧

点黑色。

[生活史与习性]

生活史：一年发生代数因地而异，吉林2代，以雌成虫、雄蛹寄生在枝干上越冬；北京、郑州、南昌、上海2~3代，以雌成虫和若虫越冬，世代重叠；贵州3代，以雌成虫和雄蛹越冬；成都3~4代，以若虫及少量雌成虫越冬。成都翌年3月下旬至4月上旬越冬雄若虫化蛹羽化为成虫。受精雌成虫于4月中旬开始产卵，5月上旬为产卵盛期。4月下旬至5月下旬第1代若虫孵化，5月中旬为盛孵期。2~3代若虫盛孵期分别为7月上旬、8月下旬。第3代雌成虫10月产卵，10月中旬至11月下旬第4代若虫孵化，11月中旬为盛孵期。12月以第4代若虫和少量第3代雌成虫在枝干上越冬；吉林第1代初孵若虫6月中旬始见，下旬为盛孵期；第2代虫7月末至8月孵化。北京1~3代若虫始孵、盛孵期分别为5月中旬、6月中旬、7月下旬、8月上旬、9月下旬、10月中旬。以第3代若虫和第2代雌成虫越冬；郑州1~3代若虫盛孵期分别为5月下旬、8月上旬、10月中下旬；贵阳1~3代若虫盛孵期分别为5月中旬、7月中旬、9月中旬；上海5月上旬越冬雌成虫开始产卵，产卵期达1个多月，6月上旬第1代若虫始孵，中、下旬为盛孵期；南昌1~3代若虫盛孵期分别为4月中、下旬，7月中、下旬，9月末。

繁殖：营两性和孤雌卵生。卵产于母体介壳下面，每头雌成虫产卵56~142粒，一般为90~120粒。1~3代卵期分别为（平均温度

雄虫为害状（放大）

雌成虫为害状（放大）

19℃，平均湿度78%)15~22天，平均17天；(平均温度25℃，平均湿度86%)4~10天，平均8天；(平均温度20℃，平均湿度93%)6~20天，平均14天。有世代重叠现象，尤以3、4代较明显。卵平均孵化率达85%。

寄生习性：成虫和若虫喜群集固定在枝干上为害，尤以树冠中、下层的虫口密度最大，西北方向枝干上的虫口密度远比东南方向枝干为高。

[天　　敌] 捕食性天敌有日本方头甲、红点唇瓢虫、中华草蛉；寄生性天敌有双黄蚜小蜂以及另外一种黑色寄生蜂。在捕食性天敌中，以红点唇瓢虫和日本方头甲的捕食作用最大。双黄蚜小蜂一年发生4代，寄生雌蚧，第2代的寄生率可达47%。

[防治方法]

加强植物检疫：避免引进带虫植株及枝条。

合理配置植物：根据该蚧寄生范围，避免单一成片种植，与其他非寄主植物合理搭配。

园艺防治：及时剪除受害重的枝条。

其他防治方法参照考氏白盾蚧。

35. 梅白轮盾蚧
Aulacaspis saigusai Takagi

[中文异名] 莓白轮蚧、悬钩子白轮蚧。

[分　　布] 四川、贵州、台湾。

[为害对象] 莓、悬钩子、胡颓子、香叶树、连翘。

[为　害　状] 雌成虫和若虫多寄生在叶面刺

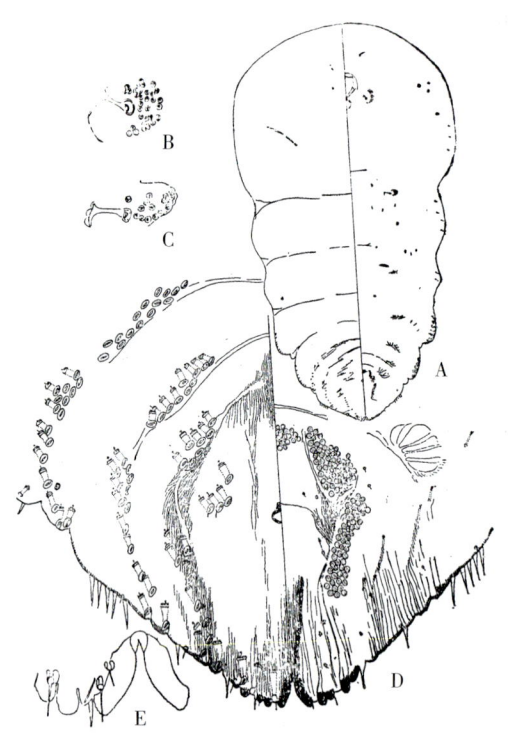

A. 雌成虫体 B. 前气门 C. 后气门 D. 臀板
E. 臀板末端（仿 Takagi 绘）
梅白轮盾蚧雌成虫

吸汁液为害。

[形态特征]

雌成虫：介壳近圆形，长约 2mm，白色，扁平；壳点 2 个，位于边缘，第 1 壳点伸出壳外少许。虫体略呈楔状，中臀叶长而大，缩入末端，内缘稍凸，锯齿状，基连，第 2 和 3 叶发达。中亚背大腺管：第 3~6 腹节每节每侧依次为 13~19，9~16，6~11 和 3~7 个，除第 6 节外每节均呈不规则 2~3 行，第 3~4 节间有小亚缘背疤。围阴腺 5 群。

雄成虫：介壳长条形，长约 1mm，白色，溶蜡状，背面有纵脊 3 条，壳点 1 个，位于前端。

[防治方法] 参照考氏白盾蚧。

36. 檫木白轮盾蚧
***Aulacaspis sassafras* Chen**

[中文异名] 檫木白轮蚧。

[分　　布] 湖南、江西、安徽。

[为害对象] 檫树、山苍子。

[为害状] 雌成虫和若虫多寄生在叶背及嫩枝上刺吸汁液为害，使叶片失绿，枯黄早脱，被害枝干树皮凹陷，失水干枯，影响树势。

[形态特征]

雌成虫：介壳圆或近圆形，直径 1.7~2.5mm，白色，背面稍隆起；壳点 2 个，居中或近边缘，第 1 壳点黄褐色，第 2 壳点金黄色。虫体长形，长约 1.2mm，紫红色，头胸部宽大，略带方，前侧角不显；中叶大，瘦长，末端稍尖，内侧有细齿，第 2 叶双分，第 3 叶短；缘腺长大，每侧 7~8 腺；背腺稍短，分布在第 3~6 腹节，第 3 腹节亚中区每侧 2 列 8~13 腺，亚缘区每侧前后两群 9~15 腺，第 4 腹节亚中区每侧 2 列 6~8 腺，亚缘区 5~9 腺，第 5 腹节亚中、亚缘区每侧各 4~7 和 3~9 腺，第 6 腹节仅亚中区 2~4 腺，第 1~2 腹节亚中区有小背腺。

雄成虫：介壳长条形，长约 1mm，白色，溶蜡状，背面有纵脊 3 条，两侧平行；壳点 1 个，黄褐色，位于前端。虫体瘦长，橘红色，长 0.57~0.69mm，翅展 1.26mm。腹末针状交尾器长 0.16mm。

卵：椭圆形，紫红色，长约 0.2mm。

若虫：初孵时椭圆形，橘黄色，眼黑色。触角、足健全，腹末具尾毛 1 对。固定若虫呈宽椭圆形，长 0.35mm。

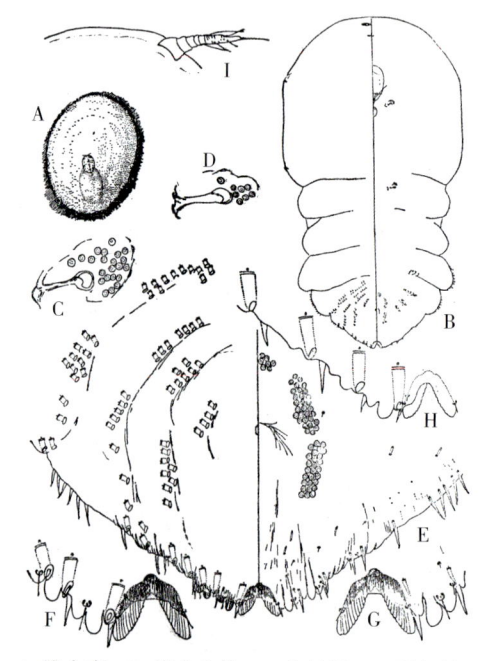

A. 雌介壳 B. 雌成虫体 C. 前气门 D. 后气门
E. 臀板 F、G. 臀板末端背面和腹面 H. 第二龄若虫臀板边缘 I. 第一龄若虫触角（仿陈方洁 绘）
檫木白轮盾蚧雌成虫

[生活史与习性]

生活史：湖南湘潭一年发生 2~3 代，以 2 龄若虫和雄蛹在嫩梢上越冬。翌年 4 月初雄成虫开始羽化。受精越冬代雌成虫 4 月下旬始产卵，每雌产卵 112~211 粒，平均 152 粒。5 月下旬第 1 代若虫始孵，6 月上旬为盛孵期。初孵若虫大多在叶背固定寄生，少数固定在幼茎和嫩枝上。6 月下旬雌成虫开始产卵，每雌平均产卵 84 粒。7 月中旬第 2 代若虫始孵，下旬为盛孵期。若虫一般在叶片上固定寄生。8 月下旬开始每雌平均产卵 28 粒。9 月中、下旬第 3 代若虫孵化，固定在嫩梢上，12 月始越冬。

寄生习性：该蚧喜隐蔽、潮湿。受害程度与环境条件关系密切，山区、半山区重于丘陵区；密林重于疏林；林中重于林缘；幼林重于成林，以 4~8 年生檫树受害最重。

[天　　敌] 有蚜小蜂 1 种，瓢虫 2 种及草蛉。其中蚜小蜂的寄生作用最显著。异色瓢虫的捕食作用亦大。

[防治方法] 参照考氏白盾蚧。

37. 乌桕白轮盾蚧
Aulacaspis thoracica **(Robinson)**

[中文异名] 宽胸白轮蚧、细胸轮盾蚧。

[分　　布] 中国浙江、上海、江苏、广东、云南、四川、福建、广西、安徽、北京、宁夏、贵州、香港；菲律宾。

[为害对象] 香樟、银木、乌桕、树杜鹃、肉桂、辣木、楠木、梓、黄兰、苏铁、巴戟、鸡血藤、青城拔葜、蔷薇等植物。

为害状（放大）

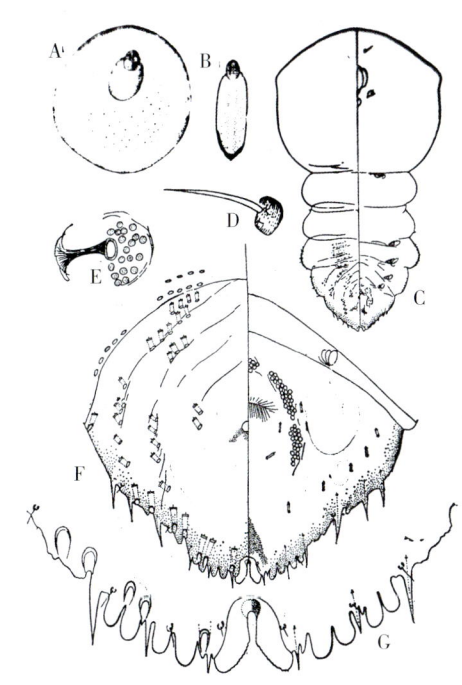

A. 雌介壳　B. 雄介壳　C. 雌成虫体　D. 触角　E. 前气门
F. 臀板　G. 臀板末端
乌桕白轮盾蚧雌成虫

[为　害　状] 雌成虫和若虫寄生在枝、干、叶面上刺吸汁液为害，受害叶片发生黄色斑点，枯黄凋落，严重时，枝干被虫体覆盖，一片白色，逐渐枯死，树势衰弱，甚至整株死亡。

[形态特征]

雌成虫：介壳宽椭圆至圆形，直径 2.1~2.6mm，白色，扁平；壳点 2 个，暗褐色，多数靠近边缘，少数伸出边缘或近中心，第 1 壳点一部分伸出第 2 壳点外，第 2 壳点背脊黑褐或黑色，尾端带黄色，侧灰褐色。体长形，长约 1.3mm，初为橙黄色，老熟紫红色；头胸部特大，侧缘近平行，其中段微突，头瘤明显，后胸骤然缩小，略宽于第 1 腹节，喙侧片不强化，偶成"雀嘴形"；中臀叶小，较长而细，内缘一半相平行，一半叉开具细齿，第 2、3 叶发达，双分，第 4 叶无，呈锯齿状；背腺分布：第 2 腹节具亚缘 2 列，6~8 腺，第 3 腹节具亚中、亚缘列，各列 5~6 腺，第 4 腹节具亚中、亚缘列，各列分别为 7~9 和 3~4 腺，第 5 腹节亚中、亚缘列各 4~5 腺，第 6 腹节亚中列 2 腺。

雄成虫：介壳长条形，长约 1.3mm，白色，溶蜡状，质地松脆，背面具纵脊 3 条，中央 1

条突起较高；壳点 1 个，灰褐色，位于前端。虫长 0.52mm，翅展约 1.6mm。体淡红褐色，眼黑色。腹末针状交尾器长约 0.2mm。

卵：椭圆形，长约 0.2mm，初产淡黄色，渐变紫红色。

若虫：初孵时椭圆形，橙红色，眼红色。触角和足健全，具 1 对尾毛。

雄蛹：纺锤形，长约 0.8mm，淡红褐色。

[生活史与习性]

生活史：成都一年发生 3~4 代。以若虫、雄蛹和少量雌成虫及其卵在枝干及叶面越冬。发生不整齐，世代重叠。翌年 3 月下旬越冬蛹羽化为成虫。交尾后越冬代雌成虫 3 月下旬至 5 月上旬产卵，4 月上旬至 5 月中旬第 1 代若虫孵化，5 月上旬为盛孵期。2~3 代若虫盛孵期分别为 7 月上、中旬，10 月上、中旬。10 月下旬至 12 月下旬部分受精雌成虫产卵，11 月中旬开始孵出第 4 代若虫，主要以若虫和雄蛹越冬。

繁殖：营两性和孤雌卵生。每头雌成虫产卵 41~182 粒，一般约 100 粒。1~3 代平均卵期分别为 12.8.9 天。

寄生习性：该虫喜阴湿，多分布在树冠中下层枝条及叶片上为害。

[天　　敌] 捕食性天敌有二点唇瓢虫、黑襟小瓢虫、日本方头甲；寄生性天敌有白轮蚧棒小蜂及另外 1 种寄生蜂。其中二唇瓢虫的捕食作用最显著。

[防治方法] 参照考氏白盾蚧。

38. 芒果白轮盾蚧
Aulacaspis tubercularis (Newstead)

[中文异名] 樟白轮蚧、芒果白轮蚧。

[分　　布] 四川、广东、浙江、台湾。

[为害对象] 芒果、柑、椰子、玉桂、月桂、樟属、楠属植物、木姜子、三枝仁、海桐花、小来木。

[为 害 状] 雌成虫和若虫寄生在枝干和叶片上刺吸汁液为害。

[形态特征]

雌成虫：介壳近圆形，长 2~2.8mm，灰白色，

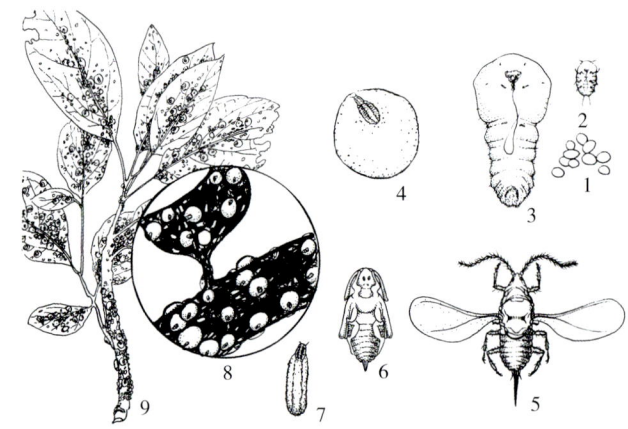

1. 卵　2. 若虫　3. 雌成虫　4. 雌介壳　5. 雄成虫　6. 蛹　7. 雄介壳　8. 放大图　9. 为害状

芒果白轮盾蚧

扁，质地很薄，半透明，常有皱纹；壳点 2 个，黄褐或油灰色，中脊黑色，多数位于边缘内，少数伸出边缘外。虫体螺钉形，长约 1.2mm，前体部远宽于后体部，后部细长，头瘤粗大，端钝，喙侧片明显，且外侧各有瘤突 1 个；中臀叶细长，小型，陷入臀板内，内缘锯齿不显或全无，叶基桥联处有略会合的小骨片 1 对，其前端各有 1 条硬化棒前伸，第 2、3 叶双分。背腺分布：第 3~6 腹节每侧每节亚中腺分别为 3~7、2~5、2~3、0~1 腺，亚缘腺分别为 4~7、2~4、1~4、0 腺，亚中、亚缘列靠内者略向前移；第 1 和 3

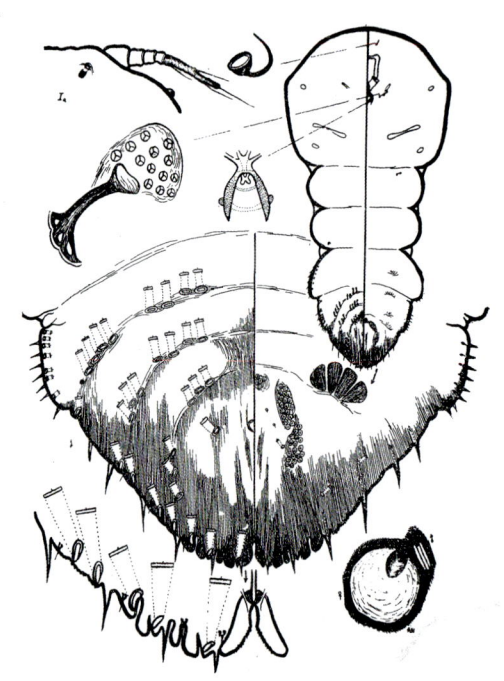

芒果白轮盾蚧雌成虫

腹节每侧各有亚缘背疤1个。

雄成虫：介壳长条形，长约1mm，白色，溶蜡状，脊面具纵脊3条；壳点1个，位于前端。

[防治方法] 参照考氏白盾蚧。

39. 雅樟白轮盾蚧
Aulacaspis yabunikkei Kuwana

[中文异名] 樟白轮蚧、日本白轮蚧、樟树轮盾蚧。

[分　布] 浙江、广东、云南、湖南、贵州、四川、台湾。

[为害对象] 香樟、肉桂、钩樟、天竺桂、黄肉楠、檫木、新木姜子、大驳骨、毛六驳、胡颓子。

[为害状] 雌成虫和若虫主要寄生在叶片上刺吸汁液为害，受害叶片褪绿枯黄，提前脱落，影响树势。

[形态特征]

雌成虫：介壳圆形或近圆形，直径1.5~5mm，白色，不透明，薄，扁平或稍隆起；壳点2个，灰黄色，中脊黑色，位于边缘内或边缘上。虫体长形，长约1.2mm，淡黄色，前体部略宽于后胸，头侧瘤明显或缺，后面成直角，无喙侧片，后体部粗壮宽大，第2腹节特别向侧突出；臀叶3对，中叶深陷板内，内缘基部平行，后半叉开具细齿，叶基桥联呈小菱形，第2、3叶大小和形状相似，双分。背腺分布：第3~6腹节

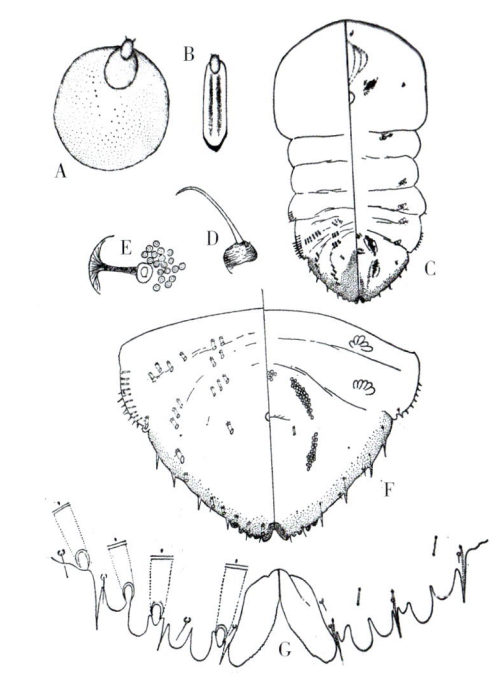

A. 雌介壳　B. 雄介壳　C. 雌成虫体　D. 触角　E. 前气门　F. 臀板　G. 臀板末端

雅樟白轮盾蚧雌成虫

亚中区每侧每节依次是3~8腺，2~6腺，1~5腺和1~4腺，第3~5腺腹节亚缘区每侧每节依次是1~11腺，2~7腺和2~8腺，第2~3腹节每节每侧叶各有5~10大管腺。

雄成虫：介壳长条形，长约1mm，白色，溶蜡状，背面具纵脊3条；壳点1个，淡黄色，位于前端。

卵：椭圆形，桔橙色。

若虫：初孵时椭圆形，淡橙色。

雌介壳（近视）

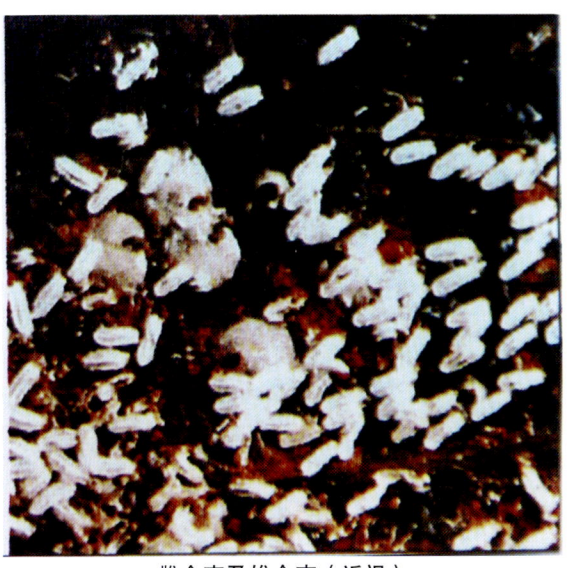

雌介壳及雄介壳（近视）

雄蛹： 椭圆形，橙黄色。

[生活史与习性] 福州一年发生 4~5 代，以受精雌成虫及少量卵、若虫、雄蛹在枝干上越冬；桂林 5 代，仍以各虫态越冬。世代重叠现象严重；福州翌年 4 月上旬始见第 1 代初孵若虫。4 月底至 5 月上旬第 2 代若虫始孵，6 月中、下旬为盛孵期，虫口数量剧增，为全年为害最重时期。3~4 代若虫盛孵期分别为 7 月底至 8 月上旬、9 月下旬至 10 月上旬。1~3 代雌虫多散布在叶面，雄虫常密布于叶背。4~5 代虫体多固定寄生在枝干上。桂林 4 月下旬至 5 月上旬第 1 代若虫孵化。第 2 代若虫发生为害最重。

[天　　敌] 捕食性天敌有细缘唇瓢虫、双斑隐胫瓢虫、亚非草蛉、钝绥螨；寄生性天敌有金黄蚜小蜂、啮小蜂。

[防治方法] 参照考氏白盾蚧。

40. 棕榈鲍圆盾蚧
Hemiberlesia palmae (Cockerell)

[中文异名] 棕钹盾蚧、长棘盾蚧、苏铁本圆蚧、棕钹圆盾蚧。

[分　　布] 广东、广西、山东、浙江、福建、四川、云南。

[为害对象] 香蕉、橘子、椰子、芒果、番

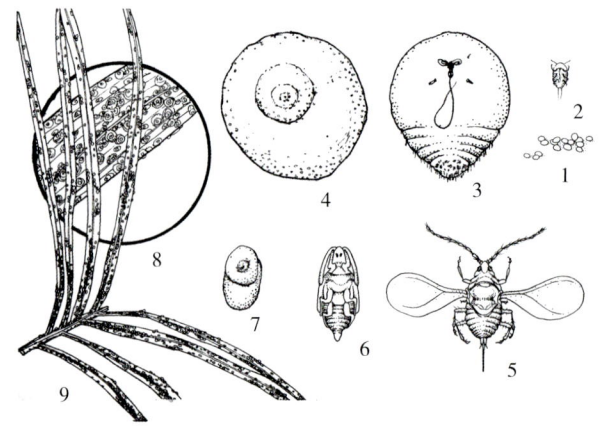

1. 卵　2. 若虫　3. 雌成虫　4. 雌介壳　5. 雄成虫　6. 蛹　7. 雄介壳　8. 放大图　9. 为害状
棕榈鲍圆盾蚧

木瓜、木菠萝、无花果、笼凤梨、海枣、可可、油椰、咖啡、茶、木薯、花叶兰、苏铁、棕榈、榕、野茉莉、马钱子。

[为 害 状] 雌成虫和若虫寄生在叶片上刺吸汁液为害。

[形态特征]

雌成虫： 介壳圆形或椭圆形，长约 5mm，白或黄白色，相当隆起；壳点 2 个，偏心，色暗或黑色。虫体倒梨形，长约 1mm；臀叶 3 对，中叶大而突出，内外凹切深，基部硬化发达，叶间距离为一叶之宽，侧叶细长，端尖，矛头状，透明而不硬化，第 3 叶为一硬化齿，臀栉极发达，长于中叶，端部有很多不规则分叉，越在外方的分叉越复杂；背管腺相当细长，数少，第 5 腹节前无；肛门很大，纵径稍大于中叶长；围阴腺 4 群。

雄成虫介壳： 直径约 0.7mm；壳点 1 个。

[防治方法] 参照考氏白盾蚧。

41. 白桦雪盾蚧
Chionaspis alnus Kuwana

[中文异名] 桤木雪盾蚧。

[分　　布] 东北地区。

[为害对象] 桤木属、白桦属植物。

[为 害 状] 雄虫寄生于枝条和叶柄，雌虫寄生于枝干上刺吸汁液为害。

[形态特征]

雌成虫： 介壳长梨形，长 1.5~2.5mm，白色，

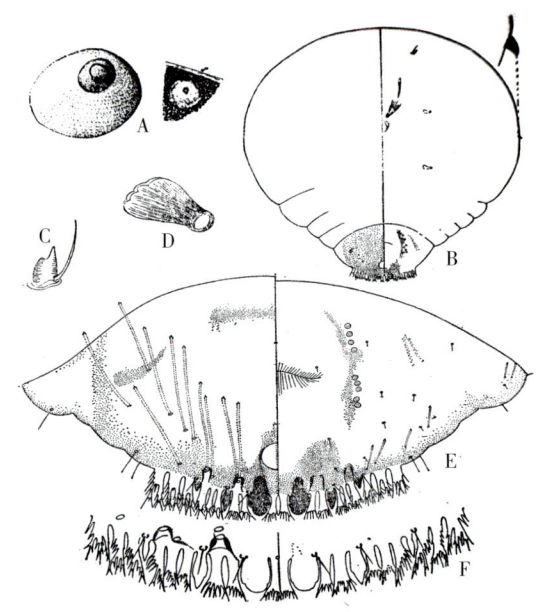

A. 雌介壳　B. 雌成虫体　C. 触角　D. 前气门　E. 臀板　F. 臀板末端

棕榈鲍圆盾蚧雌成虫

扁平，中央稍隆起，边缘质地薄；壳点 2 个，第 1 壳点深米黄色，第 2 壳点浅米黄色，位于前端。虫体纺锤形，长 0.7~0.8mm，黄色，老熟时暗红色；中臀叶粗大，端圆，第 2 叶很小，双分，第 3 叶不显或内叶略显。背腺：具大、中、小三型，中胸第 4 腹节亚中群为小型腺，常重列，第 5 腹节亚中群双列，中型腺，每侧 5~11 腺，第 6 腹节亚中群中、大型腺，每侧 0~1 腺，中胸~第 2 腹节亚缘群为小型腺，第 3~5 腹节亚缘群为中、大型腺，其中第 5 腹节大型腺 2~3 个，第 4 腹节大型腺 6 个，侧缘腺自头部至第 3 腹节均为中型腺，背腺从体缘向体中和自体后向体前渐变小。

雌雄介壳（放大）

43. 细腺雪盾蚧
***Chionaspis salicis* Marlatti**

[中文异名] 微孔雪盾蚧、白杨齐盾蚧、细管雪盾蚧。

[分　布] 中国山西、吉林、内蒙古、宁夏、山东；朝鲜、俄罗斯。

[为害对象] 杨、柳、椋木。

[为 害 状] 雌成虫和若虫寄生在枝干上刺吸汁液为害，造成植株长势衰弱，甚至整株死亡。

[形态特征]

雌成虫：介壳梨形，长 1.6~3mm，白色；前狭后宽，直或微弯，中央略隆起；壳点 2 个，第 1 壳点淡黄色，第 2 壳点黄褐色，椭圆形，位于前端，第 1 壳点伸出第 2 壳点一部分。虫体纺锤形，长 1~1.2mm，黄色；胸部及臀前腹节侧突明显，触角远离；臀叶 3 对，中叶大而突，基部桥联，端半叉开，叶端浑圆，无凹切，第 2、3 叶双分。背腺分布：除臀缘腺外均为小型，第 1~5 腹节有亚中、亚缘群，第 6 腹节有亚中群。

雄成虫：介壳长条形，长约 1mm，白色，溶蜡状，背面有纵脊 3 条；壳点 1 个，淡黄色，位于前端。虫体瘦长，深红色，眼黑色，具翅 1 对，腹末交尾器针状。

卵：椭圆形，长约 0.2mm，褐红色。

若虫：1 龄若虫椭圆形，长 0.35mm，红褐色，触角、足健全，具 1 对尾毛。

[生活史与习性] 吉林长白山地区一年发生 1 代。以卵在树干上的介壳内越冬；翌年 5 月中旬，当日平均气温达到 11.40℃、相对湿度 57% 时，越冬卵始孵，初孵若虫爬行 3、4 天后在树

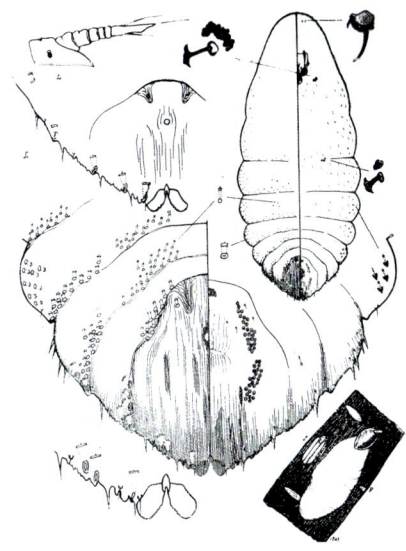

白桦雪盾蚧雌成虫

雄成虫：介壳长条形，长约 0.9mm，白色，溶蜡状，背面具纵脊 3 条；壳点 1 个，位于前端。

[防治方法] 参照考氏白盾蚧。

42. 杜鹃雪盾蚧
***Pseudaulacaspis ericacea* (Ferris)**

寄主：杜鹃

为害状

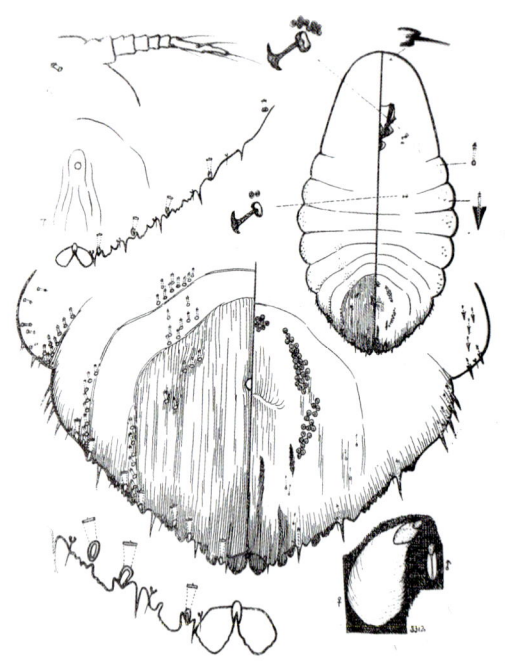

细腺雪盾蚧雌成虫

干上固定寄生。6月初1龄若虫开始蜕皮，7月初2龄雌若虫再次蜕皮变为雌成虫，8月中旬至9月下旬产卵，每雌产卵30~78粒。

[防治方法] 参照考氏白盾蚧。

44. 拟孟雪盾蚧
Chionaspis montanoides Tang et Li

[分　　布] 青海、新疆、宁夏。

[为害对象] 青杨、红皮灌木柳、柳、山杨。

[为 害 状] 雌成虫和若虫寄生在枝干上刺吸汁液为害。

[形态特征]

雌成虫：介壳长梨形，长约1.8mm，宽约0.6mm，白色，前端尖，后部钝圆；壳点2个，位于前端。虫体倒卵形，长约0.8mm，宽约0.5mm，紫红或污红色。臀叶3对，腹部后几节的侧缘均可见体毛2根。

雄成虫：介壳长形，长约0.7mm，白色，背面有纵脊；壳点1对，灰黄色，位于前端。虫体长约0.5mm，无翅，体紫红色，腹眼黑色；触角念珠状，黄褐色，长度与体长相当，每节着生细毛约4根；足黄褐色，腹末具性刺2根，长约为体长的1/2。雄成虫无翅在蚧虫中实属罕见，其形态亦与众不同。

卵：卵圆形，紫色。

若虫：初孵时卵圆形，紫红色，触角足健全。

[生活史与习性] 青海海拔2 400~2 500m的地区，一年发生1代。以卵在雌成虫介壳下越冬；翌年5月下旬至6月上旬若虫孵化，5月下旬为盛孵期。初孵若虫在枝干上固定寄生，7月初前后脱第1次皮，7月中、下旬雌若虫脱下第2次皮变为雌成虫。8月中、下旬产卵，每头雌成虫产卵80余粒。

[防治方法] 参照考氏白盾蚧。

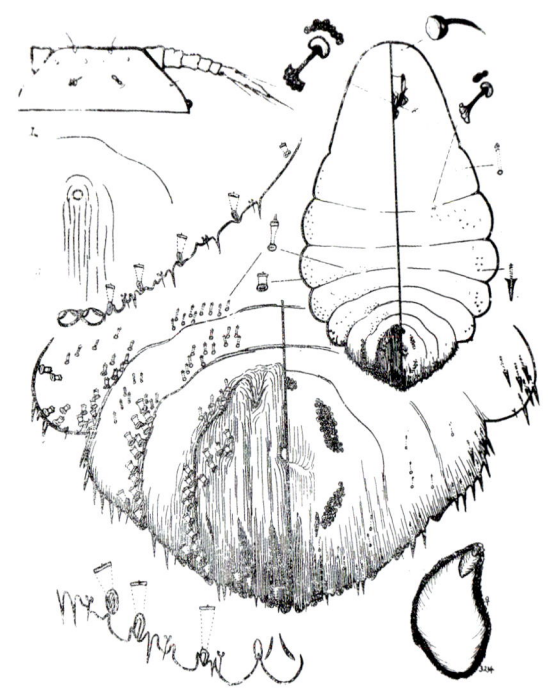

拟孟雪盾蚧雌成虫

45. 木犀雪盾蚧
Chionaspia osmanthi (Ferris)

寄主：桂花

木犀雪盾蚧为害状

46. 准富雪盾蚧
Hionaspis saitamaensis Chen

[分布] 云南、福建。

[为害对象] 栎。

[为害状] 雌成虫和若虫寄生在叶背刺吸汁液为害。

[形态特征]

雌成虫：介壳长卵形，长 2.5~3mm，白色，前狭后圆；壳点 2 个，黄色，位于前端，第 1 壳点伸出第 2 壳点一半。虫体长卵形，长约 1mm，黄色，两侧几平行，臀前腹节侧突明显；中臀叶粗大，强烈叉开，叶端不突出板缘，第 2 和 3 叶均双分；背腺分布于第 3~5 腹节，亚缘群每侧每节顺次为 2~3，2~3 和 1~2 腺，亚中群每侧每节顺次为 0~1，0~1 和 1~2 腺；腺刺每侧 6 个，缘腺每侧 8 个；围阴腺 5 群。

雄成虫：介壳长形，长约 1mm，白色，溶蜡状，背面有纵脊 3 条；壳点 1 个，位于前端。

[防治方法] 参照考氏白盾蚧。

47. 柞雪盾蚧
Chionaspis saitamaensis Kuwana

[中文异名] 栎雪盾蚧、准富腺雪盾蚧、青冈袋盾蚧。

[分布] 中国山东、吉林、云南；日本、斯里兰卡。

[为害对象] 栎属、栲、青冈。

[为害状] 雌成虫和若虫寄生在叶片、枝干上刺吸汁液为害。

[形态特征]

雌成虫：介壳梨形，长约 2.5mm，白色；壳点 2 个，深黄色，位于前端。虫体纺锤形，长约 1mm，红或暗红色，臀前腹节侧突较显；食叶型中臀叶陷入，内缘叉状，食干型中臀叶突出，叶端圆形，叶间无毛，第 2 叶小而双分，第 3 叶仅为浅突。背腺分布：分大、小两型，第 5 腹节亚中群每侧大腺 2~3 个，小腺 4~7 个，亚缘群每侧大腺 2~3 个，第 4 腹节亚中群每侧多为小腺，也有中腺，亚缘群每侧大腺 5~6 个，偶有小腺，第 3 腹节亚缘群每侧大腺 2 个和小腺多个，亚中群均是小腺，第 2~1 腹节亚中群均是小腺，亚缘群有或无腺，中、后胸及第 1~3 腹节缘有背腺。

雄成虫：介壳长条形，长约 1mm，白色，溶蜡状，背面具纵脊 3 条；壳点 1 个，黄褐色，位于前端。

[生活史与习性] 浙江一年发生 3 代，以卵在 1~2 年生枝条上的介壳下越冬。1~3 代若虫孵化期分别为：4 月下旬~5 月下旬，6 月下旬~7 月中旬，8 月中旬~9 月中旬。雄虫大多为害叶片（分脉上），雌蚧的越冬代和第 1 代寄生叶片（正面主脉和第 1 分脉边），第 2 代寄生 1~2 年生枝。

[防治方法] 参照考氏白盾蚧。

48. 柳雪盾蚧
Chionaspis salicis (Finnaeus)

[中文异名] 柳齐盾蚧。

[分布] 新疆、青海、宁夏、甘肃、吉林、辽宁、内蒙古、云南。

[为害对象] 醋果、枸子、花楸、梨、玫瑰、金雀花、半日花、杜鹃、丁香、绣球、喇叭茶、欧石楠、素馨、杨、柳、榆、赤杨、桦、染料木、枫、椴、女贞、卫矛、鼠李、来木、越橘、南烛、

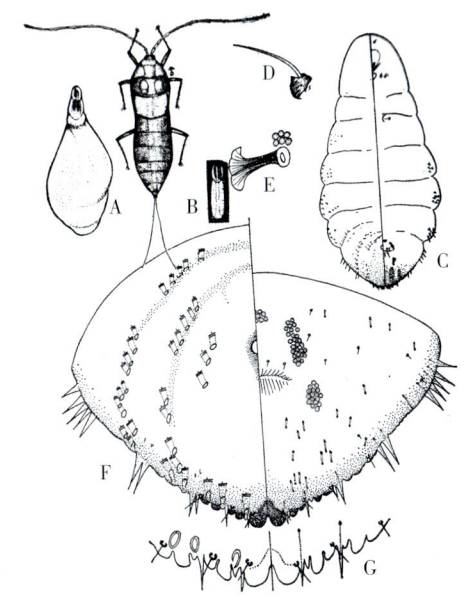

A. 雌介壳　B. 雄介壳　C. 雌成虫体　D. 触角　E. 前气门　F. 臀板　G. 臀板末端

柳雪盾蚧雌成虫

熊果。

[为害状] 雌成虫和若虫寄生在枝干和叶柄上刺吸汁液为害。

[形态特征]

雌成虫：介壳梨形或长蛎形，长1~2mm，白色，前端狭，后部宽，略隆起；壳点2个，椭圆形，位于前端，第1壳点灰黄色，第2壳点赭褐色，后端鲜黄色。虫体纺锤形，长约1mm，黄色；中、后胸及臀前腹节侧突明显，触角远离，各具1毛；臀叶3对，中叶大，宽过于长，基部一半桥联，端部一半叉开，端圆而突，第2、3叶双分。背腺分布：亚中群分布在第2~6腹节，每节单列或不规则双列，除第2腹节为小管腺外均为大管腺，亚缘群分布在后胸至第5腹节，除第2腹节为小管腺外均为大管腺。

雄成虫：介壳长条形，长约0.8mm，白色，溶蜡状，背面具纵脊3条，质地致密整齐；壳点1个，灰黄色，位于前端。

[防治方法] 参照考氏白盾蚧。

49. 乌柳雪盾蚧
Chionaspis salicis (Walsh)

[中文异名] 黑柳雪盾蚧。

[分　　布] 宁夏、吉林、内蒙古。

[为害对象] 杨、柳、鹅掌楸、康椴、白桦、山茱萸。

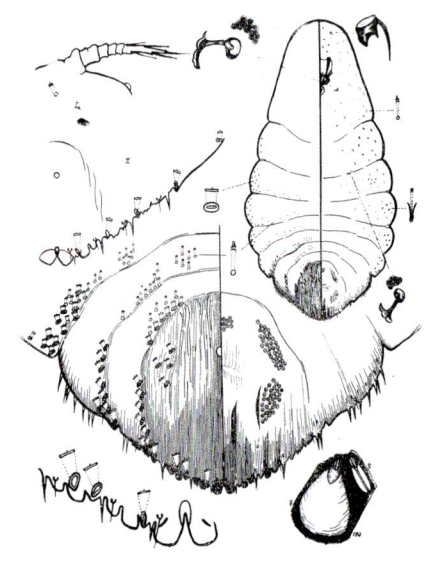

乌柳雪盾蚧雌成虫

[为害状] 雌成虫和若虫寄生在枝干和叶柄上刺吸汁液为害。

[形态特征]

雌成虫：介壳梨形，长约2mm，白色，前面狭，后面宽，略隆起，直或弯曲，质地厚；壳点2个，黄色，位于前端。虫体纺锤形，长约1mm，黄色；臀叶3对，中叶大，宽圆，叉开而陷入板内，或不叉开而突出，或叉开而又半突，外角各有一硬化棒，第2、3叶双分。背腺分布：第6腹节亚中区大管腺，第5~2腹节亚中区大、小管腺均有，每节双列，第4~5腹节亚缘区大管腺，第1~3腹节亚缘区大、小管腺相混，后胸亚中区小管腺存在。

雄成虫：介壳长条形，长约1mm，白色，溶蜡状，背面有不明显纵脊1条；壳点1个，黄色，位于前端。

[防治方法] 参照考氏白盾蚧。

50. 蜀雪盾蚧
Chionaspis camphora Chen

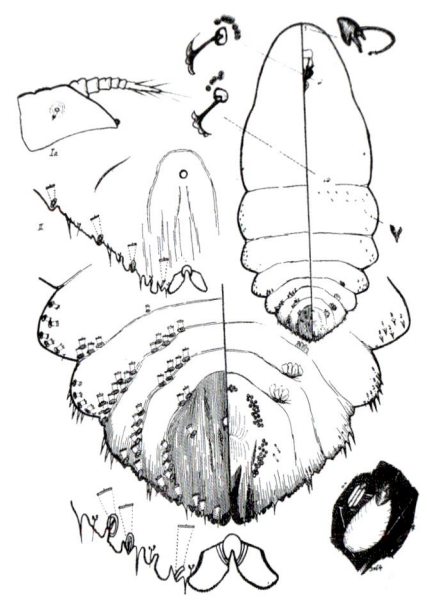

蜀雪盾蚧雌成虫

[中文异名] 香樟袋盾蚧、樟囊蚧、蜀袋盾蚧。

[分　　布] 四川。

[为害对象] 银木、香樟、木姜子。

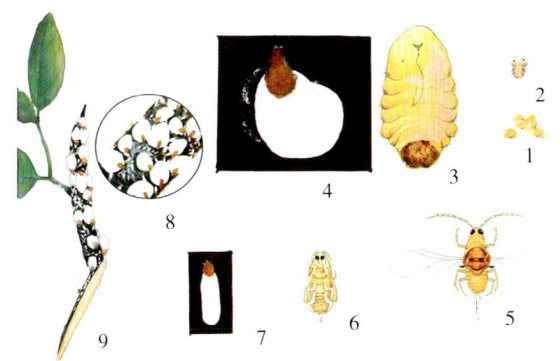

1. 卵 2. 若虫 3. 雌成虫 4. 雌介壳 5. 雄成虫 6. 蛹
7. 雄介壳 8. 放大图 9. 为害状

蜀雪盾蚧

[为害状] 雌成若虫密集于枝干上刺吸汁液为害，严重时全树一片白色，从树冠下层开始，枝条由下至上逐渐枯死，直至顶部，造成整株死亡。

[形态特征]

雌成虫：介壳梨形，长1.5~2.0mm，灰白色；壳点2个，位于前方顶端，均有棱纹，第1壳点油浸状褐色，第2壳点棕黄色，中脊较突起。虫体纺锤形，长约1.2mm，棕红色，以后胸节或第1腹节最宽。体节侧缘突起。中臀叶粗大，内陷较浅，基部叶结明显，内缘无齿刻，中间无毛，第2、3叶双分，端圆。背腺分布：第2~5腹节亚缘群每侧每节依次为0~6，3~8，2~5，3~4，第2~6腹节亚中群每侧每节依次为0~2，2~5，3~5，2~4，0~1。

雄成虫：介壳长条形，长约1mm，白色，溶蜡状，背面具纵脊3条；壳点1个，油褐色，位于前端。虫体杏黄色，长0.7mm，翅展1.6mm；触角丝状10节。针状交尾器长约0.2mm。

卵：长卵圆形，长约0.2mm，棕红色。

若虫：初孵时椭圆形，扁平，长约0.2mm，体淡棕红色，眼点黑色，腹末有1对尾毛。

雄蛹：体长约0.7mm，橙黄色。

[生活史与习性]

生活史：成都一年发生3代。以受精雌成虫、2龄若虫在枝干上越冬；翌年3月开始刺吸汁液，4月上旬至5月上旬越冬雌成虫产卵，4月下旬为产卵盛期。雌成虫产卵于介壳下面，1、2代雌成虫产卵期分别为6月下旬至7月中旬，7月上旬为产卵盛期；8月下旬至9月中旬，9月上旬为产卵盛期。1~3代若虫孵化期分别为4月下旬至5月中旬，5月上旬为盛孵期；7月上、中旬，7月上旬为盛孵期；9月上、中旬，9月上旬为盛孵期。10月上旬第3代雄虫开始化蛹，10月中旬羽化为成虫。雌雄交配后，11月下旬受精雌成虫和部分2龄若虫开始越冬。

繁殖：主要营两性卵生，雌雄性比为1∶16。每头雌成虫产卵，越冬代73~143粒，第1代43~132粒，平均77粒。1~3代卵期分别为（平均气温21℃)16~23天，平均20天，孵化率为96%；（平均气温26℃)7~12天，平均10天，孵化率为100%；（平均气温24.7℃)8~12天，平均11天，孵化率为94%。

寄生习性：初孵若虫在母壳下滞留数小时，然后陆续爬出，在枝条或树干上就近固定寄生，以1、2年生枝条虫口密度最大。但在幼树上，则多寄生于树干。虫体主要集中在树冠中、下层，尤以下层为多。

生长发育：初孵若虫固定1~2天后，自腹末抽出2条卷曲状蜡丝，同时开始分泌膜状蜡质，沿体背向前推进直至盖住虫体，并逐渐形成深褐色体壳。第1代若虫约经18天脱下第1个壳点，进入2龄。2龄雄若虫从体末分泌出倒"山"字形白色溶蜡状蜡束，逐渐伸长加宽愈合成长条形介壳，壳点1个，留在前端。约经14天化蛹。2龄雌若虫约经12天脱下第2个壳点，进入雌成虫阶段，并逐渐形成白色梨形介壳，2个壳点重叠于前端。

传播：初孵若虫靠爬行就近扩散；借助风力传播较远距离，在顺风情况下，可达百米以外；远距离传播靠苗木调运。

为害状

发生与寄主抗虫性：银木受害最重，香樟受害较轻；同种寄主，幼龄树木受害重，大龄树木受害较轻。

[天　敌] 红点唇瓢虫、闪兰红点唇瓢虫是最重要的捕食性天敌。其幼虫、成虫均可大量捕食成蚧、若虫及卵，自然控制率可达43%。

[防治方法] 参照考氏白盾蚧。

51. 葡萄雪盾蚧
***Aulacaspis vitis* Green**

[中文异名] 葡萄菲盾蚧。

[分　布] 台湾。

[为害对象] 葡萄、芒果、粗糠柴、秋茄树、胡颓子、桑寄生、解宝叶、铁苋菜、单叶豆。

[形态特征]

雌成虫：介壳不规则、近圆形或三角形，长约2.5mm，白色，半透明，能看到壳下虫体和卵；壳点2个，淡黄色，位于前端，第1壳点很小，仅为第2壳点的1/3。虫体纺锤形，长约1.3mm，鲜黄色；头侧缘眼留明显突出；臀板后端截形，臀叶3对发达，中叶小，长过于宽，基连，内缘外斜，端钝尖，第2和3叶均双分；腺刺小，每侧8~9个，缘腺每侧7个；背腺在第3腹节成1列，第4腹节上成亚缘、亚中群，第5腹节上1腺。

雄成虫介壳：长条形，长约1mm，白色，溶蜡状，后端稍宽，背面有明显纵脊3条；壳点1个，淡黄色，位于前端，约占介壳1/5。

[防治方法] 参照考氏白盾蚧。

52. 双叶壳圆盾蚧
***Chortinaspis biloa* (Maskell)**

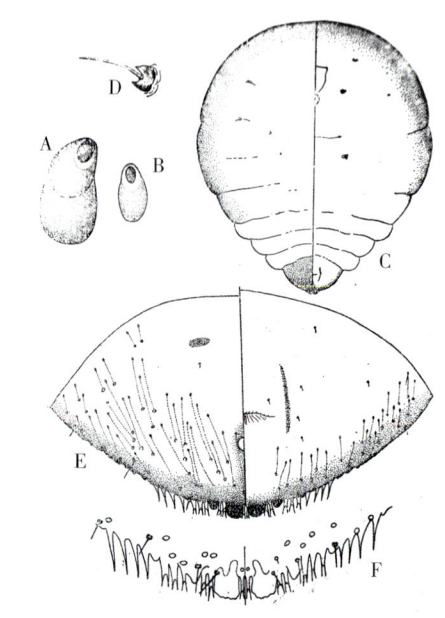

A. 雌介壳　B. 雄介壳　C. 雌成虫体　D. 触角
E. 臀板　F. 臀板末端

双叶壳圆盾蚧雌成虫

[中文异名] 双短角圆蚧、双叶裸盾蚧。

[分　布] 上海、香港。

[为害对象] 芦苇等禾本科植物。

[为害状] 雌成虫和若虫寄生在叶片上刺吸汁液为害。介壳色泽因寄主年龄及所寄生部位有差异。

[形态特征]

雌成虫：介壳形状多变，有的呈不规则圆形或卵形，白、淡黄至黑色，隆起，坚实，腹壳坚实发达；壳点2个，位于前端。虫体梨形，前宽后狭；臀叶2对发达，中叶大，宽过于长，端圆，两侧无缺刻，第2叶较小，基宽端狭圆，第3叶微小尖出；每两叶间有端齿式臀栉2个，第3叶外有5~6个；背腺细线状，中等长，每侧约30腺，不规则分布在边缘及亚缘；无围阴腺。

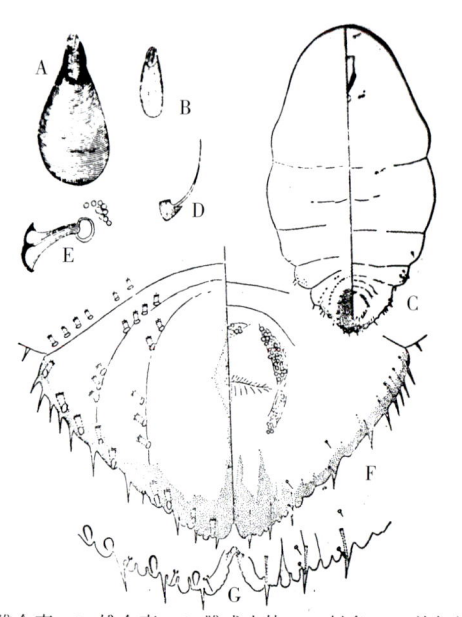

A. 雌介壳　B. 雄介壳　C. 雌成虫体　D. 触角　E. 前气门
F. 臀板　G. 臀板末端

葡萄雪盾蚧雌成虫

雄成虫： 介壳卵形，白或淡黄色；壳点1个，位于前端。

[防治方法] 参照考氏白盾蚧。

53. 酱褐圆盾蚧
Chrysomphalus bifasciculatus Ferris

[中文异名] 拟褐金顶盾蚧、拟褐叶圆蚧、橙褐圆盾蚧。

[分　　布] 中国江苏、江西、广西、浙江、上海、湖北、广东、福建、四川、云南、台湾等省区；日本、俄罗斯、美国。

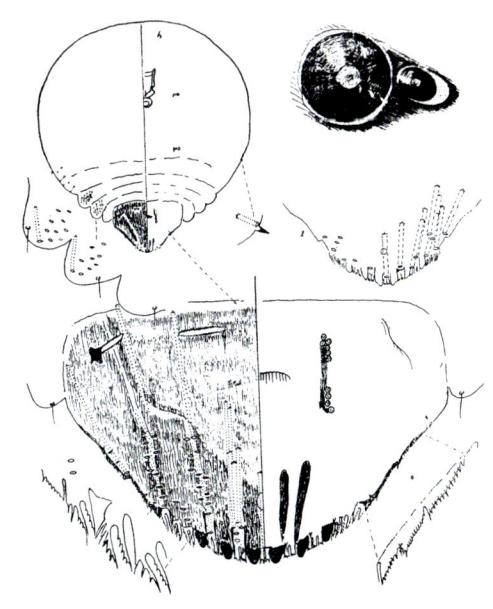

酱褐圆盾蚧雌成虫

[为害对象] 柑橘、香蕉、木瓜、荔枝、椰子、枸橘、杏、海枣、李、无花果、油橄榄、槭树、茶、阿拉伯茶、月桂、桂花、月季、山茶、夹竹桃、象牙红、兰花、鹤望兰、八角金盘、苏铁、女贞、桃叶珊瑚、香樟、广玉兰、松、桃榔、棕榈、栎、

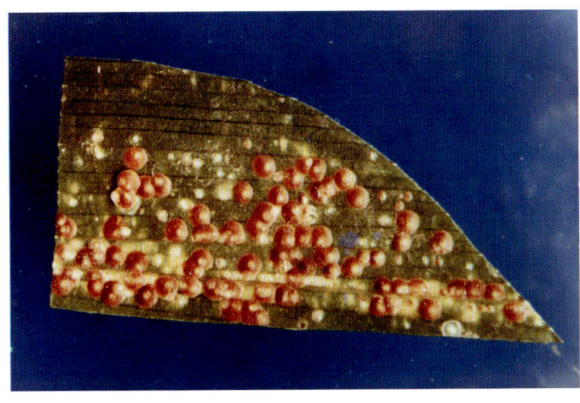

雌介壳（放大）

雌、雄介壳（放大）

法国冬青、大叶黄杨、万年青、海桐、黄杨、卫矛、胡颓子、常春藤、南蛇藤、蜘蛛包蛋、沿阶草、莎草等多种植物。

[为害状] 雌成虫和若虫主要寄生在叶片上刺吸汁液为害，受害叶片发生黄色斑点，严重时叶片枯黄早落，影响树势。

[形态特征]

雌成虫： 介壳圆形，直径1.7~2.2mm，深黄褐色，相当扁；壳点2个，淡黄色，重叠于介壳中央或亚中心部。虫体倒梨形，长约0.8mm，橙黄色，膜质，臀前腹节侧缘呈瓣状突出，胸侧瘤粗锥状，硬化；臀叶3对发达，大小相差不大，第4叶仅一小点，中叶长过于宽，端圆，两侧均有凹缺，基部不收缩，叶角及叶间硬化棒正常，每侧8条；臀栉在第3叶以内细长刷状，第3~4叶间双叉形，强烈分枝；背腺细长，中叶间1个，中叶至第4叶，每叶间1列，每列分别为4~6，12~14，12~14腺，臀前第2和3腹节侧缘具有成束管腺，每节约10腺；围阴腺4群。

雄成虫： 介壳椭圆形，长约1.1mm，宽约0.5mm，质地和色泽同雌介壳；壳点1个，位于一端近中心。虫体长约0.7mm，体橙黄色，眼黑色，翅展约1.8mm，腹末针状交尾器长0.25mm。

卵： 长椭圆形，长约0.2mm，鲜黄色。

若虫： 初孵时椭圆形，长约0.25mm，体鲜黄色，眼红色，触角、足健全。

雄蛹： 长0.75mm，宽0.36mm，橙黄色。

[生活史与习性]

生活史： 成都一年发生3代，以受精雌成虫在叶片上越冬。翌年4月中旬开始产卵。1~3代若虫孵化期分别为5月上旬至下旬，5月下旬为孵化高峰期；6月下旬至7月中旬，7月中旬为孵化高峰期；8月中旬至9月上旬，8月下旬为孵化高峰期。10月上旬至下旬雄虫化蛹羽化为成虫。交配后以受精雌成虫越冬。

繁殖：每头雌成虫产卵21~44粒。1~3代卵历期分别为10~18天，平均14天；3~8天，平均5天；4~8天，平均6天。

寄生习性：雌成虫和若虫主要寄生在叶面及叶鞘背面。

[天　　敌] 同橙褐圆盾蚧。

[防治方法] 参照考氏白盾蚧。

54. 橙褐圆盾蚧
***Chrysomphalus dictyospermi* (Morgan)**

[中文异名] 网籽草叶圆蚧、橙圆金顶盾蚧。

[分　布] 中国山东、浙江、福建、上海、江苏、广西、云南、湖南、四川、江西、台湾等省区及北方温室；亚洲、欧洲、美洲、非洲。

[为害对象] 柑橘、桂花、象牙红、木槿、合欢、紫荆、玫瑰、丁香、夹竹桃、蔷薇、朱蕉、美人蕉、鸢尾、凤梨、兰草、苏铁、金边瑞香、天竺桂、罗汉松、木兰、樟、棕榈、蒲葵、黑松、刺桐、法国冬青、黄杨、大叶黄杨、龟背竹、一叶兰、芦荟、沿阶草等多种植物。

[为害状] 雌成虫和若虫寄生在叶片、枝

1. 卵　2. 若虫　3. 雌成虫　4. 雌介壳　5. 雄成虫　6. 蛹
7. 雄介壳　8. 放大图　9. 为害状
橙褐圆盾蚧

干上刺吸汁液为害，使叶片失绿枯黄，严重时，虫体层叠满布枝叶，导致整株死亡。

[形态特征]

雌成虫：介壳圆形，直径1.5~2.2mm，淡褐、淡红褐或黄褐色，扁平，中部隆起，质地很薄；

雌成虫介壳（放大）

壳点2个，橘红色，位于中心，第1壳点成一乳头状突，白色(活体)。虫体宽梨形，长0.6~0.8mm，橙黄色，膜质，前体段圆形，臀板突出；臀叶3对发达，第4叶为一尖点，中叶最大，第3叶最小，均长过于宽，向内倾斜，端圆，基部不收缩，只有外侧角有深凹切，第4叶以上板缘硬化，锯齿状，有2深凹缺；臀栉在第3叶以下为细小栉状，以上则头2个各有一明显之棍状附器，第3个双分成2个小而略棒状的附器；腺同粗同长，在中叶间，中叶与第2间，第2~3和3~4叶间成列，各为1，2~3，7~9，7~9腺，臀前腹节很少存在，若有则每节只2~3短腺，不成束。

雄成虫：介壳长卵圆形，长约1.2mm，质地和色泽同雌介壳；壳点1个，偏于一端中心。

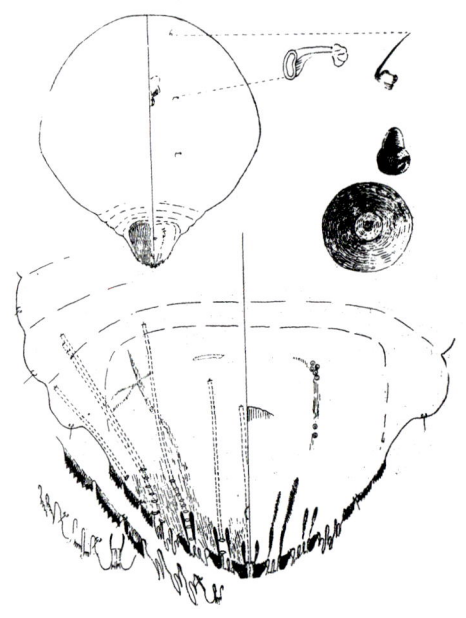

橙褐圆盾蚧雌成虫

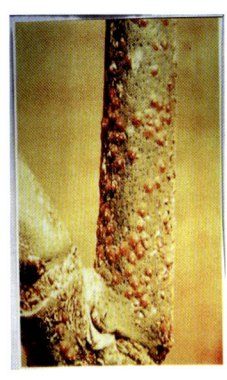

为害状

虫体长约 0.7mm，翅展约 1.9mm。体淡黄色，眼紫色，腹末针状交尾器长 0.33mm。

卵：卵圆形，长约 0.2mm，黄色。

若虫：初孵时椭圆形，长约 0.2mm，黄色、触角、足健全。

雄蛹：长约 0.8mm，黄色，眼点紫色。

[生活史与习性]

生活史：一年发生代数因地而异，上海 3 代，以受精雌成虫在枝干、叶片上越冬；成都 3~4 代，以 2 龄若虫及少量受精雌成虫越冬。成都翌年 2 月下旬至 4 月上旬越冬雄若虫化蛹，3 月上旬至 4 月上旬羽化为成虫。受精雌成虫 4 月中旬至 5 月中旬产卵，5 月上旬为产卵盛期。1~4 代若虫孵化期分别为 4 月中旬至 5 月中旬，5 月上旬为盛孵期；6 月上旬至 7 月上旬，6 月中旬为盛孵期；8 月上旬至 9 月上旬，8 月中旬为盛孵期；9 月中旬至 10 月下旬，9 月下旬至 10 月上旬为盛孵期。10 月下旬至 11 月下旬第 4 代部分雄虫化蛹羽化。以 2 龄若虫和受精成虫越冬。

上海第 1 代若虫 4 月中、下旬至 5 月底孵化，5 月上、中旬为盛孵期，2~3 代若虫盛孵期分别为 7 月下旬、9 月上旬，每头雌成虫产卵 33~63 粒，各代卵期仅约 5 天，孵化期比较集中。

繁殖：营两性卵胎生或卵生，每头雌成虫产卵 79~145 粒。1~3 代卵期分别为 2~4 天、1~3 天、2~4 天。卵孵化率高达 100%。

寄生习性：虫体多分布于叶片或密集于枝干上。

发生与物候：在上海，第 1 代若虫盛孵期的物候是红花夹竹桃花蕾吐色期至始花期，此时为药剂防治适期。

[天　　敌] 捕食性天敌有食蚧半疥；寄生性天敌有非洲黄蚜小蜂、金黄蚜小蜂、康氏黄蚜小蜂、双黄蚜小蜂、糠片蚧黄蚜小蜂、褐圆蚧钝黄蚜小蜂、无斑黄蚜小蜂、岭南黄蚜小蜂、斑角黄蚜小蜂、印巴黄蚜小蜂、桑盾蚧黄蚜小蜂、双带花角蚜小蜂、红圆蚧恩蚜小蜂、长缨恩蚜小蜂、长恩蚜小蜂、糠片蚧恩蚜小蜂、瘦柄花支蚜小蜂、中华四节蚜小蜂、斯氏四节蚜小蜂、万县四节蚜小蜂、双带巨角跳小蜂、黄色花翅跳小蜂、蜡蚧黑卵蜂。

[防治方法] 参照考氏白盾蚧。

55. 黑褐圆盾蚧
***Chrysomphalus aonidum* Ashmead**

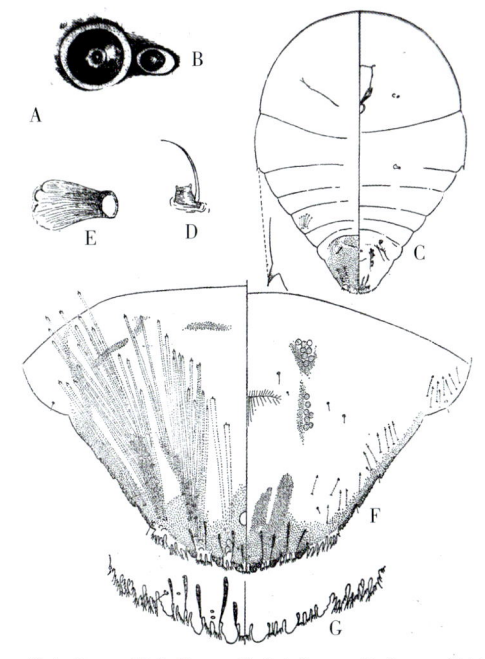

A. 雌介壳　B. 雄介壳　C. 雌成虫体　D. 触角　E. 前气门　F. 臀板　G. 臀板末端

黑褐圆盾蚧雌成虫

[中文异名] 褐圆金顶盾蚧、茶黑圆蚧、褐叶圆蚧、褐圆蚧。

[分　　布] 中国北京、河北、山东、江苏、福建、广东、广西、上海、浙江、四川、湖南、江西、云南、台湾等省区及北方温室；南亚、非洲、欧洲、美洲、澳洲。

[为害对象] 柑橘、柠檬、椰子、杨梅、芒果、蒲桃、金橘、香蕉、无花果、栗、葡萄、茶、桂花、木槿、杜鹃、玫瑰、山茶、茉莉、百合、美人蕉、秋海棠、虎尾兰、苏铁、棕竹、香樟、阴香、棕榈、女贞、广玉兰、木兰、散尾葵、松、杉、银杏、椿、桉、细叶榕、冬青、橡皮榈黄杨距等多种植物。

[为害状] 雌成虫和若虫寄生在叶片、枝条及果实上刺吸汁液为害，严重时叶片黄萎早落，枝条枯死，诱发煤污病，严重削弱树势。

[形态特征]

雌成虫： 介壳正圆形，直径约2mm，暗褐、紫褐至黑色，沿边缘白、灰白或灰褐色，略扁，质地厚而坚硬，中间向周围边缘略斜低，分泌物环纹密而显著，似锥形草帽；壳点2个，位于中央，橙黄或红褐色，第1壳点脐状，被有白色分泌物之块，形如小形白盘，腹壳薄，残留在植物上。虫体近圆形，长1~1.2mm，橙黄色，膜质，臀板宽短，端钝；臀叶3对，较小，同大同形，端圆，基部不收缩，内外侧凹切各1个，内浅外深，第4叶为圆突，第4叶以外板缘硬化，锯齿状，有2凹缺；第3叶以下臀栉端细齿状，第3叶以上头2个臀栉各有小而带刺的棒状突起1对，第3个臀栉强分裂状。背腺分布：中叶间1腺，第2叶与中叶间3~4腺，稍短，第2~3叶和3~4叶间各成1列，每列17~27腺，较长，

枝条为害状

雌成虫介壳（放大）

第5腹节侧缘1个，臀前腹节只一节具成束腺，背腺区有横皱纹；硬化棒每侧6条。

雄成虫： 介壳长椭圆形或卵形，长约1mm，质地和色泽同雌介壳；壳点1个，位于近一端。虫体长约0.8mm，体橙黄色，触角、胸背、足为褐色。翅1对，腹末交尾器针状。

卵： 长卵形，长约0.2mm，橙黄色。

若虫： 初孵时卵形，长约0.24mm，淡橙黄色，触角、足健全。

雄蛹： 长约0.8mm，褐黄色。

[生活史与习性]

生活史： 河北保定、陕西汉中、湖南、江西一年发生3代，台湾4~6代，广东5~6代，均以2龄若虫和少量受精雌成虫在叶片及枝条上越冬。福建福州1~4代若虫孵化期分别为4月中旬至7月上、中旬，5月上、中旬为盛孵期；7月上旬至9月上旬，7月中旬为盛孵期；8月下旬至11月上、中旬，9月上旬为盛孵期；11月上旬始孵，11月下旬盛孵。

汉中，1~3代若虫盛孵期分别是5月中旬、7月中旬和8月下旬。

江西赣县各代雌成虫产卵期分别为4月下旬至5月中旬、7月上旬至下旬、9月下旬至10月下旬。

繁殖： 营两性卵生，无孤雌生殖现象。雌成虫寿命可达2月以上。1~3代雌成虫产卵前期分别是3周左右、约10天、2~3周。产卵期长达2~8周，造成世代重叠。卵产于介壳下母体后方。繁殖力与营养条件关系密切，为害果实的雌成虫，平均每头产卵115粒；寄生在叶片

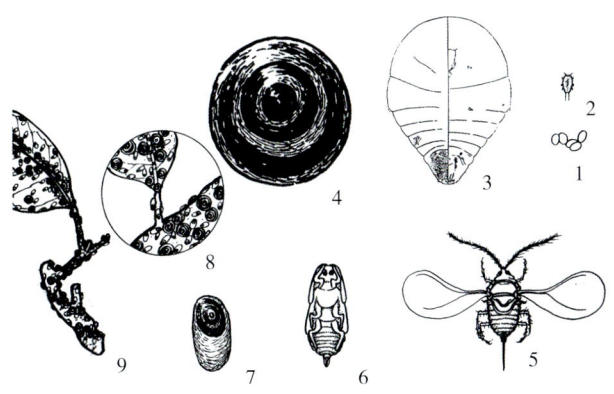

1. 卵 2. 若虫 3. 雌成虫 4. 雌介壳 5. 雄成虫 6. 蛹
7. 雄介壳 8. 放大图 9. 为害状
黑褐圆盾蚧

上的平均产卵 80 粒，卵经数小时至 2~3 天孵化出若虫。

寄生习性：初孵若虫喜在叶片及成熟果实上定栖，雌虫主要固定在叶面，雄虫多数寄生在叶背。

发生与环境：发育和活动最适温度为 26~28℃。发育历期随温度而异：第 1 龄期，在 15℃时约需 16 天，28℃时需 15 天；第 2 龄雌若虫期在 16℃时约需 36 天，27℃时只需 11 天。各代若虫的自然死亡率很高，第 1 代约有 1/2，第 2 代约有 1/3，第 3 代仅有 1/5 的若虫，能发育为成虫。

[天　敌] 捕食性天敌有带翅虱管蓟马、二双斑唇瓢虫、细缘唇瓢虫、异红点唇瓢虫、黑背唇瓢虫、湖北红点唇瓢虫、红点唇瓢虫、整胸寡节瓢虫、中原寡节瓢虫；寄生性天敌有金黄蚜小蜂、双黄蚜小蜂、红圆蚧黄褐蚜小蜂、双带花角蚜小蜂、斑点蚜小蜂、双带巨角跳小蜂、检额跳小蜂等。其中红点唇瓢虫及细缘唇瓢虫的捕食作用最大；金黄蚜小蜂、双带巨角跳小蜂的寄生作用最明显。

[防治方法] 参照考氏白盾蚧。

56. 桧叶锤圆盾蚧
***Diaspidiotus cryptus* (Ferris)**

[中文异名] 桧笠盾蚧、隐夸圆蚧。
[分　布] 云南。
[为害对象] 桧柏。
[为害状] 雌成虫和若虫寄生在叶部刺吸汁液为害。

[形态特征]

雌成虫：介壳近圆形。直径 1.2mm，白或灰色，扁平；壳点 2 个，重叠，位于中央。虫体正圆形，臀板向后突出；臀叶 3 对明显，中叶宽短，端斜，凹缺 2 次，基内角有小硬化棒，基外角硬化棒较长，第 2 叶小而狭，基内角硬化棒短小，第 3 叶小，第 4 叶微突；臀栉小而尖，在中叶间、中叶和第 2 叶外侧均各 2 个，第 3 叶外侧 3~4 个；背腺细短，少，中叶与第 2 叶间 2~3 腺成 1 短列，第 2~3 叶间 5~6 腺成 1 长列，第 3 叶外 5~6 腺与板缘平行；无围阴腺。

雄成虫：介壳椭圆形，长约 0.8mm，质地同雌介壳，色泽稍深于雌介壳；壳点 1 个，位于一端。

[防治方法] 参照考氏白盾蚧。

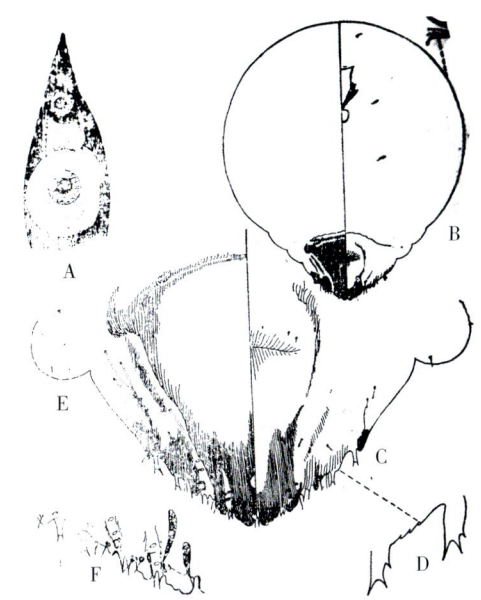

A. 雌介壳　B. 雌成虫体　C. 前体段瘤　D. 臀板
E. F. 臀板边缘（仿 Ferris 绘）
桧叶锤圆盾蚧雌成虫

57. 兰眼蛎盾蚧
***Lepidosaphes pinnaeformis* (Maskell)**

[中文异名] 兰矩瘤蛎蚧、兰密蛎蚧、马氏牡蛎盾蚧、兰疣蛎盾蚧。

[分　布] 四川、广西、云南、浙江、江苏、上海、台湾及山西（温室）。

[为害对象] 兰花、苏铁、香樟、虎皮楠、

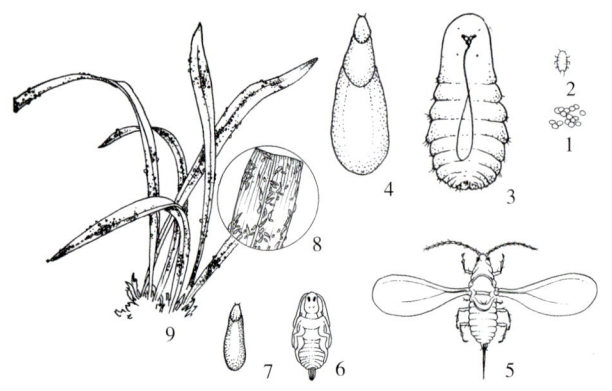

1. 卵　2. 若虫　3. 雌成虫　4. 雌介壳　5. 雄成虫　6. 蛹
7. 雄介壳　8. 放大图　9. 为害状

兰眼蛎盾蚧

枇杷、灯台树、山茱萸等。

[为害状] 雌成虫和若虫寄生在叶片上刺吸汁液为害，造成叶片发黄、枯萎，长势衰弱，甚至整株死亡。

[形态特征]

雌成虫：介壳长蛎形，长约 2mm，黄褐色，

严重为害状

为害状

前狭后宽。虫体长纺锤形，长约 1.6mm，第 1~4 腹节间之侧缘均有节间瘤，瘤上无硬刺；臀叶 2 对，中叶宽，端圆，两侧缘具凹缺，叶距为 1 叶之宽，第 2 叶双分；板缘腺 5 对，背腺第 1~7 腹节均有分布，每节每侧分亚中、亚缘两群，在头胸部存在于体缘；腺瘤在中、后胸腹面每

雌成虫介壳（放大）

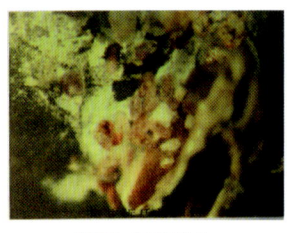
卵粒（近视）

雌成虫及雌介壳（近视）

侧分别为 3 和 6 个，第 1~3 腹节每侧每节 4 个；围阴腺 5 群。

雄成虫：介壳长约 1mm，形状、质地和色泽同雌介壳。

[生活史与习性] 成都一年发生 3 代。以受精雌成虫在叶片上越冬；翌年 4 月产卵。1~2 代若虫孵化期分别为 4 月下旬至 5 月中旬，6 月下旬至 7 月下旬。

[防治方法] 参照考氏白盾蚧。

58. 针型眼蛎盾蚧
***Lepidosaphes pinnaeformis* (Bouche)**

[中文异名] 角眼牡蛎盾蚧、兰矩瘤蛎蚧、兰瘤蛎盾蚧。

[分　　布] 华南、西南、华中、华东地区、台湾及北方温室。

[为害对象] 兰花、肉桂、樟、钩樟、桢楠、红楠、木兰、柑橘、八角、建兰、米兰、含笑、石斛、苏铁、野木瓜、膜叶高让木等植物。

[为害状] 雌成虫和若虫寄生在兰花叶片上刺吸汁液为害，使叶面失去光泽，变黄枯萎，

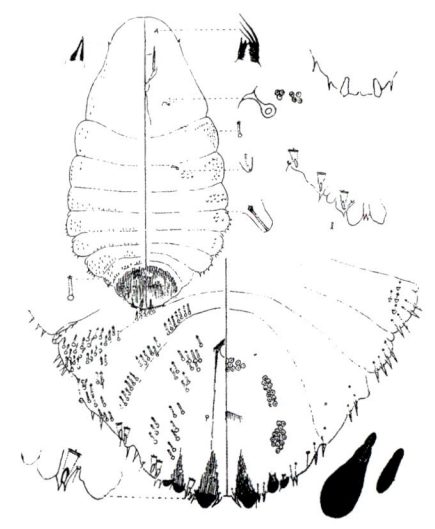
针型眼蛎盾蚧雌成虫

雌雄介壳（近视）

为害状（放大）

严重时，长势衰弱，甚至整株死亡。

[形态特征]

雌成虫：介壳长梨形，长 2.2~3.3 mm，黄褐、褐至深褐色，前狭后宽，直或弯曲，隆起或较平，质地坚实，有明显的弯曲轮纹；壳点 2 个，位于前端，第 1 壳点椭圆形，黄色，第 2 壳点梨形，橙黄色。虫体长纺锤形，长 1~1.5mm，淡紫或紫灰色，头的两侧各有 1 个由眼演化成的竖立角状突起，臀前腺节明显突出成瓣状；臀叶 2 对，中叶大，宽稍过于长，端圆，内侧有 2 凹切，外侧有 1 凹切，基部有细硬化棒 1 对，第 2 叶双分，端圆；背腺微小，沿第 1~7 腹节节间排成亚中、亚缘两列，第 6 腹节上每侧 8~30 腺成一长列，头胸部分布于体缘；腹面具腺瘤：中胸每侧 3~6 个，后胸每侧 6 个，第 1~3 腹节每侧每节 7~13 个；臀板腺刺 7 对，缘腺每侧 6 个；第 1~4 腹节均有节间瘤，瘤上无硬刺。

雄成虫：介壳长约 1mm，形状、质地及色泽同雌介壳。

[生活史与习性] 成都、贵阳、昆明，一年发生 3 代，以受精雌成虫在叶片上越冬。世代重叠。成都翌春 3 月下旬开始产卵，4 月下旬至 6 月上旬第 1 代若虫孵化，5 月为盛孵期，6 月上旬第 1 代雄虫开始羽化。受精雌成虫 6 月中旬开始产卵。2~3 代若虫孵化期分别为 6 月下旬至 7 月下旬，7 月上、中旬为盛孵期；9 月上旬至 10 月，10 月上、中旬为盛孵期。11 月上、中旬第 3 代雄虫羽化，交配后以受精雌成虫越冬，贵阳 1~3 代若虫孵化盛期分别为 4 月下旬、8 月上旬、9 月中旬。

[防治方法] 参照考氏白盾蚧。

59. 拟兰眼牡蛎盾蚧
***Lepidosaphes pseudomachili* (Borchsenius)**

[中文异名] 木兰牡蛎蚧、柏疣牡蛎盾蚧、云南矩瘤牡蛎蚧。

[分　　布] 云南、山西、浙江、山东。

[为害对象] 木兰、侧柏、楠、紫荆。

[为害状] 雌成虫和若虫寄生在叶片上刺吸汁液为害。

[形态特征]

雌成虫：介壳长梨形，长 2.4mm，黄或淡褐色，具光泽，前狭后宽；壳点 2 个，位于前端。虫体长纺锤形，长约 1.2mm，淡黄色；臀叶 2 对，中叶间距为1叶之宽，中叶发达，长宽相等，端圆，

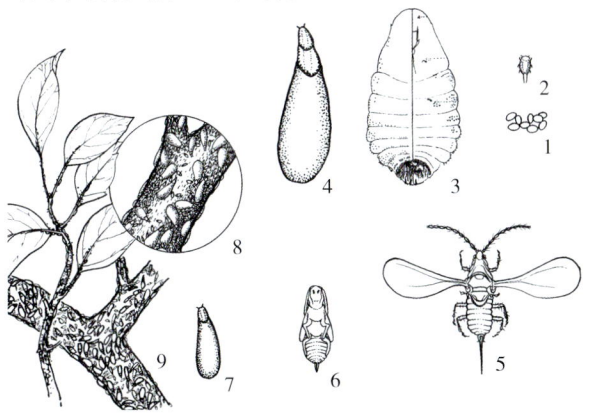

1. 卵　2. 若虫　3. 雌成虫　4. 雌介壳　5. 雄成虫
6. 蛹　7. 雄介壳　8. 放大图　9. 为害状

针型眼牡蛎盾蚧

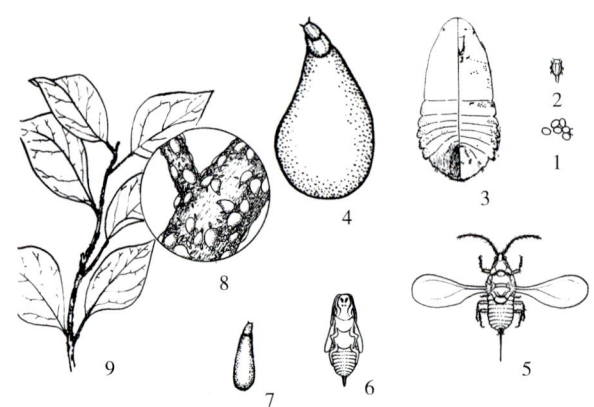

1. 卵 2. 若虫 3. 雌成虫 4. 雌介壳 5. 雄成虫 6. 蛹
7. 雄介壳 8. 放大图 9. 为害状
拟兰眼蛎盾蚧

两侧各有浅凹切3个，侧叶双分，端圆，内叶大于外叶，所有叶基腹面均有硬化棒；背腺小于缘腺，分布于第2~7腹节，略成亚中、亚缘群，中、后胸及第1腹节缘区均有分布；缘腺在臀板每侧排列为1.2.2.1个；板上腺刺共9群，每群2刺；腺瘤在腹面每侧分布较多，前胸1~4个，中胸3~4个，后胸5~8个，第1~3腹节依次4~11，7~10和3~6个；第l~4腹节间每侧有节间瘤3个，瘤上各有小齿1~3个，无硬化刺，第4腹节后缘有时也有小节间瘤1个。

雄成虫：介壳长约1mm，形状、质地和色泽同雌介壳；壳点1个，位于前端。

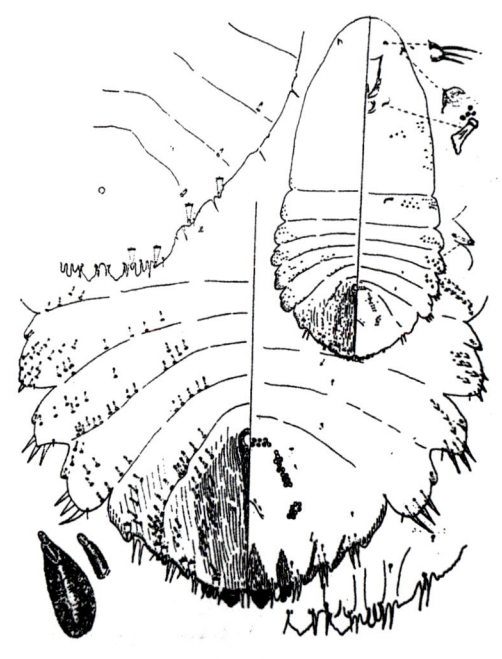

拟兰眼蛎盾蚧雌成虫

[防治方法] 参照考氏白盾蚧。

60. 波氏白背盾蚧
Diaspis boisduvallii Signoret

[中文异名] 棕榈盾蚧、椰子盾蚧。

[分　　布] 福建、广东、海南、台湾。

[为害对象] 椰子、槟榔、海枣、大叶椰、棕榈、蒲葵、竹芋、仙人掌、龙舌兰、鹤望兰、新西兰麻、常春藤、桑寄生、海里康、果子蔓、阿瑞盖利、凤梨等多种植物。

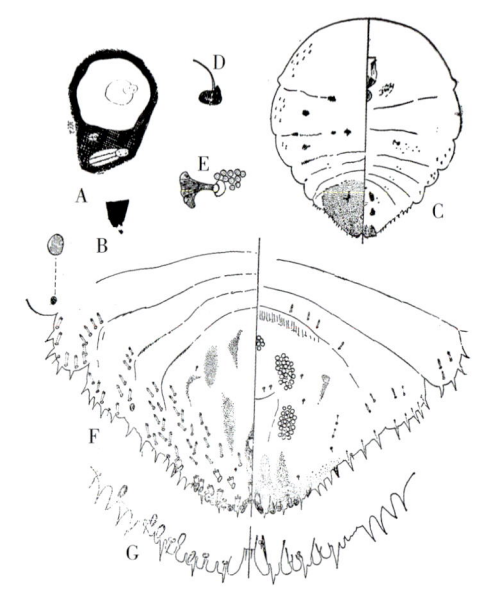

A. 雌介壳　B. 雄介壳　C. 雌成虫体　D. 触角
E. 前气门　F. 臀板　G. 臀板末端
波氏白背盾蚧雌成虫

[形态特征]

雌成虫：介壳圆形，直径约2mm，白色，扁平，很薄，半透明；壳点2个，偏离中心，淡黄色；腹壳白色。虫体陀螺形，很宽，长1~1.2mm，橙黄色，前体段特宽，后面尖削，前胸后侧角显突；臀叶3对发达，中叶陷入，叉开，内缘向外倾斜，锯齿状，端部很少伸出板缘，基部不轭连，叶间有刚毛1对及背缘大腺1个；第2、3叶双分，第4叶成硬化突，第5叶无；缘腺刺粗短，每叶外侧各1个，第4叶外2个，第5叶外及第2~3腹节每节每侧4~5个，向前为腺锥；背腺两型：小者在第2~7腹节亚缘区成不规则纵列，大者在第1~3叶前各1个，臀背缘腺每侧6个，排成1、2、2、1群；第1和3腹节上每侧各有亚缘背疤1个；围阴腺5群。

雄成虫：介壳长形，长约1mm，白色，溶蜡状，背面有纵脊3条；壳点1个，淡黄色，位于前端。

[防治方法] 参照考氏白盾蚧。

61. 凤梨白背盾蚧
Diaspis boromelliae (Kerner)

[中文异名] 菠萝盾蚧、凤梨盾蚧。

[分　　布] 海南、台湾。

[为害对象] 凤梨、海枣、油橄榄、甘蔗、木槿、龙舌兰、美人蕉、鸡尾兰、水塔花、阿瑞盖利、常春藤、素馨。

[形态特征]

雌成虫：介壳圆形，直径2.3~3 mm，白色，扁，微微隆起，很薄，半透明，壳点2个，深黄或淡褐色，偏离中心；腹壳白色。虫体长陀螺形，长约1.1mm，黄或橙黄色，前体段和臀前腹节各节侧缘有明显瓣状突出，胸瘤不明显，前气门盘腺10~20个；中臀叶狭长，端圆，缩入末端凹陷内，内缘锯齿状，显著外斜，基部离开，内基角有小硬化棒，叶间小毛1对，第2和3叶双分，同大，第4叶呈宽而斜的钝齿状，第5叶呈刺状距；臀缘腺19个，腺刺在每侧3个叶外侧各1个；背腺2种，大腺每侧6~8腺，位于臀板亚缘，小腺每侧16~21腺，分布于第2腹节至臀板基部亚缘；第1~3腹节每侧每节各有亚缘背疤1个。

雄成虫：介壳长条形，长约1mm，白色，溶蜡状，背面有纵脊3条；壳点1个，深黄色，位于前端。

[防治方法] 参照考氏白盾蚧。

62. 仙人掌白背盾蚧
Diaspis echinocacti (Bouche)

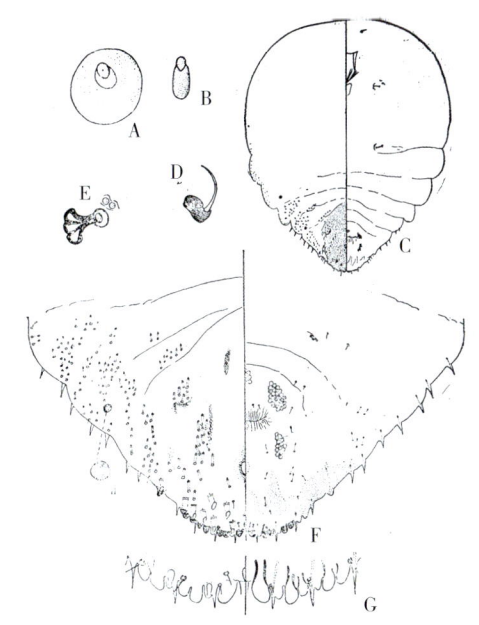

A. 雌介壳　B. 雄介壳　C. 雌成虫体　D. 触角　E. 前气门　F. 臀板　G. 臀板末端

仙人掌白背盾蚧雌成虫

[中文异名] 仙人掌白盾蚧、仙人掌盾蚧。

[分　　布] 中国广东、云南、福建、陕西、山西、浙江、上海、江苏、四川、广西、江西、湖南、贵州及北方温室；日本、南亚、非洲、欧洲、美洲。

[为害对象] 多肉多浆植物、茶、蟹爪兰、昙花。

[为 害 状] 雌成虫和若虫相互重叠，紧贴在肉质茎上刺吸汁液为害，造成茎叶呈泛白色，

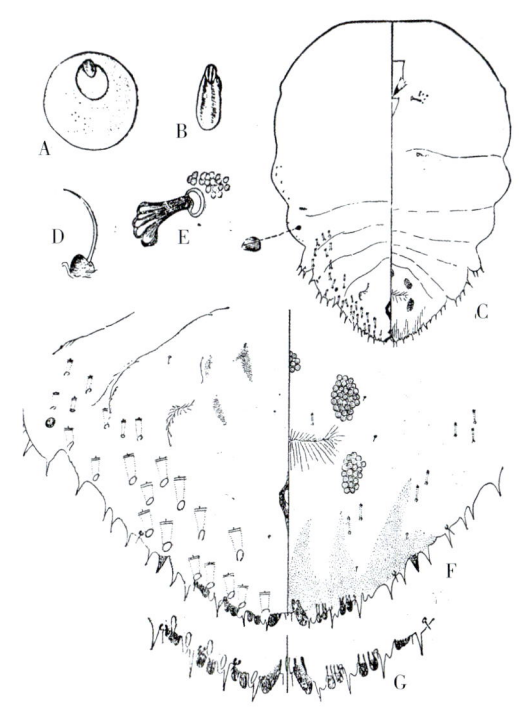

A. 雌介壳　B. 雄介壳　C. 雌成虫体　D. 触角　E. 前气门　F. 臀板　G. 臀板末端

凤梨白背盾蚧雌成虫

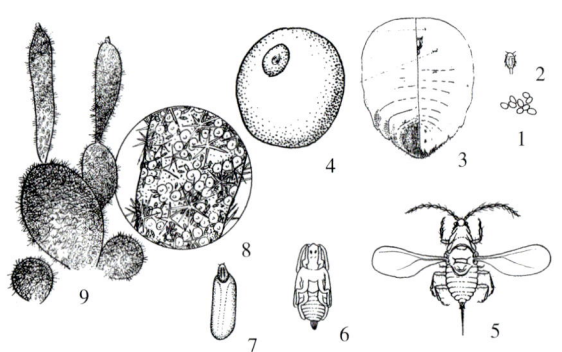

1. 卵　2. 若虫　3. 雌成虫　4. 雌介壳　5. 雄成虫　6. 蛹
7. 雄介壳　8. 放大图　9. 为害状
仙人掌白背盾蚧

为害状

茎片脱落，影响生长和开花，严重时使肉质茎腐烂，是温室多肉多浆植物一大害虫。

[形态特征]

雌成虫：介壳近圆形，直径 1.8~2.5mm，白或棕白色，略隆起；壳点 2 个，暗棕或暗褐色以至黑色，位于中心，重叠；腹壳薄，残留在植物上。虫体宽卵形，后端略尖，状似瓜子仁，长约 1.2mm，淡黄色，腹部末端呈淡橘红色；臀叶 4 对，中叶较小，全长之中部最宽，从此向端部叉开，第 2 和 3 叶几乎等大，第 4 叶小，均双分，内叶大于外叶；背腺多，远小于缘腺，排成列，第 6 腹节每侧一大群，为亚中、亚缘之复合，第 1~5 腹节每节具亚缘群，第 4~5 腹节每节具亚中群，每群 6~8 腺；中叶间无腺刺，第 1~4 叶每叶外侧具腺刺 1 个，第 4 腹节上有分散的 4 个；板缘腺 13 个。

雄成虫：介壳长条形，长约 1mm，白色，溶蜡状，背面具纵脊 3 条，尤以中脊明显，前端隆起，后端稍宽而扁平；壳点 1 个，黄色或黄褐色，位于前端，虫体为长形，淡黄色。长约 0.8mm，黄色。

卵：圆形，长约 0.3mm，初产乳白色，渐变深色。

若虫：初孵时卵形，渐变阔圆形，淡黄色，长约 0.3mm。2 龄后，雌雄区别明显，雌虫体状似雌成虫，淡黄色，介壳圆形。

[生活史与习性] 一年发生代数因地而异，北京 2~3 代，成都 3 代，南方为多代。以雌成虫在肉质茎上越冬。成都翌年 4 月上旬开始产卵。1~3 代若虫孵化期分别为 4 月中旬至 5 月中旬、6 月上旬至 7 月下旬、8 月中旬至 10 月中旬。9 月中、下旬第 3 代雄虫化蛹羽化，以受精雌成虫越冬。若进入温室，雌成虫可以继续产卵孵化。

[天　　敌] 捕食性天敌有日本方头甲；寄生性天敌有金黄蚜小蜂、褐圆蚧钝圆蚜小蜂、双黄蚜小蜂、岭南黄蚜小蜂、印巴黄蚜小蜂。

[防治方法] 参照考氏白盾蚧。

63. 凹叶复盾蚧
Duplachionaspis divergens (Green)

[中文异名] 芒兜盾蚧、广长盾蚧。
[分　　布] 广东、台湾、福建。
[为害对象] 芒、荻、结缕草、须芒草、芦竹、鬣刺等植物。
[形态特征]

雌成虫：介壳长牡蛎形，长 2.5~3mm，白色，前狭后宽，稍隆起；壳点 2 个，位于前端，黄色。虫体长纺锤形，长约 1.3mm，黄色，前端较狭，后端尖出，臀前腹节侧叶略呈瓣状突出；臀板近三角形，末端有中度凹陷，3 对臀叶发达，

雌介壳及雄介壳（近视）

[为害状] 雌成虫和若虫寄生在叶面沿叶脉处刺吸汁液为害。

[形态特征]

雌成虫： 介壳椭圆形，长2.5~3mm，白色，两端狭，中间宽，稍隆起；壳点2个，橙黄色，位于前端。虫体纺锤形，长约1.2mm，黄色，臀前腹节侧缘不突；臀板狭，三角形，后端有凹陷，臀叶2对发达，中叶中等大小，突出臀板不多，内缘长于外缘，斜截形外倾，两叶接近而不轭连，第2叶双分，第3和4叶退化成齿突；臀板每侧有腺刺4个，等于或稍长于中叶；缘腺粗短，每侧6个；背腺在第6腹节上每侧具亚中列3~5腺，在第5和第4腹节上每侧每节具亚缘列各4~5腺，亚中列各7~8腺，臀前腹节和亚中列背腺小于其余背腺；前、后气门腺每侧各为3~4和0~2腺。

雄成虫： 介壳长条形，长约1mm，白色，溶蜡状，两侧平行，背面有纵脊3条；壳点1个，橙黄色，位于前端。

[防治方法] 参照考氏白盾蚧。

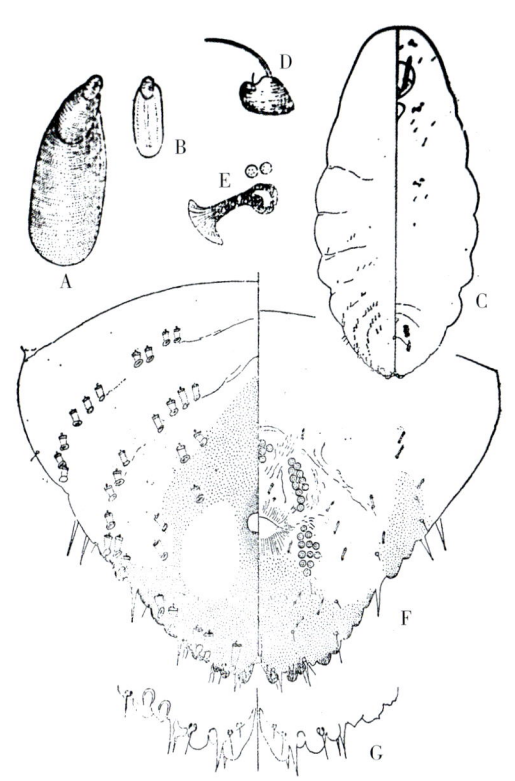

A.雌介壳 B.雄介壳 C.雌成虫体 D.触角 E.前气门 F.臀板 G.臀板末端

凹叶复盾蚧雌成虫

中叶狭而生在凹陷内，内缘显著外斜，基部尖而靠近，但不轭连，端圆，第2叶双分，第3叶宽短呈齿突，第4和5叶退化成硬化突；腺刺在中叶间无，在每侧的3个叶外各2刺，第4和5腹节上各2~4和1刺，均长于中叶；臀缘腺每侧7个，成1、2、2、2群；背腺在第3~5腹节成亚缘、亚中列，第6腹节仅亚中列1~2腺，臀板上背腺大于臀前腹节背腺；围阴腺5群。

雄成虫： 介壳狭长，长约1mm，白色，溶蜡状，背面有纵脊3条，两侧平行；壳点1个，黄色，位于前端。

[防治方法] 参照考氏白盾蚧。

64. 芦竹复盾蚧
Duplachionaspis natalensis (Cooley)

[中文异名] 钝叶草兜盾蚧。

[分　　布] 浙江、广东、台湾。

[为害对象] 甘蔗、黍、香茅、芦苇、芦竹、须芒草、剪股颖、钝叶草。

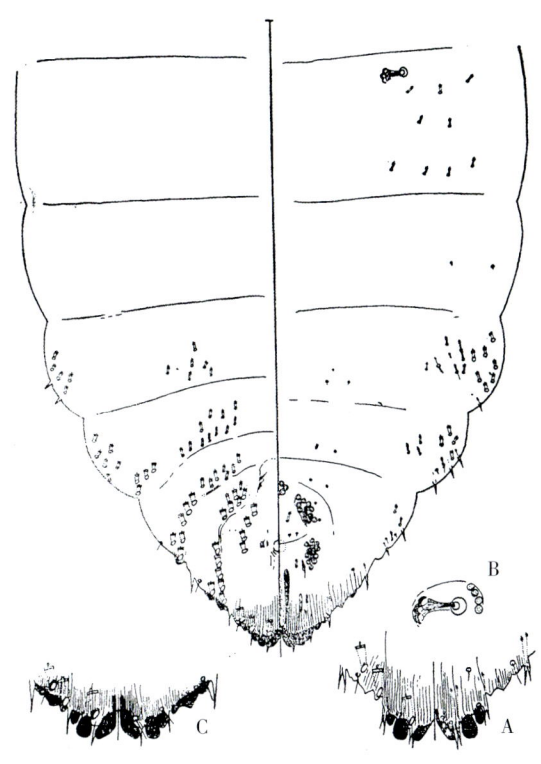

A.雌成虫体后半部 B.前气门 C.臀板末端
（仿 Balachowsky 绘）

芦竹复盾蚧雌成虫

65. 冷杉大圆盾蚧
Dynaspidiotus meyeri (Marlatt)

[中文异名] 冷杉等角圆蚧、枞递叶盾蚧。
[分　　布] 北京。
[为害对象] 枞。
[为 害 状] 雌成虫和若虫寄生在枝叶上刺吸汁液为害。

[形态特征]

雌成虫： 介壳近圆形，灰或褐色，微微隆起；壳点2个，近中央。虫体梨形，有发达的臀叶3对，大小形状都近似，中叶大，宽过于长，对称，基部略收缩，基角有肩状伸向前方，端宽圆，两侧角各有明显凹缺；臀栉宽，端齿式，中叶间、中叶与第2叶间均各2个，第2叶外3个，第3叶外4~5个；背腺细而中等长，中叶间1腺，中叶与第2叶间、第2叶与第3叶间每侧每叶间各4~5腺。第3叶外背腺不规则。

雄成虫： 介壳卵形；壳点1个，位于前端中央。

[防治方法] 参照考氏白盾蚧。

66. 柏单蜕盾蚧
Fiorinia sxterna Ferris

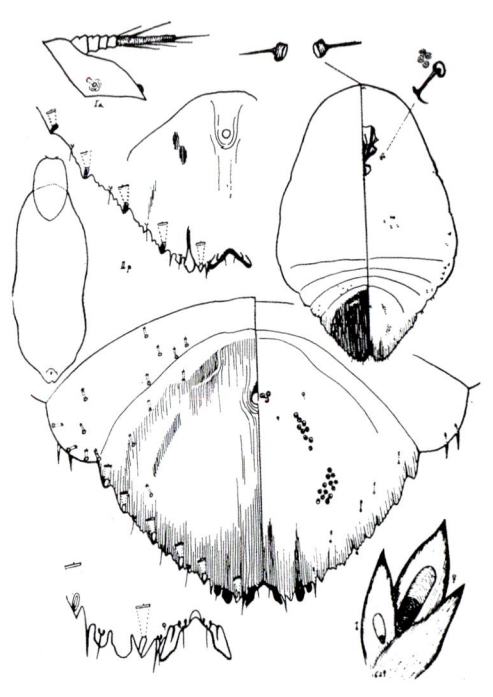

柏单蜕盾蚧雌成虫

[中文异名] 柏围盾蚧。
[分　　布] 福建、四川、河南等省。
[为害对象] 针纵、侧柏、圆柏、桧柏、雪松、杜松。
[为 害 状] 雌成虫和若虫寄生在叶片上刺吸汁液为害。

[形态特征]

雌成虫： 介壳长形，长约2mm，淡黄或浅红色，其上有一薄层蜡，半透明，两侧近平行，全部由第2壳点组成，第1壳点有部分伸出在第2壳点外。虫体长柱形，臀板尖削，触角互相稍离开，无触角间突；中叶细薄，内缘凹口大，具齿列，端尖，侧叶发达，双分，均宽于中叶；臀背缘腺均大型，每侧4~6个；腺锥在腹面每侧后胸1个，第1腹节9个；腺刺在第2~3腹节每侧每节各2根，第4.7.8腹节各1根；围阴腺5群。

雄成虫： 介壳狭长，两侧略平行，白色，溶蜡状，背面无纵脊；壳点1个，位于前端。

[防治方法] 参照考氏白盾蚧。

67. 少腺单蜕盾蚧
Fiorinia fioriniae (Targioni)

[中文异名] 尖角盾蚧、围盾蚧、单蜕盾蚧。
[分　　布] 广东、福建、广西、云南、四川、江西、湖南、湖北、内蒙古、海南、浙江、上海、江苏、台湾。
[为害对象] 柑橘、无花果、芒果、柿、椰子、槟榔、海枣、番樱桃、茶、竹、桂花、山茶、鹤望兰、朱蕉、棕榈、蒲葵、苏铁、松、罗汉松、水松、落叶松、柏、紫杉、桢楠、香樟、桉、椿、柳、榆、栎、朴、龙血树、巴豆、常春藤、羊齿等多种植物。在温室中喜寄生棕榈科植物。
[为 害 状] 雌成虫和若虫寄生在叶和细枝上刺吸汁液为害。

[形态特征]

雌成虫： 虫介壳长形，长1.5~2mm，橙黄至茶褐色，直或略弯曲，全由第2壳点组成，背被透明薄蜡层，背中有一纵脊；第1壳点椭圆形，有一半伸出第2壳点前，淡黄色；腹壳薄，溶蜡状，背面有纵脊3条；壳点1个，淡黄色，位于前端。

[防治方法] 参照考氏白盾蚧。

68. 日本单蜕盾蚧
Fiorinia japonica **(Kuwana)**

[中文异名] 日本围盾蚧、日本蜕盾蚧、日本尖角盾蚧、松针介壳虫。

[分　　布] 中国福建、台湾、北京、浙江、上海、山东、河北；日本、印度、斯里兰卡、菲律宾、毛里求斯、美国及大洋洲。

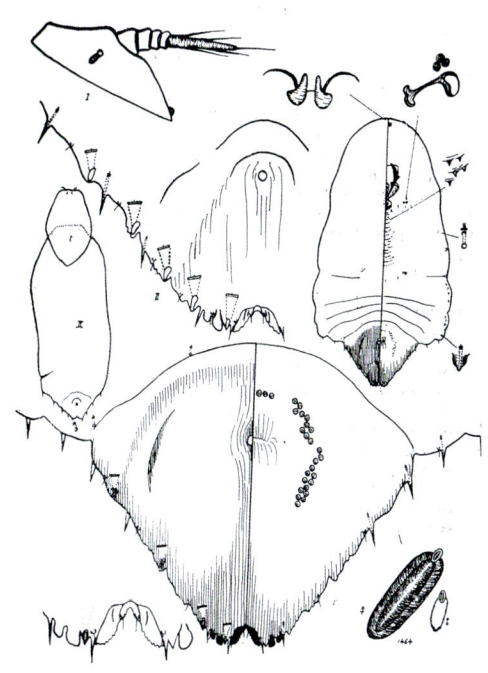

少腺单蜕盾蚧雌成虫

白色，连在介壳上。虫体纺锤形或近椭圆形，臀板狭而尖；触角瘤长圆锥形，外侧生1长毛，位于头端，互相靠近；口后具皮粒；臀叶2对，中叶陷入深；内缘形成凹口，呈粗齿列，侧叶双分，均呈柱状；腹面除中胸至第1腹节侧面无腺外，第2~8腹节有腺刺；臀背缘腺每侧3~4个；背腺细小，数少；围阴腺5群。

雄成虫：介壳狭长，两侧略平行，白色，

为害状

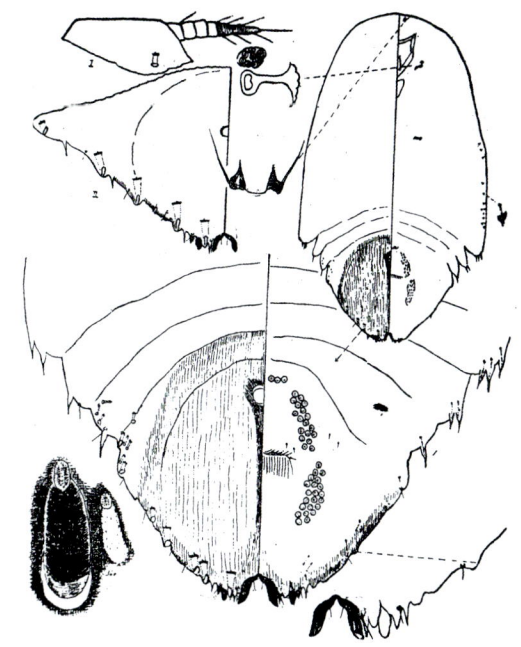

日本单蜕盾蚧雌成虫

[为害对象] 雪松、罗汉松、黑松、赤松、油松、阿拉伯松、海松、白皮松、日本五针松、马尾松、日本冷杉、白叶冷杉、日本铁杉、紫杉、冷杉、铁杉、云杉、铁坚杉、南方红豆杉、土杉、油杉、龙柏、桧柏、战捷木。

[为 害 状] 雌成虫和若虫寄生在2年生或当年生针叶正面刺吸汁液为害，造成叶片失绿发黄，早期脱落，严重时枝条萎缩枯死。

[形态特征]

雌成虫：介壳狭长卵形，长约1.2mm，黄褐或深褐色，两侧几乎平行，主要由第2壳点形成，背面被一薄层白色粉状蜡质分泌物，中间有不

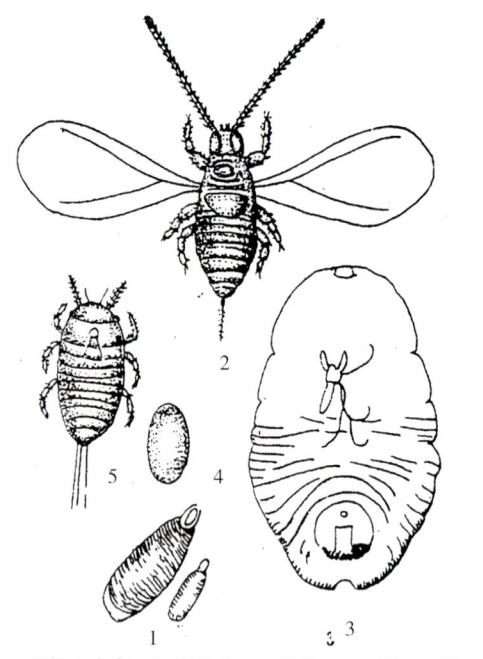

1. 雌雄虫介壳 2. 雄成虫 3. 雌成虫 4. 卵 5. 若虫

日本单蜕盾蚧

为害状

在第2壳点外。虫体长卵形，长约0.8mm，淡橙黄色，前端圆整，而侧略平行，后端尖削，分节不太明显，第3和4腹节侧缘略呈瓣状突出；触角近头缘，靠近，有一针状突，节间无囊状突；中臀叶小而狭，拱门状，陷入板内，基部轭连，

为害状

明显的纵脊线1条，壳之周围有一圈白蜡缘，壳点2个，第1壳点椭圆形，黄色，有3/4伸出

侧叶小而发达，双分，内叶大而突，外叶小而尖；臀板缘腺大小2种，大者正常4对，有时第3对不见，第4对以上有3~4小缘腺，臀板前侧角及前一腹节缘各有小管腺1群，后胸及第1腹节腹面缘区各有一纵列腺瘤。

雄成虫：介壳长条形，长约1mm，白色，溶蜡状，背面纵脊不明显；壳点1个，黄色，位于前端。虫体长约0.8mm，体橘红色；翅1对，腹末交尾器针状。

卵：椭圆形，长约0.2mm，淡黄色，有光泽。

若虫：1龄若虫长卵形，长约0.4mm，黄色；2龄雌若虫长椭圆形，长约1mm，黄褐色，背中线稍隆起。

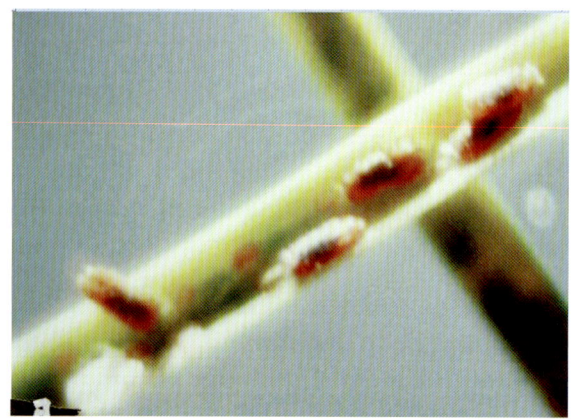

雌介壳（放大）

[生活史与习性]

生活史： 一年发生代数因地而异，北京2代；保定、郑州2~3代，主要以受精雌成虫和少量若虫在针叶正面基部或中部越冬；保定翌年4月下旬开始产卵，5月下旬为产卵盛期。5月下旬至6月上旬为第1代若虫盛孵。6月下旬第1代雌成虫开始产卵，7月上旬第2代若虫盛孵。8月第2代个别雌成虫交配产卵，并孵出若虫。主要以雌成虫越冬。

北京1~2代若虫盛孵期分别为6月中旬、9月中旬。郑州越冬若虫4月中旬发育为成虫，每头雌成虫平均产卵7粒，卵期15~20天，1~2代若虫孵化盛期分别为5月中、下旬，7月上旬。

寄生习性： 初孵若虫多寄生于2年生或当年生针叶间的叶基部。该虫喜隐蔽、潮湿，在树冠上的虫口密度，阴面多于阳面，下部针叶多于上部针叶，内膛枝叶多于树缘枝叶。

[防治方法] 参照考氏白盾蚧。

69. 多腺单蜕盾蚧
Fiorinia pinicola Maskell

[中文异名] 松围盾蚧、霜围盾蚧、松蜕盾蚧、多腺尖角盾蚧、玉兰蜕盾蚧。

[分　　布] 浙江、上海、福建、广西、云南、台湾。

[为害对象] 杨梅、无花果、玉兰、山茶、海桐花、罗汉松、日本赤松、黑松、红松、油松、马尾松、桧类、日本铁杉、日本冷杉、白叶冷杉、油杉、云杉、粗榧、榕、栎。

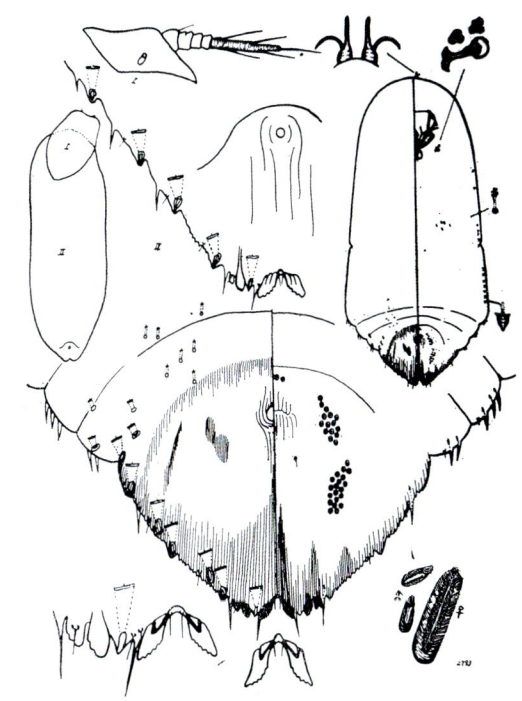

多腺单蜕盾蚧雌成虫

[为害状] 雌成虫和若虫寄生在叶片上刺吸汁液为害。

[形态特征]

雌成虫： 介壳细长，主要由第2壳点形成，长约2mm，红褐至暗褐色，中区色较深，周围有淡色边，被有一层透明无色薄蜡质，隆起，两侧略平行，前端圆，后端尖狭并两侧凹陷，背中有一弱纵线；第1壳点黄白色，有3/4伸出在介壳前面。虫体长柱形，后端尖圆，黄色；触角互相靠近，突出向前，有一长角状突及一长毛；臀叶2对，中叶陷入板内，基部桥联，内缘叉

雌成虫介壳（针叶树型）放大

为害状

开成凹口，端半内缘具粗齿列，叶端尖，侧叶双分；腹面中胸至第1腹节每侧有腺瘤，第2~8腹节每侧有腺刺；臀板背缘管腺每侧7~8个，第1~4腹节亚中区小背腺每侧每节1~2个，第4~5腹节背缘有中型管腺1~2个；围阴腺5群。

雄成虫：介壳狭长，长约1mm，白色，溶蜡状，背面略现中脊，毛茸状；壳点1个，淡黄色，位于前端。

[防治方法] 参照考氏白盾蚧。

70. 云南松单蜕盾蚧
Fiorinia pinicorticis Ferris

[中文异名] 松皮围盾蚧。

[分　　布] 云南。

[为害对象] 云南松。

[为 害 状] 雌成虫和若虫寄生在小枝皮下刺吸汁液为害。

[形态特征]

雌成虫：介壳短卵形，长1.2~1.5mm，黄到黑色，被有薄层白色或灰色蜡质，介壳完全由第2壳点组成，略扁平，后端较狭；第1壳点椭圆形，位于前端。虫体长卵形，长约0.8mm，黄色，前端圆，后端尖削，两侧近平行，臀前腹节缘略呈瓣状突出；臀板末端不凹陷，中叶发达强骨化，三叉状，基部轭连，第2叶双分，各瓣三角形，尖，基部有小硬化棒1对，第3叶退化呈齿突，第4叶更小呈齿尖；腺刺短小，缘腺每侧7个，短小，仅第4腹节亚缘有背腺1个，腹腺分布在第4~5腹节亚缘。

雄成虫：介壳很短，长约0.8mm，白或灰白色，溶蜡状，背面纵脊不明显；壳点1个，位于前端。

[防治方法] 参照考氏白盾蚧。

71. 罗汉松单蜕盾蚧
Fiorinia podocarpi Young

[中文异名] 罗汉松围盾蚧。

[分　　布] 浙江、上海、四川、贵州。

[为害对象] 罗汉松。

[为 害 状] 雌成虫和若虫主要聚集在叶背

为害状

刺吸汁液为害，使叶片退绿变黄，诱发煤污病，严重时，叶背被满白色絮状蜡质，叶片凋落，树势衰弱，甚至整株死亡。

[形态特征]

雌成虫：介壳细长，全部由第2壳点组成，长1.5~2mm，黄褐到茶褐色，上面被一层薄蜡，具光泽，前端较狭，背中有纵脊线1条；第1壳点淡黄或黄白色，有一半伸出在介壳前面。虫体纺锤形，黄色，两端变狭，头锥状，顶端为一明显的象鼻状触角间突，两侧各有圆瘤形突1个；中臀叶稍陷入臀板内，叶宽而内缘叉状，具粗齿列，侧叶双分而低突，端具齿列；臀背缘腺细长，每侧4个，第3~8腹节每侧每节有很小的缘腺刺1根，短于缘毛；围阴腺5群。

雄成虫：介壳长形，长约1mm，白色，溶蜡状，两侧近平行，背面具纵脊3条；壳点1个，位于前端。虫体长约0.6mm，翅展约1.5mm。体橙黄色，眼黑色。腹末针状交尾器长约0.2mm。

为害状

72. 石栎单蜕盾蚧
Fiorinia quercifolii Ferris

[中文异名] 栎单蜕盾蚧、栎叶围盾蚧、栎尖角盾蚧。

[分　　布] 云南、浙江。

[为害对象] 栎。

[为 害 状] 雌成虫和若虫寄生在叶背刺吸汁液为害。

[形态特征]

雌成虫： 介壳长卵形，长约1.8mm，黄褐色，前端狭，后端圆，两侧略平行；壳点2个，第2壳点占介壳绝大部分，灰白或淡黄色，被有一层薄的蜡质分泌物，第1壳点突出于前端，有一半伸出第2壳点外。虫体纺锤形，长约0.8mm，胸部延长；臀叶2对，生在末端凹陷中，基部轭连，内缘向外倾斜，近端部有2深凹切，端尖，突出板外不多，第2叶为一低而宽之板缘硬化，上具粗锯齿状端缘，第2叶不显；腺刺每侧4根，在中叶和侧叶外各1根，第1和2腹节侧各1根；板缘腺每侧4个，单一排列；腺瘤在后胸每侧4个，第1腹节每侧5个，均在体缘排成一纵列。

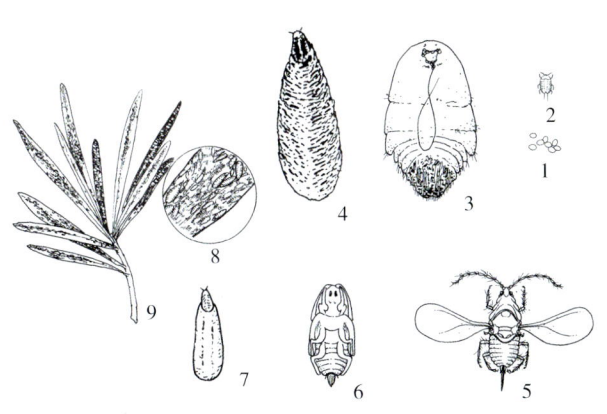

1.卵　2.若虫　3.雌成虫　4.雌介壳　5.雄成虫　6.蛹
7.雄介壳　8.放大图　9.为害状
罗汉松单蜕盾蚧

卵： 长卵圆形，长约0.2mm，黄色。

若虫： 初孵时长椭圆形，长约0.2mm，体黄色，眼红褐色，触角、足健全，腹末具1对尾毛。

雄蛹： 长椭圆形，长0.63mm，体黄色，眼点褐色。

[生活史与习性]

生活史： 成都一年发生3~4代。以第3代若虫、雄蛹、雌成虫及第4代卵和若虫在叶背越冬。全年可见各虫态，世代重叠现象严重。全年产卵孵化有3次高峰，分别为4月中旬、6月中旬、9月中旬；3次若虫孵化高峰期分别是4月下旬、7月上旬、9月下旬。11月上旬第3代部分雌成虫交配后产少量卵，11月下旬部分卵孵化出第4代若虫。12月以各种虫态越冬。

保定初孵若虫盛发期为6月上旬，9月上、中旬。

繁殖： 营两性和孤雌卵生。雌成虫的腹蚧同介壳紧密黏合在一起，卵产于母体介壳内。每头雌成虫产卵6~22粒。1~3代卵期分别为8~15天，平均9.7天；7~8天，平均7.4天；13~18天，平均15.7天。1~2世代历期分别约为66天、43天。

寄生习性： 该虫喜隐蔽、潮湿，在树冠内膛枝叶和背阴处叶片虫口密度较大。在密植情况下，发生为害重。

[天　　敌] 寄生性天敌有瘦柄花翅蚜小蜂。

[防治方法] 参照考氏白盾蚧。

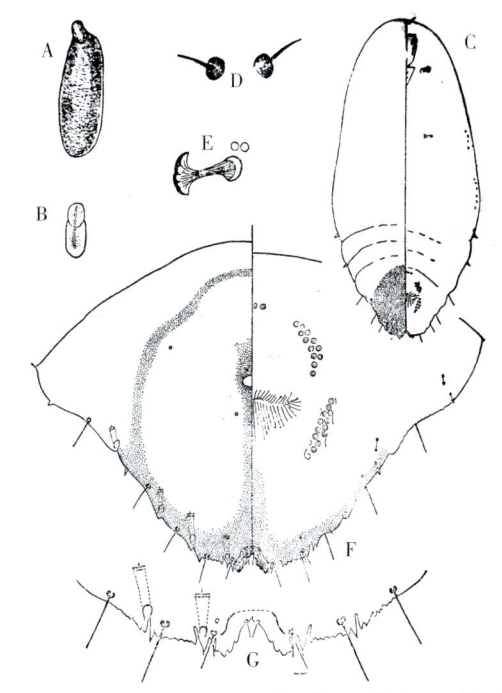

A.雌介壳　B.雄介壳　C.雌成虫体　D.触角　E.前气门
F.臀板　G.臀板末端

石栎单蜕盾蚧雌成虫

雄成虫：介壳长条形，长约1mm，白色，溶蜡状，背面有纵脊1条；壳点1个，位于前端。

[防治方法] 参照考氏白盾蚧。

73. 台湾单蜕盾蚧
***Fiorinia taiwana* Takahashi**

[中文异名] 台湾围盾蚧。

[分　　布] 安徽、福建、浙江、台湾。

[为害对象] 栎、杨梅、桃榔、散尾葵。

[为 害 状] 雌成虫和若虫寄生在叶片上刺吸汁液为害。

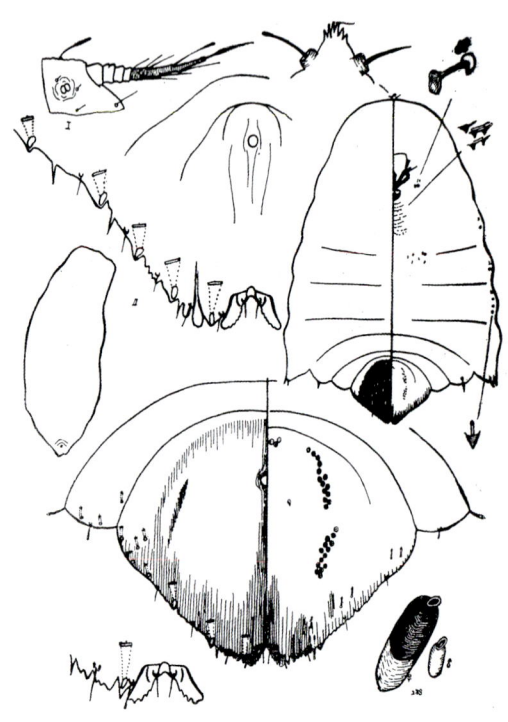

台湾单蜕盾蚧雌成虫

[形态特征]

雌成虫：介壳长形，长约1.4mm，淡褐黄色，常覆盖一薄层白蜡，扁，中脊不明，第1壳点突出在第2壳点前端，第2壳点长形，长约1.2mm，前端平，两侧近平行或后面稍宽。虫体腹部稍扩大，触角间突锥状多刺，少数变长，触角瘤多刺或不显，紧靠锥基；臀板背面有许多纵行波状条纹，中叶凹入臀板内，叉状，内缘具齿列，侧叶双分，叶宽锥状，侧缘斜具齿裂；板缘毛长，无腺刺，具细长缘腺3对，单一排列，第

3~4腹节板缘散布小管腺；肛门大；口后有皮粒；围阴腺5群，有时中、前群合。

雄成虫：介壳长形，白色溶蜡状，两侧近平行；壳点1个，位于前端。

[防治方法] 参照考氏白盾蚧。

74. 茶单蜕盾蚧
***Fiorinia theae* Green**

[中文异名] 茶尖角盾蚧、茶围盾蚧、茶蜕盾蚧。

[分　　布] 中国云南、广东、福建、浙江、江西、湖南、广西、四川、青海、河北、安徽、贵州、上海、山东、台湾、香港；日本、印度、斯里兰卡、菲律宾、美国。

[为害对象] 柑橘、油橄榄、茶、桂花、山茶、茉莉、罗汉松、柃木、冬青等植物。

[为 害 状] 雌成虫和若虫聚集在叶背刺吸汁液为害，使叶面出现黄色斑点，诱发煤污病，严重时，叶背被满白色絮状蜡质，叶片枯黄卷曲，提前脱落，树势衰弱，直至整株死亡。

[形态特征]

雌成虫：介壳狭长卵形，长约1.5mm，深褐色，边缘较淡，全部由第2壳点形成，后端尖，

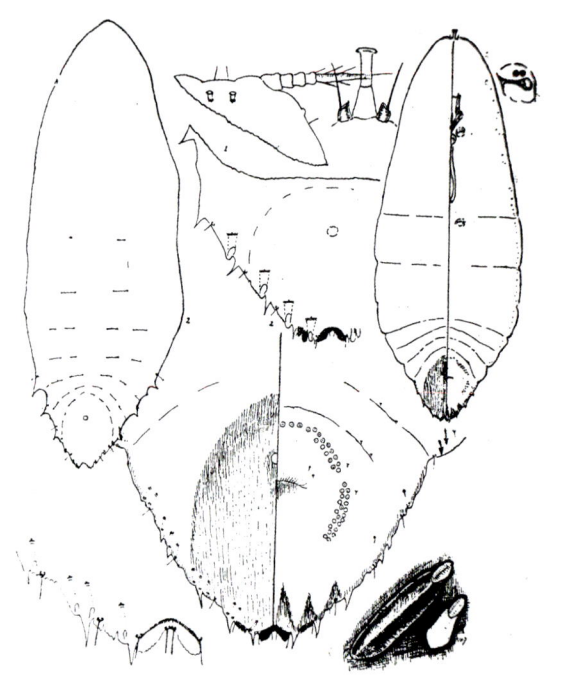

茶单蜕盾蚧雌成虫

1.卵 2.若虫 3.雌成虫 4.雌介壳 5.雄成虫 6.蛹 7.雄介壳 8.放大图 9.为害状

茶单蜕盾蚧

直或微曲,背面有纵脊1条,覆有薄层白色蜡质;第1壳点椭圆形,淡黄色,一半伸出在第2壳点外。虫体长卵形,长约1mm,淡黄色;触角靠近,瘤状,稍尖突,节间突多呈柱头状,分2节,末端扩大;臀叶2对,中叶短宽,陷入臀板内,内缘锯齿状,侧叶双分,宽短,锯齿状;板缘腺小,每侧10~11个;腺刺5对,计第5腹节2对,第6~8腹节各1对;背腺无;臀前腹节至头部体缘有一系列细腺;背腺无;臀前腹节至头部体缘有一系列细腺,围阴腺5群,几并成3群。

雄成虫:介壳长条形,长约1mm,白色,溶蜡状,背面3条纵脊不明显;壳点1个,淡黄色,位于前端。虫体长约0.95mm,翅展约1.4mm。体淡黄色,眼黑色,腹末状交尾器约长0.2mm。

卵:卵圆形,淡黄色,长约0.2mm。

若虫:初孵时椭圆形,长约0.2mm,淡黄色,

雌介壳及雄介壳(放大)

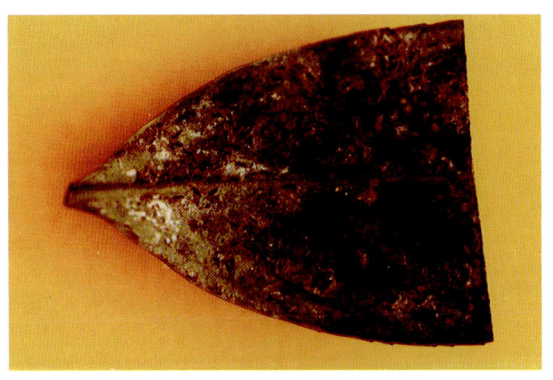

为害状

触角、足健全,腹末有1对尾毛。

雄蛹:长椭圆形,长约0.6mm,体橙黄色,眼点深褐色。

[生活史与习性] 成都一年发生2~3代以若虫、雄蛹、雌成虫及少量卵在叶背越冬,世代重叠现象严重;全年初孵若虫发生的3次高峰分别在5月下旬、8月中旬、10月中旬。每头雌成虫产卵9~27粒。若虫趋向背阴、潮湿处的叶背寄生。

保定初孵若虫2次发生盛期分别为6月上、中旬,9月上、中旬。

[防治方法] 参照考氏白盾蚧。

75. 松单蜕盾蚧
Fiorinia vacciniae Kuwana

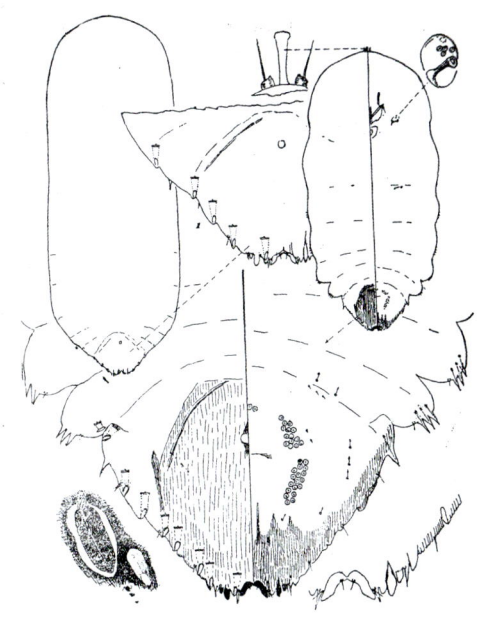

松单蜕盾蚧雌成虫

[中文异名] 越桔围盾蚧、柃蜕盾蚧、松尖角盾蚧。

[分　　布] 台湾、华北、华南、华中、西南。

[为害对象] 桂花、山茶、杜鹃、栎、柃木等多种植物。

[为　害　状] 雌成虫和若虫寄生在叶背刺吸汁液为害。

[形态特征]

雌成虫：介壳长椭圆形，长约2mm，褐色，主要为第2壳点形成，背面有纵脊1条；壳点2个，第1壳点位于前端。虫体长柱形，长约0.9mm，黄色，两侧近平行，后端尖；触角在头缘，靠近，间突发达，棍状，前端较粗；中叶八字形，陷入臀板内，内缘锯齿状，第2叶双分，内叶尖锥状突出，外叶短得多；臀板腺刺在中叶、第2叶外侧及板基角均各1个，臀前腹节至后胸每节侧缘均各3~4个；板缘大腺8对，左第8缘腺附近前一腹节亚缘区有大背腺1个；江门在板中之间，臀板硬化斑清晰。

雄成虫：介壳长条形，长约1mm，白色，溶蜡状，背面具纵脊1对；壳点1个，位于前端。

[防治方法] 参照考氏白盾蚧。

76. 黑美片盾蚧
Formosaspis takahashi (Takahashi)

[中文异名] 黑长片盾蚧。

[分　　布] 云南、浙江、台湾。

[为害对象] 青篱竹等竹类。

[为　害　状] 雌成虫和若虫寄生在叶片上刺吸汁液为害。

[形态特征]

雌成虫：介壳长形，长约1mm，褐黑色，表面具一层蜡质；第2壳点占介壳大部分，第1壳点位于前端，不脱落。虫体长纺锤形，长约0.7mm，包在第2壳内(隐雌形)，为极薄之膜质袋状物；臀板不对称，臀叶2对，中叶尖锥状，基部有长形硬化斑，第2叶稍显，呈叶状突；背腺细小，位于臀板亚缘区，每侧约3个；缘腺和腺刺均无；腹腺比背腺更细小，全面分布，成不规则群；肛门很大，在板中之前；围阴腺3群。

雄成虫：介壳长形，长约0.6mm，白色；壳点1个，突出在前端。

[防治方法] 参照者氏白盾蚧。

77. 竹鞘丝绵盾蚧
Froggattiella penicollatta (Green)

[中文异名] 须豁齿盾蚧、刷尾齿盾蚧。

[分　　布] 广东、浙江、四川、安徽。

[为害对象] 刺竹、方竹、硕竹、麻竹、苦竹。

[为　害　状] 雌成虫和若虫寄生于叶鞘内刺

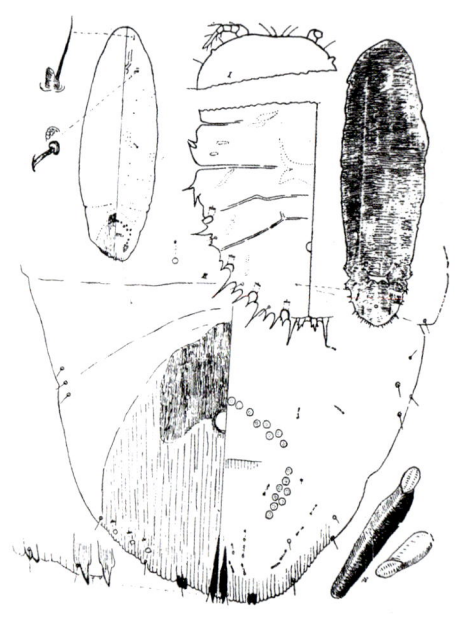

黑美片盾蚧雌成虫

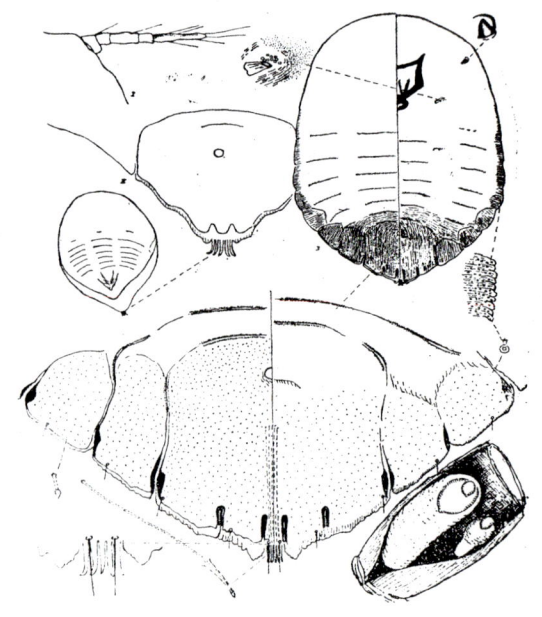

竹鞘丝绵盾蚧雌成虫

体缘硬化，腹节明显，节缘具细齿；臀板尖削，板缘略卷，后缘曲波状；背、腹面腺管同大，微小而多，分布散乱；板端具细长硬化棒4个，等距排列，其间无刚毛；前气门腺3~6个，触角远离。

［防治方法］参照考氏白盾蚧。

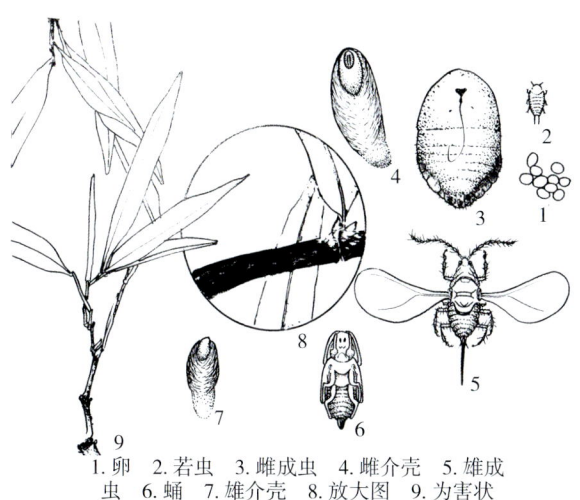

1.卵 2.若虫 3.雌成虫 4.雌介壳 5.雄成虫 6.蛹 7.雄介壳 8.放大图 9.为害状

竹鞘丝绵盾蚧

吸汁液为害。

［形态特征］

雌成虫： 介壳长卵形，长约1.8mm，白色，基部略隆起；壳点2个，红褐色，偏心；腹壳厚，完整。虫体椭圆形，长约0.8mm，胸节一部分及腹部边缘略加厚而有微小皱纹，腹节背面刺列细网状，腹面节间刺不显或无；中叶宽短，略呈方形，端有一钝形尖出，叶间生有一束线状长毛，10~12根，长出中叶几倍，中叶以外板缘有一系列钝齿状突起；硬化棒每侧2个；背面大管腺和腹面小管腺均密而很小，不规则分布在臀板和第1~4腹节的背面缘区和腹面侧区；无围阴腺。

雄成虫： 介壳狭长，长约0.8mm，洁白色；壳点1个，位于一端。

［防治方法］参照考氏白盾蚧。

78. 泰国丝绵盾蚧
***Odonaspis siamensis* (Takahashi)**

［中文异名］暹罗豁齿盾蚧。

［分　　布］广东、福建。

［为害对象］竹。

［为 害 状］雌成虫和若虫寄生在叶鞘内刺吸汁液为害。

［形态特征］

雌成虫： 介壳圆形，白色；壳点2个，位于一端，黄色。虫体椭圆形，长2.5~3.5mm，

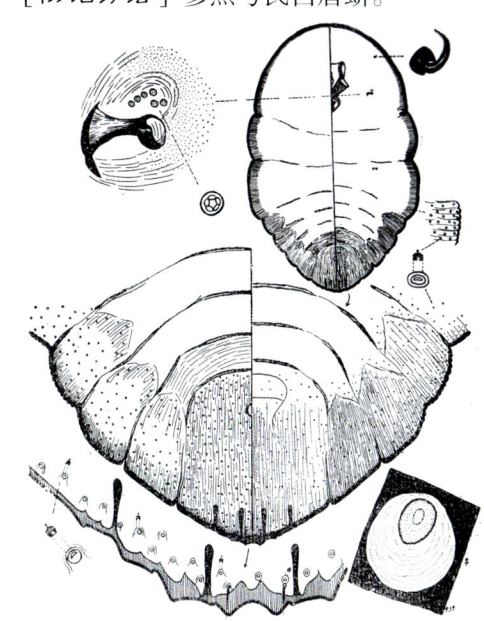

泰国丝绵盾蚧雌成虫

79. 大戟齿片盾蚧
***Parlatoria pseudaspidiotus* (Lindinger)**

［中文异名］拟圆齿糠蚧、甲盾蚧、苏铁甲盾蚧。

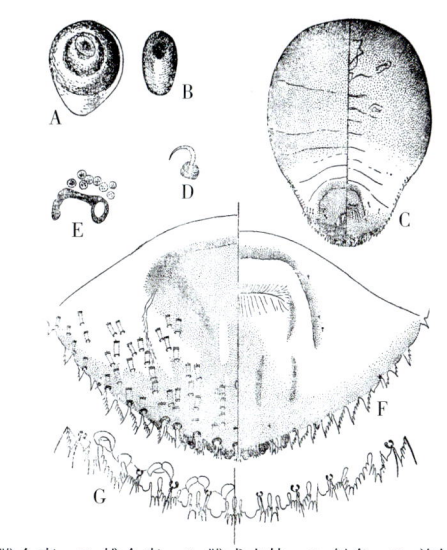

A.雌介壳　B.雄介壳　C.雌成虫体　D.触角　E.前气门
F.臀板　G.臀板末端

大戟齿片盾蚧雌成虫

[分　　布] 中国云南、四川、台湾；日本。

[为害对象] 芒果、攀枝花苏铁、云南苏铁、四川苏铁、华南苏铁、叉叶苏铁、万带兰、仙人指甲兰、龙舌兰、石斛、大戟。

[为 害 状] 雌成虫和若虫寄生于叶片刺吸汁液，造成叶片枯黄，树势衰弱，甚至整株死亡。

[形态特征]

雌成虫：介壳近圆形，长 1.5~2mm，茶褐色，后端有突出；壳点 2 个，位于中心或稍偏，略扁，第 1 壳点前端接触第 2 壳边缘，第 2 壳点特别大。虫体卵形，长约 0.65mm，黄白色，后端突出，臀前腹节侧缘直；中叶发达，宽，端圆基狭，两侧角各有 1 深凹切，第 2 叶稍狭，端圆，侧缘直，外侧角有 1 深凹切，第 3 叶同第 2 叶，第 4 和 5 叶三角形尖出；臀栉在中叶间 1 对，狭，端有 2~3 齿，中叶外侧 1 对，稍宽，端 4 齿，第 2 和 3 叶外各 3 栉，第 4 叶外 4 栉，宽三角形，外缘锯齿状，第 5 叶外 3 栉，短小；缘腺长圆柱形，21 个；背腺每侧约 25 个，多集中在亚缘，不规则；无围阴腺。

雄成虫：介壳卵形，长约 0.65mm，扁，质地和色泽同雌介壳；壳点 1 个，略偏离中心。

[生活史与习性] 四川攀枝花一年发生 1 代。以雌成虫在叶片上越冬；翌年 2 月下旬至 5 月上旬为产卵期，3 月下旬至 5 月中旬为初孵若虫涌散期，4 月中、下旬为涌散高峰期。4 月下旬至 9 月上旬为 1 龄若虫期，7 月下旬至 11 月上旬为 2 龄若虫期，9 月下旬至翌年 8 月上旬为雌成虫期。1 月下旬至 3 月上旬为雄虫预蛹期，2 月下旬至 4 月上旬为蛹期，3 月中旬至 4 月下旬雄成虫羽化并与雌成虫交配。

[天　　敌] 有多种瓢虫和寄生蜂。5 至 7 月为攀枝花地区高温时期，其间瓢虫和寄生蜂的种群数量也达到全年的高峰，从而造成片盾蚧虫口数量锐减。10 月上旬至 11 月中旬，瓢虫和寄生蜂种群数量再次出现峰期，又导致甲盾蚧虫口数量减少。显然天敌是该蚧的重要制约因子，在防治中应注意保护和利用。

[防治方法] 参照考氏白盾蚧。

80. 长丝盾蚧
***Greenaspis elongate* (Green)**

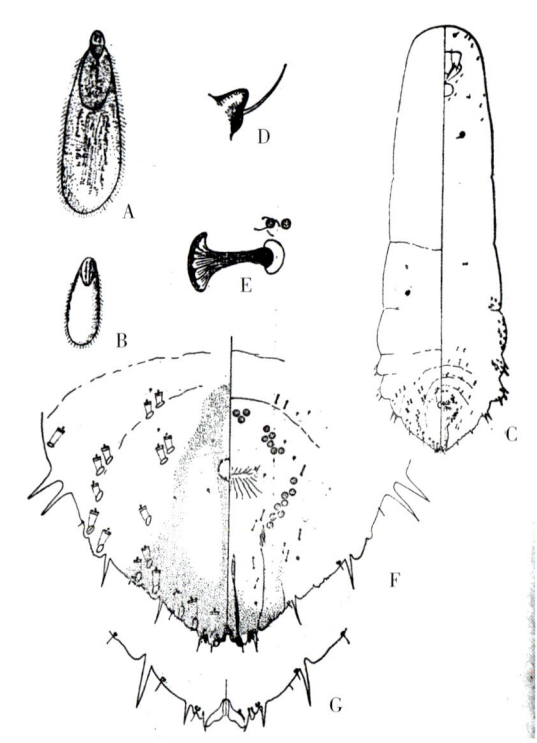

A. 雌介壳　B. 雄介壳　C. 雌成虫体　D. 触角　E. 前气门
F. 臀板　G. 臀板末端

长丝盾蚧雌成虫

[中文异名] 竹盾蚧、云南格林盾蚧、长盾蚧。

[分　　布] 云南、广东、福建、浙江、四川、安徽、台湾。

[为害对象] 凤尾竹、青篱竹、毛竹、紫竹、箬竹、金竹及芦苇等。

[为 害 状] 雌成虫和若虫寄生在叶片上刺吸汁液为害。

[形态特征]

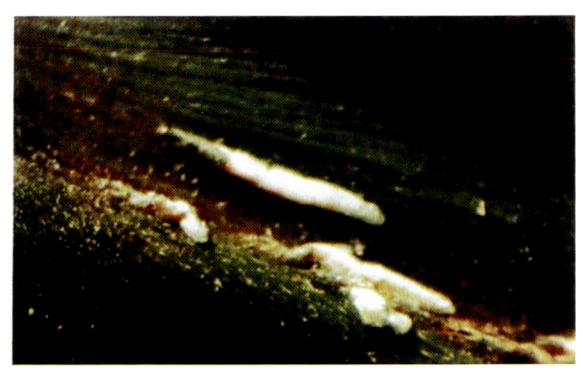

雌成虫介壳（近视）

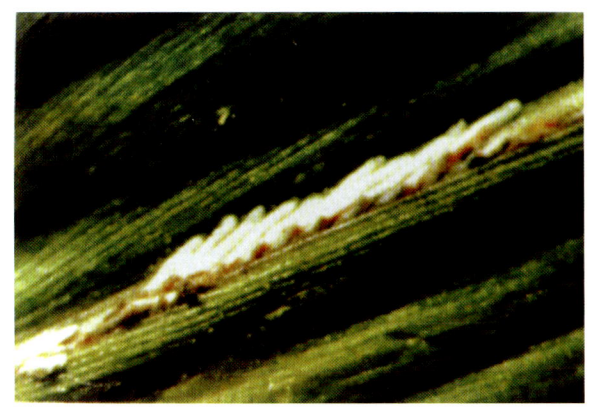

雌成虫介壳整齐排列状

雌成虫：介壳细丝状，极狭长，长2~3mm，白或黄白色，前方狭，后方稍宽，两侧近平行，扁平或隆起；壳点2个，位于前端，第1壳点卵形，乳白带黄色，一半伸出第2壳点外，第2壳点长卵形，鲜黄色，中部暗褐。虫体狭长，长1.4~1.8mm，淡黄色，胸部延长占体一半以上；中臀叶内缘叉开成"∧"字形，基叶具狭轭连，每叶呈靴形，侧叶双分且细长，外叶如锥，为内叶长之半，第5~6腹节板缘锯齿状；缘腺刺每侧6个，板缘斜管腺每侧7个；亚中背腺在第4~5腹节每侧每节1~3个，亚缘背腺在第3~5腹节每侧每节1~5个，后胸至第3腹节侧缘具中管腺；前气门腺1~2个；围阴腺5群。

雄成虫：介壳扁长，两侧平长，长约1.3mm，白色，背面显1纵脊或无；壳点1个，位于前端。

[防治方法] 参照考氏白盾蚧。

81. 棕榈栉圆盾蚧
Hemiberlesia lataniae (Signoret)

[中文异名] 拉唐棕突圆蚧、棕栉盾蚧、棕突圆蚧、温亭栉盾蚧。

[分　　布] 中国广东、福建、浙江、上海、江苏、云南、四川、贵州、山东、湖北、广西、台湾等省区及北方温室。全世界多地。

[为害对象] 柑橘、椰子、芒果、番石榴、无花果、枣、苹果、梨、核桃、葡萄、异色柿、桑、合欢、木槿、山茶、玫瑰、杜鹃、唐昌蒲、菊花、墨兰、旅人蕉、苏铁、棕榈、雪松、桧柏、蒲葵、银杏、悬铃木、国槐、柳、福树、刺槐、夹竹桃、冬青、卫矛、三柱水东哥、紫金牛、木姜子、黄扬等多种植物。

[为 害 状] 雌成虫和若虫寄生在枝干上刺吸汁液，造成枝条干枯，树势衰弱，严重时整株死亡。

[形态特征]

雌成虫：介壳圆形，直径约2mm，高突，色泽多变化，白、灰白或灰褐色；壳点2个，黄、褐黄或暗黄色。虫体椭圆或近圆形，长约1mm，明黄色，中叶很大，紧靠，内抱，中叶间有刺状臀棘1对，第2、3叶为膜质楔状突，第3叶有时不见；两侧叶间臀栉发达，与中臀栉一样都短于中叶，第3叶外臀栉1~2个，退化成刺状；肛门大而圆，几与中叶等长，肛门与中叶基之间距离超过肛长；围阴腺4群。

雄成虫：介壳椭圆形，长约1mm，质地和色泽同雌介壳；壳点1个，偏向一端。

卵：椭圆形，橙黄色。

若虫：初孵时卵圆形，淡黄色。

[生活史与习性] 成都一年发生3代。以受精雌成虫在枝干上越冬。翌年3月下旬开始

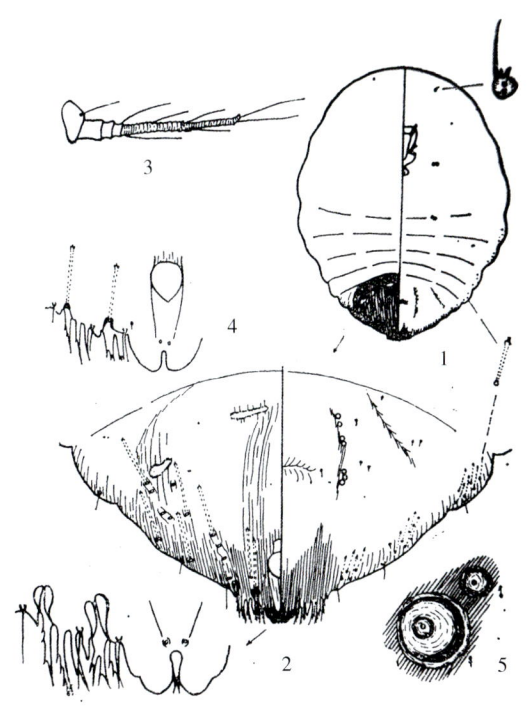

1.雌成虫体　2.雌成虫臀板放大　3.1龄若虫触角
4.2龄若虫臀板　5.雌雄介壳

棕榈栉圆盾蚧雌成虫

产卵，4月中、下旬第1代若虫孵化，历时不足10天，4月中旬末为孵化高峰期。2~3代若虫孵化期分别为6月中旬至7月初，历时约12天，6月下旬为孵化高峰期；8月中、下旬，历时约10天，8月下旬为孵化高峰期；虫体寄生在枝条上较多，树干上较少。9月中旬第3代雄若虫开始化蛹，9月下旬至10月中旬初羽化。

[天　　敌] 捕食性天敌有日本方头甲、食蚧半疥；寄生性天敌有金黄蚜小蜂、双黄蚜小蜂、桑盾蚧黄蚜小蜂。其中日本方头甲的捕食作用最大；金黄蚜小蜂的寄生作用最明显。

[防治方法] 参照松栉圆盾蚧。

82. 松栉圆盾蚧
Hemiberlesia pitysophila Takagi

[中文异名] 松突圆蚧、松栉盾蚧、松炎盾蚧。

[分　　布] 广东、台湾、香港、澳门等地区。

[为害对象] 马尾松、湿地松、黑松、加勒比松、展松、卵果松、短叶松、卡锡松、晚松、光松、列果沙松及南亚松等。

[为 害 状] 雌成虫和若虫群集于叶鞘基部、针叶、新抽嫩梢基部、新球果(果鳞)及新叶中下部等幼嫩组织刺吸汁液为害，被害处缢缩变黑，针叶上部枯黄，严重时针叶脱落，新抽枝条变短发黄，甚至整株死亡。

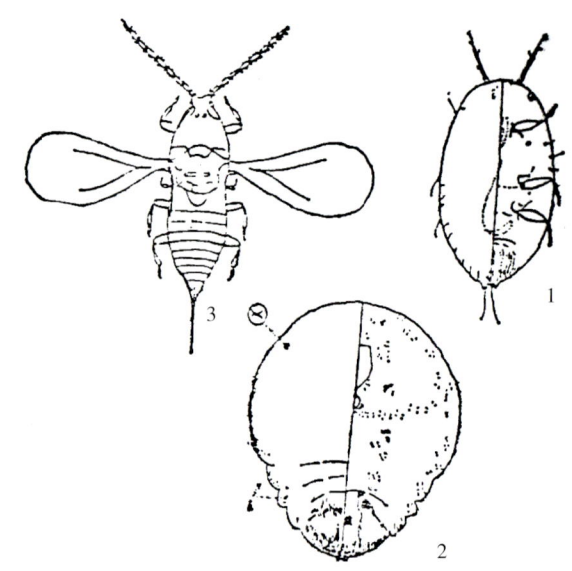

1.初孵若虫　2.雌成虫　3.雄成虫

松栉圆盾蚧

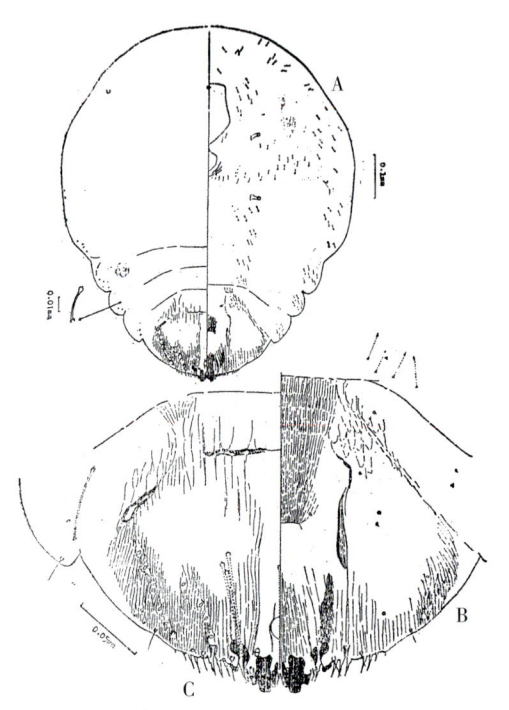

A.雌成虫体　B.臀前腹节背腺管　C.臀板
（仿Takagi 绘）

松栉圆盾蚧雌成虫

[形态特征]

雌成虫： 介壳初期近圆形，后期椭圆形，直径约2mm，扁平，中心略高，白、灰白、灰黄色；壳点2个，位于中心或略偏，橘黄色，周围一圈淡褐色，孕卵后介壳变厚，并向尾端伸展。虫体宽梨形，长约0.7~1.1mm，淡黄色；第2~4腹节侧缘稍突；口后腹面及每气门附近有颗粒状皮斑；中叶粗大，垂直向下，端部或钝圆，凹缺外侧大内侧小，中叶间距为叶宽的1/3，侧叶斜向内，很小而硬化，第3叶全无，在中叶和侧叶间有1对顶端膨大的硬化棒；臀栉不太发达，细长如刺，第3叶外亦存在；背腺细长，每侧3列，第4腹节有亚缘管腺；围阴腺无。

雄成虫： 介壳长椭圆形，长约0.9mm，前端稍宽，后端略窄，淡黄褐至灰白色，尾端扁平，蟹青色；壳点1个，橙黄色至白色，突出于一端。虫体长约0.8mm，橘黄色，1对半透明翅，腹末交尾器针状。

若虫： 初孵时卵圆形，长0.2~0.3mm，淡黄色，触角、足健全。

[生活史与习性]

生活史：广东惠东县一年发生5代，世代重叠，无明显越冬现象；全年均可见各种虫态。卵在雌成虫体内发育成熟，产卵和孵化几乎同时进行。初产若虫在雌体腹下滞留一段时间，待晴天出壳。1~4代初孵若虫涌散高峰分别为3月中旬至4月中旬，6月初至中旬，7月底至8月上旬，9月底至11月中旬。因7~8月的强烈日光会影响若虫的存活，所以入夏之后，初孵若虫的发生数量骤减，全年只有3~4月为明显的高峰期。初孵若虫出壳后，在母体附近固定寄生，经5~19小时开始泌蜡，20~32小时蜡质覆盖全身，再经1~2天蜡质增厚变成圆形介壳。

繁殖：每头雌成虫产卵约60粒，产卵持续时间比较长。

寄生习性：在叶鞘基部多为雌性，叶片、叶鞘外及球果上多为雄性。林分过密，发生危害重。

发生与寄主：受害程度因寄主种类而异，由重至轻依次是马尾松、火炬松、南亚松、洪都拉斯加勒比松、裂果沙松。而晚松、卡锡松、印果松、巴哈马加勒比松、短叶松、黑松，展松和湿地松抗虫性较好。

[天 敌] 捕食性天敌有带翅虱管蓟马、黄卡管蓟马、细缘唇瓢虫、红点唇瓢虫、整胸寡节瓢虫、日本方头甲、八斑绢草蛉、牯岭草蛉、

为害状（放大）

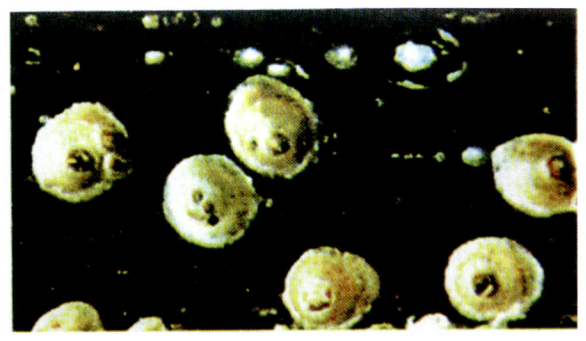

雌成虫介壳（近视）

圆果大赤螨、草栖钝绥螨、纽氏钝绥螨、尼氏钝绥螨；寄生性天敌有惠东黄蚜小蜂、范氏黄蚜小蜂、劳氏南索蚜小蜂、海短索蚜小蜂、松突圆盾蚧异角蚜小蜂、友恩蚜小蜂、长缨恩蚜小蜂、带恩蚜小蜂、片盾蚧恩蚜小蜂、瘦柄花翅蚜小蜂、中华四节蚜小蜂、长棒跳小蜂、双带巨角跳小蜂、黄棒跳小蜂。其中红点唇瓢虫、圆果大赤螨的捕食作用最大；长缨恩蚜小蜂的寄生作用最明显，其次为松突圆盾蚧异角蚜小蜂、黄蚜小蜂。同时还发现重寄生的瘦柄花翅蚜小蜂。

[防治方法]

植物检疫：严格把住苗木和盆景调运关，防治人为传播。

配置植物：避免单一成片种植，与阔叶树搭配，发展混交林。

园艺防治：对受害林地要加强抚育管理，适当进行修枝间伐，保持冠高比为2：5，侧枝保苗6轮以上，以降低虫口密度，增强树势。

生物防治：将剪下的虫枝放在林地附近，让天敌羽化；饲养释放松突圆盾蚧花角蚜小蜂及引进的日本蚜小蜂等天敌。

83. 桂花栉圆盾蚧
Hemiberlesia rapax (Comstock)

[分 布] 云南、福建、台湾、广东、四川、浙江、安徽、江苏等省区及北方温室。

[为害对象] 柑橘、酸橙、番荔枝、芒果、苹果、无花果、梨、核桃、葡萄、桑、茶、桂花、鸡蛋花、金雀花、玉兰、紫薇、合欢、月桂、山茶、鹤望兰、秋海棠、凤仙花、菊花、牡丹、绣线菊、朱蕉、丁香、岩蔷薇、苏铁、散尾葵、香樟、楠、

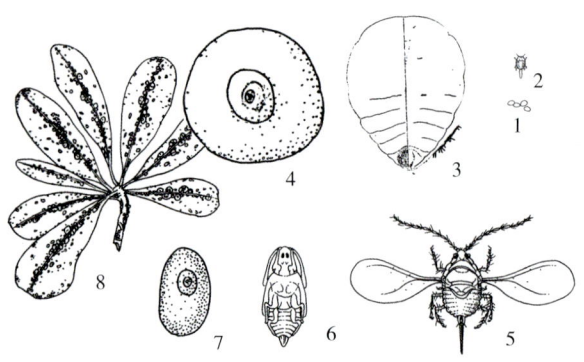

1. 卵 2. 若虫 3. 雌成虫 4. 雌介壳 5. 雄成虫 6. 蛹
7. 雄介壳 8. 为害状

桂花栉圆盾蚧

棕榈、槭、桦、槐、悬铃木、白蜡树、榆、柳、白杨、冬青、卫矛、冬珊瑚、常春藤、夹竹桃、仙人掌等多种植物。

[为害状] 营孤雌生殖。虫体寄生于叶片上刺吸汁液为害。

[形态特征]

雌成虫： 介壳初期圆形，后呈长圆形，直径1.5~2.3mm，黄褐色或灰黄色，边缘色淡，很隆起，表面粗糙；壳点2个，凸出，靠近一端，灰褐色，有白色分泌物形成一中点及环；腹壳白色，留在植物上。虫体倒梨形，长约1mm，橙黄或深黄色；触角瘤锥形，端有3~4小齿，侧面生1刚毛；臀板宽，中叶大，紧靠，内抱，只外侧有缺刻，第2、3叶很小，楔状，不硬化；臀栉在叶间均细长，端部具齿或分枝；背管腺2列，在3对叶间的腺沟内外侧有单独的2~4个腺管成亚缘列；无围阴腺，阴侧褶明显；肛门大而圆，直径与叶等长，极近板端。

[防治方法] 参照松栉圆盾蚧。

为害状

84. 双球霍盾蚧
Howardia biclavis (Comstock)

[中文异名] 拟桑盾蚧、双锤盾蚧。
[分　　布] 云南、广东、广西、四川。
[为害对象] 柑橘、无花果、石榴、核桃、栗、芒果、番木瓜、番荔枝、苹果、梨、柿、肉豆蔻、油橄榄、人心果、荔枝、茶、胡椒、咖啡、乌梅、金鸡纳、鸡眼茶、山茶、木槿、金合欢、银合欢、羊蹄甲、紫薇、红爵床、秋海棠、黄蝉花、鸡蛋花、黄钟花、石楠、素馨、女贞、樟、朴、

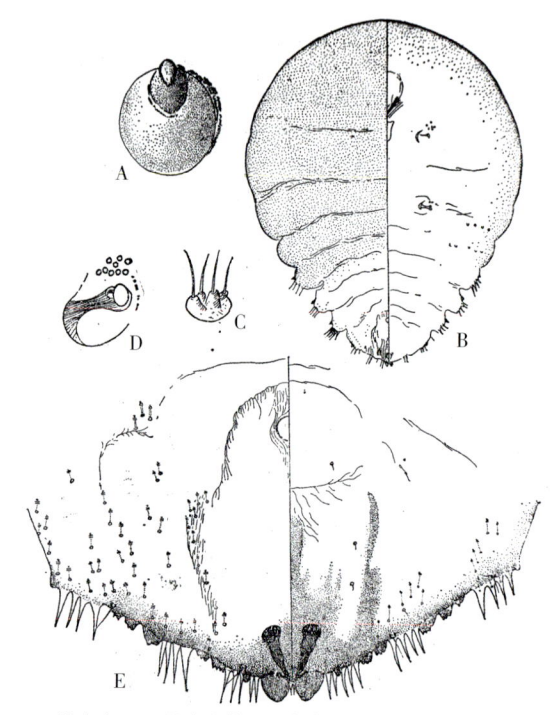

A. 雌介壳 B. 雌成虫体 C. 触角 D. 前气门 E. 臀板
双球霍盾蚧雌成虫

银桦、榄仁树、似果木、木麻黄、路植马木、杜英、阿开木、石斑木、忍冬、丁子香、山榄、大风子、胭脂树、破布子、罗子、刺篱木、紫藤、巴豆、大戟、铁苋菜、比格格藤、库盘尼、肿柄菊、刺蒴麻等多种植物。

[形态特征]

雌成虫： 介壳宽卵形或近圆形，长2.5~3mm，白色或灰白色，隆起；壳点2个，位于前端，黄色，第1壳点伸出1/3在介壳外。虫体宽梨形，长2~2.8mm，淡褐色，臀前腹节侧缘显著呈瓣状突出，触角有多数毛；臀板三角形，只有中叶1对，发达，宽短，内倾，端钝圆，基部接近而不轭连，基内角各有小横硬化棒1个，向前伸出长锤状骨片，片长为中叶之2倍，外斜，端圆球形，第2叶呈三角形齿突；背腺短小，按边缘、亚缘、亚中排列在节间和节内，每侧70余腺；腹腺微小；臀板无缘腺；无围阴腺。

[防治方法] 参照考氏白盾蚧。

85. 榕藤纹片盾蚧
Lchthyaspis ficicola (Takahashi)

[中文异名] 榕藤毛蜕盾蚧、榕并蜕蚧、鱼尾盾蚧。

[分　　布] 台湾。

[为害对象] 珍珠莲。

[为 害 状] 雌成虫和若虫寄生在叶片上刺吸汁液为害，不形成虫瘿。

[形态特征]

雌成虫： 介壳圆形，直径约0.8mm，淡黄褐色，由第2壳点形成，全封闭；第1壳点位于中心或偏心。虫体卵形，长约0.3mm，隐雌型，膜质；臀板末端突出成一短宽的柄，中叶膨大，基部愈合，端部1/3分开，内缘相平行而留有狭的间隔，无第2和3叶；无腺刺，无亚缘及亚中群背腺；缘腺短，每侧4腺，单腺分布；臀板缘毛很长；围阴腺5群。

雄成虫： 介壳长条形，白色，溶蜡状，背面有纵脊；壳点1个，位于前端。

[防治方法] 参照考氏白盾蚧。

86. 留片线盾蚧
Kuwanaspis pseudoleucaspis (Kuwana)

[中文异名] 竹须盾蚧、拟白须盾蚧、竹长盾蚧。

[分　　布] 福建、云南、江西、安徽、广西、浙江、四川、台湾。

[为害对象] 凤尾竹、青篱竹、毛竹、紫刚竹、慈竹、观音竹及苦竹等。

[为 害 状] 雌成虫和若虫寄生在竹竿、叶鞘下叶片主脉上刺吸汁液为害。受害竹竿发黄，材质变脆，严重时整株死亡。

[形态特征]

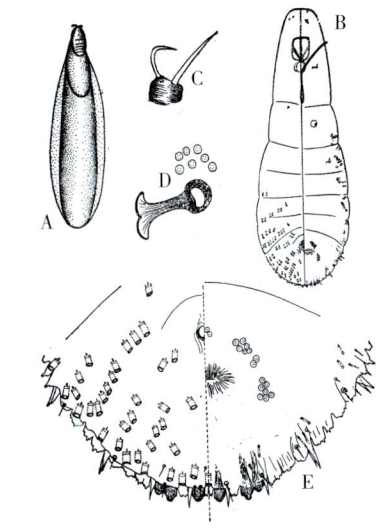

A. 雌介壳　B. 雌成虫体　C. 触角　D. 前气门　E. 臀板
留片线盾蚧雌成虫

雌成虫： 介壳长纺锤形，长2.5~3mm；雪白色，两侧近平行，前端收缩，背面隆起；壳点2个，位于前端，第1壳点上黄色，边缘较浅，第2壳点色深，其上覆盖一层白色分泌物，仅边缘及后方露出本色；腹壳薄，中间有长裂缝1条。虫体长纺锤形，长约0.8 mm，为宽的2.5倍，头至中胸之长约为体长之半；中臀叶长宽相等，叶间距为叶宽，叶两侧各具一凹切，侧叶双分，内叶如中叶大；臀板每侧单腺刺4个；第1~4腹节腹面每侧有腺瘤；臀栉发达，第6腹节每侧4个；第1~6腹节上有亚中及亚缘背腺每侧30~50个，按节或节间成列。第7腹节上每侧散布3~5个；后胸及第1~2腹节亚缘部有腹管腺，第2~3腹节中区有成片小腹管腺；围阴腺5群。

雄成虫： 介壳长形，长约0.8mm，为宽的2.5

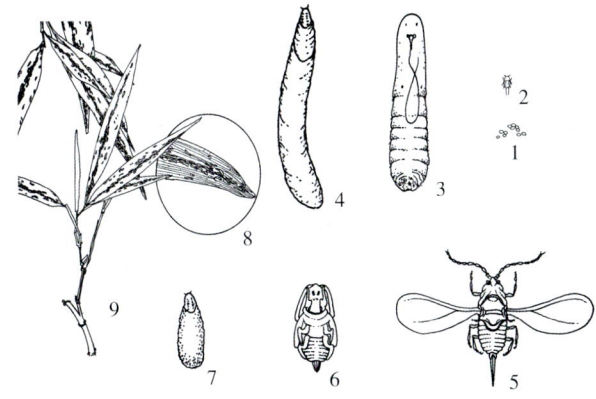

1. 卵　2. 若虫　3. 雌成虫　4. 雌介壳　5. 雄成虫　6. 蛹
7. 雄介壳　8. 放大图　9. 为害状
留片线盾蚧

为害状

倍，白色，溶蜡状，背面有1明显中脊；壳点1个，位于前端。

[生活史与习性] 在江西万载一年发生2代。以受精雌成虫在竹竿上越冬。1~2代发生期见下表。

世代	卵	若虫	雄蛹	雌成虫
1代	4月中旬至5月中旬	5月上旬至6月下旬	5月下旬至6月下旬	8月上旬至8月下旬
2代	7月中旬至8月底	7月下旬至8月下旬	8月中旬至9月下旬	9月上中旬至次年6月上旬

雌成虫产卵于介壳下，卵期第1代18~25天，第2代12~20天，雄蛹期15~20天。初孵若虫沿竹竿爬行到当年新生竹上固定为害。受害竹竿发黄，材质变脆，次年出笋量减少，严重时整株死亡。

[防治方法] 参照考氏白盾蚧。

87. 麻竹线盾蚧
Kuwanaspis bambusicla (Cockerell)

[中文异名] 毛竹线盾蚧。
[分　布] 云南、广东。
[为害对象] 毛竹。
[为害状] 雌成虫和若虫寄生在叶背基部刺吸汁液为害。
[形态特征]
雌成虫：介壳细长，长约1.7mm，白色，两侧近平行，有时中部略膨大；壳点2个，黄色，

位于前端。虫体长纺锤形，前半狭而尖，后半稍宽；腺瘤在第1和第2腹节腹面每侧亚中区各3~4个和4~5个，第3腹节及以下各节腹面缘区每侧各1个；围阴腺无；臀叶2对，中叶粗锥状，端钝，侧叶双分，均粗锥状；臀栉短，多呈叶状突，中叶间2个，中、侧叶间2个，侧叶外3个；腺刺长于臀叶，单一排列；背腺从后胸分布至第7腹节，按节排列，腹面散布小管腺。

[防治方法] 参照考氏白盾蚧。

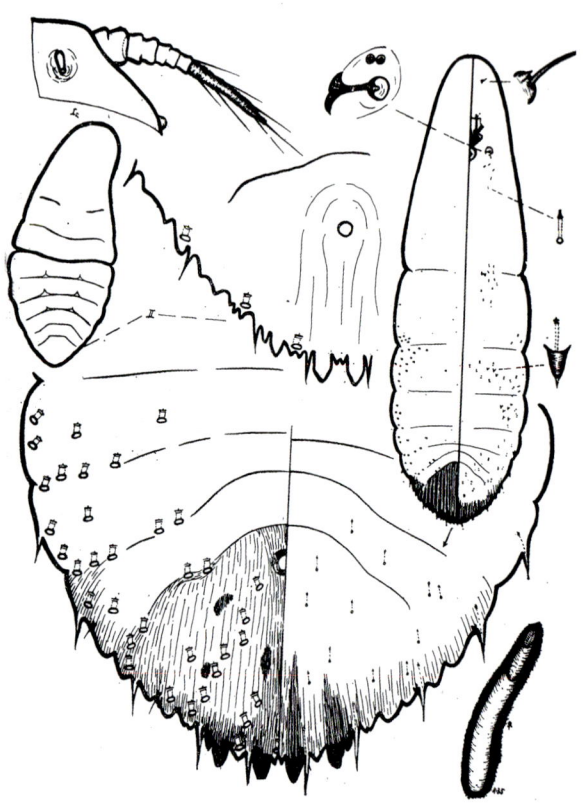

麻竹线盾蚧雌成虫

88. 竹叶线盾蚧
Kuwanaspis bambusifoliae (Takahashi)

[中文异名] 竹叶长盾蚧、台竹须盾蚧。
[分　布] 福建、四川、台湾。
[为害对象] 苦竹、毛竹、慈竹。
[为害状] 雌成虫和若虫主要寄生在叶面中脉刺吸汁液为害。
[形态特征]
雌成虫：介壳很狭长，长约2.5mm，白色，背面隆起，直或弯曲，侧缘略平行，前端稍变狭；

为害状

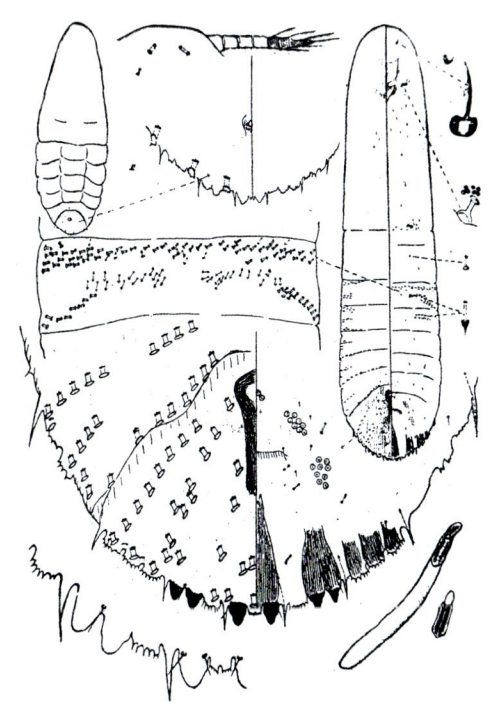

竹叶线盾蚧雌成虫

壳点2个，淡黄色，位于前端。虫体很细长，长1.5~2mm，黄色，头端圆形，向后渐宽；臀板宽过于长，背中区有很多波状纵线，中叶长过于宽，端圆，每侧有明显缺刻1个，略平行，第2叶双分，每瓣的形状、大小似中叶；臀板每侧有腺刺4根、短臀栉7个和缘腺13个；背腺一种，每侧约30腺，排成5列。

雄成虫：介壳长条形，长约1mm，白色，溶蜡状，两侧近平行，背面有纵线；壳点1个，淡黄色，位于前端。

[防治方法] 参照考氏白盾蚧。

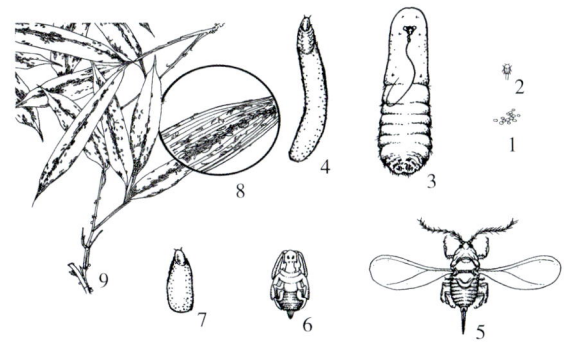

1.卵　2.若虫　3.雌成虫　4.雌介壳　5.雄成虫　6.蛹
7.雄介壳　8.放大图　9.为害状

竹叶线盾蚧

89. 白蚓线盾蚧
Kuwanaspis hikosani (Kuwana)

[中文异名] 日坝盾蚧、拖长盾蚧。

[分　　布] 中国浙江、广东、福建、安徽、香港；日本。

[为害对象] 紫刚竹、毛竹。

[为 害 状] 雌成虫和若虫散布于叶背刺吸汁液为害。

[形态特征]

雌成虫：介壳细长如丝，长2~2.5mm，为宽之8倍，白色，直或弯曲，两端圆而略平行；壳点2个，位于前端，淡黄色，第1壳点有一半伸出在第2壳点前。虫体细长，长约1.3mm，长为宽之6倍多，两则近平行，头胸部占体长一半，其侧缘几乎是直的；口及后气门后中区略硬化而有粗皮粒；第1腹节腹面亚缘区存在腺瘤；中臀叶端尖或钝，内、外凹切有或无，叶间距为叶宽之2倍，侧叶双分；臀栉在中叶间1对，中、侧叶间1个，第6腹节3个，第5腹节1个；臀板每侧腺刺4根；围阴腺5群。

雄成虫：介壳长形，白色，溶蜡状，背面有一纵脊；壳点1个，位于前端。

[防治方法] 参照考氏白盾蚧。

90. 霍氏线盾蚧
Kuwanaspis howardi (Cooley)

[中文异名] 和长盾蚧、贺氏线盾蚧、霍须盾蚧。

[分　　布] 中国云南、浙江、福建、安徽、广东、江苏、上海；美国、俄罗斯。

[为害对象] 毛竹、凤尾竹（细枝、叶柄分叉处）、刚竹、青篱竹、芦苇。

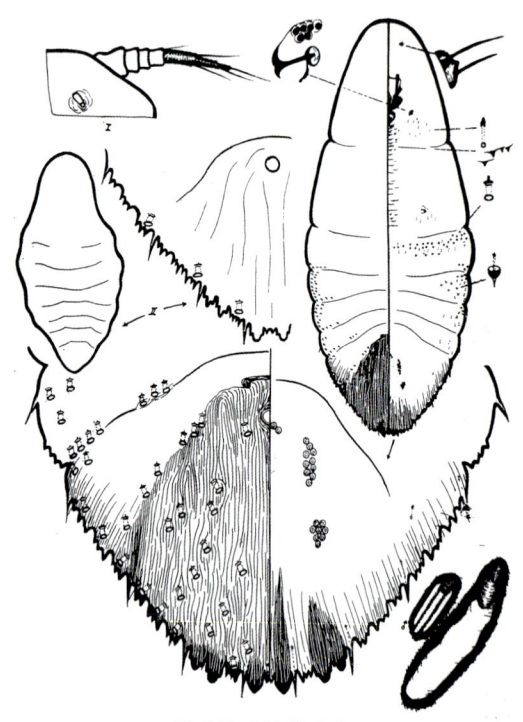

霍氏线盾蚧雌成虫

[为害状] 雌成虫和若虫寄生在竹竿和叶鞘下的叶片上刺吸汁液为害,受害竹竿出现灰褐色斑块,长势衰弱,影响出笋,降低产量,严重时,叶落枝枯,甚至整株死亡。

[形态特征]

雌成虫:介壳长形,长1.5~2mm,白色,前端狭,后端稍宽;壳点2个,位于前端,第1壳点有一半伸出在第2壳点外,均黄色至绿色,第2壳点被一薄层分泌物。虫体长纺锤形,长约0.8mm,黄色,臀前腹节有很多横条纹,前气门后有小管腺群;臀叶2对,中叶长宽略等,端圆,两侧凹切浅或无,叶间距略大于叶宽,侧叶双分;臀栉端部带齿,短宽,中叶间1对,中、侧叶间有1臀栉和1腺刺,侧叶以外有3臀栉和1腺刺,再外又有1列臀栉和1腺刺;背腺同大,短小,按节排成列;后胸无腹管,第1腹节腹管为一整横列,第2~3腹节中区无腹管腺;腺刺存在于第4腹节以后;围阴腺5群。

雄成虫:介壳长形,长0.85~1.2mm,白色,溶蜡状,背面有一纵脊;壳点1个,金黄色,突出于前端。虫体长0.4~0.45mm,翅展1.08~1.15mm。体橘红色,眼黑色。腹末针状交尾器长约0.2mm。

若虫:初孵时椭圆形,长约0.25mm,橘黄色,触角、足健全,腹末具1对尾毛。

[生活史与习性]

生活史:安徽马鞍山一年发生2代。以受精雌成虫在竹竿上越冬;翌年3月底开始孕卵,孕卵期约40天,5月上旬开始产卵,5月中、下旬为盛产卵盛期。1~2代若虫孵化期分别为5月下旬至8月上旬,6月上、中旬为盛孵期;7月下旬至9月下旬,8月中、下旬为盛孵期。初孵若虫爬行4~6小时,在母体附近固定寄生,第2代雄成虫9月上旬至11月下旬羽化,交配后以受精雌成虫越冬。

繁殖:雌成虫受精后发育缓慢,有边取食边孕卵边产卵的习性。因孕卵产卵期长,世代重叠现象严重。每头雌成虫平均产卵30粒。1~2代平均卵期分别为18天、8天。

[防治方法] 参照考氏白盾蚧。

91. 台湾线盾蚧
Kuwanaspis suishana (Takahashi)

[中文异名] 细长盾蚧、台须盾蚧。
[分　　布] 福建、台湾。
[为害对象] 毛竹、牡竹、莿竹。
[为害状] 雌成虫和若虫寄生在叶正面的基部中脉处刺吸汁液为害。

[形态特征]

雌成虫:介壳细长,长约1mm,白色,背部隆起,常弯曲;壳点2个,突出前端,黑褐色,

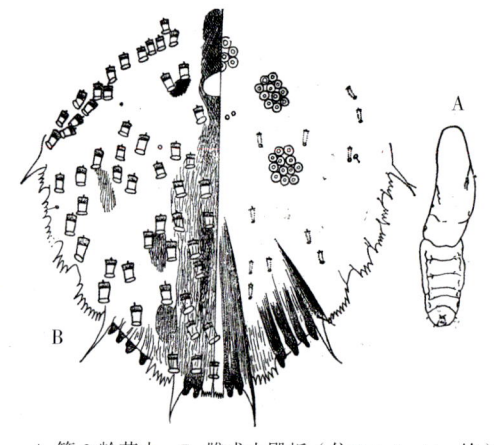

A. 第2龄若虫　B. 雌成虫臀板(仿Takahashi 绘)
台湾线盾蚧雌成虫

第1壳点后缘黄色而有光泽，略突出于第2壳点前端，第2壳点长约为宽之4倍多，为第1壳点长之2倍，中部略宽，常弯曲，中部稍后有明显横沟1条和后部有横沟5~6条，背被薄层白蜡，但后面及边缘无。虫体细长，长约0.8mm，为宽之4倍，略弯曲，两端微细；头部有少数小缘毛，前、后气门间略硬化和具粗大皮粒；臀背中区有许多硬化波状腺，臀背管腺粗短；中叶小而突出，端钝或尖，内外凹切各1个，中叶有时双分，侧叶各分为4个，形似中叶；臀栉粗宽，约与叶等长；腺刺长于臀叶，每侧3根；腺瘤在腹基部每侧2群；腹腺在亚中群腺瘤前成一横带；围阴腺5群。

[防治方法] 参照考氏白盾蚧。

92. 黄蚓线盾蚧
***Kuwanaspis vermiformis* (Takahashi)**

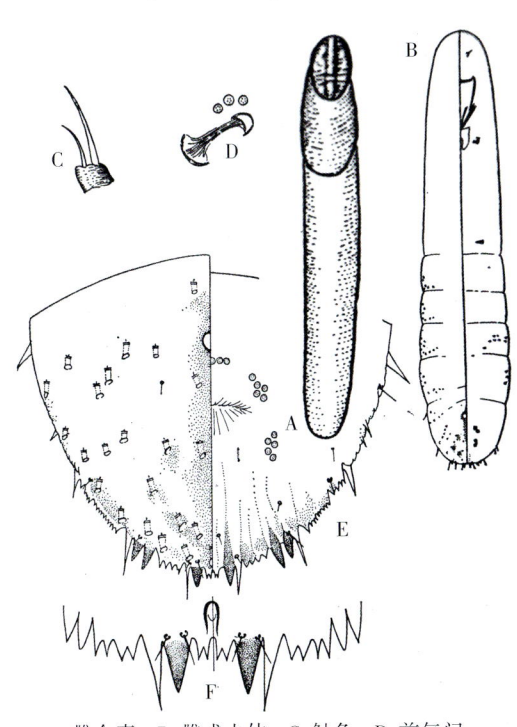

A.雌介壳 B.雌成虫体 C.触角 D.前气门
E.臀板 F.臀板末端

黄蚓线盾蚧雌成虫

[中文异名] 蠕须质蚧、豸形长盾蚧。

[分　　布] 福建、云南、广东、台湾。

[为害对象] 凤尾竹、荆竹、麻竹、莉竹。

[为　害　状] 雌成虫和若虫寄生在叶背刺吸汁液为害。

[形态特征]

雌成虫：介壳很狭长，线状，长约2mm，白色，两侧平行，通常弯曲，背面隆起；壳点2个，位于前端，黄褐色，第1壳点一部分伸出在第2壳点前端，第2壳点狭长，略弯，几乎为全介壳之半。虫体细长，线状，长约0.8mm，为宽之5倍多，两侧平行。口后及后气门后中区硬化，有粗皮粒；中叶梯形，长过于宽，两侧各有1深凹切，侧叶双分，同形同大，内外侧有深凹切；臀板每侧有腺刺4根；除臀板基部外，腹部基部腹面每侧有腺瘤2群；背腺短，每侧约30个，分布不规则，但第1~3腹节和第5腹节略成系列；腹腺在亚中群腺瘤前成横列或断，在第1~4腹节亚缘成群，第1腹节有横列粗管；围阴腺5群。

雄成虫：介壳狭长，长约0.8mm，白色，溶蜡状，两侧近平行，背而有纵脊3条；壳点1个，位于前端。

[防治方法] 参照考氏白盾蚧。

93. 朴蛎盾蚧
***Lepidosaphes celtis* Kuwana**

[中文异名] 朴牡蛎蚧。

[分　　布] 浙江、云南等长江下游各省、台湾。

[为害对象] 朴树。

[为　害　状] 雌成虫和若虫寄生在枝和干上刺吸汁液为害。

[形态特征]

雌成虫：介壳细牡蛎形，长约3mm，灰或紫色，直或弯曲，突起；壳点2个、位于前端。虫体纺锤形，长约1.2mm、淡黄色、前狭后宽，臀前腹节突出并显著硬化；臀叶2对，中叶大，间距约半叶之宽，腹面无硬化棒，第2叶双分，小；背腺细小丰富，在第6腹节从肛门侧至缘部成一纵带，约26个，第3~5腹节亦相似而数多，在中、后胸及第1~2腹节分布于亚缘区；缘腺6对，每侧排成1、2、2、1个，腺刺9群；第1~6腹节每侧每节有亚缘疤1个，第1~4腹节每侧节间各有节间瘤1个，瘤上有粗硬刺1~2

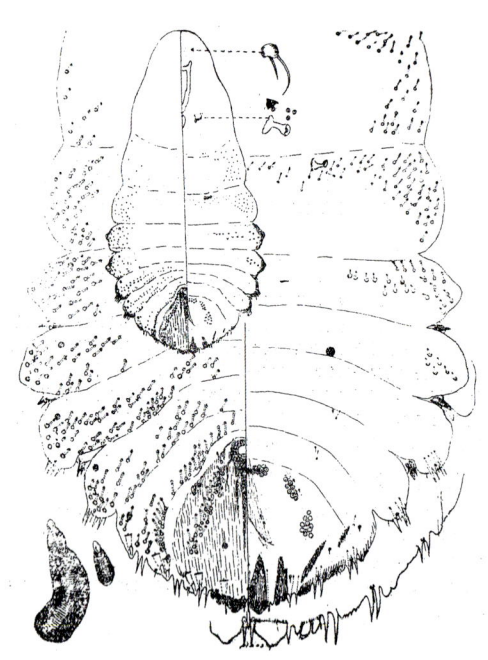

朴蛎盾蚧雌成虫

根，腺瘤存在于第 1~2 腹节腹面。

雄成虫：介壳长约 1mm，形状、质地和色泽同雌介壳；壳点 1 个，位于前端。

[防治方法] 参照考氏白盾蚧。

94. 苏铁蛎盾蚧
Lepidosaphes cycadicola **Kuwana**

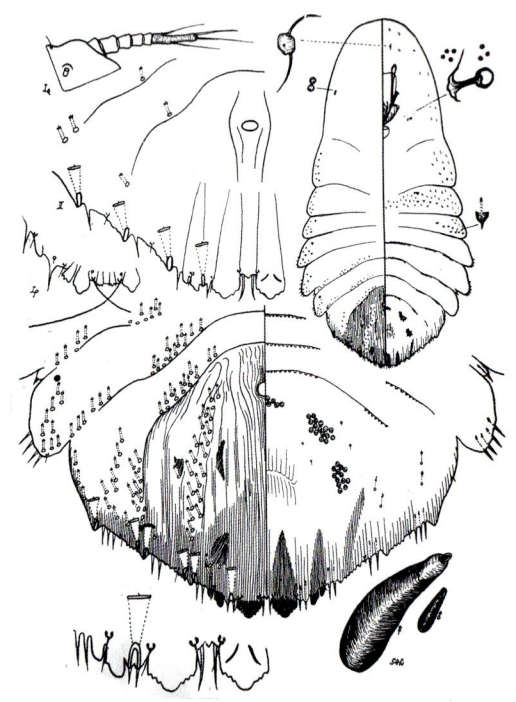

苏铁蛎盾蚧雌成虫

[中文异名] 苏铁牡蛎蚧。

[分　　布] 海南、云南、广东、福建、浙江、台湾。

[为害对象] 苏铁、金桂、秋枫、散尾葵、乌桕、木麻黄、冬青、黄荆等植物。

[形态特征]

雌成虫：介壳牡蛎形，长约 3mm，褐色，细长，略弯曲，前狭后宽，中间隆起；壳点 2 个，位于前端。虫体纺锤形，长约 1mm，约为宽之 2 倍，黄白色，体粗壮，臀前腹节侧缘呈瓣状突

为害状（放大）

出；中叶粗大，宽略大于长，两侧各有 2~4 凹切，叶间距为叶宽 1/3；前胸背面近侧缘有连成"8"字形的疤 1 个，第 1.2.4 腹节及 5~6 腹节间有亚缘背疤各 1 个；背腺小，数多，第 6 腹节每侧 16~30 腺成列，第 2 臀叶前有 2~3 腺，第 3~5 腹节亚缘为多；节间刺仅在第 3~4 腹节间存在；腺瘤在后胸腹面 2~3 个，第 1 腹节腹面 6~12 成一亚缘列；围阴腺 5 群。

雄成虫：介壳小而直，长约 1.5mm，形状、质地和色泽同雌雄介壳。

[防治方法] 参照考氏白盾蚧。

95. 桧柏蛎盾蚧
Lepidosaphes cupressi Borchsenius

[中文异名] 柏蛎蚧、柏突眼蛎蚧。

[分　　布] 中国江苏、上海、四川、云南、福建、广西、浙江、河北；日本。

[为害对象] 桧柏、苹果、杨梅、柿、玫瑰、胡颓子。

[为 害 状] 桧柏蛎盾蚧是危害柏类树木的重要害虫，雌成虫和若虫寄生在叶片和枝干上刺吸汁液为害。在浙江发现危害杨梅，主要寄生危害枝梢和叶片，受害叶黄、枝枯，严重时，造成整株或成片死亡，似火烧一般，是浙江杨梅产区的重要害虫。

[形态特征]

雌成虫：介壳牡蛎形，前狭后宽，长约2.2mm，茶褐至褐色，后端有时显白色；壳点2个，位于前端；虫体长纺锤形，长约1.5mm，约为宽之2倍，黄白或淡黄色，臀前腹节侧缘明显呈瓣状突出；第1~4腹节间每侧各有囊状节间瘤1个，瘤下有一尖刺；第1~6腹节每侧各有背疤1个；臀板腺刺大，集成9群；前胸每侧有8字形背疤1个；管腺在中后胸两侧及第1腹节腹面成群，在后气门的后面排成一长横列；第1~2腹节两侧有刺状腺瘤；背腺在第1~4腹节两侧成群，在第5腹节上成2行亚缘组及2行亚中组，第1~4腹节两侧成群，第5节上成2行亚缘组及1行亚中组；第1~4腹节间每侧有节间瘤，第1~6腹节有背疤；中臀叶大，宽过于长，端两侧有凹切，叶间距为半叶之宽，侧叶双分，侧叶以外的臀板外缘有钝形齿状突3个；围阴腺5群。

雄成虫：介壳长约1mm，形状、质地和色泽同雌介壳。

[生活史与习性]

生活史：浙江一年发生3代。多以雌成虫及少量卵越冬；河北保定2~3代。浙江1~3代若虫孵化期分别为4月下旬至5月下旬，8月中旬至9月上旬、11月中旬至12月上旬，世代重叠。保定1~3代若虫盛孵期分别是5月上、中旬，7月上旬，9月上旬。

寄生习性：在杨梅上，雌成虫和若虫主要群集于1~3年生枝梢；雄虫主要固定在叶片中脉两侧。首先为害树冠中、下部枝叶，然后逐渐向上蔓延扩展。以山谷10~40年生的初果树和盛果树受害重；山脊上杨梅的虫口较少；北坡和西坡受害较重。

[防治方法]

园艺防治：春秋季，剪除杨梅枯死枝和缩剪虫口密度高的树枝，集中烧毁，不仅防治效果明显，而且能促进抽生枝梢，及时恢复树冠和产量。

其他防治方法参考考氏白盾蚧。

96. 苹果蛎盾蚧
Lepidosaphes malicola Borchsenius

[分　　布] 新疆。

[为害对象] 桃、柳。

[为 害 状] 雌成虫和若虫寄生在枝、干、叶片和果实上刺吸汁液为害。

[形态特征]

雌成虫：介壳牡蛎形，长2~2.5mm，黑褐色，具淡色横纹；虫体纺锤形，长1.3~1.5mm；臀叶2对，中叶间距约1叶之宽或不足，叶端浑圆、平或尖，臀板上缘腺刺为成双9群；背腺多而小，在腹部按节排成系列，第7腹节每侧约5~11腺；亚缘背疤常见于第3~5腹节；后胸腹面管腺成横带；第1~4腹节每侧每节间有管状瘤1个；围阴腺5群。

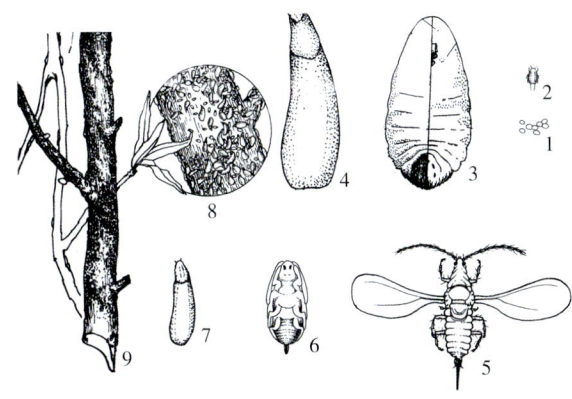

1. 卵　2. 若虫　3. 雌成虫　4. 雌介壳　5. 雄成虫　6. 蛹
7. 雄介壳　8. 放大图　9. 为害状
苹果蛎盾蚧

雄成虫：介壳长约 1.5mm，形状、质地和色泽同雌介壳。

[防治方法] 参照考氏白盾蚧。

97. 柳蛎盾蚧
Lepidosaphes salicina Borchsenius

[中文异名] 柳牡蛎蚧。

[分　　布] 中国吉林、辽宁、内蒙古、河北、北京、天津、山东；日本、朝鲜、俄罗斯。

[为害对象] 杨、柳、榆、桦、枣、李、核桃、黄菠萝、椴、花曲柳、丁香、白蜡树、稠、红瑞木、忍冬、黄檗、银柳、胡颓子、蔷薇等多种植物。

[为　害　状] 雌成虫和若虫寄生在枝、干上刺吸汁液为害，引起枝、干枯萎，幼树被害，一般在3~5年内整株死亡，以致幼林成片被毁。

[形态特征]

雌成虫：介壳牡蛎形，长3.2~4.3mm，栗褐色，边缘灰白色，外被薄层灰色蜡粉，前端尖，向后渐宽，直或弯曲，背部突起，表面（尤其是后部）粗糙，有鳞片状横向轮纹；腹壳完整，平而黄白色，在近末端处分裂成"∧"形；壳点2个，淡褐色，突出于前端，第1壳点椭圆形，长约0.6mm，其后部覆盖在第2壳点前部；第2壳点椭圆形，长1mm。虫体长纺锤形，长约1.6mm，黄白色，前狭后宽，第2~4腹节两侧呈叶状突出，第1~4腹节间每侧有尖硬化刺1个，并在背部节缘有锥状腺刺；臀叶2对，中叶大，端两侧有凹切，切口横边有细锯齿，叶间距不到半叶之宽；侧叶双分，内叶大于外叶；板缘腺刺9对，缘斜管腺6对，每侧排成1、2、2、1腺4组；背腺丰富，中等大小，第7腹节上每侧4~7个，多集中在肛门侧至板缘之后半部，成一纵带，第6腹节上背腺与第7节上背腺平行而成纵带，第3~5腹节每节形成2列，第1~2腹节背腺多集中在锥腺附近成群；亚缘疤存在于第1~6腹节，2~3节常缺；围阴腺5群。

雄成虫：介壳长约1.2mm，形状、质地和色泽同雌介壳。虫体瘦长，淡紫色，触角10节，翅1对，腹末交尾器狭长。

卵：椭圆形，长约0.25mm，黄白色。

若虫：初孵时椭圆形，白色，渐变淡黄色，触角、足健全，腹末有2根尾毛。

[生活史与习性]

生活史：一年发生1代。以卵在雌成虫介壳内越冬；沈阳5月中旬至6月上旬末越冬卵孵化，6月初为盛孵期。若虫出壳后在枝干上游荡3~4天后固定寄生，并逐渐形成介壳。6月中旬雄若虫化蛹。前蛹期8~10天，蛹期10天左右，7月中、下旬羽化为雄成虫。交尾后受精雌成虫于8月初开始产卵。

繁殖：每头雌成虫产卵77~137粒，一般约100粒。

寄生习性：在林内，若虫多布满全株；在林缘、堤边，或生长在较稀疏环境的孤立植株，则多寄生在阴面或背风面。

[天　　敌] 捕食性天敌有二双斑唇瓢虫、双斑唇瓢虫、异色瓢虫、狭带食蚜蝇、北国壁钱、杂晃斑圆蛛、食蚧半翅；寄生性天敌有柳蛎盾蚧跳小蜂、长缘刷盾跳小蜂。跳小蜂寄生于雌成虫体内，寄生率较高；红点唇瓢虫的成虫和幼虫均捕食蚧成虫和若虫；食蚧半翅捕食雄蛹

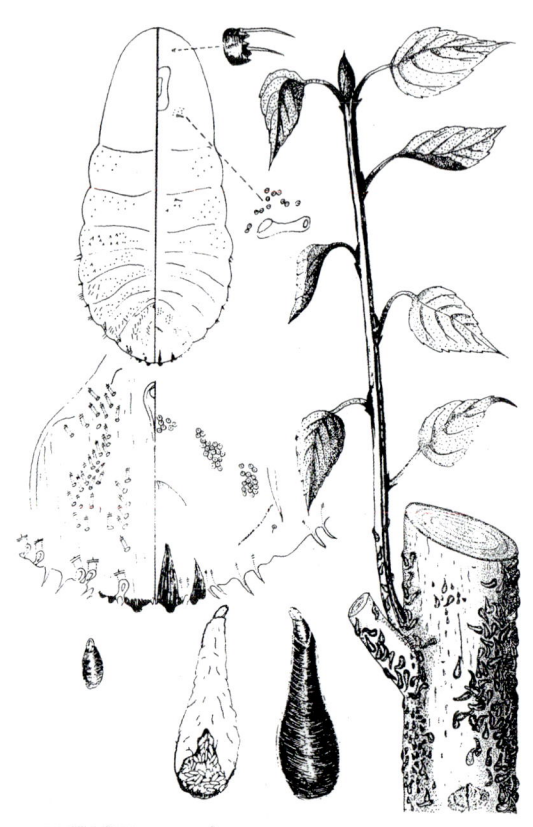

柳蛎盾蚧雌成虫

和雌成虫，捕食率可达38%。

[防治方法] 参照考氏白盾蚧。

98. 榆蛎盾蚧
Lepidosaphes ulmi (Linnaeus)

[中文异名] 榆牡盾蚧。

[分　　布] 中国新疆、河北、山东、山西、安徽、四川、江西、江苏、浙江、广东、云南、甘肃、宁夏、湖南、湖北、广西、台湾等省区及北方温室；日本、伊拉克、埃及及欧洲、美洲、大洋洲。

[为害对象] 柑橘、醋栗、苹果、梨、李、花楸、樱桃、山楂、核桃、枣、杨梅、板栗、越橘、葡萄、茶、蓖麻、油橄榄、槭、丁香、山茶、铁线莲、海棠、玫瑰、蔷薇、金雀花、绣线菊、金银花、苏铁、黄栌、欧石楠、帚石楠、七叶树、小檗、枸杞、榆、杨、柳、栎、香椿、楝、刺槐、染料木、银杏、桤、花曲柳、桦、榛、椴、山毛榉、檫树、黄杨、唐棣、毒豆、鹰爪豆、荆豆、田菁、委陵菜、大戟、鼠李、胡颓子、沙棘、山茱萸、熊果、喇叭茶、酸果蔓、忍冬、荚莲、白前等

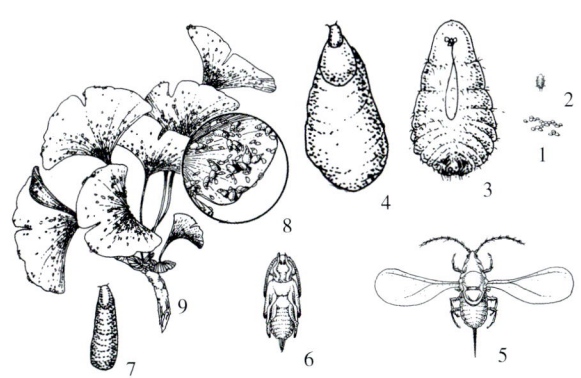

1.卵　2.若虫　3.雌成虫　4.雌介壳　5.雄成虫　6.蛹
7.雄介壳　8.放大图　9.为害状

榆蛎盾蚧

多种植物。

[为害状] 雌成虫和若虫寄生在枝干上刺吸汁液为害，引起枝条枯死，影响植株正常生长。

[形态特征]

雌成虫：介壳长牡蛎形，长3~4mm，暗灰、暗褐、茶褐或紫色，形态和色泽多变，前方尖狭，后方逐渐加宽，末端圆形，背面隆起，有明显的横纹；弯曲或直；壳点2个，位于前端，橙或红褐色。虫体长纺锤形，第1~2腹处最宽，长2~2.5mm，黄白色，各节侧缘突出成圆形瓣；臀叶2对发达，中叶大而突，端圆，内外凹缺各1，中叶间距为半叶之宽，侧叶双分；腺刺在臀板上成双排列；后胸至第3腹节腹面每侧有腺锥；第1~4腹节有节间刺；背腺小，第1~6腹节排成系列，略显亚中、亚缘群；亚缘背疤见于第3~6腹节，或仅见于5~6腹节；围阴腺5群。

雄成虫：介壳两侧由前向后逐渐加宽，长约1.6mm，形状、质地和色泽同雌介壳；壳点1个，位于前端。虫体长0.6~1mm，黄白色，翅1对，淡紫色，足淡黄色，胸部淡褐色，腹末交尾器针状。

卵：椭圆形，长约0.3mm，乳白色。

若虫：1龄期卵形或椭圆形，扁平，长约0.4mm，白色或淡黄色，触角、足健全，有1对尾毛；2龄若虫卵形，长约1mm，黄白色。

雄蛹：长椭圆形，黄褐色或暗紫色。

[生活史与习性] 东北、华北地区，一年发生1代，其他地区为2代。以卵在雌成虫介壳下越冬；辽宁翌年5月中、下旬至6月中旬越

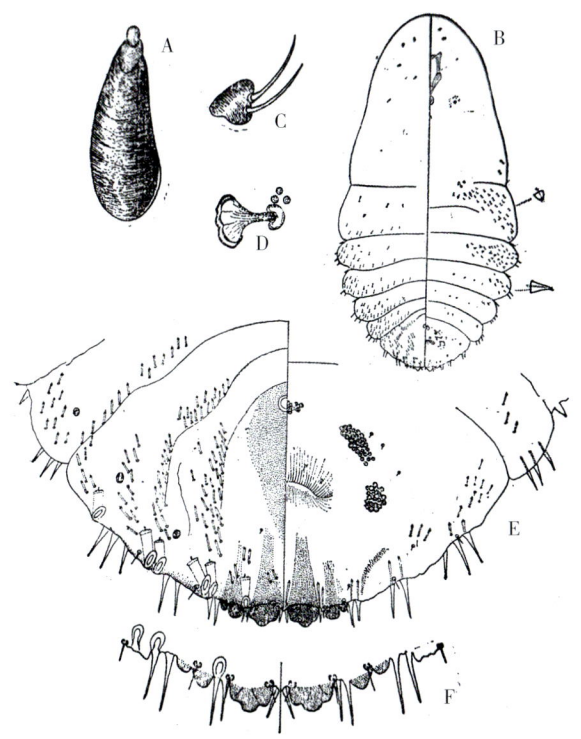

A.雌介壳　B.雌成虫体　C.触角　D.前气门
E.臀板　F.臀板末端

榆蛎盾蚧雌成虫

雌成虫介壳（放大）

冬卵孵化，初孵若虫选择向阳背雨的幼嫩枝条固定为害。若虫7月下旬分别发育为雌、雄成虫，交尾后于8月上旬至9月中旬产卵，8月下旬为产卵盛期。

在2代发生区，1~2代若虫孵化期分别为4月下旬至5月下旬、7月中旬至8月上旬。部分初孵若虫寄生在新芽取食，大部分固定在树冠中、下部枝干、果实及叶上为害。9月中旬至10月中旬雄虫化蛹，9月下旬至10月上旬羽化为成虫，交配后雌成虫于10月中旬至11月产卵。

[天　　敌] 捕食性天敌有李斑唇瓢虫、食蚧半蛣；寄生性天敌有金黄蚜小蜂、双黄蚜小蜂、桑盾蚧黄蚜小蜂、红圆蚧恩蚜小蜂、榆蛎盾蚧长角跳小蜂、盾蚧跳小蜂。

[防治方法] 参照考氏白盾蚧。

99. 蔷薇轮圆盾蚧
Lindingaspis rossi (Maskell)

[中文异名] 夹竹桃林盾蚧、吊钟林圆蚧。

[分　　布] 福建、台湾。

[为害对象] 柑橘、椰子、香蕉、芒果、无花果、石榴、梨、山楂、葡萄、丁香、连翘、杜鹃、木槿、芍药、栀子、鹤望兰、鸢尾、朱蕉、玫瑰、苏铁、忍冬、槭、樟、女贞、悬铃木、雪松、罗汉松、杨、柳、夹竹桃、冬青、海桐、黄杨、迷迭香、珊瑚、金钟柏等多种植物。

[为害状] 雌成虫和若虫寄生在叶片上刺吸汁液为害。

[形态特征]

雌成虫：介壳圆形，直径2~3mm，深褐至黑色，扁平，中央略隆起；壳点2个，位于中心，黑色；腹壳厚，白色，和壳点腹面部分一起残留在植物上。虫体宽圆形，长约1.3mm，白或淡紫色，触角瘤畸形，上有小突起4个；臀叶3对，同形同大，端圆，两侧平行，外侧角有1凹缺，第3叶以外第5腹节板缘呈不规则强烈齿状；臀栉长于中叶，端具平整的齿，中叶间和中叶外各1对，第2叶外3个，第3叶外1个；硬化棒发达，每侧约25条，密排成列到第5腹节；背腺多，第3腹节后细长，在硬化棒间排成20多纵列，第5~7腹节有粗长腺3列，臀板基角附近有1群5~6腺。

雄成虫：介壳卵形，长约1.2mm，深褐色；壳点1个，靠近一端。

[防治方法] 对照考氏白盾蚧。

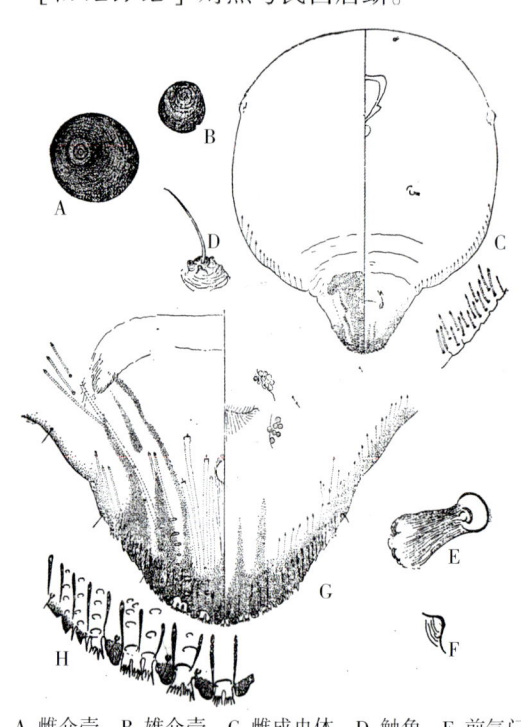

A. 雌介壳　B. 雄介壳　C. 雌成虫体　D. 触角　E. 前气门
F. 前气段瘤　G. 臀板　H. 臀板末端
蔷薇轮圆盾蚧雌成虫

100. 日本白片盾蚧
Lopholeucaspis japonica (Cockerell)

[中文异名] 日本长白盾蚧、梨白片盾蚧、日本长白蚧、绣球长白蚧、白杨长白蚧。

[分　　布] 中国辽宁、北京、天津、山东、山西、河南、浙江、上海、江苏、福建、广东、

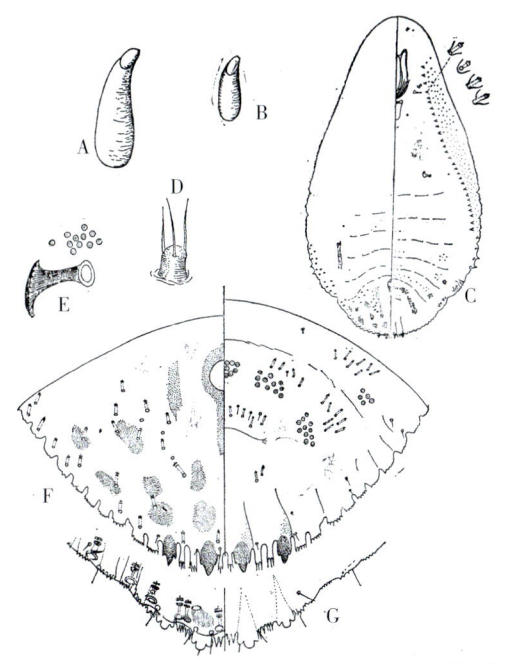

A. 雌介壳 B. 雄介壳 C. 雌成虫体 D. 触角 E. 前气门
F. 臀板 G. 第2龄若虫臀板末端
日本白片盾蚧雌成虫

湖南、湖北、江西、安徽、四川、宁夏、台湾；朝鲜、日本、俄罗斯、土耳其、巴西、美国。

[为害对象] 柑橘、苹果、梨、李、柿、山楂、梅、无花果、葡萄、茶、花椒、槭、油桐、油茶、皂角、玫瑰、牡丹、芍药、山茶、金雀花、丁香、吊钟花、海桐花、刺槐、白玉兰、紫玉兰、月季、含笑、绣球、海棠、杜鹃、夹竹桃、蔷薇、木兰、广玉兰、棕榈、石楠、灯笼树、枫香、枫、杨桐、榆、杨、栎、榉、槐、冬青、卫矛、黄杨、蜘蛛包蛋等多种植物。

[为害状] 雌成虫和若虫寄生在叶片、枝干和果实上刺吸汁液为害，导致叶片发黄，提前脱落，不能正常开花，枝条枯死，诱发煤污病，长势衰弱。受害茶树，芽叶稀少细瘦，对夹叶增多，影响茶叶品质和产量。严重时茶丛枯萎。

[形态特征]

雌成虫： 介壳长棒或长纺锤形，直或略弯，长约1.5~1.8mm，宽0.4~0.7mm，暗棕或深褐色，覆盖一厚层白色不透明分泌物，背面隆起；壳点2个，暗棕或深褐色，第2壳点几乎占介壳的全部，盖住成虫，第1壳点突出在前端。虫体长纺锤形，长约1mm，淡紫色，腹末黄色；臀叶2对，发达，中叶大，远离，镖状，长过于宽，端尖，两侧在中部有深凹切，第2叶较小，和中叶同形；臀栉刷状，细长，中叶间及第2叶内外侧均各2个，以上板缘每侧5~6个短而不发达臀栉；背腺小，每侧约25~35个，缘腺大小同背腺，每侧约12个；臀板中后部背面每侧有细皮纹组成的圆形硬化斑8个；围阴腺5群，在前2腹节之两侧还各有额外阴腺2小群。

雄成虫： 介壳长形，长约1mm，白色；壳点1个，紫色，突出在头端。虫体细长，淡紫色，长0.5~0.7mm，翅展1.3~1.6mm。腹末针状交尾器长约0.2mm。

卵： 椭圆形，长约0.3mm，淡紫色。

若虫： 1龄若虫椭圆形，长约0.6mm，淡紫色；2龄若虫长卵形，长约1mm。

雄蛹： 蛹细长，紫色，长约0.8mm。

[生活史与习性]

生活史： 各地发生世代不一，沈阳一年1代，以受精雌成虫在枝干上越冬；北京1~2代，以2龄若虫越冬；安徽郎溪、长沙、上海、杭州、南昌2~3代，以老熟若虫和前蛹在枝干、叶片上越冬。杭州翌年3月下旬至4月上旬为雄成虫羽化盛期，4月中、下旬雌成虫开始产卵。1~3代若虫孵化期分别为5月上旬至6月中旬，5月下旬至6月上旬为盛孵期；7月上旬至8月上旬，

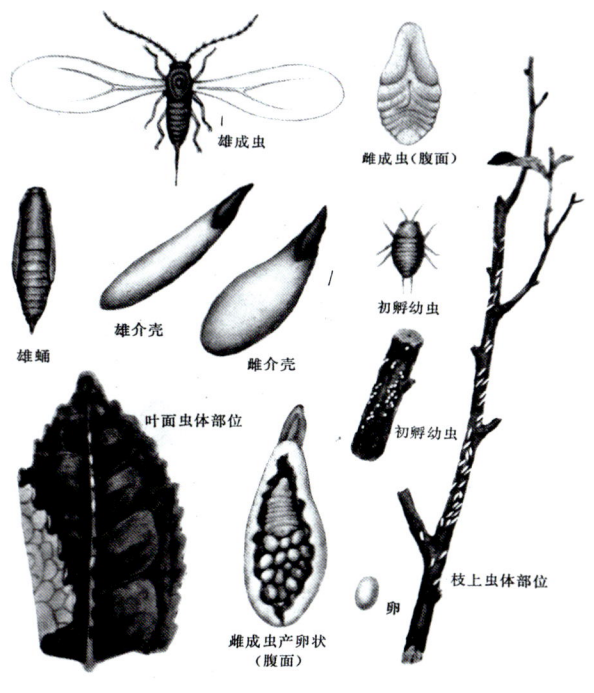

日本白片盾蚧

雌成虫介壳（放大）

为害状

7月中、下旬为盛孵期；8月下旬至10月上旬、9月中、下旬为盛孵期。在2~3代发生地区，上述各城市若虫孵化期均比杭州早约10~15天。有世代重叠现象。

北京1~2代若虫分别于5月下旬、8~9月孵化；沈阳翌年5月越冬雌成虫开始产卵，有陆续产卵和分批孵化的习性，同一介壳内的卵需经5~21天才能陆续孵化完毕。

繁殖： 每头雌成虫平均产卵20多粒，最多达40余粒。当日平均温度达15℃时，第1代卵始孵，影响第1代卵盛孵末期（防治适期）的主导因子是3~4月平均气温之和，其次是2~4月温雨系数。温暖湿润有利于该蚧的发生，温度在20℃~25℃，相对湿度80%以上最适宜。高温低温对其繁殖和低龄若虫不利。

寄生习性： 1、2代虫体多分布于叶片和枝干上，其中雌虫多分布在枝干和叶背中脉附近，雄虫则多固定于叶片边缘；第3代雌雄虫多寄生在枝干上，叶片上很少。在壮龄茂密茶园中，以枝干中、上部虫口较多，而在长势不旺的茶园则以枝干中、下部虫口较多。

[天　　敌] 捕食性天敌有红点唇瓢虫；寄生性天敌有金黄蚜小蜂、桑盾蚧黄蚜小蜂、褐黄异角蚜小蜂、长缨恩蚜小蜂、瘿柄花翅蚜小蜂、豹纹花翅蚜小蜂、长白蚧长棒蚜小蜂、中华四节蚜小蜂。

[防治方法] 参照考氏白盾蚧。

101. 紫楠耙盾蚧
Megacanthaspis phoebia Tang

[中文异名] 楠耙盾蚧。
[分　　布] 浙江、四川。
[为害对象] 紫楠、桢楠。
[为　害　状] 雌成虫和若虫寄生在叶背及枝条上刺吸汁液为害，引起叶片出现黄斑，严重时，枯黄脱落，枝条枯死，影响树势。

[形态特征]

雌成虫： 介壳细长，淡褐色，高突成一纵脊，长约1.6mm；壳点2个，突出于头端。虫体纺锤形，长0.9~1.1mm，宽约0.4mm，橙黄色。臀板宽扁，由第6腹节以后体节合并而成。肛门在板中之前。背腺从前胸直分布至第8腹节。缘腺5对，较背腺略大。臀叶3对，均呈耙状。中叶远离约一叶之宽度，其间无缘腺及腺刺。第2对臀叶双分，但缘腺口板缘亦呈耙状突，故似三分状；第3对臀叶亦双分。腺刺在中臀

为害状（放大）

叶与第2臀叶间1个，第2臀叶与第3臀叶间1个，第6腹节至第3腹节每节侧亦各1个。

雄成虫：介壳长扁条形，长约1.2mm，宽约0.4mm，白色，溶蜡状，背部有一纵脊；壳点1个，淡黄色，位于前端。虫体长约0.7mm，翅展约1.3mm。体淡橘红色，眼深褐色，腹末针状交尾器长约0.2mm。

卵：卵圆形，黄色，长约0.2mm。

若虫：初孵时圆形，长约0.2mm，淡黄色，触角、足健全。

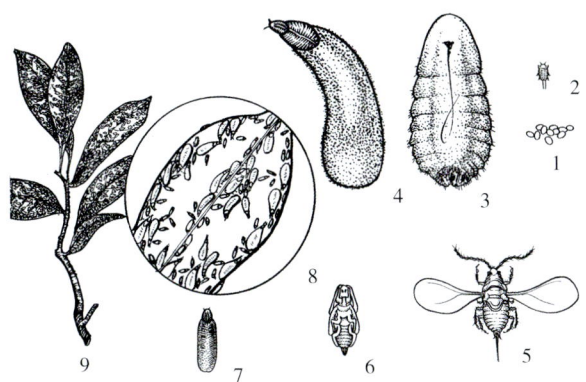

1. 卵　2. 若虫　3. 雌成虫　4. 雌介壳　5. 雄成虫　6. 蛹
7. 雄介壳　8. 放大图　9. 为害状

紫楠耙盾蚧

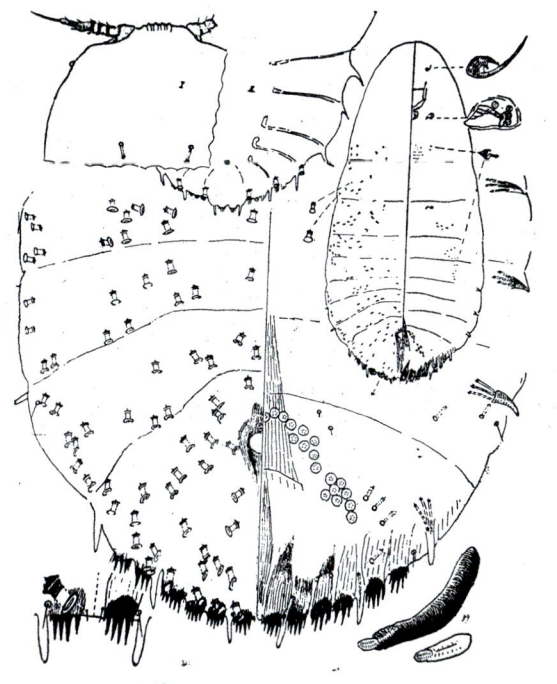

紫楠耙盾蚧雌成虫

雄蛹：长0.65mm，橙黄色。

[生活史与习性]

生活史：成都一年发生2代。以受精雌成虫在叶背和枝条上越冬；翌年4月中旬开始产卵，1~2代若虫孵化期分别为5月上旬至7月上旬，6月上、中旬为盛孵期；7月中旬至9月中旬，8月中、下旬为盛孵期。初孵若虫趋向叶背和枝条固定寄生。8月中旬至10月上旬第2代雄虫化蛹，8月下旬至10月下旬羽化为成虫，交配后以受精雌成虫越冬。

繁殖：营两性或孤雌卵生。每头雌成虫产卵22~41粒。1~2代卵期分别为9~16天，平均11天；4~11天，平均9天。雌成虫个体产卵期仅10天左右，各世代产卵期则长达50余天。因各世代产卵孵化期长，有世代重叠现象。

[防治方法] 参照考氏白盾蚧。

102. 长鬃圆盾蚧
Morganella longispina (Morgan)

[中文异名] 长毛盾蚧、长宗圆蚧。

[分　　布] 福建、广东、云南、贵州、四川等省。

[为害对象] 柑橘、芒果、石榴、无花果、苹果、欧洲坚果、番木瓜、梨、阳桃、油橄榄、

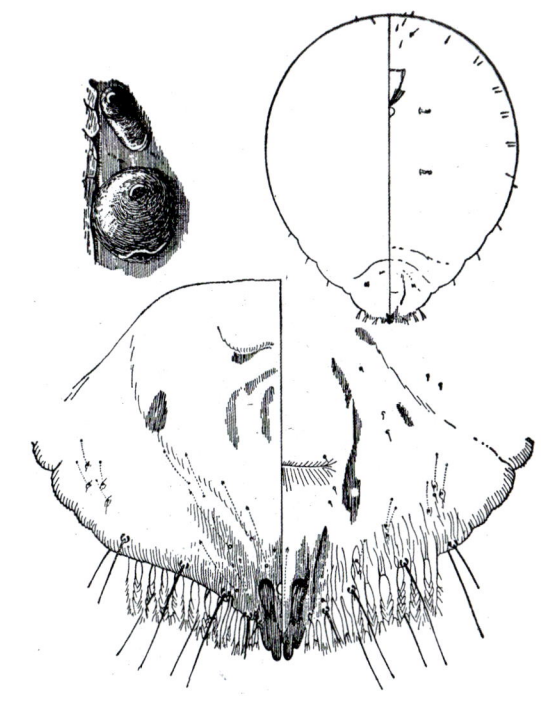

长鬃圆盾蚧雌成虫

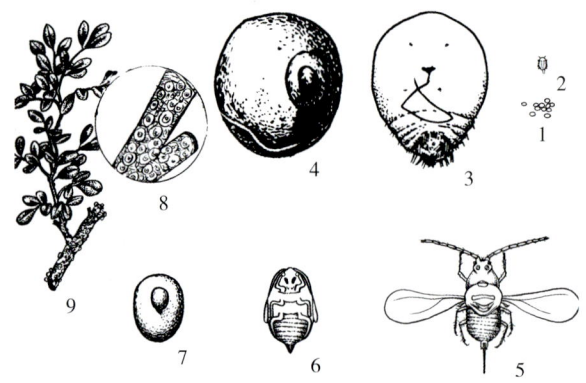

1. 卵　2. 若虫　3. 雌成虫　4. 雌介壳　5. 雄成虫　6. 蛹
7. 雄介壳　8. 放大图　9. 为害状

长鬃圆盾蚧

桑、咖啡、茶、羊蹄甲、含笑、木槿、山茶、香椿、紫薇、素馨、米兰、黄钟花、白蜡树、女贞、桉、榕、悬铃木、红胶木、朴、皂角、夹竹桃、石斛、胡颓子等多种植物。

[为害状] 雌成虫和若虫寄生在枝干上刺吸汁液为害。

[形态特征]

雌成虫：介壳圆形，直径2mm，圆锥状突起，黑色，无光而粗糙，壳厚；壳点2个，位于中心，黑色而尖出；腹壳厚，残留在植物上。虫体倒梨形至宽椭圆形，长约0.8mm，黄色；臀叶1对，尖突，长形，外侧一凹节，内端紧接，两叶基硬化呈长槌状，基端间夹有一个小圆形肛门；中叶外侧有粗臀栉11~12个，栉有分叉，端齿式或两侧齿式，越在外侧越粗长；臀板缘毛背腹面每侧各5对，第1和2对粗壮、刺状，其余3对线状，特别长；臀背腺细长如丝；无围阴腺。

雄成虫：介壳卵形，长约1mm，黑色，质地同雌介壳；壳点1个，偏向一端。

[防治方法] 参照考氏白盾蚧。

103. 锯腹牡蛎盾蚧
Lepidosaphes abdominalis (Takagi)

[中文异名] 木樨牡蛎蚧、木樨突眼蛎蚧、锯腹蛎盾蚧。

[分　　布] 广东、福建、湖北、云南。

[为害对象] 桂花、玉兰、杨梅、山茶、海桐、万年青、木樨。

[为害状] 雌成虫和若虫寄生在叶片上刺吸汁液为害。

[形态特征]

雌成虫：介壳细长，长约4mm，深褐或暗紫色，前端稍宽，背面隆起；壳点2个，突出于头端，第2壳点长纺锤形。虫体长纺锤形，长约1.5mm，淡黄色，胸区腹面沿侧缘分布很细长的小管，在后胸腹面后气门成横带。每侧腺锥分布：后胸5~7，第1腹节10~15，第2腹节2~3；第3腹节以下每侧每节腺刺均为2根。背腺分布：第3~6腹节亚中成群，中区存在；第1~4腹节每侧节间有囊状瘤，瘤亚端部或下侧明

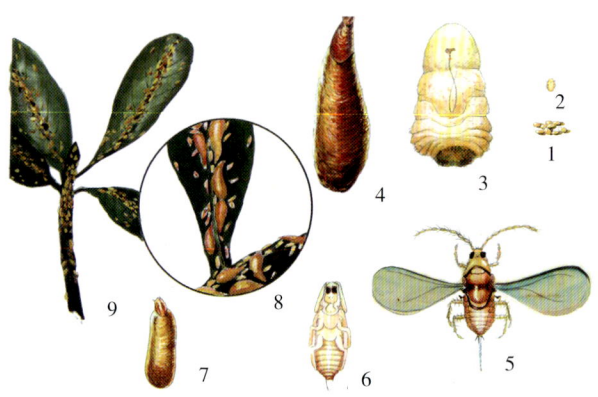

1. 卵　2. 若虫　3. 雌成虫　4. 雌介壳　5. 雄成虫　6. 蛹
7. 雄介壳　8. 放大图　9. 为害状

锯腹牡蛎盾蚧

显有1硬化小齿，瘤内通腺管；亚缘背疤常见于第4腹节，有时第1~6腹节亦存在；中叶较小，长宽相等，叶间距离小于叶宽，端两侧各有一凹切，基部各连1对细小硬化棒，侧叶双分；臀缘斜口背管腺每侧6个，成1、2、2、1四组排列；围阴腺5群。

雄成虫：介壳长约1.5mm，形状、质地和色

为害状

泽同雌介壳。

[防治方法] 参照考氏白盾蚧。

104. 紫牡蛎盾蚧
Lepidosaphes beckii (Newman)

[中文异名] 紫疤蛎盾蚧、紫突眼蛎盾蚧。

[分　　布] 中国福建、广东、广西、云南、湖北、湖南、浙江、上海、江苏、四川、宁夏、台湾、香港；日本、东南亚、非洲、欧洲、美洲、大洋洲。

[为害对象] 柑橘、柠檬、无花果、金橘、梨、葡萄、佛手、可可、胡椒、紫杉、竹、桂花、山茶、玫瑰、玉兰、月季、夏兰、九里香、变叶木、冬青、木兰、连香树、棕榈、锦松、黑松、白皮松、马尾松、紫杉、杨、栎、珊瑚、构树、无患子、乌桕、龙柏、安匹木、巴豆、沙棘、常春藤、黄杨、假虎刺等多种植物。

[为 害 状] 雌成虫和若虫喜群栖于树皮、枝条、叶及果实上刺吸汁液为害，造成植株发育不良，长势衰弱。

[形态特征]

雌成虫：介壳牡蛎形，长2~3mm，红褐色或特殊紫色，边缘淡褐色，前狭，后端相当宽，常弯曲，隆起，有很多横皱轮纹；壳点2个，位于前端，第1壳点黄色，第2壳点红色，被有分泌物；腹壳白色，完整。虫体纺锤形，长

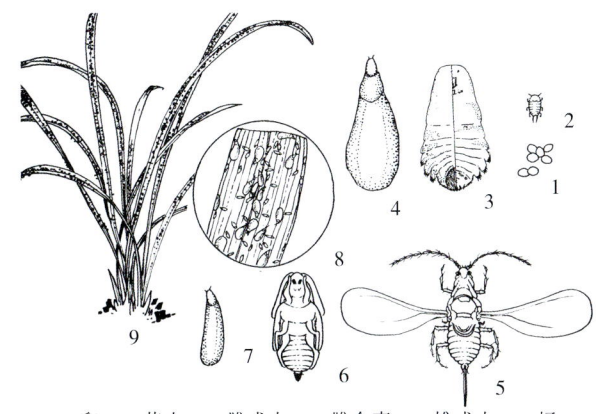

1. 卵　2. 若虫　3. 雌成虫　4. 雌介壳　5. 雄成虫　6. 蛹
7. 雄介壳　8. 放大图　9. 为害状

紫牡蛎盾蚧

1~1.5mm，淡黄色，臀前腹节侧突极显，并向后弯曲；臀叶2对，中叶间略陷入板内，间距为叶宽之1/3，中叶长短于宽，端钝尖，两侧有钝锯齿，基部有微弱硬皮棒，第2叶双分，发达，大小与突出度似中叶；背腺小而丰富，在胸、腹各节亚缘区成群，第2~5腹节具亚中列，第6腹节自肛门侧至第2叶成1列22~27腺；臀板腺刺9群，缘腺每侧4群6腺；第1、2、4腹节每侧各有亚缘疤1个；肛门小，接近臀板基部。

为害状

雄成虫：介壳长约1.5mm，形状、质地和色泽同雌介壳。

雌成虫介壳

虫体长约0.9mm，体灰白色，眼黑色，触角、足、中胸盾片和针状交尾器褐色。具翅1对。

卵：长卵形，长0.22mm，白色。

若虫：椭圆形，长约0.85mm，淡黄色。

[生活史与习性]

生活史：长江以北地区一年发生1~2代，长江以南地区2~3代。均以受精雌成虫和少量2龄若虫在枝、叶上越冬。上海翌年4月上旬越冬雌成虫孕卵，4月下旬产卵于介壳内，第1代

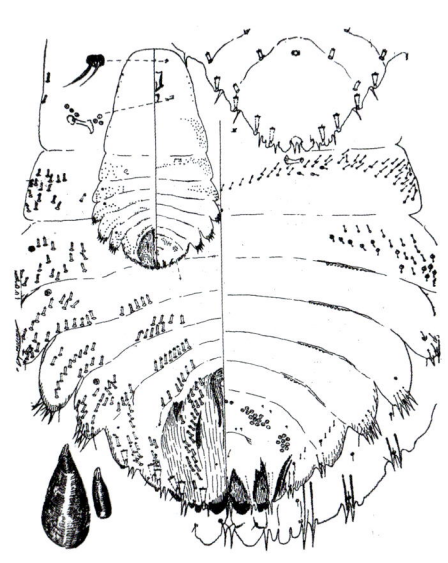

紫牡蛎盾蚧雌成虫

雌成虫介壳（近视）

若虫4月底至5月初始孵，5月上旬为盛孵期，5月上旬末孵化完毕。

华南地区1~3代若虫孵化期分别为3~4月、5~6月、9~10月。雄若虫约经50天，雌若虫约经65天发育为成虫。发生不整齐，世代重叠。丛密、荫蔽、潮湿环境发生危害重；1~2代发生地区，翌年5月上旬开始产卵孵化。

繁殖：每头雌成虫产卵40~50粒，排列成行。

发生与物候：上海第1代若虫初孵期、盛孵期分别正值黑松盛花期、谢花期。

为害状

[天　　敌] 捕食性天敌有带翅虫管蓟马、双斑唇瓢虫、红点唇瓢虫、食蚧半疥；寄生性天敌有奥黄蚜小蜂、康氏黄蚜小蜂、戈氏黄蚜小蜂、紫蛎蚧黄蚜小蜂、岭南黄蚜小蜂、蜜黄蚜小蜂、桑盾蚧黄蚜小蜂、褐黄异角蚜小蜂、红圆蚧恩蚜小蜂、长缨恩蚜小蜂、斑点恩蚜小蜂、单恩蚜小蜂、瘦柄花翅蚜小蜂。其中双斑唇瓢虫、红点唇瓢虫的捕食作用较大；红圆蚧恩蚜小蜂、紫蛎蚧黄蚜小蜂等寄生蜂的寄生作用明显。

[防治方法] 参照考氏白盾蚧。

105. 山茶牡蛎盾蚧
Lepidosaphes camelliae (Hoke)

[中文异名] 茶牡蛎蚧、茶长蛎盾蚧、茶花长蛎蚧。

[分　　布] 中国广东、云南、四川、浙江、上海、江苏、福建、贵州、北京等省区；日本、美国。

[为害对象] 茶、油茶、山茶、丁香、金叶黄杨、椴、杨。

[为 害 状] 雌成虫和若虫寄生在枝、叶、果实上刺吸汁液为害，造成茶树芽叶瘦小，叶片脱落，枝条干枯，严重时整株死亡。

[形态特征]

雌成虫：介壳梨形，长3~4mm，淡褐、褐或红褐色，边缘浅白色，前端狭，后端很宽，直或弯曲，平或略隆起，轮纹不明显；壳点2个，位于前端，第1壳点椭圆形，黄白色，2壳点梨形；腹壳灰白色，连在背介壳，中间具一纵缝。虫体长形，长约1.2mm，白或灰白色，两侧近平行，后胸及臀前腹节侧缘呈瓣状突出；臀叶2对，中叶间距为一叶之宽，中叶宽短，端圆，两侧有凹切，基部腹面有2细弱硬化棒，第2叶双分；背腺粗短，第6腹节成一纵列，4~7腺，第5~2

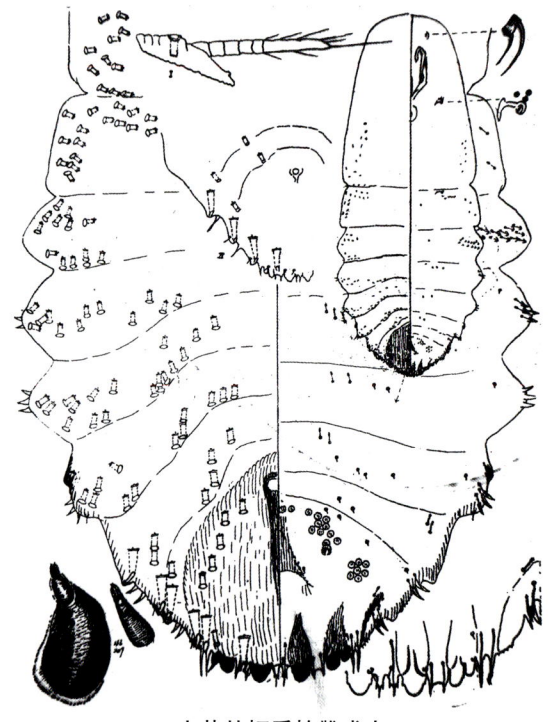

山茶牡蛎盾蚧雌成虫

腹节成亚中、亚缘群，第1腹节至中胸为亚缘群；臀板上腺刺9群，每群2刺，缘腺细长，每侧4群6个；除第4腹节前侧有一不明显之矩外，无节间瘤和亚缘疤存在；围阴腺5群。

雄成虫：介壳长1.5~1.8mm，淡黄褐色，后端有不显著的浅黄色横带，两侧近平行，形状和质地同雌介壳；壳点1个，黄白色，位于前端。虫体长约0.6mm，翅展约1.5mm。体棕色，腹末交尾器细长。

卵：长椭圆形，长约0.2mm，初产微带水红色，渐变淡紫色。

若虫：初孵时扁椭圆形，体淡黄色，眼紫红色，固定后分泌淡黄色蜡质覆盖体背。

雄蛹：长约0.9mm，微带水红色，眼黑色。

[生活史与习性]

生活史：成都一年发生3代；贵州2代。均以卵在枝、叶上的雌介壳内越冬。贵州第1代若虫4月下旬至5月下旬孵化。5月中旬至6月下旬雄若虫化蛹羽化，6月中旬至7月下旬雌成虫产卵。第2代若虫于7月中旬至8月上旬孵化。9月中旬至10月中旬雄虫化蛹，9月下旬至10月上旬羽化为成虫，交配后雌成虫于10月中旬至11月上旬产卵在介壳内，每头雌成虫产卵30余粒。

寄生习性：若虫多在茶丛中、下部枝干、叶片上固定寄生，尤以阴暗部位为多，少数定栖新梢。叶背的虫口数多于叶面，叶面的雄虫数多于雌虫。

[防治方法] 参照考氏白盾蚧。

106. 中国牡蛎盾蚧
Lepidosaphes chinensis Chamberlin

[中文异名] 中华牡蛎蚧、中华突眼蚧蚧、中国蚧盾蚧。

[分　　布] 广东、广西、云南、福建。

[为害对象] 玉兰、兰花、麦冬等植物。

[为　害　状] 雌成虫和若虫寄生在叶片上刺吸汁液为害。

[形态特征]

雌成虫：介壳牡蛎形，长2~2.5mm，浅褐色，

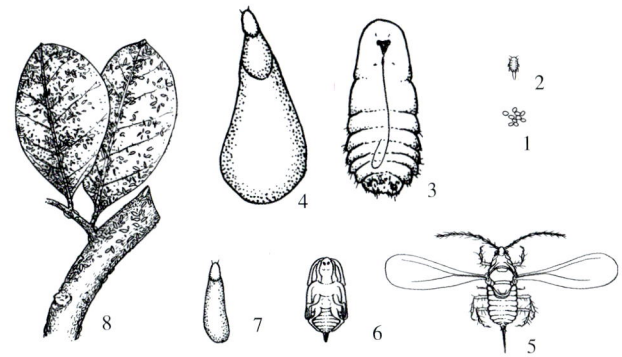

1. 卵　2. 若虫　3. 雌成虫　4. 雌介壳　5. 雄成虫　6. 蛹
7. 雄介壳　8. 为害状
中国牡蛎盾蚧

狭长，前狭后宽，略弯曲；壳点2个，位于前端。虫体细长，椭圆形，长1~1.5mm，淡黄色，两侧略平行，头胸长度占体长之半，腹节两侧略有瓣状突出；中叶宽过于长，内外侧有1~2凹切，叶间距约为半叶之宽，侧叶双分，与中叶平齐；背腺中型，数多，按节排成系列，第6腹节排成长列，第7腹节无；板缘斜管腺每侧6个，排成1、2、2、1四组；中叶腹面硬化棒发达；第1~4腹节的每个节间距硬化，粗大呈管状，端具尖齿；中叶间腺刺1对，刀状；亚缘背疤分布于第1~6腹节；前气门腺约5个；围阴腺5群。

雄成虫：介壳长约1mm，形状、质地和色泽同雌介壳。

[防治方法] 参照考氏白盾蚧。

107. 梅牡蛎盾蚧
Lepidosaphes conchiformis (Gmelin)

[中文异名] 梨牡蛎蚧、沙枣密蚧蚧。

[分　　布] 中国宁夏、辽宁、河北、山东、湖北、四川、云南、浙江、河南、福建、安徽、甘肃；朝鲜、日本等全北区。

[为害对象] 苹果、梨、李、樱桃、梅、月季、丁香等多种植物。

[为　害　状] 雌成虫和若虫寄生在枝、干、叶片上刺吸汁液为害。

[形态特征]

雌成虫：介壳长形，长1.6~2.5mm，深褐色，后端逐渐加宽，隆起，壳点2个，位于前端，第1壳点灰白色，第2壳点褐色。虫体纺锤形，

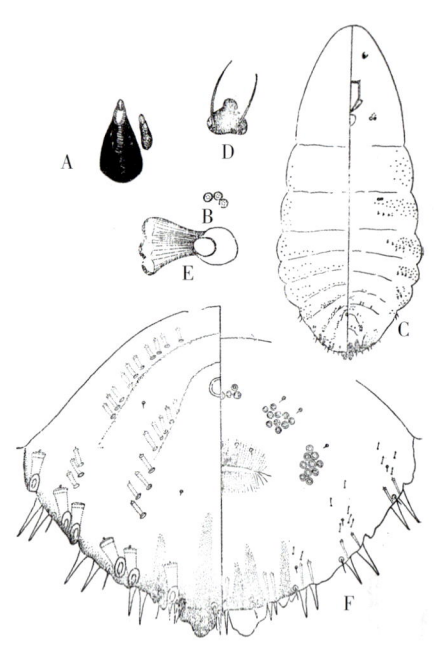

A. 雌介壳　B. 雄介壳　C. 雌成虫体　D. 触角
E. 前气门　F. 臀板
梅牡蛎盾蚧雌成虫

长1.2~1.5mm，白或淡黄色，形态变异大，不仅因寄主、为害部位而异，且每年因夏代与冬代而呈双型现象。夏型：中臀叶大而突，叶间距不到半叶之宽，腹面无硬经棒，侧叶小而呈锥状；背腺多，第6腹节每侧10多腺成单列；第2~4腹节中区亦有连续系列，后胸及第1.7腹节无背腺。冬型：中臀叶小而不突，叶间距等于叶宽，腹面有2条明显硬化棒；侧叶大而呈柱状，第6腹节每侧背腺约5个，腹节中区无背腺。两型均无亚缘背疤，无节间瘤(刺)。

雄成虫：介壳长约1.2mm，形状、质地和色泽同雌介壳；壳点1个，位于前端。

[生活史与习性]

生活史：苏州一年发生2代。以受精雌成虫在叶鞘内或枝条缝隙处越冬；第1代若虫孵

为害状（放大）

化高峰期在翌年5月下旬至6月上旬。每头雌成虫产卵39~52粒。8月中旬为第2代若虫孵化高峰期。

寄生习性：若虫空间分布呈聚集分布；树龄越大，受害越重；在树冠不同方位，北面虫体分布最多，东面最少；阴面受害重于阳面，纯林重于混交林。

[天　　敌] 捕食性天敌有红点唇瓢虫、江原钝绥螨、桑盾蚧黄蚜小蜂、片盾蚧恩蚜小蜂、轮盾蚧长角跳小蜂、梅蛎盾蚧跳小蜂。

[防治方法] 参照考氏白盾蚧。

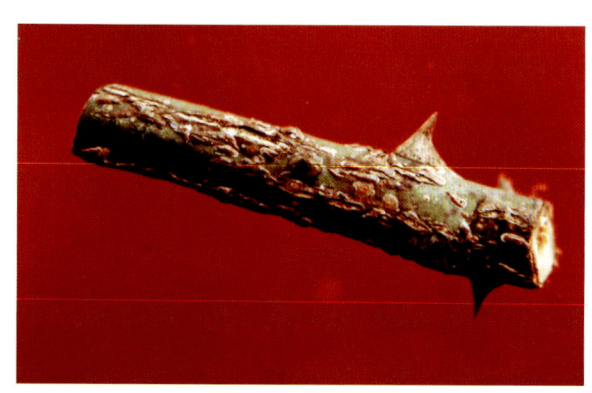

为害状

108. 栎木牡蛎盾蚧
Lepidosaphes corni Takahashi

[中文异名] 山茱萸牡蛎盾蚧、卫矛长蛎蚧。
[分　　布] 湖北、浙江。
[为害对象] 山茱萸、卫矛、正木、柃、栎、灯台树、茉莉。
[为害状] 雌成虫和若虫寄生在叶片和枝上刺吸汁液为害。

[形态特征]

雌成虫：介壳细长，长2.5~3mm，褐、茶褐到深褐色，背面隆起。壳点2个，橙黄色，位于前端。腹壳白色，中间有纵裂1条；虫体很细长，两侧近平行，长1~1.2mm，白或淡黄色，臀前腹节两侧微突，头胸部约占体长3/4，体略硬化；臀板后缘截形，中、侧叶后端齐平，中叶长宽相等，端圆，两侧显凹切，中叶间距为一叶宽；无亚缘背疤，第1~4腹节每侧节间瘤(刺)存在；腺锥在后胸腹侧6~7个，第1腹

节腹侧 12~13 个。亚中背腺分布：第 6 腹节每侧 2~3 腺，第 2~5 腹节每侧 2~6 腺。亚缘背腺分布：第 5 腹节每侧 1 腺，第 1~4 腹节每侧 3~4 腺，且与缘腺合成群；围阴腺 5 群。

［防治方法］参照考氏白盾蚧。

109. 葛氏牡蛎盾蚧
Lepidosaphes gloverii (Packard)

［中文异名］长牡蛎蚧、葛氏长蛎盾蚧、柑橘长蛎蚧。

［分　　布］中国广东、广西、云南、福建、浙江、上海、江苏、江西、湖南、贵州、四川、山东、河北、湖北、台湾以及北方温室；亚洲、非洲、大洋洲、欧洲、美洲。

［为害对象］柑橘、金橘、枸橘、柚子、菠萝、椰子、樱桃、葡萄、茶、棕榈、玉兰、桉、变叶木、木兰、金松、柳、竹、黄杨、假虎刺、卫矛、虎刺。

［为害状］雌成虫和若虫寄生在叶片、枝和果实上刺吸汁液为害，使叶片发黄，提前脱落，枝条枯萎，严重影响树势。

［形态特征］

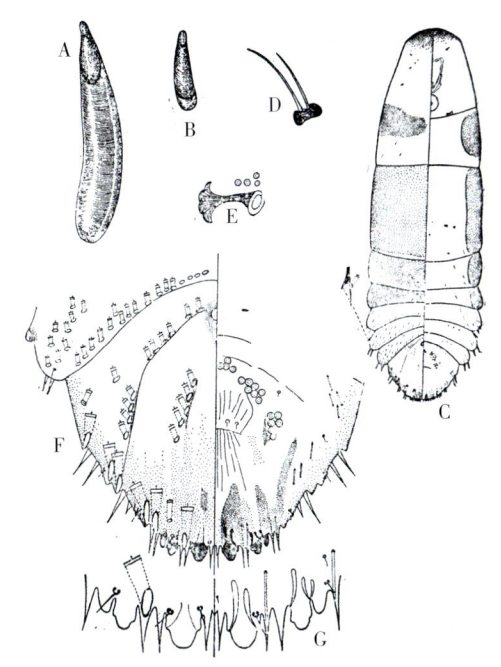

A. 雌介壳　B. 雄介壳　C. 雌成虫体　D. 触角　E. 前气门
F. 臀板　G. 臀板末端

葛氏牡蛎盾蚧雌成虫

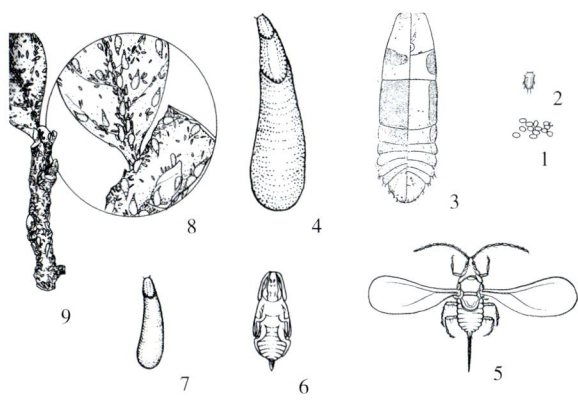

1. 卵　2. 若虫　3. 雌成虫　4. 雌介壳　5. 雄成虫　6. 蛹
7. 雄介壳　8. 放大图　9. 为害状

葛氏牡蛎盾蚧

雌成虫：介壳细长，长 2.5~3.5mm，黄褐、灰褐或红褐色，有淡色边，两侧几乎平行，后端稍宽，直或弯曲，隆起。壳点 2 个，位于前端，黄色。腹壳发达，中间有纵沟，白色；虫体细长，长 1~1.4mm，为宽之 3 倍多，淡黄或淡紫色，两侧近平行，胸部及第 1 腹节背面很硬化，节间膜质；第 2~4 腹节侧叶很突，尖刺存在于各节前侧角；中臀叶长宽相等，端圆，两侧角各有凹切 1 个，中叶间距小于叶宽，第 2 叶小，双分，每叶基角腹面有硬化棒；背腺中等大，第 1~5 腹节各节呈亚中、亚缘群，第 6 腹节仅亚中列 4~5 腺；臀板每侧腺刺排列，自中叶间至第 5 腹节每节均为 2 腺；缘腺粗大，每侧 4 群 6 腺。

雄成虫：介壳长约 1.5mm，形状、质地和色泽同雌介壳。虫体长 0.65mm，翅展约 1.3mm。腹部淡紫色，眼紫色，腹末交尾器针状。

卵：椭圆形，长约 0.23mm，初产白色，渐

为害状（放大）

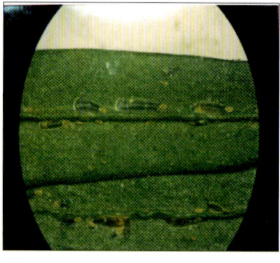

为害状

变淡黄色，孵化前淡紫色。

若虫： 1龄椭圆形，长约0.36mm，淡紫色。2龄若虫长椭圆形，长0.37~0.55mm，淡紫色。

雄蛹： 长约0.7mm，淡紫色，胸部稍呈黄红色。

[生活史与习性]

生活史： 一年发生2代。以受精雌成虫在枝、叶上越冬；成都翌年4月上旬至下旬初产卵，每头雌成虫产卵25~42粒，卵期约20天。4月下旬至6月下旬第1代若虫孵化，历时56天左右，5月上、中旬为盛孵期。第2代若虫于7月下旬末至8月下旬孵化，历时约32天，8月上旬为盛孵期。9月第2代雄若虫化蛹，9月中旬至10月上旬羽化为成虫，10月初为羽化盛期。交配后以雌成虫越冬。

上海1~2代若虫孵化期分别在5月、8月。

寄生习性： 雌成虫和若虫多寄生在枝梢、叶片，果实上也有。在枝叶荫蔽的部位虫口数量极大。

[天　　敌] 捕食性天敌有带翅虱管蓟马、双斑唇瓢虫；寄生性天敌有奥黄蚜小蜂、长蛎盾蚧黄蚜小蜂、双黄蚜小蜂、戈氏黄蚜小蜂、蜜黄小蜂、桑盾蚧黄蚜小蜂、红圆蚧恩蚜小蜂、长缨恩蚜濒临在、长恩蚜小蜂、片盾恩蚜小蜂、糠片蚧恩蚜小蜂、长白蚧长棒蚜小蜂、白兰盾蚧跳小蜂。其中黄蚜小蜂的寄生作用明显，寄生率可达9%~32%。

[防治方法] 参照考氏白盾蚧。

110. 日本牡蛎盾蚧
***Lepidosaphes japonica* (Kuwana)**

[中文异名] 日本牡蛎蚧、长白盾蚧、白点长盾蚧。

[分　　布] 山东、云南、辽宁、河北、河南、山西、湖南、湖北、浙江、江苏、福建、广东、广西、四川、安徽。

[为害对象] 云杉、冷杉、铁杉、紫杉、赤松、鱼鳞松、扁柏、圆柏、桧柏。

[为 害 状] 雌成虫和若虫寄生在叶片上刺吸汁液为害。

[形态特征]

雌成虫： 介壳长形，长2~3.5mm，褐至深褐色，有淡色镶边，前狭后宽，直或微弯，略隆起，很光滑。壳点2个，位于前端，第1壳点灰白，第2壳点褐色；虫体狭长，长2~2.3mm，白色，

为害状

两侧略平行，后胸及臀前腹节侧缘略呈瓣状突出，触角间有微小腺管；臀叶2对发达，中叶长宽略等，端平圆，侧角有明显凹缺，第2叶双分，内瓣较大，各叶（瓣）基部均有细硬化棒1对；背腺短，第5腹节每侧亚缘群1腺，第5、6腹节每侧每节亚中群2~3腺；缘腺粗长，每侧6个；腺刺短小，9群。

雄成虫： 介壳长约1mm，形状、质地和色

为害状

泽同雌介壳。

[防治方法] 参照考氏白盾蚧。

111. 橘牡蛎盾蚧
Lepidosaphes pallida (Maskell)

[中文异名] 马氏长蛎盾蚧、马氏长蛎蚧、革长蛎盾蚧、桧牡蛎蚧。

[分　　布] 中国福建、上海、江苏、浙江、贵州、四川、台湾；朝鲜、日本、斯里兰卡、俄罗斯、美国。

[为害对象] 桧、粗榧、罗汉松、柳杉、土杉、紫杉、云杉、红杉、水杉、圆柏、龙柏、金松、黑松、槠、冬青、茉莉。

[为害状] 雌成虫和若虫寄生在叶片及嫩枝上刺吸汁液为害，造成叶落枝枯，长势衰弱。

[形态特征]

雌成虫：介壳狭长，长约2mm，为宽之3~4倍，黄褐至褐色，边缘白色，直，后端稍宽，隆起，边缘扁平。壳点2个，位于前端；虫体细长，长约1mm，乳白色，后胸及臀前腹节侧缘不突；臀叶2对，中叶长过于宽，端圆，两侧有浅凹切，第2叶双分，叶基均有硬化棒；背腺在第6腹节2腺，第5~2腹节排成亚中、亚缘群，每群2个，缘腺每侧4群6腺；无节间瘤及亚缘疤；围阴腺5群。

雄成虫：介壳长约1mm，形状、质地和色泽同雌介壳。

[生活史与习性] 上海一年发生3代。以受精雌成虫及少量2龄若虫和预蛹在叶、枝上越冬。1~3代产卵始期分别为4月中旬、6月下旬至8月上旬、7月中旬至8月下旬。每头雌成虫平均产卵约30粒，卵约经12天孵化出若虫，多集中在叶片为害。

[防治方法] 参照考氏白盾蚧。

112. 北京牡蛎盾蚧
Lepidosaphes pineti (Borchsenius)

[中文异名] 松小牡蛎蚧、松长蛎盾蚧、短七松长蛎蚧、京蛎盾蚧。

[分　　布] 北京、广东、浙江、江苏、山东。

[为害对象] 马尾松、湿地松、油松、赤松、五针松。

[为害状] 雌成虫和若虫寄生在针叶和枝干上刺吸汁液为害。

[形态特征]

雌成虫：介壳牡蛎形，长2~2.4mm，褐色，边缘有淡色边。壳点2个，位于前端；虫体长卵形，长约1.2mm，淡黄色，后半部稍扩大，两侧近平行，除第4腹节外无节间瘤；臀板后端平截，中叶小，宽大于长，端圆，两侧各凹切1个，叶间距大于叶宽，第2叶双分；背腺粗短，第1~6腹节呈亚中、亚缘列，其中第6腹节每侧每列2腺，中胸、

为害状

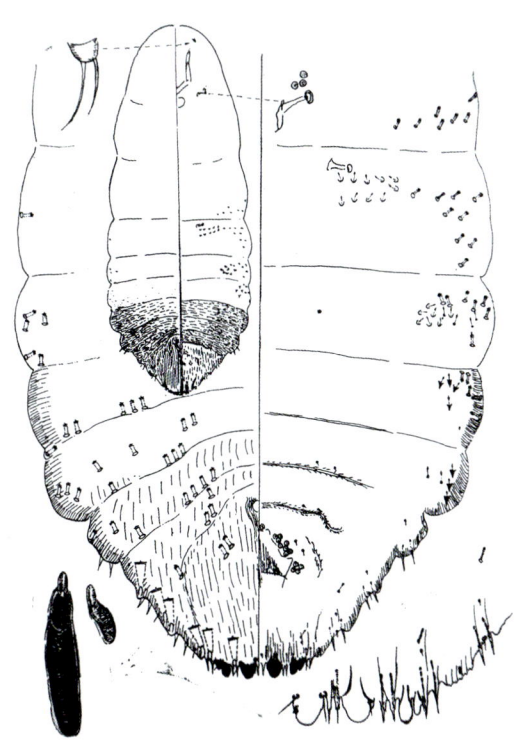

橘牡蛎盾蚧雌成虫

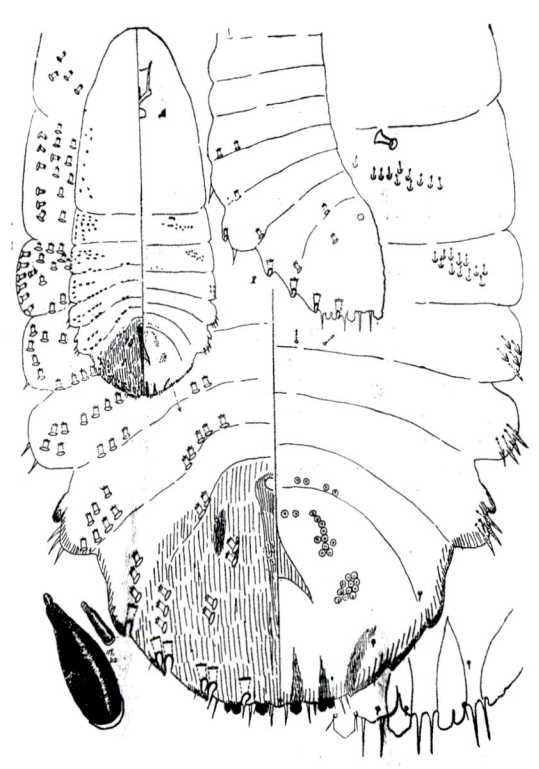

北京牡蛎盾蚧雌成虫

雌介壳及雄介壳（放大）

后胸亚缘区成群，臀板上腺刺5群，每群2腺，缘腺每侧4群；后胸至第2腹节腹面有腺瘤，每侧每节顺次为11、12和5~7个；围阴腺9群，前4后5群。

雄成虫：介壳长约1mm，形状、质地和色泽同雌介壳。

[防治方法] 参照考氏白盾蚧。

113. 松牡蛎盾蚧
Mytilaspis pini (Maskell)

[中文异名] 松牡蛎蚧、杉长蛎盾蚧、长七松长蛎蚧、松蛎盾蚧。

[分　　布] 中国辽宁、山东、上海、北京、江苏、浙江、台湾；朝鲜、日本。

[为害对象] 黑松、赤松、罗汉松、湿地松、马尾松、枞、榧。

[为害状] 雌成虫和若虫寄生在针叶上，特别是针叶基部刺吸汁液为害，造成针叶枯黄脱落，诱发煤污病，影响树势，加速古树的死亡。

[形态特征]

雌成虫：介壳牡蛎形，长1.7~3.1mm，棕褐、褐至深褐色，边缘和后端灰白色，前端狭，向后略宽，背面隆起，光滑而有光泽，后端部分有横纹；壳2个，橙黄色，椭圆形，位于前端；腹壳白色，沿中线纵裂，在近后端处裂成"∧"。虫体纺锤形，长约0.9mm，黄白色，后半扩大，体中部突出；臀板后端平截，中叶小，与第2叶平齐，端圆，两侧各有明显凹节1个，中叶间距为一叶之宽，第2叶发达，双分，各叶在腹面均有硬化棒；背腺在第2~5腹节各节排成亚中、亚缘群，亚中群均为4~5腺，第6腹节仅有中群4腺，中胸至第1腹节具亚缘群；腹腺分布于中胸至臀前腹节缘区，远小于背腺，

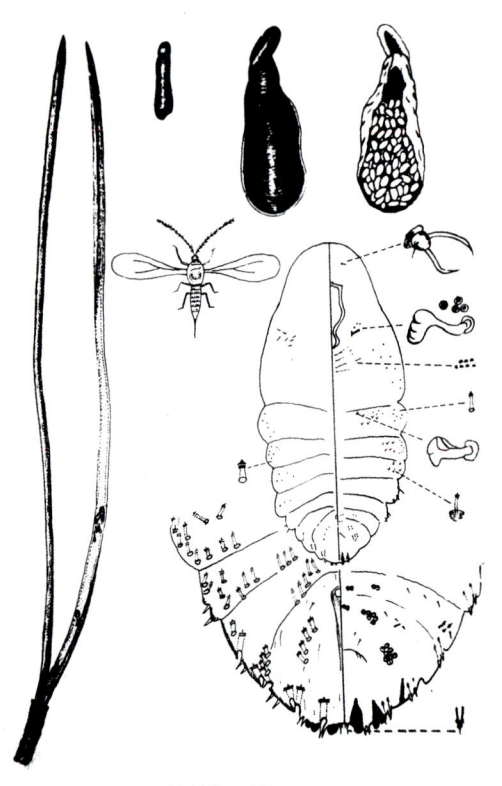

松牡蛎盾蚧雌成虫

各 论

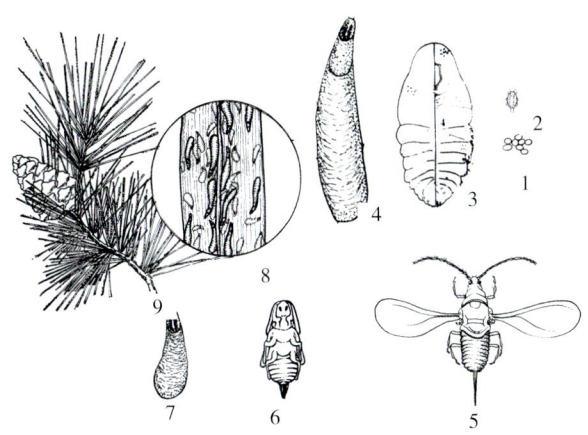

1. 卵 2. 若虫 3. 雌成虫 4. 雌介壳 5. 雄成虫 6. 蛹 7. 雄介壳 8. 放大图 9. 为害状

松牡蛎盾蚧

后胸至第 2 腹节腹面具腺瘤；臀板缘腺 6 对，腺刺 9 群；围阴腺 8~9 群。

雄成虫：介壳长约 0.9mm，形状、质地和色泽同雌介壳；壳点 1 个，橙黄色，位于前端。

卵：卵形，长约 0.3mm，乳白色。

若虫：初龄椭圆形，长约 0.3mm，黄白色。

[生活史与习性] 沈阳一年发生 2 代。以受精雌成虫在叶片上越冬；翌年 4 月中旬开始产卵，4 月下旬至 5 月上旬为产卵盛期，每头雌成虫产卵 11~23 粒。1~2 代若虫孵化期分别为 5 月中旬至 6 月末、7 月下旬（始孵）。8 月下旬第 2 代雄虫开始羽化，交配后以受精雌成虫越冬。

[天敌] 有跳小蜂寄生 2 龄若虫。

[防治方法] 参照考氏白盾蚧。

雌成虫介壳（放大）

114. 梨牡蛎盾蚧
Lepidosaphes pyrorum (Tang)

[中文异名] 淅梨牡蛎蚧、梨蛎盾蚧。

[分 布] 山西、宁夏。

[为害对象] 梨、箭杆杨。

[为害状] 雌成虫和若虫寄生在枝、干及叶片和梨果上刺吸为害，造成枝条枯死，树势衰弱，甚至整株死亡。

[形态特征]

雌成虫：介壳牡蛎形，长约 2mm，黄褐色，带有黑暗斑纹；壳点 2 个，橘色，位于前端。虫体长纺锤形，长约 1.5mm，淡黄色，各腹节两侧略突；臀叶 2 对，中叶大，两侧微凹，端圆，腹面有硬化棒 2 条，叶间距小于半叶宽，第 2 叶小，双分，内叶腹面有硬化棒 2 条；前胸至第 1 腹节亚缘区背腺较细，余者都粗，第 2~5 腹每节成亚中、亚缘群，第 6 腹节从肛门侧缘成 1 列，21~24 腺，第 7 腹节 4~12 腺成 1 列，有时在中叶内角上侧有 1 腺；亚缘疤仅见于第 6 腹节侧缘。

雄成虫：介壳长约 1mm，形状、质地和色泽同雌介壳；壳点 1 个，橘色，位于前端。

[生活史与习性]

生活史：山西同川产梨地区一年发生一代，以卵在雌介壳下越冬；翌年 5 月上旬若虫开始孵化，5 月中旬为盛孵期，6 月初基本孵化完毕。初孵若虫爬行到树干、枝条、叶片及梨果上固定寄生。雄若虫约经 20 天开始化蛹，再经 17 天左右羽化为成虫；雌若虫约经 40 天脱两次皮进入成虫期。雌雄交配后，8 月中旬受精雌成虫开始产卵，历时约 40 天，10 月初产卵结束。以

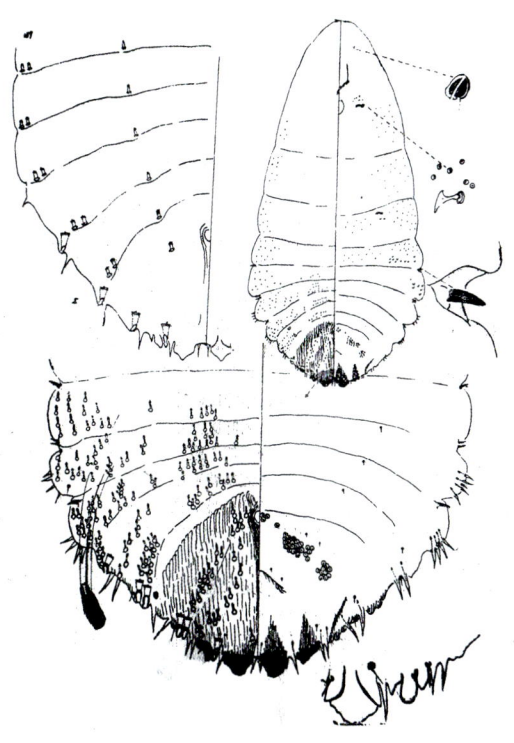

梨牡蛎盾蚧雌成虫

卵越冬。

繁殖： 每雌产卵100~210粒，历时约15天。

[天　敌] 捕食性天敌有瓢虫和草蛉；寄生性天敌有桑盾蚧黄金蚜小蜂、牡蛎蚧蚜小蜂，其寄生率分别为20%、15%。

[防治方法]

冬季结合修剪，剪除虫枝和过密枝条，砍掉枯死的枝条或树干，集中烧毁，防治效果十分明显。其他防治方法参照考氏白盾蚧。

115. 三管牡蛎盾蚧
***Lepidosaphes triubulatus* (Borchsenius)**

[中文异名] 三管牡蛎蚧、三管长蛎蚧。

[分　布] 四川、贵州等省。

[为害对象] 大叶黄杨、卫矛。

[为害状] 雌成虫和若虫寄生在叶面、叶柄及枝干上刺吸汁液为害，造成叶片发黄脱落，枝条干枯，诱发煤污病，长势衰弱，甚至整株死亡。

[形态特征]

雌成虫： 介壳牡蛎形，长约2.2~2.5mm，褐色，前狭后宽；壳点2个，位于前端。虫体纺锤形，长约1mm，后胸和臀前腹节侧缘圆形，不很突，无侧距和背侧疤；中叶长宽相等，两侧角凹缺明显，基部有硬化棒1对，第2叶双分；背腺中等大，在臀板上每侧4群，11~13腺，在前胸每侧一小群，在中、后胸和第1~4腹节每侧每节一大群，第1腹节每侧平行2列，每列1~3腺，

雌介壳（放大）

第2腹节每侧2列，各5~6腺，第4腹节每侧2列，各3腺；口器、后胸及第1~4腹节的两侧均有腺瘤；围阴腺5群。

雄成虫： 介壳长0.8~1mm，形状、质地和色泽同雌介壳。虫体长0.55mm，翅展1.45mm。体淡黄色，眼黑色，腹末针状交尾器长约0.2mm。

雄蛹： 长0.5~0.55mm，体淡紫色，眼黑色。

为害状

[生活史与习性]

生活史： 成都一年发生3代。以受精雌成虫在叶片主脉两侧、叶柄及枝干上越冬；翌春3月下旬至5月中旬产卵，4月中旬为产卵盛期。1~3代若虫孵化期分别为4月中旬至5月中旬，4月中旬为盛孵期；6月下旬至7月下旬，7月上旬为盛孵期；8月上旬至9月上旬，8月下旬至9月上旬为盛孵期。10月上旬第3代雄虫开始化蛹，10月中、下旬羽化为成虫，10月下旬为羽化盛期。交尾后以受精雌成虫越冬。

繁殖： 每头雌成虫产卵27~68粒，平均38粒。1~2代卵期分别是（平均温度19℃，湿度

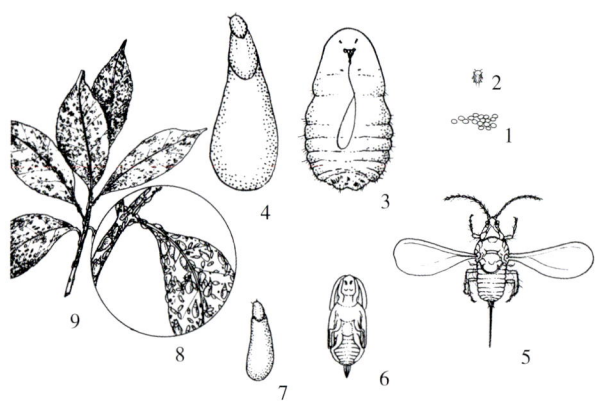

1.卵　2.若虫　3.雌成虫　4.雌介壳　5.雄成虫　6.蛹
7.雄介壳　8.放大图　9.为害状

三管牡蛎盾蚧

80％)7~23天，平均13天；(平均温度26℃，湿度80％)1~6天，平均3天。卵平均孵化率为93％。

[天　　敌] 同葛氏牡蛎盾蚧。

[防治方法] 参照考氏白盾蚧。

116. 沙枣牡蛎盾蚧
Lepidosaphes turanica (Archangelskaya)

[分　　布] 新疆、甘肃、宁夏。

[为害对象] 沙枣。

[为 害 状] 雌成虫和若虫寄生在茎干上刺吸汁液为害。

[形态特征]

雌成虫：介壳细长，长1.2~1.5mm，红褐色，两侧近平行；壳点2个，位于前端。虫体长纺锤形，长0.8~0.9mm，后半部略宽，腹节侧突不显，无节间瘤，无亚缘背疤；中臀叶大而突，中间距不到半叶宽，内外缘各一深凹切，侧叶双分；背腺中型，在第6腹节每侧12~16腺，排成多列长群，第4~5腹节略显亚中、亚缘群，第1~3腹节为连续系列；腹面小管腺在体缘成群分布，后胸第3腹节向中区连贯成系列；围阴腺5群。

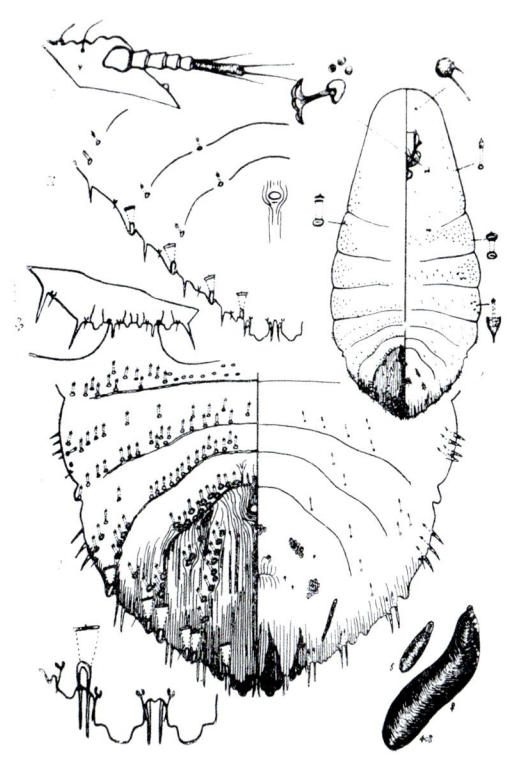

沙枣牡蛎盾蚧雌成虫

雄成虫：介壳长约1mm，形状、质地和色泽同雌介壳。

[防治方法] 参照考氏白盾蚧。

117. 槐牡蛎盾蚧
Lepidosaphes yanagicola (Kuwana)

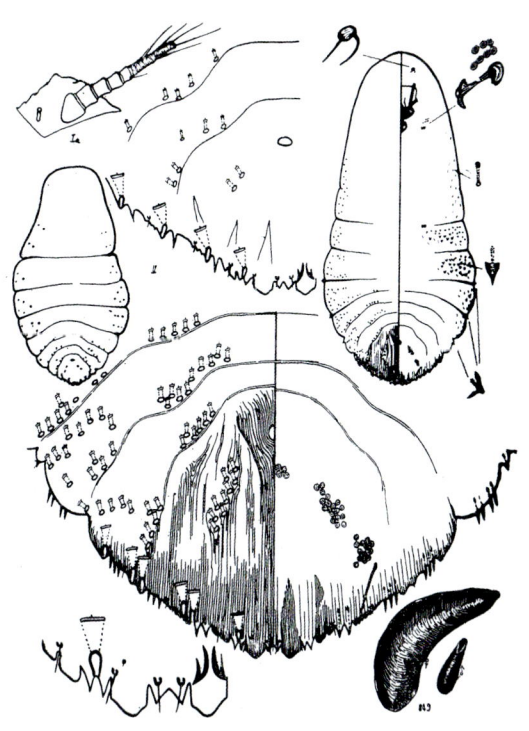

槐牡蛎盾蚧雌成虫

[中文异名] 杨牡蛎蚧、槐长蛎盾蚧、杨长蛎蚧、杨密蛎蚧。

[分　　布] 山东、云南、宁夏、新疆、四川、山西、河北。

[为害对象] 桑、槭、合欢、山梅花、丁香、红瑞木、枫、刺槐、国槐、赤杨、杨、柳、椴、白腊、榆、马鞍树、枫杨、桤木、楝木、黄檗、卫矛。

[为 害 状] 雌成虫和若虫寄生在枝干上刺吸汁液为害。

[形态特征]

雌成虫：介壳细长，长2~2.5mm；黄褐、茶褐、褐至暗褐色，边缘灰白色，前端狭，后面逐渐加宽，背面隆起；壳点2个，位于头端，橙黄色；腹壳白色，中间有纵沟1条。虫体长纺锤形，长1~1.5mm，白或淡黄色，臀前腹节

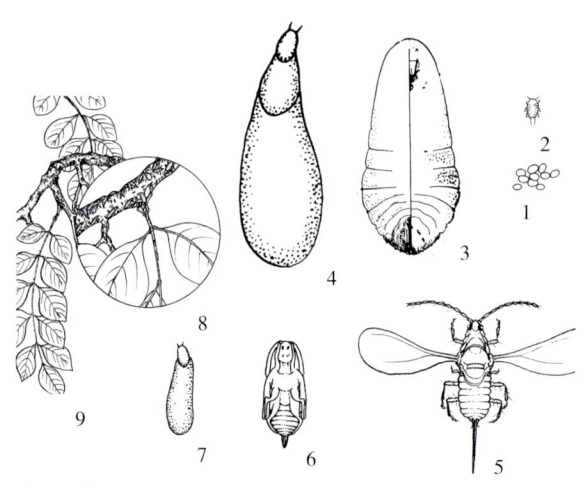

1.卵 2.若虫 3.雌成虫 4.雌介壳 5.雄成虫 6.蛹 7.雄介壳 8.放大图 9.为害状
槐牡蛎盾蚧

两侧微突；臀板后缘浑圆，中臀叶突出，长宽约相等，内外各一凹切，叶间距狭于叶宽。腺锥分布：后胸 7~9 个，第 1 腹节腹面侧区 13~21 个；第 1~4 腹节间每侧各有 1 硬齿状节间瘤；无亚缘背疤；亚中背腺中型，分布于 2~6 腹节上，每侧每节约 2~10 腺，中区，均无背腺；腺刺粗短，第 2~4 腹节每侧每节 4~5 刺，第 5~6 腹节各 2~3 刺；围阴腺 5 群。

雄成虫：介壳长约 1mm，形状、质地和色泽同雌介壳。

[防治方法] 参照考氏白盾蚧。

118. 台湾蟠盾蚧
***Poliaspoides formosana* Takahashi**

[中文异名] 竹蟠盾蚧。
[分　　布] 浙江。
[为害对象] 竹。
[为 害 状] 雌成虫和若虫寄生在叶鞘中刺吸汁液为害。
[形态特征]

雌成虫：介壳长梨形，长约 1.5mm，白色，后端扩大；壳点 2 个，淡黄色，位于前端。虫体卵形，长约 1mm，淡黄色；第 1 腹节最宽，腹节侧叶突出，中胸至第 4 腹节侧板略硬化；背、腹面均有管腺，在第 3~4 腹节上背腺略现亚中、亚缘群；臀叶、臀棘及缘腺均无；围阴腺 5 群。

雄成虫：介壳长形，长约 1mm，白色，背部具纵脊 1 条；壳点 1 个，淡黄色，位于头端。

[防治方法] 参照考氏白盾蚧。

119. 台湾栎片盾蚧
***Neoparlatoria formosana* Takahashi**

[中文异名] 台湾新片盾蚧、长栎片盾蚧、台湾新糠蚧。
[分　　布] 浙江、台湾。
[为害对象] 栎、石柯。
[为 害 状] 雌成虫和若虫寄生在叶背刺吸汁液为害。
[形态特征]

雌成虫：介壳长椭圆形，两侧略平行，长约 1.2mm，黄褐色，主要由第 2 壳点形成，上盖一薄层白蜡；第 2 壳点方卵形，长约 1.1mm，黄褐色，背中部黑色，第 1 壳点近圆形，位于头端边缘之内，其上有 1 乳头状突起。虫体蒲扇形，长约 0.6mm，黄白色，包在第 2 壳点内（隐雌形）；臀板突出，臀叶 3 对，中叶呈三角形；长过于宽，紧靠，端尖，内缘短而直，外缘长而锯齿状，第 2 叶较短，近似中叶，第 3 叶呈三角形突起；背腺分布，第 1~3 腹节边缘约成 1 列，每侧约

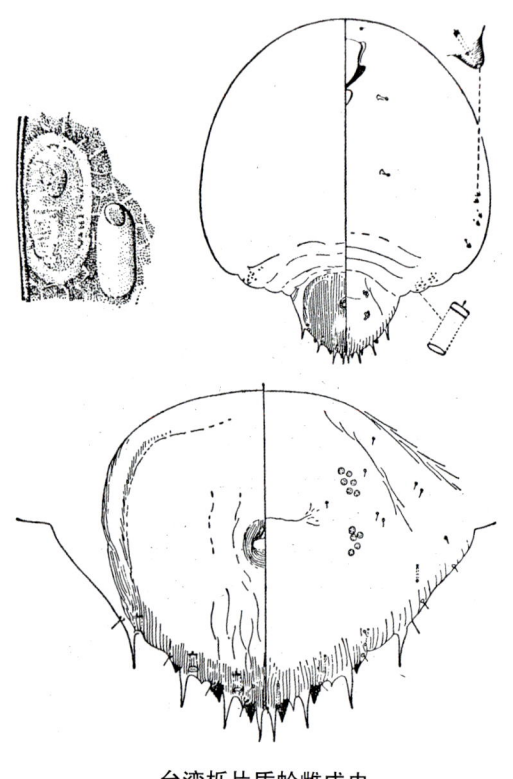

台湾栎片盾蚧雌成虫

10个；腹腺主要要布于后气门后；缘腺每侧最多6个，成3群；肛门位于板中；围阴腺4群。

雄成虫：介壳长形，长约0.8mm，两侧略平行，覆盖较不透明的白色蜡层；壳点1个，黄褐色，突出在前端。

[防治方法] 参照考氏白盾蚧。

120. 哈勃新并盾蚧
Neopinnaspis harperi Mckenzie

[中文异名] 并蛎蚧、哈勃新并蚧。

[分　　布] 台湾。

[为害对象] 杨梅、无花果、石榴、核桃、柿、梨、杏、山楂、油橄榄、澳洲坚果、美洲茶、山茶、加州桂、玫瑰、素馨、木槿、金合欢、金雀花、海桐、夹竹桃、石楠、木兰、杨、柳、栎、六道木、云实、角豆树、肖乳香、冬青、黄杨、哈克木、鼠刺、槲寄生、扁担千、阿查拉、斯巴曼木。

[形态特征]

雌成虫：介壳长蛎形，长1~1.3mm，淡黄或黄色，前狭后宽，略隆起；壳点2个，位于前端。虫体纺锤形，长约0.9mm，黄色，臀前腹节突出不显；臀板末端尖，中叶发达，宽短，端缘斜，有深凹缺2个，基内角具硬化棒1个，外斜，中叶相近而仅留缝隙，第2叶双分而紧靠中叶，内瓣端部深凹缺呈二尖齿状；中叶间腺刺不易辨；缘腺每侧6个；背腺细，每中叶前1腺，第6腹节每侧1纵列7~9腺，第5~3腹节每侧亚缘群3~6腺，第2~1腹节及后胸侧面均有分布；第1和2腹节腹面侧缘分别具腺瘤8~9和3~4个。

雄成虫：介壳较小，长约0.5mm，色泽、形状及质地同雌介壳。

[防治方法] 参照考氏白盾蚧。

121. 赤竹泥盾蚧
Nikkoaspis sasae (Takahashi)

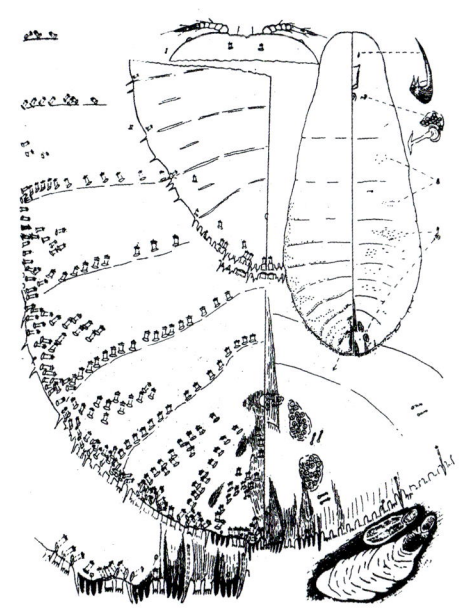

赤竹泥盾蚧雌成虫

[中文异名] 箬旋盾蚧、箬竹白泥盾蚧、赤竹全须盾蚧、竹白泥盾蚧。

[分　　布] 浙江、上海。

[为害对象] 箬竹。

[为害状] 雌成虫和若虫寄生在叶面沿中脉刺吸汁液为害。

[形态特征]

雌成虫：介壳长纺锤形，长约2.5mm，白色，中部最宽，后端稍狭，背部高突，蜡厚如水泥，有很多横皱纹；壳点2个，位于前端，第1壳点淡黄色，伸出在第2壳点外，第2壳点黑褐

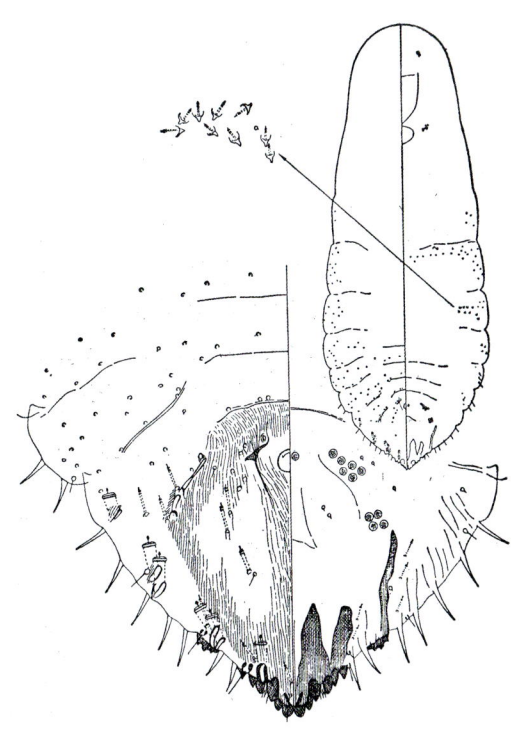

哈勃新并盾蚧雌成虫

色，在中部有一明显横沟。虫体狭梨形，长约1.4mm，淡黄色，前体段狭，后体段近圆形，腹节侧缘不突出，臀叶2对，短而宽，中叶分成3叶，侧叶分成4叶，每叶尖而细长；臀栉刷状，在中叶间2个，中叶与侧叶间1腺刺及2个臀栉，侧叶外腺刺1个及臀栉8个，然后隔1腺刺又有4臀栉，再隔1腺刺1臀栉，向前是4个互相分离的腺刺；背腺从后胸至第8腹节均按节排成系列，各腹节缘部更密，中叶间亦有缘腺。

雄成虫：介壳长条形，长约1.2mm，白色，溶蜡状，背面具纵脊3条；壳点1个，淡黄色，位于前端。

[防治方法] 参照考氏白盾蚧。

122. 刺洋圆盾蚧
Oceanaspidiotus spinosus (Comstock)

[中文异名] 杉圆蚧、刺圆盾蚧。
[分　　布] 云南、江苏。
[为害对象] 无花果、葡萄、月桂、山茶、玫瑰、苏铁、樟、木兰、蒲葵、悬铃木、紫杉、荬迷、卫矛、大戟及仙人掌。

[为害状] 雌成虫和若虫寄生在叶片或枝干表皮下(常与树皮相混)刺吸汁液为害。

[形态特征]

雌成虫：介壳圆形，直径1~1.5mm，淡青色，上有灰白色线，有时有白边，微微隆起；壳点2个，金黄色，位于中心；无腹壳。虫体梨形，长约0.8~1.2mm，橙黄色；臀叶3对，中叶长过于宽，对称而平行，端圆，两侧凹缺明显，背基延伸呈圆形根，第2叶很小，第3叶呈三角形刺；臀栉发达，中叶间1对，中叶外2个，第2叶和第3叶外各3个，刺状，外侧细刺或分裂；背腺长，每侧在第5~6腹节间、第6~7腹节间的生殖沟内排成斜列，每列7~8腺；臀板背面有骨化区3个。

雄成虫：介壳较小，质地和色泽同雌介壳。
[防治方法] 参照考氏白盾蚧。

123. 柑橘刺圆盾蚧
Octaspidiotus stauntoniae (Takahashi)

[中文异名] 矛盾蚧、木瓜刺圆盾蚧、五凤藤亚圆蚧、五凤藤剑角圆蚧。
[分　　布] 中国浙江、上海、云南、贵州、湖北、四川、台湾等省区；日本。
[为害对象] 柑橘、葡萄、野木瓜、桂花、黄檀、月桂、黄兰、含笑、八角金盘、银木、枸木、女贞、广玉兰、榕、柳、桃叶珊瑚、珍珠莲、杜茎山、夹竹桃、大叶黄杨、构骨、冬青、洒金珊瑚、常春藤、胡颓子、麦冬。

[为害状] 雌成虫和若虫寄生在枝条和叶片上刺吸汁液为害，造成叶片发黄早落，枝条枯死，树势衰弱。

[形态特征]

雌成虫：介壳圆形，直径约1.8~2.1mm，灰棕色，很薄，平而半透明，边缘不规则；壳点2个，橘黄色，位于近中央。虫体粗壮，宽梨形，臀板尖狭，长1~1.2mm，橘黄色，老熟时虫体硬化；臀前腹节节间沟明显，后胸及第1~2腹节中部也有相似横沟，第1~3腹节侧叶明显突出，并

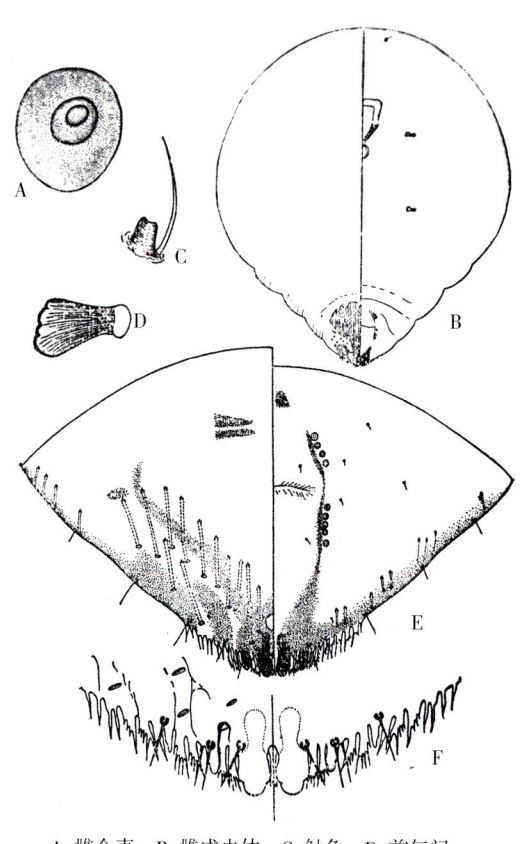

A. 雌介壳　B. 雌成虫体　C. 触角　D. 前气门
E. 臀板　F. 臀板末端
刺洋圆盾蚧雌成虫

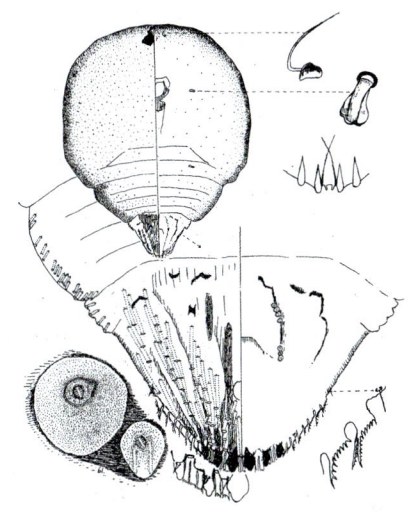

柑橘刺圆盾蚧雌成虫

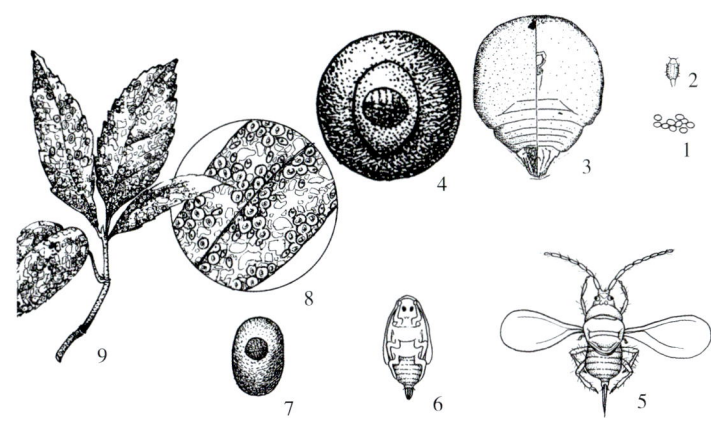

1. 卵 2. 若虫 3. 雌成虫 4. 雌介壳 5. 雄成虫 6. 蛹 7. 雄介壳
8. 放大图 9. 为害状

柑橘刺圆盾蚧

有短腺约20根，前气门腺无；臀叶3对，中叶粗大，略对称，基部略狭，端圆，每侧有一凹切，第2叶远小于中叶，狭，基部稍收缩，外侧有明显凹缺，第3叶与第2叶相似，略小；臀栉与中叶等长，端裂4~5齿，每侧的叶间排列为2、2、3个，第3叶外1列7~8节，宽，除端裂外，内缘有细长指形突出1或2个；背腺细长，管口硬化，略排成4纵列，自内向外每列约7、10、10、6腺，中叶间1腺；第2和3叶基部背面的节位毛粗大，呈矛状，不超出叶端；臀板背面有硬化斑4个，倒烧瓶状花斑显著，腹面阴侧褶2个，硬经；围阴腺4群。

雄成虫：介壳椭圆形，长约1.2mm，质地和

[生活史与习性]

生活史：成都一年发生3代，以受精雌成虫在叶片上越冬。翌立4月中旬始产卵，1~3代若虫孵化期分别为5月上、中旬，中旬为孵化高峰期；7月上、中旬，8月中、下旬。10月上、中旬第3代雄成虫羽化，交配后以受精雌成虫越冬。

上海翌年4月下旬越冬雌成虫始孕卵，5月上旬始产卵，5月21日至6月11日第1代若虫孵化，5月23至29日为盛孵期。

发生与物候：上海第1代若虫盛孵期的物候是石榴盛花期。

[防治方法] 参照考氏白盾蚧。

雌成虫与雌介壳（近视）

为害状

色泽同雌介壳；壳点1个，位于近中心，雄虫羽化后，介壳上可见一"U"形白线。虫体长约0.9mm，翅展约1.5mm。体淡黄色，眼深褐色，腹末针状交尾器长0.27mm。

卵：卵圆形，橙红色，长0.22mm。

若虫：初孵时椭圆形，橙红色，触角、足健全。

雄蛹：长约0.8mm，橙红色。

124. 格氏绵盾蚧
***Odonaspis greenii* (Cockerell)**

[中文异名] 葛氏齿盾蚧、金环齿盾蚧。
[分　布] 云南、福建、湖北、宁夏。
[为害对象] 青篱竹、佛肚竹、罗汉竹。
[为害状] 雌成虫和若虫寄生在叶鞘内刺

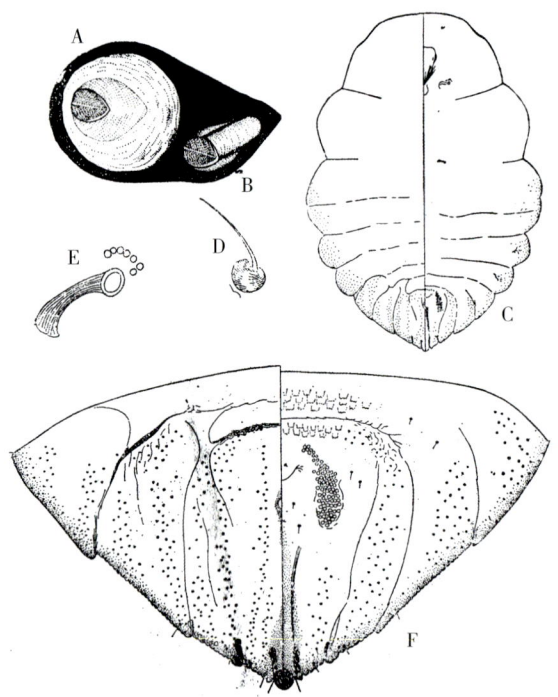

A. 雌介壳　B. 雄介壳　C. 雌成虫体　D. 触角　E. 前气门　F. 臀板

格氏绵盾蚧雌成虫

吸汁液为害。

[形态特征]

雌成虫：介壳近圆形，白色；壳点2个；偏向一边；腹壳厚。虫体近圆形，长约1.3mm；体节侧叶显著，略硬化；臀板背、腹面腺管按节排成系列，在臀前腹节上散布，背腺略粗大于腹腺；中叶1对，愈合而成一个臀叶，叶间硬化棒2对；后气门腺约4个，围阴腺2大群。

雄成虫：介壳长形，两侧近平行，白色；壳点1个，位于一端。

[防治方法] 参照考氏白盾蚧。

125. 朝鲜癞牡蛎盾蚧
***Lepidosaphes coreana* Borchsenius**

[中文异名] 朝鲜牡蛎蚧、朝鲜癞牡蛎蚧。

[分　　布] 辽宁。

[为害对象] 苹果、糖槭、皂角、花椒、丁香、银杏、小叶朴、锦鸡儿等植物。

[为害状] 雌成虫和若虫寄生在茎干上刺吸汁液为害。

[形态特征]

雌成虫：介壳牡蛎形，长2~2.5mm，褐色，狭长，前端狭，后端宽，薄被灰色覆盖物；壳点2个，突出于前端。虫体纺锤形，长1.5~2mm，黄白色；前方有十几个锥形小突起，触角有2毛，前气门腺10~17个；后胸侧后面硬矩具2~4齿，第2~4腹节侧前角节间瘤具一粗刺；臀叶2对，中叶间距小于半叶宽，侧叶双分，均大；臀板上腺刺9群，刺状或端部分叉，粗短，第3~4腹节腺刺每侧每节5~7根，第1、2腹节每侧腺锥各为0~4和8~9根；背、腹腺均微细，在后胸腹面分布成横带，第6、7腹节背腺每侧分别为15~17、5~8腺，第1~5腹节背腺每节排成横带；围阴腺5群。

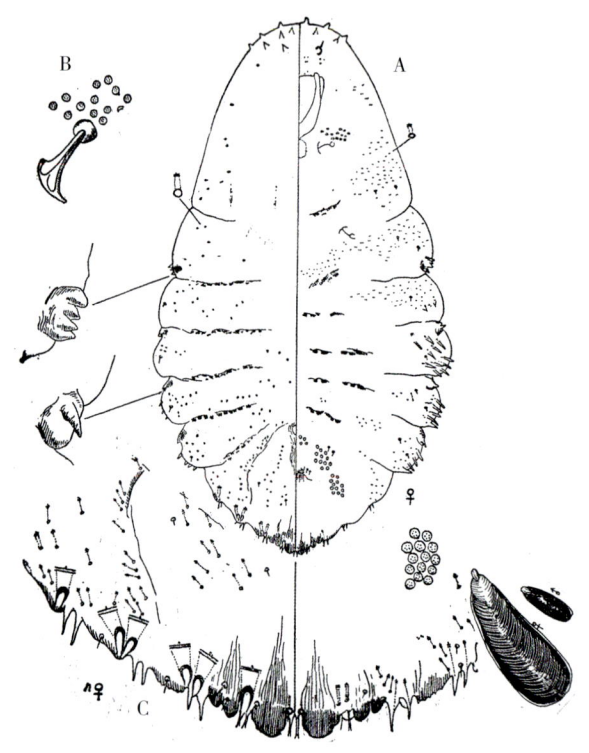

A. 雌成虫体　B. 前气门　C. 臀板（仿 Bonrchsenius 绘）

朝鲜癞牡蛎盾蚧雌成虫

雄成虫：介壳长约1mm，形状、质地和色泽同雌介壳。

[防治方法] 参照考氏白盾蚧。

126. 栎癞牡蛎盾蚧
***Lepidosaphes glaucae* (Takahashi)**

[中文异名] 栎副长牡蛎蚧、青冈牡蛎蚧。

[分　　布] 浙江、福建、台湾。

[为害对象] 栎。

[为 害 状] 雌成虫和若虫寄生在枝干上刺吸汁液为害。

[形态特征]

雌成虫：介壳狭长，长 3~3.5mm，暗褐色，两侧略平行，后缘微宽；壳点 2 个，位于前方。虫体细长，长约 1mm，淡黄色，腹部微宽，臀前腹节稍突；臀叶 2 对，中叶宽过于长，内外侧有微齿，基部有极细硬化棒 1 对，第 2 叶双分，内叶基有硬化棒 1 对；背腺在第 6 腹节每侧 4~6 腺，第 7 腹节每侧 2~3 腺，第 2 叶基前 1 个；中叶与第 2 叶间腺刺 1 对，基部广阔愈合，和板长略等，第 2 叶外腺刺 1 个，长而基宽；围阴腺 5 群。

雄成虫：介壳长 1~1.5mm，形状、质地和色泽同雌介壳。

[防治方法] 参照考氏白盾蚧。

127. 硬缘癞蛎盾蚧
***Lepidosaphes laterochitinosa* (Green)**

[中文异名] 侧胃牡蛎蚧、侧坚副长蛎蚧。

1. 雄介壳　2. 雌介壳　3. 被害状

硬缘癞蛎盾蚧

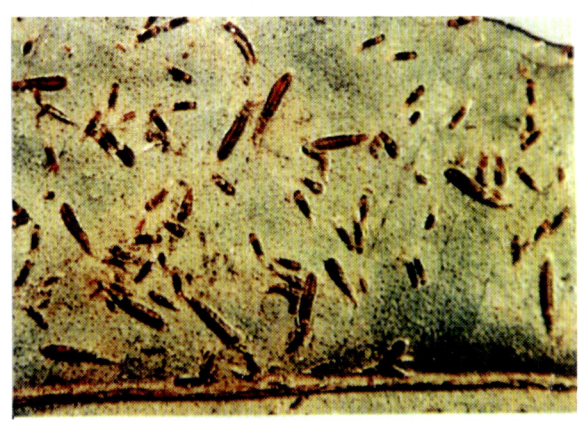

雌介壳及雄介壳（放大）

[分　　布] 中国广东、云南、台湾；英国、菲律宾、马来西亚、密克罗尼西亚、日本。

[为害对象] 柑橘、芒果、木菠萝、椰子、槟榔、番石榴、茶、木薯、竹、夜香树、桂花、鸡蛋花、美玉蕊、鹤望兰、旅人蕉、苏铁、鹅掌柴、桢楠、紫金牛、红树、木吉、枔木、糖槭树、三叶胶、菝葜、石刁柏、茴香、藤黄、厚皮香、木麻黄、鸡脚常山、海莲、朱砂根、杜茎山等植物。

[为 害 状] 雌成虫和若虫寄生在叶、枝上刺吸汁液为害。

[形态特征]

雌成虫：介壳狭长，长 4~4.5mm，暗褐色，两侧几乎平行，后端微微加宽，背面隆起；壳点 2 个，位于前端。虫体细长，长 1.3~1.4mm，黄白色，两侧几乎近平行，中、后胸间，后胸与腹部间收缢明显，臀前腹节侧瓣明显，中、后胸的腹面侧区有大的长形骨片，头部前中区腹面也有半圆形骨化区，头前面背、腹面均有微小锥形颗粒；臀叶 2 对，中叶短宽，对称，两侧略平行，两侧角有浅凹缺，端圆，基有细小硬化棒 2 个，第 2 叶双分而相离，基有细小硬化棒；背腺在第 2 腹节上只亚中群几腺，第 3 腹节以后有亚中、亚缘群，第 5 腹节每侧每群 5 腺，第 6 腹节只亚中群 2 列，6~15 腺，第 7 腹节只亚中群每侧 2~6 腺；腺刺 9 对，缘腺每侧 6 个。

雄成虫：介壳长 1.5~1.7mm，红褐色，形状和质地同雌介壳。

[生活史与习性] 该虫在广州地区为害桂花甚烈，被害叶片变黄，提前脱落，严重影响树势。在广州几乎全年发生，多寄生在叶面主

脉边缘，叶背较少。

[防治方法] 参照考氏白盾蚧。

128. 京松癞蛎盾蚧
Lepidosaphes piniphila (Borchsenius)

[中文异名] 松针牡蛎蚧、松细蛎盾蚧、松副长蛎蚧、南蛎盾蚧。

[分　　布] 江苏、广东、福建、浙江、上海。

[为害对象] 茶、罗汉松、松。

[为 害 状] 雌成虫和若虫寄生在松树针叶上、茶树的叶背主脉上和两侧以及叶缘刺吸汁液为害。

[形态特征]

雌成虫：介壳细长，长2~2.5mm，深褐色，前狭后宽，背面隆起，脊线清楚；壳点2个，位于前端。虫体长椭圆形，长0.9~1.4mm，紫色，臀前腹节突出成圆形，长1~4腹节间各有矩状硬刺1个，口前方密布细小颗粒；臀叶2对，中叶宽大于长，两侧各一凹缺，基有硬化棒1对，第2叶双分，内叶马蹄形，基有硬化棒1对；背腺微细，第7腹节每侧2~5腺成1纵列，第6腹节每侧5~10腺成1纵列，第5~2腹节每侧每节亚中群各7~10腺成不规则系列，第5~3腹节每侧每节亚缘群各腺稀疏；腹腺沿体缘分布；腺刺9群，每侧缘腺6个；围阴腺5群。

雄成虫：介壳长约0.8mm，形状、质地和色泽同雌介壳。

[防治方法] 参照考氏白盾蚧。

129. 松癞蛎盾蚧
Lepidosaphes pitysophila (Takagi)

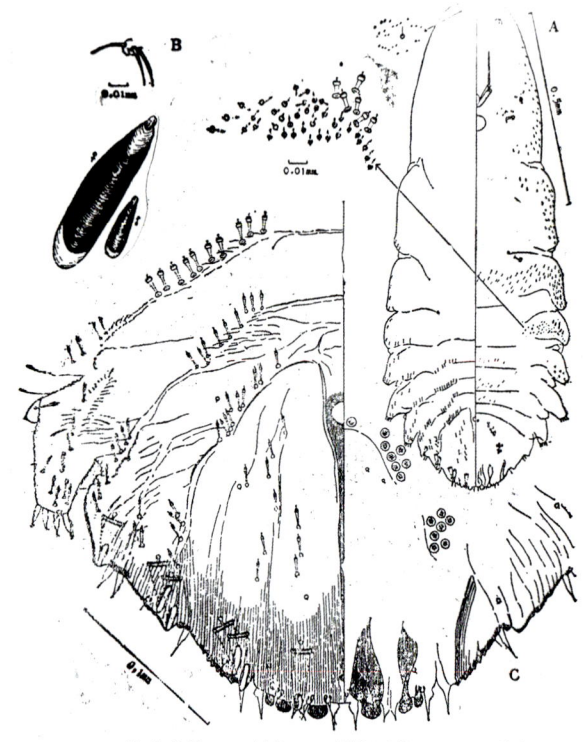

A.雌成虫体　B.触角　C.臀板（仿Takagi 绘）
松癞蛎盾蚧雌成虫

[中文异名] 金松牡蛎蚧、台湾付长蛎蚧、台松副长蛎蚧。

[分　　布] 浙江、上海、广东、广西、湖南、台湾。

[为害对象] 金松、黑松、湿地松、火炬松、马尾松、长叶松、华山松。

[为 害 状] 雌成虫和若虫寄生在针叶上刺吸汁液为害。

[形态特征]

雌成虫：介壳细长，长3~4mm，紫褐或暗褐色，有光泽，前端狭，后端稍宽，背部隆起，轮纹明显；壳点2个，位于前端。虫体细长形，

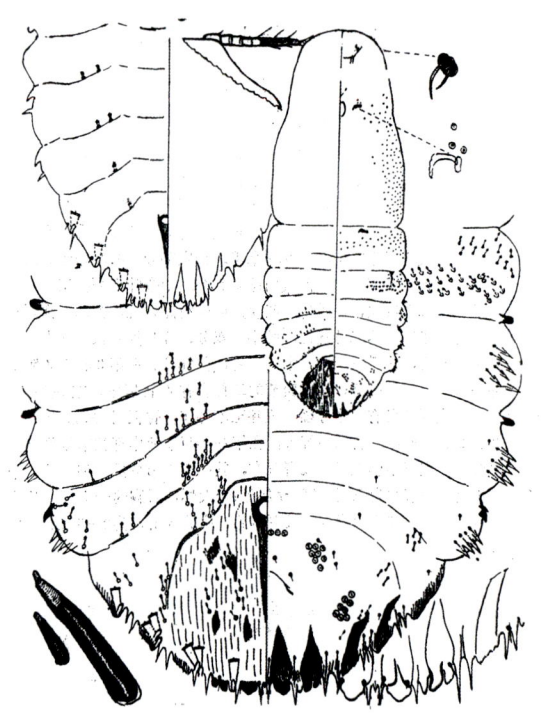

京松癞蛎盾蚧雌成虫

长约 1.3mm，头前缘背面有稀疏细颗粒，臀前腹节侧突明显，第 2~4 腹节每侧前缘各有 1 节间瘤成硬化突，端无尖齿；中臀叶端突或平，基部硬化明显，间距约 1 叶宽；臀板缘腺刺除第 6、8 腹节外每侧 1~2 根外，其余均成双分布；第 1 腹节腹面有腺锥 20~30 根；第 2~5 腹节存在亚中背腺，其中第 2~3 节腺显著变大；后胸至第 5 腹节稀疏分布亚缘管腺；第 6、7 腹节每侧管腺分别为 4~7、3~5 根；围阴腺 5 群。

雄成虫：介壳长约 1.5mm，形状、质地和色泽同雌介壳。

［天　　敌］有金黄蚜小蜂、长缘刷盾跳小蜂。

［防治方法］参照考氏白盾蚧。

130. 乌桕癞蛎盾蚧
***Lepidosaphes tubulorum* (Ferris)**

［中文异名］瘤额牡蛎蚧、东方蛎盾蚧、茶癞蛎盾蚧、台湾癞蛎盾蚧。

［分　　布］浙江、福建、广东、广西、云南、黑龙江、辽宁、吉宁、山东、河北、四川、湖北、湖南、河南、安徽、上海、贵州、江苏、台湾。

［为害对象］梨、桃、李、樱桃、花楸、柿、板栗、葡萄、桑、厚朴、乌桕、山茶、丁香、绣球、蔷薇、小仙花、吊针花、杜鹃、杨、柳、连香树、桦、白腊树、桤木、钓樟、否则桐、灯笼树、山椰、冬青、青芙叶等植物。

［为害状］雌成虫和若虫寄生在枝干和叶片上刺吸汁液为害。

［形态特征］

雌成虫：介壳长牡蛎形，长 3~4mm，深褐、紫褐、紫黑至黑色，有灰白色边缘和光泽，前端狭，后端渐宽大，直或弯曲，相当隆起，有明显的轮纹，质坚硬。壳点 2 个，第 1 壳点椭圆形，橙色，第 2 壳点梨形，深褐色，后缘红褐色；腹壳完整，灰白色，薄。虫体长纺锤形，长约 1.5mm，头部前端有许多短刺，有时缺；第 2~4 腹节每侧前缘各有 1 节间粗刺，后胸侧后角有一耙状硬矩；中臀叶突出，叶间距近半叶宽，腹面无硬化棒；背腺微细，在第 6~7 腹节每侧排成 2~3 纵列，在第 2~5 腹节上除中区稍间断，其余几成连续系列，后胸及第 1 腹节侧缘区成群；围阴腺 5 群。

雄成虫：介壳 1.2~1.6mm，形状、质地和色泽同雌介壳。

［天　　敌］有纵带黄蚜小蜂。

［防治方法］参照考氏白盾蚧。

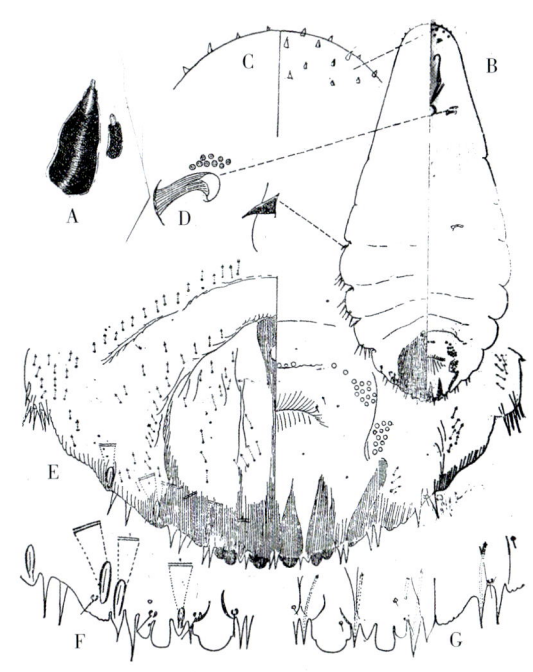

A. 雌介壳　B. 雌成虫体　C. 头端部　D. 前气门　E. 臀板
F、G. 臀板末端背面和腹面（仿 Ferros 绘）

乌桕癞蛎盾蚧雌成虫

131. 黄杨粕片盾蚧
***Parlagena buxi* (Takahashi)**

［中文异名］黄杨粕片蚧、黄杨芝糠蚧。

［分　　布］北京、河北、内蒙古、陕西、江苏、上海、江西、湖南、辽宁、山西、浙江、山东、四川、云南等省。

［为害对象］雀舌黄杨、瓜子黄杨、锦熟黄杨、朝鲜黄杨、枣、卫茅、瓜子金。

［为害状］雌成虫和若虫寄生在嫩枝、叶片上刺吸汁液为害，引起枝叶枯黄，严重时造成整株干枯死亡。

［形态特征］

雌成虫：介壳卵形，长约 1mm，灰白或白

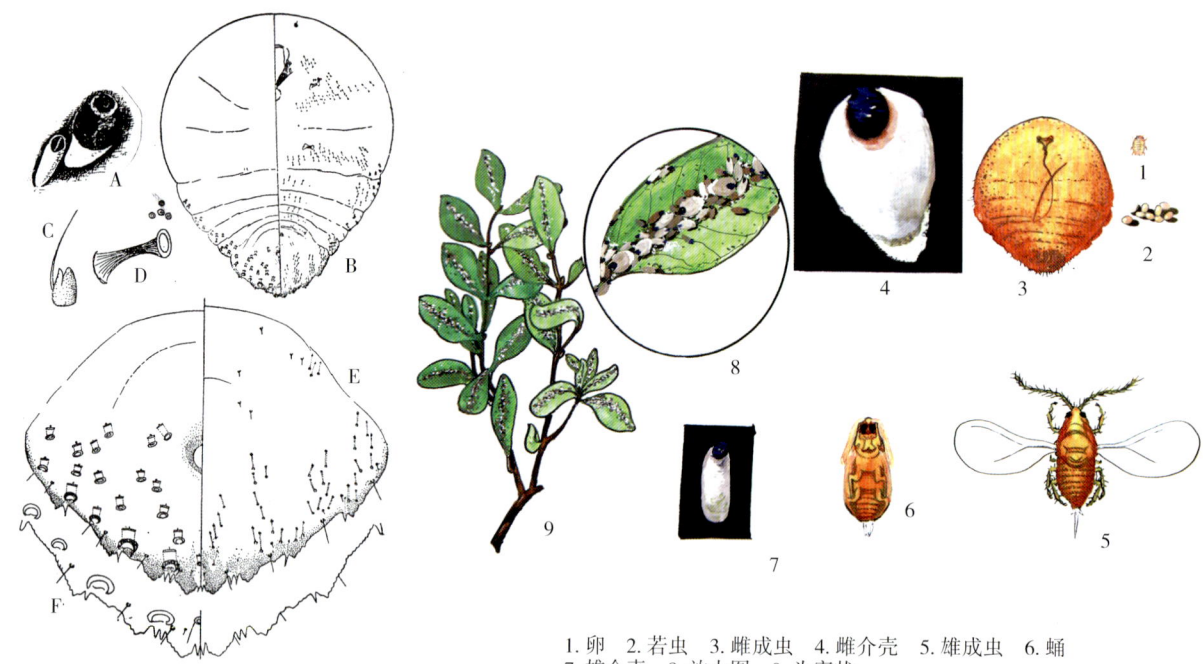

A. 雌介壳　B. 雌成虫体　C. 触角　D. 前气门
E. 臀板　F. 臀板末端

黄杨粕片盾蚧雌成虫

1. 卵　2. 若虫　3. 雌成虫　4. 雌介壳　5. 雄成虫　6. 蛹
7. 雄介壳　8. 放大图　9. 为害状

黄杨粕片盾蚧

色，呈锥状突出于后端；壳点2个，黑色，第2壳点椭圆形，占介壳主要部分，扁平，位于前端，第1壳点近圆形，在前端边缘，不及第2壳点之半。虫体卵圆形，长约0.7mm，灰白或淡紫色；臀叶4对，中叶短宽，端尖，内侧1凹缺，外侧2凹缺，第2至4叶渐次变小，各叶外侧均有2~3凹缺，内侧1凹缺；背腺较粗，腺口横向，在臀板上杂乱分布，每侧约25个，板缘腺粗短，11个；肛门位于臀板中央，无围阴腺。

雄成虫： 介壳长形，长约0.6mm，灰白色；壳点1个，近圆形，黑色，位于前端。虫体长约0.5mm，具1对翅，3对足，腹末针状交尾器约为体长的一半。

若虫： 初孵时卵圆形，灰白色，触角、足健全。

[生活史与习性]

生活史： 一年发生3代。以受精雌成虫在小枝缝隙处越冬；北京翌年4月初开始为害，5月上旬产卵，5月中旬至6月中旬孵化出第1代若虫，爬到嫩枝或叶片上固定寄生。6月下旬第1代雄成虫羽化，交配后雌成虫产卵。2~3代若虫孵化期分别为6月底至7月下旬，9、10月。第3代雌成虫多寄生在小枝缝隙处，11月份开

为害状

雌雄介壳（近视）

严重为害状

始越冬。

繁殖：营两性和孤雌卵生。每头雌成虫产卵约90粒。

发生与物候：上海3月底4月初开始孕卵，5月初开始产卵，5月21日至6月11日第1代若虫孵化，6月上旬为盛孵期。初孵期的物候是石榴初花期。

[防治方法] 参照考氏白盾蚧。

132. 中国星片盾蚧
***Parlatoreopsis chinensis* (Marlatt)**

[中文异名] 华盾蚧、中国糠蚧、星片盾蚧。

[分　　布] 辽宁、天津、山东、北京、山西、广东、内蒙古、上海、台湾。

[为害对象] 苹果、梨、杏、李、梅、枇杷、无花果、枣、山楂、核桃、油橄榄、花椒、洋蹄甲、木槿、合欢、丁香、黄槿、决明、海桐花、玫瑰、绣线菊、火棘、桦、榛、柳、槐、黄连木、七叶树、黄叶树、榉、悬铃木、石楠、盐肤木、女贞、侧柏、金钟柏、卫矛、鼠李、荚迷、山茱萸、胡颓子。

[为害状] 雌成虫和若虫寄生在枝干上刺吸汁液为害。

1.雌成虫背面 2.雌成虫臀板区构造 3.雄性末龄若虫 4.雌、雄介壳群体 5.为害状
中国星片盾蚧

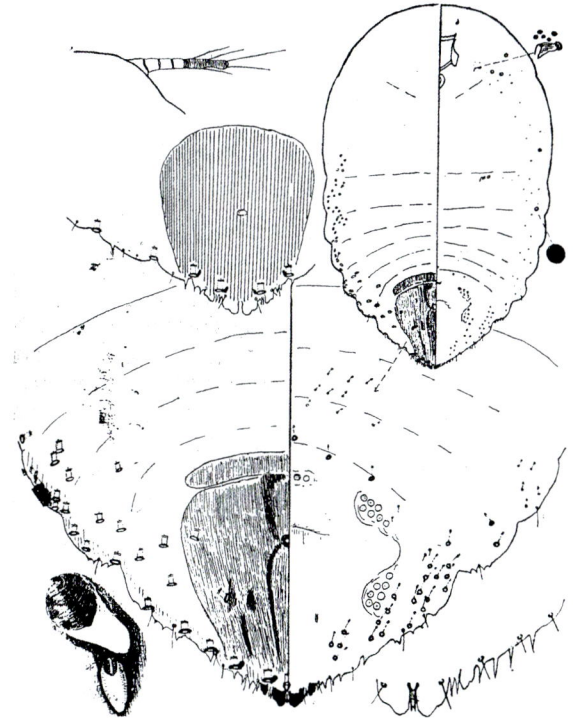
中国星片盾蚧雌成虫

[形态特征]

雌成虫：介壳圆形，长径1.5mm，灰色，扁平，质地薄；壳点2个，黄绿色，偏离中心，第1壳点有一部分伸出第2壳点。虫体椭圆形，长约0.8mm，前体部侧缘有时凹凸不平，后端尖削；臀叶2对，中叶发达，基部不溶合，外缘斜而细齿状，第2叶同中叶，但狭得多，第3叶仅为小圆点；背腺细小，稀疏分布于腹缘、

臀缘及臀亚缘部；腺瘤分布于腹面亚缘区；中叶间和中、侧叶间无臀栉；肛门位于臀板中央以后；围阴腺4群。

雄成虫：介壳狭长，长约1mm，灰白色；壳点1个，位于前端。

[防治方法] 参照考氏白盾蚧。

133. 梨星片盾蚧
Parlatoreopsis pyri (Marlatt)

[中文异名] 梨华盾蚧、海棠华糠蚧、梨黑星蚧。

[分　　布] 辽宁、吉林、黑龙江、宁夏、山西、河北、山东、江苏、福建、内蒙古、云南。

[为害对象] 梨、苹果、李、沙果、核桃、皂荚、构树等植物。

[为　害　状] 雌成虫和若虫寄生在枝条上刺吸汁液为害，以阴面为多，新老介壳常密被寄生。

[形态特征]

雌成虫：介壳卵形，长约1.5mm，灰白或黄褐色，向后端突成锥状；壳点2个，黑黄色，上覆一层白色分泌物，第2壳点卵形，位于前面部分的中央，占介壳的大部分，第1壳点卵形，叠在第2壳点上，接近介壳前缘。虫体卵形，长约0.8mm，紫色；臀板尖削，臀叶2对，中叶大而紧靠，内缘浅凹或不显，外缘斜而有一浅凹缺，第2叶小而狭，外侧凹缺1次，第3叶仅为一小褶或不显；臀栉退化，刺状，向端变尖，不分枝，各有一细管腺通入，主要分布在叶间及叶稍前之板缘；背腺粗短，管口横向，分布于腹部亚缘区及臀板亚缘区；前胸气门至第1腹节侧缘之腹面具腺瘤；肛门位于臀板中央；围阴腺5群。

雄成虫：介壳长形，长约1mm，形状、质地和色泽同雌介壳。

[防治方法] 参照考氏白盾蚧。

134. 山茶片盾蚧
Parlatoria camelliae Comstock

[中文异名] 茶片盾蚧、山茶糠蚧。

[分　　布] 中国江苏、福建、广东、云南、

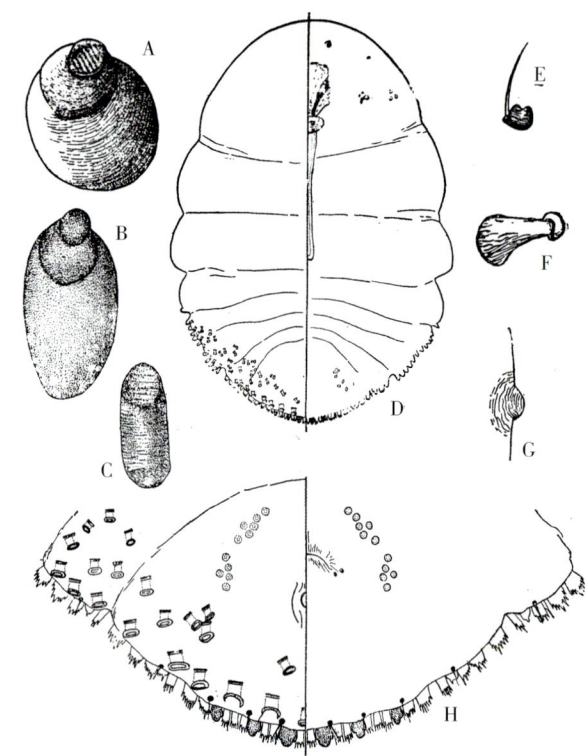

A、B.雌介壳　C.雄介壳　D.雌成虫体　E.触角　F.前气门　G.前体段瘤　H.臀板
山茶片盾蚧雌成虫

湖南、浙江、上海、四川、台湾等；朝鲜、日本、印尼、埃及、刚果、几内亚、爪哇、马德拉岛、大洋洲、欧洲、美国等温带区。

[为害对象] 芒果、柑橘、构桔、杨梅、无花果、李、葡萄、油橄榄、桂花、茶、兰花、月桂、杜鹃、山茶、木槿、茉莉、枫、槭、石楠、变叶木、广玉兰、樟、犬樟、木犀、蚊母树、楝、栎、枔木、乌饭树、印度枳、巴豆、冬青、黄杨、小檗，以及山茶属、杜鹃属、小檗属、柑橘属、樟属、卫矛属、茉莉属、楝属、葡萄属等植物。

[为　害　状] 雌成虫和若虫密集分布在叶面刺吸汁液为害，使叶片褪绿变黄，提前脱落，长势衰弱。

[形态特征]

雌成虫：介壳为长椭圆形，微突起，长约1.6mm，宽0.62mm，灰白色或淡褐色，边缘白色；壳点重叠于亚中心或偏心部位，第2壳点宽卵形，黄色，中部可见稍暗或有1个不明显的绿色斑疤，位于介壳前端；腹壳白色，留在植物上。虫体梨形，或椭圆形，膜质，长约0.91mm，宽约0.56mm，白色，略带黄色。眼点较明显。

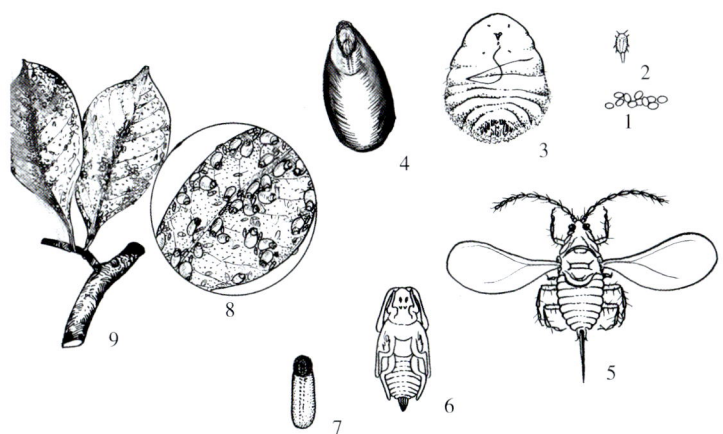

雌雄介壳（放大）

1. 卵 2. 若虫 3. 雌成虫 4. 雌介壳 5. 雄成虫 6. 蛹
7. 雄介壳 8. 放大图 9. 为害状

山茶片盾蚧

圆锥状刺腺分布在腹面两侧，共15~28个。有3对发达的臀叶，第4、5叶退化。臀棘细长而端部呈刷状。背腺在臀板及游离腹节亚缘部很多，每侧20~28个。第5、6腹节亚中部有少量细管腺。

雄成虫： 介壳长形，长约1mm，两则近平行，灰色；壳点1个，黄绿色，位于前端。虫体黄色，具1对翅，触节10节，腹末交尾器狭长。

卵： 卵圆形，淡紫色，长约0.23mm。

若虫： 初孵时椭圆形，扁平，淡紫色。触角、足健全，腹末有2根尾毛。2龄雌若虫似雌成虫，其介壳圆形，壳点1个。

雄蛹： 长卵圆形，长约0.77mm，淡紫色。

[生活史与习性]

生活史： 一年发生3代，主要以受精雌成虫及少量若虫、蛹在叶面越冬；重庆1~3代若虫孵化期分别为3月中旬至6月中、下旬，5月下旬为孵化高峰期；6月中旬至8月下旬，7月下旬至8月上旬为高峰期；8月中旬至翌年4月中、下旬，9月下旬至10月上旬为高峰期。各代发生极不整齐，世代重叠现象严重。成都1~3代若虫盛孵期分别为5月上旬，7月中、下旬，

9月中旬；保定1~3代若虫初孵期分别为5月下旬，7月上旬及9月上旬。

繁殖： 营两性或孤雌卵生。雌雄性比约为1:3~4。重庆1~3代每头雌成虫平均产卵量，分别为23.4粒，平均卵期22天，卵孵化率95%；17粒，平均卵期15天，卵孵化率为91%；16粒，平均卵期17天，卵孵化率为72%。

[天　敌] 在寄生性天敌中，对雌蚧虫寄生率最高的是桑盾蚧黄蚜小蜂。

[防治方法] 参照考氏白盾蚧。

135. 茉莉片盾蚧
Parlatoria cinerea Doane et Hadden

[中文异名] 灰片盾蚧、灰糠蚧、果片盾蚧。

[分　布] 浙江、广东、台湾。

[为害对象] 茉莉、柑橘、芒果、玫瑰、栀子、九理葛、素馨、芙迷、蔷薇。

[为 害 状] 雌成虫和若虫寄生在叶背刺吸汁液为害。

[形态特征]

雌成虫： 介壳卵形或宽卵形，轮廓不太规则。稍隆起，黄褐色，长1.25~1.5mm；壳点2个，黄黑色，第1壳点椭圆形，不突出于第2壳点外，第2壳点近圆形，色较暗，位于介壳前端，但不伸出分泌物之外，分泌物质厚而表面粗糙；腹壳薄。虫体宽椭圆或近圆形，长约0.8mm；口侧有皮粒，后气门侧无皮囊，前气门腺5~11个；臀板相当尖，臀叶3对，中叶粗，长宽相等，

为害状

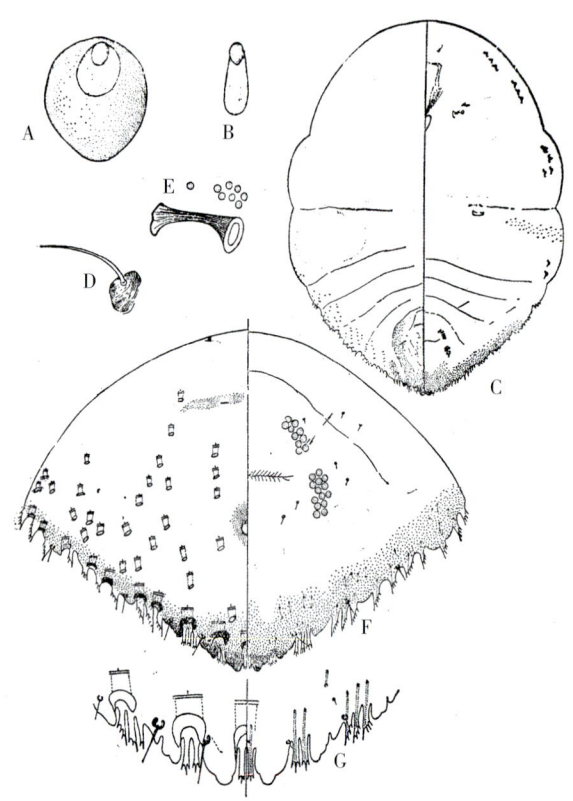

A. 雌介壳　B. 雄介壳　C. 雌成虫体　D. 触角　E. 前气门
F. 臀板　G. 臀板末端
茉莉片盾蚧雌成虫

内侧一凹缺，外侧凹切多，第2、3叶内侧无凹切；臀栉栉齿略显，前3群均细长；腹面腺瘤4群；背腺每侧约20个，排成纵列；围阴腺4群。

雄成虫：介壳长而小，长约1mm，质地和色泽同雌介壳。

[天　　敌] 有糠片蚧黄蚜小蜂。

[防治方法] 参照考氏白盾蚧。

136. 侧柏片盾蚧
Parlatoria cupressi Ferris

[中文异名] 柏片盾蚧、柏糠蚧。

[分　　布] 云南、山西、辽宁、浙江、宁夏、山东。

[为害对象] 侧柏、千香柏、鲜母柏、花柏。

[为害状] 雌成虫和若虫寄生在叶片上刺吸汁液为害。

[形态特征]

雌成虫：介壳长卵形，长约1mm，白或灰白色；壳点2个，淡黄色，第1壳点位于前端，

第2壳点很大，占介壳的大部分，上覆盖白蜡层。虫体椭圆或宽卵形，长约0.5mm，全体覆盖于第2壳点之下；臀叶2~3对，均细长柱状；腹面硬化棒发达；臀栉在臀板上呈宽刷状，在臀前腹节上常呈乳头状直分布至第1腹节；缘背腺**分布，**3对臀叶间各1个，第3叶外至第1腹节亚缘每侧6~11个；腹面亚缘瘤从前气门起向后5群。

雄成虫：介壳狭长，长约0.8mm，白色。

[防治方法] 参照考氏白盾蚧。

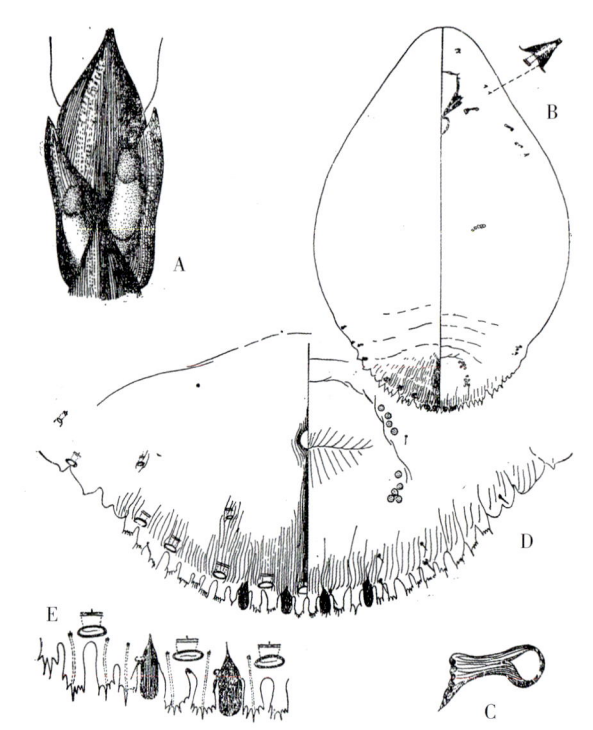

A. 雌介壳　B. 雌成虫体　C. 气门　D. 臀板　E. 臀板末端（仿Ferris 绘）
侧柏片盾蚧雌成虫

137. 梨片盾蚧
Parlatoria desolator Mckenize

[中文异名] 恶性片盾蚧、海棠糠蚧、绿糠蚧。

[分　　布] 浙江、上海、福建、山东、台湾、澳门、香港。

[为害对象] 苹果、梨、杏、桃、桃金娘、木槿、百合、枸杞、山茶、金橘、珊瑚、大叶黄杨。

[为害状] 雌成虫和若虫寄生在叶面沿中脉刺吸汁液为害。

[形态特征]

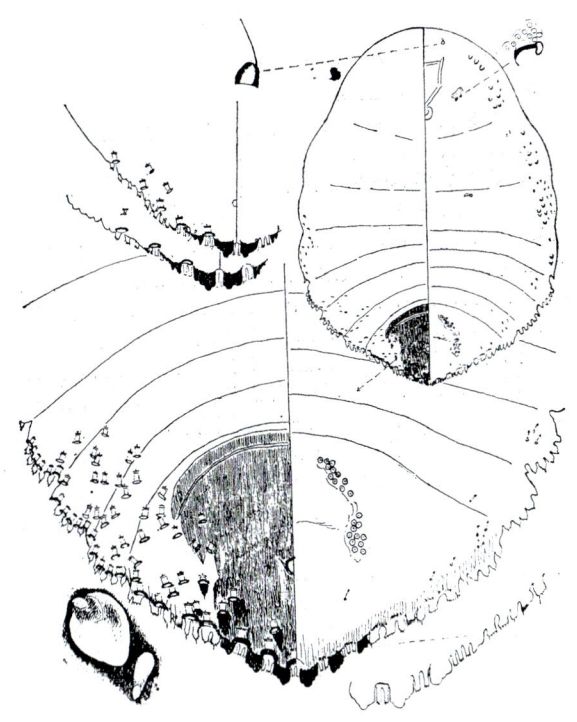

梨片盾蚧雌成虫

桑槲、槐、臭椿、相思树、假叶树、女贞、梓、七叶树、康棣、欧查、小檗、十大功劳、绣线菊、肖乳香、鼠李、岩蔷薇、胡颓子、常春藤、山茱萸、夹竹桃、忍冬、雪果、荚蒾、醉鱼草、锦鸡儿、虎耳草、铁线莲、美洲寄生桃、仙人掌、石刁柏、铃兰、新西兰麻、红门兰。

[为害状] 雌成虫和若虫寄生在茎、枝及叶片上刺吸汁液为害。

[形态特征]

雌成虫：介壳圆或椭圆形，长 2~2.5mm，灰白或灰褐色，不太规则，略隆起；壳点 2 个，偏向前端，通常不伸出在分泌物部分的外面，黄、黄褐、绿或黑色，略被蜡质，第 1 壳点叠在第 2 壳点上，其前端刚接触到第 2 壳点边缘。虫体宽卵形，长 1~1.3mm，紫色；臀叶 3 对相似，发达，宽略过于长，两侧缘略平行，外侧角有明显凹切，端圆，第 4 叶呈齿突；臀栉狭，短于中叶，端具 3~5 齿，第 3 叶以外的臀栉宽而趋向侧齿式；缘腺粗短 13 个；背腺小，臀板每侧约 20 腺，第 6 和 7 腹节的亚中区有时各具 3 和 1 腺，前

雌成虫：介壳阔卵或圆形，长约 1.5mm，灰褐色，隆起；壳点黑色，2 个，位于前端，第 1 壳点略突出在介壳外，第 2 壳点约占介壳长度的一半。虫体倒梨形或近圆形，长约 0.7mm；口后有皮粒，后气门侧无皮囊，眼瘤明显，呈方形或长方形片状；臀叶 4 对，中叶内外凹切各 1~2 个，第 4 叶仅为硬化齿缘；第 3 和 4 叶间的臀栉很宽，中间一个特别宽，端均缨状；臀背腺亚缘每侧约 36~45 个，亚中每侧 8~9 个；围阴腺 4 群。

雄成虫：介壳长卵形，两侧略平行，长约 0.8mm，质地和色泽同雌介壳。

[防治方法] 参照考氏白盾蚧。

138. 橄榄片盾蚧
Parlatoria oleae (Colvee)

[中文异名] 紫蚧。

[分　　布] 陕西、新疆。

[为害对象] 以木犀科、蔷薇科植物为主，主要有柑橘、无花果、桃、苹果、杨梅、枣、柿、核桃、葡萄、石榴、山楂、番樱桃、毛樱桃、花楸、油橄榄、桑、漆树、月桂、皂荚、连翘、含笑、黄钟花、蔷薇、丁香、素馨、柳、杨、榆、悬铃木、

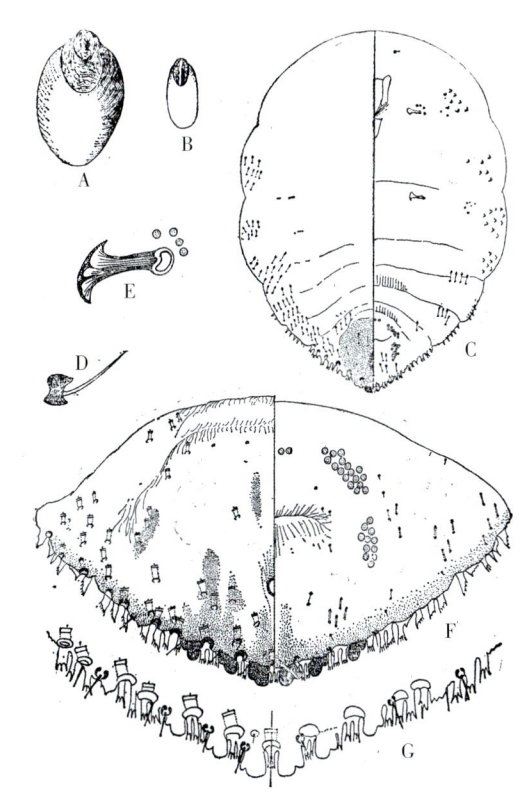

A. 雌介壳　B. 雄介壳　C. 雌成虫体　D. 触角　E. 前气门
F. 臀板　G. 臀板末端

橄榄片盾蚧雌成虫

胸部至第4腹节每侧每节10~20腺。

雄成虫: 介壳略呈长方形,长约1.2mm,白色,扁平;壳点1个,黄或黑色,位于前端。

[防治方法] 参照考氏白盾蚧。

139. 糠片盾蚧
Parlatoria pergandei Comstock

[中文异名] 桔紫介壳虫、桔黑介壳虫、片糠蚧。

[分　　布] 中国河北、山东、山西、陕西、湖北、湖南、江西、江苏、上海、浙江、四川、福建、广东、广西、云南、河南、青海、安徽、辽宁、台湾;南亚、非洲、欧洲、美洲、日本、澳洲。

[为害对象] 柑橘、柠檬、香橙、苹果、梨、樱桃、梅、无花果、柿、愠悖、岱岱、佛手、梅花、茶、桂花、月桂、九里香、月季、木槿、山茶、茉莉、建兰、春兰、朱顶红、蔷薇、苏铁、罗汉松、香樟、女贞、火力楠、朴、印度枳、榕、椿、楝、木犀、柃木、桃叶珊瑚、番樱桃、红千层、安修里昂、老雅嘴、石笔木、珊瑚、枸杞、巴豆、卫茅、十大功劳、丝兰、黄杨、大叶黄杨、万年青、胡颓子。

[为　害　状] 雌成虫和若虫寄生在叶背面和枝干背阴处刺吸汁液为害,造成植株生长不良,严重时,枝、叶发黄,枯萎,影响水果产量和品质。

[形态特征]

雌成虫: 介壳椭圆形,长1.5~2mm,白、灰或浅褐色,质地薄,扁平;壳点2个,黄或黄褐色,位于前缘,第1壳点卵形,叠在第2壳点上,其前缘接触或超出第2壳点的轮廓线,第2壳点并不特别大;腹壳薄,白色。虫体宽卵形,长约0.8mm,紫色,臀叶3对发达,形状相似,每侧有1缺刻,从中叶起顺次变小,第4叶约为中叶之半大,仅为硬化锥突,内、外则分别有1~2、2~3齿,端齿明显,第5叶似第4叶,不很硬化;中叶间臀栉细长,刷状,第3~4叶间栉宽,刷齿少而粗;背腺在臀板亚缘区和臀前腹节亚缘区大量存在,每侧约30~70腺,中部背腺无,第5~6腹节亚中区有少数细背腺;后气门与体缘间无皮囊存在;腹面侧缘具腺瘤。

雄成虫: 介壳长形,长约0.9mm,赭黄或白色,两侧略平行,两端圆,背面隆起;壳点1个,位于前端,暗绿或黑色。虫体淡紫色,具翅1对,足3对,腹末交尾器针状。

卵: 长卵形或椭圆形,长约0.3mm,淡紫色。

若虫: 初孵时椭圆形,扁平,淡紫红色,腹末尾毛1对。

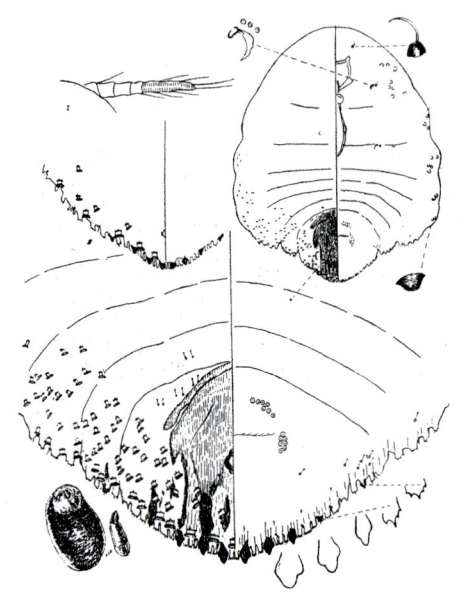

糠片盾蚧雌成虫

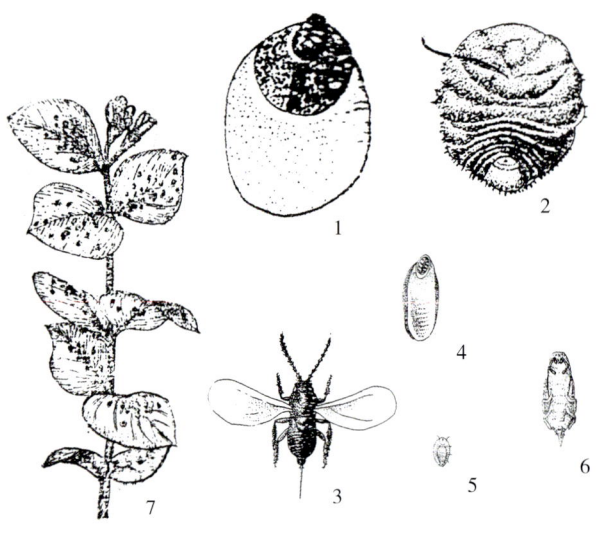

1.雄成虫 2.雌成虫 3.雌虫介壳 4.雄虫介壳
5.若虫 6.蛹 7.为害状

糠片盾蚧

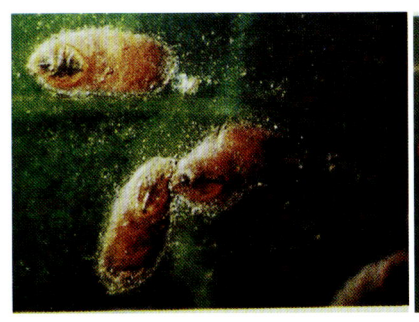 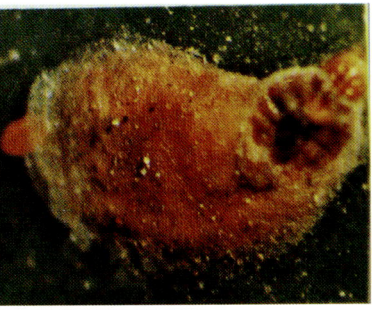 

雌成虫介壳（近视）　　　　　雌雄成虫介壳（放大）

雄蛹：长椭圆形，紫色。

[生活史与习性]

生活史：长江流域一年发生3~4代，温室内终年发生，主要以雌成虫及其腹下的卵在枝、叶上越冬；长沙1~4代若虫孵化期分别为4月中旬至6月下旬，7月下旬至8月中旬，8月下旬至10月中旬，11月上、中旬至12月上旬。重庆5月下旬至6月上旬，7月下旬至8月上旬及9月上、中旬为全年若虫孵化的3个高峰期，其中7月下旬至9月发生数量最大，以9月为全年最高峰，9月以后则逐渐下降。

第1代初孵若虫发生期因地而异，重庆4月中旬至6月上旬，南昌4月下旬至6月上旬，上海5月上旬至6月中旬。据重庆5~8月和7~10月在田间饲养观察两代的结果，完成一个世代的历期分别为648天和626天。由于每代产卵孵化期很长，世代重叠现象十分严重。

繁殖：营两性和孤雌卵生。雌成虫产卵于介壳下，每头雌成虫产卵30~90粒，平均约60粒。

寄生习性：第1代若虫寄生为害枝、叶；第2~3代则主要为害果实。喜寄生于隐蔽或光线不足之处，以内膛枝叶和下部枝叶寄生为多，栽植过密，树冠郁闭度大的植株发生严重。

发生与物候：上海5月下旬至6月初为第1代若虫盛孵期，其物候是合欢盛花期。

[天　敌] 捕食性天敌有带翅虱管蓟马；寄生性天敌有奥黄蚜小蜂、金黄蚜小蜂、康氏黄蚜小蜂、糠片蚧黄蚜小蜂、盾蚧黄蚜小蜂、印巴黄蚜小蜂、蜜黄蚜小蜂、长缨恩蚜小蜂、糠片蚧恩蚜小蜂、单毛长缨恩蚜小蜂、片盾蚧恩蚜小蜂、瘦柄花翅蚜小蜂、中华四节蚜小蜂。

[防治方法] 参照考氏白盾蚧。

140. 黄片盾蚧
Parlatoria proteus (Curtis)

[中文异名] 黄糠蚧。

[分　布] 中国广东、广西、贵州、四川、湖南、湖北、河南、山东、江西、浙江、福建、台湾等省及北方温室；亚洲、非洲、欧洲、美洲。

[为害对象] 芒果、无花果、椰子、油橄榄、海枣、杨梅、蒲桃、香蕉、苹果、梨、李、香樱桃、棉、柑橘、玳玳橘、金橘、柚、桃、柿、葡萄、茶、槟榔、墨兰、凤尾兰、龙舌兰、朱顶红、山茶、米兰、虎尾兰、山梅花、黄奶树、榄仁树、假叶树、大樟、栎、苏铁、罗汉松、榕、黑松、雪松、五针松、木犀、冷杉、散尾葵、针葵、蚊母、露兜树、佛肚竹、凤尾竹、桃金娘、大泽米、变叶木、蓬莱蕉、建兰、百斛、厚皮香、巴豆、石斛、丁子香、芦荟、万年青、花叶竹芋、七里香、吉祥草、蜘蛛抱蛋、喜林芋、玉茄、甲兰、仙人指、敦盛草、水塔花、翡翠草。

[为　害　状] 雌成虫和若虫主要寄生在叶

为害状

黄片盾蚧

面、枝条、果柄及果实上刺吸汁液为害。

[形态特征]

雌成虫：介壳长椭圆形，长约1.5mm，棕黄或黄褐色，近边缘白色而略透明，微微隆起，质地薄而脆弱；壳点2个，第2壳点椭圆形，黄或褐色，位于前方，占介壳长度之半，第1壳点椭圆形，暗色，有1/3伸出在第2壳点外。虫体卵形或椭圆形，长约0.8mm，紫色；臀叶3对发达，形状均相似，端部均有内外侧凹缺，第1叶至第3叶渐次变小，第4叶似臀栉状；臀栉刷状，排列正常；背腺小，存在于头部至第8腹节的亚缘及缘部，排列不成系列，第5~7腹节亚中群每侧每节各有1列，每列1~3腺；缘腺较背腺大，存在于中叶间及中叶至第3叶间，每叶间各1个，3~4叶间2个。

雄成虫：介壳长形，与雌介壳同色，较小；壳点一个，黑色，位于头端。

[生活史与习性]

生活史：一年发生3代。以雌成虫及其卵在叶片、枝条上越冬；成都翌年4月中旬至5月上旬第1代若虫孵化，4月下旬为盛孵期。1~2代雌成虫分别于6月中旬、8月中旬开始产卵。2~3代若虫孵化期分别为6月下旬至7月下旬，7月中旬为盛孵期；8月下旬至9月下旬，9月中旬为盛孵期。广州全年可见各虫态，无明显越冬现象，以初夏和秋季发生较重。

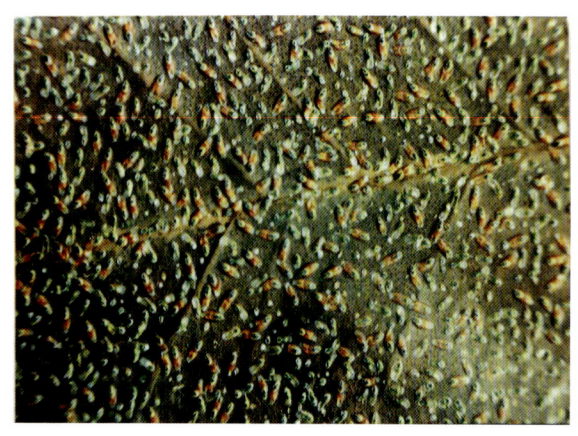

为害状

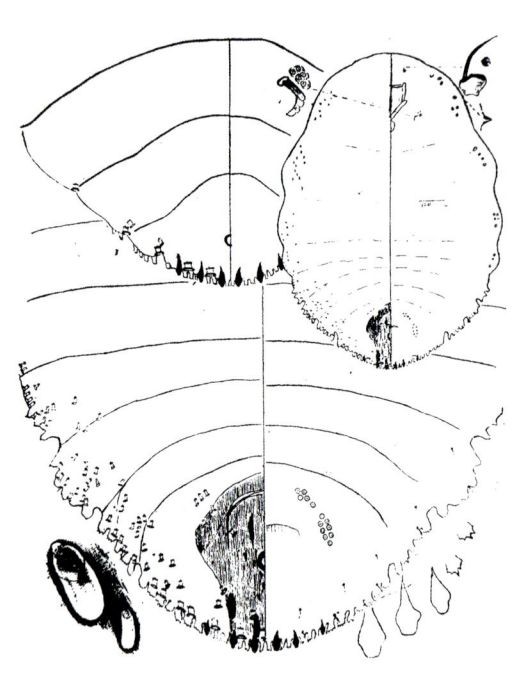

黄片盾蚧雌成虫

寄生习性：该虫喜阴湿，在郁闭度大、潮湿的环境发生较重。

[天　　敌] 与糠片盾蚧相同。

[防治方法] 参照考氏白盾蚧。

141. 茶片盾蚧
***Parlatoria theae* Cockerell**

[中文异名] 茶糠蚧。

[分　　布] 中国辽宁、河南、江苏、上海、浙江、福建、江西、广东、云南；朝鲜、日本、菲律宾、几内亚、北非、俄罗斯、保加利亚、西班牙、法国、英国、比利时、希腊、荷兰、美国。

[为害对象] 枇杷、苹果、梨、柿、柑橘、葡萄、山楂、山茶、玫瑰、日本茶、木槿、槭、枫、丁香、罗汉松、木犀、正木、朴、杨桐、接骨木、肖森瓜、桃叶珊瑚、珊瑚树、瑞木、枸杞、冬青、变叶木、省沽油、大戟、扶芳藤、胡颓子。

[为　害　状] 雌成虫和若虫寄生在枝梢、叶片和果实上刺吸汁液为害。

[形态特征]

雌成虫：介壳梨形或卵形，微微隆起，长1~2mm，淡黄或灰黄色，透明；壳点2个，第1壳点卵形，黑色，略伸出在第2壳点外；第2

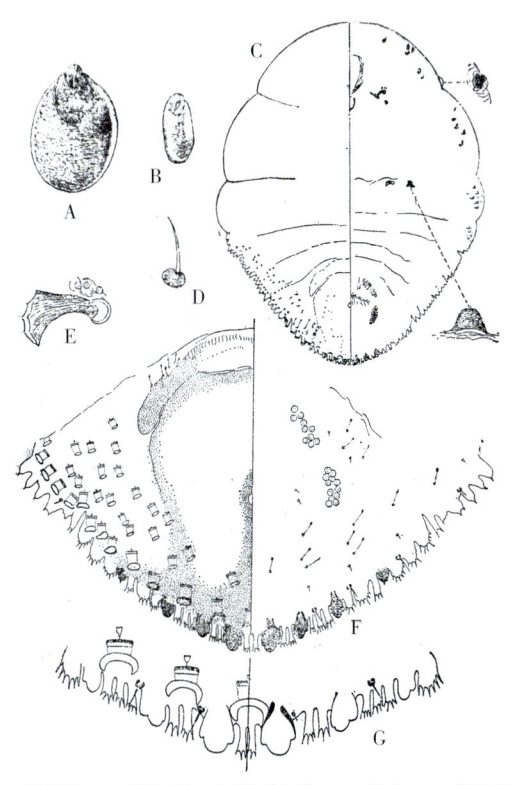

A. 雌介壳　B. 雄介壳　C. 雌成虫体　D. 触角　E. 前气门
F. 臀板　G. 臀板末端

茶片盾蚧雌成虫

壳点宽卵形，墨绿色，边缘带褐色，位于介壳的前端，占介壳全长的1/3；腹壳白色，留在植物上。虫体椭圆形，长约1mm；口侧皮粒明显，后气门外侧有陷入的皮囊存在；有3对发达的臀叶，第4、5叶退化，臀叶同形，内外各有一深凹切；臀栉刷状，从中叶间直分布至后胸后角；腹面缘区腺瘤5群；臀背腺每侧成亚缘带；眼瘤小，圆形；围阴腺4群。

雄成虫：介壳狭长，长约1mm，灰色，两则近平行；壳点1个，黑色，位于前端。

[生活史与习性] 一年发生2代，以受精雌成虫越冬；3月和7月是产卵期。

[防治方法] 参照考氏白盾蚧。

为害状　　　　　为害状

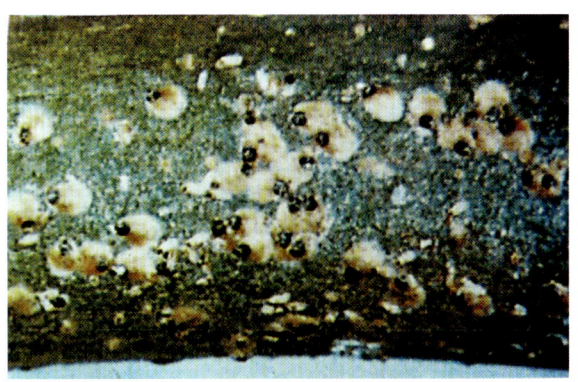

雌、雄成虫介壳（放大）

142. 云南片盾蚧
Parlatoria yunnanensis Mckenzie

[中文异名] 云南糠蚧。
[分　　布] 云南。
[为害对象] 桃、李、梅、黄莲木、皂荚、棕、鼠李等。
[为 害 状] 雌成虫和若虫寄生在枝干上刺吸汁液为害。

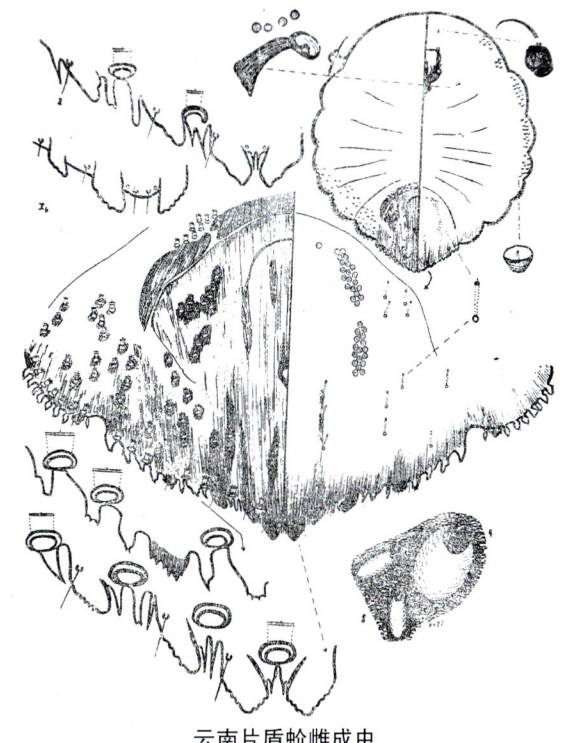

云南片盾蚧雌成虫

[形态特征]

雌成虫：介壳卵圆或宽椭圆形，长约2mm，白色，很扁平；壳点2个，偏在一端，第1壳点伸出一部分在介壳外，灰色或略带绿色小点。虫体卵圆或近圆形，长约1.2mm；眼点位置有膜质尖形突出，后气门侧无皮囊；中叶宽，两侧直而平行，外侧斜形，多个凹缺，第4、5叶宽圆锥状，端尖，中叶间有1缘腺；亚缘背腺向前直分布至第1腹节，每侧近70个，亚中背腺每侧2大群，位于第4~5腹节；臀栉细长，端略分支、刷状或不分枝；腺瘤5群，分布于头胸部至第1腹节腹面亚缘区；围阴腺4群。

雄成虫： 介壳两侧略平行，长约1.2mm；壳点1个，位于前端，色泽和质地同雌介壳。

[防治方法] 参照考氏白盾蚧。

143. 黑片盾蚧
***Parlatoria ziziphi* (Lucas)**

[中文异名] 黑点蚧。

[分　　布] 中国河北、江苏、浙江、四川、湖南、湖北、江西、云南、福建、广东、广西、台湾及北方温室；亚洲东部、大洋洲、非洲、欧洲、美洲。

[为害对象] 柑橘、枸橘、柚、柠檬、枣、椰子、茶、苏铁、月桂、菊花、建兰、变叶木、女贞、冬青。

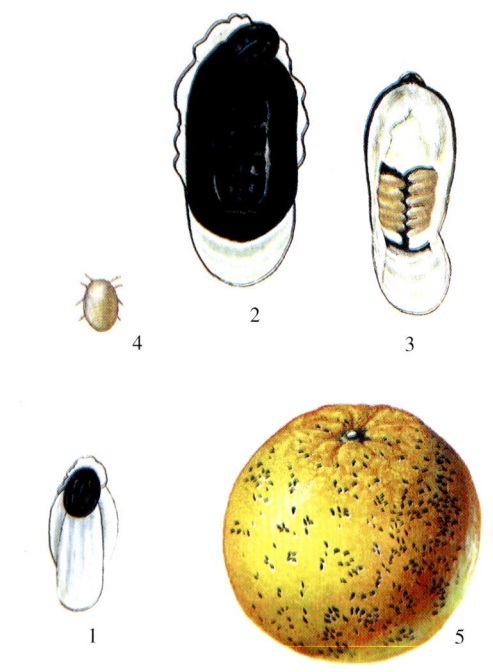

1. 雄蛹介壳　2. 雌成虫介壳　3. 雌成虫腹面（壳内有卵2排）　4. 初孵若虫　5. 果实为害状
黑片盾蚧

[为害状] 雌成虫和若虫群集于叶片、枝条和果实上刺吸汁液为害，诱发煤污病，使枝叶干枯，果实畸形，品质变劣，长势衰弱。

[形态特征]

雌成虫： 介壳长形，长约1.6mm，黑色，扁平，被有透明蜡层，前端与两侧蜡质分泌物很狭，后方伸出较长，白或灰色；壳2个，黑色，第2壳点很大，坚硬，椭圆形，占介壳的绝大部分，背面有宽而深的纵沟1条，沟的两边缘形成脊起，表面有细皱纹，被有透明蜡质层且具光泽，第1壳点椭圆形，有一半伸出第2壳点外，有时背面有1纵脊线；腹壳完整，连于介壳上，白色。虫体椭圆形，长约1mm，紫色，前端两侧各有一大耳状突出；臀叶3对等大，发达，每侧有一不明缺刻，第4叶为硬化矩，第5叶无；叶间臀栉细长刷状，第3叶以上则较宽大，第3~4叶间最宽，其他则为狭而不规则披针状；背腺小，每侧约12个。

雄成虫： 介壳长形，长约1mm，白色，扁平；壳点1个，卵形，黑色，位于前端，有光泽。虫体淡紫红色，眼黑色，具1对翅，3对足，腹末交尾器针状。

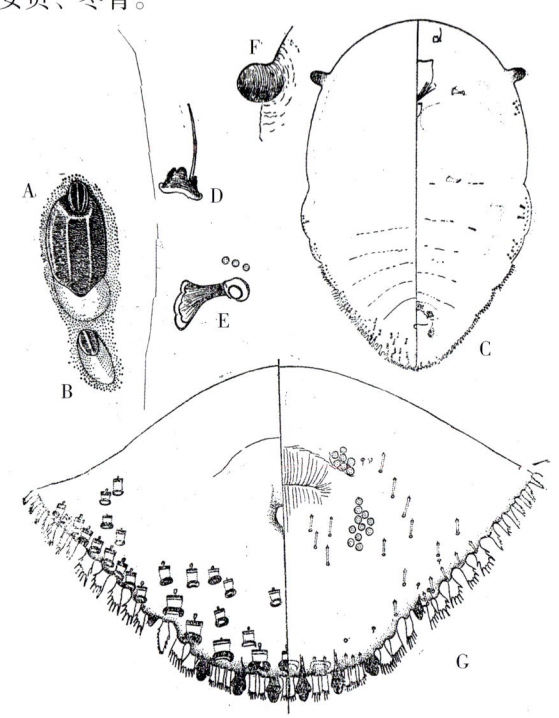

A. 雌介壳　B. 雄介壳　C. 雌成虫体　D. 触角
E. 前气门　F. 前体段瘤　G. 臀板
黑片盾蚧雌成虫

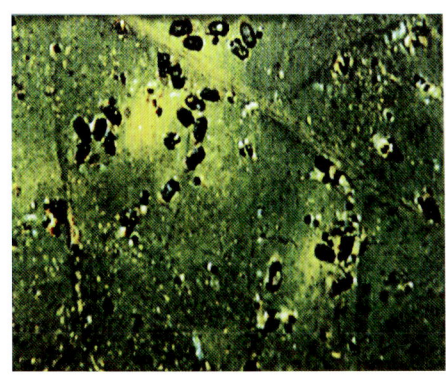
雌雄成虫介壳（放大）

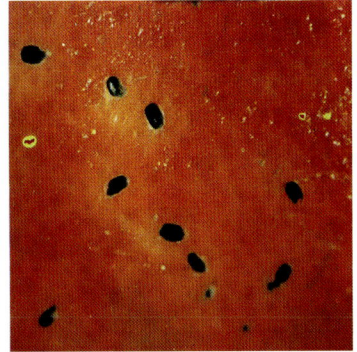
雌成虫介壳近观

为害状

卵：椭圆形，长约0.25mm，紫红色。在母体下整齐排列成2行。

若虫：初孵时近圆形，灰色，触角、足健全，腹末有1对尾毛；固定后分泌白色绵状蜡质，体色变深，脱去皮壳后进入2龄。2龄雌若虫椭圆形，体色更深，其介壳为白色；2龄雄若虫长椭圆形，其介壳狭长灰白色。

雄蛹：头胸部淡红色，眼黑色，腹部淡紫红色。

[生活史与习性]

生活史：重庆、湖南零陵一年发生3~4代，浙江黄岩、福州3代。均以雌成虫腹下的卵在枝、叶上越冬。雌成虫寿命很长，不断产卵，陆续孵化，发生不整齐，世代重叠现象十分明显；浙江1~3代若虫发生期分别为4月下旬至7月中旬，完成1代约经43天；7月中旬至8月中旬，完成1代约经35天；8月下旬至10月上旬，完成1代约经46天；福州1~3代若虫盛孵期分别为5月中旬、7月中旬、10月中旬；零陵1~4代初孵若虫始见期分别为3月下旬，6月中旬，8月上旬，9月下旬。重庆第1代初孵若虫翌年4月下旬始见，第4代初孵若虫则发生于10月至次年4月，这期间，分别在7月上旬、9月中旬和10月中旬出现3次孵化高峰。

繁殖：营两性和孤雌卵生，每头雌成虫产卵约50粒。卵孵化率达86%~99%。

寄生习性：初孵若虫在4.5月份多集中在嫩枝和叶片上为害，从5月下旬开始，为害果实和枝叶。喜阴湿环境，不通风透光及生长衰弱的植株受害重。

[天敌] 捕食性天敌有红点唇瓢虫、整胸寡节瓢虫、中原寡节瓢虫、日本方头甲；寄生性天敌有奥黄蚜小蜂、金黄蚜小蜂、桑盾蚧黄蚜小蜂、盾蚧长缨蚜小蜂、红圆蚧恩蚜小蜂、长缨恩蚜小蜂、长恩蚜小蜂、单毛长缨恩蚜小蜂、瘦柄花翅蚜小蜂。其中盾蚧长缨蚜小蜂适应范围广，寄生率可高达50%。

[防治方法] 参照考氏白盾蚧。

144. 百合并盾蚧
Pinnaspis aspidistrae (Signoret)

[中文异名] 柑橘并盾蚧、一叶并盾蚧、苏铁褐点盾蚧、蜘蛛抱蛋并盾蚧、蚌盾蚧。

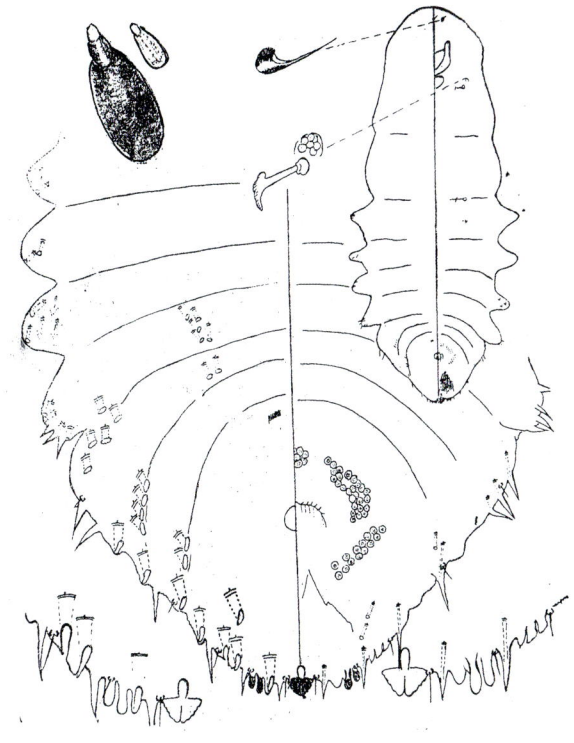
百合并盾蚧雌成虫

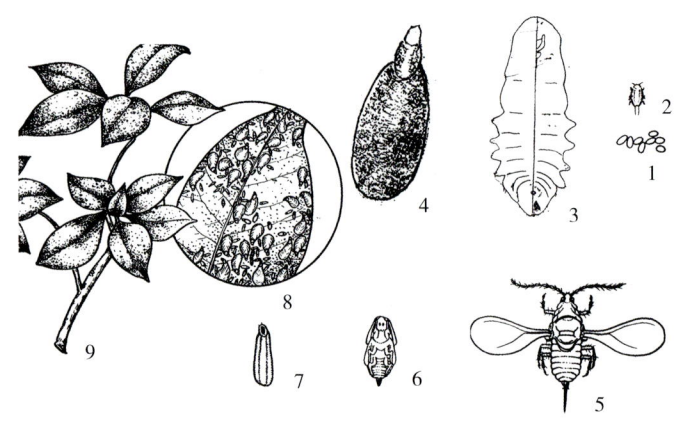

1.卵 2.若虫 3.雌成虫 4.雌介壳 5.雄成虫 6.蛹
7.雄介壳 8.放大图 9.为害状
百合并盾蚧雌成虫

雌雄成虫介壳（放大）

[分　　布] 中国山东、江西、上海、浙江、福建、广东、广西、四川、安徽、江西、湖南、湖北、云南、陕西、河南、河北、新疆、内蒙古、台湾。全世界多地。

[为害对象] 柑橘、芒果、无花果、番荔枝、椰子、槟榔、银杏、麦吊杉、茶、胡椒、辣椒、苎麻、苘麻、山茶、木槿、金合欢、醉蝶花、鸢尾、文殊兰、鹤望兰、墨兰、建兰、花兰、棕榈、棕竹、鱼尾葵、刺桐、榕、香樟、枍木、钩藤、棉桐、白珠树、马槟榔、苦楝、龙血树、芭蕉、苏铁、石柑子、卷柏、冬青、黄杨、巴豆、山扁豆、九里香、一叶兰、马兰、叶底珠、使君子、蜘蛛抱蛋、万年青、麦冬、菝葜、百子莲、沿阶草、菖蒲、海芋、果角泽米、三叉蕨、鳞毛蕨、水龙骨、赤卷藤、垂角、绣敦草。

[为　害　状] 雌成虫和若虫多寄生在叶片主脉两侧刺吸汁液为害，造成叶片枯黄，提前脱落。

雌雄成虫介壳（近视）

[形态特征]

雌成虫：介壳细长，似牡蛎形，长 2~2.8mm，灰黄、黄褐或褐色；前端尖狭，后端宽圆，常弯曲，弧形横纹不明显，质地相当薄；壳点2个，淡褐色，位于前端，第1壳点伸出第2壳点外一半。虫体纺锤形或细长形，长 1~1.5mm，淡黄色；后胸与臀前腹节侧突显著，触角远离，后气门具盘腺2~3枚；中臀叶小而内缘紧并，外缘每侧凹切2~3个，基部叶结短槌状，第2叶与中叶平齐或稍缩入，内分叶勺状，腹基有明显硬化棒2条。背腺分布：第3~6腹节亚缘区每侧每节有大管腺依次为4~6、3~4、0~4和0~1腺，第2~5腹节亚中区每侧每节有小管腺2—4腺；第5腹节有节间硬斑。

雄成虫：介壳长条形，长约1mm，白色，溶蜡状，背面具纵脊3条，脊沟很窄；壳点1个，淡黄色，位于前端。虫体长约0.6mm，翅展1.48mm。体黄色，眼黑色。腹末具针状交尾器。

卵：长椭圆形，黄色，长约0.2mm。

若虫：鲜黄色，1龄椭圆形，长约0.3mm，2龄长卵形，长约0.6mm。

雄蛹：长椭圆形，长0.66mm，宽0.22mm，体黄色，眼点黑色。

[生活史与习性]

生活史：一年发生代数因地而异，保定、广东、福建、昆明发生2代；成都发生3代。均以受精雌成虫在枝叶上越冬。成都翌年4月上旬至5月上旬产卵在介壳内，4月中旬为产卵

为害状

盛期。4月下旬至5月中旬第1代若虫孵化,5月上旬为盛孵期。初孵若虫在叶片上固定寄生。5月下旬至6月上旬第一代雄虫化蛹,5月下旬至6月中旬羽化为成虫,6月上旬为羽化盛期。6月中旬至7月上旬受精雌成虫产卵,2~3代若虫孵化期分别为6月中旬至7月上旬,6月下旬为盛孵期;8月中旬至9月上旬,8月下旬为盛孵期。第3代若虫寄生在枝叶上,9月中旬第3代雄虫开始化蛹,9月下旬至10月中旬羽化为成虫,以受精雌成虫越冬。

繁殖:营两性和孤雌卵生。1~3代每头雌成虫平均产卵分别为35粒,平均卵期17天;45粒,平均卵期9天;40粒,平均卵期12天。卵平均孵化率为82%。

[天　敌] 捕食性天敌有黑缘光瓢虫、异色瓢虫、奇变瓢虫及草蛉;寄生性天敌有2种寄生蜂。

[防治方法] 参照考氏白盾蚧。

为害状

145. 黄杨并盾蚧
***Pinnaspis buxi* (Bouche)**

[中文异名] 黄杨褐点盾蚧。

[分　布] 中国四川、云南、山东、福建、河北、北京、陕西、江西、浙江、上海、江苏、台湾;欧洲、美国、西印度、澳大利亚、菲律宾、巴拿马、格林纳达岛等省区。

[为害对象] 黄杨、椰子、无花果、石榴、槟榔、茶、木槿、含笑、杜鹃、臭椿、棕竹、棕榈、大叶黄杨、夹竹桃、巢蕨、波士顿蕨、假金丝马尾、

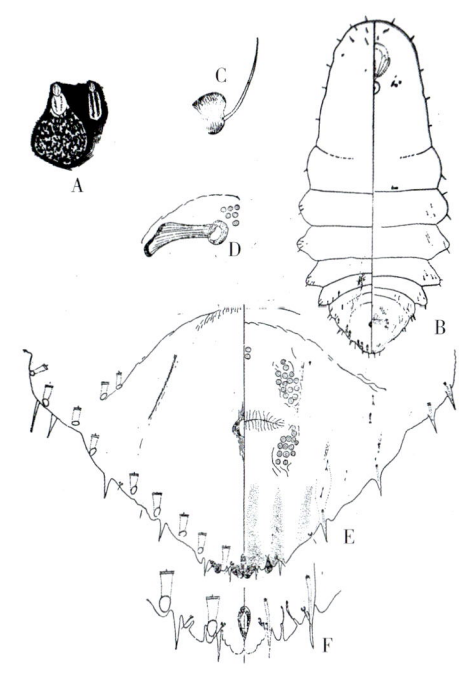

A. 雌介壳　B. 雌成虫体　C. 触角　D. 前气门
E. 臀板　F. 臀板末端

黄杨并盾蚧雌成虫

棕榈科、百合科、木兰科、桑科、夹竹桃科、豆科、安石榴科、榆科、大戟科、天南星科、锦葵科。

[为害状] 雌成虫和若虫寄生在叶面或枝条上刺吸汁液为害,严重时,造成枝叶枯黄,甚至整株死亡。

[形态特征]

雌成虫:介壳梨形,长约1.5mm,淡褐、淡棕、淡黄、灰白或白色,扁平,质地薄;壳点2个,灰黄色,光亮,位于前端,第1壳点伸出第2壳点外一半。虫体长形,长约0.8mm,黄色;臀前腹节侧突明显,触角远离;臀叶2对,中叶小,内缘接近,留下极窄的缝隙,叶结小,外缘每侧凹切1~3个,第2叶内叶马靴状,基部具明显硬化棒2条。背腺分布:第3~5腹节亚缘区每侧每节大管腺依次为1~2、1~2、0~1、亚中区

小管腺全无或稀疏少数，偶见成丛；肛前疤缺，第4腹节节间皮囊发达，第5腹节节间硬化明显。

雄成虫：介壳长条形，长约1mm，白色，溶蜡状，背面具纵脊3条，脊沟较宽；壳点1个，灰黄色，位于前端。虫体狭长，长0.93mm，橘红色，具1对翅，3对足，腹末针状交尾器的长度约为体长的1/2。

卵：椭圆形，浅黄色。

若虫：1龄若虫椭圆形，体橘黄色，眼黑色。触角、足健全；2龄雄若虫长椭圆形，长0.15~0.64mm，橘黄色，逐渐形成白色长条形介壳。2龄雌若虫似瓢形，黄色，介壳长0.79mm。

雄蛹：长约1mm，橘黄色。

[生活史与习性] 成都、南昌一年发生3代，西安2代。以受精雌成虫在枝干、叶片上越冬。西安翌年4月下旬开始产卵在介壳内，每头雌成虫产卵91~102粒，卵期3~5小时，边产卵边孵化，产卵期7~10天。初孵若虫在母壳内滞留数分钟，便陆续分散到附近枝、叶上固定寄生，雄蚧主要寄生在叶面，枝条上较少。7月下旬第1代雌成虫开始产卵，产卵期约为12天。9月中旬第2代雄成虫羽化，雌雄交尾后，以受精雌成虫越冬。

南昌1~3代若虫孵化期分别为4月末至5月下旬，5月上、中旬为盛孵期；6月上旬至7月中旬，6月下旬至7月上旬为盛孵期；8月中旬始孵。

[天　　敌] 捕食性天敌有红环瓢虫、七星瓢虫、深点食螨瓢虫、迷宫漏蛛、平行绿蟹蛛；寄生性天敌有1种蚜小蜂，其寄生率可达60%以上。

[防治方法] 参照考氏白盾蚧。

146. 茉莉并盾蚧
Pinnaspis exercitata (Green)

[分　　布] 海南、浙江、福建。

[为害对象] 枣、油桐、茶、茉莉、胡椒、柃木、五节木、山扁豆。

[为 害 状] 雌成虫和若虫寄生在叶片上刺吸汁液为害。

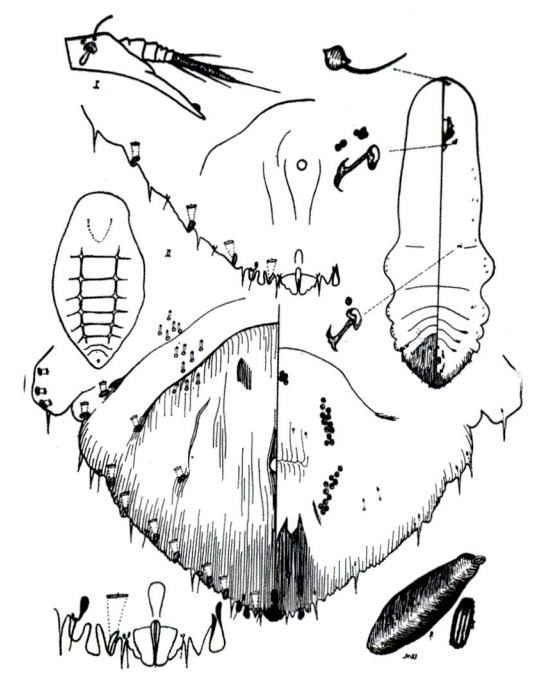

茉莉并盾蚧雌成虫

[形态特征]

雌成虫：介壳细长，长约2mm，褐、黄至白色，扁平；壳点2个，位于前端。虫体细长，长约1.1mm，黄色；臀前腹节侧突明显，触角远离，各具1毛；中臀叶很小，内缘紧并，端近尖，外缘每侧具凹切2个，叶前有双槌状硬化棒，第2叶很发达，几与中叶平齐，内叶勺状，外叶较小，第3叶仅成板缘齿列。背腺分布：第3~5腹节亚缘区每侧每节依次为2、1、0~1，亚中区每侧每节各有小腺1群；第3~4腹节间皮囊发达，第5腹节间硬化沟明显。

雄成虫：介壳长条形，长约1mm，白色，溶蜡状，背面具纵脊3条；点1个，位于前端。

[防治方法] 参照考氏白盾蚧。

147. 桧并盾蚧
Pinnaspis juniper Takahashi

[中文异名] 桧褐点盾蚧。

[分　　布] 浙江、上海、江苏。

[为害对象] 桧柏、杉。

[为 害 状] 雌成虫和若虫寄生在叶片上刺吸汁液为害。

[形态特征]

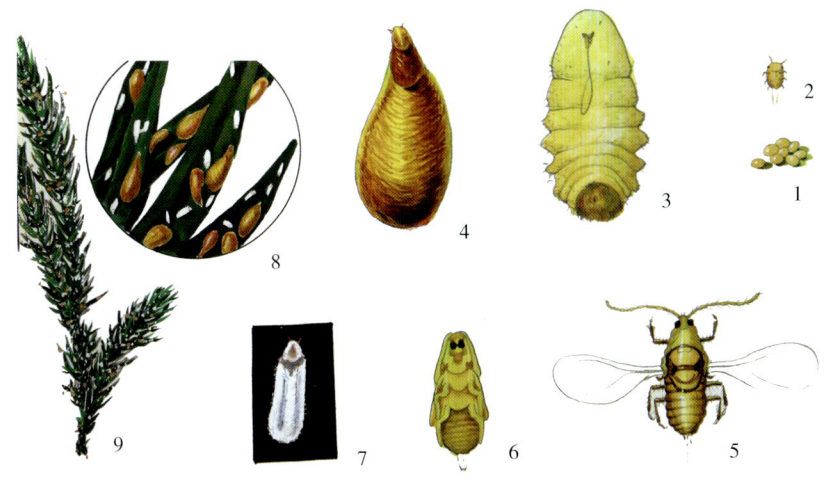

1. 卵　2. 若虫　3. 雌成虫　4. 雌介壳　5. 雄成虫　6. 蛹
7. 雄介壳　8. 放大图　9. 为害状
桧并盾蚧

为害状

雌成虫：介壳近梨形，长约2mm，褐色，前端尖，后半扩大；壳点2个，位于前端。虫体长形，长约1mm，黄至橙色，臀前腹节侧叶突出；中叶几乎完全溶合为一，呈三角形，外侧有细锯齿，第2叶发达，双分，尖锥状，内叶较长，腹面叶角有硬化棒；腺刺存在于第4~8腹节；缘腺明显，每侧8个；背腺少，在第3~5腹节上排成亚中、亚缘两群，分别为小、大管腺，第3~5腹节亚中群依次每侧每节为4~10, 7~9, 2个，亚缘群依次每侧每节为1~2, 2~4, 1个。

雄成虫：介壳长条形，长约1mm，白色，溶蜡状，背面有纵脊5条；壳点1个，位于前端。

[防治方法] 参照考氏白盾蚧。

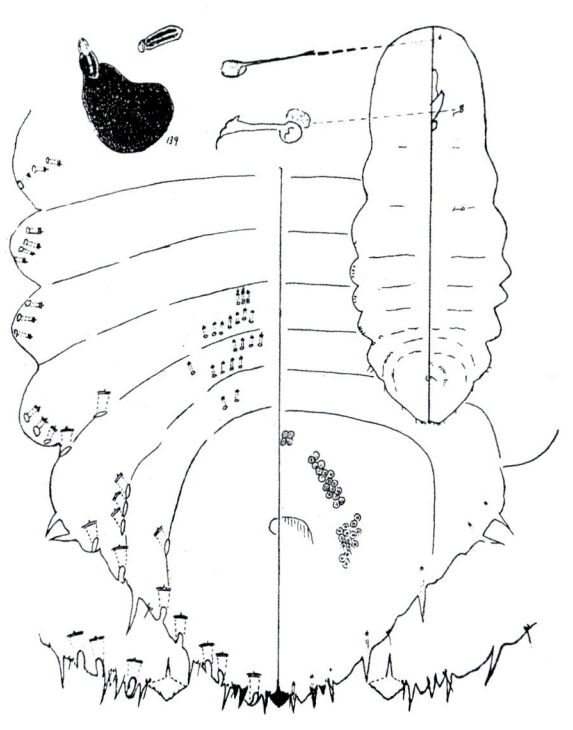

桧并盾蚧雌成虫

为害状

148. 突叶并盾蚧
Pinnaspis strachani (Cooley)

[中文异名] 棉并雪掉蚧、夹白并盾蚧、虎尾兰并盾蚧。

[分　　布] 福建、云南、广东、四川、台湾及温室。

[为害对象] 无花果、芒果、柑橘、荔枝、石榴、槟榔、番荔枝、椰子、棉、辣椒、油桐、油椰、木槿、山茶、鸡蛋花、合欢、金合欢、羊蹄甲、天竺葵、紫藤、建兰、仙人指甲兰、

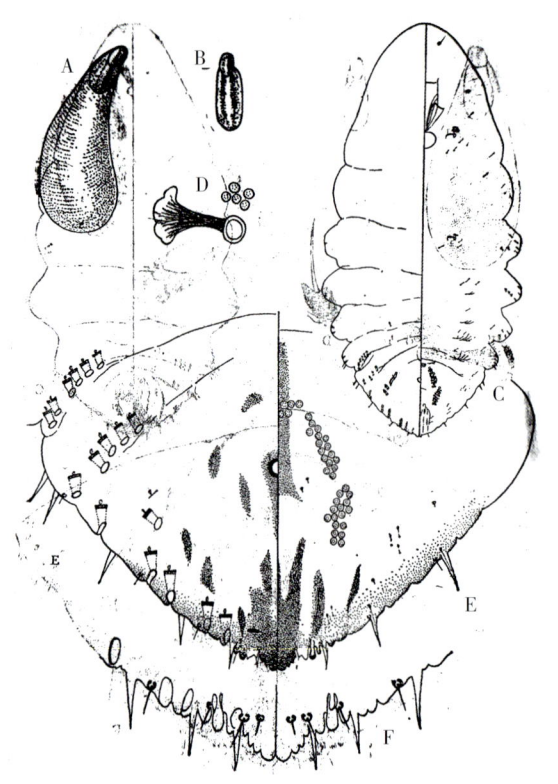

A. 雌介壳 B. 雄介壳 C. 雌成虫体 D. 前气门
E. 臀板 F. 臀板末端

突叶并盾蚧雌成虫

构兰、虎尾兰、火焰兰、紫玉兰、夹竹桃、苏铁、巴西棕、棕榈、棕竹、无患子、楝、轻木、牧豆树、佛手爪、栝楼、山扁豆、山榄、珊瑚藤、车桑子、牛角瓜、紫茎苔、蛇婆子、老鹳草、薯芋、石斛、龙舌兰、未蕉、石刁柏、芦荟、同心结、沿阶草等植物。

[为害状] 雌成虫和若虫寄生在叶、枝和果实上刺吸汁液为害, 雌虫分散, 雄虫密集成群。

[形态特征]

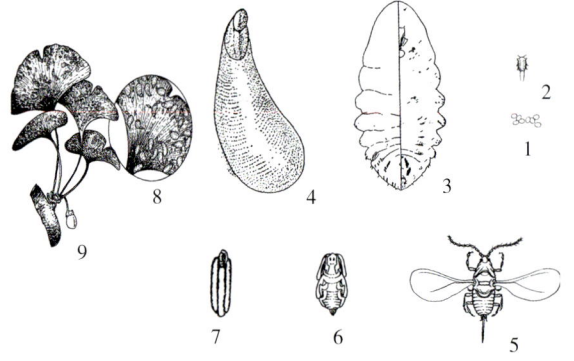

1. 卵 2. 若虫 3. 雌成虫 4. 雌介壳 5. 雄成虫 6. 蛹
7. 雄介壳 8. 放大图 9. 为害状

突叶并盾蚧

雌成虫: 介壳梨形或蛎形, 长约2mm, 白、灰白或浅褐色, 前端尖狭, 后端宽圆, 弯曲, 质地较薄; 壳点2个, 淡黄或黄褐色, 位于前端, 第1壳点伸出第2壳点外一半。虫体纺锤形, 长0.8~1.4mm, 黄色; 胸区向前变狭, 触角远离, 各具1毛, 后气门腺2~3个; 臀叶2对, 中叶一般较大, 突出于第2叶之处, 外缘每侧具2~3凹切, 基部叶结短槌状, 突出前方, 第2叶内叶勺状, 外叶锥状, 第3叶无或仅显内叶。背腺分布: 大小2种, 第3~5腹节亚缘区每侧每节大管腺依次为3~6, 3~5和1~3腺, 第2~5腹节亚中区每侧每节仅0~4小腺、大腺或小腺相间; 肛前疤新月形或缝状黑斑, 肛侧第5腹节节间缝状黑斑明显, 第3~4腹节间皮囊不显。

雄成虫: 介壳长条形, 长约1mm, 白色, 溶蜡状, 背面具纵脊3条; 壳点1个, 黄褐色, 位于前端。

[防治方法] 参照考氏白盾蚧。

雌雄虫介壳 (放大)

149. 茶并盾蚧
Pinnaspis theae (Maskell)

[中文异名] 茶褐点盾蚧、茶梨蚧、茶细蚧。

[分　　布] 中国福建、广东、广西、浙江、江苏、安徽、江西、贵州、云南、四川、台湾; 印度、斯里兰卡、马来西亚等国家。

[为害对象] 茶、山茶、石榴、安石榴、油茶、石矾、朱蕉、微毛柃、细齿柃、黄杨等植物。

[为害状] 雌成虫和若虫寄生在叶片正面刺吸汁液为害, 受害叶片产生黄绿色斑点, 严重时, 早期落叶, 影响开花。

若虫：初孵时椭圆形，体长约0.3mm，黄色，背脊两侧褐色，触角、足健全。

雄蛹：长椭圆形，长约0.6mm，棕色。

[生活史与习性]

生活史：一年发生3代。以受精雌成虫在叶片主脉两侧和枝干上越冬；安徽南部翌年3月开始产卵，每头雌成虫平均产卵20粒，4月底前后若虫始孵。1~2代若虫分别于5月上、中旬及7月上、中旬盛孵。第3代若虫8月下旬始孵，直至10月底，孵化期较长。第3代雌雄成虫于10月下旬盛发，交尾后以雌成虫越冬。杭州、上海1~3代若虫分别于5月，6~7月，9~10月孵化。

寄生习性：虫体多栖于茶树丛中、下部枝条嫩叶上，通风不良的茶园，台刈后抽出的新梢和徒长枝上的虫口密度较大，严重时逐步向上蔓延1、2代若虫多在叶上寄生，第3代则以枝上为多。雄虫大多在叶面侧脉附近聚集排列整齐，雌虫多在上、中部枝干上，在叶面则多沿主脉两侧寄生。

[天　敌] 捕食性天敌有红点唇瓢虫；寄生性天敌有寄生蜂、寄生菌。其中红点唇瓢虫的捕食作用最大。

[防治方法] 参照考氏白盾蚧。

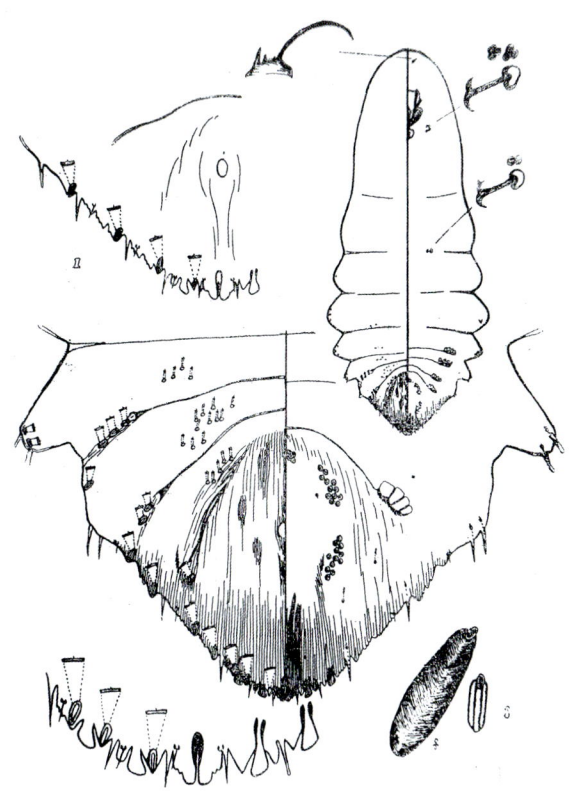

茶并盾蚧雌成虫

[形态特征]

雌成虫：介壳长形，长约3mm，褐、红褐或白色，后半扩大，扁平，中间隆起成一中肋，质地薄；壳点2个，位于前端，色淡，第1壳点一半伸出在介壳外。虫体纺锤形，长约1mm，紫红色，头胸部很长，约占体长一半，臀前腹节侧突显著，触角远离，各有1长毛；臀叶3对很发达，中叶小形，合抱而中缝留有间隙，外缘每侧凹切1~2个，中叶结短槌状伸向前方，第2、3叶双分，内分叶均大，马靴状，各具明显的腹面硬化棒1对；板缘腺每侧排列：第7~5腹节每节各1根，第4~1腹节各节依次为2~4，3，2，1根；背腺分布，第3~5腹节亚缘区每侧每节依次为4~7，4~6，2腺，第3腹节至后胸的亚中区为小管腺，每侧每节约2~3腺；肛前疤不显。

雄成虫：介壳长条形，长约1mm，白色，溶蜡状，背面具纵脊3条；壳点1个，黄色，位于前端。虫体棕色，长约0.6mm，翅展约1.5mm，腹末交尾器针状。

卵：椭圆形，长0.15~0.18mm，初产淡黄色，渐变黄褐色。

150. 单叶并盾蚧
Pinnaspis uniloba (Kuwana)

[中文异名] 合叶并盾蚧、单瓣褐点盾蚧、叶枯介壳虫、山茶并盾蚧。

[分　布] 云南、浙江、福建、广东、广西、四川、青海、江西、江苏、湖北、湖南、山西、陕西、贵州。

[为害对象] 茶、山茶、桂花、羊蹄甲、合欢、木兰、椿、柃木、肖柃、黄瑞木、木犀、齿叶木犀、田蝎虎树、印度枳、冬青、构骨、念珠藤。

[为害状] 雌成虫和若虫寄生在叶片上刺吸汁液为害。

[形态特征]

雌成虫：介壳细长，长3~4mm，红褐、暗褐至深褐色，边缘色淡，扁平，前端狭，中间宽，长为宽之3倍；壳点2个，淡黄色，位于前端，

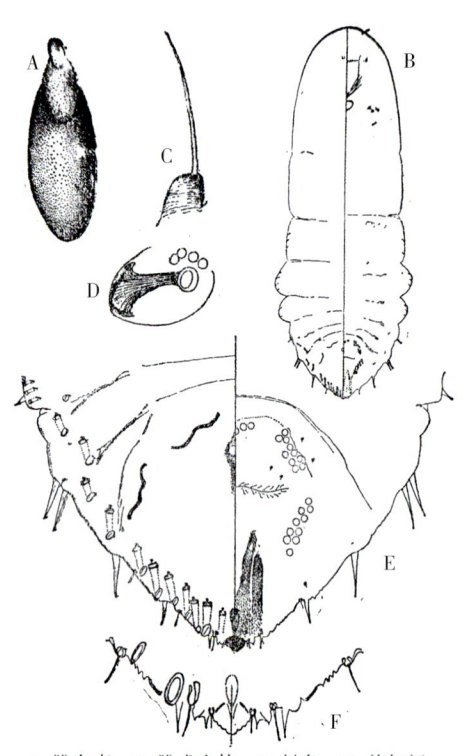

A. 雌介壳　B. 雌成虫体　C. 触角　D. 前气门
E. 臀板　F. 臀板末端
单叶并盾蚧雌成虫

第1壳点有一半伸出在第2壳点外。虫体细长，长0.6~0.9mm，黄红色，体两侧近平行，腹节分节明显，第2~4腹节侧突不显；中臀叶愈合成1个，两侧各有2~3深凹切，中叶前有1长纺锤形硬化斑，基外各有一细小的厚皮棒平斜放置，第2、3叶全缺；臀板背缘腺刺5对，除第4腹节的2对大和互相接近外，第5~7腹节上各1对；板背缘大管腺每侧10个，自第7~3腹节每侧每节依次为1，3~4，2，1~2，1腺；背腺只在近臀板基角亚缘处每侧各1个，亚中区无；第3~4腹节间每侧有时有亚缘背疤1个；肛前疤1对长形，很发达。

雄成虫： 未发现。

[防治方法] 参照考氏白盾蚧。

151. 双铲盾蚧
***Protancepaspis bidentate* Borchsenius et Bustshik**

[中文异名] 莓锥盾蚧。
[分　　布] 四川(峨眉山)。
[为害对象] 乌泡子(蔷薇科)。

[为 害 状] 雌成虫和若虫寄生在嫩枝及叶片上刺吸汁液为害。

[形态特征]

雌成虫： 介壳宽梨形，长2~2.5mm，淡褐色，有光泽，覆盖疏松分泌物，主要由第2壳点形成，隆起而骨化；壳点2个，第1壳点白色，突出前端。虫体宽梨形，长1~1.5mm，黄色，前圆后尖，侧缘平滑，腹面从口器后方到腹部中央，沿中线皮肤有纵的狭长的鲨鱼皮状花纹，背面皮肤大部分骨化；臀板狭，尖三角形，中区骨化，端部有深裂，分成两狭长的瓣，瓣侧缘锯齿状；背腺小，5对，沿臀板边缘排列；腹面侧缘有微小的腺分布；肛门大，圆形，位于臀板基部；围阴腺排成一连续的马蹄形弧。

[防治方法] 参照考氏白盾蚧。

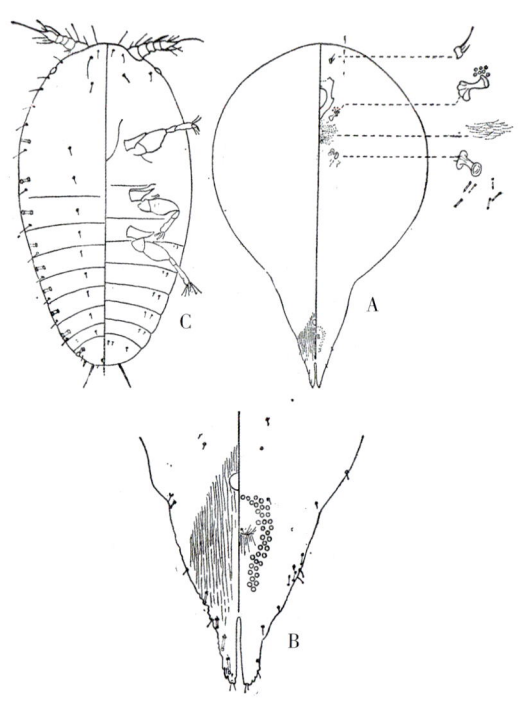

A. 雌成虫体　B. 臀板　C. 第1龄若虫(仿Borchsenius 绘)
双铲盾蚧雌成虫

152. 樟网盾蚧
***Pseudaonidia duplex* (Cockerell)**

[中文异名] 网纹盾蚧、蛇眼臀网盾蚧、樟黑点介壳虫、桔丸介壳虫、樟蚧、樟蚌圆盾蚧。
[分　　布] 中国河北、湖北、湖南、江西、

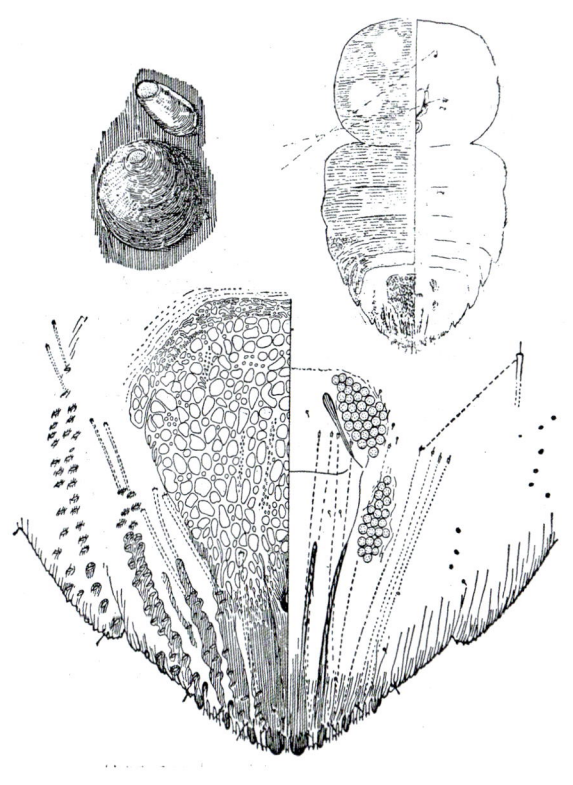

樟网盾蚧雌成虫

浙江、四川、福建、广东、广西、江苏、上海、云南、贵州、陕西、山东、台湾；日本、印度、斯里兰卡、印尼、美国、阿根廷、美洲等。

[为害对象] 柑橘、梨、苹果、杨梅、杏、桃、李、柿、栗、葡萄、石楠、油橄榄、茶、海棠、月桂、茉莉、山茶、杜鹃、牡丹、桂花、含笑、素馨、紫荆、美国红枫、元宝槭、枫、槭树、小檗、樟、广玉兰、女贞、紫楠、青桐、黄葛树、银桦、栎、珊瑚、朴肤木等植物。

[为害状] 雌成虫和若虫寄生在枝干、叶片上刺吸汁液为害，严重时，造成叶片早期脱落，枝条干枯，甚至整株死亡。

[形态特征]

雌成虫：介壳圆形，高突如半球，直径2~2.5mm，暗褐或深褐色；壳点2个，黄褐色，重叠于近中央或边缘，而所在处常略下陷，形似"蛇眼"；腹壳白色，残留在植物上。虫体宽卵形，长约1.2mm，淡紫色，前胸与中胸间有明显收缩，前圆后尖，腹节侧缘微呈瓣状突出，体骨化，胸区有淡色椭圆形大斑6个，后气门无盘腺；臀叶4对，中叶大，端有2凹切，2~4叶同大同形，较小，细长刀状，端有一凹切，叶间有小而弱之硬化棒；背腺丰富，细长，臀板上每侧在亚缘区排成4列，自内向外每列依次为4~6腺，15腺，25腺和30腺，其他腹节亚缘区均有；叶间臀栉小，稍超过叶长，端齿式；臀板在第2叶之上存在网状花斑区，网区只到肛门区内，每侧有棒状背腺孔沟带2条；围阴腺4群。

雄成虫：介壳长椭圆形，长约1.5mm，质地和色泽同雌介壳；壳点1个，位于一端之中部

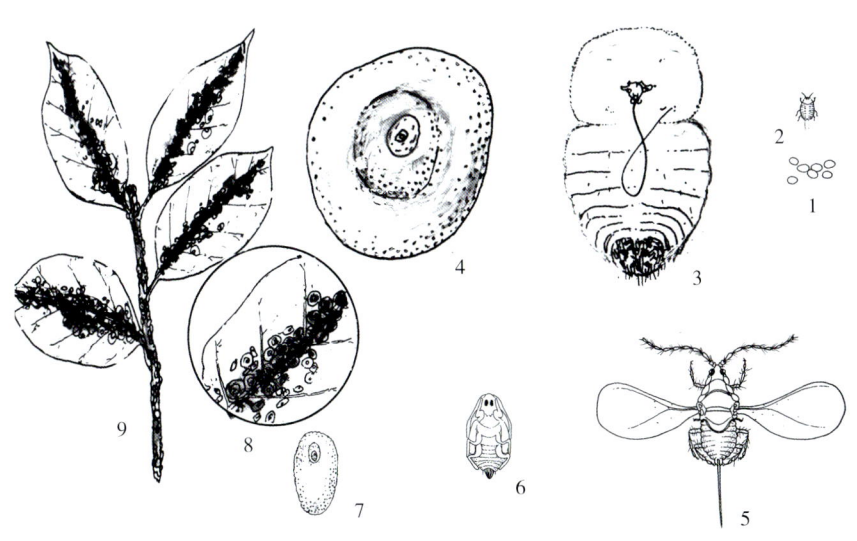

1. 卵　2. 若虫　3. 雌成虫　4. 雌介壳　5. 雄成虫　6. 蛹
7. 雄介壳　8. 放大图　9. 为害状

樟网盾蚧

雌成虫介壳（近视）

雌雄虫介壳（近视）

或边缘。虫体长0.65mm，翅展约1.8mm。体紫褐色，眼黑色，腹末针状交尾器长约0.4mm。

卵：椭圆形，长0.24mm，淡紫色。

若虫：初孵时椭圆形，长0.25mm，淡紫色，触角、足健全。

雄蛹：长椭圆形，长约1mm，体紫色，眼点黑色。

[生活与习性] 一年发生代数因地而异，保定、上海、浙江、成都、南昌2代；湖北、安徽郎溪3代，均以受精雌成虫在枝干上越冬。成都翌年4月中旬至6月上旬产卵，5月中旬为产卵盛期，1~2代若虫孵化期分别为4月下旬至6月上旬，5月中旬为盛孵期；7月下旬至8月下旬，8月上旬为盛期。9月上旬至9月中旬第2代雄若虫开始化蛹，9月中旬至10月中旬羽化为成虫，交配后以受精雌成虫越冬。

3代发生地区的城市，1~2代若虫孵化期都比较接近；安徽郎溪1~3代若虫孵化期分别为5月中、下旬，8月上、中旬，9月下旬至10月上旬；四川苗溪位于海拔1 100~1 400m的茶园，年平均温度为14℃~10℃，一年发生1代，若虫于5月上、中旬始孵，5月下旬至6月上旬为盛孵期。

繁殖：营两性卵生。1~2代每头雌成虫产卵量分别为48~126粒，平均94粒；37~96粒，平均61粒。1~2代卵期分别为5~10天，平均8天；5~8天，平均6天。

寄生习性：该蚧在植株上的分布以上部为多，中部次之，下部最少（但在茶树上，则大多寄生在丛下徒长枝上，中层较少，表层更少）。

第1代分布在叶片上的虫数多于枝干，第2代（越冬代）分布于枝干和叶片上的虫数相当。雄虫多分布在叶片正面主脉两侧，雌虫则多分布于枝干上，少数分布在叶背两侧及叶柄上。

[天　　敌] 捕食性天敌有黄卡管蓟马、红点唇瓢虫；寄生性天敌有粉蚧短角跳小蜂、柳蛎盾蚧跳小蜂及猩红菌。这些天敌的捕食和寄生作用都十分明显。

[防治方法] 参照考氏白盾蚧。

153. 牡丹网盾蚧
Pseudaonidia paeoniae (Cocckerell)

[中文异名] 牡丹网纹盾蚧、樟臀网盾蚧、茶蚌圆盾蚧、樟蚌圆盾蚧。

[分　　布] 云南、台湾、四川、贵州、广东、广西、浙江、福建、湖南、湖北、江西、陕西、江苏、河北、山东。

[为害对象] 桃、杏、葡萄、茶、杜鹃、牡丹、山茶、芍药、苏铁、银杏、椿、榆、柳、冬青等植物。

[为 害 状] 雌成虫和若虫多寄生在枝干

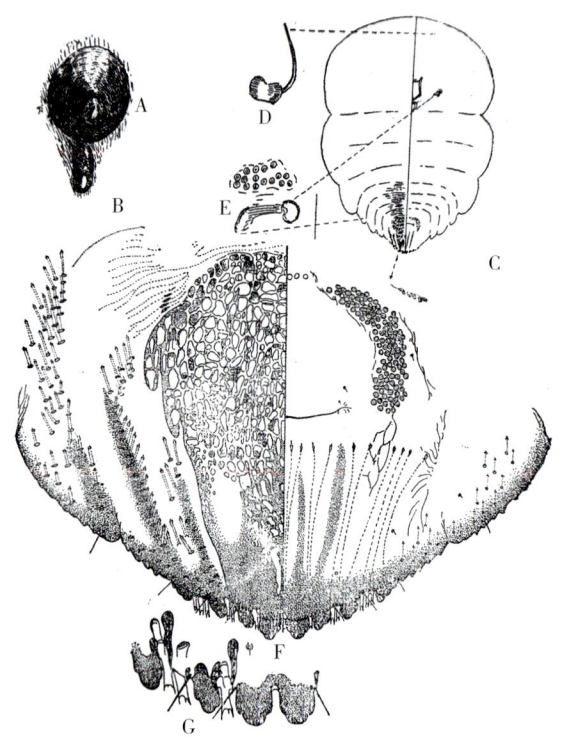

A.雌介壳　B.雄介壳　C.雌成虫体　D.触角　E.前气门
F.臀板　G.臀板末端

牡丹网盾蚧雌成虫

上，常潜入粗皮下或翘裂皮缝中刺吸汁液为害，轻者引起叶片脱落，重者造成枝枯树亡。有时与樟网盾蚧混合发生。

[形态特征]

雌成虫：介壳圆形，直径 2.2~2.5mm，灰白、深灰或褐色，极隆起；壳点 2 个，红褐色，位于中心或亚中心。虫体方卵形，长 1.5~1.8mm，臀前腹节之中区有横条纹，体膜质，后气门有盘腺；臀叶 4 对，中叶长宽相等，端圆，两侧凹切明显，叶粗而硬化，其他 3 对叶相似，长宽相等，但依次变小，在中叶至第 3 叶间，每侧每叶间有细长硬化棒 2 根，一大一小；背腺短而细，数量多，每侧排成明显的亚缘 4 纵列，第 1~2 叶间每侧 1 列 4~6 腺，第 2~3 叶间每侧 1 列约 20 腺，第 3~4 叶间每侧 1 列 25~30 腺，第 4 叶外每侧 1 列约 50 腺；臀板中区的第 2 叶以上部分呈网状，网区超过肛门，网状斑之外侧各有长形硬化孔沟 2 条；臀栉短于臀叶，端 2~3 齿状，中叶间 1 对，第 1~4 叶间每侧每叶间依次 1、2、3 对，臀板腹面开口于臀栉中之小管腺很细长，长度约占臀板之半；围阴腺 3 群。

雄成虫：介壳长形，长约 1.8mm，质地和色泽同雌介壳；壳点 1 个，近前端。

[防治方法] 参照考氏白盾蚧。

154. 蛇目网盾蚧
Pseudaonidia trilobitiformis (Green)

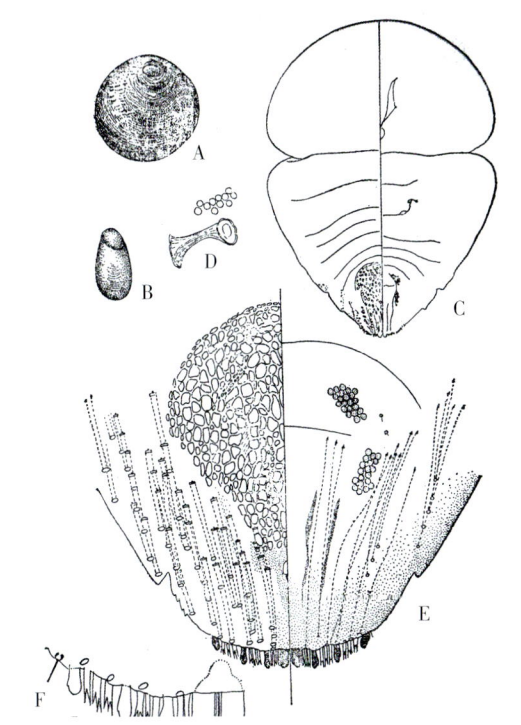

A. 雌介壳　B. 雄介壳　C. 雌成虫体　D. 前气门　E. 臀板　F. 臀板末端

蛇目网盾蚧雌成虫

[中文异名] 三叶网纹盾蚧、半蚌圆盾蚧、炉臀网盾蚧。

[分　　布] 中国广东、广西、福建、浙江、上海、江苏、湖北、江西、四川、陕西、云南、台湾；南亚、非洲、南美。

[为害对象] 柑橘、柚、无花果、芒果、椰子、凤梨、番石榴、番荔枝、番樱桃、木菠萝、梨、

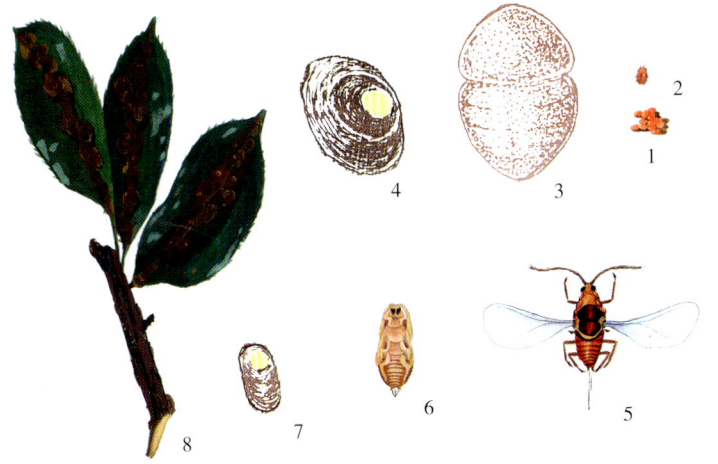

1. 卵　2. 若虫　3. 雌成虫　4. 雌蚧壳　5. 雄成虫　6. 蛹
7. 雄介壳　8. 为害状

蛇目网盾蚧

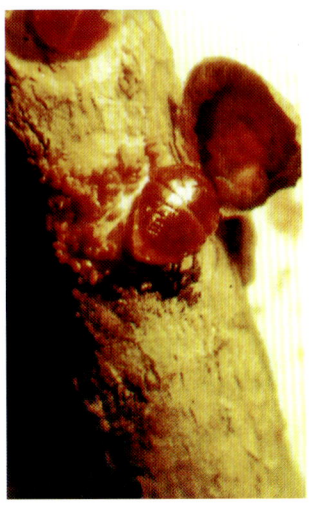

雌成虫虫体（近视）

雌雄虫介壳（近视）

枇杷、石榴、李、柿、枣、葡萄、咖啡、可可、茶、油桐、辣椒、檀香、月桂、羊蹄甲、合欢、山茶、玫瑰、木槿、九里香、龙船花、长春花、西番莲、球果紫堇、变叶木、玉蕊、相思树、木果楝、麻风树、红厚壳、刺篱木、大风子、榄红树、枪弹木、尖药木、柚木、风箱树、榕、栎、榛、夹竹桃、木姜子、山扁豆、蝶豆、猪屎豆、肖乳香、猴面包、红毛丹、大戟、龙舌兰、石柑子、蓬莱蕉、姜果棕、炮弹木、十万错等多种植物。

[为害状] 雌成虫和若虫多寄生在枝叶上刺吸汁液为害，轻者引起叶片脱落，重者造成枝枯树亡。

[形态特征]

雌成虫：介壳半圆或不规则圆形，长径2.2~4.4mm，乳白至淡褐色，扁平，微微突起；壳点2个，位于中心或亚中心，淡橙至红褐色。虫体古香炉形，长1.5~2mm，淡褐色，头与前胸宽广，后部向腹末变狭，期间深缢明显，体骨化，头胸区无淡色斑纹，后气门无盘腺；臀板后端平截，臀叶4对，中叶大，长方形，端无凹切，叶间距约半叶之宽，基部骨片相轭连，其他三叶同形同大，长短依次减，细长之刀状，端部各有1凹切，第4叶以上板缘钝锯齿状；背腺较粗，数少，每侧约100个，在腹节亚缘部分布，臀板上排成斜列，腹腺较长，第4、5腹节各4~5腺；臀板背面有网纹花斑，到达肛门为止，每侧有条状孔沟硬化棒4~5条；围阴腺4群。

雄成虫：介壳卵形，长约1.8mm，质地和色泽同雌介壳；壳点1个，偏向一边。

[生活史与习性] 一年发生2~3代。以若虫、雌成虫越冬。虫体多寄生于枝叶上，沿叶片主脉处最多，上海翌年5月初至5月底第1代若虫孵化，5月中旬为孵化高峰期，占总孵化量的80%，此时的物候是石榴和金丝桃的始花期。

[天　　敌] 有岭南黄蚜小蜂、长尾黄蚜小蜂、黄鞭异角小蜂、瘦柄花翅蚜小蜂、中华四节蚜小蜂。

[防治方法] 参照考氏白盾蚧。

155. 中棘白盾蚧
Pseudaulacaspis centreesa (Ferris)

[中文异名] 卫矛菲盾蚧、棘胸袋盾蚧、沙针雪盾蚧。

[分　　布] 云南、四川。

[为害对象] 桂花、女贞、玉兰、石榴、夹竹桃、香樟、沙针、卫矛、紫金牛、冬青、海桐及壳斗科等多种植物。

[为害状] 雌虫寄生在叶片正反两面及枝上，尤喜欢沿叶缘寄生；雄虫则群集于叶背刺吸汁液为害，受害叶片发生黄色斑块，严重时枯黄脱落，引起植株叶片稀疏，长势衰弱。

[形态特征]

雌成虫：介壳长梨形或细长形，长2.1~3mm，白色，有光泽；壳点2个，第1壳点淡黄色，第2壳棕黄色，重叠，突出在前端，第1壳点有一半伸出在第2壳点外。虫体纺锤形，长约1.2~2.8mm，黄色，头胸部长度占体长一半以上，臀前腹节侧缘瓣状突出；中臀叶很小拱桥形，端钝，基轭连，侧叶发达，明显双分，第3叶双分呈低齿突；腹面自中胸至第2腹节两则散

为害状

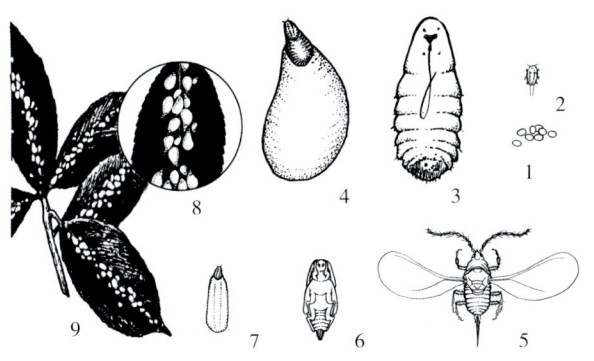

1.卵 2.若虫 3.雌成虫 4.雌介壳 5.雄成虫 6.蛹
7.雄介壳 8.放大图 9.为害状
中棘白盾蚧

布小管腺；臀板上缘腺刺单一排列；背腺分布于第3~6腹节，成亚中、亚缘群，在第2腹节以前不存在；口后至第1腹节中部有粗皮粒2排；前气门腺7~9个，后气门腺1~3个，围阴腺5群。

雄成虫：介壳长形，两侧平行，长约1.1mm，白色，溶蜡状，背面有中脊1条；壳点1个，淡黄色，位于前端。虫体细长，长约0.85mm，翅展1.55mm。体橙黄色，眼褐色。腹末针状交尾器长约0.2mm。

卵：椭圆形，长0.24mm，初产淡黄色。

若虫：初孵时椭圆形，体淡黄色，眼红色。触角、足健全，腹末有1对尾毛。

雄蛹：长椭圆形，长约0.65mm，橙黄色。

[生活史与习性]

生活史：成都一年发生3代，昆明发生2代。以受精雌成虫在叶片及枝条上越冬。成都翌年4月上旬至5月上旬产卵，4月中旬为产卵盛期。1~3代若虫孵化期分别为4月中旬至5月上旬，4月下旬为盛孵期；7月上、中旬，7月上旬为盛孵期；8月下旬至10月上旬，9月中、下旬为盛孵期。10月上旬第3代雄若虫开始化蛹，10月中、下旬羽化为成虫，交配后以受精雌成虫越冬。

昆明1~2代若虫分别于4月下旬、8月中旬开始孵化。

繁殖：营两性和孤雌卵生。每头雌成虫产卵27~61粒。1~3代卵期分别为7~11天，平均9天；2~8天，平均5天；5~12天。

寄生习性：喜隐蔽潮湿，在内膛枝和背阴处叶片上的虫口密度较大。在密植情况下，虫害发生严重。

[防治方法] 参照考氏白盾蚧。

156. 中国白盾蚧
Pseudaulacaspis chinensis Cockerell

[中文异名] 中国菲盾蚧、中华雪盾蚧。

[分　　布] 陕西。

[为害对象] 尖齿栎、日本常绿栎。

[形态特征]

雌成虫：介壳长梨形，长1.8~2.8mm，白色，前狭后宽，略隆起；壳点2个，位于前端，黄色。虫体长卵形，长约1.2mm，淡黄色，前后端狭圆。臀板末端有深凹陷，中叶小，着生在凹陷内，外倾，基连，端圆，边缘锯齿状，叶间有刚毛1对，第2和3叶同形同大，双分；腺刺每叶外侧各1，臀板基角6~7个；背腺共9根，分布在第1~5腹节，每侧每节亚中、亚缘各成列，每列3~5腺，第6腹节只亚中列2腺。

雄成虫：介壳长条形，长约1mm，白色，溶蜡状，两侧平行，背面具纵脊，质地松脆；壳点1个，黄色，位于前端。

[防治方法] 参照考氏白盾蚧。

157. 考氏白盾蚧
Pseudaulacaspis cockerelli (Cooley)

[中文异名] 椰子拟轮蚧、全瓣臀凹盾蚧、广菲盾蚧、椰袋盾蚧。

[分　　布] 中国浙江、广东、福建、上海、江苏、江西、广西、四川、云南、贵州、台湾等省区和北方温室；朝鲜、日本、尼泊尔、缅甸、印度、泰国、斯里兰卡、柬埔寨、马来西亚、印尼、

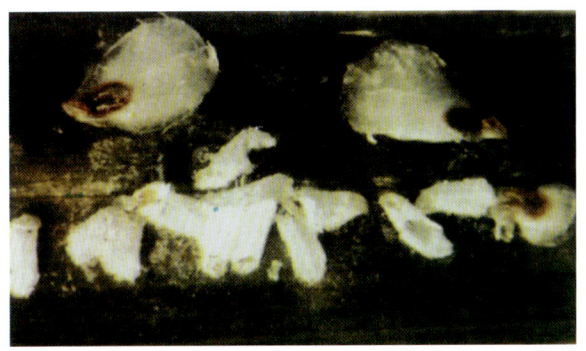

雌雄虫介壳（近视）

琉球、南罗重西亚、南非、马达加斯加、大洋洲、罗约里及斯、俄罗斯、美国。

[为害对象] 芒果、椰子、无花果、番樱桃、蒲桃、猕猴桃、柿、茶、桑、油桐、三叶胶、桂花、玉兰、含笑、洋紫荆、丁香、山茶、鹤望兰、杜鹃、米兰、芍药、肖鸢尾、鸡蛋花、八仙花、山管兰、绣球、八角金盘、合柱金丝桃、南天竺、虾脊兰、散尾葵、蒲葵、凤尾兰、棕竹、芭蕉、楠、广玉兰、桃叶珊瑚、重阳木、珊瑚树、君迁子、冬青、乌柿、木通、榕、石栗、白兰花、苦栎、苏铁、枫香、榆、交让木、昆栏树、美树、柃木、土沉香、玉茄、喜林芋、构骨、夜合、络石、肉豆蔻、茨文竹、露兜、野蕉、蓼、万年青、夹竹桃、十大功劳、通草等多种植物。

枝条为害状（放大）

[为害状] 雌成虫和若虫寄生在枝条和叶片上刺吸汁液为害，造成叶片发黄，提前脱落，枝条枯萎，并诱发煤污病，树势衰弱。

[形态特征]

雌成虫：介壳长梨形或圆梨形，前窄后宽，长约2~4mm，白色，质地较厚，背面常显有规则的棱线，略扁平，大小和形状常因寄主及生境差异而相差甚大；壳点2个，黄褐至橘褐色，位于前端，第1壳点色稍浅。虫体纺锤形，长1.1~1.6mm，橄榄黄色，前胸或中胸常特征性膨大；触角间距很近，前气门腺约10~16个，后气门腺无；背腺分布于第2~5腹节，成亚中、亚缘列；臀叶2对，发达，中叶大，呈"∧"字形，陷入或半突出臀板，基部轭连，侧叶较小，双分，其外叶更小或退化成小锥形，第3和4叶不发达或仅呈硬化齿突；臀板背缘腺与背腺相似，每侧排列自中叶外侧起为1，2，2，1~2，1~2组，第8腹节至后胸或中胸每侧有腺刺；后胸至第3腹节侧缘常突出并具腹腺；肛门稍靠臀板前部，肛前疤明显或不显；第1和3腹节常有亚缘背疤；围阴腺5群。

雄成虫：介壳长形，长1.2~1.5mm，白色，溶蜡状，两侧平行，背面有浅中脊1条；壳点1个，淡黄色，突出于前端。虫体瘦长，长0.5~0.7mm，翅展1.7~1.9mm。体淡黄色，眼黑色。腹末针状交尾器长约0.2mm。

卵：长卵圆形，长0.22~0.25mm，橙黄色。

若虫：1龄若虫卵圆形，长约0.3mm，淡黄色，腹末有1对尾毛，触角、足健全；2龄雌若虫似雌成虫，长约0.55mm，金黄色，2龄雄若虫卵圆形，长约0.5mm。

雄蛹：长椭圆形，长0.7~0.8mm，橙黄或橙红色。

[生活史与习性]

生活史：各地世代不一，上海一年发生2~3代，以若虫和受精雌成虫在枝叶上越冬；成都、广西3代，广州5代，北京温室可发生4~5代。在露地均以受精雌成虫越冬；成都翌年4月上旬至5月上旬越冬雌成虫产卵，4月中、下旬为产卵盛期。1~3代若虫孵化期分别为4月中旬至5月中旬，5月上旬为盛孵期；6月下旬至7月

雌成虫介壳

雌成虫介壳（近视）

雌成虫产卵（近视）

雄成虫（近视）

中旬，7月上旬为盛孵期；9月上旬至10月中旬，9月中旬为盛孵期。各代发生较整齐，少有重叠。10月中、下旬第3代雄虫化蛹，10月下旬至11月上旬羽化为成虫，交配后以受精雌成虫越冬。

上海1~3代若虫孵化期分别为4~5月，7月~8月上旬，9月下旬至10月；广西1~3代若虫盛孵期分别为4月中旬，7月上旬，9月下旬；广州春季3月下旬温度达20℃时，第1代若虫始孵，4月上旬结束。2~5代若虫孵化期分别为7月上、中旬，8月中旬，9月中旬，11月中、下旬。世代重叠，4~12月均见各虫态。全年以7~10月发生危害最重。

繁殖： 营两性和孤雌卵生。每头雌成虫产卵，1代68~128粒，平均115粒；2代126~190粒，平均156粒；3代106~146粒，平均120粒。产卵持续时间短则3~5天，多则10多天。卵孵化率达99%以上，但是若虫自然死亡率可达37~68%。

寄生习性： 初孵若虫活跃，雄若虫喜群居，而雌若虫则多散居在叶背的叶脉分叉处或叶面的叶脉上，固定后即开始分泌出蜡丝形成介壳。

[天　敌] 捕食性天敌有日本方头甲、异色瓢虫、龟纹瓢虫、日本小瓢虫、点线脉褐蛉、洛氏钝绥螨、尼氏钝绥螨；寄生性天敌有丽蚜小蜂、长棒跳小蜂、瘦柄花翅蚜小蜂。

[防治方法]

加强植物检疫： 避免引进带虫植株和枝条。

合理配置植物： 避免单一成片种植寄主植

瓢虫捕食白盾蚧

雌雄虫介壳及初孵若虫（放大）

物，与非寄主植物合理搭配种植。

园艺防治： 加强养护管理，适时施肥，合理修剪，剪除虫枝，及时疏枝，保持通风透光。

人工防治： 秋冬季剪掉虫枝。

生物防治： 将剪下的虫枝堆放在林地适当位置或放于林间寄生蜂羽化器中，让天敌羽化；助迁、饲养释放红点唇瓢虫等天敌。

药剂喷雾防治： 在各代(重点在第1代)若虫孵化高峰期，选择1.8%爱福丁1 500倍液、30%护卫鸟1 000倍液、花保100倍液、植物精油增效氯氰菊酯2 000倍液、松脂柴油乳剂（0号柴油：松脂：碳酸钠=22.2：22.9：5.6）3~4倍液、0.5%速杀威乳油1 500倍液、25%优得可湿性粉剂1 500倍液、25%喹硫磷乳油1 500倍液、10%吡虫林1 000倍液，有针对性地点片挑治或间隔喷雾防治。

对高大难防治的植株，在若虫初孵期，使用"益树安"自流式树干注药针剂注射，或挂"吊针"滴注内吸性农药。

药剂根埋防治： 对花灌木，在若虫盛孵期，埋施15%涕灭威颗粒剂或3%呋喃丹颗粒剂，分别按灌木径每20cm用1~2g或2~3g的标准埋施，深度以接近须根为宜，施后及时覆土透水；对盆栽花木，则按花盆口径每20cm用药0.5~1g或1~2g埋施。

其他防治方法参照柑橘刺粉蚧。

158. 石斛白盾蚧
Pseudaulacaspis dendrobii (Kuwana)

[中文异名] 石榴白盾蚧、石斛菲盾蚧、石斛袋盾蚧、石斛雪盾蚧。

[分　　布] 广东、云南、上海、浙江、江苏、香港。

[为害对象] 石斛、茶、棕竹、荆头竹、栎。

[为 害 状] 雌成虫和若虫寄生在叶片上刺吸汁液为害。

[形态特征]

雌成虫：介壳细长，长2~3mm，白色，质薄，前狭后宽，略隆起，直或略弯曲；壳点2个，位于前端，淡黄色。虫体很细长，两侧近平行，长约1.5mm，黄色，臀前腹节侧突略显，前气门腺2~3个；臀板狭长而尖，臀叶2对发达，中叶陷入，叉开呈"∧"字状，基部轭连，内缘具粗锯齿列，侧叶双分，内分叶长形，第3叶为低齿突；臀板背缘腺每侧7个，排成1、2、2个；与缘腺同大的背腺在第3~5腹节成亚中、亚缘列，每列1~3腺，后胸至第3腹节边缘有小管腺；腹缘有小腹腺；围阴腺5群。

雄成虫：介壳长形，长约1mm，两侧略平行，白色，溶蜡状，背面纵脊3条略显；壳点1个，位于前端。

[防治方法] 参照考氏白盾蚧。

为害状

159. 桑名白盾蚧
Pseudaulacaspis kiushiuensis (Takahashi)

[中文异名] 栎拟轮蚧。

[分　　布] 浙江、山东、台湾。

[为害对象] 栎、栲、栗。

[为 害 状] 雌成虫和若虫寄生在叶背刺吸汁液为害。

[形态特征]

雌成虫：介壳梨形，长约2.5mm，白或污白色，后半扩大，略突；壳点2个，位于前端，第1壳点暗，第2壳点覆有蜡质。虫体长纺锤形，长约0.8mm，黄色，臀前腹节侧叶稍突出；臀叶2对发达，中叶拱桥形，陷入臀板内，具微锯齿，叶间具毛1对，第2叶双分，内叶大于外叶，均呈圆突，第3叶为板缘齿状突出，不硬化；背腺分布在第2~5腹节，每节呈亚中、亚缘列，有时第2和5腹节无亚中列，亚中列每列3~5腺，亚缘列每列5~7腺；腺瘤存在于中胸、后胸及第1~3腹节之腹面；腺刺每侧5群，缘腺每侧4

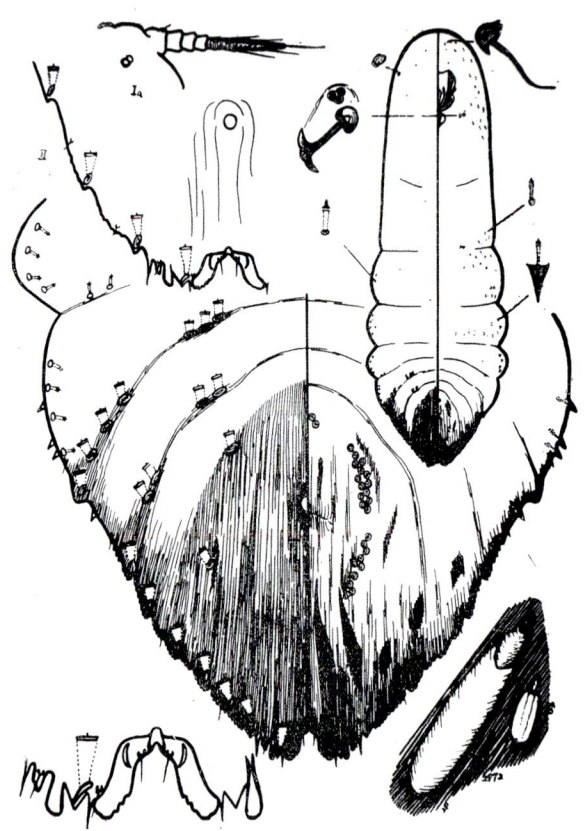

石斛白盾蚧雌成虫

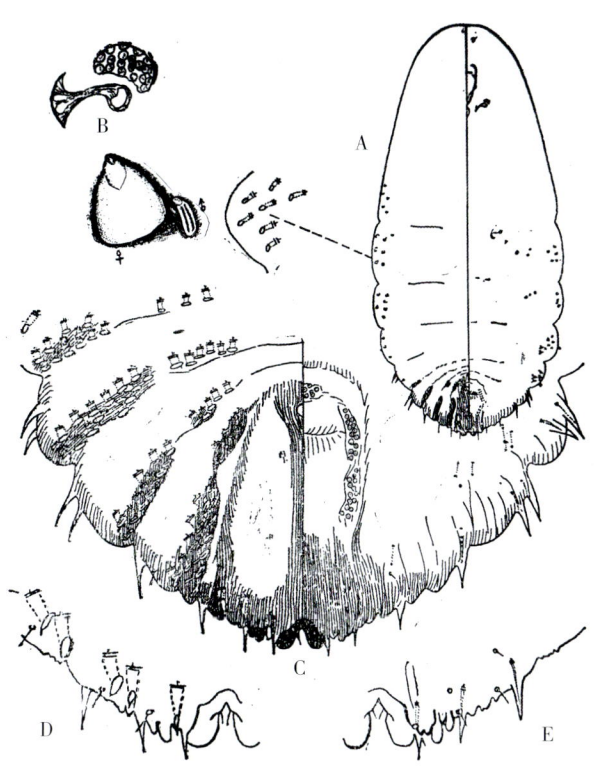

A. 雌成虫体 B. 前气门 C. 臀板 D、E. 臀板末端背面、腹面
（仿 Ferris 绘）

桑名白盾蚧雌成虫

群7个。

雄成虫： 介壳长条形，长约1mm，白色，溶蜡状，背面有纵脊3条；壳点1个，位于前端。

[防治方法] 参照考氏白盾蚧。

160. 巨尾白盾蚧
***Pseudaulacaspis megacauda* Takagi**

[中文异名] 柃拟轮蚧、柃白盾蚧、巨尾袋盾蚧。

[分　　布] 云南、福建、台湾。

[为害对象] 柃木、尖叶柃木、山矾。

[为 害 状] 雌成虫和若虫寄生在叶背刺吸汁液为害。

[形态特征]

雌成虫： 介壳梨形或近圆形，长约2mm，白色；壳点2个，浅黄色，突出于前端。虫体长椭圆形或纺锤形，淡黄色，长约1mm，臀前腹节侧突略显；中叶很大，陷入臀板内，叉开，基部轭连，内缘粗齿列，侧叶双裂，第3叶略显齿缘突；板缘腺刺短；背腺分布，第3~5腹节具亚中、亚缘群，第2腹节仅具亚缘群；腹腺分布，中胸至第3腹节侧叶，后胸至第2腹节亚中区；第1腹节每侧有亚缘疤1个；触角靠近，前气门腺3~8个，后气门腺无；围阴腺5群。

雄成虫： 介壳长形，两侧近平行，长约0.8mm，白色，溶蜡状，背部纵脊不明显。

[防治方法] 参照考氏白盾蚧。

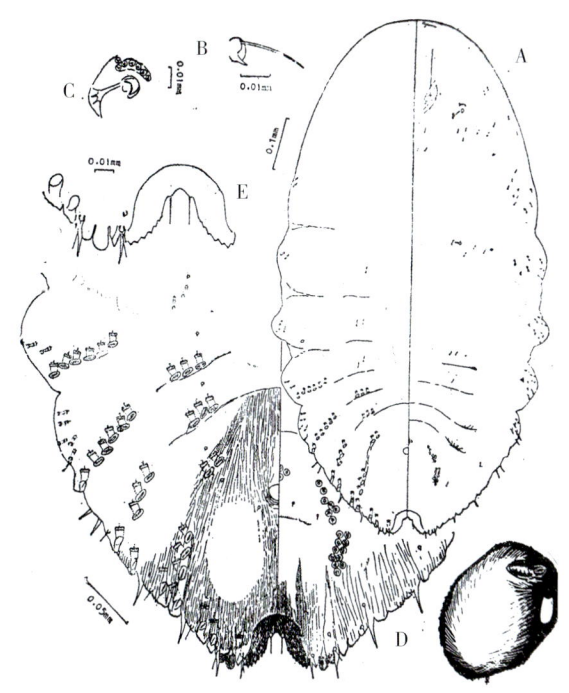

A. 雌成虫体 B. 触角 C. 前气门 D. 臀板 E. 臀板末端（仿 Takagi 绘）

巨尾白盾蚧雌成虫

161. 桑白盾蚧
***Pseudaulacaspis pentagona* (Targioni)**

[中文异名] 桑拟轮蚧、桑盾蚧、桑介壳虫、桑白蚧。

[分　　布] 中国辽宁、内蒙古、河北、河南、山西、陕西、宁夏、甘肃、四川、贵州、江西、山东、江苏、上海、浙江、福建、广东、广西、云南、黑龙江、吉林、新疆、湖南、湖北、安徽、台湾等全国各地；全世界多地。

[为害对象] 芒果、无花果、椰子、番石榴、番荔枝、桃、李、杏、石榴、樱桃、木芙蓉、枇杷、柿、核桃、葡萄、醋栗、可可、槭、乌梅、茶、油桐、花椒、桑、皂荚、金合欢、丁蚝、金丝桃、

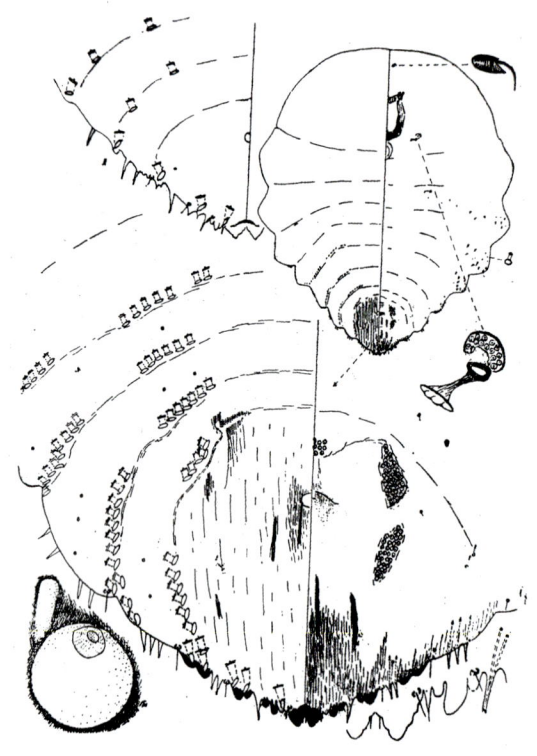

桑白盾蚧雌成虫

1.雌成虫介壳群 2.雌成虫 3.雌成虫触角及前气门腺 4.雌成虫臀板区 5.雄介壳 6.雄成虫 7.卵 8.1龄若虫 9.为害状

桑白盾蚧

桂花、木槿、梅花、樱花、碧桃、玫瑰、天竺桂、芍药、羊蹄甲、榆叶梅、鹤望兰、假紫荆、鸡蛋花、秋葵、铁线莲、绣球、倒挂金钟、素馨、夹竹桃、黄钟花、银叶花、牵牛花、红叶李、小檗、苏铁、女贞、白蜡树、梧桐、泡桐、梓、朴、榉、枫、榆、栎、槐、枫杨、白杨、构树、七叶树、海枣、棕榈、臭椿、厚壳树、构树、柳、香椿、秦皮、木麻黄、臭椿、心绪菊、景天、胡颓子、玄参、紫珠、紫藤、假败酱、七里香、小蜡等多种植物。

[为害状] 雌成虫和若虫寄生在枝干上刺吸汁液为害，严重时，白色介壳密集重叠覆盖枝干，枝干似为一层粉末所包被，通体白色，造成枝条枯萎，树势衰弱并诱发煤污病，甚至整株死亡。

[形态特征]

雌成虫：介壳圆形或椭圆形，直径2~2.5mm，白、黄白或灰白色，隆起，常混有植物表皮组织；壳点2个，偏边，不突出介壳外，第1壳点淡黄色，有时突出介壳之外，第2壳点红棕或橘黄色；腹壳很薄，白色，常残留在植物上。虫体陀螺形，长约1mm，淡黄至橘红色，两触角靠近，各有1毛；臀叶5对，中叶和侧

若虫（近视）

雌介壳及雌成虫（近视）

严重为害状

叶内叶发达，外叶退化，第3~5叶均为锥状突，中叶突出近三角形，不显凹缺，内外缘各有2~3凹切，基部轭连；背腺分布于第2~5腹节，明显成亚中、亚缘列，第6腹节无或偶见亚中；腺刺分布自中叶外侧直至后胸或中胸；后胸及臀前腹节侧叶明显，其侧叶上分布很多短背腺；体腹面小管腺丰富，头胸部尤多；前气门腺大群，后气门腺无或少数；第1腹节每侧各有亚缘背疤1个；肛门靠近臀板中央，臀板背基部每侧各有细长肛前疤1个；围阴腺5大群。

雄成虫：介壳长形，长约1mm，白色，溶蜡状，两侧平行，背面略现纵脊3条，壳点1个，黄色，位于前端。虫体橙色或橘红色，长约0.8mm，翅展1.6mm。腹末针状交尾器长约0.2mm。

卵：长卵圆形，长约0.23mm，淡橘红色。

若虫：初龄椭圆形，长约0.3mm，淡黄色。触角、足健全，腹末具1对尾毛。蜕皮后，2龄雌若虫梨形，橘红色；2龄雄若虫椭圆形，长约0.5mm。

雄蛹：长卵形，长约0.75mm，宽约0.4mm，橙红色。

[生活史与习性] 一年发生代数因地而异，包头、长春、北京、唐山、保定、太原等北方地区2代；成都、南昌、上海以及山东泰山、大连等地区3代；福建长乐4代；广州、南宁5代。均以受精雌成虫在枝干上越冬。成都翌年4月中旬至5月上旬产卵，4月下旬为产卵盛期。1~3代若虫孵化期分别为4月下旬至5月中旬，5月上旬为盛孵期；7月上、中旬，7月中旬为盛孵期；8月下旬至9月下旬，9月上旬为盛孵期。9月下旬至10月下旬第3代雄若虫化蛹，10月上旬至下旬羽化为成虫，交配后以受精雌成虫越冬。

2代发生区1~2代若虫孵化期，包头分别为6月、8月；长春分别为5月下旬、8月；北京分别为5月中、下旬，7月底至8月上、中旬；山西太原分别为5月上、中旬，7月下旬。3代发生区其他城市，1~3代若虫孵化期，上海分别为5月上、中旬，7月上、中旬，9月上、中旬；南昌第1代若虫发生期较上海提前10天左右；福州1~4代若虫孵化高峰期分别为3月下旬至4月上旬，6月上、中旬，8月上、中旬，9月下

严重为害状

二点唇瓢虫捕食桑白盾蚧

旬至 10 月上旬；广西南宁 1~5 代若虫孵化盛期分别为 2 月下旬至 3 月上旬，5 月上旬，7 月上中旬、8 月下旬、10 月下旬。

繁殖：营两性卵生。雌成虫产卵于母体介壳下。每雌产卵 43~240 粒，个体产卵期 6~17 天。1~3 代卵期分别为 7~14 天，平均 10 天；5~8 天，平均 6 天；6~8 天，平均 7 天。3 代卵平均孵化率达 80% 左右。

寄生习性：若虫群集寄生在母壳附近的枝干上，以 2、3 年生枝条为多。雄虫群集成堆。雌成虫介壳与树体接触紧密，而且相互重叠，至产卵期介壳边缘才翘起见缝。喜隐蔽潮湿，在叶腋、皮缝等隐蔽处虫口密度较大。这些都是防治上的难处。

[天　敌] 捕食性天敌有日本方头甲、阿里山唇瓢虫、二双斑唇瓢虫、异红点唇瓢虫、红点唇瓢虫、日本小瓢虫、四川寡节瓢虫、红肩尾草蛉、丽草蛉、晋草蛉、中华草蛉、凹带食蚜蝇、温室希蛛、地珠、食蚧半疥螨；寄生性天敌有金黄蚜小蜂、裸带索蚜小蜂、长棒索蚜小蜂、长角短索蚜小蜂、海短索蚜小蜂、东方短索蚜小蜂、突并胸短索蚜小蜂、盾蚧长缨蚜小蜂、双带花角蚜小蜂、桑名类食蚧蚜小蜂、红圆蚧恩蚜小蜂、桑盾蚧恩蚜小蜂、纳恩蚜小蜂、瘦柄花翅蚜小蜂、中华四节蚜小蜂、轮盾蚧长角跳小蜂、蜡蚧扁角跳小蜂、微食缘跳小蜂、长棒跳小蜂、桑盾蚧跳小蜂、盾蚧多索跳小蜂。其中红点唇瓢虫和日本方头甲等捕食性天敌的捕食作用最大。寄生性天敌中，以金黄蚜小蜂、红圆蚧恩蚜小蜂、盾蚧长缨蚜小蜂、瘦柄花翅蚜小蜂的寄生作用最明显。

[防治方法] 参照考氏白盾蚧。

162. 海桐白盾蚧
Pseudaulacaspis poloosta (Ferris)

[中文异名] 海桐拟轮蚧、海桐菲盾蚧。
[分　布] 云南。
[为害对象] 海桐花、柃。
[为害状] 雌成虫和若虫寄生在枝、叶上

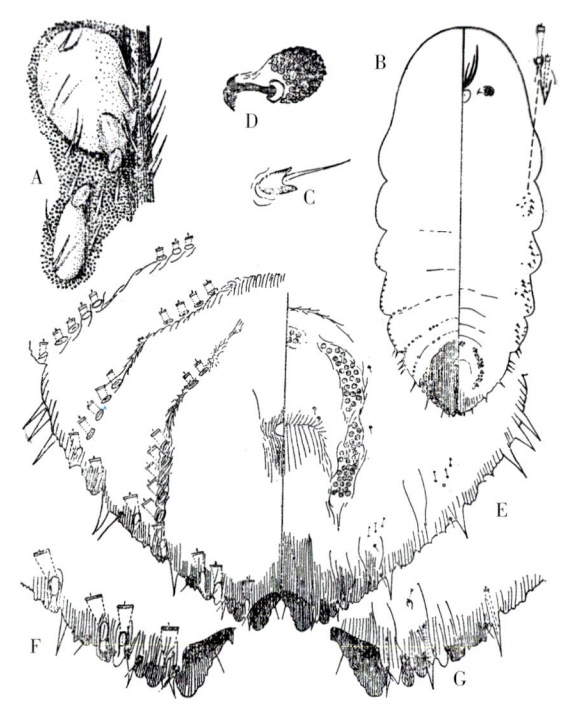

A. 雌介壳和雄介壳　B. 雌成虫体　C. 触角　D. 前气门
E. 臀板　F、G. 臀板末端背面和腹面（仿 Ferris 绘）
海桐白盾蚧雌成虫

刺吸汁液为害。

[形态特征]

雌成虫：介壳宽卵形，长约 3mm，白色，前端稍狭；壳点 2 个，黄色，位于前端，第 1 壳点有一半伸出第 2 壳点外，第 2 壳点有 1/3 伸出介壳外。虫体长卵形，长 1.5~1.8mm，黄色，前圆后尖，两侧略平行，侧缘微呈瓣状突出；臀叶 3 对，中叶大，内侧缘向外倾斜，略有锯齿，基部轭连，端圆，第 2 和 3 叶均双分；背腺在第 1~3 腹节，每节每侧缘 4~7 腺，第 2 腹节亚缘 3~5 腺，第 3 腹节亚缘、亚中各 3~5 和 2~3 腺，第 4~5 腹节上每节每侧亚缘群 5~6 腺，亚中群 2~3 腺，第 6 腹节亚中 0~1；缘腺每侧 7 个。

雄成虫：介壳长条形，后端稍宽于前端，长约 2mm，白色，溶蜡状，背面纵脊不明显；壳点 1 个，黄色，位于前端。

[防治方法] 参照考氏白盾蚧。

163. 广东白盾蚧
Pseudaulacaspis subcorticaalis (Green)

[中文异名] 木豆菲盾蚧、芒果雪盾蚧。

[分　　布] 云南、广东。

[为害对象] 木菠萝、芒果、木豆、黄花捻、番茄。

[为 害 状] 雌成虫和若虫寄生在叶片上刺吸汁液为害。

[形态特征]

雌成虫：介壳长梨形，长约2.5mm，白色，前狭后宽，略隆起；壳点2个，位于前端，淡黄褐色。虫体纺锤形，长约1.3mm，黄色，臀前腹节侧瓣略突；臀板末端不凹陷，侧缘有2齿突，中叶宽大，突出，端圆，边缘锯齿状，基部轭连，夹小毛1对，第2叶双分，第3叶完全消失，仅呈1齿突；中叶与第2叶间腺刺退化成三角形瓣状突出，第2叶外和第5~6腹节上每侧每节各有腺刺1个，第4腹节上3个；背腺在第4和5腹节上每侧每节亚缘列5~6腺，亚中列2腺，第6腹节无；缘腺每侧5根。

雄成虫：介壳长条形，长约1mm，白色，溶蜡状，质松脆，两侧近平行，背面有纵脊3条；壳点1个，淡黄褐色，位于前端。

[防治方法] 参照考氏白盾蚧。

164. 高桥白盾蚧
Pseudaulacaspis takahashii (Ferris)

[中文异名] 柿拟轮蚧、高桥菲盾蚧。

[分　　布] 云南、福建、台湾。

[为害对象] 柿、茶。

[为 害 状] 雌成虫和若虫寄生在枝条上刺吸汁液为害。

[形态特征]

雌成虫：介壳梨形，长约3mm，白色；壳点2个，黄色，突出前端。虫体粗壮，红色，长约1.5mm，头及前胸区扩张几呈方形，中、后胸及臀前腹节侧突呈叶状；中叶粗大，端圆，两侧缘具细齿，基部轭连，侧叶小，双分，明显，第3叶退化；臀板上缘腺刺发达，第4腹节每侧5~6根，第5腹节每侧2~3根，每叶外侧各1根，第3腹节至后胸每侧有腹腺锥；大背腺多，亚中群单行，亚缘群除第4~5群单行外，后胸至第3腹节均多行，中、后胸及第2~3腹节侧

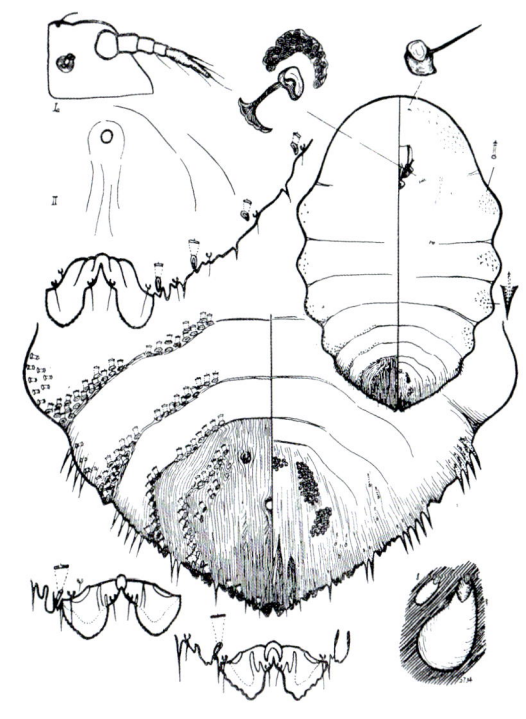

高桥白盾蚧雌成虫

叶有成群稍大背腺，小背腺大量分布于胸部及第1~2腹节侧叶上；第1腹节每侧有亚缘背疤1个；触角远离，前气门腺大群，后气门腺无，围阴腺5群。

雄成虫：介壳长形，两侧近平行，长约1.5mm，白色，溶蜡状，背面中脊不明显；壳点1个，位于前端。

[防治方法] 参照考氏白盾蚧。

165. 柞笠圆盾蚧
Diaspidiotus cryptoxanthus (Cockerell)

[中文异名] 栗笠盾蚧、栗夸圆蚧。

[分　　布] 中国山东、福建、浙江、云南；日本。

[为害对象] 栗、栎、枞杉、枫杨。

[为 害 状] 雌成虫和若虫寄生在枝条上刺吸汁液为害。

[形态特征]

雌成虫：介壳圆形或宽卵形，直径约1.3mm，无色或灰色，略隆起，透明；壳点2个，偏心，深橙色；腹壳白色，残留在植物上。虫体倒卵形，长约1mm；臀板近三角形，侧板缘几成直线；

中臀叶宽短，外缘斜形并有浅凹切，两叶紧靠，其间无臀栉或腺刺，侧叶强度斜向内，外缘有1~2凹切，第3叶略显或无；中叶间、中侧叶间、侧叶和第3叶间硬化棒各1对，后两对硬化棒粗而棍状；第3~4腹节腹面有很多背腺，排成不规则的亚缘列；臀栉每侧4对；围阴腺5群。

雄成虫：介壳长卵形，长约1mm，灰色；壳点1个，位于一端。

[防治方法] 参照考氏白盾蚧。

166. 杨笠圆盾蚧
Diaspidiotus gigas **(Thiem et Gerneck)**

[中文异名] 杨夸圆蚧、杨盾蚧、杨灰齿盾蚧。

[分　　布] 中国黑龙江、吉林、甘肃、宁夏、内蒙古、青海、新疆、辽宁、河北；欧洲。

[为害对象] 箭杆杨、小叶杨、青杨、钻天杨、银白杨、中东杨、黑杨、小黑杨和旱柳等植物。

[为 害 状] 雌成虫和若虫寄生在主干和枝条上刺吸汁液为害，被害植株的叶片变黄，树皮开裂，树干凹凸不平，枝梢枯萎。严重时，介壳重叠密布，枝干呈灰黑色，甚至整株死亡。

[形态特征]

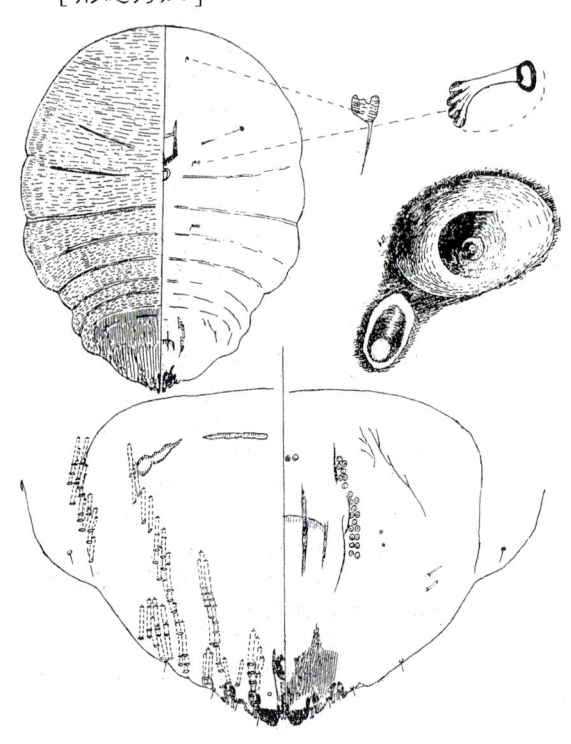

杨笠圆盾蚧雌成虫

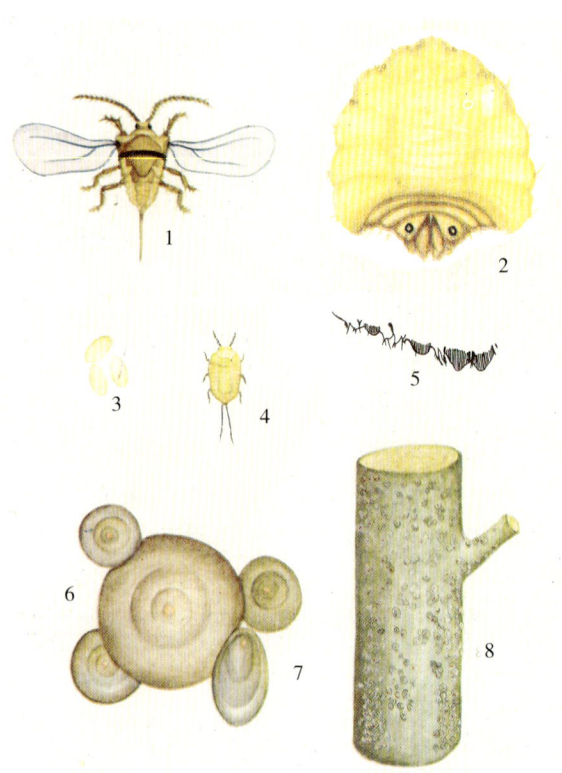

1. 雄成虫　2. 雌成虫　3. 卵　4. 若虫　5. 雌成虫臀板放大　6. 雌介壳　7. 雄介壳　8. 为害状

杨笠圆盾蚧

雌成虫：介壳圆形或近圆形，直径约2mm；扁平，中心略高，有明显轮纹3圈；中心淡褐色，内圈深褐或黑灰色，外圈灰白色；壳2个，褐色，位于中心或略偏。虫体倒梨形，长约1.5mm，浅黄色，老熟时很硬化；臀叶3对，外侧凹切各1个，中叶发达短宽，两叶微微会合而不连结，侧叶较小，第3叶尖而小，各叶间有成对硬化棍；背腺大小相似，均粗短，在臀板每侧排成4系列，每侧总腺数超过50，每系列为不规则双行，第4列17~19腺，位于第4腹节上；头胸与后胸间不分节；围阴腺5群。

雄成虫：介壳椭圆形，长1~1.5mm，亦有轮纹；壳点1个，褐色，突出在一端，其周围淡褐色，外圈黑褐色，介壳另一端灰白色。虫体长约1mm，体橙黄色，具翅1对，腹末交尾器针状。

卵：长椭圆形，长约0.16mm，淡黄色。

若虫：初孵时近圆形，淡橙黄色，触角、足健全。

[生活史与习性] 内蒙古和黑龙江等北方地

区一年发生1代。以2龄若虫在枝干上越冬；翌年5月上旬末或中旬初雄成虫始羽化，羽化高峰仅2天。6月上旬至9月下旬雌成虫产卵，6月中旬至7月下旬为产卵盛期，每头雌成虫产卵70~100粒。卵期1~2天，6月中旬至8月上旬为卵孵化期。初孵若虫在母壳附近固定寄生，8月开始蜕皮后进入2龄，以2龄若虫越冬。

[天　　敌] 捕食性天敌有红点唇瓢虫、龟纹瓢虫、菱斑和瓢虫、食蚧半齐；寄生性天敌有桑盾蚧黄蚜小蜂、黄胸恩蚜小蜂、双带巨角跳小蜂、环斑跳小蜂。其中红点唇瓢虫的捕食作用较大；两种跳小蜂和黄胸恩蚜小蜂的寄生作用最明显，寄生率可达70%。

[防治方法] 参照考氏白盾蚧。

167. 桦笠圆盾蚧
Diaspidiotus ostraeformis (Curtis)

[中文异名] 蛎形笠盾蚧、杨笠圆盾蚧、蛎形夸圆蚧、笠齿盾蚧。

[分　　布] 中国辽宁、吉林、黑龙江、新疆、内蒙古、宁夏、云南、上海等省区；南亚、欧洲、美洲、大洋洲、朝鲜、日本。

[为害对象] 苹果、梨、李、梅、桃、樱桃、山桃、山楂、桑、无花果、花楸、海枣、油橄榄、栗、茶、槭、丁香、金雀花、玫瑰、贴梗海棠、锦鸡儿、棕榈、枫、杨、桦、榉、桤、枫杨、檫、古叶树、菩提树、白腊、榆、栎、法桐、皂角、椴、冷杉、构子、鼠李、山茱萸等植物。

[为害状] 雌成虫和若虫寄生在枝、干上刺吸汁液为害，使树皮开裂，顶端枯梢，树体变形以致死亡，是北方地区为害杨树的毁灭性害虫。

[形态特征]

雌成虫：介壳圆形，微微隆起，直径1.5~2mm；色泽多变，由黄白到深灰色或几乎近黑色；壳点2个，位于中心或略偏，黄褐或橙黄色，上覆灰或白色分泌物，分泌物初成峰状，后扩大成偏心环；腹壳薄弱，白色，残留在植物上。虫体圆形或倒梨形，长1.3~1.5mm，新鲜时柠檬黄色，老熟时黄或赭黄色；全体硬化较浅，中、后胸之间有明显收缢；中臀叶发达，呈四边形，端缘有不同缺刻。

雄成虫：介壳卵形，长约1mm；壳点1个，偏近一端并特别隆起，另一端则扁平，壳点覆盖分泌物，质地和一色泽同雌介壳。

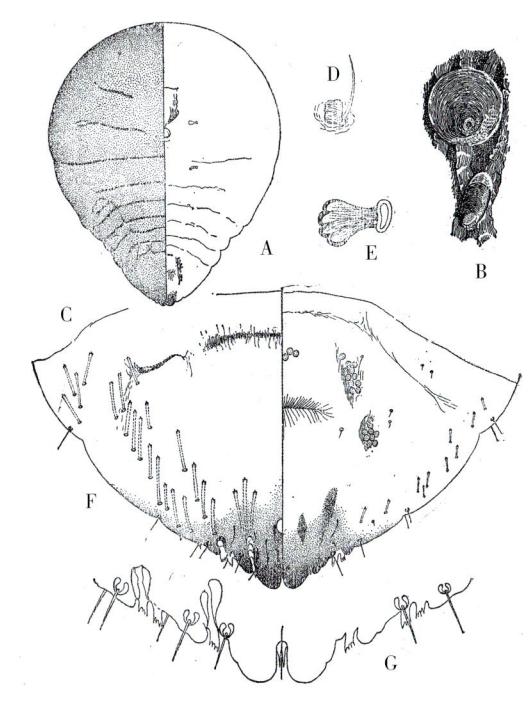

A. 雌介壳　B. 雄介壳　C. 雌成虫体　D. 触角　E. 前气门　F. 臀板　G. 臀板末端

桦笠圆盾蚧雌成虫

[生活史与习性] 银川、包头一年发生1代。以2龄若虫在树干、枝条上越冬；包头翌年5月上旬末（白桑开始展叶）雄虫羽化并与雌成虫交尾，约一个月后雌成虫开始产卵，6月上旬为产卵盛期，每头雌虫产卵90粒左右，但分期产，每次产卵7~10粒于介壳下，经1~2天孵出若虫。有少量初孵若虫就近固定有母体介壳下，大多数沿树干向上爬行，寻找适当位置固定为害。7月中旬开始蜕皮，进入2龄。

[天　　敌] 有红点唇瓢虫。

[防治方法] 参照考氏白盾蚧。

168. 梨笠圆盾蚧
Diaspidiotus peniciosus (Comstock)

[中文异名] 梨笠圆蚧、梨枝圆盾蚧、梨夸圆蚧、红枣梨圆蚧、梨圆蚧、梨齿盾蚧。

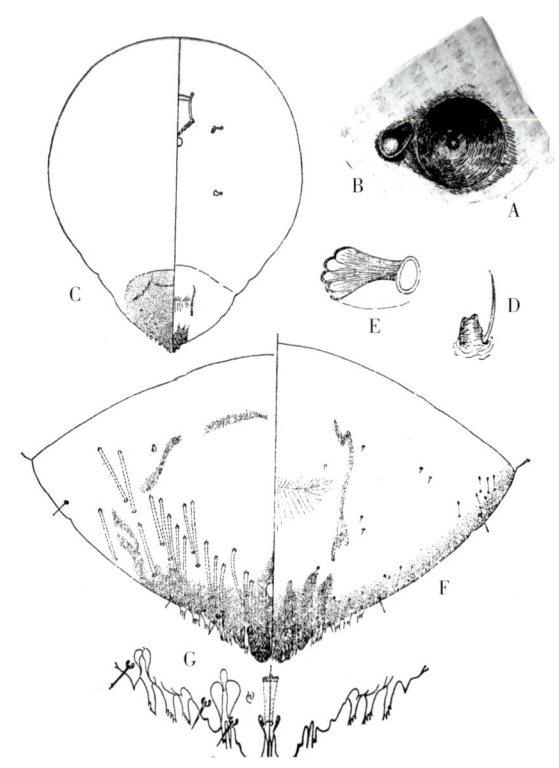

A. 雌介壳　B. 雄介壳　C. 雌成虫体　D. 触角　E. 前气门
F. 臀板　G. 臀板末端

梨笠圆盾蚧雌成虫

[分　　布] 中国辽宁、黑龙江、河北、河南、山东、山西、陕西、四川、湖南、云南、广东、广西、安徽、浙江、上海、江苏、吉林、内蒙古、新疆、湖北、宁夏；朝鲜、日本、南亚、南非、欧洲、美洲、大洋洲。

[为害对象] 梨、柑橘、苹果、桃、酸橙、苦橙、杏、枣、胡桃、醋果、栗、山楂、葡萄、木瓜、茶、棉、梅花、樱花、贴梗海棠、黄刺梅、珍珠梅、丁香、红叶李、樟、红瑞木、女贞、松、柳、杨、榆、刺槐、锦鸡儿、柠条、大叶黄杨等多种植物。

[为 害 状] 雌成虫和若虫寄生在枝、干、叶及果实上刺吸汁液为害，引起叶片发黄早落，长势衰弱，严重时，因新旧介壳常重叠密布，造成枝干表皮干瘪下陷和呈现许多纵向裂纹，甚至整株死亡。

[形态特征]

雌成虫： 介壳圆形，直径 1.3~1.9 mm，活体蟹青色，死体灰白、灰褐（夏型）或黑色（冬型），隆起处从内向外为灰白色、黑色、灰黄色 3 个同心圆，表面有暗色轮状纹；壳点 2 个，黄或淡橙色，位于介壳中心。虫体心脏形，长 0.9~1.5mm，黄色，膜质，前宽后狭，腹节侧缘无明显瓣状突出；臀叶 2 对，中叶大而紧靠，长宽略等，端圆而外侧有 1 凹切，端部向内方倾斜，叶间有小腺刺及硬化棒各 1 对，第 2 叶小而硬化，形如中叶，与中叶很近，其叶间有大硬化槌和小臀栉各 1 对，第 3 叶不显，但与第 2 叶间有大硬化槌 1 对和小臀栉 3 个，第 3 叶以外有宽而分枝浅的齿状臀栉 3 个；背腺细长，每侧 4 纵列，自内向外每列 5.12.6 腺，中叶间 1~2 腺；肛后沟发达，阴门侧之条状硬化斑极粗；无围阴腺。

雄成虫： 介壳近似肾形，长约 0.6mm，质地和色泽同雌介壳；壳点 1 个，偏向一端。虫体长约 0.6mm，翅展 1.5mm。体橙黄色，翅污白色，腹末交尾器针状。

卵： 椭圆形，长 0.26mm，初产乳白色，渐变淡黄色。

若虫： 初孵时椭圆形，橙黄色，触角、足健全。

雄蛹： 长圆锥形，长约 0.9mm，淡黄色。

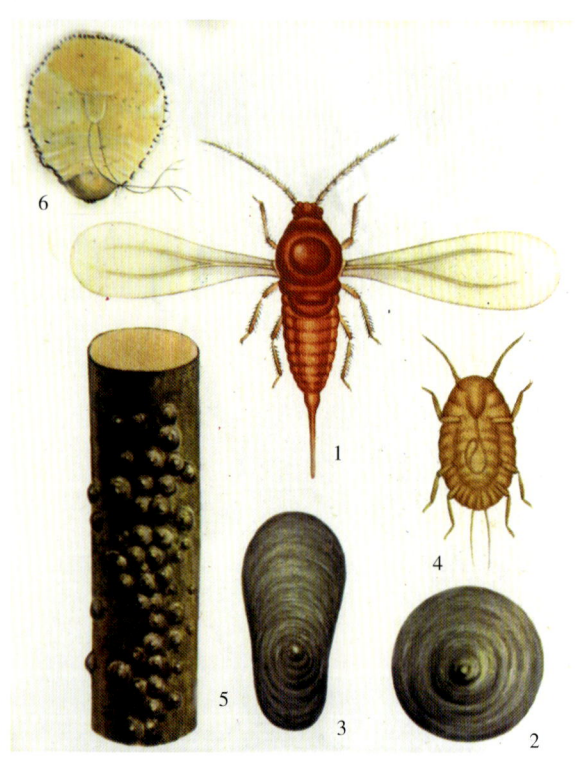

1. 雄成虫　2. 雌成虫介壳　3. 雄成虫介壳　4.1 龄若虫
5. 枝条被为害状　6. 雌成虫

梨笠圆盾蚧

[生活史与习性]

生活史：一年发生代数因地而异。辽宁、河北昌黎1~2代，以2龄若虫在枝干上越冬；新疆、内蒙古、北京、青岛、西安、郑州、成都等地2~3代，均以2龄若虫和少数受精雌成虫越冬；广东、福建等省3~4代。甚至在同一地区，因寄主不同而生活史也有差别。如在苹果树上一年发生2~3代，但在梨树上只有1~2代。成都翌年3月下旬至4月中旬越冬雄虫化蛹，受精雌成虫体明显膨大。1~3代若虫发生期分别为5月上旬至6月上旬，5月中旬为产籽盛期；7月上、中旬，7月上旬为产籽盛期；8月上旬至10月中旬，9月上旬为产籽盛期。各代生活史比较整齐，发生期相对集中，尤以第2代若虫发生期最短，仅2周左右，这有利于防治。

辽宁西部，1~2代若虫发生期分别为6月中旬至7月中旬(7月上旬为盛期)，8月末至10月上旬；河北昌黎1~2代若虫孵化期分别为6月上旬至下旬，8月中旬至9月中旬；新疆1~3代若虫盛孵期分别为5月上、中旬，7月上旬，9月上旬；保定1~3代若虫盛孵期分别为6月上、中旬，8月上旬，9月中、下旬；山东为害梨树的1~2代若虫孵化期分别为6月上、中旬，9月上、中旬，而为害苹果的1~3代若虫发生期则分别为6月上、中旬，7月底至8月上旬，9月中、下旬。无论在梨或苹果上，都以第2代部分若虫为害果实，严重影响果实品质。

雌成虫介壳（近视）

雌成虫介壳（近视）

繁殖：营两性卵胎生。每头雌成虫产籽80~110头。

寄生习性：初孵若虫从母体介壳下爬出，在嫩枝、叶片、果实上固定寄生。第1代若虫多寄生在嫩枝、叶片上；第2代若虫多趋向叶片、果实寄生；第3代(越冬代)雌虫多定栖于枝干和枝杈处，主要在枝干阳面，而雄虫则多固着在叶片主脉两侧。在林地中，林缘植株受害重；在同一植株上，1~2年生枝条及树皮薄处的虫口密度较大。

[天　敌] 梨笠圆盾蚧的天敌有50余种，其中最重要的捕食性天敌有日本方头甲、肾斑唇瓢虫、红点唇瓢虫、晋草蛉、食蚧半翅；寄生性天敌有金黄蚜小蜂、双黄蚜小蜂、印巴黄蚜小蜂、蜜黄蚜小蜂、桑盾蚧黄蚜小蜂、瘦柄花翅蚜小蜂、中华四节蚜小蜂。

[防治方法] 参照考氏白盾蚧。药剂防治以集中防治第2代为佳。

169. 突笠圆盾蚧
Diaspidiotus slavonicus (Green)

[中文异名] 斯拉笠盾蚧、杨齿盾蚧。

[分　布] 中国内蒙古、河北、河南、山东、广西、辽宁、黑龙江、山西、陕西、新疆、湖北、安徽、江苏、浙江、甘肃、宁夏、四川、云南等省；俄罗斯、伊朗、伊拉克。

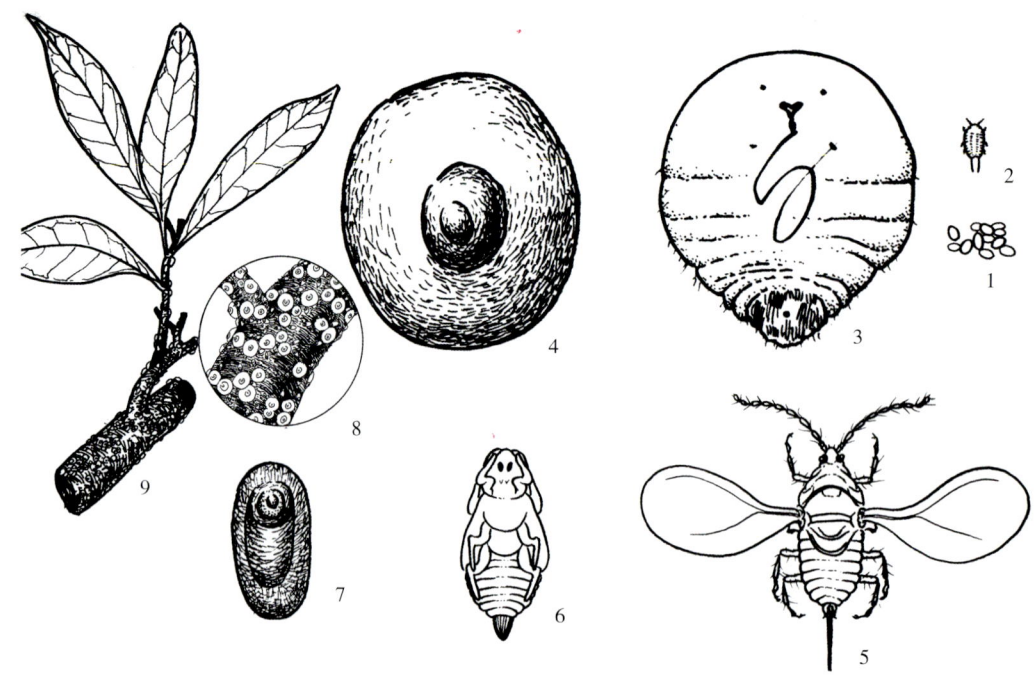

1. 卵 2. 若虫 3. 雌成虫 4. 雌介壳 5. 雄成虫 6. 蛹 7. 雄介壳 8. 放大图 9. 为害状

突笠圆盾蚧

[为害对象] 茶、杨、柳、葛藤、香樟、厚皮香以及蔷薇科植物。

[为害状] 雌成虫和若虫聚集在枝条、叶面及幼树的树干上刺吸汁液为害。

[形态特征]

雌成虫： 介壳圆形，直径约2mm，高度突起，白、灰白或灰褐色；壳点2个，偏离中心，橙黄色，上覆白色蜡质。虫体倒卵形，长1~1.3mm，年轻时橙色，老熟时褐色；臀叶3对，均斜向内侧，中叶大而长，形如门牙突出，有时有内凹切，3对臀叶均有外凹切，叶间硬化槌每侧各2对；臀背腺细长，密集于板缘，中叶间背腺5~6根；围阴腺无或2~4群。

雄成虫： 介壳长椭圆形，长约1mm；壳点1个，位于一端，质地和色泽同雌介壳。虫体长0.86mm，具1对翅，腹末针状交尾器长约0.2mm。

卵： 长椭圆形，浅灰色。

若虫： 初孵时长圆形，体扁平，触角、足健全。

雄蛹： 淡黄色至污黄色。

[生活史与习性] 新疆石河子一年发生1~2代。以若虫在枝干上越冬；翌年3月树芽萌动时开始刺吸汁液。雄虫于4月底至5月初羽化。每头受精雌成虫产卵20余粒。1~2代若虫盛孵期分别为6月中旬，8月上旬。初孵若虫多数爬出母体介壳，在树干或枝条上固定寄生，少数则留在介壳下定栖。

[防治方法] 参照考氏白盾蚧。

170. 苏铁刺圆盾蚧
Selenaspidus articulates (Morgan)

[中文异名] 刺盾蚧、西印隔刺圆蚧。

[分布] 四川、台湾。

[为害对象] 柑橘、椰子、无花果、芒果、荔枝、木菠萝、枇杷、油棕、咖啡、可可、油橄榄、海枣、桑、木薯、玫瑰、山茶、木槿、鸡蛋花、栀子、朱蕉、冷水花、金叶树、龙船花、常春藤、素馨、苏铁、散尾葵、肯特棕、姜果棕、木兰、女贞、椴、桤、榄仁树、红厚壳、六道木、紫金牛、接骨木、枪弹木、狗骨柴、饼树、巴豆、肖乳香、南蛇藤、藤黄、假虎刺、夹竹桃、比格诺藤、露兜、钝叶草、网籽草、仙人山等多种植物。

[为害状] 雌成虫和若虫寄生在叶片和枝干上刺吸汁液为害。

[形态特征]

雌成虫：介壳圆形，直径2~2.4mm，淡褐或灰白色，扁平，半透明；壳点2个，红褐色，位于中心或微偏心。虫体略呈梨形，前体段半圆形，后体段尖削，前、后体段间具明显收缢和分界线，老熟时背全骨化，胸瘤尖而显著；臀叶3对发达，中叶平行，略对称，端圆，小侧缺1~2个，第2叶稍小而内倾，第3叶呈粗壮的刺突，长于中叶；中叶间臀栉1对，狭而端齿式，中叶外臀栉2个，第2叶外3个，第3叶外4~6个，刺状；背腺细长，第8~6腹节边缘和亚缘成不规则斜纵列，第5腹节及臀前腹节无背腺；围阴腺2群。

雄成虫：介壳卵形，长约1mm，白色；壳点1个，位于亚中心。

[防治方法] 参照考氏白盾蚧。

171. 台湾角圆盾蚧
Selenomphalus euryae **(Takahashi)**

[中文异名] 棘盾蚧、枟木薄圆盾蚧、枟刺角圆蚧。

[分　　布] 广西、浙江、四川、贵州、云南、台湾。

[为害对象] 茶、桑、日本枟木、山枇花、白腊。

[为　害　状] 雌成虫和若虫寄生在叶片及枝条上刺吸汁液为害。

[形态特征]

雌成虫：介壳圆形，直径2.5mm，淡黄色，半透明，很薄；壳点2个，圆形，近中心。虫体近梨形，长约1mm，淡黄色，全体膜质，胸侧瘤发达，第1~2腹节侧叶突出，每侧有短背腺7根；臀叶3对，基内角有小硬化棒，中叶长宽略等，基部略缩，端部平圆，两侧角有明显凹切，叶距为近一叶之宽，第2叶小于中叶，外侧凹切明显，第3叶呈锥状突起；臀栉在中叶间、中叶与第2叶间均各2个，狭而端缨式，第2与第3叶间3个，第3叶外7个，宽而端梳齿状；背腺细长，排成4纵列，自内向外每列8、12、12、3腺，中叶间1腺；肛门大，肛后沟明显；围阴腺4群。

雄成虫：介壳长卵形，长约1mm，质地和色泽同雌介壳；壳点1个，近中心。

[防治方法] 参照考氏白盾蚧。

172. 蒲桃锯盾蚧
Serrataspis maculate **Ferris**

[中文异名] 锯盾蚧。

[分　　布] 广东、香港。

[为害对象] 蒲桃。

[为　害　状] 雌成虫和若虫寄生在枝条、叶片上刺吸汁液为害。

[形态特征]

雌成虫：介壳圆形，直径2mm，白色，隆起；壳点2个，偏离中心，黄色；常受真菌寄生而呈褐色、白色柔软小圆球状，形似蜡蚧。虫体卵形，长约1mm，黄色，前狭后宽，侧缘光滑；臀板短宽，有许多长卵形未硬化小区，中叶发达，三角形，端尖，基离，两侧微齿，第2和3叶同臀缘齿不分，每侧12齿；腺刺小，中叶间及中叶与第2叶间各1个，无缘腺；背腺小，双臼式，不规则分布于臀板，每侧约30腺；腹腺微小，分布在后亚缘，3群，每群3~5腺；肛门近臀基部，围阴腺5群。

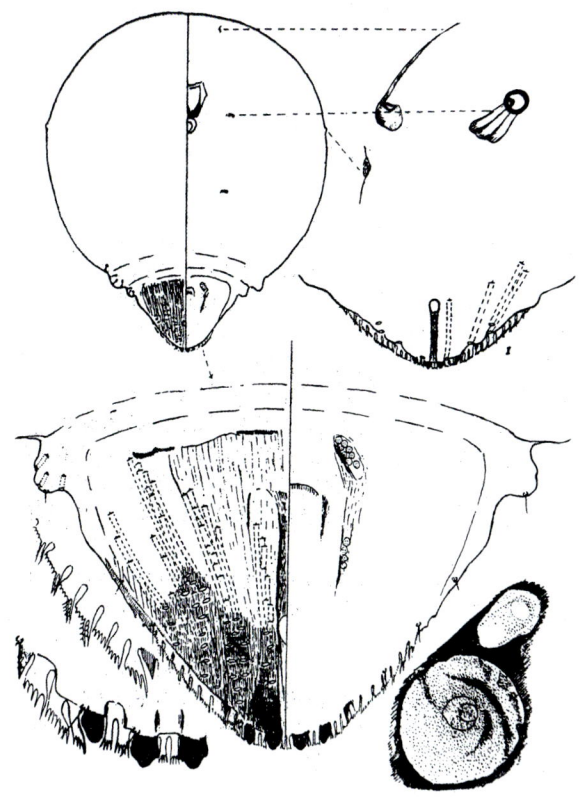

台湾角圆盾蚧雌成虫

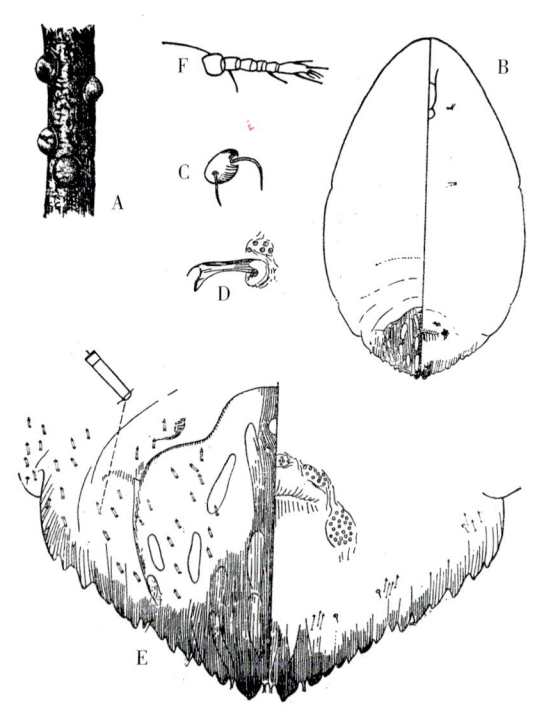

A. 雌介壳 B. 雌成虫体 C. 触角 D. 前气门
E. 臀板 F. 第1龄若虫触角（仿Ferris 绘）

蒲桃锯盾蚧雌成虫

雄成虫：介壳长条形，长约1mm，白色，溶蜡状，两侧平行，背面具纵脊3条；壳点1个，位于前端。

[防治方法] 参照考氏白盾蚧。

173. 柽柳晋盾蚧
Shansiaspis ovalis Chen

[中文异名] 卵圆晋盾蚧。

[分　　布] 中国宁夏；俄罗斯、阿尔及尔、发基斯坦、伊拉克、以色列、印度。

[为害对象] 柽柳。

[为 害 状] 雌成虫和若虫寄生在枝干上刺吸汁液为害，尤以当年新抽的第一次枝条基部为多。造成树皮组织变褐坏死，严重时，树冠秃顶，甚至整株干枯死亡。

[形态特征]

雌成虫：介壳梨形，长1.1~2mm，白色，背面略隆起；壳点2个，淡黄或棕黄色，位于头端。虫体卵形，长1.2~1.4mm，黄色，臀前腹节侧突不显；臀叶3对，中叶大，突或半突，中叶结明显呈环状，其两侧各有圆形硬化斑1个，第2、3叶很小，单一，尖锥形，有时陷入板内不易察见；腺刺分布于第3~8腹节，腺锥分布于后胸至第2腹节的腹面；臀背缘腺从中叶向外，每侧排列为：2、2、2~3、2。大背腺分布于第3~6腹节，亚中群每侧每节依次为5~7、7~9、7~8、3~4，亚缘群每侧每节依次为9~13、8~10、5~6、0~3，排列不齐；中胸至第3腹节侧缘有小背腺；围阴腺5群。

雄成虫：介壳长条形，长约1mm，白色，溶蜡状，背面略显纵脊3条；壳点1个，棕黄色，位于前端。

[生活史与习性]

生活史：宁夏银川一年发生1代。以受精雌成虫在枝干和叶芽附近越冬。翌年5月下旬始见若虫，每头雌成虫产若虫约70头，6月中旬为产籽盛期。第2代若虫于7月上旬始产出，8月上旬为产籽盛期。

寄生习性：雌若虫常4~8头固定于新生枝鳞芽周围，雄若虫多固定于鳞叶上。虫体一般自枝干下部逐渐向上蔓延为害，尤以当年生第1次枝受害最重。长势衰弱的柽柳有利于该蚧的发生。

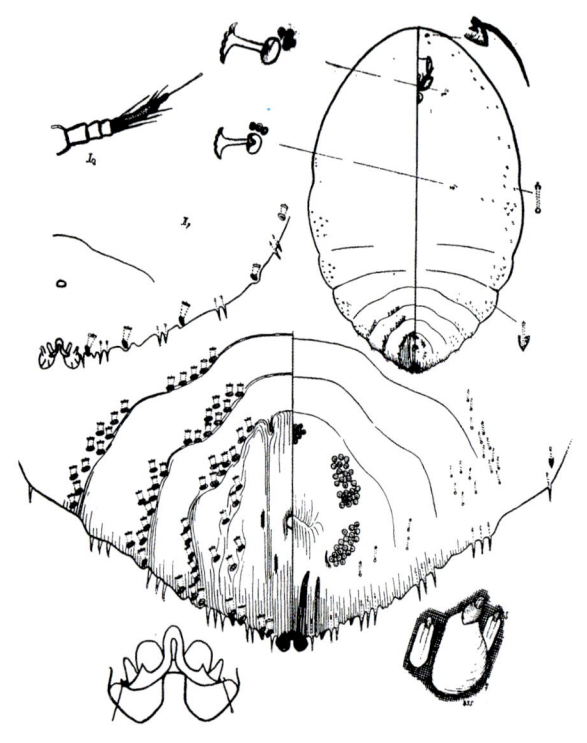

柽柳晋盾蚧雌成虫

[天　　敌] 捕食性天敌有亚洲瓢虫、二星瓢虫，其捕食作用强。

[防治方法] 参照考氏白盾蚧。

174. 中国晋盾蚧
***Shansoaspis sinensis* (Tang)**

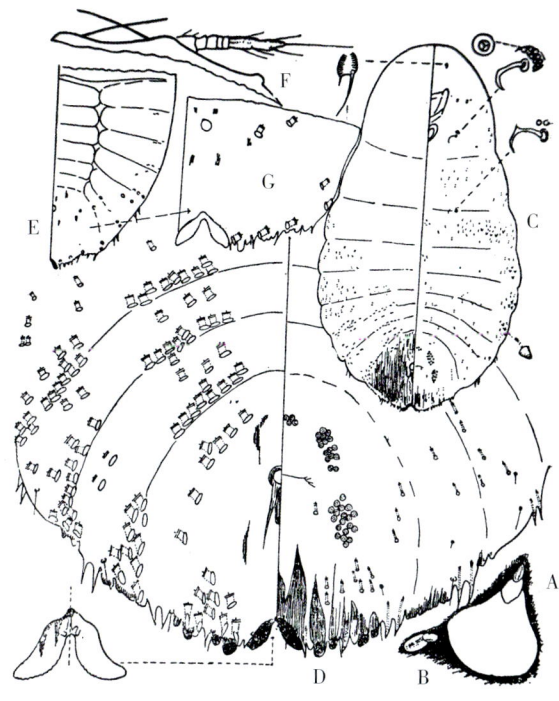

A. 雌介壳　B. 雄介壳　C. 雌成虫体　D. 臀板　E. 第2龄若虫腹部　F. 臀板　G. 触角（仿汤祊德　绘）

中国晋盾蚧雌成虫

[中文异名] 晋盾蚧、柳干蚧。

[分　　布] 山西、陕西、宁夏、内蒙古。

[为害对象] 旱柳、垂柳等29种植物。

[为 害 状] 雌成虫和若虫寄生在枝条上刺吸汁液为害，造成枝条干枯，树势衰退，甚至整株死亡。

[形态特征]

雌成虫：介壳长蛎形、鸭梨形或近三角形，长约2mm，灰白色，前狭后宽；壳点2个，位于前端，黄褐色。虫体纺锤或长梨形，长约1.2mm，杏黄色至深褐色；中臀叶基部桥联，端部向后叉开，叶内缘及端部有细锯齿，第2和3叶均双分，内大外小，端圆；背腺分布，第1~2腹节亚缘区，第3~6腹节亚中、亚缘区，第6腹节亚中群均各2腺，亚缘群有时缺；围阴腺5群。

雄成虫：介壳长条形，长约0.9mm，白色，溶蜡状，两侧近平行，背面具纵脊3条；壳点1个，位于前端。虫体长0.53mm，砖红色。具翅1对，腹末交尾器针状。

卵：长椭圆形，长约0.2mm，初产桃红色，渐变红褐色。

若虫：1龄若虫椭圆形，长约0.21mm，桃红色。触角、足健全；越冬态若虫头部截形，体长0.38mm，触角贴伏胸侧。

雄蛹：长0.57mm，暗黄色。

[生活史与习性] 陕西、内蒙古一年发生1~2代。以若虫在枝、干及芽腋处越冬；4月上旬开始取食，5月中旬出现成虫。5月下旬雌成虫始产卵，每雌产卵81~85粒。1~2代若虫盛孵期分别为6月下旬，9月上、中旬。虫体多自枝条基部逐渐向上蔓延为害，少数密集于基部，严重时虫体覆盖枝条，相互叠压。

[防治方法] 参照考氏白盾蚧。

175. 中华翼片盾蚧
***Silvestraspis uberifera* (Lindinger)**

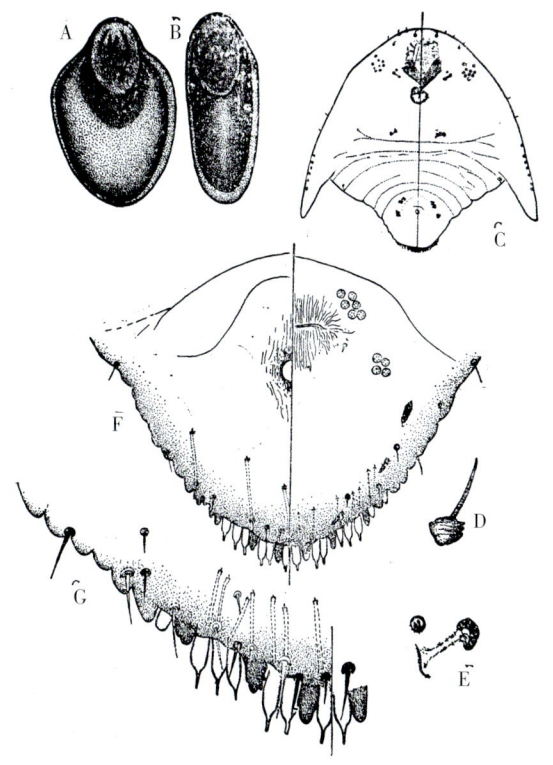

A. 雌介壳　B. 雄介壳　C. 雌成虫体　D. 触角　E. 前气门　F. 臀板　G. 臀板边缘

中华翼片盾蚧雌成虫

[中文异名] 翼盾蚧。

[分　　布] 福建、台湾、香港。

[为害对象] 菠萝树、蒲桃、玉桂、楠及粗糖柴。

[形态特征]

雌成虫: 介壳卵形,长约1mm,上褐或橙黄色,中间有很大一块绿色或黑色斑纹,发亮;壳点2个,第1壳点椭圆形,淡黄色,前端伸出第2壳点1/3,第2壳点形成了全部介壳,成虫完全封闭在第2壳点内,介壳内有透明的分泌物膜,介壳外无分泌物部分;腹壳薄。虫体呈特殊菱形,长和宽均约0.6mm,体段圆形,侧面延伸成长而粗的角状突起,伸出指向后方,其内缘和第1腹节构成直角,第1腹节后身体渐收缩;臀叶3对,长过于宽,端略尖,两侧有浅缺刻,臀栉安培瓶状,即长而两侧略平行,端突然变细成针状中齿,长于中叶,中叶间2个,中叶至第2叶间和第2~3叶间分别2个和3个,第3叶外每侧5~9个;背腺和缘腺均无;围阴腺4群。

雄成虫: 介壳狭长,长约0.9mm,栗褐色或黄绿色,两则几乎平行;壳点1个,位于前端,暗绿色。

[防治方法] 参照考氏白盾蚧。

176. 阴腺滇片盾蚧
***Sishanaspis quercicola* Ferris**

[中文异名] 西山盾蚧、栎西山糠蚧。

[分　　布] 云南。

[为害对象] 栎。

[形态特征]

雌成虫: 介壳卵圆形,长约1mm,灰或黄色,壳点2个,第1壳点大,位于前端,背有中脊线,略带绿色,第2壳点占介壳绝大部分,上覆一薄层蜡质。虫体圆形,隐藏在第2壳点内,长约0.5mm;臀板半圆形,向后,臀叶1对,宽短,末端截形,两侧平行,两叶互相远离;腺刺端部二叉或尖形;缘腺无;背腺短小,数变异;围阴腺排成弧形。

雄成虫介壳: 狭长,长约0.7mm,两侧略平行;

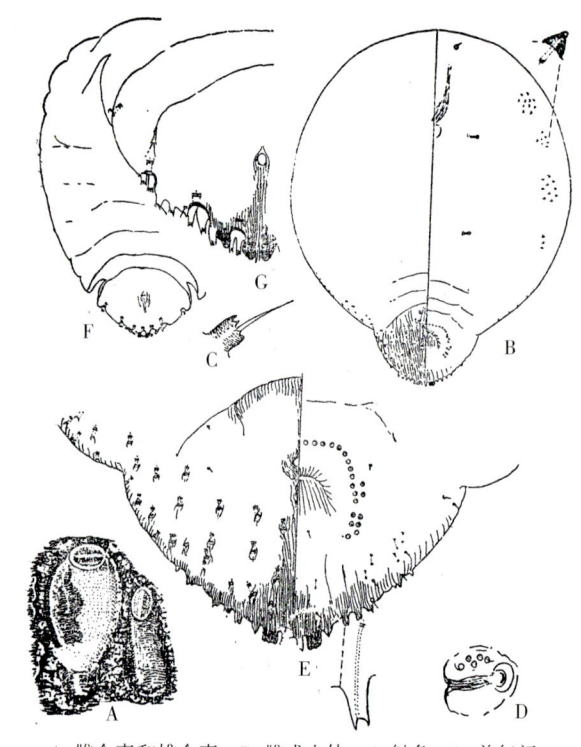

A. 雌介壳和雄介壳　B. 雌成虫体　C. 触角　D. 前气门
E. 臀板　F. 第2龄若虫蜕皮　G. 臀板(仿Ferris 绘)

阴腺滇片盾蚧雌成虫

壳点1个,淡褐色,于前端,中脊线隆起。

[防治方法] 参照考氏白盾蚧。

177. 楠崇化盾蚧
***Aulacaspis schizosoma* (Takagi)**

[中文异名] 坛絮盾蚧、楠齐盾蚧、千字形雪盾蚧。

[分　　布] 四川、云南、贵州、广西、福建、广东、台湾。

[为害对象] 日本桢楠、楠木、香樟、胡颓子。

[为 害 状] 雌成虫和若虫寄生在叶片上刺吸汁液为害。

[形态特征]

雌成虫: 介壳近圆形,长1~2.5mm,灰白色,扁平,很薄,半透明,常起皱纹,极似白轮盾蚧;壳点2个,灰黄色,位于边缘上,第1壳点全在壳外,第2壳点伸出壳外一半。虫体陀螺状,长0.8~1mm,中胸特别突出,最大,后胸急行缩小,渐向尾端收缩;触角间有一"⌒"形疣状横纹;臀板中叶较小,基部小而末端宽,呈锤状，基连，内缘基部隔窄缝，第2和3叶发达，双分；缘腺长大，每侧7~8枚；背腺分布在第3~6腹节，每节1列，呈亚中、亚缘群，各节亚中群每节依次为1~3.1~4.1~2.和0~2腺，亚缘群为2~5.2~4.2和0腺。

雄成虫：介壳长条形，长约1mm，白色，溶蜡状，背面有纵脊3条；点1个，位于前端。

[防治方法] 参照考氏白盾蚧。

178. 琼楠梯圆盾蚧
Aspidiotus beilschmiediae (Takagi)

[中文异名] 琼南凹盾蚧、琼楠凹圆蚧。

[分　　布] 四川、台湾。

[为害对象] 台琼楠、桂花、黄心树、法国冬青。

[为 害 状] 雌成虫和若虫寄生在叶片上刺吸汁液为害。

[形态特征]

雌成虫：介壳圆形，直径约2mm，白色；壳点2个，近中央。虫体倒梨形，长约1mm，臀板突出，相当尖，中叶长过于宽，端稍狭，每侧有小凹切，第2和3叶与中叶同大，基部略收缩，端平圆，外侧有一深凹切；臀栉发达，第3叶外每侧10个；缘腺在中叶间、中叶与第2叶间各1个，第2和3间、第3~5腹节间各2个，第7~8腹节间有亚缘腺2个，第6~7腹节间沟成一单列；围阴腺4群。

雄成虫：介壳长条形，长约1mm，白色，溶蜡状，背面有纵脊；壳点1个，位于前端。

[防治方法] 参照考氏白盾蚧。

179. 兔唇梯圆盾蚧
Aspidiotus excisus (Green)

[中文异名] 凹圆盾蚧、飞蓬梯圆盾蚧、凹圆蚧。

[分　　布] 广东、福建、台湾。

[为害对象] 柑橘、香蕉、番木瓜、油桐、椰子、棉、漆树、棉、胡椒、球兰、兰瓶花、杓兰、肖焚天花、素馨、常山石楠、柏木、牵牛、紫丹、芙蓉、香港算盘子、地胆草、五爪三七、飞蓬。

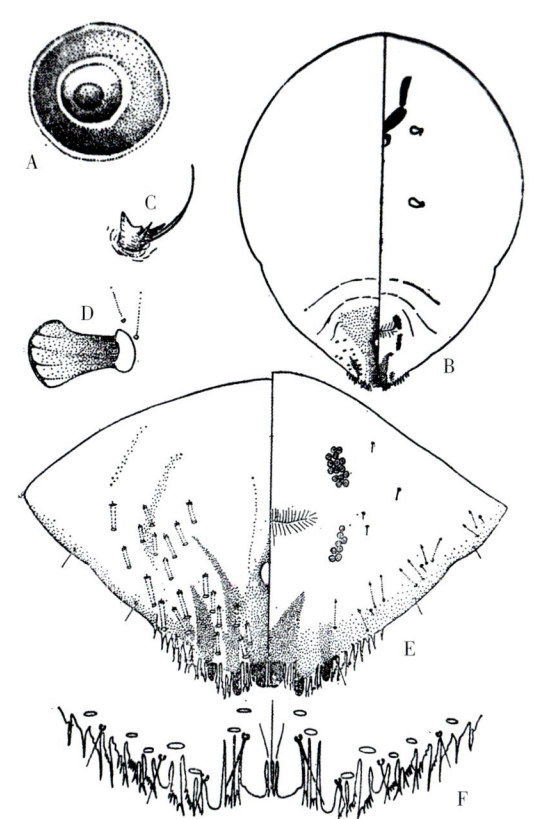

A. 雌介壳　B. 雌成虫体　C. 触角　D. 前气门
E. 臀板　F. 臀板末端
兔唇梯圆盾蚧雌成虫

[为 害 状] 雌成虫和若虫寄生在叶片上刺吸汁液为害。

[形态特征]

雌成虫：介壳圆形，长1~2mm，白或淡褐色，半透明，不太规则，边缘有缺切，上有长毛；壳点2个，位于中心，黄色。虫体卵形，长约1mm，黄色，臀板稍向后方突出，分节不明显，边缘完整，腹节侧缘不呈瓣状突出；气门开口狭肾脏形；臀叶3对，中叶内凹而短于第2叶，板端形成凹口，中叶大，其外缘为第2叶外缘之2倍，中叶外角背毛长于中叶，中叶间距为中叶宽之1/3，第2、3叶外侧角无缺切；背腺中等长，每侧20~50个；臀栉超出叶端，栉端外侧裂成不规则齿；围阴腺4群。

雄成虫：介壳长圆形，长约0.8mm，质地和色泽同雌介壳。

[防治方法] 参照考氏白盾蚧。

180. 枝缨蜕盾蚧
***Thysanofiorinia nephelii* (Maskell)**

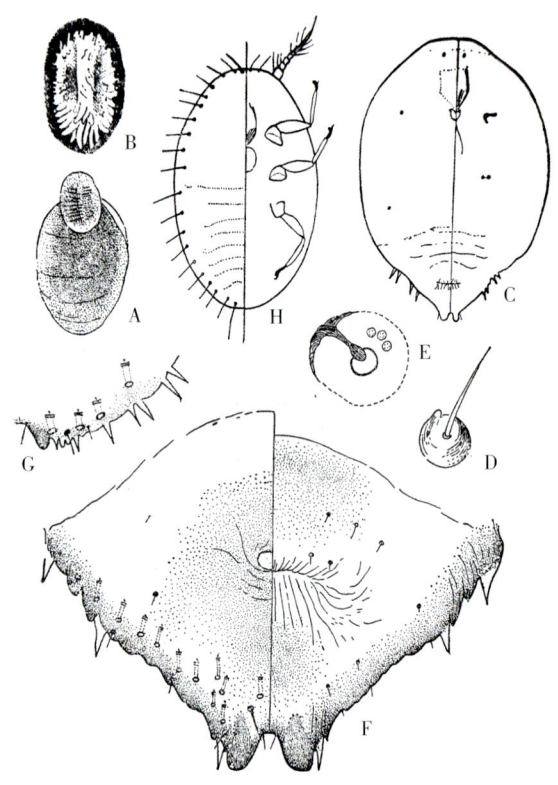

A. 雌介壳 　B. 雄介壳 　C. 雌成虫体 　D. 触角 　E. 前气门
F. 臀板 　G. 第2龄若虫臀板 　H. 第1龄若虫（仿Ferris 绘）
枝缨蜕盾蚧雌成虫

[中文异名] 缨围盾蚧、龙眼缨蜕盾蚧。

[分　布] 广东、浙江、福建、广西、台湾、香港。

[为害对象] 荔枝、龙眼、大戟、苜蓿、茗子。

[为害状] 雌成虫和若虫寄生在叶背面刺吸汁液为害，寄生处成凹坑，并相应在叶面形成锥形颗粒状虫瘿。

[形态特征]

雌成虫： 介壳卵形，后端稍狭，主要由第2壳点组成，长约1mm，黄褐或黑色，有光泽，扁平，背中纵脊显著，第1壳点淡黄色，长约0.4mm，一半突出在第2壳点外。虫体近梨形，长0.6~0.7mm；臀板小，近三角形，中叶发达，相互分离并叉开，着生在凹陷的两侧，外缘短直，外倾，内缘弧形外斜，具5~6齿，端圆，叶间有粗刚毛1对而无腺刺，侧叶无；腺刺在中叶外每侧1根，在第3~5腹节上每侧每节各3根；背腺分布于板缘，每侧7~9腺，每中叶前1腺；腹腺细，分布于板缘；无围阴腺。

雄成虫： 介壳长形，长约0.6mm，白色，背面分泌物毛茸状，壳点黄色，位于前端。

[防治方法] 参照考氏白盾蚧。

181. 毛竹釉盾蚧
***Unachionaspis bambusae* (Cockerell)**

[中文异名] 竹尤盾蚧、竹釉盾蚧。

[分　布] 中国四川、江西、上海、浙江；日本。

[为害对象] 金竹、乌竹、凤尾竹、箬竹、毛竹、刚竹、石竹、苦竹。

[为害状] 雌成虫和若虫寄生在叶片背面刺吸汁液为害，造成叶片发黄，干枯脱落，影响长势。

[形态特征]

雌成虫： 介壳梨形，长约2~2.8mm，雪白色，略突，前狭后宽；壳点2个，位于前端，灰黄或黄色，末端橘黄色，稍被蜡粉，端部则常裸。虫体长纺锤形，长约1.1~1.4mm，黄白色，臀前

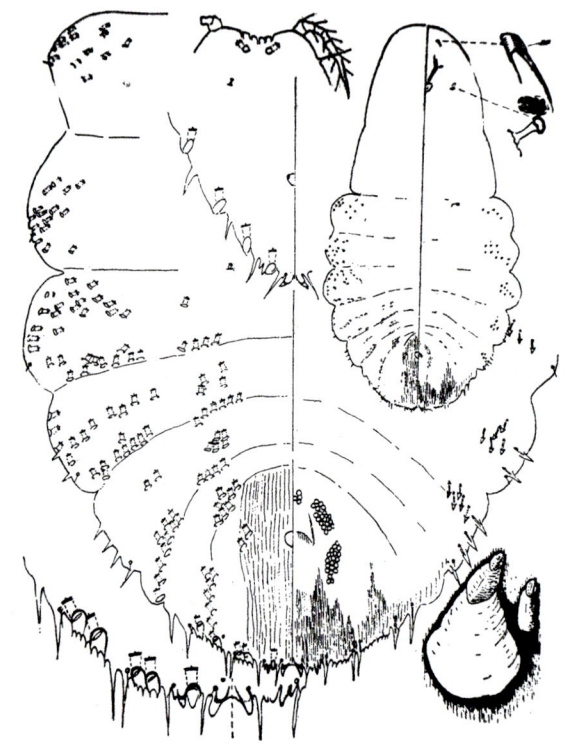

毛竹釉盾蚧雌成虫

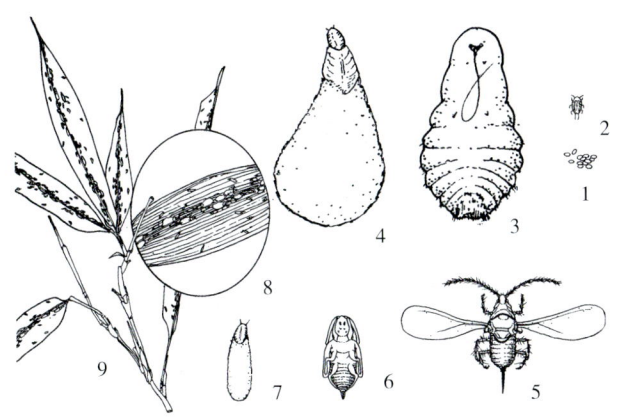

1. 卵　2. 若虫　3. 雌成虫　4. 雌介壳　5. 雄成虫　6. 蛹
7. 雄介壳　8. 放大图　9. 为害状

毛竹釉盾蚧

腹节侧叶略突；臀叶2对，中叶锥状，叉开，两叶相隔较远，末端稍向外分离，边缘无齿刻，叶间无管腺，第2叶双分，分叶锥状，第2叶以上板缘锯齿状；缘腺每侧6个，与背腺相一致；背腺分布在第2~5腹节亚缘区，在第2~6腹节亚中区成群；缘腺刺很长，分布于第3~8腹节。

雄成虫： 介壳长条形，长1~1.2mm，白色，溶蜡状，背面3条纵脊不甚明显；壳点1个，黄色，位于前端。虫体长约0.8mm，翅展约1.4mm。体橙黄色，眼黑色，腹末针状交尾器长0.25mm。

卵： 长卵圆形，淡黄色，长约0.2mm。

若虫： 初孵时长椭圆形，长约0.24mm，体淡黄色，眼红色，触角、足健全。

雄蛹： 长约0.8mm，橙黄色。

为害状

[生活史与习性]

生活史： 成都一年发生3代。以受精雌成虫在叶背越冬；翌年4月上旬至5月上旬产卵，4月下旬为产卵盛期。1~3代若虫孵化期分别为5月上旬至下旬，5月中旬为盛孵期；6月下旬至7月下旬，7月上旬为盛孵期；8月中旬至9月下旬，9月上旬为盛孵期。初孵若虫在叶背固定寄生。9月下旬至10月中旬第3代雄虫化蛹，10月中、下旬羽化为成虫，交配后以受精雌成虫越冬。

繁殖： 营两性卵生。每头雌成虫产卵44~149粒，一般60~130粒；1~3代平均卵期分别为20天，10天，5天。

寄生习性： 初孵若虫趋向背阴处的叶背，荫蔽潮湿林地有利于发生。雌成虫多寄生在叶背主脉两侧或叶缘处。

[天　敌] 瘦柄花翅蚜小蜂是寄生该蚧雌成虫和雄蛹的重要天敌，寄生率可达47%。

[防治方法] 参照考氏白盾蚧。

182. 紫竹釉盾蚧
Unachionaspis tenuis (Maskell)

[中文异名] 纺锤釉盾蚧、薄尤盾蚧。
[分　　布] 浙江、福建、陕西。
[为害对象] 刚竹属、苦竹属、箬竹属。
[为　害　状] 雌成虫和若虫寄生在叶背基部刺吸汁液为害。
[形态特征]

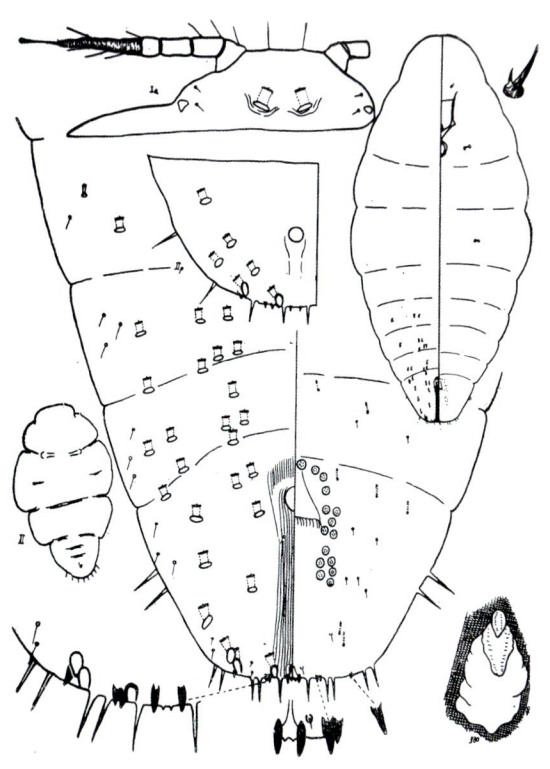

紫竹釉盾蚧雌成虫

雌成虫：介壳梨形或近圆形，长约2mm，白色，质薄而平；壳点2个，位于前端。虫体纺锤形，长约0.8mm，后胸最宽；臀板狭，后缘圆形或梯形，臀叶3对均细小，锥状，中叶基不轭连，其间有缘小突1对，侧叶双分，第3叶为单一硬化锥突；腺刺在臀板每侧从中叶向外按1, 2, 2, 1~2排列；胸部至第4腹节腹面无腺锥；背腺粗大，同形，每侧约20个左右，在第2~7腹节成亚中、亚缘群，臀板缘腺不特化；围阴腺5群。

雄成虫：介壳扁长条形，较小，白色，两侧缘微呈弧形，背面纵脊不明显

[防治方法]参照考氏白盾蚧。

183. 苏铁尖盾蚧
Unaspis acuminate (Green)

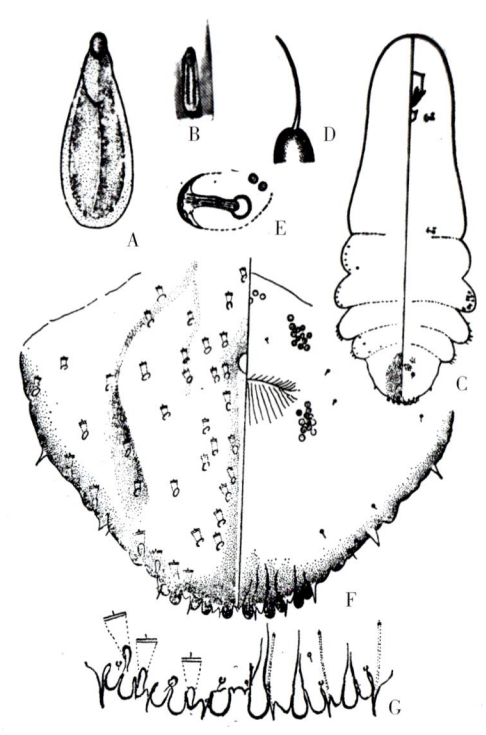

A. 雌介壳 B. 雄介壳 C. 雌成虫体 D. 触角 E. 前气门
F. 臀板 G. 臀板末端

苏铁尖盾蚧雌成虫

[中文异名]锐矢尖蚧、尖盾矢尖蚧。

[分　　布]广东、海南、云南、广西。

[为害对象]无花果、芒果、柑橘、吴茱萸、龙脑香、卫矛、紫金牛、鸡眼藤、雾冰草。

[为　害　状]雌成虫和若虫寄生在叶背刺吸汁液为害。

[形态特征]

雌成虫：介壳长纺锤形，长约3mm，淡黄褐至深褐色，边缘色较淡，前端尖，向后渐加宽，后端宽圆，隆起，背中有纵脊线1条，边缘平坦；壳点2个，淡黄色，位于前端，椭圆形，第1壳点伸出第2壳点一半。虫体细长，长1.6~1.8mm，黄色；臀叶3对，中叶缩入体内，彼此远离，几相平行，端稍叉开，端内缘斜形具齿列，第2、3叶均双分；臀板缘腺刺每侧排列自中叶向外为1、1、1、1、2根，第3腹节为4根；腹面第2~3腹节睬锥每节每侧3~6根，第1腹节至中胸体缘有小管腺群；背管腺散布于背面；围阴腺5群。

雄成虫：介壳长形，长约1mm，白色，溶蜡状，两侧平行，背面有纵脊3条，中脊两侧各有细红线1条，沟内有红色小点；壳点位于前端，黄色。

[防治方法]参照月季白轮盾蚧。

184. 柑橘尖盾蚧
Unaspis citril (Comstock)

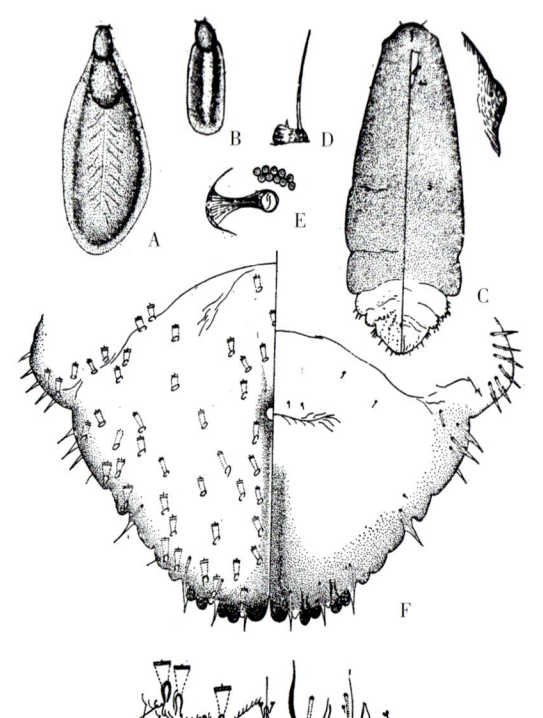

A. 雌介壳 B. 雄介壳 C. 雌成虫体 D. 触角 E. 前气门
F. 臀板 G. 臀板末端

柑橘尖盾蚧雌成虫

[中文异名] 桔矢尖蚧、柑橘簇盾蚧。

[分　　布] 广东、广西、四川、湖北、浙江、上海、江苏、陕西、海南、台湾、香港。

[为害对象] 橘、橙、柚、佛手、柠檬、枸骨、木犀、葡萄、棕榈、桂花。

[为害状] 雌成虫和若虫寄生在叶面，少数在果实上刺吸汁液为害，在树冠中、下部分布最多。

[形态特征]

雌成虫： 介壳逗点形，长约2.5mm，褐或紫色，前方尖狭，后方宽圆，略呈S形弯曲，背面隆起，背在有不明显纵脊；壳点2个，卵形，突出于前端，黄褐色，第1壳点有一半伸出在第2壳点前。虫体长纺锤形，体长1~1.5mm，橙黄色，头与前胸间无分节界线，头部有眼瘤2个，第1腹节后角不显；牛叶陷入很深，叶基靠近，端部叉开，叶内缘具齿列，内缘长于外缘，第2、3叶均双分；臀板上背腺两型，除缘腺较大外，小管腺每侧约60个；腺刺端不分叉；围阴腺至多前二群存在或全缺。

雄成虫： 介壳长形，长约1mm，白色，溶蜡状，两侧近平行，背面具纵脊3条；壳点1个位于前端。

[防治方法] 参照月季白轮盾蚧。

185. 卫矛矢尖盾蚧
Unaspis euonymi (Comstock)

[中文异名] 卫矛矢尖蚧、卫矛簇盾蚧、卫矛尖盾蚧。

[分　　布] 中国广东、广西、四川、河北、陕西、山东、江苏、浙江、江西、内蒙古、云南、上海、贵州等省市；朝鲜、日本、斯里兰卡、埃及、伊朗、以色列、土耳其、欧洲、俄罗斯、美国、阿根廷。

[为害对象] 杏、油橄榄、山梅花、木槿、素馨、丁香、女贞、正木、卫矛、忍冬、瑞香、大叶黄杨、落霜红、南蛇藤、芫花、鸢尾、富贵草等植物。

[为害状] 雌成虫和若虫寄生在枝条、叶片上刺吸汁液为害，轻者造成叶片失绿变黄，凋落，重者枝条枯萎，甚至整株死亡。

[形态特征]

雌成虫： 介壳长梨形，长1.4~2mm，褐至紫褐色，前端尖，后端宽，常弯曲，平而背有一浅中脊；壳点2个，位于前端，黄褐色。虫体宽纺锤形，长约1.4mm，橙黄色，体前部膜质；臀叶3对，中叶大而宽，端部略叉开，内缘略长于外缘，有细锯齿，第2和3叶相仿，均双分，呈球状突出；背腺稍小于缘腺，每侧60余个，

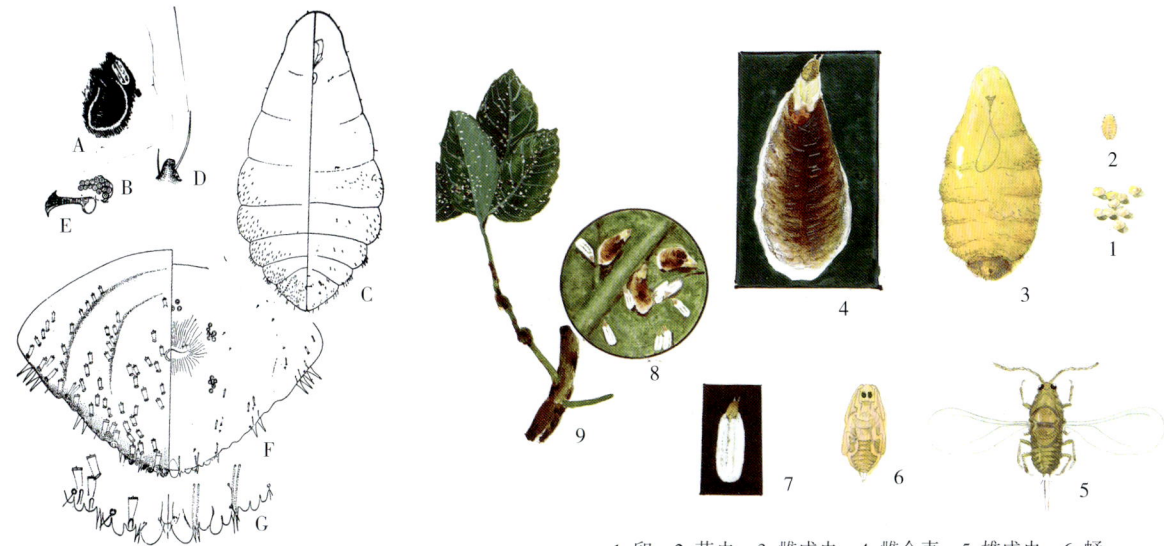

A. 雌介壳　B. 雄介壳　C. 雌成虫体　D. 触角　E. 前气门　F. 臀板　G. 臀板末端

卫矛矢尖盾蚧雌成虫

1. 卵　2. 若虫　3. 雌成虫　4. 雌介壳　5. 雄成虫　6. 蛹
7. 雄介壳　8. 放大图　9. 为害状

卫矛矢尖盾蚧

雌成虫（近视）

为害状

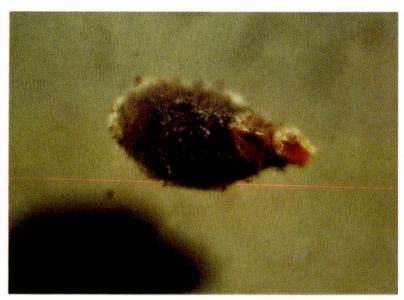
雌成虫介壳（近视）

按节排成不太整齐的亚缘、亚中组；第1~2腹节之腹面有腺瘤，中胸至第1腹节腹面侧缘各有小管腺1群；缘腺7对；板缘刺成双排列；围阴腺5群。

至9月上旬初。10月上旬第3代雌成虫大量出现，11月份受精雌成虫开始越冬。

江西南昌1~3代若虫孵化高峰期分别发生在4月下旬至5月上旬初。

雌介壳及雄介壳（放大）

雄介壳（放大）

雄成虫： 介壳长条形，长约1mm，白色，溶蜡状，背面有纵脊3条；壳点1个，黄褐色，位于前端。虫体长约0.7mm，翅展1.8mm。体橙红色，腹末交尾器针状。

卵： 椭圆形，淡黄色。

若虫： 1龄若虫椭圆形，长0.2mm，体淡黄色，眼橘红色；2龄若虫椭圆形，橙色。

雄蛹： 长约0.4mm，橙黄色。

[生活史与习性]

生活史： 一年发生代数因地而异，辽宁、华北地区2~3代，华东地区3代。均以受精雌成虫在枝、叶上越冬；浙江临安翌年4月下旬至5月中旬越冬雌成虫产卵。每头雌虫产卵约110粒。第1代若虫4月下旬至5月下旬孵化，4月下旬末至5月上旬初为孵化高峰期。6月上旬为雌雄成虫发生高峰期。2~3代若虫孵化高峰期分别为6月下旬末至7月上旬初，8月下旬末

186. 矢尖盾蚧
***Unaspis yanonensis* (Kuwana)**

[中文异名] 矢尖蚧、矢根介壳虫、柑橘矢尖蚧。

[分　布] 中国广东、广西、四川、云南、贵州、湖南、湖北、江西、福建、浙江、上海、江苏、安徽、陕西、河北等省；日本、法国、印度、大洋洲、北美洲。

[为害对象] 橘、橙、柚、柑、佛手、柠檬、构桔、龙眼等植物。

[为　害　状] 雌成虫和若虫群集在嫩枝、叶片和果实上刺吸汁液为害，使叶片退绿发黄，果皮被害点青而不着色，嫩枝枯萎，诱发煤污病，严重时长势衰弱，不能正常抽枝和结果，甚至整株死亡。

[形态特征]

雌成虫： 介壳梭形或箭镞形，长 2.5~3.5mm，黄褐、紫褐或紫黑褐色，边缘带白色，背中有明显中脊1条，形如箭头；壳点2个，位于前端，黄褐色。虫体长茄形，长约2mm，橙色，体前部强硬化，占体长2/3，臀前2腹节后角突出，尖锐；臀叶3对，中叶大而长，陷入臀板很深，互不相连，相隔成八字形，内缘长而细齿状，第2和3叶形状、大小相仿，均双分，分叶圆而突；背腺很多，约与缘腺同大，每侧50~80个，呈不规则纵列分布；后胸及第1腹节侧有腺瘤；第2~4节侧有腺刺很多，第5~8腹节每节腺刺1根；臀板缘腺每侧6个；围阴腺无。

雄成虫： 介壳长条形，长 1.3~1.6mm，白色，溶蜡状，背面有纵脊3条；壳点1个，黄褐色，位于前端。虫体细长，橘黄色，长约0.5mm，翅展约 1.7mm；触节11节，腹末针状交尾器，其长度约为胸、腹总长的1/2。

卵： 椭圆形，橙黄色，光滑，长0.2mm。

若虫： 1龄若虫草鞋形，长约0.2mm，体橙黄色，眼紫色，触角及足健全，腹末有一对尾毛；

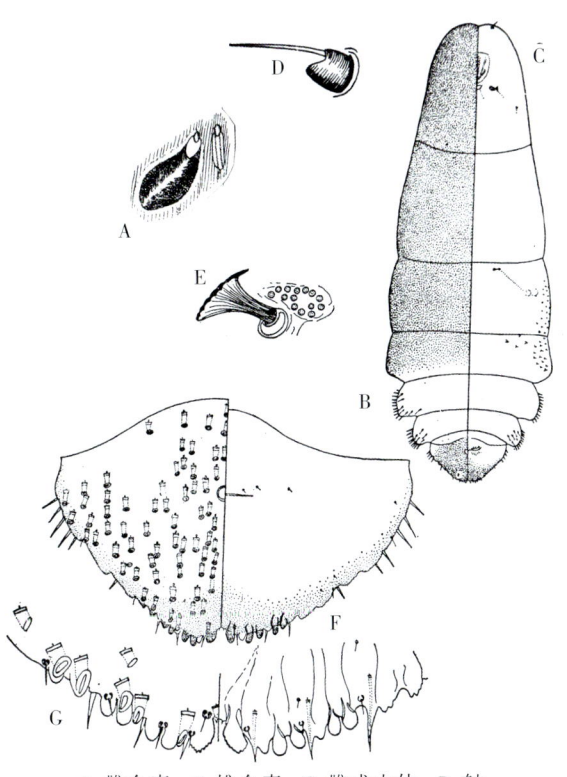

A. 雌介壳　B. 雄介壳　C. 雌成虫体　D. 触角　E. 前气门　F. 臀板　G. 臀板末端

矢尖盾蚧雌成虫

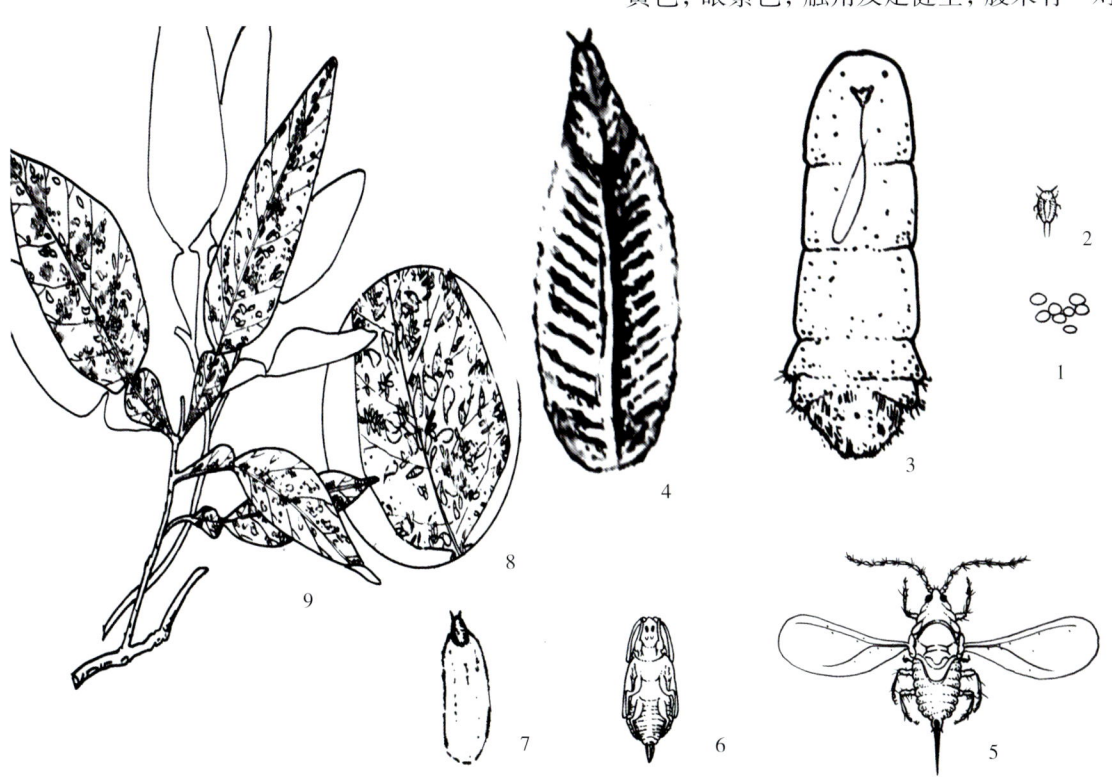

1. 卵　2. 若虫　3. 雌成虫　4. 雌介壳　5. 雄成虫　6. 蛹　7. 雄介壳　8. 放大图　9. 为害状（寄主：柑橘）

矢尖盾蚧

果实为害状

2龄若虫椭圆形，长约1mm，体淡黄色，后端黄褐色，触角、足消失。

雄蛹：椭圆形，长约0.8mm，橘黄色。

[生活史与习性]

生活史：我国多数地区一年发生2~3代，广东、福建、云南等暖地可发生3~4代。以雌成虫和少量2龄若虫在枝条和叶背越冬。除越冬代雌虫至次年产卵发育成熟较一致外，其余各世代重叠现象严重，各种不同发育程度的雌成虫随时可见，发生型复杂。重庆翌年3月底4月初越冬雌成虫开始孕卵，4月下旬至5月上旬当日平均温度达到±19℃时，开始产卵于母体介壳下，经1~3小时孵化，边产卵边孵化。第1代初孵若虫的发生具有双峰型特点。即雌成虫腹下第1代初孵若虫大约在4月下旬始见，前主峰约出现在叶上若虫初见日之后11~16天，其虫口约占当代若虫总数的67.4%；后次峰约出现在初见日之后的35~42天，约占若虫总数的25.7%；两个虫口高峰之间的峰谷则约出现在初见日之后的21天；终见期则约出现在初见日之后的65天，此时与第2代若虫的初发期相衔接。越冬代雌成虫卵巢发育进度亦呈"双峰型"。已产过卵的雌成虫卵胚眼点(1级卵胚)初见日之后约20天叶上若虫初见；尚未产卵而成熟度较高的雌成虫则约减少为10天叶上若虫初见。初孵若虫在母壳下约滞留2天，离开母体爬行2~3小时后在叶背面固定寄生，次日虫体便开始分泌絮状蜡质。第1次蜕皮后进入2龄，逐渐形成介壳。在日平均温度23.2℃条件下，第1代雌若虫一龄期平均19.7天，二龄期平均15.8天，整个雌虫期平均35.4天。雄若虫1龄期平均20.6天，2龄期平均约10天。2~3代若虫始孵期分别为7月上旬，9月上旬。

第1代若虫始孵期，成都、贵州5月上旬，湖南5月中旬，上海5月下旬。

繁殖：因雌雄性比不平衡，雄虫数量占绝对优势，固只营两性卵生。每头雌成虫产卵，1~3代分别为150~160粒，120~150粒，20~40粒。卵孵化率可达80%以上。

寄生习性：第1代若虫主要寄生叶背，第2代若虫多寄生新叶背面，少数寄生在果实上，第3代若虫寄生枝条、叶背。雌蚧分散寄生，雄蚧绝大部分群集于叶背为害。该虫呈聚集型分布，初发阶段呈星点状分布于树冠的内、下层荫蔽处，逐渐向上部和外部蔓延。在荫蔽的柑橘园，或树冠内不通风透光，危害严重。

发生与物候：在上海，第1代若虫孵化始期、盛期和末期的物候分别是橘树、金丝桃和合欢的初花期。

[天　敌] 捕食性天敌有日本方头甲、湖北红点唇瓢虫、红点唇瓢虫、整胸寡节瓢虫、纤丽瓢虫、圆果大赤螨、具瘤神蕊螨；寄生性天敌有奥黄蚜小蜂、桑盾蚧黄蚜小蜂、矢尖盾蚧黄蚜小蜂、云南黄蚜小蜂、褐黄异角蚜小蜂、长缨恩蚜小蜂、单毛长缨恩蚜小蜂、豹纹花翅蚜小蜂、中华长角跳小蜂。其中日本方头甲和红点唇瓢虫的捕食作用最大，矢尖盾蚧黄蚜小蜂的寄生率最高。

[预测预报方法] 以越冬雌成虫卵巢发育

叶片为害状（放大）

各 论

雌成虫介壳（近视）

进度，产卵的起点温度，第1代若虫孵化始、盛、末期及1、2龄若虫龄期的期距，确定若虫发生的"双峰期"和终见期作为全年防治关键时期的依据。具体方法如下：

1. 以叶上若虫初见之后的21天、35天、49~56天作为3次喷药防治的适期。

2. 以未产卵雌成虫腹中卵胚眼点初见日之后的31天、45天、59~66天为喷药适期；以产过卵的雌成虫进行观察，则在上述期距的基础上各增加10天。

3. 以第1代2龄雄若虫始见期(即雄若虫进入2龄后尾部刚显露

白色絮状蜡丝时)作为第1次喷药适期。以2龄雄若虫盛发期，亦即当代雌成虫初见日，作为第2次喷药适期。再过2~3周的终见日作为第3次喷药适期。此法适于在未观察到叶上若虫初见日的情况下使用。

上述测报法已在我国实行多年，实践证明，该法适应性广，准确可靠。相比较，普遍乐于采用简便易行的叶上若虫初见日推断法。

[防治方法]

植物检疫：严格植物检疫制度，禁止引进带虫苗木，杜绝虫源。

园艺防治：结合冬季修枝，剪除虫枝，降低虫口密度。

雌雄介壳（放大）

生物防治：冬季将剪除的带虫枝梢散堆放在果园四周，或放于林间寄生蜂羽化器中，翌年春季让羽化的寄生蜂迁飞到果园。助迁或饲养释放红点唇瓢虫、整胸寡节瓢虫。

其他防治方法参照考氏白盾蚧。

雌雄介壳（近视）

蚜虫天敌彩色图版

(摘自中国科学院动物研究所《天敌昆虫图册》)

瓢 虫

图版 27

175 刀角瓢虫 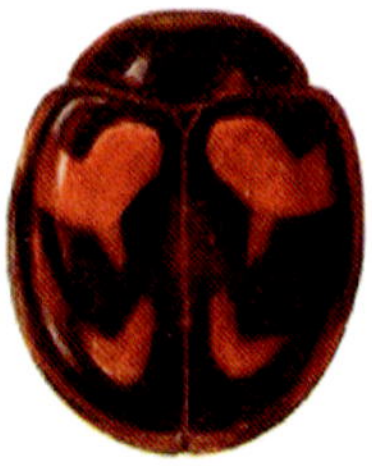　　176 红额艳瓢虫 　　177 台毛艳瓢虫 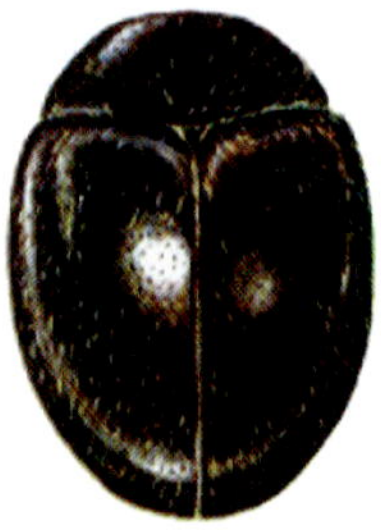　　178 深点食螨瓢虫

179 拟小食螨瓢虫 　　180 广东食螨瓢虫 　　181 隐唇瓢虫 　　182 黑方突毛瓢虫

183 圆斑弯叶毛瓢虫 　　184 黑背小瓢虫 　　185 台湾小瓢虫 　　186 长突毛瓢虫

187 黑襟毛瓢虫 　　188 连斑毛瓢虫 　　189 四斑毛瓢虫 　　190 双斑隐胫瓢虫

图版 28

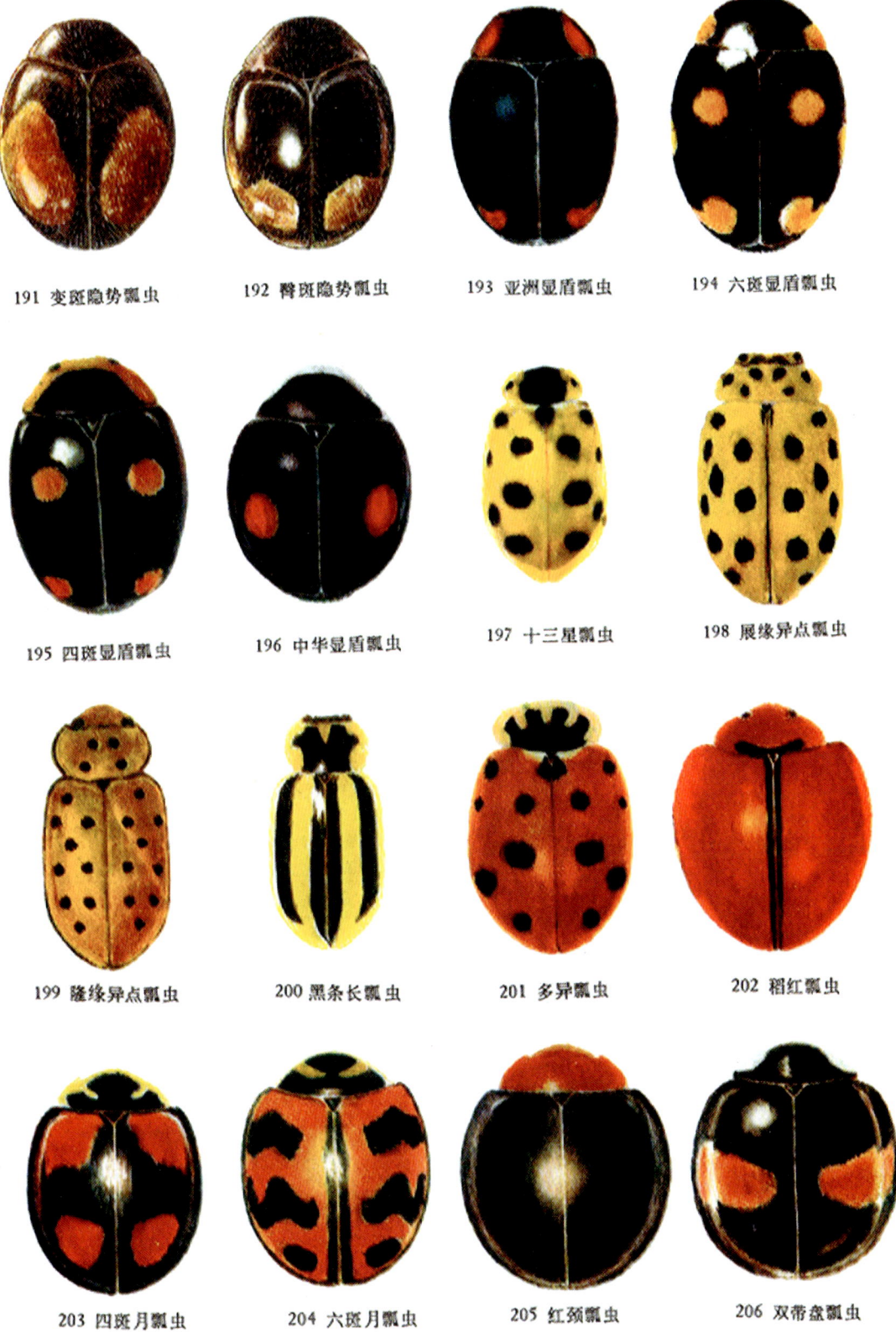

191 变斑隐势瓢虫　192 臀斑隐势瓢虫　193 亚洲显盾瓢虫　194 六斑显盾瓢虫

195 四斑显盾瓢虫　196 中华显盾瓢虫　197 十三星瓢虫　198 展缘异点瓢虫

199 隆缘异点瓢虫　200 黑条长瓢虫　201 多异瓢虫　202 稻红瓢虫

203 四斑月瓢虫　204 六斑月瓢虫　205 红颈瓢虫　206 双带盘瓢虫

图版 29

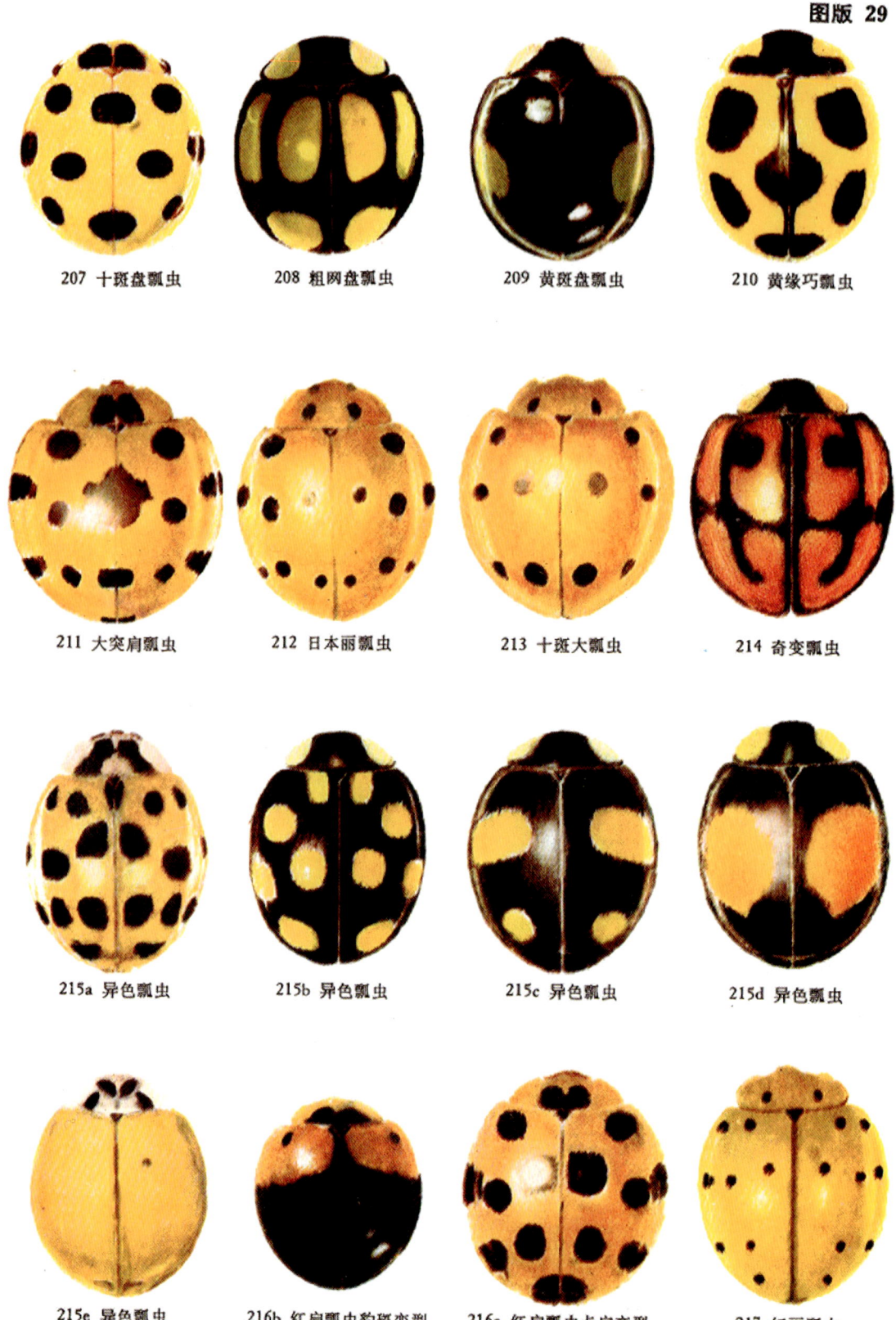

207 十斑盘瓢虫　208 粗网盘瓢虫　209 黄斑盘瓢虫　210 黄缘巧瓢虫
211 大突肩瓢虫　212 日本丽瓢虫　213 十斑大瓢虫　214 奇变瓢虫
215a 异色瓢虫　215b 异色瓢虫　215c 异色瓢虫　215d 异色瓢虫
215e 异色瓢虫　216b 红肩瓢虫豹斑变型　216a 红肩瓢虫点肩变型　217 纤丽瓢虫

图版 30

218 隐斑瓢虫　　219 灰眼斑瓢虫　　220 二星瓢虫　　221 菱斑和瓢虫

222 八斑和瓢虫　　223 李斑瓢虫　　224 狭臀瓢虫　　225 七星瓢虫

226 横斑瓢虫　　227 横带瓢虫　　228 十一星瓢虫　　229 双七瓢虫

230 华鹿瓢虫　　231 细纹裸瓢虫　　232 十五星裸瓢虫　　233 方斑瓢虫

234 龟纹瓢虫　235 双斑唇瓢虫　236 细缘唇瓢虫　237 红点唇瓢虫
238 黑缘红瓢虫　239 蒙古光瓢虫　240 斧斑广盾瓢虫　241 艳色广盾瓢虫
242 鳌胸寡节瓢虫　243 红背粗眼瓢虫　244 柄斑粒眼瓢虫　245 澳洲瓢虫
246 红环瓢虫　247 小红瓢虫　248 大红瓢虫　249 厚缘四节瓢虫

寄生蜂

图版 17

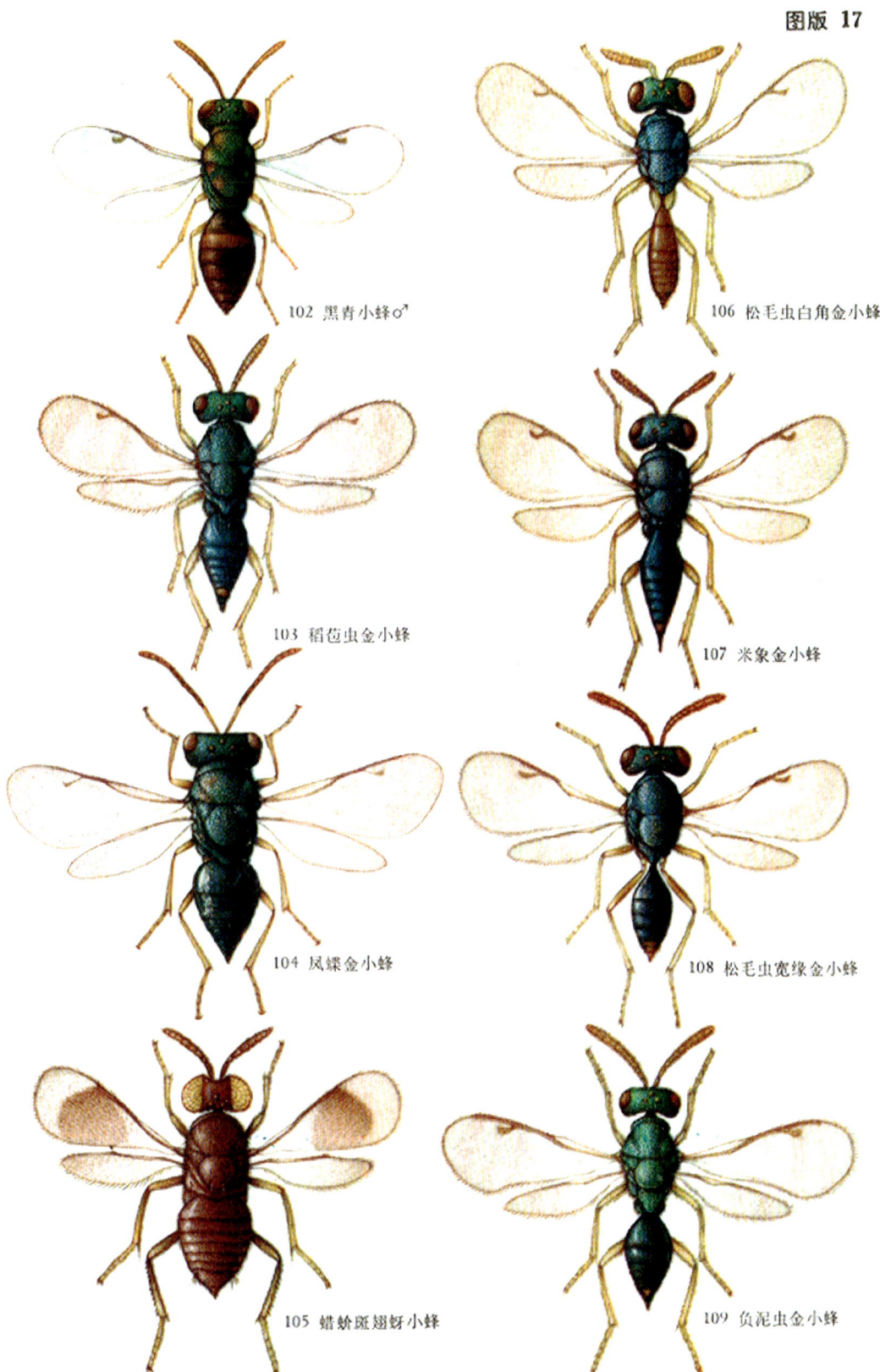

102 黑青小蜂♂
103 稻苞虫金小蜂
104 凤蝶金小蜂
105 蜡蚧斑翅蚜小蜂
106 松毛虫白角金小蜂
107 米象金小蜂
108 松毛虫宽缘金小蜂
109 负泥虫金小蜂

图版 18

110 黄金蚜小蜂
111 双带花角蚜小蜂
112 盾蚧长缨蚜小蜂
113 苹果绵蚜蚜小蜂
114 白杨瘤蚜小蜂
115 中华圆蚧蚜小蜂
116 夏威夷软蚧蚜小蜂

图版 19

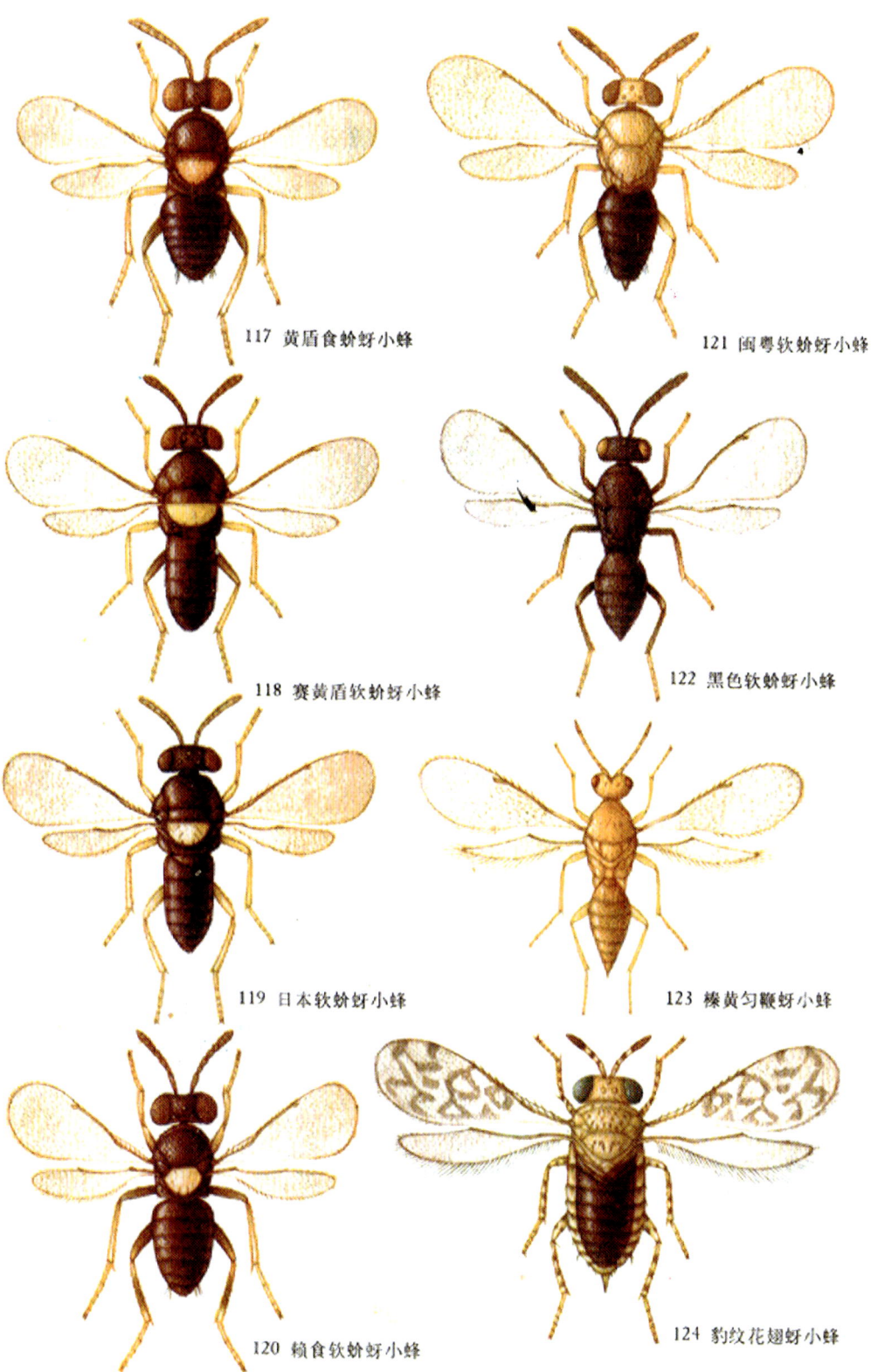

117 黄盾食蚧蚜小蜂
121 闽粤软蚧蚜小蜂
118 赛黄盾软蚧蚜小蜂
122 黑色钦蚧蚜小蜂
119 日本软蚧蚜小蜂
123 榛黄匀鞭蚜小蜂
120 赖食钦蚧蚜小蜂
124 豹纹花翅蚜小蜂

图版 20

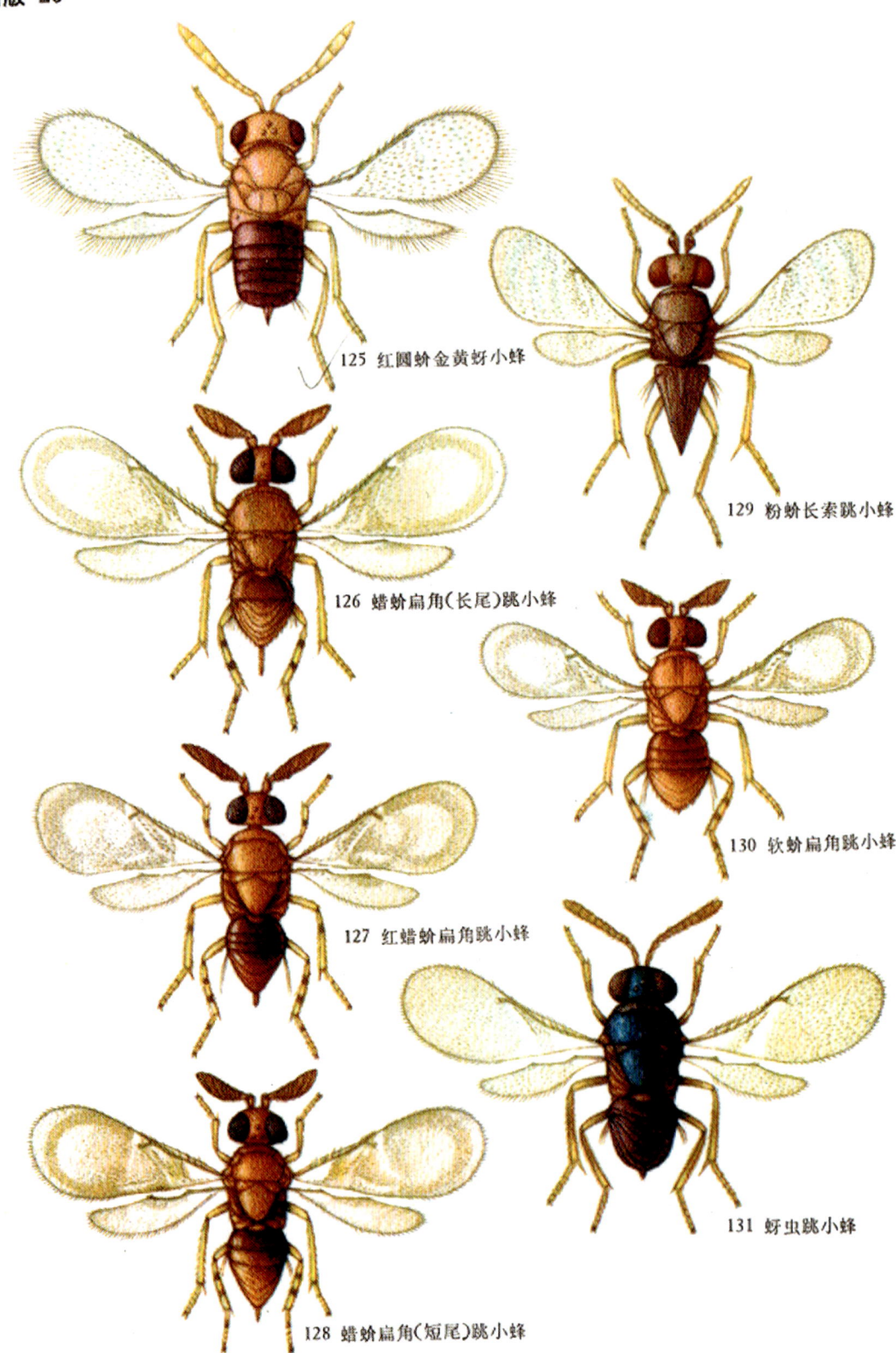

125 红圆蚧金黄蚜小蜂
126 蜡蚧扁角(长尾)跳小蜂
127 红蜡蚧扁角跳小蜂
128 蜡蚧扁角(短尾)跳小蜂
129 粉蚧长索跳小蜂
130 软蚧扁角跳小蜂
131 蚜虫跳小蜂

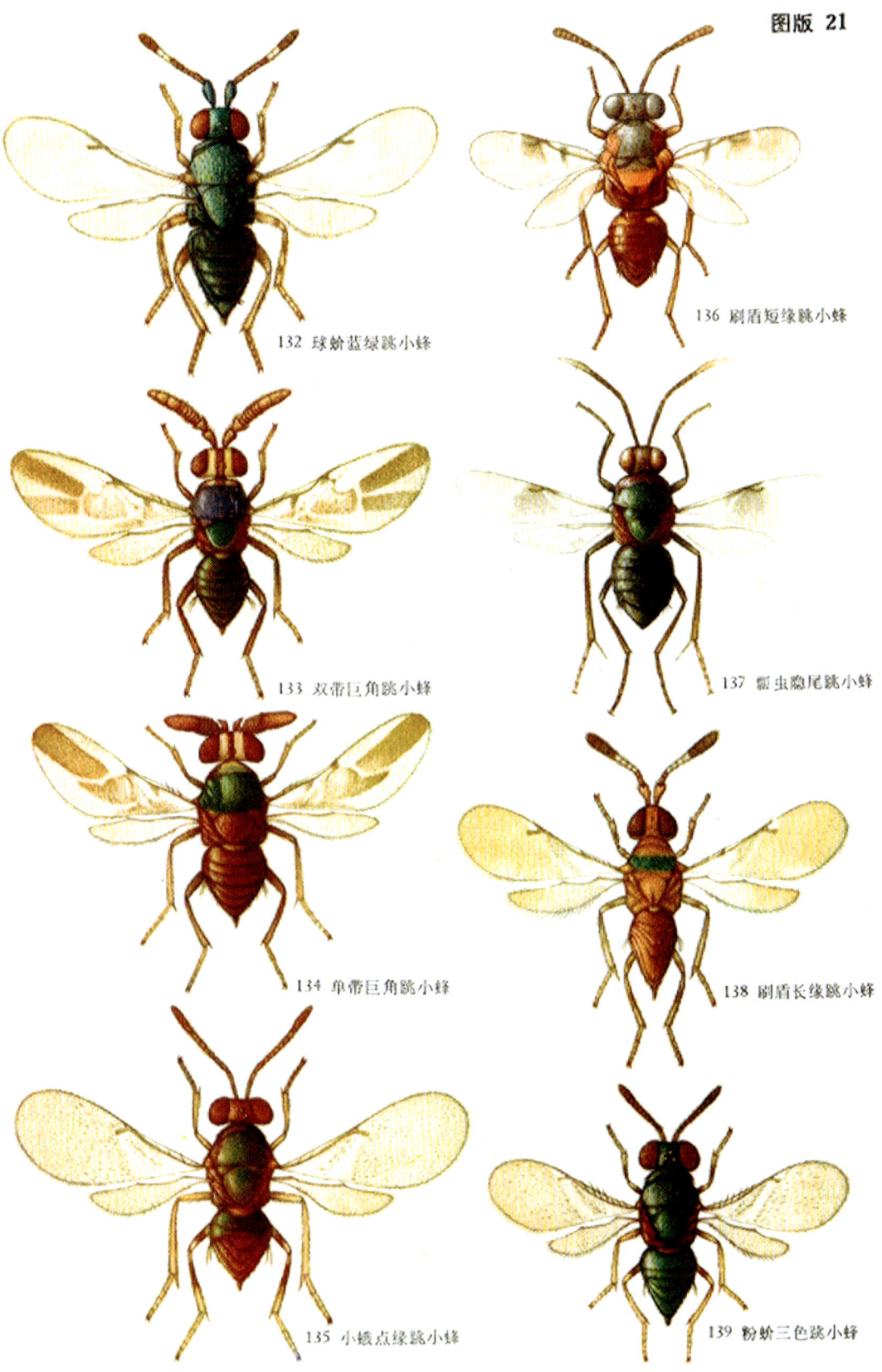

图版 21

132 球蚧蓝绿跳小蜂
133 双带巨角跳小蜂
134 单带巨角跳小蜂
135 小蠹点缘跳小蜂
136 刷盾短缘跳小蜂
137 瓢虫隐尾跳小蜂
138 刷盾长缘跳小蜂
139 粉蚧三色跳小蜂

图版 22

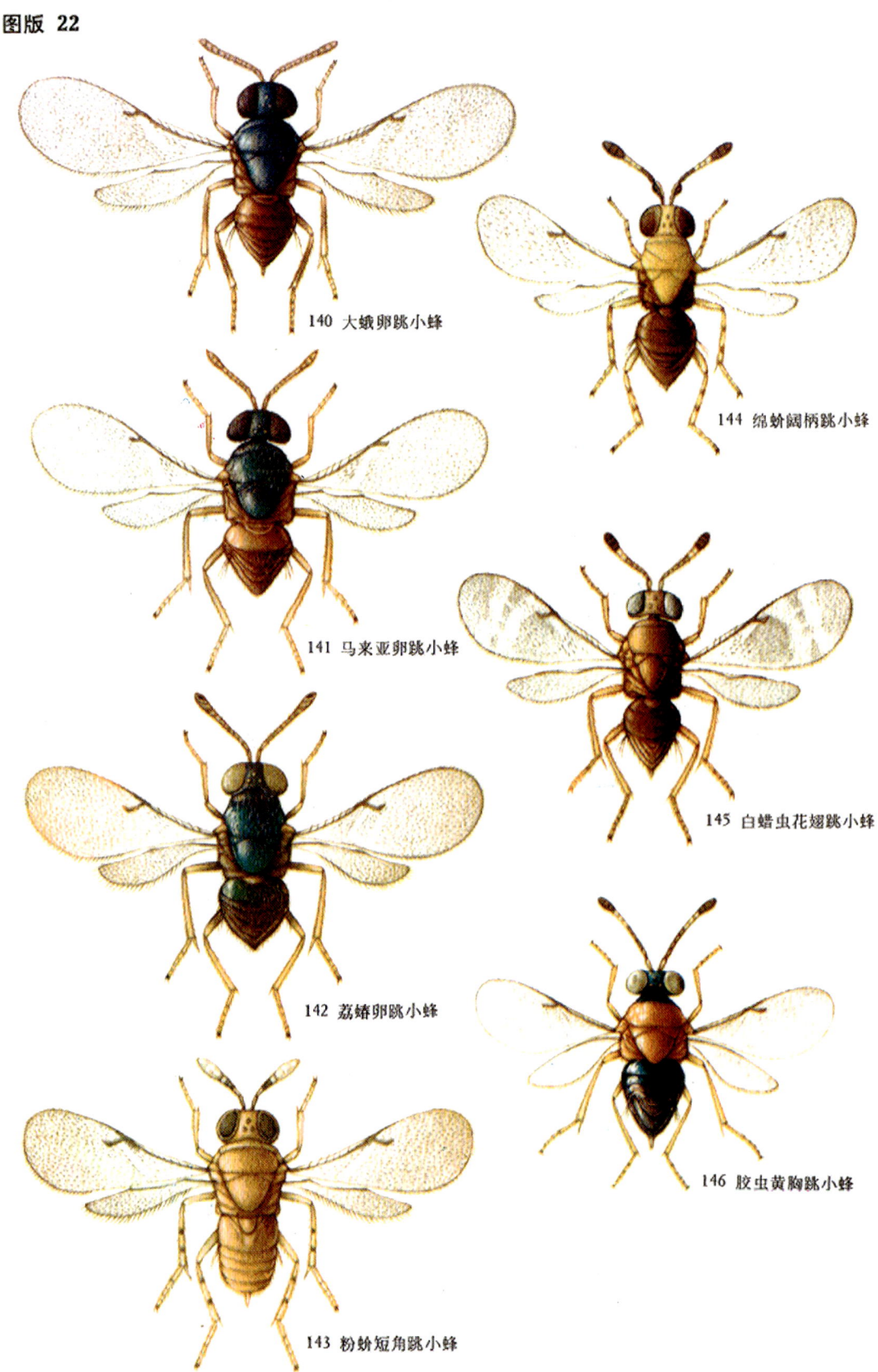

140 大蛾卵跳小蜂
141 马来亚卵跳小蜂
142 荔蝽卵跳小蜂
143 粉蚧短角跳小蜂
144 绵蚧阔柄跳小蜂
145 白蜡虫花翅跳小蜂
146 胶虫黄胸跳小蜂

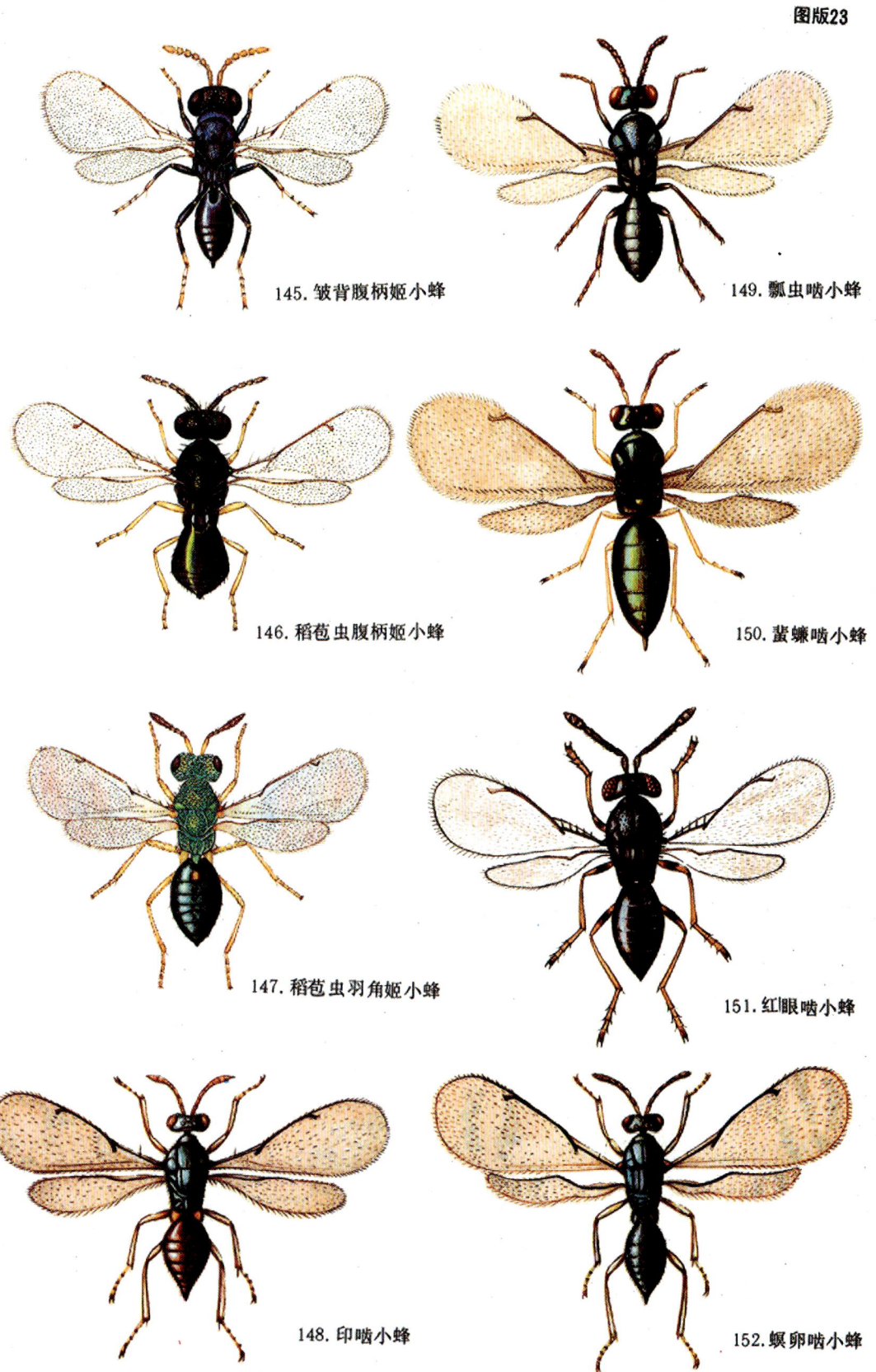

145. 皱背腹柄姬小蜂
146. 稻苞虫腹柄姬小蜂
147. 稻苞虫羽角姬小蜂
148. 印啮小蜂
149. 瓢虫啮小蜂
150. 蚜螨啮小蜂
151. 红眼啮小蜂
152. 螟卵啮小蜂

图版24

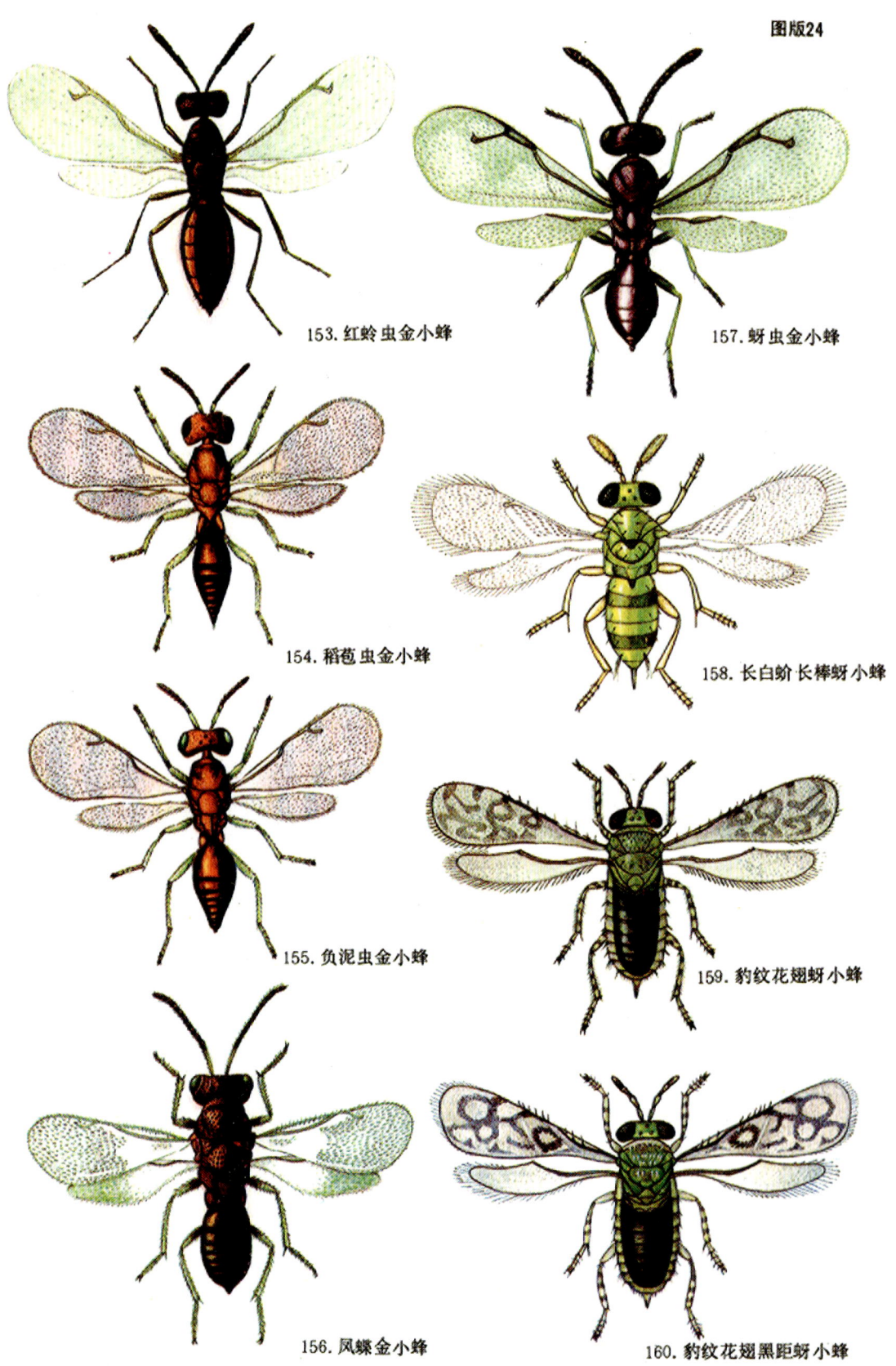

153. 红蛉虫金小蜂
154. 稻苞虫金小蜂
155. 负泥虫金小蜂
156. 凤蝶金小蜂
157. 蚜虫金小蜂
158. 长白蚧长棒蚜小蜂
159. 豹纹花翅蚜小蜂
160. 豹纹花翅黑距蚜小蜂

图版25

161. 豹纹斑翅蚜小蜂
165. 双带花角蚜小蜂
162. 苹果绵蚜蚜小蜂
166. 矢尖蚧花角蚜小蜂
163. 矢尖蚧蚜小蜂
167. 盾蚧长缨蚜小蜂
164. 盾蚧短缘毛蚜小蜂
168. 蜡蚧斑翅蚜小蜂

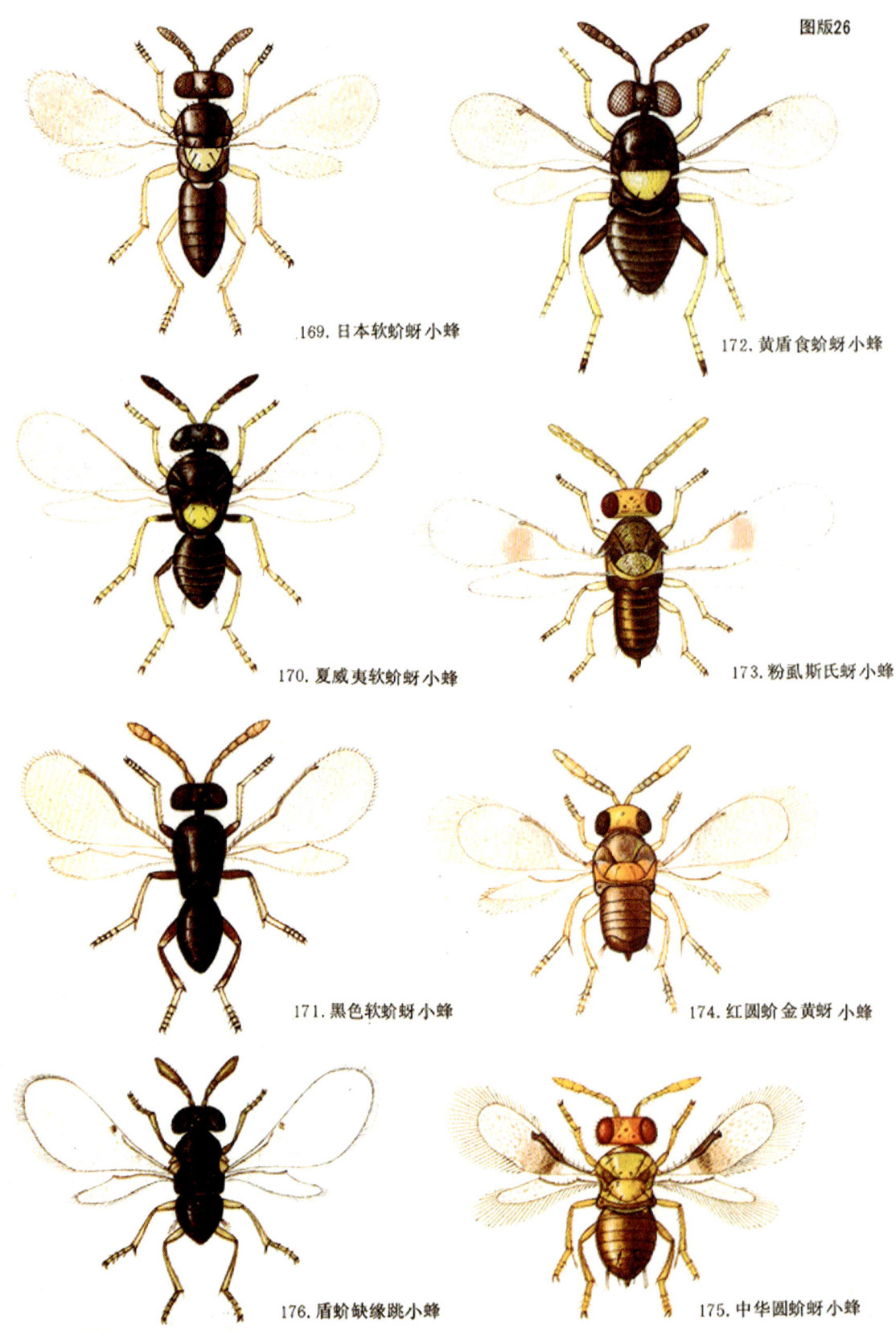

169. 日本软蚧蚜小蜂　　　172. 黄盾食蚧蚜小蜂
170. 夏威夷软蚧蚜小蜂　　173. 粉虱斯氏蚜小蜂
171. 黑色软蚧蚜小蜂　　　174. 红圆蚧金黄蚜小蜂
176. 盾蚧缺缘跳小蜂　　　175. 中华圆蚧蚜小蜂

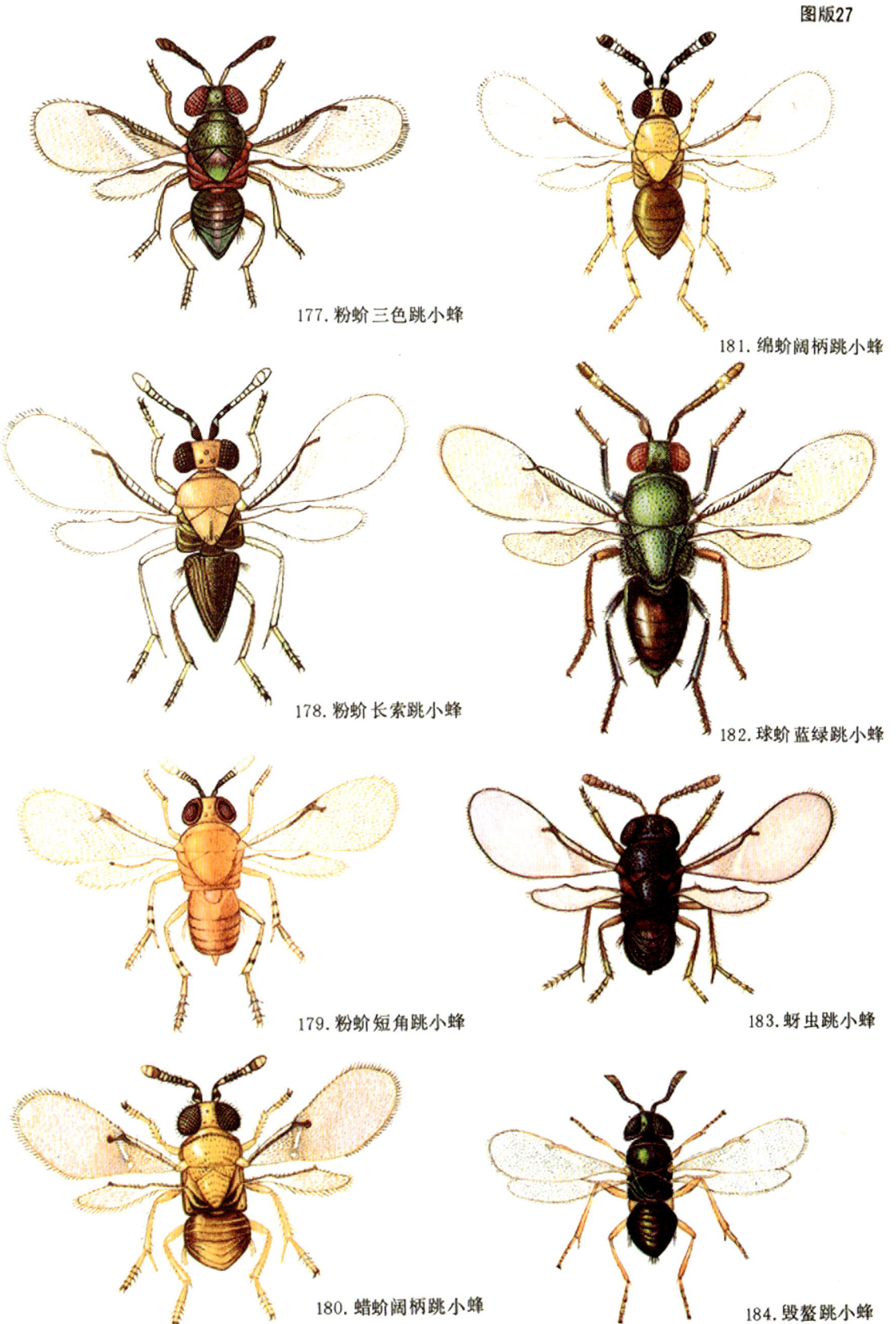

177. 粉蚧三色跳小蜂
181. 绵蚧阔柄跳小蜂
178. 粉蚧长索跳小蜂
182. 球蚧蓝绿跳小蜂
179. 粉蚧短角跳小蜂
183. 蚜虫跳小蜂
180. 蜡蚧阔柄跳小蜂
184. 毁螯跳小蜂

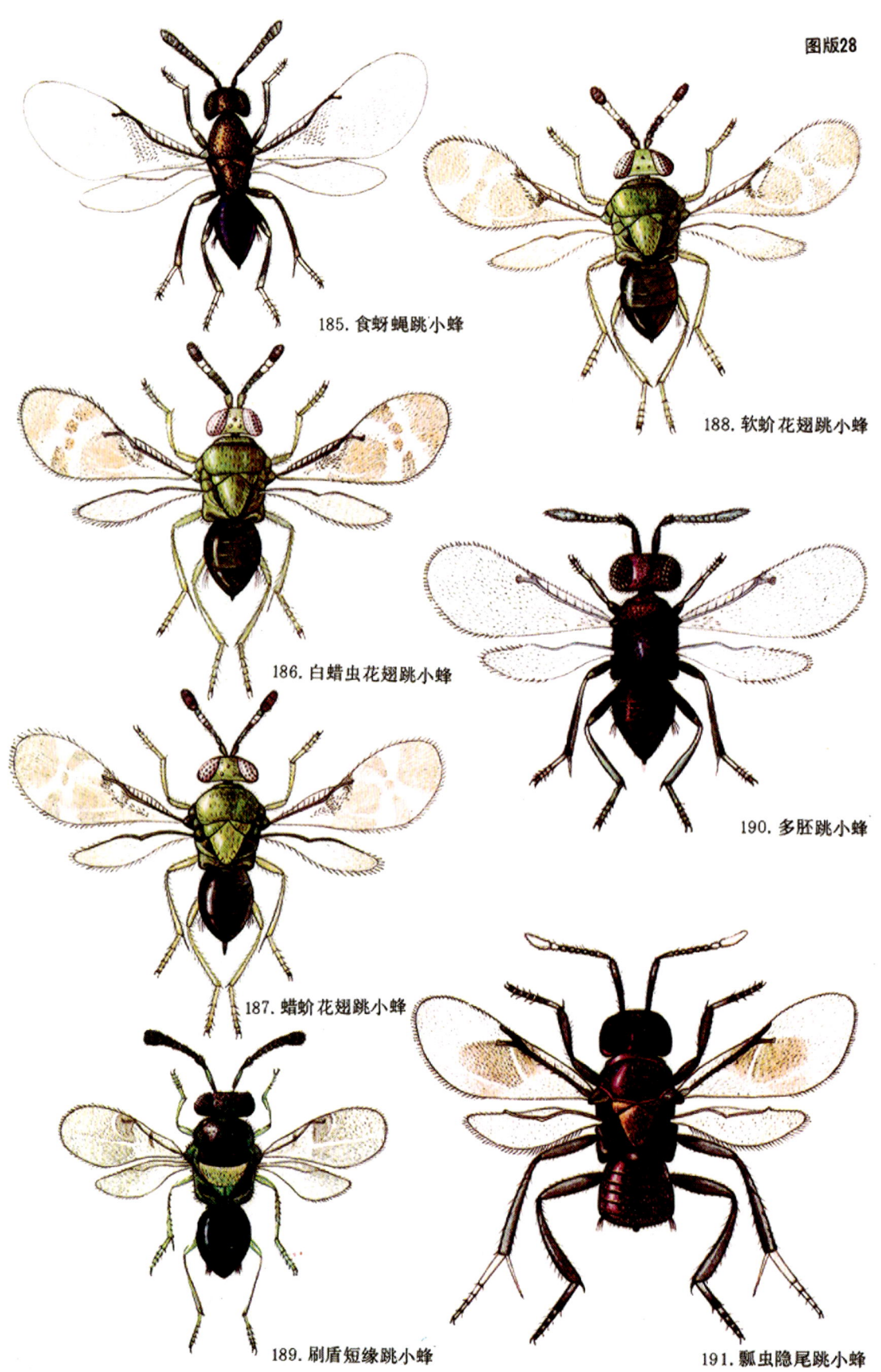

图版28

185. 食蚜蝇跳小蜂
186. 白蜡虫花翅跳小蜂
187. 蜡蚧花翅跳小蜂
188. 软蚧花翅跳小蜂
189. 刷盾短缘跳小蜂
190. 多胚跳小蜂
191. 瓢虫隐尾跳小蜂

附 录

中国园林植物蚧虫名录

（13 科 238 属 1000 种）

（一）旌蚧科 ORTHEZIIDAE

0001
学名：*Insignorthezia insignis*（Douglass）
(Ortnezai nacra Buckton)
中文名：寡毛旌蚧（明旌蚧）
寄主：蒿，菊花，马兰，紫葳，锦葵，牛膝，藿香蓟，蝶豆，龙眼，酒饼勒，柑橘，梓，千屈菜，蔷薇
分布：中国辽宁、华东、华北、华南、西南；亚洲东部，欧洲，美洲，非洲

0002
学名：*Orthezia quadrua* Ferris
中文名：昆明旌蚧
寄主：豚草，蒿，菊花
分布：云南（昆明）

0003
学名：*Orthezia urticae* (Linnaeus)
(Aphis urticae)
中文名：菊旌蚧（荨麻旌蚧）
寄主：锦鸡儿
分布：中国内蒙古、宁夏、新疆；日本

0004
学名：*Orthezia yasushii* Kuwana
(O. japonica Kuwana;O.agrimoniae Shinji)
中文名：艾旌蚧（日本旌蚧）
寄主：茵陈蒿，艾草
分布：中国山西、内蒙古、台湾地区；俄罗斯远东地区，日本，朝鲜

（二）珠蚧科 MARGARODIDAE

0005
学名：*Kuwania bipora* Borchsenius
中文名：双孔皮珠蚧（昆明桑名蚧）
寄主：栎
分布：云南（昆明）

0006
学名：*Kuwania pasaniae* Borchsenius
中文名：柯树皮珠蚧（景东桑名蚧）
寄主：栎，木槿，柯树，栗
分布：中国云南、广西；日本，俄罗斯

0007
学名：*Kuwania quercus* (Kuwana)
（*Sasakia quercus*）
中文名：栎树皮珠蚧（日本桑名蚧，栎桑名蚧）
寄主：槲栎
分布：中国浙江、云南、台湾；日本

0008
学名：*Matsucoccus dahuriensis* Hu et Hu
中文名：樟子松干蚧
寄主：樟子松（蒙古松）
分布：黑龙江（大兴安岭）

0009
学名：*Matsucoccus koraiensis* Young et Hu
中文名：海松干蚧
寄主：海松
分布：中国黑龙江（小兴安岭）、吉林（长白山）；俄罗斯（远东）

0010

学名：*Matsucoccus Liaoningensis* Tang

中文名：辽宁松干蚧（红松干蚧）

寄主：赤松，油松

分布：辽宁

0011

学名：*Matsucoccus massonianae* Young et Hu

中文名：马尾松干蚧

寄主：马尾松，日本黑松，金钱松

分布：浙江

0012

学名：*Matsucoccus matsumurae* (Kuwana)

（*Xylococcus matsumurae;Matsucoccus thunbergianae* Miller et Park）

中文名：黑松（日本松干蚧）

寄主：黑松干蚧，赤松，千头赤松，油松，马尾松，美人松

分布：中国江苏、浙江、山东、辽宁、上海；日本，韩国，朝鲜

0013

学名：*Matsucoccus shennogjiaensis* Young et Lu

中文名：神农松干蚧（神农架松干蚧）

寄主：华山松

分布：湖北（神农架）

0014

学名：*Matsucoccus sinensis* Chen

(*Sonsaucoccus sinensis*)

中文名：中华松干蚧（中华松梢蚧）

寄主：油松，马尾松，黑松，金针松

分布：江苏，浙江，上海，河北，陕西，贵州，四川，云南，西藏

0015

学名：*Matsucoccus yunnanensis* Ferris

中文名：云南松干蚧

寄主：云南松（树皮下）

分布：云南

0016

学名：*Matsucoccus yunnansonsaus* (Young et Hu) (*Matsucoccus sinensis;Sonsaucoccus yunnansonsaus*)

中文名：松梢松干蚧（云南松干蚧，云南松梢蚧）

寄主：云南松（针叶面上）

分布：云南

0017

学名：*Neogreenia zizyphi* Tang

(*Kwwaniella zizyphi*)

中文名：枣树长珠蚧

寄主：枣

分布：山西（太谷、永和）

0018

学名：*Neomargarodes chondrillae* Arch.

(*Neomargarodes gossipii* Yang)

中文名：野菊新珠蚧（棉根新珠蚧）

寄主：锦葵科，菊科，唇形科，棉花

分布：中国华北、新疆；哈萨克斯坦

0019

学名：*Neomargarodes cucurbitae* Tang

中文名：瓜类新珠蚧

寄主：甜瓜类

分布：新疆（哈密）

0020

学名 *Neomargarodes niger* (Green)

(*Margarodes niger*)

中文名：乌黑新珠蚧（黑地珠蚧）

寄主：花生，山间草，狗牙根根部及地下茎

分布：中国云南、河南、山东；印度

0021

学名：*Porphyrophora polonica* (Linnaeus)

(*Coccus polonicus;C.Radicum* Beckmann;*C.pilosellae* Fab;*C.poteri* Walker;*C.alchimillae* Walker;*C.potentilla* Metyer;*C.kyperici* Pallas;*C.*

hypericornis Gmel;*Coccionella polonica*:*Dactylopius polonius*;*Margarodes plolonicus* Fernald;*M.bolivari* Bala;*M.buxtonimadraguensis* Goux)

中文名：波斯胭珠蚧

寄主：锦鸡儿，冰草，柠条等禾本科，石竹科，蔷薇科，龙牛儿苗科，毛茛科，杜鹃科，菊科，伞形科，金丝桃科，唇形科和车前科等12科60余种植物的地下茎、根

分布：中国内蒙古；北非，欧洲，中亚，哈萨克斯坦

0022

学名：*Porphyrophora sophorae* (Arch.) (*Margarodes sophorae*; *porphyrophora ningxiana* Yang;*P.xinjiangana* Young:*Coccionella sophorae*)

中文名：甘草胭珠蚧（宁夏胭珠蚧，胭珠蚧，新疆胭珠蚧）

寄主：小花棘豆，苦豆子，甘草，花棒，黄花苦豆，小叶锦鸡儿，中间锦鸡儿，黄芪等根部

分布：中国宁夏、内蒙古、新疆；乌兹别克斯坦

0023

学名：*Porphyrophora ussuriensis* Borchsenius (*Coccionella ussuriensis*)

中文名：乌苏里胭珠蚧（乌苏里胭蚧）

寄主：粗糙隐子草，白花点地梅，委陵草和草莓的根部

分布：中国内蒙古；俄罗斯，蒙古

0024

学名：*Promargarodes sinensis* Silveseri

中文名：中国原珠蚧（中华原珠蚧）

寄主：草

分布：福建，湖北

0025

学名：*Steingelia gorodetskia* Nassonov (*Kuwania britannica* Green;*Steingelia orientalis* Borchsenius)

中文名：古北丝珠蚧（西伯利亚长松蚧）

寄主：桦木，黄檗，苹果，槭，栎，花楸，红松

分布：中国黑龙江；欧洲，俄罗斯远东，朝鲜

（三）绵蚧科 MONOPHLEBIDAE

0026

学名：*C.rypticerya* (Icerya jacobsoni Green) (*Icerya* Jacobsoni;*Gypticerya* Jacobsoni)

中文名：捷氏隐绵蚧（杂吹绵蚧）

寄主：柑橘，番木瓜，乌榄，芙蓉，海桐，台湾相思，番石榴，鳄梨，桉，木姜子，银合欢，血桐，美洲胶树

分布：中国广东、河南、香港；爪哇，菲律宾，印度，缅甸

0027

学名：*Icerya mangiferae* (Tang et Hao)

中文名：芒果隐绵蚧

寄主：芒果，象蹄果

分布：云南（景洪）

0028

学名：*Drosicha contrahens* Walker

中文名：桑树履绵蚧（草履蚧）

寄主：柑橘，鳄梨，珊瑚树，罗汉树，枫杨，白腊，八角金盘，毛白杨，槐，柳，三角枫，皂荚，卫矛，海棠，红叶李，悬铃木，构树，无患子，法国冬青，桃，板栗，油茶，栎，榆桑，广玉兰，月季，黄杨，女贞

分布：浙江，广东，青海，四川，福建，江苏，云南，贵州，辽宁

0029

学名：*Drosicha corpulenta* (Kuwana) (*Monophlebus corpulentus*;*Warajicocus corpulentus*)

中文名：日本履绵蚧（日本草履蚧，草履硕蚧，桑牙草履蚧，草履蚧）

寄主：朴，鸡爪槭，樟，石楠，枫杨，青桐，樱花，悬铃木，柳，广玉兰，腊樾，雪松，刺槐，

法桐，花桃，刺玫，雪松，杨，白腊，柿，泡桐，枣，栎，桑，丝棉木，月季，大叶黄杨，银桦，相思树，榕，丁香，榆，桃，苹果，大丽花，扶桑，柑橘，李，核桃，山皂荚，柞，栗，无花果，银杏，珊瑚，女贞，臭椿等多种植物

分布：中国辽宁、山东、山西、河南、河北、天津、北京、四川、云南、内蒙古、贵州、西藏；日本，俄罗斯，朝鲜

0030

学名：*Drosicha dalbergiae* (Green)

(*Monophlebus dalbergiae*)

中文名：黄檀履绵蚧（台湾草履蚧）

寄主：黄檀

分布：中国台湾；印度

0031

学名：*Drosicha maskelli* (Cockerell)

(*monophlebus maskelli*)

中文名：孟氏履绵蚧（马氏草履蚧，孟氏草履蚧）

寄主：苹果，柑橘，榕，栀子

分布：中国河北、台湾、香港；日本，爪哇

0032

学名：*Drosicha turkestanica* Arch

中文名：大红履绵蚧（土耳其斯坦草履蚧）

寄主：杨，柳，葡萄，李，苹果，刺槐，胡颓子，榆，柽柳，甘草，霸王，骆驼刺，波罗门参，桑，悬铃木

分布：中国新疆；土库曼，乌兹别克，哈萨克，塔吉克

0033

学名：*Icerya aegyptiaca* (Douglas)

(*Crossotosoma aegyptiaca*；*Icerya tangalla* Green)

中文名：埃及吹绵蚧

寄主：柑橘，合欢，无花果，巴豆，苹果，铁苋菜，番荔枝，菠萝蜜，朴树，变叶木，雀榕，异色柿，算盘子，粗糠柴，桑，番石榴，杪椤，茄，荷花玉兰等近百属植物

分布：中国云南、广东、台湾、香港；菲律宾，印度，埃及，英国，日本

0034

学名：*Icerya formicarum* Newstead

(*Icerya peninsularensis* Green)

中文名：铁刀木吹绵蚧（蚁类吹绵蚧）

寄主：柑橘，无花果，木姜子，合欢，苹果等100多属植物

分布：中国广东、台湾、香港；埃及，大洋洲，英格兰，东非，菲律宾，巴勒斯坦，索马里，日本，南太平洋诸岛

0035

学名：*Icerya morrisoni* Rao

中文名：莫氏吹绵蚧

寄主：木姜子，椰子

分布：中国，菲律宾

0036

学名：*Icerya purchasi* Maskell

中文名：澳洲吹绵蚧（吹绵蚧）

寄主：柑橘，台湾相思，茵陈蒿，海桐，蔷薇，黄荆，黄杨，合欢，木麻黄，叶下珠，山蚂蝗，灰叶草，白花丹，黄皮，短冠草，山麻杆，重阳木，桂花，冬青，石榴，月季，女贞，月桂，海棠，白兰，刺槐，枸杞，鸡冠花，三角枫，九里香，六月雪，金橘，佛手，牡丹，连翘，棕榈，白玉兰，一串红，菊花，杨梅，锦带花，柳杉，雪松，常春藤，悬铃木，柿，木瓜，南天竹，含笑，山茶，樟，蒲葵，无花果，柽柳，葡萄，榕，玫瑰，桉，柠檬，茶，桑，梨，夹竹桃，百日红，扶桑，栎，君子兰

分布：中国长江以南各省、台湾；非洲，欧洲，亚洲，美洲，大洋洲

0037

学名：*Icerya seychellarum* (Westwood)

(*Dorthesia seychellarum；coccus sacchari* Guer；*Orthezia seychellarum；Icerya Sacchari* Sign；*I.*

okadae Kuwana)

中文名：黄毛吹绵蚧（银吹绵蚧，银毛吹绵蚧，黄吹绵蚧）

寄主：槟榔，星苹果，柑橘，洋蒲桃，雀榕，象牙树，芒果，楠，桑，胶木，罗汉松，鳄梨，番石榴，蒲葵，蔷薇，柚子，含笑，银桦，龙眼，木麻黄，海桐，棕榈，山茶，白兰，水葡萄，紫薇

分布：中国浙江、福建、广东、广西、云南、海南、山东、河北、四川、陕西、河南、安徽、台湾、香港；日本，西西里，南非，大洋洲，印度，缅甸，菲律宾。

0038
学名：*Lecaniodrosicha lithocarpi* Takahashi
中文名：台湾坚绵蚧（石栎蜡履蚧）
寄主：石柯
分布：台湾

0039
学名：*Misracoccus xyliae* Ayyar
(*Walkeriana xyliae*; *Aspidoproctus xyliae*; *perisspneumon xyliae*)
中文名：印度密绵蚧（黄檀龟履蚧，黄檀密绵蚧）
寄主：钝叶黄檀，思茅黄檀，合欢，牛肋巴，三叶豆
分布：中国云南；印度

0040
学名：*Sishania flavopilata* Tang et Hao
中文名：黄毛鞋绵蚧
寄主：未明
分布：云南（思茅）

0041
学名：*Sishania nigropilata* Ferris
中文名：黑毛鞋绵蚧（昆明毛履蚧）
寄主：樱桃，银华，扶桑，厚壳
分布：云南（昆明）

（四）粉蚧科 PSEUDOCOCCIDAE

0042 学名：*Allotrionymus elongatus* Takahashi
中文名：细长配粉蚧
寄主：阿尔泰狗娃花
分布：中国内蒙古；日本

0043
学名：*Allotrionymus multipori* Kawai
中文名：多孔配粉蚧
寄主：尖草，虎尾草，狼尾草
分布：中国内蒙古（赤峰）；日本

0044
学名：*Allotrionymus plurostiolatus* (Borchsenius)
(*T.rionymus plurostiolatus*)
中文名：云南配粉蚧（云南长粉蚧，多裂葵粉蚧）
寄主：禾草
分布：云南（景东）

0045
学名：*Amonostherium prionodes* Wang
中文名：西藏蓝粉蚧（锯背粉蚧）
寄主：茶，野茉莉，艾蒿类（根、茎地下部分）
分布：四川，西藏

0046
学名：*Anaparaputo liui* Borchsenius
中文名：刘氏云粉蚧（安粉蚧，榕安粉蚧）
寄主：榕树
分布：云南（景东）

0047
学名：*Antonina crawi* Cockerell
(*Antonina socialis* Newst.)
中文名：白尾安粉蚧（竹白尾粉蚧，鞘竹粉蚧）
寄主：竹类，大针茅
分布：中国广东、广西、四川、云南、湖南、福建、上海、江苏、安徽、浙江、山东、山西、北京、内蒙古、甘肃、台湾；亚洲东部，美国，

法国，英国，俄罗斯，日本，朝鲜

0048
学名：*Antonina elongatea* Tang
中文名：长型安粉蚧
寄主：蚁穴
分布：福建

0049
学名：*Antonina graminis* Maskell
(*Sphaerococcus graminis;chaetococcus graminis; Kermicus graminis;Antonina* indica Green;*A.littoralis* Cockerell et Bucker)
中文名：九龙安粉蚧（禾白尾粉蚧，草竹粉蚧，印竹粉蚧）
寄主：禾本科（主要是虎尾草属，蜀黍属，旱黍属，狗牙根属，竹）
分布：中国广东、广西、四川、福建、云南、内蒙古、台湾、香港（九龙）；日本，蒙古，斯里兰卡，印度，朝鲜，美国

0050
学名：*Antonina pretiosa* Ferris
中文名：巨竹安粉蚧（美国安粉蚧，美洲白尾粉蚧，盾竹粉蚧）
寄主：箬竹，竹属（叶鞘内）
分布：中国广东、四川、云南、福建、西藏、内蒙古、山西；美国

0051
学名：*Antonina tesquorum* Danzig
中文名：远东安粉蚧
寄主：中华隐子草
分布：中国内蒙古；俄罗斯远东沿海，蒙古

0052
学名：*Antonina vera* Borchsenius
中文名：朝鲜安粉蚧
寄主：粗糙隐子草（根茎）
分布：中国内蒙古；朝鲜，蒙古

0053
学名：*Atrococcus achilleae* (Kir.)
中文名：蓍草黑粉蚧
寄主：地肤，黑沙蒿，草叶黄芪，木岩黄芪，蓍草，蒲公英，大戟
分布：中国内蒙古；欧洲，俄罗斯，蒙古，朝鲜

0054
学名：*Atrococcus innermongolicus* Tang
中文名：内蒙黑粉蚧
寄主：猪毛蒿
分布：内蒙古（赤峰）

0055
学名：*Atrococcus pacifius* (Borchsenius)
(*Pseudococcus pacificus;Spilococcus pacificus*)
中文名：太平洋黑粉蚧
寄主：李，苹果，榕，桦，桑
分布：中国宁夏；俄罗斯远东沿海，朝鲜

0056
学名：*Atrococcus paladinus* (Green)
(*Pseudococcus paladinus;P.impeditus* Borchsenius;*P. alfredi* Rasnya）
中文名：鹤虱黑粉蚧
寄主：鹤虱，悬钩子，蔷薇，合叶子，兔儿伞，山蒿苣，三叶草，凤仙花，景天，蓼，荨麻
分布：中国内蒙古；挪威，瑞典，荷兰，英国，匈牙利，波兰，罗马尼亚，俄罗斯，朝鲜

0057
学名：*Atrococcus strobilanthus* Tang
中文名：马兰黑粉蚧
寄主：金叶马兰
分布：内蒙古

0058
学名：*Brevennia bamboosae* (Green)
(*Pseudos pulverarius bambuosae;*
Trionymus pulverarius var bambusae;

Tr.bambusae;Heterococcus bambusae)
中文名：莉竹轮粉蚧（竹长粉蚧，竹葵粉蚧）
寄主：莉竹
分布：中国台湾；斯里兰卡

0059
学名：*Cannococcus cannicola* Borchsenius
中文名：芦苇滇粉蚧（云南蕉粉蚧，细粉蚧）
寄主：禾本科杂草，美人蕉，芦苇
分布：云南（景东）

0060
学名：*Neotrionymus guanduensis* (Borchsenius) (*pseudantonina guandunensis;Kiritshenkilla guandunensis*)
中文名：广东滇粉蚧（广州芋粉蚧，粤枯粉蚧）
寄主：禾本科杂草
分布：广东

0061
学名：*Cannococcus ostiolata* (Borchsenius) *Miscanthicoccus miscanthi* (Takahashi) (*Kiritshenkella ostiolata;Pseudantonina ostiolata*)
中文名：杭州滇粉蚧（杭州芋粉蚧，裂枯粉蚧）
寄主：芦苇
分布：浙江（杭州）

0062
学名：*Caulococcus cynodontis* (Borchsenius) *Fonscolombia phenacoccoides* (Kiritchenko) (*Phenacoccus cynodontis*)
中文名：狗牙根丝粉蚧
寄主：狗牙根
分布：中国新疆（大板城）；乌兹别克，塔吉克

0063
学名：*Caulococcus ejinensis* (Tang)(*Phenacoccus ejinensis* Tang)(*Phenacoccus ejinensis*)
中文名：额济丝粉蚧（额济绵粉蚧）
寄主：小花棘豆

分布：内蒙古（阿拉善盟额济纳旗）

0064
学名：*Caulococcus herbaceus* (Borchsenius) (*Phenacoccus herbaceous* Borchsenius) (*Phenacoccus herbaceus*)
中文名：景东丝粉蚧（景东绵粉蚧）
寄主：禾本科草
分布：云南（景东）

0065
学名：*Caulococcus phenacoccoides* (Kir.) (*Phenacoccus phenacoccoides* (Kir.) (*Trionymus phenacoccoides;Phenacoccus phenacoccoides*)
中文名：拟芬丝粉蚧
寄主：鳍蓟，冰草，狗牙根
分布：中国内蒙古（伊金霍洛旗）；乌克兰南，克里木，阿勃哈齐，乌兹别克

0066
学名：*Fonscolombia porifera* (Borchsenius) (*Phenacoccus poriferus;Ph.comitans* Bazarov)
中文名：远东丝粉蚧
寄主：冰草，野麦，羊芋
分布：中国内蒙古（阿鲁科尔沁旗）；俄罗斯远东，朝鲜

0067
学 名：*Ceroputo clematidis* Matesova (*Ceroputo pilosellae* šulc)
中文名：铁线莲雪粉蚧
寄主：铁线莲
分布：新疆（伊宁察布尔林场）。哈萨克

0068
学名 *Chaetococcus bambusae* (Maskell) (*Antonina bambusae;Sphaerococcus* Bambusae; *Kermicus* Bambusae)
中文名：莉竹扁粉蚧（鞘竹粉蚧，竹扁粉蚧，莉竹鞘粉蚧）

寄主：莉竹，苏麻竹，青竹，佛肚竹，尼竹，龙竹，芦苇

分布：中国河北、江苏、浙江、四川、广东、内蒙古（前旗）、云南、西藏、台湾；俄罗斯，巴西，日本，新西兰，斯里兰卡，印度，大洋洲，南非洲，欧洲，美国（夏威夷）

0069
学名：*Chaetococcus zonatus* (Green)
(*Antonina zonata* Green)(*Antonina zonata*)
中文名：球坚扁粉蚧（锡兰白尾粉蚧，带竹粉蚧，球坚鞘粉蚧）
寄主：竹属（枝杈处）
分布：中国浙江、江苏、福建、广东、广西、四川、云南、湖北、湖南、江西、海南、安徽；斯里兰卡，菲律宾

0070
学名：*Chnaurococcus mongolicus* (Danzig)
Dysmicoccus mongolicus（Danzig）
（*Euripersia mongolica*）
中文名：蒙古佳粉蚧（蒙古巧粉蚧，蒙古油粉蚧）
寄主：冰草（根部），成年蒿，羊草，苔草，草木犀
分布：中国内蒙古；蒙古

0071
学名：*Atrococcus parvulus*（Borchsenius）
(*Spilococcus moricola*)
中文名：桑树巧粉蚧
寄主：柔行蒿，沙蓬，盐爪爪，珍珠猪行蒿，砂引草，枥叶蒿
分布：内蒙古

0072
学名：*Chorizococcus scorzonerae* Tang
中文名：鸦葱巧粉蚧
寄主：叉枝鸦葱，油蒿，鳍蓟，脓胞草等（根部）
分布：内蒙古（鄂托克洛旗）

0073
学名：*Coccidohystrix insolitus* (Green)
(*Centrococcus insolitus*;*Phenacoccus insolitus*)
中文名：南方疣粉蚧（岭南中粉蚧，丽疣粉蚧）
寄主：木豆，轮环藤，茄属
分布：中国广东（穗）；斯里兰卡，印度

0074
学名：*Coccura convexa* Borchseniu
中文名：远东盘粉蚧（蒿类盘粉蚧）
寄主：绣线菊，蒿属（根部）
分布：中国内蒙古（五叉沟）；俄罗斯远东，蒙古，朝鲜

0075
学名：*Coccura suwakoensis* (Kuwana et Toyoda)
(*Coccura ussuriensis* Borchsenius;*Phenacoccus ussuriensis* Borchsenius;*Ph.Suwakoensis*;*Rosanococcus suwakoensis*;*Hemisphaero cocccus ussuriensis* Kiritshenko;*H.ussuri* Kiritshen ko)
中文名：日本盘粉蚧（乌苏里垫粉蚧，黑龙江粒粉蚧）
寄主：沙果，苹果，杏等果树，忍冬科，蔷薇科，丁香属，水曲柳
分布：中国云南、内蒙古、河北、山东、山西、甘肃、东北；日本，朝鲜，俄罗斯沿海

0076
学名：*Coleococcus scotophilus* Borchsenius
中文名：景乐鞘粉蚧（英粉蚧，鞘粉蚧）
寄主：禾本科（叶鞘下的茎上）
分布：云南（景东）

0077
中文名：*Crisicoccus azaleae* (Tinsley)
(*Dactylopius azaleae*;*Planococcus azaleae*;*Pseudococcus taxi* Kanda)
中文名：杜鹃皑粉蚧（杜鹃臀纹粉蚧）
寄主：杜鹃
分布：中国云南；日本，美国

0078
学名：*Crisicoccus juniperus* (Tang)
(*Planococcus juniperus*)
中文名：杜松皑粉蚧
寄主：杜松（叶）
分布：内蒙古（包头），吉林

0079
学名：*Crisicoccus moricola* (Tang)
中文名：桑树皑粉蚧（桑白粉蚧）
寄主：桑
分布：内蒙古（包头）

0080
学名：*Crisicoccus pini* (Kuwana)
(*Dactylopius pini*;*Pseudococcus pini*)
中文名：松树皑粉蚧（松粉蚧，松白粉蚧）
寄主：松属，冷杉属，落叶松属，油杉属
分布：中国黑龙江、吉林、辽宁、河北、山东、江西、湖南、湖北、上海、江苏、浙江；日本，美国，朝鲜

0081
学名：*Drymococcus rhizophilus* Borchsenius
中文名：栎根垂粉蚧（根林粉蚧，思茅垂粉蚧）
寄主：栎（根部）
分布：云南（思茅）

0082
学名：*Dysmicoccus boninsis* (Kuwana)
(*Pseudococcus boninsis* ;*P.heterospinus* Green; *P.aegyptiacus* Hall;*P.zeae* Kanda;*Trionymus taiwanus* Takahashi;*Tr.boninsis*;*Erium boninensis*)
中文名：甘蔗灰粉蚧（甘蔗嫡粉蚧，蔗洁粉蚧）
寄主：甘蔗，芒稷，玉米，水稻，蜀黍（叶鞘基部）
分布：中国四川、广东、福建（莆田）、广西（南宁）、台湾；日本，美国，阿根廷，巴西，巴拿马

0083
学名：*Dysmicoccus brevipes* (Cockerell)
(*Pseudococcus brevipes*;*P.longrostralis* James; *P.pseudobrevipes* Mamet; *P.bromeliae* Bouche; *P.palanensis* Kanda;*P.ananassae* Kuwana; *P.cannae* Green)
中文名：菠萝灰粉蚧（菠萝嫡粉蚧，菠萝洁粉蚧）
寄主：菠萝，甘蔗，柑橘，芭蕉，番荔枝，香蕉，桑，木槿，莎草，棕竹，女贞，凌霄，水稻，芥菜，美人蕉，咖啡，棉花
分布：中国广东、广西、云南、四川、福建、浙江、江西、贵州、湖南、湖北、河北、台湾；美洲，非洲南部，亚洲东南部，欧洲，大洋洲

0084
学名：*Dysmicoccus dengwuensis* Ferris
中文名：广东灰粉蚧（广州嫡粉蚧，秀洁粉蚧）
寄主：大丁草，吉曼草
分布：广东

0085
学名：*Dysmicoccus innermongolicus* Tang
中文名：内蒙灰粉蚧（内蒙嫡粉蚧）
寄主：抱塔莲，蝟菊，粗糙隐子草
分布：内蒙古（赤峰巴林左旗）

0086
学名：*Dysmicoccus Kazanskyi* (Borchsenius)
(*Pseudococcus kaznskyi*;*Trionymus kazanskyi*)
中文名：雀麦灰粉蚧
寄主：莎草，剪股颖等禾本科草
分布：中国新疆（伊宁）；俄罗斯，阿塞拜疆

0087
学名：*Dysmicoccus multiuorus* (Kir.)
(*Pseudococcus multivorus*; *P.mendosus* Kir,; *Trionymus multivorus*)
中文名：中亚灰粉蚧（苜葵粉蚧）
寄主：苜蓿，三叶豆，洋芫茜，石蚕，鼠尾草，艾，蝇子草，蒲公英，驴喜豆，紫云英，百里香，

马先蒿，石竹，蜀葵，夏至草，山萝卜，锦葵

分布：中国河北、新疆；意大利，波兰，匈牙利，乌兹别克，塔吉克，哈萨克

0088

学名：*Dysmicoccus shintensis takahashi*
(*Pseudocuccus shintensis*)

中文名：台湾灰粉蚧（新登粉蚧）

寄主：禾本科草

分布：台湾（台北）

0089

学名：*Dysmicoccus wistariae* (Green)
(*Pseudococcus wistariae*;*P.piricola* Siraiwa;
P.matsudoensis Kanda;*Dysmicoccus cuspidatea* Rau.)

中文名：紫藤灰粉蚧（紫衫洁粉蚧）

寄主：紫衫

分布：中国辽宁（大连）；日本，朝鲜，俄罗斯远东，北美

0090

学名：*Eumyrmococcus smithii* Silvestri

中文名：史氏玛粉蚧（球胸粉蚧）

寄主：甘蔗，竹，白茅（根部）

分布：中国上海、浙江、江苏、台湾、香港、澳门；日本

0091

学名：*Phenacoccus arthrophyti* Archangelskaya（*Phenacoccus arthrophyti*）

中文名：盐木草粉蚧

寄主：盐木，猪毛菜（树皮缝、根茎）

分布：中国云南；土库曼，塔吉克

0092

学名：*Euripersia pennisetus* Tang
(*Phenacoccus pennisetus*)

中文名：羊草粉蚧（狗尾草绵粉蚧）

寄主：羊草（根部）

分布：内蒙古（巴彦淖尔市五原县）

0093

学名：*Fonscolombia tomlinii* (Newstead))
(*Ripersia tomlini*;*R.mesnili* BoLachowsky;
Phenacoccus bufo Kirit;*Ph.agropyri* Borchs.;
Ph.nasonovi Borchs.)

中文名：古北草粉蚧（委陵油粉蚧）

寄主：羊草，冰草，艾蒿，鸭茅，须草，野麦，羊茅，猪殃殃，洽草，梯牧草，早熟禾，针茅（根部），多裂委陵菜

分布：中国内蒙古（扎兰屯）；全古北区（从欧洲至蒙古）

0094

学名：*Fonscolombia tshadaevae*（Danzig）

中文名：蒙古草粉蚧（采娃油粉蚧）

寄主：羊草

分布：中国内蒙古（伊金霍洛旗）；蒙古

0095

学名：*Ferrisia virgata* (Cockerell)
(*Ferrisiana virgata*;*Pseudococcus virgatus*;
P.marchali Vayssiere;*Pbicaudtus* Keuchenius;*Dactyilpius virgatus*; *D.virgatus var farinosus*;*D.virgatus var.humilis* Cockerell;*D.ceriferus* Newst;*D.talini* Green;*D.dasylirii* Cockerell;*Heliococcus malvastrus* McD.)

中文名：双条拂粉蚧（柑橘丝粉蚧，橘腺刺粉蚧）

寄主：柑橘属，咖啡属，椰子属，棉属，木槿属，常春藤属，烟草属，夹竹桃属，车前草属，甘蔗属，茄属，桑科，豆科，大戟科，木犀科，芸香科，天南星科，紫薇科，锦葵科，菊科，玉蕊科，木兰科，无患子科，苋科，桃金娘科，漆树科等多种植物

分布：中国广东、广西、云南、福建、江西、湖南、湖北、四川、浙江、河南、河北、西藏、台湾；美洲，非洲，日本，亚洲东南部

0096

学名：*Ferrisicoccus angustus* Ezzat et Mcconnell
(*Pseudococcus bambousiphilus* Takahashi)

中文名：东亚费粉蚧（符粉蚧）

寄主：蓼竹，莉竹

分布：中国香港；日本，俄罗斯（库页岛），美国

0097

学名：*Formicococcus cinnamomi* Takahashi

中文名：樟树蚁粉蚧（樟蚁粉蚧，福粉蚧）

寄主：樟，柿

分布：中国台湾（台北）；美国

098

学名：*Formicococcus commantis* (Wang) (Commantis)

中文名：白腊树蚁粉蚧（蜡树簇粉蚧，多毛白粉蚧）

寄主：白腊树

分布：浙江

0099

学名：*Formicococcus eriobotryae* Wang

中文名：枇杷蚁粉蚧

寄主：枇杷

分布：福建

0100

学名：*Formicococcus gas* Teris

中文名：天麻蚁粉蚧

寄主：天麻

分布：陕西（汉中）

0101

学名：*Formicococcus shimae* Takahashi

中文名：木荷蚁粉蚧（柯福粉蚧）

寄主：木荷，茶荷（在枝上与蚁在一起）

分布：台湾

0102

学名：*Formicococcus speciosus* (Wang) (Paraputo speciosus)

中文名：油茶蚁粉蚧

寄主：油茶（根部）

分布：湖南（永兴）

0103

学名：*Geococcus citrinus* Kuwana

中文名：柑橘地粉蚧（桔荒粉蚧）

寄主：柑橘，菱叶（根部）

分布：中国福建（福州）、云南；日本，印度

0104

学名：*Geococcus coffeae* Green

中文名：咖啡地粉蚧

寄主：咖啡，可可，美人蕉（根）

分布：中国台湾；日本，几内亚，黄金海岸，尼日利亚，美洲，菲律宾，马来西亚

0105

学名：*Heliococcus bambusae* (Takahashi) (*Pheacoccus bambusae*;*Helicoccus lingnaniae* Wang)

中文名：莉竹星粉蚧(竹绵粉蚧,单竹阳腺刺粉蚧)

寄主：莉竹,山单竹

分布：海南,台湾

0106

学名：*Heliococcus baotoui* Tang

中文名：包头星粉蚧

寄主：山苦荬(根部)

分布：内蒙古(包头)

0107

学名：*Heliococcus bohemicus* Sule (*Heliococcus stacyos* kir.;*H.hystrix* kir.)

中文名：旧北星粉蚧

寄主：霸王柴,七叶树,寻石南,锦鸡儿,梓,松,悬铃木,杨,栎,刺槐,葡萄,山楂

分布: 中国内蒙古；瑞典,法国,德国,匈牙利,波兰,捷克,斯洛伐克,西班牙,俄罗斯

0108

学名：*Heliococcus destructor* Borchsenius

中文名：桑星粉蚧（猖獗星粉蚧）

寄主：桑，石榴，梨，核桃

分布：中国东北；俄罗斯，土库曼，乌兹别克，吉尔吉斯，哈萨克，塔吉克

0109

学名：*Heliococcus pamirensis* Bazarov

中文名：藜根星粉蚧（侵若星粉蚧，藜根阳腺刺粉蚧）

寄主：芥，艾蒿，藜，侵若根部

分布：中国四川、西藏；俄罗斯，塔吉克

0110

学　名：*Heliococcus pavlovskii* Borchsenius et Tereznikova

中文名：巴氏星粉蚧

寄主：奶奶草

分布：中国内蒙古（包头）；俄罗斯远东沿海

0111

学名：*Heliococcus szetshuanensis* Borchsenius

中文名：四川星粉蚧（四川晶粉蚧，四川阳腺刺粉蚧）

寄主：粗叶木

分布：四川

0112

学名：*Heliococcus takae* (kawana) (*Dactylopius takae*; *Phenacoccus takagi*; *Pseudococcus takae*; *Saliococcus taka*)

中文名：竹叶星粉蚧（竹叶晶粉蚧）

寄主：淡竹叶

分布：中国安徽（马鞍山）；日本，俄罗斯远东沿海

0113

学名：*Heliococcus zizyphi* Borchsenius

中文名：枣树星粉蚧（枣晶粉蚧，枣阳腺刺粉蚧）

寄主：枣

分布：广东，江西，河北，陕西，山东，天津，山西

0114

学名：*Heterococcus abludens* Borchsenius

中文名：云南异粉蚧（清峰粉蚧）

寄主：禾本科杂草（叶鞘下），竹，肥马草

分布：云南（景东）

0115

学名：*Humococcus orientalis* (Borchsenius) (*Ehrhornia orientalis*; *E.nigra* Matesova; *Humococcus orientalis*; *Mirococcopsis artomisiphilus* Tang)

中文名：东方壤粉蚧（拟蒿小粉蚧）

寄主：蒿类（根部）

分布：中国内蒙古（赤峰）；哈萨克，俄罗斯远东沿海，蒙古，朝鲜

0116

学名：*Idiococcus maanshanensis* (Tang et Wu)

中文名：马鞍山锥粉蚧

寄主：华东箬竹（叶鞘下竹茎）

分布：安徽（马鞍山）

0117

学名：*Indococcus acanthodes* (Wang) (*Pedronia acanthodes*)

中文名：乌饭印粉蚧（西藏背粉蚧，多刺榄粉蚧）

寄主：乌饭树，黄背越橘

分布：西藏

0118

学名：*Phoenicococcus marlatti* Cockerell

中文名：小鳞粉蚧（鳞皮粉蚧）

寄主：凤尾棕（茎叶上）

分布：山西

0119

学名：*Borchsenius Neotrionymus caudate* (*Pseudantonina caudata*)

中文名：广州基粉蚧（尾枯粉蚧，尾苧粉蚧）
寄主：禾本科杂草，芦苇属，蜀黍属，甘蔗属，须芒草属，竹属，白茅属
分布：广东（穗）

0120
学名：*Kiritshenkella lingnani* (*Kiritshenkella lingnani* Ferris)
中文名：岭南基粉蚧（岭南苧粉蚧，岭南枯粉蚧）
寄主：附地菜（禾草）
分布：广东

0121
学名：*Kiritshenkella sacchari* (Green) (*Ripersia sacchari*;*Pseudantonina fushanensis* Borchs.;*Kiritshenkella fushanensis* Borchs;*K.cellulosa* Ezzat;*Tychea cellulose* Ldgr.)
中文名：甘蔗基粉蚧（佛山枯粉蚧，甘蔗茅粉蚧）
寄主：禾本科杂草（芦苇属，白茅属，蜀黍属，甘蔗属，须芒草属，芒属，竹属）
分布：中国广东；印度，巴勒斯坦，埃及

0122
学名：*Paraputo szemaoensis* Borchsenius
中文名：思茅栗粉蚧（思粉蚧，思茅云粉蚧）
寄主：柯树
分布：云南（思茅）

0123
学名：*Mirococcopsis ehrhornioides* Borchsenius
中文名：芦苇刘粉蚧（芦竹景粉蚧，景粉蚧）
寄主：芦苇，竹（叶鞘下茎上）
分布：云南，湖北

0124
学名：*Lomatococcus ficiphilus* Borchsenius
中文名：榕树劳粉蚧（南粉蚧，缘管粉蚧）
寄主：榕，无花果，印度橡胶树
分布：云南，四川，广东

0125
学名：*Maconellicoccus hirsutus* (Green) (*phenacoccus hirsutus*;*Ph.glomeratus* Green; *Pseudococcus hirsutus*;*P.hibisci*;*Spilococcus perforates* Delotto)
中文名：木槿曼粉蚧（桑绵粉蚧）
寄主：多食性，桑，木槿，扶桑，合欢，天门冬，番石榴，藜，菊，刺桐，榕，菜豆，海枣，仙人掌，石榴，葡萄，玉蜀黍，柑橘等
分布：中国广西、台湾；印度，埃及，东非，斯里兰卡，菲律宾，日本，大洋洲

0126
学名：*Maconellicoccus hirsutus* Borchsenius (*Paracoccus pasaniae*)
中文名：柯树曼粉蚧（栎蕈粉蚧，柯秀粉蚧）
寄主：柯树
分布：云南（昆明）

0127
学名：*Metadenopus festucae* Sulc (*Longisomus festucae*)
中文名：羊茅美粉蚧
寄主：羊茅属，野麦属，羊草
分布：中国内蒙古（四子王旗）；欧洲，蒙古

0128
学名：*Mirococcopsis cantonensis* (Ferris) (*Trionymus cantonensis*;*Allotrionymus cantonensis*)
中文名：广东小粉蚧（广州长粉蚧，粤葵粉蚧）
寄主：斑种草
分布：广东（穗）

0129
学名：*Mirococcopsis chinensis* Tang
中文名：中国小粉蚧（中国微粉蚧）
寄主：羊草
分布：内蒙古（鄂温克旗）

0130

学名：*Mirococcopsis orientalis* (Maskell)
(*Dactylopius graminis var.orientalis*;
Pseudococcus graminis var.orientalis;
Trionymus orienalis)

中文名：东方小粉蚧（东方长粉蚧，东葵粉蚧）

寄主：禾草，白茅
分布：广东，香港

0131

学名：*Mirococcopsis rubidus* Borchsenius
中文名：獐毛小粉蚧
寄主：禾本科草，獐毛
分布：中国新疆；塔吉克

0132

学名：*Mirococcus inermis* (Hall)
(*Phenacoccus inermis*)

中文名：藜根少粉蚧
寄主：骆驼刺，滨藜，醉蝶花，鱼鳔槐，大戟，大麦，白刺，白鼓钉，菠菜，苍耳，霸王，藜属，苋类等双子叶植物（根部）
分布：中国新疆（西部）；哈萨克斯坦，乌兹别克，欧洲东部，北非（包括苏旦），埃及

0133

学名：*Mirococcus leymicola* Tang
(*Euripersia leymicola*)

中文名：赖草少粉蚧（赖草小粉蚧，赖草油粉蚧）
寄主：赖草，冰草，刺沙蓬，叉枝鸦葱
分布：内蒙古（四子王旗）

0134

学名：*Mirococcus scoparicola* Tang
中文名：油蒿少粉蚧（猪毛蒿油粉蚧，油蒿小粉蚧）
寄主：油蒿，珍珠猪毛菜等根部
分布：内蒙古（鸟审旗，阿右旗）

0135

学名：*Mirococcus sera* (Borchsenius)
(*Fonscolombia europaea*)(*Ripersia sera*;
Chnaurococcus sera;*Ch.globosa* Wang;*Pseudorhodania Marginata* Tang)

中文名：广州少粉蚧（球根瘤粉蚧，广州美根粉蚧，立端粉蚧）
寄主：小麦，矩镰荚苜蓿（根部），禾本科（根部），榕树
分布：广东（广州）西藏（仁布，日喀则）

0136

学名：*Miscanthicoccus miscanthi* (Takahashi)
(*Trionymus miscanthi*)

中文名：台湾芒粉蚧
寄主：芒
分布：中国台湾；日本，朝鲜，俄罗斯远东沿海

0137

学名：*Mizococcus sacchari* Takahashi
(*Ripersia sacchari*;*R.takahashii* Lindinger;
Tychea takahashii Ldgr.)

中文名：甘蔗圆粉蚧（庶根粉蚧）
寄主：甘蔗，芒草（根部），禾草（根部）
分布：中国台湾

0138

学名：*Naiacoccus minor* Green
(*Naiacoccus serpentinus var.minor*)

中文名：小红柳蛇粉蚧（小型蛇粉蚧）
寄主：红柳，柽柳
分布：中国内蒙古（阿拉齐盟额济纳旗）；埃及，巴勒斯坦，西奈，伊朗，塔吉克南，乌兹别克，亚美尼亚南

0139

学名：*Neoripersia miscanthicola* (Takahashi)
(*Trionymus miscanthicola*)

中文名：台湾禾粉蚧（茅日粉蚧）
寄主：芒草（茎基）

分布：中国台湾

0140
学名：*Neotrionymus yunnanensis* (Borchsenius) (*Niritshenkella yunnanensis*)
中文名：云南禾粉蚧（云南茅粉蚧，云南霸粉蚧）
寄主：狐茅，裸麦，禾草（叶鞘下茎上）
分布：云南（景东），四川，西藏

0141
学名：*Neotrionymus monstatus* Borchsenius (*Trionymus maritimus* Borchsenius et Kozar.)
中文名：芦苇新粉蚧
寄主：禾本科杂草，芦苇（叶鞘下茎上）
分布：中国内蒙古（达布旗）、新疆（吐鲁番）、山西（太谷）；乌兹别克，塔吉中，中亚，俄罗斯

0142
学名：*Nesticoccus sinensis* Tang
中文名：竹巢粉蚧（中国巢粉蚧，巢粉蚧）
寄主：青蒿竹，刚竹，紫竹，淡竹，金镶玉竹，碧玉间黄金，红壳竹，毛竹，小山竹（枝分叉处）
分布：中国浙江、上海、山东、陕西、江西、甘肃、江苏；东亚

0143
学名：*Nipaecoccus filamentosus*(Cockerell) (*Pseudococcus filamentosus*;*Dactylopius filamentosus*)
中文名：长尾堆粉蚧（丝鳞粉蚧）
寄主：番荔枝，野独活，橙，棕榈，油茶，假虎刺，榕，栀子，华北柽柳，枣，夹竹桃，柑橘，茶，柳，构树，洋蒲桃，树棉，饼树，玉叶金花
分布：中国南方诸省、台湾；北美

0144
学名：*Nipaecoccus lycii* Tang
中文名：枸杞堆粉蚧
寄主：枸杞
分布：宁夏（中宁）

0145
学名：*Nipaecoccus nipae* (Maskell) (*Dactylopius nipae*;*D.pseudonipae* Cockerell; *D.dubia* Maxwell;*Pseudococcus nipae*;*Trechocorys nipae*;*Ripersia serrata* Tinsley)
中文名：椰子堆粉蚧（堆粉蚧）
寄主：香蕉，木菠萝，夹竹桃，黄皮，臭椿，香椿，白腊，番荔枝，天冬，美人蕉，无花果，桑，番石榴，葡萄
分布：中国广西（南宁）、福建（福州）、海南；南美洲，美国，夏威夷，南非，大洋洲，俄罗斯，英国，朝鲜

0146
学名：*Nipaecoccus vastator* (Maskell) (*Dactylopius vastator*;*D.viridis* Newst.; *Pseudococcus vastator*;*P.perniciosus* Newst et Will; *P.perniciosus var .vastator* Newst;*P.filamentosus*)
中文名：柑橘堆粉蚧（枯鳞粉蚧）
寄主：柑橘，柚，黎檬，橙，黄皮，小山桔，草棉，木槿，扶桑，金橘，合欢，梨，茶
分布：中国广东、广西、云南、贵州、四川、江西、福建、浙江、湖南、湖北、江苏、海南、台湾；美国，亚洲东南部，埃及，日本，菲律宾

0147
学名：*Palmicultor lumpurensis* Tang
中文名：单竹椰粉蚧
寄主：粉单竹
分布：广西（南宁）

0148
学名：*Palmicultor palmarum* (Ehrhorn) (*Ripersia palmarum*;*Pseudococcus oceanicus* Takahashi; *P.oceanicus var.kentine*;*P.cocotis* Takahashi)
中文名：东亚椰粉蚧
寄主：椰子，槟榔，橡扣树
分布：中国广东；日本，夏威夷，马来西亚，菲律宾，小尼西亚

0149
学名：*Paraputo albizzicola* Borchsenius
中文名：合欢簇粉蚧（思茅簇粉蚧，欢白粉蚧）
寄主：大叶合欢
分布：云南（思茅）

0150
学名：*Paraputo citricola* Tang
中文名：柑橘簇粉蚧
寄主：柑橘
分布：福建

0151
学名：*Formicococcus gasteris* Wang
中文名：天麻簇粉蚧（天麻白粉蚧）
寄主：天麻
分布：四川

0152
学名：*Paraputo porosus* Borchsenius
中文名：多孔簇粉蚧（昆明簇粉蚧，革白粉蚧）
寄主：洋槐（枝干皮缝）
分布：云南（昆明）

0153
学名：*Paraputo sinensis* Borchsenius
中文名：中国簇粉蚧（中华白粉蚧，中华簇粉蚧）
寄主：黄檀，洋槐
分布：云南（景东），四川

0154
学名：*Paratrionymus halocharis* (Kir.)
(*Ripersia halocharis*)
中文名：无管副粉蚧
寄主：冰草
分布：中国内蒙古（赤峰）；乌兹别克

0155
学名：*Pedronia tremae* Borchsenius
中文名：山麻北粉蚧（景东背粉蚧，麻榄粉蚧，山麻黄背粉蚧）
寄主：山麻黄（近土之茎部），木麻黄
分布：云南（景东）

0156
学名：*Peliococcus chersonensis* (Kir.)
(*Phenacoccus chersonensis*)
中文名：艾草品粉蚧
寄主：艾蒿，油蒿，绣线菊的根部
分布：中国内蒙古（赤峰）；乌克兰，克里木

0157
学名：*Peliococcus lycicola* Tang
中文名：枸杞品粉蚧
寄主：枸杞（根部）
分布：宁夏（中宁县）

0158
学名：*Phenacoccus aceris* (Signoret)
(*Psendococcus aceris*;*P.ulmi* Douglas;
P.socius Newst.;*P.aesculi* Signoret;
P.brunnitarsus Sign;*P.ribesiae* Douglas;
Dactylopius vagabundus Schiling)
中文名：槭树绵粉蚧
寄主：榆等40余种属木本植物
分布：中国山西（太谷）；北美，欧洲，亚洲北部

0159
学名：*Phenacoccus arctophilus* (Wang)
(*Paroudablis arctophilus*)
中文名：寒地绵粉蚧（寒地背粗管粉蚧）
寄主：地黄，怀庆地黄
分布：北京，河北

0160
学名：*Phenacoccus azaleae* Kuwana
中文名：杜鹃绵粉蚧
寄主：杜鹃，山榆，李子
分布：中国内蒙古；日本，韩国

0161
学名：*Phenacoccus fraxinus* Tang
中文名：白蜡绵粉蚧（蜡绵粉蚧）
寄主：白蜡树，水蜡，皱皮酸藤，柿，核桃，重阳木，悬铃木，复叶槭，臭椿
分布：北京，天津，辽宁，河北，河南，浙江，上海，江苏，山西，四川，甘肃，西藏

0162
学名：*Phenacoccus mespili* (Geoffroy)
(*Chermes mespili*)
中文名：栎树绵粉蚧
寄主：梨，苹，杏，桃
分布：中国新疆；西欧至中亚（乌兹别克）

0163
学名：*Phenacoccus pergandei* Cockerell
(*Phenacoccus aceris* Signoret;*Pseudococcus katsurae* Shinji)
中文名：柿树绵粉蚧（柿绵粉蚧）
寄主：柿，苹果，榆叶梅，桑，无花果，荚蒾，泡桐，常春藤，李，梨，狗牙根，枇杷，野桐，椴，忍冬，白蜡，悬铃木，八仙花，朴，柳，核桃，槭等
分布：中国四川、山西（临汾）、河北、辽宁；日本，韩国，南非

0164
学名：*Phenacoccus piceae* (Loew)
(*Boisduvalia piceae*;*Paroudablis piceae*)
中文名：杉树绵粉蚧
寄主：紫杉，云杉，冷杉
分布：中国新疆；欧洲，蒙古

0165
学名：*Coccura suwakoensis* Ferris
中文名：梅绵粉蚧（奇绵粉蚧）
寄主：蔷薇科，忍冬科
分布：云南

0166
学名：*Phenacoccus aceris* Borchsenius
中文名：杏树绵粉蚧（大理绵粉蚧，梅绵粉蚧）
寄主：杏，蔷薇，李
分布：云南（大理）

0167
学名：*Phenacoccus viburnae* Kanda
(*Phenacoccus viburni*)
中文名：荚蒾绵粉蚧（飞蓬绵粉蚧）
寄主：绣线菊，荚蒾
分布：中国内蒙古；日本

0168
学名：*Pilococcus miscanthi* Takahashi
中文名：芒叶毛粉蚧（毛粉蚧）
寄主：芒草
分布：台湾

0169
学名：*Planococcoides bambusicola* (Takahashi)
(*Pseudococcus bambusicola*)
中文名：莉竹牦粉蚧（台湾竹粉蚧）
寄主：番石榴，莉竹
分布：中国台湾

0170
学名：*Planococcodes chiponensis* (Takahashi)
(*Pseudococcus chiponensis*)
中文名：台湾牦粉蚧（嘉桔粉蚧）
寄主：柑橘
分布：中国台湾

0171
学名：*Formicococcus lingnani* (Ferris)
(*Planococcus lingnani*)
中文名：岭南牦粉蚧（岭南臀粉蚧，珍臀纹粉蚧）
寄主：禾草，甘蔗，水稻，沿阶草
分布：中国广东；东南亚

0172
学名：*Formicococcus macarangae* (Takahashi)
(*Pseudococcus macarangae*)
中文名：血桐牦粉蚧（野桐粉蚧）
寄主：野梧桐，血桐树
分布：中国台湾

0173
学名：*Planococcus citri* (Risso)
(*Pseudococcus citri*;*P.citri var phenacocciformis*;
P.citri var coleorum;*P.cridorum* Ldgr;*Dorthezia citri*;
Coccus citri;*Dactylopius citri*; *D.destrucror* Comst;
D.brevispinus Targ;*D.alaterni* Sign;
D.ceratoniae Sign;*Lecanium phyllococcus* Ashm;
Planococcus citricus Ezzat)
中文名：柑橘刺粉蚧（桔臀纹粉蚧，柑橘粉蚧，柑橘臀纹粉蚧）
寄主：柑橘，柚，橙，菠萝，柿，桑，松，咖啡，葡萄，茄科，梧桐，巴豆，台湾相思，落地生根，黄皮，日本泡桐，番石榴，牡丹，常春藤，牵牛花，凤仙花，一品红，茉莉，龟背竹，女贞，菊花，榕，苹果，梨，扶桑，米兰，马蹄莲，台湾海棠
分布：中国华北、东北、中南、福建、广东、浙江、四川、宁夏、上海、北京、台湾；日本，印度，斯里兰卡，菲律宾，法国，新西兰

0174
学名：*Planococcus dendrobii* Ezzat et Moconnel
中文名：兰花刺粉蚧（兰花臀纹粉蚧）
寄主：兰花，杓兰
分布：中国云南；印度，孟加拉，菲律宾

0175
学名：*Planococcus dorsospinosus* Ezzat et Mccnnel
中文名：荔枝刺粉蚧（刺臀纹粉蚧）
寄主：野葛，芋，荔枝
分布：广东

0176
学名：*Planococcus indicus* Avathi et shatee
中文名：印度刺粉蚧
寄主：石栗，秋枫
分布：广西（南宁）。印度

0177
学名：*Planococcus juniperus* Tang
中文名：杜松刺粉蚧
寄主：杜松
分布：内蒙古，黑龙江，吉林

0178
学名：*Planococcus kraunhiae* (Kuwana)
(*Pseudococcus kraunhiae*;*Dactylopius kraunhiae*
中文名：紫藤刺粉蚧（日本臀纹粉蚧）
寄主：紫藤，柑橘，象牙红，南天竹，柿，无花果，冬青，齐墩果，悬铃木，红英丹
分布：中国上海、台湾；美国，日本

0179
学名：*Planococcus lilacinus* (Cockerell)
(*Pseudococcus lilacinus*;*P.tayabanus* Cockerell;
P.crotonis Sasser;*Dactylopius crotonis* Green;
Tylovovvus mauritiensis)
中文名：南洋刺粉蚧（咖啡臀纹粉蚧，紫粉蚧）
寄主：台湾相思，牛心果，槟榔，菠萝，羊蹄甲，紫苏，柑橘，变叶木，刺桐，银叶树，野梧桐，栀子，番石榴，柚木，榄仁树，可可，巴豆，破布丁，大戟，杜鹃等
分布：中国云南、台湾；日本，斯里兰卡，小尼西亚，印度，菲律宾，爪哇，南非

0180
学名：*Planococcus mumensis* Tang
中文名：梅山刺粉蚧（美臀纹粉蚧）
寄主：梅花（叶）
分布：浙江（黄岩梅山）

0181
学名：*Planococcus myrsinephilus* Borchsenius
中文名：铁仔树刺粉蚧（铁仔臀纹粉蚧，铁臀纹粉蚧）
寄主：非洲铁仔树，紫金牛（叶基干上）

分布：云南（下关）

0182
学名：*Planococcus planococcoides* (Borchsenius)
(*Pedronia planococcoides*)
中文名：蜜蒙花刺粉蚧（云南背粉蚧，纹榄粉蚧）
寄主：蜜蒙花（枝叶），峨眉木荷，柃树，醉血草
分布：云南（景东）

0183
学名：*Planococcus siakwanensis* Borchsenius
中文名：下关刺粉蚧（下关臀纹粉蚧）
寄主：秋分草，一种灌木
分布：云南（下关）

0184
学名：*Planococcus sinensis* Borshsenius
中文名：中华刺粉蚧（中华臀纹粉蚧）
寄主：醉血草，榕，大戟，桑，漆树，野牡丹，交趾木，倒挂金钟，密蒙花，虎皮楠
分布：云南（下关，思茅，景东），湖北

0185
学名：*Pseudantonina magnotubulata* Borchsenius
(*Kiritshenkella magnotubulata*)
中文名：广东跛粉蚧（广州拟竹粉蚧，重枯粉蚧）
寄主：竹（茎），青皮竹
分布：广东

0186
学名：*Pseudococcus longispinus* (Linnaeus)
(*Pseudococcus longispinus* Targ;*Dactylopius longispinus* Targ;*Coccus* Adonidum Geoff)
中文名：长刺粉蚧（长尾粉蚧）
寄主：肖乳香，蒲桃，尖蒲桃，相思树，山决明，海桐，文竹，马缨丹，黄葛榕，葡萄，槟榔，柑橘，栀子，山龙眼，木兰，杏，番石榴，红桑，银边桑，扶桑，变叶木，樱花，桑

分布：中国福建、广东、广西、云南、台湾；亚洲东南部，美洲，非洲东南部，欧洲

0187
学名：*Pseudococcus calceolariae* (Maskell)
(*Dactylopius calceolariae*;*Pseudococcus gahani* Green;*P.citrophilus* Clausen;*P.fragilis* Brain;*Trionymus calceolariae*)
中文名：柑橘栖粉蚧
寄主：柑橘，苹果，梨，葡萄，橙，菠萝，鸡蛋花，万年青，文竹，长春花，茶，栀子，番石榴，榕，扶桑，夹竹桃，阴香，桂花，多肉植物等30余科250种
分布：中国河北、山东、湖北、江西、四川、云南、广东、广西、福建、河南、贵州、西藏、台湾；美洲，大洋洲，南非，欧洲，印度

0188
学名：*Pseudococcus cryptus* Green
中文名：柑橘棘粉蚧（桔小粉蚧）
寄主：茶，柠檬，金橘，柑橘，龟背竹，油桐，榕，柚子，栀子，油茶，板栗，冬青，柿，酸橙
分布：中国广东、广西、河北、山东、山西、湖北、浙江、福建、四川、云南、甘肃、澳门；斯里兰卡，美国（夏威夷），爪哇，苏门答腊，菲律宾，日本，俄罗斯

0189
学名：*Pseudococcus comstocki* (Kuwana)
(*Dactylopius comstocki*;*Pseudococcus grassi* Leon)
中文名：康氏粉蚧（康粉蚧）
寄主：桑，梓，梨，苹果，糖槭，柑橘，柚，橙，荔枝，葡萄，樟，须芒草，律草，铁线莲，常春藤，小檗，栀子，散尾葵，刺槐，柳，石榴，花桃，海棠，铁色剑，君子兰，朱顶红，泡桐，夜来香，鹤望兰，橘，万年青，卫矛，银杏，茉莉，夹竹桃，悬铃木，栒子等多种植物
分布：中国辽宁、吉林、黑龙江、河北、湖北、江西、浙江、上海、广东、广西、福建、云南、四川；美洲，欧洲，日本，斯里兰卡，大洋洲，朝鲜，印度

山南）

0190
学名：*Pseudococcus longispinus* (Targioni)
(*Dactylopius longispinus*;*D.adonidum* L.;
D.longifilis Comst.;*D.pteridis* Sign;*Pseudocccus adonidum* L.)
中文名：长尾粉蚧
寄主：槭科，凤梨科，百合科，天南星科，大戟科，茜草科，芸香科，龙舌兰科，苏铁科，禾本科，柿科，兰科，蔷薇科，桑科，木犀科，五加皮科，锦葵科，漆树科，夹竹桃科，樟科，棕榈科，葡萄科，松科，荷草科，蝶形花科，秋海棠科，桃金娘科，玄参科，报春花科等34科植物
分布：中国云南、华南；美洲，欧洲，大洋洲，非洲，亚洲

0191
学名：*Pseudococcus maritimus* (Ehrhorn)
(*Dactylopius maritimus*;*Pseudococcus bakeri* Essig;*P.omnivorae* Hollinger)
中文名：真葡萄粉蚧（海粉蚧，葡萄粉蚧）
寄主：楸树，柑橘，槐，油桐，桑，朴树，椴，柏，无花果，仙人掌，茶，香蕉，梨，苹果，山楂，洋紫苏，皂荚，核桃，倒挂金钟，天芥菜，朱顶红，九里香，垂柏，葡萄，漆树，马蹄莲
分布：中国山西、广西；非洲，欧洲，澳大利亚，斯里兰卡，伊朗

0192
学名：*Pseudococcus saccharicola* Takahashi
中文名：东亚蔗粉蚧（甘蔗粉蚧）
寄主：甘蔗，水稻，杂草
分布：中国台湾、印度，巴勒斯坦，马来西亚

0193
学名：*Brevennia rehi* Borchsenius
中文名：云南绣粉蚧（景东禾鞘粉蚧，碎粉蚧，伪土粉蚧）
寄主：禾本科草（茎部土中）
分布：云南（景东），西藏（日喀则，拉萨，

0194
学名：*Brevennia rehi* Tang
中文名：水稻绣粉蚧
寄主：水稻（根部）
分布：福建

0195
学名：*Ceroputo pilosellae* (Takahashi)
(*Phenacoccus asteri*)
中文名：台湾泡粉蚧（菊绵粉蚧）
寄主：紫菀
分布：中国台湾

0196
学名：*Ceroputo graminis* Danzig
中文名：泡粉蚧（禾草泡粉蚧）
寄主：禾本科，莎草科，金叶马兰
分布：内蒙古。俄罗斯（库页岛），内蒙古

0197
学名：*Ceroputo pilosellae* Tang
中文名：禾草泡粉蚧
寄主：金叶马兰
分布：内蒙古（扎鲁特旗）

0198
学名：*Rastrococcus chinensis* Ferris
中文名：中华垒粉蚧（中华梳粉蚧，中华平刺粉蚧）
寄主：番石榴
分布：广东（穗），福建（漳州），广西（南宁），香港，澳门

0199
学名：*Rastrococcus iceryoides* (Green)
(*Phenacoccus iceryoides* ;*Puto iceryoides*)
中文名：吹绵垒粉蚧(吹绵梳粉蚧,平刺粉蚧）
寄主：灰叶草，紫株木，九里香，马槟榔，月桔，野梧桐，番荔枝，芒果

分布：中国广东、云南、福建（漳州）、香港；印度，斯里兰卡

0200
学名：*Rastrococcus invadens* Williams
中文名：西非垒粉蚧
寄主：芒果，柑橘，臭椿，无花果，香益，大薯，野梧桐，鳄梨，红厚壳
分布：中国云南、香港；巴勒斯坦，孟加拉，斯里兰卡，印度，泰国，新加坡，马来西亚

0201
学名：*Rastrococcus mangiferae* (Green)
(*Pseudococcus mangiferae*;*Phenacoccus mangiferae*;*Puto mangiferae*)
中文名：芒果垒粉蚧（芒果梳粉蚧，芒果平刺粉蚧）
寄主：芒果，紫金牛
分布：中国台湾；斯里兰卡，印度

0202
学名：*Rastrococcus spinosus* (Robinson)
(*Phenacoccus spinosus*;*Puto spinosus*)
中文名：多刺垒粉蚧（刺梳粉蚧，珠丝平刺粉蚧）
寄主：茶，五月茶，荔枝，番石榴，无花果，芒果，牛皮冻
分布：中国广东、福建、台湾；菲律宾，爪哇，斯里兰卡，泰国

0203
学名：*Ripersiella helanensis* Tang
中文名：贺兰土粉蚧（贺兰山土粉蚧）
寄主：艾蒿，冰草
分布：内蒙古（阿左旗贺兰山）

0204
学名：*Ripersiella kondonis* (Kuwana)
(*Rhizoecus kondonis*)
中文名：柑橘土粉蚧（柑橘根粉蚧）
寄主：柑橘（根部），禾本科，菊科，蔷薇科，唇形科等
分布：中国福建；日本，美国

0205
学名：*Trionymus isfarensis* Williams
(*Trionymus penium*)
中文名：旧北蔗粉蚧
寄主：羊草，冰草，剪股颖，芒草，茅草，早熟禾等
分布：中国内蒙古（扎鲁特旗）；美国，英国，俄罗斯（圣彼得堡及远东），波兰

0206
学名：*Saccharicoccus sacchari* (Cockerell)
(*Trionymus sacchari*;*Tr.praegrandis* James; *Dactylopius sacchari*;*Pseudococcus* Sacchari; *Erium sacccchari*)
中文名：热带蔗粉蚧（红甘蔗粉蚧，糖粉蚧）
寄主：甘蔗（节间蜡分带上），芒果，水稻，高粱等叶及根部
分布：中国广东、广西、四川、湖南、湖北、江西、贵州、云南、福建、海南、台湾；印度，美国，墨西哥，南非，菲律宾，埃及，爪哇，以色列，琉球群岛，日本

0207
学名：*Serrolecanium indocalamus* Wu
中文名：网孔筛安粉蚧
寄主：箬竹
分布：安徽

0208
学名：*Porisaccus jiuhuaensis* Wu
中文名：九华筛安粉蚧（九华筛锯粉蚧）
寄主：华东箬竹
分布：安徽

0209
学名：*Serrolecanium tobai* (Kuwana)
(*Antonina tobai*; *Serrolecanium bambusae* Shinji)
中文名：苦竹筛安粉蚧（竹锯尾粉蚧，苦竹

锯粉蚧）

寄主：苦竹（鞘内），小竹

分布：中国云南（昆明西山）；日本

0210

学名：*Spilococcus artemisiphilus* (Tang) (*Chorizococcus artemisiphilus*)

中文名：艾蒿匹粉蚧（艾蒿考粉蚧）

寄主：艾蒿（根部）

分布：内蒙古（包头）

0211

学名：*Spilococcus innermongolicus* Tang (*Chorizococcus innermongolicus*)

中文名：内蒙古匹粉蚧

寄主：阿尔泰狗娃花

分布：内蒙古（乌拉盖东乌旗）

0212

学名：*Spinococcus jartaiensis* Tang (*Caulococcus jartaiensis*)

中文名：吉兰太刺粉蚧

寄主：砂引草（根部）

分布：内蒙古（阿左旗吉兰）

0213

学名：*Synacanthococcus minusculus* (Borchsenius) (*Synacanthococcus minusculus*)

中文名：云南刺粉蚧（景东并棘粉蚧，垒粉蚧）

寄主：木姜子（叶子）

分布：云南（景东）

0214

学名：*Heterococcus caulicola* Borchsenius

中文名：景东肖粉蚧（西双粉蚧，茎清粉蚧）

寄主：禾本科杂草（叶鞘内）

分布：云南（景东）

0215

学名：*Stipacoccus xilinhatus* Tang

中文名：锡林针粉蚧（锡林茅粉蚧）

寄主：克氏针茅（根部），粗糙隐子草

分布：内蒙古（杨木浩特）

0216

学名：*Tangicoccus elongatus* (Tang) (*Longicoccus longatus*;*Tangicoccus longatus*)

中文名：细长汤粉蚧（竹长粉蚧，长粉蚧）

寄主：箬竹，毛竹，刚竹，淡竹，哺鸡竹

分布：浙江（杭州），江苏，福建（书泽，沙县）

0217

学名：*Tibetococcus dingriensis*(Tang) (*Kiritshenkella dingriensis*)

中文名：定日藏粉蚧

寄主：青稞，春麦

分布：西藏（定日县，莎迦县）

0218

学名：*Tibetococcus nyalamiensis* (Tang) (*Kiritshenkella nyalamiensis*)

中文名：聂拉木藏粉蚧

寄主：大麦（根部）

分布：西藏（聂拉木县）

0219

学名：*Tibetococcus triticola* (Tang) (*Kiritshenkella triticola*)

中文名：小麦藏粉蚧

寄主：小麦

分布：西藏（定日县）

0220

学名：*Trionymus aberrans* Goux (*Pseudococcus aberrans*;*Trionymus pulvinarius* Kir;*Tr.aberrans var ovalis* Goux;*Tr. chifengensis* Tang）

中文名：黑麦条粉蚧（赤峰长粉蚧）

寄主：冰草（根部叶鞘）

分布：中国内蒙古（赤峰）；法国，俄罗斯（欧洲地区）

0221
学名：*Trionymus agrestis* Wang et Zhang
中文名：玉米条粉蚧（玉米耕葵粉蚧）
寄主：玉米，高粱，小麦，禾本科杂草
分布：河北，辽宁，山东

0222
学名：*Trionymus circulus* (Tang)
(*Longicoccus circulus*)
中文名：白草条粉蚧（白草长粉蚧）
寄主：白草
分布：内蒙古（呼和浩特）

0223
学名：*Balanococcus diminutus* Leonardi
(*Pseudococcus diminutus*;*Erium diminutus*;
dysmicoccus diminutus;*Balanococcus diminutus*)
中文名：兰麻条粉蚧（甘蔗小长粉蚧，蜜粉蚧）
寄主：新西兰麻，甘蔗（叶）
分布：中国台湾；意大利，美国，新西兰，俄罗斯

0224
学名：*Trionymus formosanus* Takahashi
中文名：台湾条粉蚧（台湾长粉蚧）
寄主：大莉竹（嫩茎上，叶鞘包住）
分布：中国台湾

0225
学名：*Trionymus latus* Takahashi
中文名：芒蒿条粉蚧（芒长粉蚧，芒葵粉蚧）
寄主：芒草
分布：中国台湾

0226
学名：*Trionymus mongolicus* Danzig
(*Trionymus agropyronicola* Tang;*Longicoccus agropyronicola* Tang)
中文名：蒙古条粉蚧（冰草长粉蚧）
寄主：苔草，西伯利亚冰草，冰草
分布：中国内蒙古（赤峰）、甘肃；蒙古

0227
学名：*Trionymus multisetiger* (Borchsenius)
(*Pseudococcus multisetiger*;*P.hemisphaericus* Borchs;*P.galatellus* Matesova)
中文名：多毛条粉蚧（毛刺条粉蚧）
寄主：草地风毛菊，禾本科及其他杂草根部
分布：内蒙古（扎鲁特旗）。朝鲜，蒙古，俄罗斯远东，天山，阿尔泰山，哈萨克

0228
学名：*Neotrionymus monstatus* Tang
中文名：禾条粉蚧
寄主：禾本科草
分布：新疆

0229
学名：*Trionymus singularis* Schmutterer
中文名：孤独条粉蚧（德国条粉蚧）
寄主：羊草剪股颖，早熟禾
分布：中国内蒙古；德国，捷克，波兰，俄罗斯

0230
学名：*Trionymus thulensis* Green
中文名：北方条粉蚧
寄主：羊草，冰草，羊茅，芦苇，须草，羊茅，三毛草，小麦，禾本科杂草（叶鞘下和根部）
分布：中国内蒙古（达布旗）；英国，冰岛，法国，匈牙利，波兰

0231
学名：*Trionymus tomlini* Green
中文名：短柄草条粉蚧（羊草条粉蚧）
寄主：羊草，冰草，羊茅，雀麦，短柄草（叶鞘下）
分布：中国内蒙古（锡林浩特）；波兰，匈牙利

0232
学名：*Tyllococcus fici* (Takahashi)

(*Phenacoccus fici*)

中文名：榕树庯粉蚧

寄主：榕（枝）

分成：中国台湾

0233

学名：*Xenococcus annandalei* Silvestri

中文名：印度宾粉蚧（榕根旌蚧）

寄主：榕，菩提树，可可

分布：中国香港；马来西亚，印度，越南

（五）毡蚧科 ERIOCOCCIDAE

0234

学名：*Aculeococcus yongpingensis* Tang

中文名：永平刺毡蚧（云南刺毡蚧）

寄主：樟科某种植物

分布：云南（西双版纳）

0235

学名：*Asiacornococcus exiguous* (Maskell)

(*Eriococcus exiguus*)

中文名：台湾白毡蚧（稀古绒蚧）

寄主：未明

分布：中国台湾，香港

0236

学名：*Asiacornococcus kaki* (Kuwana)

(*Eriococcus kaki*)

中文名：柿树白毡蚧（柿绒粉蚧，柿绒蚧，柿毡蚧）

寄主：柿，梧桐，桑

分布：山东，河北，辽宁，吉林，黑龙江，陕西，山西，广东，广西，贵州，四川，江苏，天津，河南，安徽，北京

0237

学名：*Cryptococcus ulmi* Tang

(*Eriococcus ulmi*)

中文名：榆皮隐毡蚧（榆毡蚧）

寄主：榆

分布：山西，北京

0238

学名：*Eriococcus abeliceae* Kuwana

(*Gossyparia ulmi* Geoff)

中文名：榆树枝毡蚧

寄主：榆，小叶黄杨

分布：中国北京；日本

0239

学名：*Eriococcus acericola* Tang et Hao

中文名：槭树毡蚧

寄主：复叶槭，刺槐

分布：宁夏

0240

学名：*Eriococcus armeniacus* Tang

中文名：山杏毡蚧

寄主：山杏

分布：宁夏

0241

学名：*Eriococcus betulaefoliae* Tang et Hao

中文名：杜梨毡蚧

寄主：杜梨

分布：宁夏

0242

学名：*Eriococcus borchsenii* (Danzig)

(*Acanthococcus borchsenii*)

中文名：鲍氏囊毡蚧（鲍氏毡蚧）

寄主：万年蒿（根）

分布：中国内蒙古；朝鲜，俄罗斯远东

0243

学名：*Eriococcus castanopus* Tang et Hao

中文名：栗树毡蚧

寄主：板栗

分布：广西（龙胜）

0244
学名：*Eriococcus caudatus* Tang et Hao
中文名：尾片毡蚧
寄主：万年蒿，鹤沙蒿
分布：内蒙古（巴林大旗）

0245
学名：*Eriococcus corniculatus* Ferris
(*Proteriococcus corniculatus*)
中文名：厚皮香毡蚧（角绒粉蚧，角刺蜡粉蚧）
寄主：厚皮香，油茶
分布：云南，福建，广东

0246
学名：*Eriococcus costatus* (Danzig)
(*Acanthococcus costatus*;*Eriococcus ulmi* Tang)
中文名：沿海榆毡蚧（榆毡蚧）
寄主：榆，柳
分布：中国辽宁、山西；俄罗斯远东沿海

0247
学名：*Eriococcus crassispinus* (Borchsenius)
(*Acdanthococcus crassispinus*;*A.desertus* Tang)
中文名：野蒿囊毡蚧（沙漠毡蚧）
寄主：籽蒿，细茎黄鹌莱
分布：中国内蒙古；亚美尼亚南部

0248
学名：*Eriociccus graminis* Maskell
中文名：香港囊毡蚧（草绒蚧，禾绒粉蚧）
寄主：竹节草
分布：广东，四川，浙江，香港

0249
学名：*Eriococcus isacanthus* (Danzig)
(*Acanthococcus isacanthus*)
中文名：远东毡蚧（绣线菊毡蚧，杜梨毡蚧）
寄主：绣线菊，夜合，杜梨
分布：中国山西、宁夏；朝鲜，俄罗斯远东沿海

0250
学名：*Eriococcus lagerostroemiae* Kuwana
中文名：石榴囊毡蚧（紫薇绒蚧，榴绒粉蚧，石榴毡蚧）
寄主：紫薇，石榴，女贞，银薇，三角枫，枇杷，含笑，百子，扁担木，百日红
分布：中国山西、山东、河北、辽宁、上海、江苏、河南、湖南、四川、浙江、北京、福建、天津、安徽、湖北、陕西、云南、贵州、广东、广西；日本，朝鲜，印度

0251
学名：*Eriococcus marginalis* (Borchsenius)
(*Acanthococcus marginalis*)
中文名：缘边囊毡蚧
寄主：地肤
分布：中国宁夏；亚美尼亚南部

0252
学名：*Hujinlinococcus nematosphaerus* (Hu et Xie)
中文名：丝球毡蚧（竹丝球绒蚧）
寄主：毛竹，刚竹，苦竹，淡竹，雅竹
分布：安徽，江苏，浙江，上海

0253
学名：*Eriococcus ningxianensis* Tang
中文名：宁夏毡蚧
寄主：（未明）
分布：宁夏

0254
学名：*Eriococcus onukii* Kuwana
中文名：日本囊毡蚧（竹子囊毡蚧，日本绒蚧）
寄主：刚竹，毛竹，雅竹，淡竹，石竹，箬竹
分布：中国江苏、上海、浙江；日本

0255
学名：*Eriococcus osbeckiae* Green
中文名：金锦香毡蚧（锦绒粉蚧）
寄主：金锦香，紫葳

分布：中国江苏；斯里兰卡

0256
学名：*Eriococcus populi* (Matesova)
(*Acanthococcus populi*)
中文名：杨树囊毡蚧
寄主：杨
分布：中国新疆；哈萨克斯坦

0257
学名：*Eriococcus salicis* Borchsenius
(*Acanthococus salicis*;*Gossyparis salicicola* Tang)
中文名：柳树干毡蚧（柳裸毡蚧，新疆柳毡蚧，柳毡蚧）
寄主：柳，馒头柳
分布：中国内蒙古、新疆、宁夏、东北；俄罗斯远东沿海

0258
学名：*Eriococcus siakwanensis* (Borchsenius)
(*Acanthococcus siakwanensis*)
中文名：下关囊毡蚧（下关绒蚧，下关绒粉蚧）
寄主：天名精，香椿，菊科杂草
分布：云南，四川

0259
学名：*Eriococcus sojae* Kuwana
中文名：大豆囊毡蚧
寄主：小蓟，小旋花，大豆
分布：中国山东；日本

0260
学名：*Eriococcus spiraeae* (Borchsenius)
(*Acanthococcus spiraeae*)
中文名：绣线菊毡蚧（桑毡蚧）
寄主：绣线菊，桑
分布：中国辽宁、北京；格鲁吉亚

0261
学名：*Eriococcus tokaedae* Kuwana
中文名：三角槭毡蚧（梨绒粉蚧，槭毡蚧）

寄主：梨，松，三角槭
分布：中国河北、四川；日本

0262
学名：*Eriococcus transversus* Green
中文名：马蹄囊毡蚧（竹鞘绒粉蚧）
寄主：毛竹，青篱竹，龙头竹，刚竹，淡竹
分布：中国浙江、福建、广东、云南、四川、河北；斯里兰卡

0263
学名：*Eriococcus ulmarius* (Danzig)
(*Acanthococcus ulmarius*;*Gossypara spuria* Tang)
中文名：榆树囊毡蚧（榆裸毡蚧，榆囊毡蚧）
寄主：榆
分布：中国内蒙古、北京、东北；俄罗斯远东沿海

0264
学名：*Eriococcus uvae-ursi* (Linne)
(*Coccus uvae-ursi*;*Acanthococcus uvae-ursi*)
中文名：乌凡西毡蚧
寄主：沙蒿，乌凡树，喇叭茶，熊果
分布：中国内蒙古；西欧，俄罗斯

0265
学名：*Gossypariella siamensis* (Takahashi)
(*Rhizococcus siamensis*)
中文名：暹罗毛毡蚧（泰棉绒蚧，毛粉蚧）
寄主：榕
分布：中国云南；泰国

0266
学名：*Kaweskia glyceriae* (Green)
(*Eriococcus glyceriae*;*Nidularia glyceriae*;*Greenisca glyceriae*)
中文名：欧洲喀毡蚧（禾草格毡蚧）
寄主：粗糙隐子草，早熟禾等本科植物
分布：中国内蒙古；英国，法国，匈牙利，乌克兰，俄罗斯

0267
学名：*Neokaweckia laeticoris* (Tereznikova)
中文名：卡氏帽毡蚧
寄主：针茅，剪股颖，羊茅，野麦
分布：中国内蒙古；中欧，东欧，乌克兰

0268
学名：*Proteriococcus acutispinus* Borchsenius
中文名：尖刺柯毡蚧（尖刺蜡绒蚧，棘星绒蚧）
寄主：栎，柯树
分布：云南

0269
学名：*Rhizococcus agropyri* Borchsenius
(*Rhizococcus iljiniae* Tang)
中文名：冰草根毡蚧（碱草根毡蚧）
寄主：细枝盐爪爪，冰草
分布：中国内蒙古；乌克兰，亚美尼亚，俄罗斯，哈萨克，乌兹别克，塔吉克，瑞士

0270
学名：*Rhizococcus cingulatus* (Kirl)
(*Eriococcus cingulatys*;*E.longispinus* Borchsenius)
中文名：长刺根毡蚧（东方毡蚧）
寄主：木须草，达乌里胡枝子，矢车菊，石竹，葫芦巴
分布：中国宁夏、内蒙古；俄罗斯，乌克兰

0271
学名：*Rhizococcus deformis* (Wang)
(*Eriococcus deformis*)
中文名：变型根毡蚧（狭腹绒粉蚧，茅根绒蚧）
寄主：茅
分布：广东，海南

0272
学名：*Rhizococcus kondaresis* Borchsenius
中文名：小麦根毡蚧
寄主：禾本科草，小麦，冰草
分布：中国新疆；亚美尼亚，乌兹别克斯坦，塔吉克斯坦

0273
学名：*Rhizococcus minius* (Tang)
(*Acanthococcus minius*)
中文名：小型根毡蚧（小毡蚧）
寄主：艾蒿
分布：内蒙古，宁夏

0274
学名：*Rhizococcus multispinatus* Tang
中文名：多刺根毡蚧
寄主：沙蒿，蒲公英，油蒿
分布：宁夏，内蒙古

0275
学名：*Rhizococcus oblongus* Borchsenius
中文名：圆柱根毡蚧
寄主：野燕麦，狗牙根
分布：中国新疆；塔吉克斯坦

0276
学名：*Rhizococcus orientalis* (Danzig)
(*Acanthococcus cingulatus orientalis* Danzig)
中文名：东方根毡蚧（东方毡蚧）
寄主：艾蒿，油蒿
分布：中国内蒙古；朝鲜，俄罗斯远东沿海

0277
学名：*Rhizococcus rugosus* (Wang)
(*Eriococcus rugosus*)
中文名：毛竹根毡蚧（皱绒粉蚧）
寄主：毛竹
分布：浙江，上海，江苏

0278
学名：*Rhizococcus terrestris* (Matesova)
(*Acanthococcus cingulatus terrestri*;*Eriococcus terrestri*)
中文名：陆地根毡蚧（艾绒粉蚧）
寄主：艾茜草，铁线莲
分布：中国河北；哈萨克斯坦，乌克兰，外

高加索

0279
学名：*Rhizococcus trispinatus* (Wang)
(*Eriococcus trispinatus*)
中文名：三刺根毡蚧（三刺绒粉蚧）
寄主：芦苇
分布：河北，北京

0280
学名：*Rhizococcus zygophylli*(Arch)
(*Eriococcus zygophylli*)
中文名：霸王根毡蚧
寄主：霸王，骆驼刺，蒿
分布：中国宁夏；乌兹别克，塔吉克，蒙古

(六) 胶蚧科　KERRIDAE

0281
学名：*Kerria fici*（Green）
(*Laccifer fici*)
中文名：无花果胶蚧
寄主：无花果
分布：广东

0282
学名：*Kerria greeni* (Chamberlin)
(*Laccifer greeni*)
中文名：龙眼胶蚧
寄主：阳桃，朱樱花，龙眼，雀榕，银叶树，枫香，楠，芒果，胶木，悬铃木，桃金娘，荔枝，榄仁树
分布：福建，台湾

0283
学名：*Kerria lacca* (Kerr)
(*Laccifer lacca*)
中文名：紫胶蚧
寄主：木豆，钝叶黄檀，秧青，泡火绳，高山榕，马勒果，合欢，金合欢
分布：中国云南、贵州、福建、浙江、广东、湖南、湖北、江西、四川、西藏；印度，缅甸，越南

0284
学名：*Kerria yunnanensis* Ou et Hong
(*Laccifer yunnanensis*)
中文名：云南紫胶蚧
寄主：钝叶黄檀，思茅黄檀，木豆，泡火绳，高山榕等200余种
分布：云南，四川，广西，广东，贵州

0285
学名：*Kerria chinensis* Mahdishassan
中文名：中国胶蚧
寄主：榕属，黄檀属，合欢属，木豆属
分布：中国华南；东南亚

0286
学名：*Metatachardia myrica* Tang
中文名：杨梅翠胶蚧
寄主：杨梅
分布：浙江

0287
学名：*Albotachardina capsella* Wang
中文名：果奇角胶蚧
寄主：盐肤木
分布：云南

0288
学名：*Paratachardina decorella* (Maskell)
中文名：杨梅硬胶蚧
寄主：黄栀子，丁子香，茶，白杨，杨梅
分布：广东，浙江

0289
学名：*Paratachardina theae* (Green et Menn)
(*Paratachardina theae*)
中文名：茶硬胶蚧（黄胶蚧）
寄主：紫金牛，榕，楠，含笑，母生，杨桃，黄檀，红枫，杨梅，茶，桃金娘，柿，枫香，木荷，

柑橘，木莲

分布：广东，广西，云南，福建，浙江，江西，安徽，台湾

（七）红蚧科 KERMESIDAE

0290

学名：*Fulbrightia gallicola* Ferris

中文名：瘿付红蚧（付绒蚧，瘿付绛蚧）

寄主：高山栲，栎

分布：云南

0291

学名：*Kermes bannaensis* Liu

中文名：版纳红蚧（版纳绛蚧）

寄主：石栎

分布：云南

0292

学名：*Kermes castaneae* Shi et Liu

中文名：华栗红蚧（华栗绛蚧）

寄主：板栗

分布：湖南，湖北，安徽，江苏，浙江，江西

0293

学名：*Kermes flavus* Liu

中文名：栗黄红蚧（栗黄绛蚧）

寄主：板栗

分布：云南

0294

学名：*Kermes formosanus* Takahashi

中文名：台湾红蚧（台湾绛蚧）

寄主：栎

分布：中国台湾

0295

学名：*Kermes fuscuatum* Liu et Shi
(*Kermes trichrous* Hu)

中文名：褐纹红蚧（褐纹绛蚧）

寄主：高山栲，青冈

分布：云南

0296

学名：*Kermes globosus* (Borchsenius)
(*Kermococcus globosus*)

中文名：球红蚧（球形绛蚧，球绛蚧）

寄主：栎

分布：云南

0297

学名：*Kermes miyasakii* Kuwana
(*Kermes tomarii*; *Kermococcus miyasakii*)

中文名：壳点红蚧（壳点绛蚧，黑绛蚧）

寄主：麻栎，栓皮栎

分布：中国山东、辽宁、河北、山西、陕西、河南、安徽、江苏、浙江、四川、贵州、广东；日本

0298

学名：*Kermes multiporus* Hu

中文名：多腺红蚧（多腺绛蚧）

寄主：麻栎，白栎

分布：河南

0299

学名：*Kermes mustsurensis* (Kuwana)
(*Kermococcus mustsurensis*)

中文名：牟红蚧

寄主：麻栎

分布：中国辽宁；日本

0300

学名：*Kermes nakagawae* Kuwana
(*Kermococcus nakagawae*)

中文名：双黑红蚧（小红蚧，双黑绛蚧）

寄主：白栎，菠萝栎，麻栎

分布：中国黑龙江、辽宁、吉林、山东、山西、湖南、贵州、云南；俄罗斯远东沿海，日本，朝鲜

0301
学名: *Kermes orientalis* Shi et Liu
中文名：东方红蚧（东方绛蚧）
寄主：麻栎
分布：山东

0302
学名: *Kermes peronatus* Hu
中文名：绵红蚧（绵绛蚧）
寄主：麻栎
分布：四川

0303
学名: *Kermes punctatus* (Borcsenius)
(*Kermococcus punctatus*)
中文名：小斑红蚧（黄绛蚧）
寄主：高山栲树，元江栲
分布：云南

0304
学名: *Kermes qingdaoensis* Hu
中文名：青岛红蚧（青岛绛蚧）
寄主：麻栎，栓皮栎
分布：山东，河北，河南，辽宁，四川，贵州

0305
学名: *Kermes quercus* (L.)
(*Kermococcus quercus*)
中文名：栎红蚧（栎绛蚧）
寄主：菠萝栎，枹栎
分布：辽宁，四川，贵州

0306
学名: *Kermes siamensis* (Cockerell)
(*Coccus siamensis*)
中文名：泰红蚧（泰绛蚧）
寄主：石柯，栎
分布：云南

0307
学名: *Kermes szetshuanensis* (Borchsenius)
(*Kermococcus szetshuanensis*)
中文名：川红蚧（川绛蚧）
寄主：栎
分布：四川

0308
学名: *Kermes taishanensis* Hu
中文名：泰山红蚧（泰山绛蚧等）
寄主：麻栎，栓皮栎
分布：山东，河南，江苏，浙江，贵州

0309
学名: *Kermes tropicalis* Takahashi
中文名：热带红蚧（热带绛蚧）
寄主：栎
分布：中国台湾

0310
学名: *Kermes vastus* Kuwana
(*Kermes nignonotatus* Hu; *Kermococcus vastus*)
中文名：大红蚧（红蚧，大绛蚧）
寄主：麻栎，栓皮栎，甜槠
分布：中国江苏、浙江、安徽、辽宁、山东、江西、陕西、河北、河南、湖北；日本，朝鲜

0311
学名: *Kermes viridis* (Borchsenius)
(*Kermococcus viridis*)
中文名：绿红蚧（绿绛蚧）
寄主：栎，青冈
分布：云南

0312
学名: *Nidularia japonica* Kuwana
中文名：日本巢红蚧（日本巢绛蚧）
寄主：白栎，菠萝栎，枹栎
分布：中国辽宁、山东、湖南、贵州、四川、浙江、江苏、河北；日本

0313
学名: *Physeriococcus cellulosis* Borchsenius

中文名：绒红蚧（绛绒蚧，球刺粉蚧，绒绛蚧）
寄主：石栎
分布：云南

0314
学名：*Reynvaania spinatus* Hu et Li
中文名：刺苞红蚧（刺苞绛蚧）
寄主：小叶青冈
分布：江西

（八）战蚧科 PHOENICOCOCCIDAE

0315
学名：*Phoeniococcus marlatti* Cockerell
中文名：马氏战蚧（马氏刺葵蚧）
寄主：刺葵，凤尾棕
分布：上海，山西

0316
学名：*Thsanococcus chinensis* Stickney
中文名：中华藤战蚧（中华藤蚧）
寄主：白藤
分布：广东

0317
学名：*Thysanococcus squamulatus* Stickney
中文名：鳞藤战蚧（鳞藤蚧）
寄主：白藤
分布：广东，香港

（九）链蚧科 ASTEROLECANIDAE

0318
学名：*Anomalococcus cremastogastri* Green (*Psoraleococcus cremastogastri*)
中文名：锡兰畸链蚧（台屑球链蚧）
寄主：菩提树，山麻黄
分布：中国台湾；斯里兰卡

0319
学名：*Asterococcus atratus* Wang
中文名：黑瘤壶链蚧（黑链壶蚧）

寄主：茶，香樟，大头茶
分布：四川，广东，云南

0320
学名：*Asterococcus muratae* (Kuwana) (*Cerococcus muratae*; *Solenococcus muratae*; *Solenophora muratae*; *Asterococcus Pyri* Borchs.)
中文名：日本壶链蚧（日本壶蚧，藤壶镣蚧，梨链壶蚧）
寄主：珊瑚树，冬青，榕，蔷薇，葡萄，柑橘，梨，枇杷，茶，木兰，香樟，黑壳楠，广玉兰，白玉兰，木瓜，枫杨
分布：中国贵州、云南、浙江、江苏、四川、上海；日本

0321
学名：*Asterococcus oblatus* Xue et Zhang
中文名：扁球壶链蚧
寄主：含笑，桤木
分布：云南，四川

0322
学名：*Asterococcus quercicola* Borchsenius (*Cerococcus quercicola*)
中文名：栎类壶链蚧（橡壶蚧，褐链壶蚧，橡链壶蚧）
寄主：山毛榉
分布：云南

0323
学名：*Asterococcus schimae* Borchsenius (*Cerococcus shimae*)
中文名：木荷壶链蚧（思茅壶蚧，柯链壶蚧，思茅链壶蚧）
寄主：木荷，茶，山茶，厚皮香，丁香，黄瑞木，石笔木，柯树
分布：云南，贵州，浙江，广东，四川，福建

0324
学名：*Asterococcus scleroglutaeus* Xue

(*Cerococcus scleroglutaeus*)
中文名：硬臀壶链蚧（硬臀链壶蚧）
寄主：红果树，广玉兰，珊瑚树
分布：四川，湖南

0325
学名：*Asterococcus yunnanensis* Borchsenius
(*Cerococcus yunnanensis*)
中文名：云南壶链蚧（云南壶蚧，云南链壶蚧）
寄主：山枇花，刺梅，栀子，蔷薇，枫，茜树，榔榆，香樟，胡椒
分布：云南，四川，西藏

0326
学名：*Asterodiaspis alba* (Takahashi)
(*Asterolecanium alba*)
中文名：白栎链蚧（日本栎链蚧，白并链蚧）
寄主：竹，栎
分布：中国辽宁、山东；日本

0327
学名：*Asterodiaspis biformis* Liu et Shi
中文名：双型栎链蚧
寄主：高山栲树
分布：云南（西山）

0328
学名：*Asterodiaspis changbaishanensis* Liu et Zhang
中文名：长白山栎链蚧
寄主：白栎
分布：吉林（和龙）

0329
学名：*Asterodiaspis deformis* Liu
中文名：异形栎链蚧
寄主：栎
分布：云南

0330
学名：*Asterodiaspis glandulifera* Liu et Shi
中文名：桴栎栎链蚧（包栎栎链蚧）
寄主：桴栎
分布：山东

0331
学名：*Asterodiaspis inermis* Borchsenius
中文名：昆明栎链蚧（昆明并链蚧，昆明斑链蚧）
寄主：栎
分布：云南

0332
学名：*Asterodiaspis japonica* (Cockerell)
(*Asterolecanium japonica; A.variolosum var. japonicum*)
中文名：日本栎链蚧（日并链蚧，日斑链蚧）
寄主：石柯
分布：中国浙江、辽宁、山东、台湾；日本，俄罗斯

0333
学名：*Asterodiaspis liui* Borchsenius
中文名：刘氏栎链蚧（思茅并链蚧，小斑链蚧）
寄主：栎，山毛榉科植物
分布：云南

0334
学名：*Asterodiaspis multipora* Liu et Shi
中文名：多腺栎链蚧
寄主：麻栎
分布：山东

0335
学名：*Asterodiaspis polypora* Shi et Liu
中文名：富腺栎链蚧
寄主：栎
分布：浙江（杭州）

0336
学名：*Asterodiaspis suishae* (Russ)
(*Asterolecanium suishae*)
中文名：台湾栎链蚧（瑞链蚧）

寄主：石栎
分布：中国台湾

0337
学名：*Asterodiaspis szetshuanensis* Borchsenius
中文名：四川栎链蚧（峨眉斑链蚧，峨眉并链蚧）
寄主：栎，山毛榉科植物
分布：四川

0338
学名：*Asterodiaspis variabilis*(Russell)
(*Asterolecanium variabile*)
中文名：变异栎链蚧（栓皮栎栎链蚧，异并链蚧，异斑链蚧）
寄主：栓皮栎
分布：山东

0339
学名：*Asterolecanium cinnamomi* Borchsenius
中文名：香樟树链蚧（樟链蚧）
寄主：香樟，玉桂，天竹桂，茶，桢楠，桉，丁香，野茉莉
分布：云南，浙江，广东，四川，福建

0340
学名：*Asterolecanium corallinum* Takahashi
中文名：山榄树链蚧（领链蚧）
寄主：山榄树
分布：中国台湾

0341
学名：*Asterolecanium epidendri* (Bouche)
(*Lecanium epidendri*;*Coccus aureum* Boisd;
Planchonia oncidii Cockerell)
中文名：杂食性链蚧（杓兰链蚧）
寄主：杓兰，葡苋
分布：中国四川；美洲，俄罗斯，欧洲，斯里兰卡

0342
学名：*Asterolecanium machili* Russell

中文名：桢楠树链蚧
寄主：桢楠
分布：中国台湾

0343
学名：*Asterolecanium psychotriae* Russell
中文名：九节木链蚧（丽链蚧）
寄主：杪利，九节木
分布：中国台湾

0344
学名：*Asterolecanium theae* Tang
中文名：茶链蚧（茶灌木链蚧）
寄主：茶
分布：浙江

0345
学名：*Bambusaspis abiecta* (Russell)
(*Asterolecanium abiectum*)
中文名：菲岛竹链蚧（毕链蚧）
寄主：莿竹，巨竹
分布：中国广东；菲律宾

0346
学名：*Bambusaspis bambusae* (Boisduval)
(*Asterolecanium bambusae*; *Chermes bambusae*)
中文名：广布竹链蚧（竹链蚧，竹斑链蚧）
寄主：佛肚竹，苏麻竹，蓠竹，孝顺竹，勒竹，滇竹，刚竹，青篱竹，石竹，凤尾竹，观音竹，东崖柏，林戟
分布：中国广东、云南、上海、江苏、浙江、江西、四川、广西、安徽、湖南、福建、台湾；全球多地

0347
学名：*Bambusaspis bambusicola* (Kuwana)
(*Asterolecanium bambusicola tuberculata*;
A.tuberculatum Takahashi)
中文名：东瀛竹链蚧（日竹链蚧，日竹斑链蚧）
寄主：莿竹，刚竹
分布：中国广东、云南、台湾；日本

0348
学名: *Bambusaspis caudata* (Green)
(*Asterolecanium caudatum*)
中文名: 巴西竹链蚧（后链蚧）
寄主: 莿竹，苏麻竹
分布: 广东，广西

0349
学名: *Bambusaspis chinae* (Russell)
(*Asterolecanium caudatum*)
中文名: 中国竹链蚧（华链蚧）
寄主: 莿竹，毛竹，刚竹
分布: 浙江，福建，广东，香港

0350
学名: *Bambusaspis circularis* (Russell)
(*Asterolecanium circulare*)
中文名: 圆形竹链蚧（圆链蚧）
寄主: 莿竹
分布: 中国广东、广西、海南；中南半岛

0351
学名: *Bambusaspis coronata* (Green)
(*Asterolecanium coronatum*)
中文名: 锡兰竹链蚧（冠竹链蚧）
寄主: 苏麻竹
分布: 中国台湾；斯里兰卡

0352
学名: *Bambusaspis delicata* (Green)
(*Asterolecanium delicates;Planchonia delicates*)
中文名: 透体竹链蚧（透体竹斑链蚧，透体竹镣蚧）
寄主: 佛肚竹，毛竹，苦竹，刺竹，浩竹
分布: 湖北，浙江，上海，江苏，福建，四川

0353
学名: *Bambusaspis disiuncta* (Russell)
(*Asterolecanium disiunctum*)
中文名: 六爪竹链蚧（滇链蚧）
寄主: 罗竹，莨劳竹
分布: 云南，广东

0354
学名: *Bambusaspis flora* (Russell)
(*Asterolecanium florum*)
中文名: 两广竹链蚧（花链蚧）
寄主: 青篱竹
分布: 广东，广西，海南

0355
学名: *Bambusaspis fusa* (Russell)
(*Asterolecanium fusus*)
中文名: 细竹链蚧（混链蚧，海南竹链蚧）
寄主: 青篱竹
分布: 广东，海南

0356
学名: *Bambusaspis hemisphaerica* (Kuwana)
(*Asterolecanium hemisphaerica*)
中文名: 半球竹链蚧（半球竹斑链蚧，半球竹镣蚧）
寄主: 毛竹，刚竹，莿竹，青篱竹
分布: 中国广东、江苏、上海、安徽、浙江；日本

0357
学名: *Bambusaspis huichowensis* Zhang
中文名: 徽州竹链蚧
寄主: 箬竹
分布: 安徽

0358
学名: *Bambusaspis jubata* Wu
中文名: 安徽竹链蚧（箬竹鬃链蚧）
寄主: 华东箬竹
分布: 安徽

0359
学名: *Bambusaspis larga* (Russell)
(*Asterolecanium largum*)

中文名：大型竹链蚧（巨链蚧）
寄主：竹
分布：云南

0360
学名：*Bambusaspis longula* (Russell)
(*Asterolecanium longulum*)
中文名：条形竹链蚧（港链蚧）
寄主：青篱竹
分布：香港

0361
学名：*Bambusaspis longa* (Green)
(*Asterolecanium lanceolatum* Green;*A.longum*;
A.lineara;*A.miliaris robustum* Green;
Planchonia miliaris longa Green)
中文名：长丝竹链蚧（竹长链蚧）
寄主：多种竹
分布：中国广东、广西、台湾；美国，巴西，斯里兰卡，印度，孟加拉，菲律宾，斐济

0362
学名：*Bambusaspis marginalis* Borchsenius
中文名：缘腺竹链蚧（缘竹链蚧，缘竹斑链蚧）
寄主：青竹
分布：云南

0363
学名：*Bambusaspis masuii* (Kuwana)
(*Asterolecanium masuii*)
中文名：日本竹链蚧（墨竹链蚧，墨竹斑链蚧）
寄主：青篱竹
分布：中国广东；日本

0364
学名：*Bambusaspis miliaris* (Boisduval)
(*Asterolecanium miliaris*;*A.miliaris var.miliaris*;
Chermes miliaris)
中文名：热带竹链蚧（密竹链蚧，密竹斑链蚧）
寄主：莉竹
分布：中国广西；南美，北美，大洋洲，夏威夷，菲律宾，斯里兰卡

0365
学名：*Bambusaspis mimicus* (Russell)
(*Asterolecanium minicum*)
中文名：扁刀竹链蚧（密尼链蚧）
寄主：莉竹
分布：广东，广西，香港

0366
学名：*Bambusaspis minuscula* (Russell)
(*Asterolecanium minusculus*)
中文名：蒲扇竹链蚧（密奴链蚧）
寄主：莉竹，青篱竹
分布：广东，广西，海南

0367
学名：*Bambusaspis minuta* (Takahashi)
(*Asterolecanium minutum*)
中文名：小型竹链蚧（微链蚧）
寄主：苏麻竹，青篱竹，莉竹
分布：中国广东、福建、台湾；印度

0368
学名：*Bambusaspis neojubata* Tang
中文名：郑州竹链蚧
寄竹：竹
分布：河南，四川

0369
学名：*Bambuaspis notabilis* (Russell)
(*Asterolecanium notabile*)
中文名：广东竹链蚧（贵链蚧，绿竹镣蚧，绿竹斑链蚧）
寄主：青篱竹，丛竹，箬竹，毛竹，淡竹
分布：广东，浙江，上海，江苏，湖北，安徽

0370
学名：*Bambusaspis oblonga* (Russell)
(*Asterolecanium oblongum*)
中文名：浙江竹链蚧（椭链蚧）

寄主：硕竹，巨竹
分布：浙江

0371
学名：*Bambusaspis ordinaria* (Russell)
(*Asterolecanium ordinarium*)
中文名：常规竹链蚧（凡链蚧）
寄主：竹
分布：广东

0372
学名：*Bambusaspis parva* Russell
(*Asterolecanium parvum*)
中文名：海南竹链蚧（细链蚧）
寄主：莉竹
分布：广东，海南

0373
学名：*Bambusapis penicillata* (Russell)
(*Asterolecanium penicillatum*)
中文名：长杆竹链蚧（青链蚧）
寄主：莉竹，苏麻竹
分布：广东

0374
学名：*Bambusaspis pseudolanceolata* (Takahashi)
中文名：台湾竹链蚧（拟伦链蚧）
寄主：莉竹
分布：广东，台湾

0375
学名：*Bambusaspis miliaris* (Green)
(*Asterolecanium pseudomiliaris*; *A.pseudomiliaris bambusifoliae*)
中文名：琵芭竹链蚧（拟密链蚧）
寄主：多种竹
分布：中国广东、广西、福建、台湾；斯里兰卡，古巴，牙买加，巴西

0376
学名：*Bambusaspis pseudominuscula* Borchsenius
中文名：西双竹链蚧（拟竹链蚧，小竹斑链蚧）
寄主：竹，禾本科杂草
分布：云南，四川

0377
学名：*Bambusaspis pusillus* (Russell)
(*Asterolecanium pusillum*)
中文名：盘形竹链蚧（极链蚧）
寄主：罗竹，蒽劳竹
分布：广东，海南

0378
学名：*Bambusaspis radiata* (Russell)
(*Asterolecanium radiatum*)
中文名：放射竹链蚧（星光链蚧）
寄主：罗竹，蒽劳竹
分布：广东

0379
学名：*Bambusaspis miliaris* (Green)
(*Asterolecanium miliaris var robusta* Green; *Bambusaspis miliaris var longum*)
中文名：强健竹链蚧（粗链蚧）
寄主：莉竹，苏麻竹，刚竹
分布：广东，广西，云南，台湾

0380
学名：*Bambusaspis sasae* (Russ)
(*Asterolecanium sasae*)
中文名：箬竹链蚧
寄主：青篱竹，箬竹
分布：中国云南；日本

0381
学名：*Bambusaspis sparus* (Russell)
(*Asterolecanium sparus*)
中文名：长镖竹链蚧（金链蚧）
寄主：藤竹
分布：广东，海南

0382
学名：*Bambusaspis subdolum* (Russell) (*Asterolecanium subdolum*)
中文名：亚螺竹链蚧（陀螺竹镣蚧，陀螺竹斑链蚧）
寄主：毛竹，刚竹，淡竹
分布：广东，福建，浙江，江苏，安徽

0383
学名：*Bambusaspis tenuissima* (Green) (*Asterolecanium tenuissimus*)
中文名：格氏竹链蚧（长丝竹链蚧）
寄主：竹
分布：云南．斯里兰卡

0384
学名：*Bambusaspis vulagaris* (Russell) (*Asterolecanium vulgare*)
中文名：普通竹链蚧（常链蚧）
寄主：刺竹
分布：广东，安徽，浙江，上海，江苏

0385
学名：*Cerococcus citri* Lambdin
中文名：柑橘雪链蚧
寄主：柑橘，含笑，白兰花
分布：浙江，山东

0386
学名：*Cerococcus ornatus* Green
中文名：锡兰雪链蚧（锡兰壶蚧，南亚壶蚧）
寄主：咖啡，九节木，鱼骨木，假虎刺，惟枣，桫椤，龙船花
分布：中国台湾；斯里兰卡，印尼，巴基斯坦，美国

0387
学名：*Cosmococcus albizziae* Borchsenius
中文名：合欢滇链蚧（弥渡雕球链蚧，合欢雕盘蚧，夜合棘盘蚧）
寄主：毛叶合欢，黄檀
分布：云南

0388
学名：*Cosmococcus erythrinae* Borchsenius
中文名：刺桐滇链蚧（雕盘蚧，雕球链蚧，刺桐雕盘蚧）
寄主：刺桐，榕
分布：云南，西藏

0389
学名：*Cosmococcus euphorbiae* Borchsenius
中文名：大戟滇链蚧（戟雕盘蚧，宾川雕球琏蚧）
寄主：铁海棠，大戟
分布：云南

0390
学名：*Hsuia cheni* Borchsenius
中文名：四川苏链蚧（川小链蚧）
寄主：竹
分布：四川，广西

0391
学名：*Hsuia vitrea* Ferris
中文名：云南苏链蚧（小链蚧）
寄主：青篱竹
分布：云南

0392
学名：*Prosopophora circularis*(Borchsenius) (*Prosopophora circularis*)
中文名：圆形球链蚧（圆盘蚧，球形黍球链蚧）
寄主：三叶豆，栎
分布：云南

0393
学名：*Psoraleococcus costatus* (Borchsenius) (*Psoraleococcus costatus*)
中文名：思茅球链蚧（思茅屑盘蚧，思茅屑球链蚧）
寄主：栗，麻栎，栓皮栎

分布：云南

0394
学名：*Lecanodiaspis cremastogastri* Takahashi
(*Psoraleococcus cremastogastri*)
中文名：台湾球链蚧 (台屑球链蚧 , 台湾屑球链蚧)
寄主：石柯
分布：海南 , 台湾

0395
学名：*Lecanodiaspis elongata* Ferris
中文名：长形球链蚧 (长盘蚧 , 云南球链蚧 , 长球链蚧)
寄主：石柯 , 槠栎树
分布：云南

0396
学名：*Psoraleococcus foochowensis* Takahashi
(*Lecanodiaspis cremastogastri foochowensis*;
Psoraleococcus foochowensis;
Anomalococcus foochowensis)
中文名：福州球链蚧 (福州屑球链蚧)
寄主：栎 , 石栎 , 栲槠
分布：中国福建；泰国

0397
学名：*Lecanodiaspis malaboda* Green
中文名：豆蔻球链蚧
寄主：肉豆蔻 , 番荔枝 , 桑 , 栎
分布：中国云南；斯里兰卡

0398
学名：*Cosmococcus mimusopis* Green
(*Cosmococcus mimusopis*)
中文名：山榄球链蚧
寄主：山榄
分布：中国云南；斯里兰卡

0399
学名：*Prosopophora pasaniae* (Borchsenius)
(*Prosopophora pasaniae*)
中文名：柯树球链蚧 (柯头盘蚧 , 云南黍球链蚧)
寄主：柯树 , 山毛榉 , 猪栎
分布：云南

0400
学名：*Prosopophora peni* (Borchsenius)
(*Prosopophora peni*)
中文名：昌都球链蚧 (四川盘蚧 , 四川黍球链蚧)
寄主：山毛榉、桢楠
分布：四川

0401
学名：*Psoraleococcus quercus* Cockerell
(*Prosopophora quercus*;*Lecanodiaspis mejesticus* Wang et Qiu)
中文名：栎树球链蚧（贵球链蚧，贵盘蚧）
寄主：栎树
分布：中国山东；日本

0402
学名：*Prosopophora robiniae* (Borchsenius)
(*Prosopophora robiniae*)
中文名：刺槐球链蚧（春盘蚧，春黍球链蚧）
寄主：刺槐
分布：云南

0403
学名：*Prosopophora tingtunensis* Borcsenius
(*Prosopophora tingtunensis*)
中文名：昆明球链蚧（景乐盘蚧，景东黍球琏蚧）
寄主：栎，柯树
分布：中国云南；新加坡

0404
学名：*Liuaspis sinensis* Borchsenius
中文名：中华刘链蚧（中华背链蚧）
寄主：竹

分布：云南

0405
学名：*Neoasterodiaspis castaneae* (Russell)
(*Asterolecanium castaneae*)
中文名：栗树柞链蚧（栗新链蚧，栗新栎链蚧，栗链蚧）
寄主：栗属
分布：江苏，浙江，上海，安徽，江西，湖南

0406
学名：*Neoasterodiaspis horishae* (Russell)
(*Asterolecanium horishae*)
中文名：石柯柞链蚧（台新栎链蚧，台新链蚧）
寄主：栎，石柯
分布：台湾

0407
学名：*Neoasterodiaspis kunminensis* Borchsenius
中文名：昆明柞链蚧（昆明新斑链蚧，昆明新栎链蚧，昆明新链蚧）
寄主：山毛榉科，栎
分布：云南

0408
学名：*Neoasterodiaspis nitidum* (Russell)
(*Asterolecanium nitidum*)
中文名：天台柞链蚧（浙新链蚧）
寄主：栎，柯，石柯
分布：浙江

0409
学名：*Neoasterodiaspis pasaniae* (Kuwana et Cockerell)
(*Asterolecanium pasaniae*)
中文名：日本柞链蚧（黄新栎镣蚧，黄新栎链蚧，黄新链蚧）
寄主：栎属，粗槠，石柯
分布：浙江，云南，台湾

0410
学名：*Neoasterodiaspis skanianae* (Russell)
(*Asterolecanium skanianae*)
中文名：贵州柞链蚧（黔新链蚧，黔新栎链蚧）
寄主：槠，石柯，栎
分布：贵州，浙江

0411
学名：*Neoasterodiaspis szemaoensis* Borchsenius
中文名：思茅柞链蚧（思茅新链蚧，思茅新栎链蚧）
寄主：山毛榉科，栎
分布：云南

0412
学名：*Neoasterodiaspis yunnanensis* Borchsenius
中文名：云南柞链蚧（云南新链蚧，云南新栎链蚧）
寄主：猪栎，石柯
分布：云南

0413
学名：*Pauroaspis olongates* (Russell)
(*Asterolecanium elongatum;Bambusaspis elongatum*)
中文名：披针寡链蚧（长链蚧）
寄主：竹
分布：广东

0414
学名：*Pauroaspis rutilan* (Wu)
(*Bambusaspis rutilan*)
中文名：竹竿寡链蚧（竹竿红链蚧）
寄主：毛竿，刚竿
分布：安徽，陕西

0415
学名：*Pauroaspis scirrosis* (Russell)
(*Asterolecaniam scirrosis;Bambusaspis scirrosis*)
中文名：双毛寡链蚧（硬链蚧）
寄主：凤尾竹
分布：中国广东；菲律宾，古巴，巴西

0416

学名：*Cerococcus bryoides* (Maskell)
(*Cerococcus bryoides*;*Planchonia bryoides*;
Asterolecanium bryoides)
中文名：东洋蜡链蚧（苔绵壶蚧，苔壶蚧）
寄主：柑橘，大戟科，茄科，茜草科，檀香科，菊科，锦葵科，葡萄科，胡椒科
分布：中国浙江；印度

0417
学名：*Cerococcus echinatus* (Wang et Qiu)
(*Cerococcus echinatus*)
中文名：四川蜡链蚧（刺蜡链蚧，刺蜡壶蚧）
寄主：猪耳桐
分布：四川

0418
学名：*Cerococcus ficoides* (Green)
(*Cerococcus ficoides*)
中文名：榕树蜡链蚧（榕壶蚧）
寄主：榕，栀子，野梧桐，茶，桔鹃花
分布：中国墅同、台湾；印度

0419
学名：*Cerococcus indicus* (Mask.)
(*Eriococcus poradoxus* var.*indicum* Maske.;
Cerococcus indicus;*C.hibisci* Green)
中文名：印度蜡链蚧
寄主：豆科，椴树科，紫草科，锦葵科，梧桐科，桃金娘科，禾本科，茜草科，茄科
分布：中国山东、云南、海南、广西；印度，巴勒斯坦，斯里兰卡，马来亚，缅甸

0420
学名：*Cerococcus indigoferae* Borchsenius
(*Cerococcus indigoferae*)
中文名：槐兰蜡链蚧（云南绵壶蚧，木兰壶蚧）
寄主：槐蓝，山茶花，六月雪
分布：云南，湖北，上海

0421
学名：*Planchonia arabidis* Sighoret
(*Asterolecanium arabidis*;*A.massalongianum*
Targ;*Planchonia hederaelicht*;*P.Valoti licht*;*Pollinia thessii* Douglas)
中文名：杂食盾链蚧（双链蚧，芥瑰链蚧）
寄主：南芥草，常春藤，海桐，山柳菊，白蜡树，葱草，矢车菊，石蚕树，百里香，毛蕊花，百蕊草，剪秋罗草，柳空鱼草
分布：中国四川、广西；阿尔及利亚，经欧洲到中亚，美国

0422
学名：*Asterolecanium grandiculum* (Russell)
(*Asterolecanium grandiculum*)
中文名：莉盾链蚧（莉链蚧）
寄主：丝兰，龙古兰
分布：中国四川；美洲

0423
学名：*Planchonia tokyonis* (Kuwana)
(*Asterolanium tokyonis*)
中文名：东京盾链蚧（东京链蚧）
寄主：绵槠，柯树
分布：贵州

0424
学名：*Planchonia zanthenes* (Russ)
(*Asterolecanium zanthenes*)
中文名：海桐盾链蚧
寄主：海桐花，小冠花及豆科，菊科植物
分布：中国云南；南斯拉夫，意大利，法国，阿尔及尔，叙利亚，土耳其

0425
学名：*Psoraleococcus lombokanus* Lamb.et Koszt
中文名：印尼洋链蚧
寄主：番荔枝，柳桉，栎
分布：中国四川、福建；印尼

0426
学名：*Psoraleococcus verrucosus* Borchsenius
中文名：云南洋链蚧（云南屑盘蚧）

寄主：柯树
分布：云南

0427
学名：*Russellaspis pustulans* (Cockerell)
(*Asterolecanium pustulans var sambusi* Ckll; *A.pustulans var .seychellarum* Green; *A.morini* Mamet; *Asterodiaspis pustuans*)
中文名：普食珞链蚧（普露链蚧，丘链蚧）
寄主：桑科，木犀科，蔷薇科，锦葵科，夹竹桃科，葡萄科，十字花科，豆科，苋科，番枝花科，忍冬科，紫薇科，漆树科，木棉科
分布：中国福建、云南、台湾；中美洲，非洲

（十）蚧科 COCCIDAE

0428
学名：*Acanthopulvnaria orientalis* (Nassonov)
(*Pulvinaria orientalis*; *Rhizopulvinaria iliginiae* Danzig)
中文名：东方刺绵蚧
寄主：梭梭，猪毛菜，艾蒿
分布：中国新疆；俄罗斯，蒙古

0429
学名：*Alecanium hirsutum* Morrison
中文名：多毛怪异蚧
寄主：柯树
分布：中国广东；新加坡，马来西亚

0430
学名：*Cardiococcus formosanus* (Takahashi)
(*Inglisia formosana*)
中文名：台湾蚌蜡蚧（台湾蜡蚧，台澳蜡蚧）
寄主：沙梨；
分布：中国台湾

0431
学名：*Ceroplastes ceriferus* (Fabricius)
(*Coccus ceriferus*; *Ceroplastes chilensis* Gray; *C.australiae* Walker; *C.ehrhorni* Cockerell)
中文名：角蜡蚧（大白蜡蚧）
寄主：法桐，茵陈蒿，杠杆，榕，龙船花，芒果，野牡丹，桑，肉豆蔻，蓼，羽叶番龙眼，大叶黄杨，白玉兰，桃金娘，茶等13科160余种植物
分布：中国长江以南、山东、辽宁；日本，印度，斯里兰卡，大洋洲，夏威夷，智利，墨西哥

0432
学名：*Ceroplastes japonica* (Green)
(*Paracerostegia floridensis var japonicus* Green; *Ceroplastes japonicas*)
中文名：日本龟蜡蚧（日本蜡蚧）
寄主：槭，枣，柿，茶，柑橘，法桐，卫矛，木兰，白兰，含笑，梅，杏，山茶，黄杨，桑等41科100余种植物
分布：中国华南、西南、华中、华东、华北；东亚，南亚，俄罗斯

0433
学名：*Ceroplastes pseudoceriferus* Green
中文名：伪角龟蜡蚧（伪白蜡蚧）
寄主：罗汉松，木瓜，荔枝，楠木，月桂，杉，冬青，木兰，苏铁，松，茶，山茶，桑，枇杷，柿，柑橘，柠檬，金橘，石榴，栾等多种植物
分布：中国浙江、云南、湖南、福建、广东、广西、江西、江苏、湖北、贵州、四川、台湾；印度，斯里兰卡

0434
学名：*Ceroplastes rubens* Maskell
(*Ceroplastes minor* Maskell; *C.rubens minor*)
中文名：红龟蜡蚧（红蜡蚧，大红蜡蚧，松红蜡蚧，红玉蜡蚧，红粉介壳虫）
寄主：柑橘，樟，桂皮，蒲桃，龙眼，芒果，胶木，茶，苏铁，松，杉，柿，雪松，桑，梨，构骨，蔷薇，冬青，福树，木兰等35科60余种
分布：中国江苏、上海、浙江、福建、广东、广西、云南、贵州、四川、湖北、湖南、江西、安徽、陕西、河北；大洋洲，美国，印尼，日本，印度，斯里兰卡，缅甸，菲律宾，马来西亚

0435

学名：*Ceroplastes xishuangensis* Tang et Xie

中文名：景洪蜡蚧

寄主：铁树，油棕

分布：云南

0436

学名：*Drepanococcus cajani* (Maskell)

(*Eriochiton cajani*)

中文名：木豆玻壳蚧（木豆箭蜡蚧，豆箭蜡蚧）

寄主：木豆，野桐，相思子，虫豆，栎，羊蹄角，铁篱笆

分布：中国广西、海南、四川、云南、福建；印度，斯里兰卡，巴勒斯坦，马来亚半岛

0437

学名：*Drepanococcus chiton* Green

中文名：锡兰玻壳蚧（榕箭蜡蚧）

寄主：山扁豆，石栗，榕树

分布：中国台湾；斯里兰卡，印度，巴勒斯坦，马来亚半岛

0438

学名：*Chloropulvinaria aurantii*(Ckll.)

(*Pulvinaria aurantii*;*Lecanium notatum* Maskell)

中文名：柑橘绿绵蚧（桔绵蚧，桔绿绵蜡蚧）

寄主：柑橘，柠檬，柚子，枇杷，枳壳，杜仲，桂花，柿子，月桂，牡荆，文竹，油桐花芭蕉，夹竹桃，卫矛，茶，橄榄，山茶，橙等

分布：中国广东、浙江、湖北、四川、贵州、江西、福建、广西、湖南、云南、上海、江苏；日本，伊朗，俄罗斯，美国，菲律宾，斯里兰卡，非洲，大洋洲

0439

学名：*Chorpulvinaria floccifera* (Westwood)

(*Coccus floccifera*;*Pulvinaria floccifera*;

P.camelicola Sign;*P.cesti* Ldgr;*P.brassiae* Cockerell;*P.floccosa* Newstead)

中文名：油茶绿绵蚧（绿绵蜡蚧，蜡丝介壳虫，绿绵蚧）

寄主：茶，油茶，柑橘，榆，松，樟，冬青，卫矛，紫杉，桉树，柚，橙，金橘等近20科植物

分布：中国浙江、安徽、湖南、湖北、福建、云南、贵州、四川、广东、广西、上海、江苏、河南、陕西、山东、辽宁；日本印度，苏联，土耳其，伊朗，欧洲，非洲，美洲

0440

学名：*Chloropulvinaria okitsuensis* (Kuwana)

(*Pulvinaria okitsuensis*;*Lecanium ochnaceae* Kuwana)

中文名：日本绿绵蚧（油茶绵蚧，橙绿绵蜡蚧）

寄主：山茶，柑橘，橙，枳壳，茶，柃木，马尾松，杉

分布：中国浙江；日本

0441

学名：*Chloropulvinaria polygonata* (Cockerell)

(*Pulvinaria polygonata*;*P.cellulosa* Green;*P.nerii* Kanda;*Macropulvinaria* Polygonata)

中文名：多角绿绵蚧（多角绵蚧，山西绵蚧，卵绿绵蜡蚧，夹竹桃绵蜡蚧）

寄主：柑橘，夹竹桃，九里香，油桐，茶

分布：中国广东、四川、浙江、江西、河北、贵州、云南、上海、江苏、台湾；菲律宾，印度，孟加拉

0442

学名：*Chloropulvinaria psidii* (Maskell)

(*Pulvinaria psidii*;*P.cupaniae* Cockerell;

P.philippina Cockerell;*P.cussoniae* Hall;

P.gymnosporia Hall)

中文名：刷毛绿绵蚧（柿绵蚧，垫囊绿绵蜡蚧）

寄主：茶，柑橘，山茶，咖啡，夹竹桃，菠萝蜜，星苹果，龙眼，栀子，果，番石榴，荔枝，柿，无花果，棕榈，樟等多种植物

分布：中国云南、广东、河北、河南、山东、甘肃、宁夏、浙江、江苏、福建、江西、湖南、湖北、安徽、四川；印度，斯里兰卡，菲律宾，印尼，俄罗斯，非洲，大洋洲，欧洲，美洲

0443

学名：*Chloropulvinaria taiwana* (Takahashi) (*Pulvinaria taiwana*)

中文名：台湾绿绵蚧（台湾绵蚧，台湾绿绵蜡蚧）

寄主：芒果

分布：云南，台湾

0444

学名：*Prococcus acutissimus* (Green) (*lecanium acutissimus*)

中文名：香蕉形软蚧（锐蚧，锐软蜡蚧）

寄主：槟榔，紫金牛，荔枝，芒果，葡萄，菠萝蜜，龙眼，蒲桃，白玉兰等

分布：中国海南、广东、云南、台湾；印度，斯里兰卡，泰国，马来亚半岛，美国

0445

学名：*Coccus cambodiensis* (Takahashi)

中文名：柬埔寨软蚧

寄主：榕树

分布：中国海南；柬埔寨

0446

学名：*Coccus caudatus* (Green) (*Lecanium caudatus*;*Coccu sasiaticus* Lindinger)

中文名：西番莲软蚧（后蚧）

寄主：西番莲，咖啡，桑，殳木树，茜木

分布：中国台湾；斯里兰卡

0447

学名：*Coccus desolates* (Green) (*Lecanium desolatum*)

中文名：榕树斑软蚧

寄主：榕（叶）

分布：中国云南；斯里兰卡

0448

学名：*Coccus discrepans*(Green) (*lecanium discrepans*)

中文名：番木瓜软蚧（偏蚧，偏软蜡蚧）

寄主：番木瓜，算盘子，柑橘，紫珠，槟榔，橡胶，杜茎山，椰子

分布：中国福建、广东、台湾；印度，巴勒斯坦，斯里兰卡，新加坡，日本

0449

学名：*Coccus formicarii*(Green) (*Lecanium formicarii*;*L.globulosum* Maskell; *Saissetia formicarii*)

中文名：南亚蚁软蚧（蚁盔蚧，蚁珠蜡蚧）

寄主：李树，橄榄，山茶，孟加拉苹果，米兰，紫金牛，槟榔，菠萝蜜，重阳木，紫珠，樟，桂皮，柿，桉，洋蒲桃，吴茱萸，榕，福树，栀子，银桦，棕榈，紫薇，石柯，楠，芒果，白兰花，胶木，番石榴，漆树，柳，木荷，茶等

分布：中国福建、云南、台湾、香港；斯里兰卡，泰国，马来亚半岛，新加坡，印尼

0450

学名：*Coccus gesperidum* L.

(*Coccus laevis* Costa;*C.patelliformis* Curtis;*C.angustatum* Sign;*C.lauri* Boisd;*C.maculatum* Sign;*C.alienum* Douglas;*C.simulans* Douglas;*Camaryllis* Cockerell;*C.terminaliae* Cockerell;*C.ceratoniae* Genn,;*C.nanum* Cockerell;*C.flaveolum* Cockerel;*C.pinicola* Maskell;*C.ventrale* Ehrh;*Cpacificum* Kuwana;*C.punctuliferum* Green;*C.signiferum* Green; *C.nauritiense* Mamet;*C.ungi* Chen)

中文名：广食褐软蚧（软蚧，点蚧，褐软蜡蚧）

寄主：柑橘，兰花，龙舌兰，槟榔，羊蹄角，紫珠，番木瓜，椰子，夹竹桃，枇杷，龙眼，扶桑，栀子，芒果，白兰花，油茶，杉，茶等49科170余种植物

分布：中国长江以南、河南、河北、山东、湖北、台湾；美国，南非，俄罗斯，大洋洲，欧洲西部，亚洲东部

0451

学名：*Coccus longulus* (Douglas)

(*Lecanium longulus*;*Cocus elongulus*;*C.ficus* Maskell)

中文名：长椭圆软蚧（长蚧，无花果蚧，长软蜡蚧）

寄主：番荔枝，金合欢，鳄梨，秋海棠，台湾相思，槟榔，朱樱花，马达加斯加红原壳，柑橘，变叶木，榕，木槿，桂花，胡枝子，桑，杨梅，葡萄，漆树，无花果，荔枝等

分布：中国海南、福建、云南、广东、台湾；全世界热带、亚热带地区

0452

学名：*Coccus moestus* Delotto

中文名：芒果树软蚧

寄主：椰子，芒果，木菠萝，贾如树，草海桐

分布：中国云南、海南；美国，非洲，小尼西亚群岛，日本

0453

学名：*Coccus pseudomagnoliarum* (Kuwana)

(*Lecanium pseudomagnoliarum*;*Coccus citricola* Campbell;*C.aegaeus* Delotto)

中文名：柑橘树软蚧（拟玉兰蚧，桔软蜡蚧）

寄主：柑橘，枳壳，榆，朴，瑞香，核桃，安石榴，鼠李科，茄科，桃金娘科等一些植物

分布：中国广东；美国，大洋洲，日本，中亚，欧洲

0454

学名：*Coccus viridis* (Green)

(*Lecanium viridis*;*L.hesperidum africanum* Newstead)

中文名：毛缘软蚧（绿蚧，咖啡绿软蜡蚧）

寄主：柑橘，咖啡，栀子，鸡蛋花，番石榴，柚子，人心果，米兰，假虎刺，黄皮银叶树，龙船花，番樱桃，山榄，金橘，茶，山茶，石柏，锦葵，冬青，芒果，柠檬，龙眼等

分布：中国云南、广东、广西、四川、江西、浙江、福建、江苏、湖南、贵州；全世界热带、亚热带

0455

学名：*Dicyphococcus bigibbus* Borchsenius

中文名：肉桂双蜡蚧（云南双蜡蚧，滇双角蜡蚧）

寄主：肉桂，千角拔，野牡丹，水锦树，悬铃木，樟，储血树

分布：云南

0456

学名：*Dicyphococcus ficicola* Borchsenius

中文名：榕树双蜡蚧（榕双蜡蚧，榕双角蜡蚧）

寄主：榕树

分布：云南

0457

学名：*Didesmococcus koreanus* Borchsenius

中文名：朝鲜毛球蚧（杏毛球蚧，朝鲜球坚蜡蚧）

寄主：李，杏，樱，桃，刺玫，苹果等

分布：中国北京、内蒙古、宁夏、甘肃、青海、山西、辽宁、吉林、黑龙江、河北、河南、山东、云南、湖北；朝鲜

0458

学名：*Didesmococcus unifasciatus* (Arch.)

(*Didesmococcus megriensis* Borchsenius;*Eriochiton amygdalae* Rao;*Physokermes unifasciatus*;*Lecanium unifasciatus*;*Sphaerolocanium unfasciatus*;*Eulecanium unifasciatus*)

中文名：中亚毛球蚧（杏毛球蚧）

寄主：山杏

分布：中国内蒙古、甘肃、宁夏、青海；中亚，俄罗斯，蒙古

0459

学名：*Ericerus pela* (Chavannes)

(*Coccus plea*;*C.sinensis* Walker;*C.ceriferus*; *Eulecanium potanini* Borchsenius;*Ceroplastes cerus* Walker)

中文名：白蜡蚧（华蚧，中国白蜡蚧）
寄主：冬青属，白蜡树属，漆树属，甘蔗
分布：中国四川、云南、贵州、湖南、湖北、广东、广西、江西、福建、浙江、上海、江苏、陕西、辽宁；东南亚

0460
学名：*Eriopeltis festucae* (Fonscolombe)
(*Eriopeltis agropyri* Borchsenius; *E.araxis* Borchsenius;*E.brachypodii* Giard;*E.caucasicus* Borchsenius;*Edesertus* Borchsenius;*E.bambardiensis* Borchs;*E.zolotavavae* Borchsenius;*E.maximus* Borchsenius;*E.pratensis* Borchsenius;*E.rasinae* Borchsenius;*E.phragmitidis* Borchsenius)
中文名：羊茅绒茧蚧（大秃刺毡蚧，大绒蚧，禾背刺毡蜡蚧，孤茅背刺毡蜡蚧）
寄主：拂子茅，野古草，莎草，碱草，羊茅，冰草，小麦，筱麦，燕麦，青稞等禾本科植物
分布：中国山西、宁夏、内蒙古、甘肃；中亚到蒙古，北美，欧洲

0461
学名：*Eriopeltis sachalinensis* Borchsenius
(*Eriopeltis strelkovi* Borchs.;*E.koreanus*;*E.japonensis* Tak.)
中文名：库页绒茧蚧（朝鲜背刺毡蜡蚧，库页背刺毡蜡蚧）
寄主：佛子茅，白草，青风草
分布：中国东北、山东；库页岛，日本，朝鲜

0462
学名：*Eriopeltis stipae* Lshii
中文名：针茅绒茧蚧（针茅秃刺毡蚧，枝背刺毡蜡蚧）
寄主：针茅草
分布：东北

0463
学名：*Eucalymnatus tessellatum* (Signoret)
(*Lecanium tessellatum*;*L.subtessellatum* Green;*L.obsoletum* Green;*L.perforatum* Newstead;*Coccus tessellatus*)
中文名：龟背网纹蚧（龟网蚧，世界网蚧，网蜡蚧）
寄主：樟属，月桂属，海棠属，棕榈属，苏铁科，大戟科，桑科，百合科，梧桐科等多种植物
分布：中国广西、福建、云南、海南、江苏、上海、浙江、四川、安徽、新疆、西藏、广东、台湾；亚洲，美洲，欧洲，非洲，大洋洲

0464
学名：*Eulecanium albodermis* Chen
中文名：白背球坚蚧（格纹白球蚧，白背准球蚧，格纹球坚蚧）
寄主：李，柑橘
分布：四川

0465
学名：*Eulecanium ainicola* Chen
中文名：赤杨球坚蚧（桤木裸蚧，赤杨准球蚧，桤木球坚蚧）
寄主：赤杨，李，柳，梨
分布：四川

0466
学名：*Eulecanium cerasorum* (Cockerell)
(*Lecanium cerasorum*)
中文名：樱桃球坚蚧
寄主：核桃，杏，李，樱，苹果
分布：中国山西、云南；美国，印马区，日本，朝鲜

0467
学名：*Eulecanium ciliatum* (Douglas)
(*Lecanium ciliatum*;*Palaeolecanium ciliatum*)
中文名：睫毛球坚蚧（扁球蜡蚧）
寄主：槭属，榆属，榛属，苹果属，胡桃，桦树，蒙古栎，杏树，杨，柳，忍冬，桤木，鼠李

分布：中国内蒙古、新疆、山西、河北；全球北区，从远东到西欧

0468

学名：*Eulecanium circumfluum* Borchsenius

中文名：刺槐球坚蚧（天津准球蚧，津球蜡蚧）

寄主：刺槐，旱柳

分布：天津，内蒙古，河北

0469

学名：*Eulecanium douglasi* (Sulc)

(*Lecanium douglasi*;*Eulecanium longisetum* Borchsenius;*E.triapitzini* Danzig;*E.coum* Danzig;*E.coangustum* Danzig)

中文名：白桦球坚蚧（道格拉斯球坚蚧，盔形大球蚧，长球蜡蚧）

寄主：桦，桤木，榛，柳，杨，花楸，珍珠梅，绣线菊，醋栗，莴树

分布：中国新疆、宁夏；全球北区，苏联远东至欧洲

0470

学名：*Eulecanium gigantea* (Shinji)

(*Lecanium gigantea*;*L.glandi* Kuwana；*Eulecanium diminutum* Borchsenius)

中文名：瘤大球坚蚧（枣球蜡蚧，大球蚧）

寄主：栎，榛，槭，核桃，马鞍树，柳，榆，枣，槐，杨，紫薇，玫瑰，紫穗愧，巴旦，杏

分布：中国山西、北京、内蒙古、宁夏、甘肃、河北、河南、山东、安徽、江苏、新疆、云南、青海；日本，俄罗斯

0471

学名：*Eulecanium Kostylevi* Borchsenius

中文名：榆球坚蚧（朝鲜球坚蚧，榆大球蚧，榆球蜡蚧，榆皱球坚蚧）

寄主：榆，杨，柳

分布：中国内蒙古、黑龙江、辽宁、宁夏、山东、山西；朝鲜，蒙古，俄罗斯

0472

学名：*Eulecanium kunmingi* (Ferris)

(*Lecanium kunmingi*)

中文名：昆明球坚蚧（昆明准球蚧，昆明球蜡蚧）

寄主：鼠李，桃，火棘

分布：云南

0473

学名：*Eulecanium kunoensis* (Kuwana)

(*Lecanium kunoensis*)

中文名：日本球坚蚧（昆明准球蚧，昆明球蜡蚧）

寄主：蔷薇科果树

分布：中国江苏、浙江、福建、山东；日本，美国，朝鲜

0474

学名：*Eulecanium kuwanai* Kanda

(*Lecanium kuwanai*)

中文名：皱大球坚蚧（桃球蜡蚧，皱大球蚧，桑名球坚蚧）

寄主：常春藤，荚蒾，白榆，复叶槭，杨，桃，槐，槟子，柳，紫穗槐

分布：中国内蒙古、辽宁、河北、山西、山东、甘肃、宁夏；日本

0475

学名：*Eulecanium nigrivitta* Borchsenius

中文名：云南球坚蚧（黑条准球蚧，黑带球坚蚧，黑条球蜡蚧）

寄主：栗，栲树

分布：云南

0476

学名：*Eulecanium paucispinosum* Danzig

中文名：寡刺球坚蚧（寡刺皱球蚧）

寄主：杨，柳，榆

分布：中国山西；俄罗斯

0477

学名：*Eulecanium rugulosum* (Arch.)

(*Lecanium rugulosum*)

中文名：天山球坚蚧（刺球蜡蚧）

寄主：霸王蒺藜，山楂，杨，柳，苹果，梨，樱桃，胡桃，榆，七叶树

分布：中国新疆；俄罗斯

0478

学名：*Eupulvinaria durantae* Takahashi
(*Pulvinaria durantae*)

中文名：台湾真绵蚧（连翘绵蚧，连翘绵蜡蚧）

寄主：假连翘

分布：中国台湾

0479

学名：*Eupulvinaria horii* (Kuwana)
(*Pulvinaria horii*;*Lecanium* horii;*L.lichtenoides* Green)

中文名：枫树真绵蚧

寄主：槭，栾树，七叶树，栎树，梨树

分布：中国华北；日本

0480

学名：*Eupulvinaria neocellulosa* (Takahashi)
(*Pulvinaria neocellulosa*)

中文名：月橘真绵蚧（新角绵蚧，角绵蜡蚧）

寄主：吴茱萸，月橘，九里香

分布：中国台湾

0481

学名：*Eupulvinaria photiniae* (Kuwana)
(*Pulvinaria photiniae*)

中文名：石楠真绵蚧

寄主：石楠，朴树，珊瑚

分布：中国河南；日本

0482

学名：*Kilifia acuminate* (Signoret)
(*Lacanium acuminatum*;*Coccus acuminatus*; *Protopulvinaria acuminata*;*Platycoccus acuminatus*; *Habibius acuminatus*)

中文名：泛布大脚蚧（尖蚧，尖软蜡蚧）

寄主：栀子，重阳木，山枇花，冬青，芒果，紫金牛，茜草

分布：中国云南、海南、台湾；中北美，东南亚，欧洲，北非，日本

0483

学名：*Kilifia guizhouensis* Qin et Gullan

中文名：贵州大脚蚧（贵州克里蜡蚧）

寄主：紫金牛

分布：贵州

0484

学名：*Kilifia sinensis* Ben-Dov

中文名：中国大脚蚧

寄主：柃木

分布：云南

0485

学名：*Membranaria sacchari* Takahashi

中文名：甘蔗根裸蚧（蔗根隐毡蚧，蔗隐毡蜡蚧）

寄主：甘蔗，芒草等禾本科

分布：中国台湾

0486

学名：*Luzulaspis crassispina* Borchsenius

中文名：云南鲁丝蚧（云南长毡蚧，云南狭毡蜡蚧）

寄主：莎草科苔属植物

分布：云南

0487

学名：*Maacoccus arundinariae* (Green)
(*Lecanium arundinariae*;*Coccus arundinariae*)

中文名：中纵脊纹蚧

寄主：斑茅草

分布：中国云南；斯里兰卡

0488

学名：*Maacoccus bicruciatus* (Green)
(*Lecanium bicruciatus*;*Coccus bicruciatus*)

中文名：士字脊纹蚧（双交蚧）

寄主：芒果，梁王茶，胡颓子，丁子香，红厚壳，月橘，九里香，殳木树

分布：中国浙江，台湾；印度，斯里兰卡，肯尼亚

0489

学名：*Maacoccus scolopiae* (Takahashi)

中文名：三叉脊纹蚧（莉冬蚧）

寄主：莉冬

分布：浙江，台湾

0490

学名：*Megapulvinaria maxima* (Green)

(*Pulvinaria maxima;P.thespesiae;Eriochiton formosae* Takahashi;*Megapulvinaria maxima*)

中文名：亚洲大绵蚧（刺毡蚧，巨绵蚧，平刺巨绵蜡蚧）

寄主：桑，算盘子，变叶木，菠萝蜜，木油树，木苎麻，油柑，木豆，油桐

分布：中国四川、云南、广西、台湾；印度，斯里兰卡，菲律宾

0491

学名：*Mallococcus sinensis* (Maskell)

(*Mallophora sinensis*)

中文名：中华马络蚧

寄主：紫珠草

分布：福建，香港

0492

学名：*Mallococcus vitecicola* Young

中文名：蔓荆马络蚧

寄主：蔓荆，海棠，月季，木槿，万寿菊，茵陈蒿，雀麦，步香，黄芩

分布：江西，福建，上海，河南

0493

学名：*Megalocryptes buteae* Takahashi

中文名：紫铆闭尾蚧

寄主：杨梅

分布：广东

0494

学名：*Mataceronema japonica* (Maskell)

(*Lichtensia japonica;Euphilippa aquifoliae* Chen;*Eriochito monticola* Wang;*Ceronema japonica;E. theae* Green)

中文名：日本卷毛蚧（刺毡蚧，茶瘤毡蚧，日本卷毛蜡蚧）

寄主：茶，油茶，冬青，蔷薇，苹果，柑橘

分布：中国江西、浙江、贵州、湖南、广西、四川、云南、台湾；日本，印度，朝鲜

0495

学名：*Mitrococcus celsus* Borchsenius

中文名：四川僧蜡蚧（峨眉锥蜡蚧）

寄主：景山果

分布：四川

0496

学名：*Neoplatylecanium cinnamomi* Takahashi

中文名：樟片蚧（樟片蜡蚧，台湾新片蚧）

寄主：桂皮树，樟

分布：中国台湾

0497

学名：*Neosaissetia tropicalis* Tao et Wang

中文名：热带新盔蚧

寄主：胶木

分布：中国台湾

0498

学名：*Paracardiococcus actinodaphnis* Takahashi

中文名：黄楠煸蜡蚧（木姜脆蜡蚧，姜脆蜡蚧）

寄主：黄肉楠，木姜子

分布：中国台湾

0499

学名：*Ceoplastes centroroseus* (Chen)

(*Ceoplastes centroroseus*)

中文名：红帽龟蜡蚧（红帽蜡蚧）

寄主：甜橙，柑橘，茶，丝兰
分布：四川，湖南，云南，贵州

0500
学名：*Ceroplastes floridensis* (Comstock)
(*Cerostegin floridensis*)
中文名：佛州龟蜡蚧（龟蜡蚧）
寄主：柑橘，山茶，冬青，菠萝蜜，马达加斯加红厚壳，假虎刺，异色柿，枇杷，栀子，楠，鲫鱼胆，芒果，枳，番石榴，秒利，桃金娘，木荷，厚皮香，茶，紫金牛，月桂，夹竹桃，梨，苹果，李，杏，桃，安石榴，榕，芭蕉等
分布：中国长江以南地区；北美，欧洲，北非，南亚，中亚，东亚，大洋洲

0501
学名：*Ceroplastes kunmingensis* (Tang et Xie)
中文名：昆明龟蜡蚧
寄主：光叶海桐，海桐，荔枝，芒果，榕，苏铁
分布：云南（昆明）

0502
学名：*Paralecanium expansum* (Green)
(*Lecanium expansum*)
中文名：台湾鳞片蚧（榕扇蚧，榕扇蜡蚧，荔枝鳞片蚧，台湾扇蚧）
寄主：荔枝，黄檀，桢楠，榕树，杨梅，桂皮，木姜子
分布：中国台湾；斯里兰卡，印度，日本，爪哇，大洋洲

0503
学名：*Paralecanium geometricum* (Green)
(*Lecanium geometricum*)
中文名：棋背鳞片蚧（樟扇蚧）
寄主：酒饼叶
分布：中国华南；斯里兰卡

0504
学名：*Paralecanium hainanensis* Takahashi
中文名：海南鳞片蚧（海南扇蚧）
寄主：荔枝
分布：海南

0505
学名：*Podoparalecanium machili* Takahashi
中文名：桢楠鳞片蚧（楠扇蚧，楠扇蜡蚧）
寄主：桢楠，桂皮
分布：中国台湾

0506
学名：*Paralecanium milleti* Takahashi
中文名：扁圆鳞片蚧
寄主：番荔枝
分布：中国台湾；马来西亚

0507
学名：*Paralecanium quadratum* (Green)
(*Lecanium expansum var.quadratum* Green)
中文名：莉冬鳞片蚧（台湾莉冬扇蚧，莉冬扇蜡蚧）
寄主：肉豆蔻，莉冬
分布：中国台湾；斯里兰卡，菲律宾，日本，印尼

0508
学名：*Parasaissetia nigra* (Nietner)
(*Lecanium nigra*;*Saissetia nigra*;*S.cuneiformis* Leonardi;*S.perseae* Brain;*Lecanium depressum* Targ;*L.sideroxylum* Kuwana;*L.signatum* Newetad;*L.crassum* Green;*L.nitidum* Newetad;*L.pseudonigrum* Kuwana;*L.simulans* Douglas;*L.begoniae*)
中文名：乌黑副盔蚧（橡胶盔蚧，橡副珠蜡蚧）
寄主：扶桑，罗伞树，槟榔，重阳木，柑橘，无花果，榕，石刁柏，美人蕉，星苹果，变叶木，橡胶，棉，桑，香蕉，鸡蛋花，梨，柳，唐菖蒲等36科160多种植物
分布：中国云南、华南；全球热带、亚热带

0509
学名：*Parthenolecanium corni* (Bouche)

(*Lecanium corni*;*L.magnoliarum* Cockerell;*Parthenolecanium orientalis* Borchsenius;*Eulecanium corni*)

中文名：水木坚蚧（东方胎球蚧，褐盔蜡蚧，糖槭蜡蚧，东方坚蚧，槐球蚧）

寄主：木兰科，毛茛科，悬铃木科，蔷薇科，虎耳草科，豆科，椴树科，锦葵科，木棉科，黄杨科，胡颓子科，桃金娘科，石榴科，漆树科，七叶树科，鼠李科，葡萄科，卫矛科，忍冬科，楝木科，伞形科，桦木科，山毛榉科，胡桃科，木犀科，夹竹桃科，茄科，马鞭草科，唇形科，十字花科，柽柳科，葫芦科，菊科，杜鹃科，藜科，石竹科，苋科，桑科，榆科，柿科，禾本科，杨柳科等49科129种，以槭属，槐属，白腊属为重

分布：中国华北、东北、西北、云南；西欧，北非，伊朗，朝鲜，美国，俄罗斯，加拿大

0510

学名：*Parthenolecanium persicae* (Fabricius)
(*Chermes persicae*;*Lecanium persicae*;*L.cymbiformis* Targ;*L.glandi*;*Eulecanium persicae*;*E.cecconi* Leon;*Coccus persicorum* Sulzer)

中文名：桃树木坚蚧（桃盔蜡蚧，桃木坚蚧）

寄主：毛茛科，小檗科，蔷薇科，虎耳草科，豆科，大戟科，胡颓子科，石榴科，芸香科，胡桃科，木犀科，柽柳科，桑科，木棉科

分布：中国河北、山东、湖北、浙江、广东、云南、甘肃、宁夏、山西、陕西；欧洲，中亚，东南亚，大洋洲，美洲，北非

0511

学名：*Physokermes jezoensis* Siraiwa

中文名：远东杉苞蚧

寄主：云杉属

分布：中国内蒙古；俄罗斯远东，日本

0512

学名：*Physokermes shanxiensis* Tang
(*Physokermes piceaefoliae*)

中文名：山西杉苞蚧

寄主：云杉

分布：山西

0513

学名：*Physokermes sugonjaevi* Danzing

中文名：蒙古杉苞蚧

寄主：西伯利亚云杉

分布：新疆

0514

学名：*Platysaissetia armata* (Takahashi)
(*Saissetia armata*)

中文名：台湾盘盔蚧（锥刺盔蚧，锥刺珠蜡蚧）

寄主：算盘子，丁子香，蒲桃

分布：中国台湾

0515

学名：*Ctenochiton cinnamomi* (Green)
(*Ctenochiton cinnamoni*;*Neolecanium cinnamomi*)

中文名：樟树盘盔蚧

寄主：小叶樟

分布：中国四川、云南；斯里兰卡

0516

学名：*Protopulvinaria fukayai* (Kuwana)
(*Lecanium fukayai*;*Coccus fukayai*;*Protopulvinaria japonica* Kuwana)

中文名：日本原绵蚧

寄主：八角金盘，常春藤，樟树，栀子，红楠，络石，天竺桂

分布：中国浙江、云南；日本

0517

学名：*Milviscutulus mangiferae* (Green)
(*Lecanium mangiferae*;*Coccus mangiferae*;*Lecanium wardi* Newwsteand)

中文名：芒果原绵蚧（芒果蚧，三角软蜡蚧，芒果原绵蜡蚧）

寄主：芒果，桃金娘，黄夹竹桃，番石榴，破布木，丁子香，无花果，樟树，桉，木菠萝，鸡蛋花，樟，胶木，山茶，柑橘，榕，九节木

分布：中国广东、浙江、四川、云南、海南、

香港、台湾；斯里兰卡，印度，巴基斯坦，泰国，以色列，马来西亚，新加坡，菲律宾，美洲，非洲

0518

学名：*Protopulvinaria pyriformis* (Cockerell) (*Pulvinaria pyriformis*;*P.newsteadi* Leon;*P.plana* Ldgr;*Protopulvinaria agalmae* Takahashi)

中文名：梨形原绵蚧（梨形原绵蜡蚧）

寄主：杜英，羊蹄甲，鸭母树，山香园，栀子，八角金盘，鳄梨，常春藤，络石，番石榴，柑橘，兰花

分布：中国福建、四川、云南、台湾；南美洲，南非，日本

0519

学名：*Pseudopulvinaria sikkimensis* Atkinson (*Lefroyia castaneae* Green)

中文名：锡金伪绵蚧

寄主：栎，栗

分布：中国云南；印度（锡金）

0520

学名：*Pulvinaria vitis* (Linnaeus) (*Coccus betulae*;*C.carpini* L.;*C.vitis* L.;*C.crataegus* L.;*Chermes betulae*;*Lecanium betulae*;*Pulvinaria betulae alni* Douglas;*P.persicae* Newst;*P.vitis*L.;*Pribersiae* Sign.;*Calypticus spumosus* Costa)

中文名：桦树绵蚧

寄主：桦树，杞木，桦枥，榛树，白蜡树，绣线菊，山楂，花楸，杨，柳，蔷薇，葡萄，榆，枸子

分布：中国内蒙古、新疆、西藏、甘肃、宁夏；俄罗斯远东，欧洲，中亚，日本，北美

0521

学名：*Puivinaria costata* Borchsenius

中文名：海边绵蚧（桦绵蚧，筋囊绵蜡蚧）

寄主：杞木，柳，杨，枸橘，赤杨

分布：中国内蒙古、山东、辽宁；俄罗斯远东沿海

0522

学名：*Puivnaria populeti* Borchsenius

中文名：小杨绵蚧（杨棉蚧）

寄主：杨，柳

分布：中国内蒙古、云南；哈萨克斯坦

0523

学名：*Pulvinaria salicicola* Borchsenius

中文名：柳树绵蚧（柳绵蚧）

寄主：杨，柳

分布：中国内蒙古、宁夏；塔吉克，乌兹别克，哈萨克，吉尔吉斯

0524

学名：*Rhodococcus sariuoni* Borchsenius

中文名：朝鲜褐球蚧（樱桃朝球蚧，沙里院球蚧，樱桃朝鲜蜡蚧，苹果褐球蚧）

寄主：苹果属，樱属，绣线菊属

分布：中国东北、西北、华北；朝鲜

0525

学名：*Rhodococcus spiraeae* (Borchsenius) (*Eulecanium spiraeae*)

中文名：绣线菊褐球蚧

寄主：土庄绣线菊

分布：中国内蒙古；全北区

0526

学名：*Rhodococcus turanicus* (Arch.) (*Lecanium coryli var.turanicum* Arch.; *Eulecanium turanicum*)

中文名：吐伦褐球蚧

寄主：蔷薇科，虎耳草科，鼠李科，桦木科，胡桃科，榆科等17科植物

分布：中国新疆、宁夏；中亚

0527

学名：*Pulvinaria bambusicola* Tang

中文名：杭竹蔗绵蚧

寄主：竹

分布：浙江

0528

学名：*Pulvinaria iceryi* (Signoret)

(*Lecanium iceryi*;*Pulvinaria iceryi*;*P.lepida* Brain; *P.gsteralphe* Sign;)

中文名：吹绵蔗绵蚧（高蚧）

寄主：甘蔗，黍，雀稗

分布：中国台湾；非洲，北美

0529

学名：*Saccharolecanium fujianenis* Tang

中文名：福建食蔗绵蚧

寄主：箬竹

分布：福建

0530

学名：*Saissetia bobuae* Takahashi

中文名：山矾黑盔蚧（红盔蚧，红珠蜡蚧）

寄主：山矾

分布：中国台湾

0531

学名：*Saissetia citricola* (Kuwana)

(*Pulvinaria citricola*;*P.marginat* Ferris;*Parasaissetia citricola* Takahashi)

中文名：柑橘黑盔蚧（柑橘盔蚧，柑橘绵蜡蚧，橘副珠蜡晶体）

寄主：柑橘，楠木，柿，绣球花，锦葵，金苞花

分布：中国云南、浙江、江苏、四川、西藏；日本，美国

0532

学名：*Saissetia coffeae* (Walker)

(*Lecanium coffeae*;*L.hemispherica* Targ;*L.beaumontiae* Douglas;*L.Clypeatum* Douglas;*Chermes cycadis* Boisd;*Ch.anthurii* Boisd;*Ch.filicum* Boisd; *Ch.hibernacu lorum* Boisd; *Ch.angraeci* Boisd;*Saissetia hemisphaerica* Targ.;*Coccuscoffeae*)

中文名：咖啡黑盔蚧（球盔蚧，网珠蜡蚧，半球蚧）

寄主：咖啡，南瓜，杉，苏铁，异色锦，榕，栀子，楠，芒果，桂花，龟背竹，竹节蓼，山茶，茶等 15 科 30 余种植物

分布：中国广东、广西、云南、福建、江西、浙江、上海、江苏、贵州、四川、台湾；欧洲，亚洲，非洲，美洲

0533

学名：*Saissetia miranda* (Cockerell)

(*Lecanium oleae mirandum* Cockerell et Parrott;*Saissetia oleae miranda*)

中文名：美洲黑盔蚧

寄主：桃花心木，无花果，番石榴，榴莲，欧亚火棘

分布：中国云南；墨西哥，美国，太平洋岛屿

0534

学名：*Saissetia oleae* (Oliver)

(*Coccus oleae* Oliver;*C.palmae* Haworth;*C.testudo* Curtis;*Lecanium oleae*;*L.cassiniae* Maskell;*Parasaissetia oleae*;*Bernardia oleae*;*Neobernardia oleae*)

中文名：橄榄黑盔蚧（橄榄盔蚧，榄珠蜡蚧）

寄主：多食性，雪松，马达加斯加红厚壳，龙眼，栀子，棉，夹竹桃，柚子，番荔枝，龙牙花，芒果，栎，蔷薇，苹果，榕等 36 科 80 种以上

分布：中国四川、福建、广东、云南、浙江、西藏、台湾；全球多地

0535

学名：*Scythia sinensis* Wu

中文名：中华马头蚧

寄主：针茅属和羊茅属植物

分布：内蒙古，宁夏，山西

0536

学名：*Sphaerolecanium prunastri* (Fonscklombe)

(*Coccus prunastri*;*Lecanium prunastri*;*L.blanshardi* Targ;*L.rotondum* Sign;*Eulecaniumprunasril E.piligerum* Leon)

中文名：杏树鬃球蚧（杏球蚧，圆球蜡蚧，杏圆球蚧）

寄主：桃属、李属、杏属、樱属、扁桃属等

分布：中国东北、宁夏、陕西、河北、山东；欧洲，中亚，北非，日本，美国

0537

学名：*Stotzia fuscata* Wang

中文名：青冈长刺毡蚧（青冈刺绒茧蚧）

寄主：青冈

分布：西藏

0538

学名：*Takahashia japonica*（Cockerell）

（*Pulvinaria japonica; Takahashia wuchangensis* Tseng）

中文名：日本纽绵蚧（日本纽棉蜡蚧，武昌纽绵蚧，桑纽绵蚧）

寄主：桑，槐，核桃，爬山虎，合欢，朴，三角枫，重阳木，枫香，榆

分布：中国湖北、江苏、上海、河南、浙江、北京、贵州；日本，朝鲜

0539

学名：*Vinsonia stellifere* (Westwood)

（*Coccus stelliferus; Ceroplastes stellifera; Vinsonia pulohella* Signoret）

中文名：七角星蜡蚧（七星蜡蚧）

寄主：栀子，柿子，胶木，芒果，柑橘，山竹子，福树，格塔胶树

分布：中国云南、台湾；马来西亚，苏门答腊岛，中南美，斐济，印度，印尼，日本，非洲，菲律宾，泰国等热带、亚热带

（十一）仁蚧科 ACLERDIDAE

0540

学名：*Aclerda acuta* Borchsenius

中文名：尖仁蚧（禾尖仁蚧）

寄主：禾本科草，茅草

分布：云南

0541

学名：*Aclerda longiseta* Borchsenius

中文名：长毛仁蚧

寄主：芦苇

分布：浙江，上海

0542

学名：*Aclerda sasae* Borchsenius

中文名：赤竹仁蚧

寄主：箬竹

分布：浙江

0543

学名：*Aclerda takahashii* Kuwana

中文名：高桥仁蚧

寄主：甘蔗，荻草，蔗草，洋棕叶芦

分布：中国云南、台湾；日本，巴西，毛里求斯，菲律宾

0544

学名：*Aclerda tokionis* (Cockerell)

（*Sphaerococcus tokionis; A.japonica* Newstead）

中文名：东京仁蚧

寄主：毛竹，刚竹，甘蔗

分布：中国福建、台湾；日本

0545

学名：*Aclerda yunnanensis* Ferris

中文名：云南仁蚧

寄主：禾草

分布：云南，广东，台湾

0546

学名：*Nipponaclerda biwakoensis* (Kuwana)

中文名：芦苇日仁蚧（宫苍仁蚧，日本短尾蚧）

寄主：芦苇，芒草

分布：中国北京、河北、山东、内蒙古、西藏；日本

（十二）头蚧科 BEESONIIDAE

0547

学名：*Beesonia napiformis* (Kuwana)
(*Xylococcus napiformis*; *Trichococcus napifomis*)
中文名：头蚧
寄主：栎，石柯
分布：中国云南、广东；日本

0548

学名：*Beesonia napiformis* Ferris
中文名：青冈头蚧
寄主：栎
分布：广东，云南，江苏

（十三）盾蚧科 DIASPIDIDAE

0549

学名：*Hemiberlesia cyanophylli* (Signoret)
(*Aspidiotus cyanopylli*; *Furcaspis cyanophylli*; *Hemiberlerlesia cyanophylli*; *Diaspidiotus cyanophylli*)
中文名：灰黯圆盾蚧（黄炎盾蚧，茶长本圆蚧，茶钹圆盾蚧）
寄主：柑橘,茶,山茶,无花果,木菠萝,枇杷,芒果,番荔枝,桂花,梨,樟,棕,香蕉,土当档,咖啡,可可,瓶木；番石榴，番樱桃；桉，甘薯，水龙骨，大戟，叶下珠，番木瓜，角豆树，紫藤，黄杨，六道木，木兰，九重葛，杜鹃，素馨，女贞，夹竹桃，鸡蛋花，山梅花，仙人掌，石刁柏，菠萝，朱蕉，龙香兰，芭蕉，鹤望兰，椰子，海枣
分布：中国浙江、福建、江西、云南、四川、陕西、湖北、湖南、贵州、安徽、江苏、上海、广东、广西、台湾；南亚，非洲，欧洲，美洲

0550

学名：*Diaspidiotus degeneratus* (Leonardi)
(*Chrysomphalus degeneratus*; *Aspidioitus degeneratus*; *Hemiberlesia degeneratus*; *Diaspidiotus degeneratus*; *Dynaspidiotus degeneratus*)
中文名：山茶黯圆盾蚧
寄主：山茶，茶，素馨，木犀，冬青，枪木，椢木，柑橘
分布：中国江苏、上海、浙江等南方各省；日本，俄罗斯，意大利，希腊，美国

0551

学名：*Acanthomytilus chui* Takagi
中文名：周氏须蛎盾蚧（芦苇刺蛎蚧，荻棘蛎蚧）
寄主：荻，芒
分布：中国台湾

0552

学名：*Acanthomytilus cypericola* Borchsenius
中文名：莎草须蛎盾蚧（莎草刺蛎蚧，莎草棘蛎蚧）
寄主：莎草
分布：云南（景东）

0553

学名：*Mohelnaspis graminicola* (Takahashi)
(*Chionaspis graminicola*)
中文名：拟禾须蛎盾蚧（棘蛎蚧，禾刺蛎蚧）
寄主：禾本科植物一种
分布：中国台湾

0554

学名：*Acanthomytilus graminis* Young et Hu
中文名：禾须蛎盾蚧（禾草棘蛎蚧）
寄主：禾草
分布：湖南

0555

学名：*Acanthomytilus imperatae* (Kuwana)
(*Lepiaosaphes imperatae*; *Parlatoria imperatae*)
中文名：茅须蛎盾蚧（白茅棘蛎蚧，茅刺蛎蚧）
寄主：白茅
分布：中国台湾；日本

0556

学名：*Acanthomytilus sacchari* (Hall)
(*Lepiaosaphes sacchari*; *Mytilococcus sacchari*)

中文名：甘蔗须蛎盾蚧（甘蔗刺蛎蚧，甘蔗棘蛎蚧）

寄主：甘蔗，藜，芒

分布：中国台湾；非洲，埃及

0557

学名：*Acanthomytilus yunnanensis* Young et Hu

中文名：云南须蛎蚧（云南棘蛎蚧）

寄主：禾草

分布：云南

0558

学名：*Achionaspis kanoi* Takagi

中文名：枔木齐盾蚧（枔异齐盾蚧，皑盾蚧）

寄主：白腊

分布：中国台湾

0559

学名：*Afiorinia hirashimai* Takagi

中文名：台湾异蜕盾蚧（台异蜕蚧，挨围盾蚧）

寄主：栲树

分布：云南，台湾

0560

学名：*Andaspis cawii* (Cokerell)

(*Mytilaspis crawii*; *M.crawii* var. *canaliculata* Maskell; *Lepidosa phecrawii*; *L.crawii canaliculata* Fernald; *L.canaliculata* Macgillivray)

中文名：潜安蛎盾蚧（潜安盾蚧，锥栗安蛎蚧）

寄主：锥栗，栎，淋漓柯，米槠，木半夏，翻白叶树，栲

分布：中国台湾；日本，印尼

0561

学名：*Andaspis ficicoa* Young et Hu

中文名：榕安蛎盾蚧（榕安盾蚧）

寄主：榕

分布：云南

0562

学名：*Andaspis hawaiiensis*(Maskell)

(*Mytilaspis flava* var.*hawaiiensis* Maskell; *M.omorum* var.*hawaiiensis* Leonardi; *L.moorsi* Doane et Ferris; *L. hawaiiensis*; *Howardia moorsi* Brain; *Andaspis flava* var.*hawaiiensis* Fullaway)

中文名：夏威夷安蛎盾蚧(夏威夷安盾蚧)

寄主：柑橘，梨，桃，安石榴，栗，合欢，金合欢，红豆，蒲桃，茄，紫薇，素馨，罂子，桐，金虎尾，绣球花，含羞草，指甲花，枪弹木，好望角树，沙梨

分布：中国山东、浙江、福建、广东、台湾；印度，日本，斯里兰卡，阿尔及利亚，坦桑尼亚，南非，罗得西亚，美国，古巴，夏威夷岛，萨摩亚岛

0563

学名：*Andaspis indica* (Borchsenius) (*Raoaspis indica*)

中文名：印度安蛎盾蚧（昆明安盾蚧，云南安盾蚧）

寄主：栎

分布：中国云南；印度

0564

学名：*Andaspis micropori* Borchsenius

中文名：小孔安蛎盾蚧（荔枝安盾蚧）

寄主：荔枝

分布：中国广东；日本

0565

学名：*Andaspis mori* Ferris (*Raoaspis mori*)

中文名：桑安蛎盾蚧（鸡桑安盾蚧）

寄主：鸡桑，构树，黄连木，栎，无患子

分布：云南，福建

0566

学名：*Andaspis naracola* Takagi

中文名：日本安蛎盾蚧（橡安蛎盾蚧）

寄主：栎，板栗

分布：中国广东；日本

0567
学名：*Andaspis quercicola* (Borchsenius)
(*Raonwalaspis quercicola*)
中文名：昆明栎安蛎盾蚧（橡安盾蚧）
寄主：栎
分布：云南

0568
学名：*Andaspis raoi* (Borchsenius)
(*Raoaspis raoi*)
中文名：昆明安蛎盾蚧（栎安盾蚧）
寄主：栎
分布：云南

0569
学名：*Andaspis rutae* Tang
中文名：芸香安蛎盾蚧
寄主：芸香属一种
分布：广西（梧州）

0570
学名：*Andaspis schimae* Tang
中文名：木荷安蛎盾蚧
寄主：木荷
分布：广东（肇庆）

0571
学名：*Andaspis viticis* Takagi
中文名：葡萄安蛎盾蚧（黄荆安蛎蚧，荆安盾蚧）
寄主：黄荆
分布：中国台湾

0572
学名：*Andaspis xishuanbanae* Young et Hu
中文名：西双安盾蚧
寄主：李
分布：云南

0573
学名：*Andaspis yunnanensis* Ferris
中文名：云南安蛎盾蚧（云南安盾蚧）
寄主：李（枝条）
分布：云南

0574
学名：*Aonidia formosana* Takahashi
(*Aonidia tentaculata var.formosana* Takahashi)
中文名：台湾囚圆盾蚧（台湾奥盾蚧，台湾奥圆蚧）
寄主：樟（叶表）
分布：云南

0575
学名：*Aonidiella aurantii* (Maskell)
(*Aspidiotus aurantii*;*A.citei* Comstock;*A.coccineus* Gennadius;*Aonidiagennadii* Targ.;*A.aurantii*;*Aonidiella coccineus* Mckenzie;*Chrysom* Phallusaurantii;*Ch.citri* Lindinger;*Ch.coccineus* Lindinger)
中文名：红肾圆盾蚧（红圆蹄盾蚧，红圆蚧，橘红肾盾蚧，橘红片圆蚧）
寄主：多食，约200余种植物
分布：中国辽宁、河北、山东、江苏、上海、浙江、福建、广东、广西、云南、贵州、湖南、湖北、四川、陕西、山西、新疆、台湾；全世界多地

0576
学名：*Aonidiella citrina* (Coquillet)
(*Aspidiotus citrinus*;*A.aurantii ver .citrinus* Howard;*Aonidiella aurantii var.citrina*;*Chrysomphalus citrinus*;*Ch.aurantiicitrinus* Fernald)
中文名：黄肾圆盾蚧（黄圆蹄盾蚧，黄圆蚧，橘黄点介壳虫，橘黄片圆蚧）
寄主：柑橘，苹果，梨，无花果，油橄榄，月挂，山茶，茶，蔷薇，玫瑰，木屏，女贞，素馨等
分布：中国福建、广东、江苏、浙江、四川、广西、云南、湖南、河北、安徽、青海、台湾；日本，印度，南洋群岛，非洲，大洋洲，俄罗斯，美国，阿根廷，加罗林群岛

0577
学名：*Aonidiella comperei* Mckenzie

中文名：瘿肾圆盾蚧（香蕉片圆蚧）
寄主：香蕉
分布：云南，台湾

0578
学名：*Aonidiella inornata* Mckenzie
（*Chrysomphalus aurantii* Robinson）
中文名：桐肾圆盾蚧（苏铁片圆蚧，苏铁肾盾蚧）
寄主：椰子，槟榔，西谷椰子，朱蕉，龙蕉，龙血树，番木瓜，芒果，胡椒，柑，褐鳞木，夹竹桃，波志加草，苏铁
分布：中国云南、台湾；菲律宾，新几内亚，夏威夷，加罗林岛，关岛，大洋洲

0579
学名：*Aonidiella messengeri* Mckenzie
中文名：台湾肾圆盾蚧（刺葵片圆蚧）
寄主：紫金牛
分布：中国台湾

0580
学名：*Aonidiella orientalis* (Newstead)
(*Aspidiotus orientalis*;*A.osbeckiae* Green;*A.pedronis* Green;*A.tapebanus* Green;*A.cocotiphagus* Marlatt; *Aonidiella taprobana* MacaGillivray; *A. pedronis* McKenzie; *A.cocotiphagus* Ferris; *A.pedroniformis* McKenzie; *Chrysomphalus pedronis* Sanders;*Ch.taprobanus* Sanders; *Ch.orientalis*; *Ch.pedronIformis* Cockerell;*Furcaspis orientalis*)
中文名：东方肾圆盾蚧（东方肾盾蚧，东方片圆蚧）
寄主：香蕉，椰子，芒果，柑橘，无花果，番荔枝，枣，柿，番樱桃，番木瓜，茶，山茶，茄
分布：中国广东、海南、广西、云南；斯里兰卡，印度，菲律宾，伊朗，伊拉克，非洲，大洋洲，美洲

0581
学名：*Aonidiella pini* Young
中文名：松肾圆盾蚧（松片圆蚧）
寄主：油松，马尾松
分布：上海，浙江，江苏

0582
学名：*Aonidiella sotetsu* (Takahashi)
(*Chrysomphalus sotetsu*)
中文名：棕肾圆盾蚧（榕片圆蚧，棕圆蹄盾蚧，榕肾盾蚧）
寄主：苏铁，榕，茉莉，常春藤
分布：中国山西、浙江、云南、台湾、香港；日本

0583
学名：*Aonidiella taxus* Leonardi
(*Aonidiella taxa* Macgillivrey;*Aspidiotus britannicus* Balachowsky; *A.taxus*;*Chrysomphalus taxus*)
中文名：红豆杉肾圆盾蚧（紫杉肾盾蚧，杉片圆蚧）
寄主：紫杉属，罗汉松属
分布：中国浙江、上海、四川、贵州、云南、湖北、广西、台湾；日本，意大利，法国，西班牙，阿尔及利亚，俄罗斯，美国，巴西，阿根廷

0584
学名：*Aonidiella tsugae* Takagi
中文名：铁杉肾圆盾蚧（台湾杉片圆蚧，铁杉肾盾蚧）
寄主：铁杉
分布：中国台湾

0585
学名：*Aonidomytilus albus* (Cockerell)
(*Mytilaspos albus*;*M.coccomytilus dispar* Vayssiere; *Lepidosaphes alba* Fernald; *L.coc kerelliana* Kirkeldy; *L.dispar* Sasscer;*Coccomytilus albus*; *C.dispar* Takahashi)
中文名：木薯白蛎盾蚧（白蛎蚧）
寄主：木薯，茄子
分布：海南，台湾

0586
学名：*Aspidiella dentata* Borchsenius

中文名：锯臀小圆盾蚧（锯臀小圆蚧，稗小圆盾蚧）

寄主：稗，禾本科植物（土中茎上）

分布：广东，云南

0587

学名：*Aspidiella phragmitis* Takahashi

(*Chortinaspis phragmitis*; *Aspidiotus phragmit*; *A.miscanthi* Kuwana; *A.mithcanthi* Kuwana)

中文名：台湾小圆盾蚧（苇稗盾蚧，芦短角圆盾蚧）

寄主：芒草，芦苇

分布：中国台湾

0588

学名：*Aspidiella sacchari* (Cockerell)

(*Aspidiotus sacchari*; *Targionia sacchari*)

中文名：甘蔗小圆盾蚧（甘蔗小圆蚧）

寄主：甘蔗，狗尾草，稗，鸭跖草，钝叶草

分布：广东，云南

0589

学名：*Aspidiotus anningensis* Tang et Chu

中文名：安宁圆盾蚧

寄主：云南油杉

分布：云南

0590

学名：*Aspidiotus chinensis* Kuwana et Muramatsu

中文名：中华圆盾蚧（兰圆蚧）

寄主：九华兰，兰草，凤尾兰，八仙花，夹竹桃，棕竹，枸骨，龟背冬青

分布：上海，河南，江苏，四川

0591

学名：*Aspidiotus cryptomeriae* Kuwana

中文名：柳杉圆盾蚧（柳杉圆蚧）

寄主：日本柳杉，黑松，云南油杉，冷杉，黄杉，铁杉，紫杉，榧，粗榧，扁柏，桧柏，翠蓝柏，刺柏，日本花柏，柑橘，茶，木兰，女贞，冬青

分布：中国山东、辽宁、云南、上海、江苏、浙江、台湾；日本，朝鲜，俄罗斯

0592

学名：*Aspidiotus destructor* Signoret

(*Aspidiiotus transparens* Green; *A.vastatrex* Leroy; *A.transparens var simillimus* Cockerell; *A.fallax* Cockerell; *A.cocotis* Newstead; *A.lataniae* Green; *A.simillimus translucens* Fernald; *A.opougnatus* Silvestri; *A.destructor-transpanens* Green; *A.translucens* Cockerell; *Temnaspidiotus* Destructor)

中文名：椰圆盾蚧（透明圆盾蚧，木瓜介壳虫，椰凹圆蚧）

寄主：香蕉，柑橘，椰子，油枣，油芋，析榔，无花果，柿，胡椒，番荔枝，肉豆蔻，鳄梨，柚等

分布：中国山东，江苏，浙江，福建，广东，广西，湖南，湖北，贵州，四川，江西，河北，山西，河南，陕西，云南，辽宁，台湾

0593

学名：*Aspidiotus nerii* Bouche

(*Aspidiotus genistae* Westwood; *A.bouchei* Targioni; *A.affinis* Targioni; *A.caldesii* Targioni; *A.denticulatus* Targioni; *A.villosus* Targioni; *A.hedere* Signoret; *A.aloes* Signoret; *A.aterospirmae* Maskell; *A.ceratoniae* Signoret; *A.cycadicola* Signoret; *A.epidendri* Signoret; *A.ericae* Signoret; *A.gnidii* Signoret; *A.ilicis* Signoret; *A.limonii* Signoret; *Amyricinae* Signoret; *Aulicis* Signoret; *A.vriesciae* Signoret; *A.lentisci* Signoret; *A.osmanthi* Signoret; *A.capparis* Signoret; *A.myrsinae* Signoret; *A.budlaei* Maskell; *Abudleiae* Signoret; *A.oleae* Colvee; *A.corynocarpi* Colvee; *A.Unipectinatus* Ferris; *A.offinis* Comstock; *A.sophorae* Maskell; *A.carpodeti* Maskell; *A.nerii var.limonii* Cockerell; *A.transparens* subsp. *simillimus* Cockerell; *A.hederae* Leonardi; *A.hederae var.carpodeti* Cockerell; *A.urenae* Ferris; *A.vagabundus* Cockerell; *Ahederae var.limonii* Cockerell; *A.hederae var.unipectinata* Carimini; *A.hederaehederae* Schmutterer; *A.hederae subsp.unisexualis* Schmutterer; *A.simillimus* Fernald; *A.transvaalensis* Leonardi; *A.tranparens var.rectangulatus* Lindinger; *A.confusus* Froggatti; *A.oleastri* Colvee; *A.tasmariae* Green; *A.viresciae* Leonardi; *A.rectangulatus* Ferris; *Chermesaloes* Boisduval; *Ch.ericae* Boisduval; *Ch.nerii*; *Ch.cycadicola* Boisduval; *Ch.hederae* Ferris; *Ch.

genistae Ferris;*Ch.osmanthi* Ferris;*Diaspisbouc hei* Targioni;*Octaspidiotus anthospermae* Balachowsky;*O. atherospermae* Macgillivray)

中文名：常春藤圆盾蚧（圆盾蚧，常春藤圆盾蚧，春藤圆盾蚧）

寄主：柑橘，栎，桃，苹果，苏铁，万年青，棕榈，女贞，夹竹桃，广玉兰，文竹，桂花，常春藤，桧柏，杜松，翠柏，伏地柏，臭柏，龙柏，茶，木兰，冬青等多种植物

分布：中国山东、浙江、江西、云南、河北、四川、贵州、湖南、湖北、河南、江苏、上海、安徽；全世界多地

0594
学名：*Octaspidiotus nothopanacis* Ferris
中文名：梁王茶圆盾蚧（南洋森圆蚧）
寄主：南洋森
分布：云南

0595
学名：*Taiwanaspidiotus shakunagi* Takahashi (*Taiwanaspidiotus shakunagi*)
中文名：杜鹃圆盾蚧（杜鹃台圆蚧）
寄主：杜鹃花
分布：中国台湾

0596
学名：*Aspidiotus tangfangtehi* Tang
中文名：茶圆盾蚧
寄主：茶（叶背）
分布：贵州，云南

0597
学名：*Aulacaspis aceris* Takahashi (*Aulacaspis mangiferae var.aceris* Takahashi)
中文名：槭白轮子盾蚧（枫白轮蚧）
寄主：尖尾槭，糖槭
分布：中国台湾

0598
学名：*Aulacaspis actinidiae* Takagi
中文名：猕猴桃白轮盾蚧
寄主：猕猴桃
分布：中国台湾

0599
学名：*Aulacaspis actinodaphnes* Takagi
中文名：姜子白轮盾蚧（木姜子白轮蚧，黄肉楠白轮蚧）
寄主：黄肉楠，木姜子
分布：中国台湾

0600
学名：*Aulacaspis alisiana* Takagi
中文名：阿里白轮盾蚧（阿里山白轮蚧，阿里轮盾蚧）
寄主：新木姜子，荔枝，肉桂，桢楠，小梾木
分布：中国广东、四川、海南、云南、台湾；日本

0601
学名：*Aulacaspis altiplagae* Chen
中文名：高原白轮盾蚧
寄主：野蔷薇
分布：西藏

0602
学名：*Aulacaspis amamiana* Takagi
中文名：大缺白轮盾蚧（大缺轮盾蚧）
寄主：木莓，悬钩子
分布：中国云南（西双版纳）；日本

0603
学名：*Aulacaspis citri* Chen
中文名：柑橘白轮盾蚧（柑橘轮盾蚧，橘白轮蚧）
寄主：柑橘类
分布：四川

0604
学名：*Aulacaspis crawii* (Cockerell) (*Diaspis crawii*;*Pseudaulacaspis crawii*;*Aulacaspis*

fulleri Zimmerman)

中文名：茶花白轮盾蚧（牛奶子白轮蚧，米兰白轮蚧，柑橘白轮盾蚧，茶花白轮盾蚧，珠兰轮盾蚧）

寄主：柑橘，九里香，山茶，牛奶子，木槿，悬钩子，胡颓子，楝树，月桔，碎米兰，奈尔李，黄槿

分布：中国福建、广东、云南、山西、山东、广西、四川、贵州、台湾；日本，夏威夷

0605
学名：*Aulacaspis difficilis* (Cockerell)
(*Chionaspis difficilis*; *Sasakeiaspis difficilis*; *Pseudaulacaspis difficilis*)
中文名：胡颓子白轮盾蚧（胡颓子白轮蚧，胡颓白轮蚧）
寄主：胡颓子，沙棘
分布：中国浙江、云南、山西、甘肃；日本

0606
学名：*Aulacaspis divergens* Takahashi
(*Aulacaspis kuzunoi* var. *divergens* Takahashi)
中文名：紊腺白轮盾介（紊白轮盾蚧，广白轮蚧，荻白轮蚧）
寄主：芒草，荻草，刀茅，竹，兰草
分布：浙江，福建，海南，云南，台湾，香港

0607
学名：*Aulacaspis ferrisi* Scott
中文名：费氏白轮盾蚧（云南白轮盾蚧）
寄主：木姜子
分布：广东，湖南（长沙），云南

0608
学名：*Aulacaspis fuzhouensis* Tang
中文名：福州白轮盾蚧
寄主：柑橘
分布：福州（古山）

0609
学名：*Aulacaspis greeni* Takahashi

中文名：樟树白轮盾蚧（玉桂白轮盾蚧）
寄主：玉桂
分布：中国台湾

0610
学名：*Aulacaspis guangdongensis* Chen
中文名：广东白轮盾蚧（广东白轮盾蚧）
寄主：米兰
分布：广东

0611
学名：*Aulacaspis ima* Scott
中文名：钩樟白轮盾蚧（准白轮蚧，钩樟轮盾蚧，伊马白轮蚧）
寄主：香叶树，钩樟，山胡椒
分布：云南

0612
学名：*Aulacaspis intermedius* Chen
中文名：锥腹白轮盾蚧（锥腹轮盾蚧，锥腹白轮蚧）
寄主：藤本，小叶黄杨，兰草
分布：广西，云南，四川

0613
学名：*Aulacaspis latissimi* (Cockerell)
(*Chionaspis latissima*; *Phenacaspis latissima*)
中文名：蚊母白轮盾蚧（蚊母白轮盾蚧）
寄主：蚊母树
分布：中国广东；日本

0614
学名：*Aulacaspis litseae* Tang
中文名：木姜白轮盾蚧
寄主：木姜子
分布：四川

0615
学名：*Aulacaspis longanae* Chen
中文名：龙眼白轮盾蚧（龙眼白轮盾蚧）
寄主：龙眼，樟树

分布：四川，上海，江苏，浙江

0616
学名：*Aulacaspis madiunensis* (Zehntner)
(*Chionaspis madiunensis*;*Sclopetaspis madiunensis*; *Aulacaspis wakayamensis* Takahashi)
中文名：甘蔗白轮盾蚧（禾白轮蚧，甘蔗白轮蚧，美都白轮蚧）
寄主：甘蔗，禾本科杂草，芦竹，球米草
分布：中国云南、广东、台湾；日本，爪哇，乌干达，大洋洲，印尼

0617
学名：*Aulacaspis maesae* Takagi
中文名：杜茎山白轮盾蚧（杜茎山白轮蚧）
寄主：杜茎山
分布：中国台湾

0618
学名：*Aulacaspis megaloba* Scott
中文名：大叶白轮盾蚧（巨角白轮蚧，巨叶白轮蚧）
寄主：悬钩子
分布：云南，广东，贵州，四川，台湾

0619
学名：*Aulacaspis murrayae* Takahashi
中文名：九里香白轮盾蚧
寄主：九里香
分布：中国台湾

0620
学名：*Aulacaspis neospinosa* Tang
中文名：新刺白轮盾蚧
寄主：兰花
分布：广东，云南，北京

0621
学名：*Aulacaspis nitida* Scott
中文名：梁王茶白轮盾蚧（南洋森白轮蚧）
寄主：梁王茶

分布：云南

0622
学名：*Aulacaspis phoebicola* Takahashi
中文名：楠木白轮盾蚧（楠白轮蚧）
寄主：楠木，夏兰，红果子
分布：四川，台湾

0623
学名：*Aulacaspis projecta* Takagi
中文名：香椿白轮盾蚧（香椿白轮蚧）
寄主：香椿
分布：中国四川、江西、福建；日本

0624
学名：*Aulacaspis spinosa* Chen
中文名：拟刺白轮盾蚧
寄主：兰花，棕榈，楠木，菝葜
分布：江苏，四川

0625
学名：*Aulacaspis robusta* Takahashi
中文名：紫金牛白轮盾蚧
寄主：紫金牛
分布：中国台湾

0626
学名：*Aulacaspis rosae* (Bouche)
(*Chermes rosae*;*Diaspis rosae*;*Aspidiotus rosae*)
中文名：蔷薇白轮盾蚧（蔷薇白轮蚧，玫瑰白轮蚧）
寄主：玫瑰，覆盆子，悬钩子，刺莓，杨梅，芒果，榆，雁来红，龙芽草，苏铁，蔷薇等
分布：中国河北、陕西、江苏、浙江、广东、云南、四川、上海、山西、内蒙古、山东、西藏、台湾；朝鲜，日本，泰国，夏威夷，菲律宾，爪哇，伊朗，以色列，欧洲，美洲，大洋洲，全世界多地

0627
学名：*Aulacaspis rosarum* Borchsenius

中文名：月季白轮盾蚧（黑蜕白轮蚧，拟蔷薇白轮蚧）

寄主：月季等蔷薇属，悬钩子属，樟树，刺梨，七里香

分布：四川，云南，广西，福建，江西，北京，贵州，山东，上海，江苏，浙江

0628

学名：*Aulacaspis saigusai* Takagi

中文名：梅白轮盾蚧（莓白轮蚧，悬钩子白轮蚧）

寄主：莓，楠木，胡颓子，香叶树，连翘

分布：中国四川、贵州、台湾；日本

0629

学名：*Aulacaspis sassafras* Chen

中文名：檫木白轮盾蚧（檫木白轮蚧）

寄主：檫木

分布：湖南

0630

学名：*Aulacaspis spinose* Maskell

(*Diaspis rosae var.spinosa* Maskell; *D.spinosa*; *Aulacaspis rosae spinose*)

中文名：菝葜白轮盾蚧（刺轮盾蚧，拟刺白轮蚧）

寄主：菝葜，兰花，棕榈，楠木

分布：中国广东、四川、江苏、浙江、台湾；日本

0631

学名：*Aulacaspis tegalensis* (Zehntner)

(*Chionaspis tegalensis*)

中文名：东洋甘蔗白轮盾蚧（爪哇白轮蚧，甘蔗白轮蚧）

寄主：甘蔗，小竹

分布：中国云南、台湾；菲律宾，印尼，毛里求斯，留尼汪岛，坦桑尼亚，乌干达，肯尼亚

0632

学名：*Aulacaspis thoracica* (Robinson)

(*Phenacaspis thoracica*; *Trichomytilus thoracica*)

中文名：乌桕白轮盾蚧（细胸轮盾蚧）

寄主：肉桂，乌桕，辣木，苏铁，巴戟，鸡血藤，青城菝葜，楠木，梓，香樟，黄兰，蔷薇属

分布：中国浙江、上海、江苏、广东、云南、四川、福建、广西、安徽、北京、宁夏、贵州、香港；菲律宾

0633

学名：*Aulacaspis tubercularis* (Newstead)

(*Aulacaspis cinnamomi* Newstead; *A.mangiforae* MacGillivra; *Diaspis cinnamomi var.magiferae* Newstead; *D.mangiferae* MacGillvray; *D.cinnamomi*; *D.tubercularis*)

中文名：芒果白轮盾蚧（樟白轮蚧，芒果白轮蚧）

寄主：芒果，柑，椰子，玉桂，月桂，樟属，楠属，木姜子，三枝仁，海桐花，小梾木

分布：中国四川、广东、浙江、台湾；日本，印度，南亚，非洲

0634

学名：*Aulacaspis yabunikkei* Kuwana

(*Parlatoria cingula* Shiraki; *Aulacaspis cinnamomi*)

中文名：雅樟白轮盾蚧（樟白轮蚧，日本白轮蚧，樟树轮盾蚧）

寄主：肉桂，樟，天竺桂，钩樟，黄肉楠，新木姜子，檫木，胡颓子，大驳骨，毛六驳

分布：中国浙江、广东、云南、湖南、贵州、四川、台湾；日本，爪哇

0635

学名：*Aulacaspis yasumatsui* Takagi

中文名：苏铁白轮盾蚧（泰国轮盾蚧）

寄主：苏铁

分布：中国云南、广东；泰国

0636

学名：*Bigymnaspis bullata* (Green)

(*Aonidia bullatya*; *Cymanaspis bullata*)

中文名：广东双片白盾蚧（黑瓢小囚盾蚧，柑橘瓢盾蚧）

寄主：柑橘
分布：中国广东、山西、浙江、福建、四川、云南；南亚，非洲，欧洲，美洲

0637
学名：*Hemiberlesia palmae* (Cockerell)
(*Aspidiotus rapax var.palmae;A.palmae;A.unguiculatus Leonardi;A.Javaneusis Kuwana;Gonaspidiotus ungulates MacGillivray;Furcaspis palmae;Hemiberlesia palmae*)
中文名：棕榈鲍圆盾蚧（棕钹盾蚧，长棘盾介，苏铁本圆蚧，棕钹圆盾蚧）
寄主：香蕉，椰子，柑橘，芒果，可可，咖啡，番木瓜，木菠萝，无花果，木薯，马钱子，花叶兰，笼凤梨，海枣，油椰，苏铁，棕榈，榕，野茉莉，茶
分布：中国广东、广西、山东、浙江、福建、四川、云南；南亚，非洲，欧洲，美洲

0638
学名：*Chionaspis acuta* Danzig
中文名：尖叶雪盾蚧
寄主：鼠李，南蛇藤
分布：中国辽宁（沈阳）；俄罗斯

0639
学名：*Chionaspis aganulata* Chen
中文名：无棘雪盾蚧
寄主：壳斗科一种植物
分布：云南（昆明）

0640
学名：*Chionaspis alnus* Kuwana
(*Phenacaspis alnus;Ph.alnicola* Lindinger;*Ph.betulae* Chen; *Chionaspis alnicola* Lindinger)
中文名：白桦雪盾蚧（桤木雪盾蚧）
寄主：桤木属，白桦属
分布：中国东北；日本，俄罗斯

0641
学名：*Pseudaulacaspis chinensis* Cockerell
(*phenacaspis chinensis*)
中文名：中华雪盾蚧（中国菲盾蚧）
寄主：尖齿栎，日本常绿栎
分布：中国云南、陕西；日本，美国

0642
学名：*Chionaspis cinnamomicola* (Takahashi)
(*Diaspis machilicola cinnamomicola* Takahashi)
中文名：樟雪盾蚧（樟盾蚧）
寄主：樟
分布：中国台湾

0643
学名：*Pseudaulacaspis ericacea* (Ferris)
(*Phenacaspis ericacea*)
中文名：杜鹃雪盾蚧（杜鹃袋盾蚧，杜鹃菲盾蚧，越橘雪盾蚧）
寄主：越橘，来江，杜鹃，木犀，秋花构骨
分布：云南，浙江

0644
学名：*Aulacaspis formosana* (Takahashi)
(*Phenacaspis formosana*)
中名；台湾雪盾蚧（台菲盾蚧，瑞香雪盾蚧）
寄主：莞花
分布：中国台湾

0645
学名：*Pseudaulacaspis momi* Ferris
(*Phenacaspis keteleeriae*)
中文名：油杉雪盾蚧（油杉菲盾蚧）
寄主：油杉
分布：中国广东；斯里兰卡

0646
学名：*Chionaspis linderae* Takahashi
(*Chionaspis neolindere;Phenacaspis linderae ;Ph.neolindere*)
中文名：钓樟雪盾蚧（拟钩樟袋盾蚧）
寄主：山胡椒，山毛榉
分布：中国安徽、江西；日本

0647
学名：*Aulacaspis machili* (Takahashi)
(*Diaspis machili*;*Phenacaspis machili*;*Ph.obovata* Takagi et Kawai)
中文名：桢雪盾蚧（桢叶盾蚧，广顶袋盾蚧，桢楠雪盾蚧）
寄主：桢楠
分布：中国四川、台湾；日本

0648
学名：*Chionaspis machilicola* (Takahashi)
(*Diaspis machilicola*)
中文名：楠雪盾蚧（楠枝盾蚧，桢楠叶雪盾蚧）
寄主：桢楠
分布：中国台湾

0649
学名：*Chionaspis megazygosis* Chen
中文名：巨锁雪盾蚧（硕轭雪盾蚧）
寄主：柃木
分布：云南

0650
学名：*Chionaspis salicis* Marlatti
中文名：细腺雪盾蚧（微孔雪盾蚧，白杨齐盾蚧，细管雪盾蚧）
寄主：杨，柳，梾木
分布：中国山西、吉林、内蒙古、宁夏、山东；朝鲜，俄罗斯

0651
学名：*Chionaspis montanoides* Tang et Li
中文名：拟孟雪盾蚧
寄主：青杨，山杨，柳
分布：新疆，宁夏

0652
学名：*Chionaspis obclavata* Chen
中文名：倒槌雪盾蚧
寄主：青桐

分布：福建

0653
学名：*Chionaspis osmanthi* (Ferris)
(*Phenacaspis osmanthi*;*Pseudaulacaspis osmanthi*)
中文名：木犀雪盾蚧（木犀拟轮蚧，桂菲盾蚧）
寄主：木犀花
分布：云南

0654
学名：*Chionaspis salicis* Borchsenius
中文名：多腺雪盾蚧
寄主：山柳，杨，花楸
分布：新疆，宁夏，内蒙古

0655
学名：*Hionaspis saitamaensis* Chen
中文名：准富雪盾蚧
寄主：青冈
分布：云南

0656
学名：*Chionaspis rotunda* (Takahashi)
(*Phenacaspis rotunda*)
中名；圆背雪盾蚧（圆菲盾蚧，青冈雪盾蚧）
寄主：青冈，栎
分布：中国台湾

0657
学名：*Chionaspis saitamaensis* Kuwana
(*Phencaspis saitamaensis*;*Chionaspis pseudopolypora* Chen;*Ch.chinensis* Maskell;*Ch.solani* Green)
中文名：柞雪盾蚧（栎雪盾蚧，准富腺雪盾蚧，青冈袋盾蚧）
寄主：栎属，栲，青冈
分布：中国山东、吉林、云南；日本，斯里兰卡

0658
学名：*Chionaspis salicis* (Finnaeus)
(*Coccus salicis*;*C.cryptogamus* Dalmon;*Aspidiotus salicis*;

A.minimus Baerensprung；*A.populi* Bouche;*A.cryptogamus* Lindinger;*A.alni* Ferris;*A.aceris* Ferris;*A.salicifex* Ferris;*A.pyri* Sachtleben;*Mytilaspis maquarti* Targ;*Chionaspis aceris* Sign;*Ch.alni* Sign;*Ch.fraxini* Sign；*Ch.vaccinii* Sign;*Ch.sorbi* Douglas;*Lecaniumvaccinii* Kaltenbach; *L.myrtilli* Kaltenbach)

中文名：柳雪盾蚧（柳齐盾蚧）

寄主：杨，柳，榆，赤杨，桦，梨，玫瑰，醋栗，栒子，花楸，金雀花，染料木，卫矛，枫，鼠李，半日花，梾木，椴，欧石楠，杜鹃花，越橘，素馨，女贞，丁香，绣球，南烛，喇叭茶，熊果

分布：中国新疆、青海、宁夏、甘肃、吉林、辽宁、内蒙古、云南；土耳其，伊朗，摩洛哥，阿尔及利亚，俄罗斯，欧洲

0659
学名：*Chionaspis salicis* (Walsh)
(*Aspidiotus slicis-nigrae*;*Mytilaspis salicis*; *Chionaspis salicis*;*Ch.ortholobis bruneri* Cockerell;*Ch. bruneri* Cocerell)

中文名：乌柳雪盾蚧（黑柳雪盾蚧）

寄主：杨，柳，鹅掌楸，楝椴，山茱萸，白桦

分布：中国宁夏、吉林、内蒙古；俄罗斯，加拿大，美国，日本

0660
学名：*Chionaspis camphora* Chen (*Phenacaspis sichuanensis*)

中文名：蜀雪盾蚧（蜀袋盾蚧）

寄主：樟，木姜子

分布：四川

0661
学名：*Chionaspis sozanica* Takahashi (*Trickomytilus sozanics*;*Phenacaspis sozanica*)

中文名：东赢雪盾蚧（槭菲盾蚧，槭雪盾蚧）

寄主：槭

分布：中国台湾；日本

0662
学名：*Chionaspis subrotunda* Chen (*Phenacaspis subrotunda*)

中文名：准圆雪盾蚧（准圆袋盾蚧）

寄主：山毛榉

分布：四川

0663
学名：*Chionaspis trochodendri* (Takahashi) (*Phenacaspis trochodendri*)

中文名：日本雪盾蚧（山车菲盾蚧，昆栏树雪盾蚧）

寄主：昆栏树

分布：中国台湾

0664
学名：*Aulacaspis uenoi* Takagi

中文名：樟雪盾蚧（樟齐盾蚧，香叶树雪盾蚧）

寄主：钩樟

分布：中国台湾

0665
学名：*Aulacaspis vitis* Green (*Trichomytilus vitis*;*Phenacaspis vitis*;*Poliaspis vitis*)

中文名：葡萄雪盾蚧（葡萄菲盾蚧）

寄主：葡萄，芒果，胡颓子，粗糠柴，桑寄生，解宝叶，铁苋菜，单叶豆，秋茄树

分布：中国台湾

0666
学名：*Chlidaspis sinensis* Tang

中文名：中国皑雪盾蚧

寄主：柳

分布：山西

0667
学名：*Chortinaspis biloa* (Maskell) (*Aspidiotus bilobis*; *Hemiberlesia bilobis*)

中文名：双叶壳圆盾蚧（双短角圆蚧，双叶稞盾蚧）

寄主：芦苇，禾本科植物
分布：上海，香港

0668
学名：*Chortinaspis decorate* Ferris
中文名：云南壳圆盾蚧（雅短角圆蚧，饰稞盾蚧）
寄主：禾本科小草
分布：云南，广东

0669
学名：*Chrysomphalus bifasciculatus* Ferris
中文名：酱褐圆盾蚧（拟褐金顶盾蚧，拟褐叶圆蚧，橙褐圆盾蚧）
寄主：柑橘，茶，香蕉，油橄榄，李，木槿，夹竹桃，女贞，桃叶珊瑚，常春藤，禅兰，八角金盘，胡颓子，卫矛，南蛇藤，阿拉伯茶，冬青，漆树，黄杨，枸橘，杏，海桐花，月桂，樟，无花果，栎，鹤望兰，沿阶草，蜘蛛抱蛋，海枣，莎草，苏铁，桃榔，椰子，桂花，木瓜，荔枝，松
分布：中国江苏、江西、广西、浙江、上海、湖北、广东、福建、四川、云南、台湾；日本，俄罗斯，美国

0670
学名：*Chrysomphalus dictyospermi* (Morgan)
(*Aspidiotus dictyospermi*; *Aspidiotus dictyospermi var.arecae* Newstead; *A.mangiferae* Cockerell; *A.arecae* Cockerell; *A.jamaicensis* Ferris; *A.agru mincola* De Gregorio; *A.dictyospermi var.jamaicensis* Cockerell; *Chrysomphalus minor* Berlese; *Ch.dictyospermi var. mangiferae* Cockerell; *Ch.mangiferae* Leonaldi; *Ch. dictyospermi var.minor* Maskelli; *Ch.arecae* Malenotti; *Ch. jamaucebsis* Malenotti; *Ch.castigatus*; *Ch.dictyospermatis* Lindinger)
中文名：橙褐圆盾蚧（网籽草叶圆蚧，橙圆金顶盾蚧）
寄主：刺桐，苏铁，蔷薇，柑橘，黑松，沿阶草，黄杨，法国冬青，桂花，大叶黄杨，罗汉松等多种植物
分布：中国山东、浙江、福建、上海、江苏、广西、云南、湖南、四川、江西、台湾；亚洲，欧洲，美洲，非洲

0671
学名：*Chrysomphalus aonidum* Ashmead
(*Coccus aonidum*; *Chrysomphalus aonidum* L.; *Aspidiotus aonidum*)
中文名：黑褐圆盾蚧（褐圆金顶盾蚧，茶黑介壳虫，褐叶圆蚧）
寄主：柑橘，柠檬，椰子，香蕉，苏铁，银杏，樟，棕榈，杉，松，玫瑰，冬青，无花果，大叶黄杨，山花，栗，桉，椿，黄杨等200多种植物
分布：中国北京、河北、山东、江苏、福建、广东、广西、上海、浙江、四川、湖南、江西、云南、台湾；南亚，日本，非洲，欧洲，大洋洲，美洲

0672
学名：*Chrysomphalus mume* Tang
中文名：梅褐圆盾蚧
寄主：梅
分布：云南

0673
学名：*Chrysomahalus nulliporus* Ferris
中文名：兰花褐圆盾蚧
寄主：兰花
分布：云南

0674
学名：*Diaspidiotus cryptus* (Ferris)
(*Quadraspidiotus cryptus*)
中文名：桧叶锤圆盾蚧（桧笠盾蚧，隐夸圆蚧）
寄主：桧柏
分布：云南

0675
学名：*Clavaspidiotus tayabanus* (Cockerell)
(*Clavaspis tayabanus*; *Aspidiotus tagabanus*)
中文名：茉莉锤圆盾蚧（火球角圆蚧，火棘

球杆圆盾蚧）
寄主：火棘
分布：中国台湾；日本

0676
学名：*Lepidosaphes junipericola* Tang
中文名：棘柏眼蛎盾蚧
寄主：杜松
分布：山西

0677
学名：*Lepidosaphes lithocarpicola* Tang
中文名：石柯眼蛎盾蚧
寄主：石柯
分布：山西

0678
学名：*Lepidosaphes pinnaeformis* (Maskell)
(*Eucornaspis machili*;*Lepidosaphes machili*;*L. cinnamomi* Takahashi;*L.Cymbidicola* Kuwana;*L. pinnaeformis* Bouche)
中文名：兰眼蛎盾蚧（兰矩瘤蛎蚧，兰密蛎蚧，马氏牡蛎盾蚧，兰疣蛎盾蚧）
寄主：兰花，苏铁，樟，虎皮楠，楠，枇杷，秋素，虎头兰
分布：江苏，浙江，广西，云南，四川，上海，台湾

0679
学名：*Lepidosaphes piceae* Tang
中文名：云杉眼蛎盾蚧
寄主：云杉
分布：甘肃

0680
学名：*Lepidosaphes pinnaeformis* (Bouche)
(*Aspidiotus pinnaeformis*;*Mytilaspis pinnaeformis*; *M.machili* Maskell; *M.piniformis* Lindinger;*M.tuberculata* Lupo;*Lepidosaphes pinnaeformis*;*L.machili*;*L.tuberculata* Malenotti;*L.tuberchlatus* Green;*L.cymbidicola* Kuwana; *L.cinnamomi* Takahashi;*L.piniformis* Lindinger;*L.ezokihadae* Kuwana;*Eucornuaspis machili* Maskell)
中文名：针型眼蛎盾蚧（角眼牡蛎盾蚧，兰矩瘤蛎蚧，兰瘤蛎盾蚧）
寄主：肉桂，樟，钩樟，桢楠，红楠，木兰，柑橘，八角，含笑，石斛，建兰，米兰，苏铁，野木瓜，膜叶交让木
分布：海南，台湾

0681
学名：*Lepidosaphes pseudomachili* (Borchsenius)
(*Lepidosaphes pseudomachili*;*Eucornuaspis pseudomachili*)
中文名：拟兰眼蛎盾蚧（木兰牡蛎蚧，柏疣蛎盾蚧，云南矩瘤蛎蚧）
寄主：木兰，侧柏，楠，紫荆
分布：中国云南、山西、浙江、山东；朝鲜，印度

0682
学名：*Crassaspidiotus takahashi* Takagi
(*Dynaspidiotus takahashii*)
中文名：铁杉钝圆盾蚧（铁杉递叶盾蚧，铁杉腺圆蚧）
寄主：铁杉
分布：中国台湾

0683
学名：*Greeniella fimbriata* Ferris
(*Greeniella fimbriata*)
中文名：广东螺圆盾蚧（缨囵盾蚧，縰缨囵蚧）
寄主：番樱桃
分布：广东

0684
学名：*Greeniella lahoarei* Takahashi
(*Greeniella lahoarei*;*Aonidia lahoare*)
中文名：台湾螺圆盾蚧（番樱桃囵盾蚧，台樱囚蚧）
寄主：番樱桃
分布：中国台湾

0685

学名：*Aonidia rarasana* Takahashi
(*Gymnaspis rarasana*)
中文名：木兰螺圆盾蚧（台湾办盾蚧）
寄主：未明
分布：云南，台湾

0686

学名：*Diaonidia cinnamomi*(Takahashi)
(*Gymnaspis cinnamomi*)
中文名：双桂双圆盾蚧（樟长宗囚蚧，樟桎盾蚧）
寄主：桢楠，樟
分布：中国台湾

0687

学名：*Diaspidiotus elaeagni* (Borchsenius)
(*Aspidiotus elaeagni*)
中文名：沙枣灰圆盾蚧
寄主：胡颓子
分布：中国新疆、宁夏、青海、内蒙古；伊朗，俄罗斯

0688

学名：*Diaspidiotus perniciabilus* Wang et Zhang
中文名：危枝灰圆盾蚧
寄主：杨
分布：新疆

0689

学名：*Diaspidiotus turanicus* (Borchsenius)
(*Aspidiotus turanicus*)
中文名：叶伦灰圆盾蚧（柳灰圆盾蚧）
寄主：柳
分布：新疆

0690

学名：*Diaspidiotus xinjiangensis* Tang
中文名：新疆灰圆盾蚧
寄主：杨
分布：新疆

0691

学名：*Diaspis boisduvallii* Signoret
(*Aulacaspis boisduvalii*;*A.catlleyae* Cockerell; *Diaspis catlleyae* Cockerell)
中文名：波氏白背盾蚧（棕榈盾蚧，椰子盾蚧）
寄主：椰子，槟榔，棕榈，蒲葵，海枣，大叶椰，竹竿，仙人掌，龙舌兰，鹤望兰，新西兰麻，常春藤，桑寄生，海里康，果子蔓，阿瑞盖利，比氏凤梨等多种植物
分布：中国福建、广东、海南、台湾；南亚，日本，非洲，大洋洲，欧洲，美洲

0692

学名：*Diaspis boromelliae* (Kerner)
(*Coccus bromelliae*; *Aspidiotus bromelliae*; *Aulacaspis bromelliae*; *Diaspis tillandsiae* Del Guercio; *Chermes bromelliae*)
中文名：凤梨白背盾蚧（菠萝盾蚧，凤梨盾蚧）
寄主：凤梨，甘蔗，海枣，龙舌兰，美人蕉，鸡尾兰，水塔花，阿瑞盖利，油橄榄，木槿，常春藤，素馨
分布：中国海南、台湾；日本，埃及，亚速尔岛，夏威夷，斐济，土耳其，意大利，法，英，德，比利时，保加利亚

0693

学名：*Chionaspis cinnamomicola* Takahashi
(*Chionaspis machilicola cinnamomicola*)
中文名：樟树白背盾蚧（樟雪盾蚧，樟盾蚧）
寄主：樟
分布：中国台湾

0694

学名：*Diaspis echinocacti* (Bouche)
(*Aspidiotus echinocacti*;*Chermes echinocacti*; *Diaspis calyptroides* Costa;*D.cacti* Comstock;*D.cacti var. opuntiae* Cockerell;*D.opuntiae* Newstead; *D.calyptroides var.opuntiae* Cockerell;*D.echinocactricactri* Fernald;*D. Calyptroides var.cacti* Charmoy;*D.opunticola* Newstead;*D.dactylproides* Bodenheimer)

中文名：仙人掌白背盾蚧（仙人掌白盾蚧，仙人掌盾蚧）
寄主：多种仙人掌植物，茶，蟹爪兰，昙花
分布：中国广东、云南、福建、陕西、山西、浙江、上海、江苏、四川、广西、江西、湖南、贵州；日本，南亚，非洲，欧洲，美洲

0695
学名：*Dinaspis taiwana* Takahashi
中文名：台湾顶蛎盾蚧
寄主：木姜子
分布：中国台湾

0696
学名：*Ductofronsaspis huangyanensis* Yang et Hu
中文名：黄岩管蛎盾蚧
寄主：某种灌木
分布：浙江

0697
学名：*Ductofronsaspis jingdongensis* Yang et Hu
中文名：景东管蛎盾蚧
寄主：一种灌木
分布：云南（景东）

0698
学名：*Duplachionaspis divergens* (Green)
(*Chionaspis graminis var.divergens* Green;*Ch.miscantheae* Kuwana;*Greenaspis* Divergens;*Duplachionaspis miscanthi* Takahashi;*D.miscantheae* Takagi)
中文名：凹叶复盾蚧（芒兜盾蚧，广长盾蚧）
寄主：芒，荻，须芒草，结缕草，芦竹，鬣刺。
分布：中国广东、台湾、福建；日本，泰国，印度，斯里兰卡，大洋洲

0699
学名：*Duplachionaspis fujianensis* Chen
中文名：福建复盾蚧（福建兜盾蚧）
寄主：未知
分布：福建

0700
学名：*Aulacaspis oblonga* Chen
中文名：矩圆复盾蚧（矩圆兜盾蚧）
寄主：未知
分布：云南

0701
学名：*Duplachionaspis rotundata* Chen
中文名：近圆复盾蚧（近圆兜盾蚧）
寄主：未知
分布：福建（福州）

0702
学名：*Duplachionaspis saecharifolii*(Zehntner) (*Chionaspis saccharifolii*)
中文名：甘蔗复盾蚧（甘蔗兜盾蚧）
寄主：甘蔗，芦苇
分布：中国江苏；印尼

0703
学名：*Duplachionaspis natalensis* (Cooley) (*Chionaspis stanotopri*;*Ch.graminis var .divergens* Hall; *Ch.graminis Var.aegyptiaca* Hall;*Polyaspis stanotophri*;*Trichomytilus stanotophri*)
中文名：芦竹复盾蚧（钝叶草兜盾蚧）
寄主：甘蔗，黍，香茅，芦苇，芦竹，须芒草，剪股颖，钝叶草
分布：中国浙江、广东、台湾；伊朗，以色列，西班牙，马达加斯加，非洲

0704
学名：*Duplachionaspis subtilis* Borchsenius
中文名：禾草复盾蚧（细复盾蚧，杂草兜盾蚧）
寄主：禾本科杂草
分布：广东

0705
学名：*Duplaspidiotus claviger*(Cockerell)
中文名：石榴重圆盾蚧
寄主：石榴
分布：云南

0706

学名：*Dynaspidiotus britannicus* (Newstead)

(*Aspidiotus britannicus* ;*A.hederae* Newstead)

中文名：冬青大圆盾蚧（冬青递叶盾蚧，冬青狭腹圆盾蚧）

寄主：冬青，黄杨，女贞，常春藤，杉，月桂，木瓜，海棠，角豆树，楷木，桃金娘茶

分布：中国河北、内蒙古、辽宁、山东、河南、湖北、湖南、江西、浙江、福建、广东、四川、陕西、山西、甘肃、云南；欧洲，大洋洲，美国，非洲，土耳其，叙利亚

0707

学名：*Dynaspidiotus meyeri* (Marlatt)

(*Aspidiotus meyeri*;*Aspidiella meyeri*)

中文名：冷杉大圆盾蚧（冷杉等角圆蚧，枞递叶盾蚧）

寄主：枞

分布：北京

0708

学名：*Crassaspidiotus takahashi* (Takagi)

(*Crassaspidiotus takahashi*)

中文名：铁杉大圆盾蚧（铁杉递叶圆盾蚧，铁杉腺圆蚧）

寄主：铁杉

分布：中国台湾

0709

学名：*Dynaspidiotus ephedrarum* (Ldgr.)

(*Aspidiotus ephedrarum*; *Spinaspidiotus ephedrarum*; *Hemiberlesia* Ephedrarum;*Abgrallaspis ephedrarum*; *Diaspidiotus ephedrarum*; *Quadraspidiotu sephedrarum*)

中文名：麻黄白圆盾蚧

寄主：麻黄

分布：中国新疆；非洲，欧洲，中亚

0710

学名：*Epifiorinia tsugae* Takagi

中文名：铁杉外蜕盾蚧（厄围盾蚧）

寄主：铁杉

分布：中国台湾

0711

学名：*Fiorinia arengae* Takahashi

(*Fiorinia taiwana var.arengae* Takahashi)

中文名：桄榔单蜕盾蚧（桄榔围盾蚧）

寄主：桄榔

分布：中国台湾

0712

学名：*Fiorinia euonymi* Young

中文名：卫矛单蜕盾蚧（卫矛围盾蚧，卫矛蜕盾蚧）

寄主：黄杨

分布：浙江

0713

学名：*Fiorinia externa* Ferris

中文名：柏单蜕盾蚧（柏围盾蚧）

寄主：针纵，侧柏，桧柏，雪松

分布：中国福建、四川、河南；北美，日本

0714

学名：*Fiorinia fioriniae*(Targioni)

(*Diaspis fioriniae*;*Chermes arecae* Boisduval; *Fiorinia pellucida* Targioni; *F.camelliae* Comstock;*F. palmae* Green;*Uhleria camelliae* Comstock;*Uh. fioriniae*)

中文名：少腺单蜕盾蚧（尖角盾蚧，围盾蚧，单蜕盾蚧）

寄主：柑橘，无花果，芒果，柿，椰子，槟榔，海枣，茶，桂，松，罗汉松，落叶松，水松，柏，紫杉，番樱桃，山茶，竹，椿，柳，榆，栎，朴，桢楠，桉，常春藤，巴豆，龙血树，朱蕉，鹤望兰，棕榈，蒲葵，苏铁，乌桕，樟，羊齿等20余科植物

分布：中国广东、福建、广西、云南、四川、江西、湖南、湖北、海南、浙江、上海、江苏、台湾；全世界各地

0715
学名：*Fiorinia horii* Kuwana
中文名：闽鹃单蜕盾蚧（闽鹃蜕盾蚧，和围盾蚧）
寄主：杜鹃花
分布：中国福建、台湾；日本

0716
学名：*Fiorinia japonica* (Kuwana)
(*Fiorinia fioriniae var.japonica* Kuwana；*F.juniperi* Leonardi)
中文名：日本单蜕盾蚧（日本围盾蚧，日本蜕盾蚧，日本尖角盾蚧）
寄主：日本冷杉，白叶冷杉，战捷木，罗汉松，黑松，海松，日本赤松，日本铁杉，雪松，桧，铁坚杉，油杉，云杉，南方红豆杉，土杉，龙柏，油松
分布：中国福建、台湾、北京、浙江、上海、山东、河北；日本，印度，斯里兰卡，菲律宾，毛里求斯，美国，大洋洲

0717
学名：*Fiorinia linderae* Takagi
中文名：钩樟单蜕盾蚧（山胡椒蜕盾蚧，钩樟围盾蚧）
寄主：钩樟，香叶树
分布：中国台湾

0718
学名：*Fiorinia minor* Maskell
(*Fiorinia camelliae var.minor* Maskell；*F.fioriniae minor* Fernald；*F.chinensis* Ferris)
中文名：朴单蜕盾蚧（小围盾蚧）
寄主：无花果，薜荔，山茶，棕榈，榕
分布：中国广东、福建、浙江、台湾、香港；大洋洲

0719
学名：*Fiorinia myricae* Young
中文名：杨梅单蜕盾蚧（杨梅围盾蚧，杨梅蜕盾蚧）
寄主：杨梅，
分布：上海，江西

0720
学名：*Fiorinia pinicola* Maskell
(*Fiorinia camelliae* Maskell；*F.juniperi* Leonard；*F.pruinosa* Ferris)
中文名：多腺单蜕盾蚧（松围盾蚧，霜围盾蚧，松蜕盾蚧，多腺尖角盾蚧，玉兰蜕盾蚧）
寄主：松，柏，罗汉松，粗榧，杨梅，无花果，海桐花，杉，玉兰，马尾松，榕，山茶，栎，日本赤松，黑松，红松，油松，日本铁杉，日本冷杉，白叶冷杉，油杉，云杉，桧类
分布：中国浙江、上海、福建、广西、云南、福建、台湾；日本，葡萄牙

0721
学名：*Fiorinia pinicorticis* Ferris
中文名：云南松单蜕盾蚧（松皮围盾蚧）
寄主：云南松（小枝皮下）
分布：云南

0722
学名：*Fiorinia podocarpi* Young
中文名：罗汉松单蜕盾蚧（罗汉松围盾蚧）
寄主：罗汉松
分布：上海，江苏，浙江，贵州，四川

0723
学名：*Fiorinia prodoscidaria* Green
中文名：象鼻单蜕盾蚧（象鼻围盾蚧，长鼻蜕盾蚧）
寄主：柑橘，胡椒，茶，蒲葵，白树，丁子香，蒲桃，罗汉松，红豆杉
分布：中国福建、广东、江西、浙江、上海、广西、云南、台湾；日本，印度，斯里兰卡，斐济

0724
学名：*Fiorinia quercifolii* Ferris
中文名：石栎单蜕盾蚧（栎单蜕盾蚧，栎叶

围盾蚧，栎尖角盾蚧）
寄主：滇栎
分布：云南，浙江

0725
学名：*Fiorinia randiae* Takahashi
(*Fiorinia proboscidaria var.randiae* Takahashi)
中文名：茜草单蜕盾蚧（茜草树蜕盾蚧，鸡爪勒围盾蚧）
寄主：鸡爪勒
分布：中国台湾；日本

0726
学名：*Fiorinia rhododendri* Takahashi
中文名：杜鹃单蜕盾蚧（杜鹃围盾蚧）
寄主：杜鹃
分布：中国台湾

0727
学名：*Fiorinia rhododendricola* Tang
中文名：拟杜鹃单蜕盾蚧（杜鹃围盾蚧）
寄主：杜鹃
分布：福建

0728
学名：*Fiorinia separate* Takagi
中文名：杉木单蜕盾蚧（杉木蜕盾蚧）
寄主：杉
分布：中国福建；日本

0729
学名：*Fiorinia smilaceti* Takahashi
中文名：菝葜单蜕盾蚧（菝葜围盾蚧）
寄主：菝葜，香叶树
分布：中国台湾

0730
学名：*Fiorinia taiwana* Takahashi
中文名：台湾单蜕盾蚧（台湾围盾蚧）
寄主：青冈树，杨梅，栎，桄榔，散尾葵
分布：安徽，福建，浙江，台湾

0731
学名：*Fiorinia theae* Green
中文名：茶单蜕盾蚧（茶尖角盾蚧，茶围盾蚧，茶蜕盾蚧）
寄主：柑橘，茶，山茶，油橄榄，冬青，柃木，桂花，罗汉松，茉莉
分布：中国广东、福建、云南、浙江、江西、湖南、广西、四川、青海、安徽、贵州、上海、山东、台湾、香港；日本，印度，斯里兰卡，菲律宾，美国

0732
学名：*Fiorinia turpiniae* Takahashi
(*Fiorinia theae var.turpiniae* Takahashi)
中文名：香圆单蜕盾蚧（山香圆围盾蚧）
寄主：柑橘，山香圆
分布：云南，中国台湾

0733
学名：*Fiorinia vacciniae* Kuwana
(*Fiorinia cephalotaxi* Takahashi；*F.vaccini var. hisakaki*)
中文名：松单蜕盾蚧（越橘围盾蚧，柃蜕盾蚧，松尖角盾蚧）
寄主：栎，桂花，山茶，杜鹃，柃木
分布：中国台湾、华北、华南、华中、西南；日本

0734
学名：*Formosaspis formosana* (Takahashi)
(*Leucaspis formosanus*；*Cryptoparlatorea formosana*)
中文名：台湾美片盾蚧
寄主：竹，紫刚竹
分布：中国台湾，香港

0735
学名：*Formosaspis takahashi* (Takahashi)
(*Protodiaspis nigra*；*Leucaspis nigra*；*Cryptohemichionaspis thakahashi* Lindinger)
中文名：黑美片盾蚧（黑长片盾蚧）

寄主：青篱竹
分布：云南，浙江，台湾

0736
学名：*Formosaspis stegana* Ferris
中文名：西山美片盾蚧（西山美盾蚧，幽居美盾蚧）
寄主：竹
分布：云南（昆明西山）

0737
学名：*Froggattiella inusitata* (Green)
(*Aspidiotus inusitatus;Dycryptaspi inusitata; Odonaspisinusitata;O.inusitalus* Ramakrisina; *Targionia inusitata*)
中文名：小丝竹绵盾蚧（内片齿盾蚧，僧豁齿盾蚧）
寄主：青篱竹
分布：中国广东；日本，斯里兰卡

0738
学名：*Odonaspis lingnani* (Ferris)
(*Odonaspis lingnani*)
中文名：岭南丝绵盾蚧（岭南齿盾蚧）
寄主：竹
分布：广东

0739
学名：*Froggattiella penicollatta* (Green)
(*Aspidiotus inusitatus* Green;*Odonaspis penicillatat; Anoplasti penicillata;Dycryptaspis penicillata*)
中文名：竹鞘丝绵盾蚧（须豁齿盾蚧，刷尾齿盾蚧）
寄主：刺竹，方竹，硕竹，麻竹，百家竹
分布：中国广东、浙江、四川、台湾；日本，阿尔及利亚，伊朗，斯里兰卡，印度，菲律宾，美国，俄罗斯

0740
学名：*Odonaspis siamensis* (Takahashi)
中文名：泰国丝绵盾蚧（暹罗豁齿盾蚧）

寄主：竹
分布：中国广东、福建；泰国

0741
学名：*Parlatoria pseudaspidiotus* (Lindinger)
(*Parlatoria pseudaspidiotus;P.mangiferae* Marlatt; *Genaparlatoria Mangiferae* MacGillivray; *Aonidia pseudaspidiotus*)
中文名：大戟齿片盾蚧（拟圆齿糠蚧，甲盾蚧）
寄主：芒果，石斛，仙人指甲兰，龙舌兰，石带兰，大戟，苏铁
分布：中国云南、四川（攀枝花）、台湾；日本

0742
学名：*Greenaspis bambusifolia* (Takahashi)
(*Chionaspis bambusifoliae*)
中文名：毛竹丝盾蚧（竹长盾蚧，叶竹盾蚧）
寄主：竹
分布：云南，台湾

0743
学名：*Greenaspis chekiangensis* Tang
中文名：浙江丝盾蚧（浙江格林盾蚧，浙江竹盾蚧，浙江长盾蚧）
寄主：竹
分布：长江以南

0744
学名：*Greenaspis elongate* (Green)
(*Mytilaspis elongata;Chionaspis elongata; Greenaspis yunnanensis* Ferris;*Trichomytilus elongate*)
中文名：长丝盾蚧（竹盾蚧，云南格林盾蚧，长盾蚧）
寄主：青篱竹属，毛竹属，芦苇属
分布：中国广东、福建、浙江、云南、四川、台湾；日本，斯里兰卡，印度，泰国，马来西亚

0745
学名：*Greenaspis gejiuensis* Tang
中文名：固旧丝盾蚧

寄主：斑茅草等禾草

分布：云南（固旧）

0746

学名：*Hemiberlesia chipponsanensis* (Takahashi) (1)

中文名：杜鹃栉圆盾蚧（杜鹃突圆蚧）

寄主：杜鹃

分布：中国台湾

0747

学名：*Hemiberlesia lataniae* (Maskell)

(*Aspidiotus implicates*)

中文名：风铃草栉圆盾蚧（风铃草突圆蚧）

寄主：风铃草

分布：中国台湾

0748

学名：*Hemiberlesia lataniae* (Signoret)

(*Aspidiotus latania* ;*A.cydoniae* Comstock;*A.punicae* Cockerell;*A.diffinisvar.lateralis* Comstock;*A.crawii* Cockerell;*A.greeni* Cockerell;*A.cydoniavar.tecta* Maskell;*A.implicatus* Maskell;*A.cydoniae punicae* Fernald;*A.Cydoniae crawii* Fernald;*A.cydoniae greenii* Cockerell;*A.askleniae* Sasaki;*Diaspidiotuslataniae*;*Hemiberlesia implicate*;*Marlattaspis implicates*)

中文名：棕榈栉圆盾蚧（拉唐棕突圆蚧，棕栉盾蚧，棕突圆蚧，榅桲栉盾蚧）

寄主：柑橘，椰子，桑，野牡丹，杜鹃，紫金牛，木姜子，三柱水东哥，异色柿，苏铁，蒲葵，福树，棕榈，国槐，桧，木槿，芒果，葡萄，番石榴，旅人蕉，墨兰，山茶，刺槐等多种植物

分布：中国广东、福建、浙江、上海、江苏、云南、贵州、山东、湖北、广西、台湾；全世界多地

0749

学名：*Hemiberlesia massonianae* Tang

中文名：马尾栉贺盾（马尾松炎盾蚧）

寄主：马尾松

分布：广东（珠海）

0750

学名：*Hemiberlesia pitysophila* Takagi

中文名：松栉圆盾蚧（松突圆蚧，松栉盾蚧，松炎盾蚧）

寄主：马尾松，湿地松，黑松

分布：广东，台湾

0751

学名：*Hemiberlesia rapax* (Comstock)

(*Aspidiotus camelliae* Signoret;*A.rapax*; *A.convexus* Comstock; *A.acuminatus* Targioni;*A.evonymi* Targioni;*A.tricolor* Cockerell; *A.lacumae* Cockerell;*A.argintina* Sasscer;*Diaspis circulates* Green;*Hemiberlasia camelliae* ;*H.tricolor* Leonardi;*H.argentina* Leonardi)

中文名：桂花栉圆盾蚧

寄主：多食性。酸橙，柑橘，常春藤，樟，楠，冬青，合欢，卫矛，月桂，棕榈，苹果，山茶，茶，番荔枝，桂花，海桐等

分布：中国云南、福建、台湾、广东、四川、浙江、安徽、江苏；日本，南亚，非洲，欧洲，美洲，大洋洲

0752

学名：*Howardia biclavis* (Comstock)

(*Chionaspis biclavis* Comstock;*CH.biclavis var. detecta* Maskell;*Aspidiotus theae* Grean; *Howardia biclavis detecta* Fernald)

中文名：双球霍盾蚧（拟桑盾蚧，双锤盾蚧）

寄主：柑橘，无花果，核桃，栗，石榴，胡椒，番木瓜，芒果，咖啡，番荔枝，苹果，梨，柿，肉豆蔻，油橄榄，人心果，茶，山茶，石楠，石斑木，女贞，素馨，木槿，樟，金合欢，银合欢，罗子，紫藤，羊蹄角，乌梅，紫薇，荔枝，金鸡纳，鸡眼茶，忍冬，朴，银桦，巴豆，榄仁树，丁子香，似果木，山榄，刺篱木，大风子，胭脂树，破布子，风车子，木麻黄，路植马木，大戟，铁苋菜，杜英，红爵床，秋海棠，黄蝉花，鸡蛋花，黄钟花，比格诺藤，阿开木，库盘尼，肿柄菊，刺蒴麻

分布：中国云南、广东、广西、四川；日本，

南亚，非洲，欧洲，美洲

0753
学名：*Lchthyaspis ficicola* (Takahashi)
(*Adiscofiorinia ficicola*)
中文名：榕藤纹片盾蚧（榕并蜕蚧，榕藤毛蜕盾蚧，鱼尾盾蚧）
寄主：珍珠莲
分布：中国台湾；日本

0754
学名：*Lschnafiorinia bambusae* (Maskell)
中文名：竹纹片盾蚧（竹丝盾蚧，竹纹蜕蚧，竹蜕盾蚧）
寄主：竹（叶）
分布：中国台湾；泰国，马来西亚，印度南部

0755
学名：*Kuwanaspis arundinariae* Takahashi
(*Nikkoaspis arundinaria*)
中文名：小竹线盾蚧（小竹全须盾蚧，青篱竹长盾蚧）
寄主：青篱竹
分布：中国台湾

0756
学名：*Kuwanaspis pseudoleucaspis* (Kuwana)
(*Leucaspis bambusae*;*Lepidosapes bambusae*;*Mytilaspi bambusae*;*Chionaspis pseudoleucaspis* Kuwana;*Tsukushiaspis pseudoleucaspis* Kuwana;*Ts. bambusae*;*Lepidosaphoides bambusae*;*Kuwanaspis pseudoleucaspis* Lindinger)
中文名：留片线盾蚧（竹须盾蚧，拟白须盾蚧，竹长盾蚧）
寄主：凤尾竹，青篱竹，紫刚竹，毛竹，慈竹，观音竹，苦竹
分布：中国福建、云南、安徽、广西、浙江、四川、台湾；日本，阿尔及尔，土耳其，法国，意大利，美国，俄罗斯

0757
学名：*Kuwanaspis bambusicla* (Cockerell)
(*Mytilaspis bambusicola*;*Lepidosaphes bambusicola*;*Coccomytilus bambusicola*;*Mytilococcus bambusicola*)
中文名：麻竹线盾蚧（毛竹线盾蚧）
寄主：毛竹
分布：中国云南、广东；印尼，塞内加尔，阿尔及利亚，巴西

0758
学名：*Kuwanaspis bambusifoliae* (Takahashi)
(*Tsukushiaspis bambusifoliae*)
中文名：竹叶线盾蚧（竹叶长盾蚧，台竹须盾蚧）
寄主：苦竹，慈竹，毛竹
分布：福建，四川，台湾

0759
学名：*Kuwanaspis daliensis* Hu
中文名：大理线盾蚧
寄主：芦苇
分布：云南（大理）

0760
学名：*Kuwanaspis elongate* (Takahashi)
(*Tsukushiaspis elongata*)
中文名：长形线盾蚧（长须盾蚧）
寄主：竹（叶表）
分布：浙江，台湾

0761
学名：*Kuwanaspis elongatoides* Tang et Wu
中文名：拟长线盾蚧
寄主：竹
分布：安徽（马鞍山）

0762
学名：*Kuwanaspis hikosani* (Kuwana)
(*Chionaspis hikosana*;*Tsukushiaspis hikosani*;*K. hikosani* var.*hongkongensis* Takahashi)
中文名：白蚓线盾蚧（日须盾蚧，迤长盾蚧）

寄主：紫刚竹（叶），毛竹

分布：中国浙江、广东、福建、安徽、香港；日本

0763

学名：*Kuwanaspis howardi* (Cooley)

(*Chionaspis howardi*;*Duplachionaspis howardi*; *Kuwanaspis phyllostachydis* Borchsenius et Hadjibeijli; *K.pseudoleucaspis* Ferris)

中文名：霍氏线盾蚧（和长盾蚧，贺氏线盾蚧，霍须盾蚧）

寄主：毛竹，凤尾竹（细枝、叶柄分叉处），刚竹，青篱竹，芦苇

分布：中国云南、浙江、福建、安徽、广东、江苏、上海；美国，俄罗斯，日本

0764

学名：*Kuwanaspis linearis* (Green)

中文名：叶缘线盾蚧（线须盾蚧，线长盾蚧）

寄主：竹

分布：广东

0765

学名：*Kuwanaspis multiporus* Tang

中文名：多孔线盾蚧

寄主：竹，文竹

分布：云南（昆明），广西（南宁）

0766

学名：*Kuwanaspis neolinearis* (Takahashi)

(*Tsukushiaspis neolinearis*;*Chuaspis neolinearis*)

中文名：竹下线盾蚧（新线长盾蚧，丝须盾蚧）

寄主：竹

分布：中国台湾

0767

学名：*Kuwanaspis phrygmitis* (Takahashi)

(*Tsukushiaspis* Phrygmitis)

中文名：芦竹线盾蚧（芦竹须盾蚧，苇长盾蚧）

寄主：芦苇（叶表），芦竹

分布：中国台湾

0768

学名：*Kuwanaspis bambusicola* (Tao et Wong)

(*Chuaspis shuichuensis*)

中文名：莉竹线盾蚧（莉竹长盾蚧）

寄主：莉竹

分布：云南，台湾

0769

学名：*Kuwanaspis suishana* (Takahashi)

(*Tsukushiaspis suishanus*)

中文名：台湾线盾蚧（细长盾蚧，台须盾蚧）

寄主：毛竹，莉竹，牡竹

分布：中国福建、云南、广东、台湾；泰国

0770

学名：*Kuwanaspis vermiformis* (Takahashi)

(*Tsukushiaspis vermiformis*)

中文名：黄蚓线盾蚧（蠕须盾蚧，豸形长盾蚧）

寄主：凤尾竹，莉竹，麻竹（叶背面）

分布：中国福建、云南、广东、台湾；马达加斯加

0771

学名：*Ledaspis atalatiae* (Takahashi)

(*Chionaspis atalantiae*;*Trichomytilus atalatiae*; *Phenacaspis atalantiae*;*Fiorinia atalantiae*)

中文名：台湾丽盾蚧（金橘菲盾蚧，酒饼勒围盾蚧）

寄主：酒饼勒

分布：中国台湾

0772

学名：*Lepidosaphes celtis* Kuwana

中文名：朴蛎盾蚧（朴牡蛎蚧）

寄主：朴

分布：中国浙江、云南等长江下游各省；日本

0773

学名：*Lepidosaphes cycadicola* Kuwana

中文名：苏铁蛎盾蚧（苏铁牡蛎蚧）

寄主：苏铁，黄荆，秋枫，金桂，散尾葵，木麻黄，乌桕，冬青

分布：中国海南、云南、广东、福建、浙江、台湾；日本

0774

学名：*Lepidosaphes cupressi* Borchsenius
(*Lepidosaphes cupressi* Borchsenius; *Cornuaspis cupressi*)

中文名：桧柏蛎盾蚧（柏蛎蚧，柏突眼蛎蚧）

寄主：柏，桧，苹果，玫瑰，柿，胡颓子，杨梅，桢楠

分布：中国江苏、上海、四川、云南、福建、广西、浙江、河北；日本

0775

学名：*Lepidosaphes malicola* Borchsenius
(*Lepidosaphes kirgisica* Borchsenius)

中文名：苹果蛎盾蚧

寄主：柳，桃

分布：中国新疆；俄罗斯

0776

学名：*Lepidosaphes salicina* Borchsenius

中文名：柳蛎盾蚧（柳牡蛎蚧）

寄主：杨，柳，桦，核桃，椴，榆，花曲柳，丁香，黄菠萝

分布：中国吉林、辽宁、内蒙古、河北、北京、天津、山东；日本，朝鲜，俄罗斯

0777

学名：*Lepidosaphes takaoensis* Takahashi

中文名：朴叶蛎盾蚧（高尾牡蛎蚧，台湾朴牡蛎蚧）

寄主：朴树，变叶木

分布：中国台湾

0778

学名：*Lepidosaphes ulmi*(Linnaeus)
(*Coccus vlmi*；*Biaspis linealis* Costa;*Aspidiotus conchiformis* Curtis;*A.falci formis* Baerensprung;*A.pomorum* Bouche;*A.juglandis* Fitch; *Lepidosaphes Conchi formis* Shimer; *L.pomorum* Kirkaldy; *L.juglandis* Fernald;*L.vulva* Nel.;*L.ulmi vitis* Fernald;*L.ulmi candida* Fernald ;*L.ulmi-cottini* Koroneos;*L.ulmi-rosae* Koroneos;*Mytilaspis juglandis* Signoret; *M.pomorum* Signoret;*M.pomocorticis* Riley;*M.ulmicorticis* Riley;*M.vitis* Goethe; *M.ulicis* Douglas;*M.ceratoniae* Gennadios;*M.pomorum var. candidus* Newstead;*M.pomorum var.ulicis* Newsteae)

中文名：榆蛎盾蚧（榆牡蛎蚧）

寄主：蔷薇科，醋栗，柑橘，竹，核桃，枣，油橄榄，杨梅，茶，栗，枸杞，榆，杨，柳，栎，香椿，楝，槭，洋槐，花曲柳，丁香，银杏，桤，桦，榛，椴，山毛榉，小檗，黄杨，檫树，唐棣，花楸，云实，木豆，金雀花，染科木，毒豆，鹰爪豆，荆豆，田菁，绣线菊，委陵菜，铁线莲，榆桔，大戟，蓖麻，黄栌，七叶树，鼠李，胡颓子，沙棘，番樱桃，山茱萸，熊果，欧石南，喇叭茶，酸果蔓，越橘，忍冬，荚蒾，白前，帚石南

分布：中国新疆、河北、山东、山西、安徽、四川、江西、江苏、浙江、广东、云南、甘肃、宁夏、湖南、湖北、广西、台湾；日本，伊拉克，埃及，欧洲，美洲，大洋洲

0779

学名：*Leucaspis vitis* (Takahashi)
(*Leucodiaspis vitis*)

中文名：葡萄留片盾蚧（葡萄白盾蚧，葡萄白蚧）

寄主：葡萄（叶）

分布：中国台湾

0780

学名：*Lindingaspis ferrisi* Mckenzie

中文名：费氏轮圆盾蚧（橘林圆蚧,橘林盾蚧）

寄主：柑橘，胡桐，海桐，龙眼，芒果，盆架子，榕，洋桃，苏木，荔枝

分布：广东，海南，福建，云南，台湾

0781

学名：*Lindingaspis rossi* (Maskell)
(*Aspidiotus rossi* Maskell;*Chrysomphalus rossi*

Leonardi; *Ch.nigerlaing Melanaspis rossi* Lindinger;*M. subrossi* Lindinger;*Aonidiella subrossi* Laing)

中文名：蔷薇轮圆盾蚧（夹竹桃林盾蚧，吊钟林圆蚧）

寄主：椰子等多种植物

分布：中国福建、台湾；日本，南亚，非洲，欧洲，大洋洲，美洲

0782
学名：*Lopholeucaspis japonica* (Cockerell)
(*Leucaspis japonica*; *L.japonica var.darwiniensis*; *L.hydrangeae* Takahashi;*Leucodiaspis japonica*;*L. japonica var.darwiniensis*; *Lopholeucaspis japonica var.darwiniensis*;*L.hydrangeae*)

中文名：日本白片盾蚧（日本长白盾蚧，梨白片盾蚧，日本长白蚧）

寄主：柑橘，苹果，茶，梨，樱桃，李，柿，山楂，无花果，玫瑰，芍药，牡丹，葡萄，木兰，枫香，枫，槭，山茶，杨桐，金雀花，丁香，榆，赤杨，吊钟花，海桐花，栎，石楠，皂角，榉，刺玫，花椒，槐，黄杨，冬青，油桐，白玉兰，月季，含笑，棕榈，广玉兰，夹竹桃

分布：中国辽宁、北京、天津、山东、山西、河北、浙江、上海、江苏、福建、江苏、广东、湖南、湖北、江西、河南、安徽、四川、宁夏、台湾；朝鲜，日本，俄罗斯，土耳其，巴西，美国

0783
学名：*Lopholeucaspis massoniae* Tang
中文名：松白片盾蚧
寄主：马尾松
分布：福建（厦门）

0784
学名：*Leucaspis cinnamomum* Tang
(*Leucaspis cinnamomi*)
中文名：桂麦片盾蚧（桂白盾蚧）
寄主：天竺桂（干）
分布：浙江（杭州）

0785
学名：*Leucaspis incisa* (Takagi)
(*Leucaspis incisa*)
中文名：桢楠麦片盾蚧（刻叶白盾蚧，楠叶白蚧）
寄主：桢楠（叶）
分布：中国台湾

0786
学名：*Leucaspis machili* (Takagi)
(*Leucaspis machili*)
中文名：樟片盾蚧（桢楠白盾蚧，楠枝白蚧）
寄主：桢楠（枝干上）
分布：中国台湾

0787
学名：*Megacanthaspis leucaspis* Takagi
中文名：台湾耙盾蚧
寄主：黄肉楠
分布：中国台湾；日本

0788
学名：*Megacanthaspis litseae* Takagi
中文名：木姜耙盾蚧（木姜巨刺盾蚧，台湾巨刺蚧）
寄主：木姜子
分布：中国台湾

0789
学名：*Megacanthaspis phoebia* Tang
中文名：紫楠耙盾蚧
寄主：紫楠，桢楠
分布：浙江（杭州），四川（成都）

0790
学名：*Prodiaspis sinensis* Tang
中文名：中国耙盾蚧
寄主：柽柳
分布：新疆，宁夏，内蒙古

0791

学名：*Melanaspis smilacis* (Comstock)

(*Aspidiotus smilacis* Comstock;*A.marlatti* Parrott; *A.bromiliae* Leonardi;*A.multiclavata* Green et Laing; *Aonidiella smilacis* Leonardi;*A.bromeliae* MacGillivray;*Chrysomphalus bromeliae* Fernald;*Ch. smilacis* Fernald;*Targioniamarlatti* Fernald; *Pseudischnaspis bromeliae*)

中文名：菝葜黑圆盾蚧（菝葜黑盾蚧）

寄主：菝葜，菠萝

分布：中国云南、台湾；埃及，加纳，喀麦隆，南非，几内亚，葡萄牙，墨西哥，古巴，巴拿马，波多黎多，牙买加，美国，俄罗斯

0792

学名：*Mixaspis bamusicola* (Takahashi)

(*Leucaspis bambusicola*;*Cryptoparlatorea bambusicola*; *Apteronidia bambusicola*)

中文名：竹混片盾蚧（竹密盾蚧，竹糠蚧蚧）

寄主：竹

分布：中国台湾

0793

学名：*Morganella longispina* (Morgan)

(*Aspidiotus longispina*;*A.maskelli* Cockerell; *A.ornatus* Ferris;*Hemiberlesia longispina* ;*H.longispina var.ornata* Maskell; *H.maskellii* Leonardi;*Morgane maskelli* Fernald)

中文名：长鬃圆盾蚧（长毛盾蚧，长宗圆蚧）

寄主：柑橘，芒果，无花果，茶，山茶，咖啡，油橄榄，石番，番木瓜，梨，香椿，阳桃，桑，朴，欧洲坚果，含笑，悬铃木，羊蹄甲，皂荚，木槿，苹果，胡颓子，紫薇，桉，红胶木，白蜡树，素馨，女贞，夹竹桃，黄钟花，石斛，米兰

分布：中国福建、广东、云南、贵州、四川；日本

0794

学名：*Mycetaspis personata* (Comstock)

(*Aspidiotus personata*;*Aonidiella personata*;*Melanaspis personata*;*Pseudoaonidia personatus*)

中文名：假面头圆盾蚧（冕盾蚧，头圆蚧）

寄主：槟榔，椰子，棕，凤尾葵，水塔花，果子曼，铁兰，花叶兰，芭蕉，柳，木菠萝，无花果，番荔枝，月桂，鳄梨，杏，李，山扁豆，刺桐，柑橘，卡拔木，三叶胶，芒果，卫矛，密果，葡萄，山茶，瑞地亚木，散沫花，石榴，番樱桃，杨梅，番石榴，油橄榄，夹竹桃，牛角瓜，栀子，拉唐棕，南美稔

分布：中国香港；南亚，非洲，欧洲，美洲

0795

学名：*Lepidosaphes abdominalis* (Takagi)

(*Cornuaspis abdominalis* Borchsenius; *Lepidosaphes abdominalis* Takagi)

中文名：锯腹牡蛎盾蚧（木樨牡蛎蚧，木樨突眼蛎蚧，锯腹蛎盾蚧）

寄主：木樨（叶），桂花，万年青，海桐，玉兰，杨梅，山茶

分布：广东，福建，湖北，云南

0796

学名：*Lepidosaphes beckii* (Newman)

(*Coccus beckii*; *Aspidiotus citricola* Packard; *Coccus anguinus* Boisduval;*Mytilaspis fulva* Targioni–Tozzetti; *M.flavescens* Targioni–Tozzetti; *M.citri cola* Comstock; *M.citricola var .tasmaniae* Maskell; *M.tasmaniae* Cockerell;*M. beckii*; *M.anguineus* Lindinger;*M.pinnaeformis* Newstead; *Lepidosaphes Pinnaeformis* Kirkaldy; *L.flava* Souza da Camara;*L.citricola* Wayessierer;*L.beckii*; *L.pinifolii* Balachowsky; *Cornuaspis beckii*)

中文名：紫牡蛎盾蚧（紫疤蛎盾蚧，紫突眼蛎蚧）

寄主：柑橘，柠檬，梨，无花果，竹，可可，胡椒，连香树，巴豆，梨，变叶木，安匝木，栎，桂树，沙棘，冬青，玫瑰，九里香，构桔，紫杉，杨，夏兰，黑松，九里香

分布：中国福建、广东、广西、云南、湖北、湖南、浙江、四川、宁夏、上海、江苏、台湾、香港；日本，东南亚，非洲，欧洲，美洲，大洋洲

0797

学名: *Lepidosaphes camelliae* (Hoke)

(*Insulaspis camelliae*;*Lepidosaphes camelliae*)

中文名: 山茶牡蛎盾蚧（茶牡蛎蚧，茶长蛎盾蚧，茶花长蛎蚧）

寄主: 茶，山茶，丁香，椴，杨，油茶，金心黄杨

分布: 中国广东、云南、四川、浙江、上海、江苏、福建、贵州、北京；日本，美国

0798

学名: *Lepidosaphes chinensis* Chamberlin

(*Cornuaspis chinensis*;*Lepidosaphes chinensis*)

中文名: 中国牡蛎盾蚧（中华牡蛎蚧，中华突眼蛎蚧，中国蛎盾蚧）

寄主: 玉兰花，建兰，麦冬，广玉兰

分布: 中国广东、广西、云南、福建；美国

0799

学名: *Lepidosaphes conchiformis* (Gmelin)

(*Lepidosaphes conchiformis*;*Mytilaspis conchiformoides*; *Coccus conchiformis*;*Diaspis conchiformis*;*Mytilococcus linearis* Ldgr;*Mytilaspis linearis* Targ;*M.ficus* Sign;*M. minima* Newstead;*M.ficifolii* Borlese;*Lepidosaphes rubric* Thiem;*L.conchiformis ulmi* Koroneos;*L.conchiformis f. conchiformis* Balachowskg;*L.conchiformis f.minima* Balachowsky;*L.ficifoliae var.ulmicola* Lennardi;*L.turkmenica* Borchs et Bustshik; *L.conchiformioides* Borchsenius)

中文名: 梅牡蛎盾蚧（梨牡蛎蚧，沙枣密蛎蚧）

寄主: 苹果，梨，李，梅，樱桃，南天竺，月季等300余种植物

分布: 中国辽宁、河北、山东、湖北、四川、云南、浙江、河南、福建、安徽、甘肃；朝鲜，日本等全北区

0800

学名: *Lepidosaphes corni* Takahashi

(*Lepidosaphes corni*;*Insulaspis* corni)

中文名: 梾木牡蛎盾蚧（山茱萸牡蛎蚧，卫矛长蛎蚧）

寄主: 山茱萸，正木，卫矛，枪，栎，灯台树（枝、叶）、茉莉

分布: 中国湖北（汉口）、浙江；日本

0801

学名: *Lepidosaphes garambiensis* Takahashi

(*Insulaspis garambiensis*;*Lepidosaphes garambiensis*)

中文名: 台湾牡蛎盾蚧（卧云牡蛎蚧，加若长蛎蚧）

寄主: 一种灌木

分布: 中国台湾

0802

学名: *Lepidosaphes gloverii* (Packard)

(*Coccus gloverii*;*Mytilaspis gloverii*;*Mytiella sexspina* Hope; *Mytilococcus gloverii*;*Aspidiotus gloverii*; *Opuntiaspis sexspina* Lindinger; *Insulaspis gloverii*;*Lepidosaphes gloverii*)

中文名: 葛氏牡蛎盾蚧（长牡蛎蚧，葛氏长蛎盾蚧，柑橘长蛎蚧）

寄主: 柑橘，金橘，构橘，柚子，樱桃，菠萝，椰子，棕榈，茶，木兰，黄杨，柳，金松，变叶木，假虎刺，竹，卫矛，玉兰，虎刺，樱

分布: 中国广东、广西、云南、福建、浙江、上海、江苏、江西、湖南、贵州、四川、山东、河北、湖北、台湾；亚洲，非洲，大洋洲，欧洲，美洲

0803

学名: *Lepidosaphes japonica* (Kuwana)

(*Mytilaspis pomirum var.japonia* Kuwana; *Lepidosaphes japonica*;*L.ulmi japonica* Fernald; *Insulaspios japonica*)

中文名: 日本牡蛎盾蚧（日本牡蛎蚧，长白盾蚧，白点长盾蚧）

寄主: 云杉，冷杉，紫杉，真松，鱼鳞松，扁柏，桧，银桦，细叶锥栗

分布: 中国山东、云南、辽宁、河北、山西、湖南、湖北、浙江、江苏、福建、广东、广西、四川、安徽；朝鲜，日本，美国，俄罗斯，巴西，印度

0804

学名：*Lepidosaphes lithocarpi* (Takahashi)

(*Insulaspis lithocarpi*；*Lepidosaphes lithocarpi*)

中文名：石柯牡蛎盾蚧（柯树牡蛎蚧，石栎长蛎蚧）

寄主：柯树

分布：中国台湾

0805

学名：*Lepidosaphes nivalis* (Takagi)

(*Insulaspis nivalis*；*Lepidosaphes nivalis*)

中文名：松柏牡蛎盾蚧（铁杉牡蛎蚧，杉长蛎蚧）

寄主：铁杉

分布：中国台湾

0806

学名：*Lepidosaphes pallida* (Maskell)

(*Lepidosaphes maskelli* Cockerell；*L.pallida*；*L. pallida maskelli* Fernald；*L.newsteadi* Ferris；*Insulaspis Maskelli*)

中文名：橘牡蛎盾蚧（马氏长蛎盾蚧，马氏长蛎蚧，革长蛎盾蚧，桧牡蛎蚧）

寄主：桧，粗榧，罗汉松，柳杉，土杉，紫杉，云杉，红杉，水杉，圆柏，龙柏，金松，冬青，楮，黑松，茉莉

分布：中国福建、上海、江苏、浙江、贵州、四川、台湾；朝鲜，日本，斯里兰卡，夏威夷，美国，俄罗斯

0807

学名：*Lepidosaphes pinea* (Borchsenius)

(*Insulaspis pinea*；*Lepidosaphes pinea*)

中文名：北朝牡蛎盾蚧（五松长蛎盾蚧）

寄主：松

分布：香港

0808

学名：*Lepidosaphes pineti* (Borchsenius)

(*Insulaspis pineti*；*Lepidosaphes pineti*)

中文名：北京牡蛎盾蚧（松小牡蛎蚧，松长蛎盾蚧，短七松长蛎蚧，京蛎盾蚧）

寄主：马尾松，湿地松，油松，赤松，五针松

分布：北京，广东，浙江，江苏，山东

0809

学名：*Lepidosaphes pini* (Maskell)

(*Poliaspis pini*；*Chionaspis pini*；*Mytilococcus pinorum* Lindinger；*Insulaspis pini*；*Lepidosaphes pini*)

中文名：松牡蛎盾蚧（松牡蛎蚧，杉长蛎盾蚧，长七松长蛎蚧，松蛎盾蚧）

寄主：黑松，赤松，枞，罗汉松，榧，湿地松，马尾松

分布：中国辽宁、山东、上海、北京、江苏、浙江、台湾；朝鲜，日本

0810

学名：*Lepidosaphes pyrorum* (Tang)

(*Lepidosaphes pyrorum*)

中文名：梨牡蛎盾蚧（浙梨牡蛎蚧，梨蛎盾蚧）

寄主：梨，箭杆杨

分布：山西，宁夏

0811

学名：*Lepidosaphes rubrovittatus* (Cockerell)

(*Lepidosaphes rubrovittatus*；*L.ulapa* Beardsley；*Insulaspis rubrovittata* Borchs)

中文名：石榴牡蛎盾蚧

寄主：丁子香，番石榴，厚叶算盘子

分布：中国云南、广东；菲律宾，印尼

0812

学名：*Lepidosaphes tokionis* (Kuwana)

(*Lepidosaphes newsteadivar.tokionis*；*L.newsteadi tokionis* Fernald；*L.auriculata* Sanders；*L.lasianthi* Ferris；*Insulaspis tokionis*；*Mytilaspis auriculata* Green)

中文名：东京牡蛎盾蚧（东京牡蛎蚧，东京长蛎蚧）

寄主：变叶木，巴豆

分布：中国台湾；日本，印度，斯里兰卡，新加坡，印尼，菲律宾，坦桑尼亚，马达加斯加，

留尼汪岛，美国，墨西哥，澳大利亚，夏威夷

0813
学名：*Lepidosaphes tritubutus* (Borhsenius)
(*Insulaspis tritubulatus;In.tritubulata; Lepidosaphes tritubutus*)
中文名：三管牡蛎盾蚧（三管牡蛎蚧，三管长蛎蚧）
寄主：卫矛，大叶黄杨
分布：四川，贵州

0814
学名：*Lepidosaphes turanica* (Archangelskaya)
(*Lepidosaphes turanica;Mytilococcus turanicus*)
中文名：沙枣牡蛎盾蚧
寄主：沙枣
分布：中国新疆、甘肃、宁夏；俄罗斯

0815
学名：*Lepidosaphes yanagicola* (Kuwana)
(*Lepidosaphes atunicola* Silaiwa;*L.yanagicola; Insulaspis yanagicola*)
中文名：槐牡蛎盾蚧（杨牡蛎蚧，槐长蛎盾蚧，杨长蛎蚧，杨密蛎蚧）
寄主：赤杨，杨，柳，桑，合欢，洋槐，龙爪槐，枫，椴，白腊，山梅花，榆，马鞍树，丁香，黄檗，卫矛，梾木，红瑞木，桤木，枫杨
分布：中国山东、云南、宁夏、新疆、四川、山西、河北；日本，俄罗斯，朝鲜

0816
学名：*Lepidosaphes yoshimotoi* (Takagi)
(*Insulaspis yoshimotoi;Lepidosaphes yoshimotoi*)
中文名：花柏牡蛎盾蚧（扁柏牡蛎蚧，长柏长蛎蚧）
寄主：台湾扁柏，花柏
分布：中国台湾

0817
学名：*Poliaspoides formosana* Takahashi
中文名：台湾幡盾蚧（竹幡盾蚧）
寄主：竹
分布：浙江

0818
学名：*Neoparlatoria excisi* Tang
中文名：武义栎片盾蚧（栎新片盾蚧，圆栎片盾蚧）
寄主：栎（叶背）
分布：浙江

0819
学名：*Neoparlatoria formosana* Takahashi
中文名：台湾栎片盾蚧（台湾新片盾蚧，长栎片盾蚧，台湾新糠蚧）
寄主：栎，青冈，石柯
分布：中国台湾、浙江；日本

0820
学名：*Neoparlatoria lithocarpicola* Takahashi
中文名：圆栎片盾蚧（柯群新片盾蚧，栎赤新糠蚧）
寄主：柯树，锥栗，栲
分布：中国台湾

0821
学名：*Neoparlatoria maai* Takagi
中文名：马栎片盾蚧（马氏新片盾蚧，马新糠蚧）
寄主：栲树
分布：中国台湾

0822
学名：*Neoparlatoria miyamotoi* Takagi
中文名：锥栗栎片盾蚧（宫木新片盾蚧，锥栗新糠蚧）
寄主：栲树
分布：云南，台湾

0823
学名：*Neopinnaspis harperi* Mckenzie
(*Africaspis harperi*)

中文名：哈勃新并盾蚧（并蛎蚧，哈勃新并蚧）
寄主：杨梅，无花果，核桃，柿，石榴，杏，山楂，悬钩子，油橄榄，梨，山茶，石楠，玫瑰，素馨，杨，柳，栎，木兰，冬青，黄杨，木槿，六道木，金合欢，云实，金雀花，角豆树，夹竹桃，海桐花，肖乳香，哈克木，鼠刺，槲寄生，扁担干，加州桂，澳洲坚果，美洲茶，阿查拉，斯巴曼木
分布：中国台湾；日本，美国

0824
学名：*Neopinnaspis miduensis* Borchsenius
中文名：弥渡新并盾蚧（弥渡并蛎蚧，弥渡新并蚧）
寄主：莎草科植物
分布：云南（弥渡）

0825
学名：*Neoquernaspis beshearae* Liu et Tippins
中文名：新栎盾蚧
寄主：栎
分布：云南

0826
学名：*Neoquernaspis chiulungensis* (Takagi)
中文名：九龙新栎盾蚧
寄主：栗
分布：香港

0827
学名：*Neoquernaspis lithocarpi* (Takahashi) (*Pinnaspis lithocarpi*;*Quernaspis lithocarpi*)
中文名：台湾新栎盾蚧（新栎盾蚧，石栎环并盾蚧）
寄主：石柯（叶背）
分布：中国台湾

0828
学名：*Neoquernaspis quercus* Hu
中文名：栎新栎盾蚧
寄主：栎
分布：云南

0829
学名：*Neoquernaspis tengjiensis* Hu
中文名：云南新栋盾蚧
寄主：不知名灌木
分布：云南

0830
学名：*Nikkoaspis formosana* (Takahashi) (*Tsukushiaspis formosana*)
中文名：台湾泥盾蚧（台湾旎盾蚧，台全须盾蚧）
寄主：竹（叶鞘下）
分布：中国台湾

0831
学名：*Nikkoaspis hichiseisana* (Takahashi) (*Tsukushiaspis hichiseisana*;*Kuwanaspis hichiseisana*)
中文名：毛竹泥盾蚧（竹旎盾蚧，脉全须盾蚧）
寄主：竹（叶背沿中脉处）
分布：中国台湾

0832
学名：*Nikkoaspis sasae* (Takahashi) (*Tsukushiaspis sasae*)
中文名：赤竹泥盾蚧（箬旎盾蚧，箬竹白泥盾蚧，赤竹全须盾蚧，竹白泥盾蚧）
寄主：箬竹（叶面沿中脉）
分布：浙江，上海

0833
学名：*Oceanaspidiotus spinosus* (Comstock) (*Aspidiotus spinosus*;*A.cydoniae* Newstead;*A. persearum* Cockerell)
中文名：刺洋圆盾蚧（杉圆蚧，刺圆盾蚧）
寄主：刺洋
分布：中国云南、江苏；日本，马来西亚，非洲，以色列，欧洲，美洲

0834
学名：*Octaspidiotus bituberulats* Tang

中文名：双管刺圆盾蚧
寄主：乌柏
分布：浙江（丽水）

0835
学名：*Octaspidiotus cymbidii* Tang
中文名：兰花刺圆盾蚧
寄主：兰花
分布：北京（温室）

0836
学名：*Octaspidiotus machili* (Takahashi)
(*Aspidiotus machili*;*Metaspidiotus machili*)
中文名：桢楠刺圆盾蚧（楠矛盾蚧，楠亚圆蚧）
寄主：桢楠，鹅掌柴
分布：中国台湾

0837
学名：*Octaspidiotus pinicola* Tang
中文名：松刺圆盾蚧（松剑角圆盾蚧）
寄主：湿地松，黑松
分布：广西（博白），上海

0838
学名：*Octaspidiotus rhododendronii* Tang
中文名：杜鹃刺圆盾蚧
寄主：杜鹃
分布：云南（昆明）

0839
学名：*Octaspidiotus stauntoniae* (Takahashi)
(*Aspidiotus stauntoniae*;*A.transparens* Kuwana; *Metaspidiotus stauntoniae*)
中文名：柑橘刺圆盾蚧（矛盾蚧，木瓜刺圆盾蚧，五凤藤亚圆蚧，五凤藤剑角圆盾蚧）
寄主：柑橘，野木瓜，黄槿，胡颓子，八角金盘，常春藤，桃叶珊瑚，榕，珍珠莲，杜茎山，月桂，柃木，葡萄，桂花，大叶黄杨，女贞，黄兰，夹竹桃，麦冬
分布：中国浙江、上海、云南、贵州、湖北、四川、台湾；日本

0840
学名：*Octaspidiotus yunnanensis* (Tang et Chu)
(*Metaspidiotus yunnanensis*)
中文名：云南刺圆盾蚧
寄主：云南油杉
分布：云南（安宁）

0841
学名：*Odonaspis greenii* (Cockerell)
(*Aspidiotus secretus* Green;*Odonasis secretus car. greenii* Cockerell)
中文名：格氏绵盾蚧（葛氏齿盾蚧，金环齿盾蚧）
寄主：青篱竹，佛肚竹，罗汉竹
分布：中国云南、福建、湖北、宁夏；斯里兰卡，美国（夏威夷）

0842
学名：*Odonaspis saccharicaulis* (Zehnt)
(*Aspidiotus saccharicaulis*;*A.secretus var.saccharicaulis* Cockerell;*Odonaspis secretasac charicaulis* Ferris; *Dycryptaspis saccharicaulis* Lindinger)
中文名：甘蔗绵盾蚧
寄主：甘蔗，高粱，杂草，茅草
分布：海南

0843
学名：*Odonaspis secreta* (Cockerell)
(*Aspidiotus secreta*;*A.lobulatus* Ferris;*Spatheaspis secreta*;*S.secreta var.lobulata* Maskell;*Dycryptaspis secrreta*)
中文名：竹绵盾蚧（齿盾蚧，竹齿盾蚧）
寄主：青篱竹，箬竹，慈竹，苦竹，淡竹，芒
分布：中国云南、江苏、上海、浙江、四川、台湾；日本，朝鲜

0844
学名：*Lepidosaphes coreana* Borchsenius
(*Lepidosaphes coreana*)
中文名：朝鲜癞蛎盾蚧（朝鲜牡蛎蚧，朝鲜

癞蛎蚧）

寄主：苹果，枫，丁香，花椒，小叶朴，锦鸡儿，皂角，糖槭，银杏

分布：中国辽宁；朝鲜

0845

学名：*Lepidosaphes euryae* (Kuwana)

(*Mytilaspis euryae*；*Lepidosaphes euryae*)

中文名：柃木癞蛎盾蚧

寄主：柃木，茶，山茶

分布：中国云南、广西、台湾；日本，越南

0846

学名：*Lepidosaphes glaucae* (Takahashi)

(*Parainsulaspis glaucae*；*Lepidosaphes glaucae*)

中文名：栎癞蛎盾蚧（栎副长蛎蚧，青冈蛎蚧）

寄主：青冈树，栎

分布：中国浙江、福建、台湾；日本

0847

学名：*Lepidosaphes laterochitinosa* (Green)

(*Lepidosaphes laterochitinosa*；*L.blandhiae* Takahashi；*L.kamakurensis* Takahashi；*Parainsulaspis laterochitinosa*；*P.blandiae* Borchsenius)

中文名：硬缘癞蛎盾蚧（侧胄牡蛎蚧，侧坚副长蛎蚧）

寄主：柑橘，芒果，木菠萝，椰子，槟榔，番石榴，木薯，茶，竹，菝葜，石刁柏，土茯苓，茴香，藤黄，厚皮香，木麻黄，夜香树，鸡蛋花，三叶胶，美玉蕊，鸡脚常山，红树，海莲，紫金牛，朱砂根，木桔，柃木，杜茎山，桢楠，糖胶树，鹅掌柴，苏铁，旅人蕉，鹤望兰

分布：中国广东、云南、台湾；英国，菲律宾，马来西亚，密克罗尼西亚，日本

0848

学名：*Lepidosaphes leei* Takagi

Parainsulaspis leei；*Lepidosaphes leei*)

中文名：冬青癞蛎盾蚧（冬青牡蛎蚧，李副长蛎蚧）

寄主：台湾冬青，山矾，荚蒾

分布：中国台湾

0849

学名：*Lepidosaphes meliae* Tang

中文名：楝树癞蛎盾蚧

寄主：苦楝

分布：广东

0850

学名：*Lepidosaphes okitsuensis* (Kuwana)

(*Valataspis okitsuensis*；*Parainsulaspis okitsuensis*；*Lepidosaphes okitsuensis*)

中文名：冷杉癞蛎盾蚧（榧牡蛎蚧）

寄主：榧，粗榧，枞，冷杉，黑松

分布：中国山东、浙江；日本

0851

学名：*Lepidosaphes piniphila* (Borchsenius)

(*Parainsulaspis piniphilus*；*P.piniphila*；*Lepidosaphes piniphila*)

中文名：京松癞蛎盾蚧（松针牡蛎蚧，松细蛎盾蚧，松副长蛎蚧，南蛎盾蚧）

寄主：罗汉松，松

分布：中国江苏（宁）、广东（穗）、浙江、上海；日本

0852

学名：*Lepidosaphes pitysophila* (Takagi)

(*Lepidosaphes pitysophila*；*Parainsulaspis pitysophila*)

中文名：松癞蛎盾蚧（金松牡蛎蚧，台湾副长蛎蚧，台松副长蛎蚧）

寄主：金松，黑松，湿地松，火炬松，马尾松，长叶松，华山松

分布：中国浙江、上海、广东、广西、湖南、台湾；日本

0853

学名：*Lepidosaphes ussuriensis* Borchsenius

中文名：小刺癞蛎盾蚧（癞蛎盾蚧）

寄主：合欢，朴，锦鸡儿，皂荚

分布：东北

0854

学名：*Lepidosaphes tubulorum* (Ferris)
(*Mytilococcus tubulorum*;*Lepidosaphes tubulorum*)

中文名：乌桕癞蛎盾蚧（瘤额牡蛎蚧，东方蛎盾蚧，茶癞蛎盾蚧，台湾癞蛎盾蚧）

寄主：梨，李，樱桃，葡萄，柿，板栗，桑，杨，柳，冬青，连香树，桦，白蜡树，厚朴，山茶，花楸，丁香，桤木，绣球，山椰，灯笼树，青荚叶，钩樟，乌桕

分布：中国浙江、福建、广东、广西、云南、黑龙江、辽宁、吉林、山东、河北、四川、湖北、湖

0855

学名：*Lepidosaphes coreana* Xu
(*Lepidosaphes ulmicola*)

中文名：榆癞蛎盾蚧

寄主：榆，玫瑰

分布：辽宁

0856

学名：*Lepidosaphes ussuriensis* Borchsenius
(*Lepidosaphes ussuriensis*)

中文名：乌苏里癞蛎盾蚧

寄主：苹，杨

分布：中国东北；日本

0857

学名：*Lepidosaphes yamahoi* (Takahashi)
(*Lepidosaphes cycadicola* var.*yamahoi* Takahashi; *Lepidosaphes yamahoi*)

中文名：山地癞蛎盾蚧（山保牡蛎蚧，亚马牡蛎蚧）

寄主：灌木（枝）

分布：中国台湾

0858

学名：*Parlagena buxi* (Takahashi)
(*Gymnaspis buxi*;*Parlagena inops* McKenzie)

中文名：黄杨粕片盾蚧（黄杨粕盾蚧，黄杨芝糠蚧）

寄主：黄杨，瓜子金，卫矛，榆，枣

分布：北京，陕西，江苏，上海，辽宁（大连），山西，浙江，山东，云南，四川

0859

学名：*Parlatoreopsis acericola* Tang

中文名：槭星片盾蚧

寄主：复叶槭

分布：山西

0860

学名：*Parlatoreopsis chinensis* (Marlatt)
(*Parlatoria chinensis*;*Cryptopariatoria chinensis*;*Chionaspis longispina* Newst)

中文名：中国星片盾蚧（华盾蚧，中华糠蚧，星片盾蚧）

寄主：苹果，梨，杏，李，梅，枇杷，山楂，无花果，枣，核桃，花椒，油橄榄，石楠，玫瑰，绣线菊，火棘，桦，榛，柳，合欢，洋槐，决明，羊蹄甲，女贞，丁香，黄槿，金钟柏，海桐花，卫矛，盐肤木，鼠李，夹蒾，山茱萸，胡颓子，七叶树，椴，木槿，黄叶树，金钏柏，榉，法桐

分布：中国辽宁、天津、山东、北京、山西、广东、内蒙古、上海、台湾；日本，埃及，印度，美国

0861

学名：*Parlatoreopsis pyri* (Marlatt)
(*Parlatoria pyri*;*Cryptoparlatoria pyri*)

中文名：梨星片盾蚧（梨华盾蚧，海棠华糠蚧，梨黑星蚧）

寄主：梨，苹果，李，沙果，构树，核桃，皂荚，沙果

分布：中国辽宁、黑龙江、吉林、河北、山东、江苏、福建、山西、宁夏、内蒙古、云南；日本，美国，俄罗斯。

0862

学名：*Parlatoria acalcarata* Mckenzie

中文名：黄皮片盾蚧（黄皮糠蚧）

寄主：黄皮，小盘木

分布：广东，福建，香港

0863
学名：*Parlatoria arengae* Takagi
中文名：桄榔片盾蚧（桄榔糠蚧）
寄主：散尾棕，桄榔
分布：中国台湾

0864
学名：*Parlatoria bambusae* Tang
中文名：毛竹片盾蚧
寄主：毛竹，菝葜
分布：安徽

0865
学名：*Parlatoria camelliae* Comstock
(*Parlatoria pergandii* var.*camelliae* Comstock; *P.proteus* var.*camelliae* Maskell)
中文名：山茶片盾蚧（茶片盾蚧，山茶糠蚧）
寄主：柑橘，构橘，无花果，芒果，李，葡萄，杨梅，茶，油橄榄，素馨，木槿，枫，槭，楝，栎，樟，犬樟，石楠，小檗，山茶，枰木，黄杨，冬青，月桂，木犀，巴豆，乌饭树，蚊母树，印度枳，变叶木等山茶属，杜鹃属，小檗属，柑橘属，樟属，卫矛属，茉莉属，楝属，葡萄属植物
分布：中国江苏、福建、广东、云南、湖南、湖北、浙江、上海、四川、台湾；朝鲜，日本，印度，印尼，埃及，刚果，几内亚，爪哇，马德拉岛，大洋洲，欧洲，美国等世界温带区

0866
学名：*Parlatoria cinerea* Doane et Hadden
(*Syngenaspis cinerea* Macgillivray; *Parlatoria pseudopyri* Kuwana et Muramatsu; *P.fluggeae* var. *brasiliensis* Costa Lima; *P.braziliensis* McKenzie)
中文名：茉莉片盾蚧（灰片盾蚧，灰糠蚧，果片盾蚧）
寄主：柑橘，玫瑰，素馨，芒果，栀子，荚蒾，九重葛，茉莉
分布：中国浙江、广东、台湾；越南，泰国，印度，菲律宾，以色列，日本，非洲南部，意大利，西班牙，美国，巴西，墨西哥，印尼，阿根廷

0867
学名：*Parlatoria cinnamomicola* Tang
中文名：天竺桂片盾蚧
寄主：天竺桂，小叶黄杨
分布：福建（漳州）

0868
学名：*Parlatoria crotonis* Douglas
(*Parlatoria proteus* var.*crotonis* Douglas; *P.greeni* Banks; *P.pergandei* var.*crotonis* Cockerell; *Syngenaspis greeni* Macgillivray)
中文名：巴豆片盾蚧（巴豆糠蚧）
寄主：巴豆，变叶木，椰子，榕树，芒果，八角，丹桂，槭，石斛
分布：中国云南、台湾；印度，菲律宾，几内亚，马达加斯加，英国，意大利，美国，巴拿马，圭亚那，巴西，新喀里多尼亚岛，安的利斯群岛

0869
学名：*Parlatoria cupressi* Ferris
中文名：侧柏片盾蚧（柏片盾蚧，柏糠蚧）
寄主：干香柏，侧柏，鲜母柏，花柏
分布：中国云南、山西、辽宁、浙江、宁夏、山东；日本

0870
学名：*Parlatoria desolator* Mckenize
(*Parlatoria proteus* var.*viresceens* Maskell; *P. virescens* McKenzie)
中文名：梨片盾蚧（亚性片盾蚧，海棠糠蚧，绿糠蚧）
寄主：苹果，梨，杏，桃，桃金娘，木槿，百合，大叶黄杨，山茶，枸杞，金橘，珊瑚
分布：中国浙江、上海、福建、山东、台湾、溪门、香港；新西兰

0871
学名：*Parlatoria emeiensis* Tang
中文名：峨眉片盾蚧

寄主：鼠李

分布：四川

0872

学名：*Parlatoria fluggeae* Hall

中文名：一叶萩片盾蚧（苎麻糠蚧）

寄主：无花果，苎麻，秦椒，一叶萩

分布：中国台湾；非洲

0873

学名：*Parlatoria keteleericola* Tang et Chu

中文名：油杉片盾蚧

寄主：云南油杉

分布：云南（昆明）

0874

学名：*Parlatoria liriopicola* Tang

中文名：麦冬片盾蚧

寄主：麦冬，兰花

分布：浙江

0875

学名：*Parlatoria lithocarpi* Takahashi

中文名：柯树片盾蚧（石栎糠蚧）

寄主：石柯

分布：中国台湾

0876

学名：*Parlatoria machili* Takahashi

(*Cryptoparlatoria machili* Lindinger; *Apteronidia machili* Lindinger)

中文名：桢楠片盾蚧（楠片盾蚧，楠阳糠蚧）

寄主：桢楠（叶背面）

分布：福建，台湾

0877

学名：*Parlatoria machilicola* Takahashi

(*Apteronidia machilicola* Lindinger)

中文名：拟桢楠片盾蚧（桢楠片盾蚧，楠糠蚧）

寄主：桢楠

分布：云南，台湾

0878

学名：*Parlatoria multipora* McKenzie

中文名：多孔片盾蚧（多孔糠蚧）

寄主：不详（上海进口的美国果树接穗）

分布：上海，云南

0879

学名：*Parlatoria mytilaspiformis* Green

(*Parlatoria pergandi ivar.mytilaspiformis* Green; *P.proteus var.mytilaspi formis ramakrishna* Ayyar; *Syngenaspis mytilaspiformis* MacGillirray)

中文名：蛎形片盾蚧（蛎形糠蚧）

寄主：山茶，茶，杪椤，变叶木，肯特棕，，苏铁（雌体在叶面，雄体在叶背面）

分布：中国台湾；斯里兰卡，印度，菲律宾，美国（夏威夷）

0880

学名：*Parlatoria oleae* (Colvee)

(*Diasps oleae*; *Dsquamosus* Newstead & Theobald; *Parlatoria calianthina* Berlese et Leonard; *P.affinis* Newsead; *P.judaica* Bodenheimer; *P.pergandii* Bodenheimer; *P.morrisoni* Bodenheimer; *Syngenaspis oleae* Macgillivray)

中文名：橄榄片盾蚧（紫蚧）

寄主：以木犀科、蔷薇科为主，主要有油橄榄，柑橘，苹果，桃，山楂，葡萄，杨梅，枣，柿，石榴，番樱桃，毛樱桃，枸子，覆盆子，核桃，榛，无花果，桑，柳，杨，榆，悬铃木，桑栒，月桂，槐，洋槐，皂荚，臭椿，漆树，相思树，黄杨，黄连木，冬青，女贞，梓，柽柳，连翘，康棣，欧查，小檗，十大功劳，含笑，蔷薇，绣线菊，花楸，七叶树，肖乳香，鼠李，岩蔷薇，胡颓子，常春藤，山茱萸，丁香，素馨，夹竹桃，忍冬，雪果，荚蒾，黄钟花，醉鱼草，锦鸡儿，虎耳草，铁线莲，美洲寄生桃，仙人掌，石刁柏，铃兰，新西兰麻，假叶树，红门兰

分布：中国陕西、新疆；南亚，非洲，大洋洲，欧洲，美洲

0881

学名：*parlatoria pergandei* Comstock
(*Parlatoria sinensis* Maskell; *P.proteus var. pergandei* Cockerell; *Sygenaspis Pergandei*)

中文名：糠片盾蚧（橘紫介壳虫，橘黑介壳虫，片糠蚧）

寄主：柑橘，柠檬，茶，山茶，樟，月桂，黄杨，卫矛，胡颓子，茉莉，香橙，朱顶红，苹果，梨，梅，樱桃，无花果，柿，椿，榕，巴豆，蔷薇，朴，十大功劳，印度枳，丝兰，安修里昂，红吉层，番樱桃，桃叶珊瑚，木犀，老鸦嘴，石笔木，枸杞，桂花，岱岱，佛手，枔木，楝，罗汉松

分布：中国河北、山东、山西、陕西、湖北、湖南、江西、上海、浙江、四川、福建、广东、广西、云南、河南、青海、安徽、辽宁、台湾；南亚，非洲，欧洲，美洲，日本，大洋洲

0882

学名：*Parlatoria pini* Tang
中文名：北京松片盾蚧
寄主：油松
分布：北京

0883

学名：*Parlatoria pinicola* Tang
中文名：杭州松片盾蚧
寄主：五针松
分布：浙江（杭州），上海

0884

学名：*Parlatoria piniphila* Tang
中文名：昆明松片盾蚧
寄主：松
分布：云南（昆明）

0885

学名：*Parlatoria proteus* (Curtis)
(*Aspidiotus proteus* Curtis; *A.targionii* Del Guercio; *Diaspis parlatoris* Targioni; *Parlatoria orbicularis* Targioni; *P. selenipedii* Signoret; *Syngenaspisproteus* MacGillivray)

中文名：黄片盾蚧（黄糠蚧）

寄主：马尾松，苏铁，水塔花，芦荟，万年青，虎尾兰，茶，山茶，针葵，凤竹，翡翠草，柑橘，柚，香蕉，黄牛奶树，苹果，梨，桃，李，梅，柿，汪橄榄，槟榔，椰子，海枣，杨梅，番樱桃，芒果，葡萄，木犀，蓬莱蕉，罗汉松，建兰，石斛，棉，仙人指，甲兰，敦盛草，老鸦嘴，亮丝草，喜林芋，蜘蛛抱蛋，玉茄，龙叶兰，孤挺花，竹竽，栎，犬樟，山梅花，厚皮香，橄仁树，变叶木，假叶树，蒲桃，桃金娘，大泽米，五针松

分布：中国浙江、江西、湖南、福建、广东、广西、云南、四川、湖北、陕西、河南、山西、上海、江苏、河北、河南、山东、台湾；亚洲，非洲，欧洲，美洲

0886

学名：*Parlatoria stigmadisculosa* Bellio
中文名：多盘孔片盾蚧（圆点糠蚧）
寄主：一种禾本科植物
分布：云南

0887

学名：*Parlatoria theae* Cockerell
(*Parlatoria theae var.viridis* Dockerell; *P.theaevar. euonymi* Cockerell; *P.viridis* Cockerell; *P.pergandei var. dives* Bellio; *P.dives* Mckenzie; *P.euonymi* McKenzie; *Syngenaspis theae* MacGillivray; *S.theae viridis* Mac Gillivray; *S.theaeeuonymi* MacGillivray)

中文名：茶片盾蚧（茶糠蚧）

寄主：日本茶，山茶，柿，杨桐，葡萄，槭，枫，胡颓子，省沽油，变叶木，大戟，冬青，正木，朴，木犀，丁香，扶芳藤，木槿，山楂，苹果，梨，枇杷，接骨木，肖木瓜，柑橘，玫瑰，枸杞，珊瑚树，罗汉松，桃叶珊瑚，瑞木，油棕

分布：中国辽宁、河南、江苏、上海、浙江、福建、江西、广东、云南；朝鲜，日本，菲律宾，几内亚，北非，俄罗斯，保加利亚，西班牙，法国，英国，比利时，希腊，荷兰，美国

0888

学名：*Parlatoria yanyuanensis* Tang

中文名：盐源片盾蚧
寄主：苹果，构树
分布：四川

0889
学名：*Parlatoria yunnanensis* Mckenzie
中文名：云南片盾蚧（云南糠蚧）
寄主：李，桃，云南皂荚，黄连木，鼠李，棕，梅
分布：云南

0890
学名：*Parlatoria ziziphi* (Lucas)
(*Coccus ziziphi*;*Parlatoria lucassi* Tanrgioni;*P. zizyphus* Cockerell;*P.zizphi*;*Apteronidia ziziphus* Ayyar;*A.ziziphi*)
中文名：黑片盾蚧（黑点蚧）
寄主：柑橘，构橘，柠檬，茶，枣，椰子，冬青，变叶木，月桂，建兰，女贞
分布：中国河北、江苏、浙江、四川、湖南、湖北、江西、云南、福建、广东、广西、台湾；亚洲东部，日本，大洋洲，非洲，欧洲，美洲

0891
学名：*Pinnaspis aspidistrae* (Signoret)
(*Chionaspis aspidistrae*;*Ch.brasiliensis* Sign; *Ch.latus* Cockerell;*Ch.lata* Berles et Leonardi; *Hemichionaspis aspidistrae*;*H.aspidistrae var.brasiliens* Hampel;*H. aspidistrae var.lata* Cockerell;*Pinnaspis ophiopogonis* Takahashi;*P.muntingi* Takagi)
中文名：百合并盾蚧（柑橘并盾蚧，一叶并盾蚧，苏铁褐点盾蚧，苏铁褐点并盾蚧，盾蚧，蜘蛛抱蛋并盾蚧，蚌盾蚧）
寄主：苏铁，柑橘，芒果，无花果，椰子，槟榔，番荔枝，胡椒，茶，山茶，辣椒，苎麻，苘麻，木槿，冬青，楝，金合欢，巴豆，山扁豆，刺桐，枪木，钩藤，马兰，叶底珠，使君子，棉桐，白珠树，马槟榔，醉蝶花，蜘蛛抱蛋，鸢尾，万年青，麦冬，菝葜，文珠兰，百子莲，沿阶草，龙血树，芭蕉，鹤望兰，建兰，棕竹，菖蒲，海芋，石柑子，卷柏，果角泽米，三叉蕨，鳞毛蕨，水龙骨，赤卷藤，棕榈，草蒲，鱼尾葵，垂角，实心竹
分布：中国山东、江苏、上海、浙江、福建、广东、广西、四川、安徽、江西、湖南、湖北、云南、陕西、河南、河北、新疆、台湾；全世界多地

0892
学名：*Pinnaspis buxi* (Bouche)
(*Aspidiotus buxi*;*Mytilaspis buxi*;*M.pandani* Comstok;*Pinnaspis pandani* Cockerell;*P.bambusae* Cockerell;*P.siphonodontis* Cockerell et Robinson;*P. pandani var.alba* Cockerell;*P.pandani var.albus* Cockerell;*Fiorinia* Pandamiana Del Guercio;*Hemi chionaspis pseudaspidistrae* Green)
中文名：黄杨并盾蚧（黄杨褐点盾蚧）
寄主：黄杨，椰子，槟榔，无花果，棕榈科，百合科，木兰科，桑科，夹竹桃科，豆科，安石榴科，榆科，大戟科，天南星科，锦葵科
分布：中国四川、云南、山东、福建、北京、陕西、浙江、上海、江苏、台湾；日本，欧洲，美国，西印度，澳大利亚，菲律宾，巴拿马，格林纳达岛

0893
学名：*Pinnaspis exercitata* (Green)
(*Chionaspis exercitata*;*Ch.theae var.ceylonica* Green; *Ch.ceylonica* Ferris et Rao;*Hemichionaspis theae ceylonica* Sanders;*H.theae exercitata* Cockerell)
中文名：茉莉并盾蚧
寄主：枪木，茶，五节木，山扁豆，油桐，枣，胡椒，茉莉
分布：中国海南、浙江、福建；印度，斯里兰卡

0894
学名：*Pinnaspis frontalis* Takagi
中文名：额突并盾蚧（额瘤并盾蚧，额并盾蚧）
寄主：白腊
分布：中国台湾

0895
学名：*Pinnaspis hainanensis* Tang
(*Neoquernaspis unciformis* Jiang et Chen)
中文名：海南并盾蚧（钩新环并盾蚧）
寄主：一种壳斗科植物，醉洋桃，红背叶
分布：云南，海南，广东

0896
学名：*Pinnaspis hibisci* Takagi
中文名：木槿并盾蚧
寄主：台湾木槿，朱槿，苎麻
分布：中国云南、台湾；日本

0897
学名：*Pinnaspis indivisa* Ferris
中文名：四照花并盾蚧（梾木并盾蚧）
寄主：梾木（树干），四照花
分布：云南

0898
学名：*Pinnaspis juniper* Takahashi
中文名：桧并盾蚧（松褐点盾蚧）
寄主：桧柏（叶）
分布：浙江，上海，江苏，四川

0899
学名：*Pinnaspis liui* Takagi
中文名：枧木并盾蚧（白蜡并盾蚧）
寄主：白腊，红淡，黄瑞木，尖叶枧木，枧木
分布：中国台湾

0900
学名：*Pinnaspis muntingi* Takagi
(*Pinnaspis aspidistrae yunnanensis* Chen)
中文名：芭蕉并盾蚧（香蕉并盾蚧，一叶并盾蚧云南亚种，苏铁褐点并盾蚧云南亚种）
寄主：一种灌木（叶），苘麻，香蕉，花烛，榕
分布：中国云南（下关）；南非，斯里兰卡

0901
学名：*Pinnaspis shirozui* Takagi
中文名：榕树并盾蚧（台并盾蚧）
寄主：榕
分布：中国台湾

0902
学名：*Pinnaspis strachani* (Cooley)
(*Hemichionaspis minor var.strachani* Cooley;
H.marchali Cockerell;*H.townsendi* Cockerell;*H. aspidistrae gosypii*;*H.proxima* Leonardi;*Chionaspis aspidistrae var.gossipii* Newstead;*Ch.minor* Newstead;*Ch. proxima* Brain;*Pinnaspis minor* Kuwana；*P.minor strachani* Kuwana;*P.proxma* Lindinger; *P.temporaria* Ferris ;*P.marchali* Hall;*P.gosspii* Hall)
中文名：突叶并盾蚧（棉并雪掉蚧，夹白并盾蚧，虎尾兰并盾蚧）
寄主：无花果，芒果，柑橘，荔枝，番荔枝，椰子，棉，辣椒，油桐，油椰，棕榈，木槿，佛手爪，栝楼，夹竹桃，鸡蛋花，楝，合欢，紫藤，山扁豆，金合欢，牧豆树，羊蹄甲，山橄，珊瑚藤，无患子，车桑子，紫玉盘，牛角瓜，紫苣苔，轻木，蛇婆子，老鹳草，天竺葵，薯芋，建兰，石斛，仙人指甲兰，构兰，虎尾兰，龙舌兰，沿阶草，朱蕉，石刁柏，芦荟，棕竹，巴西棕，苏铁，同心结，火焰兰，银杏，海桐
分布：中国福建、云南、广东、四川、台湾；日本，印度，泰国，斯里兰卡，印尼，菲律宾，非洲，西德，波兰，俄罗斯，美国，墨西哥，西印度，巴拿马，巴西，阿根廷，夏威夷，新喀里多尼亚，斐济，东加群岛，塔希提

0903
学名：*Pinnaspis theae* (Maskell)
(*Chionaspis theae*;*Ch.prunicola var.theae* Maskell; *Ch.aspidistrae var.theae* Maskell;*Ch.separata* Green; *Hemichionaspis theae*; *H.separata* McGillivray; *Aulacaspis pentagona theae* Fernald; *Pinnapis separate* Ramachandran et Ayyar;*Trichomytilus theae*)
中文名：茶并盾蚧（茶褐点盾蚧）
寄主：茶，山茶，石榴，石砚，朱蕉，微毛

柃，细齿柃，安石榴，黄杨，油茶

分布：中国福建、贵州、云南、江西、四川、广西、浙江、台湾；印度，斯里兰卡，马来西亚

0904
学名：*Pinnaspis tuberculatus* Tang
中文名：额瘤并盾蚧
寄主：山玉兰，茶，红木，鹰爪
分布：云南

0905
学名：*Pinnaspis uniloba* (Kuwana)
(*Mytilaspis uniloba*;*Lepidosaphes uniloba*;*Jaapia uniloba*;*Pinnaspis simplex* Ferris)
中文名：单叶并盾蚧（合叶并盾蚧，单瓣褐点盾蚧，叶枯介壳虫，山茶并盾蚧）
寄主：茶，山茶，椿，构骨，枔木，肖枔，黄瑞木，木犀，齿叶木犀，羊蹄甲，田蝎虎树，念珠藤，印度枳，桂花，木兰，冬青，合欢
分布：中国云南、福建、广东、广西、四川、青海、云南、江西、江苏、湖北、湖南、山西、陕西、贵州、浙江；日本

0906
学名：*Pinnaspis yamamotoi* Takagi
中文名：宽额并盾蚧（宽并盾蚧）
寄主：龙血树
分布：中国云南（勐海）；委内瑞拉

0907
学名：*Poliaspoides formosanus* (Takahashi)
(*Odonaspis simplix var.formosana* Takahashi)
中文名：台湾腺盾蚧（台湾蟠盾蚧）
寄主：竹类
分布：中国浙江、台湾；毛里求斯，留尼汪岛

0908
学名：*Prodiaspis sinensis* (Tang)
(*Circodiaaspis sinensis*;*Prodiaspis tamaricola* Young)
中文名：中国盘盾蚧
寄主：柽柳
分布：宁夏

0909
学名：*Protancepaspis bidentate* Borchsenius et Bustshik
中文名：双铲盾蚧（莓锥盾蚧）
寄主：乌泡子（蔷薇科）
分布：四川（峨眉山）

0910
学名：*Pseudaonidia duplex* (Cockerell)
(*Aspidiotus theae* Maskell;*A.duplex*;*Pseudaonidia rhododendri* Fernald;*P.thearum* Fernald;*P.theae* MacGillivray;*P.trilobitiforis* Borchsenius)
中文名：樟网盾蚧（网纹盾蚧，蛇眼臀网盾蚧，樟蚧，橘黑点介壳虫，樟蚌园盾蚧）
寄主：柑橘，梨，苹果，桃，李，葡萄，杨梅，柿，栗，茶，山茶，油橄榄，石楠，樟，月桂，漆树，女贞，含笑，素馨，杜鹃，牡丹，海棠，珊瑚，广玉兰，枫，栎，紫荆，美国红枫，元宝槭，小檗，盐肤木，银桦，黄葛树
分布：中国河北、湖北、湖南、江西、浙江、四川、福建、广东、广西、江苏、上海、云南、贵州、陕西、山东、台湾；日本，朝鲜，印度，斯里兰卡，印尼，（美国）夏威夷，阿根廷，欧洲

0911
学名：*Pseudaonidia paeoniae* (Cocckerell)
(*Aspidiotus duplex var.paeoniae* Cockerell;*Pseudaonidiella paeoniae*; *Pseudaonidia theae* Borchsenius)
中文名：牡丹网盾蚧（牡丹网纹盾蚧，樟臀网盾蚧，茶蚌圆盾蚧，樟蚌圆盾蚧）
寄主：茶，山茶，椿，冬青，芍药，牡丹，杜鹃，银杏，苏铁，榆，柳，桃，杏，葡萄
分布：中国云南、台湾、四川、贵州、广东、广西、浙江、福建、湖南、湖北、江西、陕西、江苏、河北、山东；日本，意大利，俄罗斯，美国

0912
学名：*Pseudaonidia trilobitiformis* (Green)

(*Aspidiotus trilobitiformis*; *A.darutyi* Charmoy; *Pseudaonidia darutyi* Marlatt)

中文名：蛇目网盾蚧（三叶网纹盾蚧，半蚌圆盾蚧，炉臀网盾蚧）

寄主：柑橘，无花果，芒果，椰子，枇杷，梨，凤梨，番石榴，番荔枝，木菠萝，番樱桃，柚，葡萄，石榴，李，柿，枣，咖啡，可可，茶，山茶，榕，栎，榛，檀香，月桂，相思树，羊蹄甲，合欢，油桐，木果楝，变叶木，麻风树，木槿，红厚壳，刺篱木，大风子，榄红树，枪弹木，尖药木，柚木，玫瑰，风箱树，夹竹桃，木姜子，山扁豆，蝶豆，猪屎豆，九里香，肖乳香，猴面包，红毛丹，玉蕊，长春花，西番莲，龙船花，辣椒，球果紫堇，大戟，龙舌兰，石柑子，蓬莱蕉，姜果棕，炮弹木，十万错

分布：中国广东、广西、福建、浙江、上海、江苏、湖北、江西、四川、陕西、云南、台湾；南亚地区，日本，非洲，南美洲

0913

学名：*Pseudaulacaspis abbrideliae* (Chen)
(*Chioknaspis abbrideliae*; *Phe.nacaspis abbrideliae*)

中文名：类巨腺白盾蚧（类巨腺袋盾蚧）

寄主：山茶

分布：云南（西双版纳）

0914

学名：*Pseudaulacaspis brideliae* (Takahashi)
(*Chionaspis brideliae*; *Trichomytilus brideliae*; *Phenacaspis brideliae*)

中文名：土密树白盾蚧（土密树拟轮蚧，禾串菲盾蚧）

寄主：土密树

分布：中国台湾

0915

学名：*Pseudaulacaspis camelliae* (Chen)
(*Chionaspis camelliae*; *Phenacaspis camelliae*)

中文名：山茶白盾蚧（山茶袋盾蚧）

寄主：山茶

分布：云南（大理）

0916

学名：*Pseudaulacaspis celtis* (Kuwana)
(*Chionaspis celtis*; *Phenacaspis celtis*)

中文名：朴白盾蚧

寄主：朴，白榆

分布：中国云南、浙江、安徽、内蒙古；日本

0917

学名：*Pseudaulacaspis centreesa* (Ferris)
(*Phenacaspis centeesa*; *Chionaspis centreesa*)

中文名：中棘白盾蚧（卫矛菲盾蚧，棘胸袋盾蚧，沙针雪盾蚧）

寄主：沙针，卫矛，紫金牛，女贞，壳斗科一种植物

分布：云南，四川

0918

学名：*Pseudaulacaspis chinensis* Cockerell
(*Phenacaspis chinensis*; *Trichomytilus chinenesis*; *Chionaspis chinensis*)

中文名：中国白盾蚧（中国菲盾蚧，中华雪盾蚧）

寄主：尖齿栎，日本常绿栎

分布：中国陕西；日本，美国

0919

学名：*Pseudaulacaspis cockerelli* (Cooley)
(*Chionaspis cockerelli*; *Ch.aucubae* Cooley; *Ch.dilatata* Green; *Ch.natalensis* Brain; *Ch. miyakoensis* Kuwana; *Ch. syringae* Bouchs; *Ch.hattorii* Kanda; *Ch.ericacea* Ferris; *Ch.akebiae* Takahashi; *Phenacaspis natalensis* Cockerell; *Ph.aucubae* Fernald; *Ph.cockerelli*; *Ph.ericacea* Ferris; *Ph.dilatata* Fernald; *Ph.eugeniae* Ferris; *Ph.eugenine var. sandwicensis* Fullaway; *Ph.syringae* Balachowsky; *Ph. miyakoensis* Ferris; *Ph.akebiae* Ferris; *Ph.Ferrisi* Mamet; *Ph. cockerelliforma sandwicensis* Takahashi et Tachikawa; *Trichomytilus aucubae* Lindinger; *Tr.cockerelli*; *Tr.dilatatus* Lindinger; *Tr.natalensis* Lindinger; *Pseudaulacaspis biformis* Takagi)

中文名：考氏白盾蚧（椰子拟轮蚧，金瓣臀

凹盾蚧，广菲盾蚧，椰袋盾蚧）

寄主：玉兰，白兰花，含笑，山茶，构骨，夜合，络石，椰子，芒果，无花果，番樱桃，猕猴桃，肉豆蔻，广玉兰，棕竹，油桐，桑，丁香，山茱萸，夹竹桃，鸡蛋花，八仙花，木通，珊瑚树枫香，榆，八角金盘，冬青，桃叶珊瑚，三叶胶，交让木，昆栏树，美树，合柱金丝桃，枔木，重阳木，土沈香，芭蕉，鹤望兰，玉茄，山管兰，喜林芋，露兜，肖鸢尾，散尾葵，凤尾兰，野蕉，榕，蓼，楠，万年青，茶，蒲桃，通草，绣球、山药，槟榔

分布：中国浙江、广东、福建、四川、上海、江苏、江西、广西、云南、贵州、台湾；朝鲜，日本，尼泊尔，缅甸，印度，泰国，斯里兰卡，柬埔寨，马来西亚，印尼，琉球，南罗得西亚，南非，马达加斯加，大洋洲，夏威夷，罗约里及斯，俄罗斯，美国

0920
学名：*Pseudaulacaspis dendrobii* (Kuwana)
(*Phenacaspis dendrobii*; *Chionaspis dendrobii*)
中文名：石斛白盾蚧（石榴白盾蚧，石斛菲盾蚧，石斛袋盾蚧，石斛雪盾蚧）
寄主：石斛，棕竹，荆头竹，茶，青冈
分布：中国广东（广州）、云南、上海、浙江、江苏、香港；菲律宾

0921
学名：*Pseudaulacaspis eucalypticola* Tang
中文名：细叶桉白盾蚧
寄主：细叶桉
分布：四川（峨眉山）

0922
学名：*Pseudaulacaspis eugeniae* (Maskell)
(*Phenacaspis eugeniae*)
中文名：丁子香白盾蚧（蒲桃菲盾蚧）
寄主：番樱桃，含笑
分布：中国台湾，香港

0923
学名：*Pseudaulacaspis ficicola* Tang
中文名：榕白盾蚧
寄主：榕，朴
分布：广东（肇庆）

0924
学名：*Chionaspis wistariae* (Kuwana)
(*Chionaspis fujicola*; *Phenacaspis fujicola*)
中文名：紫藤白盾蚧（紫藤袋盾蚧）
寄主：紫藤
分布：云南，台湾

0925
学名：*Pseudaulacaspis hwangyensis* Chen
中文名：黄岩白盾蚧（黄岩拟轮蚧）
寄主：柑橘
分布：浙江（黄岩）

0926
学名：*Pseudaulacaspis kiushiuensis* (Kuwana)
(*Chionaspis quercus* Kuwana; *Ch.kuwanai* Takahashi; *Ch.kuishiuensis*;*Trichomytilus quercus* Lindinger; *Pseudaulacaspis quercus*;*P.kuwanai* Takahashi; *Phenacaspis kuishiuensis*; *Ph.guercus*; *Ph.kuwanai* Takahashi; *Ph.saitamensis* Ferris)
中文名：柞白盾蚧（甜槠袋盾蚧，石栎菲盾蚧）
寄主：甜槠，枹栎，栎，栗
分布：中国云南、浙江、广东、安徽、台湾；日本

0927
学名：*Pseudaulacaspis kiushiuensis* (Takahashi)
(*Chionaspis kuwanai*;*Phenacaspis kuwanai*; *Ph.saitamensis* Ferris)
中文名：桑名白盾蚧（栎拟轮蚧）
寄主：栎，栲，栗
分布：浙江，山东，台湾

0928
学名：*Pseudaulacaspis latisoma* (Chen)
(*Chionaspis latisoma*; *Phenacaspis latisoma*)
中文名：宽体白盾蚧（宽体袋盾蚧）

寄主：一种藤本
分布：云南（景东）

0929
学名：*Pseudaulacaspis loncerae* Tang
中文名：金银花白盾蚧
寄主：金银花
分布：浙江（武义岭下汤）

0930
学名：*Chionaspis major* (Cockerell)
中文名：大白盾蚧（莉冬白盾蚧）
寄主：莉冬，榕
分布：中国台湾

0931
学名：*Pseudaulacaspis manni* (Green)
(*Chionaspis mann*; *Phenacaspis manni*; *Trichomytilus manni*; *Diaspis gordoniae* Takahashi; *D. manni*)
中文名：茶白盾蚧（茶拟轮蚧，山枇花盾蚧）
寄主：戈登木，柯树，异花柿，山枇花
分布：中国台湾

0932
学名：*Pseudaulacaspis megacauda* Takagi
(*Phenacaspis megacauda*)
中文名：巨尾白盾蚧（柃拟轮蚧，柃白盾蚧，巨尾袋盾蚧）
寄主：柃木，山矾，尖叶柃木
分布：云南，福建，台湾

0933
学名：*Pseudaulacaspis momi* (Kuwana)
(*Phenacaspis keteleeriae* Ferris; *Lepidosaphes keteleeriae*; *Parainsulaspis keteleeriae*)
中文名：杉白盾蚧（油杉菲盾蚧，油杉雪盾蚧）
寄主：油杉
分布：云南

0934
学名：*Pseudaulacaspis pentagona* (Targioni)
(*Diaspis pentagana*; *D.amygdali* Tryon; *D.lanatus* Cockerell; *D.patelliformis* Sasaki; *D.Lanata* Green; *D.gerannii* Maskell; *D.amygdali var.rubra* Maskell; *D.rubra* Scott; *Aspidiotus vitiensis* Maskell; *Chionaspis prunicola* Maskell; *Howardia prunicola* Kirkaldy; *Sasakiaspis pentagona*; *Epidiaspis vitiensis* Lindinger)
中文名：桑白盾蚧（桑拟轮蚧，桑盾蚧，桑介壳虫，桑白蚧）
寄主：桑，桃，李，杏，葡萄，柿，核桃，无花果，枇杷，醋栗，椰子，芒果，可可，茶，油桐，泡桐，梓，梧桐，香椿，花椒，桂，樟，白杨，柳，杞柳，秦皮，苦栎，榆，黄杨，皂荚，金合欢，丁香，朴，榉，白蜡，枫，白蜡，枫，槭，槐，女贞，枫杨，木槿，芙蓉，秋葵，乌梅，玫瑰，构，天竺葵，七叶树，海枣，木麻黄，臭菘，铁线莲，翠雀，芍药，小檗，番石榴，倒挂金钟，素馨，景天，羊蹄甲，夹竹桃，胡颓子，鹤望兰，棕，苏铁，玄参，假紫荆，紫珠，厚壳树，牵牛，黄钟花，紫威藤，银叶花，鸡蛋花，假败酱
分布：中国辽宁、内蒙古、河北、河南、山西、陕西、宁夏、甘肃、四川、江西、山东、江苏、上海、浙江、福建、广东、广西、云南、黑龙江、吉林、新疆、湖南、湖北、安徽、台湾；全世界多地

0935
学名：*Pseudaulacaspis poloosta* (Ferris)
(*Phenacaspis poloosta*)
中文名：海桐白盾蚧（海桐拟轮蚧，海桐菲盾蚧）
寄主：海桐花，柃
分布：云南

0936
学名：*Aulacaspis pudica* (Ferris)
(*Phenacaspis pudica*)
中文名：匍白盾蚧（匍拟轮蚧，蒲菲盾蚧）
寄主：栎
分布：云南

0937

学名：*Pseudaulacaspis sasakawai* Takagi

中文名：五风藤白盾蚧（野木瓜拟轮蚧）

寄主：野木瓜，山矾

分布：中国台湾

0938

学名：*Pseudaulacaspis simplex* Takagi

中文名：简棕白盾蚧（简宗白盾蚧）

寄主：棕榈，樱花，天竺葵，臭椿

分布：中国上海；日本

0939

学名：*Pseudaulacaspis subcorticalis* (Green)

(*Phenacaspis subcorticalis*;*Chionaspis subcorticalis*)

中文名：广东白盾蚧（木豆菲盾蚧，芒果雪盾蚧）

寄主：木菠萝，芒果，木豆，黄花捻，番茄

分布：中国广东、云南；斯里兰卡，爪哇，毛里求斯

0940

学名：*Pseudaulacaspis surrhombica* (Chen)

(*Chionaspis surrhombica*;*Phenacaspis surrhombica*)

中文名：仿菱白盾蚧（仿菱袋盾蚧）

寄主：山毛榉

分布：福建

0941

学名：*Pseudaulacaspis syzygicola* Tang

中文名：蒲桃白盾蚧

寄主：蒲桃

分布：广东（肇庆）

0942

学名：*Pseudaulacaspis taiwana* (Takahashi)

(*Phenacaspis taiwana*)

中文名：台湾白盾蚧（台湾拟轮蚧，台栎菲盾蚧）

寄主：栎

分布：中国台湾

0943

学名：*Pseudaulacaspis takahashii* (Ferris)

(*Phenacaspis takahashii*)

中文名：高桥白盾蚧（柿拟轮蚧，高桥菲盾蚧）

寄主：柿，茶

分布：云南，福建，台湾

0944

学名：*Pygalataspis miscanthi* Ferris

中文名：茅毕齿盾蚧（筐盾蚧，芒蒿毕盾蚧）

寄主：芒草，五毕芒，茅草

分布：广东，福建，台湾，香港

0945

学名：*Diaspidiotus cryptoxanthus* (Cockerell)

(*Aspidiotus cryptoxanthus*; *Diaspidiotus cryptoxanthus*)

中文名：柞笠圆盾蚧（栗笠盾蚧，栗夸圆蚧）

寄主：栎，栗，枞杉，枫杨

分布：中国山东、福建、浙江、云南；日本

0946

学名：*Diaspidiotus gigas* (Thiem et Gerneck)

(*Aspidiotus gigas*;*A.multigrandulatus* Borchsenius; *Diaspidiotus gigas*)

中文名：杨笠圆盾蚧（杨夸圆蚧，杨盾蚧，杨灰齿盾蚧，杨圆蚧）

寄主：杨，柳

分布：中国黑龙江、吉林、甘肃、宁夏、内蒙古、青海、新疆、辽宁、河北；欧洲

0947

学名：*Diaspidiotus liaoningensis* Tang

中文名：辽宁笠圆盾蚧

寄主：杨

分布：辽宁（盖州）

0948

学名：*Diaspidiotus ostraeformis* (Curtis)

(*Aspidiotus ostraeformis*;*A.betulae* Baeresprung;*A.*

hippocastani Signoret;*A.oxyacanthae* Signoret;*A.scutiformis* Goethe;*A.magnus* Ferris;*A.oblongus* Ferris;*Diaspis ostraeformis*;*Diaspidiotus ostraeformis*)

中文名：桦笠圆盾蚧（蛎形笠盾蚧，杨笠圆蚧，蛎形夸圆蚧，笠齿盾蚧）

寄主：杨，苹果，梨，李，梅，桃，山楂，樱桃，无花果，油橄榄，白杨，桦，榉，桤，枫杨，檫，枫，槭，古叶树，棕，栗，菩提树，桑，茶，白腊，榆，栎，法桐，金雀花，锦鸡儿，皂角，花楸，玫瑰，栒子，贴梗海棠，鼠李，椴，山茱萸，丁香，海枣，冷杉

分布：中国辽宁、吉林、黑龙江、新疆、内蒙古、宁夏、云南、上海；南亚，欧洲，美洲，大洋洲，朝鲜，日本

0949

学名：*Diaspidiotus peniciosus* (Comstock) (*Aspidiotus perniciosus*;*A.fuscus* Ferris;*Aonidia fusca* Maskell;*Aonidiella perniciosa* A.fusca Berles et Leonardi; *Hemiberlesia perniciosa* Lindinger；*Comstochaspis perniciosa* MacGillivray;*Diaspidiotus peniciosus*)

中文名：梨笠圆盾蚧（梨笠圆蚧，梨枝圆盾蚧，梨夸圆蚧，红枣梨圆蚧，梨圆蚧）

寄主：柑橘，梨，葡萄，苹果，女贞，山楂，酸橙，苦橙，棉，醋栗，杨，柳，榆，刺槐，樟，杏，栗，松，茶，胡桃，大红枣，红瑞木，木瓜

分布：中国辽宁、黑龙江、河北、河南、山东、山西、陕西、四川、湖南、云南、广东、江西、安徽、浙江、上海、江苏、吉林、内蒙古、新疆、广西、湖北、宁夏；朝鲜，日本，南亚，南非，欧洲，美洲，澳大利亚，新西兰

0950

学名：*Diaspidiotus slavonicus* (Green) (*Targionia slavanica*;*Aspidiotus slavonicus*;*Quadraspidiotus populi* Borchs.;*Diaspidiotus slavonicus*)

中文名：突笠圆盾蚧（斯拉笠盾蚧，杨齿盾蚧）

寄主：杨，柳，葛藤，茶，厚皮香，香樟

分布：中国内蒙古、河北、河南、山东、广西、辽宁、黑龙江、山西、陕西、新疆、湖北、安徽、江苏、浙江、甘肃、宁夏、四川、云南；俄罗斯，伊朗，伊拉克

0951

学名：*Diaspidiotus ternstroemiae* Ferris

中文名：厚皮香笠圆盾蚧（厚皮香夸圆蚧）

寄主：厚皮香

分布：云南

0952

学名：*Remotaspidiotus bossieae* (Maskell) (*Aspidiotus bossieae*;*Hemiberlesia bossieae*)

中文名：南方微圆盾蚧（微圆蚧）

寄主：Bossiea

分布：云南

0953

学名：*Rhizaspidiotus amoiensis* Tang

中文名：厦门根圆盾蚧

寄主：茅草（根茎叶鞘内）

分布：福建（厦门）

0954

学名：*Rhizaspidiotus canariensis* Ldgr

中文名：朝鲜根圆盾蚧（蒿子根圆盾蚧）

寄主：万年蒿

分布：内蒙古

0955

学名：*Rhizaspidiotus taiyuensis* Tang

中文名：太岳根圆盾蚧

寄主：冰草，艾蒿

分布：内蒙古，山西

0956

学名：*Rutherfordia major* (Cockerell) (*Chionaspis gengmaensis* Chen;*Phenacaspis gengmaensi* Chen;*Pseudaulacaspis gengmaensis* Chen;*Rutherfordia hwangyensis* Chen)

中文名：台湾络盾蚧（耿马袋盾蚧）

寄主：白杨（枝）

分布：云南（耿马县）

0957
学名：*Selenaspidus articulates* (Morgan)
(*Aspidiotus articulates*;*A.articulatus var.simplex* Charmoy; *A.rufsce* Lindinger;*A.simplex* Fwrris;*Selenaspidus articulatus simplex* Fernald;*Pseudaonidia articulates*)
中文名：苏铁刺圆盾蚧（刺盾蚧，西印隔刺圆蚧）
寄主：柑橘，椰子，油椰，无花果，木菠萝，芒果，枇杷，咖啡，可可，油橄榄，海枣，番荔枝，木薯，山茶，木槿，椴，木兰，桑，栲，冷水花，巴豆，肖乳香，南蛇藤，榄仁树，红厚壳，藤黄，玫瑰，六道木，常春藤，紫金牛，金叶树，女贞，素馨，枪弹木，假虎刺，夹竹桃，鸡蛋花，比格诺藤，龙船花，栀子，接骨木，姜果棕，苏铁，朱蕉，露兜，肯特棕，狗骨柴，饼树，钝叶草，散尾葵，网籽草，仙人山
分布：中国四川、台湾；南亚，非洲，大洋洲，美洲

0958
学名：*Selenaspidus rubidus* Mckenzie
中文名：大戟刺圆盾蚧（红隔刺圆蚧）
寄主：大戟
分布：云南

0959
学名：*Selenomphalus euryae* (Takahashi)
(*Aspidiotus euryae*)
中文名：台湾角圆盾蚧（棘盾蚧，柃木薄圆盾蚧，柃刺角圆蚧）
寄主：茶，白腊，山枇花，桑
分布：广西，浙江，贵州，云南，台湾

0960
学名：*Semelaspidus mangiferae* Takahashi
中文名：芒果隔圆盾蚧（芒果环纹盾蚧，芒果隔圆蚧）
寄主：芒果
分布：中国台湾；菲律宾

0961
学名：*Semichionaspis jambosicola* Tang
中文名：蒲桃絮盾蚧
寄主：蒲桃
分布：广东（肇庆）

0962
学名：*Myrtaspis putianensis* Tang
中文名：莆田絮盾蚧
寄主：（未定）
分布：福建（莆田）

0963
学名：*Serrataspis maculate* Ferris
中文名：蒲桃锯盾蚧（锯盾蚧）
寄主：蒲桃
分布：广东，香港

0964
学名：*Shansiaspis ovalis* Chen
(*Chionaspis engeddensis* Borchs.)
中文名：柽柳晋盾蚧（卵圆晋盾蚧）
寄主：柽柳
分布：中国宁夏；俄罗斯，阿尔及尔，巴基斯坦，伊拉克，以色列，印度

0965
学名：*Shansoaspis sinensis* (Tang)
(*Shansiaspis salicis* Chen)
中文名：中国晋盾蚧（晋盾蚧）
寄主：旱柳，垂柳等29种植物
分布：山西，宁夏，内蒙古

0966
学名：*Silvestraspis uberifera* (Lindinger)
(*Cryptoparlatorea uberifera*;*Silvestraspis sinensis* Bellio;*Apteronid uberifera*)
中文名：中华翼片盾蚧（翼盾蚧）
寄主：菠萝树，玉柱，粗糠柴，楠，蒲桃
分布：中国福建、台湾、香港；菲律宾，印尼，

柬埔寨

0967
学名：*Sinoquernaspis gracilis* Takagi et Tang
中文名：福建华栎盾蚧（华栎盾蚧）
寄主：栎，甜槠
分布：福建，浙江

0968
学名：*Sishanaspis quercicola* Ferris
中文名：阴腺滇片盾蚧（西山盾蚧，栎西山糠蚧）
寄主：栎
分布：云南

0969
学名：*Smilacicola apicalis* Takagi
中文名：台湾菝盾蚧（菝盾蚧）
寄主：菝葜（托叶下）
分布：中国台湾

0970
学名：*Smilacicola crenatus* Takagi
中文名：香港菝盾蚧
寄主：菝葜
分布：香港

0971
学名：*Aulacaspis schizosoma* (Takagi)
(*Chionaspis schizosoma; Semichionaspis schizosoma*)
中文名：楠崇化盾蚧（坛絮盾蚧，楠齐盾蚧，干字形雪盾蚧）
寄主：日本桢楠，楠木，香樟，胡颓子
分布：四川，云南，贵州，广西，福建，广东，台湾

0972
学名：*Taiwanaspidiotus yiei* (Takagi)
(*Aspidiotus yiei*)
中文名：寡腺台圆盾蚧（锥栗台圆盾蚧，易氏圆盾蚧）
寄主：栲

分布：中国台湾

0973
学名：*Sadaotakagia sishanensis* Tang
中文名：西山高圆盾蚧
寄主：（乔木）
分布：云南（昆明西山）

0974
学名：*Mohelnaspis vermiformis* (Takahashi)
(*Chionaspis vermiformis; Acanthomytilus vermiformis*)
中文名：竹线蛎盾蚧（竹须蛎盾蚧，长刺蛎蚧）
寄主：竹
分布：广东，福建，台湾

0975
学名：*Unaspis mediforma* Chen
(*Unaspis mediformis*)
中文名：间型黑盖长盾蚧（云南尖盾蚧）
寄主：灌木一种
分布：云南（昆明）

0976
学名：*Aspidiotus beilschmiediae* (Takagi)
(*Aspidiotus beilschmiediae*)
中文名：琼楠梯圆盾蚧（琼楠凹盾蚧，琼楠凹圆蚧）
寄主：台琼楠，桂花，常春藤，法国冬青，黄心树
分布：四川，台湾

0977
学名：*Aspidiotus excisus* (Green)
(*Aspidiotus excisus*)
中文名：兔唇梯圆盾蚧（凹圆盾蚧，飞蓬梯圆盾蚧，凹圆蚧）
寄主：柑橘，香蕉，芭蕉，胡椒，番木瓜，椰子，漆树，素馨，荚蒾，柚木，桐，棉，常山石楠，球兰，牵牛，兰瓶花，杓兰，紫丹，肖焚天花，香港算盘子，地胆草，五爪三七，飞蓬，算盘子
分布：中国福建、广东、台湾；日本，斯里

兰卡，印度，泰国，马来西亚，印尼，斐济，密克，罗德西亚，卡罗林岛

0978
学名：*Aspidiotus hoyae* Takagi
中文名：珠兰梯圆盾蚧（珠兰凹圆盾蚧，珠兰凹圆蚧）
寄主：珠兰，吉祥草
分布：四川，台湾

0979
学名：*Aspidiotus pothos* Takagi
(*Aspidiotus pothos*)
中文名：石柑子梯圆盾蚧（石柑子凹圆盾蚧）
寄主：石柑子
分布：中国台湾

0980
学名：*Aspidiotus sinensis* Ferris
中文名：中华梯圆盾蚧（中华凹圆盾蚧，中华凹圆蚧）
寄主：须芒草
分布：云南

0981
学名：*Aspidiotus taraxacus* Tang
中文名：橡胶梯圆盾蚧
寄主：橡胶
分布：海南

0982
学名：*Aspidiotus destructor* (Green)
(*Aspidiotus similimus var.transparens* Cockerell; *A.transparens*)
中文名：琉璃梯圆盾蚧（琉璃圆盾蚧）
寄主：柑橘，枇杷，葡萄，台湾刺，大叶黄杨，珠砂根
分布：浙江，台湾

0983
学名：*Aspidiotus watanabei* (Takagi)
(*Aspidiotus watanabei*)
中文名：飞蓬梯圆盾蚧（荚迷凹圆盾蚧，荚迷凹圆蚧）
寄主：荚蒾，野桂花，榕树，山玉兰
分布：四川，台湾

0984
学名：*Thysanaspis acalyptus* Ferris
中文名：广州缨片盾蚧（广州缺角盾蚧）
寄主：木姜子
分布：广东，香港，澳门

0985
学名：*Thysanaspis perkinsi* Takagi
中文名：台湾缨片盾蚧（木姜缨盾蚧，台湾缺角盾蚧）
寄主：木姜子
分布：中国台湾

0986
学名：*Thysanofiorinia leei* Williams
中文名：香港缨蜕盾蚧（香港缨蜕蚧）
寄主：荔枝
分布：香港

0987
学名：*Thysanofiorinia nephelii* (Maskell)
(*Fiorinia nephelii*;*F.hirsuta* Marchal; *Adiscofiorinia nephelii*;*Parafiorinia nephelii*;*P.hirsuta* MacGillivray)
中文名：枝缨蜕盾蚧（缨围盾蚧，龙眼缨蜕盾蚧）
寄主：荔枝，龙眼，苜蓿，大戟，苓子
分布：中国广东、浙江、福建、广西、台湾、香港；日本，印度，泰国，夏威夷，阿尔及利亚，巴西，大洋洲

0988
学名：*Unachionaspis bambusae* (Cockerell)
(*Chionaspis bambusae*)
中文名：毛竹釉盾蚧（竹尤盾蚧，竹釉盾蚧）
寄主：金竹，乌竹，凤尾竹，箐竹，毛竹，刚竹，

石竹，苦竹

分布：中国四川、江西、上海、浙江；日本

0989

学名：*Unachionaspis tenuis* (Maskell)
(*Fiorinia tenuis*; *Chionaspis sakaii* Takahashi)
中文名：紫竹釉盾蚧（纺垂釉盾蚧，薄尤盾蚧）
寄主：刚竹属，苦竹属，箬竹属
分布：中国浙江、福建、陕西；朝鲜，日本

0990

学名：*Unaspis acuminate* (Green)
(*Chionaspis acuminata*)
中文名：苏铁尖盾蚧（锐矢尖蚧，尖盾矢尖蚧）
寄主：无花果，芒果，吴茱萸，龙脑香，卫矛，紫金牛，鸡眼藤，雾冰草，柑橘等
分布：中国广东、海南、云南、广西；泰国，印度，斯里兰卡

0991

学名：*Unaspis aei* Takagi
中文名：台湾尖盾蚧（台湾卫矛矢尖蚧）
寄主：卫矛
分布：中国台湾

0992

学名：*Unaspis aesculi* Takahashi
中文名：七叶树尖盾蚧
寄主：鼠李
分布：中国四川、云南；日本

0993

学名：*Unaspis citri1* (Comstock)
(*Chionaspis euonymi* Comstock; *Ch.citri*; *Howardia citri*; *Dinaspis annae* Malenotti; *D.veitchi* Green et Laing; *Prontaspis citri*; *Trichomytilus veitchi* Lindinger)
中文名：柑橘尖盾蚧（橘矢尖蚧，柑橘簇盾蚧）
寄主：橘，橙，柚，柑，佛手，柠檬，构骨，葡萄，木犀，棕榈，桂花
分布：中国广东、广西、四川、湖北、浙江、上海、江苏、陕西、海南、台湾、香港；日本，叙利亚，埃及，塞内加尔，马里，几内亚，喀麦隆，刚果，象牙海岸，塞柱勒窝，马达加斯加，马乌利基，大洋洲，美国，墨西哥，古巴，巴拿马，巴西，阿根廷，斐济，萨摩亚

0994

学名：*Unaspis emei* Tang
中文名：峨眉尖盾蚧
寄主：青皮木
分布：四川（峨眉山）

0995

学名：*Unaspis euonymi* (Comstock)
(*Chionaspis euonymi*; *Ch.nemausensis* Signoret; *Unaspis nakayamai* Takahashi et Kanda)
中文名：卫矛矢尖盾蚧（卫矛矢尖蚧，卫矛簇盾蚧）
寄主：杏，油橄榄，卫矛，女贞，正木，木槿，素馨，丁香，忍冬，瑞香，南蛇藤，落霜红，山梅花，芫花，鸢尾，富贵草，大叶黄杨
分布：中国广东、广西、四川、陕西、山东、江苏、浙江、新疆、云南、上海、贵州；朝鲜，日本，斯里兰卡，埃及，伊朗，以色列，土耳其，欧洲，俄罗斯，美国，阿根廷

0996

学名：*Unaspis pseudaesculus* Tang
中文名：拟七叶尖盾蚧
寄主：不明
分布：四川（峨眉山）

0997

学名：*Unaspis turpiniae* Takahashi
(*Unaspis acuminata* var.*turpiniae* Takahashi)
中文名：香圆尖盾蚧（山香圆矢尖蚧，香圆矢尖蚧）
寄主：山香圆
分布：中国台湾；日本

0998

学名：*Unaspis yanonensis* (Kuwana)

中文名：矢尖盾蚧（矢尖蚧，矢根介壳虫，箭头介壳虫）

寄主：橙，橘，柚，柑，佛手，柠檬，构橘，龙眼，茶，黄皮，吴茱萸，金橘，连翘，山茶，白蜡，番石榴，杉，樟

分布：中国广东、广西、云南、贵州、湖南、湖北、江西、福建、浙江、上海、江苏、安徽、四川、陕西、河北；日本，法国，印度，大洋洲，北美洲

0999

学名：*Ungulaspis ficicola* (Takahashi)

(*Lepidosaphes ficicola*)

中文名：无花果爪蛎盾蚧（榕指蛎蚧）

寄主：无花果，九丁树

分布：中国台湾；日本

1000

学名：*Ungulaspis pinicolous* (Chen)

(*Lepidosaphes pinicolous*; *Insulaspis pinicolus*; *Mytilococcus* pinicola Lindinger)

中文名：松爪蛎盾蚧（松爪蛎蚧，松指蛎蚧）

寄主：黑松，马尾松

分布：浙江（黄岩），广西

中国园林植物蚧虫天敌名录
（12目41科273种）

一、螳螂目 MANTODEA
  （一）螳螂科 Mantidae
二、革翅目 DERMAPTERA
  （一）大尾螋科 Challia
  （二）蠼螋科 Labiduridae
三、半翅目 HEMIPTERA
  （一）花蝽科 Anthocoridae
四、缨翅目 THYSANOPTERA
  （一）管蓟马科 Phlaeothripidae
五、鞘翅目 COLEOPTERA
  （一）露尾甲科 Nitidulidae
  （二）长角象科 Anthribidae
  （三）方头甲科 Cybocephalidae
  （四）瓢虫科 Coccinelidae
六、脉翅目 NEUROPTERA
  （一）粉蛉科 Coniopterygidae
  （二）褐蛉科 Hemerobiidae
  （三）益蛉科 Sympherobiidae
  （四）草蛉科 Chrysopidae
七、蛇蛉目 PAPHIDIOPTERA
  （一）盲蛇蛉科 Inocelliidae
八、鳞翅目 LEPIDOPTERA
  （一）举肢蛾科 Heliodinidae
九、双翅目 DIPTERA
  （一）瘿蚊科 Cecidomyiidae
  （二）食蚜蝇科 Syrphidae
十、膜翅目 HYMENOPTERA
  （一）金小蜂科 Pteromalidae
  （二）姬小蜂科 Eulophidae
  （三）扁股小蜂科 Elasmidae
  （四）蚜小蜂科 Aphelinidae
  （五）跳小蜂科 Encyrtidae

(六) 棒小蜂科 Thysanidae

(七) 旋小蜂科 Eupelmidae

(八) 缨小蜂科 Mymaridae

(九) 茧蜂科 Braconidae

(十) 缘腹细蜂科 Scelionidae

(十一) 蚁科 Formicidae

十一、蜘蛛目 ARANEIDA

(一) 球腹蛛科 Theridiidae

(二) 地蛛科 Atypidae

(三) 隆头蛛科 Eresidae

(四) 卷叶蛛科 Dictynidae

(五) 类石蛛科 Segestriidae

(六) 壁钱科 Urocteidae

(七) 圆蛛科 Araneidae

(八) 球腹蛛科 Theridiidae

(九) 蟹蛛科 Thomisidae

十二、寄螨目 PARASITLFORMES

(一) 植绥螨科 Phytoseiidae

(二) 大赤螨科 Anystidae

(三) 长须螨科 Stigmaeidae

(四) 半疥螨科 Hemisarcoptidae

一、螳螂目 MANTODEA

（一）螳螂科 Mantidae
1. 薄翅螳螂 *Mantice religiosa* L.
寄主：辽宁松干蚧
分布：辽宁
2. 华北大刀螂 *Tonodera angustipennis* Saussue
寄主：辽宁松干蚧
分布：辽宁，河北，山东

二、革翅目 DERMAPTERA

（一）大尾螋科 Pygidicranidae
1. 大尾螋 *Challia fletcheri* Burr
寄主：辽宁松干蚧
分布：山东，河北，辽宁

（二）蠼螋科 Labiduridae
1. 大蠼螋 *Labidura japonica* de Haan
寄主：辽宁松干蚧，马尾松干蚧
分布：华东，河北，辽宁

三、半翅目 HEMIPTERA

（一）花蝽科 Anthocoridae
1. 松干蚧花蝽 *Elatophilus nipponensis* Hiura
寄主：辽宁松干蚧，马尾松干蚧
分布：浙江，江苏，辽宁
2. 黑沟胸花蝽 *Dufouriellus ater* (Dufour)
寄主：辽宁松干蚧
分布：山东

四、缨翅目 THYSANOPTERA

（一）管蓟马科 Phlaeothripidae
1. 带翅虱管蓟马 *Aleurodothrips fasciapennis* (Franklin)
寄主：松栉圆盾蚧，红肾圆盾蚧，椰圆盾蚧，黑褐圆盾蚧，糠片盾蚧，紫牡蛎盾蚧，长牡蛎盾蚧

分布：海南，广东，广西，云南，四川，福建，台湾
2. 黄卡管蓟马 *Karnyothrips flauipes* (Jones)
寄主：松栉圆盾蚧，蛇眼臀网盾蚧，片盾蚧，链蚧，盔蚧
分布：广东

五、鞘翅目 COLEOPTERA

（一）露尾甲科 Nitidulidae
1. 露尾甲 *Scaphidium reitteri* Lewis
寄主：辽宁松干蚧
分布：辽宁

（二）长角象科 Anthribidae
1. 白蜡蚧长角象 *Anthribus lajieuorus* Chao
寄主：白蜡蚧，红蚧，杏树鬃球蚧
分布：华东，华北，辽宁，四川

（三）方头甲科 Cybocephalidae
1. 日本方头甲 *Cybocephalus niponicus* Endroby-Yonge
寄主：辽宁松干蚧，朝鲜褐球蚧，桑白盾蚧，考氏白盾蚧，月季白轮盾蚧，棕榈栉圆盾蚧，梨笠圆盾蚧，矢尖盾蚧
分布：全国

（四）瓢虫科 Coccinelidae
1. 二星瓢虫 *Adalia bipunctata* (L.)
寄主：澳洲吹绵蚧，远东杉苞蚧
分布：福建，江苏，河北，北京，山西
2. 隐斑瓢虫 *Ballia obscurosignata* Liu
寄主：澳洲吹绵蚧，辽宁松干蚧
分布：广东，广西，福建，浙江，江苏，山东，河北，北京，辽宁
3. 宽纹纵条瓢虫 *Brumoides lineatus* (Weise)
寄主：粉蚧
分布：广东
4. 华裸瓢虫 *Caluia chinensis* (Mulsant)
寄主：辽宁松干蚧，马尾松干蚧
分布：广东，广西，云南，湖南，福建，浙

江，江苏

5. 阿里山唇瓢虫 *Chilocorus alishanus* Sasaji

寄主：桑白盾蚧

分布：云南，贵州，中国台湾

6. 二双斑唇瓢虫 *Chilocorus bijugus* Mulsant

寄主：石榴毡蚧，日本龟蜡蚧，水木坚蚧，朝鲜毛球蚧，桑白盾蚧，柳蛎盾蚧，椰圆盾蚧，黑褐圆盾蚧

分布：云南，贵州，江苏

7. 双斑唇瓢虫 *Chilocorus bipustulatus* (L.)

寄主：澳洲吹绵蚧，广食褐软蚧，水木坚蚧，松单蜕盾蚧，柳蛎盾蚧，紫牡蛎盾蚧，长牡蛎盾蚧

分布：新疆

8. 闪蓝红点唇瓢虫 *Chilocorus chalybeatus* Gorham

寄主：红龟蜡蚧，盾蚧

分布：广东，四川，江西，福建，浙江

9. 中华唇瓢虫 *Chilocorus chinensis* Miyatake

寄主：茶绵蚧

分布：广东，云南，浙江

10. 细缘唇瓢虫 *Chilocorus circumdatus* (Gyllenhal)

寄主：椰圆盾蚧，黑褐圆盾蚧，东方肾圆盾蚧、松栉圆盾蚧等多种盾蚧

分布：广东，广西，福建，浙江

11. 异红点唇瓢虫 *Chilocorus esakii* Kamiya

寄主：桑白盾蚧，黑褐圆盾蚧

分布：贵州，山东，河北，辽宁

12. 李斑唇瓢虫 *Chilocorus geminus* Zaslsvski

寄主：水木坚蚧，榆蛎盾蚧

分布：甘肃，新疆

13. 黑背唇瓢虫 *Chilocorus gressitte* Miyatake

寄主：椰圆盾蚧，黑褐圆盾蚧

分布：广东，广西，云南，四川，福建，

14. 闪蓝唇瓢虫 *Chilocorus hauseri* Weise

寄主：盾蚧

分布：云南

15. 湖北红点唇瓢虫 *Chilocorus hupehanus* Miyatake

寄主：黑褐圆盾蚧

分布：四川，湖北，福建

16. 红点唇瓢虫 *Chilocorus kuwanae* Silvestri

寄主：辽宁松干蚧，石榴毡蚧，日本龟蜡蚧，水木坚蚧，朝鲜毛球蚧，东方盔蚧，桑白盾蚧，日本长白盾蚧，月季白轮盾蚧，椰圆盾蚧，黑褐圆盾蚧，常春藤圆盾蚧，松栉圆盾蚧，杨笠圆盾蚧，梨笠圆盾蚧，桦笠圆盾蚧，矢尖盾蚧，紫牡蛎盾蚧，梅牡蛎盾蚧

分布：全国

17. 红褐唇瓢虫 *Chilocorus politus* Mulsant

寄主：盾蚧

分布：云南

18. 黑缘红瓢虫 *Chilocorus rubidus* Hope

寄主：朝鲜毛球蚧，朝鲜褐球蚧，水木坚蚧，杏树鬃球蚧，白蜡蚧，东方盔蚧，日本卷毛蚧，茶绿绵蚧，红蚧

分布：全国

19. 宽缘唇瓢虫 *Chilocorus rufitarsis* Motschulsky

寄主：柑橘堆粉蚧，杏树鬃球蚧，茶绿绵蚧

分布：广东，云南，福建，浙江

20. 黄滑瓢虫 *Cryptolaemus blandus* Mader

寄主：盾蚧

分布：云南

21. 变斑隐势瓢虫 *Cryptolgonus orbiculus* (Gyllenhal)

寄主：盾蚧

分布：广东，广西，云南，福建，浙江，中国台湾

22. 射鹄隐势瓢虫 *Cryptogonus trioblitus* (Gorham)

寄主：盾蚧

分布：云南

23. 孟氏隐唇瓢虫 *Cryptolaemus montrouzieri* Mulsant

寄主：柑橘栖粉蚧，长尾粉蚧，真葡萄粉蚧，橘绿绵蚧

分布：广东

24. 黄足光瓢虫 *Exochomus flauipes*

寄主：盾蚧

分布：新疆

25. 蒙古光瓢虫 *Exochomus mongol* Barovsky

寄主：辽宁松干蚧，杏树鬃球蚧，日本龟蜡蚧

分布：浙江，江苏，山东，河北，陕西，北京，辽宁，吉林，黑龙江

26. 黑缘光瓢虫 *Exochornus nigromarginatus* Miyatake

寄主：水木坚蚧

分布：江西，福建，浙江

27. 异色瓢虫 *Harmonia axyridis* (Pallas)

寄主：辽宁松干蚧，柳蛎盾蚧，粉蚧，石榴毡蚧，考氏白盾蚧

分布：全国

28. 纤丽瓢虫 *Harmonia sedecimnotata* (Fabricius)

寄主：矢尖盾蚧，蛎盾蚧

分布：广东，广西，云南

29. 中华显盾瓢虫 *Hyperaspis sinensis* Crotch

寄主：日本卷毛蚧，茶绿绵蚧，柑橘绿绵蚧

分布：贵州，四川，湖南，江西，福建，浙江，安徽

30. 黄斑盘瓢虫 *Lemnia saucia* (Mulsant)

寄主：辽宁松干蚧，马尾松干蚧

分布：广东，广西，云南，四川，福建，浙江，山东，河南，湖北，陕西，青海

31. 长斑弯叶毛瓢虫 *Nephus koltzei* (Weise)

寄主：粉蚧

分布：河南，河北，北京

32. 圆斑弯叶毛瓢虫 *Nephus ryuguus* (kamiya)

寄主：橘小粉蚧

分布：广东

33. 斧斑广盾瓢虫 *Platynaspis angulimaculata* Mader

寄主：粉蚧

分布：广东，云南，四川

34. 艳色广盾瓢虫 *Platynaspis lewisii* Crotch

寄主：粉蚧，水木坚蚧

分布：广东，广西，江西，福建，浙江，江苏，湖北，中国台湾

35. 龟纹瓢虫 *Propylaea japonica* (Thunberg)

寄主：辽宁松干蚧，石榴毡蚧，考氏白盾蚧等

分布：全国

36. 方斑瓢虫 *Propylaea quatuordecimpunctata* (L.)

寄主：粉蚧

分布：江苏，陕西，新疆，甘肃，内蒙古，辽宁，黑龙江

37. 黑方突毛瓢虫 *Pseudoscymnus rurohime* (Miyatake)

寄主：粉蚧

分布：广东，云南，福建，台湾

38. 澳洲瓢虫 *Rodolia cardinalis* Mulsant

寄主：澳洲吹绵蚧，粉蚧

分布：广东，四川，陕西，福建，浙江，江苏，台湾

39. 六斑红瓢虫 *Rodolia guerini* (Crotch)

寄主：澳洲吹绵蚧

分布：广东，四川，福建，浙江

40. 红环瓢虫 *Rodolia limbata* Motschulsky

寄主：澳洲吹绵蚧，辽宁松干蚧，马尾松干蚧，日本履绵蚧，桑树履绵蚧

分布：华南，西南，华中，华东，华北，东北

41. 八斑红瓢虫 *Rodolia octoguttata* Weise

寄主：石榴毡蚧

分布：云南，四川，贵州

42. 小红瓢虫 *Rodoliapumila* Weise

寄主：澳洲吹绵蚧

分布：广东，云南，福建

43. 大红瓢虫 *Rodolia rufopilosa* Mulsant

寄主：澳洲吹绵蚧 黄毛吹绵蚧

分布：广东，广西，湖南，湖北，四川，陕西，福建，浙江，江苏

44. 黑背毛瓢虫 *Scymnus babai* Sasaji

寄主：粉蚧

分布：湖北，浙江，江苏，山东，北京，辽宁，吉林

45. 黑襟毛瓢虫 *Scymnus hoffmanni* Weise

寄主：粉蚧

分布：湖南，河南，福建，浙江，江苏，北京

46. 日本小瓢虫 *Scymnus japonicus* Weise

寄主：桑白盾蚧，考氏白盾蚧
分布：贵州
47. 台湾小瓢虫 *Scymnus sodalis* (Weise)
寄主：粉蚧
分布：广东，四川，江苏，台湾
48. 刀角瓢虫 *Serangium japinicum* Chapin
寄主：日本龟蜡蚧
分布：广东，四川，浙江，台湾
49. 红额艳瓢虫 *Sticholotis ruficeps* Weise
寄主：盾蚧
分布：广东
50. 柄斑粒眼瓢虫 *Sumnius uestitus* (Mulsant)
寄主：粉蚧，盾蚧
分布：云南，四川
51. 云南刻眼瓢虫 *Sumnius yunnanus* Mader
寄主：盾蚧，粉蚧
分布：云南
52. 整胸寡节瓢虫 *Telsimia emarginata* Chapin
寄主：黑褐圆盾蚧，红肾圆盾蚧，松栉圆盾蚧，黑片盾蚧
分布：广东，四川，福建，浙江
53. 会理寡节瓢虫 *Telsimia huiliensis* Pang et Mao
寄主：盾蚧
分布：四川
54. 金阳寡节瓢虫 *Telsimia jinyangiensis* Pang et Mao
寄主：盾蚧
分布：四川
55. 中原寡节瓢虫 *Telsimia nigra centralis* Pang et Mao
寄主：黑片盾蚧，黑褐圆盾蚧
分布：四川，福建
56. 四川寡节瓢虫 *Telsimia sichuanensis* Pang et Mao
寄主：桑白盾蚧，黑片盾蚧
分布：四川
57. 厚缘四节瓢虫 *Tetrabrachys kozloui* (Barovsky)
寄主：澳洲吹绵蚧 日本履绵蚧
分布：山西，北京

六、脉翅目 NEUROPTERA

（一）粉蛉科 Coniopterygidae
1. 彩色异粉蛉 *Heteroconis picticornis* (Banks)
寄主：粉蚧
分布：广东

（二）褐蛉科 Hemerobiidae
1. 全北褐蛉 *Hemerobius humuli* L.
寄主：松干蚧，粉蚧
分布：西南，西北，华东，华北，东北
2. 点线脉褐蛉 *Micromus multipunctatas* Matsumura
寄主：石榴毡蚧，考氏白盾蚧
分布：贵州
3. 薄叶脉线蛉 *Neuronema laminata* Tjeder
寄主：辽宁松干蚧
分布：辽宁
4. 替氏薄叶脉线蛉 *Neuronema tjeder* Kimmins
寄主：辽宁松干蚧
分布：辽宁

（三）益蛉科 Sympherohiidae
1. 松蚧益蛉 *Sympherobius matsucocciphagus* Yang
寄主：辽宁松干蚧
分布：辽宁
2. 卫松益蛉 *Sympherobius weisong* Yang
寄主：马尾松干蚧，中华松干蚧
分布：浙江，江西

（四）草蛉科 Chrysopidae
1. 红肩尾草蛉 *Chrysocerca formosana* (Okamota)
寄主：桑白盾蚧
分布：广东，福建，台湾
2. 白线草蛉 *Chrysopa albolineata* Killigton
寄主：多种蚧虫
分布：华南

3. 丽草蛉 *Chrysopa formosa* Brauer
寄主：桑白盾蚧
分布：广东，台湾

4. 多斑草蛉 *Chrysopa intima* Maclachlan
寄主：辽宁松干蚧，海松干蚧
分布：陕西，甘肃，辽宁，黑龙江

5. 牯岭草蛉 *Chrysopa kulingensis* Navas
寄主：马尾松干蚧，辽宁松干蚧，中华松干蚧
分布：广西，湖南，江西，福建，浙江，山东，河北，北京，辽宁

6. 大草蛉 *Chrysopa septempunctata* Wesmael
寄主：马尾松干蚧，辽宁松蚧，粉蚧
分布：全国

7. 晋草蛉 *Chrysopa shansiensis* Kuwayama
寄主：马尾松干蚧，桑白盾蚧，梨笠圆盾蚧
分布：湖北，江西，河南，浙江，江苏，山东，河北

8. 中华草蛉 *Chrysopa sinica* Tjeder
寄主：桑白盾蚧，月季白轮盾蚧，石榴毡蚧
分布：全国

七、蛇蛉目 PAPHIDIOPTERA

（一）盲蛇蛉科 Inocelliidae
1. 盲蛇蛉 *Inocellia crassicornis* Schummel
寄主：辽宁松干蚧，马尾松干蚧
分布：浙江，辽宁

八、鳞翅目 LEPIDOPTERA

（一）举肢蛾科 Heliodinidae
1. 北京举肢蛾 *Beijinga utila* Yang
寄主：皱大球坚蚧
分布：河北，北京，甘肃，宁夏

九、双翅目 DIPTERA

（一）瘿蚊科 Cecidomyiidae
1. 松干蚧盗瘿蚊 *Lestodiplosis* sp.
寄主：马尾松干蚧，辽宁粉干蚧，云南松干蚧
分布：云南，浙江，江苏，山东，辽宁

（二）食蚜蝇科 Syrphidae
1. 黑带食蚜蝇 *Epistrophe balteata* de Green
寄主：辽宁松干蚧
分布：辽宁

2. 斜斑鼓额食蚜蝇 *Lasiopticus pyrastri* (L.)
寄主：辽宁松干蚧
分布：辽宁

3. 月斑鼓额食蚜蝇 *Lasiopticus selenitica* (Meigen)
寄主：辽宁松干蚧
分布：辽宁

4. 刻点小食蚜蝇 *Paragus tibialis* Fallen
寄主：水木坚蚧
分布：辽宁

5. 凹带食蚜蝇 *Syrphus nitens* Zetterstedt
寄主：桑白盾蚧
分布：辽宁

6. 陕带食蚜蝇 *Syrphus serarius* Wiedemann
寄主：柳蛎盾蚧
分布：辽宁

十、膜翅目 HYMENOPTERA

（一）金小蜂科 Pteromalidae
1. 黑盔蚧长盾金小蜂 *Anysis saissetiae* (Ashmead)
寄主：橄榄黑盔蚧，咖啡黑盔蚧，乌黑副盔蚧等多种黑盔蚧，日本龟蜡蚧，红蜡蚧
分布：河南，浙江，广东，海南，云南，台湾

2. 长盾金小蜂 *Anysis* sp.
寄主：佛州龟蜡蚧
分布：福建

3. 红蚧宽缘金小蜂 *Pachyneuron* sp.
寄主：栗红蚧
分布：浙江

4. 粉蚧宽缘金小蜂 *Pachyneuron* sp.
寄主：乳突绿粉蚧
分布：广西

5. 丁香蜡蚧宽缘金小蜂 *Pachyneuron syringae* Xie et Yang
寄主：球蚧

分布：甘肃（兰州）

(二) 姬小蜂科 Eulophidae

1. 蜡蚧褐腰啮小蜂 *Tetrastichus ceroplatae* (Girautt)
寄主：日本龟蜡蚧，佛州龟蜡蚧，红龟蜡蚧
分布：河南，浙江，福建

2. 胶蚧红眼啮小蜂 *Tetrasichus purpureus* Cameron
寄主：紫胶蚧，东方肾圆盾蚧，乌黑副盔蚧，红龟蜡蚧
分布：广东，湖南，云南

3. 蛎盾蚧啮小蜂 *Tetrasichus sp.*
寄主：朝鲜癞蛎盾蚧
分布：辽宁

4. 红蚧啮小蜂 *Tetrastichus sp.*
寄主：栗红蚧
分布：浙江

(三) 扁股小蜂科 Elasmidae

1. 胶蚧扁股小蜂 *Elasmus claripennis* Cameron
寄主：紫胶蚧
分布：华南

(四) 蚜小蜂科 Aphelinidae

1. 竹蚧扁蚜小蜂 *Aphelosoma plana* Nikolsakja
寄主：竹链蚧
分布：福建

2. 黄片蚧黄蚜小蜂 *Aphytis acalcaratus* Ren
寄主：黄片盾蚧
分布：广东

3. 非洲黄蚜小蜂 *Aphytis africanus* Quednau
寄主：红肾圆盾蚧，褐圆盾蚧，费氏林圆盾蚧
分布：福建，广东

4. 奥黄蚜小蜂 *Aphytis aonidiae* (Mercet)
寄主：紫蛎盾蚧，长蛎盾蚧，糠片盾蚧，黑片盾蚧，红肾圆盾蚧，黄肾圆盾蚧，矢尖盾蚧
分布：广东，福建，江西，湖南

5. 樟雪蚧黄蚜小蜂 *Aphytis chionaspis* Ren
寄主：樟雪盾蚧
分布：广西

6. 金黄蚜小蜂 *Aphytis chrysomphali* (Mercet)
寄主：红肾圆盾蚧，黄肾圆盾蚧，黑褐圆盾蚧，橙褐圆盾蚧，椰圆盾蚧，常春藤圆盾蚧，棕突圆盾蚧，三栉网纹圆盾蚧，梨笠圆盾蚧，桑白盾蚧，日本长白盾蚧，仙人掌白背盾蚧，蔷薇白轮盾蚧，刺盾蚧，糠片盾蚧，黑片盾蚧，矢尖雪盾蚧，榆蛎盾蚧，松癞蛎盾蚧，广食褐软蚧
分布：上海，江苏，浙江，福建，江西，四川，广东，台湾，香港

7. 康氏黄蚜小蜂 *Aphytis comperei* DeBach et Rosen
寄主：红肾圆盾蚧，褐圆盾蚧，糠片盾蚧，紫蛎盾蚧
分布：福建，四川，广东，广西，香港

8. 长蛎蚧黄蚜小蜂 *Aphytis ckrnuaspis* Huang
寄主：长蛎盾蚧
分布：福建

9. 狄氏黄蚜小蜂 *Aphytis debachi* Azim
寄主：橘矢尖盾蚧
分布：福建，香港

10. 双黄蚜小蜂 *Aphytis diaspidis* (Howard)
寄主：红肾圆盾蚧，黑褐圆盾蚧，橙褐圆盾蚧，常春藤圆盾蚧，梨笠圆盾蚧，棕突圆盾蚧，桂花突圆盾蚧，仙人掌白背盾蚧，菠萝白盾蚧，桑白盾蚧，蔷薇白轮盾蚧，榆蛎盾蚧，长蛎盾蚧
分布：广东，四川，福建

11. 长并胸黄蚜小蜂 *Aphytis elongates* Huang
寄主：竹蛎盾蚧
分布：福建

12. 红圆蚧黄蚜小蜂 *Aphytis fisheri* DeBach
寄主：红肾圆盾蚧
分布：中国台湾

13. 戈氏黄蚜小蜂 *Aphytis gordoni* DeBach et Rosen
寄主：长蛎盾蚧，紫蛎盾蚧，橘矢尖盾蚧，卫矛矢尖盾蚧
分布：广东，广西，香港

14. 糠片蚧黄蚜小蜂 *Aphytis hispanicus* (Mercet)

寄主：糠片盾蚧，茉莉片盾蚧，红肾圆盾蚧，褐圆盾蚧，橙褐圆盾蚧，常春藤圆盾蚧

分布：福建，湖南，四川，广东，广西，贵州，台湾

15. 褐圆蚧纯黄蚜小蜂 *Aphytis holoxanthus* DeBach

寄主：褐圆盾蚧，常春藤圆盾蚧，仙人掌白背盾蚧

分布：福建，广东，广西，台湾，香港

16. 惠东黄蚜小蜂 *Aphytis huidongensis* Huang

寄主：松突圆盾蚧

分布：广东

17. 无斑黄蚜小蜂 *Aphytis immaculatus* Compere

寄主：蛎盾蚧，肾圆盾蚧，褐圆盾蚧

分布：广东，台湾

18. 紫蛎蚧黄蚜小蜂 *Aphytis lepidosaphes* Compere

寄主：紫蛎盾蚧

分布：福建，广东，云南，台湾

19. 梁氏黄蚜小蜂 *Aphytis liangi* Huang

寄主：盾蚧

分布：广东

20. 费氏圆蚧黄蚜小蜂 *Aphytis lindingaspis* Huang

寄主：费氏林圆盾蚧

分布：福建

21. 岭南黄蚜小蜂 *Aphytis lingnanensis* (Compere)

寄主：红肾圆盾蚧，黄肾圆盾蚧，褐圆盾蚧，橙褐圆盾蚧，常春藤圆盾蚧，棕突圆盾蚧，三叶网纹圆盾蚧，椰圆盾蚧，刺盾蚧，仙人掌白背盾蚧，橘矢尖盾蚧，紫蛎盾蛎

分布：浙江，福建，广东，台湾

22. 长尾黄蚜小蜂 *Aphytis longicaudus* Rosen et DeBach

寄主：三叶网纹圆盾蚧 樟网纹圆盾蚧

分布：香港

23. 斑角黄蚜小蜂 *Aphytis maculicornis* (Masi)

寄主：褐圆盾蚧

分布：广东

24. 盾蚧黄蚜小蜂 *Aphytis mazalae* DeBach et Rosen

寄主：褐圆盾蚧，九里香白轮盾蚧，糠片盾蚧，长蛎盾蚧

分布：广东，台湾

25. 印巴黄蚜小蜂 *Aphytis melinus* DeBach

寄主：红肾圆盾蚧，黄肾圆盾蚧，橙褐圆盾蚧，梨笠圆盾蚧，椰圆盾蚧，常春藤圆盾蚧，仙人掌白背盾蚧，栉盾蚧，糠片盾蚧

分布：广东

26. 密黄蚜小蜂 *Aphytis mytilaspidis* (Le Baron)

寄主：糠片盾蚧，黑片盾蚧，红肾圆盾蚧，黄肾圆盾蚧，梨笠圆盾蚧，常春藤圆盾蚧，紫牡蛎盾蚧，长牡蛎盾蚧

分布：福建，江西，广西

27. 桑盾蚧黄蚜小蜂 *Aphytis proclis* (Walker)

寄主：桑白盾蚧，梨笠圆盾蚧，杨笠圆盾蚧，橙褐圆盾蚧，红肾圆盾蚧，棕突圆盾蚧，柳雪盾蚧，乌柳雪盾蚧，矢尖雪盾蚧山茶片盾蚧，糠片盾蚧，黑片盾蚧，榆蛎盾蚧，长蛎盾蚧，紫蛎盾蚧，日本长白盾蚧，梨牡蛎盾蚧

分布：山西，上海，江苏，浙江，江西，陕西，四川，重庆，福建，广东，新疆，台湾

28. 矢尖盾蚧黄蚜小蜂 *Aphytis unaspidis* Rose et Rosen

寄主：矢尖盾蚧

分布：福建，四川

29. 范氏黄蚜小蜂 *Aphytis uandenboschi* DeBach et Rosen

寄主：松突圆盾蚧

分布：广东

30. 纵带黄蚜小蜂 *Aphytis uittatus* (Compere)

寄主：茶癞蛎盾蚧

分布：福建

31. 云南黄蚜小蜂 *Aphytis yanonensis* DeBach et Rosen

寄主：矢尖盾蚧，常春藤圆盾蚧

分布：福建，四川，广东，贵州

32. 双色短索蚜小蜂 *Archenomus bicolor* Howard

寄主：竹鞘丝绵盾蚧

分布：福建，陕西

33. 裸带短索蚜小蜂 *Archenomus calvus* Viggiani et Ren

寄主：桑白盾蚧

分布：福建，广东

34. 劳氏短索蚜小蜂 *Archenomus lauri* Mercet

寄主：松突圆盾蚧

分布：福建，广东

35. 长棒短索蚜小蜂 *Archenomus longiclava* (Girault)

寄主：桑白盾蚧

分布：上海，江苏，浙江

36. 长角短索蚜小蜂 *Archenomus longcornis* (Nik)

寄主：桑白盾蚧

分布：浙江，江苏，上海

37. 海短索蚜小蜂 *Archenomus maritimus* (Nikol'skaja)

寄主：松突圆盾蚧

分布：广东

38. 东方短索蚜小蜂 *Archenomus crientalis* Silvestri

寄主：桑白盾蚧

分布：福建

39. 突并胸短索蚜小蜂 *Archenomus processus* Huang

寄主：桑白盾蚧

分布：江苏，福建

40. 孙氏短索蚜小蜂 *Archenomus sunae* Huang

寄主：竹巢粉蚧

分布：江苏

41. 盾蚧长缨蚜小蜂 *Aspidiotiphagus citrinus* (Mayr)

寄主：黑片盾蚧，椰圆盾蚧，黄肾圆盾蚧，桑白盾蚧，柳杉盾蚧

分布：江苏，浙江，福建，广东，四川，江西

42. 双带花角蚜小蜂 *Azotus perspeciosus* (Girault)

寄主：桑白盾蚧，褐圆盾蚧，樟网纹圆盾蚧，胡颓子白轮盾蚧，竹鞘丝绵盾蚧

分布：陕西，河南，上海，江苏，浙江，福建，四川

43. 松突圆盾蚧异角蚜小蜂 *Cocccbius azumai* Tachikawa

寄主：松突圆盾蚧

分布：广东

44. 橘盾蚧异角蚜小蜂 *Cocccbius flaviceps* (Girault et Dodd)

寄主：橘雪盾蚧

分布：四川

45. 黄鞭异角蚜小蜂 *Cocccbius flavicornis* (Compere et Annecke)

寄主：三叶网纹圆盾蚧，樟网纹圆盾蚧

分布：福建，广东，广西

46. 褐黄异角蚜小蜂 *Cocccbius fulvus* (Compere et Annecke)

寄主：矢尖盾蚧，橘雪盾蚧，日本长白盾蚧，珠兰白轮盾蚧，紫蛎盾蚧

分布：陕西，浙江，四川，贵州，福建，广东，台湾

47. 蛎盾蚧异角蚜小蜂 *Cocccbius testaceus* (Masi)

寄主：多种蛎盾蚧

分布：浙江，四川，山西

48. 桑名类食蚧蚜小蜂 *Coccohagoides* Kuwanae (Silvedtri)

寄主：桑白盾蚧，梨笠圆盾蚧

分布：江苏，福建，台湾

49. 黑食蚧蚜小蜂 *Coccophagus anthracinus* Compere

寄主：绵蚧

分布：浙江

50. 双带食蚧蚜小蜂 *Coccophagus bifasciatus* Howard

寄主：柑橘蚧虫

分布：南方诸省

51. 短毛食蚧蚜小蜂 *Coccophagus brevisetus* Huang

寄主：软蚧

分布：福建

52. 斑翅食蚧蚜小蜂 *Coccophagus ceroplastae* (Howard)

寄主：佛州龟蜡蚧，红龟蜡蚧，广食褐软蚧，刷毛绿绵蚧，柑橘树软蚧，乌黑副盔蚧，咖啡黑盔蚧，多角绿绵蚧，瘤大球坚蚧

分布：浙江，福建，四川，江西，广东，云南，广西，山东，台湾

53. 成都食蚧蚜小蜂 *Coccophagus chengtuensis* Sugonjaev et Peng

寄主： 日本龟蜡蚧，广食褐软蚧，柑橘绿绵蚧，日本球坚蚧

分布： 四川，河南，江西

54. 纯齿食蚧蚜小蜂 *Coccophangus crentus* Huang

寄主： 多角绿绵蚧

分布： 福建

55. 夏威夷食蚧蚜小蜂 *Coccophagus hawaiiensis* Timberlake

寄主： 日本龟蜡蚧，佛州龟蜡蚧，红龟蜡蚧，伪角蜡蚧，角蜡蚧，广食褐软蚧，多角绿绵蚧，水木坚蚧，杏树鬃球蚧，朝鲜褐球蚧，白腊囊粉蚧

分布： 河南，北京，天津，山东，上海，江苏，浙江，福建，广东，四川，云南，贵州，台湾

56. 赛黄盾食蚧蚜小蜂 *Coccophagus ishiii* Compere

寄主： 瘤大球坚蚧，红龟蜡蚧，绵蚧，软蚧，日本卷毛蚧

分布： 北京，山东，陕西，浙江

57. 日本食蚧蚜小蜂 *Coccophagus japonicus* Compere

寄主： 柑橘树软蚧，广食褐软蚧，红龟蜡蚧，角蜡蚧，伪角蜡蚧，日本龟蜡蚧，乌黑副盔蚧，柑橘绿绵蚧

分布： 北京，上海，江苏，浙江，福建，四川，广东，重庆，广西

58. 长带食蚧蚜小蜂 *Coccophagus longifasciatus* Howard

寄主： 日本龟蜡蚧

分布： 福建，四川

59. 赖食蚧蚜小蜂 *Coccophagus lycimnia* (Walker)

寄主： 朝鲜毛球蚧，水木坚蚧，日本龟蜡蚧，佛州龟蜡蚧，红龟蜡蚧，广食褐软蚧，柑橘树软蚧，长椭圆软蚧，葡萄绵蚧，柑橘绿绵蚧，咖啡黑盔蚧，橄榄黑盔蚧，乌黑副盔蚧

分布： 北京，河北，河南，山东，江西，福建，上海

60. 蜡蚧食蚧蚜小蜂 *Coccophagus modestus* Silvestri

寄主： 龟蜡蚧，软蚧类

分布： 湖南，浙江

61. 淡色食蚧蚜小蜂 *Coccophagus pallidis* Huang

寄主： 多角绿绵蚧，软蚧，盔蚧

分布： 福建

62. 假红食蚧蚜小蜂 *Coccophagus pseudococci* Compere

寄主： 康氏粉蚧

分布： 南方诸省

63. 美丽食蚧蚜小蜂 *Coccophagus pulchellus* Westwood

寄主： 软蚧类

分布： 福建

64. 黄盾食蚧蚜小蜂 *Coccophagus scutellaris* (Dalman)

寄主： 广食褐软蚧，柑橘树软蚧，长椭圆软蚧，柑橘绿绵蚧，咖啡黑盔蚧，橄榄黑盔蚧，乌黑副盔蚧，水木坚蚧

分布： 吉林，辽宁，江西，四川

65. 食蚧蚜小蜂 *Coccophagus siluestrii*

寄主： 广食褐软蚧，日本龟蜡蚧，多角绿绵蚧，刷毛绿绵蚧，柑橘堆粉蚧

分布： 福建，江西，四川，广东，湖南

66. 绿绵蚧食蚧蚜小蜂 *Coccophagus tibialis* Compere

寄主： 刷毛绿绵蚧

分布： 中国台湾

67. 金堂食蚧蚜小蜂 *Coccophagus uiator* Sugonjaev

寄主： 绿绵蚧，广食褐软蚧

分布： 四川

68. 黑色食蚧蚜小蜂 *Coccophagus yoshidae* Nakayama

寄主： 广食褐软蚧，柑橘树软蚧，红蜡蚧，角蜡蚧，日本龟蜡蚧，多角绿绵蚧，瘤大球坚蚧

分布： 河南，北京，山东，江苏，上海，浙江，江西，福建，广东，四川，贵州

69. 蛎盾蚧恩蚜小蜂 *Encarsia affectata* Silvestri

寄主： 蛎盾蚧

分布： 云南

70. 友恩蚜小蜂 *Encarsia amiculata* Viggiani et Ren

寄主：松突圆盾蚧

分布：广东

71. 红圆蚧恩蚜小蜂 *Encarsia aurantii* (Howard)

寄主：红肾圆盾蚧，黄肾圆盾蚧，褐圆盾蚧，桑白盾蚧，

日本长白盾蚧，黑片盾蚧，长蛎盾蚧，紫蛎盾蚧，榆蛎盾蚧

分布：上海，江苏，浙江，湖南，福建，四川，广东，贵州

72. 桑盾蚧恩蚜小蜂 *Encarsia berlesei* (Howard)

寄主：桑白盾蚧

分布：浙江，福建

73. 长缨恩蚜小蜂 *Encarsia citrina* (Compere)

寄主：褐圆盾蚧，黄肾圆盾蚧，红肾圆盾蚧，松突圆盾蚧，椰圆盾蚧，糠片盾蚧，黑片盾蚧，日本长白盾蚧，矢尖盾蚧，长蛎盾蚧，紫蛎盾蚧

分布：上海，江苏，浙江，福建，江西，湖南，广东，广西，台湾

74. 长恩蚜小蜂 *Encarsia elingata* (Dozier)

寄主：长蛎盾蚧，褐圆盾蚧，红肾圆盾蚧，黑片盾蚧

分布：江苏，湖南，福建，四川，广东，中国台湾

75. 带恩蚜小蜂 *Encarsia fasciata* (Malenotti)

寄主：松突圆盾蚧

分布：广东

76. 黄胸恩蚜小蜂 *Encarsia gigas* (Tshumakova)

寄主：杨笠圆盾蚧

分布：黑龙江

77. 糠片蚧恩蚜小蜂 *Encarsia inquirenda* (Silvestri)

寄主：糠片盾蚧，褐圆盾蚧，桔雪盾蚧，长蛎盾蚧

分布：湖南，福建，广东，广西

78. 长腹恩蚜小蜂 *Encarsia ishii* (Silvestri)

寄主：柑橘蚧虫

分布：江苏，四川，广西

79. 盾蚧恩蚜小蜂 *Encarsia lilyingae* Viggiani et Ren

寄主：盾蚧（竹）

分布：广东

80. 单毛长缨恩蚜小蜂 *Encarsia lounsburyi* (Berlese et Paoli)

寄主：黑片盾蚧，糠片盾蚧，矢尖盾蚧，突圆盾蚧

分布：福建，四川，广东，台湾

81. 斑点恩蚜小蜂 *Encarsia maculate* (Howard)

寄主：紫蛎盾蚧

分布：南方诸省

82. 纳恩蚜小蜂 *Encarsia niigatae* (Nakayama)

寄主：桑白盾蚧

分布：中国台湾

83. 片盾蚧恩蚜小蜂 *Encarsia perniciosi* Tower

寄主：长蛎盾蚧，糠片盾蚧，梅牡蛎盾蚧，松栉圆盾蚧

分布：浙江，江西，广东，江苏

84. 扁平恩蚜小蜂 *Encarsia plana* Viggiani et Ren

寄主：竹链蚧

分布：福建，广东

85. 单恩蚜小蜂 *Encarsia singularis* (Silvestri)

寄主：紫蛎盾蚧

分布：中国台湾

86. 瘦柄花翅蚜小蜂 *Marietta carnesi* (Howard)

寄主：日本长白盾蚧，桑白盾蚧，褐圆盾蚧，松突圆盾蚧，椰圆盾蚧，三叶网纹圆盾蚧，红肾圆盾蚧，梨笠圆盾蚧，紫蛎盾蚧，糠片盾蚧，黑片盾蚧，竹巢粉蚧，白尾安粉蚧，长尾堆粉蚧，石栗伪蜡蚧，象鼻单蜕盾蚧

分布：陕西，江苏，上海，浙江，福建，湖南，四川，广东，广西

87. 豹纹花翅蚜小蜂 *Marietta picta* (Andre)

寄主：日本龟蜡蚧，瘤大球坚蚧，软蚧，康氏粉蚧，梨毡蚧，石榴囊毡蚧，日本长白盾蚧，矢尖盾蚧，柑橘绿绵蚧

分布：河北，河南，湖北，上海，四川

88. 长白蚧长棒蚜小蜂 *Marlattiella prima* Howard

寄主：日本长白盾蚧，梨片盾蚧，长蛎盾蚧

分布：天津，浙江，江西，福建，四川

89. 澳洲鬃翅蚜小蜂 *Proaphelinoides australis*

Giraw

寄主：箬竹链蚧

分布：广西

90. 浅三角片四节蚜小蜂 *Pteroptrix albocineta* (Flanders)

寄主：黄肾圆盾蚧

分布：福建，台湾，香港

91. 中华四节蚜小蜂 *Pteroptrix chinensis* (Howard)

寄主：红肾圆盾蚧，黄肾圆盾蚧，褐圆盾蚧，梨笠圆盾蚧，椰圆盾蚧，松突圆盾蚧，三叶网纹圆盾蚧，糠片盾蚧，日本长白盾蚧，桑白盾蚧，蔷薇白轮盾蚧，水木坚蚧，榆皱球坚蚧

分布：江苏，浙江，河北，河南，福建，四川，广东，上海

92. 四节蚜小蜂 *Pteroptrix koebelei* (Howard)

寄主：葡萄雪盾蚧

分布：香港

93. 斯氏四节蚜小蜂 *Pteroptrix smithi* (Compere)

寄主：褐圆盾蚧，红肾圆盾蚧

分布：福建，广东，台湾

94. 万县四节蚜小蜂 *Pteroptrix wanhsiensis* (Compere)

寄主：红肾圆盾蚧

分布：四川

(五) 跳小蜂科 Encyrtidae

1. 轮盾蚧长角跳小蜂 *Adelencyrtus aulacaspidis* (Brethes)

寄主：梅牡蛎盾蚧，桑白盾蚧

分布：江苏，广西，浙江

2. 短尾长角跳小蜂 *Adelencyrtus brachycaudae* Xu et Shi

寄主：盾蚧（海桐）

分布：湖南

3. 中华长角跳小蜂 *Adelencyrtus chinensis* Xu et Shi

寄主：矢尖盾蚧

分布：湖南

4. 柳蛎蚧跳小蜂 *Anabrolepis extranea* Timberlake

寄主：柳蛎盾蚧，红肾圆盾蚧，红龟蜡蚧，樟网盾蚧

分布：辽宁，吉林，黑龙江

5. 榆蛎盾蚧跳小蜂 *Anabrolepis zetterstedti* Westw.

寄主：榆蛎盾蚧

分布：青海

6. 粉蚧长索跳小蜂 *Anagyrus dactylopii* (Howard)

寄主：柑橘棘粉蚧，康氏粉蚧，长尾堆粉蚧，竹灰球粉蚧

分布：上海，江苏，浙江，福建，山东，广东，广西

7. 绵粉蚧长索跳小蜂 *Anagyrus schoenherri* (Westwood)

寄主：白蜡绵粉蚧，柿树白毡蚧

分布：河南

8. 粉蚧跳小蜂 *Anagyrus xubalbipes* Ishii

寄主：橘小粉蚧等粉蚧

分布：广西，辽宁，河北，山东，陕西，四川，云南，贵州，广东，湖北，湖南，福建，台湾

9. 角蜡蚧扁角跳小蜂 *Anicetus aff* Ceropitis

寄主：角蜡蚧

分布：浙江

10. 软蚧扁角跳小蜂 *Anicetus annulatus* Timberlake

寄主：广食褐软蚧，柑橘树软蚧，柑橘绿绵蚧，日本龟蜡蚧

分布：上海，江苏，浙江，湖北，四川

11. 红蜡蚧扁角跳小蜂 *Anicetus benificus* Ishii et Yasumatsu

寄主：红蜡蚧，角蜡蚧，日本龟蜡蚧

分布：上海，浙江，河南

12. 蜡蚧扁角跳小蜂 *Anicetus ceroplastis* Ishii

寄主：日本龟蜡蚧，角蜡蚧，伪角蜡蚧，刷毛绿绵蚧，红龟蜡蚧，桑白盾蚧

分布：山东，江苏，浙江，湖北，广东，广西，海南，湖南，河南，江西，陕西

13. 霍氏扁角跳小蜂 *Anicetus hayat* Howardi

寄主：日本龟蜡蚧

分布：浙江

14. 红帽蜡蚧扁角跳小蜂 *Anicetus ohgushii* Tachikawa

寄主：日本龟蜡蚧，红帽龟蜡蚧，佛州龟蜡蚧，红龟蜡蚧

分布：河南，山东，浙江，广东，四川，重庆，福建

15. 浙江扁角跳小蜂 Anicetus zhejangensis Xu et Li

寄主：角蜡蚧，日本龟蜡蚧

分布：浙江

16. 微食短缘跳小蜂 Apterencyrtus microphagus (Mayr)

寄主：桑白盾蚧，胡颓子白轮盾蚧

分布：浙江，江苏，上海，甘肃

17. 长棒跳小蜂 Arrhenophagus chionas-pidisi Girault

寄主：松突圆盾蚧，桑白盾蚧

分布：广东，江苏，浙江，上海

18. 中国花角跳小蜂 Blastothrix chinensis Shi

寄主：栗红蚧

分布：浙江

19. 球蚧花角跳小蜂 Blastothrix sericea (Dalman)

寄主：水木坚蚧，瘤大球坚蚧，天山球坚蚧，榆皱球坚蚧，吐伦褐球蚧，朝鲜毛球蚧，棒球蜡蚧，桃球蜡蚧，杨绵蚧，长椭圆软蚧

分布：新疆，河南

20. 方柄扁角跳小蜂 Cerapteroceroides sp.

寄主：白蜡蚧，日本龟蜡蚧，红龟蜡蚧，日本纽绵蚧

分布：河南，湖南，四川

21. 郑州扁角跳小蜂 Cerapteroceroides zhengzhouensis Shi

寄主：日本龟蜡蚧

分布：河南

22. 长缘刷盾跳小蜂 Cheiloneurus clariger Thomson

寄主：朝鲜球坚蚧，朝鲜褐球蚧，栎球坚蚧，刺槐球坚蚧，水木坚蚧，日本龟蜡蚧，柳蛎盾蚧，癞蛎盾蚧，松针长蛎盾蚧，小红蚧，白蜡蚧

分布：辽宁，河北，陕西，浙江，江西，湖南

23. 栎长缘刷盾跳小蜂 Cheiloneurus quercus Mayr

寄主：白蜡绵粉蚧

分布：河南，陕西

24. 粉蚧蓝绿跳小蜂 Clausenia purpurea Ishii

寄主：柑橘棘粉蚧，康氏粉蚧

分布：浙江，福建，四川

25. 白兰盾蚧跳小蜂 Coccidencyrtus exignus John et Ren

寄主：长蛎盾蚧，锯腹细蛎盾蚧

分布：广东

26. 双带巨角跳小蜂 Comperiella bifasciata Howard

寄主：红肾圆盾蚧，黄肾圆盾蚧，褐圆盾蚧，橙褐圆盾蚧，杨笠圆盾蚧，松突圆盾蚧，红龟蜡蚧，柳杉圆盾蚧

分布：上海，江苏，浙江，湖南，广东，广西，四川，云南，内蒙古，江西，山东，福建，黑龙江

27. 单带巨角跳小蜂 Comperiella unifasciata Ishii

寄主：椰圆盾蚧，红肾圆盾蚧，樟网盾蚧，红龟蜡蚧，柳杉圆盾蚧

分布：上海，浙江，广东，四川，江西，湖南

28. 球蚧跳小蜂 Encyrtus lecanicaorum (Mayr)

寄主：广食褐软蚧，乌黑副盔蚧，橄榄黑盔蚧以及多种球坚蚧

分布：广东

29. 刷盾短缘跳小蜂 Encytus sasakii Ishii

寄主：日本纽绵蚧，水木坚蚧，昆明球坚蚧，瘤大球坚蚧，朝鲜球坚蚧，蔷薇白轮盾蚧，小红蚧，日本龟蜡蚧

分布：辽宁，河北，浙江，上海，四川，河南，陕西，江西，湖南

30. 桑盾蚧跳小蜂 Epitetracnemuscomis John et Ren

寄主：桑白盾蚧

分布：广东

31. 梅蛎盾蚧跳小蜂 Epitetracnemus lindin-gaspidis (Tachikawa)

寄主：梅牡蛎盾蚧

分布：广西

32. 绵蚧阔柄跳小蜂 *Metaphycus puluinariae* (Howard)

寄主：柑橘绿绵蚧，杨绵蚧，广食褐软蚧，石榴囊毡蚧，乌黑副盔蚧，日本龟蜡蚧，红龟蜡蚧，白蜡绵粉蚧

分布：吉林，辽宁，湖北，上海，浙江，四川，广东，陕西，河南

33. 蜡蚧阔柄跳小蜂 *Metaphycus tamakatakaigara* Tachikawa

寄主：白蜡蚧，白蜡绵粉蚧

分布：河南，浙江，江西

34. 龟蜡蚧花翅跳小蜂 *Microterys cero-phastae* Prinsloo

寄主：日本龟蜡蚧，皱大球坚蚧，红龟蜡蚧

分布：河南，浙江，江西

35. 球蚧花翅跳小蜂 *Microterys clauseni* Compere

寄主：朝鲜球坚蚧，日本龟蜡蚧，伪角蜡蚧，日本卷毛蚧，箬竹链蚧，竹巢粉蚧

分布：北京，河南，山东，浙江，四川，广西，陕西，江西

36. 褐软蚧花翅跳小蜂 *Microterys ditaeniatus*

寄主：广食褐软蚧

分布：广东

37. 白蜡蚧花翅跳小蜂 *Microterys ericeri* Ishii

寄主：白蜡蚧，柑橘绿绵蚧

分布：辽宁，河北，湖南，上海，江苏，浙江，云南，四川，江西

38. 黄色花翅跳小蜂 *Microterys flavus* (Howard)

寄主：日本龟蜡蚧，佛州龟蜡蚧，红龟蜡蚧，柿绿绵蚧，褐圆盾蚧

分布：广西，福建

39. 湖南花翅跳小蜂 *Microterys hunanensis* Xu et Shi

寄主：球蚧

分布：湖南

40. 桑名花翅跳小蜂 *Microterys Ruwanae* Ishii

寄主：栗红蚧

分布：浙江

41. 球蚧花翅跳小蜂 *Microterys lunatus* Dalman

寄主：皱大球坚蚧

分布：陕西，宁夏

42. 草履蚧花翅跳小蜂 *Microterys rufofulvus* Ishii

寄主：日本履绵蚧，柿树白毡蚧

分布：贵州，陕西

43. 蜡蚧花翅跳小蜂 *Microterys speciosus* Ishii

寄主：日本龟蜡蚧，红龟蜡蚧，红帽龟蜡蚧

分布：河南，浙江，福建，四川，江西

44. 云南花翅跳小蜂 *Microterys yunnanensis* Tan et Zheng

寄主：蜡蚧

分布：云南

45. 粉蚧玉棒跳小蜂 *Pseudaphycus malinus* Gahan

寄主：康氏粉蚧，杨棉蚧，石榴囊毡蚧，柿树白毡蚧，广食褐软蚧

分布：辽宁，河北，山东，上海，湖南

46. 红蚧细柄跳小蜂 *Psilophrys tenuicornis* Graham

寄主：栗红蚧

分布：河南，浙江

47. 黄胸胶蚧跳小蜂 *Tachardiae phagus tachardiae* Ashmead

寄主：紫胶蚧

分布：福建，四川，广东，广西，云南

48. 盾蚧多索跳小蜂 *Phomnisca typica* (Mercet)

寄主：桑白盾蚧

分布：浙江，上海

49. 盾蚧跳小蜂 *Zaomma lambinus* Walker

寄主：榆蛎盾蚧

分布：青海

(六) 棒小蜂科 Thysanidae

1. 粉蚧棒小蜂 *Chartocerus sp.*

寄主：长尾堆粉蚧，红背桂粉蚧

分布：广西

2. 黄棒小蜂 *Signiphora flauella* Nikolskaya

寄主：松突圆盾蚧

分布：广东

3. 白轮蚧棒小蜂 *Thysanus sp.*

寄主：樟白轮盾蚧

分布：广东

（七）旋小蜂科 Eupelmidae

1. 胶蚧旋小蜂 *Eupelmus tachardiae* Howard

寄主：紫胶蚧

分布：华南

（八）缨小蜂科 Mymaridae

1. 片盾蚧缨翅缨小蜂 *Anagrus sp.*

寄主：片盾蚧

分布：广东

（九）茧蜂科 Braconidae

1. 紫胶茧蜂 *Bracon greeni* Ashmead

寄主：紫胶科

分布：华南

（十）缘腹细蜂科 Scelionidae

1. 蜡蚧黑卵蜂 *Telenomus sp*

寄主：褐圆盾蚧，石栗伪蜡蚧

分布：广西

（十一）蚁科 Formicidae

棕褐沙林蚁 *Formica rufibarbis sinal* Emery

寄主：辽宁松干蚧

分布：山东

十一、蜘蛛目 ARANEIDA

（一）球腹蛛科 Theridiidae

温室希珠 *Achaearanea tepidariorum* Koch

寄主：桑白盾蚧

分布：贵州

（二）地蛛科 Atypidae

1. 地蛛 *Atypus sp.*

寄主：桑白盾蚧

分布：贵州

（三）隆头蛛科 Eresidae

1. 黑隆头蛛 *Eresus niger* (Patagna)

寄主：辽宁松干蚧

分布：山东，山西，辽宁，吉林，黑龙江

（四）卷叶蛛科 Dictynidae

1. 黑斑卷叶蛛 *Dictyna felis* Boes et Str.

寄主：卫矛矢尖盾蚧

分布：浙江，湖南，山西，山东，河南，河北，辽宁，吉林，陕西，宁夏，甘肃，青海，台湾

（五）类石蛛科 Segestriidae

1. 侧树皮蛛 *Ariadna lateralis* (Karsch)

寄主：辽宁松干蚧

分布：浙江，山东，辽宁，台湾

（六）壁钱科 Urocteidae

1. 北国壁钱 *Uroctea lesserti* Schenkel

寄主：柳蛎盾蚧

分布：河南，河北，北京，辽宁，吉林，黑龙江，甘肃

（七）圆蛛科 Araneidae

1. 杂晃斑圆蛛 *Araneus uariegatus* Yaginuma

寄主：柳蛎盾蚧

分布：河南，山东，辽宁，吉林

2. 绿腹新圆蛛 *Neoscona mellotteei* (Simon)

寄主：辽宁松干蚧

分布：河南，山东，辽宁

（八）球腹蛛科 Theridiidae

1. 横带球腹蛛 *Theridion ang ulithorax* Boes et Str.

寄主：柞毡蚧

分布：山东，辽宁，吉林，台湾

2. 八点球腹蛛 *Thierdion octomaculatum* Boes et Str.

寄主：康氏粉蚧

分布：广东，广西，湖南，湖北，四川，陕西，江西，福建，浙江，上海，江苏，安徽，山东，河南，河北，辽宁

（九）蟹蛛科 Thomisidae

1. 美丽羽蛛 *Oxyptila decorata* Karsch

寄主：辽宁松干蚧

分布：湖北，河南，陕西，宁夏，山东，辽宁，吉林

2. 拟德羽蛛 *Oxyptila pseudoblitea* Simeon

寄主：辽宁松干蚧

分布：北京，辽宁

十二、寄螨目 PARASITLFORMES

（一）植绥螨科 Phytoseiidae

1. 江原钝绥螨 *Amblyseius eharai* Amitai et Swirski

寄主：梅牡蛎盾蚧

分布：海南，广东，广西，福建，湖北，江苏，江西，湖南，河北，香港

2. 草栖钝绥螨 *Amblyseius herbicolus* (Chant)

寄主：松栉圆盾蚧

分布：海南，广东，广西，云南，贵州，四川，湖南，福建，辽宁，甘肃

3. 洛氏钝绥螨 *Amblyseius loni* Muma et Denmark

寄主：考氏白盾蚧，桑白盾蚧

分布：广东

4. 纽氏钝绥螨 *Amblyseius newsami* (Evans)

寄主：松栉圆盾蚧

分布：广东，福建，江西，江苏

5. 尼氏钝绥螨 *Amblyseius nicholsi* Ehara et Lea

寄主：松栉圆盾蚧

分布：广东

（二）大赤螨科 Anystidae

1. 圆果大赤螨 *Anystis baccarum* (L.)

寄主：辽宁松干蚧，矢尖盾蚧

分布：华南，华中，华东，华北，辽宁

（三）长须螨科 Stigmaeidae

1. 具瘤神蕊螨 *Agistemus exsertus* Gouzalez Rodriguy

寄主：矢尖盾蚧

分布：华南，西南，华中，华东，华北，辽宁

（四）半疥螨科 Hemisarcoptidae

1. 食蚧半疥螨 *Hemisarcoptes sp.*

寄主：柳蛎盾蚧，红肾圆盾蚧，椰圆盾蚧，常春藤圆盾蚧，褐圆盾蚧，棕榈栉圆盾蚧，紫牡蛎盾蚧，榆蛎盾蚧，桑白盾蚧，梨笠圆盾蚧，杨笠圆盾蚧

分布：辽宁

索引

蚧虫中文名索引

A

阿里白轮盾蚧	205,414
艾草品粉蚧	98,371
艾蒿匹粉蚧	111,377
凹叶复盾蚧	238,424
澳洲吹绵蚧	9,11,18,73,359
埃及吹绵蚧	72,359

B

巴氏星粉蚧	91,367
鲍氏囊毡蚧	116,379
北京牡蛎盾蚧	275,436
柏单蜕盾蚧	240,425
白蜡蚧	16,17,141,159,400
白腊绵粉蚧	99,372
百合并盾蚧	299,445
白桦球坚蚧	164,401
白桦雪盾蚧	222,418
白尾安粉蚧	78,360
白蚓线盾蚧	257,430
半球竹链蚧	127,133,389
菠萝灰粉蚧	87,364
波氏白背盾蚧	236,423
波斯胭珠蚧	69,358

C

茶并盾蚧	9,304,446
茶单蜕盾蚧	189,246,427
茶花白轮盾蚧	207,415
侧柏片盾蚧	292,442
樟木白轮盾蚧	218,417
茶片盾蚧	296,444
茶硬胶蚧	124
常春藤圆盾蚧	9,204,414
长鬃圆盾蚧	267,434
长刺粉蚧	105,374
昌都球链蚧	137,393
长丝盾蚧	250,399,428
长椭圆软蚧	156,399
长尾粉蚧	109
朝鲜褐球蚧	12,181,406
朝鲜癣蛎盾蚧	284,439
朝鲜毛球蚧	12,158,399
橙褐圆盾蚧	14,230,421
柽柳晋盾蚧	326,453
赤竹泥盾蚧	281,438
刺槐球坚蚧	164,401
刺洋圆盾蚧	282,438
莿竹扁粉蚧	82,362

D

大豆囊毡蚧	9,121,381
大球坚蚧	169
大叶白轮盾蚧	212,416
大戟齿片盾蚧	249,428
单叶并盾蚧	305,447
东方肾圆盾蚧	197,412
东京仁蚧	187,408
东亚蔗粉蚧	109,375
东瀛竹链蚧	131,388
杜梨毡蚧	116
多孔配粉蚧	78,360
多刺垒粉蚧	110,376
多角绿绵蚧	9,151,397
多腺单蜕盾蚧	243,426
杜鹃雪盾蚧	223,418
杜松皑粉蚧	85,364

F

泛布大脚蚧	169,402
番木瓜软蚧	9,154,398
费氏白轮盾蚧	209,415
凤梨白背盾蚧	237,423

佛州龟蜡蚧	9,172,404	合欢滇链蚧	136,392
		黑褐圆盾蚧	9,14,231,421
G		黑瘤壶链蚧	127,386
甘草胭珠蚧	69,358	黑麦条粉蚧	112,377
柑橘白轮盾蚧	9,206,414	黑毛鞋绵蚧	76,360
柑橘刺粉蚧	9,101,106,373	黑美片盾蚧	248,427
柑橘刺圆盾蚧	189,282,439	黑片盾蚧	9,298,445
柑橘堆粉蚧	97,370	黑松干蚧	357
柑橘地粉蚧	90,366	红豆杉肾圆盾蚧	198,412
柑橘棘粉蚧	374	红龟蜡蚧	146,396
柑橘尖盾蚧	332,456	红帽龟蜡蚧	172,403
柑橘绿绵蚧	148,397	红肾圆盾蚧	14,193,411
柑橘土粉蚧	110,376	胡颓子白轮盾蚧	208, 415
柑橘树软蚧	156,399	华栗红蚧	125,384
柑橘栖粉蚧	106,374	桦笠圆盾蚧	321,452
橄榄黑盔蚧	9,184,407	槐兰蜡链蚧	140
橄榄片盾蚧	293,443	槐牡蛎盾蚧	279,437
甘蔗白轮盾蚧	211,416	黄毛吹绵蚧	75,360
甘蔗灰粉蚧	9,86,364	黄片盾蚧	295,444
甘蔗小圆盾蚧	199,413	黄肾圆盾蚧	14,189,195,411
高桥白盾蚧	319	黄杨并盾蚧	301,445
格氏绵盾蚧	439	黄杨粕片盾蚧	287,441
葛氏牡蛎盾蚧	273,435	黄蚓线盾蚧	259,431
枸杞品粉蚧	98,371	灰黯圆盾蚧	190
枸杞堆粉蚧	96,370	桧并盾蚧	446
钩樟白轮盾蚧	210,415	桧柏蛎盾蚧	261,432
孤独条粉蚧	112,415	桧叶锤圆盾蚧	233,421
寡毛旌蚧	60,356	霍氏线盾蚧	257,431
广布竹链蚧	130,388		
广东白盾蚧	318,451	**J**	
广东竹链蚧	134,390	酱褐圆盾蚧	229,421
广食褐软蚧	9,155,398	角蜡蚧	9,142
龟背网纹蚧	163,400	睫毛球坚蚧	164
桂花栉圆盾蚧	253,429	京松癣蛎盾蚧	286,440
		旧北星粉蚧	90,366
H		旧北蔗粉蚧	111,376
鹤虱黑粉蚧	9,82,361	九龙安粉蚧	79,361
哈勃新并盾蚧	281,438	锯腹牡蛎盾蚧	268, 434
海边绵蚧	180,406	菊旌蚧	60,356
海桐白盾蚧	318,450	橘牡蛎盾蚧	275,436
海松干蚧	61,63,356	巨尾白盾蚧	315,450

巨竹安粉蚧	80,361	M	
K		马鞍山锥粉蚧	92,367
咖啡黑盔蚧	9,182,407	麻竹线盾蚧	256,430
糖片盾蚧	9,189,294,444	芒果白轮盾蚧	220,417
康氏粉蚧	9,18,77,107,374	芒果原绵蚧	178,405
考氏白盾蚧	9,12,311,448	毛缘软蚧	157,399
壳点红蚧	126,384	毛竹根毡蚧	123,382
柯树曼粉蚧	94,368	毛竹釉盾蚧	330,455
昆明龟蜡蚧	173,404	马尾松干蚧	62,357
昆明球坚蚧	167,401	梅白轮盾蚧	217,417
昆明柞链蚧	139,394	梅牡蛎盾蚧	271,435
		梅山刺粉蚧	104,373
L		蒙古草粉蚧	89,365
梾木牡蛎盾蚧	272,435	蒙古佳粉蚧	9,83,363
兰眼蛎盾蚧	233,422	茉莉并盾蚧	302,445
冷杉大圆盾蚧	240,425	茉莉片盾蚧	9,291,422
栎瘿蛎盾蚧	284,440	牡丹网盾蚧	308,447
栎类壶链蚧	129,386	木豆玻壳蚧	148,397
栗树柞链蚧	138,394	木荷壶链蚧	129,386
梨笠圆盾蚧	9,12,13,189,321,452	木槿曼粉蚧	9,93,368
梨牡蛎盾蚧	277,436	木薯白蛎盾蚧	199,412
梨片盾蚧	292,442	木犀雪盾蚧	224,419
梨星片盾蚧	290,441		
梨形原绵蚧	179,406	**N**	
藜根星粉蚧	91,367	楠崇化盾蚧	328,454
瘤大球坚蚧	165,401	楠木白轮盾蚧	213,416
留片线盾蚧	255,430	南洋刺粉蚧	103,373
柳树干毡蚧	17,120,381	南亚蚁软蚧	154,398
柳蛎盾蚧	22,189,262,432	内蒙黑粉蚧	81,361
柳杉圆盾蚧	201,413	拟刺白轮盾蚧	213,416
柳雪盾蚧	189,225,420	拟兰眼蛎盾蚧	235,422
龙眼白轮盾蚧	211,415	拟孟雪盾蚧	224,419
芦苇刘粉蚧	93,368	宁夏毡蚧	119,380
芦苇日仁蚧	187,408		
芦苇新粉蚧	95,370	**P**	
芦竹复盾蚧	239,424	苹果蛎盾蚧	261,432
罗汉松单蜕盾蚧	244,426	朴蛎盾蚧	259,431
桐肾圆盾蚧	196	普食珞链蚧	140,396
		普通竹链蚧	136,392
		蒲桃锯盾蚧	325,453

葡萄雪盾蚧	228,420	少腺单蜕盾蚧	240,425
		蛇目网盾蚧	189,309,448

Q

		神农松干蚧	65,357
七角星蜡蚧	187,408	石斛白盾蚧	314,449
槭树绵粉蚧	9,99,371	矢尖盾蚧	9,12,14,189,334,457
槭树毡蚧	115,379	石栎单蜕盾蚧	245,426
蔷薇白轮盾蚧	9,214,416	石榴囊毡蚧	12,117,380
蔷薇轮圆盾蚧	264,433	柿树白毡蚧	12,113
琼楠梯圆盾蚧	329,454	柿树绵粉蚧	100,372
球坚扁粉蚧	83,363	蜀雪盾蚧	226,420
		刷毛绿绵蚧	9,153,397

R

		双铲盾蚧	306,447
热带竹链蚧	134,390	双球霍盾蚧	254,429
日本白片盾蚧	264,433	双条拂粉蚧	89,365
日本巢红蚧	126,385	双叶壳圆盾蚧	228,420
日本单蜕盾蚧	241,426	蓍草黑粉蚧	81,361
日本龟蜡蚧	9,12,16,17,144,396	水木坚蚧	174
日本壶链蚧	9,127,386	四川苏链蚧	137,392
日本卷毛蚧	9,170,403	丝球毡蚧	119,380
日本履绵蚧	19,70,358	松单蜕盾蚧	247,427
日本牡蛎盾蚧	274,435	松栉圆盾蚧	9,252,429
日本纽绵蚧	9,185,408	松癞蛎盾蚧	286,440
日本盘粉蚧	84,363	松牡蛎盾蚧	9,276,436
日本球坚蚧	167,401	松梢松干蚧	357
日本竹链蚧	134,390	松树皑粉蚧	86,364
榕藤纹片盾蚧	255,430	苏铁刺圆盾蚧	324,453
肉桂双蜡蚧	157	苏铁蛎盾蚧	260,431
		苏铁尖盾蚧	332,456

S

T

三管牡蛎盾蚧	278,437		
桑树皑粉蚧	85,364	泰国丝绵盾蚧	249,428
桑安蛎盾蚧	192,410	泰山红蚧	126,385
桑白盾蚧	9,12,13,14,315,450	台湾单蜕盾蚧	246,427
桑名白盾蚧	314,449	台湾角圆盾蚧	325,453
莎草须蛎盾蚧	191,409	台湾绿绵蚧	154,398
沙枣牡蛎盾蚧	279	台湾蟠盾蚧	280,437
山茶黯圆盾蚧	190,409	台湾线盾蚧	258,431
山茶牡蛎盾蚧	270,435	台湾栎片盾蚧	280,437
山茶片盾蚧	290,442	桃树木坚蚧	176
山矾黑盔蚧	182,407	兔唇梯圆盾蚧	329,454
山杏毡蚧	115,379	突笠圆盾蚧	323,452

突叶并盾蚧	303,446	印度刺粉蚧	103,373
吐伦褐球蚧	182,406	印度蜡链蚧	140,395
透明圆盾蚧	6	印度密绵蚧	76,360
透体竹链蚧	132	阴腺滇片盾蚧	328,454
		樱桃球坚蚧	164
W		硬缘癞蛎盾蚧	285,440
伪角龟蜡蚧	146,396	油茶绿绵蚧	9,19,150,397
卫矛矢尖盾蚧	9,333,456	榆皮隐毡蚧	115,379
乌黑副盔蚧	173,404	榆球坚蚧	166,401
乌黑新珠蚧	68,357	榆树囊毡蚧	122,381
乌桕白轮盾蚧	219,417	榆蛎盾蚧	263,432
乌桕癞蛎盾蚧	287,441	缘边囊毡蚧	119,380
乌柳雪盾蚧	226,420	远东安粉蚧	80,361
乌苏里胭珠蚧	70,358	远东杉苞蚧	177,405
		远东盘粉蚧	84,363
X		月季白轮盾蚧	9,12,215,417
细腺雪盾蚧	223,419	云南安蛎盾蚧	193
夏威夷安蛎盾蚧	191,410	云南壶链蚧	130,387
仙人掌白背盾蚧	237,424	云南片盾蚧	297,445
香椿白轮盾蚧	213,416	云南球坚蚧	169,401
香蕉形软蚧	154,398	云南松单蜕盾蚧	244,426
香樟树链蚧	130,388	云南松干蚧	66,357
小孔安蛎盾蚧	192,410	云南绣粉蚧	109,375
小杨绵蚧	181,406		
小型根毡蚧	122,382	**Z**	
锡金伪绵蚧	179,406	枣树星粉蚧	92,367
杏树绵粉蚧	101,372	樟树盘盔蚧	178,405
西双竹链蚧	135	樟网盾蚧	306,447
		樟子松干蚧	61,356
Y		针茅绒茧蚧	163,400
亚螺竹链蚧	135	真葡萄粉蚧	109
雅樟白轮盾蚧	221,417	枝缨蜕盾蚧	330,455
鸦葱巧粉蚧	83,363	中亚灰粉蚧	9,88,364
羊蹄甲囊毡蚧	119	中国白盾蚧	311,448
羊茅绒茧蚧	162,400	中国晋盾蚧	327,453
杨笠圆盾蚧	9,320,451	中国牡蛎盾蚧	271,435
杨树囊毡蚧	120,381	中国小粉蚧	94,368
沿海榆毡蚧	116,380	中国星片盾蚧	289,441
亚洲大绵蚧	170,403	中国竹链蚧	132,389
野菊新珠蚧	9,67,357	中华刺粉蚧	105
椰圆盾蚧	202,413	中华马头蚧	185,407

中华松干蚧	65,357	紫藤灰粉蚧	88
中华翼片盾蚧	327,453	紫竹釉盾蚧	331,456
中华圆盾蚧	200,413	棕榈鲍圆盾蚧	222,418
中棘白盾蚧	310,448	棕榈栉圆盾蚧	12,251,429
中亚毛球蚧	159	棕肾圆盾蚧	197,412
皱大球坚蚧	168,401	竹巢粉蚧	77,95,370
锥腹白轮盾蚧	210,415	竹鞘丝绵盾蚧	248,428
准富雪盾蚧	225,419	竹叶线盾蚧	256,430
紫胶蚧	123,383	柞笠圆盾蚧	319,451
紫牡蛎盾蚧	269,434	柞雪盾蚧	225,419
紫楠耙盾蚧	266,433		

蚧虫拉丁学名索引

A

Acanthomytilus cypericola Borchsenius	191,409
Aclerda tokionis (Cockerell)	187,408
Allotrionymus multipori Kawai	78,360
Andaspis hawaiiensis (Maskell)	191,410
Andaspis micropori Borchsenius	192,410
Andaspis mori Ferris	192,410
Andaspis yunnanensis Ferris	193,411
Antonina crawi Cockerell	78,360
Antonina graminis Maskell	79,361
Antonina pretiosa Ferris	80,361
Antonina tesquorum Danzig	80,361
Aonidiella aurantii (Maskell)	193,411
Aonidiella citrina (Coquillet)	195,411
Aonidiella inornata Mckenzie	196,412
Aonidiella orientalis (Newstead)	197,412
Aonidiella sotetsu (Takahashi)	197,412
Aonidiella taxus Leonardi	198,412
Aonidomytilus albus (Cockerell)	199
Asiacornococcus kaki (Kuwana)	113,379
Aspidiella sacchari (Cockerell)	199,413
Aspidiotus beilschmiediae (Takagi)	329,454
Aspidiotus chinensis Kuwana et Muramatsu	200,413
Aspidiotus cryptomeriae Kuwana	201,413
Aspidiotus destructor Signoret	6,202,413
Aspidiotus excisus (Green)	329,454
Aspidiotus nerii Bouche	204,413
Asterococcus atratus Wang	127,386
Asterococcus muratae (Kuwana)	127,386
Asterococcus quercicola Borchsenius	129,386
Asterococcus schimae Borchsenius	129,386
Asterococcus yunnanensis Borchsenius	130,387
Asterolecanium cinnamomi Borchsenius	130,388
Atrococcus achilleae (Kir.)	81,361
Atrococcus innermongolicus Tang	81,361
Atrococcus paladinus (Green)	82,361
Aulacaspis alisiana Takagi	205,414
Aulacaspis citri Chen	206,414
Aulacaspis crawii (Cockerell)	207,414
Aulacaspis difficilis (Cockerell)	208,415
Aulacaspis ferrisi Scott	209,415
Aulacaspis ima Scott	210,415
Aulacaspis intermedius Chen	210,415
Aulacaspis longanae Chen	211,415
Aulacaspis madiunensis (Zehntner)	211,416
Aulacaspis megaloba Scott	212,416
Aulacaspis phoebicola Takahashi	213,416
Aulacaspis projecta Takagi	213,416
Aulacaspis rosae (Bouche)	214,416
Aulacaspis rosarum Borchsenius	215,416
Aulacaspis saigusai Takagi	217,417
Aulacaspis sassafras Chen	218,417
Aulacaspis schizosoma (Takagi)	328,454
Aulacaspis spinosa Chen	213,416
Aulacaspis thoracica (Robinson)	219,417
Aulacaspis tubercularis (Newstead)	220,417
Aulacaspis vitis Green	228,420
Aulacaspis yabunikkei Kuwana	221,417

B

Bambusaspis bambusae (Boisduval)	130,388
Bambusaspis bambusicola (Kuwana)	131,388
Bambusaspis chinae (Russell)	132,389
Bambusaspis delicata (Green)	132,389
Bambusaspis hemisphaerica (Kuwana)	133,389
Bambusaspis masuii (Kuwan)	134
Bambusaspis miliaris (Boisduval)	134,390
Bambuaspis notabilis (Russell)	134,390
Bambusaspis pseudominuscula Borchsenius	135,391
Bambusaspis subdolum (Russell)	135,392
Bambusaspis vulagaris (Russell)	136,392
Brevennia bamboosae (Green)	361
Brevennia rehi Borchsenius	109,375

C

Ceoplastes centroroseus (Chen)	172,403
Cerococcus indicus (Mask.)	140,395
Cerococcus indigoferae Borchsenius	138,395
Ceroplastes ceriferus (Fabricius)	142,396
Ceroplastes floridensis (Comstock)	172,404
Ceroplastes japonica (Green)	144,396
Ceroplastes kunmingensis (Tang et Xie)	173,404
Ceroplastes pseudoceriferus Green	146,396
Ceroplastes rubens Maskell	146,396
Chaetococcus bambusae (Maskell)	82,362
Chaetococcus zonatus (Green)	83,363
Chionaspis alnus Kuwana	222,418
Chionaspis camphora Chen	226,420
Chionaspis montanoides Tang et Li	224,410
Chionaspis osmanthi (Ferris)	224,419
Chionaspis saitamaensis Kuwana	225,419
Chionaspis salicis (Finnaeus)	225,419
Chionaspis salicis (Walsh)	226,420
Chionaspis salicis Marlatti	223,419
Chloropulvinaria aurantii (Ckll.)	148,397
Chloropulvinaria polygonata (Cockerell)	151,397
Chloropulvinaria psidii (Maskell)	153,397
Chloropulvinaria taiwana (Takahashi)	154,398
Chnaurococcus mongolicus (Danzig)	83,363
Chorizococcus scorzonerae Tang	83,363
Chorpulvinaria floccifera (Westwood)	150,397
Chortinaspis biloa (Maskell)	228,420
Chrysomphalus aonidum Ashmead	231,421
Chrysomphalus bifasciculatus Ferris	229,421
Chrysomphalus dictyospermi (Morgan)	230,421
Coccura convexa Borchseniu	84,363
Coccura suwakoensis (Kuwana et Toyoda)	84,363
Coccus discrepans (Green)	154,398
Coccus formicarii (Green)	154,398
Coccus gesperidum L.	155,398
Coccus longulus (Douglas)	156,399
Coccus pseudomagnoliarum (Kuwana)	156,399
Coccus viridis (Green)	157,399
Cosmococcus albizziae Borchsenius	136,392
Crisicoccus juniperus (Tang)	85,364
Crisicoccus moricola (Tang)	85,364
Crisicoccus pini (Kuwana)	86,364
Cryptococcus ulmi Tang	115,379
Ctenochiton cinnamomi (Green)	178,405

D

Diaspidiotus cryptoxanthus (Cockerell)	319,451
Diaspidiotus cryptus (Ferris)	233,421
Diaspidiotus degeneratus (Leonardi)	190,409
Diaspidiotus gigas (Thiem et Gerneck)	320,451
Diaspidiotus ostraeformis (Curtis)	321,451
Diaspidiotus peniciosus (Comstock)	321,452
Diaspidiotus slavonicus (Green)	323,452
Diaspis boisduvallii Signoret	236,423
Diaspis boromelliae (Kerner)	237,423
Diaspis echinocacti (Bouche)	237,423
Dicyphococcus bigibbus Borchsenius	157,399
Didesmococcus koreanus Borchsenius	158,399
Didesmococcus unifasciatus (Arch.)	159,399
Drepanococcus cajani (Maskell)	148,397
Drosicha corpulenta (Kuwana)	70,358
Duplachionaspis divergens (Green)	238,424
Duplachionaspis natalensis (Cooley)	239,424
Dysmicoccus boninsis (Kuwana)	86,364
Dysmicoccus brevipes (Cockerell)	87,364
Dysmicoccus multivorus (Kir.)	88,364
Dysmicoccus wistariae (Green)	88,365
Dynaspidiotus meyeri (Marlatt)	240,425

E

Ericerus pela (Chavannes)	159,399
Eriococcus acericola Tang	115,379
Eriococcus armeniacus Tang	115,379
Eriococcus betulaefoliae Tang et Hao	116,379
Eriococcus borchsenii (Danzig)	116,379
Eriococcus costatus (Danzig)	116,380
Eriococcus lagerostroemiae Kuwana	117,380
Eriococcus marginalis (Borchsenius)	119,380
Eriococcus ningxianensis Tang	119,380
Eriococcus populi (Matesova)	120,381

Eriococcus sojae Kuwana	121,381	**H**	
Eriococcus salicis Borchsenius	120		
Eriociccus sp	119	*Heliococcus bohemicus* Sule	90,366
Eriococcus ulmarius (Danzig)	122,381	*Heliococcus pamirensis* Bazarov	91,367
Eriopeltis festucae (Fonscolombe)	162	*Heliococcus pavlovskii* Borchsenius et Tereznikova	91,367
Eriopeltis stipae Lshii	163,400	*Heliococcus zizyphi* Borchsenius	92,367
Eucalymnatus tessellatum (Signoret)	163,400	*Hemiberlesia cyanophylli* (Signoret)	190,409
Eulecanium cerasorum (Cockerell)	164,400	*Hemiberlesia lataniae* (Signoret)	251,429
Eulecanium ciliatum (Douglas)	164,400	*Hemiberlesia palmae* (Cockerell)	222,418
Eulecanium circumfluum Borchsenius	164,401	*Hemiberlesia pitysophila* Takagi	252,429
Eulecanium douglasi (Sulc)	165,401	*Hemiberlesia rapax* (Comstock)	253,429
Eulecanium gigantea (Shinji)	165,401	*Hionaspis saitamaensis* Chen	225,419
Eulecanium kostylevi Borchsenius	166,401	*Howardia biclavis* (Comstock)	254,429
Eulecanium kunmingi (Ferris)	167,401	*Hsuia cheni* Borchsenius	137,392
Eulecanium kunoensis (Kuwana)	167,401	*Hujinlinococcus nematosphaerus* (Hu et Xie)	119,380
Eulecanium kuwanai Kanda	168,401		
Eulecanium SP	169	**I**	
Eulecanium nigrivitta Borchsenius	169,401	*Icerya aegyptiaca* (Douglas)	72,359
		Icerya purchasi Maskell	73,359
F		*Icerya seychellarum* (Westwood)	75,359
		Idiococcus maanshanensis (Tang et Wu)	92,367
Ferrisia virgata (cockerell)	89,365	*Insignorthezia insignis* (Douglass)	60,356
Fiorinia externa Ferris	425		
Fiorinia fioriniae (Targioni)	240,425	**K**	
Fiorinia japonica (Kuwana)	241,426		
Fiorinia pinicola Maskell	243,426	*Kermes castaneae* Shi et Liu	125,384
Fiorinia pinicorticis Ferris	244,426	*Kermes miyasakii* Kuwana	126,384
Fiorinia podocarpi Young	244,426	*Kermes taishanensis* Hu	126,385
Fiorinia quercifolii Ferris	245,426	*Kerria lacca* (Kerr)	123,383
Fiorinia sxterna Ferris	240	*Kilifia acuminate* (Signoret)	169,402
Fiorinia taiwana Takahashi	246,427	*Kuwanaspis bambusicla* (Cockerell)	256,430
Fiorinia theae Green	246,427	*Kuwanaspis bambusifoliae* (Takahashi)	256,430
Fiorinia vacciniae Kuwana	247,427	*Kuwanaspis hikosani* (Kuwana)	257,430
Fonscolombia tshadaevae (Danzig)	89,365	*Kuwanaspis howardi* (Cooley)	257,431
Formosaspis takahashii (Takahashi)	248,427	*Kuwanaspis pseudoleucaspis* (Kuwana)	257,430
Froggattiella penicollatta (Green)	248,428	*Kuwanaspis suishana* (Takahashi)	258,431
		Kuwanaspis vermiformis (Takahashi)	259
G		**L**	
Geococcus citrinus Kuwana	90	*Lchthyaspis ficicola* (Takahashi)	255,430
Greenaspis elongate (Green)	250,428	*Lepidosaphes abdominalis* (Takagi)	268,434

Lepidosaphes beckii (Newman)	269,434	*Matsucoccus sinensis* Chen	65,357
Lepidosaphes camelliae (Hoke)	270,435	*Matsucoccus yunnanensis* Ferris	66,357
Lepidosaphes celtis Kuwana	259,431	*Matsucoccus yunnansonsaus* Young et Hu	67,357
Lepidosaphes chinensis Chamberlin	271,435	*Megacanthaspis phoebia* Tang	266,433
Lepidosaphes conchiformis (Gmelin)	271,435	*Megapulvinaria maxima* (Green)	170,403
Lepidosaphes coreana Borchsenius	284,439	*Milviscutulus mangiferae* (Green)	178,398
Lepidosaphes corni Takahashi	272,435	*Mirococcopsis ehrhornioides* Borchsenius	93
Lepidosaphes cupressi Borchsenius	261,432	*Mirococcoccopsis chinensis* Tang	94,368
Lepidosaphes cycadicola Kuwana	260,431	*Misracoccus xyliae* Ayyar	76
Lepidosaphes glaucae (Takahashi)	284	*Morganella longispina* (Morgan)	267,434
Lepidosaphes gloverii (Packard)	273,435		
Lepidosaphes japonica (Kuwana)	274,435	**N**	
Lepidosaphes laterochitinosa (Green)	285,440	*Neoasterodiaspis castaneae* (Russell)	394
Lepidosaphes malicola Borchsenius	261,432	*Neoasterodiaspis kunminensis* Borchsenius	139,394
Lepidosaphes pallida (Maskell)	275,436	*Neomargarodes chondrillae* Arch.	67,357
Lepidosaphes pineti (Borchsenius)	275,436	*Neomargarodes niger* (Green)	68,357
Lepidosaphes pini (Maskell)	276,436	*Neoparlatoria formosana* Takahashi	280,437
Lepidosaphes piniphila (Borchsenius)	286,440	*Neopinnaspis harperi* Mckenzie	281
Lepidosaphes pinnaeformis (Bouche)	234,422	*Nesticoccus sinensis* Tang	95,370
Lepidosaphes pinnaeformis (Maskell)	233,422	*Neotrionymus monstatus* Borchsenius	95,370
Lepidosaphes pitysophila (Takagi)	286,440	*Nidularia japonica* Kuwana	126,385
Lepidosaphes pseudomachili (Borchsenius)	235,422	*Nikkoaspis sasae* (Takahashi)	281,438
Lepidosaphes pyrorum (Tang)	277,436	*Nipaecoccus lycii* Tang	96,370
Lepidosaphes salicina Borchsenius	262,432	*Nipaecoccus vastator* (Maskell)	97,370
Lepidosaphes tritubutus (Borhsenius)	278,437	*Nipponaclerda biwakoensis* (Kuwana)	187,408
Lepidosaphes tubulorum (Ferris)	287,441		
Lepidosaphes turanica (Archangelskaya)	279,437	**O**	
Lepidosaphes ulmi (Linnaeus)	263 432	*Oceanaspidiotus spinosus* (Comstock)	282,438
Lepidosaphes yanagicola (Kuwana)	279,437	*Octaspidiotus stauntoniae* (Takahashi)	282,439
Lindingaspis rossi (Maskell)	264,432	*Odonaspis greenii* (Cockerell)	283,439
Lopholeucaspis japonica (Cockerell)	264,433	*Odonaspis siamensis* (Takahashi)	249,428
		Orthezia urticae (Linnaeus)	60,356
M			
		P	
Maconellicoccus hirsutus Borchsenius	94,368		
Maconellicoccus hirsutus (Green)	93,368	*Parasaissetia nigra* (Nietner)	173,404
Mataceronema japonica (Maskell)	170,403	*Paratachardina theae* (Green et Menn)	124
Matsucoccus dahuriensis Hu et Hu	61,356	*Parlagena buxi* (Takahashi)	287,441
Matsucoccus koraiensis Young et Hu	61,356	*Parlatoreopsis chinensis* (Marlatt)	289,441
Matsucoccus massonianae Young et Hu	62,357	*Parlatoreopsis pyri* (Marlatt)	290,441
Matsucoccus matsumurae (Kuwana)	63,357	*Parlatoria camelliae* Comstock	290,442
Matsucoccus shennogjiaensis Young et Lu	65,357	*Parlatoria cinerea* Doane et Hadden	291,442

Parlatoria cupressi Ferris	292,442	*Pseudaulacaspis centreesa* (Ferris)	310
Parlatoria desolator Mckenize	292,442	*Pseudaulacaspis chinensis* Cockerell	311,418
Parlatoria oleae (Colvee)	293,443	*Pseudaulacaspis cockerelli* (Cooley)	311,448
Parlatoria pergandei Comstock	294,444	*Pseudaulacaspis dendrobii* (Kuwana)	314,449
Parlatoria proteus (Curtis)	295,444	*Pseudaulacaspis ericacea* (Ferris)	223,418
Parlatoria pseudaspidiotus (Lindinger)	249,428	*Pseudaulacaspis kiushiuensis* (Takahashi)	314,449
Parlatoria theae Cockerell	296,444	*Pseudaulacaspis megacauda* Takagi	315,450
Parlatoria yunnanensis Mckenzie	297,445	*Pseudaulacaspis pentagona* (Targioni)	315,450
Parlatoria ziziphi (Lucas)	298,445	*Pseudaulacaspis poloosta* (Ferris)	318,450
Parthenolecanium corni (Bouche)	174,404	*Pseudaulacaspis subcorticalis* (Green)	318,451
Parthenolecanium persicae (Fabricius)	176,405	*Pseudaulacaspis takahashii* (Ferris)	319,451
Peliococcus chersonensis (Kir.)	98,371	*Pseudococcus calceolariae* (Maskell)	106,374
Peliococcus lycicola Tang	98,371	*Pseudococcus comstocki* (Kuwana)	107,374
Phenacoccus aceris Borchsenius	101,372	*Pseudococcus cryptus* Green	106,374
Phenacoccus aceris (Signoret)	99,371	*Pseudococcus longispinus* (Linnaeus)	105,374
Phenacoccus fraxinus Tang	99,372	*Pseudococcus longispinus* (Targioni)	109,375
Phenacoccus pergandei Cockerell	100,372	*Pseudococcus maritimus* (Ehrhorn)	109,375
Physokermes jezoensis Siraiwa	177,405	*Pseudococcus saccharicola* Takahashi	109,375
Pinnaspis aspidistrae (Signoret)	299,445	*Pseudopulvinaria sikkimensis* Atkinson	179,406
Pinnaspis buxi (Bouche)	301,445	*Puivinaria costata* Borchsenius	180,406
Pinnaspis exercitata (Green)	302,445	*Puivnaria populeti* Borchsenius	181,406
Pinnaspis juniper Takahashi	302,446	*Pulvinaria vitis* (Linnaeus)	179,406
Pinnaspis strachani (Cooley)	303,446		
Pinnaspis theae (Maskell)	304,446	**R**	
Pinnaspis uniloba (Kuwana)	305,447	*Rastrococcus spinosus* (Robinson)	110,376
Planococcus citri (Risso)	101,373	*Rhizococcus minius* (Tang)	122,382
Planococcus lilacinus (Cockerell)	103,373	*Rhizococcus rugosus* (Wang)	123,382
Planococcus indicus Avathi et shatee	103,373	*Rhodococcus sariuoni* Borchsenius	181,406
Planococcus mumensis Tang	104,373	*Rhodococcus turanicus* (Arch.)	182,406
Planococcus sinensis Borshsenius	105,374	*Ripersiella kondonis* (Kuwana)	110,376
Poliaspoides formosana Takahashi	280,437	*Russellaspis pustulans* (Cockerell)	140,396
Porphyrophora polonica (Linnaeus)	69,357		
Porphyrophora sophorae (Arch.)	69,358	**S**	
Porphyrophora ussuriensis Borchsenius	70,358	*Saissetia bobuae* Takahashi	182,407
Prococcus acutissimus (Green)	154,398	*Saissetia coffeae* (Walker)	182,407
Prosopophora peni (Borchsenius)	137,393	*Saissetia oleae* (Oliver)	184,407
Protancepaspis bidentate Borchsenius et Bustshik	306,447	*Scythia sinensis* Wu	185,407
Protopulvinaria pyriformis (Cockerell)	179,406	*Selenaspidus articulates* (Morgan)	324,453
Pseudaonidia duplex (Cockerell)	306,447	*Selenomphalus euryae* (Takahashi)	325,453
Pseudaonidia paeoniae (Cocckerell)	308,447	*Serrataspis maculate* Ferris	325,453
Pseudaonidia trilobitiformis (Green)	309,447	*Shansiaspis ovalis* Chen	326,453

Shansoaspis sinensis (Tang)	327,453
Silvestraspis uberifera (Lindinger)	327,453
Sishanaspis quercicola Ferris	328,454
Sishania nigropilata Ferris	76,360
Spilococcus artemsiphilus (Tang)	111,377

T

Takahashia japonica (Cockerell)	185,408
Thysanofiorinia nephelii (Maskell)	330,455
Trionymus aberrans Goux	112,377
Trionymus isfarensis Williams	111,376
Trionymus singularis Schmutterer	112,378

U

Unachionaspis bambusae (Cockerell)	330,455
Unachionaspis tenuis (Maskell)	331,456
Unaspis acuminate (Green)	332,456
Unaspis citril (Comstock)	332,456
Unaspis euonymi (Comstock)	333,456
Unaspis yanonensis (Kuwana)	334,457

V

Vinsonia stellifere (Westwood)	187,408

主要参考文献

[1] Ferris,G.F.. Atlas of the scale insects of North America,I. 1937.

[2] Ferris,G.F.. Atlas of the scale insects of North America,II. 1938.

[3] Ferris,G.F.. Atlas of the scale insects of North America,III. 1941.

[4] Ferris,G.F.. Atlas of the scale insects of North America,IV. 1942.

[5]Ferris,G.F.. Atlas of the scale insects of North America,V.The Pseudococcidae(Part 1.) .1950.

[6]Ferris,G.F.. Atlas of the scale insects of North America, VI.The Pseudococcidae(Part 2.) .1953.

[7] Ferris,G.F.. Atlas of the scale insects of North America, VII.The families Aclerdidae, Asterolecaniidae, Conchaspididae, Dactylopiidae and Lacciferidae. 1955.

[8] Lindiger, L..Die Schildlause(Coccidae).Europas, Nordafrikas and Vordera, siens, einschlieBlich der kanaren and Madeiras.Verlag. 1912:389.

[9] Mckenzie, H.L..Mealybugs of California, with Taxonomy, Biology and Control of North American Species.Univ.California Press(Berkley an Los Angeles). 1967:525.

[10] William, F.G. et al.A Systematic Revision of the Wax Scale, Genus *Ceroplastes*, in the United States(Homoptera:Coccoidea:Coccidae).University of Maryland, 1974:85.

[11] Williams, D.J.and Waston, G.w..The scale insects of tropical south pacific region,Part 1,the armoured scals(Diaspididae) .1987:290.

[12] Williams, D.J.and Waston, G.w..The scale insects of tropical south pacific region,Part 2,the mealybugs(Pseudococcidae) .1987:262.

[13] Kosztarab, M..A Selected Bibliography of the Coccoidea(Homoptera), Third Supplement(1970-1985). 1988:252.

[14] Miller, D.R.. A Revision of the Genus *Heterococcus* Ferris with a Diagnosis of *Brevennia Goux*(Homoptera:Coccoidea:Pseudococcidae).Technical Bulletin 1497,U.S. Dept.of Agriculture, 1975:1-61.

[15] Miller, D.R.& Davidson, J.A..A systematic revision of the armoured scale. Genus *Crenulaspidiotus* MacGillivray(Diaspididae,Homoptera).Palskie Pismo Entomologiczne.Tom,1981,51:531-595.

[16] Miller, D.R., Gill, R.J., and Williams, D.J..Taxonomic Analysis of *Pseudococcus affinis* (Maskall), a Senior Synonym of *Pseudococcus obscurus* Essig, and a Comparision with *Pseudococcus maritimus*(Ehrhorn)(Homoptera:Coccoidea:Pseudococcidae). Proc.Entomol.Soc.Wash.,1984:86(3):703-713.

[17] Miller, D.R.and Park, S-C..A New Species of *Matsucoccus*(Homoptera:Coccidea:Margarodidae)from Korea.Korea J.Plant Prot.,1987, 26(2).

[18]Miller,D.R..Systematic Analysis of *Acanthococcus* Species(Homoptera:Coccoidea:Eriococcidae) Infesting Atriplex in Western North America. Proc.Entomol.Soc.Wash.,1991, 93(2):333-355.

[19]Miller,D.R. & Miller.G.L.. Systematic Analysis of *Acanthococcus* Species(Homoptera:Coccoidea: Eriococcidae) Infesting Atriplex in the Western United States.Transaction of the American Entomological Society,1992, 118(1):1-106.

[20] Miller, D.R., Liu, T.x.& Howell, J.O.. A New Species of Acanthococcus (Homoptera:Coccoidea

:Eriococcidae)from Sundew(Drosera)with a Key the Instars of Acanthococcus.*Proc.Entomol.Soc.Wash.*,1992,94(4):512-523.

[21] Miller, D.R.& Miller, G.L..Eriococcidae of the Eastern United States (Homoptera).*Contrib.Amer.Ent.Inst.*, 1993, 27(4):1-91.

[22] Howell, J.O..Williams, M.L.and *Kosztarab*, M..Studies on the Morphology and Systematic of Scale Insects-No.3, *Research Division Bulletin* 70.Virginia Polytechnic Institute and State University, 1971:1-23

[23] Howell, J.O. & Kosztarab, M.. Studies on the Morphology and Systematic of Scale Insects-No.4, *Research Division Bulletin* 75.Virginia Polytechnic Institute and State University,1972:1-248.

[26] Lambdin, P.L., Kosztarab, M.and Howell, J.O..Studies on the Morphology and Systematics of Scale Insects-No.6.*Research Division Bulletin* 85.Virginia Polytechnic Institute and State University,1973:1-69.

[27] Takagi, S.(高木真夫). A Revision of the Japanese Species of the Genus Aspidioyus, with Descriptions of a New Genus and a New *Species.Ins.Matsum.*, 1957, 21:31-40.

[28] Takagi, S.(高木真夫).New or Litte Known Scale Insects of the Tribe Asoidiotini, With a List of the Genera and Species of the Tribe Occurring in Japan. *Ins.Matsum.*, 1958, 21:121-129.

[29] Takagi, S.(高木真夫).Notes on the Scale Insects of the Tribe Odonaspidini Occurring in Japan. *Ins.Matsum.*, 1959, 22:92-95.

[30] Takagi, S.(高木真夫).A Contribution to the Knowledge of the Diaspidini of Japan(Homoptera:Coccidea). Part I. *Ins.Matsum.*, 1960, 23(2):67-100.

[31] Takagi, S.(高木真夫). A Contribution to the Knowledge of the Diaspidini of Japan(Homoptera:Coccidea). Part II. *Ins.Matsum.*,1961, 24(1):4-42.

[32] Takagi, S.(高木真夫). A Contribution to the Knowledge of the Diaspidini of Japan(Homoptera:Coccidea). Part III. *Ins.Matsum.*,1961, 24(1):69-103.

[33] Takagi, S.(高木真夫).Discovery of Fiorinia externa Ferris in Japan (Homoptera:Coccidea). *Ins.Matsum.*, 1963, 26(2):115-117.

[34] Takagi, S.& S.Kawai.Some Diaspididae of Japan.*Ins.Matsum.*,1966, 28:93-120.

[35] Takagi, S.(高木真夫).Discovery of Taiwan Based on Material Collected in Connection With the Japan-U.S.Co-operative Science Programme, 1965(Homoptera:Coccoidea).Part I. *Ins.Matsum.*,1969, 32:1-110.

[36] Takagi, S.(高木真夫). Discovery of Taiwan Based on Material Collected in Connection With the Japan-U.S.Co-operative Science Programme, 1965(Homoptera:Coccoidea).Part II. *Ins.Matsum.*,1970, 33:1-146.

[37] Takagi, S.(高木真夫).The Genus Megacantaspis, A Possible Relic of an Earlier Stock of the Diaspididae (Homoptera:Coccoidea). *Ins.Matsum.*,1981, 25:1-43.

[38] Takagi, S.(高木真夫).Neoquernaspis:New Genus of Armored Scales from East Asia.*Ann.Ent.Soc.Amer.*, n.s., 1981, 74:487-488.

[39] Takagi,S.& F.T.Tang..A New Scale Insect of the *Quernaspis* Group (Homoptera:Coccoidea:Diaspididae) from China.Kontyu,1982, 50:100-103.

[40] Takagi, S.(高木真夫).The Scale Insect Genus Smilacicola, With Particular Reference to Atavistig Polymorphism in the Second Instar(Homoptera:Coccoidea:Diaspididae). *Ins.Matsum.n.s.*, 1983, 27:1-36.

[41] Takagi, S.(高木真夫).The Scale Insect Genus Chionaspis:A Revised Concept (Homoptera:Coccoidea:Diaspididae). *Ins.Matsum.n.s.*, 1985, 33:1-77.

[42] Takagi, S.(高木真夫).Two new parlatoriine scale insects with odonaspidine characters:the other side of

the coin(Homoptera:Coccidea:Diaspididae). *Ins.Matsum.n.s.*,1987，37:1–25.

[43] Takagi, S.(高木真夫). Notes on the Beesoniidae(Homoptera:Coccoidea). *Ins.Matsum.n.s.*，1987，37:27–41.

[44] Takagi, S., Tho, Y.P.and Khoo, S.G..Does Africaspis(Homoptera:Coccidea:Diaspididae)occur in Asia. *Ins.Matsum.n.s.*，1988，39:l–34.

[45] Takagi, S.(高木真夫). A possible case of site-caused polymorphism in Aulacaspis(Homoptera:Coccoidea:Diaspididae). *Ins.Matsum.n.s.*，1988,39:49–63.

[46] Takagi, S.(高木真夫). A diaspidine scale insect in convergance to the tribe Lepidosaphedini(Homoptera:Coccoidea:Diaspididae). *Ins.Matsum.n.s.*，1989，42:123–142.

[47] Takagi, S., Tho, Y.P.and Khoo, S.G..Beginning with Diaulacaspis(Homoptera:Coccoidea):Convergence or effect. *Ins.Matsum.n.s.*，1989，42:143–199.

[48] Takagi, S.(高木真夫).A contribution to conchaspidid systematic (Homoptera:Coccoidea). *Ins.Matsum.n.s.*，1992，46:1–71.

[49] Raman, A.and Tagaki, S..Gall induced on Hopea ponga(Dipterocarpaceae) in southern India and the gall-maker belonging to the Beesoniidae(Homoptera:Coccidea). *Ins.Matsum.n.s.*，1992，47:l–32.

[50] Takagi, S.(高木真夫).Mitulaspis and Stlopetaspis:their distributions and taxonomic positions(Homoptera:Coccoidea:Diaspididae). *Ins.Matsum.n.s.*,1992，47:33–90.

[51] Kawai, S.(和合省三).Scale Insects of Japan in Colors. 1980, 455.

[52] Tao, C.C.& Wong.Description of Now Species Genus and Species of Bamboo Scale.*Chionaspis shuichuensis* from Taiwan.Quart.Journ.*Taiwan Museum.*，1982，35:123–125.

[53]Gopxcehnyc, H.C..ΦayHa CCCP, Hacekomble xoboTHble, Ⅶ.NoroTP.Coccidea:cem.MyuHncTble UepBeucbl(Pseudococeidae),1949，l–383.

[54] Gopxcehnyc, H.C..UepBeucbl NwnTobkn CCCP(Coccoidea), onpere JI nte JI nnoΦayHe CCCP.NfrabaeMble f00 n ornyecknm nhetntytom AkareMnn HayHa CCCP, 1950，32:1~250.

[55]Gopxcehnyc, H.C..ΦayHa CCCP, Hacekomble XoGoTble, IX.NoroTP.Yepbeubl N.,1957.

[56]Gopxcehnyc, H.C..ΦayHa CCCP, Hacekomble XoGoTble, Ⅷ.Norotpgr uepbehbl Nwntobkn(Coccoidea):Cemenctba kermococcidae, Asterolecaniidae, Lecaniodiaspidiaspididae, Aclerdidae.1960, 1–282.

[57]Gopxcehnyc, H.C.. Npaktnuecknn Onpeare jI nte b Kokunr(Coccidea)Ky btyphblx Pactehnn N necholx Nopor CCCP, 1963, 1–311.

[58] 杨平澜. 中国蚧虫分类纲要. 上海：上海科学技术出版，1982:1–425.

[59] 周尧. 中国盾蚧志（第一卷）. 西安：陕西科学技术出版社，1982:1–119.

[60] 周尧. 中国盾蚧志（第二卷）. 西安：陕西科学技术出版社，1985:197–432.

[61] 周尧. 中国盾蚧志（第三卷）. 西安：陕西科学技术出版社，1986:435–771.

[62] 王子清. 中国经济昆虫志：第二十四册同翅目粉蚧科. 北京：科学出版社，1982:1–119.

[63] 王子清. 中国农区的介壳虫. 北京：农业出版社，1982:1–276.

[64] 王子清. 中国经济昆虫志：第四十三册同翅目蚧总科蜡蚧科，链蚧科，盘蚧科，壶蚧科，仁蚧科. 北京：科学出版社，1984:1–302.

[65] 王子清. 常见介壳虫鉴定手册. 北京：科学出版社，1985:1–252.

[66] 汤祊德. 李杰. 内蒙古蚧害考察. 呼和浩特：内蒙古大学出版社，1989:1–222.

[67] 汤枋德. 中国蚧科. 太原：山西高校联合出版社，1991:1–377.

[68] 汤枋德．中国粉蚧科．北京：中国农业科技出版社，1992:1–768.

[69] 汤枋德．郝静钧．中国珠蚧科及其他，北京：中国农业科技出版社，1995:1–768.

[70] 汤枋德．中国园林主要蚧虫（第一卷）．太原：山西农学院，1977:1–259.

[71] 汤枋德．中国园林主要蚧虫（第二卷）．太原：山西农学院，1984:1–133.

[72] 汤枋德．中国园林主要蚧虫（第三卷）．太原：山西农学院，1986:1–305.

[73] 陈方洁．中国雪盾蚧族．成都：四川科学技术出版社，1983:1–174.

[74] 萧刚柔．中国森林昆虫（第二版增订本）．北京：中国林业出版社，1993:215–317.

[75] 萧刚柔．拉英汉昆虫蜱螨蜘蛛线虫名称．北京：中国林业出版社，1997.215–894.

[76] 中国农业科学院果树研究所．中国果树病虫志（第二版）．北京：农业出版社，1994:29–39.

[77] 邓国藩．中国农业昆虫．北京：农业出版社，1986:284–363.

[78] 疗定熹．中国经济昆虫志：第三十四册小蜂总科．北京：科学出版社，1987:1–9、131–180.

[79] 庞雄飞．中国经济昆虫志：第十四册瓢虫科．北京：科学出版社，1979:1–103.

[80] 朱文炳．四川农业害虫天敌图册．成都：四川科学技术出版社，1984:52–69、169–170、111–143.

[81] 中国科学院动物研究所．天敌昆虫图册．北京：科学出版社，1978:76–99、123–164.

[82] 中国风景园林学会园林植保专业学术委员会．中国园林植物保护研究论文集（第1—20集）．1992–2012.

[83] 夏宝池．中国园林植物保护．南京：江苏科学技术出版社，1992:2–788.

[84] 邱强．原色葡萄病虫图谱．北京：中国科学技术出版社，1993:80–83.

[85] 邱强．原色梨树病虫图谱．北京：中国科学技术出版社，1993:69–73.

[86] 邱强．原色桃、李、梅、杏、樱桃、桃．北京：中国科学技术出版社，1993:105–108.

[87] 邱强．原色苹果病虫图谱．北京：中国科学技术出版社，1993:129–150.

[88] 邱强．原色柑橘病虫图谱．北京：中国科学技术出版社，1994:75–88.

[89] 邱强．原色枣、山楂、板栗、柿、核桃、石榴病虫图谱．北京：中国科学技术出版社，1996:63–147.

[90] 邱强．原色荔枝、龙眼、芒果、枇杷、香蕉、菠萝病虫图谱．北京：中国科学技术出版社，1996:100–154.

[91] 安徽农学院茶叶系．茶树病虫害．合肥：安徽科学技术出版社，1980:68–87.

[92] 植物保护丛书编绘组．经济作物病虫防治（二）．成都：四川人民出版社，1978:45.

[93] 中国农作物病虫图谱编绘组．中国农作物病虫图谱．北京，农业出版社，1982:133.

[94] 四川省林业科学研究所．四川林木病虫害防治．成都：四川人民出版社，1976:123–142.

[95] 中国农业科学院柑橘研究所．柑橘病虫图册．成都：四川科学技术出版社，1974:84–120.

[96] 农业部农药检定所．新编农药手册．北京：农业出版社，1989:8–373.

[97] 刘乾开．新编农药使用手册．上海：上海科学技术出版社，1993:1–327.

[98] 王建义．宁夏蚧虫及其天敌、北京：科学出版社，2009:1–217.

后 记

一书在手，掩卷长思。

由李忠先生主编，国内植保界多位同仁参编的《中国园林植物蚧虫》作为一部学术专著得以出版面世，不仅是园林业界的幸事，更是植物保护学界的一件大事，庆贺之际，值得推荐。

1. 蚧虫，在城市园林绿化领域，素以微型害虫肆虐城乡各类绿地，危害多种园林植物，且与农、林、牧、蔬、果多种作物交叉被害。被列为分布最广、寄主植物最多、发生历期最长、重复危害最重、防治难度最大、防控投入最多的"五小"害虫（蚧虫、蚜虫、粉虱、蓟马、叶螨）之首，其中许多种类成为各地园林植物害虫的"优势种"。长期以来，无论是蚧虫整体抑或是其中个别虫种都是园林绿化植物保护生产领域的主要防控"靶标"，更是园林绿化日常生产调度中具有"突击防治"和"常规防治"双重特质的生产业态。

此书出版，对服务于园林绿化生产和提高植物保护效能，无疑将起到重要的推动作用。

2. 蚧虫，素以"特异性昆虫"称谓在昆虫学界受到关注并得以研究。长期以来，国内外学界前赴后继，做了许多卓有成效的分类研究工作；农、林、牧、园林、园艺各行各业做了许多生产性防治工作。但仍有许多无力解决的难题和未曾化解的困惑，阻滞了蚧虫认知水平的提高和防控能力的提升。如何走出实验室，走向林间绿地，用最直观而简捷，形象而准确，科学而实用，既专业又大众的方法让广大植保从业者，尤其是基层一线生产实践者对蚧虫从识别到确认，从诊断到鉴定，从防治到掌控有一个比较准确便捷的方式方法，对此人们一直翘首以待。

因为蚧虫像许多其他有害生物一样，一旦发生，就必须面对5个现实问题：它是谁？它从哪里来？它到哪里去？它在做什么？如何防控它？

此书的出版，对此提供了许多具有创新性的学术见解和先进实用的技术指导。所以，这是一本值得称道的接地气的专业工具书。

3. 蚧虫，长期以来，在昆虫研究和教学领域，一向是以研究难度大、虫体解剖精度高、微观特征辨识度弱、宏观发生规律复杂、教学释疑解惑枯燥而著称。但是，作为自然界物种之一，作为生物圈食物链环节之一，既然存在，必有其合理性、必然性、适应性、规律性。因此，了解其奥秘必须不断地从事研究，探讨其防控技术必须精准地掌握其发生和危害规律。为了让更多相关甚至不直接相关的人们认知它，对此迫切需要有较高水准的学术专著和专业工具书对园林蚧虫予以解读和介绍。

此书的出版，在提供较丰富素材和资信的同时，编著者表达了若干独到的学术见解。所以这是一本在生物界、昆虫界、园林行业、农林牧行业、植保专业、植物检疫检验部门、相关教学单位，值得参阅借鉴的一本内容丰富、涵盖全面的学术专著；更是在蚧虫专科领域承前启后难得一见、值得一读、有得一用的学术与科普兼顾的科技好书，具有明显的创新性、先进性、学术性和实用性。

4. "金无足赤，人无完人"，学术专著也不例外。此书编著虽历时多年、广求实证、博采众长，但仍难免挂一漏万，即便有各种原因导致书中尚存一些差池、欠缺、遗漏，但整体评价它仍不失为一本瑕不掩瑜的好书。更加难能可贵的是，此书将为进一步深入研究蚧虫乃至整个园林有害生物精准防控工作提供有益的技术和理论支撑，为后来者树起一架可资借鉴"更上层楼"的学习阶梯。

本人作为园林界的老兵，植保界的老朽，欣慰之余，衷心予以推荐。

后 记

一、此书来之不易。早在20世纪90年代初，中国风景园林学会植物保护专业委员会成立后的第3年（1994年），时任专委会学术秘书长的徐公天先生同专委会主任王玉晶先生商定，鉴于20世纪80年代全国46个城市开展的全国性首次（也是至今仅有的一次）"园林植物病虫害暨天敌普查"在资源调查和整理中尚有一些不足、欠缺和失误，决定以学会名义，由徐公天领衔在原建设部申报两个害虫资源普查性质的研究课题，其中之一就是"园林植物蚧虫研究"。徐、王曾征询我的意见，对此，深表赞同。此项目以蚧虫普查基础较好的西南、华中、华北、华东诸省为主，集聚国内园林植保界协同攻关，其间李忠（成都）、谢祥林（贵州）、黎晓红（南宁）、蓝净江（武汉）、李杰（包头）、吴琳（昆明）诸位专家分领各地普查业务，徐、李统筹，各地园林植保同仁合力调研，先后至少有两代甚至三代人的参与。因此，此项研究成果，实乃多年调研之积累，集体劳动之结晶。

二、此书来之不易。二十多年来，园林植保界几经沧桑，该项研究纯属自力更生，各自为战，分分合合，几经磋商，中途多有反复坎坷，资料屡经集散离合，甚至险遭流产夭折。但难得众人识大体，顾大局，虽历时数载，但"众志成城"，克服各种困难，终告成功。

三、此书来之不易。尤其是李忠先生，二十多年如一日，固守于阵地，执着于事业（实际素材积累又何止二十余年？！），顽强拼搏，不撒手不放弃，一门心思坚持研究整理，不断汲取新鲜知识，丰富和补充研究内容。我常想，人生短暂，一个人一生不可能成就许多事，但只要能够踏踏实实地干一件事，认认真真地干好一件事，勤勤恳恳地干成一件事，对自己就不算虚度年华，对社会也不算碌碌无为，于人于己于事无愧无悔。在园林植物蚧虫研究领域，已经年逾古稀的李忠先生所做所为，其骄人成绩值得点赞，其执着敬业精神更令人钦佩。接力徐公天先生遗愿，主编此书，理当实至名归。

四、此书来之不易。此课题立项于学会植物保护专业委员会成立之初，其成果终结于学会专委会成立25周年之际。作为国内园林植物保护唯一的国家级学术组织，从来都是积极倡导、热情鼓励和认真组织开展服务于园林绿化事业建设和发展的相关学术活动。此项"蚧虫"研究得以专著出版，尤其得到本届专委会主任张广增先生、副主任兼学术秘书长韩军玲教授的关注和支持，多方征求建议，广泛听取民意，热忱鼓励编者，虚心请教权威专家，竭尽专委会绵薄之力，充分发挥学术组织团结业界同仁之能，多方调度，力促此事，终成正果。对此，本专业委员会功不可没，值得铭记。

专著出版在即，阅初稿感慨万端，遵嘱补以"后记"。诚哉斯言，幸甚。

中国风景园林学会植物保护专业委员会　资深委员
中国园林植物保护高端论坛专家委员会　资深顾问　研究员
原"济南市园林科学研究所"总工程师（退休）

2016年6月25日